전자기학
ELECTROMAGNETICS

2판

Arlon T. Adams, Jay Kyoon Lee(이재균) 지음
유태훈 옮김

한빛아카데미
Hanbit Academy, Inc.

전자기학 2판 Electromagnetics

초판발행 2022년 12월 25일
3쇄발행 2025년 7월 10일

지은이 Arlon T. Adams, Jay Kyoon Lee(이재균) / **옮긴이** 유태훈 / **펴낸이** 전태호
펴낸곳 한빛아카데미(주) / **주소** 서울시 서대문구 연희로2길 62 한빛아카데미(주) 2층
전화 02-336-7112 / **팩스** 02-336-7199
등록 2013년 1월 14일 제2017-000063호 / **ISBN** 979-11-5664-428-6 93560

총괄 박현진 / **책임편집** 김평화 / **기획 · 편집** 박현진 / **교정** 이정현 / **진행** 송유림
디자인 박정화 / **전산편집** 라미경 / **제작** 박성우, 김정우
영업 김호철, 김태진, 김성삼, 이정훈, 임현기, 이성훈, 김주성, 심지연

이 책에 대한 의견이나 오탈자 및 잘못된 내용은 출판사 홈페이지나 아래 이메일로 알려주십시오.
파본은 구매처에서 교환하실 수 있습니다. 책값은 뒤표지에 표시되어 있습니다.

홈페이지 www.hanbit.co.kr / 이메일 question@hanbit.co.kr

지은이 / 옮긴이 소개

지은이 **Arlon T. Adams**

하버드 대학교(Harvard University)에서 학사학위를, 미시간 대학교(University of Michigan, Ann Arbor)에서 석사, 박사학위를 받았다. 미국 해군에서 전자 장교(electronics officer)로 복무했으며 Sperry Gyroscope Company에서 연구원으로 재직하였다. 그 이후, 시라큐스 대학교(Syracuse University)에서 오랫동안 전자기학, 초고주파 공학, 안테나 공학 등을 강의하고 관련 분야의 연구를 수행했으며, 지금은 명예교수로 있다. IEEE가 수여하는 우수 논문상을 8번 수상하였으며, 현재는 IEEE의 종신회원이다. 유고슬라비아의 풀브라이트 과학자(Fulbright Scientist)로 선정된 바 있으며, 버클리 대학교(UC Berkeley)의 객원교수로 활동하였다. 1988년 시라큐스에서 열린 IEEE AP-S/USRI 국제 학술대회의 의장을 맡아 대회를 성공적으로 개최하였다.

지은이 **Jay Kyoon Lee(이재균)** leejk@syr.edu

서울대학교에서 학사학위를, MIT공대(Massachusetts Institute of Technology, Cambridge)에서 석사, 박사학위를 받았다. 1985년부터 시라큐스 대학교의 교수로 재직하면서 전자기학, 안테나 공학, 초고주파 공학, 응용수학 등을 강의하고 있다. 주요 연구 분야는 전자기 이론, 초고주파 원격탐사(microwave remote sensing), 비등방성 매질(anisotropic media) 속의 전자기파, 안테나와 전자기파 전파 등이다. 미국 Naval Air Development Center, Naval Research Laboratory, Rome Air Development Center에서 연구 활동을 했으며, 서울대학교에서 객원교수로 초빙되어 강의를 수행하였다. 수상 경력으로는 Eta Kappa Nu Outstanding Undergraduate Teacher Award(1999년), IEEE Third Millennium Medal(2000년), College Educator of the Year Award from the Technology Alliance of Central New York(2002년), IEEE Region 1 Awards(2002년, 2017년) 등이 있다.

옮긴이 **유태훈** thyoo@dongyang.ac.kr

연세대학교에서 학사, 석사, 박사학위를 받았다. 삼성전자 정보통신 연구소의 연구원을 거쳐 현재 동양미래대학교 교수로 재직하고 있다. 2003~2004년 미국 시라큐스 대학교에서 visiting scholar로 연구와 교육 활동을 했다. 주요 연구 분야는 전자기 해석, 초고주파 시스템 해석과 설계, 안테나 해석과 설계, EMI/EMC 등이다. 지금까지 『전자기학(C. R. Paul)』(생능출판사, 2010), 『EMC를 고려한 PCB 설계기술(M. I. Montrose)』(진한엠엔비, 2006), 『EMC 공학(H. W. Ott)』(학산미디어, 2013), 『최신 안테나 공학(Yi Huang, Kevin Boyle)』(한빛아카데미, 2014), 『맥스웰 방정식 완벽해부(Daniel Fleisch)』(학산미디어, 2016), 『EMC 제품설계(Tim Williams)』(학산미디어, 2022), 『공학도를 위한 매트랩(Holly Moore)』(퍼스트북, 2017)을 비롯하여 여러 권의 전자기학, 회로이론, 매트랩 원서를 우리말로 옮겼다.

감수 **Jay Kyoon Lee(이재균)**

원서의 지은이인 이재균 교수가 번역서의 전문을 직접 감수하였다.

지은이 머리말

전자기학은 학생들에게 쉽지 않은 과목입니다. 이 과목을 배우는 길에는 낯선 수학과 물리학, 새로운 개념들, 어렵고 복잡한 문제들과 같은 장해물이 한두 가지가 아닙니다. 이들 난관을 성공적으로 헤쳐 나가려면 탄탄한 수학 실력, 물리학에 근거한 종합적인 이해력, 문제를 다각도로 바라보고 분석하는 능력이 필요합니다. 따라서 학생들이 이러한 능력을 갖출 수 있도록 모든 면에서 세심한 배려를 해주어야 합니다. 이러한 물리학적 통찰력을 두루 갖추어서 사람들에게 대단한 존경을 받은 인물이 이 책의 8장에서 만나보게 될 이론 물리학자인 맥스웰(James Clerk Maxwell)과 실험 물리학자인 패러데이(Michael Faraday)입니다.

이 책은 공학이나 물리학을 전공하는 학부생을 위한 전자기학 교재입니다. 이 책에는 몇 가지 고급 주제와 응용문제, 심화문제들도 함께 들어 있으므로 대학원 과정의 교재로도 사용할 수 있습니다. 이 책은 현재 시라큐스 대학교(Syracuse University)의 전기 · 전자공학과와 물리학과에 개설된 전자기학 강좌에서 교재로 사용되고 있습니다. 이 책의 내용들은 모두 여러 해에 걸쳐 강의실에서 직접 검증된 것으로서 그동안의 가르침과 배움의 역사가 담겨 있습니다. 시라큐스 대학교에서는 전자기학을 두 학기 과정으로 운영하고 있지만 한 학기 과정으로도 운영할 수 있습니다. 이 경우에는 8장까지만 다루되, 4장은 건너뛰어도 괜찮습니다. 한 학기 동안 '전자기파'를 중점적으로 다룰 수도 있는데, 이때는 정전기학과 정자기학(주로 2장과 6장)은 간단히 다루고, 이어서 8장~12장을 다루면 됩니다.

이 책을 쓰면서 전자기학에서 다루는 어려운 이론들과 개념들을, 중요한 내용들을 빠뜨리지 않으면서도 학생들이 쉽게 이해할 수 있는 방법을 찾으려고 노력했습니다. 그 결과, 이 책에는 많은 예제와 중요한 내용을 간추려 정리한 표, 정해진 방식 외의 또 다른 해석 방법, 연습문제들이 수록되었습니다. 예제에서는 문제를 푸는 기본 방법을 설명하면서 단계를 밟아가며 차근차근 결론(답)에 이를 수 있도록 학생들을 이끌어갑니다. 이어서 특수한 경우를 따져보면서 그 결론의 의미를 해석(분석)하며 물리적인 통찰력을 기르고, 다른 대상과의 유사성을 살펴봅니다. 또한 학생들은 이 책의 다양한 연습문제들을 풀어보면서 전자기학의 이론과 개념들이 실제로 어떻게 적용되는지 익힐 수 있습니다.

오랫동안 전자기학을 가르치다보니 전자기학의 역사적인 측면에 관심을 갖게 되었습니다. 그러면서 전자기학 기본 이론의 발견에 얽힌 이야기를 소개하는 것이 내용을 이해하는 데 도움이 될 뿐만 아니라 과학자들의 삶이 학생들에게 또 다른 가르침을 준다는 사실을 알게 되었습니다. 그래서 이 책에 전자기학 분야의 큰 인물에 대한 짤막한 일대기를 수록했습니다. 이들은 깁스, 쿨롱, 프랭클린, 라플라스, 옴, 앙페르, 헨리, 패러데이, 맥스웰로 모두 전자기학의 역사에 한 획을 그은 과학자들입니다.

이 책에서 볼 수 있는 특별한 주제나 내용은 다음과 같습니다.

- 2차원 좌표변환([그림 1-11], [그림 1-12])
- 요점을 간추린 표([표 2-1], [표 4-1], [표 6-1], [표 10-1] 등)
- 원천점과 장점(관측점) 사이의 거리를 나타낼 때 개념적인 표현 방식인 R과 수학적인 표현 방식인 $|\mathbf{r}-\mathbf{r}'|$을 함께 사용(식 (2.27), (2.46), (6.18), (6.19), (12.21))

- 유전체에서 발생하는 편극 현상의 이해를 돕기 위해 불균일 편극을 계단함수로 근사하여 등가 속박전하를 유도하는 방법(3.3절)
- 자체 장(self-field)에 대한 설명(3.8절)
- 영상법을 사용한 등가문제 개념(4.3절)
- 자성체에서 발생하는 자화 현상의 이해를 돕기 위해 불균일 자화를 계단함수로 근사하여 등가 속박전류를 유도하는 방법(7.3절)
- 패러데이 법칙과 실험에 대한 자세한 설명(8.3절, 8.4절)
- 임의의 방향으로 전파하는 균일 평면파(9.4.1절)
- 전반사에 대한 설명(10.4절)
- 장 이론(field theory)에서 유도하는 전송선로 방정식(11.7.2절)
- 지연 퍼텐셜 공식을 전자기파(9장)에서 도입하지 않고, 방사문제(12장)에서 도입(12.2절)
- 헤르츠 쌍극자에 의해 발생하는 전자기장에 대한 해석(12.3절)

끝으로, 이 책을 쓰는 데 도움을 주신 모든 분들께 감사드립니다. 먼저, 지금까지 저희들의 전자기학 강의를 수강했던 모든 학부 학생, 대학원 학생들에게 고마움을 전합니다. 그들의 의견과 제안은 큰 도움이 되었습니다. 이 책의 원고 전체를 타이핑하고 교정을 봐준 플라워즈(Brenda Flowers)씨의 노고에는 수백만 번 감사를 드려도 부족합니다. 또한 이 책에 실린 그림과 그래프의 작성에 도움을 준 박은석 박사, 유태훈 교수, 아이딘(Gokhan Aydin) 박사, 디압(Walid M. G. Dyab)씨에게도 감사의 뜻을 전합니다. 그리고 원고의 내용을 검토해준 엘사바(Mahmoud El Sabbagh) 교수에게 감사드립니다. 연구년 동안 저희들에게 사무실과 교육시설을 제공해준 프랑스의 푸와투 대학교(University of Poitier)와 한국의 서울대학교의 여러분에게도 감사를 드립니다. 특히 저희 둘을 합쳐 50년 이상을 몸담아온 시라큐스 대학교에 깊은 감사를 드립니다. 이 책과 관련한 의견과 조언이 있으신 분들은 언제든 연락을 주시기 바랍니다.

2012년 6월

지은이 Arlon T. Adams, Jay Kyoon Lee(이재균)

2판을 내면서

2판에서는 그동안 학생들과 독자들에게 받은 피드백을 반영하여 전자기학을 더욱 잘 이해할 수 있도록 개념 설명과 예제를 수정하고 추가했습니다. 또한 연습문제를 여러 개 추가하였고 7장에는 편극과 자화를 비교하는 내용을 추가했습니다.

2018년 7월

뉴욕 주 시라큐스에서

지은이 Jay Kyoon Lee(이재균)

한국어판 출간에 부쳐

제가 한국을 떠나 미국에 온 지 어느덧 34년이 되어 미국 문화에 더 익숙해져 가는데, 이제 애덤스 교수와 같이 영어로 쓴 전공책『전자기학(Electromagnetics)』이 한글로 번역되어 출간되니 참으로 감회가 깊습니다. 제가 미국 시라큐스 대학교에 근무하면서 가장 아쉬웠던 점은 한국에 있는 학생들을 가르치지 못하는 것이었습니다. 2000년에 기회가 되어 안식년으로 서울대학교 전기공학부에서 한국학생들을 한 학기 가르쳤는데, 참으로 좋은 추억으로 남아있습니다. 이제 직접 가르치지는 못하지만 이 책을 통해 한국에 있는 학생들과 지식의 교류를 할 수 있게 되어 무척 기쁩니다.

전자기학은 대부분의 학생들에게 어려운 과목으로 알려져 있지만, 그 속에 담긴 명료하고 완전한 법칙과 정연한 논리를 알게 되면 무척 재미있는 학문입니다. 대학교 2학년에 전자기학을 처음 배울 때에는 맥스웰 방정식을 잘 이해하지 못했지만, 4학년이 되어서는 그 식의 아름다움에 쏙 빠졌던 기억이 떠오릅니다. 여러분들에게 전하고 싶은 말은 호기심, 그리고 배우고자 하는 열정과 의지가 있으면 아무리 어려운 과목도 이해할 수 있고 그 오묘함을 맛볼 수 있다는 것입니다. 전자기학은 공부할 때 수식들을 암기하려 하지 말고, 수식들이 나타내는 물리적 의미가 무엇인가를 생각하며 논리적으로 이해하려고 노력하기를 권합니다.

이 책은 제가 시라큐스 대학교에서 전기·전자공학과와 물리학과 3학년 학생들이 두 학기에 걸쳐 듣는 '전자기학'을 가르치며 만든 자료입니다. 10여 년 전부터 쓰기 시작하여 여러 번 수정을 거쳐 2011년에 마침내 완성하고 출판하였습니다. 25년 이상 강의를 하면서 어떻게 하면 전자기학의 어려운 개념을 쉽게 설명할 수 있을까 많이 고민했고, 제 나름대로 최선을 다하고 저의 온 열정을 담은 책입니다. 아무쪼록 이 책이 여러분께 좋은 동반자가 될 수 있기를 기대합니다.

이 자리를 통하여 우선 제 책을 한국어로 번역·출판하기로 결정한 한빛아카데미와 제 책을 출판사에 소개해 주신 홍익표 교수님께 감사드립니다. 더불어 제 책의 한국어 번역을 선뜻 받아주시고 매우 철저하고 정확한 번역을 해주신 유태훈 교수님과 허노정 교수님께 진심으로 감사드립니다. 한빛아카데미의 박현진 과장님께서 섬세하게 편집해주신 것에 특별히 감사드립니다. 또한 감수를 하면서 한국어 번역에 대해 많은 것을 배웠고, 유태훈 교수님과 이메일로 나눈 여러 가지 주제 토론은 소중한 기억으로 남을 것입니다.

2013년 7월 제헌절에

Jay Kyoon Lee(이재균)

제 책의 개정판 번역을 다시 해주신 유태훈 교수님과 꼼꼼하게 편집을 진행해주신 박현진 팀장님께 깊이 감사드립니다.

2022년 11월 30일

Jay Kyoon Lee(이재균)

배움에 대한 열정과 자세가 여러분의 미래를 결정합니다.

Your attitude and passion for learning will determine your future.

이 책은 미국 시라큐스 대학교의 애덤스(Arlon T. Adams) 교수와 이재균(Jay Kyoon Lee) 교수가 쓴 『Electromagnetics』라는 책을 우리말로 옮긴 것으로, 공학을 전공하는 학생들에게 필요한 전자기학의 이론과 법칙을 설명하고 있습니다. 전자기학은 전기, 전자, 컴퓨터 전공에서 가장 기본이 되는 중요한 교과목입니다. 귀한 것일수록 손에 넣기 어렵듯이 전자기학을 이해하는 것도 그렇습니다. 특히 전자기학은 다루는 대상이 주로 눈에 보이지 않고 손으로는 만질 수 없는 것들이어서 더더욱 그렇습니다. 전자기학 책 속에 새로운 개념과 이론, 낯설고 어려운 수학과 물리학, 복잡한 연산이 들어 있는 것은 바로 이 때문입니다.

그러다보니 전자기학은 어려운 과목의 대명사가 되어 학생들로부터 많은 원망을 도맡아 듣는 형편입니다. 어떤 대학에서는 아예 전자기학을 가르치지 않는다는 소문도 가끔 들려옵니다. 이러한 상황을 바꾸려는 시도로 어려운 내용과 문제들은 다루지 않거나, 수학을 거의 사용하지 않고 말로 설명하여 흥미를 잃지 않게 하거나, 수학 공식 위주로 정리하여 계산 방법만을 익히게 하는 방식으로 구성한 전자기학 책들도 많이 나오게 되었습니다. 이러한 방법들은 그 나름대로 의미는 있지만, 진정한 해결책은 될 수 없습니다. 어떤 대상은 측정이나 수학적 계산을 통해 값으로 구하고 나서야 비로소 정확한 의미가 드러나기도 합니다. 영국의 물리학자 켈빈(Kelvin)은 이러한 점을 잘 지적하고 있습니다.

> "당신이 말하고 있는 것을 측정하여 그것을 숫자로 나타낼 수 있다면 당신은 그것에 대해 뭔가를 아는 것이다. 그렇지만 그것을 측정할 수 없고 숫자로 나타낼 수 없으면 그것에 대한 당신의 지식은 빈약하고 불완전한 것이다. 그 정도의 지식은 배움의 첫걸음이 될지는 모르겠지만 당신의 생각을 발전시켜 과학의 단계까지 이르게 할 수는 없다."
>
> "When you can measure what you are speaking about, and express it in numbers, you know something about it; but when you cannot measure it, when you cannot express it in numbers, your knowledge is of a meagre and unsatisfactory kind; it may be the beginning of knowledge, but you have scarcely in your thoughts advanced to the state of science, whatever the matter may be."

이 책은 전자기학의 정복을 위한 정공법을 택하고 있습니다. 어려운 이론들과 개념들을 빠뜨리지 않고, 수학과 물리학의 사용을 피하지 않고, 많은 예제와 문제를 다루고 있습니다. 그래야 탄탄한 수학 실력, 물리학에 바탕을 둔 종합적 이해력, 문제를 다각도로 분석하는 능력을 기를 수 있기 때문입니다. 이 책을 살펴보면 이러한 목표에 도달할 수 있게 학생들을 인도하는 철저한 내용 구성과 세심한 배려가 담겨 있습니다. 저는 이러한 점이 저자들의 학문에 대한 열정과 삶의 태도와 직접적인 관련이 있다고 생각합니다. 제가 이렇게 확신할 수 있는 데는 특별한 이유가 있습니다.

2003년 8월, 저는 시라큐스 대학교에서 연구년을 보내게 되었습니다. 시라큐스 대학교 전기·전자공학과는 특히 전자기학 분야의 명문으로, 유명한 전자기학 책의 저자인 해링턴(R. F. Harrington), 쳉(D. K. Cheng) 교수를 비롯하여 뛰어난 학자들이 활동했고, 지금도 활동하고 있는 곳입니다. 그곳에서 이재균 교수님을 처음 만났는데 이 교수님의 배려로 많은 연구와 교육 경험을 쌓을 수 있었습니다. 1년간 시라큐스 대학교 학부생들을 대상으로 하는 이 교수님의 전자기학 과목을 직접 청강했는데, 그때 수업에 사용했던 교재가 바로 이 책의 모태가 되었습니다.

이 교수님의 명쾌한 강의는 학생들 사이에서 인기가 높았습니다. 꼭 필요한 경우가 아니면 OHP나 빔 프로젝터를 사용하지 않고, 칠판에 직접 써가면서 막힘없이 수식을 전개하고 내용을 설명하던 모습이 아직도 인상 깊게 남아있습니다. 이러한 수업 방식은 전자기학을 처음 배우는 학부 학생들이 필기를 하면서 생각할 시간을 충분히 갖게 하여 수업의 흐름을 놓치는 일이 없도록 하기 위한 교수님의 배려라는 것을 나중에 알았습니다. 수업 시간마다 중요한 내용이 정리된 보조자료를 나누어주면서 수업에 활용했고 문제풀이 과제를 내주어 그날 배운 이론을 실제 상황에 적용하는 능력을 갖출 수 있도록 했습니다. 학기가 끝나면 보조자료와 문제풀이 자료를 제본하여 보관하셨는데, 거의 책 한 권 분량이었습니다. 전자기학을 비롯하여 그동안 강의했던 모든 교과목이 이런 식으로 정리되어 있는 것을 보고 감탄했던 기억이 납니다.

이 책의 또 한 가지 특징은 전자기학의 역사에 큰 획을 그은 인물들의 일대기를 담고 있다는 점입니다. 전자기학에서 중요하게 다루는 방정식에는 맥스웰 방정식, 패러데이 법칙, 앙페르 법칙, 쿨롱 법칙과 같이 사람들의 이름이 붙어 있습니다. 그저 딱딱한 수식을 가리키는 용어 정도로만 생각했던 이름들이, 성공을 꿈꾸고 실패에 좌절하고 어려움에 절망하기도 했던, 한때는 우리처럼 온몸에 따뜻한 피가 돌던 사람들이었다는 너무나 당연한 사실을 그들의 이야기를 읽으면서 새삼 깨닫게 되었습니다. 특히 너무나 가난해 배운 것이라곤 간단한 산수밖에 없었던 패러데이가 일상적 잡무에 시달리면서도 독창적인 실험연구를 수행하고, 오지에서 공병으로 오랫동안 복무하면서 일과를 마친 후 개인 시간에 과제를 해결하는 쿨롱의 모습은 종종 주변 환경을 탓하는 제 자신을 되돌아보게 만들었습니다.

방정식과 법칙은 그 하나하나에 한 사람의 열정, 의지, 태도가 고스란히 담겨 있는 결실입니다. 이 책 또한 마찬가지입니다. 이러한 결실은 또 다른 결실을 맺으며 이어져 오늘 여러분 앞에 놓여 있습니다. 이제 이 책을 통해 여러분이 미래로 이어질 새로운 결실을 맺을 수 있기를 바랍니다.

감사의 글

이 책이 나오기까지 세심한 기획, 편집, 교정을 해주신 한빛아카데미 관계자분들에게 감사드립니다. 특히 박현진 팀장님은 제가 만난 최고의 편집자였습니다. 원서의 그림을 멋지게 다시 그려주신 라미경님께 감사드립니다. 원서와 저를 출판사에 소개해준 홍익표 교수님께도 감사드립니다. 이번 2판 원서의 번역 작업은 함께 하지 못했지만, 1판 원서의 번역을 함께 한 허노정 교수님께 특별한 감사의 말씀을 드립니다. 번역과 관련하여 조언을 해주신 이재균 교수님의 동료이자 원서의 공저자이신 애덤스 교수님께 감사드립니다. 특히 지난 2013년 1월 처음 만나 뵀을 때 멋진 목소리로 들려주신 '벤자민 프랭클린의 타인을 설득하는 방식'에 대한 이야기는 마음속에 잘 간직하도록 하겠습니다. 좋은 번역서를 만들기 위해 이재균 교수님과 나누었던 많은 이메일 속의 주제 토론은 즐겁고 소중했습니다. 그 과정 속에서 보여주신 정확함, 성실함, 겸손함은 제게는 또 다른 공부였습니다. 진심으로 감사드립니다. 잘못된 내용을 찾으셨거나 의견이 있으신 분들은 책에 실린 메일이나 출판사로 연락을 주시기 바랍니다. 이 책이 전자기학을 공부하는 분들에게 도움이 되길 바랍니다.

2022년 11월

옮긴이 **유태훈**

미리보기

장도입부 목차

각 장의 세부 내용을 쉽게 찾을 수 있도록 목차를 한번 더 수록했습니다.

CONTENTS

학습목표

해당 장을 학습하면서 배워야 할 학습목표를 제시합니다.

학습목표

- 벡터의 개념을 이해하고 수식으로 표현할 수 있다.
- 벡터의 점곱, 가위곱, 삼중곱 연산의 의미를 이해하고 계산할 수 있다.
- 세 가지 좌표계(직각 좌표계, 원통 좌표계, 구 좌표계)의 구성을 이해한다.
- 세 좌표계에 위치와 벡터를 표시하고 수식으로 표현할 수 있다.
- 한 좌표계에서 표시한 단위벡터와 임의의 벡터를 다른 좌표계로 변환할 수 있다.
- 세 좌표계의 미소길이, 미소면적, 미소부피를 이해하고 선적분, 면적분을 계산할 수 있다.
- 벡터 함수의 발산과 회전, 그리고 스칼라 함수의 기울기의 의미를 이해하고, 세 좌표계에서 계산할 수 있다.
- 발산 정리, 스토크스 정리, 헬름홀츠 정리를 이해하고 응용할 수 있다.
- 2차 벡터 미분함수를 계산할 수 있고, 보존장과 솔레노이드장의 특성을 이해한다.

주요 용어 및 수식

주요 용어와 중요한 수식은 눈에 잘 띄게 보여줍니다.

역자주 및 각주

생소한 용어나 본문의 이해를 돕기 위한 부가 설명을 제공합니다.

solenoidal field 이라고 한다. 솔레노이드장인 경우, 표면 S의 형태가 어떻게 생겼든 그 표면의 경계를 이루는 닫힌경로 C가 같으면 $\iint_S \mathbf{A} \cdot d\mathbf{s}$ 값은 표면 S에 관계없이 일정하다. 자기장은 솔레노이드장에 속하는데, 이에 대해서는 6장에서 설명하고 있다.

스토크스 정리 Stokes' theorem 를 식으로 쓰면 다음과 같다.

$$\iint_S \nabla \times \mathbf{A} \cdot d\mathbf{s} = \oint_C \mathbf{A} \cdot d\mathbf{l} \tag{1.41}$$

여기서 닫힌경로 C는 열린표면 S의 경계가 된다. 경로 C에서 $d\mathbf{l}$과 $d\mathbf{s} = \mathbf{a}_n ds$의 관계는 [그림 1-15(b)], [그림 1-15(c)]와 [그림 1-17(b)]에 나타나 있는 오른손 규칙을 따른다.

벡터 $\mathbf{A}$가 모든 곳에서 회전이 없는 벡터, 즉 $\nabla \times \mathbf{A}$가 0인 벡터인 경우, 어떤 닫힌경로에 대해서도 $\oint_C \mathbf{A} \cdot d\mathbf{l} = 0$이다. 이러한 벡터 $\mathbf{A}$를 **비회전장** curl-free field 또는 **보존장** conservative field 이라고 한다.[2] $\mathbf{A}$가 보존장인 경우, 두 점 사이에서의 $\mathbf{A}$의 선적분은 경로에 무관하다(1.3.4절 참조). 정적 전기장(정전기장)은 보존장에 속하는데 이에 대해서는 2장에서 설명하고 있다. 식 (1.40)과 식 (1.41)의 자세한 증명은 '쳉 Cheng 의 책'[3]에 실려 있다.

2 보존장과 비회전장의 특성은 똑같다.

3 D. K. Cheng, *Field and Wave Electromagnetics*, Addison-Wesley, 1989, 2nd Ed., Chapter 2.

예제 4-2 동축 케이블

[그림 4-2]에서 보듯이 동축 케이블은 반지름이 각각 a와 b인 두 개의 원통 도체로 이루어져 있다 ($a<b$). 두 원통의 축은 서로 같으며 두 원통 사이는 유전율이 ε인 선형 유전체로 채워져 있다. 내부 원통 도체와 외부 원통 도체 사이에는 전압 V_0가 걸려 있는데, 내부 도체의 전위가 외부 도체의 전위보다 높다. 두 원통의 길이가 무한히 길다고 가정할 때 $a \le \rho \le b$ 영역에서의 전위와 전기장을 구하라.

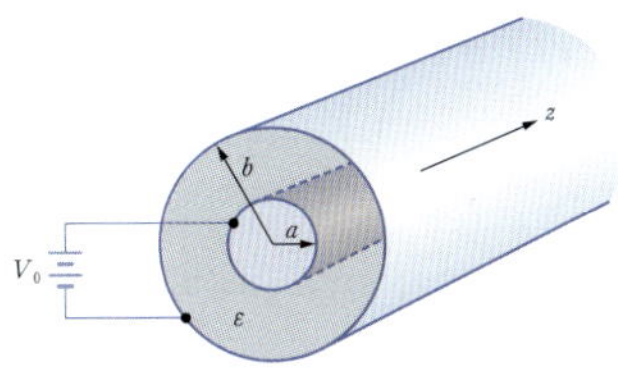

그림 4-2 동축 케이블

풀이

$a \le \rho \le b$ 영역에는 전하가 없고 경계면이 원통 좌표계의 원통면과 일치하므로, 이 영역에 분포하는 V는 다음과 같이 원통 좌표계를 사용한 라플라스 방정식을 만족한다.

$$\nabla^2 V = \frac{1}{\rho}\frac{\partial}{\partial \rho}\left(\rho \frac{\partial V}{\partial \rho}\right) + \frac{1}{\rho^2}\frac{\partial^2 V}{\partial \phi^2} + \frac{\partial^2 V}{\partial z^2} = 0 \qquad (4.13)$$

두 원통이 z방향으로 무한히 길고 원통의 표면($\rho=a$와 $\rho=b$)에서는 전위가 균일(즉 일정)하기 때문에 V는 z와 ϕ 값이 변해도 달라지지 않는다. 즉 $\frac{\partial}{\partial z} = \frac{\partial}{\partial \phi} = 0$이므로 식 (4.13)은 다음 식이 된다.

예제 및 풀이

본문에서 다룬 개념을 적용한 문제와 그에 대한 상세한 풀이를 제시합니다.

CHAPTER 09_연습문제

9.1 [예제 8-5]의 전자기파에 대해 다음 물음에 답하라.

(a) $\mathbf{E}(z, t)$가 특정한 조건에서 식 (9.4)로 표시되는 파동방정식을 충족함을 확인하라.

(b) 전기장을 $f(z-vt)$의 꼴로 쓰고 전자기파의 전파속도와 전파방향을 구하라.

(c) 파의 전파방향이 포인팅 벡터로 주어진 전자기 전력 흐름의 방향과 일치하는가? 속도는 식 (9.9)의 수식과 일치하는가?

9.2 어떤 전기장이 다음과 같이 주어질 때, 이 전기장은 파동방정식을 만족하는가? 이 전기장은 전자기파인가?

$$\mathbf{E} = \mathbf{a}_z E_0 \cos(\omega t - kz)$$

힌트 전자기파가 되려면 맥스웰 방정식을 모두 만족해야 한다.

연습문제

해당 장에서 학습한 내용을 얼마나 이해했는지 확인할 수 있는 문제를 제시합니다.

힌트

연습문제를 풀 때 도움이 되는 힌트를 제시합니다.

2.42 심화 얇은 원통 껍질이 다음과 같이 불균일한 표면전하분포를 갖고 있을 때, z축을 따라 전기장을 구하라.

$$\rho_s = \rho_{s0}\left(1+\frac{|z|}{l}\right) \qquad \left(\rho = a,\ -\frac{l}{2} < z < \frac{l}{2}\right)$$

2.43 길이가 유한한 두 개의 평행한 도선이 다음과 같이 균일한 선전하밀도를 갖고 있을 때, 주어진 물음에 답하라.

$$\rho_l = -\rho_{l0} \qquad \left(x = -\frac{d}{2},\ -\frac{l}{2} < z < \frac{l}{2}\right)$$

$$= +\rho_{l0} \qquad \left(x = \frac{d}{2},\ -\frac{l}{2} < z < \frac{l}{2}\right)$$

심화

기본 문제에서 한걸음 더 나아간 난이도의 문제도 담았습니다.

이 책의 사용 설명서

■ 강의 보조 자료

한빛아카데미 홈페이지에서 '교수회원'으로 가입하신 분은 인증 후 교수용 강의 보조 자료를 제공받을 수 있습니다. 한빛아카데미 홈페이지 상단의 〈교수전용공간〉 메뉴를 클릭하세요.

http://www.hanbit.co.kr/academy

■ 연습문제 해답 안내

이 책은 대학 강의용 교재로 개발되었으므로 연습문제 풀이는 제공하지 않습니다. 단, 정답은 아래의 경로에서 내려받을 수 있습니다.

http://www.hanbit.co.kr/src/4428

■ 무엇을 다루는가?

❶ **정전기장(1장~4장)** 기초적인 벡터와 좌표계의 개념에서 출발하여 벡터 미적분 등 전자기학의 수학적 표현법을 익힌다. 전기장과 전위의 개념과 함께 쿨롱 법칙, 가우스 법칙, 임의의 전하 분포에 따른 정전기장과 전위의 계산 방법을 배운다. 도체와 전기장의 특성을 이해하고, 편극, 변위 벡터를 통해 유전체 물질에 대한 이해를 높인다. 커패시턴스와 전기 에너지를 어떻게 구하는지 알아본다. 라플라스 방정식을 영상법과 변수 분리법으로 다양한 경계조건에서 풀이하는 방법을 배운다.

❷ **정자기장(5장~7장)** 여러 형태의 전류와 전도성 물질의 특성을 옴의 법칙과 줄의 법칙을 통해 익힌다. 자기장의 개념과 함께 암페어 법칙과 비오-사바르 법칙을 통해 정자기장을 계산하는 방법을 배운다. 자기장 속에 놓여 있는 전류가 받는 힘과 돌림힘을 계산해본다. 자기장이 물질 속에서 어떤 영향을 끼치는지를 자화 현상을 통해 이해한다. 인덕턴스와 자기에너지를 구하는 방법과 자성체의 특성을 살펴본다.

❸ **시변 전자기장과 전자기파(8장~10장)** 패러데이 법칙과 맥스웰 방정식으로 대표되는 시변 전자기장에 대한 기본 법칙과 경계조건, 포인팅 정리를 배운다. 전자기파가 손실이 없는 매질과 손실이 있는 매질에서 어떻게 전파하는가를 이해하고 전자기장의 해를 구해본다. 전자기파의 감쇠상수, 침투 깊이, 고유 임피던스 등을 계산하고 파의 분산, 군속도, 편파의 종류 등을 이해한다. 전자기파가 다양한 매질에서 반사, 투과될 때의 현상을 학습한다. 전반사, 브루스터 각, 정지파 등의 현상을 공부한다.

❹ **전자기파의 응용(11장~12장)** 도파관, 공진기, 전송선로, 안테나 등 전자기파의 다양한 응용에 대해 학습한다. 도파로의 유도 원리와 차단주파수의 개념을 이해한다. 평행판 도파로, 직사각형 도파관, 동축 케이블의 전자기파 해를 구한다. 전송선로의 전압파, 전류파를 이용한 해석을 공부한다. 기본적인 안테나 구조를 학습하고 방사 패턴, 방사저항, 지향성 이득 등의 안테나 특성 및 안테나 배열을 통한 빔 형성 원리를 배운다.

목차

목차

Chapter 06 정자기장

Chapter 07 물질 속의 자기장

Chapter 08 시변 전자기장 : 패러데이 법칙과 맥스웰 방정식

목차

이 책에 수록된 표

CHAPTER

01

벡터 해석

Vector Analysis

CONTENTS

학습목표

- 벡터의 개념을 이해하고 수식으로 표현할 수 있다.
- 벡터의 점곱, 가위곱, 삼중곱 연산의 의미를 이해하고 계산할 수 있다.
- 세 가지 좌표계(직각 좌표계, 원통 좌표계, 구 좌표계)의 구성을 이해한다.
- 세 좌표계에 위치와 벡터를 표시하고 수식으로 표현할 수 있다.
- 한 좌표계에서 표시한 단위벡터와 임의의 벡터를 다른 좌표계로 변환할 수 있다.
- 세 좌표계의 미소길이, 미소면적, 미소부피를 이해하고 선적분, 면적분을 계산할 수 있다.
- 벡터 함수의 발산과 회전, 그리고 스칼라 함수의 기울기의 의미를 이해하고, 세 좌표계에서 계산할 수 있다.
- 발산 정리, 스토크스 정리, 헬름홀츠 정리를 이해하고 응용할 수 있다.
- 2차 벡터 미분함수를 계산할 수 있고, 보존장과 솔레노이드장의 특성을 이해한다.

1.1 개요

1장에서 다루는 주제는 벡터 해석vector analysis이다. 전자기학에서 가장 중요하게 다루는 두 가지 물리량인 전기장electric field과 자기장magnetic field이 바로 벡터vector이므로 벡터 해석은 전자기학을 전개하고 응용하는 데 꼭 필요한, 중요한 것이다. 이 장에서는 먼저 벡터와 좌표계를 다루는데, 이 과정에서 미소길이differential length, 미소면적differential surface, 미소부피differential volume와 같은 요소들과 서로 다른 좌표계 사이에서 이루어지는 벡터 변환을 함께 살펴본다. 이어서 발산divergence, 기울기gradient, 회전curl과 발산 정리divergence theorem, 스토크스 정리Stokes' theorem를 소개하고 마지막에는 헬름홀츠 정리Helmholtz's theorem를 설명한다.

이 장에서는 편미분partial derivatives과 다중적분multiple integral의 개념에 대해 여러분이 알고 있는 내용을 되새겨볼 필요가 있다. 이 두 개념은 전자기 해석에 필수적이다. 또한 이 장에서는 좌표계의 3차원 특성을 확실히 이해할 수 있도록 노력해야 한다.

1.1.1 깁스와 벡터 해석의 발전

Josiah Willard Gibbs

깁스Josiah Willard Gibbs, 1839~1903는 19세기의 가장 위대한 미국 과학자로 일컬어진다. 그는 1871년부터 1903년 세상을 떠날 때까지 예일대학교Yale University 수리물리학 교수로 활동했다. 이 기간 동안에 그는 물리화학, 통계역학, 벡터 해석에 큰 공헌을 했다. 깁스 교수는 화학 퍼텐셜chemical potential, 상규칙相規則, phase rule, 깁스-돌턴 법칙Gibbs-Dalton law, 화학의 흡수법칙absorption law, 푸리에 급수Fourier series의 깁스 현상Gibbs' phenomenon을 발견했다.

깁스는 코네티컷주의 뉴헤이븐에서 어린 시절을 보냈다. 신학교수였던 그의 아버지(아버지의 이름도 아들과 똑같이 Josiah Willard Gibbs였다.)는 비교언어학에 관심이 많았다. 그는 잘 알려진 1839~1841년의 아미스타드 재판에 참여했는데, 결국 이 재판에서는 배(아미스타드 호)에 불법적으로 억류되었던 아프리카 출신의 노예들은 반란을 일으켜 배를 장악할 권리가 있다는 판결이 내려졌다. 전 미국대통령 애덤스John Quincy Adams는 세상을 놀라게 한 이 재판의 피고 측 변호인이었다. 재판이 끝난 다음, 아버지 깁스는 이 사건에 연루된 노예들의 전기를 썼고 노예들이 사용하는 희귀 언어인 멘디Mendi어 어휘집을 편찬했다. 아버지 깁스는 1861년 세상을 떠났는데, 아들 깁스와 두 딸이 부족함 없이 살 수 있을 정도의 재산을 남겼다.

깁스는 대학원 공부를 끝마치고 누나들과 함께 유럽으로 건너가 이후 4년 동안 연구를 이어나갔다. 당시 많은 미국 학생들이 선진 교육을 받기 위해 유럽으로 쏟아져 들어왔는데, 그도 이러한 대열의 일원이었다. 1869년에 미국으로 돌아온 그는 1871년에 수리물리학 교수로 임용되었다. 1870년대 깁스는 몇 가지 중요한 업적을 이루었다. 그는 학술지Transactions of the Connecticut Academy of Arts and Sciences에 세 편의 논문을 발표했다. 세 번째 논문은 분량이 300쪽이 넘었는데, 이 논문에서 그는 화학 퍼텐셜 chemical potential에 대한 개념을 전개하고 상규칙의 개요를 설명했다. 그가 이룬 연구 성과의 중요성을 곧바로 알아본 맥스웰James Clerk Maxwell은 그의 강력한 지지자가 되어 그의 이름이 널리 알려지는 데 큰 도움을 주었다. 맥스웰은 깁스와 서로 연락을 주고받았는데, 맥스웰은 깁스의 이론 가운데 한 이론의 석고모델[1]을 직접 만들어 보내고, 그의 책 '열이론Theory of Heat'의 한 장chapter을 깁스에게 할애했다. 나중에는 독일, 프랑스, 네덜란드의 과학자들도 깁스의 성과를 인정했다. 그의 세 번째 논문은 번역되어 1892년 독일에서, 1899년 프랑스에서 각각 책으로 출간되었다. 1901년에 그는 마침내 코플리상Copley Medal을 수상했다.

깁스는 1880년대 초반에 벡터 해석에 관심을 가졌다. 그는 그 일이 어떤 지적인 활동보다 큰 기쁨을 안겨준다고 종종 말했다. 그는 1880년대에 학생들을 위해 벡터 해석에 대한 방대한 양의 자료를 작성했는데, 이를 발표하지는 않았다. 그는 자신의 성과물들을 독창적인 것으로 여기지 않았는데, 그것은 이러한 것들이 독일 수학자 그라스만Grassman이 한참 전에 이룩한 결과물로부터 나온 것이라는 이유에서였다. 그럼에도 불구하고 벡터 해석과 관련한 그의 성과는 관심을 불러일으켰다. 이러한 관심은 사원법四元法, quaternions을 옹호하는 학자들과 깁스 사이의 광범위하고 격렬한 논쟁으로 이어졌다. 해밀턴Hamilton이 처음 도입한 사원법은 깁스의 방법과는 경쟁관계에 있었다. 이러한 논쟁은 대부분 1890년대에 일어났다. 마침내 깁스는 그의 제자인 윌슨E. B. Wilson이 자신의 강의를 정리하여 '벡터 해석Vector Analysis'이라는 제목으로 책을 출간하는 것을 허락했다. 깁스는 이 책의 저자, 심지어는 공동저자로도 자신의 이름을 올리지 않았는데, 그 까닭은 무엇일까? 앞서 말했듯이, 깁스는 그 책이 완전히 독창적이라고 생각하지 않았기 때문이라는 것이 가장 확실한 이유였고, 또한 지독하게 전투적인 사원법 옹호 그룹과의 논쟁에 더 이상 휘말리고 싶지 않은 이유도 있었을 것이다.

깁스와 그의 익명 사용에 대해서는 많은 일화가 있다. 한 미국 대학의 총장이 물리학자를 초빙하기 위해 유럽으로 건너갔다. 그의 의도에 가장 잘 맞는 사람이 깁스라는 말을 들은 그 총장의 반응은 다음과 같았다. "내가 깁스라는 인물에 대해 들어보지 못한 것을 보니 그는 별로 활동적인 사람이 아닌 게 분명해." 깁스가 자신의 분야에 있는 사람들 사이에서는 꽤 유명했다는 사실을 생각하면 흥미로운 일이 아닐 수 없다. 처음 임용된 1871년 이후 채 10년이 지나지 않아 그는 맥스웰에게서 인정과 많은 찬사를 받았고, 로렌츠Lorentz의 추천을 받아 미국 국립과학아카데미National Academy of Sciences 회원으로 선출되었고 럼퍼드상Rumford Medal을 수상했다.

깁스는 말수가 적은 사람으로 외향적인 성격과는 거리가 멀었다. 그는 왕성한 지적 활동을 즐겼으며, 몇몇 가까운 친구들과 우정을 나누고 가족들과 친밀한 관계를 유지했다. 그는 그가 자란 집에서 독신으로 지낸 누나 안나Anna 그리고 줄리아Julia의 가족들과 함께 살며 사회생활을 했다.

깁스가 쓴 저작물은 매우 추상적이고 지나치게 간결해서 이를 이해할 수 있는 사람은 얼마 되지 않았다. 또한 처음에 그는 상대적으로 별로 알려지지 않은 학술지Connecticut Academy Transactions에 발표를 했

1 Muriel Rukeyser, *Willard Gibbs*, pp. 199–203, Oxbow Press, Woodbridge, CT, 1988, Reprint from Doubleday, Doran, Garden City, NY, 1942.

다. 게다가 깁스는 자신의 이론이 어떤 식으로 응용되는지에 대해 충분히 설명하지 않았다. 이론의 응용은 주로 다른 사람의 몫이었다. 여러 곳에 응용되기까지는 많은 시간이 필요했다. 그래서 그의 성격과 그의 성과물의 본질을 고려할 때, 더 넓은 의미에서 그가 오랫동안 잘 알려지지 않았다는 사실은 별로 놀랄 만한 일이 못 된다. 그는 새로운 시대를 연 맥스웰의 고전물리학적 업적이 완성된 직후부터 상대성이론 relativity 및 양자론 quantum theory이 극적으로 출현하기 바로 직전에 나타난 고전물리학계의 마지막 인물이었다.

1.2 벡터 대수

1.2.1 벡터의 기본 연산

크기 magnitude로 규정되는 양을 **스칼라** scalar라고 한다. 온도, 전하, 전압은 모두 스칼라이다. 스칼라를 기호로 나타낼 때는 일반적으로 이탤릭체로 쓴다. 예를 들어 전압은 V로 쓴다.

크기와 함께 방향도 갖는 양을 **벡터** vector라고 한다. 속도 velocity, 전기장 electric field은 벡터이다. 벡터는 굵은 글자를 사용하여 나타내는데, 예를 들어 전기장은 $\mathbf{E}$로 쓴다. 벡터 $\mathbf{A}$는 [그림 1–1]과 같이 방향을 가리키는 선분인 화살표로 나타낸다. 벡터 $\mathbf{A}$의 크기는 화살표의 길이로 나타내며 $|\mathbf{A}|$ 또는 A로 표시한다. 벡터 $\mathbf{A}$의 방향은 화살의 머리가 가리키는 방향이다. 화살의 머리와 꼬리를 바꿔 화살표를 반대로 하면 $\mathbf{A}$는 $-\mathbf{A}$가 된다. 어떤 벡터의 방향이 바뀌면 다른 벡터가 되지만, 위치만 옮기는(평행이동) 경우에는 벡터는 달라지지 않는다.

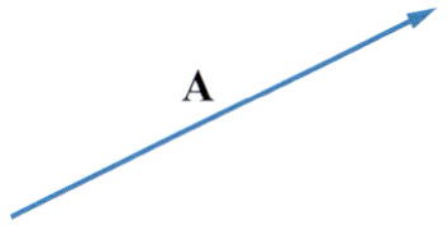

그림 1–1 벡터 A의 표현(화살표)

벡터 덧셈

벡터 $\mathbf{A}$와 벡터 $\mathbf{B}$의 벡터 합 $\mathbf{A}+\mathbf{B}$를 구하려면 [그림 1–2(a)]와 같이 $\mathbf{A}$의 머리에 $\mathbf{B}$의 꼬리를 붙인다. 벡터 합 $\mathbf{A}+\mathbf{B}$는 $\mathbf{A}$의 꼬리에서 $\mathbf{B}$의 머리로 가는 화살표가 된다. [그림 1–2(b)]에서 보듯이 순서를 바꿔서 $\mathbf{B}$의 머리에 $\mathbf{A}$의 꼬리를 붙여도 결과는 같다. [그림 1–2(c)]와 같이 여러분들에게 친숙한 '평행사변형 방법'으로도 같은 결과를 얻을 수 있다.

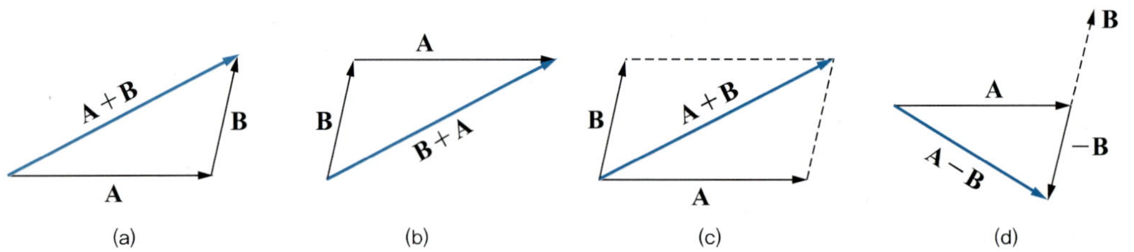

그림 1-2 벡터 덧셈

(a) A+B (b) B+A (c) 평행사변형 방법 (d) A−B

[그림 1−2(a)]와 [그림 1−2(b)]에서 알 수 있듯이 벡터 덧셈에서는 교환 법칙이 성립한다.

$$\mathbf{A} + \mathbf{B} = \mathbf{B} + \mathbf{A} \tag{1.1}$$

또한 다음과 같이 결합 법칙도 성립한다.

$$(\mathbf{A} + \mathbf{B}) + \mathbf{C} = \mathbf{A} + (\mathbf{B} + \mathbf{C}) \tag{1.2}$$

A 에서 **B**를 뺄 때는 **B**의 방향을 반대로 한 $-\mathbf{B}$를 **A**에 더하면 된다([그림 1−2(d)]).

$$\mathbf{A} - \mathbf{B} = \mathbf{A} + (-\mathbf{B}) \tag{1.3}$$

스칼라 곱셈

어떤 벡터에 스칼라 a를 곱하면, 그 벡터의 크기가 a배가 된다. 이때 곱하는 스칼라 a가 0보다 큰 실수 real number이면 벡터의 방향은 바뀌지 않는다. 스칼라 곱셈에서는 분배 법칙이 성립한다.

$$a(\mathbf{A} + \mathbf{B}) = a\mathbf{A} + a\mathbf{B} \tag{1.4}$$

어떤 벡터를 스칼라 a로 나누는 것은 그 벡터에 a의 역수를 곱하는 것과 마찬가지이다.

$$\frac{\mathbf{B}}{a} = \left(\frac{1}{a}\right)\mathbf{B} \tag{1.5}$$

벡터 **A** 를 자신의 크기 A로 나누면 길이는 1이면서 **A**와 같은 방향을 가리키는 벡터가 되는데, 이를 **단위벡터** unit vector 라고 하고 **a**로 표시한다.

$$\mathbf{a} = \frac{\mathbf{A}}{A}, \quad |\mathbf{a}| = 1 \tag{1.6}$$

단위벡터들은 그 종류에 관계없이 크기가 같으며 방향만 다를 뿐이다.

점곱

두 벡터의 **점곱** dot product 을 계산하면 스칼라가 된다. (그래서 점곱의 또 다른 이름이 스칼라곱이다.) 두 벡터의 점곱은 다음 식으로 정의된다.

$$\mathbf{A} \cdot \mathbf{B} \equiv AB\cos\theta_{AB} \quad (0 \le \theta_{AB} \le \pi) \tag{1.7}$$

여기서 $A = |\mathbf{A}|$, $B = |\mathbf{B}|$이고, θ_{AB}는 $\mathbf{A}$와 $\mathbf{B}$의 사잇각이다.

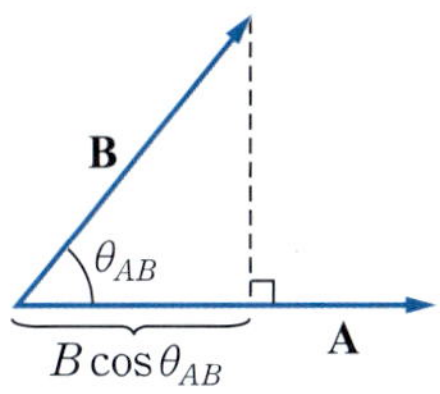

그림 1-3 두 벡터의 점곱

점곱은 A에 $\mathbf{B}$의 $\mathbf{A}$ 방향성분($\mathbf{B}$의 $\mathbf{A}$ 위로의 정사영)인 $B\cos\theta_{AB}$를 곱한 것이다. B에 $\mathbf{A}$의 $\mathbf{B}$ 방향성분($\mathbf{A}$의 $\mathbf{B}$ 위로의 정사영)인 $A\cos\theta_{AB}$를 곱해도 마찬가지이다. $\theta_{AB} > \frac{\pi}{2}$이면 정사영은 음수가 된다.

점곱에서는 교환 법칙이 성립한다.

$$\mathbf{B} \cdot \mathbf{A} = \mathbf{A} \cdot \mathbf{B} \tag{1.8}$$

또한 분배 법칙도 성립한다.

$$\mathbf{A} \cdot (\mathbf{B} + \mathbf{C}) = \mathbf{A} \cdot \mathbf{B} + \mathbf{A} \cdot \mathbf{C} \tag{1.9}$$

특별한 경우를 몇 가지 살펴보면 다음과 같다.

$$\begin{aligned} \mathbf{A} \cdot \mathbf{B} &= AB \quad (\theta_{AB} = 0) \\ &= 0 \quad \left(\theta_{AB} = \frac{\pi}{2},\ \mathbf{A}\text{와 }\mathbf{B}\text{가 서로 수직}\right) \\ \mathbf{A} \cdot \mathbf{A} &= A^2 \end{aligned}$$

가위곱

두 벡터의 **가위곱**cross product을 계산하면 벡터가 된다. (그래서 가위곱의 또 다른 이름이 벡터곱이다.) 두 벡터의 가위곱은 다음 식으로 정의된다.

$$\mathbf{A} \times \mathbf{B} = \mathbf{a}_n AB\sin\theta_{AB} \quad (0 \le \theta_{AB} \le \pi) \tag{1.10}$$

$\mathbf{A} \times \mathbf{B}$의 크기인 $AB\sin\theta_{AB}$는 [그림 1-4(a)]에서 보듯이 $\mathbf{A}$와 $\mathbf{B}$가 만드는 평행사변형의 면적(=밑변×높이)이다. A와 B 중에서 어느 것을 밑변으로 삼아도 된다. [그림 1-4(a)]에 나타나 있듯이 가위곱의 방향은 $\mathbf{a}_n$이 가리키는 방향이다. $\mathbf{a}_n$은 평행사변형이 놓인 평면(즉 $\mathbf{A}$와 $\mathbf{B}$가 만드는 평면)에 수직인 단위벡터이다. $\mathbf{a}_n$의 방향은 오른손 규칙으로 구할 수 있다([그림 1-4(b)]). $\mathbf{A} \times \mathbf{B}$는 $\mathbf{A}$와 $\mathbf{B}$에 각각 수직이라는 것을 잘 알아두어야 한다. 엄지, 집게, 가운데 손가락이 서로서로 수직이 되도록 만드는 세 손가락 규칙으로 구할 수도 있다([그림 1-4(c)]). 집게손가락은 $\mathbf{A}$와 나란히, 가운뎃손가락은 $\mathbf{B}$와 나란히 각각 맞추면 엄지손가락이 가리키는 방향이 $\mathbf{A} \times \mathbf{B}$의 방향이다.

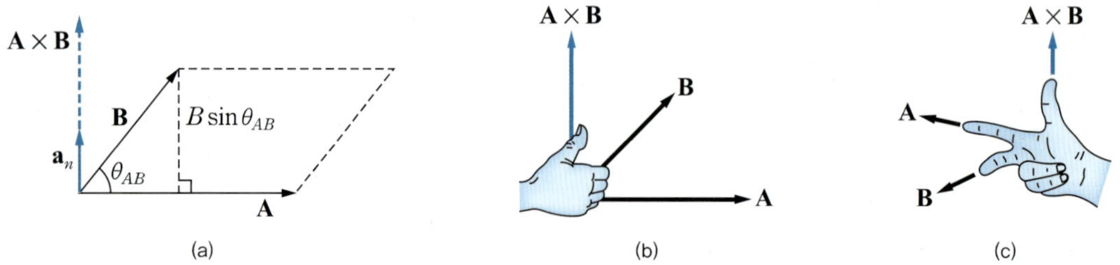

그림 1-4 두 벡터의 가위곱

(a) 크기 (b) 오른손 규칙 (c) 세 손가락 규칙

가위곱에서는 분배 법칙이 성립한다.

$$\mathbf{A}\times(\mathbf{B}+\mathbf{C}) = \mathbf{A}\times\mathbf{B}+\mathbf{A}\times\mathbf{C} \tag{1.11}$$

가위곱에서 교환 법칙은 성립하지 않는다.

$$\mathbf{A}\times\mathbf{B} = -\mathbf{B}\times\mathbf{A} \tag{1.12}$$

특별한 경우를 몇 가지 살펴보면 다음과 같다.

$$|\mathbf{A}\times\mathbf{B}| = AB \qquad (\theta_{AB} = \frac{\pi}{2})$$

$$= 0 \qquad (\theta_{AB} = 0)$$

$$\mathbf{A}\times\mathbf{A} = 0$$

1.2.2 직각 좌표계에서의 벡터 대수

좌표계를 도입하면 벡터를 성분 component 들을 써서 나타낼 수 있다. 이 절에서는 여러 좌표계 중에서 직각 좌표계 rectangular coordinate system 또는 Cartesian coordinate system 를 사용하여 이에 대해 알아보기로 한다.

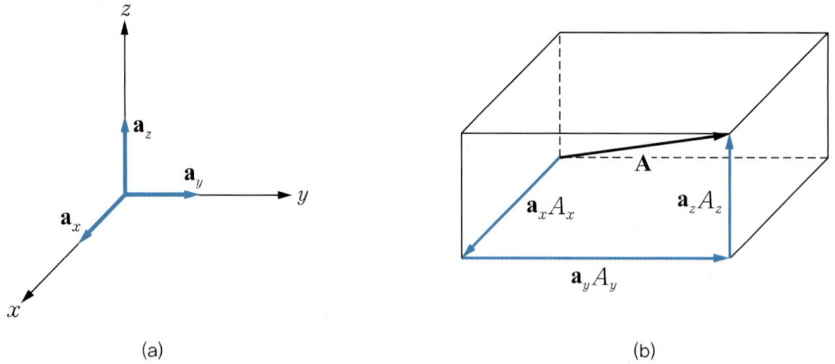

그림 1-5 직각 좌표계에서의 벡터의 표현

(a) 단위벡터 (b) 벡터 A의 성분

[그림 1-5(a)]에서 직각 좌표계를 볼 수 있는데, 여기에는 단위벡터 $\mathbf{a}_x$, $\mathbf{a}_y$, $\mathbf{a}_z$가 함께 표시되어 있다. [그림 1-5(b)]에는 벡터 $\mathbf{A}$와 이를 x, y, z축에 투영시킨 정사영벡터 $\mathbf{a}_x A_x$, $\mathbf{a}_y A_y$, $\mathbf{a}_z A_z$가 나타나 있다. 이 정사영들을 평행이동하여 머리와 꼬리를 붙여보면 다음 식이 성립하는 것을 확인할 수 있다.

$$\mathbf{A} = \mathbf{a}_x A_x + \mathbf{a}_y A_y + \mathbf{a}_z A_z \tag{1.13}$$

정사영 벡터의 크기 A_x, A_y, A_z를 $\mathbf{A}$의 성분이라고 한다. 식으로 나타낼 때 성분들을 단위벡터 앞에 써도 상관은 없다.

벡터 덧셈

$$\begin{aligned} \mathbf{A} + \mathbf{B} &= (\mathbf{a}_x A_x + \mathbf{a}_y A_y + \mathbf{a}_z A_z) + (\mathbf{a}_x B_x + \mathbf{a}_y B_y + \mathbf{a}_z B_z) \\ &= \mathbf{a}_x (A_x + B_x) + \mathbf{a}_y (A_y + B_y) + \mathbf{a}_z (A_z + B_z) \end{aligned} \tag{1.14}$$

스칼라 곱셈

$$\begin{aligned} c\mathbf{A} &= c(\mathbf{a}_x A_x + \mathbf{a}_y A_y + \mathbf{a}_z A_z) \\ &= \mathbf{a}_x (cA_x) + \mathbf{a}_y (cA_y) + \mathbf{a}_z (cA_z) \end{aligned} \tag{1.15}$$

점곱

단위벡터끼리의 점곱은 다음과 같다.

$$\mathbf{a}_x \cdot \mathbf{a}_x = \mathbf{a}_y \cdot \mathbf{a}_y = \mathbf{a}_z \cdot \mathbf{a}_z = 1$$

$$\mathbf{a}_x \cdot \mathbf{a}_y = \mathbf{a}_x \cdot \mathbf{a}_z = \mathbf{a}_y \cdot \mathbf{a}_z = 0$$

따라서 두 벡터의 점곱은 다음과 같다.

$$\begin{aligned} \mathbf{A} \cdot \mathbf{B} &= (\mathbf{a}_x A_x + \mathbf{a}_y A_y + \mathbf{a}_z A_z) \cdot (\mathbf{a}_x B_x + \mathbf{a}_y B_y + \mathbf{a}_z B_z) \\ &= A_x B_x + A_y B_y + A_z B_z \end{aligned} \tag{1.16}$$

특별한 경우를 살펴보면

$$\mathbf{A} \cdot \mathbf{A} = A_x^2 + A_y^2 + A_z^2 = |\mathbf{A}|^2$$

이므로, 벡터의 크기는 다음과 같다.

$$|\mathbf{A}| = \sqrt{A_x^2 + A_y^2 + A_z^2}$$

가위곱

단위벡터끼리의 가위곱은 다음과 같다.

$$\mathbf{a}_x \times \mathbf{a}_x = \mathbf{a}_y \times \mathbf{a}_y = \mathbf{a}_z \times \mathbf{a}_z = 0$$

$$\begin{aligned} \mathbf{a}_x \times \mathbf{a}_y &= \mathbf{a}_z & \qquad \mathbf{a}_y \times \mathbf{a}_x &= -\mathbf{a}_z \\ \mathbf{a}_y \times \mathbf{a}_z &= \mathbf{a}_x & \qquad \mathbf{a}_z \times \mathbf{a}_y &= -\mathbf{a}_x \\ \mathbf{a}_z \times \mathbf{a}_x &= \mathbf{a}_y & \qquad \mathbf{a}_x \times \mathbf{a}_z &= -\mathbf{a}_y \end{aligned}$$

가위곱은 간단하게 오른손 규칙을 적용하거나 $xyzxyz$의 순환 방식에 따라 구할 수 있다.

$$\begin{aligned} \mathrm{A} \times \mathrm{B} &= (\mathbf{a}_x A_x + \mathbf{a}_y A_y + \mathbf{a}_z A_z) \times (\mathbf{a}_x B_x + \mathbf{a}_y B_y + \mathbf{a}_z B_z) \\ &= \mathbf{a}_x (A_y B_z - A_z B_y) + \mathbf{a}_y (A_z B_x - A_x B_z) + \mathbf{a}_z (A_x B_y - A_y B_x) \end{aligned} \tag{1.17a}$$

위에서 구한 결과는 다음과 같이 행렬식[determinant]의 형태로 간단하게 쓸 수 있다.

$$\mathrm{A} \times \mathrm{B} = \begin{vmatrix} \mathbf{a}_x & \mathbf{a}_y & \mathbf{a}_z \\ A_x & A_y & A_z \\ B_x & B_y & B_z \end{vmatrix} \tag{1.17b}$$

1.2.3 삼중곱

스칼라 삼중곱 $\mathrm{A} \cdot (\mathrm{B} \times \mathrm{C})$

$\mathrm{A} \cdot (\mathrm{B} \times \mathrm{C})$는 스칼라로, 크기는 세 벡터가 만드는 평행육면체(상자)의 부피와 같다. [그림 1–6(b)]를 보면 세 벡터 A, B, C와 이들이 만드는 상자가 있다. [그림 1–6(a)]에서 보듯이 벡터 $\mathrm{B} \times \mathrm{C}$는 방향이 $\mathbf{a}_n$이고 크기는 평행육면체의 밑면의 면적과 같다는 것을 잘 알아두기 바란다.

$$\mathrm{B} \times \mathrm{C} = \mathbf{a}_n (\text{밑면}_{CB}\text{의 면적})$$

따라서

$$\begin{aligned} \mathrm{A} \cdot (\mathrm{B} \times \mathrm{C}) &= (\mathbf{a}_n \cdot \mathrm{A})(\text{밑면}_{CB}\text{의 면적}) \\ &= \pm h_a (\text{밑면}_{CB}\text{의 면적}) = \pm(\text{상자의 부피}) \end{aligned} \tag{1.18}$$

$(\mathbf{a}_n \cdot \mathrm{A})$의 부호는 [그림 1–6]의 경우에는 $(+)$이다. A 의 방향이 반대인 경우에는 $(\mathbf{a}_n \cdot \mathrm{A})$의 부호는 $(-)$가 된다.

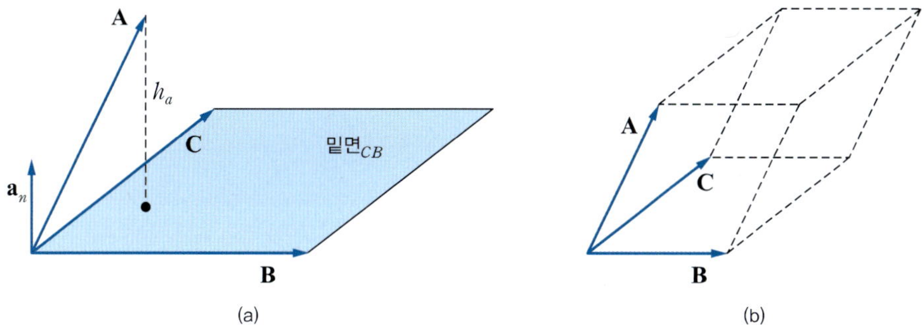

그림 1-6 삼중곱 $\mathbf{A}\cdot(\mathbf{B}\times\mathbf{C})$

(a) 밑면$_{CB}$와 높이 h_a (b) 벡터 **A**, **B**, **C**와 이들이 만드는 평행육면체

평행육면체의 부피는 서로 다른 세 밑변에 대해 각각 구할 수 있으므로, 다음 관계식이 성립한다.

$$\begin{aligned}\mathbf{A}\cdot(\mathbf{B}\times\mathbf{C}) &= \mathbf{B}\cdot(\mathbf{C}\times\mathbf{A}) = \mathbf{C}\cdot(\mathbf{A}\times\mathbf{B}) \\ &= -\mathbf{A}\cdot(\mathbf{C}\times\mathbf{B}) = -\mathbf{B}\cdot(\mathbf{A}\times\mathbf{C}) = -\mathbf{C}\cdot(\mathbf{B}\times\mathbf{A})\end{aligned} \tag{1.19}$$

따라서 ABCABC의 순환 방식에서 벗어나지 않으면 순서를 바꿔도 같은 결과가 나온다. 다음 식에서 보듯이 식 (1.19)에서 점곱과 가위곱의 계산 순서를 바꿔도 결과는 같다.

$$\mathbf{A}\cdot(\mathbf{B}\times\mathbf{C}) = (\mathbf{A}\times\mathbf{B})\cdot\mathbf{C} \tag{1.20}$$

스칼라 삼중곱도 행렬식의 형태로 쓸 수 있다. 이 절에 있는 수식에 들어 있는 모든 괄호는 그 곳이 아니면 들어갈 수 없으므로 없애도 상관은 없다.

$$\mathbf{A}\cdot(\mathbf{B}\times\mathbf{C}) = \begin{vmatrix} A_x & A_y & A_z \\ B_x & B_y & B_z \\ C_x & C_y & C_z \end{vmatrix} \tag{1.21}$$

직각 좌표계에서 이 식의 양변을 차근차근 전개하여 나타낼 수 있다.

벡터 삼중곱 $\mathbf{A}\times(\mathbf{B}\times\mathbf{C})$

$\mathbf{A}\times(\mathbf{B}\times\mathbf{C})$는 벡터이다. [그림 1-6(a)]에서 보듯이 벡터 $\mathbf{B}\times\mathbf{C}$의 방향은 $\mathbf{a}_n$의 방향이다. 그러면 $\mathbf{A}\times(\mathbf{B}\times\mathbf{C})$는 $(\mathbf{B}\times\mathbf{C})$와 직각을 이루므로 결국 $\mathbf{a}_n$과 수직이 된다. 그러므로 $\mathbf{A}\times(\mathbf{B}\times\mathbf{C})$는 **B**와 **C**가 만드는 평면에 놓이고, 따라서 **B** 방향성분과 **C** 방향성분을 갖는다. 다음의 'BAC−CAB' 공식을 쓰면 이 성분을 구할 수 있다.

$$\mathbf{A}\times(\mathbf{B}\times\mathbf{C}) = \mathbf{B}(\mathbf{A}\cdot\mathbf{C}) - \mathbf{C}(\mathbf{A}\cdot\mathbf{B}) \tag{1.22}$$

위의 관계식을 직각좌표 성분으로 전개하여 나타낼 수 있다([연습문제 1.5] 참조).

$\mathbf{A}\times(\mathbf{B}\times\mathbf{C})$는 $(\mathbf{A}\times\mathbf{B})\times\mathbf{C}$와 다르므로 반드시 괄호를 사용해야 한다.

예제 1-1

벡터 A, B, C가 각각 다음과 같을 때, $\mathbf{A}\cdot(\mathbf{B}\times\mathbf{C})$와 $\mathbf{A}\times(\mathbf{B}\times\mathbf{C})$를 각각 구하라.

$$\mathbf{A}=\mathbf{a}_y 2+\mathbf{a}_z 2$$
$$\mathbf{B}=\mathbf{a}_y 3$$
$$\mathbf{C}=\mathbf{a}_x(-4)+\mathbf{a}_y 4$$

풀이

$$\mathbf{A}\cdot(\mathbf{B}\times\mathbf{C})=\begin{vmatrix} 0 & 2 & 2 \\ 0 & 3 & 0 \\ -4 & 4 & 0 \end{vmatrix}=(-4)\{2\cdot 0-2\cdot 3\}=24$$

$$\begin{aligned}\mathbf{A}\times(\mathbf{B}\times\mathbf{C})&=\mathbf{B}(\mathbf{A}\cdot\mathbf{C})-\mathbf{C}(\mathbf{A}\cdot\mathbf{B})\\&=\mathbf{a}_y 3\cdot(8)-(-\mathbf{a}_x 4+\mathbf{a}_y 4)\cdot 6=\mathbf{a}_x 24\end{aligned}$$

세 벡터와 이들이 만드는 평행육면체(상자)를 그려보자. $\mathbf{A}\times(\mathbf{B}\times\mathbf{C})$가 $\mathbf{a}_x$ 성분만 갖는 것을 기하학적으로 확인해보자.

예제 1-2

$\mathbf{A}=\mathbf{a}_x A_x+\mathbf{a}_y A_y+\mathbf{a}_z A_z$일 때 $\mathbf{A}\cdot\mathbf{a}_z$와 $\mathbf{A}\times\mathbf{a}_z$를 각각 구하라.

풀이

$$\mathbf{A}\cdot\mathbf{a}_z=\mathbf{a}_z\cdot(\mathbf{a}_x A_x+\mathbf{a}_y A_y+\mathbf{a}_z A_z)=0+0+A_z=A_z$$

벡터 A와 어떤 단위벡터의 점곱을 취하면 그 단위벡터 방향으로의 A의 성분이 나온다.

$$\mathbf{A}\times\mathbf{a}_z=\begin{vmatrix} \mathbf{a}_x & \mathbf{a}_y & \mathbf{a}_z \\ A_x & A_y & A_z \\ 0 & 0 & 1 \end{vmatrix}=\mathbf{a}_x A_y-\mathbf{a}_y A_x$$

1.3 좌표계

1.3.1 좌표계의 구성

[그림 1-7]은 이 책에서 사용하는 세 개의 기본 좌표계이다. 이 중에서 직각 좌표계는 (x, y, z)를 사용하고 원통 좌표계는 (ρ, ϕ, z)를 사용하며 구 좌표계는 (r, θ, ϕ)를 사용한다. 전자기학에서 다루는 3차원 문제에서 가장 중요한 것이 좌표계와 그 구조를 이해하는 것이다. 구조가 문제의 핵심이 되는 경우가 종종 있다.

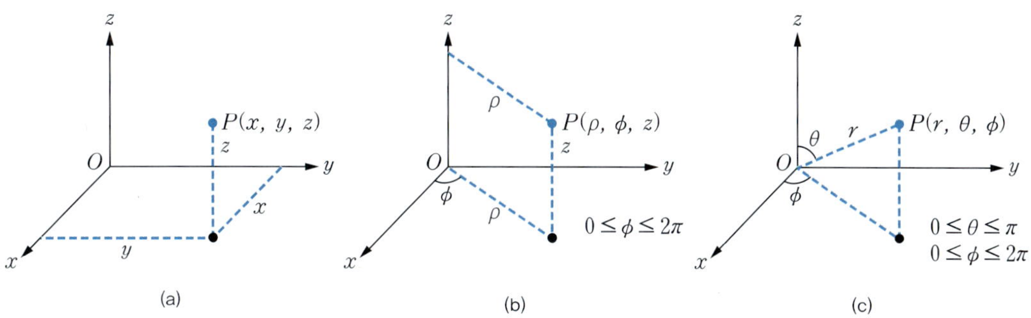

그림 1-7 세 가지 기본 좌표계
(a) 직각 좌표계 (b) 원통 좌표계 (c) 구 좌표계

[그림 1-7]에서 세 좌표계 사이의 관계를 잘 알아두어야 한다. r은 특정한 점 P와 원점 사이의 거리이다. θ는 z축과 선 OP가 이루는 각도(이를 편각 polar angle이라고 한다.)로 $0 \sim \pi$ 사이의 값을 갖는다. ρ는 점 P와 z축 사이의 거리이다. 또한 ρ는 점 P의 xy평면 위로의 정사영(투영)과 원점 사이의 거리이기도 하다. $\rho = r\sin\theta$이다. z는 직각 좌표계에서나 원통 좌표계에서나 똑같이 정의되는데 $z = r\cos\theta$이다. ϕ(이를 수평각 또는 방위각 azimuth angle이라고 한다.)는 점 P의 xy평면 위로의 정사영과 x축이 이루는 각도로 $0 \sim 2\pi$ 사이의 값을 갖는다. ϕ에 대한 정의는 원통 좌표계와 구 좌표계에서 모두 같다. (x, y)와 (ρ, ϕ) 사이의 관계는 $x = \rho\cos\phi$와 $y = \rho\sin\phi$이다.

[표 1-1]은 좌표계 사이의 변환식을 모두 모아 정리한 것이다. [그림 1-7]의 좌표계 그림을 이용하여 여기에 있는 관계식들을 직접 유도해보기 바란다.

표 1-1 좌표계 사이의 변환식

$x = \rho\cos\phi = r\sin\theta\cos\phi$	$\rho = \sqrt{x^2+y^2} = r\sin\theta$	$r = \sqrt{x^2+y^2+z^2} = \sqrt{\rho^2+z^2}$
$y = \rho\sin\phi = r\sin\theta\sin\phi$	$\phi = \tan^{-1}\dfrac{y}{x}$ *	$\theta = \tan^{-1}\dfrac{\sqrt{x^2+y^2}}{z} = \tan^{-1}\dfrac{\rho}{z}$
$z = r\cos\theta$	$z = r\cos\theta$	$\phi = \tan^{-1}\dfrac{y}{x}$ *

* x와 y의 부호에 주의해야 한다. 그래야 각도 ϕ가 속한 사분면이 정확하게 계산된다.

다음으로 세 가지 좌표계에서 직교면 orthogonal surface 에 대해 살펴보자. [그림 1-8]에 여러 직교면들과 단위벡터들을 나타냈다. '$\theta =$ 일정(상수)'인 면은 원뿔 cone 이고 '$\phi =$ 일정'인 면은 반평면 half-plane 이다. '$\rho =$ 일정'인 면은 원통 cylinder 이고 '$r =$ 일정'인 면은 구 sphere 이다. 각 좌표계에서의 단위벡터는 해당 좌표계의 직교면에 수직이면서 좌표의 값이 증가하는 방향을 가리킨다.

> • **단위벡터의 일반적 정의 :** $\mathbf{a}_\xi$는 좌표 $\xi =$ 일정(상수)인 면에 수직이면서 ξ 값이 증가하는 방향을 가리키는 단위벡터이다.

그러므로 단위벡터 $\mathbf{a}_r$은 '$r =$ 상수'인 구의 면에 수직이며 r 값이 증가하는 방향을 가리킨다. 따라서 $\mathbf{a}_r$의 방향은 원점으로부터 반지름 방향으로 사방으로 뻗어나가는 방향이다. 단위벡터 $\mathbf{a}_\theta$는 원뿔면에 수직이며 θ 값이 증가하는 방향을 가리킨다. $\theta = \frac{\pi}{2}$ 인 경우에 $\mathbf{a}_\theta$는 $-\mathbf{a}_z$와 같아진다. 위치에 따라 방향이 달라지지 않는 단위벡터는 $\mathbf{a}_x$, $\mathbf{a}_y$, $\mathbf{a}_z$ 뿐이라는 사실에 주의해야 한다. 따라서 이들 세 단위벡터는 벡터적분을 계산할 때 적분기호 밖으로 꺼낼 수 있다. 그러나 $\mathbf{a}_\rho$, $\mathbf{a}_r$, $\mathbf{a}_\theta$, $\mathbf{a}_\phi$는 위치에 따라 방향이 달라지므로 상수벡터 constant vector 가 아니다([연습문제 1.17] 참조). 서로 다른 좌표계의 단위벡터들 사이의 관계에 대해서는 1.3.3절에서 다루기로 한다. 끝으로 [그림 1-8(c)]에서 지구의 위도 latitude 와 경도 longitude 에 해당하는 선들을 찾아보라.

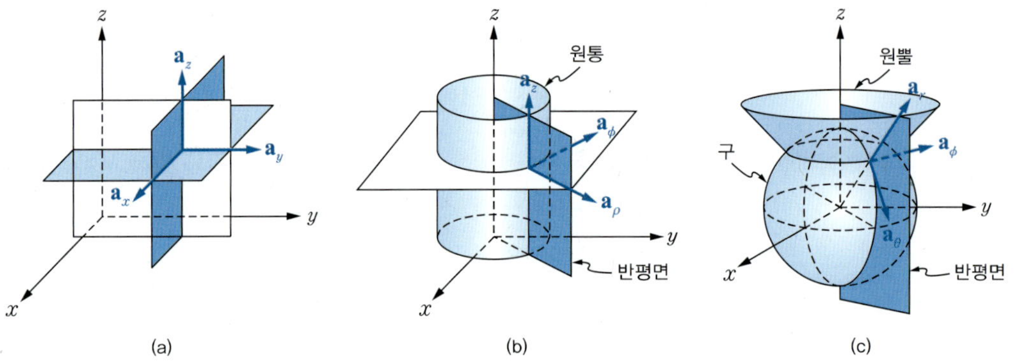

그림 1-8 직교면과 단위벡터
(a) 직각 좌표계 (b) 원통 좌표계 (c) 구 좌표계

1.3.2 미소길이, 미소면적, 미소부피

스칼라함수와 벡터함수의 적분을 수행하려면 미소길이, 미소면적, 미소부피와 같은 미분 요소를 알아야 한다. 이들 요소 중에서 이미 잘 알고 있는 것도 있겠지만, 어떤 것은 처음 보는 것일 것이다. 먼저 미소길이 벡터 $d\mathbf{l}$에 대해 살펴보자. 화살표 $d\mathbf{l}$을 따라 움직이면 x, y, z 좌표는 각각 dx, dy, dz만큼 변한다. 따라서 다음과 같이 나타낼 수 있다.

$$d\mathbf{l} = \mathbf{a}_x dx + \mathbf{a}_y dy + \mathbf{a}_z dz \tag{1.23a}$$

변수 ρ와 r의 길이 변화에 해당하는 미소길이는 각각 $\mathbf{a}_\rho d\rho$, $\mathbf{a}_r dr$이다. 원통 좌표계에서 미소길이 $d\mathbf{l}$에는 각도변화($d\phi$)와 관련된 요소가 하나 필요하다. 반면, 구 좌표계에서는 각도변화($d\theta$, $d\phi$)와 관련된 요소가 두 개 필요하다. 이를 [그림 1-9]에 나타냈다. θ만 변하는 경우의 미소길이 벡터는 $\mathbf{a}_\theta r\,d\theta$이다. 여기서 주의할 점은 '길이'가 되어야 하므로 $\mathbf{a}_\theta\,d\theta$가 아니라 여기에 길이계수[metric coefficient]인 r을 추가로 곱해 주어야 한다는 것이다. [그림 1-9]에서 보듯이 ϕ만 변하는 경우의 미소길이 벡터는 $\mathbf{a}_\phi \rho\,d\phi$ 또는 $\mathbf{a}_\phi r\sin\theta\,d\phi$이다. 여기서도 마찬가지로 '길이'가 되어야 하므로 $\mathbf{a}_\phi d\phi$가 아니라 여기에 길이계수인 $\rho = r\sin\theta$를 곱해 $\mathbf{a}_\phi \rho\,d\phi$ 또는 $\mathbf{a}_\phi r\sin\theta\,d\phi$와 같이 써야 한다는 것을 잊지 말아야 한다.

따라서 원통 좌표계와 구 좌표계에서의 미소길이 벡터는 각각 다음과 같다.

$$d\mathbf{l} = \mathbf{a}_\rho\,d\rho + \mathbf{a}_\phi\,\rho\,d\phi + \mathbf{a}_z\,dz \tag{1.23b}$$

$$d\mathbf{l} = \mathbf{a}_r\,dr + \mathbf{a}_\theta\,r\,d\theta + \mathbf{a}_\phi r\sin\theta\,d\phi \tag{1.23c}$$

[표 1-2(a)]에 미소길이 벡터를 정리했다.

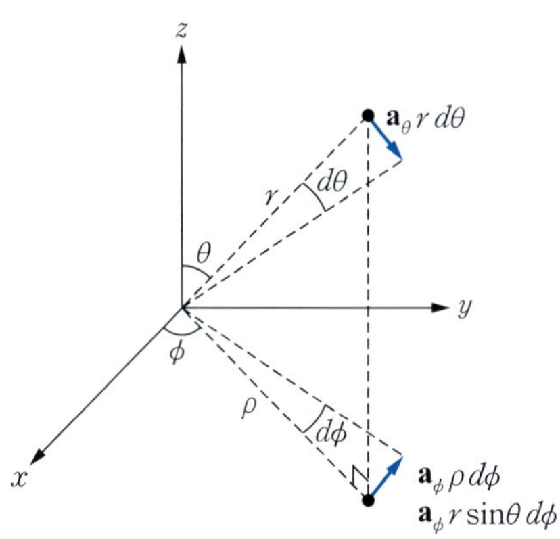

그림 1-9 원통 좌표계와 구 좌표계의 각도와 관련된 미소길이 요소

미소면적 벡터는 미소길이로부터 쉽게 구할 수 있다. 미소면적 벡터의 크기는 미소표면의 면적과 같고 미소면적 벡터의 방향은 그 표면에 수직인 두 방향 중 하나가 된다. 두 수직방향 중에서 어느 것을 선택할 것인가는 문제의 유형에 달려 있다. [그림 1-10]에서 몇 가지 대표적인 미소면적 벡터를 볼 수 있는데, 이 벡터들은 원판, 원통, 구의 표면의 일부이다.

[표 1-2(b)]에 모든 미소면적 벡터를 정리했다. 모든 미소부피는 [표 1-2(c)]에 정리했다. 미소부피는 미소면적에, 그 면적(표면)에 대해 수직방향으로의 미소길이를 곱하여 구할 수 있다. 예를 들어, [그림 1-10]에 있는 원판, 원통, 구의 미소표면에 각각 dz, $d\rho$, dr을 곱하면 미소부피를 얻을 수 있다.

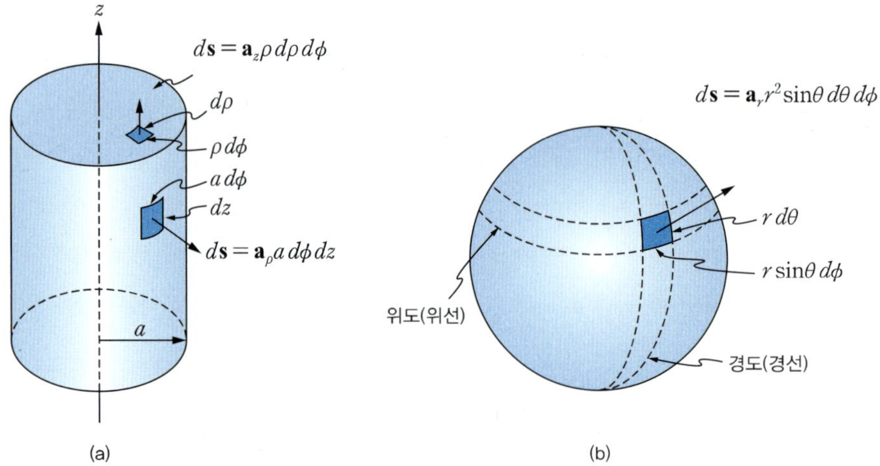

그림 1-10 몇 가지 기본 미소면적

(a) 원통 좌표계 (b) 구 좌표계

표 1-2 미소길이 벡터, 미소면적 벡터, 미소부피

(a) 미소길이 벡터	$d\mathrm{l} = \mathbf{a}_x dx + \mathbf{a}_y dy + \mathbf{a}_z dz$ $= \mathbf{a}_\rho d\rho + \mathbf{a}_\phi \rho\, d\phi + \mathbf{a}_z dz$ $= \mathbf{a}_r dr + \mathbf{a}_\theta r\, d\theta + \mathbf{a}_\phi r \sin\theta\, d\phi$
(b) 미소면적 벡터	$d\mathrm{s} = \pm \mathbf{a}_x dy dz,\ \mathbf{a}_y dz dx,\ \mathbf{a}_z dx dy$ * $= \pm \mathbf{a}_\rho \rho\, d\phi\, dz,\ \mathbf{a}_\phi d\rho\, dz,\ \mathbf{a}_z \rho\, d\rho\, d\phi$ $= \pm \mathbf{a}_r r^2 \sin\theta\, d\theta\, d\phi,\ \mathbf{a}_\theta r \sin\theta\, dr\, d\phi,\ \mathbf{a}_\phi r\, dr\, d\theta$
(c) 미소부피	$dv = dx\, dy\, dz$ $= \rho\, d\rho\, d\phi\, dz$ $= r^2 \sin\theta\, dr\, d\theta\, d\phi$

* 문제에 따라 ± 부호 중 하나를 선택한다.

1.3.3 좌표계 변환

어떤 좌표계를 다른 좌표계로 바꿔야 할 필요가 있는 경우, 체계적인 좌표계 변환 방법을 사용하면 간편하게 이를 수행할 수 있다. 세 가지 좌표계에 대해서 모두 여섯 가지(직각→원통 변환, 직각→구 변환, 원통→구 변환과 그 역변환 세 가지)의 벡터 변환이 존재한다. 행렬 관계식을 써서 각 변환을 나타낼 수 있다.

스칼라 변환은 [표 1-1]의 기본 변환식에 대입만 하면 되기 때문에 비교적 간단하다. 예를 들어, 원통 좌표계에서 직각 좌표계로 변환하는 경우에 $F(\rho,\ \phi,\ z)$는 다음과 같이 된다.

$$F\left(\sqrt{x^2+y^2},\ \tan^{-1}\left(\frac{y}{x}\right),\ z\right)$$

벡터 변환도 간단하다. 세 좌표계 사이의 벡터 변환은 총 여섯 세트의 변환으로 나타낼 수 있다([표 1-3] 참조). 다음에 설명하는 두 세트의 변환([그림 1-11]과 [그림 1-12])을 이용하면 모든 변환을 유도할 수 있다. 먼저 직각 좌표계와 원통 좌표계 사이의 변환을 살펴보자.

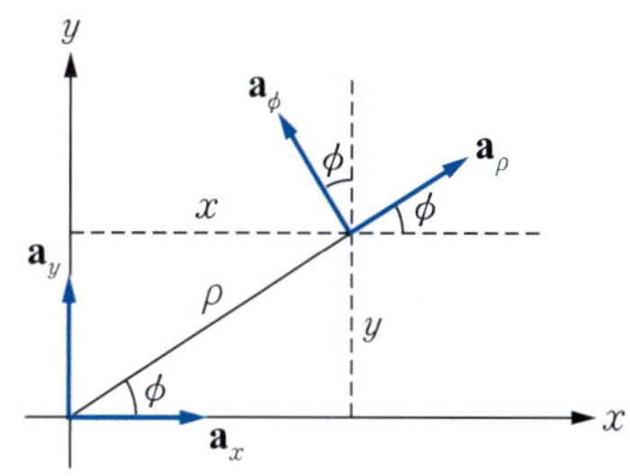

그림 1-11 직각 좌표계–원통 좌표계 사이의 변환

[그림 1-11]을 보면 xy평면('$z=$일정'인 평면)에 단위벡터 $\mathbf{a}_\rho$, $\mathbf{a}_\phi$가 표시되어 있다. 단위벡터 $\mathbf{a}_z$는 직각 좌표계에서나 원통 좌표계에서나 동일하다. 여기서 $\mathbf{a}_\rho$와 $\mathbf{a}_\phi$는 각각 ρ 값과 ϕ 값이 증가하는 방향을 가리키고 있다. 이 단위벡터들을 x, y, z성분으로 분해하면 다음과 같다.

$$\mathbf{a}_\rho = \mathbf{a}_x \cos\phi + \mathbf{a}_y \sin\phi + \mathbf{a}_z(0)$$
$$\mathbf{a}_\phi = \mathbf{a}_x(-\sin\phi) + \mathbf{a}_y \cos\phi + \mathbf{a}_z(0)$$
$$\mathbf{a}_z = \mathbf{a}_x(0) + \mathbf{a}_y(0) + \mathbf{a}_z(1)$$

이 식을 행렬 형태로 나타내면 다음과 같다.

$$\begin{bmatrix} \mathbf{a}_\rho \\ \mathbf{a}_\phi \\ \mathbf{a}_z \end{bmatrix} = \begin{bmatrix} \cos\phi & \sin\phi & 0 \\ -\sin\phi & \cos\phi & 0 \\ 0 & 0 & 1 \end{bmatrix} \begin{bmatrix} \mathbf{a}_x \\ \mathbf{a}_y \\ \mathbf{a}_z \end{bmatrix} \tag{1.24a}$$

이 식을 역으로 나타내면 다음과 같다.

$$\begin{bmatrix} \mathbf{a}_x \\ \mathbf{a}_y \\ \mathbf{a}_z \end{bmatrix} = \begin{bmatrix} \cos\phi & -\sin\phi & 0 \\ \sin\phi & \cos\phi & 0 \\ 0 & 0 & 1 \end{bmatrix} \begin{bmatrix} \mathbf{a}_\rho \\ \mathbf{a}_\phi \\ \mathbf{a}_z \end{bmatrix} \tag{1.24b}$$

이 역 관계식은 [그림 1-11]을 잘 분석해도 되지만, 역행렬을 계산해서도 얻을 수 있다. 역행렬을 계산할 때 좌측 상단 모서리에 위치한 2×2 부분행렬만 고려하면 되므로, 계산 과정은 아주 간단하다. 두 행렬 모두 행렬식 값은 1이다.

이번에는 원통 좌표계와 구 좌표계 사이의 변환을 살펴보자.

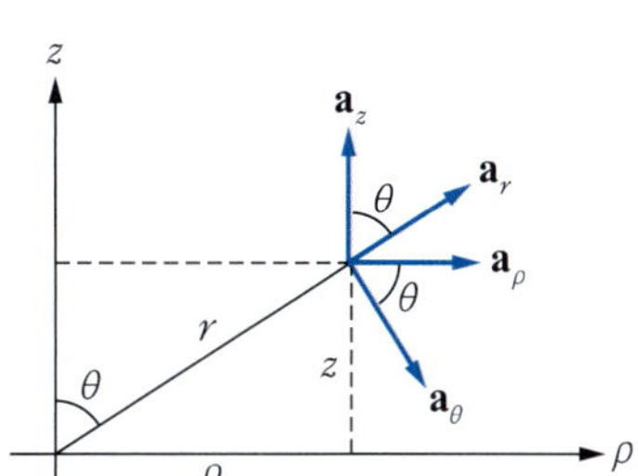

그림 1-12 원통 좌표계–구 좌표계 사이의 변환

[그림 1-12]를 보면 반평면half plane('ϕ=일정'인 평면)에 단위벡터 $\mathbf{a}_r$, $\mathbf{a}_\theta$와 단위벡터 $\mathbf{a}_\rho$, $\mathbf{a}_z$와의 관계가 표시되어 있다. 단위벡터 $\mathbf{a}_\phi$는 원통 좌표계에서나 구 좌표계에서나 동일하다. $\mathbf{a}_r$, $\mathbf{a}_\theta$를 원통좌표 성분들로 분해하면 다음과 같다.

$$\mathbf{a}_r = \mathbf{a}_\rho \sin\theta + \mathbf{a}_z \cos\theta + \mathbf{a}_\phi (0)$$
$$\mathbf{a}_\theta = \mathbf{a}_\rho \cos\theta - \mathbf{a}_z \sin\theta + \mathbf{a}_\phi (0)$$
$$\mathbf{a}_\phi = \mathbf{a}_\rho (0) + \mathbf{a}_z (0) + \mathbf{a}_\phi (1)$$

이 식을 행렬 형태로 나타내면 다음과 같다.

$$\begin{bmatrix} \mathbf{a}_r \\ \mathbf{a}_\theta \\ \mathbf{a}_\phi \end{bmatrix} = \begin{bmatrix} \sin\theta & 0 & \cos\theta \\ \cos\theta & 0 & -\sin\theta \\ 0 & 1 & 0 \end{bmatrix} \begin{bmatrix} \mathbf{a}_\rho \\ \mathbf{a}_\phi \\ \mathbf{a}_z \end{bmatrix} \tag{1.25a}$$

이 식을 역으로 나타내면 다음과 같다.

$$\begin{bmatrix} \mathbf{a}_\rho \\ \mathbf{a}_\phi \\ \mathbf{a}_z \end{bmatrix} = \begin{bmatrix} \sin\theta & \cos\theta & 0 \\ 0 & 0 & 1 \\ \cos\theta & -\sin\theta & 0 \end{bmatrix} \begin{bmatrix} \mathbf{a}_r \\ \mathbf{a}_\theta \\ \mathbf{a}_\phi \end{bmatrix} \tag{1.25b}$$

위에 주어진 두 변환(직각→원통, 원통→구)에서는 각각 두 개의 좌표만 필요로 하므로 특히 간단하다. 직각 좌표계-원통 좌표계 사이의 변환과 원통 좌표계-구 좌표계 사이의 변환에는 각각 한 개의 공통 좌표가 있다. 나머지 다른 좌표계 사이의 변환도 두 세트의 변환을 연속으로 수행하여 유도할 수 있다. 여섯 가지 기본 변환을 [표 1-3]에 정리했다.

단위벡터에 대한 변환을 사용하여 임의의 벡터성분에 대한 변환을 수행할 수 있다. 예를 들어, 직각 좌표계에서 다음과 같은 벡터 $\mathbf{A}$를 생각해보자.

$$\mathbf{A} = \mathbf{a}_x A_x + \mathbf{a}_y A_y + \mathbf{a}_z A_z$$

[표 1-3]으로부터 다음 결과를 얻을 수 있다.

$$\mathbf{a}_x = \mathbf{a}_\rho \cos\phi - \mathbf{a}_\phi \sin\phi$$
$$\mathbf{a}_y = \mathbf{a}_\rho \sin\phi + \mathbf{a}_\phi \cos\phi$$

이 두 식을 $\mathbf{A}$에 대입하면 다음을 얻을 수 있다.

$$\begin{aligned} \mathbf{A} &= \mathbf{a}_\rho (A_x \cos\phi + A_y \sin\phi) + \mathbf{a}_\phi (-A_x \sin\phi + A_y \cos\phi) + \mathbf{a}_z A_z \\ &= \mathbf{a}_\rho A_\rho + \mathbf{a}_\phi A_\phi + \mathbf{a}_z A_z \end{aligned}$$

따라서

$$A_\rho = A_x \cos\phi + A_y \sin\phi$$
$$A_\phi = -A_x \sin\phi + A_y \cos\phi$$

가 되고, 이를 행렬 형태로 나타내면 다음과 같다.

$$\begin{bmatrix} A_\rho \\ A_\phi \\ A_z \end{bmatrix} = \begin{bmatrix} \cos\phi & \sin\phi & 0 \\ -\sin\phi & \cos\phi & 0 \\ 0 & 0 & 1 \end{bmatrix} \begin{bmatrix} A_x \\ A_y \\ A_z \end{bmatrix} \tag{1.26}$$

여기서 주목할 것은 벡터성분을 변환하는 행렬이 식 (1.24a)로 표시되는 단위벡터의 변환행렬과 똑같다는 사실이다. 따라서 [표 1-3]의 여섯 개의 행렬은 단위벡터 변환뿐만 아니라 임의의 벡터성분 변환에도 사용할 수 있다.

표 1-3 단위벡터 변환

	직각 좌표계			원통 좌표계			구 좌표계		
	$\mathbf{a}_x$	$\mathbf{a}_y$	$\mathbf{a}_z$	$\mathbf{a}_\rho$	$\mathbf{a}_\phi$	$\mathbf{a}_z$	$\mathbf{a}_r$	$\mathbf{a}_\theta$	$\mathbf{a}_\phi$
$\mathbf{a}_x$	1	0	0	$\cos\phi$	$-\sin\phi$	0	$\sin\theta\cos\phi$	$\cos\theta\cos\phi$	$-\sin\phi$
$\mathbf{a}_y$	0	1	0	$\sin\phi$	$\cos\phi$	0	$\sin\theta\sin\phi$	$\cos\theta\sin\phi$	$\cos\phi$
$\mathbf{a}_z$	0	0	1	0	0	1	$\cos\theta$	$-\sin\theta$	0
$\mathbf{a}_\rho$	$\cos\phi$	$\sin\phi$	0	1	0	0	$\sin\theta$	$\cos\theta$	0
$\mathbf{a}_\phi$	$-\sin\phi$	$\cos\phi$	0	0	1	0	0	0	1
$\mathbf{a}_z$	0	0	1	0	0	1	$\cos\theta$	$-\sin\theta$	0
$\mathbf{a}_r$	$\sin\theta\cos\phi$	$\sin\theta\sin\phi$	$\cos\theta$	$\sin\theta$	0	$\cos\theta$	1	0	0
$\mathbf{a}_\theta$	$\cos\theta\cos\phi$	$\cos\theta\sin\phi$	$-\sin\theta$	$\cos\theta$	0	$-\sin\theta$	0	1	0
$\mathbf{a}_\phi$	$-\sin\phi$	$\cos\phi$	0	0	1	0	0	0	1

[주의] 표에서 단위벡터($\mathbf{a}_x$, $\mathbf{a}_y$, $\mathbf{a}_z$, $\mathbf{a}_\rho$, $\mathbf{a}_\phi$, $\mathbf{a}_r$, $\mathbf{a}_\theta$)를 벡터성분(A_x, A_y, A_z, A_ρ, A_ϕ, A_r, A_θ)으로 바꿔도 변환은 여전히 성립한다.

예제 1-3

직각 좌표계→원통 좌표계 변환과 원통 좌표계→구 좌표계 변환을 연속으로 수행하여 직각 좌표계→구 좌표계 변환을 구하라.

풀이

$$\begin{bmatrix} \mathbf{a}_r \\ \mathbf{a}_\theta \\ \mathbf{a}_\phi \end{bmatrix} = \begin{bmatrix} \sin\theta & 0 & \cos\theta \\ \cos\theta & 0 & -\sin\theta \\ 0 & 1 & 0 \end{bmatrix} \begin{bmatrix} \mathbf{a}_\rho \\ \mathbf{a}_\phi \\ \mathbf{a}_z \end{bmatrix} = \begin{bmatrix} \sin\theta & 0 & \cos\theta \\ \cos\theta & 0 & -\sin\theta \\ 0 & 1 & 0 \end{bmatrix} \begin{bmatrix} \cos\phi & \sin\phi & 0 \\ -\sin\phi & \cos\phi & 0 \\ 0 & 0 & 1 \end{bmatrix} \begin{bmatrix} \mathbf{a}_x \\ \mathbf{a}_y \\ \mathbf{a}_z \end{bmatrix}$$

$$= \begin{bmatrix} \sin\theta\cos\phi & \sin\theta\sin\phi & \cos\theta \\ \cos\theta\cos\phi & \cos\theta\sin\phi & -\sin\theta \\ -\sin\phi & \cos\phi & 0 \end{bmatrix} \begin{bmatrix} \mathbf{a}_x \\ \mathbf{a}_y \\ \mathbf{a}_z \end{bmatrix}$$

이 결과는 [표 1-3]의 왼쪽 아래 칸의 내용과 일치한다.

예제 1-4

$\mathbf{F}=\mathbf{a}_r 5\cos\theta-\mathbf{a}_\theta 5\sin\theta$인 벡터가 있다. $\mathbf{F}$를 직각 좌표계로 나타내라.

풀이

[표 1-3]의 오른쪽 위 칸에 있는 구 좌표계→직각 좌표계 변환을 이용하면 다음 결과를 얻을 수 있다.

$$\begin{aligned}\mathbf{F} &= \mathbf{a}_x[5\cos\theta(\sin\theta\cos\phi)-5\sin\theta(\cos\theta\cos\phi)]\\ &\quad+\mathbf{a}_y[5\cos\theta(\sin\theta\sin\phi)-5\sin\theta(\cos\theta\sin\phi)]\\ &\quad+\mathbf{a}_z[5\cos\theta(\cos\theta)-5\sin\theta(-\sin\theta)]\\ &= \mathbf{a}_z 5(\cos^2\theta+\sin^2\theta)=\mathbf{a}_z 5\end{aligned}$$

여기서 사용한 변환 중 한 예를 들면 다음과 같다.

$$F_x=F_r\sin\theta\cos\phi+F_\theta\cos\theta\cos\phi+F_\phi(-\sin\phi)$$

다음은 자주 사용되는 유용한 관계식이다.

$$\mathbf{a}_z=\mathbf{a}_r\cos\theta-\mathbf{a}_\theta\sin\theta$$

1.3.4 벡터함수의 적분

전자기학에서는 여러 형태의 적분이 나온다. 특히 어떤 경로path에 대한 적분인 선적분 $\int \mathbf{F}\cdot d\mathbf{l}$, 어떤 표면에 대한 적분인 면적분 $\iint \mathbf{F}\cdot d\mathbf{s}$는 상당히 자주 등장한다. 먼저, 선적분에 대해 살펴보자.

선적분

$\int_C \mathbf{F}\cdot d\mathbf{l}$을 경로 C에 대한 벡터 $\mathbf{F}$의 **선적분**line integral 이라고 한다. 선적분을 한 결과는 스칼라이다. C는 열린경로open path 여도 되고, 닫힌경로closed path 여도 된다. 다음에서 보듯이 벡터 $\mathbf{F}$와 $d\mathbf{l}$은 직각 좌표계, 원통 좌표계, 구 좌표계 중 어느 것으로든 표현될 수 있다.

$$\begin{aligned}\mathbf{F} &= \mathbf{a}_x F_x+\mathbf{a}_y F_y+\mathbf{a}_z F_z & d\mathbf{l} &= \mathbf{a}_x dx+\mathbf{a}_y dy+\mathbf{a}_z dz\\ &= \mathbf{a}_\rho F_\rho+\mathbf{a}_\phi F_\phi+\mathbf{a}_z F_z & &= \mathbf{a}_\rho d\rho+\mathbf{a}_\phi \rho\, d\phi+\mathbf{a}_z dz\\ &= \mathbf{a}_r F_r+\mathbf{a}_\theta F_\theta+\mathbf{a}_\phi F_\phi & &= \mathbf{a}_r dr+\mathbf{a}_\theta r\, d\theta+\mathbf{a}_\phi r\sin\theta\, d\phi\end{aligned}$$

$\mathbf{F}$와 $d\mathbf{l}$의 점곱을 취해 적분을 하면 다음을 얻는다.

$$\int_C \mathbf{F} \cdot d\mathbf{l} = \int_C F_x dx + F_y dy + F_z dz \quad : \text{직각 좌표계} \tag{1.27a}$$

$$= \int_C F_\rho d\rho + F_\phi \rho d\phi + F_z dz \quad : \text{원통 좌표계} \tag{1.27b}$$

$$= \int_C F_r dr + F_\theta r d\theta + F_\phi r \sin\theta d\phi \quad : \text{구 좌표계} \tag{1.27c}$$

적분을 계산하기 위해서는 적분경로 C를 규정하는 구속조건이 있어야 한다.

예제 1-5

$\mathbf{F} = \mathbf{a}_x x^2 + \mathbf{a}_y xy + \mathbf{a}_z 2yz$인 벡터 $\mathbf{F}$의 선적분 $\int_C \mathbf{F} \cdot d\mathbf{l}$을 계산하라. 여기서 경로 C는 [그림 1-13]과 같이 직각 좌표계에서 점 (0, 0, 0)과 점 (2, 3, 4)를 잇는 직선이다. 또한 $C_a = C_x + C_y + C_z$인 경로 C_a에 대해 선적분 $\int_{C_a} \mathbf{F} \cdot d\mathbf{l}$을 계산하라.

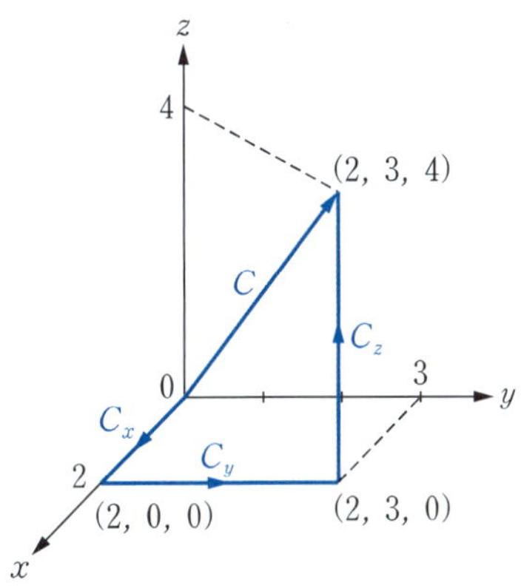

그림 1-13 선적분

풀이

먼저 경로 C를 나타내는 직선의 방정식을 구한다.

$\frac{x-0}{2-0} = \frac{y-0}{3-0} = \frac{z-0}{4-0}$ 이므로 이를 정리하면 다음과 같다.

$$\frac{x}{2} = \frac{y}{3} = \frac{z}{4} \quad : \text{변수에 대한 구속조건}$$

이를 미분하면 다음 관계식을 얻을 수 있다.

$$\frac{dx}{2} = \frac{dy}{3} = \frac{dz}{4} \quad : \text{미분에 대한 구속조건}$$

위에서 구한 구속 방정식을 사용하면 선적분을 한 개의 변수에 대한 적분으로 나타낼 수 있는데, 여기서는 그 변수로 x를 선택한다.

$$\int_C \mathbf{F}\cdot d\mathbf{l} = \int_C F_x dx + F_y dy + F_z dz = \int_C x^2 dx + xy dy + 2yz dz$$

$$= \int_C x^2 dx + x\left(\frac{3x}{2}\right)dy + 2\left(\frac{3x}{2}\right)\left(\frac{4x}{2}\right)dz \quad \text{: 변수 구속조건 사용}$$

$$= \int_C x^2 dx + \frac{3}{2}x^2 \cdot \frac{3}{2}dx + 6x^2 \cdot 2dx \quad \text{: 미분 구속조건 사용}$$

$$= \int_0^2 \frac{61}{4}x^2 dx = \frac{122}{3} \quad \text{또는 } 40.67$$

이제 $C_a = C_x + C_y + C_z$인 경로 C_a에 대한 선적분을 계산해보자. 이 경로는 점 (0, 0, 0)과 점 (2, 3, 4)를 잇는 또 다른 경로이다.

$$\int_{C_a} \mathbf{F}\cdot d\mathbf{l} = \int_{C_x} \mathbf{F}\Big|_{\substack{y=0\\z=0}} \cdot \mathbf{a}_x dx + \int_{C_y} \mathbf{F}\Big|_{\substack{x=2\\z=0}} \cdot \mathbf{a}_y dy + \int_{C_z} \mathbf{F}\Big|_{\substack{x=2\\y=3}} \cdot \mathbf{a}_z dz$$

$$= \int_0^2 F_x(y=0,\ z=0)dx + \int_0^3 F_y(x=2,\ z=0)dy + \int_0^4 F_z(x=2,\ y=3)dz$$

$$= \int_0^2 x^2 dx + \int_0^3 2y dy + \int_0^4 6z dz = 59\frac{2}{3} \quad \text{또는 } 59.67$$

여기서 주의해야 할 것은 두 결과가 서로 다르다는 사실이다. 일반적으로, 두 점 사이의 선적분은 적분 경로에 따라 달라진다. 또 하나 알아두어야 것은 위의 두 선적분에서 적분의 상한과 하한에 의해 경로 C의 방향이 결정된다는 사실이다. 상한과 하한은 각각 경로 C의 머리(끝)와 꼬리(시작)에 해당한다. 따라서 C의 방향이 반대가 되면 상한과 하한이 서로 바뀐다.

경로 비의존성

벡터장 $\mathbf{F}$가 다음 조건을 만족하는 특수한 종류의 벡터이면, 이 벡터는 **보존적**conservative이라고 한다.

$$\oint_C \mathbf{F}\cdot d\mathbf{l} = 0 \tag{1.28a}$$

식 (1.28a)의 좌변에 있는 선적분을 닫힌경로 C에 대한 벡터 $\mathbf{F}$의 **순환** circulation이라고 한다. 보존장 conservative field인 경우, 선적분은 경로에 무관하다.

이것을 알아보기 위해 [그림 1-14(a)]의 경로 C에 대한 선적분을 살펴보자. 여기서 $C = C_1 - C_2$이다([그림 1-14(b)]). $\mathbf{F}$가 보존장이면

$$\oint_C \mathbf{F}\cdot d\mathbf{l} = \int_{C_1} \mathbf{F}\cdot d\mathbf{l} - \int_{C_2} \mathbf{F}\cdot d\mathbf{l} = 0$$

이므로, 다음 관계가 성립한다.

$$\int_{C_1} \mathbf{F}\cdot d\mathbf{l} = \int_{C_2} \mathbf{F}\cdot d\mathbf{l} = \int_{C_n} \mathbf{F}\cdot d\mathbf{l} \tag{1.28b}$$

따라서 a점과 b점(즉 임의의 두 점) 사이에서 보존장의 선적분은 경로에 무관하다는 결론을 얻을 수 있다. 이 특수한 종류의 벡터장에 대해서는 경로를 마음대로 선택하여 선적분을 계산할 수 있다. [연습문제 1.27]에서는 보존적인 벡터장의 예를 다룬다.

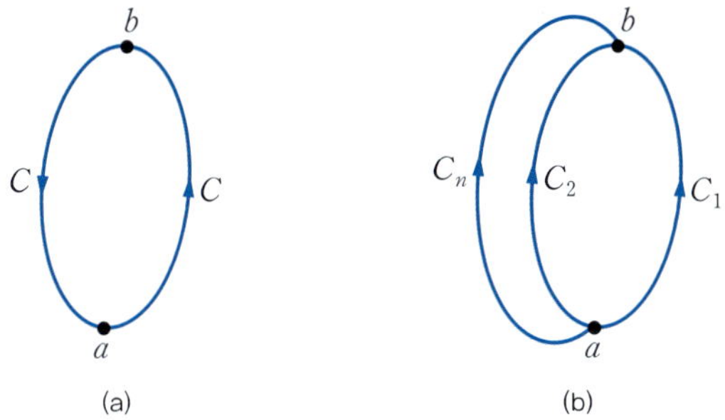

그림 1-14 경로 비의존성

(a) 닫힌경로 (b) a와 b 사이의 몇 가지 경로

면적분(유량)

$\iint_S \mathbf{F} \cdot d\mathbf{s}$ 는 전자기학에서 자주 나오는 적분이다. 이 적분을 표면 S를 통한 벡터 $\mathbf{F}$의 **유량**流量, flux 이라고 한다. $d\mathbf{s}$ 는 $\mathbf{a}_n ds$ 로 정의되는데, 여기서 $\mathbf{a}_n$ 은 표면에 수직인 단위벡터이고, ds 는 미소표면의 면적이다. 따라서 다음과 같다.

$$\iint_S \mathbf{F} \cdot d\mathbf{s} = \iint_S \mathbf{F} \cdot \mathbf{a}_n ds = \iint_S F_n ds \tag{1.29}$$

여기서 F_n은 벡터 $\mathbf{F}$의 성분 중에서 표면 S에 수직인 성분이다.

표면 S는 열린표면이든 닫힌표면이든 상관없다. [그림 1-15(a)]와 같이 닫힌표면인 경우에는 수직방향을 표면 바깥쪽 방향으로 정의한다. [그림 1-15(a)]를 보면 벡터 $\mathbf{a}_n$이 전체 표면에 걸쳐 변하는 것을 볼 수 있다. 열린표면의 경우, 수직방향이 유일하게 정의되지 않으므로 해당 문제에 맞춰 정해야 한다. 보통 표면의 둘레를 따라가는 경로 C에 대해 오른손 규칙을 적용하여 수직방향을 정의한다.

[그림 1-15(b)]에는 xy 평면에 평평한 열린표면이 놓여 있다. 이 표면의 둘레 C를 따라 반시계방향으로 도는 경우, 이 경로 C에 오른손 규칙을 적용하면 수직방향은 $\mathbf{a}_n = \mathbf{a}_z$로 일정하다. [그림 1-15(b)]의 가운데 부분을 밀어 올리면 [그림 1-15(c)]와 같이 모자 모양의 열린표면이 된다. 이 경우 $\mathbf{a}_n$은 전체 표면에 걸쳐 변하지만, 오른손 규칙 관계는 변함없이 유지된다.

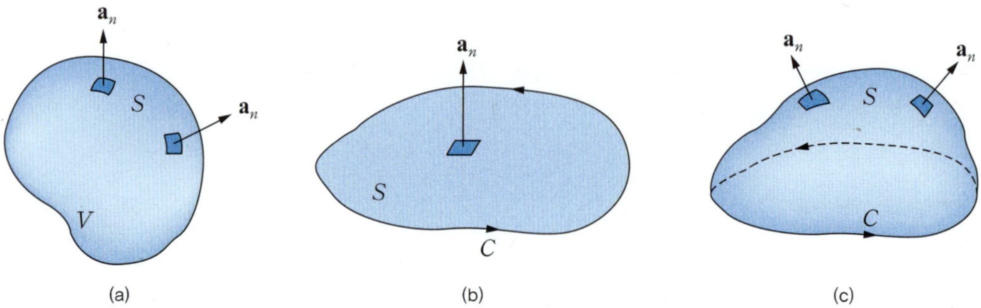

그림 1-15 면적분

(a) 닫힌표면 (b) 평면형 열린표면 (c) 곡면형 열린표면

예제 1-6

$\mathbf{F} = \mathbf{a}_r \dfrac{K_1}{r^2}$ 인 벡터가 있다고 할 때, 다음 물음에 답하라.

(a) 반지름이 r_0이고 중심이 원점인 구의 전체 표면을 통과하는 벡터 $\mathbf{F}$의 유량을 구하라.

(b) 반지름이 r_0이고 중심이 원점인 구에 대해, 이 구의 표면에서 면적이 S_0이면서 임의의 형태를 갖는 표면을 통과하는 벡터 $\mathbf{F}$의 유량을 구하라.

풀이

(a) 반지름이 r_0인 구의 표면 전체는 $r = r_0$로 나타낼 수 있다. 구의 표면은 닫힌표면이며, $d\mathbf{s} = \mathbf{a}_n ds = \mathbf{a}_r r^2 \sin\theta\, d\theta\, d\phi$이다. 그러므로 다음과 같이 계산된다.

$$\oiint_S \mathbf{F} \cdot d\mathbf{s} = \int_0^{2\pi}\int_0^{\pi} F_r r^2 \sin\theta\, d\theta\, d\phi = \int_0^{2\pi}\int_0^{\pi} K_1 \sin\theta\, d\theta\, d\phi = K_1[-\cos\theta]_0^{\pi}\,[\phi]_0^{2\pi} = 4\pi K_1$$

적분기호에 붙인 동그라미 표시는 닫힌표면을 나타낸다.

(b) 표면 S는 열린표면이다. 따라서 다음과 같이 계산된다.

$$\begin{aligned}\iint_{S_0} \mathbf{F} \cdot d\mathbf{s} &= \iint_{S_0} F_r\, ds = \iint_{S_0} F_r(r = r_0) r_0^2 \sin\theta\, d\theta\, d\phi \\ &= F_r(r = r_0) \iint_{S_0} ds \\ &= \frac{K_1}{r_0^2} S_0\end{aligned}$$

$S_0(r = r_0)$에서 F_r은 변하지 않는 상수이다. 다시 말해 θ와 ϕ에 무관하기 때문에 적분 밖으로 꺼낼 수 있다.

예제 1-7

$\mathbf{F} = \mathbf{a}_\rho \rho \sin^2\phi + \mathbf{a}_\phi \rho \cos^2\phi + \mathbf{a}_z z$ 인 벡터가 있다. 높이가 $2l$ [m]이고 반지름이 $\rho = \rho_0$ [m]인 원통의 표면(닫힌표면)을 통과하는 벡터 $\mathbf{F}$의 유량을 구하라. 단 원통의 중심은 원점에 놓여 있다([그림 1-10(a)]).

풀이

닫힌표면은 세 개의 열린표면(원통의 옆면 S_1, 윗면 S_2, 밑면 S_3)으로 이루어져 있다.

$$S_1\text{에서 } d\mathbf{s} = \mathbf{a}_\rho \rho\, d\phi\, dz \quad (\rho = \rho_0,\ 0 \le \phi \le 2\pi,\ -l \le z \le l)$$

$$S_2\text{에서 } d\mathbf{s} = \mathbf{a}_z \rho\, d\rho\, d\phi \quad (z = l,\ 0 \le \rho \le \rho_0,\ 0 \le \phi \le 2\pi)$$

$$S_3\text{에서 } d\mathbf{s} = -\mathbf{a}_z \rho\, d\rho\, d\phi \quad (z = -l,\ 0 \le \rho \le \rho_0,\ 0 \le \phi \le 2\pi)$$

따라서 다음과 같이 계산된다.

$$\begin{aligned}
\oiint_S \mathbf{F} \cdot d\mathbf{s} &= \iint_{\text{옆면}} F_\rho \rho_0\, d\phi\, dz + \iint_{\text{윗면}} F_z\, \rho\, d\rho\, d\phi - \iint_{\text{밑면}} F_z\, \rho\, d\rho\, d\phi \\
&= \int_{-l}^{l}\int_0^{2\pi} \rho_0 \sin^2\phi\, \rho_0\, d\phi\, dz + \int_0^{2\pi}\int_0^{\rho_0} l\, \rho\, d\rho\, d\phi + \int_0^{2\pi}\int_0^{\rho_0} (-l)(-\rho\, d\rho\, d\phi) \\
&= \rho_0^2 \left[z\right]_{-l}^{l} \left[\frac{1}{2}\left(\phi - \frac{1}{2}\sin 2\phi\right)\right]_0^{2\pi} + 2l\int_0^{2\pi} d\phi \int_0^{\rho_0} \rho\, d\rho \\
&= \rho_0^2\, 2l\,\pi + 2l \cdot 2\pi \frac{\rho_0^2}{2} = 4\pi\rho_0^2\, l
\end{aligned}$$

1.4 벡터 미적분

1.4.1 정의

이 절에서는 새로운 미분량인 스칼라함수의 기울기 gradient, 벡터함수의 발산 divergence, 벡터함수의 회전 curl 을 정의한다. 이 세 가지 양은 스칼라장과 벡터장이 위치에 따라 어떤 식으로 변화하는지 알 수 있게 해준다. 먼저 벡터 미분연산자 ∇을 정의한다. ∇은 **델** del 또는 **나블라** nabla 라고 읽는다.

$$\nabla = \mathbf{a}_x \frac{\partial}{\partial x} + \mathbf{a}_y \frac{\partial}{\partial y} + \mathbf{a}_z \frac{\partial}{\partial z} \tag{1.30}$$

∇ 연산자는 벡터에 대해 연산을 할 수도 있고, 스칼라에 대해 연산을 할 수도 있다. 편미분연산은 분배 법칙과 똑같은 방식으로 벡터나 스칼라함수에 대해 이루어진다.

$$\text{grad } V = \nabla V = \mathbf{a}_x \frac{\partial V}{\partial x} + \mathbf{a}_y \frac{\partial V}{\partial y} + \mathbf{a}_z \frac{\partial V}{\partial z} \tag{1.31}$$

벡터함수 $\mathbf{A}(x, y, z)$의 발산은 다음과 같이 정의된다.

$$\text{div } \mathbf{A} = \nabla \cdot \mathbf{A} = \frac{\partial A_x}{\partial x} + \frac{\partial A_y}{\partial y} + \frac{\partial A_z}{\partial z} \tag{1.32}$$

벡터함수 $\mathbf{A}$의 회전은 다음과 같이 정의된다.

$$\text{curl } \mathbf{A} = \nabla \times \mathbf{A} = \begin{vmatrix} \mathbf{a}_x & \mathbf{a}_y & \mathbf{a}_z \\ \dfrac{\partial}{\partial x} & \dfrac{\partial}{\partial y} & \dfrac{\partial}{\partial z} \\ A_x & A_y & A_z \end{vmatrix}$$

$$\nabla \times \mathbf{A} = \mathbf{a}_x \left(\frac{\partial A_z}{\partial y} - \frac{\partial A_y}{\partial z} \right) + \mathbf{a}_y \left(\frac{\partial A_x}{\partial z} - \frac{\partial A_z}{\partial x} \right) + \mathbf{a}_z \left(\frac{\partial A_y}{\partial x} - \frac{\partial A_x}{\partial y} \right) \tag{1.33}$$

벡터의 회전을 계산하는 행렬식의 두 번째 줄에 있는 편미분은 세 번째 줄에 있는 양에 대해 연산을 수행한다. 식 (1.33)의 회전식을 보면 $xyzxyz$의 순환 방식으로 되어 있다는 것을 잘 알아두기 바란다. 또한 ∇V와 $\nabla \times \mathbf{A}$는 벡터이고 $\nabla \cdot \mathbf{A}$는 스칼라라는 것도 잘 알아두어야 한다.

이 절에서는 기울기, 발산, 회전을 직각 좌표계를 사용하여 간결하게 정의했는데, [표 1-4]에 원통 좌표계와 구 좌표계를 사용한 식도 함께 나타냈다. 표에 나타낸 연산은 쉽게 수행할 수 있다. 다음 절에서는 기울기, 발산, 회전의 물리적 의미를 설명하고 다른 좌표계 형식으로 표시해본다.

1.4.2 기울기 Gradient

어떤 스칼라함수의 **기울기** gradient 의 물리적 의미는 아주 간단하다. 스칼라의 기울기는 벡터로, 기울기의 방향은 그 스칼라의 거리에 대한 변화율이 최대가 되는 방향이다. 기울기의 크기는 그 최대 변화율 값이다. 어떤 방 안의 온도를 나타내는 스칼라함수를 $T(x, y, z)$라고 하자.

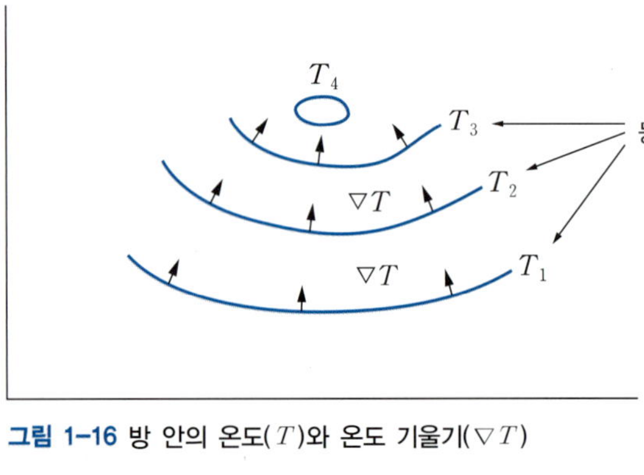

그림 1-16 방 안의 온도(T)와 온도 기울기(∇T)

표 1-4 벡터 미분

직각 좌표계(x, y, z)
$\nabla V = \mathbf{a}_x \frac{\partial V}{\partial x} + \mathbf{a}_y \frac{\partial V}{\partial y} + \mathbf{a}_z \frac{\partial V}{\partial z}$
$\nabla \cdot \mathbf{A} = \frac{\partial A_x}{\partial x} + \frac{\partial A_y}{\partial y} + \frac{\partial A_z}{\partial z}$
$\nabla \times \mathbf{A} = \mathbf{a}_x \left(\frac{\partial A_z}{\partial y} - \frac{\partial A_y}{\partial z} \right) + \mathbf{a}_y \left(\frac{\partial A_x}{\partial z} - \frac{\partial A_z}{\partial x} \right) + \mathbf{a}_z \left(\frac{\partial A_y}{\partial x} - \frac{\partial A_x}{\partial y} \right)$
$\nabla^2 V = \frac{\partial^2 V}{\partial x^2} + \frac{\partial^2 V}{\partial y^2} + \frac{\partial^2 V}{\partial z^2}$
원통 좌표계(ρ, ϕ, z)
$\nabla V = \mathbf{a}_\rho \frac{\partial V}{\partial \rho} + \mathbf{a}_\phi \frac{1}{\rho} \frac{\partial V}{\partial \phi} + \mathbf{a}_z \frac{\partial V}{\partial z}$
$\nabla \cdot \mathbf{A} = \frac{1}{\rho} \frac{\partial}{\partial \rho} (\rho A_\rho) + \frac{1}{\rho} \frac{\partial A_\phi}{\partial \phi} + \frac{\partial A_z}{\partial z}$
$\nabla \times \mathbf{A} = \mathbf{a}_\rho \left(\frac{1}{\rho} \frac{\partial A_z}{\partial \phi} - \frac{\partial A_\phi}{\partial z} \right) + \mathbf{a}_\phi \left(\frac{\partial A_\rho}{\partial z} - \frac{\partial A_z}{\partial \rho} \right) + \mathbf{a}_z \frac{1}{\rho} \left[\frac{\partial}{\partial \rho} (\rho A_\phi) - \frac{\partial A_\rho}{\partial \phi} \right]$
$\nabla^2 V = \frac{1}{\rho} \frac{\partial}{\partial \rho} \left(\rho \frac{\partial V}{\partial \rho} \right) + \frac{1}{\rho^2} \frac{\partial^2 V}{\partial \phi^2} + \frac{\partial^2 V}{\partial z^2}$
구 좌표계(r, θ, ϕ)
$\nabla V = \mathbf{a}_r \frac{\partial V}{\partial r} + \mathbf{a}_\theta \frac{1}{r} \frac{\partial V}{\partial \theta} + \mathbf{a}_\phi \frac{1}{r \sin\theta} \frac{\partial V}{\partial \phi}$
$\nabla \cdot \mathbf{A} = \frac{1}{r^2} \frac{\partial}{\partial r} (r^2 A_r) + \frac{1}{r \sin\theta} \frac{\partial}{\partial \theta} (A_\theta \sin\theta) + \frac{1}{r \sin\theta} \frac{\partial A_\phi}{\partial \phi}$
$\nabla \times \mathbf{A} = \mathbf{a}_r \frac{1}{r \sin\theta} \left[\frac{\partial}{\partial \theta} (A_\phi \sin\theta) - \frac{\partial A_\theta}{\partial \phi} \right] + \mathbf{a}_\theta \frac{1}{r} \left[\frac{1}{\sin\theta} \frac{\partial A_r}{\partial \phi} - \frac{\partial}{\partial r} (r A_\phi) \right] + \mathbf{a}_\phi \frac{1}{r} \left[\frac{\partial}{\partial r} (r A_\theta) - \frac{\partial A_r}{\partial \theta} \right]$
$\nabla^2 V = \frac{1}{r^2} \frac{\partial}{\partial r} \left(r^2 \frac{\partial V}{\partial r} \right) + \frac{1}{r^2 \sin\theta} \frac{\partial}{\partial \theta} \left(\sin\theta \frac{\partial V}{\partial \theta} \right) + \frac{1}{r^2 \sin^2\theta} \frac{\partial^2 V}{\partial \phi^2}$

[그림 1-16]에는 온도가 일정한 면이 표시되어 있는데, 이를 **등위면**等位面, level surface이라고 한다. 일반적으로 온도는 높이에 따라 증가하므로 전등이 달려 있는 천장 근처에 가장 온도가 높은 점이 존재한다. 그림에 나타낸 것처럼 ∇T는 온도가 일정한 등위면에 수직방향이다. 이를 이해할 수 있도록 어떤 등위면 상의 한 점을 생각해보자. 그 점에 접하는 접평면을 만든다. 그 점에서 어느 방향을 향해 움직일 때 움직이려고 하는 곳이 접평면 위에 있으면 T의 변화율은 0이다. 변화율이 0이 되지 않으려면 접평면에 수직인 성분이 존재하는 방향으로 움직여야 한다. 접선성분과 수직성분이 모두 존재하는 방향인 경우에는 변화율의 증가분에서 접선성분은 제외된다. 따라서 수직방향을 따라갈 때 최대 변화율이 나오게 된다. 이것은 기울기(∇T)는 '$T=$일정'인 등위면에 수직임을 뜻한다. 여러분들 중 배낭을 메고 산악등반을 하는 사람이 있다면, 이러한 설명이 꽤 흥미로웠을 것이다. 등반을 하는 사람들은 기울기는, 바꾸어 말해 산에 오르는 가장 가파른 경로는 등고선에 대해 수직이라는 사실을 너무나 잘 알고 있다.

지금까지 설명한 내용이 앞에서 소개한 ∇T의 정의와 일치한다는 사실을 다음과 같이 쉽게 확인할 수 있다.

$$\nabla T = \mathbf{a}_x \frac{\partial T}{\partial x} + \mathbf{a}_y \frac{\partial T}{\partial y} + \mathbf{a}_z \frac{\partial T}{\partial z} \tag{1.34}$$

좌표계는 마음대로 선택할 수 있으므로 온도가 일정한 평면 위의 점 (x, y, z)에 접하는 접평면에 수직인 방향이 $\mathbf{a}_z$가 되도록 좌표를 잡아보자. 그러면 $\mathbf{a}_x$, $\mathbf{a}_y$는 접평면 위에 놓이게 된다. $\mathbf{a}_x$, $\mathbf{a}_y$는 접평면 위에 있으므로 $\frac{\partial T}{\partial x}$와 $\frac{\partial T}{\partial y}$는 0이다. 따라서 ∇T의 방향은 접평면에 수직인 $\mathbf{a}_z$가 된다. ∇T의 크기는 접평면에 수직인 $\mathbf{a}_z$ 방향으로의 변화율이다.

이 개념을 방향 도함수 directional derivatives 와 관련지어 설명할 수 있다. 방향 도함수는 임의의 방향으로의 변화율을 말한다. 연쇄규칙 chain rule 을 이용하면 다음과 같다.

$$dT = \frac{\partial T}{\partial x}dx + \frac{\partial T}{\partial y}dy + \frac{\partial T}{\partial z}dz$$

$$= \left(\mathbf{a}_x \frac{\partial T}{\partial x} + \mathbf{a}_y \frac{\partial T}{\partial y} + \mathbf{a}_z \frac{\partial T}{\partial z}\right) \cdot \left(\mathbf{a}_x dx + \mathbf{a}_y dy + \mathbf{a}_z dz\right) \tag{1.35}$$

$$= \nabla T \cdot d\mathbf{l} \tag{1.36}$$

방향 도함수는 다음 식으로 주어진다.

$$\begin{aligned} \frac{dT}{dl} &= \frac{\partial T}{\partial x}\frac{dx}{dl} + \frac{\partial T}{\partial y}\frac{dy}{dl} + \frac{\partial T}{\partial z}\frac{dz}{dl} \\ &= \nabla T \cdot \left(\frac{d\mathbf{l}}{dl}\right) = \nabla T \cdot (\mathbf{a}_l) \end{aligned} \tag{1.37}$$

기울기는 최대 변화율을 나타낸다. 기울기와 임의의 방향 $\mathbf{a}_l$과의 점곱을 하면 방향 도함수, 즉 그 방향으로의 변화율이 나온다. 기울기는 2장에서 전기장 electric field 과 전위 electric potential 의 관계를 나타내는 데 사용된다.

예제 1-8

다음 스칼라함수의 기울기를 계산하라.

(a) $V = \frac{K}{\sqrt{x^2 + y^2 + z^2}} = \frac{K}{r}$　　　　(b) $V = \frac{K\cos\theta\sin\phi}{r^2}$

풀이

(a) 직각 좌표계에서

$$\begin{aligned} \nabla V &= \mathbf{a}_x \frac{\partial V}{\partial x} + \mathbf{a}_y \frac{\partial V}{\partial y} + \mathbf{a}_z \frac{\partial V}{\partial z} \\ &= \frac{-K}{\left[x^2 + y^2 + z^2\right]^{3/2}}\left(\mathbf{a}_x x + \mathbf{a}_y y + \mathbf{a}_z z\right) \end{aligned}$$

$$= \frac{-K}{r^3}\mathbf{r} = \mathbf{a}_r\left(\frac{-K}{r^2}\right)$$

여기서 $\mathbf{a}_x x + \mathbf{a}_y y + \mathbf{a}_z z = \mathbf{r} = \mathbf{a}_r r$인 관계식을 사용했다. $\mathbf{r}$을 **위치벡터** position vector 라고 한다. 구 좌표계에서는 $\nabla V = \mathbf{a}_r \frac{\partial V}{\partial r} = \mathbf{a}_r\left(-\frac{K}{r^2}\right)$이다. '$V$=일정', 다시 말해 $\frac{K}{r} = C$ (K와 C는 상수)인 등위면은 '$r = \frac{K}{C}$=상수'로 주어지는데, 이 면은 구면의 집합이다. 위의 결과로부터 $\nabla V = -\mathbf{a}_r \frac{K}{r^2}$는 이 등위면에 수직임을 확실히 알 수 있다.

(b) $\nabla V = \mathbf{a}_r \frac{\partial V}{\partial r} + \mathbf{a}_\theta \frac{1}{r}\frac{\partial V}{\partial \theta} + \mathbf{a}_\phi \frac{1}{r\sin\theta}\frac{\partial V}{\partial \phi}$

$$= \mathbf{a}_r\left(\frac{-2K\cos\theta\sin\phi}{r^3}\right) + \mathbf{a}_\theta\left(\frac{-K\sin\theta\sin\phi}{r^3}\right) + \mathbf{a}_\phi\left(\frac{K\cot\theta\cos\phi}{r^3}\right)$$

1.4.3 발산 Divergence

벡터함수 $\mathbf{A}$의 **발산** divergence 은 주어진 한 점에서 밖으로 빠져나가는 A의 알짜 유량 net flux 이 얼마나 되는지 나타내는 척도(기준)이다. 또한 발산은 어떤 벡터가 한 점에서 얼마만큼 퍼져나가는지를(발산하는지를) 나타내는 척도이기도 하다. 발산은 단위부피당 알짜 유출 유량 net outward flux per unit volume 으로 정의된다. 어떤 점에서 발산을 구하려면 먼저 그 점을 둘러싸는 작은 부피 Δv를 만든다. 그 다음, 부피 Δv가 0으로 갈 때(한없이 작아질 때) 그 부피 밖으로 유출되는 벡터유량 vector flux 을 계산하고, 이를 Δv로 나누면 된다.

$$\nabla \cdot \mathbf{A} = \lim_{\Delta v \to 0} \frac{1}{\Delta v} \oiint_S \mathbf{A} \cdot d\mathbf{s} \tag{1.38}$$

여기서 닫힌표면 S는 작은 부피 Δv의 경계를 이루는(둘러싸는) 면이다([그림 1-17(a)] 참조). $\Delta v \to 0$의 극한을 취한 까닭은 발산이 '한 점'에서 정의되기 때문이다. 위의 정의는 1.4.1절의 식 (1.32)와 동일하다. 부피 Δv의 모양을 어떻게 잡더라도 결과는 같다.

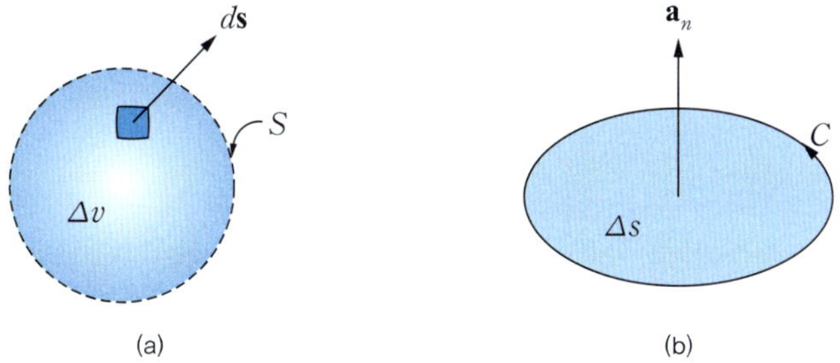

그림 1-17 발산과 회전의 정의

(a) 발산 (b) 회전

예제 1-9 **발산이 있는 벡터장**

다음 벡터장 $\mathbf{F}$의 발산을 계산하라. 또 식 (1.38)의 정의를 이용하여 $\mathbf{F}$가 발산을 갖는 까닭을 설명하라.

$$\mathbf{F}(x,\ y,\ z) = \mathbf{a}_x 2x$$

풀이

$$F_x = 2x,\ \ F_y = 0,\ \ F_z = 0$$

식 (1.32)를 이용하면 다음과 같다.

$$\nabla \cdot \mathbf{F} = \frac{\partial F_x}{\partial x} + \frac{\partial F_y}{\partial y} + \frac{\partial F_z}{\partial z} = \frac{\partial}{\partial x}(2x) = 2$$

벡터 $\mathbf{F}$가 x성분만 가지고 있으므로 $x > 0$인 경우에 x가 증가하면 $\mathbf{F}$의 크기도 증가한다. [그림 1-18(a)]와 같이 화살표들을 사용하여 $\mathbf{F}$의 장선field line을 나타낼 수 있다. (화살표가 많을수록 장의 세기가 강하다.) 어떤 점 P를 둘러싸는 부피(공) Δv(점선표시)를 만들고 이 부피 밖으로 유출되는 알짜 유량을 계산해보면 이 양이 (+) 값이 되는 것을 알 수 있는데, 이는 유출되는 유량이 유입되는 유량보다 많기 때문이다. 즉 벡터 $\mathbf{F}$는 점 P에서 (+) 발산값을 갖는다. 부피를 공 모양 대신 작은 육면체로 바꿔도 같은 결과가 나오는데, 그 이유는 발산이 Δv의 형태에 무관하기 때문이다.

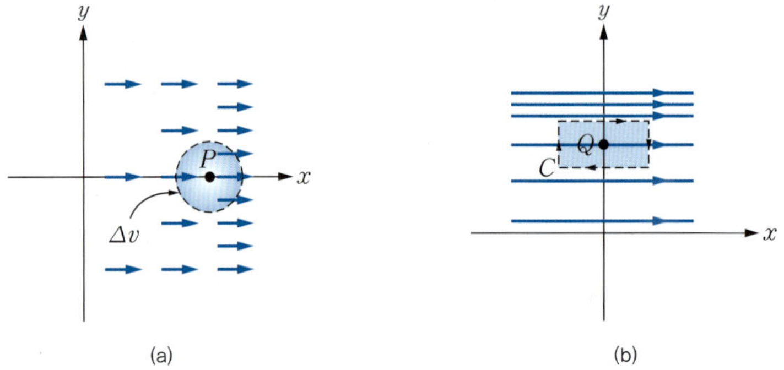

그림 1-18 발산이 있는 벡터장과 회전이 있는 벡터장
(a) 발산이 있는 벡터장 (b) 회전이 있는 벡터장

1.4.4 회전Curl

벡터함수의 **회전**curl은 한 점 주위의 순환이 얼마나 되는지를 나타내는 척도이다. 또한 벡터가 한 점 주위를 얼마만큼 소용돌이치는지(회전하는지)를 나타내는 척도이기도 하다. 회전은 단위면적당 순환량circulation per unit area으로 정의된다. 회전은 벡터이므로 크기뿐만 아니라 방향도 정의해야 한다. 특정한 방향 $\mathbf{a}_n$으로의 회전성분을 구하려면 먼저 $\mathbf{a}_n$과 직각을 이루는 표면 Δs를 만들어야 하는데, 이 표면의 경계가 되는 것이 경로 C이다([그림 1-17(b)]). 그 다음, 표면적 Δs가 0으로 갈 때 단위면적당 순환을 구하면 된다.

$$(\nabla\times\mathbf{A})_n = \lim_{\Delta s\to 0}\frac{1}{\Delta s}\oint_C \mathbf{A}\cdot d\mathbf{l} \tag{1.39}$$

여기서 닫힌경로 C와 단위벡터 $\mathbf{a}_n$ 사이의 관계는 오른손 규칙을 따른다. 서로 수직인 세 방향에 대해, $\mathbf{a}_n$을 그 방향들 중 하나로 잡아 차례대로 계산하면 벡터 $\nabla\times\mathbf{A}$의 세 성분을 얻을 수 있다. 위의 정의는 1.4.1절의 식 (1.33)과 동일하다. 표면 Δs의 모양을 어떻게 잡더라도 결과는 같다.

예제 1-10 회전이 있는 벡터장

다음 벡터장 $\mathbf{G}$의 회전을 계산하라. 또 식 (1.39)의 정의를 이용하여 $\mathbf{G}$가 회전을 갖는 까닭을 설명하라.

$$\mathbf{G}(x,\ y,\ z) = \mathbf{a}_x 2y$$

풀이

$$G_x = 2y,\ \ G_y = 0,\ \ G_z = 0$$

식 (1.33)을 이용하면 다음과 같다.

$$\nabla\times\mathbf{G} = \mathbf{a}_y\frac{\partial G_x}{\partial z} - \mathbf{a}_z\frac{\partial G_x}{\partial y} = -\mathbf{a}_z\frac{\partial}{\partial y}(2y) = -\mathbf{a}_z 2$$

벡터 $\mathbf{G}$가 x성분만 가지고 있으므로 $y>0$인 경우에 y가 증가하면 $\mathbf{G}$의 크기도 증가한다. [그림 1-18(b)]와 같이 $\mathbf{G}$의 장선을 나타낼 수 있다. y축 위에 있는 어떤 점 Q를 둘러싸는 사각형 모양의 작은 닫힌경로 C(점선표시)를 xy 평면상에 만들고 시계방향의 순환을 계산해본다. 그러면 이 양이 (+) 값이 되는 것을 알 수 있는데, 이는 $\oint_C \mathbf{G}\cdot d\mathbf{l}$이 윗부분에서는 (+) 값이 되고 아랫부분에서는 (−) 값이 되며, 윗부분 값이 아랫부분 값보다 크기 때문이다. 오른손 규칙을 사용하면 $\mathbf{G}$의 회전은 $-z$방향(책 속으로 들어가는 방향)이 된다. 사각형 대신 원형 루프로 바꿔도 같은 결과가 나오는데, 이것은 회전이 경로의 형태에 무관하기 때문이다. 여기서 주목할 것은 $\mathbf{G}$는 발산이 0이며 [예제 1-9]의 $\mathbf{F}$는 회전이 0이라는 사실이다.

발산과 회전의 기본 개념은 미묘하고 복잡하다. 지금까지 우리가 경험한 것 중에서는 이들과 유사한, 적절한 비교대상이 별로 없다. 앞으로 전자기학 공부를 계속해 나가는 과정에서 발산과 회전을 점점 잘 이해하게 될 것이다. 나중에 전기장은 발산 성질을 가지며 자기장은 회전 성질을 가진다는 것을 알게 될 것이다.

1.4.5 발산 정리와 스토크스 정리 Divergence Theorem and Stokes' Theorem

발산 정리와 스토크스 정리는 매우 중요한 적분 정리이다. 이 두 정리는 식 (1.38)의 발산과 식 (1.39)의 회전의 물리적, 기하학적 정의를 실제(미소가 아닌) 부피와 표면에 적용하여 얻을 수 있다.

발산 정리 divergence theorem 를 식으로 쓰면 다음과 같다.

$$\iiint_V \nabla \cdot \mathbf{A}\, dv = \oiint_S \mathbf{A} \cdot d\mathbf{s} \tag{1.40}$$

여기서 닫힌표면 S는 부피 V의 경계를 이루는 표면이다. 이 정리는 어떤 벡터 $\mathbf{A}$, 어떤 부피 V, 어떤 경계표면 S에 대해서도 성립한다. 이 정리를 사용하면 부피적분을 면적분으로 바꿀 수 있다. 그 반대로 바꾸는 것도 가능하다. $d\mathbf{s}$가 가리키는 방향은 표면 S에 수직이면서 부피 V로부터 바깥을 향하는 방향이라는 것에 주의해야 한다.

벡터 $\mathbf{A}$가 모든 곳(점)에서 발산이 없는 벡터, 즉 $\nabla \cdot \mathbf{A}$가 0인 벡터인 경우, 어떤 닫힌표면 S에 대해서도 $\oiint_S \mathbf{A} \cdot d\mathbf{s} = 0$이다. 이러한 벡터 $\mathbf{A}$를 **비발산장** divergenceless field 또는 **솔레노이드장** solenoidal field 이라고 한다. 솔레노이드장인 경우, 표면 S의 형태가 어떻게 생겼든 그 표면의 경계를 이루는 닫힌경로 C가 같으면 $\iint_S \mathbf{A} \cdot d\mathbf{s}$ 값은 표면 S에 관계없이 일정하다. 자기장은 솔레노이드장에 속하는데, 이에 대해서는 6장에서 설명하고 있다.

스토크스 정리 Stokes' theorem 를 식으로 쓰면 다음과 같다.

$$\iint_S \nabla \times \mathbf{A} \cdot d\mathbf{s} = \oint_C \mathbf{A} \cdot d\mathbf{l} \tag{1.41}$$

여기서 닫힌경로 C는 열린표면 S의 경계가 된다. 경로 C에서 $d\mathbf{l}$과 $d\mathbf{s} = \mathbf{a}_n ds$의 관계는 [그림 1-15(b)], [그림 1-15(c)]와 [그림 1-17(b)]에 나타나 있는 오른손 규칙을 따른다.

벡터 $\mathbf{A}$가 모든 곳에서 회전이 없는 벡터, 즉 $\nabla \times \mathbf{A}$가 0인 벡터인 경우, 어떤 닫힌경로에 대해서도 $\oint_C \mathbf{A} \cdot d\mathbf{l} = 0$이다. 이러한 벡터 $\mathbf{A}$를 **비회전장** curl-free field 또는 **보존장** conservative field 이라고 한다.[2] $\mathbf{A}$가 보존장인 경우, 두 점 사이에서의 $\mathbf{A}$의 선적분은 경로에 무관하다(1.3.4절 참조). 정적 전기장(정전기장)은 보존장에 속하는데 이에 대해서는 2장에서 설명하고 있다. 식 (1.40)과 식 (1.41)의 자세한 증명은 '쳉 Cheng 의 책'[3]에 실려 있다.

---

2 보존장과 비회전장의 특성은 똑같다.

3 D. K. Cheng, *Field and Wave Electromagnetics*, Addison-Wesley, 1989, 2nd Ed., Chapter 2.

예제 1-11 발산 정리

다음과 같은 벡터장 **F**가 있을 때, 주어진 물음에 답하라.

$$\mathbf{F} = \mathbf{a}_z z^2$$

(a) [그림 1-19]에 있는 반지름이 a인 반구에 대해 면적분 $\oint\!\!\oint_S \mathbf{F} \cdot d\mathbf{s}$, 즉 반구의 닫힌표면을 통과하는 유량을 구하라.

(b) 반구의 부피에 대해 $\iiint_V \nabla \cdot \mathbf{F} dv$를 계산하여 발산 정리를 증명하라.

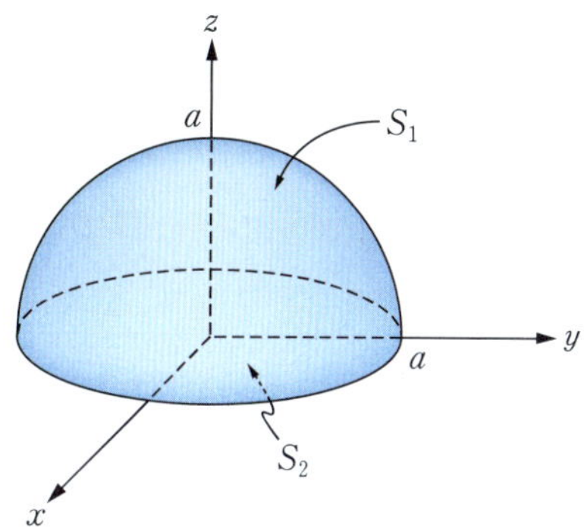

그림 1-19 반구 부피

풀이

(a) 반구에는 열린표면이 2개 있다. 즉 위쪽에 있는 반구의 표면 S_1과 반구의 밑면 S_2이다. 표면 S_1에서는 $r=a$, $0 \le \theta \le \frac{\pi}{2}$, $0 \le \phi \le 2\pi$이다.

$$d\mathbf{s} = \mathbf{a}_r r^2 \sin\theta \, d\theta \, d\phi = \mathbf{a}_r a^2 \sin\theta \, d\theta \, d\phi$$

F가 직각좌표로 주어졌으므로, 적분을 하려면 이를 구좌표로 변환해야 한다.

$$\begin{aligned} \mathbf{F} &= \mathbf{a}_z z^2 = (\mathbf{a}_r \cos\theta - \mathbf{a}_\theta \sin\theta)(r\cos\theta)^2 \\ &= \mathbf{a}_r r^2 \cos^3\theta - \mathbf{a}_\theta r^2 \sin\theta \cos^2\theta = \mathbf{a}_r F_r + \mathbf{a}_\theta F_\theta \end{aligned}$$

$$\begin{aligned} \iint_{S_1} \mathbf{F} \cdot d\mathbf{s} &= \iint_{S_1} (\mathbf{a}_r F_r + \mathbf{a}_\theta F_\theta) \cdot \mathbf{a}_r \, ds = \int_0^{2\pi} \int_0^{\frac{\pi}{2}} F_r\big|_{r=a} a^2 \sin\theta \, d\theta \, d\phi \\ &= \int_0^{2\pi} \int_0^{\frac{\pi}{2}} a^2 \cos^3\theta \, a^2 \sin\theta \, d\theta \, d\phi = 2\pi \cdot a^4 \left[-\frac{1}{4} \cos^4\theta \right]_0^{\frac{\pi}{2}} = \frac{1}{2}\pi a^4 \end{aligned}$$

표면 S_2에서 $z=0$이므로 $\mathbf{F} = \mathbf{a}_z z^2 = 0$이다.

$$\iint_{S_2} \mathbf{F} \cdot d\mathbf{s} = 0$$

따라서 반구의 면적분은 다음과 같다.

$$\oint\!\!\oint_S \mathbf{F} \cdot d\mathbf{s} = \iint_{S_1} \mathbf{F} \cdot d\mathbf{s} + \iint_{S_2} \mathbf{F} \cdot d\mathbf{s} = \frac{1}{2}\pi a^4$$

(b) $\nabla \cdot \mathbf{F} = \dfrac{\partial F_x}{\partial x} + \dfrac{\partial F_y}{\partial y} + \dfrac{\partial F_z}{\partial z} = 0 + 0 + \dfrac{\partial}{\partial z}(z^2) = 2z = 2r\cos\theta$

반구의 부피에 대해 $dv = r^2 \sin\theta \, dr \, d\theta \, d\phi$ $\left(0 \le r \le a,\ 0 \le \theta \le \frac{\pi}{2},\ 0 \le \phi \le 2\pi\right)$이다.

$$\iiint_V \nabla \cdot \mathbf{F}\, dv = \iiint_V 2z\, dv = \int_0^{2\pi}\int_0^{\frac{\pi}{2}}\int_0^{a} 2(r\cos\theta)\, r^2 \sin\theta\, dr\, d\theta\, d\phi$$

$$= 2 \cdot 2\pi\left[-\frac{1}{2}\cos^2\theta\right]_0^{\frac{\pi}{2}}\left[\frac{1}{4}r^4\right]_0^a = 4\pi \cdot \frac{1}{2}\frac{a^4}{4} = \frac{1}{2}\pi a^4$$

따라서 $\iiint_V \nabla \cdot \mathbf{F}\, dv = \oiint_S \mathbf{F} \cdot d\mathbf{s}$ 가 성립하므로 발산 정리가 증명된다.

예제 1-12 스토크스 정리

다음과 같은 벡터장 $\mathbf{F}$가 있을 때, 주어진 물음에 답하라.

$$\mathbf{F} = \mathbf{a}_x y - \mathbf{a}_y x$$

(a) [그림 1-20]에 있는 반지름이 a인 반원 형태의 닫힌경로를 따라가는 선적분 $\oint_C \mathbf{F} \cdot d\mathbf{l}$을 구하라.

(b) 닫힌경로로 둘러싸인 표면에 대해 $\iint_S \nabla \times \mathbf{F} \cdot d\mathbf{s}$를 계산하여 스토크스 정리를 증명하라.

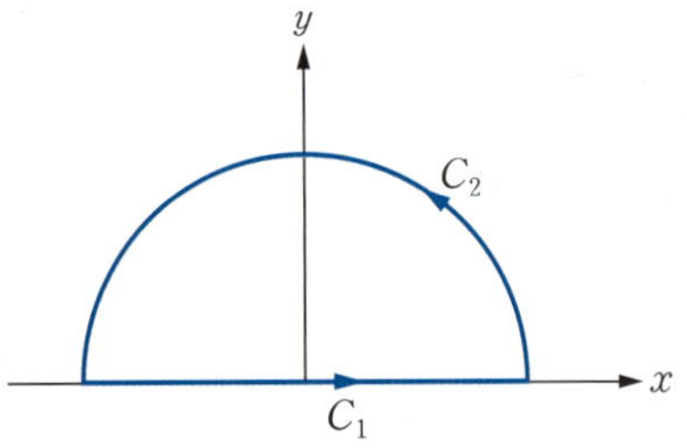

그림 1-20 반원 경로

풀이

(a) 직선경로를 C_1, 반원경로를 C_2로 정한다.

경로 C_1에서는 $d\mathbf{l} = \mathbf{a}_x dx$, $y = 0$, $-a \le x \le a$이다. C_1을 따라 선적분을 계산하면 다음과 같다.

$$\int_{C_1} \mathbf{F} \cdot d\mathbf{l} = \int_{-a}^{a} \{\mathbf{a}_x 0 - \mathbf{a}_y x\} \cdot \mathbf{a}_x dx = 0$$

경로 C_2에서는 $d\mathbf{l} = \mathbf{a}_\phi a\, d\phi$, $\rho = a$, $0 \le \phi \le \pi$이다. C_2를 따라 선적분을 하기 위해서는 $\mathbf{F}$를 원통좌표계로 변환해야 한다.

$$\mathbf{F} = \mathbf{a}_x y - \mathbf{a}_y x = \mathbf{a}_x \rho \sin\phi - \mathbf{a}_y \rho\cos\phi$$
$$= \rho(\mathbf{a}_x \sin\phi - \mathbf{a}_y \cos\phi) = -\mathbf{a}_\phi \rho$$

$$\int_{C_2} \mathbf{F} \cdot d\mathbf{l} = \int_0^{\pi} \{-\mathbf{a}_\phi \rho\}_{\rho = a} \cdot \mathbf{a}_\phi a\, d\phi = -a^2[\phi]_0^{\pi} = -\pi a^2$$

따라서 다음과 같다.

$$\oint_C \mathbf{F} \cdot d\mathbf{l} = \int_{C_1} \mathbf{F} \cdot d\mathbf{l} + \int_{C_2} \mathbf{F} \cdot d\mathbf{l} = 0 - \pi a^2 = -\pi a^2$$

(b) $\nabla \times \mathbf{F} = \begin{vmatrix} \mathbf{a}_x & \mathbf{a}_y & \mathbf{a}_z \\ \dfrac{\partial}{\partial x} & \dfrac{\partial}{\partial y} & \dfrac{\partial}{\partial z} \\ y & -x & 0 \end{vmatrix} = \mathbf{a}_z\left\{\dfrac{\partial}{\partial x}(-x) - \dfrac{\partial}{\partial y}(y)\right\} = -\mathbf{a}_z 2$

C로 둘러싸인 표면 S에 대해, $d\mathbf{s} = \mathbf{a}_z ds = \mathbf{a}_z \rho d\rho d\phi$, $0 \le \rho \le a$, $0 \le \phi \le \pi$이므로

$$\iint_S \nabla \times \mathbf{F} \cdot d\mathbf{s} = \int_0^{\pi}\int_0^{a} \{-\mathbf{a}_z 2\} \cdot \mathbf{a}_z \rho d\rho d\phi = -2\pi \frac{a^2}{2} = -\pi a^2$$

이다. 따라서 $\iiint_S \nabla \times \mathbf{F} \cdot d\mathbf{s} = \oint_C \mathbf{F} \cdot d\mathbf{l}$이 성립하므로 스토크스 정리가 증명된다.

예제 1-13 점전하의 전기장

[그림 1-21]의 벡터장 $\mathbf{E}$가 다음과 같을 때, 주어진 물음에 답하라. 여기서 K는 상수이다.

$$\mathbf{E} = \mathbf{a}_r \frac{K}{r^2}$$

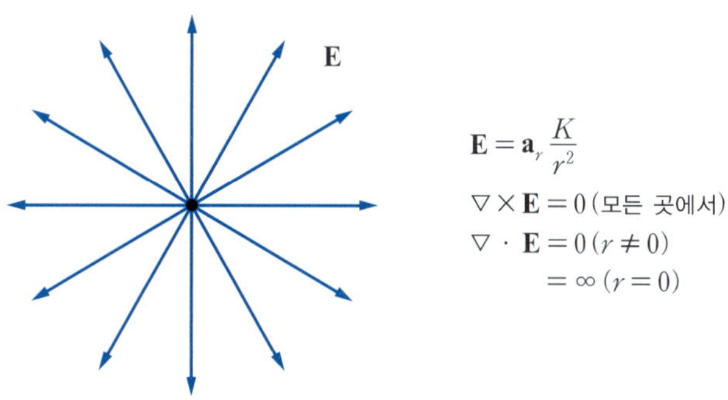

그림 1-21 점전하의 전기장

(a) 모든 곳에서 $\nabla \cdot \mathbf{E}$를 구하라. 원점($r=0$)에서 $\nabla \cdot \mathbf{E}$는 어떻게 되는가?

(b) 모든 곳에서 $\nabla \times \mathbf{E}$를 구하라.

풀이

(a) [표 1-4]에 수록된 구 좌표계에서의 식을 이용하여 $\nabla \cdot \mathbf{E}$를 구해보자.

$$E_r = \frac{K}{r^2}, \quad E_\theta = E_\phi = 0$$

$$\nabla \cdot \mathbf{E} = \frac{1}{r^2}\frac{\partial}{\partial r}(r^2 E_r) = \frac{1}{r^2}\frac{\partial}{\partial r}\left(r^2 \frac{K}{r^2}\right) = \frac{1}{r^2}\frac{\partial}{\partial r}(K) = 0 \qquad (r \ne 0)$$

그렇다고 해서 $r=0$에서 $\nabla \cdot \mathbf{E} = \dfrac{\frac{\partial}{\partial r}(K)}{r^2}$가 반드시 0이 된다고 할 수는 없다. 원점에서 $\nabla \cdot \mathbf{E}$의 성질을 알아보기 위해 발산 정리를 적용해보자. 원점을 감싸는 구 모양의 작은 부피 V를 만든 다음, $r \to 0$일 때 다음의 적분을 살펴보자.

$$\iiint_V \nabla \cdot \mathbf{E}\, dv = \oiint_{S(r\to 0)} \mathbf{E} \cdot d\mathbf{s} = \int_0^{2\pi}\int_0^{\pi} \frac{K}{r^2}\mathbf{a}_r \cdot \mathbf{a}_r r^2 \sin\theta\, d\theta\, d\phi$$
$$= \int_0^{2\pi}\int_0^{\pi} K\sin\theta\, d\theta\, d\phi = 4\pi K$$

$r \neq 0$인 영역은 $\iiint_V \nabla \cdot \mathbf{E}\, dv$의 계산에 아무런 기여를 하지 못하므로 $r=0$인 원점에서는 피적분 함수인 $\nabla \cdot \mathbf{E}$가 무한대가 되어야 한다. 따라서 $\nabla \cdot \mathbf{E}$는 $r \neq 0$에서는 0, $r=0$에서는 무한대이다.

(b) $\nabla \times \mathbf{E}$를 구하기 위해 [표 1-4]를 이용하자. E_r은 θ와 ϕ에 무관하다.

$$\nabla \times \mathbf{E} = \mathbf{a}_\theta \frac{1}{r\sin\theta}\frac{\partial E_r}{\partial \phi} - \mathbf{a}_\phi \frac{1}{r}\frac{\partial E_r}{\partial \theta} = 0 \qquad (r \neq 0,\ \sin\theta \neq 0)$$

$r=0$, $\sin\theta = 0$에서 $\nabla \times \mathbf{E}$의 성질을 알아보기 위해 스토크스 정리를 적용해보자. 원점을 중심으로 하고 반지름이 r, $0 \le \theta \le \frac{\pi}{2}$인 반구를 만든다. S는 반구의 표면이고 C는 둘레이다. 그러면 $E_\phi = 0$이므로

$$\iint_S \nabla \times \mathbf{E} \cdot d\mathbf{s} = \oint_C \mathbf{E} \cdot d\mathbf{l} = \int_0^{2\pi} \mathbf{E} \cdot \mathbf{a}_\phi r\, d\phi = E_\phi 2\pi r = 0$$

이 된다. 따라서 반지름 r이 유한한 값이든 0이든 $\iint_S \nabla \times \mathbf{E} \cdot d\mathbf{s}$의 계산에는 아무런 기여를 하지 못하므로 $\nabla \times \mathbf{E}$는 모든 곳에서 0으로 간주할 수 있다.

이 예제의 벡터장 **E**는 점전하가 만드는 전기장을 나타내는 것으로, 이에 대해서는 2장에서 다룬다. 이 전기장은 보존장이며 발산이 있다는 것을 잘 알아두어야 한다.

예제 1-14 선전류의 자기장

[그림 1-22]의 벡터장 **H**가 다음과 같을 때, 주어진 물음에 답하라. 여기서 K는 상수이다.

$$\mathbf{H} = \mathbf{a}_\phi \frac{K}{\rho}$$

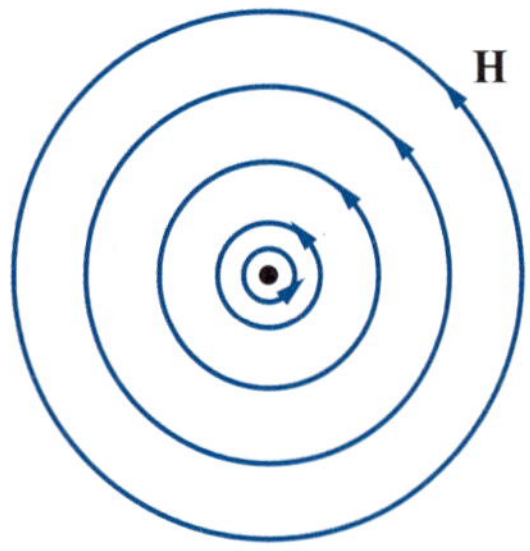

$\mathbf{H} = \mathbf{a}_\phi \dfrac{K}{\rho}$

$\nabla \times \mathbf{H} = 0\ (\rho \neq 0)$

$= \infty\ (\rho = 0)$

$\nabla \cdot \mathbf{H} = 0$ (모든 곳에서)

그림 1-22 선전류의 자기장

(a) 모든 곳에서 $\nabla \cdot \mathbf{H}$를 구하라.

(b) 모든 곳에서 $\nabla \times \mathbf{H}$를 구하라. z축($\rho = 0$) 위에 있는 점에서 $\nabla \times \mathbf{H}$는 어떻게 되는가?

풀이

(a) [표 1-4]에 수록된 원통 좌표계에서의 식을 이용하여 $\nabla \cdot \mathbf{H}$를 구해보자.

$$H_\rho = 0, \quad H_\phi = \frac{K}{\rho}, \quad H_z = 0$$

$$\nabla \cdot \mathbf{H} = \frac{1}{\rho}\frac{\partial H_\phi}{\partial \phi} = \frac{1}{\rho}\frac{\partial}{\partial \phi}\left(\frac{K}{\rho}\right) = 0 \qquad (\rho \neq 0)$$

z축($\rho=0$)에서 $\nabla \cdot \mathbf{H}$의 성질을 알아보기 위해 다시 한 번 발산 정리를 적용해보자. 반지름이 ρ, 길이가 l인 원통을 만드는데, 원통의 축이 z축이 되게 한다. 그러면 $H_\rho = H_z = 0$이므로

$$\iiint_V \nabla \cdot \mathbf{H}\, dv = \oiint_{S(\rho \to 0)} \mathbf{H} \cdot d\mathbf{s} = \iint_{\text{옆면}} H_\rho ds + \iint_{\text{윗면, 밑면}} H_z ds = 0$$

이 된다. 축($\rho=0$)은 $\iiint_V \nabla \cdot \mathbf{H} dv$의 계산에는 아무런 기여를 하지 못하므로 $\nabla \cdot \mathbf{H}$는 전체 영역에서 0이다.

(b) $\nabla \times \mathbf{H}$를 구하기 위해 [표 1-4]를 이용하자.

$$\nabla \times \mathbf{H} = -\mathbf{a}_\rho \frac{\partial H_\phi}{\partial z} + \mathbf{a}_z \frac{1}{\rho}\frac{\partial}{\partial \rho}(\rho H_\phi) = \mathbf{a}_z \frac{1}{\rho}\frac{\partial}{\partial \rho}\left(\rho \frac{K}{\rho}\right) = \mathbf{a}_z \frac{1}{\rho}\frac{\partial}{\partial \rho}(K) = 0 \qquad (\rho \neq 0)$$

z축($\rho=0$)에서 $\nabla \times \mathbf{H}$의 성질을 알아보기 위해 스토크스 정리를 적용해보자. 중심이 z축 위에 있고 반지름이 $\rho(\rho \to 0)$인 작은 원판을 만든다. 이때 원판은 z축과 직각을 이루게 한다. 그러면

$$\iint_S \nabla \times \mathbf{H} \cdot d\mathbf{s} = \oint_{C(\rho \to 0)} \mathbf{H} \cdot d\mathbf{l} = \lim_{\rho \to 0} H_\phi 2\pi\rho = \frac{K}{\rho} 2\pi\rho = 2\pi K$$

이 된다. 원판 위에서 $\rho \neq 0$인 영역은 $\iint_S \nabla \times \mathbf{H} \cdot d\mathbf{s}$의 계산에는 아무런 기여를 하지 못하므로 z축($\rho=0$)에서 피적분함수인 $\nabla \times \mathbf{H}$는 무한대가 되어야 한다. 따라서 $\nabla \times \mathbf{H}$는 $\rho \neq 0$에서는 0, $\rho=0$에서는 무한대이다. 이 예제의 벡터장 $\mathbf{H}$는 전류가 흐르는 긴 선이 z축을 따라 놓여 있을 때 이 선이 만드는 자기장을 나타내는 것으로, 이에 대해서는 6장에서 다룬다. 이 자기장은 솔레노이드장이며, 회전이 있다는 것을 잘 알아두어야 한다.

1.4.6 벡터 항등식

[표 1-5]에 몇 가지 벡터 항등식을 정리했다. 이 항등식은 직접적인 방법으로 증명해볼 수 있다. 즉 항등식의 양변을 직각좌표 형식으로 전개하여 서로 같다는 것을 보이면 되는데, 경우에 따라서는 이렇게 하는 것이 고생스러울 수 있다. 여기서는 어느 정도 많이 사용되는 벡터 항등식에 대해 이러한 방법을 살펴본다.

표 1-5 벡터 항등식

벡터 삼중곱	(1) $\mathbf{A}\cdot(\mathbf{B}\times\mathbf{C})=\mathbf{B}\cdot(\mathbf{C}\times\mathbf{A})=\mathbf{C}\cdot(\mathbf{A}\times\mathbf{B})$ (2) $\mathbf{A}\times(\mathbf{B}\times\mathbf{C})=\mathbf{B}(\mathbf{A}\cdot\mathbf{C})-\mathbf{C}(\mathbf{A}\cdot\mathbf{B})$	
곱셈 규칙	(3) $\nabla(VW)=V(\nabla W)+W(\nabla V)$ (4) $\nabla(\mathbf{A}\cdot\mathbf{B})=\mathbf{A}\times(\nabla\times\mathbf{B})+\mathbf{B}\times(\nabla\times\mathbf{A})+(\mathbf{A}\cdot\nabla)\mathbf{B}+(\mathbf{B}\cdot\nabla)\mathbf{A}$ (5) $\nabla\cdot(V\mathbf{A})=V(\nabla\cdot\mathbf{A})+\mathbf{A}\cdot(\nabla V)$ (6) $\nabla\cdot(\mathbf{A}\times\mathbf{B})=\mathbf{B}\cdot(\nabla\times\mathbf{A})-\mathbf{A}\cdot(\nabla\times\mathbf{B})$ (7) $\nabla\times(V\mathbf{A})=V(\nabla\times\mathbf{A})-\mathbf{A}\times(\nabla V)$ (8) $\nabla\times(\mathbf{A}\times\mathbf{B})=(\mathbf{B}\cdot\nabla)\mathbf{A}-(\mathbf{A}\cdot\nabla)\mathbf{B}+\mathbf{A}(\nabla\cdot\mathbf{B})-\mathbf{B}(\nabla\cdot\mathbf{A})$	
2차 미분	(9) $\nabla\cdot(\nabla\times\mathbf{A})=0$ (10) $\nabla\times(\nabla V)=0$ (11) $\nabla\times(\nabla\times\mathbf{A})=\nabla(\nabla\cdot\mathbf{A})-\nabla^2\mathbf{A}$	
적분 정리	기울기 정리	$\int_a^b(\nabla V)\cdot d\mathbf{l}=V(b)-V(a)$
	발산 정리	$\iiint_V(\nabla\cdot\mathbf{A})dv=\oiint_S\mathbf{A}\cdot d\mathbf{s}$
	스토크스 정리	$\iint_S(\nabla\times\mathbf{A})\cdot d\mathbf{s}=\oint_C\mathbf{A}\cdot d\mathbf{l}$

먼저, 두 스칼라함수의 곱의 기울기를 살펴보자.

$$\begin{aligned}\nabla(VW)&=\mathbf{a}_x\frac{\partial}{\partial x}(VW)+\mathbf{a}_y\frac{\partial}{\partial y}(VW)+\mathbf{a}_z\frac{\partial}{\partial z}(VW)\\&=\mathbf{a}_xV\frac{\partial W}{\partial x}+\mathbf{a}_yV\frac{\partial W}{\partial y}+\mathbf{a}_zV\frac{\partial W}{\partial z}+\mathbf{a}_xW\frac{\partial V}{\partial x}+\mathbf{a}_yW\frac{\partial V}{\partial y}+\mathbf{a}_zW\frac{\partial V}{\partial z}\end{aligned}$$

: 함수의 곱에 대한 미분 규칙 사용

따라서 다음과 같다.

$$\nabla(VW)=V\nabla W+W\nabla V \tag{1.42}$$

다음으로 스칼라와 벡터의 곱의 발산을 살펴보자.

$$\begin{aligned}\nabla\cdot(V\mathbf{A})&=\nabla\cdot\{\mathbf{a}_xVA_x+\mathbf{a}_yVA_y+\mathbf{a}_zVA_z\}\\&=\frac{\partial}{\partial x}(VA_x)+\frac{\partial}{\partial y}(VA_y)+\frac{\partial}{\partial z}(VA_z)\\&=V\frac{\partial A_x}{\partial x}+V\frac{\partial A_y}{\partial y}+V\frac{\partial A_z}{\partial z}+A_x\frac{\partial V}{\partial x}+A_y\frac{\partial V}{\partial y}+A_z\frac{\partial V}{\partial z}\end{aligned}$$

따라서 다음과 같다.

$$\nabla\cdot(V\mathbf{A})=V(\nabla\cdot\mathbf{A})+\mathbf{A}\cdot\nabla V \tag{1.43}$$

마지막으로 스칼라와 벡터의 곱의 회전을 살펴보자.

$$\nabla \times (V\mathbf{A}) = \begin{vmatrix} \mathbf{a}_x & \mathbf{a}_y & \mathbf{a}_z \\ \dfrac{\partial}{\partial x} & \dfrac{\partial}{\partial y} & \dfrac{\partial}{\partial z} \\ VA_x & VA_y & VA_z \end{vmatrix}$$

행렬식을 전개한 다음 곱셈 규칙을 사용하여 나오는 항들을 정리하면 다음 관계식을 얻는다.

$$\nabla \times (V\mathbf{A}) = V\nabla \times \mathbf{A} + (\nabla V) \times \mathbf{A} \tag{1.44}$$

1.4.7 고차 벡터 미분 함수

기울기(∇V)는 벡터이므로 기울기에 발산을 취해 $\nabla \cdot (\nabla V)$를 만들 수 있는데, 이 스칼라를 **라플라시안** Laplacian 이라고 한다. 델(∇) 연산자 두 개를 연속해서 사용하는 양에는 다음의 다섯 가지가 있다.

$$\nabla \cdot (\nabla V) \qquad \nabla(\nabla \cdot \mathbf{A}) \qquad \nabla \cdot (\nabla \times \mathbf{A})$$
$$\nabla \times (\nabla V) \qquad \nabla \times (\nabla \times \mathbf{A})$$

이들 가운데 $\nabla \times (\nabla V)$와 $\nabla \cdot (\nabla \times \mathbf{A})$ 두 가지 양은 어떤 스칼라함수 V와 어떤 벡터함수 $\mathbf{A}$에 대해서도 항상 0이다.

$$\begin{aligned} \nabla \times \nabla V &= \begin{vmatrix} \mathbf{a}_x & \mathbf{a}_y & \mathbf{a}_z \\ \dfrac{\partial}{\partial x} & \dfrac{\partial}{\partial y} & \dfrac{\partial}{\partial z} \\ \dfrac{\partial V}{\partial x} & \dfrac{\partial V}{\partial y} & \dfrac{\partial V}{\partial z} \end{vmatrix} \\ &= \mathbf{a}_x\left(\frac{\partial^2 V}{\partial y \partial z} - \frac{\partial^2 V}{\partial z \partial y}\right) + \mathbf{a}_y\left(\frac{\partial^2 V}{\partial z \partial x} - \frac{\partial^2 V}{\partial x \partial z}\right) + \mathbf{a}_z\left(\frac{\partial^2 V}{\partial x \partial y} - \frac{\partial^2 V}{\partial y \partial x}\right) \end{aligned}$$

스칼라함수 V와 그 도함수가 연속이면 미분을 하는 순서는 상관이 없으므로 $\nabla \times \nabla V$의 각 성분은 0이 된다. 회전의 발산인 $\nabla \cdot (\nabla \times \mathbf{A})$도 직각좌표로 전개해보면 같은 이유로 0이 된다.

따라서 다음과 같다.

$$\nabla \times \nabla V = \nabla \cdot (\nabla \times \mathbf{A}) = 0 \tag{1.45}$$

$\nabla \cdot (\nabla V)$를 줄여서 $\nabla^2 V$로 쓰는데, 이것을 스칼라 V의 라플라시안이라고 한다. 이를 직각좌표로 전개하면 다음과 같다.

$$\nabla \cdot (\nabla V) = \nabla^2 V = \frac{\partial^2 V}{\partial x^2} + \frac{\partial^2 V}{\partial y^2} + \frac{\partial^2 V}{\partial z^2} \tag{1.46}$$

스칼라의 라플라시안은 역시 스칼라가 되므로 이를 스칼라 라플라시안이라고 한다.

벡터의 라플라시안은 $\nabla^2 \mathbf{A}$로 쓰는데, 다음 식으로 정의된다([표 1-5]의 식 (11) 참조).

$$\nabla^2 \mathbf{A} = \nabla(\nabla \cdot \mathbf{A}) - \nabla \times (\nabla \times \mathbf{A}) \tag{1.47}$$

벡터의 라플라시안 역시 벡터가 되므로 이를 벡터 라플라시안이라고 한다. 벡터 라플라시안은 직각 좌표계에서 특히 간단한 형태로 표시된다.

$$\nabla^2 \mathbf{A} = \mathbf{a}_x \nabla^2 A_x + \mathbf{a}_y \nabla^2 A_y + \mathbf{a}_z \nabla^2 A_z \tag{1.48}$$

여기서 $\nabla^2 A_x$, $\nabla^2 A_y$, $\nabla^2 A_z$는 스칼라 라플라시안으로, 이것으로부터 벡터 라플라시안의 개념을 이끌어낼 수 있다. 다른 좌표계에서는 이렇게 간단한 형태로 결과가 나오지 않으므로 식 (1.47)을 사용하여 벡터 라플라시안을 구해야 한다.

1.5 헬름홀츠 정리 Helmholtz's Theorem

임의의 벡터함수 $\mathbf{F}$를 다음과 같이 보존적인 벡터와 솔레노이드적인 벡터로 분해할 수 있는데, 이것을 **헬름홀츠 정리** Helmholtz's theorem 라고 한다.

$$\mathbf{F} = -\nabla V + \nabla \times \mathbf{A} \tag{1.49}$$

여기서 V와 $\mathbf{A}$는 각각 다음 식으로 정의된다.

$$V = \frac{1}{4\pi} \iiint_V \frac{(\nabla \cdot \mathbf{F})' dv'}{R} \tag{1.50a}$$

$$\mathbf{A} = \frac{1}{4\pi} \iiint_V \frac{(\nabla \times \mathbf{F})' dv'}{R} \tag{1.50b}$$

V와 $\mathbf{A}$의 정의에서 무엇보다도 흥미로운 점은 V가 $\nabla \cdot \mathbf{F}$로부터 유도되며, $\mathbf{A}$가 $\nabla \times \mathbf{F}$로부터 유도된다는 사실이다. R은 점 (x, y, z)와 점 (x', y', z') 사이의 거리이다.

$(\nabla \cdot \mathbf{F})'$은 $\mathbf{F}(x, y, z)$의 발산을 취한 다음 단순히 (x, y, z)를 (x', y', z')으로 바꾼 것이다. 다음의 식

$$\mathbf{F} = -\nabla V + \nabla \times \mathbf{A}$$

에서 $-\nabla V$는 $\mathbf{F}$의 비회전적(보존적) 성분인데, 이것은 $\nabla \times \nabla V = 0$이기 때문이다. $\nabla \times \mathbf{A}$는 비발산적(솔레노이드적) 성분인데, 이것은 $\nabla \cdot (\nabla \times \mathbf{A}) = 0$이기 때문이다. 식 (1.50)의 두 정의를 식 (1.49)에 대입하면 다음과 같이 임의의 벡터 $\mathbf{F}$만을 사용하여 헬름홀츠 정리를 나타낼 수 있다.

$$\mathbf{F} = -\nabla \underbrace{\left[\iiint \frac{(\nabla \cdot \mathbf{F})' dv'}{4\pi R} \right]}_{V} + \nabla \times \underbrace{\left\{ \iiint \frac{(\nabla \times \mathbf{F})' dv'}{4\pi R} \right\}}_{\mathbf{A}} = -\nabla V + \nabla \times \mathbf{A}$$

이제 $\mathbf{F}$는 자신의 발산과 회전으로 완전하게 정해진다는 사실을 알 수 있다. $\mathbf{F}$를 구성하는 두 부분 중 $-\nabla V$는 비회전적(보존적)이며 $\nabla \cdot \mathbf{F}$로 유일하게 정해진다. 그리고 $\nabla \times \mathbf{A}$는 비발산적(솔레노이드적)이며 $\nabla \times \mathbf{F}$로 유일하게 정해진다. $\nabla \cdot \mathbf{F}$와 $\nabla \times \mathbf{F}$가 모두 0이면 벡터 $\mathbf{F}$는 0이 된다. (또는 상수벡터가 되는데, 상수벡터는 발산과 회전이 모두 0이기 때문이다.)

이와 함께 다음 두 가지 특수한 경우를 잘 알아두어야 한다.

1. **$\nabla \times \mathbf{F} = 0$인 경우** : 두 번째 적분이 0이 되므로 $\mathbf{F} = -\nabla V$가 된다. 즉 $\mathbf{F}$를 어떤 스칼라의 기울기로 나타낼 수 있다.
2. **$\nabla \cdot \mathbf{F} = 0$인 경우** : 첫 번째 적분이 0이 되므로 $\mathbf{F} = \nabla \times \mathbf{A}$가 된다. 즉 $\mathbf{F}$를 다른 벡터의 회전으로 나타낼 수 있다.

첫 번째 유형(보존장)의 예가 정전기장 electrostatic field 이고, 두 번째 유형(솔레노이드장)의 예가 정자기장 magnetostatic field 이다. 헬름홀츠 정리의 증명은 '아프켄 Arfken 의 책'[4]에서 찾아볼 수 있다.

지금까지 설명한 내용을 정리해보자.

- 어떤 벡터장 $\mathbf{F}$의 발산과 회전을 알면 그 벡터장 $\mathbf{F}$를 완전하게(유일하게) 정의할 수 있다.
- 어떤 벡터장 $\mathbf{F}$도 두 부분으로 분해할 수 있다. 이때 한 부분은 보존적이고, 또 한 부분은 솔레노이드적이다.
- 보존적인 부분은 $\nabla \cdot \mathbf{F}$로 정해진다.
- 솔레노이드적인 부분은 $\nabla \times \mathbf{F}$로 정해진다.
- $\nabla \times \mathbf{F} = 0$이면 $\mathbf{F} = -\nabla V$이다. (1.51a)
- $\nabla \cdot \mathbf{F} = 0$이면 $\mathbf{F} = \nabla \times \mathbf{A}$이다. (1.51b)

예제 1-15

[그림 1-21]의 벡터장([예제 1-13] 참조)에 헬름홀츠 정리를 적용하라.

풀이

$$\mathbf{E} = \mathbf{a}_r \frac{K}{r^2}$$

[예제 1-13]에서는 모든 곳에서 $\nabla \times \mathbf{E} = 0$이라는 결과를 얻었다. 따라서 $\mathbf{E} = -\nabla V$이고

4 G. Arfken, *Mathematical Methods for Physicists*, Academic Press, 1985, 3rd Ed., Section 1.15.

$$V = \frac{1}{4\pi} \iiint \frac{(\nabla \cdot \mathbf{E})' dv'}{R}$$

이 된다. 원점을 제외한 나머지 모든 곳에서 $\nabla \cdot \mathbf{E} = 0$이다([예제 1-13] 참조). 원점($x' = y' = z' = 0$)에서 R은 r이 되므로 이를 적분기호 밖으로 꺼낼 수 있다.

$$V = \frac{1}{4\pi r} \iiint (\nabla \cdot \mathbf{E})' dv'$$

그런데 $\iiint (\nabla \cdot \mathbf{E})' dv' = \iiint (\nabla \cdot \mathbf{E}) dv = 4\pi K$이므로([예제 1-13] 참조)

$$\mathbf{E} = -\nabla V;\ V = \frac{K}{r}$$

가 된다. 2장에서는 다른 방법으로 이 결과를 구할 것이다(식 (2.43) 참조).

CHAPTER 01_연습문제

1.1 벡터 A, B, C가 아래와 같을 때 다음을 구하라.

$$\mathrm{A} = \mathbf{a}_x - \mathbf{a}_y + \mathbf{a}_z 2$$
$$\mathrm{B} = -\mathbf{a}_x + \mathbf{a}_y + \mathbf{a}_z 4$$
$$\mathrm{C} = \mathbf{a}_y 3 - \mathbf{a}_z 2$$

(a) $|\mathrm{A}|$ (크기)

(b) $\mathbf{a}_A$ (벡터 A 방향으로의 단위벡터)

(c) $\mathrm{B} \cdot \mathrm{A}$

(d) 벡터 B의 A 방향성분

(e) θ_{AB}

(f) $\mathrm{A} \times \mathrm{B}$

(g) $(\mathrm{A} \times \mathrm{B}) \cdot \mathrm{C}$, $\mathrm{A} \cdot (\mathrm{B} \times \mathrm{C})$

1.2 벡터 A, B, C가 다음과 같을 때, [연습문제 1.1]을 되풀이하라.

$$\mathrm{A} = \mathbf{a}_x 2 - \mathbf{a}_y + \mathbf{a}_z 3$$
$$\mathrm{B} = -\mathbf{a}_x + \mathbf{a}_y + \mathbf{a}_z 5$$
$$\mathrm{C} = \mathbf{a}_x 3 - \mathbf{a}_z 2$$

1.3 벡터 A, B, C가 다음과 같을 때, [연습문제 1.1]을 되풀이하라.

$$\mathrm{A} = \mathbf{a}_x 3 + \mathbf{a}_y 4 - \mathbf{a}_z 5$$
$$\mathrm{B} = -\mathbf{a}_x 4 + \mathbf{a}_y 3$$
$$\mathrm{C} = \mathbf{a}_x - \mathbf{a}_y 2 + \mathbf{a}_z 3$$

1.4 식 (1.21)의 좌변과 우변을 각각 직각 좌표계로 전개하여 이 식이 성립함을 증명하라.

1.5 식 (1.22)의 'BAC−CAB' 공식의 좌변과 우변을 각각 직각 좌표계로 전개하여 이 식이 성립함을 증명하라.

1.6 [연습문제 1.1], [연습문제 1.2], [연습문제 1.3]의 벡터에 대해 다음 물음에 답하라.

(a) $\mathrm{A} \times (\mathrm{B} \times \mathrm{C})$를 계산하라.

(b) $(\mathrm{A} \cdot \mathrm{B})$와 $(\mathrm{A} \cdot \mathrm{C})$를 계산하라.

(c) 식 (1.22)의 'BAC−CAB' 공식을 확인하라.

1.7 공간에 세 개의 점 (0, 0, 0), (1, 1, 1), (0, 2, 0)을 꼭짓점으로 하는 삼각형이 있다. 두 벡터의 가위곱을 이용하여 이 삼각형의 면적을 구하라.

1.8 벡터방정식 C = A − B에 대해, 이 방정식의 좌변과 우변의 크기를 각각 제곱한 다음 그 결과를 삼각형의 기하학적 성질과 관련지어 해석하여 다음의 코사인 법칙을 증명하라.

$$C^2 = A^2 + B^2 - 2AB\cos\theta_{AB}$$

1.9 두 벡터의 가위곱을 이용하여 삼각형에 대해 다음의 사인 법칙을 증명하라.

$$\frac{A}{\sin\theta_{BC}} = \frac{B}{\sin\theta_{CA}} = \frac{C}{\sin\theta_{AB}}$$

1.10 xy평면에 벡터 A, B가 놓여 있다. A와 B가 x축과 이루고 있는 각도는 각각 α와 β이다. $\mathbf{a}_A$와 $\mathbf{a}_B$가 각각 A 방향과 B 방향의 단위벡터일 때, 다음 물음에 답하라.

(a) 점곱 $\mathbf{a}_A \cdot \mathbf{a}_B$를 계산하여 각도차의 코사인인 $\cos(\alpha-\beta)$의 전개식을 구하라.

(b) 가위곱 $\mathbf{a}_B \times \mathbf{a}_A$를 계산하여 $\sin(\alpha-\beta)$의 전개식을 구하라.

1.11 사면체는 [그림 1-23]에서 보듯이 세 개의 모서리 벡터 A, B, C로 정해진다. $\mathbf{A} = \mathbf{a}_x + \mathbf{a}_y + \mathbf{a}_z$, $\mathbf{B} = \mathbf{a}_x 2 - \mathbf{a}_y$, $\mathbf{C} = \mathbf{a}_y 3 + \mathbf{a}_z 2$인 사면체의 부피를 구하라.

힌트 사면체의 부피는 벡터 A, B, C가 만드는 평행사면체 부피의 $\frac{1}{6}$이다.

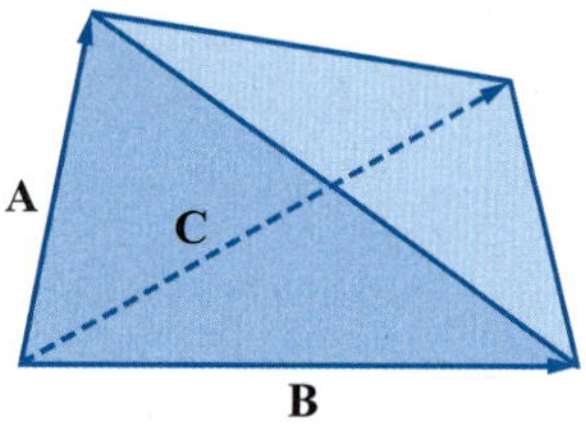

그림 1-23 사면체

1.12 다음 물음에 답하라.

(a) 벡터 $\mathbf{A} = \mathbf{a}_x a + \mathbf{a}_y b$는 직선 $ax + by = c$와 수직으로 만나고 있음을 증명하라.

(b) 직선 $2x - y = 2$와 수직이면서 xy평면에 있는 단위벡터를 구하라.

1.13 다음 물음에 답하라.

(a) 벡터 $\mathbf{A} = \mathbf{a}_x a + \mathbf{a}_y b + \mathbf{a}_z c$는 평면 $ax + by + cz = d$와 수직을 이루고 있음을 증명하라.

(b) 평면 $3x + 4y + 5z = 12$와 수직인 단위벡터를 구하라.

1.14 식 (1.22)의 양변과 벡터 D와의 점곱을 취하여 다음 라그랑주 항등식identity of Lagrange을 증명하라.

$$(\mathbf{A}\times\mathbf{D})\cdot(\mathbf{B}\times\mathbf{C}) = (\mathbf{A}\cdot\mathbf{B})(\mathbf{C}\cdot\mathbf{D}) - (\mathbf{A}\cdot\mathbf{C})(\mathbf{B}\cdot\mathbf{D})$$

1.15 원점에서 한 점 $P(x, y, z)$까지 연결하는 벡터를 위치벡터 position vector 라고 한다. 이를 식으로 쓰면 다음과 같다. 이 식을 바탕으로 다음 물음에 답하라.

$$\mathbf{r} = \mathbf{a}_x x + \mathbf{a}_y y + \mathbf{a}_z z$$

(a) 원통 좌표계(ρ, ϕ, z)에서 위치벡터는 $\mathbf{r} = \mathbf{a}_\rho \rho + \mathbf{a}_z z$임을 증명하라.

(b) 구 좌표계(r, θ, ϕ)에서 위치벡터는 $\mathbf{r} = \mathbf{a}_r r$임을 증명하라.

힌트 $\mathbf{r}$은 $\mathbf{a}_\theta$나 $\mathbf{a}_\phi$성분을 갖지 않는다는 사실에 주의하라.

1.16 [그림 1-7]의 좌표계 그림을 사용하여 [표 1-1]의 관계식을 증명하라.

1.17 $\mathbf{a}_x$, $\mathbf{a}_y$, $\mathbf{a}_z$는 상수 단위벡터이지만 $\mathbf{a}_\rho$, $\mathbf{a}_r$, $\mathbf{a}_\theta$, $\mathbf{a}_\phi$는 위치에 따라 변하는 단위벡터이다. [그림 1-8]에 표시된 이들 단위벡터의 정의를 사용하여 다음 물음에 답하라.

(a) 원통 좌표계나 구 좌표계로 반 xz평면$(x > 0)$을 나타내는 방정식을 써라. 이 면 위에서 $\mathbf{a}_\phi$를 $\mathbf{a}_x$, $\mathbf{a}_y$, $\mathbf{a}_z$를 써서 나타내라.

(b) 원통 좌표계나 구 좌표계로 반 yz평면$(y > 0)$을 나타내는 방정식을 써라. 이 면 위에서 $\mathbf{a}_\phi$를 $\mathbf{a}_x$, $\mathbf{a}_y$, $\mathbf{a}_z$를 써서 나타내라.

(c) 구 좌표계로 xy평면을 나타내는 방정식을 써라. 이 면 위에서 $\mathbf{a}_\theta$를 $\mathbf{a}_x$, $\mathbf{a}_y$, $\mathbf{a}_z$를 써서 나타내라.

1.18 다음은 직각 좌표계로 나타낸 점들의 좌표이다. 이들을 원통 좌표계와 구 좌표계로 바꿔라.

(a) $(1, 1, 1)$　(b) $(3, 4, 0)$

(c) $(1, 0, 1)$　(d) $(0, -1, 2)$

(e) $(-1, 2, -3)$

1.19 다음은 원통 좌표계로 나타낸 점들의 좌표이다. 이들을 직각 좌표계와 구 좌표계로 바꿔라.

(a) $(1, 45°, 2)$　(b) $(1, 180°, -2)$　(c) $(2, 270°, 3)$

1.20 다음은 구 좌표계로 나타낸 점들의 좌표이다. 이들을 직각 좌표계와 원통 좌표계로 바꿔라.

(a) $(1, 45°, 45°)$　(b) $(2, 90°, 90°)$　(c) $(3, 120°, 135°)$

$\theta = 0°$인 경우, ϕ 좌표를 정의할 수 있는가?

1.21 [그림 1-11]을 이용하여 [표 1-3]의 위쪽 가운데 칸의 변환식(원통 좌표계 → 직각 좌표계)을 유도하라.

1.22 [그림 1-12]를 이용하여 [표 1-3]의 오른쪽 가운데 칸의 변환식(구 좌표계 → 원통 좌표계)을 유도하라.

1.23 구 좌표계 → 원통 좌표계 변환과 원통 좌표계 → 직각 좌표계 변환을 연속해서 수행하여 [표 1-3]의 오른쪽 맨 위 칸의 변환식(구 좌표계 → 직각 좌표계)을 유도하라.

1.24 적분 $\int_0^{2\pi} \mathbf{a}_\rho d\phi$에 대해 다음 물음에 답하라.

(a) $\mathbf{a}_\rho$를 $\mathbf{a}_x$와 $\mathbf{a}_y$를 써서 나타낸 다음, 이 적분을 계산하라.

(b) 단위벡터 $\mathbf{a}_\rho$를 적분기호 밖으로 꺼낼 수 있는가? 그렇게 답한 까닭도 함께 설명하라.

1.25 다음 적분에 대해 [연습문제 1.24]를 되풀이하라.

$$\int_0^{2\pi} \mathbf{a}_\phi \, d\phi$$

1.26 다음 적분에 대해 [연습문제 1.24]를 되풀이하라.

$$\int_0^{2\pi} \int_0^{\pi} \mathbf{a}_r \sin\theta \, d\theta \, d\phi$$

1.27 어떤 벡터장이 $\mathbf{F} = \mathbf{a}_x y + \mathbf{a}_y x$로 주어지고, 점 $P_1(1, 1, 0)$에서 점 $P_2(4, 2, 0)$으로 가는 경로 C가 아래와 같이 주어질 때 선적분 $\int_C \mathbf{F} \cdot d\mathbf{l}$을 계산하라.

(a) 두 점을 잇는 직선 경로

(b) $x = y^2$으로 표시되는 포물선 경로

(c) $\mathbf{F}$는 보존장인가? 그렇게 답한 까닭도 함께 설명하라.

1.28 어떤 벡터장이 $\mathbf{F} = \mathbf{a}_x y - \mathbf{a}_y x$로 주어지고, 점 $P_1(0, 1, 0)$에서 점 $P_2(1, 0, 0)$으로 가는 경로 C가 아래와 같이 주어질 때 선적분 $\int_C \mathbf{F} \cdot d\mathbf{l}$을 계산하라.

(a) 두 점을 잇는 직선 경로

(b) $x^2 + y^2 = 1$로 표시되는 원형 경로

(c) $\mathbf{F}$는 보존장인가? 그렇게 답한 까닭도 함께 설명하라.

1.29 어떤 벡터장이 $\mathbf{F} = \mathbf{a}_r r^2\cos\theta - \mathbf{a}_\theta r^2\sin\theta$로 주어질 때, 다음과 같은 표면을 통과하는 벡터 $\mathbf{F}$의 유량을 구하라.

(a) 반지름이 r_0 ($r = r_0$, $0 \le \theta \le \frac{\pi}{2}$)인 반구의 위쪽 표면(둥근 표면)

(b) 같은 반구의 밑면(평평한 표면). $d\mathbf{s}$의 방향은 위쪽을 향하는 것으로 하라.

(c) $\mathbf{F}$는 솔레노이드장인가? 그렇게 답한 까닭도 함께 설명하라.

1.30 어떤 벡터장이 $\mathbf{F} = \mathbf{a}_\rho \rho\sin\phi + \mathbf{a}_\phi \rho + \mathbf{a}_z z\cos^2\phi$로 주어질 때, 원통의 오른쪽 절반($0 \le \phi \le \pi$)의 닫힌 표면을 통과하는 벡터 $\mathbf{F}$의 유량을 구하라. 단 원통은 길이 $2l$, 반지름 ρ_0이며 원통의 중심은 원점에 놓여 있다. $\mathbf{F}$는 솔레노이드장인가? 그렇게 답한 까닭도 함께 설명하라.

힌트 닫힌표면은 원통 좌표계에서 다섯 개의 열린 표면으로 이루어져 있다.

1.31 다음 스칼라함수 V에 대해 기울기 ∇V를 계산하라.

(a) $V = e^{-x}\sin 2y\cos 3z$　　(b) $V = \rho^2\sin 2\phi$　　(c) $V = \frac{1}{r^3}\cos^2\theta$

1.32 다음 스칼라함수에 대해 [연습문제 1.31]을 되풀이하라.

(a) $V = \ln(x^2 + y^2 + z^2)$　　(b) $V = \rho\cos\phi + z\sin^2\phi$　　(c) $V = r\sin\theta$

1.33 다음 벡터함수에 대해 발산 $\nabla \cdot \mathbf{A}$와 회전 $\nabla \times \mathbf{A}$를 계산하라.

(a) $\mathbf{A} = \mathbf{a}_x(2yz + 3y^2) + \mathbf{a}_y(yz^2)$

(b) $\mathbf{A} = \mathbf{a}_\rho \rho\sin\phi + \mathbf{a}_z z\cos\phi$

(c) $\mathbf{A} = \mathbf{a}_r r^2\sin\theta - \mathbf{a}_\theta r^2\cos\theta\sin\phi + \mathbf{a}_\phi r^2\cos\theta$

1.34 다음 벡터함수에 대해 [연습문제 1.33]을 되풀이하라.

(a) $\mathbf{A} = \mathbf{a}_x y^2 + \mathbf{a}_y xy + \mathbf{a}_z z^2$

(b) $\mathbf{A} = \mathbf{a}_\rho \rho^2 + \mathbf{a}_\phi \rho^2\sin\phi - \mathbf{a}_z \rho z\cos\phi$

(c) $\mathbf{A} = \mathbf{a}_r r^2\cos\theta + \mathbf{a}_\theta r^2\sin\theta$

1.35 어떤 마을에 있는 언덕의 높이(단위 : m)가 다음과 같은 함수로 주어진다고 하자. 여기서 x [km]는 마을회관을 기준으로 동쪽으로 떨어진 거리이고 y [km]는 북쪽으로 떨어진 거리이다. 다음 물음에 답하라.

$$h(x, y) = 8(2xy - 4x^2 - 3y^2 - 16x + 26y + 12)\ [\mathrm{m}]$$

(a) 언덕 맨 꼭대기의 위치를 구하라.

(b) 언덕의 높이를 구하라.

(c) 마을회관에서 서쪽으로 1 [km], 북쪽으로 2 [km] 떨어진 곳의 언덕의 기울기를 [m/km] 단위로 구하라. 또 이곳에서 언덕의 경사가 가장 가파른 방향을 구하라.

1.36 점 (1, 2, 3)에서 벡터 $\mathbf{l} = \mathbf{a}_x - \mathbf{a}_y + \mathbf{a}_z 2$가 가리키는 방향으로, 스칼라장 $f(x, y, z) = x^2 + y^2 + z^2$의 방향 도함수를 구하라.

1.37 온도장[temperature field]에서는 온도 T가 최대로 감소하는 방향으로 열[heat]이 흐른다. 온도장이 $T(x, y, z) = x^2 y - 2y^3$으로 주어진 경우, 점 (1, −2, 3)에서 열이 흐르는 방향을 구하라. 또 그 점에서 T의 최대 감소율을 구하라.

1.38 정전기장에서는 전위[electric potential] V가 최대로 감소하는 방향으로 전기력이 작용한다. 다음 물음에 답하라.

(a) 반지름이 각각 1과 3인 두 원통 사이의 전위가 $V(\rho, \phi) = 10 + 2\ln\rho$로 주어질 때 점 $P(2, 30°, 0)$에서 전기력이 작용하는 방향을 구하라. 단 두 원통의 축은 서로 일치하고 있다.

(b) 등전위면의 방정식을 구하라. 단 이 등전위면에서 전위 $V(\rho, \phi)$ 값은 점 P에서의 전위와 같다. 또 이 등전위면을 그래프로 그려라.

(c) $\nabla^2 V = 0$이 되는 것을 보여라.

1.39 모서리의 길이가 모두 1인 정육면체가 8분 공간[octant] 중 제1 공간($x > 0$, $y > 0$, $z > 0$)에 놓여 있다. 이 정육면체의 한 꼭짓점은 원점과 만나고 있다. 정육면체의 각 면은 각각 x, y, z 값이 일정한 표면이다. 벡터장이 $\mathbf{F}(x, y, z) = \mathbf{a}_x x^2 y + \mathbf{a}_y y^2 z + \mathbf{a}_z x z^2$일 때, 다음 물음에 답하라.

(a) 이 정육면체의 닫힌표면을 통해 유출되는 알짜 유량을 구하라. 즉 $\oint\!\!\oint_S \mathbf{F} \cdot d\mathbf{s}$를 계산하라.

(b) $\iiint_V \nabla \cdot \mathbf{F}\, dv$를 계산하고, 발산 정리를 만족하는지 확인하라.

1.40 벡터장이 $\mathbf{F}(x,\ y,\ z) = \mathbf{a}_x yz^2 + \mathbf{a}_y xy^2 + \mathbf{a}_z x^2 z$일 때 [연습문제 1.39]를 되풀이하라. 단 정육면체의 모서리 길이는 모두 b이다.

1.41 길이가 2[m], 반지름이 2[m]인 원통이 있다. 이 원통은 중심이 원점이고 축은 z축이다. 벡터장이 $\mathbf{F}(\rho,\ \phi,\ z) = \mathbf{a}_\rho \rho^2 \sin^2\phi + \mathbf{a}_\phi \rho^2 \cos^2\phi + \mathbf{a}_z \rho z$일 때, 다음 물음에 답하라.

(a) 이 원통의 닫힌표면을 통과하는 유량을 구하라. 즉 $\oiint_S \mathbf{F} \cdot d\mathbf{s}$를 계산하라.

(b) $\iiint_V \nabla \cdot \mathbf{F}\, dv$를 계산하고, 발산 정리를 증명하라.

1.42 내부 반지름이 1[m], 외부 반지름이 2[m]인 구 껍질spherical shell이 원점에 놓여 있다. 벡터장이 $\mathbf{F}(r,\ \theta,\ \phi) = \mathbf{a}_r \dfrac{\cos^2\theta}{r^2}$와 같을 때, 다음 물음에 답하라.

(a) $\iiint_V \nabla \cdot \mathbf{F}\, dv$를 계산하라.

(b) $\oiint_S \mathbf{F} \cdot d\mathbf{s}$를 계산하고, 발산 정리를 증명하라.

1.43 벡터장이 $\mathbf{F}(r,\ \theta,\ \phi) = \mathbf{a}_r r\cos\phi + \mathbf{a}_\theta r\cos^2\phi - \mathbf{a}_\phi 3r\sin\theta\,\sin\phi$일 때, 다음 물음에 답하라.

(a) 반지름이 a인 반구([그림 1-19] 참조)의 닫힌표면을 통과하는 유량을 구하라. 즉 $\oiint_S \mathbf{F} \cdot d\mathbf{s}$를 계산하라.

(b) 주어진 반구의 부피에 대해 발산 정리를 증명하라.

(c) $\mathbf{F}$를 다른 벡터의 회전으로 나타낼 수 있는가? 그렇게 답한 까닭도 함께 설명하라.

1.44 [그림 1-24]를 보면 길이가 l[m], 반지름이 ρ_0[m]인 원통의 $\frac{1}{4}$ 조각이 놓여 있다. 벡터장이 $\mathbf{F}(\rho,\ \phi,\ z) = \mathbf{a}_\rho \rho\sin\phi - \mathbf{a}_z 2z\sin\phi$일 때, 다음 물음에 답하라.

(a) 이 $\frac{1}{4}$ 원통 조각의 닫힌표면을 통과하는 유량을 구하라. 즉 $\oiint_S \mathbf{F} \cdot d\mathbf{s}$를 계산하라. 닫힌표면은 다섯 개의 열린표면으로 구성되어 있다는 점에 주의하라.

(b) $\iiint_V \nabla \cdot \mathbf{F}\, dv$를 계산하고, 발산 정리를 증명하라.

(c) $\mathbf{F}$를 다른 벡터의 회전으로 나타낼 수 있는가? 그렇게 답한 까닭도 함께 설명하라.

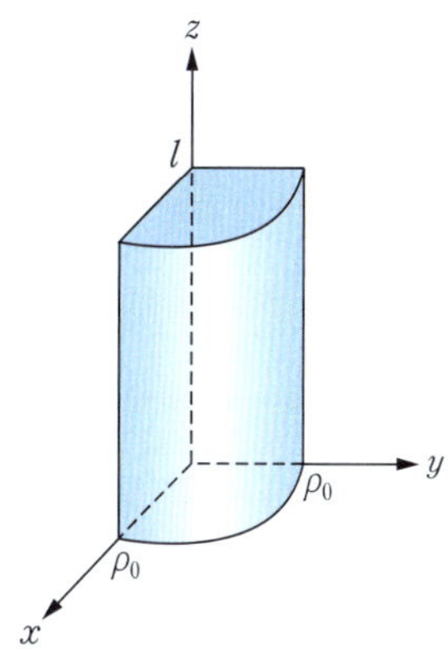

그림 1-24 $\frac{1}{4}$ **원통 조각**

1.45 [그림 1-25]를 보면 반지름이 1[m]인 구의 $\frac{1}{8}$ 조각이 제1 팔분면에 놓여 있다. 벡터장이 $\mathbf{F} = \mathbf{a}_z z$ 일 때, 다음 물음에 답하라.

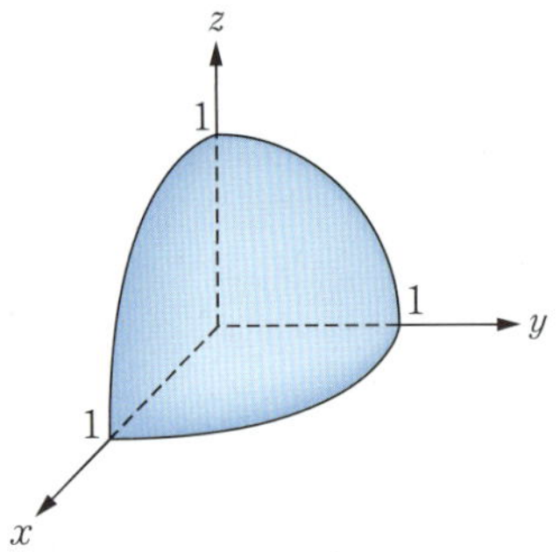

그림 1-25 $\frac{1}{8}$ 구 조각

(a) 이 $\frac{1}{8}$ 구 조각의 부피를 둘러싸고 있는 닫힌표면을 통과하는 유량을 구하라. 즉 $\oiint_S \mathbf{F} \cdot d\mathbf{s}$를 계산하라. 닫힌표면은 네 개의 열린표면으로 구성되어 있다는 점에 주의하라.

힌트 F를 구 좌표계로 변환한다.

(b) 주어진 구 조각의 부피에 대해 발산 정리를 증명하라.

1.46 [그림 1-26]에 나타낸 '원뿔-구(아이스크림 콘)'의 부피에 대해 [연습문제 1.45]를 되풀이하라.

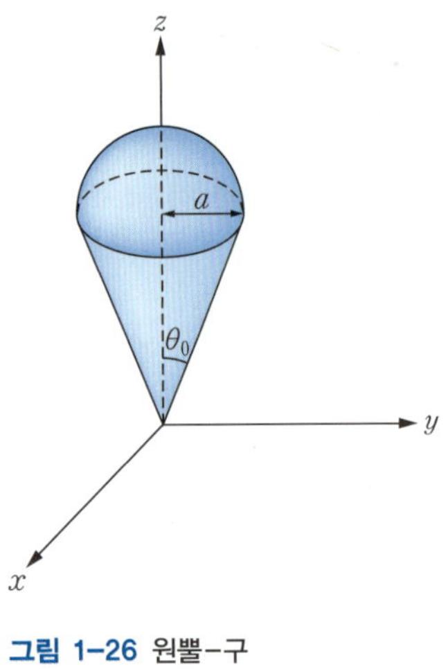

그림 1-26 원뿔-구

1.47 벡터장이 $\mathbf{F} = -\mathbf{a}_x y + \mathbf{a}_y x$ 일 때, 다음 물음에 답하라.

(a) [그림 1-27]에 표시한 삼각형 모양의 닫힌경로 C를 따라 $\oint_C \mathbf{F} \cdot d\mathbf{l}$을 구하라.

(b) 닫힌경로 C로 둘러싸인 삼각형 표면에 대해 $\iint_S (\nabla \times \mathbf{F}) \cdot d\mathbf{s}$를 구하라. 그리고 스토크스 정리를 증명하라.

(c) $\mathbf{F}$를 어떤 스칼라의 기울기로 나타낼 수 있는가? 그렇게 답한 까닭도 함께 설명하라.

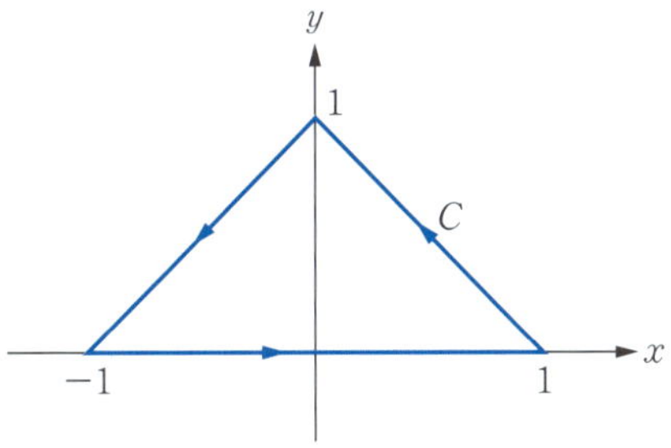

그림 1-27 삼각형 경로

1.48 벡터장이 $\mathbf{F} = \mathbf{a}_x y + \mathbf{a}_y x$ 일 때, 다음 물음에 답하라.

(a) [그림 1-20]에 표시한 반지름 a인 반원 모양의 닫힌경로를 따라 $\oint_C \mathbf{F} \cdot d\mathbf{l}$을 구하라.

(b) 이 닫힌경로로 둘러싸인 표면에 대해 스토크스 정리를 증명하라.

(c) $\mathbf{F}$를 어떤 스칼라의 기울기로 나타낼 수 있는가? 그렇게 답한 까닭도 함께 설명하라.

1.49 벡터장이 $\mathbf{F}(\rho, \phi, z) = \mathbf{a}_\phi 3\rho$일 때, 다음 물음에 답하라.

(a) 반지름이 a인 원의 닫힌경로를 따라 순환 $\oint_C \mathbf{F} \cdot d\mathbf{l}$을 구하라. 단 원은 xy평면에 놓여 있고 원의 중심은 원점이다.

(b) 이 닫힌경로로 둘러싸인 표면에 대해 스토크스 정리를 증명하라.

1.50 심화 벡터장이 $\mathbf{F}(x, y, z) = \mathbf{a}_x y^2$일 때, 다음 물음에 답하라.

(a) [그림 1-28]에서 xy평면, yz평면, zx평면과 경계를 접하고 있는 삼각형 표면에 대해 면적분 $\iint_S \mathbf{F} \cdot d\mathbf{s}$를 구하라.

(b) 삼각형의 세 변을 따라 선적분 $\oint_C \mathbf{F} \cdot d\mathbf{l}$을 계산하고, 스토크스 정리를 증명하라.

(c) 꼭짓점이 원점인 삼각형 피라미드의 닫힌표면에 대해 면적분 $\oiint_S \mathbf{F} \cdot d\mathbf{s}$를 구하라.

(d) 피라미드의 부피에 대해 발산 정리를 증명하라.

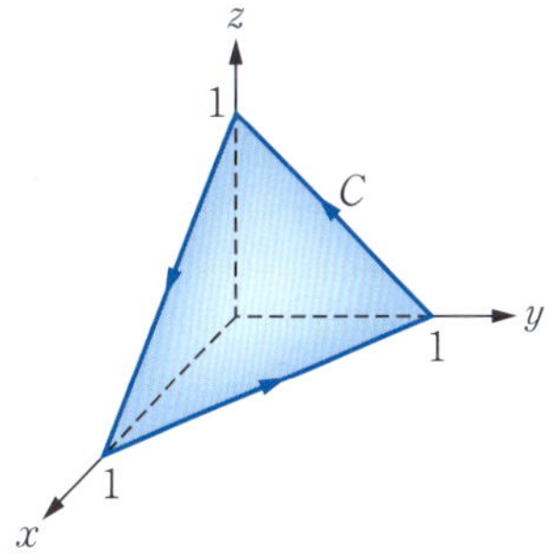

그림 1-28 삼각형 피라미드

1.51 벡터장이 $\mathbf{F}(x, y, z) = \mathbf{a}_x(x^2 + y^2)$일 때, 다음 물음에 답하라.

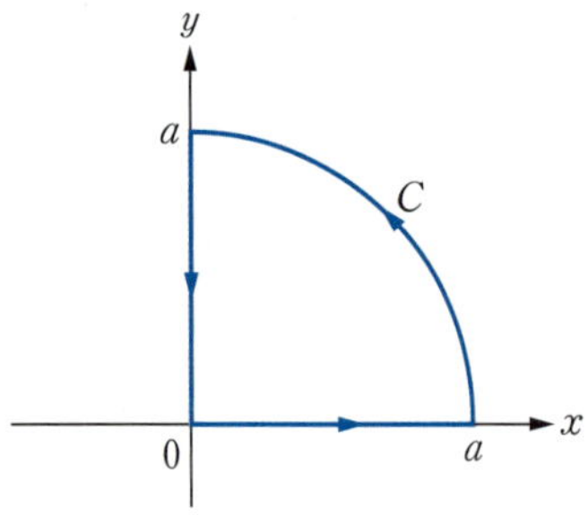

그림 1-29 $\frac{1}{4}$ **원**

(a) [그림 1-29]에 표시한 $\frac{1}{4}$ 원 모양의 닫힌경로에 대해 $\oint_C \mathbf{F} \cdot d\mathbf{l}$을 구하라.

힌트 곡선경로에서는 $\mathbf{F}$를 원통 좌표계로 변환하라.

(b) 닫힌경로 C로 둘러싸인 $\frac{1}{4}$ 원의 표면에 대해 $\iint_S (\nabla \times \mathbf{F}) \cdot d\mathbf{s}$를 계산하고, 스토크스 정리를 증명하라.

1.52 **심화** 벡터장이 $\mathbf{F} = \mathbf{a}_x y^2$일 때, [그림 1-19]를 참고하여 다음 물음에 답하라.

(a) 반구의 밑면의 원형 경로(반시계방향) C를 따라 $\oint_C \mathbf{F} \cdot d\mathbf{l}$을 구하라.

(b) 닫힌경로 C로 둘러싸인 평평한 원의 표면에 대해 $\iint_S (\nabla \times \mathbf{F}) \cdot d\mathbf{s}$를 구하라.

(c) 닫힌경로 C로 둘러싸인 반구의 표면(둥근표면)에 대해 (b)를 되풀이하라.

(d) (b)와 (c)의 표면에 대해 각각 스토크스 정리를 증명하라.

CHAPTER

02

정전기장과 전위

Electrostatic Fields and Potentials

CONTENTS

학습목표

- 전하의 개념을 이해하고 전하의 다양한 분포 형태(점전하, 선전하, 표면전하, 부피전하)를 구분할 수 있다.
- 전기장 $\mathbf{E}$의 정의를 이해하고 정전기장의 회전과 발산을 나타내는 두 가지 기본 법칙을 설명할 수 있다.
- 가우스 법칙의 의미를 잘 이해한다.
- 쿨롱 법칙을 사용하여 전하 사이에 작용하는 힘 $\mathbf{F}$를 계산할 수 있다.
- 전하분포가 대칭성(구 대칭성, 원통 대칭성, 평면 대칭성)을 가지고 있는 경우에, 가우스 법칙을 사용하여 이들 전하분포에 의해 발생하는 전기장 $\mathbf{E}$를 계산할 수 있다.
- 대칭성이 없는 임의의 전하분포에 의해 발생하는 전기장 $\mathbf{E}$를 계산할 수 있다.
- 전기장을 구할 때, 원천점과 장점(관측점)을 잘 구분하여 적분 계산을 수행할 수 있다.
- 전위 V의 개념을 이해하고 전하분포로부터 전위를 구할 수 있다.
- 전위 V와 전기장 $\mathbf{E}$의 관계를 이해하고, 이를 이용하여 전기장에서 전위를, 전위에서 전기장을 계산할 수 있다.
- 도체의 특성을 이해하고 도체 내부에서 전기장이 0임을 안다.
- 전기 쌍극자의 구조를 이해하고 쌍극자의 전기장과 전위와 그 특성을 설명할 수 있다.

2.1 개요

2장에서는 자유공간(진공)[1] 속에 정지해 있는 전하 electric charge 와 이 전하에 의해 생기는 전기장과 전위를 다룬다. 이 장에서는 먼저 전하의 개념과 여러 가지 전하의 형태(부피전하분포, 표면전하분포, 선전하분포, 점전하분포)를 살펴본다. 이어서 전기장에 대해 다루는데, 전기장은 전하가 미치는 힘 force 과 관련이 있다. 그 다음에는 전위 electric potential 에 대해 살펴보는데, 전위는 일 work (전기장의 적분)과 관련이 있다. 다음으로 임의의 전하분포에 의해 발생하는 전기장과 전위를 구하는 데 사용되는 일반적인 방법을 설명한다. 특수한 방법의 하나인 가우스 법칙 Gauss' law 은 대칭성을 갖는 전하분포의 전기장과 전위를 구하는 데 사용된다. 끝으로 전하의 특수한 배열형태인 쌍극자 dipole 와 고차 다중극자 higher-order multipole 에 대해 살펴본다.

이 장에서는 자유공간 속에 존재하는 전하와 도체만을 다룬다. 전하가 정지해 있으면 이 전하가 만드는 전기장과 전위는 일정하다(시간에 따라 변하지 않는다). 따라서 여기서 다루는 것은 변화가 없는 전기장 static field, 다시 말해 **정전기장** electrostatic field 이다. 이 책의 2장부터 4장까지는 정지상태에 있는 전하로만 한정한다.

현실세계에서는 변화가 없는 것은 아무 것도 없다. 그러면 정전기학을 실제 어떤 경우에 응용할 수 있을까? 첫째, 전기장이 시간에 따라 천천히 변하는(변화의 주파수가 낮은) 경우가 있다. 이를 준정적 quasi-static 인 경우라고 하는데, 이때 매우 유용한 것이 정전기적 해석이다. 둘째, 순간적인 변화 transient (과도현상)가 발생하는 경우, 시간이 지나면서 과도현상이 사라지면 전기장은 정전기적 해석 결과에 가까워진다. 셋째, 전기장이 시간에 따라 아주 조금만 무작위로 변하는 경우가 있다. 이처럼 정전기적 해법이 유용한 경우가 많다. 그렇지만 정전기 문제를 공부함으로써 얻을 수 있는 가장 중요한 것은 무엇보다도 전기적 현상에 대한 통찰력이다.

2.2 전하

전하와 관련하여 가장 두드러진 특징은 (+)전하의 양과 (−)전하의 양이 놀라울 정도로 거의 완벽하게 균형을 이루고 있다는 사실이다. 대부분의 물체는 아주 작은 양의 알짜전하 net charge, 다시 말해 초과전하 excess charge 만을 가진다. 예를 들어 0.1% 의 초과전하를 가진 두 사람이 1[m]만큼 서로 떨

1 [옮긴이] 자유공간(free space)이란 아무런 물질도 없는 공간(space that is free of matter)을 가리키는 용어이다. 자유공간은 전자기학에서 사용하는 추상적인 개념으로 실제로 완벽한 자유공간인 매질은 존재하지 않는다. 그렇지만 공기(air)나 진공(vacuum)은 전자기적인 특성이 자유공간과 거의 같으므로 근사적으로 자유공간으로 취급한다.

어져 있는 경우, 두 사람 사이에서 작용하는 서로 밀어내는 힘의 크기는 무려 10^{20}톤이나 된다. 실제로는 이 정도의 힘이 작용하는 것을 볼 수 없으므로 초과전하의 양은 극히 작은 것이 분명하다.

아주 작은 양의 초과전하일지라도 사람이 알아차릴 수 있을 정도의 힘을 발생시킬 수 있다. 아주 오랜 옛날부터 사람들은 전하를 가진 물체의 영향에 주목했다. 기원전 600년 무렵, 탈레스Thales of Miletus는 호박amber이라는 물질을 비단silk으로 문지르면 지푸라기를 끌어당기는 현상을 관찰하고 기록했다. 호박을 그리스어로는 'elektron'이라고 하는데, 여기에서 유래된 것이 오늘날 우리가 사용하는 전자electron, 전기electricity라는 단어이다.

호박을 비단으로 문지르면 전자는 호박에서 비단으로 옮겨가므로 호박은 (+)전하를 갖게 된다. 마찬가지로 유리glass 막대를 비단으로 문지르면 유리는 (+)전하를 갖는 반면, 플라스틱 빗을 양털wool로 문지르면 빗은 (−)전하를 갖는다. (+)와 (−)라는 표현을 처음 사용한 사람은 프랭클린Benjamin Franklin이다. 그는 전하의 상태에 영향을 주는 것에 두 종류가 있음을 알았다. 그는 마찰시킨 유리막대의 전하 상태를 임의로 (+)로 정했는데, 이렇게 정해지면 전자의 전하는 (−)가 된다.

전하의 단위는 쿨롱Coulomb이라 하고, C로 나타낸다. 전자가 갖는 전하는 $-e$로 나타내는데, 그 전하의 양은 다음과 같다.

$$e = 1.602 \times 10^{-19}\ [\mathrm{C}] \tag{2.1}$$

전자의 전하량과 질량은 정확하게 알려져 있다. 그러나 전자의 내부 구조에 대해서는 알려진 것이 거의 없다. 식 (2.1)로부터 -1 [C]의 전하는 0.625×10^{19}개의 전자가 모인 것임을 알 수 있다. 번개가 번쩍이면 약 20 [C]의 전하가 따라서 움직인다. 전하의 분포 형태에는 부피전하분포(ρ_v), 표면전하분포(ρ_s), 선전하분포(ρ_l)의 세 가지가 있다. 전하가 어떤 부피 전체에 걸쳐 퍼져 있는 경우에는 부피전하밀도 ρ_v를 정의한다. 한 점에서 ρ_v를 구하기 위해, 그 점을 둘러싸는 작은 부피 Δv를 만들고, Δv 안에 들어 있는 전하 Δq를 측정한 다음 $\dfrac{\Delta q}{\Delta v}$를 계산한다. 그러고 나서 Δv가 무한히 작을 때의 극한을 구한다. 이를 식으로 쓰면 다음과 같다.

$$\rho_v = \lim_{\Delta v \to 0} \frac{\Delta q}{\Delta v}\ [\mathrm{C/m^3}] \tag{2.2a}$$

여기서 $[\mathrm{C/m^3}]$는 부피전하밀도의 단위를 나타낸다. 이와 비슷한 방법으로 표면전하밀도와 선전하밀도를 구해보면 다음과 같다.

$$\rho_s = \lim_{\Delta s \to 0} \frac{\Delta q}{\Delta s}\ [\mathrm{C/m^2}] \tag{2.2b}$$

$$\rho_l = \lim_{\Delta l \to 0} \frac{\Delta q}{\Delta l}\ [\mathrm{C/m}] \tag{2.2c}$$

여기서 Δs는 작은 표면의 면적이고 Δl은 작은 선분의 길이이다. 어떤 부피 V, 면 S, 선 L에 들어 있는 총 전하 q는 다음 식으로 나타낼 수 있다.

$$q = \iiint_V \rho_v \, dv \quad : \text{부피전하밀도} \tag{2.3a}$$

$$= \iint_S \rho_s \, ds \quad : \text{표면전하밀도} \tag{2.3b}$$

$$= \int_L \rho_l \, dl \quad : \text{선전하밀도} \tag{2.3c}$$

[그림 2-1]에 부피전하밀도, 표면전하밀도, 선전하밀도의 개념을 나타냈다.

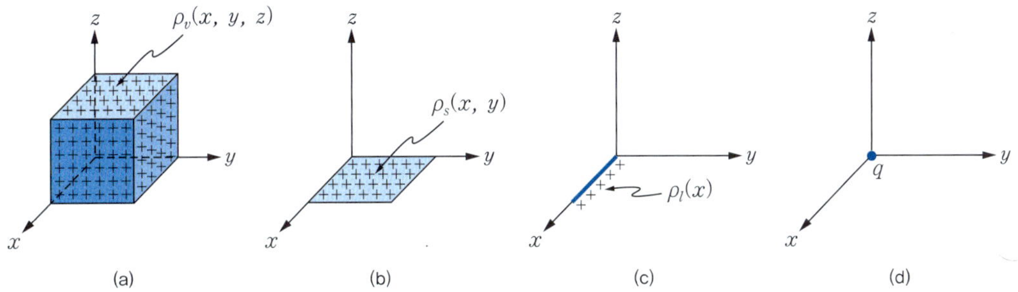

그림 2-1 전하분포

(a) 부피전하밀도 ρ_v (b) 표면전하밀도 ρ_s (c) 선전하밀도 ρ_l (d) 점전하 q

[그림 2-1(a)]는 연속적인 부피전하밀도 $\rho_v(x, y, z)$를 갖는 정육면체이다. 총 전하 q는 식 (2.3a)로 정의된다. 이제 총 전하가 q인 정육면체를 꾹 눌러서 두께가 0인 판([그림 2-1(b)])으로 만들면 표면전하밀도 $\rho_s(x, y)$를 얻을 수 있다. 이 판의 총 전하는 변함없이 q가 되는데, 식 (2.3b)로 구할 수 있다. 표면전하를 압축하여 폭이 0인 선([그림 2-1(c)])으로 만들면 선전하밀도 $\rho_l(x)$를 얻을 수 있다. 이 선의 총 전하는 변함없이 q가 되며, 식 (2.3c)로 구할 수 있다. 마지막으로 선전하를 압축하여 한 점([그림 2-1(d)])으로 만들면 전하량이 q인 점전하가 된다.

전하밀도의 분포 형태는 물리적인 상황에 따라 달라진다. 예를 들어, 전자빔 electron beam 을 구성하는 전하는 부피전하밀도 ρ_v로 나타낸다. 양도체 good conductor 표면 위의 전하는 표면전하밀도 ρ_s로 나타낸다. 가는 선 위의 전하는 선전하밀도 ρ_l로 나타낸다. 끝으로, 전자는 일반적으로 점전하로 다룬다. 표면전하밀도와 선전하밀도, 그리고 점전하를 부피전하밀도의 특수한 경우로 취급하여 나타낼 수 있다. 델타함수 delta function 를 잘 이해하고 있는 사람이라면 어떻게 하면 이렇게 나타낼 수 있는지 알 수 있을 것이다.

식 (2.2)와 식 (2.3)에서는 원자크기 정도의 미시적인 범위에서의 전하밀도의 변화는 무시했다. 우리가 관심을 갖고 다룰 것은 전체적으로 고르게 한 전하분포, 다시 말해 공간이나 장소의 평균 전하분포이다. 이러한 접근 방법을 미시적 microscopic 관점의 상대적 개념인 거시적 macroscopic 관점이라 한다.

예제 2-1 균일 전하분포

전하가 다음과 같은 균일 부피전하밀도로 구 sphere의 형태를 이루면서 전체에 고르게 퍼져 있을 때, 구형 부피전하 속에 들어 있는 총 전하를 구하라.

$$\rho_v = \rho_{v0} \quad (0 < r < a) \tag{2.4a}$$

$$= 0 \quad (\text{나머지 전체 영역}) \tag{2.4b}$$

앞으로 이 식에서 '나머지 전체 영역에서 0'임을 나타내는 두 번째 표현식은 생략하기로 한다.

풀이

$$\begin{aligned} Q &= \iiint \rho_v \, dv \\ &= \int_0^{2\pi}\int_0^{\pi}\int_0^{a} \rho_{v0} r^2 \sin\theta \, dr \, d\theta \, d\phi \\ &= \rho_{v0} 2\pi [-\cos\theta]_0^{\pi} \left[\frac{r^3}{3}\right]_0^a \\ &= \rho_{v0}\left(\frac{4}{3}\pi a^3\right) \end{aligned} \tag{2.5}$$

주목할 것은 부피전하밀도 ρ_{v0}에 공의 부피 $\frac{4}{3}\pi a^3$을 곱하는 간단한 방법으로 같은 결과를 얻을 수 있다는 사실이다. 이렇게 되는 까닭은 전하밀도가 부피 내부에 균일하게 퍼져 있기 때문이다. 다음 적분은 자주 나오므로 기억해두면 유용하다.

$$\int_0^{2\pi}\int_0^{\pi} \sin\theta \, d\theta \, d\phi = 4\pi \tag{2.6}$$

예제 2-2 불균일 전하분포

전하가 다음과 같은 불균일 부피전하밀도로 구의 형태를 이루면서 전체에 퍼져 있다. 나머지 전체 영역에서 ρ_v는 0으로 가정한다. 이 구형 부피전하 속에 들어 있는 총 전하를 구하라.

$$\rho_v = \rho_{v0}\left(\frac{r}{a}\right)^2 \quad (0 < r < a) \tag{2.7}$$

풀이

$$\begin{aligned} Q &= \iiint \rho_v \, dv \\ &= \int_0^{2\pi}\int_0^{\pi}\int_0^{a} \rho_{v0} \frac{r^2}{a^2} r^2 \sin\theta \, dr \, d\theta \, d\phi \\ &= \frac{\rho_{v0}}{a^2} 2\pi [-\cos\theta]_0^{\pi} \left[\frac{r^5}{5}\right]_0^a \end{aligned} \tag{2.8}$$

$$= \rho_{v0}\left(\frac{4\pi a^3}{5}\right)$$

이 경우에는 전하밀도가 위치에 따라 다르므로 반드시 적분으로 계산해야 한다.

2.3 정전기장의 기본 법칙

전하(원천 전하 source charge)가 존재하면, 그 전하는 주변 공간에 전기장을 만들어낸다. 이렇게 만들어진 전기장이 존재하는 공간에 다른 전하(시험 전하 test charge)를 가져오면 전기장은 시험 전하에 힘을 가한다. 한 점 (x, y, z)에서의 **전기장** electric field $\mathbf{E}$는 그 점에 위치한 시험전하 test charge q에 가해지는 힘 $\mathbf{F}$를 써서 다음과 같이 정의한다.

$$\mathbf{E}(x, y, z) = \lim_{q \to 0} \frac{\mathbf{F}}{q} \ [\mathrm{N/C}] \ \text{또는} \ [\mathrm{V/m}] \tag{2.9a}$$

따라서 전기장은 단위전하당 힘이다. 전기장의 단위는 쿨롱당 뉴턴(N/C)으로 쓴다. 식 (2.42)로 표현되는 전압과 전기장 사이의 관계를 이용하면 전기장의 단위를 미터당 볼트(V/m)로 쓸 수도 있다. 이 책에서는 SI 단위계 International system of units 를 사용한다. $\mathbf{E}$를 측정하는 데 사용되는 시험전하 q는 그 자신이 $\mathbf{E}$의 측정에 영향을 주지 않는 아주 작은 전하여야 한다.

그러면 전기장 $\mathbf{E}$ 속에 있는 전하 q가 받는 힘은 다음과 같다.

$$\mathbf{F} = q\mathbf{E} \ [\mathrm{N}] \tag{2.9b}$$

식 (2.9b)를 로렌츠 힘 방정식 Lorentz force equation 이라고 한다.

정전기학의 기본 법칙

정전기학의 기본 법칙은 전기장 $\mathbf{E}$의 발산과 회전이 각각 어떤 값을 갖는지 명시한 것으로, 이를 공간상의 한 점에서 정의되는 미분형 differential form 또는 point form 수식으로 표현한 것이다. 헬름홀츠 정리에 따르면 $\nabla \times \mathbf{E}$와 $\nabla \cdot \mathbf{E}$를 알면 벡터장 $\mathbf{E}$를 완전하게 구할 수 있다.

제1 기본 법칙은 다음과 같다.

$$\nabla \times \mathbf{E} = 0 \quad : \mathbf{E}\text{는 보존장} \tag{2.10}$$

식 (2.10)은 미분형 법칙이므로 모든 점 (x, y, z)에서 $\nabla \times \mathbf{E} = 0$이다. 식 (2.10)의 좌변과 우변을 각각 임의의 열린표면에 대해 적분한 다음 스토크스 정리를 적용하면 다음과 같이 미분형에 상응하는 적분형 수식을 유도할 수 있다.

$$\iint_S \nabla \times \mathbf{E} \cdot d\mathbf{s} = \oint_C \mathbf{E} \cdot d\mathbf{l} = 0$$

여기서 열린표면 S의 경계를 이루는 것이 닫힌경로 C이며 $d\mathbf{s}$와 $d\mathbf{l}$의 관계는 오른손 규칙을 따른다. S가 임의의 표면이므로 C도 임의의 닫힌경로가 된다.

$$\oint_C \mathbf{E} \cdot d\mathbf{l} = 0 \tag{2.11}$$

여기서는 식 (2.10)으로부터 식 (2.11)을 유도했는데, 역으로 식 (2.11)에서 식 (2.10)을 유도할 수도 있다. 그러므로 이 두 식은 똑같은 내용을 담고 있다.

제2 기본 법칙은 다음과 같다.

$$\nabla \cdot \mathbf{E} = \frac{\rho_v}{\varepsilon_0} \tag{2.12}$$

여기서 $\varepsilon_0 = 8.854 \times 10^{-12}\,[\mathrm{C^2/N{\cdot}m^2}]$ 또는 $[\mathrm{F/m}]$이다. 이때 ε_0는 **자유공간의 유전율** permittivity of free space 이라고 하는, 일종의 보편상수 universal constant 이다. ρ_v는 부피전하밀도로, 단위는 $[\mathrm{C/m^3}]$이다. 이 법칙은 물리적으로 전기장이 (+)전하로부터 발산, 다시 말해 사방으로 퍼져나감을 뜻한다. 식 (2.12)의 양변을 부피 V에 대해 적분한 다음 발산 정리를 적용하면, 다음과 같이 적분형을 유도할 수 있다.

$$\iiint_V \nabla \cdot \mathbf{E}\, dv = \oiint_S \mathbf{E} \cdot d\mathbf{s} = \frac{1}{\varepsilon_0}\iiint_V \rho_v\, dv = \frac{Q_{\text{내부}}}{\varepsilon_0}$$

여기서 S와 V는 각각 임의의 닫힌표면과 임의의 부피이다. $Q_{\text{내부}}$는 닫힌표면 S 안에 들어 있는 총 전하이다.

$$\oiint_S \mathbf{E} \cdot d\mathbf{s} = \frac{Q_{\text{내부}}}{\varepsilon_0} \tag{2.13}$$

식 (2.12)와 식 (2.13)은 동일한 수식이다. 두 번째 법칙을 **가우스 법칙** Gauss' law 이라고 하며, 이는 2.5절에서 자세히 다룰 것이다. 지금까지 살펴본 두 가지 기본 법칙은 쿨롱 법칙으로부터 직접 유도할 수도 있다.

2.4 쿨롱과 쿨롱 법칙의 발견

Charles Augustin Coulomb

쿨롱Charles Augustin Coulomb, 1736~1806은 18세기 후반에 많은 업적을 남긴 과학자 중 한 명이었다. 그는 토목공학, 기계공학, 토질역학, 전기와 자기를 포함한 매우 다양한 분야에 크게 이바지했다. 그는 아주 세심하고 빈틈없는 방식으로 전기에 대해 역제곱 법칙inverse square law이 성립함을 밝혀냈는데, 이것이 바로 **쿨롱 법칙**Coulomb's law이다. 그는 공학과 물리학 외에 실용적인 분야에서도 몇 가지 중요한 기여를 했는데, 그 중 하나가 아주 작은 힘을 측정할 수 있는 장치인 비틀림저울torsion balance의 발명이다.

공학과 물리학에서 그가 이룬 성과들은 훗날 여러 발견들이 이루어지는 토대가 되었다. 그는 마찰friction에 대한 기본 법칙 하나를 발견했다. 토압earth pressure에 대한 그의 이론과 이와 관련된 쿨롱 방정식Coulomb's equation은 토질역학soil mechanics의 가장 기본이 되는 원리로서 지금까지 사용되고 있다. 그가 전기분야에서 이룬 업적은 이 책에서 다루는 이론의 기초가 되었다. 정전기학의 모든 기본 법칙은 쿨롱 법칙으로부터 유도할 수 있다.

쿨롱은 1736년 프랑스 남부에 있는 앙굴렘Angouleme이라는 도시에서 태어났다. 그의 아버지Henry Coulomb는 몽펠리에Montpelier에 있는 가정에서 성장했는데, 쿨롱 가문은 몇 대에 걸쳐 이곳에 거주했다. 쿨롱 가문은 부르주아, 다시 말해 중산층 집안이었는데, 많은 쿨롱 가문의 사람들이 몽펠리에 지역에서 변호사로 활동했다. 군대를 시작으로 사회에 진출한 쿨롱의 아버지는 이어서 국왕 영지의 감독관이라는 말단 관리가 되었다. 후에 그는 세금징수 관리가 되었는데, 이 제도는 그 당시 프랑스 국민들이 너무나 혐오했던 것이었다. 쿨롱의 아버지가 세상을 떠난 뒤 몇 년 후 프랑스 혁명이 일어났을 때 많은 세금징수 관리들이 단두대에서 처형되었다.

쿨롱의 청소년기에 그의 집안은 파리로 이주했다. 프랑스 왕립대학Royal College of France에서 수학강의를 수강하면서 수학에 많은 관심을 갖게 된 쿨롱은 수학자가 되기로 결심했다. 아들이 의사가 되길 바랐던 어머니는 쿨롱의 결정에 크게 실망했다. 같은 시기에 쿨롱의 아버지는 투기에 손을 댔다가 모든 재산을 잃고 몽펠리에에 있는 집으로 돌아왔다. 스스로 재산을 가지고 있었던 쿨롱의 어머니Catherine Bajet Coulomb는 두 딸과 함께 파리에 머물면서, 아버지를 따라 몽펠리에로 돌아가야 했던 아들 쿨롱과의 인연을 끊어버렸다.

훗날 전기 작가들이 그의 이름에 접두사 'de'를 붙여 'de Coulomb'으로 부르면서 그를 귀족의 반열로 올린 일이 종종 있어왔는데, 이에 대한 명확한 근거는 없다. 쿨롱이나 그의 일가친척 중에 누구도 'de Coulomb'이라고 서명한 사례가 없을 뿐더러 그가 만약 귀족이었다면 프랑스 혁명 때 살아남을 수 없었을 것이다.

1757년과 1758년에 쿨롱은 학회Royal Society of Sciences of Montpelier에 수학과 천문학에 관한 논문을 제출했다. 그는 수학적 능력과 실험 능력을 계속해서 닦아나갔지만, 22세의 젊은이로서 아무런 수입원이 없었으므로 돈벌이가 되는 일자리를 찾아야만 했다. 공병대에 입대하기로 결심한 그는 메지에르Mezieres에 있는 공병학교에 입학했고, 1761년 25세의 나이로 졸업했다.

이후 11년 동안 쿨롱은 공병대에서 복무했는데, 마르티니크Martinique에 배치되어 8년을 보냈다. 여기에서 그는 주요 요새를 구축하는 프로젝트를 맡았는데, 이 과정에서 수백 명의 노동자들을 감독했다. 8년의 프로젝트 기간 동안, 쿨롱은 아치형 천장과 문vault and arch, 옹벽retaining wall을 설계해야 하는 문제에 직면했다. 그는 물질의 강도를 이해해야 했고, 휨bending, 압축compression, 파열rupture을 예측해야 했다. 그는 이러한 과제를 해결하기 위해 그 당시에 사용되던 주먹구구식 방법 대신 가장 근본적인 문제로 되돌아가 자신의 이론을 개발하고 직접 실험을 수행하여 탄탄한 근거를 바탕으로 일을 진행했다. 마르티니크의 적도기후 속에서 말라리아에 걸리고 일사병에 시달리면서도 그는 근무시간 외의 개인 시간에 이 모든 일을 수행했다. 이 일에 대해 그는 "처음에는 내가 맡은 여러 과제를 진행하는 과정에서 단지 내가 좋아서 나를 위해 한 일이었다."고 직접 밝힌 바 있다. 그렇지만 그가 이룬 업적은 수 세기가 지난 오늘날까지도 계속해서 영향을 미치고 있다. 프랑스로 귀국하자마자 쿨롱은 이러한 건설문제에 관해 자신의 이론과 실험을 정리한 논문을 1773년에 과학 한림원Academy of Sciences에 제출했다. 아치arch, 물질의 강도, 토질역학에 관한 이 논문은 18세기 후반부에 과학 한림원에 제출된 논문 중에서 가장 뛰어난 공학기술 논문으로 일컬어지고 있다.

1777년에 과학 한림원은 자석나침반magnetic compass의 성능을 향상시킨 사람에게 특별상을 수여하기로 공표했다. 당시 나침반이 안고 있던 문제는 오늘날 걸 스카우트와 보이 스카우트 단원이라면 누구나 알아차릴 수 있을 만큼 기본적인 것인데, 나침반 바늘에 가해지는 힘이 너무 약해서 나침반 자체의 마찰로 인해 정확한 방향을 가리키지 못한다는 것이었다. 쿨롱은 바늘을 비단실 또는 금속실에 매달았는데, 이렇게 하면 거의 마찰이 생기지 않았다. 이 방법으로 그는 수 분minute 이내의 정확도로 방향을 가리키게 할 수 있었다. 실의 반대편에 마이크로미터를 달아 실에 가해지는 돌림힘torque을 측정하여 지구 자기장의 크기를 구할 수 있었는데, 이 장치가 비틀림저울이다. 쿨롱은 비틀림torsion 현상을 자세히 연구하여 선형동작 범위 내에서는 줄wire이 비틀리는 각도가 줄에 가해지는 돌림힘의 크기에 비례한다는 사실을 발견했다. 주어진 각도만큼 줄이 비틀리게 만드는 데 필요한 돌림힘의 크기는 줄의 길이에 반비례하고, 줄의 반지름의 네제곱에 비례한다. 따라서 비틀림저울에 있는 가는 줄은 감도가 매우 뛰어나므로 아주 작은 힘 또는 토크를 측정할 수 있다.

1777년 쿨롱은 나침반 상을 수상했다. 그렇지만 그는 기존의 나침반에 대해 연구하면서 마찰이론이 필요하다는 것을 깨달았다. 과학 한림원에서는 해군에 응용할 목적으로 마찰 연구에 대한 상을 내걸었다. 쿨롱은 마찰에 대해 한 치의 빈틈도 없는 수학적, 실험적 연구를 수행하여 1781년에 2등상을 수상했다. 쿨롱은 또 다시 자신에게 아주 기본적인 물음을 던짐으로써 자신의 이론 전체를 다시 정리했는데, 이로써 그는 '마찰의 아버지'라는 명성을 얻었다. 그는 1781년에 과학 한림원의 회원으로 선출되었다.

1785년~1791년 동안 쿨롱은 매우 정교한 일련의 실험을 수행하여 전하에 대한 역제곱 법칙을 확립했다. 그는 완전히 다른 세 가지 방법으로 그 법칙을 입증했다. 그는 두 전하의 극성이 같은 경우(두 전하 모두 +이거나 −인 경우)에 대해 비틀림저울을 사용하여 전하들이 서로 밀어내는 힘을 직접 측정했다. 오늘날에도 이것을 측정하기는 극히 어려운데, 이는 특히 실험자가 미치는 영향 때문이다. 세 번째로 극성이 다른 두 전하의 경우에 그는 진자에 달린 전하가 고정된 전하를 향해 당겨질 때 생기는 진자운동의 시간을 측정하여 전하들이 서로 끌어당기는 힘을 측정했다. 세 번째 방법에서 그는 역제곱 법칙으로 예측한 대로 도체 내부에는 전하가 존재하지 않는다는 것을 실제로 입증했다. 훗날 맥스웰은 이 세 번째 방법에 대해 이렇게 썼다. "그가 고안한 실험장치의 정교함과 기발함, 관측의 정확성, 연구에 사용한 탄탄한 과학적 방법은 놀라울 만큼 뛰어나다."

1785년에 쿨롱은 처음으로 그의 결과를 발표했다. 프랑스 과학계는 곧 이 결과를 받아들여 역제곱 법칙을 쿨롱 법칙 Coulomb's law 이라고 명명했다. 또한 그는 고립된 자극 magnetic pole 들에 대한 역제곱 법칙을 확립했다. 이를 위해서는 자석 magnet 과 거리를 세심하게 선택해야 했다. 그는 가늘고 긴 자석들을 서로 가깝게 배치하여 이웃한 자극 사이에 작용하는 힘이 가장 우세해지게 했다.

쿨롱은 물체가 전하를 새로 갖게 되면, 시간이 경과함에 따라 상당히 빠른 속도로 이 전하가 물체 밖으로 새어 나간다는 것을 알아차렸다. 이러한 누출에 의한 오차를 피하기 위해 그는 첫 번째 실험을 2분만에 끝마쳐야 했다. 쿨롱은 초당 전하의 손실량이 현재 전하량에 비례한다는 사실을 발견하고 전하량의 감소를 설명하는 미분방정식을 구했다. 이를 통해 전하량은 지수함수 exponential 형태로 감소하며, 이때 지수는 습도 등의 요인으로 정해진다는 결론을 이끌어냈다. 마침내 그는 5장에서 배우게 될 완화시간 relaxation time 이라는 현상을 설명한 최초의 인물이 되었다.

이후 쿨롱은 자신이 발표한 몇 편의 논문에서 금속으로 된 물체의 표면에 존재하는 전하분포를 구하는 어려운 문제에 도전했다. 그는 표면 위에 있는 어떤 점에서의 표면전하밀도는 그 표면에 수직인 전기장에 비례한다는 것을 증명했다. 그리고 그는 표준원반을 고안하여 이 원반으로 임의의 도체 표면 위에 있는 점에서의 전하밀도를 측정했다.

쿨롱보다 먼저 전기와 자기에 대한 역제곱 법칙을 발견한 과학자들도 몇 명 있었다. 실제로, 쿨롱의 1785년 논문 이전에 40년 동안 전기와 자기 법칙에 대한 몇 가지 증거를 내놓은 연구자도 10명이 넘었다. 하지만 이러한 연구 성과들은 기여 정도가 상대적으로 미미했거나 역제곱 법칙에 대한 단순한 진술 또는 가정에 지나지 않았다. 또한 2제곱에 반비례하는 대신 1제곱이나 3제곱에 반비례한다는 주장도 많았다. 이처럼 혼란스러웠던 상황이었으므로 명확하면서도 광범위한 연구가 필요했다. 캐번디시 Henry Cavendish 는 아주 세심한 실험과 분석을 수행하여 도체 내부의 전하량이 0이라는 것을 증명했지만, 그의 실험 결과는 한 세기가 지나서 발표되었다. 로비슨 John Robison 도 전하들 사이에 작용하는 힘을 완벽하게 측정했지만, 역시 발표하지 않았다. 결국 결정적이면서 광범위한 실험을 수행하고 이를 바탕으로 논의를 펼쳐 프랑스 학계로부터 인정을 받은 영예는 쿨롱에게 돌아갔다.

역제곱 법칙을 확립하는 것이 이렇게 어려웠던 까닭은 무엇이었을까? 쿨롱 이전에 나온 성과 대신 쿨롱의 성과가 받아들여지고, 그 법칙에 쿨롱의 이름이 붙여진 까닭은 무엇이었을까?

여기서 쿨롱이 활동하던 시대를 이해할 필요가 있다. 그 시기는 계몽주의 시대로 모든 학문분야에서 새로운 개념들이 쏟아져 나왔다. 과학도 중세의 부정확한 방법론에서 조금씩 빠져나오기 시작했다.

많은 사람들에게 원격작용 action at a distance 은 받아들이기 힘든 개념이었다. 사람들은 물체들은 접촉을 통해서만 상호작용을 할 수 있다고 믿었다. 따라서 행성의 운동은 태양과 행성들 사이에 존재하는 눈에 보이지 않는 물질의 소용돌이에 의해 생기는 것이라고 설명했다. 숨어 있어 눈에 보이지 않는 물질의 소용돌이 vortex 와 발산 effluvium 이라는 데카르트 Descartes 와 놀레 Nollet 의 독창적인 개념이 태양계는 물론 전기현상과 자기현상을 설명하는 데 사용되었다. 따라서 사람들은 지성과 상상력을 동원하여 우리가 알고 있는 세계를 설명하기 위한 복잡한 체계를 만들어냈다. 그러나 이들 체계는 검증된 것이 아니었고, 어떤 측면에서 검증 자체가 불가능했다. 보이지도 않고, 만질 수도 없으며, 무게도 달 수 없는 물질에 대해 도대체 무엇을 할 수 있다는 말인가? 대개 이러한 이론들은 아무런 근거 없이 받아들여졌다. 중세시대에는 상상과 추측이 과학의 기반을 형성했다. 한 세기에 걸쳐 이루어진 발견이 항상 그 다음으로 이어지지는 않았다. 오랜 세월 동안 프랑스에서는 뉴턴 Newton 의 이론이 완전히 받아들여지지 않았고, 독일에서는 쿨롱의 이론이 받아들여지지 않았다.

18세기 후반부에 과학계에서는 힘과 관련한 여러 가지 형태의 법칙들이 발표되었다. $\frac{1}{r}$, $\frac{1}{r^2}$, $\frac{1}{r^3}$을 비롯하여 많은 형태의 법칙들이 진지하게 논의되면서 역제곱 법칙에 대한 여러 주장들은 즉각적으로 받아들여지지 않았다. 이러한 차에 때맞춰 쿨롱이 등장한 것이다. 그는 자신의 결과를 발표하고 이를 완전히 별개인 세 가지 방법으로 확실하게 증명했다. 그 당시 그는 18세기 과학의 선도자로서 과학계에서 대단히 존경을 받는 인물이었다. 그의 빈틈없는 연구방법과 과학 한림원에서 차지하는 그의 위상 덕분에 쿨롱의 성과는 프랑스에서 즉시 받아들여졌다. 쿨롱 이전에 과학계가 역제곱 법칙을 받아들이지 않은 까닭은 서로 대립되는 이론들이 함께 존재하는 혼란스러운 상황이었기 때문이다. 많은 과학자들은 원격작용이 포함되어 있는 어떤 이론도 받아들이고 싶어 하지 않았다. 몇몇 역제곱 법칙의 결과는 단순한 진술이거나 추측에 지나지 않았다. 드디어 때가 무르익었다. 소용돌이와 발산이라는 개념은 점점 시들해지고 새로운 개념들이 나타나기 시작했다. 때는 미국 독립혁명이 끝나고 프랑스 혁명을 40년 앞둔 시기였다. 주도권은 근대 과학자들이 쥐기 시작했다. 쿨롱 자신은 누구도 필적할 수 없는 평판과 동료들의 신뢰를 얻고 있었다. 새로운 실험결과는 발표되자마자 곧바로 받아들여졌고 이윽고 역제곱 법칙에 쿨롱의 이름이 붙게 되었다.

우리는 쿨롱 법칙의 역사로부터 매우 귀중한 교훈을 얻는다. 시간상으로 앞서는 것이 중요한 것임은 분명하다. 두 개의 업적이 똑같이 확고할 때는 먼저 이루어진 것이 인정을 받는다. 그렇지만 철저함과 완전함, 그리고 이해의 깊이는 시간 순서보다 우선이다. 또한 발견자가 그 발견의 중요성을 잘 인식해야 하는 것은 물론, 발견의 결과를 설득력 있게 설명해야 한다.

과학계 동료들의 눈에 쿨롱은 프랑스 과학의 위대한 선구자로 비춰졌다. 나중에 배우게 될 과학자인 비오 Jean-Baptiste Biot 는 다음과 같이 말했다. "프랑스에서 말만 그럴듯하고 가설로 가득한 물리학이 아니라, 엄정하게 관찰하고 비교하며 정교하고 정확한, 진정한 물리학의 르네상스가 일어날 수 있었던 것은 보르다 Borda 와 쿨롱 덕분이다."[2]

---

2 C. Stewart Gilmour, *Coulomb and the Evolution of Physics and Engineering in Eighteenth-Century France*, Princeton University Press, p.230, 1971.

쿨롱 법칙 Coulomb's law

[그림 2-2]를 보면 두 점전하 q_1, q_2가 거리 R만큼 떨어져 있다. q_1에 의해 q_2가 받는 힘은 다음과 같다.

$$\mathbf{F}_2 = q_2 \text{ 가 받는 힘} = \mathbf{a}_R \frac{q_1 q_2}{4\pi\varepsilon_0 R^2} = \mathbf{R}\frac{q_1 q_2}{4\pi\varepsilon_0 R^3} \tag{2.14}$$

여기서 $\mathbf{R}$은 q_1에서 q_2로 가는 벡터이고, R은 q_1과 q_2 사이의 거리이다. $\mathbf{a}_R = \dfrac{\mathbf{R}}{R}$은 q_1에서 q_2방향으로 가는 단위벡터이다.

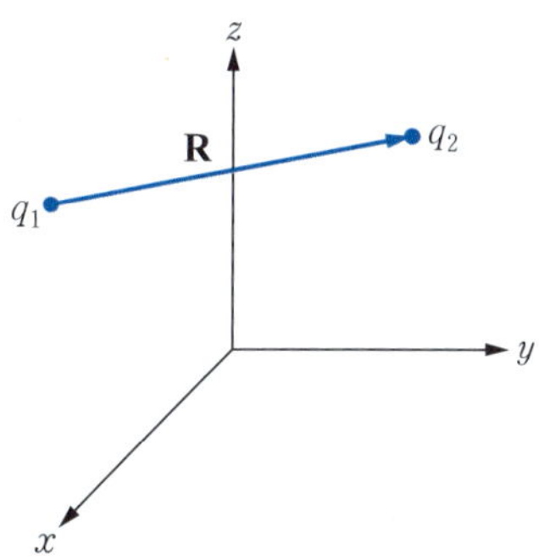

그림 2-2 쿨롱 법칙

q_1에 의해 q_2의 위치에 만들어진 전기장 $\mathbf{E}$는 $\mathbf{F}_2$를 q_2로 나누어 구할 수 있다. 즉 전기장은 단위전하당 힘으로 정의된다.

$$\mathbf{E} = \frac{\mathbf{F}_2}{q_2} = \mathbf{a}_R \frac{q_1}{4\pi\varepsilon_0 R^2} = \mathbf{R}\frac{q_1}{4\pi\varepsilon_0 R^3} \tag{2.15}$$

q_1을 원천 전하로, q_2를 시험 전하로 생각하라. 쿨롱 법칙은 전자기학의 법칙들 중에서 실험을 통해 발견된 첫 번째 법칙이다.

2.5 가우스 법칙 Gauss' Law

가우스 법칙은 대칭 symmetry 을 잘 이루고 있는 전하분포의 전기장을 구하는 데 사용된다. 따라서 이 법칙은 특수한 해석 방법에 속하지만, 이 법칙을 적용할 수 있는 부류의 문제를 해석할 때는 매우 유용하다. 가우스 법칙을 사용하면 전하분포에 의해 발생하는 전기장의 형태에 대한 통찰력을 얻는 데 도움이 된다. 여기서는 먼저 식 (2.13)의 가우스 법칙을 다시 살펴보기로 하자.

$$\oiint_S \mathbf{E} \cdot d\mathbf{s} = \oiint_S E_n\, ds = \frac{Q_{내부}}{\varepsilon_0}$$

여기서 표면 S는 편의상 임의의 닫힌곡면으로 마음대로 잡을 수 있는데, 이를 **가우스 곡면**Gaussian surface이라 한다. $Q_{내부}$는 가우스 곡면 S 안에 들어 있는 전하이다. E_n은 S에 수직인 $\mathbf{E}$의 성분이다.

여기에서 전하에 대한 정보가 주어지는 것으로 가정하면 식 (2.13)의 우변의 값을 알거나 계산할 수 있다. E_n은 우리가 구해야 할 미지수이다. E_n 값이 곡면 S의 전체에 걸쳐 일정하면 E_n을 적분 밖으로 꺼내어 적분을 계산한 다음 E_n에 대해 풀 수 있다. 가우스 법칙을 적용하여 문제를 풀 때의 핵심은, 가우스 곡면 S가 전기장선electric field line과 수직이 되도록 S를 잡아줘야 한다는 것이다. 그러므로 장선field line에 대해 어느 정도 알고 있어야 한다. 가우스 법칙을 적용하는 과정은 다음과 같다.

❶ 대칭성을 살펴본다.
❷ 전기장선을 대략적으로 그려본다.
❸ 그린 전기장선에 수직이 되도록 S를 잡는다. S는 닫힌곡면이 되어야 한다.
❹ E_n에 대해 푼다.

점전하의 전기장

먼저, [그림 2-3(a)]와 같이 점전하 q가 원점에 놓여 있는 경우를 다뤄보자. 이 구조를 살펴보면 구대칭성($\frac{\partial}{\partial\theta} = \frac{\partial}{\partial\phi} = 0$)을 가진다는 것을 알 수 있다. 다시 말해, 전기장의 성분들은 각도 θ, ϕ에 따라 달라지지 않는다. 구의 표면을 따라가는 닫힌경로 C에 대해서 제1 기본 법칙은 $\oint_C \mathbf{E} \cdot d\mathbf{l} = 0$이므로 E_θ와 E_ϕ는 0이 된다. 즉 전기장은 점전하에서 바큇살처럼 뻗어나간다. (즉 발산한다.) 따라서 전기장은 반지름방향 성분radial component만을 가지므로 $\mathbf{E} = \mathbf{a}_r E_r$이 된다. 여기서, E_r은 거리 r의 함수이다. $(+)$ 전하 q에서 발생하는 전기장은 밖으로 발산한다. 이제 전기장에 수직이 되도록 가우스 곡면 S를 잡아보자. 그러면 S는 구면이 되는데, 이 구의 중심은 원점이고 반지름은 r이다. 구 대칭성에 의해 E_r은 곡면 S 전체에서 크기가 일정하다. 다시 말해 E_r은 곡면 S 전체에서 (θ, ϕ)에 따라서는 크기가 달라지지 않는다.

따라서 다음과 같이 정리된다.

$$\oiint_S \mathbf{E} \cdot d\mathbf{s} = \oiint_S E_r \mathbf{a}_r \cdot \mathbf{a}_r ds = \oiint_S E_r ds = E_r \int_0^{2\pi}\int_0^{\pi} r^2 \sin\theta\, d\theta\, d\phi = 4\pi r^2 E_r = \frac{Q_{내부}}{\varepsilon_0} = \frac{q}{\varepsilon_0}$$

$$E_r = \frac{q}{4\pi\varepsilon_0 r^2} \tag{2.16}$$

여기서 $d\mathbf{s} = \mathbf{a}_r ds$인데, 벡터 표면 $d\mathbf{s}$와 스칼라 표면 ds는 다르므로 잘 구별해야 한다. 또한 식 (2.16)의 전기장 $\mathbf{E}$는 미분 형태의 기본 법칙인 식 (2.10)과 식 (2.12)를 모두 만족하고 있음을 알 수 있다. [예제 1-13]을 살펴보기 바란다.

[그림 2-3(b)]와 같이 임의의 원천점source point (x', y', z')에 점전하가 놓여 있을 때, 장점field point, 다시 말해 관측점observation point (x, y, z)의 전기장은 다음 식으로 주어진다.

$$\mathbf{E} = \mathbf{a}_R \frac{q}{4\pi\varepsilon_0 R^2} = \frac{\mathbf{R}q}{4\pi\varepsilon_0 R^3} = \frac{(\mathbf{r} - \mathbf{r}')q}{4\pi\varepsilon_0 |\mathbf{r} - \mathbf{r}'|^3} \tag{2.17}$$

여기서 $\mathbf{R}$은 원천점에서 장점으로 가는 벡터이고 $\mathbf{a}_R$은 $\mathbf{R}$ 방향으로의 단위벡터이다. [그림 2-3(b)]에서 알 수 있듯이 $\mathbf{R} = \mathbf{r} - \mathbf{r}'$이고 $R = |\mathbf{r} - \mathbf{r}'|$이다. $\mathbf{r}$과 $\mathbf{r}'$은 각각 관측점인 장점과 원천점의 위치벡터이다. 식 (2.17)은 쿨롱 법칙을 나타내는 식 (2.15)와 똑같은 식이라는 것을 잘 알아두기 바란다.

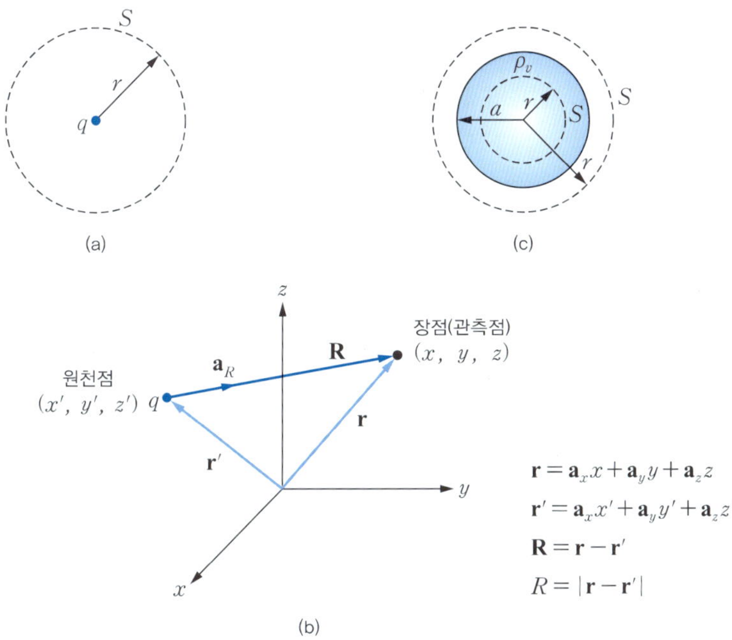

그림 2-3 구 전하분포

(a) 원점에 놓여 있는 점전하 q (b) 원천점 (x', y', z')에 놓여 있는 점전하 q (c) 균일 부피전하밀도 ρ_v

예제 2-3 구형 부피전하의 전기장

다음과 같은 균일한 부피전하밀도를 갖는 전하가 [그림 2-3(c)]와 같이 반지름이 a인 구 안에 고르게 퍼져 있을 때, 모든 곳에서 전기장을 구하라.

$$\rho_v = \rho_0 \,[\mathrm{C/m^3}] \qquad (r \le a) \tag{2.18}$$

풀이

구의 내부에 들어 있는 총 전하 Q는 $\frac{4}{3}\pi a^3 \rho_0$이다. 이 구형 부피전하를 제자리에서 회전시켜도 전하분포는 바뀌지 않으므로 $\frac{\partial}{\partial\theta} = \frac{\partial}{\partial\phi} = 0$이 된다. 따라서 이 전하분포는 구 대칭성spherical symmetry을 가지고 있다. 제1 기본 법칙에 의해 E_θ와 E_ϕ는 0이 된다. 전기장은 부피전하에서 바큇살처럼 뻗어나가므로(즉 발산하므로)(식 (2.12) 참조) $\mathbf{E} = \mathbf{a}_r E_r$이 되어야 한다. 여기서는 [그림 2-3(c)]에 표시한 것처럼 두 개의 가우스 곡면(반지름이 r인 구면)을 만들 수 있다. 하나는 부피전하의 내부($r \le a$)에 위치하고 나머지 하나는 부피전하의 외부($r \ge a$)에 위치한다. 부피전하 내부($r \le a$)인 경우, 가우스 곡면 안에 들어 있는 전하는 $\frac{4}{3}\pi r^3 \rho_0$이며, 부피전하 외부($r \ge a$)인 경우에는 $\frac{4}{3}\pi a^3 \rho_0$가 되어 총 전하 Q와 같다. 따라서 다음과 같다.

$$\oiint_S \mathbf{E} \cdot d\mathbf{s} = 4\pi r^2 E_r = \frac{Q_{\text{내부}}}{\varepsilon_0} = \frac{4\pi r^3 \rho_0}{3\varepsilon_0} \quad (r \le a)$$
$$= \frac{4\pi a^3 \rho_0}{3\varepsilon_0} \quad (r \ge a) \tag{2.19a}$$

$$E_r = \frac{r\rho_0}{3\varepsilon_0} = \frac{r}{a}\frac{Q}{4\pi\varepsilon_0 a^2} \quad (r \le a) \text{ : 구형 부피전하 내부}$$
$$E_r = \frac{\rho_0 a^3}{3\varepsilon_0 r^2} = \frac{Q}{4\pi\varepsilon_0 r^2} \quad (r \ge a) \text{ : 구형 부피전하 외부} \tag{2.19b}$$

구형 전하 외부 영역에서의 전기장은 총 전하 Q가 원점에 집중되어 있는 경우의 전기장과 똑같다. 전기장 E_r은 구의 내부($r < a$)에서는 거리 r에 비례하여 증가하고, 구의 외부($r > a$)에서는 거리 제곱의 역($\frac{1}{r^2}$)으로 감소한다.

예제 2-4 구형 표면전하의 전기장

다음과 같은 균일한 표면전하밀도를 갖는 전하가 반지름이 a인 구의 표면에 고르게 퍼져 있을 때, 모든 곳에서 전기장을 구하라.

$$\rho_s = \rho_{s0} \ [\text{C/m}^2] \quad (r = a) \tag{2.20}$$

풀이

구의 표면에 퍼져 있는 총 전하 Q는 $4\pi a^2 \rho_{s0}$이다. 이 전하분포는 구 대칭성을 가진다. 즉 이 전하분포를 제자리에서 회전시켜도 전하분포는 바뀌지 않으므로 $\frac{\partial}{\partial\theta} = \frac{\partial}{\partial\phi} = 0$이 된다. 제1 기본 법칙에 의해 E_θ와 E_ϕ는 0이 된다. 또한 $\mathbf{E} = \mathbf{a}_r E_r$이다. 여기서도 구의 내부($r < a$)와 외부($r > a$)에 각각 한 개씩 두 개의 가우스 곡면을 만든다. $r < a$인 영역 내부에 들어 있는 전하는 0이며, $r > a$인 영역의 내부에 들어 있는 전하는 $4\pi a^2 \rho_{s0}$이다. 따라서 다음과 같다.

$$\oiint_S \mathbf{E} \cdot d\mathbf{s} = 4\pi r^2 E_r = \frac{Q_{\text{내부}}}{\varepsilon_0} = 0 \quad (r < a)$$
$$= \frac{4\pi a^2 \rho_{s0}}{\varepsilon_0} \quad (r > a) \tag{2.21a}$$

$$E_r = 0 \quad (r < a) \text{ : 구의 내부}$$
$$E_r = \frac{Q_{\text{내부}}}{4\pi\varepsilon_0 r^2} = \frac{\rho_{s0} a^2}{\varepsilon_0 r^2} \quad (r > a) \text{ : 구의 외부} \tag{2.21b}$$

구의 표면에만 표면전하가 균일하게 분포되어 있고 내부는 텅 비어 있을 때, 그 내부 공간의 전기장은 0이 된다는 사실을 반드시 기억하기 바란다.

예제 2-5 무한히 긴 선전하의 전기장

[그림 2-4(a)]와 같이 무한히 긴 도선 전체에 선전하가 ρ_l [C/m]의 전하밀도로 고르게 퍼져 있다. 이 도선이 z축 위에 놓여 있을 때, 모든 곳에서 전기장을 구하라.

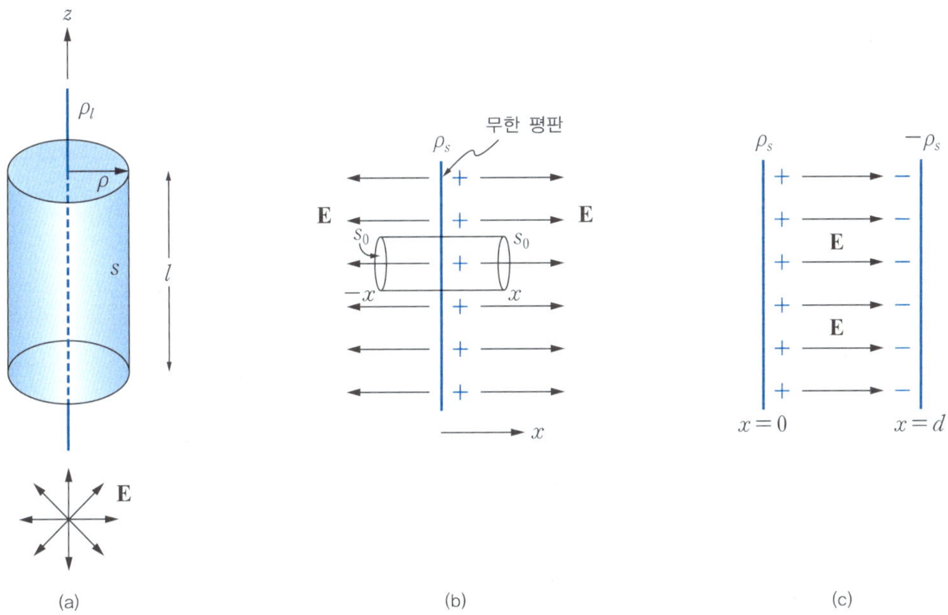

그림 2-4 원통 전하분포와 평면 전하분포

(a) 균일 선전하밀도 ρ_l (b) 균일 표면전하밀도 ρ_s (c) 평행한 두 평판

풀이

이 전하분포를 ϕ방향으로 회전시켜도 전하분포는 바뀌지 않는다. 또한 z방향을 따라 평행이동시켜도 전하분포는 바뀌지 않는다. 이 전하분포는 원통 대칭성 cylindrical symmetry 을 갖는다. 따라서 $\frac{\partial}{\partial \phi} = \frac{\partial}{\partial z} = 0$이다. 제 1 기본 법칙에 의해 E_ϕ는 0이 된다. E_z 역시 0이 된다. 전기장은 도선의 축인 z축에 수직인 방향(ρ방향)으로 바큇살처럼 뻗어나가므로 $\mathbf{E} = \mathbf{a}_\rho E_\rho$와 같이 ρ방향 성분만 갖는다.

이제 가우스 곡면으로 반지름이 ρ이고 길이가 l이며 중심축이 z축인 원통면을 선택한다. 여기서 주의할 점은 선전하의 길이는 무한이지만 가우스 곡면은 유한하다는 사실이다. 전기장 E_ρ는 휘어진 원통의 옆면과 수직이고 평평한 윗면과 아랫면과는 평행이다. 따라서 다음과 같다.

$$\oint\!\!\!\oint_S \mathbf{E} \cdot d\mathbf{s} = \iint_{\text{옆면}} \mathbf{E} \cdot \mathbf{a}_\rho ds + \iint_{\text{윗면}} \mathbf{E} \cdot \mathbf{a}_z ds + \iint_{\text{밑면}} \mathbf{E} \cdot (-\mathbf{a}_z) ds$$

$$= E_\rho \iint_{\text{옆면}} ds + 0 + 0 = E_\rho 2\pi \rho l = \frac{Q_{\text{내부}}}{\varepsilon_0} = \frac{\rho_l l}{\varepsilon_0}$$

$$E_\rho = \frac{\rho_l}{2\pi\varepsilon_0}\left(\frac{1}{\rho}\right) \tag{2.22}$$

여기서 ρ는 원통 좌표계에서 z축과의 거리를 나타내는 좌표로 아래첨자가 없는 반면, 선전하밀도를 나타내는 ρ_l에는 아래첨자가 달려 있는 것에 주의해야 한다.

이와 함께 알아두어야 할 것은 가우스 곡면(원통)의 길이 l은 임의로 잡을 수 있으며, 전기장은 l 값에 영향을 받지 않는다는 사실이다. 앞에서 점전하의 전기장은 거리에 따라 $\frac{1}{r^2}$로 줄어들었지만, 길이가 아주 긴 선전하의 경우에는 전기장이 거리의 역($\frac{1}{\rho}$)으로 줄어든다는 것을 알 수 있다.

예제 2-6 평판의 표면전하의 전기장

[그림 2-4(b)]와 같이 무한히 넓은 평판 전체에 표면전하가 $\rho_s\,[\mathrm{C/m^2}]$의 전하밀도로 고르게 퍼져 있다. 이 평판이 $x=0$인 평면에 놓여 있을 때, 모든 곳에서 전기장을 구하라.

풀이

이 전하분포를 y방향이나 z방향을 따라 평행이동시켜도 전하분포는 바뀌지 않는다. 따라서 $\frac{\partial}{\partial y} = \frac{\partial}{\partial z} = 0$이다. 이 전하분포는 평면 대칭성planar symmetry을 갖는다. 평판 상에 서로 대칭인 위치에 있는 표면전하분포에 의해 발생하는 전기장 성분 중에서 평판과 나란한 성분은 서로 지워지고($E_y = E_z = 0$) 수직인 성분은 서로 더해진다. [그림 2-4(b)]에 나타나 있듯이 평판의 전기장 $\mathbf{E}$는 평판에서 멀어지는 방향을 향하므로 E_x는 x축에 대해 기함수odd function이다($E_x(x) = -E_x(-x)$).

$$\begin{aligned}\mathbf{E} &= \mathbf{a}_x E_x \qquad (x>0)\\ &= -\mathbf{a}_x E_x \qquad (x<0)\end{aligned}$$

이제 [그림 2-4(b)]에 표시한 것처럼 가우스 곡면으로 길이가 $2x$이고 양끝에 있는 두 면의 면적이 각각 S_0인 원통면을 잡는다. 면적이 S_0인 원통의 단면은 어떤 모양이어도 상관이 없다. 전기장 E_x는 원통의 양끝 면에서는 수직이고 옆면과는 평행하다. 따라서 옆면을 통과하는 전기장의 선다발flux [3]은 0이다. 원통 안에 들어 있는 전하는 $\rho_s S_0$이다. 따라서 다음과 같다.

$$\oiint_S \mathbf{E}\cdot d\mathbf{s} = 2\iint_{\text{양끝}} \mathbf{E}\cdot d\mathbf{s} = E_x\, 2S_0 = \frac{Q_{\text{내부}}}{\varepsilon_0} = \frac{\rho_s S_0}{\varepsilon_0} \tag{2.23a}$$

$$E_x = \frac{\rho_s}{2\varepsilon_0}$$

$$\begin{aligned}\mathbf{E} &= \mathbf{a}_x \frac{\rho_s}{2\varepsilon_0} \qquad (x>0)\\ &= -\mathbf{a}_x \frac{\rho_s}{2\varepsilon_0} \qquad (x<0)\end{aligned} \tag{2.23b}$$

다음으로, [그림 2-4(c)]와 같이 두 개의 나란한 평판이 거리 d만큼 떨어져 있는 경우를 살펴보자. 두 평판에는 표면전하가 각각 $+\rho_s$, $-\rho_s\,[\mathrm{C/m^2}]$의 전하밀도로 고르게 퍼져 있다. 이제 중첩정리 superposition를 적용하여 각 평판이 만드는 전기장을 서로 더해보자. 그러면 두 평판 사이의 영역에서는 두 전기장이 서로 더해지고 바깥 영역에서는 서로 지워지므로, 다음과 같이 된다.

$$\mathbf{E} = \mathbf{a}_x \frac{\rho_s}{\varepsilon_0} \qquad (0 < x < d) \tag{2.23c}$$

[예제 2-3]~[예제 2-6]에서 알 수 있듯이 전하의 분포가 대칭성을 띤 경우에는 가우스 법칙을 곧바로 적용하여 문제를 쉽게 풀 수 있다. 가우스 법칙을 적용할 수 있는 세 가지 대칭성은 다음과 같다.

❶ **구 대칭성** spherical symmetry : 구 형태의 전하분포. 전하분포는 θ와 ϕ가 변해도 달라지지 않는다.

$$\rho_v = f(r) \qquad \left(\frac{\partial}{\partial\theta} = \frac{\partial}{\partial\phi} = 0\right) \tag{2.24a}$$

❷ **원통 대칭성** cylindrical symmetry : 무한히 긴 원통 형태의 전하분포. 전하분포는 z와 ϕ가 변해도 달라지지 않는다.

$$\rho_v = f(\rho) \qquad \left(\frac{\partial}{\partial z} = \frac{\partial}{\partial\phi} = 0\right) \tag{2.24b}$$

❸ **평면 대칭성** planar symmetry : 무한히 넓은 평판 형태의 전하분포. 전하분포는 y와 z가 변해도 달라지지 않는다.

$$\rho_v = f(x) \qquad \left(\frac{\partial}{\partial y} = \frac{\partial}{\partial z} = 0\right) \tag{2.24c}$$

지금부터는 가우스 법칙을 적용할 수 없는 문제를 살펴보기로 한다. 길이가 유한한 도선에 선전하가 다음과 같은 전하밀도로 고르게 퍼져 있다고 하자.

$$\rho_l = \rho_{l0} \qquad \left(-\frac{l}{2} \le z \le \frac{l}{2},\ x = y = 0\right) \tag{2.25a}$$

$$= 0 \qquad (\text{나머지 영역}) \tag{2.25b}$$

[그림 2-5]에 이 선전하 분포와 이것이 만드는 전기장선의 형태를 나타냈다. 그림에서 알 수 있듯이 이 경우에는 $\dfrac{\partial}{\partial\phi} = 0$이지만 $\dfrac{\partial}{\partial z} \neq 0$이다. 여기서 가우스 곡면으로 원통면을 선택하면 다음과 같은 두 가지 문제점이 있다.

---

3 [옮긴이] 플럭스(flux)라는 단어는 흐름(flow)을 뜻하는 라틴어 플럭서스(fluxus)에서 유래된 것으로, 우리말로 옮길 때는 유량(流量)이라고 한다. 전자기학의 주제인 전기장과 자기장은 장선(field line)을 사용하여 나타내는 경우가 흔하므로 플럭스나 유량 대신 선다발 또는 선속이라는 용어도 자주 쓰인다. 이 책의 1장에서는 특정 면적을 통과하는 벡터의 양이라는 뜻을 나타내기 위해 유량이라는 용어를 사용했지만, 지금부터 다루는 벡터는 전기장과 자기장이므로 특정 면적을 통과하는 장선의 다발이라는 의미를 나타내기 위해 선다발이라는 용어를 사용하기로 한다.

• 원통의 표면과 전기장 $\mathbf{E}$가 수직이 아니다.
• 원의 표면 전체에서 E_n의 크기가 일정하지 않다.

이 문제를 해결하기 위해서는 더욱 일반적인 방법을 사용해야 한다([예제 2-8] 참조).

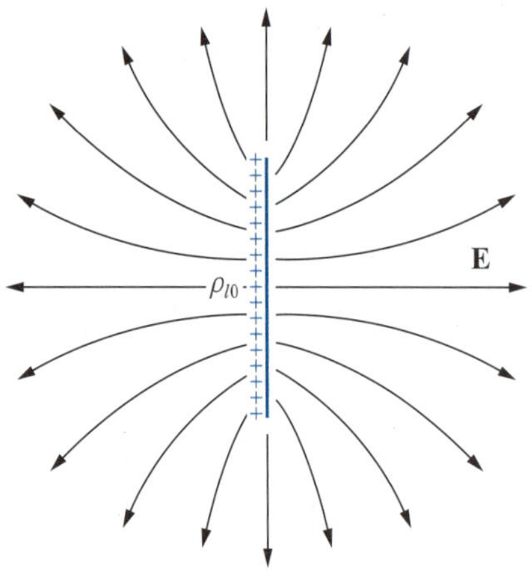

그림 2-5 균일 선전하밀도 ρ_{l0}를 갖는 유한한 길이의 선전하

2.6 임의의 전하분포가 만드는 전기장

이 절에서는 임의의 전하분포에 의해 발생하는 전기장에 대해 살펴본다. 여기서 사용하는 방법은 완전히 일반적인 방법으로, 가우스 법칙에 비해 문제에 적용하기가 어렵다. 그렇지만 대칭성이 없는 전하분포 문제를 풀 수 있다.

많은 학생들에게는 이 절에 나오는 개념들이 특히 어려울 수 있다. 여기서는 두 세트의 독립변수를 도입해서 사용하기로 한다. 한 세트의 변수는 (x, y, z)로 장점 또는 관측점을 나타내는 데 사용한다. 또 하나는 (x', y', z')으로 원천점을 나타낼 때 사용한다. 전기장은 프라임 부호가 없는 장점용 변수 (x, y, z)를 써서 표시하고 적분 계산은 프라임 부호가 있는 원천용 변수 (x', y', z')에 대해 수행한다. 이 개념은 처음 나오는 것으로, 잘 알아두어야 하며 실수하지 않도록 주의해야 한다.

지금부터 [그림 2-6]에 나타낸 임의의 부피전하분포 $\rho_v(x', y', z')$을 살펴보자. 부피전하는 부피 V 내부에 들어 있다. 전체 전하분포가 (x, y, z)에 위치한 장점에 만드는 전기장 $\mathbf{E}(x, y, z)$를 구해 보자.

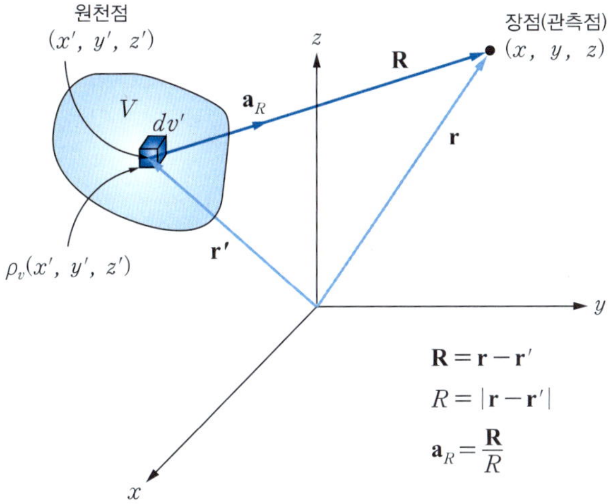

그림 2-6 임의의 부피전하분포 $\rho_v(x',\ y',\ z')$

먼저, 원천점 $(x',\ y',\ z')$에 위치해 있고 부피전하밀도 $\rho_v(x',\ y',\ z')$을 갖는 미소부피요소 dv'이 만드는 전자기장을 살펴보기로 하자. 미소부피전하를 전하량이 dQ인 점전하로 간주하면 앞에서 배운, $(x',\ y',\ z')$에 위치한 점전하 q가 장점 $(x,\ y,\ z)$에 만드는 전기장을 나타내는 식 (2.17)을 그대로 이용하여 점전하 dQ가 만드는 전기장 $d\mathbf{E}$를 다음과 같이 쓸 수 있다.

$$d\mathbf{E} = \mathbf{a}_R \frac{dQ}{4\pi\varepsilon_0 R^2} = \mathbf{a}_R \frac{\rho_v\, dv'}{4\pi\varepsilon_0 R^2} = \frac{\mathbf{R}\rho_v\, dv'}{4\pi\varepsilon_0 R^3} = \frac{(\mathbf{r}-\mathbf{r}')\rho_v\, dv'}{4\pi\varepsilon_0 |\mathbf{r}-\mathbf{r}'|^3} \tag{2.26}$$

여기서 $dQ = \rho_v dv'$인 것에 주의해야 한다. 이제 전체 부피 V에 대해 모든 미소부피전하가 장점 $(x,\ y,\ z)$에 만드는 전기장을 모두 더하면(적분하면) 다음 식과 같이 장점의 전체 전기장을 구할 수 있다.

$$\begin{aligned}\mathbf{E}(x,\ y,\ z) &= \frac{1}{4\pi\varepsilon_0}\iiint_V \frac{\mathbf{a}_R\rho_v(x',\ y',\ z')\,dv'}{R^2} \\ &= \frac{1}{4\pi\varepsilon_0}\iiint_V \frac{\mathbf{R}\,\rho_v(x',\ y',\ z')\,dv'}{R^3} \\ &= \frac{1}{4\pi\varepsilon_0}\iiint_V \frac{(\mathbf{r}-\mathbf{r}')\,\rho_v(x',\ y',\ z')\,dv'}{|\mathbf{r}-\mathbf{r}'|^3}\end{aligned} \tag{2.27a}$$

: 부피전하밀도 ρ_v인 경우

여기서 $\mathbf{R}$과 R은 다음과 같다.

$$\mathbf{R} = \mathbf{r}-\mathbf{r}' = \mathbf{a}_x(x-x') + \mathbf{a}_y(y-y') + \mathbf{a}_z(z-z')$$

$$R = |\mathbf{r}-\mathbf{r}'| = \sqrt{(x-x')^2 + (y-y')^2 + (z-z')^2}$$

전하밀도가 부피전하밀도가 아닌 표면전하밀도인 경우 dQ는 $\rho_s ds'$이 되고, 선전하밀도인 경우 dQ는 $\rho_l dl'$이 된다. 적분은 각각 표면 전체와 선 전체에 대해 수행하면 되므로 전기장을 구하는 식은 다음과 같다.

$$\mathbf{E} = \frac{1}{4\pi\varepsilon_0} \iint_S \frac{\mathbf{R}\rho_s\, ds'}{R^3} \quad : \text{표면전하밀도 } \rho_s \text{인 경우} \tag{2.27b}$$

$$= \frac{1}{4\pi\varepsilon_0} \int_L \frac{\mathbf{R}\rho_l\, dl'}{R^3} \quad : \text{선전하밀도 } \rho_l \text{인 경우} \tag{2.27c}$$

식 (2.27)을 **일반형 쿨롱 법칙**이라고 한다. 원천점 $(x_i,\ y_i,\ z_i)$에 점전하 q_i가 여러 개 모여 있는 경우에는 다음 식과 같이 점전하 각각이 만드는 전기장을 단순히 더해 전체 전기장을 구할 수 있다.

$$\mathbf{E}(x,\ y,\ z) = \frac{1}{4\pi\varepsilon_0} \sum_i \frac{\mathbf{R}_i q_i}{R_i^3} \tag{2.28}$$

여기서 $\mathbf{R}_i$와 R_i는 다음과 같다.

$$\mathbf{R}_i = \mathbf{a}_x(x - x_i) + \mathbf{a}_y(y - y_i) + \mathbf{a}_z(z - z_i)$$

$$R_i = \sqrt{(x - x_i)^2 + (y - y_i)^2 + (z - z_i)^2}$$

$\dfrac{\mathbf{a}_R}{R^2}$ 또는 $\dfrac{\mathbf{R}}{R^3}$은 역제곱 관계를 나타내는 항이라는 것을 잘 기억해두기 바란다.

식 (2.27a)~(2.27c)의 $\mathbf{R}$은 물리적으로 쉽게 이해할 수 있다. $\mathbf{R}$은 변하는 원천점에서 고정된 장점으로 가는 벡터이다. R은 원천점과 장점 사이의 거리이다.

또한 주목할 것은 식 (2.27a)~(2.27c)에는 독립변수가 $(x,\ y,\ z,\ x',\ y',\ z')$으로 총 여섯 개가 있다. 피적분 함수는 이 여섯 개 변수의 함수이다. 전하밀도 $\rho_v(x',\ y',\ z')$, $\rho_s(x',\ y',\ z')$, $\rho_l(x',\ y',\ z')$은 프라임 부호가 있는 변수로 표시된다. 적분은 프라임 부호가 있는 변수에 대해 수행된다. 또 다른 독립변수로 프라임 부호가 없는 변수 $(x,\ y,\ z)$는 적분 계산에서 상수로 간주할 수 있다. 적분 계산이 수행되면 프라임 부호가 있는 변수는 없어지므로, 전기장은 $\mathbf{E}(x,\ y,\ z)$와 같이 프라임 부호가 없는 변수의 함수가 된다. 다시 말해, 장점 $(x,\ y,\ z)$는 적분 계산을 하는 과정에서 변하지 않고 고정되어 있는 반면, 원천점 $(x',\ y',\ z')$은 부피 V 내의 전체 영역에 걸쳐 변한다. 이렇게 직각 좌표 형식으로 표시한 것은 문제의 기하학적 구조에 따라 원통 좌표 또는 구 좌표 형식이 될 수도 있다.

예제 2-7 전하를 가진 원반의 축 위에서의 전기장

[그림 2-7]과 같이 균일한 표면전하밀도를 갖는 전하가 반지름이 a인 원반에 고르게 퍼져 있을 때, z축 위에 있는 모든 점에서 전기장을 구하라. 원반은 xy평면에 놓여 있으며, 원반의 중심은 원점이다.

$$\rho_s = \rho_{s0} \qquad (\rho \le a,\ z = 0) \tag{2.29}$$

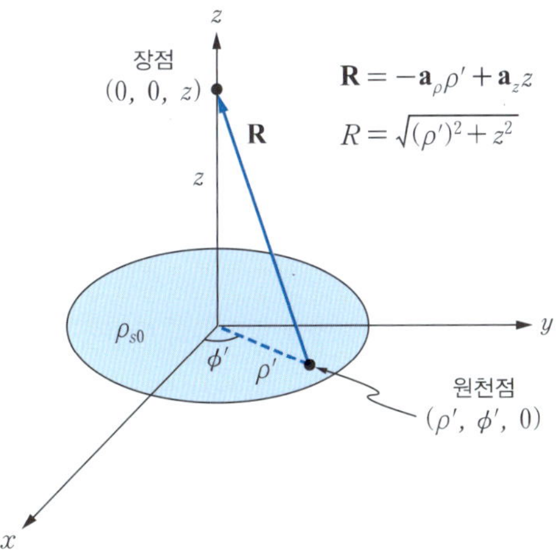

그림 2-7 균일한 표면전하밀도를 갖는 원반

풀이

표면전하의 경우 전기장을 구하는 식은 식 (2.27b)와 같다.

$$\mathbf{E} = \frac{1}{4\pi\varepsilon_0} \iint \frac{\rho_{s0} \mathbf{R}\, ds'}{R^3}$$

z축 위에 있는 모든 점에서 전기장을 구해보자. 원반의 형태는 원이므로 원통 좌표계를 사용하는 것이 편리하다. 따라서 여기서는 원통 좌표계를 사용하여 장점을 $(0,\ 0,\ z)$, 원천점을 $(\rho',\ \phi',\ 0)$으로 표시한다. 그러면 다음과 같이 나타낼 수 있다.

$$\mathbf{r} = \mathbf{a}_z z, \quad \mathbf{r}' = \mathbf{a}_\rho \rho'$$

이때 $\mathbf{r}'$은 $\mathbf{a}_\phi$성분을 갖지 않는 것에 주의하자.

$$\begin{aligned} \mathbf{R} &= \mathbf{a}_z z - \mathbf{a}_\rho \rho' \\ &= \mathbf{a}_z z - (\mathbf{a}_x \cos\phi' + \mathbf{a}_y \sin\phi')\rho' \\ &= -\mathbf{a}_x \rho' \cos\phi' - \mathbf{a}_y \rho' \sin\phi' + \mathbf{a}_z z \end{aligned}$$

이때 $\mathbf{a}_\rho$는 상수벡터가 아니다. 즉 $\mathbf{a}_\rho$는 ϕ'에 따라 변한다.

$$ds' = \rho' d\rho' d\phi', \quad R = \sqrt{(\rho')^2 + z^2}$$

전기장 $\mathbf{E}$의 z성분을 구해보자.

$$E_z = \frac{1}{4\pi\varepsilon_0}\int_0^{2\pi}\int_0^a \frac{\rho_{s0}\,z\rho'\,d\rho'\,d\phi'}{[(\rho')^2+z^2]^{3/2}} = \frac{\rho_{s0}\,z}{2\varepsilon_0}\left[\frac{-1}{\sqrt{(\rho')^2+z^2}}\right]_0^a$$
$$= \frac{\rho_{s0}}{2\varepsilon_0}\left[\frac{z}{\sqrt{z^2}} - \frac{z}{\sqrt{a^2+z^2}}\right]$$

$\sqrt{z^2} = |z| = \begin{cases} +z & (z>0) \\ -z & (z<0) \end{cases}$이므로, E_z를 다음과 같이 나타낼 수 있다.

$$E_z = \frac{\rho_{s0}}{2\varepsilon_0}\left[\pm 1 - \frac{z}{\sqrt{z^2+a^2}}\right] \tag{2.30}$$

이 식에서 E_z는 기함수($E_z(-z) = -E_z(z)$)임을 볼 수 있다.

$+z$축을 따라 $z\to 0$로 가면 장점은 +쪽에서 원반의 중심점에 접근한다. 장점이 원반의 중심에 가까워짐에 따라 원반은 더욱 넓은 것처럼 보이므로 $E_z \to \dfrac{\rho_{s0}}{2\varepsilon_0}$가 되는데, 이 결과는 무한히 넓은 평평한 표면 전하의 전기장(식 (2.23a))과 일치한다.

$+z$축을 따라 $z\to\infty$으로 가면 장점이 원반에서 멀어져 원반은 점점 작게 보이므로 다음 식에서 보듯이 E_z는 원점에 위치한 점전하의 전기장에 가까워진다.

$$E_z = \frac{\rho_{s0}}{2\varepsilon_0}\left(1 - \frac{1}{\sqrt{1+a^2/z^2}}\right) \approx \frac{\rho_{s0}}{2\varepsilon_0}\left(1-\left(1-\frac{a^2}{2z^2}\right)\right) \qquad \left(\frac{a}{z} \ll 1 \text{ 이므로}\right)$$
$$= \frac{\rho_{s0}(\pi a^2)}{4\pi\varepsilon_0 z^2} = \frac{Q}{4\pi\varepsilon_0 r^2}$$

이렇게 해서 전기장은 전체 전하가 원점에 집중해 있는 경우의 쿨롱 법칙 식과 같아진다. 계산 과정에서 다음 근사식을 사용했다.

$$\frac{1}{\sqrt{1+x}} \approx 1 - \frac{x}{2} \qquad (|x| \ll 1) \tag{2.31}$$

이 근사식은 다음의 이항급수 binomial series 전개식($n = -\frac{1}{2}$)이나 테일러 급수 Taylor series 전개식(x값이 작을 때)에서 처음에 나오는 두 항을 나타낸다.

$$(1+x)^n = 1 + nx + \frac{n(n-1)}{2!}x^2 + \frac{n(n-1)(n-2)}{3!}x^3 + \cdots \tag{2.32a}$$
$$\approx 1 + nx \qquad (|x| \ll 1) \tag{2.32b}$$

z축 위에서는 E_x와 E_y 성분이 0이다. 이것은 다음에 나오는 식 (2.34)를 직접 풀어서 확인할 수 있지만, 이 문제의 대칭성을 잘 검토하는 것만으로도 알 수 있다.

원반 조각

[예제 2-7]의 문제에서 한 걸음 더 나아가, 다음 식으로 표시되는 원반 조각의 축을 따라 전기장을 계산해보자.

$$\rho_s = \rho_{s0} \qquad (\rho_1 \le \rho \le \rho_2,\ \phi_1 \le \phi \le \phi_2) \tag{2.33}$$

$$\mathbf{E} = \frac{1}{4\pi\varepsilon_0}\int_{\phi_1}^{\phi_2}\int_{\rho_1}^{\rho_2} \frac{\rho_{s0}\left[-\mathbf{a}_x\rho'\cos\phi' - \mathbf{a}_y\rho'\sin\phi' + \mathbf{a}_z z\right]\rho'\,d\rho'\,d\phi'}{\left[(\rho')^2 + z^2\right]^{3/2}} \tag{2.34}$$

여기서 알아두어야 할 것은 전체 각도 범위($0 \le \phi' \le 2\pi$)에 대해 $\cos\phi'$과 $\sin\phi'$을 적분하면 0이 되므로, 전체 원반의 경우 E_x와 E_y가 0이 된다는 사실이다. 식 (2.34)로부터 $\mathbf{E}$의 z성분은 다음 식으로 주어진다.

$$E_z = \frac{\rho_{s0}z}{4\pi\varepsilon_0}\left[\frac{1}{\sqrt{z^2+\rho_1^2}} - \frac{1}{\sqrt{z^2+\rho_2^2}}\right](\phi_2 - \phi_1) \tag{2.35}$$

식 (2.34)를 나머지 성분에 대해 풀면, 원반 조각의 E_x와 E_y를 구할 수 있다.

예제 2-8 길이가 유한한 선전하의 전기장

[그림 2-8(a)]와 같이 길이가 유한한 도선 전체에 다음과 같은 균일 선전하밀도로 전하가 고르게 퍼져 있을 때, 임의의 점 $(\rho,\ \phi,\ z)$에서의 전기장을 구하라.

$$\rho_l = \rho_{l0} \qquad (z_1 \le z \le z_2\ ;\quad x = y = 0) \tag{2.36}$$

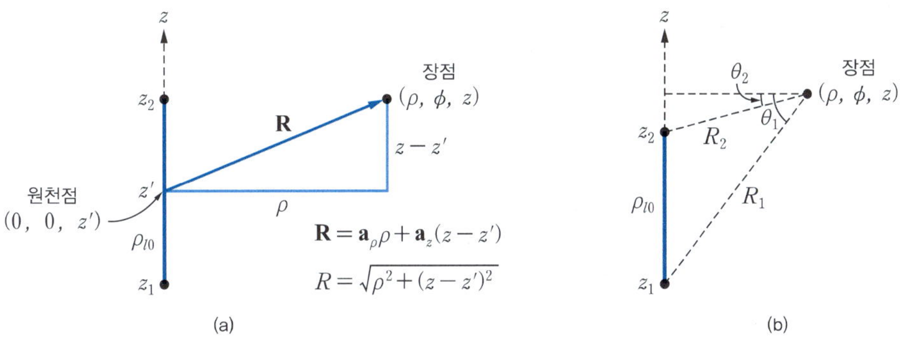

그림 2-8 균일 선전하 밀도를 갖는 유한 길이 도선

(a) 원천점과 장점의 표시 (b) 원천점과 장점의 표시(각도 사용)

풀이

선전하의 경우 전기장을 구하는 식은 식 (2.27c)와 같다.

$$\mathbf{E} = \frac{1}{4\pi\varepsilon_0}\int \frac{\mathbf{R}\rho_l\,dl'}{R^3} \tag{2.27c}$$

여기서

$$\mathbf{r} = \mathbf{a}_\rho \rho + \mathbf{a}_z z, \quad \mathbf{r}' = \mathbf{a}_z z'$$

$$\mathbf{R} = \mathbf{a}_\rho \rho + \mathbf{a}_z (z - z')$$

$$R = \sqrt{\rho^2 + (z - z')^2}, \quad dl' = dz'$$

이다. $\mathbf{r}$ 은 $\mathbf{a}_\phi$ 성분을 가지지 않는다. 또한 이 문제에서 단위벡터 $\mathbf{a}_\rho$는 적분변수 z'에 따라 달라지지 않는다. 이 문제에서는 z(장점)와 z'(원천점)을 구분하는 것이 매우 중요하다. 적분은 z'에 대해서 수행된다. 따라서 다음과 같이 정리된다.

$$\mathbf{E} = \mathbf{a}_\rho E_\rho + \mathbf{a}_z E_z \tag{2.37}$$

여기서 E_z는 다음과 같다.

$$E_z = \frac{1}{4\pi\varepsilon_0} \int_{z_1}^{z_2} \frac{\rho_{l0}(z - z')dz'}{[\rho^2 + (z - z')^2]^{3/2}}$$

$u = z - z'$ 으로 놓으면, $du = -dz'$ (z는 상수)이 되므로 다음과 같이 구할 수 있다.

$$\begin{aligned} E_z &= -\frac{1}{4\pi\varepsilon_0} \int_{z-z_1}^{z-z_2} \frac{\rho_{l0}\, u\, du}{[\rho^2 + u^2]^{3/2}} = \frac{\rho_{l0}}{4\pi\varepsilon_0} \left[\frac{1}{\sqrt{\rho^2 + u^2}} \right]_{z-z_1}^{z-z_2} \\ &= \frac{\rho_{l0}}{4\pi\varepsilon_0} \left[\frac{1}{\sqrt{\rho^2 + (z - z_2)^2}} - \frac{1}{\sqrt{\rho^2 + (z - z_1)^2}} \right] \\ &= \frac{\rho_{l0}}{4\pi\varepsilon_0} \left(\frac{1}{R_2} - \frac{1}{R_1} \right) \qquad \text{: [그림 2-8(b)] 참조} \end{aligned} \tag{2.38}$$

$$\begin{aligned} E_\rho &= \frac{1}{4\pi\varepsilon_0} \int_{z_1}^{z_2} \frac{\rho_{l0}\, \rho\, dz'}{[\rho^2 + (z - z')^2]^{3/2}} \qquad \text{: } u = z - z' \text{ 으로 놓자.} \\ &= \frac{\rho_{l0}}{4\pi\varepsilon_0} \rho \left[\frac{-(z - z')}{\rho^2 \sqrt{\rho^2 + (z - z')^2}} \right]_{z'=z_1}^{z'=z_2} \\ &= \frac{\rho_{l0}}{4\pi\varepsilon_0} \left(\frac{1}{\rho} \right) \left[\frac{z - z_1}{\sqrt{\rho^2 + (z - z_1)^2}} - \frac{z - z_2}{\sqrt{\rho^2 + (z - z_2)^2}} \right] \end{aligned} \tag{2.39}$$

이 식을 다음과 같은 형태로 표시할 수도 있다([그림 2-8(b) 참조]).

$$E_\rho = \frac{\rho_{l0}}{4\pi\varepsilon_0} \left(\frac{1}{\rho} \right) (\sin\theta_1 - \sin\theta_2) \tag{2.40}$$

여기서 아래첨자가 없는 ρ는 원통 좌표계의 거리인 반면, 첨자가 있는 ρ_v, ρ_s, ρ_l은 모두 전하밀도라는 것에 주의해야 한다.

2.7 스칼라 전위 V Scalar Electric Potential

2.3절에서 전기장은 보존적($\nabla \times \mathbf{E} = 0$)이라는 사실을 배웠다. 그러므로 1.5절에서 살펴본 것처럼 전기장을 어떤 스칼라 전위scalar electric potential V의 기울기gradient로 나타낼 수 있다.

$$\mathbf{E} = -\nabla V \quad : \mathbf{E}\text{는 스칼라 전위의 기울기} \tag{2.41}$$

1.4.2절에서 말했듯이, 기울기는 최대 변화율을 나타낸다. 따라서 V의 $(-)$기울기가 전기장이므로 전기장이 가리키는 방향은 스칼라 전위 V의 감소율이 최대가 되는 방향이 된다. 전기장선은 'V = 일정'인 등위면에 수직이다. 이 등위면을 **등전위면**equipotential surface이라고 부르는데, 식 (2.41)에 있는 $(-)$ 부호 때문에 전기장선은 전위가 높은 곳에서 전위가 낮은 곳으로 흐른다.

식 (2.41)은 미분형으로 나타낸 관계식이다. 이 식의 양변에 적분을 취해 두 점 사이의 경로에 대해 선적분을 수행하면 미분형에 대응하는 적분형 관계식을 얻을 수 있다. 적분의 하한은 임의의 기준점 (x_0, y_0, z_0)로 전위가 0인 점이다. 적분의 상한은 장점 (x, y, z)이다. $\mathbf{E}$는 보존적이므로 선적분은 경로에 무관하다.

$$\begin{aligned}
-\int_{(x_0,\, y_0,\, z_0)}^{(x,\, y,\, z)} \mathbf{E} \cdot d\mathbf{l} &= \int_{\text{기준점}}^{\text{장점}} \nabla V \cdot d\mathbf{l} \\
&= \int_{\text{기준점}}^{(x,\, y,\, z)} \left(\mathbf{a}_x \frac{\partial V}{\partial x} + \mathbf{a}_y \frac{\partial V}{\partial y} + \mathbf{a}_z \frac{\partial V}{\partial z} \right) \cdot \left(\mathbf{a}_x dx + \mathbf{a}_y dy + \mathbf{a}_z dz \right) \\
&= \int_{\text{기준점}}^{(x,\, y,\, z)} \frac{\partial V}{\partial x} dx + \frac{\partial V}{\partial y} dy + \frac{\partial V}{\partial z} dz \\
&= \int_{\text{기준점}}^{(x,\, y,\, z)} dV = V(x,\, y,\, z) - V(x_0,\, y_0,\, z_0) = V(x,\, y,\, z)
\end{aligned}$$

$$V(x,\, y,\, z) = -\int_{\text{기준점}}^{(x,\, y,\, z)} \mathbf{E} \cdot d\mathbf{l} \ [\mathrm{V}] \tag{2.42}$$

이 식을 유도하는 과정에서 [표 1-5]의 기울기 정리가 증명되었다. 전위의 단위는 [V]이므로 $\mathbf{E}$의 단위는 [V/m]이다.

따라서 $V(x, y, z)$는 두 점(장점과 기준점) 사이의 전압voltage, 다른 말로 하면 전위차potential difference이다. 전기장 $\mathbf{E}$는 단위전하당 힘이고 $W=-\int \mathbf{F} \cdot d\mathbf{l}$이므로 전위 V는 단위전하당 일work 임을 알 수 있다(3.9.1절 참조). 기준점이 명시되어 있건 아니건 간에, 어떤 경우에나 기준점은 있다. 모든 전위를 어떤 상수만큼 증가시키는 것의 영향을 살펴보자. 전기장은 달라지지 않으므로(식 (2.41)) 두 점 사이의 전위차는 달라지지 않는다. 그러므로 이미 앞에서 한 것처럼 기준점의 전위를 0으로 놓을 수 있다. 기준점 (x_0, y_0, z_0)는 어느 위치에든 잡을 수 있다. 즉 기준점은 편의에 따라 선택할 수 있다. 그렇지만 문제를 푸는 도중에는 기준점을 바꿔서는 안 된다. 전위가 0인 기준점을 원점에 놓을 수도, 무한대에 놓을 수도, 아니면 어떤 유한한 위치에 놓을 수도 있다. 기준점을 접지판ground plane에 잡을 수도 있다. 접지ground라고 부르는 위치가 있는 경우에는 바로 이곳이 기준점이다. 이처럼 기준점의 전위와 위치는 모두 마음대로 잡을 수 있다.

어떤 자동차가 정전하를 갖고 있다고 가정하자. 전하에 의한 섀시chassis의 전위는 대지의 전위earth potential보다 $+20\,[\mathrm{V}]$만큼 높다. $12\,[\mathrm{V}]$ 배터리의 $(-)$단자는 섀시에 연결되어 있다. 따라서 배터리 $(+)$단자의 전위는 대지earth 보다 $32\,[\mathrm{V}]$ 위에 있다. 전위가 $0\,[\mathrm{V}]$인 위치는 섀시인가? 대지인가? 그것은 여러분이 어느 쪽을 선택하느냐에 달린 문제이다.

[그림 2-9]와 같이 평행한 두 도체판에 배터리 전압 V가 연결된 경우를 살펴보자.

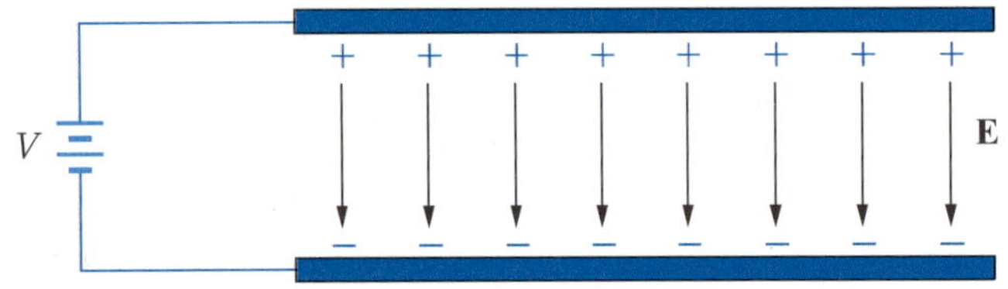

그림 2-9 전압이 가해진 평행판

그림에 표시된 것처럼 전기장 $\mathbf{E}$는 힘의 법칙 $\mathbf{F}=q\mathbf{E}$에 따라 아래를 향한다. 식 (2.41)과 식 (2.42)에 있는 $(-)$부호에 따라 $\mathbf{E}$는 전위가 감소하는(높은 전위에서 낮은 전위로 가는) 방향을 가리킨다.

점전하의 전위

이 개념을 적용하여 점전하 q가 원점에 놓여 있을 때([그림 2-10(a)])와 임의의 점 (x', y', z')에 놓여 있을 때([그림 2-10(b)]), 이 점전하가 만드는 전위를 구해보자.

❶ 원점에 놓인 점전하

$$E_r = \frac{q}{4\pi\varepsilon_0 r^2}$$

$$V(r) = -\int_{r_0}^{r} \mathbf{E} \cdot d\mathbf{l} = -\int_{r_0}^{r} E_r\, dr = -\int_{r_0}^{r} \frac{q\,dr}{4\pi\varepsilon_0 r^2} = \left[\frac{q}{4\pi\varepsilon_0 r}\right]_{r_0}^{r} = \frac{q}{4\pi\varepsilon_0}\left\{\frac{1}{r}-\frac{1}{r_0}\right\}$$

$\rightarrow \dfrac{q}{4\pi\varepsilon_0 r}$: 기준점이 무한히 먼 곳$(r_0 \to \infty)$인 경우

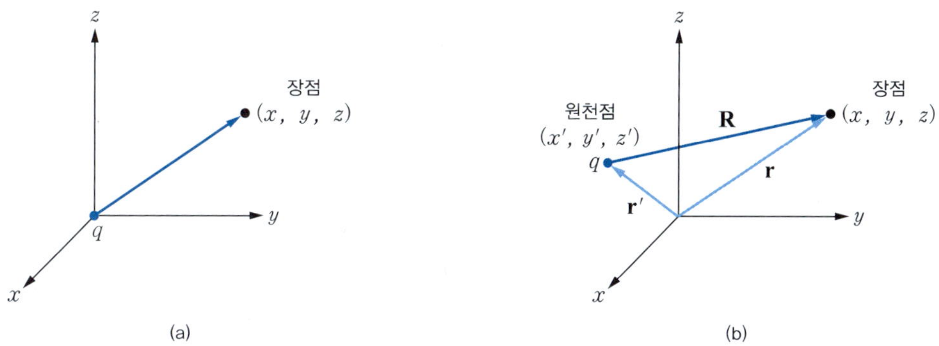

그림 2-10 점전하 q의 전위

(a) 점전하의 위치가 원점 (b) 점전하의 위치가 원천점 (x', y', z')

$$V(r) = \frac{q}{4\pi\varepsilon_0 r} \tag{2.43}$$

❷ (x', y', z')에 놓인 점전하

장점 (x, y, z)의 전위는 장점과 원천점 (x', y', z') 사이의 거리에 따라서만 달라진다. 그러므로 다음과 같다. 여기서 $R = |\mathbf{r} - \mathbf{r}'|$이다.

$$V(x, y, z) = \frac{q}{4\pi\varepsilon_0 R} \tag{2.44}$$

2.8 임의의 전하분포가 만드는 전위

이 절에서는 임의의 전하분포에 의한 전위에 대해 살펴본다. 여기서 다루는 방법은 2.6절에서 설명한 방법 대신 사용할 수 있는 것이다. [그림 2-6]을 보면 임의의 부피전하분포 $\rho_v(x', y', z')$이 부피 V의 내부에 들어 있다. 전체 전하분포가 (x, y, z)에 위치한 장점에 만드는 전위 $V(x, y, z)$를 구해보자. 먼저, 원천점 (x', y', z')에 위치해 있는 미소부피요소 dv'이 만드는 전위를 살펴보자. 앞에서 얻은 점전하의 식을 이용하면 dv'이 만드는 전위를 다음과 같이 쓸 수 있다.

$$dV = \frac{dQ}{4\pi\varepsilon_0 R} = \frac{\rho_v\, dv'}{4\pi\varepsilon_0 R} = \frac{\rho_v\, dv'}{4\pi\varepsilon_0 |\mathbf{r} - \mathbf{r}'|} \tag{2.45}$$

이제 전체 부피 V에 대해 모든 미소부피전하가 장점 (x, y, z)에 만드는 전위를 모두 더하면 다음 식과 같이 장점의 전체 전위를 구할 수 있다.

$$V(x,\ y,\ z) = \frac{1}{4\pi\varepsilon_0} \iiint_V \frac{\rho_v(x',\ y',\ z')\,dv'}{R} = \frac{1}{4\pi\varepsilon_0} \iiint_V \frac{\rho_v(x',\ y',\ z')\,dv'}{|\mathbf{r}-\mathbf{r}'|} \tag{2.46a}$$

: 부피전하밀도 ρ_v인 경우

전하밀도가 표면전하밀도인 경우 dQ는 $\rho_s ds'$으로 바뀌고, 선전하밀도인 경우 dQ는 $\rho_l dl'$으로 바뀐다. 적분은 각각 표면 전체와 선 전체에 대해 수행하면 되므로 전위를 구하는 식은 다음과 같다.

$$V = \frac{1}{4\pi\varepsilon_0} \iint_S \frac{\rho_s ds'}{R} \tag{2.46b}$$

: 표면전하밀도 ρ_s인 경우

$$= \frac{1}{4\pi\varepsilon_0} \int_L \frac{\rho_l dl'}{R} \tag{2.46c}$$

: 선전하밀도 ρ_l인 경우

원천점 $(x_i,\ y_i,\ z_i)$에 점전하 q_i가 여러 개 모여 있는 경우에는 다음 식과 같이 각 점전하가 만드는 전위를 더하여 전체 전위를 구할 수 있다.

$$V(x,\ y,\ z) = \frac{1}{4\pi\varepsilon_0} \sum_i \frac{q_i}{R_i} \tag{2.47}$$

여기서 $R_i = \sqrt{(x-x_i)^2 + (y-y_i)^2 + (z-z_i)^2}$ 이다. 식 (2.46a)~식 (2.46c)의 적분 공식은 식 (2.27a)~식 (2.27c) 대신 사용할 수 있다. 전하분포 ρ_v가 주어진 경우, 다음 두 가지 방법 중에서 하나를 골라 전기장 $\mathbf{E}$를 구할 수 있다.

- 방법 ❶ : 식 (2.27a)~(2.27c)를 사용하여 곧바로 $\mathbf{E}$를 구한다.
- 방법 ❷ : 식 (2.46a)~(2.46c)를 사용하여 V를 계산한 뒤 $\mathbf{E} = -\nabla V$로 $\mathbf{E}$를 구한다.

두 방법 모두 각각의 장점을 가지고 있으며, 문제의 유형에 따라 더 간단히 적용되는 방법이 있다. 방법 ❶은 벡터 적분을 해야 하지만, 한 단계만 거치면 된다. 방법 ❷는 스칼라 적분을 하지만, 두 단계를 거쳐야 한다. 따라서 어떤 방법이라도 사용할 수 있도록 준비되어 있어야 한다.

전하로부터 전위를 구하는 방법에는 다음 두 가지가 있다.

- 방법 ❶ : 식 (2.46a)~(2.46c)를 사용하여 곧바로 V를 구한다.
- 방법 ❷ : 식 (2.13)의 가우스 법칙 또는 식 (2.27a)~(2.27c)를 사용하여 $\mathbf{E}$를 계산한 다음 $V = -\int \mathbf{E} \cdot d\mathbf{l}$로 V를 구한다.

예제 2-9 전하를 가진 원판의 축 위에서의 전위

[예제 2-7]에서 다룬 [그림 2-7]의 원반 모양의 표면전하에 대해 z축 위에 있는 모든 점에서 전위를 구하라.

$$\rho_s = \rho_{s0} \qquad (\rho \le a,\ z = 0) \tag{2.48}$$

풀이

표면전하의 경우 전위를 구하는 식은 다음과 같다.

$$\begin{aligned} V(z) &= \frac{1}{4\pi\varepsilon_0}\iint \frac{\rho_{s0}\,ds'}{R} \\ &= \frac{1}{4\pi\varepsilon_0}\int_0^{2\pi}\int_0^a \rho_{s0}\frac{\rho'\,d\rho'\,d\phi'}{\sqrt{(\rho')^2+z^2}} = \frac{\rho_{s0}}{4\pi\varepsilon_0}2\pi\left[\sqrt{(\rho')^2+z^2}\right]_0^a \\ &= \frac{\rho_{s0}}{2\varepsilon_0}\left[\sqrt{a^2+z^2}-|z|\right] \end{aligned} \tag{2.49}$$

z축 위에서의 전기장 E_z는 $\mathbf{E} = -\nabla V$의 관계식을 이용하여 구할 수 있다.

$$E_z = -\frac{\partial V(z)}{\partial z} = \frac{\rho_{s0}}{2\varepsilon_0}\left[-\frac{z}{\sqrt{a^2+z^2}}+1\right] \qquad (z>0)$$

이 결과는 식 (2.30)과 일치한다.

$z\to\infty$로 가면 전위는 점전하가 원점에 놓여 있는 경우의 전위에 가까워진다.

$$\begin{aligned} V(z) &= \frac{\rho_{s0}}{2\varepsilon_0}\left[z\sqrt{1+\frac{a^2}{z^2}}-z\right] \rightarrow \frac{\rho_{s0}}{2\varepsilon_0}\left[z\left(1+\frac{a^2}{2z^2}\right)-z\right] \qquad \left(\frac{a}{z}\ll 1 \text{ 이므로}\right) \\ &= \frac{\rho_{s0}(\pi a^2)}{4\pi\varepsilon_0 z} = \frac{Q}{4\pi\varepsilon_0 R} \end{aligned} \tag{2.50}$$

여기서는 다음 근사식을 사용했다.

$$\sqrt{1+x} \approx 1+\frac{x}{2} \qquad (|x|\ll 1) \tag{2.51}$$

이 근사식은 다음의 이항급수 전개식($n=\frac{1}{2}$)에서 처음에 나오는 두 항을 나타낸다(식 (2.32a)와 (2.32b) 참조).

$$\begin{aligned} (1+x)^n &= 1+nx+\frac{n(n-1)}{2!}x^2+\frac{n(n-1)(n-2)}{3!}x^3+\cdots \\ &\approx 1+nx \qquad (|x|\ll 1) \end{aligned}$$

예제 2-10 길이가 유한한 선전하의 전위

[예제 2-8]에서 살펴본 [그림 2-8]의 선전하에 대해 전위를 구하라.

$$\rho_l = \rho_{l0} \quad (z_1 \le z \le z_2\ ;\quad x = y = 0) \tag{2.52}$$

풀이

선전하의 경우 전위를 구하는 식은 다음과 같다.

$$V = \frac{1}{4\pi\varepsilon_0}\int \frac{\rho_l\, dl'}{R}$$

여기서 $R = \sqrt{\rho^2 + (z-z')^2}$, $dl' = dz'$ 이다.

$$V(\rho,\ z) = \frac{1}{4\pi\varepsilon_0}\int_{z_1}^{z_2} \frac{\rho_{l0}\, dz'}{\sqrt{\rho^2 + (z-z')^2}} \quad : u = z - z' \text{ 으로 놓으면 } du = -dz' \text{ 이 된다.}$$

$$= \frac{-1}{4\pi\varepsilon_0}\int_{z-z_1}^{z-z_2} \frac{\rho_{l0}\, du}{\sqrt{\rho^2 + u^2}} = \frac{-\rho_{l0}}{4\pi\varepsilon_0}\left[\ln\left(u + \sqrt{u^2 + \rho^2}\right)\right]_{z-z_1}^{z-z_2}$$

$$= \frac{\rho_{l0}}{4\pi\varepsilon_0}\ln\left[\frac{z - z_1 + \sqrt{\rho^2 + (z-z_1)^2}}{z - z_2 + \sqrt{\rho^2 + (z-z_2)^2}}\right] \tag{2.53}$$

이 결과를 $\mathbf{E} = -\nabla V$에 대입하면 식 (2.38), 식 (2.39)와 일치하는 결과를 얻을 수 있다([연습문제 2.30] 참조).

다음에 나오는 두 개의 예제에서, 전기장의 선적분을 계산하여 전위를 쉽게 구할 수 있는 경우를 다뤄보자.

예제 2-11 구형 부피전하의 전위

[예제 2-3]에서 살펴본 다음의 전하분포에 대해 전위를 구하라.

$$\rho_v = \rho_0 \quad (r \le a) \tag{2.54}$$

풀이

[예제 2-3]에서 가우스 법칙을 이용하여 구한 전기장은 식 (2.19)와 같다. 여기서 $Q = \dfrac{4}{3}\pi a^3 \rho_0$이다.

$$E_r = \left(\frac{r}{a}\right)\frac{Q}{4\pi\varepsilon_0 a^2} \quad (r \le a)$$

$$= \frac{Q}{4\pi\varepsilon_0 r^2} \quad (r \ge a)$$

전위 $V(r)$을 구하기 위해 전기장을 적분한다. $\mathbf{E}$는 반지름방향($\mathbf{a}_r$) 성분만을 가지므로 적분 경로를 반지름방향으로 잡아 $d\mathbf{l} = \mathbf{a}_r dr$이 되도록 한다.

❶ $r \geq a$인 경우

$$V = -\int_{r_0}^{r} \mathbf{E} \cdot d\mathbf{l} = -\int_{\infty}^{r} E_r|_{r \geq a}\, dr$$
$$= -\int_{\infty}^{r} \frac{Q\,dr}{4\pi\varepsilon_0 r^2} = \frac{Q}{4\pi\varepsilon_0 r} \qquad (r \geq a) \tag{2.55a}$$

❷ $r \leq a$인 경우

$$V = -\int_{\infty}^{r} E_r\, dr = -\int_{\infty}^{a} E_r|_{r \geq a}\, dr - \int_{a}^{r} E_r|_{r \leq a}\, dr$$
$$= -\int_{\infty}^{a} \frac{Q\,dr}{4\pi\varepsilon_0 r^2} - \int_{a}^{r} \left(\frac{r}{a}\right) \frac{Q\,dr}{4\pi\varepsilon_0 a^2} = \frac{Q}{8\pi\varepsilon_0 a^3}(3a^2 - r^2) \qquad (r \leq a) \tag{2.55b}$$

예제 2-12 길이가 무한한 선전하의 전위

[예제 2-5]에서는 [그림 2-4(a)]의 길이가 무한한 선전하의 전기장을 다음과 같이 구했다(식 (2.22) 참조).

$$E_\rho = \frac{\rho_l}{2\pi\varepsilon_0}\left(\frac{1}{\rho}\right)$$

그러면 전위를 다음과 같이 계산할 수 있다. $\mathbf{E}$는 $\mathbf{a}_\rho$ 성분만을 가지므로 적분경로를 반지름방향으로 잡아 $d\mathbf{l} = \mathbf{a}_\rho d\rho$가 되도록 한다.

$$V(\rho) = -\int_{\rho_0}^{\rho} \mathbf{E} \cdot d\mathbf{l} = -\int_{\rho_0}^{\rho} E_\rho d\rho = \frac{\rho_l}{2\pi\varepsilon_0} \ln\left(\frac{\rho_0}{\rho}\right) \tag{2.56}$$

여기서 ρ_0는 기준점이다. 여기서 주의할 것은 무한히 먼 곳까지 존재하는 이 전하분포에 대해서는 기준점이 유한한 곳에 있어야 한다는 사실이다. 무한대에서는 전위값이 유한하지 않으므로 무한대를 기준점으로 잡아서는 안 된다.

[표 2-1]에 몇 가지 간단한 전하분포의 전기장과 전위를 간추려 정리했다. 전기장은 가우스 법칙으로 계산할 수 있으며, 전위는 선적분 $-\int \mathbf{E}\cdot d\mathbf{l}$로 계산할 수 있다. 여기서 보듯이 다음과 같은 성질이 있는 특별한 경우에는 거리에 따라 다음과 같은 관계를 갖는다는 것을 기억해두기 바란다.

❶ 구 대칭성 $\left(\dfrac{\partial}{\partial\theta}=\dfrac{\partial}{\partial\phi}=0\right)$: $|\mathbf{E}|\sim\dfrac{1}{r^2}$; $V\sim\dfrac{1}{r}$ (2.57)

❷ 원통 대칭성 $\left(\dfrac{\partial}{\partial\phi}=\dfrac{\partial}{\partial z}=0\right)$: $|\mathbf{E}|\sim\dfrac{1}{\rho}$; $V\sim\ln\rho$ (2.58)

❸ 평면 대칭성 $\left(\dfrac{\partial}{\partial y}=\dfrac{\partial}{\partial z}=0\right)$: $\mathbf{E}$는 일정 ; $V\sim x$ (2.59)

표 2-1 몇 가지 기본 정전기장과 전위

전하분포	전기장	전위
원점에 놓인 점전하	$E_r=\dfrac{q}{4\pi\varepsilon_0 r^2}$	$V(r)=\dfrac{q}{4\pi\varepsilon_0 r}$
구 껍질(spherical shell) 표면전하 $\rho_s=\rho_{s0}$ $(r=a)$ $q=4\pi a^2\rho_{s0}$	$E_r=\dfrac{q}{4\pi\varepsilon_0 r^2}$ $(r>a)$ $=0$ $(r<a)$	$V(r)=\dfrac{q}{4\pi\varepsilon_0 r}$ $(r\geq a)$ $=\dfrac{q}{4\pi\varepsilon_0 a}$ $(r\leq a)$
z축에 놓인 매우 긴 선전하	$E_\rho=\dfrac{\rho_l}{2\pi\varepsilon_0}\left(\dfrac{1}{\rho}\right)$	$V(\rho)=-\dfrac{\rho_l}{2\pi\varepsilon_0}\ln\left(\dfrac{\rho}{\rho_0}\right)$ 기준점 : $\rho=\rho_0$
원통 껍질(cyllindrical shell) 표면전하 $\rho_s=\rho_{s0}$ $(\rho=a)$ $\rho_l=2\pi a\rho_{s0}$	$E_\rho=\dfrac{\rho_l}{2\pi\varepsilon_0}\left(\dfrac{1}{\rho}\right)$ $(\rho>a)$ $=0$ $(\rho<a)$	$V(\rho)=-\dfrac{\rho_l}{2\pi\varepsilon_0}\ln\left(\dfrac{\rho}{a}\right)$ $(\rho\geq a)$ $=0$ $(\rho\leq a)$ 기준점 : $\rho=a$
매우 넓은 평면 표면전하 $x=0$에서 밀도 ρ_s	$E_x=\pm\dfrac{\rho_s}{2\varepsilon_0}$ $+(x>0)$ $-(x<0)$	$V(x)=\mp\dfrac{\rho_s}{2\varepsilon_0}x$ 기준점 : $x=0$
평행판 $x=0$에서 ρ_s $x=d$에서 $-\rho_s$	$E_x=\dfrac{\rho_s}{\varepsilon_0}$ $(0<x<d)$ $=0$ $(x<0,\ x>d)$	$V(x)=-\dfrac{\rho_s}{\varepsilon_0}x$ $(0\leq x\leq d)$ 기준점 : $x=0$

2.9 도체 Conductor

도체 conductor 는 수많은 자유전자들을 지니고 있는 물질로, 이 전자들에게 전기장이 작용하면 전자들은 힘을 받아 움직이게 된다. 도체가 정적 static 인 상태에 있을 때, 도체 내부에는 전하가 없으며, 전기장은 0이 되는 성질이 있다.

$$\mathbf{E} = 0 \quad (2.60)$$
$$\rho_v = 0 \quad (2.61)$$
: 도체 내부에서

이제부터 어떻게 해서 이런 일이 생기는지 알아보기로 하자. 전체가 균일한 도체로 이루어진 어떤 구 sphere 가 있을 때, 이 구의 중심에 (+)전하 몇 개를 추가로 갖다 놓는다고 가정하자. 그러면 전기장이 발생하는데, 추가된 초과전하들은 이 전기장에 의해 힘을 받아 서로 멀리 떨어지는 방향으로 움직이다가 결국에는 구의 표면에 도달하여 [그림 2-11]에서 보듯이 대칭 형태의 표면전하분포를 이루게 된다. 따라서 도체 내부의 전기장은 사라져 0이 된다. 가우스 법칙을 적용하면 도체 내부의 전기장이 0이 되는 것을 알아낼 수 있다([예제 2-4] 참조).

[그림 2-12]와 같이 임의의 모양을 하고 있는 도체의 경우에 내부에 추가전하를 갖다 놓으면 도체 표면에 균일하지 않은 표면전하분포가 생겨서 도체 내부의 전기장을 0으로 만든다. 내부의 전기장이 0이 아닌 동안에는 평형상태($\mathbf{E}=0$)가 될 때까지 전하들은 계속해서 움직인다.

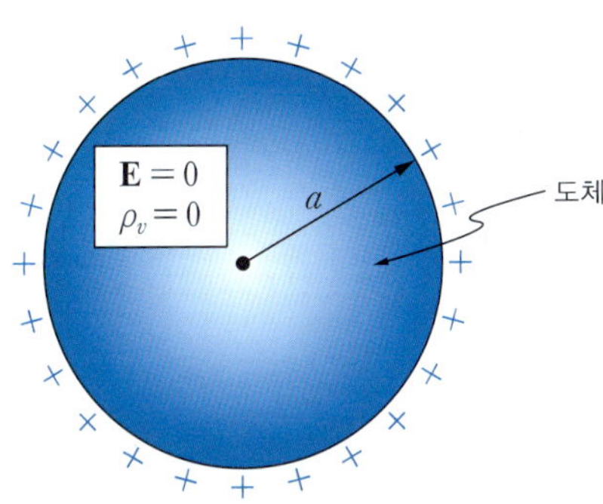

그림 2-11 도체 구에 생기는 대칭 표면전하 분포

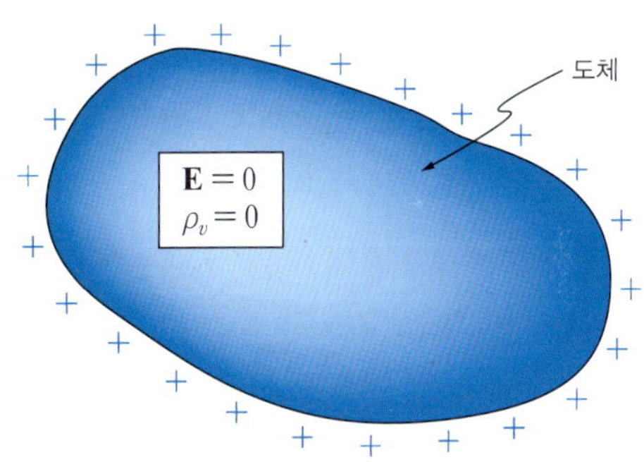

그림 2-12 임의의 모양을 하고 있는 도체의 표면전하 분포

마지막으로 [그림 2-13]과 같이 전기장 $\mathbf{E}_1$이 있는 곳에 도체를 갖다 놓으면 어떻게 되는지 살펴보자. 외부 전기장 $\mathbf{E}_1$에 의해 움직이는 도체의 전하들은 외부 전기장에 맞서는 전기장을 발생한다. 전하는 맞서는 전기장이 외부 전기장 $\mathbf{E}_1$을 완전히 상쇄시킬 때까지 계속 이동한다. 결국 도체 내부의 총 전기장은 0이 된다.

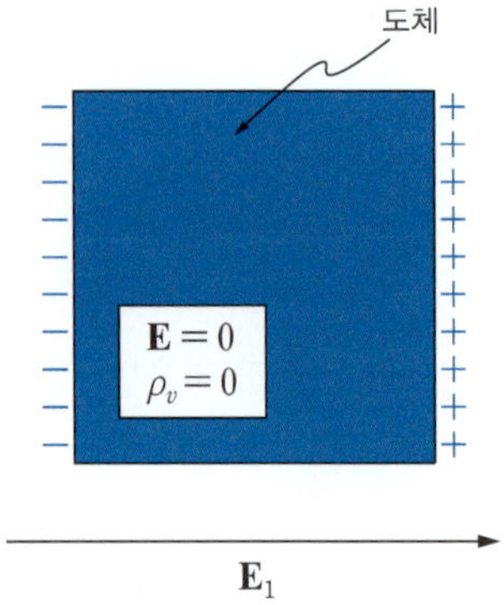

그림 2-13 외부 전기장이 있는 곳에 놓인 도체의 표면전하 분포

따라서 전하들이 도체 내부에 놓여 있는 경우나 외부 전기장이 가해지는 경우에는 전하들이 재빨리 이동해서 도체 내부의 $\mathbf{E}$와 ρ_v를 0으로 만든다. 이 과정은 거의 순간적으로 이루어지는데, 이에 대해서는 나중에 5장에서 자세히 다룬다.

도체에 대해서는 또한 다음과 같은 결론을 얻을 수 있다.

$$V = \text{일정} \quad : \text{도체 전체에서}$$

도체의 전위는 도체의 표면을 포함하여 도체 전체에 걸쳐 일정하다. 이것은 도체에서는 $\mathbf{E} = 0$이므로 도체 내의 임의의 두 점 사이의 전위차, 다시 말해 두 점 사이의 선적분 $-\int_{P_1}^{P_2} \mathbf{E} \cdot d\mathbf{l}$이 0이기 때문이다. 따라서 도체의 표면은 등전위면 equipotential surface 이다.

이제 도체와 도체의 전하에 대한 몇 가지 특성을 알아보자. 먼저, [그림 2-14]와 같이 (+)극성의 알짜전하를 가진 도체를 살펴보자.

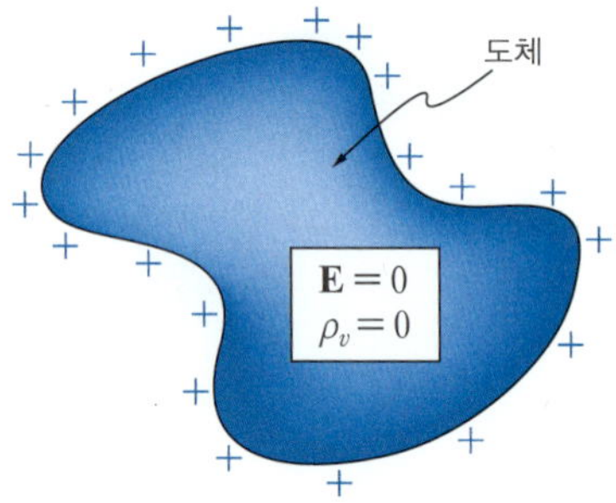

그림 2-14 전하를 가진 도체

도체의 전하는 도체 내부의 전기장이 0이 되도록 스스로 퍼져 분포한다. 외부 원천이나 외부 전기장이 없는 경우에는 도체의 표면전하밀도는 표면 전체에서 (+)이다. 표면에 (−)전하밀도가 분포하는 곳은 있을 수 없다. 만일 (−)전하가 분포하면 한 도체에서 전기장선이 시작해서 끝나게 되는데, 이것은 도체의 전위는 어디서나 일정하다는 사실에 어긋난다. 표면전하밀도는 도체 표면 전체에 걸쳐 상당히 다를 수 있다. 뾰족한 끝머리나 모서리 근처의 전하밀도는 매우 크다. 그렇지만 어느 곳에서도 (−)전하밀도는 생길 수 없다. 물론 초과전하(알짜전하)가 (−)인 경우에는 위의 설명에서 (+)를 (−)로 바꾸면 된다.

그러나 [그림 2-13]과 같이 도체 부근에 외부 원천이 있거나 외부 전기장이 존재하면 도체 표면의 어떤 영역에는 (+)전하밀도가 생기고 다른 영역에는 (−)전하밀도가 생긴다. [그림 2-15]를 예로 들어 살펴보자. 그림을 보면 알짜전하를 갖지 않은 도체 부근에 점전하 q가 놓여 있다. q의 부호가 (+)

이면 [그림 2-15]와 같이 q와 가까운 쪽의 도체 표면에는 $(-)$전하가 $+q$에 끌려 나타나므로 q에서 먼 쪽의 도체 표면에는 $(+)$전하가 남게 된다.

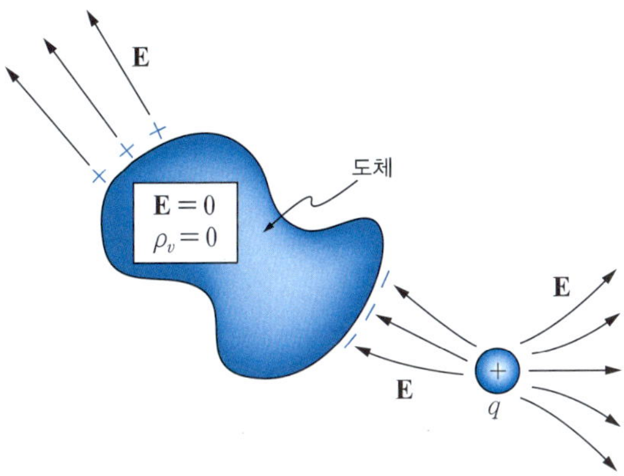

그림 2-15 알짜전하를 갖지 않는 도체 부근에 다른 전하가 존재하는 경우의 표면전하분포

E의 전체 전기장선 중 일부는 도체에 의해 잠깐 막히지만, 결국은 다시 이어져 무한대로 가게 된다. [그림 2-15]에 있는 도체가 약간의 알짜전하를 갖고 있다면 어떻게 달라지는지 설명할 수 있는가?

이제 알짜전하를 가진 도체 내부의 일부가 텅 비어 있는 경우를 살펴보자. 즉 [그림 2-16]과 같이 도체 속에 닫힌곡면 S_0가 빈 구멍cavity V_0의 경계를 이루고 있다.

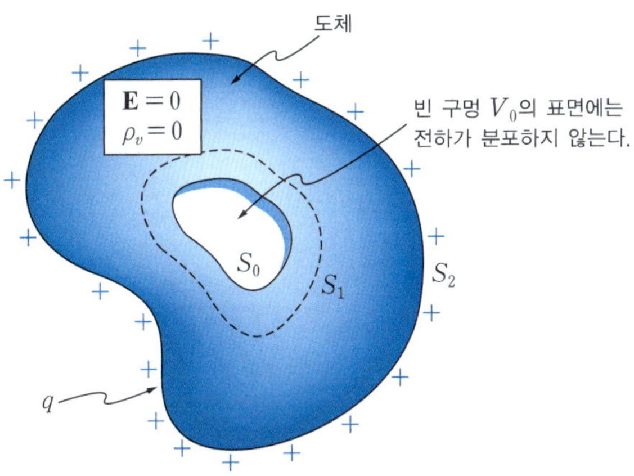

그림 2-16 알짜전하를 가진 속이 빈 도체의 전하분포

도체가 가진 알짜전하를 q라고 하자. 또한 빈 구멍 V_0 안에는 전하가 들어 있지 않다고 하자. 그러면 전하는 어디에 분포하는가? 도체 속에 있는 닫힌곡면 S_0 위에는 전하가 분포하는가? 먼저, 닫힌곡면 S_1에 대해 가우스 법칙을 적용해보자. S_1에 대한 면적분 $\oiint \mathbf{E} \cdot d\mathbf{s} = 0$(도체 내부에서 $\mathbf{E} = 0$)이므로, S_1 속에 들어 있는 총 전하는 0이라는 결론을 얻을 수 있다. S_0의 표면 위에는 $(+)$ 표면전하밀도와 $(-)$ 표면전하밀도가 모두 존재할 수 있을까? 존재할 수 있다면 이는 S_0 위의 한 점(+전하밀도)에서 나와 S_0 위의 다른 점(−전하밀도)으로 들어가는 전기장선이 발생한다는 것을 뜻하는데, 도체면은 전체가 등전위면이어야 하므로 이런 일은 발생할 수 없다. 따라서 표면 S_0 위에는 전하가 분포하지 않는다. 그렇다면 빈 구멍 V_0 속의 전기장은 어떻게 되는가? 이것도 0이 되는가? V_0 내부에 전기장선이 존재하면 이 장선은 반드시 S_0 위의 한 점에서 시작해서 다른 한 점에서 끝나야 하는데, 이것 역시 실제 사실에 어긋난다. 따라서 V_0 내부의 전기장은 0이다. 결국 알짜전하 q는 표면 S_2 위에만 분포하게 된다.

그러므로 알짜전하를 가진 도체 속에 빈 구멍이 있을 때, 이 구멍 속의 전기장은 0이다. 1755년에 이와 같은 사실의 중요성을 맨 처음 알아차린 프랭클린Benjamin Franklin은 이를 프리스틀리Joseph Priestley에게 알렸다. 프리스틀리는 역제곱 법칙을 따르는 전기장이 중력의 역제곱 법칙과 유사하다는 결론을 내렸다. 이러한 추론은 쿨롱의 발견보다 훨씬 앞선 것이었다.

이번에는 알짜전하 q를 가진 속이 빈 도체에서 빈 구멍 속에 전하 q_0가 들어 있는 경우를 살펴보자. 전하 q_0에 의해 빈 구멍 속에는 전기장이 발생하는데, 이 전기장에 의해 도체 속에 있는 $(-)$전하가 S_0의 표면 위로 끌려나온다.

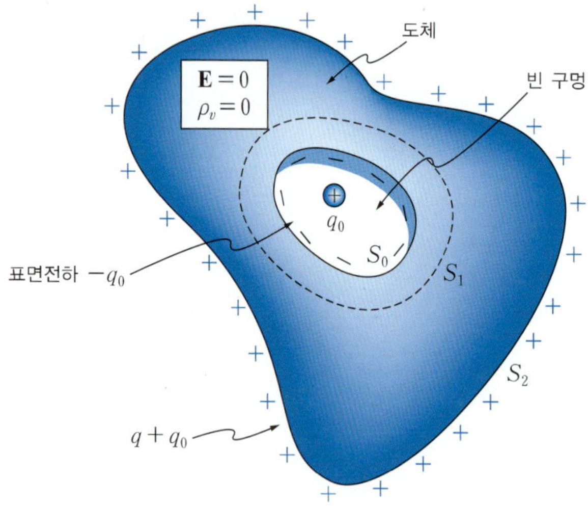

그림 2-17 알짜전하를 가진 도체 속의 빈 구멍 안에 전하가 있는 경우의 전하분포

이제 닫힌곡면 S_1에 대해 가우스 법칙을 적용해보면 S_1 내부의 알짜전하는 0이라는 결론에 도달한다. 따라서 전하 $-q_0$는 표면 S_0 위에 분포해야 한다. 최종적으로는 도체의 총 알짜전하가 q가 될 수 있도록 $q+q_0$의 알짜전하가 표면 S_2 위에 분포해야 한다. [그림 2-16]과 [그림 2-17]에 나타낸 문제에서 도체 내부의 전기장은 0이다. 따라서 전기장선은 도체를 관통해서 지나갈 수 없으므로 도체 내부의 문제와 도체 외부의 문제는 어느 정도 서로 분리되어 있다.

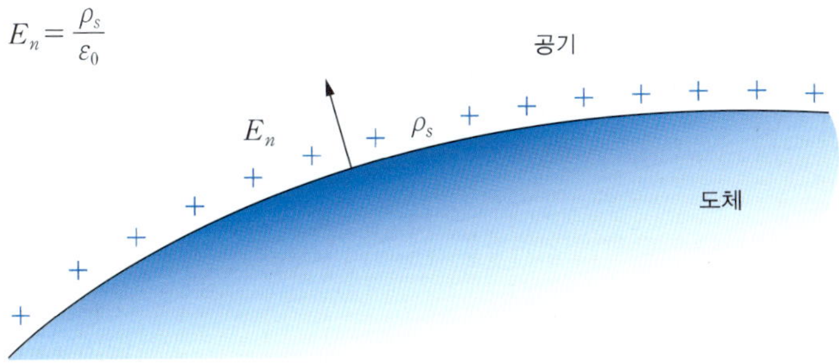

그림 2-18 공기-도체 경계면

[그림 2-18]을 보면 공기와 도체가 서로 경계를 이루고 있다. 경계면에서 전기장이 어떤 식으로 동작하는지 알아보자. 경계면의 접선^{tangential} 성분은 0이고 수직^{normal} 성분은 $\frac{\rho_s}{\varepsilon_0}$ 이다.

$$E_t = 0 \qquad (2.62)$$

$$E_n = \frac{\rho_s}{\varepsilon_0} \qquad (2.63)$$

: 공기-도체 경계면에서

$\mathbf{E} = -\nabla V$ 이고 도체 표면은 등전위면이므로 전기장은 도체 표면에 수직이어야 한다. 따라서 도체 표면에서는 전기장의 접선성분이 0이며 수직성분만 존재한다. 이 결과는 3장에서 자세히 유도할 것이다.

이 절에서는 이상적인 특성을 갖는 도체인 완전도체만을 다룬다. 구리, 금, 은, 황동, 알루미늄과 같은 금속은 완전도체에 가까운 특성을 갖는다. 5장에서는 전도율^{conductivity}이라는 특성을 정의한다. 전도율 값이 무한대인 도체가 **완전도체**$^{\text{perfect conductor}}$이다. 완전도체가 아닌 도체나 저항에 대해서는 5장에서 자세히 다룬다. 3장에서는 **완전유전체**$^{\text{perfect dielectric}}$, 다른 말로 완전절연체에 대해 알아볼 것이다. 이것은 완전도체와 정반대의 특성을 갖는 것으로, 전도율 값이 0인 물질이다.

예제 2-13 알짜전하를 갖는 도체 구 껍질 속의 점전하

[그림 2-19]와 같이 안쪽과 바깥쪽 반지름이 각각 a와 b인 구 껍질의 중심에 점전하 Q_1이 놓여 있다. 구 껍질은 알짜전하 Q_2를 지니고 있다. 모든 곳에서 표면전하와 전기장을 구하라.

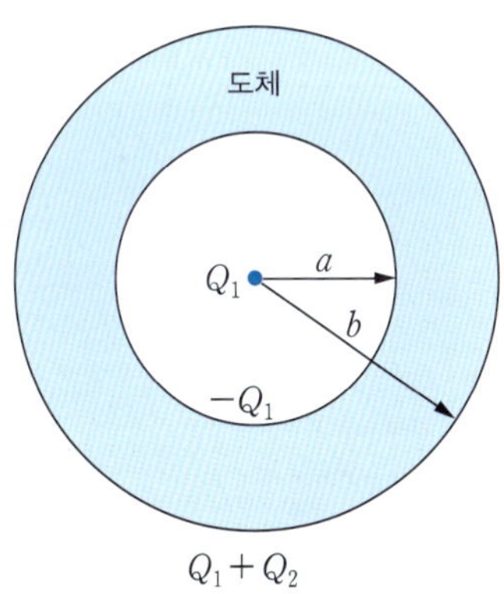

그림 2-19 도체 구 껍질 속의 점전하

풀이

먼저, [그림 2-19]와 같이 표면에 분포하는 표면전하를 구해보자.

$r = a$인 구의 표면에는 점전하 Q_1에서 퍼져나오는 장선이 들어가 끝날 수 있도록 표면전하 $-Q_1$이 끌어당겨져 나온다. $r = b$인 구의 표면에는 전하 $Q_1 + Q_2$가 분포해야 한다. 그래야 도체의 총 알짜전하가 Q_2가 된다. 문제의 구조가 구의 형태이므로 표면전하는 대칭적으로 분포한다. 따라서

$$\rho_s = -\frac{Q_1}{4\pi a^2} \quad : \text{안쪽 구의 표면 위 } (r=a) \tag{2.64a}$$

$$= \frac{Q_1+Q_2}{4\pi b^2} \quad : \text{바깥쪽 구의 표면 위 } (r=b) \tag{2.64b}$$

이다. 반지름이 r인 구에 대해 가우스 법칙을 적용하면 전기장을 구할 수 있다.

$$E_r = \begin{cases} \dfrac{Q_1}{4\pi\varepsilon_0 r^2} & (r<a) \quad (2.65a) \\ 0 & (a<r<b;\ \text{도체 내부}) \quad (2.65b) \\ \dfrac{Q_1+Q_2}{4\pi\varepsilon_0 r^2} & (r>b) \quad (2.65c) \end{cases}$$

전위는 $\mathbf{E}$로부터 구할 수 있다([연습문제 2.51] 참조).

2.10 전기 쌍극자 Electric Dipole

[그림 2-20]을 보면 전하 $+q$와 $-q$가 d라는 작은 간격을 두고 서로 떨어져 있는데, 이 구조를 **전기 쌍극자** electric dipole 라고 한다. 쌍극자 모멘트 dipole moment $\mathbf{p}$는 다음과 같이 정의된다. 여기서 $\mathbf{p}$의 방향은 $-q$에서 $+q$로 가는 방향이다.

$$\mathbf{p} = \mathbf{a}_z qd = \mathbf{a}_z p \tag{2.66}$$

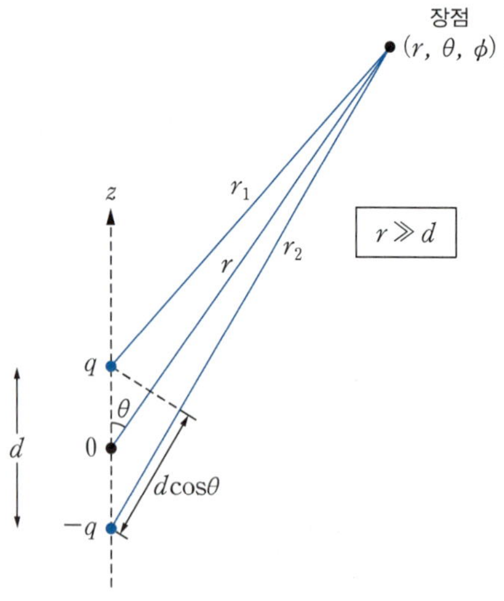

그림 2-20 쌍극자

이제 멀리 떨어져 있는 장점 $(r,\ \theta,\ \phi)$에서 전위 V와 전기장 $\mathbf{E}$를 구해보자. 여기서는 거리 r이 간격 d에 견주어 아주 큰 경우일 때의 전위와 전기장을 구할 것이므로 $r \gg d$, 즉 $\frac{d}{r} \ll 1$이다. 중첩 정리를 사용하여 두 점전하의 전위를 서로 더하면 다음과 같이 나타낼 수 있다.

$$V(r,\ \theta) = \frac{q}{4\pi\varepsilon_0}\left(\frac{1}{r_1} - \frac{1}{r_2}\right) = \frac{q(r_2 - r_1)}{4\pi\varepsilon_0 r_1 r_2}$$

[그림 2-20]에서 $r_2 - r_1 \approx d\cos\theta$가 되는 것을 알 수 있다. 그렇지만 여기에서는 다른 방법으로 이 관계식을 구해볼 것이다. 근사식 $\sqrt{1 \pm x} = 1 \pm \frac{x}{2}\ \ (x \ll 1)$를 이용하자.

$$\begin{aligned} r_1 &= \sqrt{r^2 + \left(\frac{d}{2}\right)^2 - 2r\frac{d}{2}\cos\theta} && \text{: 코사인 법칙을 이용} \\ &= r\sqrt{1 - \frac{d}{r}\cos\theta + \frac{d^2}{4r^2}} \\ &\approx r\left(1 - \frac{d}{2r}\cos\theta\right) = r - \frac{d}{2}\cos\theta && \text{: } \sqrt{1+x} \approx 1 + \frac{x}{2},\ |x| \ll 1\text{을 이용} \end{aligned}$$

$$r_2 = \sqrt{r^2 + \left(\frac{d}{2}\right)^2 - 2r\frac{d}{2}\cos(\pi - \theta)} \approx r - \frac{d}{2}\cos(\pi - \theta) = r + \frac{d}{2}\cos\theta$$

임의의 거리 r_1과 r_2는 r과 거의 같은데, $r_2 - r_1$은 $\frac{d}{r} \ll 1$인 경우에 $d\cos\theta$가 된다. 따라서 장점의 전위는 다음과 같이 구한다.

$$V(r,\ \theta) = \frac{qd\cos\theta}{4\pi\varepsilon_0 r^2} = \frac{p\cos\theta}{4\pi\varepsilon_0 r^2} = \frac{\mathbf{p}\cdot\mathbf{r}}{4\pi\varepsilon_0 r^3}$$

여기서 $\mathbf{p} = \mathbf{a}_z qd,\ \mathbf{r} = \mathbf{a}_r r$이다.

$$V(r,\ \theta) = \frac{p\cos\theta}{4\pi\varepsilon_0 r^2} \quad \text{: 전기 쌍극자의 전위 } V \tag{2.67}$$

전기장 $\mathbf{E}$는 다음과 같이 구 좌표계에서 전위의 기울기를 계산하여 구할 수 있다.

$$\mathbf{E} = -\nabla V = -\left[\mathbf{a}_r\frac{\partial V}{\partial r} + \mathbf{a}_\theta\frac{1}{r}\frac{\partial V}{\partial\theta} + \mathbf{a}_\phi\frac{1}{r\sin\theta}\frac{\partial V}{\partial\phi}\right]$$

$$\mathbf{E} = \frac{qd}{4\pi\varepsilon_0 r^3}(\mathbf{a}_r 2\cos\theta + \mathbf{a}_\theta\sin\theta) \quad \text{: 전기 쌍극자의 전기장 } \mathbf{E} \tag{2.68}$$

여기서 주목할 것은 쌍극자의 전위와 전기장이 각각 거리에 따라 $\frac{1}{r^2}$과 $\frac{1}{r^3}$로 감소한다는 사실이다. 따라서 쌍극자의 전위와 전기장은 점전하의 전위와 전기장에 견주어 거리에 따라 더욱 빠르게($\frac{1}{r}$의 비율만큼) 줄어든다. 이렇게 되는 까닭은 쌍극자는 (+)전하와 (−)전하로 구성되어 있어서 이 두 전하에 의한 전위가 서로 상쇄되는데, 거리 r이 증가할수록 더욱 완전한 상쇄가 이루어지기 때문이다. 다음으로 각도 θ에 따른 변화를 알아보자. $\theta = 0,\ \pi$에서 전위는 각각 최댓값과 최솟값을 갖는다. $\theta = \frac{\pi}{2}$인 평면에서는 전위가 0이다. 전기장의 세기도 쌍극자가 놓이는 방향에 따라 크게 달라진다. 쌍극자의 축($\theta = 0$)을 따라서는 $E_\theta = 0$이고, 적도면($\theta = \frac{\pi}{2}$)에서는 $E_r = 0$이다.

고차 다중극자 higher-order multipole 는 여러 쌍의 저차 다중극자를 결합하여 만드는데, 이들을 결합할 때 서로의 극성이 반대가 되게 한다. [그림 2-21]에 나타낸 것은 **4중극자** quadrupole 이다. 4중극자는 왼쪽에 쌍극자를 놓고 그 오른쪽에 극성이 반대인 쌍극자를 추가하여 만든다. [그림 2-22]는 **선형 4중극자** linear quadrupole 이다. 여러분은 직선 형태의 4중극자를 만드는 방법을 설명할 수 있는가? [그림 2-23]은 **8중극자** octopole 로 이루어진 소금salt 결정의 원자구조를 보여준다. 8중극자는 앞쪽에 4중극자를 놓고 그 뒤쪽에 극성을 반대로 한 4중극자를 추가하여 만든다. 4중극자와 8중극자의 전위는 각각 $\frac{1}{r^3}$과 $\frac{1}{r^4}$로 감소하는데, 이렇게 되는 이유는 전위의 고차 상쇄 때문이다. 전하의 구성 방식이 점전하 → 쌍극자 → 4중극자 → 8중극자의 차례로 갈수록 전위와 전기장은 바로 전 전하 구조의 전위와 전기장보다 $\frac{1}{r}$만큼 더 빠르게 감소한다.

다음 장에서 다루는 유전체의 경우에는 전위와 전기장이 주로 이 쌍극자에 의해 발생한다.

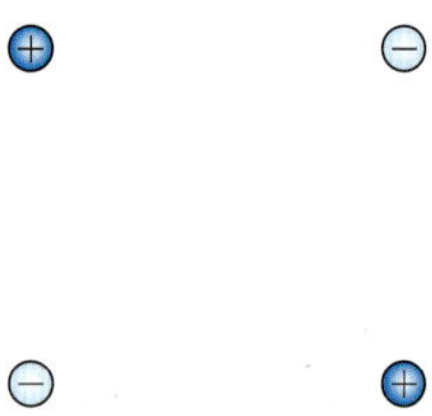

그림 2-21 4중극자

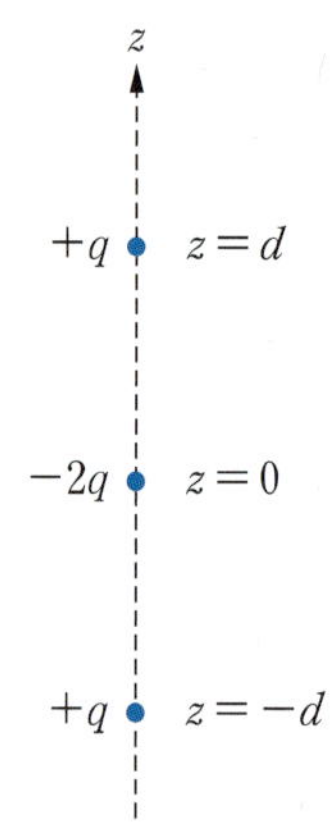

그림 2-22 선형 4중극자

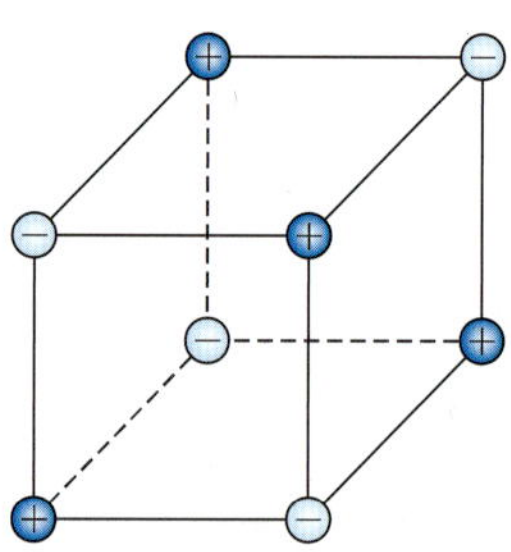

그림 2-23 8중극자

CHAPTER 02_연습문제

2.1 부피전하분포, 표면전하분포, 선전하분포가 다음과 같을 때, 각 전하분포에 대해 총 전하를 구하라.

(a) 구 껍질 : $\rho_v = \rho_{v0}$ $(a < r < b)$

(b) 원반 : $\rho_s = \rho_{s0}$ $(0 < \rho < a,\ z = 0)$

(c) 루프 : $\rho_l = \rho_{l0}\cos^2\phi$ $(\rho = a,\ z = 0)$

2.2 다음 물음에 답하라.

(a) 길이가 무한히 긴 원통형 부피전하의 단위길이당 전하를 구하라.

$$\rho_v = \rho_{v0}\frac{\rho^2}{a^2} \qquad (0 < \rho < a)$$

(b) 사각형 표면전하의 총 전하를 구하라.

$$\rho_s = \rho_{s0}x^2y^2 \qquad (a < x < b,\ c < y < d)$$

(c) 선전하의 총 전하를 구하라.

$$\rho_l = \rho_{l0} \qquad \left(x = \frac{y}{2} = \frac{z}{3},\ 0 < x < 1\right)$$

2.3 전하의 분포가 다음과 같을 때, 총 전하를 구하라.

(a) 구형 부피전하

$$\rho_v = \rho_{v0}\left(\frac{r}{a}\right)\cos^2\theta\sin^2\phi \qquad (0 < r < a)$$

(b) 구 표면의 표면전하

$$\rho_s = \rho_{s0}\cos\frac{\theta}{2}\sin\frac{\theta}{2}\cos^2\phi \qquad (r = a)$$

(c) 루프의 선전하(위도 $\frac{\pi}{2} - \theta_0$에 있는)

$$\rho_l = \rho_{l0} \qquad (\theta = \theta_0,\ r = a)$$

2.4 전하의 분포가 다음과 같을 때, 총 전하를 구하라.

(a) 원통형 부피전하

$$\rho_v = \rho_{v0} \qquad \left(0 < \rho < a,\ -\frac{l}{2} < z < \frac{l}{2}\right)$$

(b) 원통 표면의 표면전하

$$\rho_s = \rho_{s0}(1 - \sin\phi) \qquad \left(\rho = a,\ -\frac{l}{2} < z < \frac{l}{2}\right)$$

(c) 나선형 코일의 전하([그림 2-24] 참조)

$$\rho_l = \rho_{l0} \qquad \left(\rho = a,\ -\frac{l}{2} < z < \frac{l}{2},\ z = \alpha a \phi\right)$$

힌트 $|d\mathbf{l}| = \sqrt{(\rho d\phi)^2 + (dz)^2}$

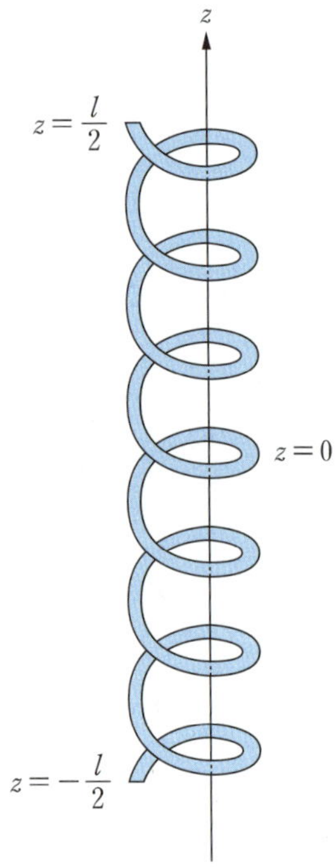

그림 2-24 전하가 고르게 퍼져 있는 나선형 코일

2.5 전하의 분포가 다음과 같을 때, 총 전하를 구하라.

(a) 원뿔-구의 표면전하([그림 2-25] 참조)

$$\begin{aligned}\rho_s &= \rho_{s1} \qquad (\theta = \theta_0,\ 0 < r < a)\\ &= \rho_{s2} \qquad (r = a,\ 0 < \theta < \theta_0)\end{aligned}$$

(b) 구 껍질의 전하

$$\rho_v = \rho_{v0}\left(\frac{r}{a}\right) \qquad (a < r < b)$$

(c) 아르키데메스 나선[Archimedean spiral]의 전하

$$\rho_l = \rho_{l0} \qquad (\rho = a\phi,\ \phi_1 < \phi < \phi_2,\ z = 0)$$

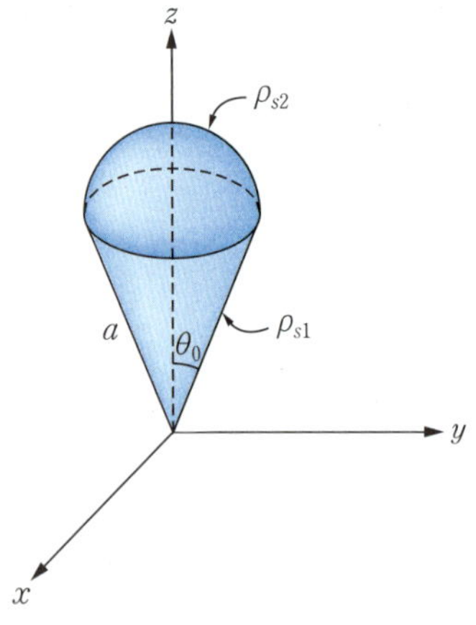

그림 2-25 원뿔-구 모양의 표면에 분포하는 전하

2.6 [그림 2-26]과 같이 한 변의 길이가 a인 정사각형의 모서리마다 전하 q가 놓여 있을 때, 다음 물음에 답하라.

(a) 세 점 $\left(\frac{a}{2}, -\frac{a}{2}, 0\right)$, $\left(-\frac{a}{2}, \frac{a}{2}, 0\right)$, $\left(-\frac{a}{2}, -\frac{a}{2}, 0\right)$에 있는 전하들에 의해 나머지 한 점 $\left(\frac{a}{2}, \frac{a}{2}, 0\right)$에 만들어지는 전기장 $\mathbf{E}$를 구하라.

(b) 각 전하에 작용하는 힘의 크기와 방향을 구하고, 힘의 방향을 그림으로 표시하라.

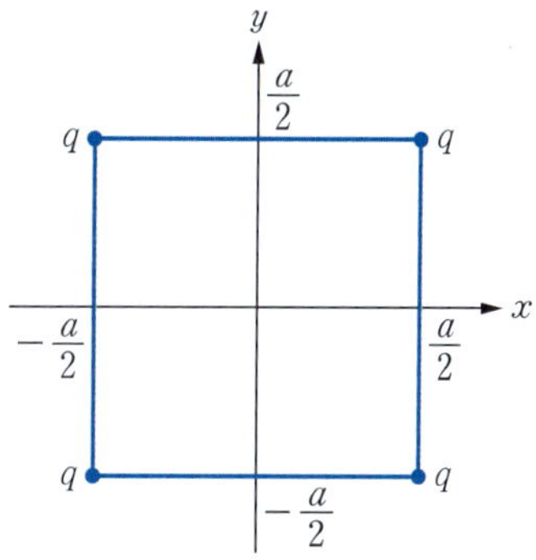

그림 2-26 $z=0$인 평면에 놓여 있는 네 개의 똑같은 전하

2.7 한 변의 길이가 a인 정삼각형의 모서리마다 전하 q가 놓여 있다. 각 전하에 작용하는 힘의 크기를 구하고, 힘의 방향을 그림으로 표시하라.

2.8 두 변의 길이가 a, b인 직사각형의 모서리마다 전하 q가 놓여 있다. 각 전하에 작용하는 힘을 구하라.

2.9 다음과 같은 불균일한 부피전하 ρ_v가 반지름 a인 구 내부에 분포되어 있다. 여기서 ρ_{v0}는 상수이다. 다음 물음에 답하라.

$$\rho_v = \begin{cases} \rho_{v0}\left(1-\dfrac{r}{a}\right) & (0 \le r \le a) \\ 0 & (r \ge a) \end{cases}$$

(a) 모든 곳($r \le a$와 $r \ge a$ 모두)에서 전기장을 구하라.

(b) 전기장 $\mathbf{E}$가 두 영역 모두에서 두 가지 기본 법칙인 $\nabla \times \mathbf{E} = 0$과 $\nabla \cdot \mathbf{E} = \dfrac{\rho_v}{\varepsilon_0}$를 만족하는지 확인하라.

2.10 어떤 구 껍질에 다음과 같은 부피전하밀도로 전하가 분포되어 있다. 여기서 ρ_{v0}는 상수이다. 다음 물음에 답하라.

$$\rho_v = \rho_{v0}\frac{r}{a} \qquad (a < r < b)$$

(a) 모든 곳, 즉 (i) $r \le a$, (ii) $a \le r \le b$, (iii) $r \ge b$에서 전기장을 구하라.

(b) 전기장 $\mathbf{E}$가 세 영역 모두에서 두 가지 기본 법칙을 만족하는지 확인하라.

2.11 어떤 구 부피전하의 부피전하밀도가 다음과 같을 때, 모든 곳에서 전기장을 구하라. 여기서 ρ_{v0}와 k는 상수이다.

$$\rho_v = \rho_{v0}e^{-kr} \qquad (0 < r < a)$$

힌트 부분적분을 사용하라.

2.12 $r=a$와 $r=b$ $(b>a)$로 주어지는 구 모양의 막 두 개에 다음과 같은 표면전하밀도가 존재한다. 주어진 물음에 답하라.

$$\rho_s = \rho_{s1} \quad (r=a)$$
$$= \rho_{s2} \quad (r=b)$$

(a) 모든 곳에서 전기장을 구하라.

(b) $r>b$에서 전기장이 0이 되는 조건을 구하라.

2.13 [그림 2-27]을 보면, 표면전하가 고르게 퍼져 있는 두 개의 구 모양의 막이 부피전하를 둘러싸고 있다. 표면전하밀도와 부피전하밀도가 다음과 같을 때, 모든 곳에서 전기장을 구하라.

$$\rho_v = \rho_{v0} \quad (a<r<b)$$
$$\rho_s = +\rho_{s1} \quad (r=a)$$
$$= -\rho_{s1} \quad (r=b)$$

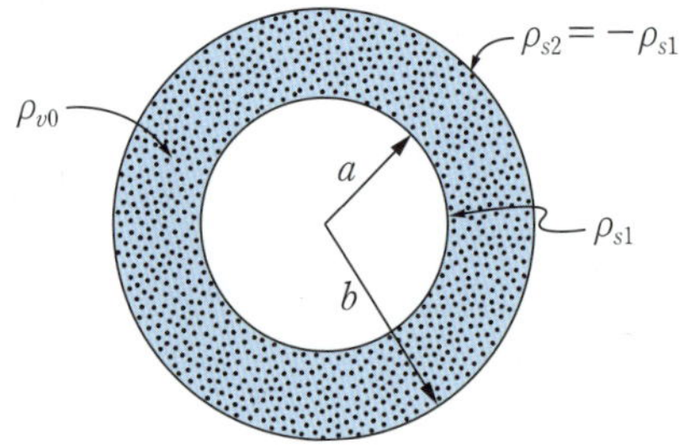

그림 2-27 구 모양의 부피전하와 표면전하

2.14 길이가 무한히 긴 원통형 부피전하의 밀도가 다음과 같을 때, 모든 곳에서 전기장을 구하라. 또한 두 개의 기본 법칙을 만족하는지 확인하라. 여기서 ρ_{v0}는 상수이다.

$$\rho_v = -\rho_{v0} \quad (0<\rho<a)$$

2.15 다음과 같은 세 가지 원통형 부피전하밀도에 대해, 모든 곳에서 전기장을 각각 구하라. 여기서 ρ_{v0}, k_1, k_2는 상수이다.

(a) $\rho_v = \rho_{v0} \quad (a<\rho<b)$ (b) $\rho_v = \dfrac{k_1}{\rho} \quad (a<\rho<b)$ (c) $\rho_v = \dfrac{k_2}{\rho^2} \quad (a<\rho<b)$

2.16 길이가 무한히 긴 원통형 부피전하밀도가 다음과 같을 때, 모든 곳에서 전기장을 구하라. 여기서 ρ_{v0}와 k는 상수이다.

$$\rho_v = \rho_{v0} e^{-k\rho^2} \quad (0<\rho<a)$$

2.17 $\rho=a$와 $\rho=b$ $(b>a)$로 주어지는 길이가 무한히 긴 원통형 막 두 개에 다음과 같은 표면전하밀도가 존재한다. 주어진 물음에 답하라.

$$\rho_s = \rho_{s1} \quad (\rho=a)$$
$$= \rho_{s2} \quad (\rho=b)$$

(a) 모든 곳, 즉 (i) $\rho<a$, (ii) $a<\rho<b$, (iii) $\rho>b$에서 전기장을 구하라.

(b) $\rho>b$에서 전기장이 0이 되는 조건을 구하라.

2.18 표면전하가 고르게 퍼져 있는 두 개의 원통형 막이 원통형 부피전하를 둘러싸고 있다. 표면전하밀도와 부피전하밀도가 다음과 같을 때, 모든 곳에서 전기장을 구하라.

$$\rho_v = \rho_{v0} \qquad (a < \rho < b)$$
$$\rho_s = +\rho_{s1} \qquad (\rho = a)$$
$$= -\rho_{s2} \qquad (\rho = b)$$

2.19 반지름이 a이고 길이가 무한히 긴 원통 모양의 완전도체가 있다. 이 도체의 표면전하밀도는 ρ_{s0}이다. 부피전하밀도가 ρ_{v0}로 균일한 플라즈마 층이 이 원통도체를 둘러싸고 있을 때, 모든 곳에서 전기장을 구하라.

$$\rho_s = \rho_{s0} \qquad (\rho = a)$$
$$\rho_v = \rho_{v0} \qquad (a < \rho < b)$$

2.20 부피전하밀도가 균일한 판이 있다. 이 판의 치수는 x방향으로는 두께 d를 갖고, y방향과 z방향으로는 무한히 넓다.

$$\rho_v = \rho_{v0} \qquad \left(-\frac{d}{2} < x < \frac{d}{2}\right)$$

(a) 모든 곳, 즉 (i) $x > \frac{d}{2}$, (ii) $-\frac{d}{2} < x < \frac{d}{2}$, (iii) $x < -\frac{d}{2}$에서 전기장을 구하라. 전기장은 $x = 0$에 대해 반대칭antisymmetric 관계, 즉 $\mathbf{E}(x) = -\mathbf{E}(-x)$가 되어야 한다.

(b) 전기장이 모든 곳에서 두 가지 기본 법칙을 만족하는지 확인하라.

2.21 두께가 d이고 무한히 넓은 판이 다음과 같은 불균일하고 대칭인 부피전하밀도를 갖고 있을 때, 모든 곳에서 전기장을 구하라. 전하밀도가 $x = 0$에 대해 우함수even function 일 때 전기장은 반대칭 관계, 즉 $\mathbf{E}(x) = -\mathbf{E}(-x)$가 되어야 한다.

$$\rho_v = \rho_{v0}\frac{|x|}{d} \qquad \left(-\frac{d}{2} < x < \frac{d}{2}\right)$$

2.22 두께가 d이고 무한히 넓은 판이 다음과 같은 불균일하고 반대칭인 부피전하밀도를 갖고 있을 때, 모든 곳에서 전기장을 구하라. 전하밀도가 $x = 0$에 대해 기함수odd function 일 때 전기장은 대칭 관계, 즉 $\mathbf{E}(x) = \mathbf{E}(-x)$가 되어야 한다.

$$\rho_v = \rho_{v0}\frac{x}{d} \qquad \left(-\frac{d}{2} < x < \frac{d}{2}\right)$$

2.23 다음의 문제에서 구한 전기장을 사용하여 전위분포를 각각 계산하라.

(a) [연습문제 2.9] (b) [연습문제 2.12]

(c) [연습문제 2.18] (d) [연습문제 2.20]

2.24 다음의 문제에 대해 전위분포를 각각 계산하라.

(a) [연습문제 2.10] (b) [연습문제 2.14]

(c) [연습문제 2.17] (d) [연습문제 2.22]

2.25 반지름이 a인 원형 루프에 전하가 다음과 같은 선전하밀도로 고르게 퍼져 있다. 원형 루프는 [그림 2-28]과 같이 xy평면에 놓여 있으며, 중심은 원점이다. 주어진 물음에 답하라.

$$\rho_l = \rho_{l0} \qquad (\rho = a,\ z = 0)$$

(a) z축을 따라 전기장을 구하라.

(b) z축을 따라 전위를 구하라.

(c) $z \to \infty$로 가면 전기장이 타당한 형태의 쿨롱 법칙 식이 되는지 보여라.

(d) $z \to \infty$로 가면 전위가 타당한 형태의 수식이 됨을 보여라.

(e) (b)에서 구한 V를 사용하여 $\mathbf{E}$를 구한 다음, (a)의 결과와 일치하는지 확인하라.

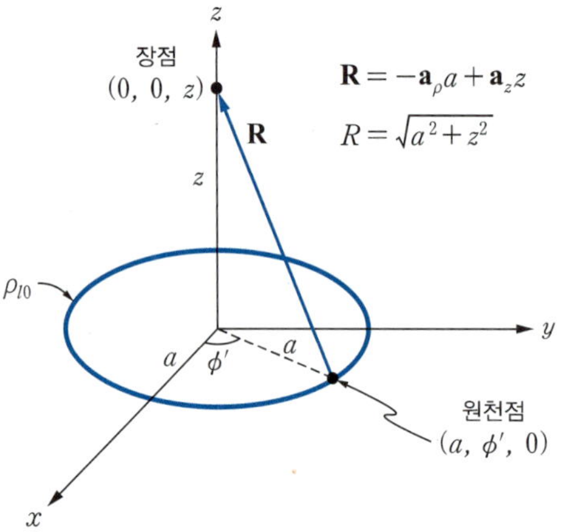

그림 2-28 전하가 고르게 퍼져 있는 루프

2.26 xy평면에 놓인 반지름이 a이고, 중심이 원점인 부분 루프의 선전하분포가 다음과 같을 때, 주어진 물음에 답하라.

$$\rho_l = \rho_{l0} \qquad (\rho = a,\ \phi_1 < \phi < \phi_2,\ z = 0)$$

(a) z축을 따라 전기장의 성분 E_x, E_y, E_z를 각각 구하라.

(b) z축을 따라 전위를 구하라.

2.27 [그림 2-28]과 같이 전하가 고르게 퍼져 있는 루프에 대해 축 위의 전기장의 최댓값을 구하라. 또 이 최댓값이 존재하는 까닭을 설명하라.

2.28 [예제 2-7]의 전하를 가진 원반에 대해 원반의 중심에서 전기장 값을 구하라. 그 다음에 이 결과를 [예제 2-6]의 평판의 표면전하밀도의 전기장과 비교하라. 두 결과가 서로 일치하는 까닭을 설명하라.

2.29 [예제 2-8]에서 살펴본 길이가 유한한 선전하에 대해 다음 물음에 답하라.

(a) 선전하를 이등분하는 평면에서 전기장을 구하라. ($z_1 = -\frac{l}{2}$, $z_2 = +\frac{l}{2}$, $z = 0$으로 놓아라.)

(b) 반무한 길이 선전하의 전기장을 구하라. ($z_1 = -\infty$, $z_2 = 0$으로 놓아라.)

(c) 반무한 길이 선전하의 전기장을, 이 선전하의 끝에 위치하면서 수직을 이루는 평면에서 구하라. ($z_1 = -\infty$, $z_2 = 0$, $z = 0$으로 놓아라.) 이 평면에서 전기장을 그려라. 반무한 길이 선전하의 E_ρ는 정확히 무한 길이 선전하의 E_ρ의 절반이 된다. 그 까닭을 설명하라.

(d) 길이가 무한한 선전하의 전기장을 구하라. ($z_1 = -\infty$, $z_2 = +\infty$으로 놓아라.) 그런 다음, [예제 2-5]의 결과와 일치하는지 확인하라.

2.30 길이가 유한한 선전하의 전기장과 전위(식 (2.38), 식(2.39), 식(2.53))가 서로 들어맞는지 확인하라. 즉 $\mathbf{E} = -\nabla V$가 성립함을 보여라.

2.31 [그림 2-29]와 같이 내부 반지름이 a, 외부 반지름이 b인 얇은 원형고리의 표면전하밀도가 다음과 같다. 주어진 물음에 답하라.

$$\rho_s = \rho_{s0} \qquad (z = 0,\ a < \rho < b)$$

(a) 원형고리의 중심에서 위로 z만큼 떨어진 곳의 전기장을 구하라.

(b) $z \gg b$ (즉 $z \to \infty$)에서 $\mathbf{E}$의 근사식을 구하고, 이것이 점전하의 전기장과 같음을 보여라.

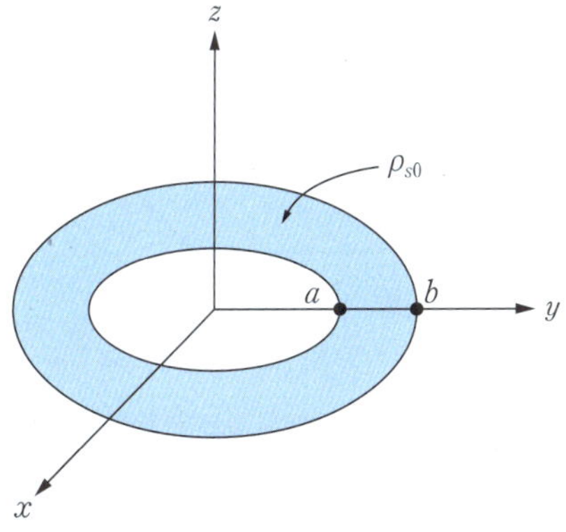

그림 2-29 전하가 고르게 퍼져 있는 얇은 원형고리

2.32 [연습문제 2.31]의 전하분포에 대해 다음 물음에 답하라.

(a) 전하를 가진 원형고리의 중심 축 위에서 전위 $V(z)$를 구하라.

(b) $\mathbf{E} = -\nabla V$를 이용하여 전위로부터 전기장을 구한 다음, [연습문제 2.31]의 결과와 일치함을 보여라.

(c) 멀리 떨어진 점($z \gg a$)에서 전위 $V(z)$를 구하고, 이 결과가 타당한 형태의 수식임을 보여라.

2.33 다음과 같은 표면전하분포를 갖는 두 개의 원반이 있을 때, 주어진 물음에 답하라.

$$\rho_s = \rho_{s0} \qquad \left(z = -\frac{d}{2},\ 0 < \rho < a\right)$$

$$= -\rho_{s0} \qquad \left(z = \frac{d}{2},\ 0 < \rho < a\right)$$

(a) z축을 따라 전기장을 구하라.

(b) $a \gg d$인 특수한 경우에는 축 위의 전기장이 식 (2.23c)로 표시되는 평행판의 전기장과 같아짐을 보여라.

2.34 다음과 같은 불균일 표면전하분포를 갖는 원반이 있을 때, 원반의 축 위에서의 전기장을 구하라.

$$\rho_s = \rho_{s0}\frac{\rho}{a} \qquad (0 < \rho < a,\ z = 0)$$

2.35 심화 길이가 l인 가는 도선이 다음과 같은 불균일 선전하분포를 가질 때, 모든 곳에서 전기장을 구하라.

$$\rho_l = \rho_{l0}\left(1 + \frac{|z|}{l}\right) \qquad \left(-\frac{l}{2} < z < \frac{l}{2}\right)$$

2.36 [그림 2-30]과 같이 한 변의 길이가 a인 정사각형 루프에 전하가 고르게 퍼져 있다. 루프는 $z = 0$인 평면에 놓여 있으며, 중심은 원점이고, 선전하밀도는 ρ_{l0}이다. 다음 물음에 답하라.

(a) z축을 따라 전기장 E_z를 구하라. 대칭에 의해 축을 따라서는 $E_x = E_y = 0$임을 보여라. 또한 각 변이 축 위의 E_z에 똑같이 기여함을 보여라.

(b) z축 위에서 전기장이 최대인 점을 구하라. 또 최대가 되는 점이 존재하는 까닭을 설명하라.

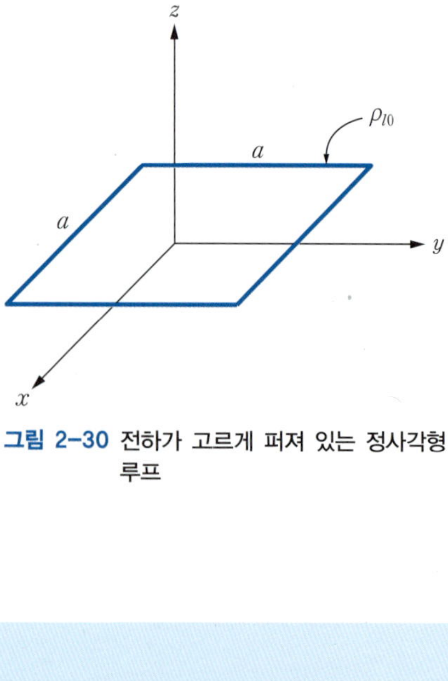

그림 2-30 전하가 고르게 퍼져 있는 정사각형 루프

2.37 [그림 2-30]의 정사각형 루프에 대해 다음 물음에 답하라.

(a) z축을 따라 루프의 전위를 구하라.

(b) 전위를 이용하여 축 위의 전기장을 계산한 다음, [연습문제 2.36]의 결과와 비교하라.

2.38 심화 변의 수가 n이고, 각 변의 길이가 a인 정다각형이 있다. 정다각형은 xy평면에 놓여 있으며, 중심은 원점이고, 전하밀도는 ρ_{l0}로 균일하다. 다음 물음에 답하라.

(a) z축을 따라 전기장 $\mathbf{E}$를 구하라.

(b) z축을 따라 전위 V를 구하라.

2.39 심화 치수가 $a \times a$인 정사각형 평판이 균일한 표면전하밀도 ρ_{s0}를 가질 때, z축을 따라 전위와 전기장을 구하라. 평판은 xy평면에 놓여 있으며, 평판의 중심은 원점이다.

2.40 반지름이 a인 원통 주위에 가는 도선이 나선형으로 감겨 있다. 이 나선형 도선을 방정식으로 나타내면 $z = \alpha a \phi$이다. 나선형 도선의 시작점은 z_1이고 끝점은 z_2이다. 전하가 나선형 도선에 다음과 같은 선전하밀도로 균일하게 퍼져 있을 때, z축을 따라 전위 $V(z)$를 구하라. 또 z축을 따라 전기장의 z성분인 $E_z(z)$를 구하라.

$$\rho_l = \rho_{l0} \qquad (z = \alpha a \phi,\ z_1 < z < z_2)$$

2.41 [그림 2-31]을 보면 얇은 원통 껍질에 표면전하가 고르게 분포해 있다. 원통의 길이가 l이고, 반지름이 a이며, 표면전하밀도가 다음과 같을 때, 주어진 물음에 답하라.

$$\rho_s = \rho_{s0} \qquad \left(\rho = a,\ -\frac{l}{2} < z < \frac{l}{2}\right)$$

(a) z축을 따라 전기장을 구하라.

(b) 원통에서 멀리 떨어진 점($z \to \infty$ 또는 $z \gg a,\ l$)에서 전기장이 타당한 형태의 쿨롱 법칙 식이 됨을 보여라.

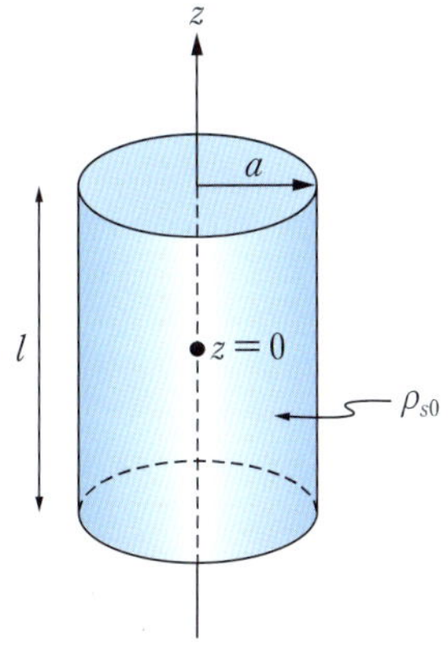

그림 2-31 전하가 표면에 고르게 퍼져 있는 얇은 원통 껍질

2.42 심화 얇은 원통 껍질이 다음과 같이 불균일한 표면전하분포를 갖고 있을 때, z축을 따라 전기장을 구하라.

$$\rho_s = \rho_{s0}\left(1 + \frac{|z|}{l}\right) \quad \left(\rho = a,\ -\frac{l}{2} < z < \frac{l}{2}\right)$$

2.43 길이가 유한한 두 개의 평행한 도선이 다음과 같이 균일한 선전하밀도를 갖고 있을 때, 주어진 물음에 답하라.

$$\rho_l = -\rho_{l0} \quad \left(x = -\frac{d}{2},\ -\frac{l}{2} < z < \frac{l}{2}\right)$$

$$= +\rho_{l0} \quad \left(x = \frac{d}{2},\ -\frac{l}{2} < z < \frac{l}{2}\right)$$

(a) 두 도선 사이의 힘(끌어당기는 힘)을 구하라.

힌트 한 도선이 다른 도선이 위치해 있는 곳에 만드는 전기장을 생각하라.

(b) 두 도선이 서로 멀리 떨어져 있는 경우($d \gg l$), 두 도선 사이에 작용하는 힘이 타당한 형태의 쿨롱 법칙 식이 됨을 보여라.

2.44 심화 [그림 2-32]와 같이 평행한 두 개의 반무한 길이의 도선 끝이 반지름이 a인 반원 루프와 연결되어 있을 때, z축을 따라 전기장을 구하라. 두 도선은 $z=0$인 평면에 놓여 있으며, 도선에는 전하가 고르게 퍼져 있다.

$$\rho_l = \rho_{l0} \quad (z=0,\ y=a,\ 0 < x < \infty)$$

$$= \rho_{l0} \quad (z=0,\ y=-a,\ 0 < x < \infty)$$

$$= \rho_{l0} \quad \left(z=0,\ \rho=a,\ \frac{\pi}{2} < \phi < \frac{3\pi}{2}\right)$$

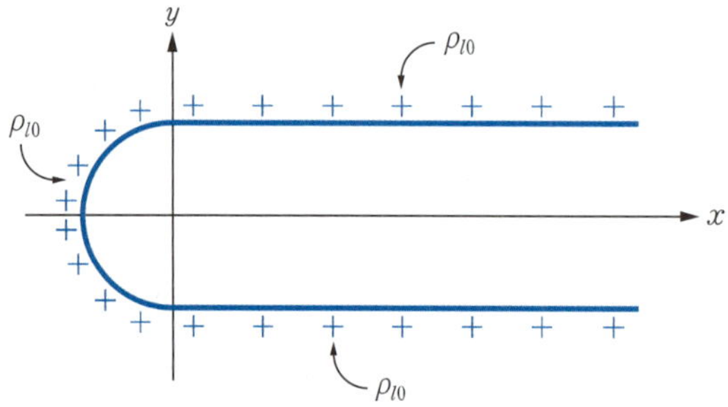

[그림 2-32] 전하가 고르게 퍼져 있는, 끝 부분이 반원 루프로 연결된 반무한 길이 도선

2.45 폭이 w이고 길이가 y방향으로 무한히 긴 얇은 띠가 xy평면에 놓여 있다. 전하가 다음과 같은 표면전하밀도로 고르게 퍼져 있을 때, 모든 곳에서 전기장을 구하라.

$$\rho_s = \rho_{s0} \qquad \left(z = 0,\ -\frac{w}{2} < x < \frac{w}{2}\right)$$

힌트 길이가 무한히 긴, 폭이 w인 이 띠를 길이가 무한히 가는 도선들이 아주 많이 모여 있는 것으로 생각한다. 이때 도선의 선전하밀도는 다음과 같다.

$$\rho_l = \rho_{s0} dx$$

2.46 길이가 무한한 두 개의 띠가 $z = -\dfrac{d}{2}$와 $z = +\dfrac{d}{2}$에 각각 놓여 있다. 두 띠가 다음과 같이 균일한 표면전하밀도를 가질 때, 주어진 물음에 답하라.

$$\begin{aligned} \rho_s &= \rho_{s0} \qquad \left(z = -\frac{d}{2},\ -\frac{w}{2} < x < \frac{w}{2}\right) \\ &= -\rho_{s0} \qquad \left(z = \frac{d}{2},\ -\frac{w}{2} < x < \frac{w}{2}\right) \end{aligned}$$

(a) [연습문제 2.45]의 결과를 이용하여 모든 곳에서 전기장을 구하라.

(b) 전기장을 z축을 따라 z의 함수로 구하고, 그래프로 그려라.

(c) 두 띠 사이의 단위길이당 힘을 구하라.

2.47 [그림 2-33]을 보면 두 개의 전하 q가 $z = -\dfrac{d}{2}$와 $z = \dfrac{d}{2}$에 각각 놓여 있다. 두 전하는 속박되어 있지 않으므로 서로 밀쳐내는 힘에 의해 흩어진다. 각 전하의 질량을 m이라고 할 때, 전하의 최종 속도의 크기와 방향을 구하라.

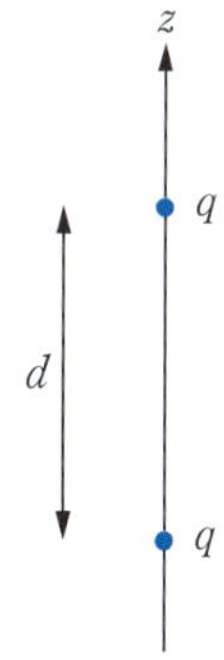

그림 2-33 두 개의 전하

2.48 다음과 같이 균일한 부피전하밀도를 갖는 원통이 있다. 원통의 지름이 a이고 길이가 l일 때, z축을 따라 전기장 $E_z(z)$를 구하라.

$$\rho_v = \rho_{v0} \qquad \left(0 < \rho < a,\ -\frac{l}{2} < z < \frac{l}{2}\right)$$

2.49 변의 개수가 n인 정다각형의 모서리마다 전하 q가 놓여 있다. 각 변의 길이는 a이다. 정다각형은 xy평면에 놓여 있으며, 정다각형의 중심은 원점이다. z축을 따라 정전위 $V(z)$를 구하라.

2.50 $\rho=a$에서 $\rho=b$까지의 범위를 차지하고 있는 완전도체로 이루어진 원통 껍질 내부에 길이가 무한히 긴 도선이 z축을 따라 놓여 있다. 원통 껍질은 알짜전하를 가지고 있지 않다. 도선이 다음과 같은 균일한 선전하밀도를 가질 때, 모든 곳에서 전기장을 구하라. 또한 $\rho=a$, b에서 표면전하를 구하라.

$$\rho_l=\rho_{l0} \qquad (\rho=0)$$

2.51 [예제 2-13]에서 살펴본 도체 구 껍질 중심에 점전하가 놓인 문제에 대해, 모든 곳에서 정전위를 구하라.

2.52 $r=b$에서 $r=c$까지의 범위를 차지하고 있는 완전도체로 이루어진 구 껍질 내부의 한가운데에 반지름이 a인 구형 부피전하가 놓여 있을 때, 주어진 물음에 답하라. 여기서 $c>b>a$이다.

$$\rho_v=\rho_{v0} \qquad (r\le a)$$

(a) $r=b$, c에서 표면전하밀도를 구하라.

(b) 모든 곳에서 전기장과 정전위를 구하라.

2.53 [그림 2-34]를 보면 전하 q가 원점에 놓여 있다. 전하는 두 개의 완전도체로 이루어진 두꺼운 구 껍질로 둘러싸여 있다. 알짜전하 q_1을 가지고 있는 첫 번째 구 껍질은 $a\le r\le b$의 공간을 차지하고 있고, 알짜전하 q_2를 가지고 있는 두 번째 구 껍질은 $c\le r\le d$의 공간을 차지하고 있다. 다음 물음에 답하라.

(a) 네 표면 $r=a$, b, c, d에서 표면전하밀도를 구하라.

(b) 모든 곳(다섯 개 영역)에서 전기장을 구하라.

(c) $r>d$에서 $\mathbf{E}=0$이 되기 위한 q_1과 q_2의 조건을 구하라.

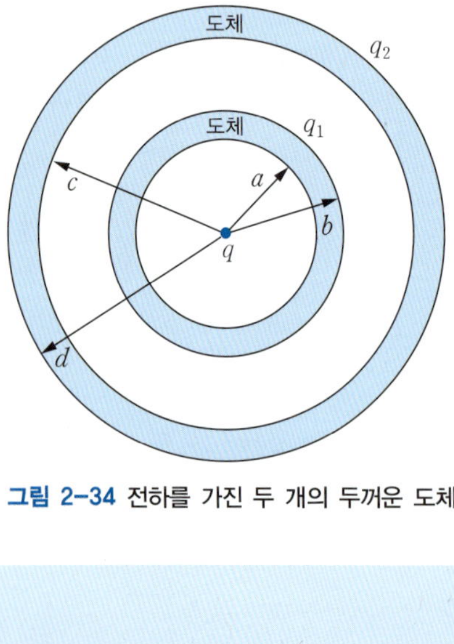

그림 2-34 전하를 가진 두 개의 두꺼운 도체 구 껍질로 둘러싸인 전하 q

2.54 길이가 무한히 긴 선전하가 z축을 따라 놓여 있다. 선전하는 다음과 같은 균일 선전하밀도를 갖는다.

$$\rho_l = \rho_{l1} \qquad (\rho = 0)$$

선전하는 완전도체로 이루어진 두꺼운 원통 껍질로 둘러싸여 있다. 원통 껍질은 $a \le \rho \le b$의 공간을 차지하고 있으며, 단위길이당 알짜전하 ρ_{l2}를 갖고 있다. 다음 물음에 답하라.

(a) $\rho = a,\ b$에서 표면전하밀도를 구하라.

(b) 모든 곳에서 전기장을 구하라.

(c) $\rho > b$에서 전기장이 존재하지 않기 위한 ρ_{l1}과 ρ_{l2}의 조건을 구하라.

2.55 [연습문제 2-33]에 대해 다음 물음에 답하라.

(a) $z \to \infty$로 갈 때, 다시 말해 $z \gg a, d$인 멀리 떨어진 점에서 z축을 따라 전기장을 구하라.

(b) 멀리 떨어진 점에서 z축을 따라 전위를 구하라.

(c) 위 (a), (b)의 결과가 식 (2.67), 식 (2.68)과 일치함을 보여라.

2.56 식 (2.67), 식 (2.68)로 주어진 수식에 대해 컴퓨터 프로그램을 이용하여 전기 다이폴의 등전위면('$V=$ 일정'인 표면)과 전기장선을 그려라.

2.57 **심화** [그림 2-22]에는 선형 4중극자가 있다. 멀리 떨어진 점에서 전위가 다음과 같이 됨을 보여라.

$$V(r,\ \theta) = \frac{qd^2}{4\pi\varepsilon_0}\left(\frac{3\cos^2\theta - 1}{r^3}\right) \qquad (r \gg d)$$

힌트 $\sqrt{1+x} \simeq 1 + \frac{x}{2} - \frac{x^2}{8}\ \ (x \ll 1)$ 식을 사용하라. [그림 2-22]의 4중극자를 점전하 네 개, 또는 쌍극자 두 개로 생각할 수 있다.

2.58 [그림 2-28]을 보면 균일한 선전하밀도 ρ_{l0}를 가진 반지름이 a인 원형 루프가 있다. 다음 물음에 답하라.

(a) 임의의 점에서 전위 $V(\rho,\ \phi,\ z)$를 계산하는 적분식을 세워라.

(b) 멀리 떨어진 점($\sqrt{\rho^2 + z^2} \gg a$)에서 전위를 구하라.

(c) **심화** xy평면($z=0$)에서 전위 $V(\rho)$를 수치해석으로 계산하라.

2.59 [그림 2-35]와 같이 yz 평면에 놓여 있는 반지름 a인 원형 루프가 불균일한 전하분포를 가지고 있다. 다음 물음에 답하라.

(a) 루프의 중심에서 전기장을 구하라.

(b) 루프로부터 멀리 떨어진, yz 평면에 있는 점 $(r,\ \theta)$에서 전위와 전기장을 구하라. 이 경우에는 루프를 전기 다이폴로 취급할 수 있다.

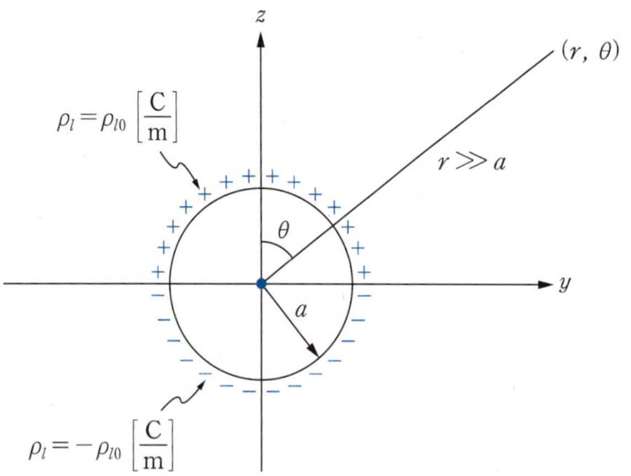

그림 2-35 불균일한 전하분포를 가진 루프

CHAPTER

03

유전체 속의 전기장

Electric Fields in Dielectrics

CONTENTS

학습목표

- 유전체의 특성을 이해하고 편극벡터 $\mathbf{P}$의 정의를 설명할 수 있다.
- 유전체에서 속박전하(ρ_{pv}, ρ_{ps})가 발생하는 원리를 이해하고, 속박전하와 자유전하의 차이점을 설명할 수 있다.
- 편극벡터와 속박전하밀도 사이의 관계를 이해하고, 이를 이용하여 편극된 유전체의 전기장을 구할 수 있다.
- 변위벡터 $\mathbf{D}$의 정의를 이해한다.
- 유전체가 있는 경우의 가우스 법칙을 이해하고, 이를 이용하여 자유전하 분포로부터 유전체의 전기장, 전위, 속박전하 분포를 계산할 수 있다.
- 두 매질의 경계면에서, 전기장 $\mathbf{E}$와 변위벡터 $\mathbf{D}$에 대해 성립하는 경계조건을 이해한다.
- 경계조건을 이용하여 경계면 바로 안쪽의 $\mathbf{E}$, $\mathbf{D}$로부터 경계면 바로 바깥쪽의 $\mathbf{E}$, $\mathbf{D}$를 구할 수 있다.
- 커패시턴스의 정의를 이해하고 다양한 구조에 대해 커패시턴스 값을 계산할 수 있다.
- 전기장 속에 놓인 도체에 작용하는 힘을 계산할 수 있다.
- 정전기 시스템의 전기 에너지, 힘(전기력), 돌림힘을 계산할 수 있다.

3.1 개요

3장에서는 이상적인 특성을 갖는 완전유전체 perfect dielectric 에 대해 알아보자. 나무 wood, 유리 glass, 백악(분필) chalk, 플라스틱 plastic, 고무 rubber, 종이 paper, 석영 quartz, 증류수 distilled water 는 모두 완전유전체에 가까운 물질로 볼 수 있다. 완전유전체 속에는 분자와 분자 사이를 자유로이 움직일 수 있는 자유전하 free charge 가 없다. 그 대신 원자 구조 또는 분자 구조 속에 단단히 묶여 있는 속박전하 bound charge 가 들어 있다.

이제 [그림 3-1]과 같이 유전체에 전기장을 가해주면 어떤 현상이 일어나는지 살펴보자. 속박전하는 분자와 분자 사이를 자유롭게 이동할 수는 없지만 분자 속에서 아주 조금은 움직일 수 있다. (+)전하와 (−)전하는 서로 반대방향으로 움직인다. 이렇게 되면 [그림 3-1]과 같이 유전체 속에는 쌍극자 dipole 가 생겨나게 되고 유전체 양쪽의 표면에는 표면전하가 나타난다. 쌍극자는 $\mathbf{E}$에 나란하게 정렬되므로 $\mathbf{E}$와 같은 방향으로 쌍극자 모멘트가 발생한다. 이렇게 된 것을 유전체가 편극 polarization 되었다고 말한다. [그림 3-1]에서 보듯이 유전체의 왼쪽 표면과 오른쪽 표면에는 속박 표면전하밀도가 생긴다. 속박 부피전하밀도는 편극의 유형에 따라 유전체 내부에 존재할 수도 있고 존재하지 않을 수도 있다.

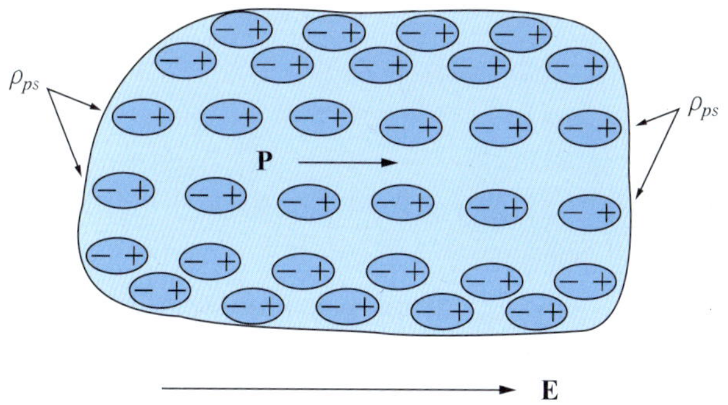

그림 3-1 편극된 유전체

속박전하와 자유전하를 구별하기 위해 속박전하에는 아래첨자 p를 붙이기로 한다. 속박전하, 다시 말해 편극전하는 속박 부피전하밀도 ρ_{pv}의 형태나 속박 표면전하밀도 ρ_{ps}의 형태로 존재할 수 있다. 어떤 부피 속의 알짜 속박전하는 Q_p로 표시한다. 식 (2.2)에서 Δq를 Δq_p로 바꾸면 ρ_{pv}와 ρ_{ps}의 정의식이 된다. ρ_v, ρ_s, Q는 모두 자유전하를 가리키는 것임에 주의하라. 속박 전하밀도, 즉 편극 polarization 전하밀도에는 아래첨자 p를 붙인다.

3.2 편극 Polarization

지금까지 편극된 유전체, 즉 내부에 많은 쌍극자가 존재하는 유전체의 예를 살펴보았다. 쌍극자는 전기장과 전위를 발생시키므로 유전체 내에 있는 쌍극자의 세기를 나타낼 필요가 있다. 단위부피당 얼마나 많은 쌍극자가 있으며 쌍극자 모멘트는 얼마인가? 유전체의 편극 상태를 나타내기 위해 **편극벡터** polarization vector $\mathbf{P}(x, y, z)$를 정의한다. 어떤 특정한 점에서 $\mathbf{P}$를 계산하기 위해 먼저 그 점을 둘러싸는 작은 부피 Δv를 만든 다음, Δv 속에 존재하는 모든 쌍극자 모멘트 $\mathbf{p}_i$를 벡터적으로 모두 더한다. 그러면 편극벡터는

$$\mathbf{P} = \lim_{\Delta v \to 0} \frac{1}{\Delta v} \sum_i \mathbf{p}_i \tag{3.1}$$

가 된다. 여기서 $\mathbf{P}$를 **편극** polarization 또는 **단위부피당 쌍극자 모멘트**라고 한다. 정의에 의해 진공(자유공간) 속의 편극은 0이 된다.

바깥에서 걸어주는 전기장이 없으면 대부분의 유전체는 편극되지 않는데($\mathbf{P}=0$), 그 까닭은 [그림 2-21], [그림 2-22]와 같이 쌍극자가 규칙적으로 배열되어 있거나 임의의 방향으로 제멋대로 기울어져 있어 각각의 모멘트가 상쇄되기 때문이다. 분자는 전기적 성질에 따라 극성과 무극성으로 나뉜다. 알짜 쌍극자 모멘트를 갖고 있지 않은 분자를 **무극성 분자** nonpolar molecule 라고 한다. **극성 분자** polar molecule 자체는 쌍극자 모멘트를 갖고 있지만 외부의 전기장이 없을 때 유전체 속의 수많은 극성분자들이 저마다 임의의 방향으로 기울어져 있으면 거시적으로 그 유전체는 편극되지 않는다.

유전체 중에는 영구적으로 편극되어 있는 것, 즉 외부 전기장이 없을 때에도 계속해서 편극 상태를 유지하는 유전체가 있다. 여기에 속하는 것으로 강유전체 ferroelectrics 의 한 종류인 티탄산바륨 barium titanate 이 있다. 이러한 유전체를 **일렉트렛** electret 이라고 부르는데, 자성체 중에서 자석에 해당하는 것이 유전체에서는 일렉트렛이다.

편극되지 않은 유전체에 전기장을 걸어주면 그 유전체는 편극되는데($\mathbf{P} \neq 0$), 이때 유전체의 편극벡터 $\mathbf{P}$의 방향은 [그림 3-1]과 같이 전기장 $\mathbf{E}$와 같아진다. 편극을 생기게 하는 요소에는 다음 몇 가지가 있다. 먼저, 전기장이 없을 때 모멘트가 서로 상쇄되는 쌍극자들로 이루어진, 편극되지 않은 유전체를 살펴보기로 하자. 이러한 쌍극자 모멘트의 상쇄는 쌍극자가 규칙적으로 배열된 구조뿐 아니라 제멋대로 배열된 구조에 의해서도 이루어질 수 있다.

[그림 3-2(a)]는 규칙적인 배열 구조에 의한 상쇄를 보여주고 있다. 유전체 외부에 걸어주는 전기장에 의해 (+)와 (−)속박전하에 힘이 가해지면 쌍극자가 만들어진다. 여기서는 쌍극자가 자신의 중심을 축으로 하여 약간 회전하는 것으로 가정한다. 쌍극자가 점선으로 표시한 위치까지 회전하면 쌍극자 모멘트의 $\mathbf{E}$방향 성분이 증가한다. [그림 3-2(b)]는 쌍극자가 늘어나거나 수축하는 것으로 가정한 것인데, 여기서는 하나는 $\mathbf{E}$에 평행이고 다른 하나는 $\mathbf{E}$에 역평행인 한 쌍의 쌍극자에 대해 알아보자.

외부 전기장에 의해 한 쌍극자는 늘어나고 다른 쌍극자는 수축하는데, 이렇게 되면 E와 나란한 방향의 쌍극자 모멘트 성분이 증가한다. [그림 3-2(c)], [그림 3-2(d)]는 외부 전기장이 원자에 미치는 영향을 나타낸 것이다. 원자핵은 원자구름의 중심에서 어긋나게 된다. 그러면 E와 같은 방향으로 알짜 쌍극자 모멘트가 발생한다. 따라서 편극되지 않은 유전체($P = 0$)에 전기장을 가해주면 유전체는 편극되어 E와 같은 방향으로 P가 만들어진다.

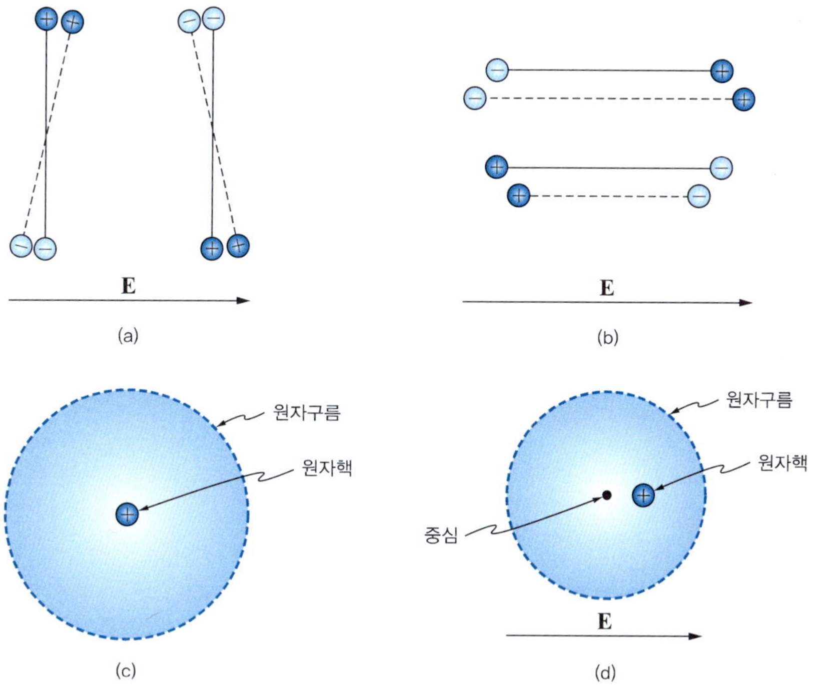

그림 3-2 전기장에 의해 형성되는 쌍극자

(a) 쌍극자 회전 (b) 쌍극자의 확장과 축소 (c) 원자 (d) 전기장이 가해진 원자

여기서 강조하고 싶은 사실은 속박전하가 움직여서 생기는 원자 구조의 변형, 다시 말해 쌍극자의 회전이나 확장 및 수축되는 정도는 정말 아주 작다는 것이다. 그 이유는 외부에 걸어주는 전기장이 속박전하에 미치는 힘은 원자 구조를 유지하기 위해 원자의 구성요소 사이에 작용하는 내부의 힘에 견주어 볼 때 아주 작기 때문이다. [그림 3-2]에 나타낸 움직임의 정도도 실제보다 훨씬 과장해서 그린 것이다. 구조의 변화 또는 변형은 일반적으로 아주 작기 때문에 이 현상은 선형 관계($P \sim E$)를 갖게 된다. 반면 매우 큰 전기장이 가해지면 속박전하가 원자로부터 벗어나므로 **절연파괴**breakdown 가 발생한다.

3.3 편극된 유전체의 전기장

지금까지 살펴본 것처럼 전기장이 가해지면 유전체는 편극된다. 이렇게 되면 쌍극자가 나란히 배열되면서 속박 표면전하밀도도 함께 만들어진다. 이와 더불어 속박 부피전하가 생겨날 수 있는데, 이에 대해서는 잠시 후에 배우기로 한다. 편극 상태와 관련이 있는 속박 전하밀도와 이 전하밀도에 의해 발생하는 전기장에 대해 알아보자.

먼저, 균일하게 편극된 유전체의 전하분포를 살펴보자. [그림 3-3]은 $\mathbf{P} = \mathbf{a}_z P_0$의 편극벡터를 갖는 균일하게 편극된 유전체 블록을 보여준다.

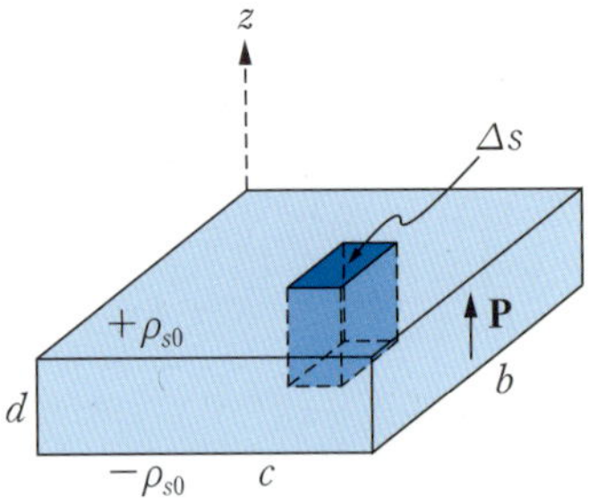

그림 3-3 균일하게 편극된 유전체 블록

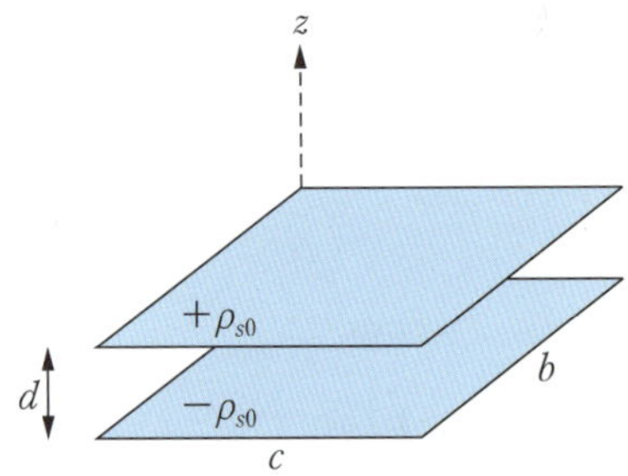

그림 3-4 등가전하분포

여기서 주목할 것은 유전체 블록의 위쪽 표면과 아래쪽 표면에 각각 미지의 균일한 속박 표면전하밀도 $\pm\rho_{s0}$가 나타난다는 사실이다. 유전체 블록 내부에는 속박 부피전하밀도가 생기지 않으므로 $\rho_{pv} = 0$이 된다. 이는 블록 내부의 어떤 미소부피에 대해서도 그 속에 들어 있는 (+)전하와 (−)전하의 양이 같기 때문이다. 부피전하밀도가 없으므로 유전체 블록을 [그림 3-4]와 같이 균일한 표면전하밀도 $\pm\rho_{s0}$가 d만큼 떨어져 있는 전하 구조로 나타낼 수 있다. 이제 [그림 3-3]과 [그림 3-4]의 쌍극자 모멘트가 서로 같아야 한다는 조건으로부터 ρ_{s0}를 구해보자. [그림 3-3]을 보면 윗면과 아랫면의 면적이 각각 Δs이고 부피가 $d(\Delta s)$인 작은 부피조각이 있다. P_0는 단위부피당 쌍극자 모멘트이므로 이 작은 부피조각 내의 쌍극자 모멘트는 $\mathbf{a}_z(P_0 d\Delta s)$이다. [그림 3-4]에서 이 조각과 같은 부피의 쌍극자 모멘트는 $\mathbf{a}_z(qd) = \mathbf{a}_z(\rho_{s0}\Delta s d)$이다. 이들 두 모멘트는 서로 같아야 하므로

$$\rho_{s0} = P_0 \tag{3.2a}$$

가 된다. [그림 3-3], [그림 3-4]의 총 쌍극자 모멘트를 서로 비교하여 $\mathbf{a}_z P_0(bcd) = \mathbf{a}_z \rho_{s0}(bcd)$를 계산해도 같은 결과를 얻는다. [그림 3-3]의 속박 표면전하밀도 ρ_{ps}는 다음 식으로 나타낼 수 있다.

$$\begin{aligned} \rho_{ps} &= \pm P_0 = \mathbf{P}\cdot(\pm\mathbf{a}_z) &&: \text{윗면과 아랫면} \\ &= 0 &&: \text{옆면} \end{aligned} \tag{3.2b}$$

식 (3.2b)를 일반적인 형태로 나타내면

$$\rho_{ps} = \mathbf{P} \cdot \mathbf{a}_n \tag{3.2c}$$

이다. 여기서 $\mathbf{a}_n$은 유전체 표면과 수직을 이루면서 바깥을 향하는 단위벡터이다.

각각의 쌍극자는 모두 전기장을 발생시키는데, 유전체 속에 만들어진 모든 쌍극자 전체를 무시할 수 있다는 결과가 나온 것이 어떻게 보면 뜻밖이라고 할 수 있다. 이것은 쌍극자 두 개의 끝과 끝을 서로 붙여 한 줄로 놓은 것을, 양끝의 두 전하로 대체하는 방법과 본질적으로 같다고 할 수 있다. 이렇게 하면 쌍극자 모멘트는 두 배가 되며 가운데에 붙어 있는 두 전하는 상쇄된다.

지금부터는 $\mathbf{P}$가 균일하지 않고 1차원적으로 변할 때 어떻게 되는지 알아보자. $\mathbf{P}$는 z방향을 향하고 있다고 가정하여 $\mathbf{P} = \mathbf{a}_z P_z$로 놓는다. 여기서 P_z는 [그림 3-5]에 나타낸 것처럼 z에 대해 연속인 함수이다. 이제 연속함수를 길이가 Δz인 계단(사각형)을 사용하여 근사한다(어림잡는다). 그러면 각 계단을, [그림 3-3]의 $\mathbf{P}$가 균일한 유전체 모형으로 나타낼 수 있다. 이때 유전체 모형의 속박 표면전하밀도의 값은 각 계단의 P_z 값이 된다. 이 방법으로 [그림 3-5]를 [그림 3-6]과 같은 속박 표면전하 분포로 나타낼 수 있다.

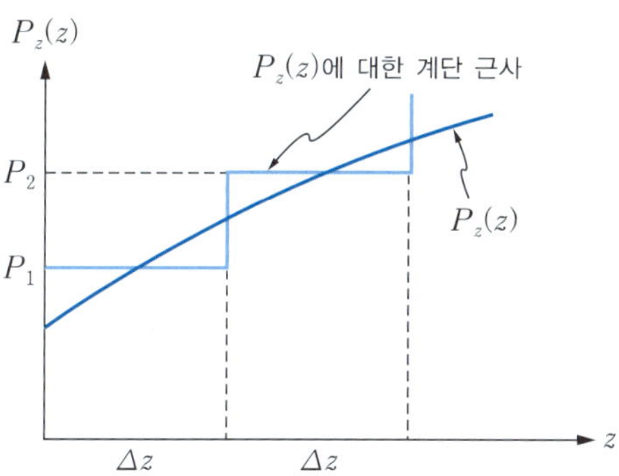

그림 3-5 불균일 편극 $P_z(z)$

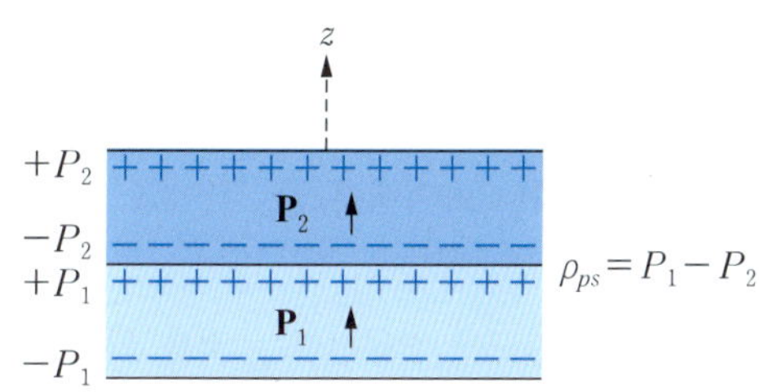

그림 3-6 불균일 편극 $P_z(z)$의 계단 근사에 대응하는 전하분포

[그림 3-5]의 처음 두 영역은 균일하게 편극된 두 개의 유전체 블록으로 나타낼 수 있다. 이때 두 블록의 편극은 각각 P_1, P_2이다. 두 유전체 블록의 편극이 서로 다르기 때문에 알짜 표면전하밀도 $P_1 - P_2$가 생기는데, 이 값은 $z = \Delta z$에 있는 계단 불연속의 편극 크기와 같다. 그러면 $z = \Delta z$에서의 총 속박 표면전하를 다음과 같이 쓸 수 있다.

$$\Delta Q_p = \rho_{ps} \Delta s = (P_1 - P_2)\Delta s = \frac{(-\Delta P)}{\Delta z} \Delta z \Delta s = -\frac{\partial P_z}{\partial z} \Delta z \Delta s$$

이제 초과 속박 표면전하 ΔQ_p를, $z = \Delta z$를 중심으로 양쪽으로 각각 한 블록의 절반($\frac{\Delta z}{2}$)이 되는 폭을 갖는 영역 안에 골고루 퍼뜨려 속박 부피전하밀도 ρ_{pv}의 형태로 만들어본다. 이는 길이가 더욱 더 작은 계단을 사용하여 연속함수 $P_z(z)$를 근사하는 것에 해당한다. 그러면 $\Delta Q_p = \rho_{pv} \Delta s \Delta z = -\frac{\partial P_z}{\partial z} \Delta s \Delta z$이므로

$$\rho_{pv} = -\frac{\partial P_z}{\partial z}$$

를 얻을 수 있다. P의 나머지 성분에 대해서도 같은 과정을 밟으면

$$\rho_{pv} = -\frac{\partial P_x}{\partial x} - \frac{\partial P_y}{\partial y} - \frac{\partial P_z}{\partial z} = -\nabla \cdot \mathbf{P} \quad (3.3)$$

가 된다. 위의 결과는 $\Delta z \rightarrow 0$일 때의 극한에 해당한다. $\Delta z \rightarrow 0$이면 편극함수의 근사에 무한히 많은 계단이 사용되므로 표면전하는 부피전하밀도가 된다.

[표 3-1]에 편극된 물질의 등가 속박 전하밀도를 정리했다. 이들은 편극된 물질에 실제로 존재하는 속박전하이다. 이들 전하가 자유공간에 있다고 가정하고 (2장의 공식을 적용하여) 전기장 $\mathbf{E}$를 구할 수 있다는 점에서는 등가전하라고 할 수 있다. 속박전하를 **편극전하** polarization charge 라고 부르기도 한다.

표 3-1 등가 속박 전하밀도

표면전하밀도 [C/m^2]	부피전하밀도 [C/m^3]
$\rho_{ps} = \mathbf{P} \cdot \mathbf{a}_n$	$\rho_{pv} = -\nabla \cdot \mathbf{P}$

앞에서 구한 식 (3.2)와 식 (3.3)은 편극벡터 $\mathbf{P}$와 관련된 속박 전하밀도를 확실하게 알려준다. 주의할 점은 식 (3.2)에 있는 $\mathbf{P}$는 반드시 유전체의 표면에서 값을 계산해야 한다는 것과 $\mathbf{a}_n$은 유전체 표면에서 바깥으로 향하는 단위벡터라는 것이다. 식 (3.3)에 $(-)$부호가 붙은 것은 쌍극자 모멘트 $\mathbf{p}$의 방향을 $(-)$전하에서 $(+)$전하로 가는 방향으로 잡았기 때문이다. 식 (3.2)는 물리적으로 분극 $\mathbf{P}$의 세기가 속박 표면 전하밀도를 결정한다는 것을 의미하며, 식 (3.3)은 $\mathbf{P}$의 공간 변화율(즉 $-\nabla \cdot \mathbf{P}$)이 속박 부피 전하밀도를 결정한다는 것을 의미한다. 편극벡터 $\mathbf{P}$가 균일한 경우에는 부피전하가 만들어지지 않는다는 것을 잘 알아두기 바란다.

$$\rho_{pv} = 0 \quad : \mathbf{P}\text{가 균일한 경우} \quad (3.4)$$

나중에 배우겠지만 균일한 $\mathbf{P}$는 $\rho_{pv} = 0$이 되기 위한 충분조건이지만 필요조건은 아니다. 유전체가 선형 linear 이면서 균질한 homogeneous 경우에는 $\rho_{pv} = 0$이다.

편극벡터 $\mathbf{P}$가 주어지면 속박 부피전하밀도와 속박 표면전하밀도를 알아낼 수 있다. 그러면 이 정보를 이용하여 전위 V와 전기장 $\mathbf{E}$를 구할 수 있다. 즉 식 (2.46)과 식 (2.27)의 ρ_v, ρ_s에 ρ_{pv}, ρ_{ps}를 각각 대입하면 다음 식을 얻는다.

$$V = \frac{1}{4\pi\varepsilon_0} \iiint \frac{\rho_{pv}\, dv'}{|\mathbf{r} - \mathbf{r}'|} \text{ 또는 } \frac{1}{4\pi\varepsilon_0} \iiint \frac{\rho_{pv}\, dv'}{R} \quad : \text{부피전하의 경우} \quad (3.5a)$$

$$V = \frac{1}{4\pi\varepsilon_0}\iint \frac{\rho_{ps}\,ds'}{|\mathbf{r}-\mathbf{r}'|} \text{ 또는 } \frac{1}{4\pi\varepsilon_0}\iint \frac{\rho_{ps}\,ds'}{R} \quad \text{: 표면전하의 경우} \tag{3.5b}$$

$$\mathbf{E} = \frac{1}{4\pi\varepsilon_0}\iiint \frac{\rho_{pv}(\mathbf{r}-\mathbf{r}')\,dv'}{|\mathbf{r}-\mathbf{r}'|^3} \text{ 또는 } \frac{1}{4\pi\varepsilon_0}\iiint \frac{\rho_{pv}\mathbf{R}\,dv'}{R^3} \quad \text{: 부피전하의 경우} \tag{3.6a}$$

$$\mathbf{E} = \frac{1}{4\pi\varepsilon_0}\iint \frac{\rho_{ps}(\mathbf{r}-\mathbf{r}')\,ds'}{|\mathbf{r}-\mathbf{r}'|^3} \text{ 또는 } \frac{1}{4\pi\varepsilon_0}\iint \frac{\rho_{ps}\mathbf{R}\,ds'}{R^3} \quad \text{: 표면전하의 경우} \tag{3.6b}$$

이제 식 (2.46)과 식 (2.27)을 더욱 일반적인 방식으로 해석할 수 있다. 어떤 유형의 전하이든 전하는 전하이다. 전하가 속박전하이든 자유전하이든 V와 $\mathbf{E}$를 생기게 하는 것은 똑같다. 따라서 식 (2.46)과 식 (2.27)에 들어 있는 ρ_v와 ρ_s는 자유 전하밀도일 수도, 속박 전하밀도일 수도, 총 전하밀도(속박+자유 전하밀도)일 수도 있다.

예제 3-1 영구 편극된 원통(일렉트렛)의 축 위에서의 전위

[그림 3-7]과 같이 균일하게 편극된 원통이 있을 때, z축을 따라 전위를 구하라.

$$\mathbf{P} = \mathbf{a}_z P_0 \quad \begin{Bmatrix} 0 < \rho < a \\ z_1 \le z \le z_2 \end{Bmatrix}$$

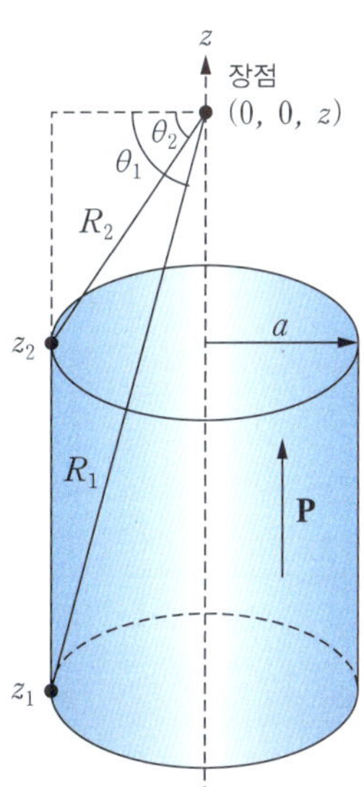

그림 3-7 영구 편극된 원통(일렉트렛)

풀이

먼저 속박 전하밀도를 구한다.

$$\rho_{ps} = \mathbf{P} \cdot \mathbf{a}_n = P_0 \quad : \text{윗면}, \ z = z_2$$
$$= -P_0 \quad : \text{밑면}, \ z = z_1$$

여기에서는 [예제 2-9]의 결과를 곧바로 이용할 수 있다. 식 (2.49)의 z에 $(z-z_2)$를 대입하면 원통 윗면을 이루고 있는 원반($\rho_{ps} = P_0$)에 의해 만들어지는 전위를 다음과 같이 구할 수 있다.

$$\frac{P_0}{2\varepsilon_0}\left[\sqrt{(z-z_2)^2 + a^2} - |z-z_2|\right]$$

이 식에 원통 밑면을 이루는 원반($\rho_{ps} = -P_0$)에 의해 만들어지는 전위를 합성하면 원통 전체에 의한 전위를 다음과 같이 구할 수 있다.

$$V(z) = \frac{P_0}{2\varepsilon_0}\left[\sqrt{(z-z_2)^2 + a^2} - \sqrt{(z-z_1)^2 + a^2} - |z-z_2| + |z-z_1|\right] \tag{3.7}$$

이 식은 다음과 같은 형태로도 표시할 수 있다.

$$V(z) = \frac{P_0}{2\varepsilon_0}\left[R_2 - R_1 - R_2|\sin\theta_2| + R_1|\sin\theta_1|\right] \tag{3.8}$$

여기서 절댓값이 포함된 부분은 다음과 같이 전개할 수 있다.

$$-|z-z_2| + |z-z_1| = \begin{cases} z_2 - z_1 & (z \geq z_2) \\ z_1 - z_2 & (z \leq z_1) \\ 2z - z_2 - z_1 & (z_1 \leq z \leq z_2) \end{cases}$$

원통 윗면($z = z_2$)과 밑면($z = z_1$)에 대해 식 (3.5b)를 사용해도 같은 결과를 얻을 수 있다. 식 (3.7)의 전위 $V(z)$는 z축을 따라 연속적으로 변한다. 그렇지만 전기장 E_z는 $z = z_1$, z_2에서 불연속이 되는데, 그 이유는 윗면과 밑면에 존재하는 속박 표면전하 때문이다.

z축 위에서의 전기장 E_z는 다음 몇 가지 방법으로 구할 수 있다.

❶ $\mathbf{E} = -\nabla V$를 사용한다.
❷ 식 (3.6b)를 곧바로 사용한다.
❸ [예제 2-7]의 결과를 이용하여 $z = z_1$, z_2에 있는 아래쪽 원반과 위쪽 원반에 대한 전기장을 구한다.

3.4 변위벡터 D

앞에서 강조했듯이, 자유전하와 속박전하가 V와 $\mathbf{E}$에 미치는 영향은 똑같다. 따라서 유전체가 있는 경우에는 제2 기본 법칙인 가우스 법칙을 수정해야 한다. 이를 위해 식 (2.12)(가우스 법칙)의 ρ_v 자리에 $\rho_v + \rho_{pv}$를 넣으면 다음 식을 얻을 수 있다.

$$\nabla \cdot \mathbf{E} = \frac{\rho_v + \rho_{pv}}{\varepsilon_0} \tag{3.9a}$$

이 식은 다음과 같이 다시 쓸 수 있다.

$$\nabla \cdot \varepsilon_0 \mathbf{E} = \rho_v + \rho_{pv} \tag{3.9b}$$

여기서

$$\nabla \cdot \mathbf{P} = -\rho_{pv} \tag{3.3}$$

라는 것을 잘 알고 있어야 한다.

식 (3.9)가 뜻하는 것은 $\mathbf{E}$의 장선은 자유전하나 속박전하에서 시작해서 역시 자유전하나 속박전하에서 끝난다는 사실이다. 장선의 방향은 (+)전하에서 (−)전하로 가는 방향이다. 식 (3.3)은 $\mathbf{P}$의 장선이 속박전하에서 시작해서 속박전하에서 끝나며, 장선의 방향은 (−)전하에서 (+)전하로 가는 방향이라는 것을 뜻한다. 식 (3.9b)와 식 (3.3)을 서로 더하면 다음과 같다.

$$\nabla \cdot (\varepsilon_0 \mathbf{E} + \mathbf{P}) = \rho_v \tag{3.10a}$$

여기서 $\varepsilon_0 \mathbf{E} + \mathbf{P}$를 **전기변위**electric displacement 또는 **변위벡터**displacement vector $\mathbf{D}$로 정의한다.

$$\mathbf{D} = \varepsilon_0 \mathbf{E} + \mathbf{P} \tag{3.11}$$

그러면 식 (3.10a)는

$$\nabla \cdot \mathbf{D} = \rho_v \tag{3.10b}$$

가 된다. 그러므로 벡터 $\mathbf{D}$의 장선은 자유전하에서 시작해서 자유전하에서 끝이 난다. 식 (3.10b)의 양변을 부피 V에 대해 적분한 다음, 발산 정리를 적용하면 다음과 같이 적분형을 얻을 수 있다.

$$\oiint_S \mathbf{D} \cdot d\mathbf{s} = Q_f \tag{3.12}$$

여기서 Q_f는 닫힌곡면 S 속에 들어 있는 총 자유free 전하이다. 여기서 알아둘 것은 식 (3.12)는 새로운 형태의 가우스 법칙으로, 이 식은 유전체가 있는 경우에도 성립한다는 사실이다. 보통, 자유전하는 알아도 속박전하는 어떻게 분포하는지 알지 못하므로 식 (3.12)는 식 (2.13)보다 유용한 공식이다.

속박전하를 알지 못할 때는 D를 먼저 구할 수 있다. 다음 관계식을 잘 알아두기 바란다.

$$Q_f = \iiint_V \rho_v \, dv \quad \text{: 부피 내의 총 자유전하}$$

$$Q_p = \iiint_V \rho_{pv} \, dv \quad \text{: 부피 내의 총 속박전하}$$

[표 3-2]는 D와 E에 대한 가우스 법칙을 정리한 것이다.

표 3-2 물질 속 전기장에 대한 가우스 법칙

미분형	적분형
$\nabla \cdot \mathbf{D} = \rho_v$	$\oint\!\!\oint_S \mathbf{D} \cdot d\mathbf{s} = Q_f$
$\nabla \cdot \mathbf{E} = \dfrac{1}{\varepsilon_0}(\rho_v + \rho_{pv})$	$\oint\!\!\oint_S \mathbf{E} \cdot d\mathbf{s} = \dfrac{Q_f + Q_p}{\varepsilon_0}$

선형 유전체

많은 유전체들이 완전한 선형의 특성을 띠므로 다음과 같이 P가 E에 비례하는 것으로 가정할 수 있다.

$$\mathbf{P} = \varepsilon_0 \chi_e \mathbf{E} \tag{3.13}$$

그러면 변위벡터는 다음과 같다.

$$\mathbf{D} = \varepsilon_0 \mathbf{E} + \mathbf{P} = \varepsilon_0 (1 + \chi_e) \mathbf{E} = \varepsilon_0 \varepsilon_r \mathbf{E} = \varepsilon \mathbf{E} \tag{3.14}$$

여기서 χ_e를 **전기감수율** electric susceptibility, ε_r을 **상대유전율** relative permittivity 또는 **유전상수** dielectric constant, ε을 **유전율** permittivity 이라고 한다. 이 세 종류의 파라미터 중 어느 것을 사용해도 똑같은 선형 관계를 나타낼 수 있는데, 일반적으로 유전율을 사용하여 나타낸다. 유전체가 선형이면 세 파라미터 (χ, ε_r, ε)의 값은 E에 관계없이 일정하지만 위치(x, y, z)에 따라서는 달라질 수 있다. 유전체가 균질한 매질이면 세 파라미터 값은 위치에 관계없이 일정하다. 따라서 $\varepsilon(x, y, z)$라는 표시는 선형이면서 비균질한 inhomogeneous 매질을 나타내며, 'ε = 상수'라는 표시는 선형이면서 균질한 매질을 나타낸다.

선형 유전체의 경우에는 다음 식이 성립한다.

$$\begin{aligned} \mathbf{D} &= \varepsilon \mathbf{E} \\ \mathbf{P} &= (\varepsilon - \varepsilon_0) \mathbf{E} \end{aligned} \quad \text{: 선형 유전체} \tag{3.15}$$

이 식에서 E를 알면 D와 P도 알 수 있다. 식 (3.15)를 **구성방정식** constitutive relation 이라고 한다. [표 3-3]에 몇 가지 대표적인 유전체의 유전상수 ε_r을 정리했다. 대략 80으로 매우 높은 유전상수를 가진 물을 제외하면 일반적인 물질들은 대체로 작은 유전율 상수를 갖고 있다.

표 3-3 여러 가지 유전체의 유전상수

물질	유전상수	물질	유전상수
공기(Air)	1.0006	석영(Quartz)	4.3
발사나무(Balsa Wood)	1.4	운모(Mica)	6
종이(Paper)	2 ~ 4	실리콘(Silicon)	11.7
테플론(Teflon)	2.1	알코올(Alcohol)	28
폴리에틸렌(Polyethylene)	2.25	물(Water)	80
폴리스티렌(Polystyrene)	2.55	루틸(Rutile)(TiO_2)	100
마른땅(Dry Soil)	2.6	티탄산바륨($BaTiO_3$)	500 ~ 4500
유리(Glass)	4 ~ 10		

선형, 균질 유전체

어떤 매질이 선형이면서 균질한 경우에는 $\mathbf{D} = \varepsilon\mathbf{E}$이며 ε은 일정하다. ε가 상수이면 $\nabla\varepsilon = 0$이므로 식 (1.43)을 이용하면

$$\nabla \cdot \mathbf{D} = \nabla \cdot (\varepsilon\mathbf{E}) = \varepsilon\nabla \cdot \mathbf{E} + \underbrace{\nabla\varepsilon}_{0} \cdot \mathbf{E} = \rho_v$$

가 된다. 그러면

$$\nabla \cdot \mathbf{E} = \frac{\rho_v}{\varepsilon} = \frac{\rho_v + \rho_{pv}}{\varepsilon_0}$$

가 되므로, 다음 관계식을 얻을 수 있다.

$$\rho_{pv} = -\left(\frac{\varepsilon - \varepsilon_0}{\varepsilon}\right)\rho_v \quad : \text{선형 균질 유전체} \tag{3.16}$$

또한, 이상적인(완전) 유전체에는 자유전하가 없으므로($\rho_v = 0$) 다음과 같은 결과를 얻는다.

$$\rho_{pv} = 0 \quad : \text{선형, 균질, 완전유전체} \tag{3.17}$$

예제 3-2 점전하와 유전체 껍질

[그림 3-8]을 보면 안쪽 구와 바깥쪽 구의 반지름이 각각 a와 b이며 유전율이 ε_1인 유전체 껍질 dielectric shell 속 중심에 점전하 q가 놓여 있다. 각 영역별로 전기장을 구하라. 또 $r=a$, b에서 속박 표면전하를 구하라.

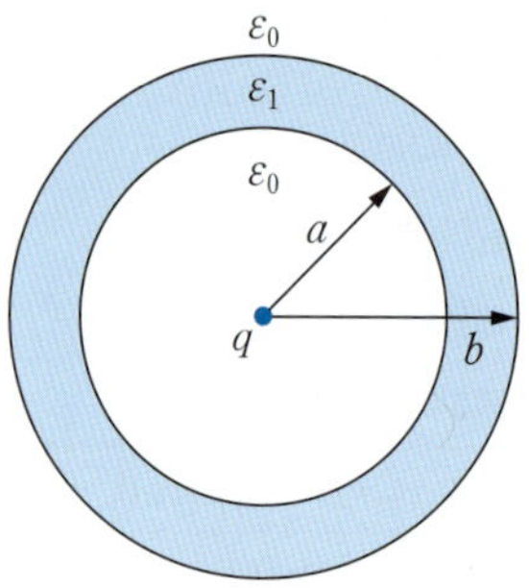

그림 3-8 점전하와 유전체 구 껍질

풀이

이 문제는 구 대칭성을 가지고 있어서 $\mathbf{E}$와 $\mathbf{D}$는 반지름 방향의 성분만을 갖는다. 따라서

$$\mathbf{E}=\mathbf{a}_r E_r,\ \ \mathbf{D}=\mathbf{a}_r D_r$$

로 놓을 수 있다. 속박전하를 모르므로 반지름이 r인 구면을 가우스 곡면으로 잡고 $\mathbf{D}$에 대한 가우스 법칙 식 (3.12)를 적용해본다.

r을 어떤 값으로 선택하든지 관계없이 다음과 같이 계산할 수 있다. 또한 선형 유전체인 경우에는 $\mathbf{D}=\varepsilon\mathbf{E}$이다.

$$\begin{aligned}
&\oiint \mathbf{D}\cdot d\mathbf{s}=4\pi r^2 D_r=Q_f=q\\
&D_r=\frac{q}{4\pi r^2} && \text{: 모든 영역에서} && (r<a,\ a<r<b,\ r>b)\\
&E_r=\frac{D_r}{\varepsilon_1}=\frac{q}{4\pi\varepsilon_1 r^2} && \text{: 유전체 껍질 내부} && (a<r<b)\\
&E_r=\frac{D_r}{\varepsilon_0}=\frac{q}{4\pi\varepsilon_0 r^2} && && (r<a,\ r>b)
\end{aligned} \tag{3.18}$$

유전체 껍질 내부의 편극벡터 $\mathbf{P}$는 다음과 같다.

$$\mathbf{P}=\mathbf{D}-\varepsilon_0\mathbf{E}=(\varepsilon_1-\varepsilon_0)\mathbf{E}=\mathbf{a}_r\frac{(\varepsilon_1-\varepsilon_0)q}{4\pi\varepsilon_1 r^2}\qquad (a<r<b) \tag{3.19a}$$

속박전하는 다음과 같이 구할 수 있다.

$$\begin{aligned}
\rho_{pv}&=-\nabla\cdot\mathbf{P}=-\frac{1}{r^2}\frac{\partial}{\partial r}\left(r^2P_r\right)=-\frac{1}{r^2}\frac{\partial}{\partial r}\left\{\frac{(\varepsilon_1-\varepsilon_0)q}{4\pi\varepsilon_1}\right\}=0\\
\rho_{ps}&=\mathbf{P}\cdot\mathbf{a}_n=-\left[\frac{\varepsilon_1-\varepsilon_0}{\varepsilon_1}\right]\frac{q}{4\pi a^2} \quad \text{: } r=a\text{에서}\quad (\mathbf{a}_n=-\mathbf{a}_r)\\
&=\left[\frac{\varepsilon_1-\varepsilon_0}{\varepsilon_1}\right]\frac{q}{4\pi b^2} \quad \text{: } r=b\text{에서}\quad (\mathbf{a}_n=\mathbf{a}_r)
\end{aligned} \tag{3.19b}$$

여기서 주목할 것은 점전하 q는 (−)속박전하를 끌어당겨 $r=a$인 표면에 나타나게 하고, $r=b$에는 (+)속박전하가 남아 있게 한다는 사실이다. 이 속박전하와 자유전하(유전체 껍질 대신 도체 껍질이 있었으면 나타났을 전하)의 관계는 식 (3.16)에 표시된 비율로 정해진다. 속박전하는 유전체 내의 전기장을 약하게 만든다. 여기서 또 하나 주목할 점은 $\mathbf{P}$가 균일하지 않지만 $\rho_{pv}=0$이 되었다는 것인데, 이로써 식 (3.17)이 옳음을 확인할 수 있다.

예제 3-3 유전체로 채워진 동축 전송선로

[그림 3-9]를 보면 내부 반지름이 a, 외부 반지름이 b인 동축선로에 유전율이 ε_1인 유전체가 채워져 있다. 내부 도체와 외부 도체 사이에는 전압 V_0가 걸려 있다. 이때 전압의 기준점은 내부 도체이다. 전기장, 속박 전하밀도, 자유 전하밀도를 각각 구하라.

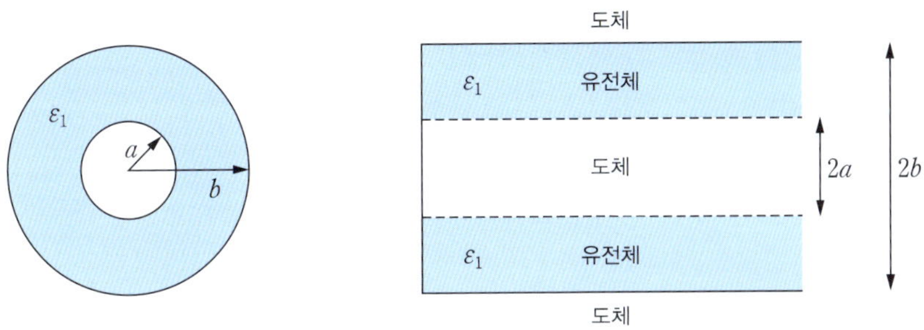

그림 3-9 유전체로 채워진 동축 전송선로

풀이

먼저 인가전압 V_0에 의해 $\rho = a$에 나타나는 단위길이당 전하밀도를 ρ_l이라고 하면 $\rho = b$에는 $-\rho_l$이 나타난다. 동축선로가 무한히 길다고 가정하면 원통 대칭성을 가지므로 전기장은 반지름방향(ρ방향) 성분만을 갖는다.

$$\mathbf{E} = \mathbf{a}_\rho E_\rho, \quad \mathbf{D} = \mathbf{a}_\rho D_\rho$$

[예제 2-5]에서와 같이 반지름이 ρ, 길이가 l인 원통을 가우스 곡면으로 잡고 여기에 가우스 법칙을 적용해보자.

$$\oiint \mathbf{D} \cdot d\mathbf{s} = 2\pi\rho l D_\rho = Q_f = \rho_l l$$

$$D_\rho = \frac{\rho_l}{2\pi}\left(\frac{1}{\rho}\right), \quad E_\rho = \frac{D_\rho}{\varepsilon_1} = \frac{\rho_l}{2\pi\varepsilon_1}\left(\frac{1}{\rho}\right)$$

인가전압 V_0와 이로 인해 생기는 단위길이당 자유전하 ρ_l의 (선형)관계를 구해보면

$$V_0 = -\int \mathbf{E} \cdot d\mathbf{l} = -\int_b^a E_\rho d\rho = -\frac{\rho_l}{2\pi\varepsilon_1}\int_b^a \frac{1}{\rho} d\rho = \frac{\rho_l}{2\pi\varepsilon_1}\ln\left(\frac{b}{a}\right)$$

이므로, 다음과 같이 된다.

$$\rho_l = \frac{2\pi\varepsilon_1 V_0}{\ln\left(\frac{b}{a}\right)}$$

자유 표면전하밀도는 다음과 같다.

$$\rho_s = \frac{\rho_l}{2\pi a} = \frac{\varepsilon_1 V_0}{a\ln\left(\frac{b}{a}\right)} \quad : \rho = a\text{에서} \tag{3.20a}$$

$$= \frac{-\rho_l}{2\pi b} = -\frac{\varepsilon_1 V_0}{b\ln\left(\frac{b}{a}\right)} \quad : \rho = b\text{에서} \tag{3.20b}$$

전기장과 편극은 다음과 같다.

$$\mathbf{E} = \mathbf{a}_\rho \frac{\rho_l}{2\pi\varepsilon_1}\left(\frac{1}{\rho}\right) = \mathbf{a}_\rho \frac{V_0}{\ln\left(\frac{b}{a}\right)}\left(\frac{1}{\rho}\right) \tag{3.21a}$$

$$\mathbf{P} = (\varepsilon_1 - \varepsilon_0)\mathbf{E} = \mathbf{a}_\rho \frac{(\varepsilon_1 - \varepsilon_0) V_0}{\ln\left(\frac{b}{a}\right)}\left(\frac{1}{\rho}\right) \tag{3.21b}$$

속박 표면전하밀도는 다음과 같다.

$$\rho_{ps} = \mathbf{P} \cdot \mathbf{a}_n = -\frac{(\varepsilon_1 - \varepsilon_0) V_0}{a \ln\left(\frac{b}{a}\right)} \quad : \rho = a\text{에서} \tag{3.22a}$$

$$= \frac{(\varepsilon_1 - \varepsilon_0) V_0}{b \ln\left(\frac{b}{a}\right)} \quad : \rho = b\text{에서} \tag{3.22b}$$

식 (3.20)과 식 (3.22)를 보면 $\rho = a$와 $\rho = b$에서 속박 표면전하밀도와 자유 표면전하밀도의 관계는

$$\rho_{ps} = -\left(\frac{\varepsilon_1 - \varepsilon_0}{\varepsilon_1}\right)\rho_s \tag{3.23}$$

로 나타나는데, 이 식은 식 (3.16)과 같은 형태이다.

3.5 경계조건 Boundary Conditions

지금부터는 매질이 두 개 이상인 문제를 고려해보자. 이러한 문제를 다룰 때는 매질의 경계면interface에서 벡터 $\mathbf{E}$와 $\mathbf{D}$가 어떤 식으로 동작하는지 이해해야 한다. 먼저 전기장 $\mathbf{E}$의 접선성분을 분석해보자. [그림 3-10]을 보면 임의의 매질 1과 매질 2의 경계면 위에 특정한 점 P가 놓여 있다.

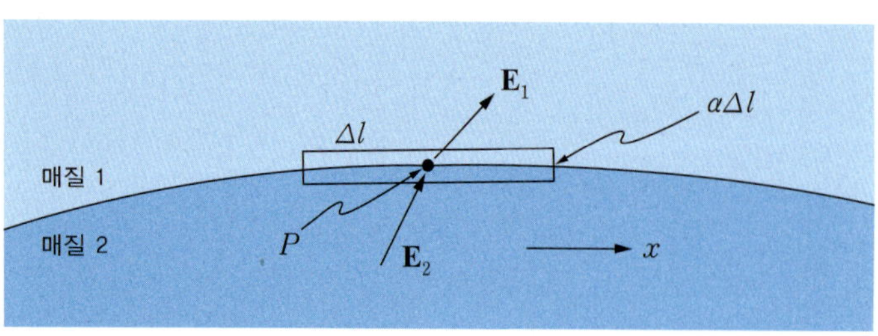

그림 3-10 경계면에서 E의 접선성분

매질 1과 매질 2의 경계면에 접하는 평면 위에 놓인 P점의 좌표를 (x, y)라고 하자. [그림 3-10]과 같이 P점을 감싸는 닫힌경로 C를 만든 다음, 이 경로에 대해 선적분을 취한다.

$$\oint_C \mathbf{E} \cdot d\mathbf{l}$$

긴 변 Δl은 x방향과 평행이다. Δl을 작게 만들면 $\mathbf{E}$는 Δl 길이 내에서 일정하다고 간주할 수 있다. 임의의 α를 $\alpha \ll 1$로 잡으면 짧은 변은 선적분의 계산에 아무런 기여를 하지 못한다. $\mathbf{E}_1$, $\mathbf{E}_2$는 각각 매질 1과 매질 2 쪽 경계면에서의 전기장이다. 정전기학의 제1 기본 법칙인 식 (2.11)로부터

$$\oint_C \mathbf{E} \cdot d\mathbf{l} = (E_{1x} - E_{2x})\Delta l = 0$$

이므로, $E_{1x} = E_{2x}$이다. 마찬가지 방법으로 $E_{1y} = E_{2y}$의 관계도 얻을 수 있다. 이를 종합하면

$$E_{1t} = E_{2t} \tag{3.24}$$

가 된다. 따라서 매질의 경계면에서 전기장의 접선성분은 연속이다.

다음으로 변위벡터 $\mathbf{D}$의 수직성분을 분석해보자. [그림 3-11]을 보면 경계면 위에 있는 P점 주위를 둘러싸고 있는 작은 닫힌곡면 S가 있다. 이 닫힌곡면의 윗면과 아랫면은 경계면에 접하는 평면과 평행이며 면적은 각각 Δs이다. 또한 접평면에 수직인 곡면의 면적은 $\alpha\Delta s$이다. 이제 물질에 대한 정전기학 제2 법칙인 식 (3.12)를 적용한다.

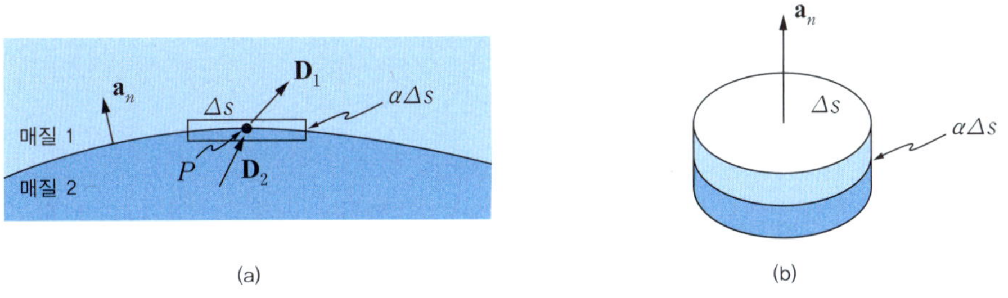

그림 3-11 (a) 경계면에서 $\mathbf{D}$의 수직성분(옆에서 본 그림) (b) 닫힌곡면 S의 모양

이 닫힌곡면에 대해 면적분 $\oiint_S \mathbf{D} \cdot d\mathbf{s}$를 취해보자. Δs를 작게 만들면 $\mathbf{D}$는 Δs 내에서 일정하다고 간주할 수 있다. 임의의 α를 $\alpha \ll 1$로 잡으면 수직면을 통해 밖으로 나오는 선다발[flux]은 $\oiint_S \mathbf{D} \cdot d\mathbf{s}$의 계산에 아무런 기여를 하지 못한다. $\mathbf{a}_n$은 경계면에 수직인 단위벡터로, 여기서는 두 수직방향 중 매질 2에서 매질 1을 가리키는 방향을 선택했다. 경계면에 자유 표면전하 ρ_s가 존재하는 경우에는 식 (3.12)의 가우스 법칙을 적용하여 다음과 같이 관계식을 유도할 수 있다.

$$\oiint_S \mathbf{D} \cdot d\mathbf{s} = (D_{1n} - D_{2n})\Delta s = Q_f = \rho_s \Delta s$$

$$D_{1n} - D_{2n} = \rho_s \tag{3.25}$$

따라서 매질의 경계면에서 변위벡터 D의 수직성분은 그 경계면에 존재하는 자유 표면전하밀도만큼 불연속이다. (+)전하를 만나면 D가 증가한다는 사실을 생각하면서 전하의 극성을 잘 검토하도록 한다. 앞에서는 수직방향($\mathbf{a}_n$)을 매질 2에서 매질 1로 향하는 방향으로 정했으므로, 만일 수직방향을 매질 2를 향하는 방향으로 바꿔 잡으면 식 (3.25)도 바뀌게 된다.

지금까지 두 가지 기본 법칙인 $\oint_C \mathbf{E} \cdot d\mathbf{l} = 0$ 과 $\oiint_S \mathbf{D} \cdot d\mathbf{s} = Q_f$ 를 사용했다. 이 두 법칙은 모든 정전기학 문제에 적용되는 것이므로, 이들 법칙을 사용하여 유도한 경계조건도 정전기학 문제라면 모든 경우에 적용할 수 있다. 경계조건은 유전체(완전, 불완전)이든 진공이든 아니면 이들이 조합된 매질이든 가리지 않고 모든 매질에 대해 유효하다. 그러므로 매질 1과 매질 2가 특정 매질의 조합이 되는 경우의 수는 매우 많다. [표 3-4]에 몇 가지 중요한 경우의 조합을 간추려 정리했다.

표 3-4 매질의 종류에 따른 경계조건

매질의 종류	경계조건
매질 1 : 임의의 매질 매질 2 : 임의의 매질	$E_{1t} = E_{2t},\ D_{1n} - D_{2n} = \rho_s$ $\varepsilon_0(E_{1n} - E_{2n}) = \rho_s + \rho_{ps}$ $P_{1n} - P_{2n} = -\rho_{ps}$
매질 1 : 선형, 완전유전체 ($\rho_s = 0$) 매질 2 : 선형, 완전유전체 ($\rho_s = 0$)	$E_{1t} = E_{2t}$ $D_{1n} = D_{2n}$ $D_{1t} = D_{2t}\left(\frac{\varepsilon_1}{\varepsilon_2}\right)$ $E_{1n} = E_{2n}\left(\frac{\varepsilon_2}{\varepsilon_1}\right)$ $P_{1t} = P_{2t}\left(\frac{\varepsilon_1 - \varepsilon_0}{\varepsilon_2 - \varepsilon_0}\right)$ $P_{1n} = P_{2n}\left(\frac{\varepsilon_1 - \varepsilon_0}{\varepsilon_2 - \varepsilon_0}\right)\frac{\varepsilon_2}{\varepsilon_1}$
매질 1 : 유전체 매질 2 : 도체	$\mathbf{E}_2 = \mathbf{D}_2 = \mathbf{P}_2 = 0;\quad \varepsilon_0 E_{1n} = (\rho_s + \rho_{ps}),\ E_{1t} = 0$ $D_{1n} = \rho_s$ $P_{1n} = -\rho_{ps}$
매질 1 : 선형 유전체(ε_1) 매질 2 : 도체	$\mathbf{E}_2 = \mathbf{D}_2 = \mathbf{P}_2 = 0;\quad E_{1n} = \frac{\rho_s}{\varepsilon_1},\ E_{1t} = 0$ $D_{1n} = \rho_s$ $P_{1n} = \rho_s\left(\frac{\varepsilon_1 - \varepsilon_0}{\varepsilon_1}\right)$

여기서 잘 알아두어야 할 점은 임의의 매질 사이의 경계면에서 D, E, P의 수직성분의 점프(불연속)는 각각 순서대로 ρ_s, $\rho_s + \rho_{ps}$, $-\rho_{ps}$에 비례한다. 두 이상적(완전) 유전체 사이의 경계면에서 D의 수직성분은 연속이다. 그 까닭은 유전체 경계면에는 자유전하가 없기 때문이다($\rho_s = 0$)

$$D_{1n} = D_{2n} \quad : \text{유전체-유전체 경계면} \tag{3.25a}$$

도체(영역 2)와 유전체(영역 1) 사이의 경계면에서의 경계조건은 다음과 같다.

$$E_{1t} = 0\ ,\ D_{1n} = \rho_s \quad : \text{유전체-도체 경계면} \tag{3.25b}$$

식 (2.62)와 식 (2.63)으로 표시되는 공기-도체 경계면에서의 경계조건boundary conditions은 [표 3-4]의 맨 마지막 경우의 식에 $\varepsilon_1 = \varepsilon_0$를 대입하여 얻을 수 있다.

예제 3-4 평행판 영역의 장

[그림 3-12]와 같이 내부에 균질 유전체와 공기층 air gap 을 갖고 있는 평행판이 있다. 위쪽 판과 아래쪽 판에는 표면전하밀도가 각각 ρ_s와 $-\rho_s$인 자유전하가 분포하는 것으로 가정한다. 유전체는 유전율이 ε_1인 선형 유전체이다. 경계조건을 사용하여 공기 영역과 유전체 영역에서 전기장 $\mathbf{E}$, 편극벡터 $\mathbf{P}$, 변위벡터 $\mathbf{D}$를 구하라. 여기서 두 평행판은 매우 넓어서 두 판 사이의 전기장은 균일하며, 판의 모서리 근처에 생기는 가장자리장 fringing field 은 없는 것으로 가정한다.

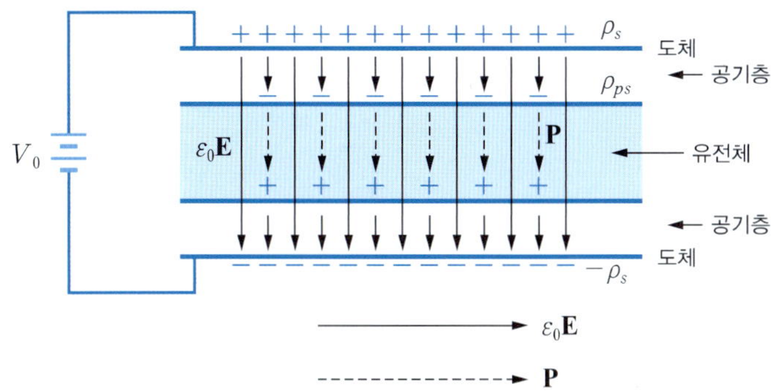

그림 3-12 유전체와 공기층으로 이루어진 평행판에 분포하는 장선

풀이

[그림 3-12]와 같이 위쪽 판과 아래쪽 판에는 표면전하밀도가 각각 ρ_s와 $-\rho_s$인 자유전하가 분포한다. 유전체 내부에는 편극 $\mathbf{P}$가 존재하고 이로 인해 유전체의 위쪽 표면과 아래쪽 표면에는 극성이 서로 반대인 속박전하(ρ_{ps})가 분포한다. 또한 $\varepsilon_0\mathbf{E}$와 $\mathbf{P}$의 장선은 공기 영역과 유전체 영역에서 그림과 같이 분포한다. 여기서 평행판의 모서리 부근에 존재하는 가장자리장은 무시한다. 전기장 $\mathbf{E}$는 공기 영역에서 더 강한데, 이는 $\mathbf{E}$의 일부가 속박전하에서 끝나기 때문이다. 여기서 잘 알아두어야 할 것은 $\varepsilon_0\mathbf{E}+\mathbf{P}$가 $\mathbf{D}$와 같고 $\mathbf{D}$의 장선은 오직 자유전하에서 시작해서 자유전하에서 끝난다는 사실이다.

이제 각 영역에서의 $\mathbf{E}$, $\mathbf{P}$, $\mathbf{D}$를 구해보자.

❶ 공기 영역(위쪽)

위쪽 판의 도체-공기 경계면에서 경계조건을 구해보자. 공기 영역의 장을 $\mathbf{E}_1$, $\mathbf{P}_1$, $\mathbf{D}_1$이라 하고 도체 영역의 장을 $\mathbf{E}_2$, $\mathbf{P}_2$, $\mathbf{D}_2$라 하면, 경계조건은 다음과 같다([표 3-4] 또는 식 (3.25b) 참조).

$$\mathbf{E}_2=\mathbf{D}_2=\mathbf{P}_2=0,\quad E_{1n}=\frac{\rho_s}{\varepsilon_0},\quad E_{1t}=0,\quad P_{1n}=0 \quad \text{(경계면에 속박전하가 없으므로)}$$

따라서 위쪽의 공기 영역에서의 $\mathbf{E}$, $\mathbf{P}$, $\mathbf{D}$는 다음과 같다.

$$\mathbf{E}=\mathbf{a}_n\frac{\rho_s}{\varepsilon_0},\quad \mathbf{P}=0,\quad \mathbf{D}=\varepsilon_0\mathbf{E}+\mathbf{P}=\mathbf{a}_n\rho_s$$

여기서 $\mathbf{a}_n$은 도체 표면에 수직이면서 아래쪽을 향하는 단위벡터이다.

❷ **유전체 영역**

위쪽의 공기-유전체 경계면에서 경계조건을 구해보자. 공기 영역의 장을 $\mathbf{E}_1$, $\mathbf{P}_1$, $\mathbf{D}_1$이라 하고 유전체 영역의 장을 $\mathbf{E}_2$, $\mathbf{P}_2$, $\mathbf{D}_2$라 하면, 경계조건은 다음과 같다([표 3-4] 또는 식 (3.25a) 참조).

$$E_{1t} = E_{2t}, \quad D_{1n} = D_{2n} \qquad (\text{경계면에 자유전하가 없으므로 } \rho_s = 0)$$

경계조건을 이용하여 전기장을 구해보면 $E_{1t} = 0$이므로 $E_{2t} = 0$이다. 또 $\varepsilon_0 E_{1n} = \varepsilon_1 E_{2n}$이므로 $E_{2n} = \dfrac{\varepsilon_0}{\varepsilon_1} E_{1n} = \dfrac{\varepsilon_0}{\varepsilon_1}\dfrac{\rho_s}{\varepsilon_0} = \dfrac{\rho_s}{\varepsilon_1}$이다. 변위벡터는 $D_{2n} = D_{1n} = \rho_s$이다. 따라서 유전체 영역에서의 $\mathbf{E}$, $\mathbf{P}$, $\mathbf{D}$는 다음과 같다.

$$\mathbf{E} = \mathbf{a}_n \frac{\rho_s}{\varepsilon_1}, \quad \mathbf{D} = \mathbf{a}_n \rho_s, \quad \mathbf{P} = \mathbf{D} - \varepsilon_0 \mathbf{E} = \mathbf{a}_n \rho_s \left(1 - \frac{\varepsilon_0}{\varepsilon_1}\right)$$

❸ **공기 영역(아래쪽)**

유전체 영역 아래에 있는 공기 영역의 $\mathbf{E}$, $\mathbf{P}$, $\mathbf{D}$는 위쪽 공기 영역과 같다. 이는 여기서의 경계조건이 위 ❷의 유전체 영역의 경계조건과 같기 때문이다. 여기서 $\varepsilon_1 > \varepsilon_0$이므로 유전체 영역의 전기장은 공기 영역의 전기장보다 약해진다는 것을 알 수 있다. 또 속박 표면전하밀도는 $\rho_{ps} = \mathbf{P} \cdot \mathbf{a}_n$(여기서 $\mathbf{a}_n$은 유전체 표면과 수직을 이루면서 바깥을 향하는 단위벡터)이므로 유전율이 ε_1인 선형 유전체의 위쪽 공기-유전체 경계표면에서는 식 (3.16)과 같이 $\rho_{ps} = -\left(\dfrac{\varepsilon_1 - \varepsilon_0}{\varepsilon_1}\right)\rho_s$의 관계가 성립한다. 따라서 위쪽 경계표면에는 (−) 속박전하가 존재하고, 아래쪽 경계표면에는 (+) 속박전하가 존재함을 알 수 있다.

3.6 커패시턴스 Capacitance

이 절에서는 커패시터의 커패시턴스에 대해 알아보자. 커패시터는 두 개의 도체로 이루어진 회로 소자로 도체 사이를 채우고 있는 유전체에 전기 에너지를 저장한다. [그림 3-13]에는 전압 V가 연결된 두 도체 사이에 발생한 전기장 $\mathbf{E}$가 나타나 있다. 이때 도체 1과 도체 2는 각각 전하 Q와 $-Q$를 가지고 있다.

두 도체 사이의 영역에는 유전율이 ε인 선형 유전체가 존재한다. 전하는 S_1, S_2의 표면 위에만 존재하는데 표면전하밀도 ρ_s로 표면 전체에 퍼져 있다. ρ_s, $\mathbf{E}$, V 사이에는 선형 관계가 성립하므로 전하와 전압 사이의 관계도 선형이 된다. 즉 둘 중 하나가 두 배가 되면 나머지도 두 배가 된다. 전하와 전압의 비 ratio 를 **커패시턴스** capacitance [1]라고 한다.

1 [옮긴이] 커패시턴스를 정전용량(靜電容量, electrostatic capacity) 또는 전기용량(electric capacity), 인덕턴스를 유도용량(誘導

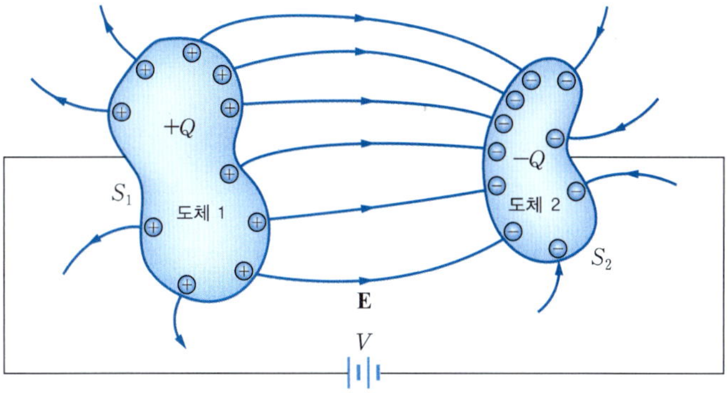

그림 3-13 커패시턴스

이를 식으로 나타내면 다음과 같다.

$$C = \frac{Q}{V} \tag{3.26}$$

여기서 전압 V는 두 도체 사이의 전위차이다. 커패시턴스의 단위는 패럿[farad]이며, 줄여서 F로 나타낸다. 이 단위는 패러데이[Michael Faraday]의 이름에서 따온 것이다. 커패시턴스는 다음 식과 같이 전기장 $\mathbf{E}$와 변위 $\mathbf{D}$를 써서 나타낼 수도 있다.

$$C = \frac{Q}{V} = \frac{\iint_{S_1} \rho_s \, ds}{-\int_2^1 \mathbf{E} \cdot d\mathbf{l}} = \frac{\iint_{S_1} \mathbf{D} \cdot d\mathbf{s}}{-\int_2^1 \mathbf{E} \cdot d\mathbf{l}} \tag{3.27a}$$

유전체가 선형이면서 균질한 경우에는 다음과 같은 형태로 간단하게 쓸 수 있다.

$$C = \frac{\varepsilon \iint_{S_1} \mathbf{E} \cdot d\mathbf{s}}{-\int_2^1 \mathbf{E} \cdot d\mathbf{l}} \quad : \text{선형, 균질 유전체인 경우} \tag{3.27b}$$

커패시터의 커패시턴스 값은 커패시터의 구조와 두 도체 사이에 들어 있는 매질(유전체)의 특성에 따라 달라진다. 커패시턴스 C는 다음과 같은 과정으로 계산할 수 있다.

❶ 두 도체의 전하를 각각 $+Q$와 $-Q$라고 가정한다.

❷ 지금까지 배운 방법 중 하나를 사용해서 전기장 $\mathbf{E}$를 구한다.

❸ $V = -\int_{(-)}^{(+)} \mathbf{E} \cdot d\mathbf{l}$로 전위차를 계산한다.

❹ $C = \frac{Q}{V}$로 커패시턴스를 계산한다.

容量, inductive capacity)으로 번역하기도 하지만 흔히 원어를 그대로 사용하므로 이 책에서도 외래어 표기법에 맞춰 원어를 사용하기로 한다.

예제 3-5 평행판 커패시터

[그림 3-14]와 같은 평행판 커패시터가 있다. 두 판 사이에 들어 있는 유전체는 균일한 유전율 ε을 갖고 있다. 각 판의 면적은 A이고 판 사이의 간격은 d일 때, 커패시턴스를 구하라. 가장자리장은 무시하기로 한다.

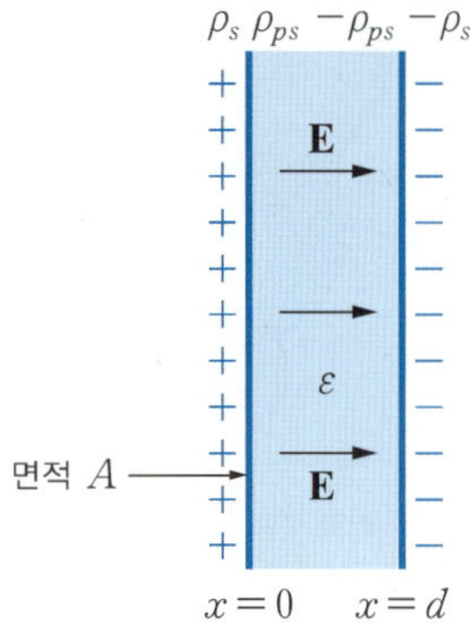

그림 3-14 평행판 커패시터

풀이

맨 먼저, [그림 3-14]에 있는 두 판의 전하를 각각 $+Q$와 $-Q$라고 가정하면 그림과 같이 표면전하밀도 ρ_s가 분포하는데, 그 값은 다음과 같다.

$$\rho_s = \frac{Q}{A}$$

[예제 2-6]에서 이미 살펴보았듯이 전기장은 균일하게 발생한다. $x=0$에서 식 (3.25b)로 주어지는 경계조건을 적용하면

$$D_n = D_x = \varepsilon E_x = \rho_s = \frac{Q}{A}$$

$$E_x = \frac{Q}{\varepsilon A}$$

가 된다. 두 판 사이의 전위차 V는 다음과 같은 과정으로 구할 수 있다.

$$V = -\int_d^0 \mathbf{E} \cdot d\mathbf{l} = \int_0^d E_x\, dx = E_x d = \frac{Qd}{\varepsilon A}$$

커패시턴스를 구해보면 다음과 같다.

$$C = \frac{Q}{V} = \frac{\varepsilon A}{d} \tag{3.28}$$

다음과 같이 경계조건을 이용하면 $x=0$인 위치에 존재하는 속박전하 ρ_{ps}를 구할 수 있다.

$$\rho_{ps} = \mathbf{P} \cdot \mathbf{a}_n = \mathbf{P} \cdot (-\mathbf{a}_x) = -\frac{(\varepsilon - \varepsilon_0)}{\varepsilon} D_x = -\left(\frac{\varepsilon - \varepsilon_0}{\varepsilon}\right) \rho_s$$

이 결과는 식 (3.16)과 같은 형태이다. 여기서 $\mathbf{a}_n$은 유전체에 수직이면서 바깥을 향하는 단위벡터이다.

두 평행판 사이에 유전체를 끼워 넣으면 어떻게 되는지 살펴보자. 전하가 변하지 않고 일정한 조건이라면, 속박전하가 생겨나므로 $\mathbf{E}$와 V는 약해지고 결국 C는 증가한다. 전압이 일정한 조건이라면, 전기장 $\mathbf{E}$도 일정하게 유지되어야 한다. 따라서 속박전하에 의해 전기장이 약해지는 만큼 전기장을 증가시켜 전기장 $\mathbf{E}$가 일정하게 유지되게 하려면 두 판에 자유전하가 추가로 생겨나야 한다. 결국 Q가 증가하므로 C도 증가한다. 따라서 어떤 조건이든 유전체를 끼워 넣으면 커패시턴스는 증가한다. C는 판의 면적에 비례하고 판 사이의 간격에 반비례한다.

예제 3-6 구 커패시터

다음의 경우에 대해 커패시턴스를 구하라.

(i) 고립된 구

(ii) 중심이 같은 구([그림 3-15(a)])

(iii) 직렬 커패시터([그림 3-15(b)])

(iv) 병렬 커패시터([그림 3-15(c)])

(v) 직병렬 커패시터([그림 3-15(d)])

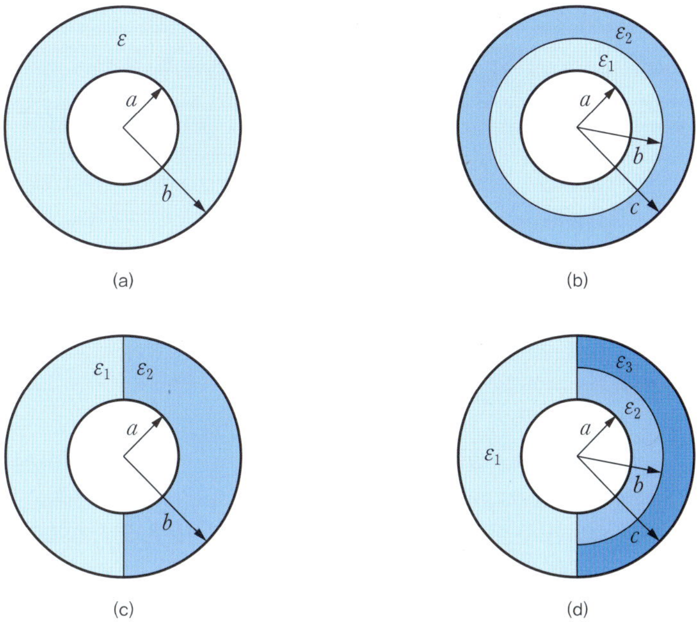

그림 3-15 중심이 같은 구와 축이 같은 원통으로 이루어진 구조로, 안쪽 표면과 바깥쪽 표면은 모두 완전도체이다. 원통일 경우 그림은 원통 단면을 나타낸다.

(a) 커패시터 (b) 직렬 커패시터 (c) 병렬 커패시터 (d) 직병렬 커패시터

풀이

(i) 고립된 구

자유공간에 반지름이 a인 구가 외따로 놓여 있다. 커패시턴스를 구하기 위해 먼저 전하 q가 구의 표면 전체에 고르게 퍼져 있다고 가정하자. 여기서 전위의 기준점인 (−)단자는 무한히 먼 곳에 있는 것으로 가정한다. 가우스 법칙을 적용하면([예제 2-4] 참조)

$$E_r = \frac{q}{4\pi\varepsilon_0 r^2} \quad (r > a); \quad V(r) = \frac{q}{4\pi\varepsilon_0 r}; \quad V(a) = \frac{q}{4\pi\varepsilon_0 a}, \quad V(\infty) = 0$$

이 되므로 커패시턴스는 다음과 같다.

$$C = \frac{q}{V(a)} = 4\pi\varepsilon_0 a \tag{3.29}$$

따라서 지구가 만드는 커패시턴스 값은 밀리패럿(mF) 이하이다.

(ii) 중심이 같은 구

[그림 3-15(a)]에는 반지름 r이 각각 a와 b이고 중심이 서로 같은 두 개의 구로 이루어진 커패시터가 있다($r=a$, b에서 완전도체). 두 개의 구 사이의 공간은 유전율이 ε인 유전체로 채워져 있다. $r=a$인 구면에는 전하 q가, $r=b$인 구면에는 전하 $-q$가 분포해 있는 것으로 가정하면

$$E_r = \frac{q}{4\pi\varepsilon r^2} \quad (a<r<b); \quad V_{ab} = -\int_b^a \mathbf{E}\cdot d\mathbf{l} = \frac{q}{4\pi\varepsilon}\left(\frac{1}{a}-\frac{1}{b}\right) = \frac{q}{4\pi\varepsilon}\left(\frac{b-a}{ab}\right)$$

이므로, 커패시턴스는 다음과 같다.

$$C = \frac{q}{V_{ab}} = \frac{4\pi\varepsilon ab}{b-a} \tag{3.30}$$

여기서 $b\to\infty$이면 $C\to 4\pi\varepsilon a$가 되어 식 (3.29)의 결과와 같아진다.

(iii) 직렬 커패시터

[그림 3-15(b)]의 구 커패시터에는 두 개의 유전체가 들어 있다. 두 개의 도체는 각각 $r=a$와 $r=c$에 위치해 있다. $r=a$인 구면에는 전하 q가, $r=c$인 구면에는 전하 $-q$가 분포해 있다고 가정하고 $\mathbf{D}$에 대한 가우스 법칙을 적용하면

$$D_r = \frac{q}{4\pi r^2} \quad (a<r<c) \tag{3.31}$$

가 된다. 경계조건에 따라 $r=b$에 위치한 두 유전체의 경계면에서 $\mathbf{D}$의 수직성분은 연속이어야 한다. 따라서 전기장은 다음 식으로 구할 수 있다.

$$\begin{aligned} \mathbf{E} &= \frac{\mathbf{D}}{\varepsilon_1} = \mathbf{a}_r \frac{q}{4\pi\varepsilon_1 r^2} \quad (a<r<b) \\ &= \frac{\mathbf{D}}{\varepsilon_2} = \mathbf{a}_r \frac{q}{4\pi\varepsilon_2 r^2} \quad (b<r<c) \end{aligned}$$

이제 V_{ac}를 다음과 같이 구할 수 있다.

$$\begin{aligned} V_{ac} &= -\int_c^a \mathbf{E}\cdot d\mathbf{l} = -\int_c^b \frac{q}{4\pi\varepsilon_2 r^2}dr - \int_b^a \frac{q}{4\pi\varepsilon_1 r^2}dr \\ &= \frac{q}{4\pi}\left(\frac{1}{\varepsilon_1}\frac{(b-a)}{ab} + \frac{1}{\varepsilon_2}\frac{(c-b)}{cb}\right) \end{aligned}$$

따라서 커패시턴스는 다음과 같다.

$$C = \frac{q}{V_{ac}} = \left(\frac{1}{C_1}+\frac{1}{C_2}\right)^{-1} = \frac{C_1 C_2}{C_1 + C_2} \tag{3.32}$$

여기서 C_1, C_2는 다음과 같다.

$$C_1 = \frac{4\pi\varepsilon_1 ab}{b-a}, \quad C_2 = \frac{4\pi\varepsilon_2 bc}{c-b}$$

여기서 구한 결과는 직렬로 연결된 커패시터의 커패시턴스와 같다.

(iv) 병렬 커패시터

[그림 3-15(c)]의 구 커패시터에는 두 개의 유전체가 병렬로 들어 있다. 두 유전체 영역에서 전기장이 다음과 같은 형태를 갖는다고 가정하고 문제를 풀어보자.

$$E_r = \frac{K}{r^2} \qquad (a < r < b) \tag{3.33}$$

여기서 K는 값을 모르는 상수이다. 경계조건에 따라 두 유전체의 경계면에서 $\mathbf{E}$의 접선성분은 연속이어야 한다. $r = a$에 위치한 구면의 자유 전하밀도 ρ_{s1}과 ρ_{s2}는 서로 다르다. 식 (3.25b)의 경계조건을 사용하면 $D_n = \rho_s$가 되므로 $r = a$에서의 총 전하는 다음과 같다.

$$q = 2\pi a^2(\rho_{s1} + \rho_{s2}) = 2\pi a^2\left(\frac{\varepsilon_1 K}{a^2} + \frac{\varepsilon_2 K}{a^2}\right) = 2\pi K(\varepsilon_1 + \varepsilon_2)$$

$$V_{ab} = -\int_b^a \mathbf{E} \cdot d\mathbf{l} = -\int_b^a \frac{K}{r^2} dr = K\left(\frac{1}{a} - \frac{1}{b}\right) = \frac{K(b-a)}{ab}$$

따라서 커패시턴스는 다음과 같다.

$$C = \frac{q}{V_{ab}} = \frac{2\pi(\varepsilon_1 + \varepsilon_2)}{\left(\dfrac{b-a}{ab}\right)} = C_1 + C_2 \tag{3.34}$$

여기서 C_1, C_2는 다음과 같다.

$$C_1 = \frac{2\pi\varepsilon_1 ab}{b-a}, \quad C_2 = \frac{2\pi\varepsilon_2 ab}{b-a}$$

여기서 구한 결과는 병렬로 연결된 커패시터의 커패시턴스와 같다.

(v) 직병렬 커패시터

[그림 3-15(d)]의 커패시터에는 세 개의 유전체가 들어 있다. 이 형태는 직렬과 병렬이 조합된 구조이다. $\mathbf{E}$의 접선성분의 연속과 $\mathbf{D}$의 수직성분의 연속 조건을 둘 다 만족시키는 $\mathbf{E}$와 $\mathbf{D}$는 간단한 형태로 나타낼 수 없다. 실제로 이것은 가장자리장을 고려해야 하는 어려운 문제로, 정확한 결과를 얻기 위해서는 수치계산numerical computation을 해줘야 한다. 그렇지만 얇은 구 껍질인 경우에는 가장자리장이 별로 크지 않으므로 다음과 같이 커패시턴스를 근사적으로 구할 수 있다.

$$C \approx C_1 + \frac{C_2 C_3}{C_2 + C_3} \qquad (a \gg c - a \text{일 경우}) \tag{3.35}$$

여기서 C_1, C_2, C_3는 다음과 같다.

$$C_1 = \frac{2\pi\varepsilon_1 ac}{c-a}, \quad C_2 = \frac{2\pi\varepsilon_2 ab}{b-a}, \quad C_3 = \frac{2\pi\varepsilon_3 bc}{c-b}$$

여기서 구한 결과는 직병렬로 연결된 커패시터의 커패시턴스와 같다.

예제 3-7 축이 같은 원통 커패시터(동축 커패시터)

[그림 3-15]에 있는 여러 형태의 커패시터는 구 구조는 물론 원통 구조의 단면으로도 볼 수 있다. $\rho=a,\ b$인 위치에 있는 표면은 완전도체이다. [그림 3-15(a)]에 있는 원통 구조로 된 이 커패시터의 단위길이당 커패시턴스를 근사적으로 구하라.

풀이

먼저, 단위길이당 전하 ρ_l과 $-\rho_l$이 $\rho=a$와 $\rho=b$에 있는 원통의 표면에 각각 고르게 퍼져 있다고 하고 가우스 법칙을 적용하면([예제 3-3] 참조)

$$E_\rho=\frac{\rho_l}{2\pi\varepsilon}\left(\frac{1}{\rho}\right)\qquad(a<\rho<b)$$

$$V_{ab}=-\int_b^a \mathbf{E}\cdot d\mathbf{l}=-\int_b^a E_\rho d\rho=\frac{\rho_l}{2\pi\varepsilon}\ln\left(\frac{b}{a}\right)$$

가 된다. 그러면 단위길이당 커패시턴스는 다음과 같다.

$$\frac{C}{l}=\frac{Q/l}{V}=\frac{\rho_l}{V_{ab}}=\frac{2\pi\varepsilon}{\ln\left(\dfrac{b}{a}\right)}\ [\mathrm{F/m}] \tag{3.36}$$

따라서 커패시턴스는 다음과 같다.

$$C=\frac{2\pi\varepsilon l}{\ln\left(\dfrac{b}{a}\right)} \tag{3.37}$$

축이 같은 원통 커패시터의 길이가 l로 유한한 경우, 원통의 양쪽 끝부분에서는 가장자리장이 발생하므로 식 (3.37)의 결과와 일치하지 않는다. 그렇지만 $l\gg a,\ b$인 경우에는 상당히 잘 들어맞는다. 원통 구조로 된 다른 형태의 커패시터인 [그림 3-15]의 (b), (c), (d)에 대해서는 각각 [연습문제 3.21], [연습문제 3.22], [연습문제 3.23]에서 다루기로 한다.

3.7 프랭클린과 전기학

프랭클린Benjamin Franklin, 1706~1790이 어떤 사람인지 단 한마디로 표현한다면 바로 르네상스인Renaissance man이다. 그는 아주 많은 일을 철두철미하게 해냈다. 그가 이룬 성취의 폭과 깊이는 비교할 데가 없을 만큼 대단하다. 역사는 그를 피뢰침lightening rod, 이중초점안경(렌즈)bifocals, 프랭클린 난로Franklin stove의 발명가로 기록하고 있다. 미국독립전쟁American Revolution 당시에는 프랑스 주재 미국대사로서 중요

Benjamin Franklin

한 역할을 수행했다. 연을 날리며 실험을 수행하는 모습, 핸콕 John Hancock 에게 독립선언서를 전달하는 모습, 파리에 머무를 당시 퍼캡 fur cap 모자를 쓰고 안경을 끼고 앉아 있는 모습 등 지금도 유명한 많은 미술작품 속에서 그의 모습을 확인할 수 있다. 이것들은 널리 알려진 인상 깊은 장면이지만, 그가 이룬 수많은 업적 중에서 아주 일부만을 기리는 것에 지나지 않는다. 그의 활동 범위가 어떠했는지를 파악하려면 프랭클린의 전기를 읽어보면 되는데, 여러 전기 중에서 밴 도런 Carl Van Doren 이 쓴 책이 (아직까지는) 가장 훌륭하다.[2]

프랭클린은 1706년에 대가족의 막내아들로 태어났다. 2년 정도 학교를 다니다가 10세 때 그만두고 아버지를 도와 비누와 양초를 만들어 팔았다. 프랭클린은 12세 때 인쇄공인 형 제임스 밑에서 일하기 시작했다. 17세에 인쇄소를 몰래 빠져나와 필라델피아로 거처를 옮긴 그는 22세에 마침내 자신 소유의 인쇄소를 세워 운영하게 되었다. 이로부터 4년이 지나지 않아 그는 '리처드 연감 Poor Richard's Almanac' 을 쓰기 시작하고 이를 출간했다. 1년마다 발행되는 이 책은 그에게 엄청난 유명세를 안겨주었는데, 나중에는 판매량이 연 10,000부에 이르렀고 이러한 상황은 27년간 계속되었다. 20대 후반에 이르러 프랭클린은 그 지역에서 인쇄업자이자 사업가로서 자리를 확실히 잡았고, 더욱 폭넓게 인정을 받는 길을 순조롭게 밟아 나아갔다.

프랭클린은 일생동안 두 권의 뛰어난 책을 썼다. 첫 번째 책은 1751년에 출간한 '전기에 관한 실험 및 관찰 Experiments and Observations on Electricity'로, 이 책에서 그는 전기에 대해 자신이 발견한 것들을 설명했다. 이 책은 과학자로서 그의 명성을 확고하게 세우는 데 결정적인 역할을 했다. 이 책에서 번개의 본질이 전기라는 의견을 내놓은 프랭클린은 그의 이론을 증명하기 위하여 막사실험 sentry box experiment 이라는 특별한 실험을 제안했다. 또한 그는 벼락으로부터 건물을 보호하기 위해 금속막대를 땅속에 박아 만든 피뢰침을 사용할 것을 권했다. 1년 후, 여러 명의 프랑스 과학자들이 그가 제안한 실험을 수행하는 동안 그는 그 유명한 연을 이용한 실험을 수행하여 그의 기본 이론을 빈틈없이 확인했다. 이 책과 번개와 관련한 실험을 통해 사람들의 주목을 받게 된 프랭클린은 세계에서 가장 유명한 과학자이자 당시에는 새로운 분야였던 전기학의 일인자로 우뚝 서게 되었다. 얼마 지나지 않아 그에게 수여되는 상이 전 세계에서 줄을 이었다. 2년 후인 1753년 프랭클린은 코플리상 Copley medal 을 수상했는데, 이 상은 오늘날의 노벨상에 맞먹는 권위를 갖고 있었다.

프랭클린은 글을 이해하기 쉽고 읽기 쉽게 썼다. 가설을 세우고 결론을 얻는 과정에서 그의 판단은 틀림이 없었다. 그는 남에게 호감을 주며 솔직한 스타일이었다. 또한 자신이 모르는 것은 모른다, 확실치 않은 것은 확실치 않다고 선뜻 인정할 줄 아는 사람이었다. "당신은 이유를 알고 싶으실 텐데 저는 그걸 모르겠네요. 당신이 그걸 알아낼 수도 있을 텐데 그렇게 되면 아무쪼록 제게 알려주시기 바랍니다."

2 Carl Van Doren, *Benjamin Franklin*, Bramhall House, 1987, Reprint of Viking Press, NY, 1938

그가 자신의 가설을 다루는 방식은 아주 신선했다. 그는 자신의 가설이 다만 잠정적인 모델일 뿐이라고 생각하고 가설이 충분히 입증되지 않으면 주저하지 않고 폐기했다. "나는 여전히 어떤 방식으로 구름이 전기를 띠게 되는지 모른다. 나는 아직까지도 완벽하게 만족스러운 가설을 세우지 못했다."

프랭클린의 두 번째 책은 '자서전Autobiography'으로, 이 책은 오늘날까지도 수많은 사람들이 애독하고 있다. 특히 흥미를 끄는 부분은 그가 스스로 배워가며 자기 수양을 해나가는 과정이다. 이 책은 가난에서 벗어나기 위해 온갖 어려움을 헤쳐나간 한 비범한 인간의 이야기이다. 그는 자신이 범한 많은 실수와 실패에 대해 이야기했다. 그는 자신이 거둔 성공이나 영예 속에 스스로를 가두지 않았다.

또한 프랭클린은 일생 동안 많은 양의 신문기사를 작성했다. 기사들은 보통 어떤 사회적 또는 정치적 의제를 제기하기 위한 것이었다. 교육적이면서도 재미있는 그의 기사는 사회적으로 큰 영향을 미쳤다. 계몽주의 시대에, 프랭클린은 이들 기사로 인해 이름이 널리 알려졌고 그의 주장에 강력한 힘이 실렸다. 현재의 대학생들도 「Miss Polly Baker」, 「Rattlesnakes for Felons」, 「The King of Prussia」, 「Rules by Which a Great Empire May be Reduced to a Small One」을 비롯하여 그가 쓴 유명한 기사들을 읽는다면 교양과 즐거움을 얻을 수 있을 것이다.

지금부터는 과학자로서 프랭클린의 역할을 알기 위해, 그의 명성을 확립한 주요 과학적 성과가 무엇이었는지 살펴보자. 먼저, 그의 초기 업적 중 하나는 라이덴병Leyden jar에 대한 분석 연구이다. 라이덴병은 흔히 볼 수 있는 물을 담는 유리병의 안과 밖에 따로따로 도체를 붙여 만든다. 따라서 둥글게 빙 두른 평행판 커패시터를 라이덴병이라고 할 수 있다. 표면적은 넓고 유리의 두께는 얇으므로 용량(커패시턴스)이 커서 상당히 큰 전기 에너지를 유리에 저장할 수 있다. 1746년 네덜란드의 물리학자 뮈센브루크Pieter Van Mussenbroek에 의해 발명된 라이덴병은 그 후 간편한 에너지원으로서 매우 다양한 실험에 사용되었다.

프랭클린은 병 안쪽 도체와 바깥쪽 도체는 극성이 반대인 전하로 대전되어 있음을 증명했다. 또 총 전하는 0이며, 따라서 커패시터가 방전되면 본래대로 되돌아간다는 것을 증명했다. 그는 다음과 같이 썼다. "이 두 상태의 전기, 즉 (+)전기와 (−)전기가 이 신기한 병 안에서 내가 전혀 이해할 수 없는 방식으로 결합하여 평형을 이룬다." 라이덴병 분석연구는 (+)전하와 (−)전하의 이론, 총 전하보존, 단일 유체이론single fluid theory으로 이어졌다. 프랭클린은 그의 실험을 한 종류의 전하(자유전자)의 움직임을 가지고 설명했다. 또한 그는 유리 자체 내에 에너지가 들어 있다고 결론을 내렸다. 그는 라이덴병을 감싼 도체를 풀어서 평행판 커패시터를 만들었다. 이것은 납작한 유리판의 윗면과 아랫면에 도체를 붙인 것이다. 그러고 나서 그는 이것을 한 세트로 하여 여러 세트의 판을 직렬이나 병렬로 결합했다. 직렬 결합 세트를 '배터리battery'라고 불렀다. 라이덴병 실험은 대단히 중요한 것이었는데, 그 까닭은 이 실험이 전기에 대한 프랭클린의 일반 이론으로 직접적으로 이어졌기 때문이다. 프랭클린의 이론은, 초기의 전기 연구를 주도한 인물 중의 하나였던 놀레Abbe Nollet가 주장한 '발산effluvium'과 '소용돌이affluvium, vortex'라는 모호한 이론을 단박에 물리쳤다.

1747년에 프랭클린이 전기에 대해 처음으로 작성한 자료에는 끝이 뾰족한 물체의 영향을 관측한 내용의 일부가 설명되어 있다. 그의 동료인 홉킨슨Thomas Hopkinson은 초기의 몇몇 실험을 수행했다. 프랭클린은 집과 배를 벼락으로부터 보호하는 수단으로 피뢰침을 제안하고, 이를 위해 땅에 접속하는 접지도선을 덧붙였다. 또한 그는 구름이 전기를 가지고 있는지 아닌지, 그리고 번개가 실제로 전기인지 아닌지를 확인하기 위한 '막사 실험sentry box experiment'을 제안했다. 이 실험은 1752년에 프랑스에서는 막사를 이용하여 수행되었고 미국에서는 연을 이용하여 이루어졌다.

이 극적인 실험의 영향은 정말로 대단한 것이었다. 번개는 전기가 근원이며 실험실에서 작은 규모의 스파크를 일으키는 원인과 번개를 일으키는 원인이 동일하다는 것이 이 실험을 통해 입증되었다. 구름은 전기를 가지고 있고, 구름과 땅은 거대한 라이덴병과 유사한 구조를 이루고 있는 것으로 나타났다. 무엇보다도 중요한 것은 매우 심각한 현실적 문제인 벼락의 위험에 대한 해결책(땅 속에 박은 피뢰침)을 제시했다는 점이다. 18세기, 어느 33년의 기간 동안 독일에서만 386개 교회의 종탑에 벼락이 떨어졌고, 120명의 종치기가 목숨을 잃은 것으로 추산되었다. 따라서 피뢰침의 사용 가능성은 엄청나게 높았다.

프랭클린이 전기학에 크게 기여한 사항을 간추려보면 다음과 같다.

- 전하의 보존
- 단일유체 이론
- (+)전하와 (−)전하의 개념
- 라이덴병의 분석 및 후속 연구
- 뾰족한 물체의 효과
- 땅에 묻은 피뢰침
- 구름의 대전

이제부터는 전기라는 기본 개념을 논리 정연한 이론으로 구성한 최초의 인물이었던 프랭클린이 살아 있을 때는 물론, 세상을 떠난 뒤에도 한동안 전기 분야의 가장 뛰어난 과학자로 평가를 받는 까닭을 살펴보자. 그의 실험과 책을 통해 그 전까지 체계적이지 못했던 많은 이론들이 정돈되고 체계를 갖추게 되었다. 유럽의 뛰어난 과학자들은 그가 이룩한 성과의 중요성을 인정했다. 그는 권위 있는 코플리상을 비롯하여 당시 과학과 관련된 최고의 상들을 수상했다. 그는 영국 한림원Royal Society과 프랑스 한림원French Academy of Sciences의 회원으로 선출되었다. 미국독립전쟁이 일어나기 훨씬 전에 프랭클린은 전기현상 분야의 가장 뛰어난 과학자로서의 명성을 확고히 했다.

이처럼 프랭클린은 그가 전기 분야에서 보여준 선구적인 연구로 인해 그가 살던 시대는 물론, 세상을 떠나고 수십 년이 지난 뒤까지도 널리 알려졌다. 그렇지만 요즘에는 프랭클린의 과학적 업적을 별로 고려하지 않는 것처럼 보인다. 사람들이 프랭클린을 과학자로 생각하지 않는 것으로 보이는데, 여기에는 몇 가지 까닭이 있다. 사람들은 방정식을 이론을 구성하는 필수적인 요소로 여기는데, 프랭클린은 방정식을 전혀 남기지 않았다. 하지만 그의 업적 가운데 많은 것이 곳곳에 스며들어 있어서 사람들은 자신도 모르는 사이에 이들을 사용하고 있다. 그는 또한 많은 발명을 했다. 그의 발명이 주로 기술적인 면에서 이루어졌다고 생각하기 쉽지만, 실제로는 과학적인 호기심과 과학적인 이론의 산물이었다.

프랭클린이 미국 대사로 프랑스에 부임할 당시, 그의 과학적 명성은 대단했다. 그는 필라델피아 출신의 미국인이라기보다 저명한 과학자였다. 그의 가장 탁월한 실험인 번개 실험은 프랑스인이 최초로 수행했다. 프랭클린의 책은 프랑스어로 번역되어 널리 보급되어 읽혔다. 최대의 경쟁자였던 놀레는 프랭클린의 이론을 공격하는 책을 두 권 썼는데, 그는 특히 피뢰침을 반대했다. 프랭클린은 놀레의 많은 공격에 곧바로 대응하기를 꺼려했다. "나는 철학적인 주장에 대해 공개적으로 논쟁하는 것을 극도로 싫어한다. 나는 나를 공격하기로 마음먹은 사람과는 그가 누구이든 아직까지 한 번도 논쟁을 벌인 적이 없다." 몇몇 프랑스인은 즉각 프랭클린을 옹호했다. 이런 논란 속에서 그의 명성은 더욱 높아졌다.

프랭클린은 주요 전기 실험을 하는 데 일생 동안 얼마나 많은 시간을 쏟았을까? 놀랍게도 1747년에서 1752년까지 6년이라는 짧은 시간에 지나지 않았다. 경제적으로 안정된 프랭클린은 전기연구에 더욱 몰두하기 위해 1748년에 인쇄업을 그만두었다. 1751년에는 실험에 관한 책을 최초로 출간했고 1752년에는 피뢰침 실험을 수행했다.

프랭클린은 다른 사람들에게 비춰지는 자신의 모습에 대해 매우 신경을 쓰는 사람이었다. 젊었을 때 그는 자신의 이미지를 무척 의식하면서 긍정적인 인상을 주려고 노력했다. 이 말은 프랭클린이 이렇게 하는 것의 중요성을 깨달았다는 뜻이지, 실제와 어긋난 이미지를 내세웠다는 말은 아니다. 그는 이렇게 말했다. "나는 건방져 보이지 않으려고 종종 가게에서 구입한 신문을 손수레에 싣고 거리를 따라 집으로 가져왔다." 그가 쓴 과학에 대한 글은 그가 솔직하고 개방적이라는 인상을 주었다. 그 결과, 다른 과학자들은 프랭클린에게 모여들어 그와 연구 결과를 공유하고 그를 위해 실험을 수행했다. 프랭클린이 미국독립전쟁 동안 미국대사로 프랑스에 처음 부임할 때 그는 이미 뛰어난 과학자로 널리 알려져 있었다. 그때 외교관 프랭클린에게 적합한 이미지는 무엇이었을까? 격식을 갖춘 화려한 복장으로 다른 외교관보다 낫다는 것을 보였을까? 그는 예상과 달리 퍼캡 모자를 쓴 간소한 복장으로 나타났다. 그렇게 함으로써 자신만의 고유한 이미지가 지속되게 만들었다.

프랭클린은 아주 노련한 외교관이었다. 신생국가의 대표로서 그가 행한 노력이 외교적으로 인정받으면서 프랑스로부터 대규모의 군사원조와 막대한 재정원조를 이끌어냈다. 프랭클린이 외교적 수완을 발휘한 여러 사례 가운데 가장 눈에 띄는 것으로 평화조약 협상을 마무리하는 시점에서 일어난 사건을 들 수 있다. 미국은 프랑스와의 합의를 파기하고 영국과 별도의 협상을 진행하기로 마음먹었고, 영국으로부터 미국 영토를 미시시피와 캐나다까지 확대하는 내용을 비롯하여 대단히 유리한 조약조건을 얻어냈다. 이보다 더 좋은 협상결과가 나올 수 없을 정도였다. 미국은 가장 수완이 뛰어난 정치가(프랭클린, 애덤스, 제퍼슨, 제이, 로렌스)들을 협상테이블로 내보내 영국의 협상가들을 압도했다. 이제 남은 것은 프랑스에 협상 결과를 설명하는 일이었다. 프랭클린은 프랑스측 협상대표인 샤를 그라비에 베르젠 백작 Charles Gravier, the comte de Vergennes 에게 이를 알리고 이미 서명이 완료된 협정 사본을 보냈다. 베르젠은 즉각 항의 서한을 보내왔다. 그러자 프랭클린은 베르젠에게 가장 적합한 방식으로 미국의 입장을 내세운 그 유명한 편지를 보냈다. 이 편지에서 그는 부분적으로 사과를 하면서 다음과 같이 덧붙였다. "영국인들은 자신들이 우리를 이미 분열시킨 것으로 착각하고 있음을 이제 알았다." 여하튼 이 편지는 효과가 있었다. 정치적 지반도 바뀌었고 베르젠은 미국이 매우 필요로 하는 원조가 또 다시 이루어지도록 주선해주었다. 수년간 정성을 들인 외교적 노력으로 이룩한 베르젠과의 친밀한 관계와 그 편지의 영향이 서로 어우러져서 미국과 프랑스의 특별한 관계가 유지될 수 있었다.

게다가 프랭클린은 노예제도의 부당함을 일찍부터 인식했다. 그래서 인정받지 못하고 있는 아프리카계 미국인의 재능을 강조하는 기사를 포함하여 이에 대한 많은 기사를 썼다. 세상을 뜨기 두 달 전, 그는 미국의회에 노예제도 철폐를 위한 청원서를 제출했다. 그러나 이 청원은 거부되었다.

3.8 전기장 안에 놓인 도체에 작용하는 힘

지금부터는 전기장이 있는 곳에 놓여 있는 도체에 작용하는 힘을 계산해보자. 이 계산은 간단해 보이지만, 실제로는 그렇지 않다. 자체 장 self field $\mathbf{E}_s$와 관련해서 미묘한 점이 있기 때문이다. 앞으로 논의를 해나가는 과정에서, 힘을 계산할 때 항상 자체 힘 self force 을 뺄 수 있다는 유용한 사실을 배울 것이다. 이 말은 도체에 가해지는 힘을 따질 때 $\mathbf{E}$ 대신 $(\mathbf{E}-\mathbf{E}_s)$를 사용한다는 뜻이다.

도체에 가해지는 힘을 구하려면 도체 표면에 존재하는 전하에 작용하는 힘만을 다뤄야 한다. [그림 3-16]을 보면 어떤 도체의 표면에 면적이 ds이고 표면전하밀도가 ρ_s인 작은 조각이 있고, 전기장 $\mathbf{E}$가 함께 표시되어 있다. 이 조각에 가해지는 힘 $d\mathbf{F}$는 전하 $\rho_s ds$에 전기장 벡터를 곱한 것과 같은데, 여기서 따져봐야 할 문제가 있다. 곱해야 하는 전기장으로 '어떤 전기장'을 사용해야 하는가?

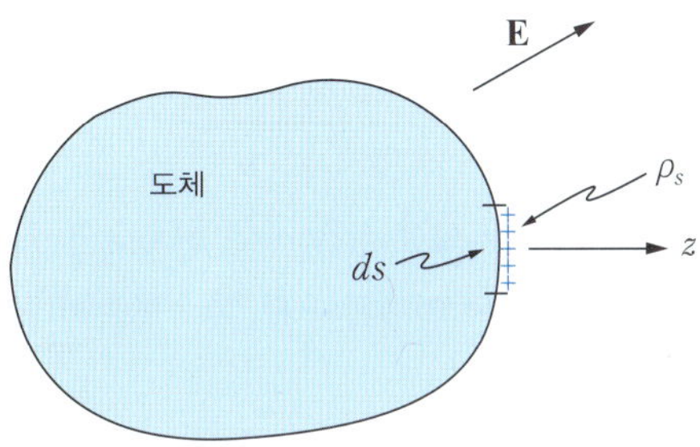

그림 3-16 전기장 속에 놓여 있는 도체

[그림 3-17]에 도체 표면 근처의 전기장을 나타냈다. 여기서는 미소조각 ds에 수직인 방향을 z로 잡았다. E_z는 도체 내부에서는 0이고 도체 표면에서 $\dfrac{\rho_s}{\varepsilon_0}$로 갑자기 올라가는 계단함수 step function 이다. 사용해야 할 $\mathbf{E}$ 값은 도체 내부의 값인 0인가? 도체 외부의 값인 $\dfrac{\rho_s}{\varepsilon_0}$인가? 평균값인 $\dfrac{\rho_s}{2\varepsilon_0}$인가? 아니면 또 다른 어떤 값인가?

설명을 계속해 나가기 전에, 앞서 배운 기억을 되살려 전기장 $\mathbf{E}$의 동작과 조각 그 자신에 의한 자체 장 $\mathbf{E}_s$의 동작을 모두 살펴보자. 이 두 전기장이 도체 표면의 바로 바깥쪽과 안쪽에서 어떤 값을 갖는지 구해보자.

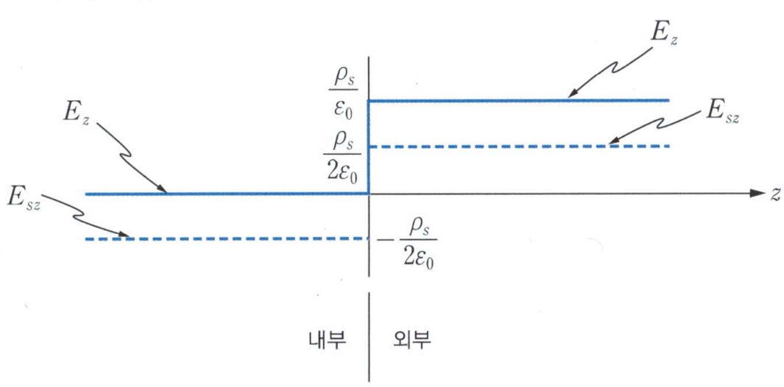

그림 3-17 도체 표면에 수직인 전기장 E_z와 자체 장 E_{sz}

$$\mathbf{E} = \mathbf{a}_n \frac{\rho_s}{\varepsilon_0} = \mathbf{a}_z \frac{\rho_s}{\varepsilon_0} \quad : \text{표면 바로 바깥쪽} \tag{3.38a}$$

$$= 0 \quad : \text{표면 바로 안쪽} \tag{3.38b}$$

$$\mathbf{E}_{av} = \frac{1}{2}\{\mathbf{E}(\text{외부}) + \mathbf{E}(\text{내부})\} = \mathbf{a}_z \frac{\rho_s}{2\varepsilon_0} \tag{3.39}$$

여기서 $\mathbf{a}_n$은 도체표면에 수직인 방향의 단위벡터로 [그림 3-16]의 미소조각에 대해서는 $\mathbf{a}_n = \mathbf{a}_z$이다.

작은 조각 그 자신이 만드는 자체 장 $\mathbf{E}_s$는 다음과 같이 무한히 넓은 판의 전하가 만드는 전기장과 같다([예제 2-6] 참조).

$$\mathbf{E}_s = \pm\, \mathbf{a}_n \frac{\rho_s}{2\varepsilon_0} = \mathbf{a}_z \frac{\rho_s}{2\varepsilon_0} \quad : \text{표면 바로 바깥쪽} \tag{3.40a}$$

$$= -\,\mathbf{a}_z \frac{\rho_s}{2\varepsilon_0} \quad : \text{표면 바로 안쪽} \tag{3.40b}$$

[그림 3-17]에 $\mathbf{E}$(실선)와 $\mathbf{E}_s$(점선)를 그래프로 나타냈다. 여기서 주목할 것은 $\mathbf{E}$와 $\mathbf{E}_s$ 모두 도체 표면에서 갑자기 변하는 불연속이 있다는 사실이다. 그러므로 힘을 계산하는 데에 있어, 이 두 전기장의 차이인 $(\mathbf{E} - \mathbf{E}_s)$의 사용을 고려해본다. 이것이 이치에 맞는 것은 도체가 자기 자신에게 알짜 힘을 가하지는 않을 것이기 때문이다. 식 (3.41)에서 보듯이 전기장의 차이인 $(\mathbf{E} - \mathbf{E}_s)$는 연속이다.

$$\mathbf{E} - \mathbf{E}_s = \mathbf{a}_z \frac{\rho_s}{2\varepsilon_0} = \mathbf{E}_{av} \tag{3.41}$$

이제 문제를 해결해보자. 표면에서 불연속인 것은 자체 장 $\mathbf{E}_s$이다. $\mathbf{E}$에서 $\mathbf{E}_s$를 제거하면 $\mathbf{E}$ 속에 $\mathbf{E}_s$가 들어 있어 생기는 불명확한 문제가 해결된다. 또한 $\mathbf{E}$에서 $\mathbf{E}_s$를 제거한 결과는 ($\mathbf{E}_s$가 기함수이므로) 도체 밖의 $\mathbf{E}$와 도체 안의 $\mathbf{E}$의 평균을 취한 것과 같다. $\mathbf{E}_s$는 조각 자체가 그 자신이 놓인 위치에 만드는 장이다. 따라서 $(\mathbf{E} - \mathbf{E}_s)$는 그 조각을 제외한 나머지 도체 전부가 그 조각이 위치한 곳에 만드는 장이다.

따라서 전기장 $\mathbf{E}$가 걸려 있는 곳에 놓여 있는 도체가 받는 힘은 다음 식으로 구할 수 있다.

$$\mathbf{F} = \iint_S (\mathbf{E} - \mathbf{E}_s)\rho_s\, ds = \iint \mathbf{E}_{av}\rho_s\, ds = \iint_S \mathbf{a}_n \frac{\rho_s^2}{2\varepsilon_0}\, ds$$

$$\mathbf{F} = \iint_S \mathbf{a}_n \frac{\rho_s^2}{2\varepsilon_0}\, ds \tag{3.42}$$

3.9 정전기장 속의 에너지와 힘

이 절에서는 정전기 시스템의 에너지^{energy}, 다시 말해 그 시스템을 만들기 위해 해주어야 하는 일^{work}을 계산한다. 아울러 그 시스템에 가해지는 힘을 알아본다. 먼저, 점전하 여러 개를 모으는 데 필요한 일을 구해보자.

3.9.1 점전하 모임의 에너지

[그림 3-18]을 보면 임의의 위치에 N개의 점전하가 놓여 있다. q_1과 q_2 사이의 거리는 r_{12}이고 q_i와 q_j 사이의 거리는 r_{ij}이다. 이 전하들을 무한히 먼 곳에서 현재 놓인 위치로 가져오는 데 필요한 일을 구해보자. 먼저, 모든 전하는 원점에서 무한히 먼 곳에 놓여 있고 전하들끼리도 서로 무한히 멀리 떨어져 있다고 가정한다. 이때 전하들이 맨 처음부터 이렇게 배치되어 있는 것으로 가정하여, 이런 식의 배치에 소요된 일이 얼마였는지는 따지지 않기로 한다.

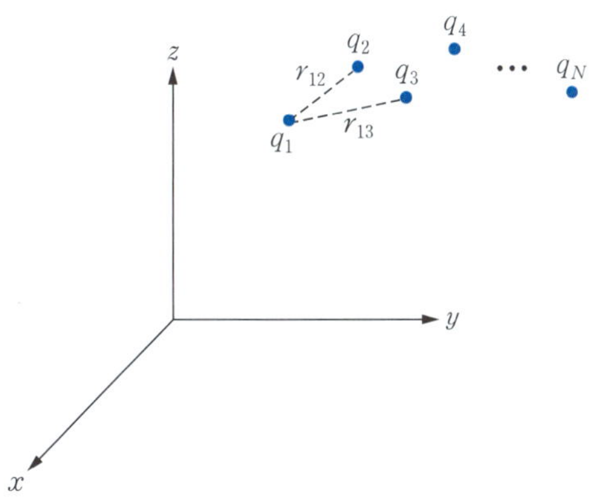

그림 3-18 점전하 모임

첫 번째 전하 q_1을 옮기는 동안 q_1에는 아무런 힘도 가해지지 않으므로, q_1을 현재 위치로 가져오는 데 필요한 일은 0이다. 다음으로 q_2를 가져올 때는 $V_1 = \dfrac{q_1}{4\pi\varepsilon_0 r_{12}}$의 전위를 거슬러야 하므로 q_1이 있을 때 q_2를 가져오는 데 필요한 일은 다음과 같다.

$$W_2 = -\int \mathbf{F}_1 \cdot d\mathbf{l} = -\int_{\infty}^{r_{12}} q_2 \mathbf{E}_1 \cdot d\mathbf{l} = q_2 V_1 = \frac{q_1 q_2}{4\pi\varepsilon_0 r_{12}}$$

이와 비슷하게 q_3를 옮길 때는 q_1과 q_2에 의해 q_3에 가해지는 힘에 맞서야 한다. 따라서 q_1과 q_2의 힘에 맞서 q_3를 현재 위치로 가져오는 데 필요한 일은 다음과 같다.

$$W_3 = q_3\left(\frac{q_1}{4\pi\varepsilon_0 r_{13}} + \frac{q_2}{4\pi\varepsilon_0 r_{23}}\right)$$

맨 마지막 차례로 q_N을 가져오는 데 필요한 일은 다음과 같다.

$$W_N = q_N\left(\frac{q_1}{4\pi\varepsilon_0 r_{1N}} + \frac{q_2}{4\pi\varepsilon_0 r_{2N}} + \cdots + \frac{q_{N-1}}{4\pi\varepsilon_0 r_{(N-1)N}}\right)$$

이제 $\dfrac{q_i\,q_j}{4\pi\varepsilon_0\,r_{ij}}$ 항을 원소로 하는 크기가 $N\times N$인 행렬을 생각해보자. 이 행렬의 주대각선 위쪽 또는 아래쪽의 모든 항을 사용하여 총 전기 에너지 W_e를 다음과 같이 나타낼 수 있다.

$$W_e = W_2 + W_3 + \cdots + W_N = \sum_{i=1}^{N}\sum_{\substack{j=1\\ j>i}}^{N}\frac{q_i\,q_j}{4\pi\varepsilon_0\,r_{ij}} \tag{3.43a}$$

여기서 $j>i$에 의해 주대각선 위쪽에 있는 항이 들어가게 된다. 행렬의 원소들은 주대각선을 기준으로 위, 아래가 대칭을 이루고 있으므로

$$W_e = \frac{1}{2}\sum_{i=1}^{N}\sum_{\substack{j=1\\ j\neq i}}^{N}\frac{q_i q_j}{4\pi\varepsilon_0\,r_{ij}} \tag{3.43b}$$

$$= \frac{1}{2}\sum_{i=1}^{N} q_i\left(\sum_{\substack{j=1\\ j\neq i}}^{N}\frac{q_j}{4\pi\varepsilon_0\,r_{ij}}\right) = \frac{1}{2}\sum_{i=1}^{N} q_i\,V_i \tag{3.44}$$

로 쓸 수 있다. 여기서 V_i는 q_i를 제외한 다른 모든 전하에 의해 q_i의 위치에 만들어지는 전위이다. 식 (3.44)에 있는 인수 $\dfrac{1}{2}$은 이 점전하 모임이 가지고 있는 선형성과 관련이 있다. 첫 번째 전하를 가져올 때는 0[V]의 전위를 통과하고 마지막 전하는 V[V]의 총 전위를 통과하므로 평균적으로는 각 전하를 가져올 때마다 $\dfrac{1}{2}V$[V]의 전위를 통과한다.

3.9.2 연속전하분포의 에너지

전하가 연속전하분포 $\rho_v(x,\ y,\ z)$인 경우, 이를 무한히 작은 부피로 나누면 이 미소부피 dv 속의 전하는 $dQ=\rho_v\,dv$가 된다. 이렇게 하면 식 (3.44)의 급수는 적분이 된다. 모든 미소부피에 대해 적분을 하면 다음 식을 얻을 수 있다.

$$W_e = \frac{1}{2}\iiint \rho_v(x,\ y,\ z)\ \ V(x,\ y,\ z)\,dv \tag{3.45}$$

식 (3.45)는 부피전하분포의 에너지를 나타내는 식이다. 표면전하분포의 경우에는 $\dfrac{1}{2}\iint \rho_s\,V\,ds$로 된다. 표면이 도체인 경우에는 $\dfrac{1}{2}QV$가 된다. 여기서 Q는 도체의 총 전하이고 V는 도체의 전위인데, 이렇게 되는 이유는 도체에서는 전위 V가 일정하기 때문이다. 각각 $+Q$, $-Q$의 전하를 가진 두 도체로 구성된 커패시터([그림 3-13])에 저장되는 에너지는 다음 식으로 나타낼 수 있다.

$$W_e = \frac{1}{2}QV_1 + \frac{1}{2}(-Q)V_2 = \frac{1}{2}Q(V_1 - V_2) = \frac{1}{2}QV = \frac{1}{2}CV^2$$

여기서 V_1과 V_2는 두 도체의 전위이며, V는 두 도체 사이의 전위차(전압)이다.

3.9.3 장으로 표현된 에너지 수식

전하는 주위 공간에 전기장을 만들어낸다. 따라서 에너지는 전기장을 사용하여 나타낼 수도 있다. 식 (3.45)의 부피를 무한대로 확장하면 에너지를 나타내는 또 다른 수식을 구할 수 있다. 이렇게 해도 되는 까닭은 전하분포의 외부 영역에서는 $\rho_v = 0$이기 때문이다. 따라서 전기 에너지는 다음 식으로 표시된다.

$$W_e = \frac{1}{2}\iiint_{\text{모든 공간}} \rho_v V\,dv = \frac{1}{2}\iiint_{\text{모든 공간}} (\nabla \cdot \mathbf{D})V\,dv$$

$$= \frac{1}{2}\iiint_{\text{모든 공간}} \{\nabla \cdot (V\mathbf{D}) - \mathbf{D} \cdot \nabla V\}\,dv$$

여기서 다음의 벡터 항등식을 이용했다.

$$\nabla \cdot (V\mathbf{D}) = V(\nabla \cdot \mathbf{D}) + (\nabla V) \cdot \mathbf{D}$$

이제 $\mathbf{E} = -\nabla V$의 관계를 사용하고, 적분식의 첫 번째 항에 발산 정리를 적용하면 다음 식을 얻을 수 있다.

$$W_e = \frac{1}{2}\left\{\iiint_{\text{모든 공간}} \mathbf{E} \cdot \mathbf{D}\,dv + \oiint_{\text{반지름이 }\infty\text{인 구}} V\mathbf{D} \cdot d\mathbf{s}\right\}$$

전하가 분포되어 있는 영역이 유한한 경우에는 $r \to \infty$ 일 때 $V \sim \frac{1}{r}$, $|\mathbf{D}| \sim \frac{1}{r^2}$, $ds \sim r^2$이므로, 위 식에서 면적분은 0이 된다. 따라서 전기 에너지를 구하는 식을 다음과 같이 쓸 수 있다.

$$W_e = \frac{1}{2}\iiint_{\text{모든 공간}} \mathbf{E} \cdot \mathbf{D}\,dv \tag{3.46}$$

식 (3.45)에서는 에너지를 전하원천에 저장되는 것이라고 말할 수 있는 반면, 식 (3.46)에서는 에너지를 장 field 에 저장되는 것이라고 말할 수 있다. 정전기 시스템에서는 두 식 모두 같은 결과를 내놓지만 원천과 장이 시간에 따라서 변하는 경우에는 식 (3.46)이 더 타당하다고 할 수 있다. 그 까닭은 장은 공간 속을 이동하면서 에너지를 운반하기 때문인데, 이에 대해서는 8장에서 자세히 다루기로 한다.

예제 3-8 구형 전하구름의 에너지

다음과 같은 균일한 부피전하밀도 ρ_v를 갖는 전하가 반지름이 a인 구 안에 고르게 퍼져 전하구름을 이루고 있다. 이 전하구름을 형성하는 데 필요한 일을 구하라. 이 일은 이 전하 시스템에 저장된 전기에너지와 동일하다.

$$\rho_v = \rho_0 \quad (r < a)$$

풀이

가우스 법칙을 적용하면 다음과 같다.

$$\oiint_S \mathbf{D} \cdot d\mathbf{s} = 4\pi r^2 D_r = \rho_0 \frac{4}{3}\pi r^3 \qquad (r \le a)$$

$$= \rho_0 \frac{4}{3}\pi a^3 \qquad (r \ge a)$$

$$D_r = \varepsilon_0 E_r = \frac{\rho_0 r}{3} \qquad (r \le a)$$

$$= \frac{\rho_0 a^3}{3r^2} \qquad (r \ge a)$$

전위는 다음과 같은 과정으로 구할 수 있다.

$$V = -\int \mathbf{E} \cdot d\mathbf{l} = -\int_\infty^r E_r|_{r \ge a} dr = -\int_\infty^r \frac{\rho_0 a^3}{3\varepsilon_0 r^2} dr = \frac{\rho_0 a^3}{3\varepsilon_0 r} \qquad (r \ge a)$$

$$= -\int_\infty^a E_r|_{r \ge a} dr - \int_a^r E_r|_{r \le a} dr = \frac{\rho_0 a^2}{2\varepsilon_0} - \frac{\rho_0 r^2}{6\varepsilon_0} \qquad (r \le a)$$

식 (3.45)를 사용하면 다음을 얻는다.

$$\begin{aligned} W_e &= \frac{1}{2}\iiint \rho_v V dv \\ &= \frac{1}{2}\int_0^{2\pi}\int_0^{\pi}\int_0^a \rho_0^2 \left[\frac{a^2}{2\varepsilon_0} - \frac{r^2}{6\varepsilon_0}\right] r^2 \sin\theta \, dr\, d\theta\, d\phi \\ &= \frac{4\pi\rho_0^2 a^5}{15\varepsilon_0} = \frac{3Q^2}{20\pi\varepsilon_0 a} \end{aligned} \tag{3.47}$$

여기서 $Q = \frac{4}{3}\pi a^3 \rho_0$이다. 식 (3.46)에 있는 장으로 표현된 에너지를 사용해도 같은 결과를 이끌어낼 수 있다([연습문제 3.31] 참조).

여기서 주의해야 할 점은

$a \to 0$일 때 $W_e \to 0$: ρ_0가 일정한 경우

$a \to 0$일 때 $W_e \to \infty$: Q가 일정한 경우

이다. 이것이 뜻하는 것은 다음과 같다.

❶ 유한한 값의 균일한 ρ_0를 갖는 미소부피의 에너지는 무시할 수 있다.

❷ 점전하 Q의 에너지는 무한대이다.

3.9.4 에너지로 표현된 힘과 돌림힘

여기서는 도체와 유전체로 이루어진 정전기 시스템을 살펴보자. 이 시스템에는 힘 $\mathbf{F}$를 받으면 움직이는 부분이 있다. 이 부분은 제자리에서 작은 거리 Δx만큼 움직일 수 있다. 다음의 두 상황을 다뤄보자.

❶ **전하가 일정한 경우** : 두 도체는 서로 격리되어 있으며 움직이는 동안에 도체의 총 전하는 일정하게 유지된다.

❷ **전압이 일정한 경우** : 움직이는 동안에 두 도체 사이의 전위가 일정하게 유지된다.

[그림 3-19]를 보면 평행한 두 판이 있는데, 두 판 사이에는 유전체 블록의 일부가 들어가 있다. 전하가 일정한 경우에 두 판은 서로 연결되어 있지 않으며 전하 Q는 Δx만큼 움직이는 동안에 일정하게 유지된다. x는 고정된 판 위의 한 점과 움직이는 유전체 블록 사이의 거리이다. 전압이 일정한 경우에 두 판 사이에는 이상적인 전압원이 연결되어 있다. 이 경우에는 Δx만큼 움직이는 동안 위쪽 판에 ΔQ만큼 전하가 추가된다.

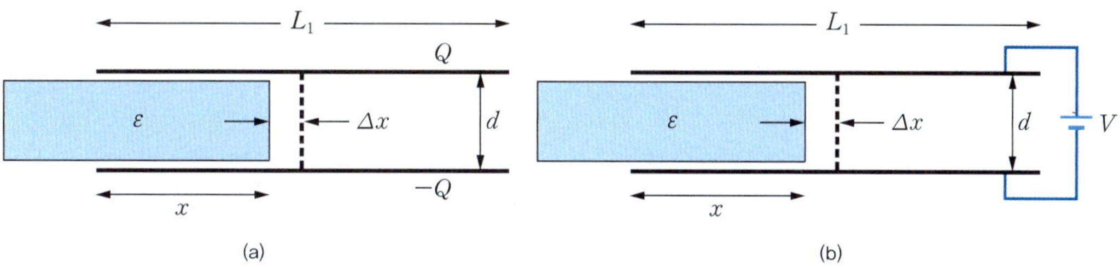

그림 3-19 평행판 사이에 일부분이 들어가 있는 유전체 블록
(a) 전하가 일정한 경우 (b) 전압이 일정한 경우

전하가 일정한 경우

전하는 변하지 않지만 전위와 전기장은 달라질 수 있다. 그러므로 정전기 에너지 W_e는 변위 Δx에 따라 달라진다. 유전체 블록이 자신에 작용하는 힘 F_x를 거슬러 Δx만큼 움직이면 $F_x \Delta x$만큼의 역학적 일이 수행된 것이다. 따라서 역학적 에너지가 달라진다. 이 역학적 에너지는 (스프링 속에 에너지가 저장되는 것처럼) 저장되거나 운동 에너지($\frac{1}{2}mv^2$)의 형태로 나타날 수 있는데, 어떤 경우이든 역학적 에너지와 정전기 에너지는 모두 변한다. 에너지 보존법칙을 다음과 같이 나타낼 수 있다.

$$F_x \Delta x + \Delta W_e = 0$$

$$F_x = -\frac{\Delta W_e}{\Delta x} \rightarrow -\frac{\partial W_e(Q,\ x)}{\partial x} \quad (\Delta x \rightarrow 0\text{일 때}) \tag{3.48a}$$

전압이 일정한 경우

전압은 변하지 않지만 전하는 달라질 수 있다. 전하가 ΔQ만큼 증가하면 정전기 에너지는 $\frac{1}{2}VQ$에서 $\frac{1}{2}V(Q+\Delta Q)$로 $\frac{1}{2}V\Delta W$만큼 증가한다. 이때 수행된 일은 앞의 경우와 마찬가지로 $F_x\Delta x$이다. 에너지 저장에 기여하는 것은 배터리이다. 배터리는 전압 V를 가해주어 전하 ΔQ를 움직이게 하는 과정에서 $V(\Delta Q)$만큼의 일을 수행한다. 에너지 보존법칙을 다음과 같이 나타낼 수 있다.

$$\Delta W_e + F_x\Delta x = V\Delta Q = 2\Delta W_e \qquad \left(\Delta W_e = \frac{1}{2}V\Delta Q\text{이므로}\right)$$

$$F_x = \frac{\Delta W_e}{\Delta x} \rightarrow \frac{\partial W_e(V,\ x)}{\partial x} \qquad (\Delta x \to 0\text{일 때}) \tag{3.48b}$$

만일 유전체 블록의 한쪽 끝이 고정되어 있고 그 고정된 부분을 축으로 하여 평행판 내부에서 자유롭게 회전할 수 있는 구조라면, 위의 두 경우에 수행된 역학적 일은 $T_\theta\Delta\theta$이다. 여기서 θ는 고정된 판과 회전할 수 있는 유전체 블록 사이의 각도이며, T_θ는 돌림힘이다. 이 시스템에서는 결과가 다음과 같이 나타난다.

$$T_\theta = -\frac{\partial W_e(Q,\ \theta)}{\partial\theta} \quad \text{: 전하가 일정한 경우} \tag{3.49a}$$

$$= \frac{\partial W_e(V,\ \theta)}{\partial\theta} \quad \text{: 전압이 일정한 경우} \tag{3.49b}$$

x 외에 다른 방향에 대해 힘과 움직인 거리(변위)를 고려해야 할 경우도 있으므로, 결과를 일반적인 형태로 나타내보자.

$$\mathbf{F}_Q = -\nabla W_e \quad \text{: 전하가 일정한 경우} \tag{3.50a}$$

$$\mathbf{F}_V = +\nabla W_e \quad \text{: 전압이 일정한 경우} \tag{3.50b}$$

여기서 아래첨자 Q와 V는 각각 일정한 전하와 일정한 전압을 나타낸다.

예제 3-9 두 평행판 사이의 유전체 블록에 작용하는 힘

[그림 3-19]와 같은 구조에서 각 판의 형태는 사각형이고 면적은 L_1L_2이다(L_2는 책 속 방향으로 들어가는 판의 폭). $L_1,\ L_2 \gg d$로 가정하여 가장자리장은 무시한다. 즉 두 판 사이의 영역에서 전기장은 균일하며 두 판 밖에서는 전기장이 0이다. 유전체 블록에 가해지는 힘을 구하라.

풀이

이 시스템의 정전기 에너지와 힘은 다음과 같이 표시할 수 있다.

$$W_e = \frac{1}{2}QV = \frac{1}{2}CV^2 = \frac{1}{2}\frac{Q^2}{C} \tag{3.51}$$

$$F_x = \frac{\partial W_e(V,\ x)}{\partial x} = \frac{1}{2}V^2\frac{dC(x)}{dx} \tag{3.52a}$$

$$= -\frac{\partial W_e(Q,\ x)}{\partial x} = -\frac{1}{2}Q^2\frac{d}{dx}\left[\frac{1}{C(x)}\right] = \frac{1}{2}\frac{Q^2}{C^2}\frac{dC(x)}{dx} \tag{3.52b}$$

이 결과에서 보듯이 전하가 일정한 경우의 F_x 수식과 전압이 일정한 경우의 F_x 수식은 똑같은데, 반드시 이렇게 나와야 한다. 평행판 커패시터 두 개가 병렬로 연결된 구조에서는 식 (3.28)의 결과를 이용하여 다음과 같이 구할 수 있다.

$$C(x) = \frac{\varepsilon L_2 x}{d} + \frac{\varepsilon_0 L_2(L_1 - x)}{d}$$

$$\frac{dC(x)}{dx} = \frac{L_2(\varepsilon - \varepsilon_0)}{d}$$

그러면 유전체 블록에 작용하는 힘은 다음과 같다.

$$F_x = \frac{V^2 L_2(\varepsilon - \varepsilon_0)}{2d} \tag{3.53}$$

$\varepsilon > \varepsilon_0$이므로 F_x는 언제나 (+) 값이 되어 유전체 블록은 두 판 사이로 끌려 들어간다. 주의할 점은 여기서 힘을 구할 때 전기장은 균일한 것으로 가정했지만, 유전체를 잡아당겨 커패시터 속으로 넣는 것은 이 균일한 장이 아니라 불균일한 가장자리장이라는 사실이다. 따라서 계산하기 어려운 가장자리장을 구하지 않고도 시스템의 정전기 에너지의 변화를 바탕으로 유전체에 가해지는 힘을 구할 수 있다.

3.1 다음의 각 경우에 대해 속박 표면전하밀도 ρ_{ps}와 속박 부피전하밀도 ρ_{pv}를 구하라. 또 유전체가 전기적으로 중성, 즉 총 속박전하가 0임을 증명하라.

(a) 균일하게 편극된 원통 : 길이 l, 반지름 a

$$\mathbf{P} = \mathbf{a}_z P_0 \quad \left(0 < \rho < a,\ -\frac{l}{2} < z < \frac{l}{2}\right)$$

(b) 균일하게 편극된 구 : 반지름 a

$$\mathbf{P} = \mathbf{a}_z P_0 \quad (r < a)$$

(c) 반지름방향으로 편극된 정육면체 : 한 변의 길이 l, 중심은 원점

$$\mathbf{P} = (\mathbf{a}_x x + \mathbf{a}_y y + \mathbf{a}_z z) P_0 = \mathbf{a}_r r P_0$$

3.2 다음의 각 경우에 대해 속박 전하밀도 ρ_{ps}, ρ_{pv}를 구하라. 또 총 속박전하가 0임을 증명하라.

(a) 반지름 방향으로 편극된 구 : 반지름 a

$$\mathbf{P} = \mathbf{a}_r P_0 \left(\frac{r}{a}\right) \quad (r < a)$$

(b) 반지름 방향으로 편극된 원통 : 반지름 a, 길이 무한대

$$\mathbf{P} = \mathbf{a}_\rho P_0 \left(\frac{\rho}{a}\right) \quad (\rho < a)$$

(c) 편극된 정육면체 : 한 변의 길이 l, 중심은 원점

$$\mathbf{P} = \mathbf{a}_x P_0 \left(\frac{x^2}{l^2}\right)$$

3.3 다음의 각 경우에 대해 속박 전하밀도 ρ_{ps}, ρ_{pv}를 구하라. 또 총 속박전하가 0임을 증명하라.

(a) 원통 껍질 : 길이 l, 반지름 a, b

$$\mathbf{P} = \mathbf{a}_\rho P_0 \left(\frac{a}{\rho}\right) \quad \left(a < \rho < b,\ -\frac{l}{2} < z < \frac{l}{2}\right)$$

(b) 구 껍질 : 반지름 a, b

$$\mathbf{P} = \mathbf{a}_r P_0 \left(\frac{a^2}{r^2}\right) \quad (a < r < b)$$

(c) 편극된 직육면체 : 각 변의 길이 a, b, c

$$\mathbf{P} = \left(\mathbf{a}_x \frac{x}{a} + \mathbf{a}_y \frac{y}{b}\right) P_0 \quad (0 < x < a,\ 0 < y < b,\ 0 < z < c)$$

3.4 길이가 무한히 길고 반지름이 a인 원통이 다음과 같이 반지름방향으로 편극되어 있을 때, 주어진 물음에 답하라.

$$\mathbf{P} = \mathbf{a}_\rho P_0\left(\frac{a}{\rho}\right)$$

(a) 속박 전하밀도 ρ_{ps}, ρ_{pv}를 구하라.

(b) 총 속박전하가 0이 되려면 축을 따라($\rho = 0$) 속박 선전하밀도 ρ_{pl}이 얼마가 되어야 하는지 구하라.

3.5 반지름이 a인 구가 다음과 같이 반지름방향으로 편극되어 있을 때, 주어진 물음에 답하라.

$$\mathbf{P} = \mathbf{a}_r P_0\left(\frac{a^2}{r^2}\right)$$

(a) 속박 전하밀도 ρ_{ps}, ρ_{pv}를 구하라.

(b) 총 속박전하가 0이 되려면 원점에는 어떤 유형의 속박전하가 존재해야 하는가?

3.6 [연습문제 3.1(a)]의 균일하게 편극된 원통에 대해 축 위에서의 전기장을 구하라. 또 구한 결과를 [예제 3-1]의 결과와 비교하라.

3.7 [연습문제 3.3(a)]의 반지름방향으로 편극된 원통에 대해 축 위에서의 전기장을 구하라.

3.8 [연습문제 3.1(b)]의 균일하게 편극된 구에 대해 구의 중심에서의 전기장을 구하라.

3.9 편극된 유전체에서 속박전하가 대칭적으로 분포되어 있는 경우에는 특수한 형태의 가우스 법칙을 적용할 수 있다. 식 (3.9a)의 양변을 부피 V에 대해 적분하면 다음과 같다. 여기서 S는 부피 V의 경계를 이루는 닫힌표면이다.

$$\oint\!\!\!\oint_S \mathbf{E} \cdot d\mathbf{s} = \frac{(Q_f + Q_p)}{\varepsilon_0}$$

이 유전체가 자유전하가 없는 이상적인 유전체라면, 위 식은 다음과 같이 간단해진다. 여기서 Q_p는 닫힌표면 S 속에 들어 있는 속박전하를 나타낸다.

$$\oint\!\!\!\oint_S \mathbf{E} \cdot d\mathbf{s} = \frac{Q_p}{\varepsilon_0}$$

위 식을 사용하여 [연습문제 3.2(a)]의 반지름 방향으로 편극된 구에 대해 전기장 $\mathbf{E}$와 변위벡터 $\mathbf{D}$를 구하라.

3.10 [연습문제 3.2(b)]의 반지름방향으로 편극된 원통에 대해 전기장 $\mathbf{E}$와 변위벡터 $\mathbf{D}$를 구하라. ([연습문제 3.9 참조])

3.11 [연습문제 3.3(b)]의 반지름방향으로 편극된 구 껍질에 대해 전기장 $\mathbf{E}$와 변위벡터 $\mathbf{D}$를 구하라. ([연습문제 3.9 참조])

3.12 [연습문제 3.4]의 편극된 원통에 대해 전기장 $\mathbf{E}$와 전위 V를 구하라.([연습문제 3.9] 참조)

3.13 [연습문제 3.5]의 편극된 구에 대해 전기장 $\mathbf{E}$와 전위 V를 구하라.([연습문제 3.9] 참조)

3.14 어떤 쌍극자가 임의의 위치 (x', y', z')에 임의의 방향으로 놓여 있다. 이 쌍극자의 모멘트는 $\mathbf{p}$이다. 쌍극자의 전위가 다음 식으로 표시됨을 보여라. 여기서 $\mathbf{r}'$은 원점에서 (x', y', z')으로 가는 벡터이다. 이 결과를 식 (2.67)과 비교하라.

$$V(r, \theta) = \frac{\mathbf{p} \cdot \mathbf{R}}{4\pi\varepsilon_0 R^3} = \frac{1}{4\pi\varepsilon_0} \frac{\mathbf{p} \cdot (\mathbf{r} - \mathbf{r}')}{|\mathbf{r} - \mathbf{r}'|^3}$$

3.15 원자를 고전적인 모형으로 간단하게 나타내면, $+Ne$의 전하량을 갖는 핵 주위를 총 전하량이 $-Ne$인 구형 전자구름이 둘러싸고 있는 구조이다. 여기서 N은 원자번호이고 $e = 1.6 \times 10^{-19}$ [C]은 전자 1개의 전하량이다. 원자의 외부에 전기장 E_0가 가해지면 핵의 위치가 원자의 중심으로부터 d만큼 어긋나게 되므로 원자는 편극된다([그림 3-2(b)] 참조). 반지름이 a인 전자구름 속의 전하분포가 균일하다고 가정할 때, 다음 물음에 답하라.

(a) 전자구름($r < a$)에 의해 발생하는 전기장 $\mathbf{E}_i$

(b) 변위 d (즉 핵은 $r = d$에 위치한다.)

(c) 원자의 알짜 쌍극자 모멘트 $\mathbf{p}$

(d) 단위부피당 원자수가 n인 물질의 전기감수율 χ_e(편극 $\mathbf{P}$와 전기장 E_0의 관계를 구한다.)

힌트 평형상태에 도달하면 외부 전기장 E_0는 편극된 전자구름에 의해 발생하는 내부 전기장과 같아져 상쇄된다. [예제 2-3]의 결과를 이용할 수 있다.

3.16 x방향과 y방향으로는 무한히 넓고 z방향으로는 $z=0$에서 $z=d$까지의 범위를 차지하고 있는 유전체 블록이 영구적으로 편극되어 있다. 이 유전체의 편극벡터가 다음과 같이 균일하다. 여기서 P_0는 상수이다. 주어진 물음에 답하라.

$$\mathbf{P}=\mathbf{a}_z P_0 \qquad (0<z<d)$$

(a) 블록 유전체 내부의 속박 부피전하밀도 ρ_{pv}를 구하라. 또 $z=0$, $z=d$인 두 표면에서 속박 표면전하밀도 ρ_{ps}를 구하라.

(b) 블록 유전체의 편극에 의해 발생하는 전기장을 $z>d$, $0\le z\le d$, $z<0$ 영역에서 구하라.

3.17 유전체 블록이 다음과 같이 불균일한 편극벡터를 가질 때, [연습문제 3.16]을 되풀이하라.

$$\mathbf{P}=\mathbf{a}_z P_0 \frac{z}{d} \qquad (0<z<d)$$

3.18 균일한 부피 전하 밀도 $\rho_{v0}\,[\mathrm{C/m^3}]$를 갖는 전하가 반지름이 a인 구 안에 고르게 퍼져 있다. 이 전하구는 안쪽 반지름이 b이고 바깥쪽 반지름이 c인 유전체 껍질로 둘러싸여 있다($c>b>a$). 이 껍질은 유전율이 ε인 선형 유전체이다.

(a) 다음 각 영역에서 $\mathbf{E}$, $\mathbf{D}$, $\mathbf{P}$를 거리 r의 함수로 구하라.

(i) $r<a$, (ii) $a<r<b$, (iii) $b<r<c$, (iv) $r>c$

(b) 모든 속박 전하밀도 ρ_{pv}와 ρ_{ps}를 계산하라.

힌트 $\mathbf{D}$를 먼저 구하라. 전하분포가 구 대칭성을 가지므로 가우스 법칙을 사용하여 $\mathbf{D}$를 구할 수 있다.

3.19 균일한 선전하밀도 $\rho_{l0}\,[\mathrm{C/m}]$를 갖는 아주 긴 직선 도선이 반지름이 a인 아주 긴 유전체 원통 속에 놓여 있다. 원통은 유전상수가 ε_r인 선형 유전체이다. 다음 물음에 답하라.

(a) $\rho<a$, $\rho>a$ 각 영역에 대해 $\mathbf{E}$, $\mathbf{D}$, $\mathbf{P}$를 ρ(도선 축에서 떨어진 거리)의 함수로 구하라.

(b) 속박 전하밀도 ρ_{pv}와 ρ_{ps}를 구하라.

힌트 먼저 $\mathbf{D}$를 구하라. 전하밀도가 원통 대칭성을 가지므로 가우스 법칙을 이용하여 $\mathbf{D}$를 구할 수 있다.

3.20 긴 선전하 ρ_{l0}가 내부 반지름과 외부 반지름이 각각 a, b ($b>a$)인 유전체 원통 껍질로 둘러싸여 있을 때 [연습문제 3.19]를 되풀이하라. 유전체 원통 껍질의 유전율은 ε으로 가정한다.

3.21 [그림 3-15(b)]의 원통형 구조에서 $\rho = a,\ c$인 표면이 완전도체이다. 다음 물음에 답하라.

(a) 단위길이당 커패시턴스를 구하라. 또 구한 결과가 식 (3.32)를 만족함을 보여라.

(b) 원통의 길이가 l일 때 원통의 커패시턴스를 근사적으로 구하라. 이때 가장자리장을 무시하기 위한 구조의 치수 조건을 밝혀라.

3.22 [그림 3-15(c)]의 원통형 구조에서 $\rho = a,\ b$인 표면이 완전도체이다. 다음 물음에 답하라.

(a) 단위길이당 커패시턴스를 구하라. 또 구한 결과가 식 (3.34)를 만족함을 보여라.

(b) 원통의 길이가 l일 때 원통의 커패시턴스를 근사적으로 구하라. 이때 가장자리장을 무시하기 위한 구조의 치수 조건을 밝혀라.

3.23 [그림 3-15(d)]의 원통형 구조에서 $\rho = a,\ c$인 표면이 완전도체이다. 다음 물음에 답하라.

(a) 단위길이당 커패시턴스를 근사적으로 구하라. 가장자리장을 무시하기 위한 구조의 치수 조건을 밝혀라.

(b) 원통의 길이가 l일 때 원통의 커패시턴스를 근사적으로 구하라. 가장자리장을 무시하기 위한 구조의 치수 조건을 모두 밝혀라.

3.24 [그림 3-20]을 보면 평행판 커패시터들이 서로 직렬, 병렬, 직병렬로 연결되어 있다. 여기서 위쪽 표면과 아래쪽 표면은 모두 도체이다. 다음 물음에 답하라.

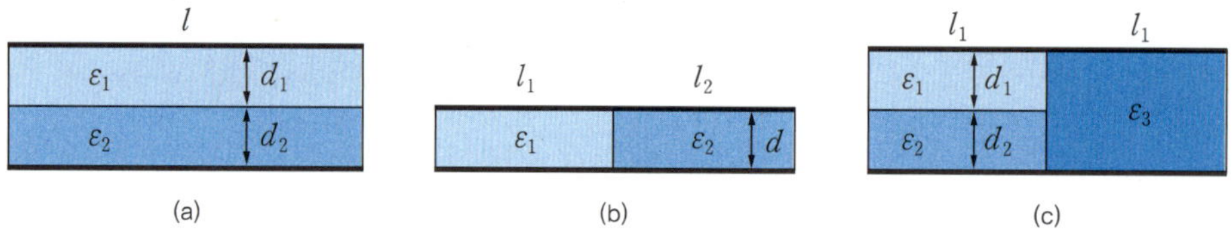

그림 3-20 책 속 방향으로 들어가는 폭이 w인 평행판 커패시터
(a) 직렬 구조 (b) 병렬 구조 (c) 직병렬 구조

(a) 책 속 방향으로 들어가는 커패시터의 폭을 w라고 할 때, 총 커패시턴스를 각각 구하라.

(b) 가장자리장을 무시하기 위한 구조의 치수 조건을 밝혀라.

3.25 [그림 3-21]을 보면 반지름이 각각 a, b인 도체로 된 원통 두 개가 축이 일치한 채 놓여 있다. 안쪽 원통과 바깥쪽 원통 사이에는 쐐기 모양의 유전체 조각이 놓여 있어 안쪽 원통을 떠받치고 있다. 유전체 조각을 이루는 호의 각도는 $60°$이다. 다음 물음에 답하라.

(a) 단위길이당 커패시턴스를 구하라.

(b) 두 원통 사이에 전압 V가 걸려 있다. 모든 곳에서 전기장 $\mathbf{E}$를 구하라.

(c) $\rho = a$에서의 자유 표면전하밀도와 속박 표면전하밀도를 구하라.

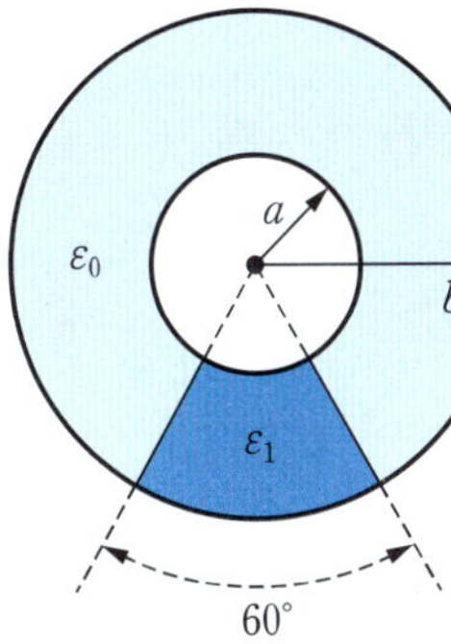

그림 3-21 내부 원통(구)을 떠받치고 있는 쐐기(원뿔) 모양의 유전체

3.26 [그림 3-21]을 다시 살펴보자. 이번에는 반지름이 각각 a, b인 도체로 된 두 개의 구가 중심이 일치한 채 놓여 있다. 안쪽 구와 바깥쪽 구 사이에는 원뿔 모양의 유전체 조각이 놓여 있어 안쪽 구를 떠받치고 있다. 유전체 조각을 이루는 원뿔의 각도는 $60°$이다.

(a) 커패시턴스를 구하라.

(b) 두 구 사이에 전압 V가 걸려 있다. 모든 곳에서 전기장 $\mathbf{E}$를 구하라.

(c) $r = a$에서의 자유 표면전하밀도와 속박 표면전하밀도를 구하라.

3.27 다음과 같이 세 개의 유전체로 이루어진 구 커패시터가 있다. $r = a$, d인 구의 표면은 도체로 덮여 있다. 커패시턴스를 구하라.

$$\varepsilon = \begin{cases} \varepsilon_1 & (a < r < b) \\ \varepsilon_2 & (b < r < c) \\ \varepsilon_3 & (c < r < d) \end{cases}$$

3.28 다음과 같이 N개의 유전체로 이루어진 구 커패시터가 있다. 여기서 $1 \le k \le N$이다. $r = r_1$과 $r = r_{N+1}$인 구의 표면은 도체로 덮여 있다. 커패시턴스를 구하라.

$$\varepsilon = \varepsilon_k \qquad (r_k < r < r_{k+1})$$

3.29 심화 $\rho = a, b$인 도체 원통으로 이루어진 동축선로가 있다. 동축선로는 유전율이 $\varepsilon = \varepsilon_0\left(\dfrac{\rho}{a}\right)$인 비균질 유전체로 채워져 있다. 두 원통 사이에는 전압 V가 걸려 있다. 다음 물음에 답하라.

(a) 단위길이당 커패시턴스를 구하라.

(b) 모든 곳에서 속박 부피전하밀도와 속박 표면전하밀도를 구하라.

힌트 내부 원통이 자유 전하밀도 ρ_l을 갖는다고 가정하라.

3.30 심화 $r = a, b$인 도체 구면으로 이루어진 구 커패시터가 있다. 두 도체 구면 사이는 유전율이 $\varepsilon = \varepsilon_0\left(\dfrac{r}{a}\right)$인 비균질 유전체로 채워져 있다. 두 구면 사이에는 전압 V가 걸려 있다. 다음 물음에 답하라.

(a) 커패시턴스를 구하라.

(b) 속박 부피전하밀도와 속박 표면전하밀도를 구하라.

(c) 모든 곳에서 전기장 $\mathbf{E}$를 구하라.

힌트 [연습문제 3.28]과 비교해보자.

3.31 장으로 표시된 에너지 수식인 식 (3.46)을 이용하여 [예제 3-8]의 균일한 부피전하밀도를 갖는 구형 전하구름에 저장된 에너지를 구하라. 이 결과가 식 (3.47)과 일치하는지 확인하라.

3.32 다음의 원통형 이중 전하구름에 대해 단위길이당 저장된 에너지를 계산하라.

$$\rho_v = \begin{cases} \rho_0 & (\rho \le a) \\ -\rho_0 & (a \le \rho \le a\sqrt{2}) \end{cases}$$

3.33 다음과 같은 불균일 부피전하밀도를 갖는 구형 전하구름이 있다. 여기서 ρ_0는 상수이다. 주어진 물음에 답하라.

$$\rho_v = \rho_0 \left(\frac{r}{a}\right) \qquad (0 \le r \le a)$$

(a) 이 전하구름의 정전기 에너지를 장으로 나타낸 수식인 식 (3.46)을 사용하여 구하라.

(b) 이 전하구름의 정전기 에너지를 전하로 나타낸 수식인 식 (3.45)를 사용하여 구하라.

힌트 먼저 전기장(가우스 법칙 이용)과 전위를 계산하라.

3.34 반지름이 a로 같은 두 개의 구형 전하구름의 부피전하밀도가 각각 ρ_{v1}, ρ_{v2}이다. 처음에 서로 멀리 떨어져 있던 두 전하구름을 겹쳐 하나로 만들기 위해 필요한 일을 구하라.

3.35 반지름이 a이고, 길이가 무한히 긴 두 개의 원통형 전하구름의 부피전하밀도는 각각 ρ_{v1}, ρ_{v2}이다. 처음에 서로 멀리 떨어져 있던 두 전하구름을 겹쳐 하나로 만들기 위해 필요한 단위길이당 일을 구하라.

3.36 [그림 3-22]에서 보듯이 간격이 $2d$인 평행 도체판에 유전율이 ε이고 두께가 d인 유전체가 채워져 있고, 나머지 두께 d의 공간은 공기층으로 남아 있다. 두 판 사이에는 전압 V_0가 걸려 있다. 위쪽 도체판에 작용하는 단위면적당 힘을 구하라.

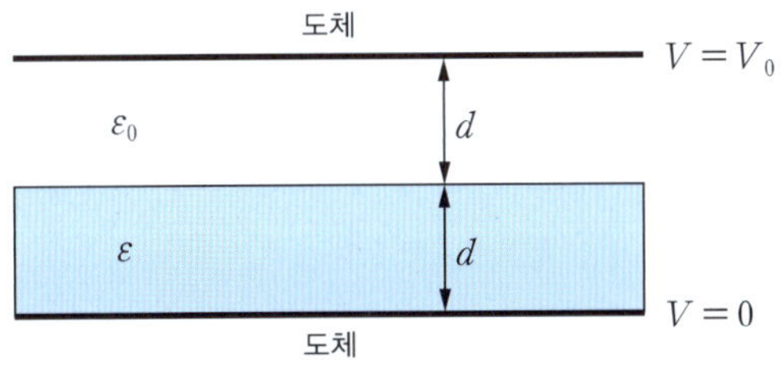

그림 3-22 부분적으로 유전체가 채워진 평행판

3.37 반지름이 a, b인 도체 구면으로 이루어진 구 커패시터가 있다. 두 도체 표면 사이에는 전압 V가 걸려 있다. $r=a$, b인 도체 표면의 단위면적당 끌어당기는 힘(인력)을 구하라.

3.38 [그림 3-23]에서 보듯이 반지름이 a, b인 동축선로를 유전율이 ε이고 질량밀도가 m인 액체형 유전체에 수직으로 집어넣었다. 두 도체 사이에는 전압 V가 걸려 있다. 가장자리장을 무시할 수 있도록 $b-a \ll a$로 가정하라.

(a) 전기장 $\mathbf{E}$를 구하라.

(b) 액체형 유전체를 동축선로 속으로 끌어당기는 힘을 구하라.

(c) 상승한 액체형 유전체의 높이 H를 구하라.

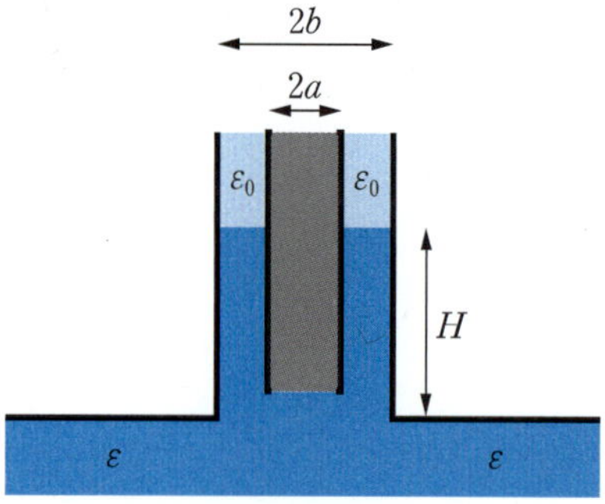

그림 3-23 부분적으로 액체형 유전체가 채워진 동축선로

3.39 $r=a$, b인 도체 구면으로 이루어진 구 커패시터가 있다. 두 도체 사이에는 전압 V가 걸려 있다. 펌프를 사용하여 이 커패시터에 유전율이 ε인 유전체 용액을 집어넣어 커패시터를 완전히 채웠다. 펌프가 수행한 역학적 일을 구하라. 또 정전압원이 수행한 전기적 일을 구하라.

3.40 심화 [그림 3-24]와 같은 비균질 유전체 블록이 있다. 유전율 ε은 ε_0에서 $2\varepsilon_0$까지 일정한 비율로 변한다. 이 블록의 일부를 간격이 d인 평행판 사이에 끼워넣었다. 두 판 사이에는 전압 V가 걸려 있다. 이 블록에 작용하는 단위폭당 힘을, 끼워넣은 길이 l의 함수로 구하라.
(여기서 블록의 폭은 책 속 방향으로 잰 치수이다.)

그림 3-24 유전율이 $\varepsilon(x)=\varepsilon_0(1+x)$ 인 비균질 유전체 블록

CHAPTER

04

특수한 풀이법

Special Solution Techniques

CONTENTS

학습목표

- 라플라스 방정식과 푸아송 방정식을 이해한다.
- 다양한 정전기 문제에서, 경계조건이 주어지면 라플라스 방정식을 풀어 해를 구할 수 있다.
- 유일성 정리를 설명할 수 있다.
- 영상법을 사용하여 전하가 도체 근처에 놓여 있는 정전기 문제를 풀 수 있다.
- 변수 분리법을 사용하여 편미분식 형태의 라플라스 방정식으로 표현되는 다양한 경곗값 문제의 해를 구할 수 있다.
- 세 가지 좌표계(직각 좌표계, 원통 좌표계, 구 좌표계)에서의 경곗값 문제를 풀 수 있다.

4.1 개요

지금까지는 정지해 있는 전하분포나 편극이 주어진 경우에 전기장을 구하는 방법을 배웠다. 편극이 주어지면 식 (3.2c)와 식 (3.3)으로 속박 전하분포를 구할 수 있다. 알고 있는 (자유 또는 속박) 전하분포가 어떤 대칭성을 가지고 있으면 식 (2.13)과 식 (3.12)의 가우스 법칙을 적용하여 전기장을 간편하게 구할 수 있다. 대칭성을 가지지 않은 임의의 전하분포의 경우에는 식 (2.27)이나 식 (3.6)을 사용하여 $\mathbf{E}$를 곧바로 구하거나 식 (2.46)이나 식 (3.5)를 사용하여 전위 V를 먼저 구하고 이어서 $-\nabla V$를 계산하여 $\mathbf{E}$를 쉽게 구할 수 있다.

그렇지만 도체들을 포함하고 있는 실제 정전기 문제에서는 각 도체의 총 전하나 전위를 원하는 값으로 설정할 수 있다고 해도 전하분포를 미리 알 수 없는 경우가 많다. 이러한 경우 위에서 언급한 방법은 전기장을 구하는 데는 별로 쓸모가 없으므로 다른 방법을 찾아야 한다. 4장에서는 두 가지 특수한 풀이법에 대해 살펴보는데, 이 방법을 사용하면 좀 더 쉽게 전위를 구할 수 있다. 이 두 방법이 바로 영상법 method of image 과 변수 분리법 method of separation of variables 이다. 이 두 방법을 사용하여 라플라스 방정식을 풀게 되는데, 전위 V는 2계 편미분방정식 second-order partial differential equation 인 이 방정식을 반드시 만족해야 한다. 이 두 방법은 어떤 특정한 정자기 문제를 풀 때도 사용할 수 있다.

4.2 라플라스 방정식과 푸아송 방정식

이 절에서는 푸아송 방정식과 라플라스 방정식을 유도해본다. 이 두 방정식을 유도하기 위해 앞에서 배운 다음의 정전기장과 관련한 두 가지 기본 법칙을 다시 살펴보자.

$$\nabla \times \mathbf{E} = 0 \tag{2.10}$$

$$\nabla \cdot \mathbf{D} = \rho_v \tag{3.10b}$$

유전율이 ε인 선형이면서 균질한 유전체의 경우에는 위의 식 (3.10b)를 다음과 같이 쓸 수 있다.

$$\nabla \cdot \mathbf{E} = \frac{\rho_v}{\varepsilon} \tag{4.1}$$

2.7절에서 이미 살펴보았듯이 위의 식 (2.10)으로부터 다음과 같이 쓸 수 있다.

$$\mathbf{E} = -\nabla V \qquad (2.41),\ (4.2)$$

식 (4.2)를 식 (4.1)에 대입하면

$$\nabla \cdot (-\nabla V) = -\nabla \cdot (\nabla V) = -\nabla^2 V = \frac{\rho_v}{\varepsilon}$$

가 되어, 다음 방정식을 얻을 수 있다.

$$\nabla^2 V = -\frac{\rho_v}{\varepsilon} \tag{4.3}$$

여기서 $\nabla^2 V$를 V의 라플라시안 Laplacian 이라고 한다(1.4.7절 참조). 식 (4.3)은 **푸아송 방정식** Poisson's equation 이라고 한다. 이 방정식은 2계 편미분방정식으로, 선형 유전체에 전하 ρ_v가 주어지는 경우에 전위는 반드시 이 방정식을 따라야 한다. 여기서 주목할 사실은 V는 스칼라이므로 V를 구하는 데는 한 개의 방정식(푸아송 방정식)만 있으면 된다는 것이다. 반면에 $\mathbf{E}$를 구하기 위해서는 발산과 회전을 포함하고 있는 두 개의 방정식이 필요하다.

$\rho_v = 0$인, 전하가 없는 영역에서 V를 구해야 하는 경우가 많이 있다. 이 영역을 무원천 영역 source-free region 이라고 한다. 이러한 영역에서는 식 (4.3)이 다음과 같이 간단하게 표시된다.

$$\nabla^2 V = 0 \quad : \text{무원천 영역} \tag{4.4}$$

이 방정식을 **라플라스 방정식** Laplace's equation 이라고 한다. $\rho_v = 0$인, 전하가 없는 영역에서 어떻게 V와 $\mathbf{E}$가 있을 수 있는지 이상하다는 생각이 들 수도 있을 것이다. 전체 영역에서 $\rho_v = 0$이면 당연히 $V = 0$이다. 그렇지만 무원천 영역 밖에 존재하는 전하가 있으면 V와 $\mathbf{E}$가 있을 수 있는 것이다. 식 (4.4)의 라플라스 방정식이 이 4장의 주제이다. 이 방정식은 정전기학에서 꼭 필요한 방정식이며, 중력장, 정자기학, 열전도와 같은 다양한 물리학 분야에서도 많이 사용한다. 직각 좌표계에서 라플라스 방정식을 써보면

$$\frac{\partial^2 V}{\partial x^2} + \frac{\partial^2 V}{\partial y^2} + \frac{\partial^2 V}{\partial z^2} = 0 \tag{4.5}$$

이 된다. 다른 좌표계를 사용하여 나타낸 라플라시안은 [표 1-4]에 정리되어 있다.

4.2.1 1차원 라플라스 방정식

이 절에서는 예제를 통해 1차원 라플라스 방정식을 푸는 방법을 알아본다.

예제 4-1 평행판 커패시터

[그림 4-1]을 보면 거리 d만큼 떨어진 두 개의 평행한 도체판 사이에 전압 V_0가 걸려 있다. 두 판 사이의 영역($0 \le x \le d$)에 대해 전위분포와 전기장을 구하라. 단, 두 판은 모두 무한히 넓은 것으로 가정한다.

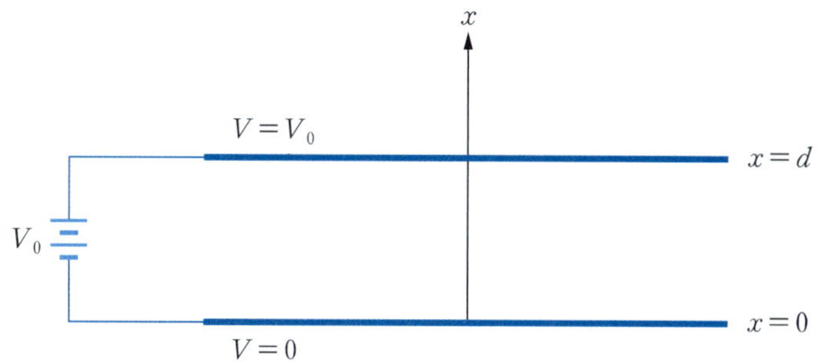

그림 4-1 평행판 커패시터

풀이

$0 \le x \le d$인 영역에는 전하가 없으므로 이 영역에 분포하는 V는 라플라스 방정식을 만족한다. 두 판이 무한히 넓고 평평하며 x 값이 같은 점들에서의 전위는 균일(즉 일정)하므로 V는 y와 z 값이 변해도 달라지지 않는다. 즉 $\frac{\partial}{\partial y} = \frac{\partial}{\partial z} = 0$이므로, 라플라스 방정식은 다음과 같이 1차원이 된다.

$$\nabla^2 V = \frac{\partial^2 V}{\partial x^2} = 0 \tag{4.6}$$

식 (4.6)을 x에 대해 두 번 적분하면 다음 식을 얻을 수 있다.

$$V(x) = Ax + B \tag{4.7}$$

미정계수 A와 B를 구하기 위해 다음과 같이 경계조건을 사용한다.

$$\begin{aligned} V(x=d) &= V_0 \\ V(x=0) &= 0 \end{aligned} \tag{4.8}$$

그러면 A, B 값은 다음과 같다.

$$A = \frac{V_0}{d}, \quad B = 0 \tag{4.9}$$

식 (4.9)를 식 (4.7)에 대입하면

$$V(x) = V_0 \frac{x}{d} \qquad (0 \le x \le d) \tag{4.10}$$

를 얻을 수 있다. 전기장은 다음과 같이 구할 수 있다.

$$\mathbf{E} = -\nabla V = -\mathbf{a}_x \frac{\partial V}{\partial x} = -\mathbf{a}_x \frac{V_0}{d} \tag{4.11}$$

[예제 2-6]에서 구한 결과와 같이 전기장은 균일하다. 위쪽 도체판의 표면전하밀도는 식 (2.63)을 이용하여 구할 수 있다.

$$\rho_s = \varepsilon_0 E_n = -\varepsilon_0 E_x\big|_{x=d} = \varepsilon_0 \frac{V_0}{d} \quad [\mathrm{C/m^2}] \tag{4.12}$$

예제 4-2 동축 케이블

[그림 4-2]에서 보듯이 동축 케이블은 반지름이 각각 a와 b인 두 개의 원통 도체로 이루어져 있다 ($a<b$). 두 원통의 축은 서로 같으며 두 원통 사이는 유전율이 ε인 선형 유전체로 채워져 있다. 내부 원통 도체와 외부 원통 도체 사이에는 전압 V_0가 걸려 있는데, 내부 도체의 전위가 외부 도체의 전위보다 높다. 두 원통의 길이가 무한히 길다고 가정할 때 $a \le \rho \le b$ 영역에서의 전위와 전기장을 구하라.

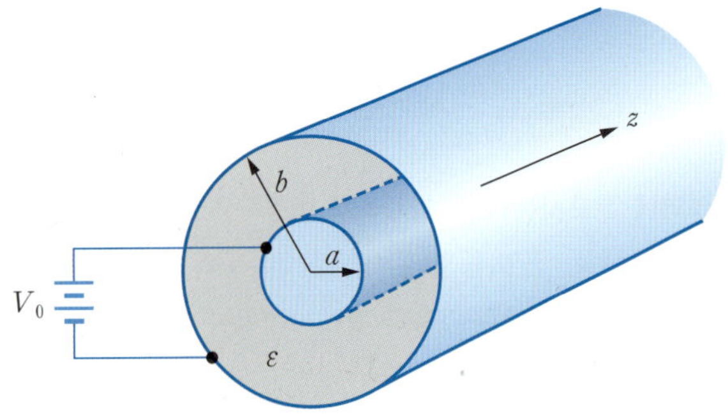

그림 4-2 동축 케이블

풀이

$a \le \rho \le b$ 영역에는 전하가 없고 경계면이 원통 좌표계의 원통면과 일치하므로, 이 영역에 분포하는 V는 다음과 같이 원통 좌표계를 사용한 라플라스 방정식을 만족한다.

$$\nabla^2 V = \frac{1}{\rho}\frac{\partial}{\partial \rho}\left(\rho\frac{\partial V}{\partial \rho}\right) + \frac{1}{\rho^2}\frac{\partial^2 V}{\partial \phi^2} + \frac{\partial^2 V}{\partial z^2} = 0 \tag{4.13}$$

두 원통이 z방향으로 무한히 길고 원통의 표면($\rho=a$와 $\rho=b$)에서는 전위가 균일(즉 일정)하기 때문에 V는 z와 ϕ 값이 변해도 달라지지 않는다. 즉 $\frac{\partial}{\partial z}=\frac{\partial}{\partial \phi}=0$이므로 식 (4.13)은 다음 식이 된다.

$$\frac{\partial}{\partial \rho}\left(\rho\frac{\partial V}{\partial \rho}\right) = 0 \tag{4.14}$$

식 (4.14)를 ρ에 대해 적분하면 다음 식을 얻을 수 있다.

$$\rho\frac{\partial V}{\partial \rho} = C_1 \text{ 또는 } \frac{\partial V}{\partial \rho} = \frac{C_1}{\rho} \tag{4.15}$$

식 (4.15)를 한 번 더 ρ에 대해 적분하면 다음 식을 얻을 수 있다.

$$V(\rho) = C_1 \ln \rho + C_2 \tag{4.16}$$

다음의 두 경계조건을 적용하면

$$\begin{aligned} V(\rho=a) &= V_0 \\ V(\rho=b) &= 0 \end{aligned} \tag{4.17}$$

다음과 같은 관계식을 얻을 수 있다.

$$C_1 \ln a + C_2 = V_0 \tag{4.18a}$$

$$C_1 \ln b + C_2 = 0 \tag{4.18b}$$

식 (4.18a)와 식 (4.18b)를 풀면

$$C_1 = \frac{V_0}{\ln \frac{a}{b}}, \quad C_2 = -\frac{V_0 \ln b}{\ln \frac{a}{b}} \tag{4.19}$$

를 얻을 수 있다. 식 (4.19)를 식 (4.16)에 대입하면 전위는 다음과 같다.

$$\begin{aligned} V(\rho) &= \frac{V_0}{\ln \frac{a}{b}} \{\ln \rho - \ln b\} \\ &= V_0 \frac{\ln \frac{\rho}{b}}{\ln \frac{a}{b}} \qquad (a \le \rho \le b) \end{aligned} \tag{4.20}$$

전기장은 다음과 같이 구할 수 있다.

$$\begin{aligned} \mathbf{E} &= -\nabla V = -\mathbf{a}_\rho \frac{\partial V}{\partial \rho} \\ &= -\mathbf{a}_\rho \frac{V_0}{\ln \frac{a}{b}} \frac{1}{\rho} = \mathbf{a}_\rho \frac{V_0}{\ln \frac{b}{a}} \frac{1}{\rho} \end{aligned} \tag{4.21}$$

위의 식을 보면 전기장은 반지름방향으로 위치에 따라 달라지는데, 이 결과는 [예제 2-5]에서 구한 무한히 긴 선전하(균일 전하밀도)의 전기장과 일치한다. 내부 원통 도체의 표면전하밀도는 다음과 같이 구할 수 있다.

$$\rho_s = \varepsilon E_n = \varepsilon E_\rho \big|_{\rho = a} = \varepsilon \frac{V_0}{\ln \frac{b}{a}} \frac{1}{a} \tag{4.22}$$

또한 길이가 l ($l \gg b$)인 원통 커패시터의 커패시턴스는 식 (4.22)를 사용하여 다음과 같이 구할 수 있다.

$$C = \frac{Q}{V_0} = \frac{\rho_s \cdot (2\pi a l)}{V_0} = \frac{2\pi \varepsilon l}{\ln \frac{b}{a}} \tag{4.23}$$

이 결과는 [예제 3-7]의 식 (3.37)과 일치한다.

4.2.2 유일성 정리 Uniqueness Theorem

라플라스 방정식 하나만 가지고는 V를 유일하게 결정할 수 없다. V를 유일하게 결정하려면 [예제 4-1]과 [예제 4-2]에서 보인 것처럼 적절한 경계조건들이 추가로 주어져야 한다. 라플라스 방정식(또는 푸아송 방정식)을 만족하는 단 하나(유일)의 해를 갖는 조건을 간추려 설명하면 다음과 같다.

어떤 영역의 모든 경계 boundary 에서 V 또는 $\dfrac{\partial V}{\partial n}$(법선 방향 도함수) 값이 주어지면, 그 영역에서 라플라스 방정식의 해가 유일하게 결정된다([그림 4-3] 참조).

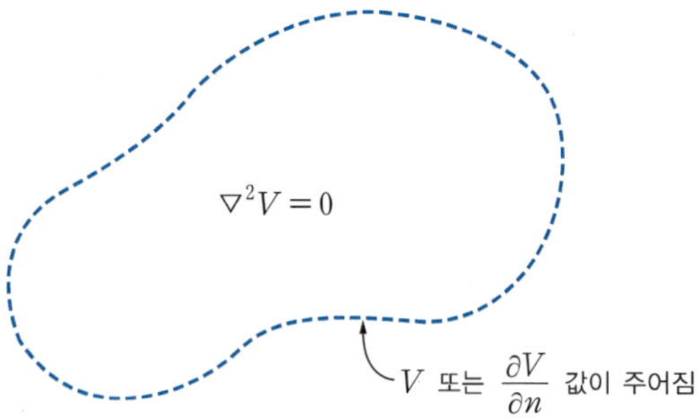

그림 4-3 유일성 정리

이 유일성 정리 uniqueness theorem 는 어떤 정전기 문제에 대해 여러 경계조건들을 만족하는 답이 오직 하나뿐이라는 사실을 말해준다. 어떤 식으로 답을 구하는지는 상관없다. 그것이 ① 라플라스 방정식을 만족하고 ② 적합한 경계조건을 만족하기만 하면 '유일한 정확한 답'이다. 머리를 써서 추측한 답도 제대로만 하면 유일하고 정확한 답임을 보장할 수 있는 것은 유일성 정리의 강력한 영향력 덕분이다. 이 정리의 자세한 증명은 '쳉 Cheng 의 책'[1]에 실려 있다.

유일성 정리에서 경계에서의 V 또는 $\dfrac{\partial V}{\partial n}$ 값이 주어지는 방식에는 몇 가지가 있다. 경계를 이루는 모든 곳에서 V 값이 주어진 문제를 **디리클레 경곗값 문제**(BVP) Dirichlet Boundary-Value Problem 라고 한다. 경계 위의 모든 곳에서 $\dfrac{\partial V}{\partial n}$ 값이 주어진 문제를 **노이만 경곗값 문제** Neumann BVP 라고 한다. 또한 경계 위의 어떤 곳에서는 V 값이 주어지고 나머지 곳에서는 $\dfrac{\partial V}{\partial n}$가 주어지는 문제를 혼합 경곗값 문제 mixed BVP 라고 한다. 앞으로 나오는 4.3, 4.4절에서는 디리클레 경곗값 문제를 살펴본다.

---

1 D. K. Cheng, *Field and Wave Electromagnetics*, Addison-Wesley, 1989, 2nd Ed., Chapter 4.

4.2.3 라플라스

Marquis Pierre-Simon de Laplace

라플라스Marquis Pierre-Simon de Laplace, 1749~1827는 프랑스의 천문학자이자 수학자이다. 그는 자신의 일생 대부분을 주로 천문학, 특히 태양계를 연구하고 그 과정에서 나온 수학 문제들을 푸는 데 바쳤다. 그는 노르망디Normandy의 중산층 가정에서 태어났다. 프랑스 혁명과 나폴레옹 제국 이후 왕정복고가 이루어진 1814년에 왕좌에 복귀한 루이 18세는 그의 원래 이름인 피에르 시몽 라플라스Pierre Simon Laplace에 'Marquis'와 'de'를 덧붙여 주었다.

라플라스의 아버지는 라플라스가 교회 조직 내에서 직업을 갖기를 기대했다. 라플라스는 캉 대학University of Caen에서 신학공부를 시작했지만, 2년 후 학업을 중단하고 파리로 떠났다. 그는 얼마 지나지 않아 파리의 학계로부터 수학적 재능을 인정받았고 20세의 나이로 파리 사관학교Military School of Paris의 교수직을 얻었다.

젊은 시절 라플라스는 아주 빠른 속도로 성과를 이루어냈다. 그는 행성의 궤도, 위성, 확률, 차분방정식difference equation, 미분방정식 등에 관한 논문을 해마다 4~5편씩 계속해서 쏟아내 프랑스 과학 한림원Academy of Science에 제출했다. 이렇게 해서 그는 당시 가장 뛰어난 천문학자 중 한 명으로 이름을 알렸고, 24세의 나이로 한림원의 회원으로 선출되었다. 그가 초기에 수행한 연구 중에는 태양계의 안정성에 관한 것이 있었다. 뉴턴은 태양계는 시간이 지남에 따라 계속해서 불안정해지므로 '신'의 개입이 없이는 태양계가 유지될 수 없을 것이라고 생각했다. 그러나 라플라스는 태양계가 결코 어떤 한도를 벗어나지 않는 안정성을 가지고 있음을 증명했다. 또한 그는 성운설nebular hypothesis을 주장했다. 이것은 태양의 적도 방향의 가장자리를 회전하는 가스성운이 한데 엉겨 붙어서 생긴 것이 태양계의 행성이라는 설이다. 이것은 태양계의 행성은 혜성이 태양과 충돌하여 생긴 것이라는 뷔퐁Comte de Buffon의 주장과는 완전히 다른 것이었다.

라플라스는 중력과 중력 퍼텐셜을 연구하는 과정에서 나중에 자신의 이름이 붙은 방정식인 $\nabla^2 V = 0$을 발견했다. 중력 퍼텐셜 외에도 정전기 퍼텐셜(전위), 정자기 퍼텐셜, 온도, 유체역학의 속도 퍼텐셜 등은 이 방정식을 만족해야 한다.

오늘날 우리가 태양계에 대해 알고 있는 내용 중에는 라플라스의 성과로부터 온 것이 많기 때문에 라플라스를 프랑스의 뉴턴이라고 말하기도 한다. 그의 가장 유명한 책인 '천체역학Celestial Mechanics'은 천문학 분야의 역작이다. 이 책은 총 16권으로 이루어져 있는데, 마지막 권은 그가 죽기 불과 2년 전에 출간되었다. 그는 천문학 외에 확률에 대한 논문도 발표했는데, 오늘날에는 그를 확률 분야의 창시자 중 한 명으로 평가하고 있다. 라플라스 변환Laplace transform의 기초를 닦은 사람이 라플라스라는 것은 더 말할 필요도 없을 것이다.

라플라스는 매우 설득력 있게 글을 쓰는 사람이어서 마침내 프랑스 문학 한림원의 회원으로 선출되었다. 그렇지만, 그에게는 몇 가지 흠이 있었다. 여러분 중에는 "이것은 다음과 같이 쉽게 이해할 수 있다. ~~"라고 해놓은 글을 읽어내려가다가 실제로는 이를 입증하는 내용이 빠져 있어 이를 이해하느라

시간을 허비했던 경험이 있을 것이다. 라플라스가 이런 행위를 최초로 한 인물은 아니지만, 그는 상습적으로 이런 행동을 해서 독자들을 당황케 했다. 또한 그는 다른 사람이 기여한 공로를 제대로 인정해주지 않고 모든 영예를 자신이 독차지하는 경우도 많았다. 반면, 신참에게는 아주 관대했다. 비오Biot가 공개한 일화에 따르면, 어느 날 그는 어찌어찌해서 한림원에서 공개 강연을 하게 되었다. 라플라스는 비오가 강연한 것과 똑같은 연구를 실제로 몇 년 전에 이미 수행했지만, 공개 석상에서 젊은 비오를 곤경에 빠뜨리는 대신 오히려 비오에게 자신의 노트를 보여주면서 발표하는 데 도움을 주었다.

앞에서 말했듯이 말년에 그는 프랑스 문학 한림원의 회원으로 선출되었고 1817년에는 한림원 원장이 되었다. 그는 1827년 78세의 나이로 세상을 떠났다. 그가 남긴 마지막 말은 이러했다.

"우리가 아는 것은 너무나 적고, 우리가 모르는 것은 헤아릴 수 없을 정도로 많구나!"

4.3 영상법 Method of Images

영상법method of images은 전하가 도체 근처에 놓여 있는 문제를 다룰 때 매우 유용하다. 이 방법을 사용하기 위해서는 도체의 작용을 고려하여 도체를 없애는 대신 이른바 영상전하image charge를 도입한다. 예를 들어 도체의 일종인 대지earth 위에 매달려 있는 송전선power transmission line은 영상법으로 다룰 수 있다.

4.3.1 도체판 근처에 놓여 있는 점전하

[그림 4-4(a)]에서 보듯이 무한히 넓은 접지된 도체판 위로 d만큼 떨어진 곳에 점전하 q가 놓여 있다고 하자.

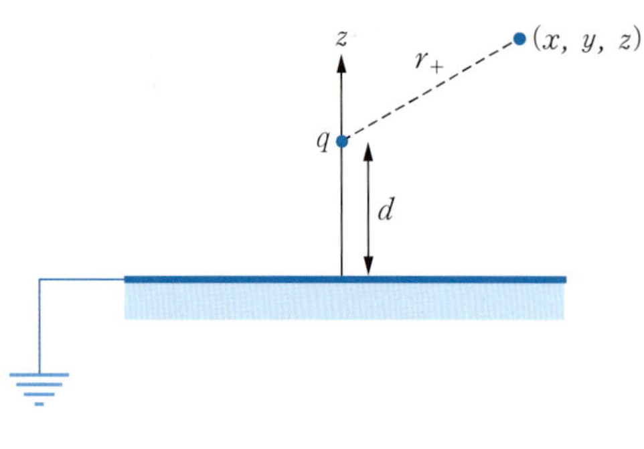

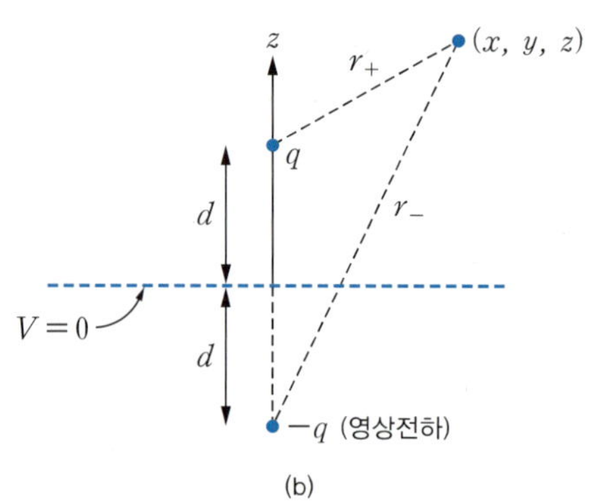

그림 4-4 접지된 도체판 근처에 놓여 있는 점전하
(a) 원래 문제 (b) 등가 문제

여기서 우리가 구하려고 하는 것은 도체판 위쪽 영역에 속하는 모든 점에서의 전위이다. 이 문제를 풀기에 앞서, 도체가 이 문제에서 어떤 작용을 하는지 먼저 생각해보자. 도체의 내부에는 자유전하가 많으므로 외부의 점전하 q(+ 전하로 가정)는 도체 내부에 있는 $(-)$전하를 끌어당긴다. 따라서 도체판의 표면에는 $(-)$전하가 나타난다. 그러면 원래 점전하에 의한 것과 유도된 표면전하밀도 $\rho_s(x,\ y)$에 의한 것이 합해져 총 전위 또는 총 전기장이 만들어진다. 여기서 표면전하밀도는 도체판 표면에서의 위치 $(x,\ y)$의 함수이다. 그러므로 전위를 다음 식으로 쓸 수 있다.

$$\begin{aligned} V(x,\ y,\ z) &= \frac{q}{4\pi\varepsilon_0\sqrt{x^2+y^2+(z-d)^2}} \\ &\quad + \iint \frac{\rho_s(x',\ y')\,dx'dy'}{4\pi\varepsilon_0\sqrt{(x-x')^2+(y-y')^2+z^2}} \end{aligned}$$

여기서 맞닥뜨리게 되는 문제점은 ① ρ_s를 먼저 구해야 한다는 것과 ② 면적분을 계산하기가 아주 어렵다는 것이다. 실제로, ρ_s는 전위나 전기장을 구한 다음에야 비로소 구할 수 있다. 따라서 이 궁지를 벗어나려면 다른 방법을 찾아야 한다.

지금부터 $z>0$인 영역에서 전위 $V(x,\ y,\ z)$를 구하는 문제를 푸는 방법을 체계적으로 설명해본다. (도체 내부인 $z<0$인 영역에서는 $V=0$이다.)

$z>0$인 영역에서 V는 점전하가 놓인 위치를 제외하고는 모든 점에서 $\nabla^2 V=0$을 만족하는데, 이때 다음의 경계조건을 충족해야 한다.

❶ $z=0$에서 $V=0$이다. (도체판은 접지되어 있으므로 전위는 0)

❷ $r=\sqrt{x^2+y^2+z^2}\to\infty$에서 $V\to 0$이다. (전하에서 아주 먼 곳의 전위는 0)

❸ $r_+=\sqrt{x^2+y^2+(z-d)^2}\to 0$에서 $V\to\dfrac{q}{4\pi\varepsilon_0 r_+}$이다.
(점전하에서 아주 가까운 곳이므로)

이 경계조건들을 모두 충족하는 V의 해를 구하는 것은 무척 어려워 보인다. 영상법을 사용하면 이러한 어려움을 간단히 해결할 수 있다. [그림 4-4(b)]와 같이 도체를 아예 없애버린 다음, $z=-d$의 위치에 $-q$인 점전하를 새로 놓는다. 이렇게 하면 원래 문제와는 전혀 다른 구조가 되지만 풀이 결과는 우리가 구하려는 정답과 동일하다. 이 새로운 문제(즉 등가 문제)를 푸는 것은 아주 쉽다. 두 점전하가 만드는 전위는 다음과 같이 구할 수 있다.

$$\begin{aligned} V(x,\ y,\ z) &= \frac{q}{4\pi\varepsilon_0 r_+}+\frac{(-q)}{4\pi\varepsilon_0 r_-} \\ &= \frac{1}{4\pi\varepsilon_0}\left\{\frac{q}{\sqrt{x^2+y^2+(z-d)^2}}-\frac{q}{\sqrt{x^2+y^2+(z+d)^2}}\right\} \end{aligned} \tag{4.24}$$

식 (4.24)로 구한 V는 $(0,\ 0,\ d)$를 제외한 $z>0$인 영역의 모든 점에서 $\nabla^2 V=0$을 만족하고 바로 앞에서 설명한 경계조건 ❶, ❷, ❸을 모두 충족하는데, 여러분이 직접 확인해보기 바란다. 이 V는 유일성 정리에 따라 $z>0$인 영역에서 원래 문제의 유일한 해가 된다. 원래 문제의 완전한 해는 다음과 같다.

$$V(x,\ y,\ z)=\begin{cases}\dfrac{1}{4\pi\varepsilon_0}\left(\dfrac{q}{r_+}-\dfrac{q}{r_-}\right) & (z\geq 0)\\[2ex] 0 & (z\leq 0)\end{cases} \tag{4.25}$$

$(0,\ 0,\ -d)$에 놓인 전하 $-q$를 **영상전하** image charge 라고 한다. 지금까지 다룬 내용을 정리해보자. 원래 문제를 곧바로 푸는 대신, 다음 방법으로 전혀 다른 형태의 등가 문제를 만든다.

① 도체($z<0$)를 없애고 그 자리를 공기(즉 $z>0$인 영역과 같은 매질)로 대체한다.
② $(0,\ 0,\ -d)$에 영상전하 $-q$를 놓는다.

그런 다음 이를 풀면 원래 문제의 답을 얻을 수 있다.

원래 문제의 답인 식 (4.25)와 등가 문제의 답인 식 (4.24)는 $z<0$인 영역에서는 서로 다르다. 식 (4.24)는 $z>0$은 물론 $z<0$까지 포함하는 전체 영역에서 등가 문제의 완전한 해이다. 원래 점전하를 포함하고 있는 영역($z>0$)을 **관심 영역** region of interest 이라고 하고, 도체 영역($z<0$)을 **비관심 영역** region of no interest 이라고 한다. 여기서 주의할 점은 영상전하는 반드시 관심 영역 밖(즉 도체 내부)에 놓아야 한다는 것이다. 그래야 관심 영역의 모든 곳에서 $\nabla^2 V=0$을 어기지 않고 만족할 수 있기 때문이다.

전위를 구했으므로 식 (2.63)을 이용하여 $z=0$에 실제 유도된 표면전하밀도를 계산할 수 있다.

$$\rho_s(x,\ y)=\varepsilon_0 E_n=-\varepsilon_0\left.\frac{\partial V}{\partial z}\right|_{z=0} \tag{4.26}$$

식 (4.24)를 대입하면 다음과 같다.

$$\frac{\partial V}{\partial z}=\frac{1}{4\pi\varepsilon_0}\left\{\frac{-q(z-d)}{\left[x^2+y^2+(z-d)^2\right]^{3/2}}+\frac{q(z+d)}{\left[x^2+y^2+(z+d)^2\right]^{3/2}}\right\}$$

따라서

$$\rho_s(x,\ y)=\frac{-qd}{2\pi\left(x^2+y^2+d^2\right)^{3/2}} \tag{4.27}$$

가 된다. 처음에 q가 $(+)$전하를 갖는 것으로 가정했으므로 유도전하는 예상대로 $(-)$전하를 갖는다. 총 유도전하

$$Q=\int_{-\infty}^{\infty}\int_{-\infty}^{\infty}\rho_s(x,\ y)\,dx\,dy$$

는 영상전하의 크기 $-q$와 같다([연습문제 4.8] 참조).

예제 4-3 두 도체판 근처에 놓여 있는 점전하

[그림 4-5(a)]를 보면 접지된 두 개의 도체판이 서로 직각을 이루고 있고 그 근처에 점전하 q가 놓여 있다. $x>0$, $y>0$인 영역에서 전위를 구하라.

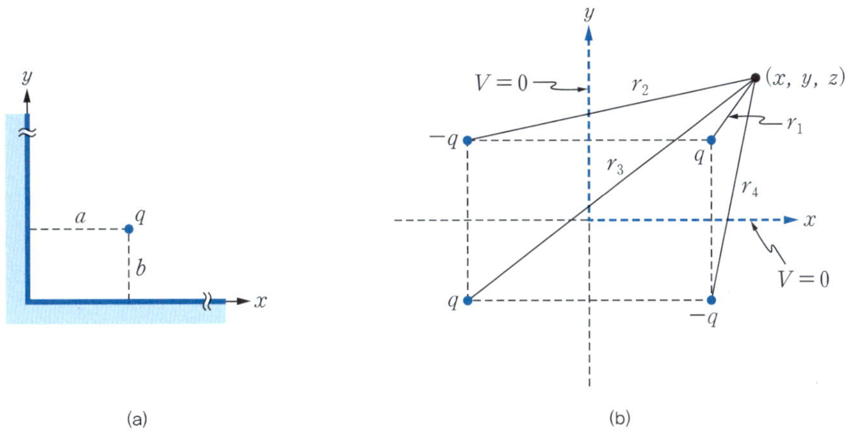

그림 4-5 직각으로 꺾인 도체판 근처에 놓여 있는 점전하
(a) 원래 문제 (b) 등가 문제

풀이

영상법을 사용하여 이 문제를 풀어보자. 여기서는 다음 경계조건을 충족해야 한다.

$$x=0\text{에서 } V=0 \quad : \text{수직판} \tag{4.28a}$$

$$y=0\text{에서 } V=0 \quad : \text{수평판} \tag{4.28b}$$

식 (4.28a)를 충족하기 위해서는 $(-a,\ b)$인 점에 영상전하 $-q$를 놓아야 한다. 또한 식 (4.28b)를 충족하기 위해서는 $(a,\ -b)$에 영상전하 $-q$를, $(-a,\ -b)$에 영상전하 $+q$를 놓아야 한다. 그래야 수평판에서의 전위를 0으로 만들 수 있다. 그 결과, 원래 문제는 [그림 4-5(b)]와 같이 네 개의 점전하로 이루어진 등가 문제로 바뀐다. 등가 문제의 전위를 구하면 다음과 같다.

$$V(x,\ y,\ z)=\frac{1}{4\pi\varepsilon_0}\left\{\frac{q}{r_1}+\frac{(-q)}{r_2}+\frac{q}{r_3}+\frac{(-q)}{r_4}\right\} \tag{4.29}$$

4.3.2 원통 도체 근처에 나란히 놓여 있는 선전하

예제 4-4 원통 도체 근처에 나란히 놓여 있는 선전하

[그림 4-6(a)]를 보면 반지름이 a인 무한히 긴 원통 모양의 도체가 있다. 이 원통의 축에서 d만큼 떨어진 곳에는 무한히 긴 선전하 ρ_l[C/m]가 원통과 나란히 놓여 있다. 모든 곳에서 전위를 구하라.

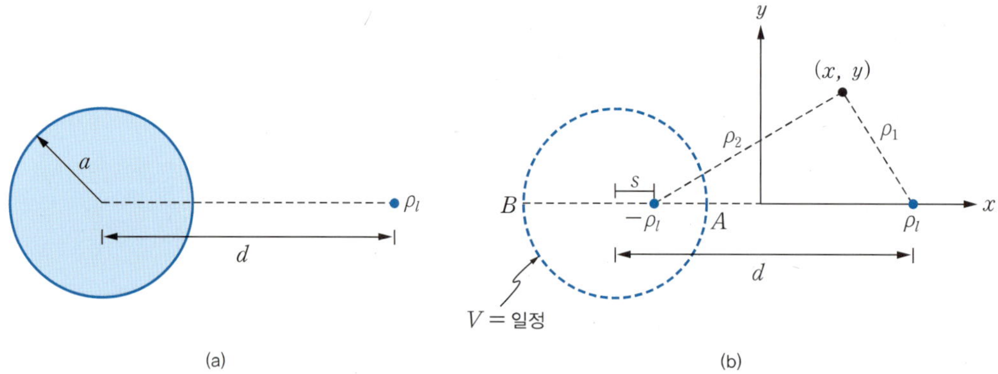

그림 4-6 원통 도체 근처에 나란히 놓여 있는 선전하(단면)

(a) 원래 문제 (b) 등가 문제

풀이

이 문제도 영상법을 사용하여 풀 수 있다. 경계조건은 원통 도체의 표면에서 'V=일정'이다. 가장 중요한 일은 원통 도체를 없애는 대신 영상전하 ρ_l'을 새로 가져다 놓는 것이다.

먼저 [그림 4-6(b)]에 나타낸 것처럼 길이가 무한히 길고 전하의 극성만 ρ_l과 $-\rho_l$로 서로 반대인 한 쌍의 나란한 선전하를 살펴보자. 선전하 한 개에 대한 결과인 식 (2.56)을 이용하면 선전하 한 쌍의 전위는 다음과 같다.

$$\begin{aligned} V &= \frac{\rho_l}{2\pi\varepsilon_0}\ln\left(\frac{\rho_0}{\rho_1}\right) + \frac{(-\rho_l)}{2\pi\varepsilon_0}\ln\left(\frac{\rho_0}{\rho_2}\right) \\ &= \frac{\rho_l}{2\pi\varepsilon_0}\left\{\ln\left(\frac{\rho_0}{\rho_1}\right) - \ln\left(\frac{\rho_0}{\rho_2}\right)\right\} = \frac{\rho_l}{2\pi\varepsilon_0}\ln\left(\frac{\rho_2}{\rho_1}\right) \end{aligned} \tag{4.30}$$

여기서 ρ_0는 기준점이다. ρ_l과 $-\rho_l$이 놓인 위치의 $(x,\ y)$좌표를 각각 $(x_0,\ 0)$과 $(-x_0,\ 0)$이라고 하면 등전위면(단면에서는 등전위선)은 다음 식으로 주어진다.

$$\frac{\rho_l}{2\pi\varepsilon_0}\ln\left(\frac{\rho_2}{\rho_1}\right) = \text{일정} \tag{4.31a}$$

이를 다시 쓰면 다음과 같다.

$$\frac{\rho_2}{\rho_1} = \frac{\sqrt{(x+x_0)^2+y^2}}{\sqrt{(x-x_0)^2+y^2}} = \text{일정} \equiv \sqrt{C} \tag{4.31b}$$

여기서 $C \geq 0$이다. 식 (4.31b)의 양변을 제곱하면

$$(x+x_0)^2 + y^2 = C(x-x_0)^2 + Cy^2 \tag{4.32a}$$

$$(1-C)x^2 + (1-C)y^2 + 2(1+C)x_0 x + (1-C)x_0^2 = 0 \tag{4.32b}$$

을 얻는다. $C \neq 1$인 경우에 이 식을 잘 정리하면

$$\left\{x + \frac{1+C}{1-C}x_0\right\}^2 + y^2 = \left(\frac{2\sqrt{C}x_0}{1-C}\right)^2 \tag{4.33a}$$

이 되는데, 이 식은 반지름이 $\dfrac{2\sqrt{C}x_0}{1-C}$이고 중심이 $\left(-\dfrac{1+C}{1-C}x_0,\ 0\right)$인 원의 방정식이다. $C=1$인 경우에는 식 (4.32b)는

$$4x_0 x = 0 \text{ 또는 } x = 0 \tag{4.33b}$$

이 되는데, 이 식은 두 선전하를 잇는 직선을 이등분하는 평면의 방정식이다. 식 (4.33a)와 (4.33b)에서 얻을 수 있는 결론은 등전위선(등전위면)은 이등분 평면과 원(원통)의 집합이라는 것이다.

이제 원래 문제로 돌아가보자. 원통 도체의 표면이 앞에서 구한 등전위면 집합 중 하나와 일치하는 경우에는 일치한 등전위면은 '$V=$일정'인 경계조건을 충족하게 된다. 따라서 [그림 4-6(b)]와 같이

$$\rho_l{}' = -\rho_l \tag{4.34}$$

인 영상 선전하 $\rho_l{}'$을 원래 원통 도체를 대신해서 놓을 수 있다. 이때 $\rho_l{}'$이 놓인 위치는 ρ_l과 $\rho_l{}'$을 잇는 직선 위의 점들 중에서 원통 축에서 s만큼 벗어난 곳이다. 여기서 주의할 것은 $\left(\dfrac{1+C}{1-C}\right)x_0 > x_0$이므로, 영상전하는 원통 축의 오른쪽에 놓여야 한다는 사실이다. s 값을 구하기 위해 도체 표면 위에 있는 점 A와 B의 전위를 구해본다. 이 두 점에서의 전위를 이용하면 ρ_2와 ρ_1의 비를 다음과 같이 간단하게 쓸 수 있다.

$$\left.\frac{\rho_2}{\rho_1}\right|_A = \frac{a-s}{d-a} = \left.\frac{\rho_2}{\rho_1}\right|_B = \frac{a+s}{d+a} = \text{일정} \tag{4.35a}$$

$$\begin{aligned} &(a-s)(d+a) = (a+s)(d-a) \\ &ad + a^2 - sd - sa = ad - a^2 + sd - sa \\ &2sd = 2a^2 \end{aligned} \tag{4.35b}$$

따라서 다음과 같이 된다.

$$s = \frac{a^2}{d} \tag{4.36}$$

식 (4.34)와 식 (4.36)으로부터 $\rho_l{}'$과 s를 구하고 ρ_1, ρ_2를 (x, y)좌표를 써서 표시하게 되면, 식 (4.30)을 사용하여 원통 도체 외부 영역(즉 관심 영역)의 모든 곳에서 전위를 계산할 수 있다.

4.3.3 접지된 도체 구 근처에 놓여 있는 점전하

예제 4-5 접지된 도체 구 근처에 놓여 있는 점전하

[그림 4-7(a)]를 보면 반지름이 a인 접지된 도체 구의 중심에서 d만큼 떨어진 곳에 점전하 q가 놓여 있다. 모든 곳에서 전위를 구하라.

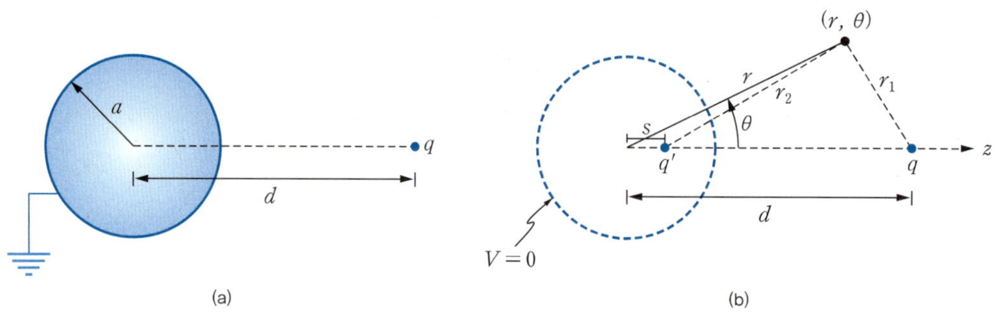

그림 4-7 접지된 도체 구 근처에 놓여 있는 점전하
(a) 원래 문제 (b) 등가 문제

풀이

영상법을 사용하여 이 문제를 풀어보자. 먼저 도체 구가 접지되어 있으므로 경계조건은 구의 표면에서 $V=0$이다. 앞에서 설명한 것처럼 도체 구를 없애는 대신 영상전하 q'을 도체 내부(즉 비관심 영역)의 적절한 곳에 새로 가져다 놓아 도체 표면이 있었던 위치($r=a$)의 전위가 0이 되게 해야 한다([그림 4-7(b)] 참조). 문제의 구조가 지니는 대칭성으로 인해 영상전하는 도체 구의 중심과 원래의 점전하 q를 잇는 직선 위에 놓이게 된다. 이 직선을 z축으로 두고 구의 중심에서 벗어난 거리를 s라고 하자. 이제 남은 것은 $r=a$에서 $V=0$이 되는 경계조건을 만족하는 q' 값과 s 값을 어떻게 구하느냐 하는 것이다. 점전하 q와 q'이 구 좌표계 상의 점 (r, θ)에 만드는 전위는 다음 식으로 주어진다.

$$\begin{aligned} V(r, \theta) &= \frac{1}{4\pi\varepsilon_0}\left(\frac{q}{r_1}+\frac{q'}{r_2}\right) \\ &= \frac{1}{4\pi\varepsilon_0}\left\{\frac{q}{\sqrt{r^2+d^2-2rd\cos\theta}}+\frac{q'}{\sqrt{r^2+s^2-2rs\cos\theta}}\right\} \end{aligned} \tag{4.37}$$

여기서는 코사인 법칙을 사용했다.

q'과 s 값이

$$q' = -\frac{a}{d}q, \quad s = \frac{a^2}{d} \tag{4.38}$$

인 경우에는 θ가 어떤 값을 갖든 $r=a$인 곳에서는, 다시 말해 도체 구의 표면 위에 있는 모든 점에서는 $V(r, \theta)=0$이 된다([연습문제 4.18]). 이렇게 되면 원래 문제의 경계조건을 충족한다. 따라서 $r>a$인 영역(관심 영역)의 전위는 식 (4.37)이 되며, 이 식의 q'과 s는 식 (4.38)과 같다.

4.4 변수 분리법 Method of Separation of Variables

편미분방정식을 풀 때 사용하는 대표적인 방법은 변수 분리법 method of separation of variables 이다. 라플라스 방정식은 세 개의 변수로 이루어진 편미분방정식이다. 이 방법의 핵심은 다음과 같다. 함수들의 곱으로 이루어진 해를 찾는데, 각 함수는 오직 하나의 변수에 대해서만 값이 변한다. 변수를 분리하는 과정에서 n개의 변수가 들어 있는 편미분방정식 partial differential equation 은 n개의 상미분방정식 ordinary differential equation 으로 바뀐다. 각 상미분방정식에는 변수가 한 개만 들어 있으므로 훨씬 쉽게 풀 수 있다. 이 방법은 어떤 영역의 경계에서 전위 V 또는 전위의 법선 방향 도함수 $\frac{\partial V}{\partial n}$가 주어진 경계값 문제에 적용하여 경계면 내부의 전위를 구하는 데 쓸 수 있다. 여기서는 전위가 $(x,\ y)$, $(\rho,\ \phi)$, $(r,\ \theta)$와 같이 두 개의 좌표에 따라서 변하는 2차원 문제만을 다루기로 한다. 변수 분리법은 11장에 나오는 파동방정식 wave equation 을 풀 때에도 쓰인다.

4.4.1 직각 좌표계에서의 경곗값 문제

전위 $V(x,\ y)$가 x와 y에 따라서만 달라지고 z의 변화에는 무관(즉 $\frac{\partial V}{\partial z}=0$)할 경우 식 (4.5)의 라플라스 방정식은 다음과 같이 된다.

$$\frac{\partial^2 V}{\partial x^2}+\frac{\partial^2 V}{\partial y^2}=0 \tag{4.39}$$

변수를 분리하기 위해 식 (4.39)를 만족하는 해 $V(x,\ y)$의 형태가 다음과 같다고 가정하자.

$$V(x,\ y)=X(x)\,Y(y) \tag{4.40}$$

여기서 $X(x)$와 $Y(y)$는 각각 x와 y만의 함수이다. 식 (4.40)을 식 (4.39)에 대입하면

$$Y(y)\frac{\partial^2 X(x)}{\partial x^2}+X(x)\frac{\partial^2 Y(y)}{\partial y^2}=0 \tag{4.41}$$

이 된다. 식 (4.41)을 $X(x)\,Y(y)$로 나누면

$$\frac{1}{X(x)}\frac{\partial^2 X(x)}{\partial x^2}+\frac{1}{Y(y)}\frac{\partial^2 Y(y)}{\partial y^2}=0 \tag{4.42a}$$

을 얻는다. 이 식은 다시

$$\frac{1}{X(x)}\frac{d^2 X(x)}{dx^2}=-\frac{1}{Y(y)}\frac{d^2 Y(y)}{dy^2} \tag{4.42b}$$

로 쓸 수 있다. 여기서 주목할 것은 $X(x)$와 $Y(y)$는 각각 하나의 변수에 대한 함수이므로 편미분이 상미분으로 바뀌었다는 사실이다. 모든 x와 y 값에 대해 식 (4.42)가 성립하려면 식 (4.42b)의 좌변과 우변은 x와 y에 무관한 상수가 되어야 한다. 이 상수를 k^2으로 놓자.

$$\frac{1}{X(x)}\frac{d^2X(x)}{dx^2} = -\frac{1}{Y(y)}\frac{d^2Y(y)}{dy^2} = k^2 \tag{4.43}$$

그러면 다음과 같이 두 개의 상미분방정식이 나온다.

$$\frac{d^2X(x)}{dx^2} - k^2X(x) = 0 \tag{4.44a}$$

$$\frac{d^2Y(y)}{dy^2} + k^2Y(y) = 0 \tag{4.44b}$$

여기서 k를 분리상수 separation constant 라고 한다. 식 (4.43)에서 k^2 대신 $-k^2$으로 놓을 수도 있다. 여기서 주목할 것은 편미분방정식 하나가 상미분방정식 두 개로 바뀌었다는 사실이다. 식 (4.44)에 있는 상수계수를 갖는 상미분방정식의 해는 잘 알려져 있다.

$k \neq 0$일 때, 식 (4.44a)와 식 (4.44b)의 일반해는

$$X(x) = A_k \sinh kx + B_k \cosh kx \tag{4.45a}$$

또는

$$X(x) = A_k{}' e^{kx} + B_k{}' e^{-kx} \tag{4.45b}$$

그리고

$$Y(y) = C_k \sin ky + D_k \cos ky \tag{4.46}$$

이다. $X(x)$의 해는 식 (4.45a)와 식 (4.45b) 중에서 어떤 형태로 써도 상관이 없는데, 이는 두 식에 각각 들어 있는 쌍곡선함수와 지수함수 사이에 다음과 같은 관계가 있기 때문이다.

$$\sinh u = \frac{1}{2}(e^u - e^{-u}) \tag{4.47a}$$

$$\cosh u = \frac{1}{2}(e^u + e^{-u}) \tag{4.47b}$$

이 함수들의 그래프를 [그림 4-8]에 나타냈다.

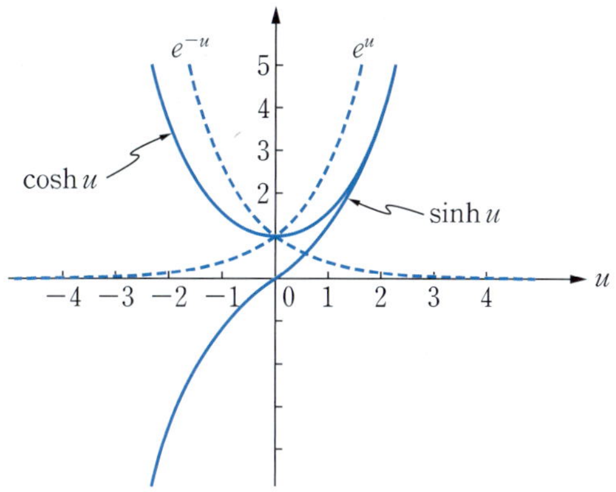

그림 4-8 쌍곡선함수와 지수함수

최종적으로 $V(x,\ y)$의 일반식은 다음과 같다.

$$V(x,\ y) = (A_k \sinh kx + B_k \cosh kx)(C_k \sin ky + D_k \cos ky) \tag{4.48}$$

식 (4.43)에서 분리상수로 $-k^2$을 선택한 경우에 $V(x,\ y)$의 해를 구해보자. 식 (4.44)에서 k^2을 $-k^2$으로 바꾸면 $V(x,\ y)$는 다음과 같이 다른 해가 된다.

$$V(x,\ y) = (A_k \sin kx + B_k \cos kx)(C_k \sinh ky + D_k \cosh ky) \tag{4.49}$$

문제에서 주어진 경계조건에 따라 적합한 형태의 해를 선택할 수 있으며, 이에 따라 해를 구성하는 계수와 k 값이 정해진다. 식 (4.48)과 식 (4.49)에서 알 수 있듯이 라플라스 방정식의 해는 한 방향으로는 사인 또는 코사인 형태로 진동하며 다른 방향으로는 진동하지 않는 특성(쌍곡선함수 또는 지수함수)을 갖는다.

$k=0$일 때는 식 (4.48)과 식 (4.49)의 해를 쓸 수 없다. 식 (4.44a)와 (4.44b)에서 $k=0$으로 놓고 해를 구하면

$$X(x) = A_0 x + B_0 \tag{4.50a}$$

$$Y(y) = C_0 y + D_0 \tag{4.50b}$$

가 되므로, 최종적으로 $V(x,\ y)$는 다음과 같다.

$$V(x,\ y) = (A_0 x + B_0)(C_0 y + D_0) \tag{4.51}$$

식 (4.50)의 해의 형태는 [예제 4-1]과 같다. 요약하면, 식 (4.48), 식 (4.49), 식 (4.51)은 2차원 라플라스 방정식에 대해 가능한 모든 변수분리 해이다. 좌표계별로 가능한 모든 변수분리 해를 [표 4-1]에 정리했다.

표 4-1 2차원 라플라스 방정식의 해

<table>
<tr><td>직각 좌표계
$\frac{\partial}{\partial z}=0$ (z에 무관)</td><td>(1) $k \neq 0$
$$V(x,\ y)=(A_k \sinh kx + B_k \cosh kx)(C_k \sin ky + D_k \cos ky)$$
또는 $\sinh kx$와 $\cosh kx$를 e^{kx}와 e^{-kx}로 바꿔놓을 수 있다.
또는 x와 y를 서로 바꿀 수 있다.
(2) $k=0$
$$V(x,\ y)=(A_0 x + B_0)(C_0 y + D_0)$$</td></tr>
<tr><td>원통 좌표계
$\frac{\partial}{\partial z}=0$ (z에 무관)</td><td>(1) $n \neq 0$
$$V(\rho,\ \phi)=\left(A_n \rho^n + B_n \frac{1}{\rho^n}\right)(C_n \sin n\phi + D_n \cos n\phi)$$
주의 $\begin{cases} \rho\cos\phi \quad \rho\sin\phi \quad (n=1) : \text{균일장} \\ \frac{1}{\rho}\cos\phi \quad \frac{1}{\rho}\sin\phi \quad (n=1) : \text{선형 쌍극자} \end{cases}$
(2) $n=0$
$$V(\rho,\ \phi)=(A_0 \ln\rho + B_0)(C_0 \phi + D_0)$$
주의 $\ln\frac{\rho_0}{\rho}$: 무한히 긴 선전하의 전위</td></tr>
<tr><td>구 좌표계
$\frac{\partial}{\partial \phi}=0$ (ϕ에 무관)</td><td>$$V(r,\ \theta)=A_n r^n P_n(\cos\theta) + B_n \frac{1}{r^{n+1}} P_n(\cos\theta)$$
여기서 $P_0(\cos\theta)=1$, $P_1(\cos\theta)=\cos\theta$, $P_2(\cos\theta)=\frac{1}{2}(3\cos^2\theta-1)\cdots$는 르장드르 다항식(Legendre polynomials)이다.
주의 (1) $\frac{1}{r}$ $(n=0)$: 점전하의 전위
(2) $\frac{1}{r^2}\cos\theta$ $(n=1)$: 쌍극자
(3) $r\cos\theta$ $(n=1)$: 균일장</td></tr>
</table>

예제 4-6

[그림 4-9]와 같이 무한히 긴 직사각형 파이프가 있다. 각각 $x=0$, $x=a$, $y=0$에 놓여 있는 세 개의 얇은 금속판은 접지되어 있으며, 이 세 금속판과 $y=b$에 있는 금속판은 서로 닿지 않게 절연되어 있다. $y=b$에 있는 금속판의 전위가 V_0일 때 파이프 속의 전위분포를 구하라.

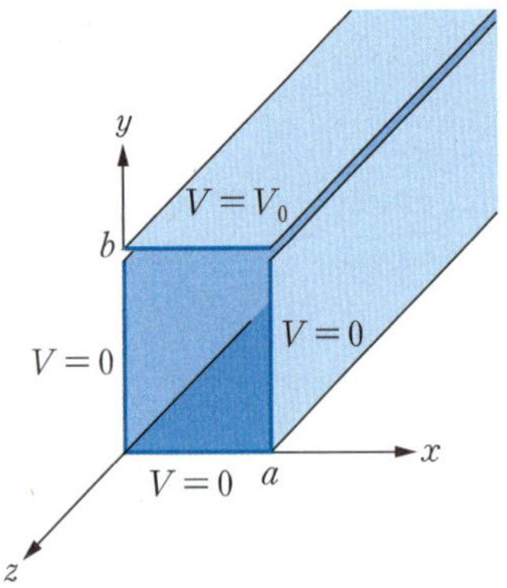

그림 4-9 경곗값 문제 : 무한히 긴 직사각형 파이프

풀이

파이프가 z방향으로 무한히 길고, 단면 또한 z방향으로 균일하므로 전위는 z 값에 따라 달라지지 않는다. 즉 $\frac{\partial}{\partial z}=0$이다. 파이프 속에는 전하가 없으므로 $V(x, y)$는 라플라스 방정식을 만족하면서 다음의 경계조건을 충족해야 한다.

$$① \; V(x=0, y)=0 \quad (0 \leq y \leq b) \tag{4.52}$$

$$② \; V(x=a, y)=0 \quad (0 \leq y \leq b) \tag{4.53}$$

$$③ \; V(x, y=0)=0 \quad (0 \leq x \leq a) \tag{4.54}$$

$$④ \; V(x, y=b)=V_0 \quad (0 < x < a) \tag{4.55}$$

차례차례 단계를 밟아가며 이 문제를 풀어보자.

❶ 1단계 : 첫 번째 해야 할 일은 식 (4.48)과 식 (4.49) 중에서 하나를 선택하는 것이다. 이를 결정하기 위해 경계조건을 보면서 어느 방향에 있는 두 점에서 V가 0(또는 같은 값)이 되는지 또는 한 번 이상 0이 되는지 검토한다. 이 문제에서는 $x=0$과 $x=a$에서 V가 0이 된다. 따라서 $V(x, y)$는 x방향으로는 진동한다. 다시 말해, x방향으로는 쌍곡선함수나 지수함수가 적합하지 않다. 결국 이 문제에서는 $V(x, y)$가 식 (4.49)의 형태가 되어야 한다.

❷ 2단계 : $X(x)$는 사인함수와 코사인함수의 합인데, 경계조건 ①에 따라 $X(x)$가 원점($x=0$)에서 0이 되려면 사인함수여야 한다. 즉 다음과 같다.

$$X(x)=A\sin kx \tag{4.56}$$

❸ 3단계 : $Y(y)$는 두 종류의 쌍곡선함수의 합인데, 경계조건 ③에 따라 $Y(y)$가 원점($y=0$)에서 0이 되려면 sinh 함수여야 한다. 즉 다음과 같다.

$$Y(y)=C\sinh ky \tag{4.57}$$

그러므로 전위는 다음과 같다.

$$V(x, y)=AC\sin kx \sinh ky \tag{4.58}$$

❹ 4단계 : 경계조건 ②를 적용하여 조건에 맞는 분리상수 k 값을 다음과 같은 방법으로 구한다.

$$\sin ka \sinh ky=0 \quad (0 \leq y \leq b) \tag{4.59}$$

이것은 결국

$$\sin ka=0$$

과 마찬가지인데, 이 식이 성립하려면 k는 다음 값이 되어야 한다.

$$ka=n\pi, \text{ 즉 } k=\frac{n\pi}{a} \quad (n=0, 1, 2, 3, \cdots) \tag{4.60}$$

식 (4.58)에 들어 있는 k 값이 위에서 구한 무수히 많은 특정한 k 값의 집합에 속하면 이 식은 경계조건 ①, ②, ③을 만족하는 $\nabla^2 V=0$의 해이다. 그러므로 경계조건 ①, ②, ③을 충족하는 $V(x, y)$의 일반해는 다음과 같이 허용되는 모든 k 값을 갖는 무수히 많은 해의 선형 결합으로 쓸 수 있다.

$$V(x,\ y) = \sum_{n=1}^{\infty} A_n \sin\frac{n\pi}{a}x\ \sinh\frac{n\pi}{a}y \tag{4.61}$$

여기서 $n=0$인 항은 포함시키지 않았는데, 이는 $n=0$일 때 $X(x)=0$이기 때문이다.

❺ 5단계 : 이제 남은 일은 미지계수 A_n $(n=1,\ 2,\ 3,\ \cdots)$을 구하는 것인데, 이를 위해서 맨 끝에 있는 비제차(비동차) inhomogeneous 경계조건 ④를 사용한다. 경계조건 ④를 식 (4.61)에 적용하면 다음을 얻는다.

$$V(x,\ y=b) = \sum_{n=1}^{\infty} A_n \sin\frac{n\pi}{a}x \sinh\frac{n\pi}{a}b = V_0 \qquad (0<x<a) \tag{4.62}$$

계수를 다른 형태로 바꿔보면 다음과 같다.

$$\sum_{n=1}^{\infty} C_n \sin\frac{n\pi}{a}x = V_0 \equiv f(x) \qquad (0<x<a) \tag{4.63}$$

여기서

$$C_n = A_n \sinh\frac{n\pi}{a}b \qquad (n=1,\ 2,\ 3,\ \cdots) \tag{4.64}$$

이다. 이제 남은 것은 무수히 많은 미지계수(A_n 또는 C_n)와 방정식 한 개이다. 이 미지계수를 어떻게 구할 수 있을까? **푸리에 방법** Fourier's method 이라는 강력한 기법을 사용하면 된다. 식 (4.63)의 형태를 잘 살펴보면 이 식은 함수 $f(x)=V_0$를 $0<x<a$인 구간에서 푸리에 사인급수 Fourier sine series로 전개한 것이다. 푸리에 방법을 적용하는 과정은 다음과 같다.

식 (4.63)의 좌변과 우변에 또 다른 조화함수 harmonic function 인 $\sin\frac{m\pi}{a}x$를 각각 곱한 다음, x에 대해 0에서부터 a까지 적분한다. 그러면 다음 결과를 얻을 수 있다.

$$\int_0^a \sum_{n=1}^{\infty} C_n \sin\frac{n\pi}{a}x\ \sin\frac{m\pi}{a}x\,dx = \int_0^a V_0 \sin\frac{m\pi}{a}x\,dx \tag{4.65}$$

이 식의 우변에 있는 적분은 다음과 같이 쉽게 계산할 수 있다.

$$\text{우변} = \left[V_0\frac{(-a)}{m\pi}\cos\frac{m\pi}{a}x\right]_0^a = \begin{cases} \dfrac{2V_0 a}{m\pi} & (m\text{이 홀수일 때}) \\ 0 & (m\text{이 짝수일 때}) \end{cases} \tag{4.66}$$

식 (4.65)의 좌변에 있는 적분의 급수합을 구하기 위해 먼저 다음 적분을 계산한다.

$$\begin{aligned} &\int_0^a \sin\frac{n\pi}{a}x\sin\frac{m\pi}{a}x\,dx = \frac{1}{2}\int_0^a\left\{\cos\frac{(n-m)\pi}{a}x - \cos\frac{(n+m)\pi}{a}x\right\}dx \\ &= \begin{cases} \dfrac{1}{2}\left[\dfrac{a}{(n-m)\pi}\sin\dfrac{(n-m)\pi}{a}x - \dfrac{a}{(n+m)\pi}\sin\dfrac{(n+m)\pi}{a}x\right]_0^a = 0\ \ (n\neq m\text{일 때}) \\ \dfrac{1}{2}\left[x - \dfrac{a}{2m\pi}\sin\dfrac{2m\pi}{a}x\right]_0^a = \dfrac{a}{2}\quad (n=m\text{일 때}) \end{cases} \end{aligned} \tag{4.67}$$

이 특별한 적분은 n이 m과 같은 경우를 제외하고는 모든 n 값에 대해 0이 된다. 이러한 특별한 성질을 푸리에 사인함수와 코사인함수의 **직교성** orthogonality 이라고 한다.

이 결과를 이용하면 다음과 같이 계산된다.

$$\begin{aligned} \text{좌변} &= \sum_{n=1}^{\infty} C_n \int_0^a \sin\frac{n\pi}{a}x \sin\frac{m\pi}{a}x\,dx \\ &= C_1 \cdot 0 + C_2 \cdot 0 + \cdots + C_m \cdot \frac{a}{2} + C_{m+1} \cdot 0 + \cdots \\ &= C_m \frac{a}{2} \end{aligned} \tag{4.68}$$

식 (4.66)과 식 (4.68)로부터 다음 결과를 얻을 수 있다.

$$C_m \frac{a}{2} = \begin{cases} \dfrac{2V_0 a}{m\pi} & (m\text{이 홀수일 때}) \\ 0 & (m\text{이 짝수일 때}) \end{cases} \tag{4.69}$$

따라서

$$C_n = A_n \sinh\frac{n\pi}{a}b = \begin{cases} \dfrac{4V_0}{n\pi} & (n\text{이 홀수일 때}) \\ 0 & (n\text{이 짝수일 때}) \end{cases}$$

을 다시 쓰면 다음과 같다.

$$A_n = \begin{cases} \dfrac{4V_0}{n\pi \sinh\dfrac{n\pi}{a}b} & (n\text{이 홀수일 때}) \\ 0 & (n\text{이 짝수일 때}) \end{cases} \tag{4.70}$$

여기서 m을 n으로 바꿔 썼는데, 정수를 나타내는 것이므로 어떤 기호를 써도 상관이 없다. 식 (4.70)을 식 (4.61)에 대입하면 전위의 최종 해를 다음과 같이 구할 수 있다.

$$V(x, y) = \sum_{n=1,3,\cdots}^{\infty} \frac{4V_0}{n\pi \sinh\dfrac{n\pi}{a}b} \sin\frac{n\pi}{a}x \sinh\frac{n\pi}{a}y \tag{4.71}$$

최종 해는 무한급수 infinite series 형태로 주어지는데, 이 급수에서 처음 나오는 몇 개의 항만 사용해도 정확한 전위에 가까운 근사 전위를 얻을 수 있다. 이는 무한급수에 들어 있는 계수의 값이 n이 커질수록 급격하게 작아지기 때문이다. 등전위선과 $\mathbf{E}$의 장선을 [그림 4-10]에 나타냈다.

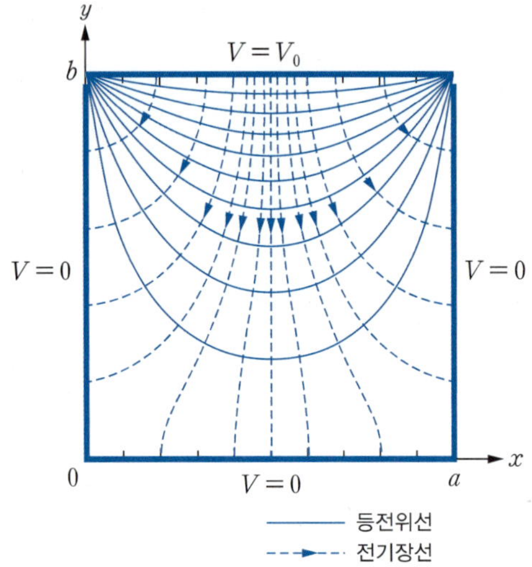

그림 4-10 [그림 4-9] 문제의 등전위선과 전기장선

이 예제를 끝마치기 전에 흥미로운 사실을 살펴보기로 하자. 식 (4.63)에 C_n 값을 대입하면 다음 결과를 얻는다.

$$f(x) = V_0 = \sum_{\substack{n=1 \\ n=\text{홀수}}}^{\infty} \frac{4V_0}{n\pi} \sin\frac{n\pi}{a}x \qquad (0 < x < a) \tag{4.72}$$

이제 이 푸리에 전개식에서 처음에 나오는 몇 개의 항을 더해보면서 어떻게 상수함수 $f(x) = V_0$를 만들게 되는지 알아보자. [그림 4-11]은 항의 개수 n을 늘려가면서 합을 구한 결과를 그래프로 나타낸 것이다. n이 증가할수록 더한 결과는 함수 $f(x)$에 점점 더 가까워지므로 더욱 좋은 근삿값이 된다.

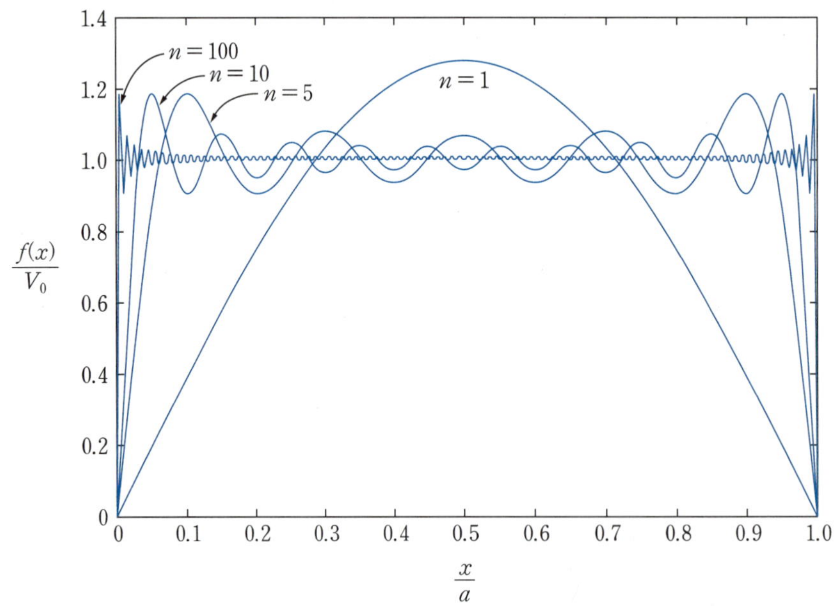

그림 4-11 식 (4.72)의 푸리에 급수에서 더하는 항의 개수 n에 따른 급수합의 변화

예제 4-7

[그림 4-12]를 보면 무한히 넓은 도체판 두 개가 b만큼 떨어져 나란히 놓여 있다. 이 두 판의 왼쪽은 폭이 좁고 길이가 아주 긴 도체판으로 막혀서 ㄷ자 모양을 하고 있는데, 왼쪽의 좁은 도체판은 위, 아래의 도체판과는 절연되어 있다. 위, 아래 도체판은 함께 접지되어 있으며 왼쪽의 좁은 도체판과 위, 아래 넓은 도체판 사이에는 일정한 전압 V_0가 걸려 있다. ㄷ형 구조 속의 전위분포를 구하라.

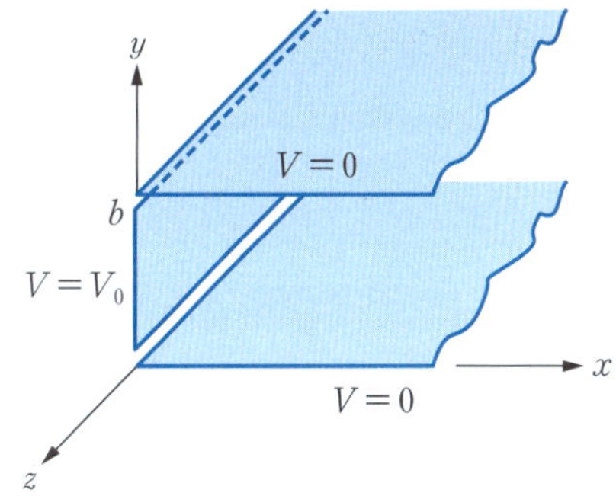

그림 4-12 경곗값 문제 : 무한히 긴 ㄷ형 도체판

풀이

[그림 4-12]와 같이 직각 좌표계를 설정하면 전위는 z 값이 변해도 달라지지 않는다. ㄷ형 구조 내부 영역($x > 0,\ 0 \le y \le b$)에는 전하가 없으므로 $V(x,\ y)$는 라플라스 방정식을 만족하면서 다음의 경계조건을 충족해야 한다.

$$① \ V(x,\ y=0)=0 \qquad (x>0) \tag{4.73a}$$

$$② \ V(x,\ y=b)=0 \qquad (x>0) \tag{4.73b}$$

$$③ \ V(x=0,\ y)=V_0 \qquad (0<y<b) \tag{4.73c}$$

$$④ \ V(x,\ y)\to 0 \qquad (x\to\infty) \tag{4.73d}$$

여기서 알아둘 것은 맨 마지막 경계조건은 물리적으로 허용 가능한 해를 얻기 위해 포함시켰다는 사실이다.

❶ 1단계 : $y=0$과 $y=b$에서 $V=0$이므로 전위 $V(x,\ y)$는 y방향으로 진동한다. 따라서 문제에서는 $V(x,\ y)$는 식 (4.48)의 형태가 되어야 한다.

❷ 2단계 : 경계조건 ①에 따라 $Y(y)$는 다음과 같이 되어야 한다.

$$Y(y) = C\sin ky \tag{4.74}$$

❸ 3단계 : 경계조건 ④를 충족시키려면 $X(x)$로 쌍곡선함수 대신 지수함수를 선택하는 것이 더 적절하다. 식 (4.45b)와 식 (4.73d)로부터 다음과 같이 쓸 수 있다.

$$X(x) = B'e^{-kx} \tag{4.75}$$

그러므로 전위는 다음과 같다.

$$V(x,\ y) = B'Ce^{-kx}\sin ky \tag{4.76}$$

❹ 4단계 : 경계조건 ②를 적용하면

$$e^{-kx}\sin kb=0,\ \text{즉}\ \sin kb=0 \tag{4.77}$$

을 얻을 수 있는데, 이 식이 성립하려면 k는 다음과 같아야 한다.

$$kb = n\pi, \text{ 즉 } k = \frac{n\pi}{b} \quad (n = 0, 1, 2, 3, \cdots) \tag{4.78}$$

그러므로 경계조건 ①, ②, ④를 충족하는 $V(x, y)$의 일반해를 다음과 같이 쓸 수 있다.

$$V(x, y) = \sum_{n=1}^{\infty} A_n e^{-\frac{n\pi}{b}x} \sin\frac{n\pi}{b}y \tag{4.79}$$

❺ 5단계 : 비제차 경계조건 ③을 적용하면

$$V(x=0, y) = \sum_{n=1}^{\infty} A_n \sin\frac{n\pi}{b}y = V_0 \quad (0 < y < b) \tag{4.80}$$

가 되는데, 이것은 식 (4.63)과 같은 형태의 푸리에 급수이다. [예제 4-6]에서 사용한 방법을 여기서도 그대로 따르면 다음 결과를 얻을 수 있다.

$$A_n = \begin{cases} \dfrac{4V_0}{n\pi} & (n\text{이 홀수일 때}) \\ 0 & (n\text{이 짝수일 때}) \end{cases} \tag{4.81}$$

그러므로 최종 해는 다음과 같다.

$$V(x, y) = \sum_{n=1,3,\cdots}^{\infty} \frac{4V_0}{n\pi} e^{-\frac{n\pi}{b}x} \sin\frac{n\pi}{b}y \tag{4.82}$$

4.4.2 원통 좌표계에서의 경곗값 문제

원통 좌표계에서는 라플라스 방정식이 다음과 같은 형태가 된다.

$$\frac{1}{\rho}\frac{\partial}{\partial\rho}\left(\rho\frac{\partial V}{\partial\rho}\right) + \frac{1}{\rho^2}\frac{\partial^2 V}{\partial\phi^2} + \frac{\partial^2 V}{\partial z^2} = 0 \tag{4.13}$$

다루려고 하는 경곗값 문제가 z방향으로 무한히 긴 구조로 되어 있다면, V가 z에 무관하므로 $\frac{\partial}{\partial z} = 0$이다. 이 경우 라플라스 방정식은 다음과 같이 된다.

$$\frac{1}{\rho}\frac{\partial}{\partial\rho}\left(\rho\frac{\partial V}{\partial\rho}\right) + \frac{1}{\rho^2}\frac{\partial^2 V}{\partial\phi^2} = 0 \tag{4.83}$$

일반해를 구하기 위해 이번에도 변수 분리법을 사용하자. $V(\rho, \phi)$의 형태를

$$V(\rho, \phi) = R(\rho)\Phi(\phi) \tag{4.84}$$

로 가정하고, 이를 식 (4.83)에 대입하면

$$\Phi(\phi)\frac{1}{\rho}\frac{\partial}{\partial\rho}\left\{\rho\frac{\partial R(\rho)}{\partial\rho}\right\}+\frac{R(\rho)}{\rho^2}\frac{\partial^2\Phi(\phi)}{\partial\phi^2}=0 \tag{4.85}$$

이 된다. 이 식을 $\dfrac{R(\rho)\Phi(\phi)}{\rho^2}$ 로 나누면

$$\frac{\rho}{R(\rho)}\frac{\partial}{\partial\rho}\left\{\rho\frac{\partial R(\rho)}{\partial\rho}\right\}+\frac{1}{\Phi(\phi)}\frac{\partial^2\Phi(\phi)}{\partial\phi^2}=0 \tag{4.86a}$$

을 얻는다. 이 식은 다시

$$\frac{1}{R(\rho)}\rho\frac{d}{d\rho}\left\{\rho\frac{dR(\rho)}{d\rho}\right\}=-\frac{1}{\Phi(\phi)}\frac{d^2\Phi(\phi)}{d\phi^2} \tag{4.86b}$$

로 쓸 수 있다. 모든 ρ 와 ϕ 값에 대해 식 (4.86b)가 성립하려면 이 식의 좌변과 우변은 상수가 되어야 한다. 이 상수를 n^2 으로 놓자.

$$\frac{1}{R(\rho)}\rho\frac{d}{d\rho}\left\{\rho\frac{dR(\rho)}{d\rho}\right\}=-\frac{1}{\Phi(\phi)}\frac{d^2\Phi(\phi)}{d\phi^2}=n^2 \tag{4.87}$$

그러면 다음과 같이 두 개의 상미분방정식

$$\rho\frac{d}{d\rho}\left\{\rho\frac{dR(\rho)}{d\rho}\right\}-n^2R(\rho)=0 \tag{4.88a}$$

또는

$$\rho^2\frac{d^2R(\rho)}{d\rho^2}+\rho\frac{dR(\rho)}{d\rho}-n^2R(\rho)=0 \tag{4.88b}$$

과

$$\frac{d^2\Phi(\phi)}{d\phi^2}+n^2\Phi(\phi)=0 \tag{4.89}$$

을 얻는다. 우선 식 (4.89)를 만족하는 $\Phi(\phi)$의 해는 간단하다. $n\neq 0$(n은 정수)일 때

$$\Phi(\phi)=C_n\sin n\phi+D_n\cos n\phi \qquad (n\neq 0) \tag{4.90}$$

가 된다. n이 정수인 이유는 $\Phi(\phi)$가 $0\le\phi\le 2\pi$인 ϕ에 대해 한 개의 값만 갖는 1가 함수 single-valued function여야 하기 때문이다. 다시 말해 $\Phi(\phi)$는 다음 관계를 만족해야 한다.

$$\Phi(\phi+2\pi)=\Phi(\phi) \tag{4.91}$$

ϕ가 0에서 2π까지 움직이면 함수는 $\phi=2\pi$에서 부드럽게 만나야 한다. $n=0$인 경우, 해는 다음과 같다. 여기서 C_0와 D_0는 임의의 상수이다.

$$\Phi(\phi)=C_0\phi+D_0 \qquad (n=0) \tag{4.92}$$

식 (4.88)은 오일러-코시 방정식 Euler-Cauchy equation [2] 이라고 하는데, $n \neq 0$ 이면 두 개의 독립해 independent solution 는 다음과 같다.

$$R(\rho) = A_n \rho^n + B_n \frac{1}{\rho^n} \qquad (n \neq 0) \tag{4.93}$$

$n = 0$ 인 경우, 해는 다음과 같다.

$$R(\rho) = A_0 \ln \rho + B_0 \qquad (n = 0) \tag{4.94}$$

$\ln \frac{\rho_0}{\rho}$ 는 [예제 2-12]에서 구한 길이가 무한한 선전하의 전위라는 것을 잘 알아두기 바란다.

식 (4.90), 식 (4.92), 식 (4.93), 식 (4.94)를 결합하여 $V(\rho, \phi)$의 가장 일반적인 해를 다음과 같이 쓸 수 있다.

$$\begin{aligned} V(\rho, \phi) &= (A_0 \ln \rho + B_0)(C_0 \phi + D_0) \\ &\quad + \sum_{n=1}^{\infty} \left\{ A_n \rho^n + \frac{B_n}{\rho^n} \right\} \{ C_n \sin n\phi + D_n \cos n\phi \} \end{aligned} \tag{4.95}$$

(ρ, ϕ)로 이루어진 2차원 라플라스 방정식에 대해 가능한 모든 변수분리 해를 정리하여 [표 4-1]에 나타냈다.

예제 4-8 균일한 전기장 속에 놓여 있는 원통 도체

[그림 4-13]에서 보듯이 균일한 전기장 $\mathbf{E}_0 = \mathbf{a}_x E_0$가 분포해 있는 공간 안에 반지름이 a이고 길이가 무한히 길며 알짜전하를 가지지 않은 원통 도체가 놓여 있다. 원통의 축은 z축을 따라 놓여 있다. 원통 외부에 있는 점 (ρ, ϕ)에서 전기장을 구하라.

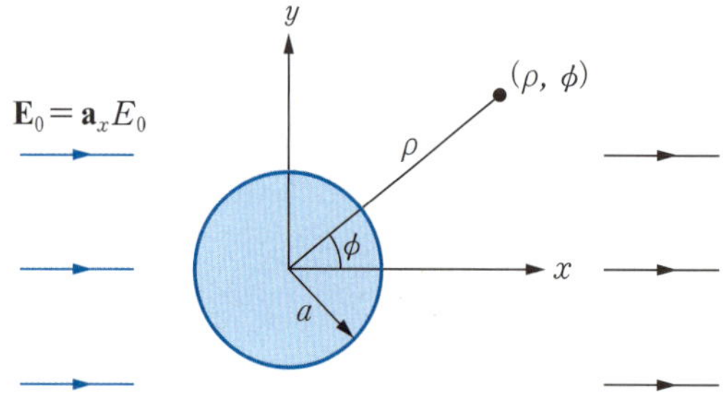

그림 4-13 균일한 전기장 속에 놓여 있는 원통 도체의 단면

풀이

도체가 원통 모양이므로 당연히 원통 좌표계를 사용한다. 원통이 z방향으로 무한히 길기 때문에 V는 z에 무관하다. 즉 $\frac{\partial}{\partial z} = 0$이다. 따라서 이 문제의 해는 식 (4.95)가 된다. 그런데 도체가 알짜전하를

---

2 E. Kreyszig, *Advanced Engineering Mathematics*, John Wiley & Sons, 1993, 7th Ed., Section 2.6.

갖지 않으므로 전위가 $\ln\rho$항을 갖지는 않을 것이다. $0 \le \phi \le 2\pi$에서 V가 1가 함수가 되려면 $V(\phi+2\pi) = V(\phi)$를 만족해야 하므로 $C_0\phi + D_0$는 해로서 적합하지 않다. 그러므로 $V(\rho,\ \phi)$의 일반해를 다음과 같이 쓸 수 있다.

$$V(\rho,\ \phi) = \sum_{n=1}^{\infty}\left\{A_n\rho^n + \frac{B_n}{\rho^n}\right\}\{C_n\sin n\phi + D_n\cos n\phi\} \tag{4.96}$$

충족해야 할 경계조건은 다음과 같다.

$$\text{①}\ V(\rho=a,\ \phi) = \text{상수} = 0 \qquad (0 \le \phi \le 2\pi) \tag{4.97}$$

$$\text{②}\ \mathbf{E} = -\nabla V \ \rightarrow\ \mathbf{E}_0 = \mathbf{a}_x E_0 = \nabla(E_0 x) \qquad (\rho \to \infty\text{일 때}) \tag{4.98a}$$

$$V \ \rightarrow\ -E_0 x = -E_0\rho\cos\phi \qquad (\rho \to \infty\text{일 때}) \tag{4.98b}$$

도체의 전위는 상수이기만 하면 어떤 값으로 정해도 상관없다. 다만 그 값만큼 기준 전위가 바뀔 뿐이다. 그러므로 여기서는 도체의 전위를 0으로 놓는다. 경계조건 ②를 잘 살펴보면 $\sin n\phi$는 이 경계조건을 충족할 수 없으므로 해의 형태로 적절하지 않다. 따라서 전위를 다음 식으로 다시 쓸 수 있다.

$$V(\rho,\ \phi) = \sum_{n=1}^{\infty}\left\{A_n\rho^n\cos n\phi + \frac{B_n}{\rho^n}\cos n\phi\right\} \tag{4.99}$$

경계조건 ②를 적용하면

$$V(\rho=\infty,\ \phi) = \sum_{n=1}^{\infty}A_n\rho^n\cos n\phi = -E_0\rho\cos\phi \qquad (0 \le \phi \le 2\pi) \tag{4.100}$$

가 된다. 이 방정식이 모든 ρ와 ϕ 값에 대해 성립하려면 다음과 같이 되어야 한다.

$$A_1 = -E_0,\ A_2 = A_3 = \cdots = 0 \tag{4.101}$$

그러면 식 (4.99)는 다음과 같이 된다.

$$V(\rho,\ \phi) = -E_0\rho\cos\phi + \sum_{n=1}^{\infty}\frac{B_n}{\rho^n}\cos n\phi \tag{4.102}$$

경계조건 ①을 적용하면

$$V(\rho=a,\ \phi) = -E_0 a\cos\phi + \sum_{n=1}^{\infty}\frac{B_n}{a^n}\cos n\phi = 0 \tag{4.103a}$$

이 된다. 이 식을 다시 쓰면 다음과 같다.

$$\sum_{n=1}^{\infty}C_n\cos n\phi = E_0 a\cos\phi \equiv g(\phi) \qquad (0 \le \phi \le 2\pi) \tag{4.103b}$$

여기서

$$C_n = \frac{B_n}{a^n} \qquad (n = 1,\ 2,\ 3,\ \cdots) \tag{4.104}$$

이다.

식 (4.103b) 역시 함수 $g(\phi) = E_0 a \cos\phi$를 푸리에 코사인 급수로 전개한 것이다. 식 (4.103b)의 좌변과 우변에 또 다른 조화함수인 $\cos m\phi$를 각각 곱한 다음, ϕ에 대해 0부터 2π까지 적분하면 다음 결과를 얻는다.

$$C_1 = E_0 a, \ C_2 = C_3 = \cdots = 0 \tag{4.105a}$$

이것은 또한

$$B_1 = C_1 a = E_0 a^2, \ B_2 = B_3 = \cdots = 0 \tag{4.105b}$$

이 된다. 이러한 결과는 조화함수의 직교성 때문이라는 것을 알아두기 바란다. 식 (4.105b)를 식 (4.102)에 대입하면 최종적으로 다음 식을 얻는다.

$$V(\rho, \phi) = -E_0 \rho \cos\phi + E_0 \frac{a^2}{\rho} \cos\phi \tag{4.106}$$

전기장은 다음과 같이 구할 수 있다.

$$\begin{aligned} \mathbf{E} &= -\nabla V = -\mathbf{a}_\rho \frac{\partial V}{\partial \rho} - \mathbf{a}_\phi \frac{1}{\rho}\frac{\partial V}{\partial \phi} \\ &= E_0(\mathbf{a}_\rho \cos\phi - \mathbf{a}_\phi \sin\phi) + E_0 \frac{a^2}{\rho^2}(\mathbf{a}_\rho \cos\phi + \mathbf{a}_\phi \sin\phi) \\ &= \mathbf{a}_x E_0 + E_0\left(\frac{a}{\rho}\right)^2 (\mathbf{a}_\rho \cos\phi + \mathbf{a}_\phi \sin\phi) \end{aligned} \tag{4.107}$$

이 식에서 첫 번째 항은 원래부터 걸려 있던 균일 전기장이고, 두 번째 항은 도체 표면에 유도된 전하에 의해 추가로 발생한 전기장이라는 것을 알고 있어야 한다. 두 번째 항이 $\frac{1}{\rho^2}$에 따라 변하는 것은 [그림 4-14]의 원통이 쌍극자 형태의 선전하이기 때문이다. 이것을 확인하기 위해 다음과 같이 $\rho = a$에서 표면전하밀도를 계산해보자.

$$\rho_s = \varepsilon_0 E_n = \varepsilon_0 E_\rho|_{\rho=a} = 2\varepsilon_0 E_0 \cos\phi \quad (0 \le \phi \le 2\pi) \tag{4.108}$$

여기서 주목할 것은 원통 표면 중 오른쪽 절반($0 < \phi < \frac{\pi}{2}$, $\frac{3\pi}{2} < \phi < 2\pi$)에서는 $\rho_s > 0$이고, 왼쪽 절반($\frac{\pi}{2} < \phi < \frac{3\pi}{2}$)에서는 $\rho_s < 0$이라는 것인데, 이것이 **선 쌍극자** line dipole 이다. [그림 4-14]에 전기장선과 등전위선을 그림으로 나타냈다.

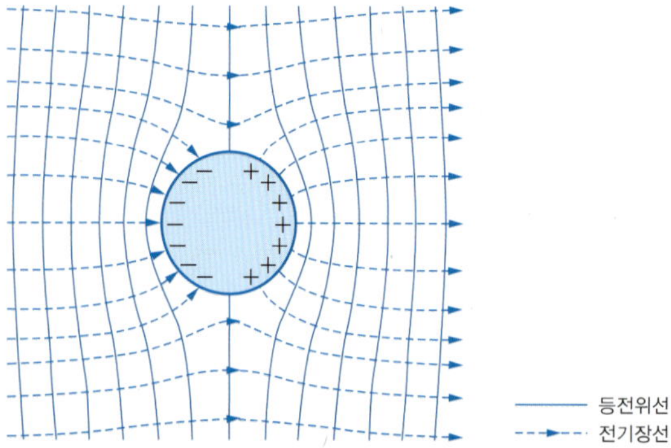

그림 4-14 [그림 4-13] 문제의 등전위선과 전기장선

4.4.3 구 좌표계에서의 경겟값 문제

구 좌표계에서는 라플라스 방정식이 다음과 같은 형태가 된다.

$$\frac{1}{r^2}\frac{\partial}{\partial r}\left(r^2\frac{\partial V}{\partial r}\right)+\frac{1}{r^2\sin\theta}\frac{\partial}{\partial\theta}\left(\sin\theta\frac{\partial V}{\partial\theta}\right)+\frac{1}{r^2\sin^2\theta}\frac{\partial^2 V}{\partial\phi^2}=0 \tag{4.109}$$

전위가 ϕ의 변화에 따라 달라지지 않는(수평각에 대해 대칭인) 구조를 갖는 경겟값 문제의 경우에는 $\frac{\partial}{\partial\phi}=0$이므로 라플라스 방정식은 다음과 같이 된다.

$$\frac{1}{r^2}\frac{\partial}{\partial r}\left(r^2\frac{\partial V}{\partial r}\right)+\frac{1}{r^2\sin\theta}\frac{\partial}{\partial\theta}\left(\sin\theta\frac{\partial V}{\partial\theta}\right)=0 \tag{4.110}$$

일반해를 구하기 위해 $V(x,\ y)$의 형태를

$$V(r,\ \theta)=R(r)\Theta(\theta) \tag{4.111}$$

로 가정하고, 앞의 두 절(4.4.1, 4.4.2)에서 했던 것과 비슷한 단계를 밟으면 다음 결과를 얻을 수 있다.

$$\frac{1}{R(r)}\frac{d}{dr}\left\{r^2\frac{dR(r)}{dr}\right\}=-\frac{1}{\Theta(\theta)\sin\theta}\frac{d}{d\theta}\left\{\sin\theta\frac{d\Theta(\theta)}{d\theta}\right\} \tag{4.112}$$

모든 r와 θ 값에 대해 식 (4.112)가 성립하려면 식 (4.112)의 좌변과 우변은 상수가 되어야 한다. 이 상수를 k로 놓으면 다음 식을 얻는다.

$$\frac{d}{dr}\left\{r^2\frac{dR(r)}{dr}\right\}-kR(r)=0 \tag{4.113}$$

$$\frac{1}{\sin\theta}\frac{d}{d\theta}\left\{\sin\theta\frac{d\Theta(\theta)}{d\theta}\right\}+k\,\Theta(\theta)=0 \tag{4.114}$$

$0\le\theta\le\pi$에서 $\Theta(\theta)$의 해가 물리적으로 허용되기 위해서는 k 값이 다음과 같아야 한다.

$$k=n(n+1)\qquad(n=0,\ 1,\ 2,\ \cdots) \tag{4.115}$$

다음 식으로 표시되는 $\Theta(\theta)$의 해를 **르장드르 다항식**Legendre polynomials[3]이라고 한다.

$$\Theta(\theta)=P_n(\cos\theta) \tag{4.116}$$

여기서 $P_n(x)$는 다음 식으로 정의된다.

$$P_n(x)=\frac{1}{2^n\,n!}\left(\frac{d}{dx}\right)^n(x^2-1)^n \tag{4.117}$$

3 R. V. Churchill and J. W. Brown, *Fourier Series and Boundary Value Problems*, McGraw-Hill, 1987, 4th Ed., Chapter 9.

[표 4-2]에 르장드르 다항식의 처음 몇 항을 나타냈다. 표에 정리되어 있듯이 르장드르 다항식은 식 (4.67)과 마찬가지로 직교성을 가지고 있다.

표 4-2 르장드르 다항식과 직교성

$$P_0(\cos\theta) = 1$$
$$P_1(\cos\theta) = \cos\theta$$
$$P_2(\cos\theta) = \frac{1}{2}(3\cos^2\theta - 1)$$
$$P_3(\cos\theta) = \frac{1}{2}(5\cos^3\theta - 3\cos\theta)$$
$$\int_0^{\pi} P_n(\cos\theta)P_m(\cos\theta)\sin\theta\, d\theta = \int_{-1}^{1} P_n(x)P_m(x)dx = \begin{cases} 0 & (n \neq m\text{일 때}) \\ \dfrac{2}{2m+1} & (n = m\text{일 때}) \end{cases}$$

식 (4.115)를 식 (4.113)에 대입하면 $R(r)$에 대한 두 개의 독립해를 다음과 같이 구할 수 있다.

$$R(r) = A_n r^n + \frac{B_n}{r^{n+1}} \tag{4.118}$$

식 (4.116)과 식 (4.118)을 결합하여 $V(r, \theta)$의 일반해를 다음과 같이 쓸 수 있다.

$$V(r, \theta) = \sum_{n=0}^{\infty}\left\{A_n r^n + \frac{B_n}{r^{n+1}}\right\}P_n(\cos\theta) \tag{4.119}$$

여기서 주목할 것은 두 번째 해에서 $n = 0$과 $n = 1$일 때 나오는 결과는 앞에서 이미 구해본 것이라는 사실이다.

$$\frac{B_0}{r} \quad (n = 0), \quad \frac{B_1}{r^2}\cos\theta \quad (n = 1) \tag{4.120}$$

이 해는 각각 점전하 한 개의 전위와 전기 쌍극자의 전위이다(식 (2.43), 식 (2.68) 참조). (r, θ)로 이루어진 2차원 라플라스 방정식에 대해 가능한 모든 변수분리 해를 [표 4-1]에 정리했다. 다음 예제를 풀어보면서 이들 해를 어떻게 사용해야 하는지 알아보자.

예제 4-9 균일한 전기장 속에 놓여 있는 유전체 구

[그림 4-15]와 같이 균일한 전기장 $\mathbf{E}_0 = \mathbf{a}_z E_0$가 분포해 있는 공간 안에 반지름이 a이고 유전율이 ε이며 전하를 갖고 있지 않은 유전체 구가 놓여 있다. 모든 곳에서 전기장을 구하라.

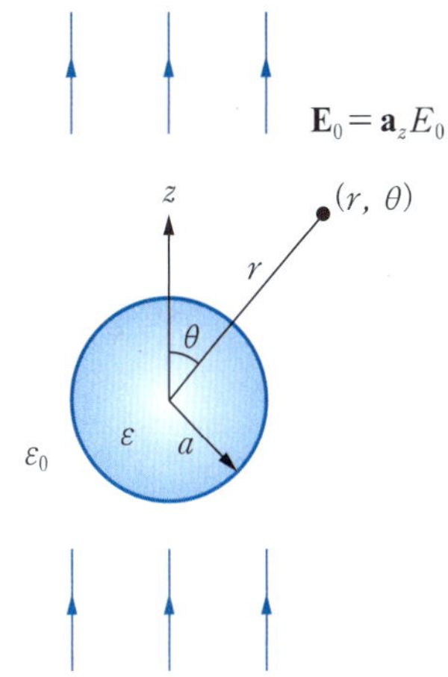

그림 4-15 균일한 전기장 속에 놓여 있는 유전체 구

풀이

이 문제는 물체가 유전체이고 모양이 구라는 것만 제외하면 [예제 4-8]과 아주 비슷하다. 그래서 구의 내부에서 전기장은 0이 아니며 구의 표면의 전위는 일정하지 않다. 걸려 있는 전기장이 z방향으로 균일하므로 이 문제는 수평각(방위각)에 대해 대칭이다. 즉 전위는 ϕ에 무관하다. 따라서 이 문제의 해는 식 (4.119)가 된다. 구의 내부 영역과 외부 영역의 전위를 다음과 같이 쓸 수 있다.

$$V_1(r,\ \theta) = V_{\text{인가}} + V_{\text{유도},1} \qquad (r \le a) \tag{4.120a}$$

$$V_2(r,\ \theta) = V_{\text{인가}} + V_{\text{유도},2} \qquad (r \ge a) \tag{4.120b}$$

여기서, $V_{\text{인가}}$는 원래 걸려 있던 균일장에 의한 전위이고, $V_{\text{유도}}$는 유전체가 만드는 유도전위이다. $V_{\text{인가}}$는 다음 과정을 통해 쉽게 구할 수 있다.

$$\mathbf{E}_0 = \mathbf{a}_z E_0 = -\nabla V_{\text{인가}} = -\nabla\{-E_0 z\} \tag{4.121}$$

따라서 다음과 같다.

$$V_{\text{인가}} = -E_0 z = -E_0 r\cos\theta = -E_0 r P_1(\cos\theta) \tag{4.122}$$

$V_{\text{유도}}$는 $\nabla^2 V = 0$의 해가 되어야 하고, 또한 원점($r=0$)과 무한히 먼 곳($r\to\infty$)에서의 값이 유한해야 하므로 $V_{\text{유도}}$를 다음과 같은 형태로 쓸 수 있다.

$$V_{\text{유도},\,1} = \sum_{n=0}^{\infty} A_n r^n P_n(\cos\theta) \qquad (r \le a) \tag{4.123a}$$

$$V_{\text{유도},\,2} = \sum_{n=0}^{\infty} \frac{B_n}{r^{n+1}} P_n(\cos\theta) \qquad (r \ge a) \tag{4.123b}$$

해 중에서 $\dfrac{1}{r^{n+1}}P_n(\cos\theta)$는 $r \le a$인 영역에서는 적절하지 않은데, 이 해는 원점($r=0$)에서 무한대가 되어버리기 때문이다. $r^n P_n(\cos\theta)$는 $r \ge a$인 영역에서 적절하지 않은데, 이 해는 무한히 먼 곳($r\to\infty$)에서 무한대가 되어버리기 때문이다. 미지계수 A_n, B_n은 유전체 경계면($r=a$)에서 다음의 두 경계조건을 적용하여 구할 수 있다([표 3-4]의 두 번째 경우 참조).

$$E_{1t} = E_{2t},\ \text{즉}\ \ V_1 = V_2 \tag{4.124a}$$

$$D_{1n} = D_{2n},\ \text{즉}\ \ \varepsilon\frac{\partial V_1}{\partial r} = \varepsilon_0\frac{\partial V_2}{\partial r} \tag{4.124b}$$

식 (4.124)의 경계조건에서 $E_{1t} = E_{2t}$와 $V_1 = V_2$는 같은 결과를 준다는 것에 유의하기 바란다.

식 (4.124)는 모든 θ에 대해 만족되어야 하는데, 식 (4.122)에 나타난 $V_{인가}$의 θ 의존성과 경계조건을 고려하면 식 (4.123)에서 필요한 것은 $n=1$인 항뿐이다. 따라서 $V(r, \theta)$를 다음과 같이 다시 쓸 수 있다.

$$V_1(r, \theta) = -E_0 r\cos\theta + A_1 r\cos\theta \equiv Ar\cos\theta \qquad (r \le a) \tag{4.125a}$$

$$V_2(r, \theta) = -E_0 r\cos\theta + \frac{B_1}{r^2}\cos\theta \qquad (r \ge a) \tag{4.125b}$$

$r=a$에서 식 (4.124)의 두 경계조건을 적용하면

$$Aa\cos\theta = -E_0 a\cos\theta + \frac{B_1}{a^2}\cos\theta \tag{4.126a}$$

$$\varepsilon A\cos\theta = \varepsilon_0\left\{-E_0 - \frac{2B_1}{a^3}\right\}\cos\theta \tag{4.126b}$$

가 된다. 이 두 개의 방정식을 풀어 A와 B_1을 구해보면

$$A = -\frac{3\varepsilon_0}{\varepsilon+2\varepsilon_0}E_0,\ B_1 = \frac{\varepsilon-\varepsilon_0}{\varepsilon+2\varepsilon_0}E_0 a^3 \tag{4.127}$$

이 된다. 식 (4.127)을 식 (4.125)에 대입하면 다음과 같다.

$$V_1(r, \theta) = -\frac{3\varepsilon_0}{\varepsilon+2\varepsilon_0}E_0 r\cos\theta = -\frac{3\varepsilon_0}{\varepsilon+2\varepsilon_0}E_0 z \qquad (r \le a) \tag{4.128}$$

$$V_2(r, \theta) = -E_0 r\cos\theta + \frac{\varepsilon-\varepsilon_0}{\varepsilon+2\varepsilon_0}E_0\frac{a^3}{r^2}\cos\theta \qquad (r \ge a) \tag{4.129}$$

전기장은 다음과 같이 구할 수 있다.

$$\begin{aligned}\mathbf{E}_1 &= -\nabla V_1 = -\mathbf{a}_z\frac{\partial V_1}{\partial z} = \mathbf{a}_z\frac{3\varepsilon_0}{\varepsilon+2\varepsilon_0}E_0 \qquad (r \le a)\\ &= \frac{3\varepsilon_0}{\varepsilon+2\varepsilon_0}E_0(\mathbf{a}_r\cos\theta - \mathbf{a}_\theta\sin\theta)\end{aligned} \tag{4.130}$$

$$\begin{aligned}\mathbf{E}_2 &= -\nabla V_2 = -\mathbf{a}_r\frac{\partial V_2}{\partial r} - \mathbf{a}_\theta\frac{1}{r}\frac{\partial V_2}{\partial\theta}\\ &= \mathbf{a}_z E_0 + \frac{\varepsilon-\varepsilon_0}{\varepsilon+2\varepsilon_0}E_0\left(\frac{a}{r}\right)^3(\mathbf{a}_r 2\cos\theta + \mathbf{a}_\theta\sin\theta)\end{aligned} \tag{4.131a}$$

$$\begin{aligned}&= \mathbf{a}_r E_0\left\{1 + \frac{2(\varepsilon-\varepsilon_0)}{\varepsilon+2\varepsilon_0}\left(\frac{a}{r}\right)^3\right\}\cos\theta\\ &\quad -\mathbf{a}_\theta E_0\left\{1 - \frac{\varepsilon-\varepsilon_0}{\varepsilon+2\varepsilon_0}\left(\frac{a}{r}\right)^3\right\}\sin\theta \qquad (r \ge a)\end{aligned} \tag{4.131b}$$

여기서 흥미로운 것은 유전체 구 내부의 장은 식 (4.130)에 나타나 있듯이 모든 점에서 균일하다는 사실이다. 식 (4.131a)로 표시되는 유전체 구 외부의 장은 두 부분으로 구성되어 있다. 첫 번째 항은 원래부터 걸려 있던 균일 전기장이고 두 번째 항은 유전체 구의 표면에 유도된 속박전하에 의해 추가된 전기장

이다. 두 번째 항은 쌍극자 장이다. 이것을 확인하기 위해 식 (3.2c)를 사용하여 $r=a$에서 유도된 속박 표면전하밀도 ρ_{ps}를 구해보면

$$\begin{aligned}\rho_{ps} &= \mathbf{P} \cdot \mathbf{a}_n = (\mathbf{D}_1 - \varepsilon_0 \mathbf{E}_1) \cdot \mathbf{a}_r = (\varepsilon - \varepsilon_0) E_{1r}\big|_{r=a} \\ &= \frac{3\varepsilon_0(\varepsilon - \varepsilon_0)}{\varepsilon + 2\varepsilon_0} E_0 \cos\theta \quad (0 \le \theta \le \pi)\end{aligned} \tag{4.132}$$

이 된다. $0<\theta<\dfrac{\pi}{2}$에서는 $\rho_{ps}>0$이고 $\dfrac{\pi}{2}<\theta<\pi$에서는 $\rho_{ps}<0$인데, 이것이 쌍극자의 특성을 갖는다.

[그림 4-16]에 전기장선과 등전위선을 그림으로 나타냈다.

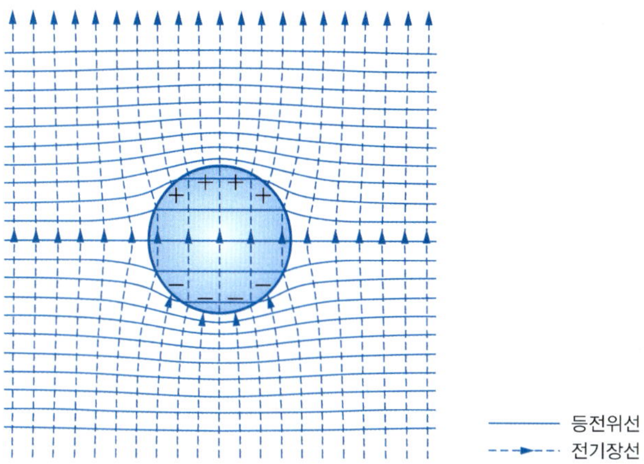

그림 4-16 [그림 4-15] 문제의 등전위선과 전기장선

4.1 식 (2.43)으로 표시되는 점전하의 전위가 원점($r=0$)을 제외한 모든 점에서 식 (4.4)의 라플라스 방정식을 만족하는 것을 증명하라.

4.2 식 (2.56)으로 표시되는 무한히 긴 선전하 전위가 z축($\rho=0$)을 제외한 모든 점에서 라플라스 방정식을 만족하는 것을 증명하라.

4.3 [예제 2-11]의 구형 부피전하의 전위가 모든 곳($r \le a$와 $r \ge a$)에서 식 (4.3)의 푸아송 방정식을 만족하는 것을 증명하라.

4.4 [연습문제 2.24(b)]에서 구한 길이가 무한히 긴 원통형 부피전하의 전위가 모든 곳($\rho \le a$와 $\rho \ge a$)에서 푸아송 방정식을 만족하는 것을 증명하라.

4.5 [그림 4-17]을 보면 두 개의 무한히 넓은 도체판이 ϕ_0 각도를 이루며 쐐기 모양을 하고 있다. 두 판 사이에는 전압 V_0가 걸려 있다. 두 판 사이 영역($0 \le \phi \le \phi_0$)에서 전위분포와 전기장을 구하라.

힌트 V는 1차원 라플라스 방정식을 만족한다.

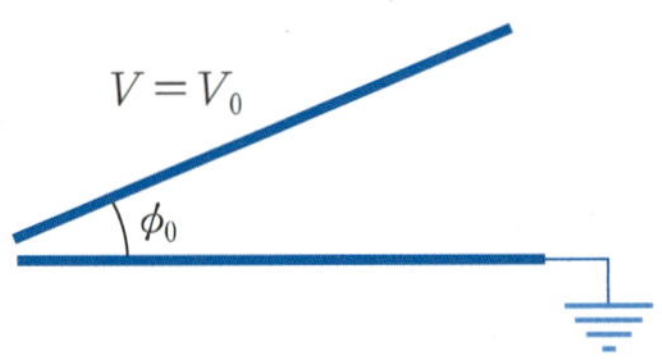

그림 4-17 쐐기 모양을 하고 있는 무한히 넓은 두 도체판의 단면

4.6 [예제 3-6]에 있는 [그림 3-15(a)]의 구 커패시터를 보자. 내부 도체 구와 외부 도체 구 사이에 전압 V_0가 걸려 있는데, 내부 도체 구의 전위가 외부 도체 구보다 높다. 라플라스 방정식을 풀어서 $a \le r \le b$ 영역에서 전위분포와 전기장을 구하라. 또 $r=a$, b인 두 도체 구 표면에서 표면전하밀도를 구하라.

4.7 [그림 4-18]을 보면 편각이 θ_0인 무한히 큰 도체 원뿔과 무한히 넓은 접지된 도체판 사이에 전위 V_0가 걸려 있다. 두 도체 사이 영역($\theta_0 \le \theta \le \frac{\pi}{2}$)에서 전위와 전기장을 구하라.

힌트 V는 1차원 라플라스 방정식을 만족한다.

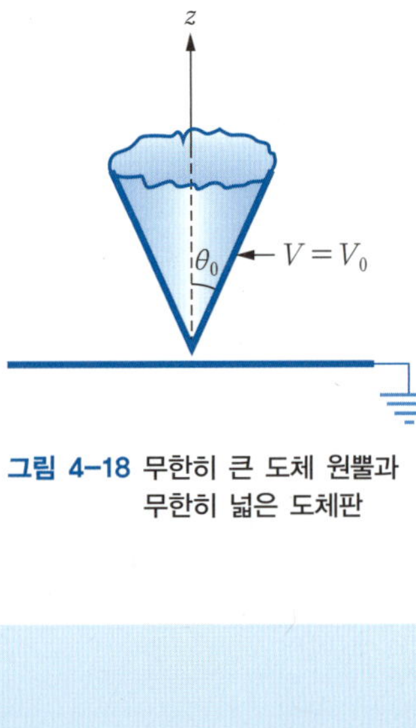

그림 4-18 무한히 큰 도체 원뿔과 무한히 넓은 도체판

4.8 식 (4.27)의 $\rho_s(x, y)$에 대해 총 유도전하가 $-q$와 같음을 보여라.

$$\int_{-\infty}^{\infty}\int_{-\infty}^{\infty}\rho_s(x, y)\,dxdy = -q$$

힌트 적분변수를 (ρ, ϕ)로 바꿔라.

4.9 [그림 4-4(a)]와 같이 무한히 넓은 접지된 도체판 위로 d만큼 떨어진 거리에 점전하 q가 놓여 있다. 멀리 떨어진 점($r_+ \gg d$)에서 전위를 근사적으로 구하라. V를 구좌표 (r, θ)로 나타내라. 이 전위는 어떤 전하 구조의 전위인가?

4.10 [그림 4-19]를 보면, 45° 각도로 만나는 두 개의 넓은 도체판 사이의 중간 지점에 점전하 q가 놓여 있다. 두 판 사이의 영역에서 전위를 구하라. 여기서는 두 도체의 경계면에서 전위가 0이 되도록 영상전하를 배치하는 방법을 사용하라.

힌트 여러 개의 영상전하가 필요하다.

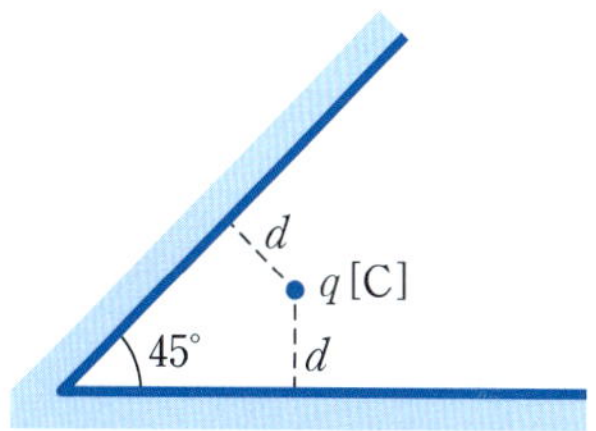

그림 4-19 한곳에서 만나는 두 도체판 사이에 놓인 점전하

4.11 [그림 4-20]을 보면 두 개의 평행 도체판 사이의 중간 지점에 점전하 q가 놓여 있다. 도체판은 무한히 넓으며 접지되어 있다. 두 도체판 사이의 영역에서 전위를 구하라.

힌트 무한 개의 영상전하가 필요하다.

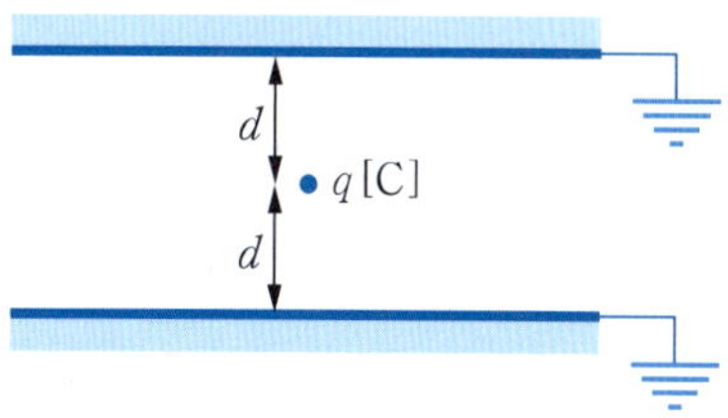

그림 4-20 무한히 넓은 접지된 두 평행판 사이에 놓인 점전하

4.12 길이가 무한히 긴 선전하 ρ_l[C/m]이 무한히 넓은 접지된 도체판 위로 d만큼 떨어진 거리에 도체판과 나란히 놓여 있다. 다음 물음에 답하라.

(a) 도체판 위쪽 영역에서 전위를 구하라.

(b) 도체판에 유도되는 표면전하밀도 ρ_s를 구하라.

4.13 [예제 4-4]의 문제에 대해 원통 도체의 표면에 분포하는 표면전하밀도 ρ_s를 구하라.

힌트 원통 좌표계 (ρ, ϕ, z)를 새로 사용하라. 이때 원통 도체의 축을 z축으로 놓아라.

4.14 [예제 4-4]의 결과를 사용하여 두 개의 긴 평행 도선의 단위길이당 커패시턴스가 다음 식이 됨을 보여라. 두 도선의 단면은 각각 반지름이 a인 원이며 두 도선의 축 사이의 거리는 d이다.

$$C = \frac{\pi\varepsilon_0}{\ln\left[\dfrac{d}{2a} + \sqrt{\left(\dfrac{d}{2a}\right)^2 - 1}\right]} = \frac{\pi\varepsilon_0}{\cosh^{-1}\left(\dfrac{d}{2a}\right)} \quad [\mathrm{F/m}]$$

4.15 반지름이 a인 곧게 뻗은 도선이 대지(땅)의 표면 위로 d만큼 떨어진 곳에 대지와 나란히 놓여 있다. 대지를 완전도체로 가정하고, 도선과 대지 사이의 단위길이당 커패시턴스를 계산하라. 또 도선과 대지 사이의 단위길이당 작용하는 힘을 구하라.

4.16 [예제 4-3]에서 다룬 문제를 다시 살펴본다([그림 4-5] 참조). $a = b$로 두자. xy평면에서 멀리 떨어진 점($r_1 \gg a$)에서 전위를 근사적으로 구하라. V를 원통좌표 (ρ, ϕ)를 써서 나타내라. 이 전위는 어떤 전하 구조의 전위인가?

4.17 직각으로 꺾인 도체판 근처에 길이가 무한히 긴 선전하 ρ_l이 놓인 경우에 대해 [연습문제 4.16]을 되풀이하라.

4.18 [예제 4-5]의 문제에 대해 다음 물음에 답하라.

(a) q'과 s가 식 (4.38)로 주어질 때, 식 (4.37)의 V는 도체 구 표면 위의 모든 점에서 경계조건을 충족함을 보여라.

(b) 두 점에서의 경계조건 $V(a, 0) = 0$, $V(a, \pi) = 0$을 적용하여 얻게 되는 두 개의 방정식을 미지수 q'과 s에 대해 풀어서 식 (4.38)의 결과를 유도하라.

4.19 [예제 4-5]의 문제에 대해 다음 물음에 답하라.

(a) 도체 구의 표면에 유도되는 표면전하밀도 ρ_s를 θ의 함수로 구하라.

(b) 구의 표면에 대해 ρ_s를 적분하여 유도된 총 전하를 계산하라. 그리고 그 결과가 q'이 됨을 증명하라.

4.20 [예제 4-5]에서는 도체 구가 접지된 것($V = 0$)으로 가정했다. 여기서는 도체 구가 접지되지 않은 것으로 가정한다. 도체 구는 전기적으로 중성이다. 즉 알짜전하 q는 0이다.

(a) 전위에 대한 경계조건을 충족하고 도체의 중성조건을 충족하는 영상전하(들)의 크기와 위치를 구하라.

힌트 적절한 위치에 영상전하가 한 개 더 있어야 한다.

(b) 도체 구가 유지하는 전위를 구하라.

4.21 심화 [그림 4-21]을 보면 유전율이 ε인 반무한 유전체의 평평한 표면 위로 d만큼 떨어진 곳에 점전하 q가 놓여 있다. 모든 곳(공기 영역, 유전체 영역)에서 전위를 구하라.

힌트 영상법을 사용하라. 공기와 유전체의 경계면에 적절한 경계조건을 적용하라. 서로 다른 두 개의 등가 문제를 고려해야 한다.

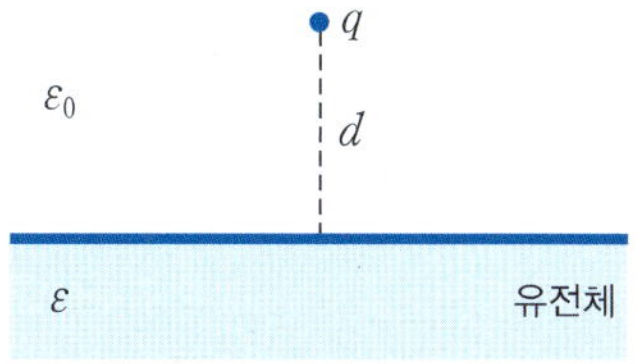

그림 4-21 유전체 표면 근처에 놓인 점전하

4.22 [그림 4-9]의 무한히 긴 직사각형 파이프를 살펴보자. $x=0$, $y=0$, $y=b$에 있는 세 개의 얇은 금속판은 접지되어 있고, $x=a$에 있는 얇은 금속판은 다른 금속판들과 절연되어 있으며 일정한 전위 V_0를 유지하고 있다. 파이프 내부 영역($0<x<a$, $0<y<b$)의 전위분포를 구하라.

4.23 [그림 4-22]를 보면 $y=0$과 $y=b$에 무한히 긴 접지된 금속판이 놓여 있고 $x=\pm a$에 전위가 V_0인 금속판이 놓여 있다. 네 개의 금속판으로 이루어진 직사각형 파이프 내부 영역의 전위를 구하라. 또 전기장선과 등전위선을 그림으로 그려라.

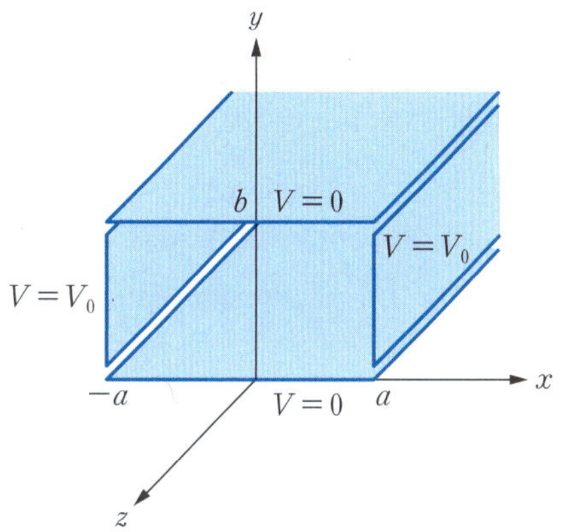

그림 4-22 경곗값 문제 : 무한히 긴 직사각형 파이프

4.24 단면이 직사각형이고 z방향으로 무한히 긴($z=\pm\infty$) 파이프를 감싸는 네 개의 금속판 벽의 전위분포가 다음과 같다. 파이프 내부에는 자유전하가 없다. 파이프 내부 영역에서 전위 $V(x, y)$를 구하라.

$$V=0 \qquad (x=0,\ x=a,\ y=0)$$
$$V=V_0\sin\frac{\pi}{a}x \qquad (y=b)$$

4.25 단면이 정사각형인 파이프를 감싸는 네 개의 금속판 벽의 전위분포가 다음과 같다. 파이프 내부에는 자유전하가 없다. 파이프 내부 영역($0<x<a$, $0<y<a$)에서 전위 $V(x, y)$를 구하라.

$$V=0 \qquad (x=0,\ y=0)$$
$$V=V_0\sin\frac{\pi}{a}x \qquad (y=a)$$
$$V=V_0\sin\frac{2\pi}{a}y \qquad (x=a)$$

힌트 두 개의 경곗값 문제로 나누어 푼 다음에 중첩원리를 적용하라.

4.26 네 개의 금속판 벽의 전위분포가 다음과 같을 때 [연습문제 4.25]를 되풀이하라.

$$V=0 \qquad (x=0,\ y=0)$$

$$V=V_0\frac{x}{a} \qquad (y=a)$$

$$V=V_0\frac{y}{a} \qquad (x=a)$$

힌트 $k=0$으로 하고 $\nabla^2 V(x,\ y)=0$의 해를 이용하라.

4.27 [그림 4-9]의 무한히 긴 직사각형 파이프를 살펴보자. $x=0$과 $x=a$에 있는 두 개의 얇은 금속판은 접지되어 있다. $y=0$과 $y=b$에 있는 두 개의 금속판은 절연되어 있으며 각각의 전위는 V_1과 V_2로 유지되고 있다. 파이프 내부 영역의 전위분포를 구하라.

힌트 두 경곗값 문제로 나누어 푼 다음에 중첩정리를 적용하라.

4.28 **심화** [그림 4-23]을 보면 직사각형 상자를 이루고 있는 6개의 금속판 중에서 5개는 서로 붙어 있으며 접지와 연결되어 있다. 나머지 판들과 절연되어 있는 위쪽의 금속판은 일정한 전위 V_0로 유지되고 있다. 상자 내부 영역의 전위분포 $V(x,\ y,\ z)$를 구하라. 세 변의 길이는 각각 a, b, c이다.

힌트 $\nabla^2 V=0$의 3차원 해를 구해야 한다. 이 해는 이중 푸리에 급수 형태이다.

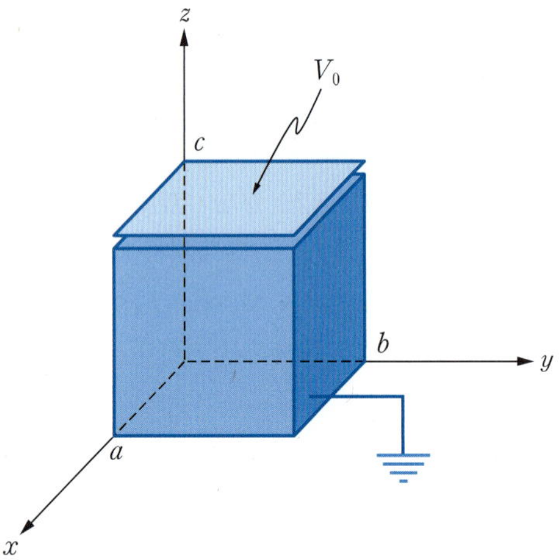

그림 4-23 직사각형 금속 상자

4.29 [그림 4-24]를 보면 무한히 길고 가늘며 반지름이 a의 원형 도체 튜브가 반으로 갈라져 있다. 왼쪽 절반의 전위는 $V=V_0$로 유지되고 있고, 오른쪽 절반의 전위는 $V=-V_0$로 유지되고 있다. 튜브 내부($\rho<a$)와 외부($\rho>a$)에서 전위분포 $V(\rho,\phi)$를 구하라. 또 도체 튜브의 표면전하밀도를 구하라.

힌트 튜브 내부($\rho<a$)에서 중심축($\rho=0$)의 전위는 유한한 값이어야 한다. 튜브 외부($\rho>a$)에서 무한히 먼 곳의 전위는 유한한 값이어야 한다.

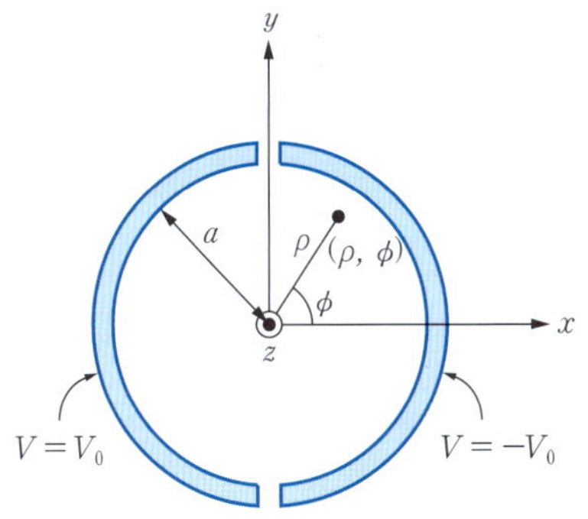

그림 4-24 반으로 갈라진 원형도체의 단면

4.30 균일한 전기장 $\mathbf{E}_0 = \mathbf{a}_x E_0$가 걸려 있는 공간에 길이가 무한히 길고 반지름이 a인 원통 모양의 유전체(유전율 ε)가 놓여 있다. 원통의 축은 z축이다([그림 4-13] 참조). 모든 곳(유전체 원통의 내부와 외부)에서 전위 $V(\rho, \phi)$와 전기장을 구하라.

4.31 균일한 전기장 $\mathbf{E}_0 = \mathbf{a}_y E_0$가 걸려 있는 공간에 길이가 무한히 길고 반지름이 a인 원통 모양의 도체가 놓여 있다. 도체는 알짜전하를 가지지 않는다. 원통의 축은 z축이다([그림 4-13] 참조). 유전체 원통의 외부에 있는 점 (ρ, ϕ)에서 전기장을 구하라.

4.32 길이가 무한히 길고 반지름이 a인 원통의 표면이 다음과 같은 표면전하분포를 갖고 있다. 여기서 ρ_{s0}는 상수이다. 원통의 축은 z축이다. 원통의 외부와 내부에서 전위 $V(\rho, \phi)$를 구하라.

$$\rho_s(\phi) = \rho_{s0}\sin 2\phi$$

힌트 이 문제에서는 표면에서의 전위 대신 전하밀도가 주어졌다. 두 영역에서의 전위 식을 세운 다음, 두 개의 경계조건을 이용하라.

4.33 균일한 전기장 $\mathbf{E}_0 = \mathbf{a}_z E_0$가 걸려 있는 공간에 반지름이 a인 도체 구가 놓여 있다([그림 4-15] 참조). 도체 구 외부($r > a$)의 점 (r, θ, ϕ)에서 전위와 전기장을 구하라.

4.34 두 도체판 사이에 유전율이 ε인 유전체가 들어 있다. 유전체 속을 파내어 반지름이 a인 작은 공 모양의 빈 공간을 만들었다. 두 판 사이에는 전압 V_0가 걸려 있다. 유전체 조각의 두께(d)가 빈 공간의 반지름보다 훨씬 크다고 가정할 때($d \gg a$) 빈 공간 내부의 전기장을 구하라.

4.35 $r = a$인 구의 표면의 전위가 다음과 같다.

$$V(\theta) = V_0 \cos 3\theta$$

여기서 V_0는 상수이다. 구의 내부와 외부 물질이 공기, 즉 자유전하가 없는 물질인 경우에 모든 곳($r < a$, $r > a$)에서 전위를 구하라. 또 구의 표면($r = a$)에서 표면전하밀도를 구하라.

힌트 $\cos 3\theta$를 몇 개의 르장드르 다항식의 조합으로 나타내라.

4.36 심화 반지름이 a인 얇은 구 껍질에서 위쪽 반구($0 < \theta < \frac{\pi}{2}$)는 균일한 표면전하분포 ρ_{s0}를 갖고, 아래쪽 반구($\frac{\pi}{2} < \theta < \pi$)는 균일한 표면전하분포 $-\rho_{s0}$를 갖는다. 구의 내부 영역과 외부 영역의 전위를 구하라. 처음 나오는 다섯 항의 계수를 명확하게 계산하라.

힌트 식 (4.119)를 이용하여 두 영역에서의 전위 식을 동시에 세워라.

4.37 반지름이 a인 유전체 구가 다음과 같이 균일한 영구 편극벡터를 갖고 있다. 여기서 P_0는 상수이다. 편극된 구는 전기장을 만들어낸다. 주어진 물음에 답하라.

$$\mathbf{P} = \mathbf{a}_z P_0 \qquad (r < a)$$

(a) 속박전하밀도 ρ_{pv}, ρ_{ps}를 구하라.

(b) 식 (2.27)의 적분을 사용하여 구의 중심에서 전기장을 계산하라.

(c) 라플라스 방정식의 해를 이용하여 구의 내부 영역과 외부 영역에서 전위 $V(r, \theta)$를 구하라. 모든 곳에서 전기장선과 전위를 그림으로 그려라.

(d) 구의 내부 영역에서 전기장을 구하라. 그런 다음, $r=0$에서의 전기장이 (b)에서 구한 결과와 일치하는지 확인하라.

4.38 반지름이 a인 유전체 구가 다음과 같이 불균일한 영구 편극벡터를 갖고 있다. 여기서 P_0는 상수이다. 주어진 물음에 답하라.

$$\mathbf{P} = \mathbf{a}_r 2P_0 \frac{r}{a} \cos\theta - \mathbf{a}_\theta 3P_0 \frac{r}{a} \sin\theta \qquad (r < a)$$

(a) 속박전하밀도 ρ_{pv}, ρ_{ps}를 구하라.

(b) 라플라스 방정식의 해를 이용하여 구의 내부 영역과 외부 영역에서 전위 $V(r, \theta)$를 구하라.

4.39 길이가 무한히 길고 반지름이 a인 원통 모양의 유전체가 다음과 같은 영구 편극벡터를 갖고 있다. 여기서 P_0는 상수이다. 주어진 물음에 답하라.

$$\mathbf{P} = \mathbf{a}_\rho P_0 \frac{\rho}{a} \cos\phi - \mathbf{a}_\phi 2P_0 \frac{\rho}{a} \sin\phi \qquad (\rho < a)$$

(a) 속박전하밀도 ρ_{pv}, ρ_{ps}를 구하라.

(b) 라플라스 방정식의 해를 이용하여 구의 내부 영역과 외부 영역에서 전위 $V(\rho, \phi)$를 구하라.

4.40 편극벡터가 다음과 같을 때 [연습문제 4.38]을 되풀이하라.

$$\mathbf{P} = \mathbf{a}_\rho P_0 \frac{\rho}{a} \sin\phi + \mathbf{a}_\phi 2P_0 \frac{\rho}{a} \cos\phi \qquad (\rho < \mathrm{a})$$

CHAPTER

05

정상전류와 전도성 물질

Steady Currents and Conductive Materials

CONTENTS

학습목표

- 전류의 정의를 설명하고 다양한 형태의 전류(선전류, 표면전류, 부피전류)를 구분할 수 있다.
- 연속방정식과 전하보존 법칙을 이해한다.
- 전도성 물질의 특성을 이해하고 전도성 물질 속에서의 전하의 움직임을 설명할 수 있다.
- 옴의 법칙, 줄의 법칙, 완화시간의 의미를 설명할 수 있다.
- 두 매질의 경계면에서 정상전류에 대해 성립하는 경계조건을 이해하고, 이를 적용하여 문제를 풀 수 있다.
- 저항과 컨덕턴스의 정의를 이해하고, 다양한 구조에 대해 저항을 계산할 수 있다.
- 커패시턴스와 저항 사이의 관계식을 이해한다.

5.1 개요

앞의 4장에서는 전하가 정지해 있는 정전기 문제를 살펴보았다. 5장에서는 전하가 움직여 전류가 흐르는 경우를 포함하는 문제를 다루기로 한다. 특히 전도성 물질conductive material이나 저항성 물질resistive material의 양끝에 일정한 전압을 걸어주는 경우에 발생하는 정상전류steady current[1]를 중점적으로 다룬다. 3장에서는 전도율이 0인 완전유전체를 공부했는데, 여기서는 유한한 값의 전도율을 가진 유전체를 다룬다.

먼저, 전류의 정의를 살펴본다. 그 다음에는 연속방정식, 옴의 법칙, 줄의 법칙, 완화시간을 비롯하여 몇 가지 일반적인 관계식에 대해 알아본다. 이 관계식은 시간에 따라 전류가 변하는 일반적인 경우는 물론, 정상전류가 흐르는 특수한 경우에도 적용할 수 있다. 마지막에는 정상전류인 경우에 충족해야 할 새로운 경계조건인 부피전하밀도의 수직성분의 연속을 다룬다.

5.2 전류Electric Current

전하가 어떤 도체 속을 움직이고 있다. 그 도체 속에서 어떤 면적 S를 임의로 잡은 다음, 그 면적을 통과하는 전하를 측정했더니 $Q(t)$였다. 그러면 이 면적을 통해 흐르는 전류 $I(t)$는 다음 식으로 정의된다.

$$I(t) = \frac{dQ(t)}{dt} \tag{5.1}$$

전류의 단위는 암페어(A)로 프랑스의 과학자인 앙페르A. M. Ampère의 이름에서 따온 것이다. 암페어는 쿨롱/초coulomb/second와 같다. 따라서 전류는 전하가 단면 S를 얼마나 빠르게, 또는 얼마나 많이 통과하는지 나타내는 기준이다.

1 [옮긴이] 여기서 정상(定常, steady)은 사전적으로 '시간에 따른 변화 없이 늘 한결같음'의 뜻을 가진 단어로 normal/abnormal의 정상/비정상(正常/非正常)과는 의미가 조금 다르다. 정상전류는 시간에 따라 크기가 변하지 않으며 전하가 어느 곳에서도 멈춰 쌓이지 않는 연속적인 전하의 흐름이다. 따라서 도선에 정상전류가 흐르면 전류의 크기는 도선의 어느 곳에서나 똑같아지므로 정상전류는 결국 직류전류(dc current)이다. 정상전류에 대한 자세한 설명은 '기초 전자기학(원서 : *Introduction to Electrodynamics*, 3rd Ed.), Griffiths 저, 김진승 역, 223쪽(원서는 215쪽)'을 참조하기 바란다.

부피전류밀도

[그림 5-1]과 같이 전하가 어떤 부피 속을 통과하고 있다. 부피 내의 한 점에서 부피전류밀도 $\mathbf{J}$를 정의하기 위해 전류가 흐르는 방향에 수직인 작은 면적 ds를 만든다. 그 면적을 통해 흐르는 전류가 dI라고 하면 벡터 $\mathbf{J}$의 크기를 식 (5.2)로 나타낼 수 있다.

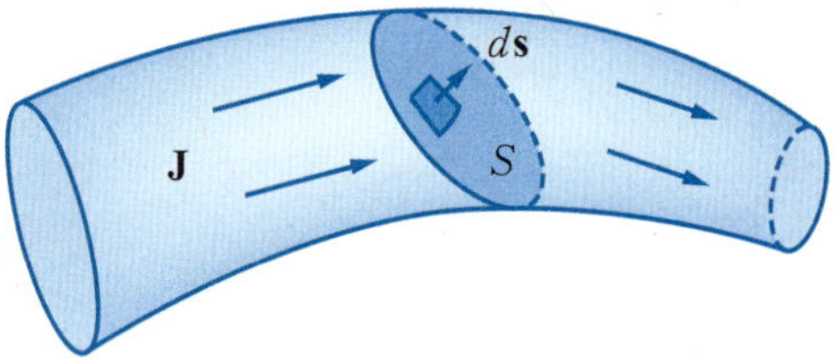

그림 5-1 임의의 면적을 통과해 흐르는 부피전하

$$J = \frac{dI}{ds} \ [\mathrm{A/m^2}] \tag{5.2}$$

벡터 $\mathbf{J}$는 크기가 J이고 방향은 (+)전하가 이동하는 방향, 즉 전류가 흐르는 방향과 같다. 이동하는 전하가 (−)전하(예를 들어, 전자)이면 전류가 흐르는 방향은 (−)전하가 이동하는 방향과 반대가 된다. 전류가 미소면적 $d\mathbf{s}$를 언제나 수직으로 통과하는 것은 아니므로 이 미소면적을 통과하는 전류는 다음 식으로 주어진다.

$$dI = \mathbf{J} \cdot d\mathbf{s}$$

따라서 면적 S를 통해 흐르는 총 전류는 다음과 같다.

$$I = \iint_S \mathbf{J} \cdot d\mathbf{s} \tag{5.3}$$

이번에는 전하가 일정한 유동속도drift velocity $\mathbf{v}$로 움직이는 경우를 다뤄보자([그림 5-2] 참조).

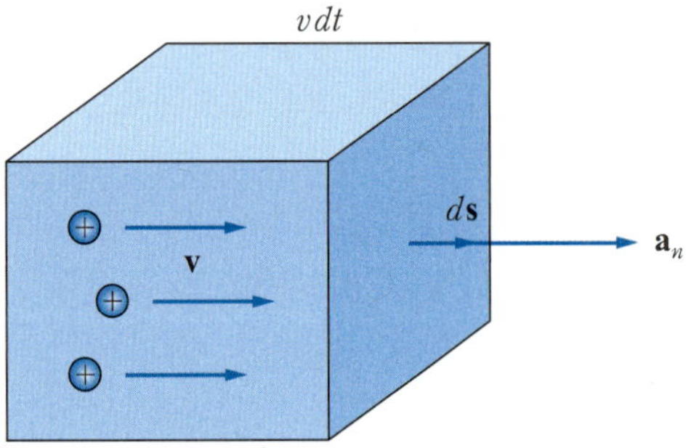

그림 5-2 유동속도

먼저 직사각형 모양의 부피($ds\,v\,dt$)를 만드는데, 이때 전류가 부피 표면의 면적 ds를 수직으로 통과하게 만든다. 시간 dt 동안 부피 속의 모든 전하는 면적 ds를 통해 빠져나간다. 단위부피당 전하의 개수를 N이라고 하고, 각 전하의 전하량을 q라고 하자. 그러면 면적 $d\mathbf{s}$를 통해 흐르는 전류는

$$dI = \frac{dQ(t)}{dt} = \frac{Nq(ds\, v\, dt)}{dt} = Nq\, ds\, v$$

가 된다. 여기서 $v = |\mathbf{v}|$이다. 따라서 전류밀도는 다음과 같다.

$$J = \frac{dI}{ds} = Nqv$$

$$\mathbf{J} = Nq\mathbf{v} = \rho_v \mathbf{v}$$

$$\mathbf{J} = \rho_v \mathbf{v} \tag{5.4}$$

식 (5.4)로부터 부피전하밀도에 그 부피전하의 유동속도를 곱하면 부피전류밀도가 됨을 알 수 있다. 전하의 유형에는 여러 가지가 있는데, 가장 일반적인 형태의 수식으로 나타내면

$$\mathbf{J} = \sum_i N_i q_i \mathbf{v}_i = \sum_i \rho_{vi} \mathbf{v}_i$$

가 된다. 여기서 N_i, q_i, $\mathbf{v}_i$, ρ_{vi}는 여러 유형의 전하 중 특정 전하의 단위부피당 전하의 개수, 각 전하의 전하량, 유동속도, 부피전하밀도를 의미한다.

표면전류밀도

표면전류는 어떤 표면 위에 있는, 두께가 0인 층에 흐르는 전류이다([그림 5-3] 참조).

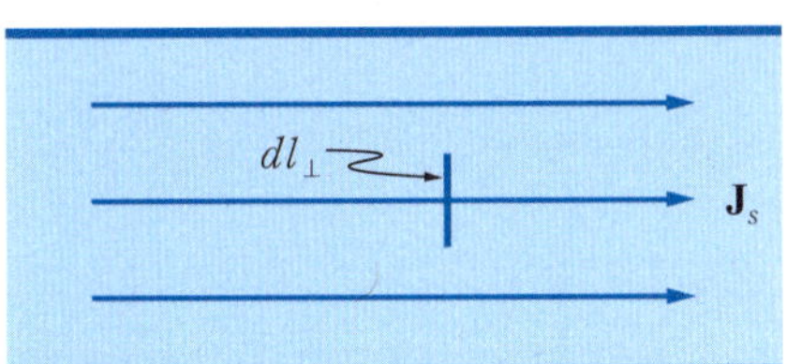

그림 5-3 표면전류밀도 $\mathbf{J}_s$

어떤 한 점에서 표면전류밀도surface current density $\mathbf{J}_s$를 정의하기 위해 먼저 미소선분 $dl_\perp$을 만든다. ⊥ 표시는 선분의 방향이 전류가 흐르는 방향과 직각임을 나타낸다. 그러면 표면전류밀도 벡터는

$$J_s = \frac{dI}{dl_\perp} \quad [\mathrm{A/m}] \tag{5.5}$$

가 된다. 여기서 벡터 $\mathbf{J}_s$는 크기가 J_s이고 전류가 흐르는 방향을 향한다. 여기서 주의할 것은 부피전류밀도의 단위는 $[\mathrm{A/m^2}]$인 반면 표면전류밀도의 단위는 $[\mathrm{A/m}]$라는 사실이다. [그림 5-3]과 같은 표면의 전체 폭을 통해 흐르는 총 전류는 다음과 같다.

$$I = \int J_s\, dl_\perp \tag{5.6}$$

선전류

선전류 line current 는 단면적이 0인 무한히 가는 선을 통해 흐르는 전류로, 어떤 한 점의 선전류 I는 단위시간당 그 점을 통과하는 전하의 총 개수(전하량)를 헤아리면 된다. 따라서

$$I = \frac{dQ}{dt}$$

가 된다. 여기서 전류벡터 $\mathbf{I}$는 크기가 I이고 전류가 흐르는 방향을 향한다.

5.3 연속방정식 Equation of Continuity

전하가 움직이면 전류가 발생한다. 따라서 전하량과 전류는 서로 연관되어 있다. [그림 5-4]에 나타낸 곡면 S로 둘러싸인 임의의 부피 V를 이용하여 이 두 양 quantity 사이의 기본 관계를 살펴보자. 이 닫힌곡면을 통해 전류 $I(t)$가 안으로 흘러 들어오면 전하 $Q(t)$가 부피 속에 쌓이게 된다.

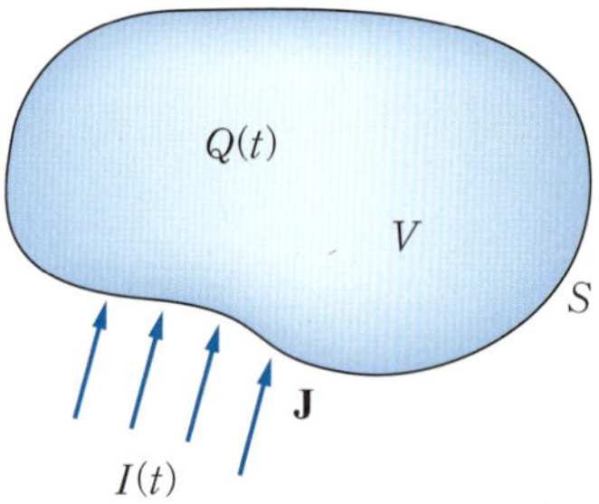

그림 5-4 연속방정식 : 전하량 보존법칙

부피 V 속으로 흘러 들어오는 총 전류는

$$I(t) = -\oint\!\!\oint_S \mathbf{J} \cdot d\mathbf{s} = -\iiint_V \nabla \cdot \mathbf{J}\, dv \qquad \text{: 발산 정리 적용}$$

$$= \frac{dQ(t)}{dt} = \frac{d}{dt}\iiint_V \rho_v\, dv = \iiint_V \frac{\partial \rho_v}{\partial t} dv \qquad \text{: 적분의 도함수에 대한 라이프니츠 규칙 적용}$$

와 같다. 이 관계식은 다음과 같이 부피 V 내에서 전하가 보존된다는 것을 뜻한다.

$$\iiint_V \nabla \cdot \mathbf{J}\, dv = \iiint_V -\frac{\partial \rho_v}{\partial t} dv$$

적분식의 V는 어떤 부피이든 가능하므로 결국 다음과 같이 피적분함수끼리 서로 같아야 한다.

$$\nabla \cdot \mathbf{J} = -\frac{\partial \rho_v}{\partial t} \tag{5.7}$$

식 (5.7)을 **연속방정식** equation of continuity이라고 한다. 이 식은 전류밀도와 전하밀도 사이의 기본 관계를 나타낸다. 이 식은 8장에서 다루는 시변장 time-varying field에서 중요한 역할을 한다.

정상상태 steady state(전하와 전류가 시간에 따라 변하지 않는 경우)에서는 식 (5.7)이 다음과 같이 간단해진다.

$$\nabla \cdot \mathbf{J} = 0 \quad : \text{정상전류인 경우} \tag{5.8}$$

5.4 옴의 법칙과 전도성 물질

옴의 법칙 Ohm's law 을 다음과 같이 전자기 형식으로 표시하면, 전도성 물질 속에서 흐르는 부피전류밀도 $\mathbf{J}$와 전기장 $\mathbf{E}$는 서로 비례함을 알 수 있다.

$$\mathbf{J} = \sigma \mathbf{E} \tag{5.9}$$

여기서 σ는 물질의 **전도율** conductivity이다. 전도율의 단위는 지멘스/미터 Siemens/m이며, [S/m]로 쓴다. 다양한 물질의 전도율을 [표 5-1]에 정리했다. 이 표에는 특성이 좋은 도체와 절연체의 전도율이 함께 들어 있다.

표 5-1 물질의 전도율

물질	전도율(S/m)	물질	전도율(S/m)
은(Silver)	6.2×10^7	실리콘(Silicon)	4.4×10^{-4}
구리(Copper)	5.8×10^7	증류수(Distilled Water)	10^{-4}
금(Gold)	4.1×10^7	마른 땅(Dry Earth)	10^{-5}
알루미늄(Aluminum)	3.5×10^7	유리(Glass)	10^{-12}
황동(Brass)	1.6×10^7	고무(Rubber)	10^{-15}
철(Iron)	10^7	석영유리(Fused Quartz)	10^{-17}
바닷물(Sea Water)	4		

가장 좋은 도체 세 가지를 순서대로 나열하면 은, 구리, 금이다.

- 은 : 가장 뛰어난 특성을 갖고 있지만 가격이 비싸고 쉽게 녹이 슨다. 녹이 슬면 전도율이 떨어진다. 다른 물질에 은 도금을 해서 전도율을 높이는 경우도 많다.

- 구리 : 은이나 금에 비해 값이 싸므로 많은 양이 필요한 경우에 선택한다.
- 금 : 초소형 전자부품에 많이 사용되며, 세 도체 중에서 부식에 가장 강하다.

끝으로, 가장 좋은 절연체 두 가지를 순서대로 나열하면 석영유리, 고무이다. 이 두 절연체는 완전 유전체($\sigma = 0$)로 취급할 수 있다.

식 (5.9)가 회로이론에서 주로 사용하는 식과 같은지 확인해보자. 먼저 [그림 5-5]와 같은 직사각형 도체를 생각해보자.

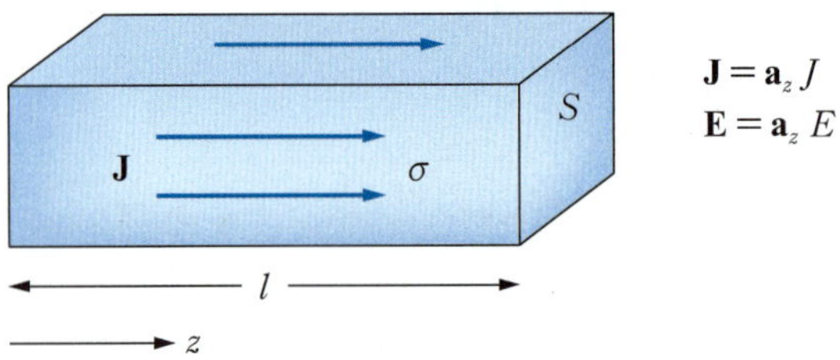

그림 5-5 저항성(전도성) 물질 속을 흐르는 균일전류

J, **E**, σ는 도체 전체 영역에서 균일하다고 가정한다. 식 (5.9)의 양변에 단면적 S를 각각 곱하면

$$JS = \sigma ES = \frac{\sigma S}{l}(El)$$

이 된다. $I = JS$, $V = El$이므로

$$I = \frac{\sigma S}{l}V$$

가 되어, 마침내

$$V = \frac{l}{\sigma S}I$$

로 표시되는 V와 I 사이의 선형 관계식을 얻을 수 있다. 여기서 V는 도체의 양쪽 끝 사이의 전위차(전압)이다. 이 식에 들어 있는 $\frac{l}{\sigma S}$을 **저항** resistance R이라고 한다. 이렇게 해서 익숙한 형태의 수식인

$$V = IR \tag{5.10}$$

을 얻을 수 있다. 다음과 같은 저항의 표시식

$$R = \frac{V}{I} = \frac{l}{\sigma S} \tag{5.11}$$

은 길이 l, 단면 S인 모양을 가진 균질한 homogeneous 저항성 물질의 저항을 구하는 데 적용할 수 있다. 전도율의 역수인 $\frac{1}{\sigma}$을 **저항률** resistivity 이라고 한다.

J가 E에 비례하는 까닭은 무엇일까? 전자는 전기장 E에 의해 계속해서 가속되는데, 왜 J는 계속해서 커지지 않는 것일까? 이 물음에 대답할 수 있으려면 먼저 도체 속에서 전류가 흐르는 과정을 이해해야 한다. 지금부터 이것을 설명하기로 한다.

외부 전기장이 걸려 있지 않은 경우, 상온에서 전도전자 conduction electron 는 약 10^6[m/s]의 속력으로 도체의 격자구조 lattice structure 사이를 이동한다. 이동 방향은 전자마다 제멋대로이므로 평균속도 벡터는 0이 되어 알짜 전류가 없다($\mathbf{J}=0$). 이제 도체의 양끝에 전압을 걸어주면 도체 내부에 전기장 E가 발생한다. 그러면 $-e$의 전하량을 갖는 전도전자 q는 $q\mathbf{E} = -e\mathbf{E}$만큼의 힘을 받아 가속되므로 E와 같은 방향으로 전류 J가 발생한다. 그렇지만 전자가 가속되는 시간은 10^{-14}[s] 정도로 아주 짧다. 따라서 전자는 10^{-8}[m] 정도의 아주 짧은 거리만큼 진행한 다음에는 격자구조와 충돌하여 아무 방향으로나 흩어져버린다. E 방향으로 흐르는 전류 J를 생기게 하는 것은 충돌하기 전까지의 전자의 이동이다. 충돌이 일어나자마자 전자는 제멋대로 흩어져 움직이므로 이들 전자의 움직임을 평균하면 0이 되어 E 방향으로 향하는 전류 J는 생기지 않는다. 말하자면 충돌 후 발생하는 전자의 움직임은 전류의 발생에 기여하지 못하는 헛수고인 셈이다. 이러한 과정은 계속해서 되풀이된다. 전자는 충돌 전까지는 가속되어 J의 발생에 기여하다가 충돌과 동시에 더 이상 기여하지 못하게 된다. 그렇지만 평균 유동속도는 J가 발생하는 데 기여한다. 유동속도는 간단히 말해 한번 충돌하고 나서 다음 번 충돌이 일어나기 전까지의 짧은 시간 동안 가속되는 전하의 평균속도이다. 유동속도는 10^{-4}[m/s] 정도로 아주 느리다.

이렇게 전자는 임의의 방향으로 매우 빠르게(10^6[m/s]) 움직이지만, 이 빠른 움직임을 모두 합성하면 매우 느린 유동속도(10^{-4}[m/s])가 되며, 바로 이것이 E 방향으로 전류 J를 발생시킨다. 전압을 두 배로 높이면 충돌 사이의 시간(즉 가속 시간)은 변함이 없고(이 시간은 유동속도에 비해 훨씬 빠른 전자 하나하나의 속도에 의해 결정되므로) 가속력 $q\mathbf{E}$가 두 배가 되므로 평균 유동속도도 두 배가 된다. 이러한 선형 관계를 가지므로 식 (5.9)와 같이 J는 E에 비례한다. 이때 비례상수 σ를 전도율이라고 한다.

여기서 강조할 것은 일반적으로 도체는 전기적으로 중성이라는 사실이다. 움직이는 (−)전하는 (+)전하를 지니고 있는 움직이지 않는 격자구조 사이를 이동한다. 어떤 전도성 또는 저항성 물질이 전도율 σ가 일정한 선형 균질 물질이라면 그 물질 내부에는 전하가 존재하지 않는다($\rho_v=0$). 이것은 선형 균질 유전체의 경우에 $\rho_{pv}=0$인 것과 비슷하다. 표면전하는 일반적으로 경계면에 쌓인다. 비균질 도체인 경우에는 부피전하밀도가 존재할 수도 있다($\rho_v \neq 0$).

5.5 옴과 옴의 법칙의 발견

Georg Simon Ohm

1827년은 옴 Georg Simon Ohm, 1789~1854 에게 아주 대단한 해였다. 그는 저항성 회로에 대한 광범위한 내용을 담은 책을 출간했다. 그는 그 주제를 철저하게 연구했고, 신중하고 빈틈없이 실험을 수행하여 자신의 이론을 확인했다. 당시 그의 나이는 마흔에 가까웠다. 만약 그가 주위로부터 자신의 업적에 대해 합당한 인정을 받았다면, 이를 발판으로 오랫동안 꿈꿔왔던 대학교수가 될 수도 있었을 것이다.

그는 자신의 책 '갈바니 회로의 수학적 연구 The Galvanic Circuit Mathematically Investigated'에서 그 주제를 거의 완벽하게 조사했다. 그는 전압이 V 인 배터리와 단면이 균일한 도체로 이루어진 간단한 루프 회로에서 도선 wire에 흐르는 전류는 도선 전체에 걸쳐 균일하다는 사실을 밝혀냈다. 그 덕분에 현재 우리가 회로의 특성을 단일 전류 I 로 나타낼 수 있는 것이다. 또한 그는 배터리로부터 도선을 따라 멀어지면 전압이 일정한 비율로 떨어진다는 사실을 실제로 증명했다. 오늘날에는 너무나 당연한 사실들이지만, 그 당시에는 옴이 발견하기 전까지는 아무도 몰랐던 내용이었다.

그러고 나서 그는 다음과 같은 전압과 전류 사이의 선형 관계를 입증했다.

$$V = IR \tag{5.10}$$

여기서 R 은 회로의 저항으로, 다음과 같이 도선의 길이 l 에 비례하고 도선의 단면적 S 에 반비례한다.

$$R = \frac{kl}{S} = \frac{l}{\sigma S} \tag{5.11}$$

여기서 상수 k 는 저항률이다. 저항률은 전도율의 역수로, 도선을 이루는 물질의 종류에 따라 달라진다. 옴은 다양한 금속의 상대 전도율을 구했는데, 그 크기는 [표 5-1]에 정리된 것과 같았다. 옴의 실험은 아주 정교하고 믿을 만했다. 그는 1821년에 발명된 제벡 열전 배터리 Seebeck thermoelectric battery 를 사용했는데, 그 이유는 이 배터리의 내부 저항을 예측하는 것이 가능했기 때문이었다. 전류와 그 전류에 의한 자기장을 측정하기 위해 그는 비틀림저울 나침반 바늘 검류계 torsion balance compass needle galvanometer 를 사용했다. 이 검류계는 자극 magnetic pole에 대한 역제곱 법칙을 측정하기 위해 자신이 고안한 것이었다.

저항성 회로와 열흐름 heat flow은 서로 간에 분명한 유사성을 가지고 있었다. 도선 속을 흐르는 열량은 도선 양끝 사이의 온도차에 비례하고, 열저항 thermal resistance 에 반비례했다. 또한 열저항은 도선의 길이에 비례하고, 도선의 단면적에 반비례했다. 옴은 푸리에 Fourier 가 쓴 '열의 해석적 연구 Analytical Study of Heat'를 읽고 전류의 흐름이 열흐름과 유사하다는 점을 꿰뚫어 보았다. 전압, 전류, 전기 저항은 각각 온도차, 열흐름, 열저항과 닮아 있었다.

우리에게 익숙한 저항의 직렬연결, 병렬연결에 대한 규칙은 옴의 법칙에 따라 그렇게 된 것이다. 예를 들어 똑같은 도선 두 개를 직렬로 연결하면 도선 전체의 길이 l이 두 배가 되므로 저항도 두 배가 된다. 반면 도선 두 개를 병렬로 연결하면 단면적 S가 두 배가 되므로 저항은 절반이 된다.

옴은 1789년 독일의 에를랑겐Erlangen에서 자물쇠 제조공의 아들로 태어났다. 옴과 동생 마틴Martin은 좋은 교육을 받았다. 옴은 1811년 에를랑겐 대학에서 박사학위를 받았다. 이후 그는 몇 군데의 중학교에서 교사직을 얻어 학생들을 가르쳤고, 나중에는 쾰른Cologne에 정착하여 그곳에서 9년 동안 가르쳤다. 옴은 대부분의 기초 연구를 쾰른에서 수행했다. 그는 중학교에서 부과된 과중한 강의업무에도 불구하고 수학과 과학을 독학으로 공부하여 전류실험기술 분야의 전문가가 되었다. 그는 매우 진지하고 유능하며 혁신적인 교사였다.

19세기 초반은 전기과학에서 큰 발전이 이루어진 시기였다. 1800년에 볼타Alessandro Volta는 일정한 전류를 공급하는 전원인 볼타전지voltaic cell를 발명했다. 이 전지는 라이덴 병Leyden jar보다 전원으로 사용하기에 훨씬 적합했다. 볼타전지는 연구를 촉진시키는 데 큰 역할을 했다. 1820년에 에르스텟Oersted은 전류에 의한 자기장을 극적으로 발견했다(6장 참조). 이로부터 채 1년이 지나지 않아 이 발견은 자기장을 구하여 전류를 측정하는 방법에 적용되었다. 이렇게 해서 나침반 바늘이 돌아간 각도에 따라 전류를 측정할 수 있었다. 이런 방법으로 볼타와 에르스텟은 정상전류를 공급하고 이를 측정하는 방법을 제시했는데, 그 덕분에 옴은 자신의 실험을 수행할 수 있었다.

불행하게도 옴의 책은 독일에서 좋은 평가를 받지 못했다. 실제로 그의 이론은 대부분 받아들여지지 않았는데, 그 이유는 그의 이론이 일부 사람들에게는 너무 복잡했고 또 다른 사람들에게는 너무 간단했기 때문이었다. 전반적으로 그의 연구에 대한 반응은 매우 부정적이었다. 쾰른에서 더 이상 교사직을 수행할 수 없음을 느낀 옴은 베를린으로 옮겨 사관학교에서 학생들을 가르쳤다.

이후 다른 나라의 과학자들이 서서히 그의 연구를 인정하기 시작하고, 그 성과에 합당한 존경을 보내기 시작했다. 그는 1841년에 코플리상을 받았고 1849년에는 마침내 뮌헨대학University of Munich의 물리학 교수로 임명되었다. 그가 책을 출간한지 22년 만이었다. 옴은 1854년 65세의 나이로 세상을 떠날 때까지 뮌헨대학에서 강의를 하면서 명예와 존경을 누렸다.

옴이 옴의 법칙을 발견하기에 앞서, 캐번디시Henry Cavendish를 비롯한 몇몇 연구자들이 이와 비슷한 발견을 했다. 그러나 옴의 연구 결과가 상대적으로 철저하고 완벽했기 때문에 최초 발견자의 영예는 옴에게 돌아갔다.

5.6 전력 : 줄의 법칙

저항기 resistor 와 같은 전도성 물질에 전류가 흐르면 그 물질에 전력이 전달되어 물질에서 소모된다. 전도성 또는 저항성 물질에서 소모되는 전력 power 은 다음과 같이 전기장과 전류밀도로부터 구할 수 있다.

$$P = \iiint_V \mathbf{E} \cdot \mathbf{J} dv \ [\mathrm{W}] \tag{5.12}$$

여기서 V는 저항성 물질의 부피이다. 따라서 $\mathbf{E} \cdot \mathbf{J}$는 소모된 부피전력밀도로 단위는 $[\mathrm{W/m^3}]$이다. 식 (5.12)를 **줄의 법칙** Joule's law 이라고 한다.

회로이론에서 사용하는 식과 어떻게 대응되는지를 알아보기 위해 [그림 5-5]의 저항성 물질을 살펴보자. 이 물질은 균일한 $\mathbf{E}$, $\mathbf{J}$, σ를 갖는 것으로 가정한다. 식 (5.9)를 식 (5.12)에 대입하여 정리하면 다음 결과를 얻는다.

$$\begin{aligned} P &= \iiint \sigma E^2 dv = \iiint \frac{1}{\sigma} J^2 dv = \sigma E^2 (Sl) = \frac{J^2}{\sigma}(Sl) \\ &= (El)^2 \frac{S\sigma}{l} = \frac{V^2}{R} \\ &= (JS)^2 \frac{l}{S\sigma} = I^2 R \\ &= \int E dl \iint J ds = (El)(JS) = VI \end{aligned}$$

5.7 완화시간 Relaxation Time

앞서 2장에서 전하를 도체 속에 놓으면 놓자마자 거의 동시에 반발력이 작용하여 이 전하를 도체의 표면으로 밀어낸다는 사실을 배웠다. 다시 말해, 부피전하밀도는 아주 빠르게 사라지면서 표면전하밀도를 발생시킨다. 이제 이 현상을 정량적으로 분석하여 얼마나 빠르게 사라지는지 구해보자. [그림 5-6]과 같이 전도율이 σ, 유전율이 ε이고, 경계를 이루는 닫힌곡면이 S인 선형 균질 물질을 생각해보자.

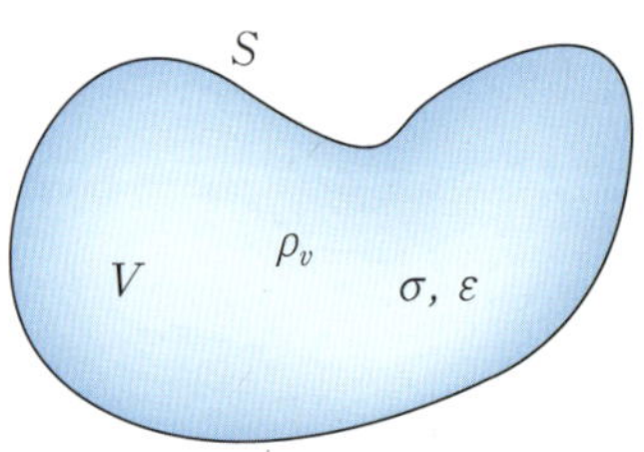

그림 5-6 완화시간

먼저 연속방정식으로부터 다음을 얻을 수 있다.

$$\nabla \cdot \mathbf{J} = -\frac{\partial \rho_v}{\partial t} = \nabla \cdot (\sigma \mathbf{E}) = \nabla \cdot \left(\frac{\sigma}{\varepsilon}\mathbf{D}\right) \quad : \text{옴의 법칙과 } \mathbf{D} = \varepsilon \mathbf{E}$$

$$= \frac{\sigma}{\varepsilon} \nabla \cdot \mathbf{D} = \frac{\sigma}{\varepsilon} \rho_v \quad : \text{식 (3.10b)를 사용}$$

따라서 다음을 얻는다.

$$\frac{\partial \rho_v}{\partial t} = \left(-\frac{\sigma}{\varepsilon}\right)\rho_v$$

이 미분방정식의 해는 다음과 같다.

$$\rho_v(x,\ y,\ z,\ t) = \rho_{v0}(x,\ y,\ z)\, e^{-\frac{\sigma}{\varepsilon}t} \tag{5.13}$$

이를 다시 써보자.

$$\rho_v(x,\ y,\ z,\ t) = \rho_{v0}(x,\ y,\ z)\, e^{-\frac{t}{\tau}}$$

여기서 $\tau = \dfrac{\varepsilon}{\sigma}$을 완화시간 relaxation time 이라고 한다. 식 (5.13)을 설명하면, $t = 0$인 순간에 부피 V 내부의 초기 부피전하밀도가 $\rho_{v0}(x,\ y,\ z)$이다. 이제 시간이 지남에 따라 부피 내부의 모든 점에서의 부피전하밀도는 지수함수 형식으로 감소한다. 전하량은 보존되어야 하므로 알짜 전하(감소한 전하)는 결국에는 표면 S 위에 존재할 수밖에 없다. 부피전하밀도가 감소하면 감소한 만큼 표면전하밀도는 증가한다. τ는 부피 V 내의 임의의 점에서 부피전하밀도가 처음 값의 $\dfrac{1}{e}$(=약 37%)까지 줄어드는 데 걸리는 시간이다. [표 5-2]에 몇 가지 도체와 절연체의 완화시간을 정리했다. 좋은 도체일 경우의 완화시간은 10^{-19}[s] 정도로 매우 짧다. 따라서 도체 속의 초과 전하가 표면으로 옮아가는 과정은 거의 순간적으로 일어난다고 보면 된다.

표 5-2 몇 가지 물질의 완화시간

물질	완화시간
구리	1.5×10^{-19}[s]
바닷물	2×10^{-10}[s]
증류수	10^{-6}[s]
석영유리	10^{5}[s] = 약 11일

5.8 정상전류의 경계조건

정상전류가 있는 경우에는 앞서 3장에서 유도한 기본 경계조건에, J의 수직성분의 연속성과 관련한 경계조건을 하나 더 추가해야 한다. [그림 5-7]을 보면 두 매질이 서로 경계를 이룬 채 놓여 있다. 매질 1의 특성은 $(\varepsilon_1, \sigma_1)$이고, 매질 2의 특성은 $(\varepsilon_2, \sigma_2)$이다.

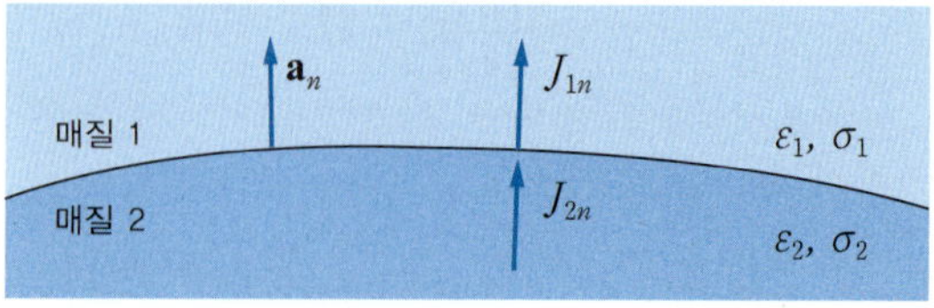

그림 5-7 J의 수직성분의 연속

경계면에서 부피전류밀도의 수직성분인 J_{1n}과 J_{2n}을 살펴보자. J_{2n}은 경계면을 향하는 방향으로 흐르는 전하를 나타내고, J_{1n}은 경계면에서 밖으로 흘러 나가는 전하를 나타낸다. J_{1n}과 J_{2n}은 정상전류인 경우에 반드시 같아야 한다. 만일 이것이 성립하지 않으면 전하가 경계면에 계속 쌓일 것이기 때문이다. 그러므로 다음과 같이 쓸 수 있다.

$$J_{1n} = J_{2n} \quad : \text{정상전류인 경우} \tag{5.14}$$

요약하면, 정상전류인 경우 경계면에서 성립하는 세 개의 기본 경계조건은 다음과 같다.

❶ $E_{1t} = E_{2t}$: E의 접선성분은 연속이다.

❷ $D_{1n} - D_{2n} = \rho_s$: D의 수직성분은 자유 표면전하의 양만큼 불연속이다.

❸ $J_{1n} = J_{2n}$: J의 수직성분은 연속이다.

예제 5-1 서로 다른 물질이 들어 있는 평행판 커패시터

[그림 5-8]을 보면 면적이 A인 똑같은 도체판 두 개가 $d_1 + d_2$만큼 떨어진 채 나란히 놓여 있다. 이 평행판 사이의 영역은 서로 다른 두 개의 물질로 채워져 있다. 두 물질의 유전율과 전도율은 각각 ε_1, σ_1과 ε_2, σ_2이다. 스위치가 닫히고 시간이 경과하면 결국에는 정상상태에 도달한다. 전류, 총 저항 그리고 두 물질의 경계면에서의 자유 표면전하를 구하라.

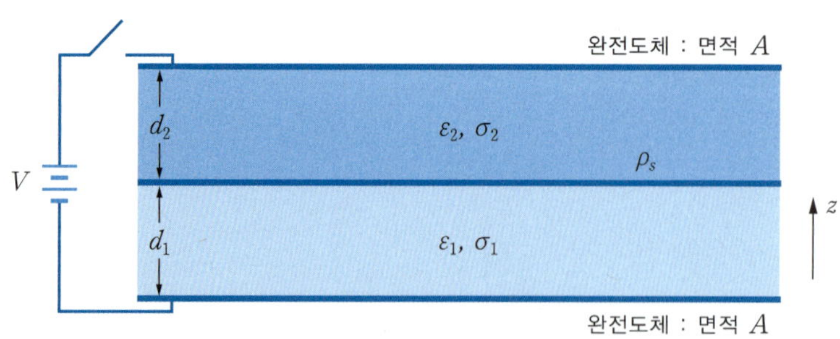

그림 5-8 서로 다른 물질이 들어 있는 평행판 커패시터

풀이

이러한 유형의 문제에서는 전류를 구하는 데 집중해야 한다. 정상상태에서는 J의 수직성분이 연속이어야 하므로 두 영역에 존재하는 부피전류밀도는 당연히 다음과 같이 하나가 되어야 할 것이다.

$$\mathbf{J} = -\mathbf{a}_z J_0$$

전압은 다음과 같이 식 (5.9)의 옴의 법칙을 적용하여 구할 수 있다.

$$V = -\int \mathbf{E} \cdot d\mathbf{l} = E_1 d_1 + E_2 d_2 = \frac{J_0 d_1}{\sigma_1} + \frac{J_0 d_2}{\sigma_2} = J_0\left(\frac{d_1}{\sigma_1} + \frac{d_2}{\sigma_2}\right)$$

따라서

$$J_0 = \frac{V}{\left(\dfrac{d_1}{\sigma_1} + \dfrac{d_2}{\sigma_2}\right)}$$

가 된다. 그러면

$$I = \iint \mathbf{J} \cdot d\mathbf{s} = J_0 A = \frac{VA}{\left(\dfrac{d_1}{\sigma_1} + \dfrac{d_2}{\sigma_2}\right)}$$

이므로

$$R = \frac{V}{I} = \frac{d_1}{\sigma_1 A} + \frac{d_2}{\sigma_2 A} \tag{5.15}$$

가 된다. 경계면($z = d_1$)에서의 전위는 다음과 같다.

$$E_1 d_1 = J_0 \frac{d_1}{\sigma_1} = V \frac{\dfrac{d_1}{\sigma_1}}{\dfrac{d_1}{\sigma_1} + \dfrac{d_2}{\sigma_2}}$$

이 전위는 $z = 0$의 전위를 기준으로 한 것이다. 전도율 σ_1, σ_2 값이 주어지면 경계면에서의 전위를 계산할 수 있다.

경계면에서의 표면전하밀도를 구하기 위해 다음과 같이 식 (3.25)로 주어지는 D의 수직성분에 대한 경계조건을 사용한다.

$$\mathbf{D}_1 = -\mathbf{a}_z \frac{J_0}{\sigma_1}\varepsilon_1, \quad \mathbf{D}_2 = -\mathbf{a}_z \frac{J_0}{\sigma_2}\varepsilon_2$$

$$\rho_s = D_{2z} - D_{1z} = J_0\left(\frac{\varepsilon_1}{\sigma_1} - \frac{\varepsilon_2}{\sigma_2}\right) \tag{5.16}$$

$$\rho_s \Rightarrow 0 \quad \left(\frac{\varepsilon_1}{\sigma_1} = \frac{\varepsilon_2}{\sigma_2}\text{인 경우}\right)$$

전하 ρ_s는 어디에서 온 것일까? J의 수직성분은 정상상태에서는 연속이므로 이것에 의해 전하가 쌓일 수는 없다. 그렇다면 전하 ρ_s는 J의 수직성분이 반드시 연속일 필요가 없는 과도기간 transient period 동안에 경계면에 쌓인 것으로 생각할 수 있다. 알짜 전하는 두 물질의 완화시간이 같지 않을 때에만 생길 수 있다.

5.9 커패시턴스와 저항 사이의 관계

[그림 5-9]를 보면 무한히 큰 균일 매질 속에 두 개의 도체가 놓여 있다.

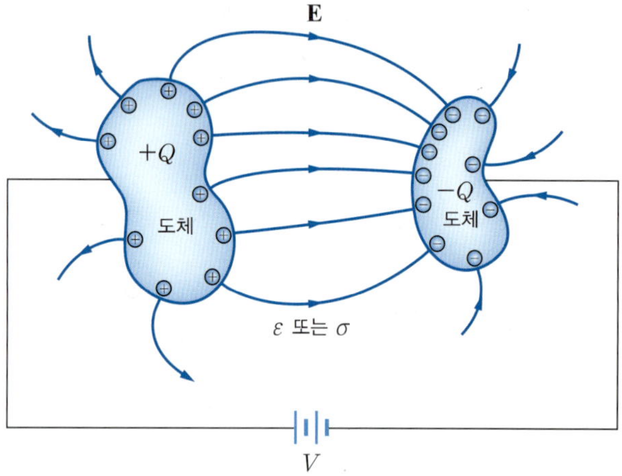

그림 5-9 커패시턴스와 저항 사이의 관계

먼저, 도체가 놓인 매질을 유전율이 ε인 이상적인 유전체라고 가정하자. 두 완전 도체 사이에 전압 V를 걸어주면 유전체에는 전기장 $\mathbf{E}$가 발생하고 두 도체 표면에는 각각 전하 $+Q$와 $-Q$가 생긴다. 커패시턴스는 다음과 같다.

$$C = \frac{Q}{V} = \frac{\iint_S \mathbf{D} \cdot d\mathbf{s}}{V} = \frac{\varepsilon \iint_S \mathbf{E} \cdot d\mathbf{s}}{V} \tag{5.17}$$

여기서 S는 도체를 둘러싸는 닫힌표면에서 도체와 배터리를 연결하는 도선이 지나가는 부분(도선 단면)을 제외한 열린표면이다.

이번에는 도체가 놓인 매질을 전도율이 σ인 저항이라고 가정하자. 두 도체에 전압 V를 걸어주면 정상전류 I가 저항을 통해 흐른다($\mathbf{J} = \sigma\mathbf{E}$). 전류 I는

$$I = \iint_S \mathbf{J} \cdot d\mathbf{s} = \sigma \iint_S \mathbf{E} \cdot d\mathbf{s}$$

이므로, 저항은 다음과 같다.

$$R = \frac{1}{G} = \frac{V}{I} = \frac{V}{\sigma \iint_S \mathbf{E} \cdot d\mathbf{s}} \tag{5.18}$$

저항의 역수인 G를 **컨덕턴스** conductance 라고 한다. 컨덕턴스의 단위는 지멘스이다. 위의 두 경우에서

전압 V가 같다고 가정하자. 그러면 유일성 정리에 따라 전기장 $\mathbf{E}$ 또한 같으므로 식 (5.17)과 식 (5.18)을 곱하면 다음 관계식을 얻을 수 있다.

$$RC = \frac{C}{G} = \frac{\varepsilon}{\sigma} \tag{5.19}$$

[그림 5-9]의 물질이 완전유전체에서 불완전유전체로 바뀌면 어떻게 될까? 이때는 전류가 흐르게 되고, 그 전류의 크기는 전도율 σ가 증가할수록 커진다. σ가 증가해도 V, $\mathbf{E}$, Q, C는 변하지 않고 오직 $\mathbf{J}$와 R만 달라진다. 그러므로 저항 문제와 커패시턴스 문제는 따로 다룰 수 있다.

예제 5-2 동축선로의 병렬 저항과 병렬 커패시터

[그림 5-10(a)]에는 동축선로의 단면이 나타나 있다. 동축선로의 축은 z방향을 따라 놓여 있다. 이 선로의 내부 도체의 반지름은 a, 외부 도체의 반지름은 b이며 길이는 l이다. 동축선로의 내부와 외부 도체 사이는 유전율이 ε이고 전도율이 σ인 물질로 완전히 채워져 있다. 내부와 외부 도체 사이에 전압 V를 걸어주면 전류 I는 내부 도체에서 외부 도체 쪽으로 반지름방향을 따라 바큇살 형태로 흐른다. 내부 도체와 외부 도체 사이의 저항과 커패시턴스를 구하라.

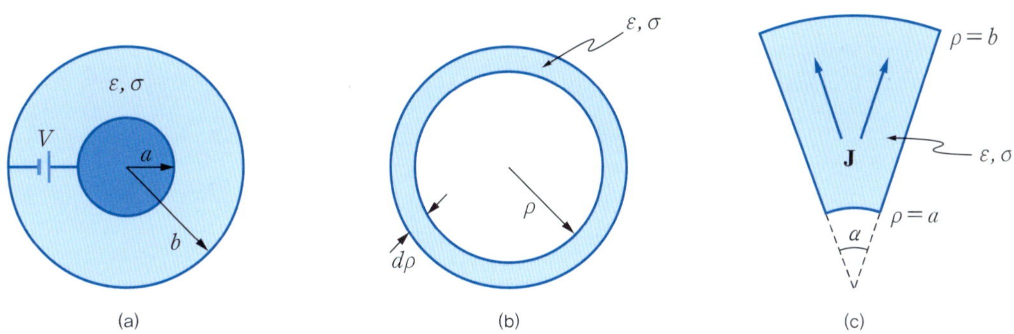

그림 5-10 내부 도체 반지름이 a, 외부 도체 반지름이 b, 길이가 l인 동축선로

(a) 동축선로 (b) 얇은 원통 껍질 (c) 뾰족하게 자른 조각

풀이

이 구조는 원통 대칭성을 지니고 있으므로 부피전류밀도는 ϕ에 따라서는 달라지지 않는다. 총 전류는 ρ에 따라 달라져서는 안 되므로 부피전류밀도는 $\frac{1}{\rho}$의 비율로 변해야 한다. 따라서 부피전류밀도를 다음과 같은 형태로 쓸 수 있다.

$$\mathbf{J} = \mathbf{a}_\rho \frac{I}{2\pi\rho l} \tag{5.20}$$

다음 식에서 확인할 수 있듯이 부피전류밀도를 반지름이 ρ이고 길이가 l인 원통면에 대해 적분하면 총 전류 I가 된다.

$$\iint \mathbf{J} \cdot d\mathbf{s} = \int_0^l \int_0^{2\pi} \frac{I}{2\pi\rho l} \rho \, d\phi \, dz = I$$

그러므로

$$\mathbf{E} = \frac{\mathbf{J}}{\sigma} = \mathbf{a}_\rho \frac{I}{2\pi\rho\sigma l}$$

$$V = -\int \mathbf{E} \cdot d\mathbf{l} = -\int_b^a \frac{I}{2\pi\sigma l\rho} d\rho = \frac{I}{2\pi\sigma l} \ln\left(\frac{b}{a}\right)$$

$$I = \frac{2\pi\sigma l V}{\ln(b/a)}; \quad \mathbf{E} = \mathbf{a}_\rho \frac{V}{\ln(b/a)}\left(\frac{1}{\rho}\right)$$

이 되고, 따라서

$$R = \frac{V}{I} = \frac{\ln(b/a)}{2\pi\sigma l} \tag{5.21}$$

$$G = \frac{2\pi\sigma l}{\ln(b/a)}; \quad \frac{G}{l} = \frac{2\pi\sigma}{\ln(b/a)} \tag{5.22}$$

가 된다. 길이가 l인 내부 도체 표면의 전하 Q는 다음과 같이 구할 수 있다.

$$Q = (\text{면적})\rho_s = (\text{면적})D_\rho = (2\pi a l)\,\varepsilon \frac{V}{\ln(b/a)} \frac{1}{a} = \frac{2\pi\varepsilon l}{\ln(b/a)} V$$

따라서

$$C = \frac{Q}{V} = \frac{2\pi\varepsilon l}{\ln(b/a)}; \quad \frac{C}{l} = \frac{2\pi\varepsilon}{\ln(b/a)} \tag{5.23}$$

이 된다. 여기서 주목할 점은 식 (5.21)의 R과 식 (5.23)의 C는 식 (5.19)의 관계식 $RC = \frac{C}{G} = \frac{\varepsilon}{\sigma}$을 만족한다는 것이다.

저항 R은 [그림 5-10(b)]에 있는 반지름이 ρ, 길이가 l인 얇은 원통 껍질을 이용하여 다음과 같은 과정으로 구할 수도 있다.

$$dR = \frac{dl}{\sigma A} = \frac{d\rho}{2\pi\rho\sigma l}$$

$$R = \int_a^b dR = \int_a^b \frac{d\rho}{2\pi\sigma l\rho} = \frac{\ln(b/a)}{2\pi\sigma l}$$

이 식은 식 (5.21)과 일치한다.

컨덕턴스 G는 [그림 5-10(c)]와 같이 중심각이 α가 되도록 뾰족하게 자른 조각을 이용하여 다음과 같이 구할 수 있다. 여기서 전류는 이 조각에서 반지름방향으로 흐른다.

$$\mathbf{J} = \mathbf{a}_\rho \frac{I}{\alpha\rho l}; \quad \iint \mathbf{J} \cdot d\mathbf{s} = I$$

$$\mathbf{E} = \mathbf{a}_\rho \frac{I}{\alpha\rho l\sigma}; \quad V = -\int \mathbf{E} \cdot d\mathbf{l} = \frac{I\ln(b/a)}{\alpha l\sigma}$$

$$R = \frac{V}{I} = \frac{\ln(b/a)}{\alpha l\sigma}; \quad G = \frac{\alpha l\sigma}{\ln(b/a)} \quad (\text{중심각이 } \alpha\text{인 조각}) \tag{5.24}$$

각이 $d\phi$인 얇은 조각에 대해서는

$$dG = \frac{d\phi l \sigma}{\ln(b/a)}$$

이므로, 전체 동축선로에 대해서는

$$G = \int dG = \int_0^{2\pi} \frac{l\sigma d\phi}{\ln(b/a)} = \frac{2\pi \sigma l}{\ln(b/a)}$$

이 된다. 이 결과는 식 (5.22)와 일치한다.

동축선로에서 생기는 전력손실은 다음과 같이 구할 수 있다.

$$\begin{aligned} P &= \iiint \mathbf{E} \cdot \mathbf{J}\, dv = \iiint \sigma E_\rho^2\, dv \\ &= \int_0^l \int_0^{2\pi} \int_a^b \frac{\sigma V^2 \rho\, d\rho\, d\phi\, dz}{\ln^2(b/a)\rho^2} = \frac{V^2(2\pi l \sigma)}{\ln(b/a)} \\ &= \frac{V^2}{R} = I^2 R \end{aligned}$$

예제 5-3 원뿔대 모양의 저항

[그림 5-11]에는 $r=a$, $r=b$, $\theta=15°$인 곡면이 경계면을 이루고 있는 원뿔대 모양의 저항이 나타나 있다. 저항은 다음과 같은 전도율을 가진 비균질 물질로 이루어져 있다.

$$\sigma = \sigma_0 \frac{r}{a}$$

곡면 $r=a$와 곡면 $r=b$ 사이에 전압 V가 걸려 있는 경우에 이 두 곡면 사이에 있는 물질의 저항과 내부의 전기장 $\mathbf{E}$를 구하라.

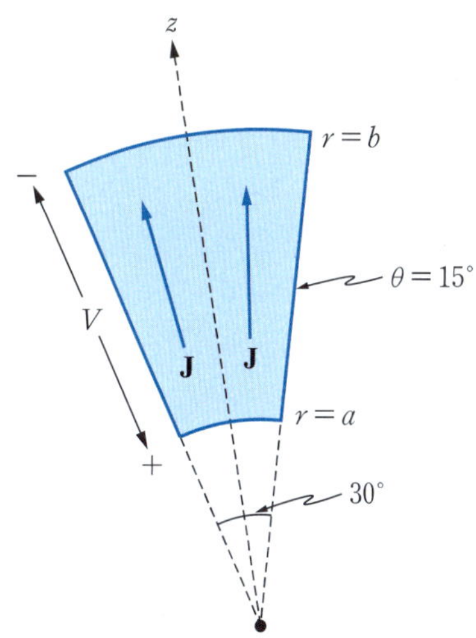

그림 5-11 원뿔대 모양의 저항

풀이

먼저, 총 전류 I가 r에 무관하려면 전류밀도는 다음과 같이 반지름방향을 향하고, 반지름의 제곱에 반비례해야 한다.

$$\mathbf{J} = \mathbf{a}_r \frac{C_1}{r^2}$$

총 전류 I, 전기장 $\mathbf{E}$, 전위 V는 다음과 같은 과정으로 차례로 구할 수 있다.

$$\begin{aligned} I &= \iint \mathbf{J} \cdot d\mathbf{s} = \int_0^{2\pi} \int_0^{\pi/12} \frac{C_1 r^2 \sin\theta\, d\theta\, d\phi}{r^2} \\ &= 2\pi C_1 (1 - \cos 15°) \end{aligned}$$

$$\mathbf{E} = \frac{\mathbf{J}}{\sigma} = \mathbf{a}_r \frac{C_1}{r^2} \frac{1}{\sigma_0 \dfrac{r}{a}} = \mathbf{a}_r \frac{C_1 a}{\sigma_0 r^3}$$

$$V = -\int \mathbf{E} \cdot d\mathbf{l} = -\int_b^a E_r dr = \frac{C_1 a}{2\sigma_0}\left(\frac{1}{a^2} - \frac{1}{b^2}\right)$$

따라서 전기장과 저항은 다음과 같다.

$$C_1 = 2\sigma_0\left(\frac{b^2 a}{b^2 - a^2}\right)V\,; \quad \mathbf{E} = \mathbf{a}_r \frac{2b^2 a^2}{b^2 - a^2}\left(\frac{1}{r^3}\right)V$$
$$R = \frac{V}{I} = \frac{b^2 - a^2}{4\pi\sigma_0 a b^2 (1 - \cos 15°)} \tag{5.25}$$

CHAPTER 05_연습문제

5.1 [그림 5-1]과 같이 반지름이 a인 원 모양의 단면을 갖는 도선 속을 통해 전류 I_0가 흐르고 있다. 다음의 각 경우에 대해 부피전류밀도 $\mathbf{J}$를 구하라.

(a) 단면 전체에 걸쳐 전류가 고르게 퍼져 흐르는 경우, 즉 $\mathbf{J}$가 균일한 경우

(b) 도선 속의 전류밀도가 도선 축(예를 들어 z축)으로부터의 거리에 비례하는 경우

힌트 $\mathbf{J} = \mathbf{a}_z k\rho$인 경우의 k를 구하면 된다.

5.2 전류 I_0가, 반지름이 a인 원 모양의 단면을 갖는 도선의 표면으로만 흐르고 있다. 아주 좋은 도체로 만든 도선인 경우에는 주파수가 매우 높을 때 실제로 전류가 이렇게 흐른다. 전류가 도체 표면에 고르게(균일하게) 퍼져 흐른다고 가정할 때 표면전류밀도 $\mathbf{J}_s$를 구하라.

5.3 지름이 2[mm]이고 길이가 1[m]인 알루미늄 도선의 양쪽 끝에 0.9[mV]의 직류전압이 걸려 있다. 이 도선을 통해 흐르는 전류는 100[mA]로 측정되었다. 전류가 도선의 단면 전체에 걸쳐 고르게 퍼져 흐른다고 가정할 때 다음을 구하라.

(a) 도선의 저항

(b) 알루미늄의 전도율

(c) 도선 속의 전기장의 세기

(d) 도선에서 소모되는 전력(전기장을 이용하여 계산)

5.4 도체 속에서 전자의 평균 유동속도 $\mathbf{v}$는 다음과 같이 전기장 $\mathbf{E}$에 비례한다.

$$\mathbf{v} = -\mu\mathbf{E}$$

여기서 μ를 전하운반자 charge carrier 의 이동도 mobility 라고 한다. 반지름이 1[mm]이고 길이가 1[m]인 구리도선의 저항이 5.5×10^{-3}[Ω]이다. 이 구리도선에 4[A]의 전류가 흐르고 있다. 구리의 단위 부피당 자유전자의 개수는 8.43×10^{28}[m^{-3}]이다. 전류가 도선의 단면 전체에 걸쳐 고르게 퍼져 흐른다고 가정할 때 다음을 구하라.

(a) 전류밀도

(b) 구리의 전도율

(c) 도선에서 소모되는 전력

(d) 자유전자의 평균 유동속도

(e) 자유전자의 이동도

5.5 $\varepsilon=2\varepsilon_0$, $\sigma=5[\mathrm{S/m}]$, 반지름 $a=0.5[\mathrm{m}]$인 전도성 유전체 구가 있다. $t=0$인 순간에 이 유전체 구에 번개가 떨어져서 총 $1[\mathrm{mC}]$의 전하가 유전체 구로 옮겨 갔다.

(a) 유전체 구의 전하밀도가 초깃값의 10%로 줄어드는 데 걸리는 시간을 계산하라.

(b) 모든 t에 대해 유전체 구 외부 영역과 내부 영역에서 $\mathbf{E}$와 $\mathbf{J}$를 구하라.

힌트 전하는 구 전체에 균일하게 분포한다고 가정하라. [예제 2-3]의 결과를 이용하라.

5.6 두 개의 매우 넓은 금속 평행판이 d_1+d_2만큼 서로 떨어져 있다. 두 금속판 사이의 공간은 두 개의 전도성 물질로 채워져 있다. 첫 번째 물질은 전도율이 σ_1이고 두께는 d_1이다. 두 번째 물질은 전도율이 σ_2이고 두께는 d_2이다. 두 금속판의 면적은 각각 A이다. 두 금속판 사이의 저항을 구하라.

힌트 이 구조는 [그림 3-20(a)]에서 ε_1, ε_2가 σ_1, σ_2로 바뀐 것이다.

5.7 두 개의 매우 넓은 금속 평행판이 d만큼 서로 떨어져 있다. 두 금속판 사이의 공간에는 두 개의 전도성 물질로 채워져 있는데, 두 물질은 서로 옆면을 맞대고 있다. 첫 번째 물질은 전도율이 σ_1이고 단면적은 $w\times l_1$이다. 두 번째 물질은 전도율이 σ_2이고 단면적은 $w\times l_2$이다. 두 금속판 사이의 저항을 구하라.

힌트 이 구조는 [그림 3-20(b)]에서 ε_1, ε_2가 σ_1, σ_2로 바뀐 것이다.

5.8 [그림 3-15(a)]에서 유전체를 전도율이 σ인 도체로 바꾸면 구 저항 spherical resistor이 된다. 안쪽 구의 도체표면(완전도체, $\sigma\to\infty$)과 바깥쪽 구의 도체표면(완전도체) 사이에는 전압 V_0가 걸려 있는데, 안쪽 도체 표면($r=a$)의 전위가 (+)이다.

(a) $a\le r\le b$에서 전기장 $\mathbf{E}$와 부피전류밀도 $\mathbf{J}$를 구하라.

(b) 저항 R을 계산하라.

(c) 식 (5.12)의 줄의 법칙을 이용하여 저항에서 소모되는 전력을 계산하라. 또 $P=\dfrac{V_0^2}{R}$임을 보여라.

(d) (b)에서 구한 저항 R과 [예제 3-6(ii)]에서 구한 커패시턴스(식 (3.30) 참조) C를 비교하고, 다음으로 표시되는 식 (5.19)를 만족함을 보여라.

$$RC=\frac{C}{G}=\frac{\varepsilon}{\sigma}\quad : \text{커패시턴스-컨덕턴스 유사성}$$

5.9 [그림 3-15(b)]에서 두 개의 유전체를 각각 전도율이 σ_1, σ_2인 두 개의 도체로 바꾼 다음, 저항을 구하라.

힌트 [연습문제 5.8]의 결과를 이용할 수 있다.

5.10 [그림 3-15(c)]에서 두 개의 유전체를 각각 전도율이 σ_1, σ_2인 두 개의 도체로 바꾼 다음, 저항을 구하라.

5.11 [그림 3-15(d)]에서 세 개의 유전체를 각각 전도율이 σ_1, σ_2, σ_3인 세 개의 도체로 바꾼 다음, 저항을 구하라.

5.12 [그림 3-15(b)]를 길이가 l인 동축선로의 단면으로 가정한다. 두 개의 유전체를 각각 전도율이 σ_1, σ_2인 도체로 바꾼 다음, 저항을 구하라.

힌트 [예제 5-2]의 결과를 이용할 수 있다.

5.13 [그림 3-15(c)]를 길이가 l인 동축선로의 단면으로 가정한다. 두 개의 유전체를 각각 전도율이 σ_1, σ_2인 도체로 바꾼 다음, 저항을 구하라.

5.14 [그림 3-15(d)]를 길이가 l인 동축선로의 단면으로 가정한다. 세 개의 유전체를 각각 전도율이 σ_1, σ_2, σ_3인 세 개의 도체로 바꾼 다음, 저항을 구하라.

5.15 심화 전도율이 σ인 전도성 물질이 균일한 전기장 $\mathbf{E} = \mathbf{a}_z E_0$ 속에 놓여 있다. 물질 속에는 반지름이 a인 빈 공간이 형성되어 있다. 빈 공간 내부($r < a$)의 전기장을 구하라. 또 전도성 물질 속($r > a$)의 전류밀도를 구하라.

힌트 $\mathbf{E}$ 와 $\mathbf{J}$를 전위를 써서 나타낸 다음, 라플라스 방정식을 풀어서 전위를 구하라.

5.16 키르히호프 전류 법칙(KCL)은 접합점에서 흘러나오는 (또는 접합점으로 흘러들어가는) 전류의 합은 0이라고 말해주고 있다. 회로의 접합점 주위를 둘러싸는 작은 부피에 대해 식 (5.8)의 양변을 적분하여 식 (5.8)에서 KCL을 유도하라. 또 KCL이 성립하는 조건에 대해 말하라.

CHAPTER

06

정자기장

Magnetostatic Fields

CONTENTS

학습목표

- 자기장(자기 선다발밀도) B의 정의를 이해하고 정자기장의 회전과 발산을 나타내는 두 가지 기본 법칙을 설명할 수 있다.
- 암페어 법칙의 의미를 잘 이해한다.
- 전류분포가 대칭성(원통 대칭성, 평면 대칭성, 원형 고리와 길이가 무한한 솔레노이드)을 가지고 있는 경우에, 암페어 법칙을 사용하여 이들 전류분포에 의해 발생하는 자기장 B를 계산할 수 있다.
- 비오-사바르 법칙을 이용하여 대칭성이 없는 임의의 전류분포에 의해 발생하는 자기장 B를 계산할 수 있다.
- 자기장을 구할 때, 원천점과 장점(관측점)을 잘 구분하여 적분 계산을 수행할 수 있다.
- 자기 벡터 퍼텐셜 A의 개념을 이해하고 이를 이용하여 자기장 B를 계산할 수 있다.
- 자기 쌍극자의 구조와 특성을 이해하고 전기 쌍극자와의 유사성을 설명할 수 있다.
- 자기장 속에 놓여 있는 전류가 받는 힘과 돌림힘을 계산할 수 있다.
- 로렌츠 힘 법칙, 암페어 힘 법칙, 홀 효과를 이해한다.

6.1 개요

Hans Christian Oersted

1820년, 덴마크의 과학자 에르스텟Hans Christian Oersted, 1777~1851은 도선에 흐르는 전류에 의해 자기장이 발생했다는 아주 놀라운 사실을 발표했다. 자기장의 방향은 도선과 수직이었고 도선의 축을 중심으로 원 모양을 이루었다. 1820년에 에르스텟은 최초의 논문을 라틴어로 써서 발표했는데, 발표하자마자 곧바로 여러 언어로 번역되었다. 에르스텟의 발견 이전에는 대부분의 과학자들은 전기와 자기는 서로 아무런 관련성을 갖지 않는다고 생각했다. 수 세기 동안 과학자들은 전기장과 자기장을 따로따로 연구해왔다. 몇몇 연구자들은 두 장이 어떤 식으로든 관련되어 있을 것이라고 추측은 했지만, 누구도 이들 사이에 존재하는 관계에 대한 이론을 수립하지 못했다. 에르스텟은 정상전류, 다시 말해 직류전류가 일정한 정자기장static magnetic field을 발생시킨다는 사실을 입증했다. 그의 발견은 교실에서 이루어졌는데, 도선에 전류가 흐르면 도선이 달궈져 열과 빛을 내는 현상을 보여주는 실험강의에서였다.

도선을 배터리에 연결했을 때 도선 근처에 놓인 나침반 바늘이 갑자기 도선과 거의 수직을 이루는 위치로 움직인 것이다. 유레카! 전기와 자기는 별개의 현상이 아니었던 것이다. 이 둘은 (아직은 알 수 없는 어떤 방식으로) 연결되어 있는 것이 분명했다.

에르스텟의 실험에 대한 반응은 상당히 컸다. 에르스텟의 연구결과는 1820년 9월 프랑스 한림원French Academy에 보고되었다. 곧이어 앙페르Ampère와 비오Biot는 거의 매주 새로운 결과를 내놓았다. 1820년 한 해 동안 앙페르는 10편의 논문을 발표했고 비오는 4편을 발표했는데, 이 가운데 비오-사바르 법칙Biot-Savart law도 포함되어 있었다. 1820년이 저물 즈음 앙페르와 비오는 전기와 자기 사이의 관계를 파악하기 시작했다.

이번 6장에서는 자유공간 속에 놓인 정상전류(직류전류)에 대해 살펴본다. 정상전류에 의해 발생하는 자기장은 일정하다. 즉 시간에 따라 변하지 않는다. 여기서는 이러한 **정적인 자기장**static magnetic field인 **정자기장**magnetostatic field을 다룬다. 실제 상황에서는 교류전류원ac current source을 다루는 일이 많은데, 자기장이 시간에 따라 천천히 변하는 경우에는 정자기장 해석을 아주 유용하게 적용할 수 있다. 정자기장을 공부하면 기본적인 자기현상에 대한 통찰력을 얻을 수 있다.

6.2 자기장

자기 유도 magnetic induction, 즉 **자기 선다발밀도** magnetic flux density **B**를 정의하기 위해 먼저 작은 시험전하 q를 생각해보자. 전하 q는 전기장 **E**와 자기장 **B**가 모두 존재하는 영역에 놓여 있다고 하자. 전하 q가 정지해 있는 경우, 이 전하는 다음 식으로 표시되는 전기력 electric force $\mathbf{F}_e$만 받는다.

$$\mathbf{F}_e = q\mathbf{E} \tag{6.1}$$

전하 q가 속도 **v**로 움직이고 있는 경우, 이 전하는 전기력 외에 다음 식으로 표시되는 **자기력** magnetic force $\mathbf{F}_m$을 추가로 받는다. 자기력은 자기 유도 **B**와 전하의 운동 방향 **v**에 모두 수직임을 잘 알아두어야 한다.

$$\mathbf{F}_m = q\mathbf{v} \times \mathbf{B} \tag{6.2}$$

따라서 움직이고 있는 전하가 받는 총 힘 **F**는

$$\mathbf{F} = q(\mathbf{E} + \mathbf{v} \times \mathbf{B}) \tag{6.3}$$

와 같다. 식 (6.3)을 **로렌츠 힘 방정식** Lorentz force equation 이라고 한다. 이 식을 이용하면 **E**와 **B**를 직접 측정하여 구할 수 있다. 시험전하가 정지해 있으면 $\mathbf{v} = 0$이다. 이때 힘을 측정하면 이 힘은 전기력이므로 **E**를 구할 수 있다. 일단 **E**를 구한 다음, 서로 수직인 두 방향에 대해 각각 **v**의 속도로 움직이는 시험전하에 가해지는 힘 **F**를 차례로 측정하면 **B**를 구할 수 있다([예제 6-1] 참조). **B**의 정확한 용어는 **자기 선다발밀도** 또는 **자기 유도**이지만, **자기장** magnetic field 이라고 부르는 경우도 많다. 이 책에서도 **B**를 자기장이라고 부르기로 한다. **B**의 단위는 테슬라 tesla로 줄여서 [T]라고 쓴다. 식 (6.2)를 이용하면 힘을 '전하×속도'로 나누어 다음과 같이 **B**의 단위를 나타낼 수 있다.

$$1\mathrm{T} = \frac{\mathrm{N}}{\mathrm{C}\,\dfrac{\mathrm{m}}{\mathrm{sec}}} = \frac{\mathrm{N}}{\mathrm{C}}\,\frac{\mathrm{sec}}{\mathrm{m}}$$

1[T]는 10^4[G]와 같다. 여기서 단위 [G]는 가우스 gauss 를 줄여서 쓴 것이다. 지구의 자기장은 약 0.5[G]이다.

예제 6-1 자기장 B를 측정하여 알아내기

로렌츠 힘 방정식과 측정을 통해 자기장 **B**를 구하라.

풀이

먼저, 정지한($\mathbf{v} = 0$) 전하에 가해지는 힘을 측정하여 **E**를 이미 구한 것으로 가정한다. 즉 E_x, E_y, E_z를 알고 있다. 우리가 구해야 할 자기장을 $\mathbf{B} = \mathbf{a}_x B_x + \mathbf{a}_y B_y + \mathbf{a}_z B_z$로 놓자.

먼저, 속도 $\mathbf{v}$가 x방향의 성분만을 갖게 한다. 전하를 $\mathbf{v} = \mathbf{a}_x v_x$의 속도로 이동하면서 힘 $\mathbf{F}$를 측정하면 다음과 같다.

$$\mathbf{F} = q\mathbf{E} + q\mathbf{v} \times \mathbf{B} = \mathbf{a}_x F_x + \mathbf{a}_y F_y + \mathbf{a}_z F_z$$

$$\begin{aligned}\mathbf{F} &= q\mathbf{E} + q(\mathbf{a}_x v_x) \times [\mathbf{a}_x B_x + \mathbf{a}_y B_y + \mathbf{a}_z B_z] \\ &= \mathbf{a}_x(qE_x) + \mathbf{a}_y(qE_y) + \mathbf{a}_z(qE_z) + \mathbf{a}_z(qv_x B_y) - \mathbf{a}_y(qv_x B_z)\end{aligned}$$

z성분에 대해 정리하면

$$B_y = \frac{F_z}{qv_x} - \frac{E_z}{v_x}$$

를 얻을 수 있고, y성분에 대해 정리하면 다음을 얻을 수 있다.

$$B_z = -\frac{F_y}{qv_x} + \frac{E_y}{v_x}$$

이제 y방향이나 z방향 중 어느 한 방향으로의 속도 $\mathbf{v}$에 대해 같은 방법을 적용하면 $\mathbf{B}$를 완전히 구할 수 있다. 따라서 $\mathbf{E}$와 $\mathbf{B}$는 힘 벡터 $\mathbf{F}$를 세 번 측정하고 로렌츠 힘 방정식을 이용하면 알아낼 수 있다.

6.3 정자기학의 기본 법칙

정자기학의 기본 법칙은 자유공간에서 자기장 $\mathbf{B}$의 발산과 회전이 각각 어떤 값을 갖는지 명시한 것으로, 정전기학에서 $\mathbf{E}$의 발산과 회전을 명시한 것과 마찬가지 형식이다.

제1 기본 법칙을 미분형과 적분형으로 각각 나타내면 다음과 같다.

$$\nabla \cdot \mathbf{B} = 0 \quad : \mathbf{B}\text{는 솔레노이드장} \tag{6.4}$$

$$\oint\!\!\!\oint_S \mathbf{B} \cdot d\mathbf{s} = 0 \tag{6.5}$$

여기서 S는 임의의 닫힌곡면이다. 식 (6.4)의 미분형 제1 법칙의 양변을 임의의 부피 V에 대해 적분한 다음, 여기에 발산정리 $\iiint_V \nabla \cdot \mathbf{B}\, dv = \oint\!\!\!\oint_S \mathbf{B} \cdot d\mathbf{s} = 0$을 적용하면 식 (6.5)의 적분형 제1 법칙을 유도할 수 있다. 여기서 S는 V의 경계를 이루는 곡면이다. 적분형에서 미분형을 유도할 수도 있다. 그러므로 적분형과 미분형은 똑같은 내용을 설명하고 있다. 또한 식 (6.5)로부터 열린곡면 S의 경계를 이루는 닫힌경로 C가 변하지 않는다면 열린곡면 S가 어떤 모양을 하든지 상관없이 그 곡면을 통과하는 자기 선다발 $\iint_S \mathbf{B} \cdot d\mathbf{s}$는 달라지지 않는다는 사실을 이끌어낼 수 있다. 이는 솔레노이드장이 갖는 특성으로 보존장의 선적분이 경로에 무관한 특성을 갖는 것에 대응된다.

제2 기본 법칙을 미분형과 적분형으로 각각 써보면 다음과 같다.

$$\nabla \times \mathbf{B} = \mu_0 \mathbf{J} \tag{6.6}$$

$$\oint_C \mathbf{B} \cdot d\mathbf{l} = \mu_0 I_{\text{내부}} \quad : \text{암페어 법칙} \tag{6.7}$$

여기서 $I_{\text{내부}}$는 닫힌경로 C로 둘러싸인 영역의 내부를 통과하는 총 전류이고, $\mu_0 = 4\pi \times 10^{-7}$ [T · m/A] 또는 [H/m]이다. μ_0는 보편상수로 자유공간의 투자율 permeability of free space 이라고 한다. $\mathbf{J}$는 부피전류밀도로 단위는 [A/m^2]이다. $I_{\text{내부}}$의 방향은 경로 C에 대해 오른손 규칙을 따른다.

미분형 법칙으로부터 적분형 법칙을 유도해보자. 임의의 열린표면 S에 대해 미분형 수식의 양변을 적분한 다음, 여기에 스토크스 정리를 적용하면 다음과 같이 적분형을 유도할 수 있다.

$$\iint_S \nabla \times \mathbf{B} \cdot d\mathbf{s} = \oint_C \mathbf{B} \cdot d\mathbf{l} = \mu_0 \iint_S \mathbf{J} \cdot d\mathbf{s} = \mu_0 I_{\text{내부}}$$

스토크스 정리에서 C와 $d\mathbf{s}$ 사이의 관계는 오른손 규칙을 따른다. $\iint_S \mathbf{J} \cdot d\mathbf{s}$는 $d\mathbf{s}$의 방향으로 흐르는 전류 $I_{\text{내부}}$이다. 따라서 $I_{\text{내부}}$는 C로 둘러싸인 S를 $d\mathbf{s}$가 가리키는 방향으로 통과하는 총 전류이다. 이때 $d\mathbf{s}$의 방향은 경로 C에 대해 오른손 규칙으로 정해진다. 제2 기본 법칙을 **암페어 법칙** Ampère's law이라 부른다. 미분형이 나타내는 의미는 '자기장 $\mathbf{B}$는 전류 $\mathbf{J}$ 주위를 회전한다'는 것이다. 이때 $\mathbf{B}$와 $\mathbf{J}$의 방향은 오른손 규칙을 따른다.

제2 기본 법칙의 미분형을 적분형으로부터 유도할 수도 있으므로 미분형과 적분형은 결국 같은 식이다. 제1 법칙과 제2 법칙은 둘 다 6.5절의 비오-사바르 법칙으로부터 유도할 수도 있다.

6.4 암페어 법칙 Ampere's Law

식 (6.7)의 암페어 법칙

$$\oint_C \mathbf{B} \cdot d\mathbf{l} = \mu_0 \iint_S \mathbf{J} \cdot d\mathbf{s} = \mu_0 I_{\text{내부}}$$

을 사용하면 대칭성을 가진 정자기학 문제에서 전류분포($\mathbf{J}$, $\mathbf{J}_s$, I)가 주어질 때 자기장 $\mathbf{B}$를 구할 수 있다. 위의 식에서 닫힌경로 C는 표면 S의 경계를 이루고 있으며, C와 $d\mathbf{s}$의 방향은 오른손 규칙을 따르는데, 이것은 스토크스 정리의 경우와 동일하다. $I_{\text{내부}}$는 닫힌경로 C로 둘러싸인 곡면 S를 $d\mathbf{s}$가 가리키는 방향으로 통과하는 총 전류이다.

전류 J 값이 주어지는 경우에는 식 (6.7)의 우변을 알거나 구할 수 있다. 이제 남은 것은 미지수 B이다. B의 방향이 선택한 경로 C와 나란하고 B의 크기가 그 경로 전체에 걸쳐 일정한 경우에는 미지수를 적분 바깥으로 꺼낸 다음에 적분을 계산하여 B를 구할 수 있다. 암페어 법칙을 문제에 적용할 때 핵심이 되는 것은 닫힌경로 C를 선택하는 방법이다. 즉 자기장 B의 방향이 경로에 나란하고 B의 크기가 경로 전체를 따라 일정하도록 닫힌경로 C를 선택해줘야 한다. 지금부터는 몇 개의 예제를 풀어보면서 암페어 법칙을 적용하는 방법을 익혀본다. 이들 예제에서는 정자기학 분야의 대표적인 자기장 형태를 다룬다. 암페어 법칙을 적용하는 과정을 설명하면 다음과 같다.

❶ 대칭성을 살펴본다.
❷ 자기장선을 대략적으로 그려본다.
❸ 그린 자기장선에 나란하도록 C를 잡는다. C는 닫힌경로가 되어야 한다.
❹ B에 대해 푼다.

앞서 정전기학에서 가우스 법칙이 중요한 역할을 한 것처럼 정자기학에서는 암페어 법칙이 중요한 역할을 한다.

예제 6-2 전류가 흐르는 가는 선

[그림 6-1]을 보면 길이가 무한히 길고 곧게 뻗은 선이 z축을 따라 놓여 있다. 단면적이 0인 아주 가는 이 선에 전류 I가 흐르고 있을 때 자기장 B를 구하라.

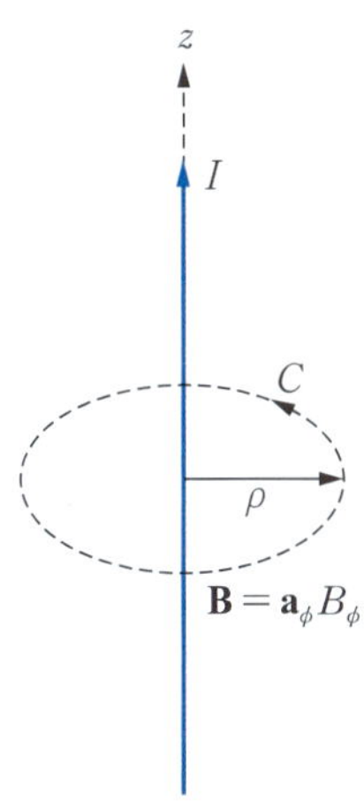

그림 6-1
전류가 흐르는 가는 선

풀이

먼저 강조할 것은 B와 J 사이에는 회전관계가 있으므로 자기장 B는 z방향으로 흐르는 전류원 I 주위를 회전하는 형태로 발생한다. 따라서 B의 방향은 ϕ방향(원둘레를 따라 도는 방향)이므로 $\mathbf{B} = \mathbf{a}_\phi B_\phi$로 쓸 수 있다. 1820년 실험에서 에르스텟이 ϕ방향의 자기장을 관측했다는 것을 앞에서 언급한 바 있다. [그림 6-1]에서 반지름이 ρ이고 중심이 z축이며 '$z=$일정'인 평면에 놓여 있는 원 C를 볼 수 있다. $\oint_C \mathbf{B} \cdot d\mathbf{l}$은 $\int B_\phi \rho d\phi$가 되며 B_ϕ는 이 문제의 구조가 지닌 대칭성($\frac{\partial}{\partial\phi}=0$)에 의해 경로 C 전체를 따라 일정하다. 경로 C로 둘러싸인 원의 내부를, C의 방향에 대해 오른손 규칙 관계에 있는 방향으로 통과하는 전류 $I_{\text{내부}}$는 바로 I이다. 그러므로 식 (6.7)의 암페어 법칙을 적용하면

$$\oint_C \mathbf{B} \cdot d\mathbf{l} = \int_0^{2\pi} B_\phi \rho d\phi = B_\phi 2\pi\rho = \mu_0 I$$

가 되므로, 자기장은 다음과 같다.

$$B_\phi = \frac{\mu_0 I}{2\pi\rho} \tag{6.8}$$

여기서 알아둘 것은 식 (6.8)은 두 가지 기본 법칙인 식 (6.4)와 식 (6.6)을 모두 만족한다는 사실이다([예제 1-14] 참조).

예제 6-3 전류가 흐르는 반지름이 a인 도선

[그림 6-2]를 보면 반지름이 a인 무한히 긴 도선이 z축을 따라 놓여 있다. 전류 I가 도선의 단면 전체에 걸쳐 고르게 퍼져 흐르는 것으로 가정할 때, 모든 곳에서 자기장 $\mathbf{B}$를 구하라.

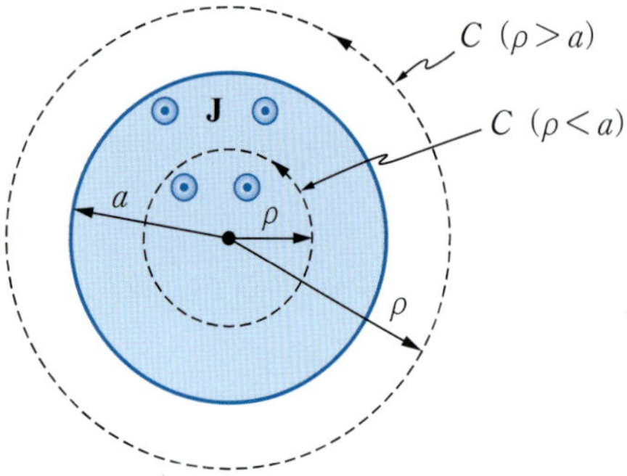

그림 6-2 전류가 흐르는 도선

풀이

전류 I가 단면 전체에 고르게 퍼져 흐르므로 부피전류밀도는 다음과 같다.

$$\mathbf{J} = \mathbf{a}_z\left(\frac{I}{\pi a^2}\right)\ [\mathrm{A/m^2}]$$

이 문제는 두 가지 영역으로 이루어져 있다. $\mathbf{B}$의 방향은 원둘레를 따라 도는 방향이므로 $\mathbf{B} = \mathbf{a}_\phi B_\phi$가 된다. [그림 6-2]에서 도선의 축을 중심으로 하는 반지름이 ρ인 원 C를 볼 수 있는데, $\rho \le a$와 $\rho \ge a$의 두 가지 경우로 나누어 생각해본다. 원 C는 z좌표가 일정한 평면에 놓여 있다. 이번 예제에서도 B_ϕ는 C 전체를 따라 일정하다.

먼저, 도선 내부 영역($\rho \le a$)의 자기장을 구해보자.

$$\oint_C \mathbf{B} \cdot d\mathbf{l} = B_\phi 2\pi\rho = \mu_0 \iint_S \mathbf{J} \cdot d\mathbf{s} = \mu_0 \int_0^{2\pi}\int_0^{\rho}\left(\frac{I}{\pi a^2}\right)\rho\, d\rho\, d\phi$$

$$= \mu_0\left(\frac{I}{\pi a^2}\right)\pi\rho^2 = \frac{\mu_0 I \rho^2}{a^2} \qquad (\rho \le a)$$

따라서 자기장은 다음과 같다.

$$B_\phi = \frac{\mu_0 I \rho}{2\pi a^2} \qquad (\rho \le a)$$

다음으로, 도선 외부 영역($\rho \ge a$)의 자기장을 구해보자.

$$\oint_C \mathbf{B} \cdot d\mathbf{l} = B_\phi 2\pi\rho = \mu_0 I \qquad (\rho \ge a)$$

경로 C가 전류 I를 전체를 둘러싸고 있으므로 다음과 같이 된다.

$$B_\phi = \frac{\mu_0 I}{2\pi\rho} \qquad (\rho \ge a)$$

앞에서 구한 B_ϕ를 한데 모아 정리하면 다음과 같다.

$$B_\phi = \frac{\mu_0 I \rho}{2\pi a^2} \quad (\rho \le a) \tag{6.9a}$$

$$= \frac{\mu_0 I}{2\pi\rho} \quad (\rho \ge a) \tag{6.9b}$$

여기서 주목할 것은 도체 외부($\rho \ge a$)의 자기장 B_ϕ가 [예제 6-2]에서 구한 가는 선의 자기장과 똑같다는 사실이다.

예제 6-4 전류가 흐르는 속이 빈 원통

[그림 6-3]을 보면 반지름이 a이고 길이가 무한한 속이 빈 원통이 z축을 따라 놓여 있다.

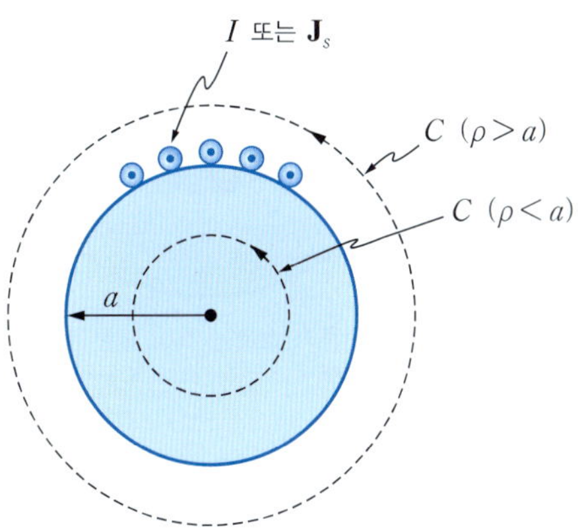

그림 6-3 전류가 흐르는 속이 빈 원통

원통에 축 방향(z방향)으로 전류 I가 흐르고 있을 때 모든 곳에서 자기장 B를 구하라. 전류는 원통 표면 전체에 걸쳐 고르게 퍼져 흐르는 것으로 가정한다.

풀이

전류 I가 원통의 표면 전체에 고르게 퍼져 흐르므로 표면전류밀도는 다음과 같다.

$$\mathbf{J}_s = \mathbf{a}_z\left(\frac{I}{2\pi a}\right)\ [\mathrm{A/m}] \tag{6.10}$$

이 문제도 앞의 예제와 마찬가지로 두 영역으로 이루어져 있다. B의 방향은 원둘레를 따라 도는 방향이므로 $\mathbf{B} = \mathbf{a}_\phi B_\phi$이다. 이제 [그림 6-3]에서 보듯이 $\rho < a$와 $\rho > a$의 두 가지 경우로 나누어 반지름이 ρ인 원 C에 대해 암페어 법칙을 적용해보자.

$$\oint_C \mathbf{B} \cdot d\mathbf{l} = B_\phi 2\pi\rho = \begin{cases} 0 & (\rho < a) : \text{경로 } C\text{로 둘러싸인 전류가 없으므로} \\ \mu_0 I & (\rho > a) : \text{경로 } C\text{가 전체전류 } I\text{를 둘러싸고 있으므로} \end{cases}$$

따라서 이를 정리하면 다음과 같다.

$$B_\phi = 0 \qquad (\rho < a) \tag{6.11a}$$

$$= \frac{\mu_0 I}{2\pi\rho} \qquad (\rho > a) \tag{6.11b}$$

여기서 주목할 것은 균일한 표면전류가 흐르는 속이 빈 원통 내부 영역의 자기장이 0이라는 사실이다.

예제 6-5 전류가 흐르는 축이 같은 두 개의 원통(동축선로)

[그림 6-4]를 보면 반지름이 각각 a와 b이고 축이 서로 같은 두 개의 원통이 z축을 따라 놓여 있다. 이러한 구조로 되어 있는 것이 동축선로이다. 두 원통에 각각 I와 $-I$인 전류가 z방향으로 흐르고 있을 때, 모든 곳에서 자기장 $\mathbf{B}$를 구하라. 전류는 원통 표면 전체에 걸쳐 고르게 퍼져 흐르는 것으로 가정한다.

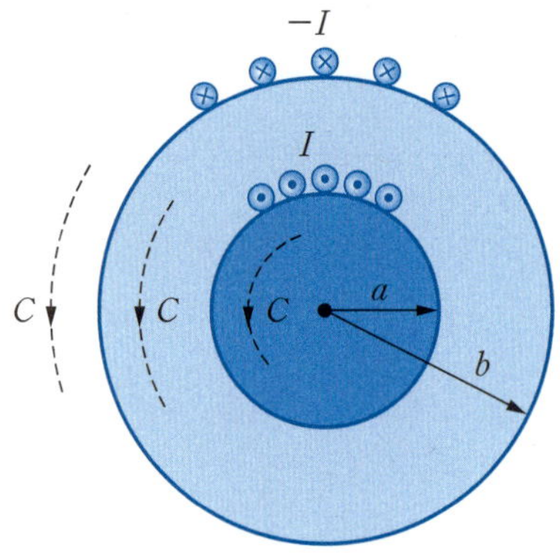

그림 6-4 전류가 흐르는 축이 같은 두 개의 원통

풀이

전류가 원통의 표면 전체에 고르게 퍼져 흐르므로 표면전류 밀도는 다음과 같다.

$$\mathbf{J}_s = \mathbf{a}_z\left(\frac{I}{2\pi a}\right) \qquad (\rho = a)$$

$$= \mathbf{a}_z\left(\frac{-I}{2\pi b}\right) \qquad (\rho = b)$$

이 문제는 세 영역으로 이루어져 있다.

이제 [그림 6-4]에서 보듯이 $\rho < a$, $a < \rho < b$, $\rho > b$의 세 가지 경우로 나누어 반지름이 ρ인 원 C에 대해 암페어 법칙을 적용해보자.

$$\oint_C \mathbf{B} \cdot d\mathbf{l} = B_\phi 2\pi\rho = \mu_0 I_{\text{내부}} = \begin{cases} 0 & (\rho < a) \\ \mu_0 I & (a < \rho < b) \\ \mu_0 I + (-\mu_0 I) = 0 & (\rho > b) \end{cases}$$

따라서 자기장은 다음과 같다.

$$B_\phi = 0 \qquad (\rho < a) \tag{6.12a}$$

$$= \frac{\mu_0 I}{2\pi\rho} \qquad (a < \rho < b) \tag{6.12b}$$

$$= 0 \qquad (\rho > b) \tag{6.12c}$$

여기서 주목할 것은, [예제 6-2]~[예제 6-5]에서 어느 한 영역의 자기장은 z축으로 놓인, 전류가 흐르는 가는 선의 자기장과 일치한다는 사실이다.

예제 6-6 균일한 표면 전류가 흐르는 판

[그림 6-5]를 보면 균일한 표면 전류 $\mathbf{J}_s = \mathbf{a}_y \mathrm{J}_{sy}$ [A/m]가 $z=0$에 놓여 있는 무한한 평판(xy평면)에 흐르고 있다. 모든 곳에서 자기장 B를 구하라.

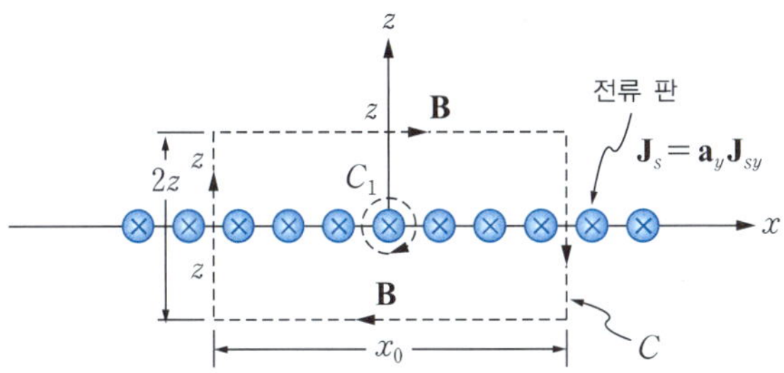

그림 6-5 균일한 표면 전류가 흐르는 판

풀이

먼저 B의 방향을 알아내야 한다. 무한히 넓은 전류 판은 가는 도선이 무수히 많이 모여 있는 것으로 취급할 수 있다. 이때 각각의 가는 도선은 [그림 6-5]에 나타낸 C_1과 같이 시계방향으로 회전하는 자기장을 만들어낸다. 무한한 판 전체를 구성하는 모든 도선이 저마다 만들어내는 자기장을 전부 합하면 각 자기장의 z성분들은 전부 상쇄되고 x성분들만 더해진다. 따라서 무한 전류 판이 만들어내는 자기장 B는 다음과 같다.

$$\begin{aligned} \mathrm{B} &= \mathbf{a}_x B_x \qquad (z>0) \ : \text{전류 판 위쪽 영역} \\ &= -\mathbf{a}_x B_x \qquad (z<0) \ : \text{전류 판 아래쪽 영역} \end{aligned}$$

이 구조는 평면 대칭성을 가지므로 전류 판 위쪽 영역과 아래쪽 영역의 자기장은 크기는 같고 방향은 반대가 된다. [그림 6-5]에 나타낸 C와 같이 길이(폭)가 x_0인 두 수평 직선과 길이(높이)가 $2z$인 두 수직 직선으로 이루어진 직사각형 닫힌루프를 만든 다음, 이 루프에 다음과 같이 암페어 법칙을 적용해보자.

$$\oint_C \mathrm{B} \cdot d\mathrm{l} = B_x x_0 + (-B_x)(-x_0) = \mu_0 I_{\text{내부}}$$

$$2B_x x_0 = \mu_0 \int \mathrm{J}_s dl_\perp = \mu_0 J_{sy} x_0 \quad : dl_\perp \text{는 } x\text{축을 따라가는 미소길이}$$

$$B_x = \frac{1}{2}\mu_0 J_{sy}$$

따라서 무한 전류 판이 만들어내는 자기장은 다음과 같다.

$$\mathrm{B} = \mathbf{a}_x \frac{1}{2}\mu_0 J_{sy} \qquad (z>0) \tag{6.13a}$$

$$= -\mathbf{a}_x \frac{1}{2}\mu_0 J_{sy} \qquad (z<0) \tag{6.13b}$$

예제 6-7 전류가 흐르는 원형 고리와 무한 길이 솔레노이드

[그림 6-6]을 보면 도넛 형태의 원형 고리toroid가 있다. 이 원형 고리의 단면은 직사각형이며 원형 고리의 둘레에는 전류 I가 흐르는 도선이 촘촘하게 N번 감겨 있다. 원형 고리의 내부 반지름은 a이고 외부 반지름은 b이다. 모든 곳에서 자기장 $\mathbf{B}$를 구하라.

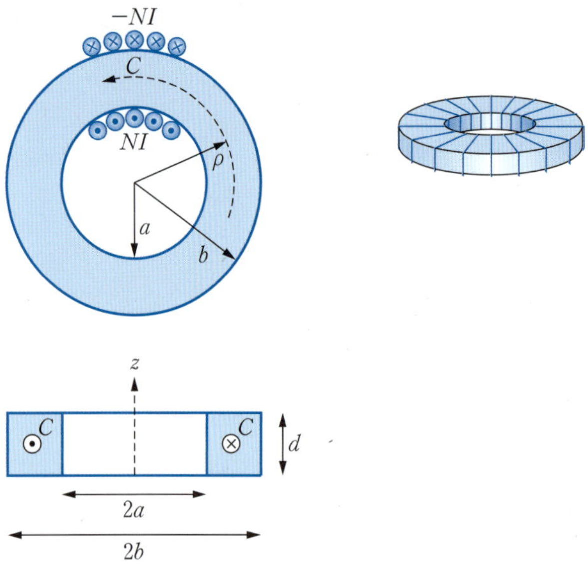

그림 6-6 단면이 직사각형인 원형 고리

풀이

이 문제는 수평방향의 각도에 대해 대칭성을 가지고 있다($\frac{\partial}{\partial\phi}=0$). 원형 고리에 도선을 감은 횟수가 매우 많고, 또 감긴 도선이 균일하면서 원형 고리에 단단하게 밀착되어, 한 바퀴 감긴 도선을 닫힌 전류 루프 하나로 간주할 수 있는 경우에는 이렇게 어림잡아도 문제가 없다. 그러면 자기장 $\mathbf{B}$의 방향은 루프 단면에 수직인 방향이므로 원형 고리의 내부와 외부의 모든 점에서 z축을 중심으로 원둘레 방향이 된다. 즉 $\mathbf{B}=\mathbf{a}_\phi B_\phi$이다. $\rho<a$, $a<\rho<b$, $\rho>b$의 세 가지 경우로 나누어 반지름이 ρ인 원 C에 대해 암페어 법칙을 적용해본다. 또한 z에 대해서는 $0<z<d$인 경우로 제한한다.

$$\oint_C \mathbf{B}\cdot d\mathbf{l} = B_\phi 2\pi\rho = \mu_0 I_{\text{내부}} = \begin{cases} 0 & (\rho<a) \\ \mu_0 NI & (a<\rho<b) \\ \mu_0(NI-NI)=0 & (\rho>b) \end{cases}$$

여기서 주의할 것은 문제의 구조가 [예제 6-5]와 매우 비슷하다는 사실이다. $z<0$과 $z>d$인 경우에는 둘러싸인 전류가 0이다. 따라서 다음과 같다.

$$B_\phi = \frac{\mu_0 NI}{2\pi\rho} \quad : \text{원형 고리 내부} \tag{6.14a}$$

$$= 0 \quad : \text{원형 고리 외부} \tag{6.14b}$$

여기서 주목할 것은 이 결과를 얻기까지 원형 고리의 단면을 직사각형인 경우로 제한하지는 않았다는 점이다. 실제로 식 (6.14)는 원형 단면(도넛)을 비롯한 어떤 형태의 단면을 갖는 원형 고리에 대해서도 유효하다.

지금부터는 원형 고리의 반지름이 매우 큰 경우에 어떤 현상이 생기는지 살펴본다. $(b-a)$ 값은 그대로이고 a와 b 값이 매우 커졌다고 가정하자. 이렇게 되면 원형 고리 내부 영역($a<\rho<b$) 전체에서 $\frac{1}{\rho}$의 변화율은 무시할 수 있다. 그러므로 원형 고리 전체에서 선다발밀도 B_ϕ는 일정하다. 원형 고리의 단위 길이당 감은 횟수를 N_l이라고 하면

$$N = N_l(2\pi\rho)$$

가 된다. 이 식을 식 (6.14a)에 대입하면

$$B_\phi = \frac{\mu_0 NI}{2\pi\rho} = \frac{\mu_0 N_l 2\pi\rho I}{2\pi\rho} = \mu_0 N_l I \tag{6.14c}$$

가 된다. 따라서 선다발밀도는 원형 고리 전체에서 균일하다. 직사각형이 아닌 다른 모양의 단면을 갖는 원형 고리의 경우에도 최소 반지름과 최대 반지름이 각각 a와 b일 때 지금까지 설명한 내용이 그대로 적용된다.

[그림 6-7]에는 길이가 무한한 솔레노이드 solenoid 가 z축을 따라 놓여 있다. 둘레에 도선을 감은 이 솔레노이드를 반지름이 무한대인 원형 고리라고 생각할 수 있다.

솔레노이드 전체에 걸쳐 선다발밀도는 균일하며 z방향을 향한다.

$$\mathbf{B}_z = \mu_0 N_l I \tag{6.14d}$$

식 (6.14c)와 식 (6.14d)의 두 최종 결과는 직사각형은 물론 원, 타원 등 임의의 단면을 갖는 원형 고리와 무한 길이 솔레노이드에도 적용된다. $N_l I$는 표면전류밀도(J_s)로 생각할 수도 있다.

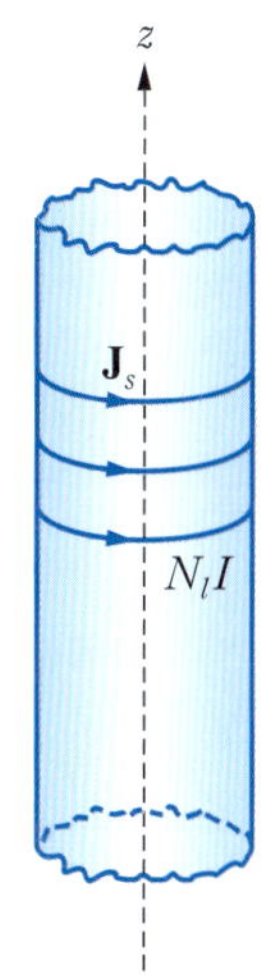

그림 6-7 길이가 무한한 솔레노이드

[표 6-1]에 몇 가지 간단한 전류분포에 대한 정자기장과 정자기 퍼텐셜을 정리했다. 선다발밀도 $\mathbf{B}$는 암페어 법칙으로 구할 수 있다. 자기 벡터 퍼텐셜 $\mathbf{A}$는 미분방정식 $\nabla\times\mathbf{A}=\mathbf{B}$를 적분하여 얻을 수 있는데, 이에 대해서는 다음 절([예제 6-13] 참조)에서 살펴본다. 특별한 대칭성을 지니고 있는 경우에는 거리에 따라 다음과 같은 간단한 함수 관계를 갖는다.

❶ 원통 대칭성 $\left(\frac{\partial}{\partial\phi}=\frac{\partial}{\partial z}=0\right)$: $\mathbf{B}\sim\frac{1}{\rho}$; $\mathbf{A}\sim\ln\rho$

❷ 평면 대칭성 $\left(\frac{\partial}{\partial x}=\frac{\partial}{\partial y}=0\right)$: $\mathbf{B}$는 일정; $\mathbf{A}\sim z$

표 6-1 몇 가지 기본적인 자기장과 자기 퍼텐셜

전류분포	자기 선다발밀도	자기 벡터 퍼텐셜
가는 선 $\mathbf{I} = \mathbf{a}_z I$	$B_\phi = \dfrac{\mu_0 I}{2\pi\rho}$	$A_z = -\dfrac{\mu_0 I}{2\pi} \ln\dfrac{\rho}{\rho_0}$ 기준점 : $\rho = \rho_0$
원통 껍질 $\mathbf{J}_s = \mathbf{a}_z \dfrac{I}{2\pi a} \quad (\rho = a)$	$B_\phi = \dfrac{\mu_0 I}{2\pi\rho} \quad (\rho > a)$ $= 0 \quad (\rho < a)$	$A_z = -\dfrac{\mu_0 I}{2\pi} \ln\left(\dfrac{\rho}{a}\right) \quad (\rho \geq a)$ 기준점 : $\rho = a$
동축 껍질 $\mathbf{J}_s = \mathbf{a}_z \dfrac{I}{2\pi a} \quad (\rho = a)$ $= -\mathbf{a}_z \dfrac{I}{2\pi b} \quad (\rho = b)$	$B_\phi = \dfrac{\mu_0 I}{2\pi\rho} \quad (a < \rho < b)$ $= 0 \quad (\rho < a,\ \rho > b)$	$A_z = -\dfrac{\mu_0 I}{2\pi} \ln\left(\dfrac{\rho}{a}\right) \quad (a \leq \rho \leq b)$ 기준점 : $\rho = a$
원형 고리(임의의 단면) 감긴 횟수 N 전류 I	$B_\phi = \dfrac{\mu_0 NI}{2\pi\rho}$: 내부 $= 0$: 외부	$A_z = -\dfrac{\mu_0 NI}{2\pi} \ln\left(\dfrac{\rho}{\rho_0}\right)$: 내부 = 상수 : 외부 기준점 : $\rho = \rho_0$
솔레노이드(임의의 단면) 단위길이당 감긴 횟수 N_l 전류 I	$B_z = \mu_0 N_l I = \mu_0 J_s$: 내부 $= 0$: 외부	원형 단면(반지름 a) $A_\phi = \dfrac{\mu_0 N_l I}{2} \rho \quad (\rho \leq a)$ $= \dfrac{\mu_0 N_l I}{2} \dfrac{a^2}{\rho} \quad (\rho \geq a)$
전류판(current sheet) $\mathbf{J}_s = \mathbf{a}_y J_{sy} \quad (z = 0)$	$B_x = \pm \dfrac{\mu_0 J_{sy}}{2} \quad \begin{cases} +(z > 0) \\ -(z < 0) \end{cases}$	$A_y = \mp \dfrac{\mu_0 J_{sy}}{2} z$ 기준점 : $z = 0$
반평행 전류판 $\mathbf{J}_s = \mathbf{a}_y J_{sy} \quad (z = 0)$ $= -\mathbf{a}_y J_{sy} \quad (z = d)$	$B_x = \mu_0 J_{sy} \quad (0 < z < d)$ $= 0 \quad (z < 0,\ z > d)$	$A_y = -\mu_0 J_{sy} z \quad (0 < z < d)$ 기준점 : $z = 0$

6.5 임의의 전류분포가 만드는 자기장 : 자기 벡터 퍼텐셜과 비오-사바르 법칙

이 절에서는 임의의 정상전류분포 $\mathbf{J}$에 의해 발생하는 자기장 $\mathbf{B}$에 대해 알아본다. 이 절에서 사용하는 방법은 완전히 일반적인 것으로, 앞 절의 암페어 법칙을 적용한 방법에 비해 훨씬 어렵다. 여기서는 임의의 전류분포에 의한 자기장을 구하는 방법 두 가지를 소개한다. 하나는 자기 벡터 퍼텐셜 $\mathbf{A}$를 이용하는 방법이고 다른 하나는 $\mathbf{B}$를 한 번에 구하는 방법(비오-사바르 법칙)이다. 먼저 벡터 퍼텐셜 $\mathbf{A}$에 대해 알아보자.

자기장 $\mathbf{B}$는 6.3절의 제1 기본 법칙(식 (6.4))에 의해 비발산장 divergenceless field 또는 솔레노이드장이다. 따라서 다음 식과 같이 $\mathbf{B}$를 다른 벡터 $\mathbf{A}$의 회전curl으로 나타낼 수 있는데(1.5절 참조), 이 $\mathbf{A}$를 **자기 벡터 퍼텐셜** magnetic vector potential 이라고 한다.

$$\mathbf{B} = \nabla \times \mathbf{A} \tag{6.15}$$

앞에서 어떤 벡터는 자신의 발산과 자신의 회전으로 완전하게 정의할 수 있다는 사실을 배웠다. 따라서 식 (6.15)는 **A**를 부분적으로만 정의할 뿐이다. 그러므로 $\nabla \cdot \mathbf{A}$ 값은 상황에 맞춰 마음대로 선택할 수 있다. 여기서는 $\nabla \cdot \mathbf{A} = 0$으로 잡았는데, 이렇게 하면 수학적으로 간편하기 때문이다.

$$\nabla \cdot \mathbf{A} = 0 \tag{6.16}$$

식 (6.16)은 헬름홀츠 정리에서 선택한 것이라고 할 수 있는데, 이를 **쿨롱 조건** Coulomb condition 또는 **쿨롱 게이지** Coulomb gauge 라고 한다.

이제 식 (6.15)에 회전을 취하고 여기에 6.3절의 식 (6.6)으로 표시되는 제2 기본 법칙(암페어 법칙)을 적용하면 다음을 얻을 수 있다.

$$\nabla \times \mathbf{B} = \nabla \times \nabla \times \mathbf{A} = \nabla(\nabla \cdot \mathbf{A}) - \nabla^2 \mathbf{A} = \mu_0 \mathbf{J}$$

구하는 과정에서 벡터 항등식 $\nabla \times \nabla \times \mathbf{A} = \nabla(\nabla \cdot \mathbf{A}) - \nabla^2 \mathbf{A}$를 이용했다([표 1-5]의 (11)번 식 참조). 이 식에 식 (6.16)을 대입하면

$$\nabla^2 \mathbf{A} = -\mu_0 \mathbf{J} \tag{6.17}$$

를 얻는다. 이 식을 직각좌표로 표시하면

$$\nabla^2 A_x = -\mu_0 J_x; \quad \nabla^2 A_y = -\mu_0 J_y; \quad \nabla^2 A_z = -\mu_0 J_z$$

가 된다. 식 (6.17)은 4장에서 배운 식 (4.3)의 푸아송 방정식과 비슷하다. 그래서 이 방정식을 **벡터 푸아송 방정식** vector Poisson's equation 이라고 한다. 이 형태의 스칼라 방정식은 앞에서 정전기장을 다룰 때 이미 풀어본 것이다. 즉 스칼라 전위 V에 대한 푸아송 방정식의 해는 다음과 같았다(식 (2.46a) 참조).

$$\nabla^2 V = -\frac{\rho_v}{\varepsilon_0} \rightarrow V = \frac{1}{4\pi\varepsilon_0} \iiint \frac{\rho_v \, dv'}{R}$$

이 결과를 여기에 적용하면

$$\nabla^2 A_x = -\mu_0 J_x \rightarrow A_x = \frac{\mu_0}{4\pi} \iiint \frac{J_x \, dv'}{R}$$

이 된다. A_x, A_y, A_z의 해를 종합하면 다음과 같다.

$$\begin{aligned} \mathbf{A}(x, y, z) &= \frac{\mu_0}{4\pi} \iiint \frac{\mathbf{J}(x', y', z') dv'}{R} \\ &= \frac{\mu_0}{4\pi} \iiint \frac{\mathbf{J}(x', y', z') dv'}{|\mathbf{r} - \mathbf{r}'|} \end{aligned} \tag{6.18a}$$

여기서 $\mathbf{r}$과 $\mathbf{r}'$은 2.6절에서 정의한 바와 같이 각각 장점의 위치벡터와 원천점의 위치벡터이다. 참고로 [그림 2-6]에서 부피전하 ρ_v를 부피전류 $\mathbf{J}$로 대체하면 여기서 다루는 구조가 된다.

전류가 표면전류인 경우에는 $\mathbf{J}dv'$을 $\mathbf{J}_s ds'$으로, 선전류인 경우에는 $\mathbf{I}dl'$으로 바꾸면 다음과 같은 형태가 된다.

$$\mathbf{A} = \frac{\mu_0}{4\pi}\iint \frac{\mathbf{J}_s ds'}{R} \quad : \text{표면전류밀도 } \mathbf{J}_s \text{인 경우} \tag{6.18b}$$

$$= \frac{\mu_0}{4\pi}\int \frac{\mathbf{I}dl'}{R} \quad : \text{선전류 } \mathbf{I}\text{인 경우} \tag{6.18c}$$

헬름홀츠 정리에서 $(\nabla\times\mathbf{F})' = (\nabla\times\mathbf{B})' = \mu_0\mathbf{J}(x',\ y',\ z')$이므로 식 (6.18)은 식 (1.50)으로부터 바로 얻을 수도 있다. 여기서 알아둘 것은 식 (2.46)에서 V가 $\frac{1}{R}$로 변하는 것처럼 $\mathbf{A}$도 $\frac{1}{R}$로 변한다는 사실이다.

식 (6.18)을 이용하여 임의의 전류분포에 대한 벡터 퍼텐셜 $\mathbf{A}$를 구하고 이어서 $\mathbf{A}$에 회전을 취하면 $\mathbf{B}$를 구할 수 있다. 또 다른 방법으로, 식 (6.18)에 회전을 취하여 $\mathbf{B}$를 직접 구하는 수식을 구해본다.

$$\mathbf{B} = \nabla\times\mathbf{A} = \frac{\mu_0}{4\pi}\iiint \nabla\times\left(\frac{\mathbf{J}}{R}\right)dv'$$

그리고 벡터와 스칼라의 곱의 회전에 대한 벡터 항등식(식 (1.44) 참조)을 이용하면

$$\nabla\times\left(\frac{\mathbf{J}}{R}\right) = \left(\frac{1}{R}\right)\nabla\times\mathbf{J}(x',\ y',\ z') + \nabla\left(\frac{1}{R}\right)\times\mathbf{J} = \mathbf{J}\times\frac{\mathbf{R}}{R^3}$$

이 된다. $\mathbf{J}$는 프라임이 붙은 좌표의 함수이므로 $\nabla\times\mathbf{J}(x',\ y',\ z') = 0$이 되는 것에 주의해야 한다. $\nabla\left(\frac{1}{R}\right)$은 $-\mathbf{a}_R\left(\frac{1}{R^2}\right) = -\frac{\mathbf{R}}{R^3}$과 같은데, 구 좌표계에서 기울기 gradient 를 계산하면 이 결과를 얻을 수 있다. 그러므로 $\mathbf{B}$를 직접 구하는 식은 다음과 같다. 여기서 $\mathbf{R} = \mathbf{r} - \mathbf{r}'$이고 $R = |\mathbf{r} - \mathbf{r}'|$이다.

$$\begin{aligned}\mathbf{B}(x,\ y,\ z) &= \frac{\mu_0}{4\pi}\iiint \frac{\mathbf{J}(x',\ y',\ z')\times\mathbf{a}_R\, dv'}{R^2} \\ &= \frac{\mu_0}{4\pi}\iiint \frac{\mathbf{J}(x',\ y',\ z')\times\mathbf{R}\, dv'}{R^3} \\ &= \frac{\mu_0}{4\pi}\iiint \frac{\mathbf{J}(x',\ y',\ z')\times(\mathbf{r}-\mathbf{r}')\, dv'}{|\mathbf{r}-\mathbf{r}'|^3}\end{aligned} \tag{6.19a}$$

전류가 표면전류인 경우에는 $\mathbf{J}dv'$을 $\mathbf{J}_s\, ds'$으로, 선전류인 경우에는 $\mathbf{I}dl'$으로 바꾸면 다음 식을 얻는다. 이때 $d\mathbf{l}'$의 방향은 $\mathbf{I}$의 방향이다.

$$\mathbf{B} = \frac{\mu_0}{4\pi}\iint \frac{\mathbf{J}_s \times \mathbf{R}\, ds'}{R^3} \qquad \text{: 표면전류밀도 } \mathbf{J}_s \text{인 경우} \tag{6.19b}$$

$$= \frac{\mu_0}{4\pi}\int \frac{\mathbf{I}\times\mathbf{R}\, dl'}{R^3} = \frac{\mu_0 I}{4\pi}\int \frac{d\mathbf{l}'\times\mathbf{R}}{R^3} \qquad \text{: 선전류 } \mathbf{I}\text{인 경우 } (d\mathbf{l}\text{의 방향은 } \mathbf{I}) \tag{6.19c}$$

식 (6.19)를 **비오-사바르 법칙** Biot-Savart law이라고 한다. 여기서 주목할 것은 식 (2.27)의 일반형 쿨롱 법칙에서 보듯이 E가 $\frac{1}{R^2}$로 변하는 것처럼 B도 $\frac{1}{R^2}$로 변한다는 사실이다.

지금까지 배운 내용을 정리해보면, 임의의 전류분포로부터 B를 구하는 방법에는 다음 두 가지가 있다.

1. 방법 1 : 식 (6.18)로부터 A를 먼저 구하고, 이어서 $\mathbf{B} = \nabla \times \mathbf{A}$를 구한다.
2. 방법 2 : 식 (6.19)로부터 B를 곧바로 구한다(비오-사바르 법칙).

각 방법에는 저마다 장단점이 있다. 방법 1은 적분 계산이 쉽지만 두 단계를 거쳐야 한다. 방법 2는 적분 계산이 훨씬 복잡하지만 한 번으로 끝난다. 문제의 유형에 따라 잘 맞는 방법이 있다. 그렇기는 하지만 대부분의 정자기장 문제에서는 방법 2(비오-사바르 법칙)를 주로 사용한다.

전류분포 J로부터 벡터 퍼텐셜 A를 구할 때는 다음 두 방법 중 하나를 사용한다.

1. 방법 1 : 식 (6.18)로부터 곧바로 A를 구한다.
2. 방법 2 : 식 (6.19) 또는 암페어 법칙으로 B를 먼저 구하고, 이어서 방정식 $\mathbf{B} = \nabla \times \mathbf{A}$를 적분하여 A를 구한다([예제 6-13] 참조).

예제 6-8 완전한 루프의 축 위에서의 자기장

[그림 6-8]을 보면 반지름이 a인 원형 루프에 전류 I가 흐르고 있다. 루프의 축을 따라 자기장 B를 구하라.

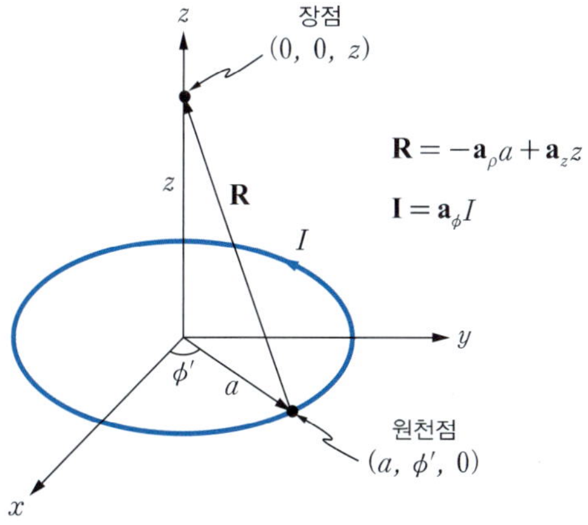

그림 6-8 전류가 흐르는 루프

풀이

전류가 선전류이므로 식 (6.19c)를 사용한다.

$$\mathbf{B} = \frac{\mu_0}{4\pi}\int \frac{\mathbf{I}\times\mathbf{R}\,dl'}{R^3}$$

여기서 원통 좌표계로 장점과 원천점을 나타내면 장점의 좌표는 $(0,\ 0,\ z)$로 고정되고, 원천점의 좌표는 $(\rho',\ \phi',\ z') = (a,\ \phi',\ 0)$으로 ϕ' 값이 변한다. 그러면

$$\mathbf{r} = \mathbf{a}_z z;\quad \mathbf{r}' = \mathbf{a}_\rho \rho' = \mathbf{a}_\rho a$$

$$\mathbf{R} = \mathbf{r} - \mathbf{r}' = -\mathbf{a}_\rho a + \mathbf{a}_z z \qquad (\mathbf{a}_\rho\text{는 } \phi'\text{의 함수})$$

$$\mathbf{I} = \mathbf{a}_\phi I \qquad (\mathbf{a}_\phi\text{는 } \phi'\text{의 함수})$$

$$R = \sqrt{a^2+z^2};\quad dl' = ad\phi'$$

$$\begin{aligned}\mathbf{I}\times\mathbf{R} &= (\mathbf{a}_\phi I)\times(-\mathbf{a}_\rho a + \mathbf{a}_z z) = \mathbf{a}_z(Ia) + \mathbf{a}_\rho(Iz)\\ &= \mathbf{a}_z(Ia) + \mathbf{a}_x(Iz\cos\phi') + \mathbf{a}_y(Iz\sin\phi')\end{aligned}$$

이 된다. $\mathbf{B}$의 z성분을 구해보면

$$B_z = \frac{\mu_0}{4\pi}\int_0^{2\pi}\frac{Ia^2\,d\phi'}{[a^2+z^2]^{3/2}} = \frac{\mu_0 I a^2}{2[a^2+z^2]^{3/2}} \tag{6.20}$$

이 된다. $B_x = B_y = 0$이 되는 것은 쉽게 증명할 수 있다. 여기서 주목할 것은 ϕ 방향 전류는 z축 위에 있는 점에 z방향의 자기장을 발생시킨다는 사실이다.

멀리 떨어진 점($z \gg a$)에서는 루프는 아주 작아 보이므로 루프에 의한 자기장은 다음과 같이 자기 쌍극자 magnetic dipole의 자기장에 가까워진다. 자기 쌍극자는 다음 절에서 다룬다.

$$B_z \rightarrow \frac{\mu_0(I\pi a^2)}{2\pi z^3} = \frac{\mu_0 m}{2\pi z^3}$$

이 결과를 식 (6.31)과 비교해보기 바란다.

예제 6-9 부분 루프의 축 위에서의 자기장

다음 식으로 표시되는 닫힌회로 closed circuit의 일부를 이루고 있는 부분 루프가 있다. z축을 따라 자기장 $\mathbf{B}$를 구하라.

$$\mathbf{I} = \mathbf{a}_\phi I \quad (\rho = a,\ \phi_1 \le \phi \le \phi_2,\ z = 0)$$

풀이

$$\mathbf{B} = \frac{\mu_0}{4\pi}\int_{\phi_1}^{\phi_2}\frac{\mathbf{a}_z(Ia) + \mathbf{a}_x(Iz\cos\phi') + \mathbf{a}_y(Iz\sin\phi')}{[a^2+z^2]^{3/2}}\,ad\phi'$$

$$B_z = \frac{\mu_0 I a^2 (\phi_2 - \phi_1)}{4\pi [a^2 + z^2]^{3/2}} \tag{6.21a}$$

$$B_x = \frac{\mu_0 I a z}{4\pi [a^2 + z^2]^{3/2}} (\sin\phi_2 - \sin\phi_1) \tag{6.21b}$$

$$B_y = \frac{\mu_0 I a z}{4\pi [a^2 + z^2]^{3/2}} (\cos\phi_1 - \cos\phi_2) \tag{6.21c}$$

이 예제를 [연습문제 2.25]의 전하를 가진 루프 문제와 비교해보기 바란다.

예제 6-10 단면이 원형인 솔레노이드가 축 위에 만드는 자기장

[그림 6-9]를 보면 길이가 l이고 반지름이 a인 솔레노이드에 도선이 단단히 감겨 있다. N번 감긴 도선에는 전류 I가 흐르고 있다. 이 전류는 다음 식으로 표시되는 표면전류와 같다. z축을 따라 자기장 B를 구하라.

$$\mathbf{J}_s = \mathbf{a}_\phi \frac{NI}{l} \quad [\text{A/m}]$$

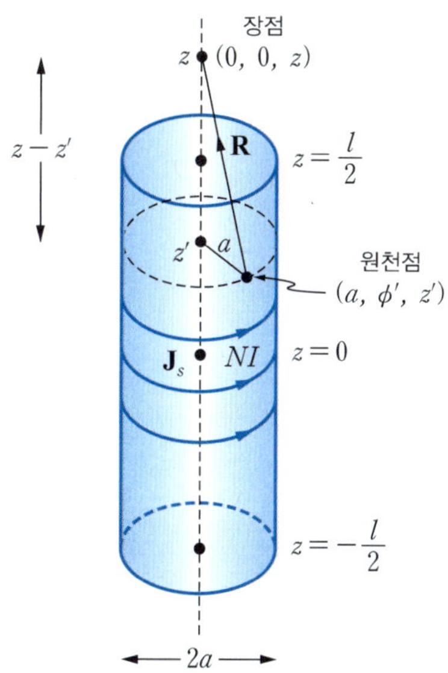

$$\mathbf{R} = -\mathbf{a}_\rho a + \mathbf{a}_z (z - z')$$

$$\mathbf{J}_s = \mathbf{a}_\phi \left(\frac{NI}{l}\right)$$

그림 6-9 단면이 원형인 솔레노이드

풀이

여기에서 다루는 솔레노이드는 무한히 길지 않으므로 암페어 법칙으로 자기장을 구할 수 없고, 비오-사바르 법칙을 써야 한다. 전류가 표면전류인 경우에 해당하는 식인 식 (6.19b)를 사용한다.

$$\mathrm{B} = \frac{\mu_0}{4\pi} \iint \frac{\mathbf{J}_s \times \mathbf{R}\, ds'}{R^3}$$

여기서 고정된 장점은 $(0,\ 0,\ z)$이고, 값이 변하는 원천점은 $(\rho',\ \phi',\ z') = (a,\ \phi',\ z')$이다.

그러면

$$\mathbf{r}=\mathbf{a}_z z;\quad \mathbf{r}'=\mathbf{a}_\rho a+\mathbf{a}_z z'$$

$$\mathrm{R}=-\mathbf{a}_\rho a+\mathbf{a}_z(z-z') \qquad (\mathbf{a}_\rho \text{는 } \phi' \text{의 함수})$$

$$\mathrm{J}_s\times\mathrm{R}=\left(\mathbf{a}_\phi\frac{NI}{l}\right)\times(-\mathbf{a}_\rho a+\mathbf{a}_z(z-z'))$$

$$=\mathbf{a}_z\left(\frac{NIa}{l}\right)+\mathbf{a}_\rho\left(\frac{NI(z-z')}{l}\right)$$

$$R=\sqrt{a^2+(z-z')^2};\quad ds'=a\,d\phi'\,dz'$$

이 된다. B의 z성분을 구해보면

$$B_z=\frac{\mu_0}{4\pi}\int_{-\frac{l}{2}}^{\frac{l}{2}}\int_0^{2\pi}\frac{NIa^2\,d\phi'\,dz'}{l[a^2+(z-z')^2]^{3/2}} \qquad \left(\begin{array}{c} z''=z-z'\text{로 놓자.} \\ \text{그러면 } dz''=-dz'\text{이 된다.}\end{array}\right)$$

$$=-\frac{\mu_0}{2}\int_{z+\frac{l}{2}}^{z-\frac{l}{2}}\frac{NIa^2\,dz''}{l[a^2+(z'')^2]^{3/2}}=-\frac{\mu_0 NIa^2}{2l}\left[\frac{z''}{a^2\sqrt{a^2+(z'')^2}}\right]_{z+\frac{l}{2}}^{z-\frac{l}{2}} \qquad (6.22a)$$

$$=\frac{\mu_0 NI}{2l}\left[\frac{z+\frac{l}{2}}{\sqrt{a^2+\left(z+\frac{l}{2}\right)^2}}-\frac{z-\frac{l}{2}}{\sqrt{a^2+\left(z-\frac{l}{2}\right)^2}}\right]$$

이 된다. [예제 6-8]과 마찬가지로 $B_x=B_y=0$이 된다.

❶ 솔레노이드의 중심에서($z=0$)

$$B_z=\frac{\mu_0 NI}{2\sqrt{a^2+\left(\frac{l}{2}\right)^2}}\ \rightarrow\ \frac{\mu_0 NI}{l}=\mu_0 N_l I \quad (l\gg a\text{일 때}) \qquad (6.22b)$$

여기서 N_l은 $\frac{N}{l}$, 즉 단위길이당 감은 횟수이다.

❷ 솔레노이드의 끝에서($z=\frac{l}{2}$)

$$B_z=\frac{\mu_0 NI}{2\sqrt{a^2+l^2}}\ \rightarrow\ \frac{\mu_0 NI}{2l}=\frac{\mu_0 N_l I}{2} \quad (l\gg a\text{일 때}) \qquad (6.22c)$$

따라서 솔레노이드가 길고 가는 경우($l\gg a$), 축 위에서의 자기장의 크기를 살펴보면 양끝($z=\pm\frac{l}{2}$)에서의 크기는 중심에서의 크기의 $\frac{1}{2}$이 된다. 또한 식 (6.22b)를 식 (6.14c)와 비교해보면 솔레노이드 중심에서의 자기장은 무한 길이 솔레노이드의 자기장에 가까워지는 것을 알 수 있다.

예제 6-11 전류가 흐르는 곧은 도선이 만드는 자기 벡터 퍼텐셜과 자기장

[그림 6-10]을 보면 전류가 흐르는 곧은 도선이 있다. 이 도선은 어떤 닫힌회로의 일부로 $z=z_1$과 $z=z_2$ 사이에는 전류 I가 흐르고 있다. 이 도선 부분이 만드는 (a) 자기장 **B**와 (b) 벡터 퍼텐셜 **A**를 구하라.

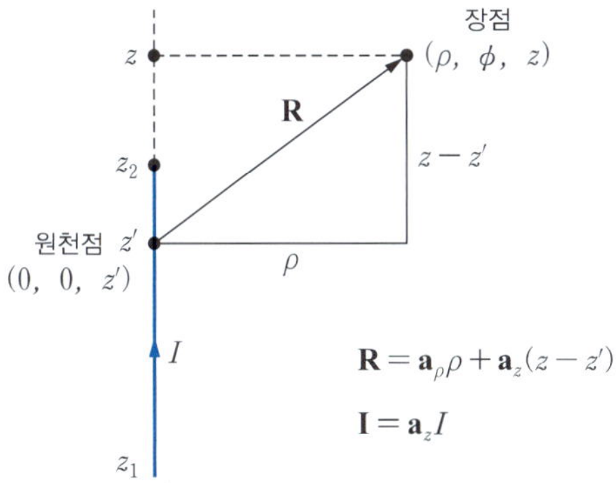

그림 6-10 전류가 흐르는 곧은 도선

풀이

(a) 여기서도 도선이 무한히 길지 않으므로 암페어 법칙을 사용할 수 없고, 선전류에 해당하는 다음 비오-사바르 법칙을 사용한다.

$$\mathrm{B}=\frac{\mu_0}{4\pi}\int\frac{\mathrm{I}\times\mathrm{R}\,dl'}{R^3}$$

여기서 장점은 $(\rho,\ \phi,\ z)$이고 원천점은 $(0,\ 0,\ z')$이다. 그러면

$$\mathbf{r}=\mathbf{a}_\rho\rho+\mathbf{a}_z z\ ;\ \mathbf{r}'=\mathbf{a}_z z'$$

$$\mathrm{R}=\mathbf{a}_\rho\rho+\mathbf{a}_z(z-z')$$

$$\mathrm{I}=\mathbf{a}_z I$$

$$\mathrm{I}\times\mathrm{R}=(\mathbf{a}_z I)\times(\mathbf{a}_\rho\rho+\mathbf{a}_z(z-z'))=\mathbf{a}_\phi(I\rho)$$ (z방향 전류는 ϕ방향 자기장을 발생한다.)

$$R=\sqrt{\rho^2+(z-z')^2}\ ;\quad dl'=dz'$$

이 된다. $\mathbf{a}_\phi$는 z'에 무관하므로 $\mathrm{B}=\mathbf{a}_\phi B_\phi$이다. 따라서 자기장은 다음과 같이 구할 수 있다.

$$B_\phi=\frac{\mu_0}{4\pi}\int_{z_1}^{z_2}\frac{I\rho\,dz'}{[\rho^2+(z-z')^2]^{3/2}}\qquad (z''=z-z'\text{ 으로 놓자.})$$

$$=\frac{-\mu_0}{4\pi}\int_{z-z_1}^{z-z_2}\frac{I\rho\,dz''}{[\rho^2+(z'')^2]^{3/2}}=-\frac{\mu_0 I\rho}{4\pi}\left[\frac{z''}{\rho^2\sqrt{\rho^2+(z'')^2}}\right]_{z-z_1}^{z-z_2}\tag{6.23a}$$

$$=\frac{\mu_0 I}{4\pi\rho}\left[\frac{z-z_1}{\sqrt{\rho^2+(z-z_1)^2}}-\frac{z-z_2}{\sqrt{\rho^2+(z-z_2)^2}}\right]$$

몇 가지 특수한 경우를 살펴보기로 하자.

❶ 반무한 길이 도선($z_1 = -\infty$, $z_2 = 0$)의 경우

$$B_\phi = \frac{\mu_0 I}{4\pi\rho}\left[1 - \frac{z}{\sqrt{\rho^2+z^2}}\right] \tag{6.23b}$$

$$\rightarrow \frac{\mu_0 I}{4\pi\rho} \quad (z=0) \tag{6.23c}$$

따라서 도선의 한쪽 끝과 수직을 이루는 평면($z=0$)에서는 반무한 길이 도선의 자기장은 무한 길이 도선의 자기장의 $\frac{1}{2}$이다.

❷ 무한 길이 도선($z_1 = -\infty$, $z_2 = \infty$)의 경우

$$B_\phi = \frac{\mu_0 I}{2\pi\rho}$$

이는 식 (6.8)과 일치한다.

(b) 선전류에 해당하는 다음 식을 사용하여 자기 벡터 퍼텐셜 $\mathbf{A}$를 구한다.

$$\mathbf{A} = \frac{\mu_0}{4\pi}\int \mathbf{I}\frac{dl'}{R}$$

$\mathbf{I} = \mathbf{a}_z I$, $\mathbf{A} = \mathbf{a}_z A_z$이므로

$$A_z = \frac{\mu_0}{4\pi}\int_{z_1}^{z_2}\frac{I\,dz'}{\sqrt{\rho^2+(z-z')^2}} \qquad (z'' = z - z' \text{ 으로 놓자.})$$

$$= -\frac{\mu_0}{4\pi}\int_{z-z_1}^{z-z_2}\frac{I\,dz''}{\sqrt{\rho^2+(z'')^2}} = -\frac{\mu_0 I}{4\pi}\left[\ln\left(z'' + \sqrt{(z'')^2+\rho^2}\right)\right]_{z-z_1}^{z-z_2} \tag{6.23d}$$

$$= \frac{\mu_0 I}{4\pi}\ln\left[\frac{(z-z_1)+\sqrt{\rho^2+(z-z_1)^2}}{(z-z_2)+\sqrt{\rho^2+(z-z_2)^2}}\right]$$

이 된다. 여기서 $\mathbf{B} = \nabla\times\mathbf{A} = -\mathbf{a}_\phi\frac{\partial A_z}{\partial\rho}$를 이용해도 자기장 $\mathbf{B}$를 계산할 수 있다. 실제로 계산해 보면 식 (6.23a)의 결과를 얻을 수 있다. 이 예제에서 구한 결과는 주의해서 사용해야 한다. 이 결과는 도선이 닫힌회로의 일부일 때만 유효하다.

예제 6-12 정사각형 루프가 축 위에 만드는 자기장

[그림 6-11]을 보면 전류 I가 흐르는 정사각형 루프가 있다. 루프의 축 위에서의 자기장을 구하라. 루프는 xy평면에 놓여 있고 루프의 각 변은 길이가 a이고, x축과 y축에 나란하며 루프의 중심은 원점이다.

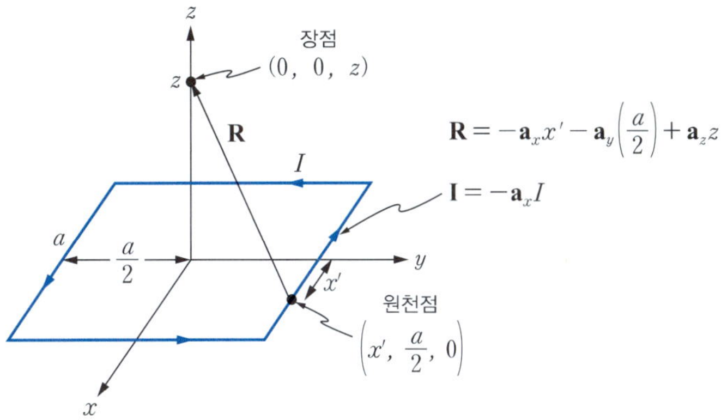

그림 6-11 정사각형 루프

풀이

암페어 법칙의 오른손 규칙을 적용하여 자기장선의 그림을 개략적으로 그려보면 z축을 따라서는 B_z성분만 존재한다는 것을 알 수 있다. 루프를 이루고 있는 네 변이 루프 축에 대해 대칭을 이루며 놓여 있으므로 어느 한 변에 의해 발생하는 자기장의 z성분을 계산한 다음, 이 결과에 4를 곱하면 전체 자기장을 구할 수 있다.

$$\mathrm{B} = \frac{\mu_0}{4\pi}\int \frac{(\mathbf{I}\times\mathbf{R})}{R^3}\,dl'$$

$$B_z = \frac{\mu_0}{4\pi}\int_{\text{루프}} \frac{(\mathbf{I}\times\mathbf{R})_z}{R^3}\,dl'$$

$$= \frac{4\mu_0}{4\pi}\int_{\text{변}} \frac{(\mathbf{I}\times\mathbf{R})_z}{R^3}\,dl'$$

루프의 네 변 중에서 오른쪽에 위치한 변을 선택하면 [그림 6-11]에 표시한 것처럼 원천점은 $\left(x', \frac{a}{2}, 0\right)$이고 장점은 $(0, 0, z)$이다.

그러면

$$\mathbf{r} = \mathbf{a}_z z;\quad \mathbf{r}' = \mathbf{a}_x x' + \mathbf{a}_y\left(\frac{a}{2}\right)$$

$$\mathbf{R} = \mathbf{r} - \mathbf{r}' = -\mathbf{a}_x x' - \mathbf{a}_y\left(\frac{a}{2}\right) + \mathbf{a}_z z$$

$$\mathbf{I} = -\mathbf{a}_x I;\quad dl' = dx'$$

$$\mathbf{I}\times\mathbf{R} = \mathbf{a}_z\left(\frac{Ia}{2}\right) + \mathbf{a}_y(Iz)$$

$$B_z = \frac{\mu_0}{\pi}\int_{-\frac{a}{2}}^{\frac{a}{2}} \frac{Ia}{2}\frac{dx'}{\left[(x')^2 + \left(\frac{a}{2}\right)^2 + z^2\right]^{3/2}} \qquad \left(\left(\frac{a}{2}\right)^2 + z^2 = u^2\text{으로 놓자.}\right)$$

$$= \frac{\mu_0 Ia}{2\pi}\left[\frac{x'}{\sqrt{(x')^2 + \left(\frac{a}{2}\right)^2 + z^2}}\frac{1}{\left(\frac{a}{2}\right)^2 + z^2}\right]_{-\frac{a}{2}}^{\frac{a}{2}}$$

$$= \frac{\mu_0 Ia}{2\pi} \frac{a}{\sqrt{\frac{a^2}{2}+z^2}} \frac{1}{\left(\frac{a}{2}\right)^2+z^2} \tag{6.24}$$

가 된다. 여기서 $z \to \infty$로 하면

$$B_z \;\rightarrow\; \frac{\mu_0 Ia^2}{2\pi z^3} = \frac{\mu_0(Ia^2)}{2\pi z^3} = \frac{\mu_0 m}{2\pi z^3}$$

이 되는데, 이 결과는 앞으로 나올 식 (6.31)과 일치한다. 멀리 떨어진 점($z \gg a$)에서는 루프가 아주 작아 보이므로 루프에 의한 자기장은 자기 쌍극자의 자기장에 가까워진다.

오른쪽 변의 전류에 의해 발생하는 B_y성분은 반대편 왼쪽 변의 전류에 의해 발생하는 자기장(B_y성분)에 의해 상쇄되고, 앞 변의 전류에 의해 발생하는 B_x성분은 반대편의 뒷 변의 전류에 의해 발생하는 자기장(B_x성분)에 의해 상쇄된다.

예제 6-13 긴 도선이 만드는 자기 벡터 퍼텐셜

길이가 무한히 긴 선전류에 의해 발생하는 벡터 퍼텐셜 **A**를 구하라.

풀이

이 예제에서는 자기장 **B**로부터 벡터 퍼텐셜 **A**를 구하는 방법을 사용한다([표 6-1] 참조). [예제 6-2]에서는 암페어 법칙을 사용하여 **B**를 다음과 같이 구했다.

$$\mathbf{B} = \mathbf{a}_\phi \frac{\mu_0 I}{2\pi\rho}$$

여기서 알아둘 것은 $B_\rho = B_z = 0$이며 B_ϕ는 ρ에 따라서만 달라진다. 벡터 퍼텐셜 **A**는 다음 식을 만족한다.

$$\nabla \times \mathbf{A} = \mathbf{B}$$

이 식에서 ϕ성분에 대한 스칼라 방정식을 이끌어내면

$$\frac{\partial A_\rho}{\partial z} - \frac{\partial A_z}{\partial \rho} = B_\phi$$

가 된다. 이 문제는 회전에 대해 대칭성을 갖고 있고($\frac{\partial}{\partial\phi}=0$) z에 대해 무관하므로($\frac{\partial}{\partial z}=0$) 벡터 퍼텐셜은 다음과 같은 형태가 되어야 한다.

$$\mathbf{A} = \mathbf{a}_z A_z(\rho)$$

여기서 A_z는 다음 식을 만족한다.

$$-\frac{\partial A_z}{\partial \rho} = B_\phi = \frac{\mu_0 I}{2\pi\rho}$$

이 식을 $\rho=\rho_0$를 기준점으로 잡고 ρ에 대해 적분하면 다음 결과를 얻는다.

$$A_z=-\int_{\rho_0}^{\rho}\frac{\mu_0 I}{2\pi\rho}d\rho=-\frac{\mu_0 I}{2\pi}[\ln\rho]_{\rho_0}^{\rho}=-\frac{\mu_0 I}{2\pi}\ln\frac{\rho}{\rho_0}$$

[표 6-1]에 수록된 다른 전류분포가 만드는 벡터 퍼텐셜도 비슷한 방법으로 구할 수 있다.

6.6 자기 쌍극자 Magnetic Dipole[1]

이 절에서는 전류가 흐르는 작은 루프가 임의의 점(반드시 루프의 축 위에 있는 점일 필요는 없다.)에 만드는 자기장 B에 대해 살펴본다. 이 자기장 B는 보통의 루프가 만드는 자기장을 아주 멀리 떨어진 위치($r \gg a$)에서 구한 것이라고도 할 수 있다. 곧 알게 되겠지만, 이 자기장 B는 전기 쌍극자의 전기장과 형태가 똑같다. 또한 루프의 자기 쌍극자 모멘트를 정의하면 루프의 여러 가지 특성을 간단히 나타낼 수 있다는 것도 배운다.

[그림 6-12(a)]를 보면 반지름이 a이고 전류가 I인 원형 루프가 있다.

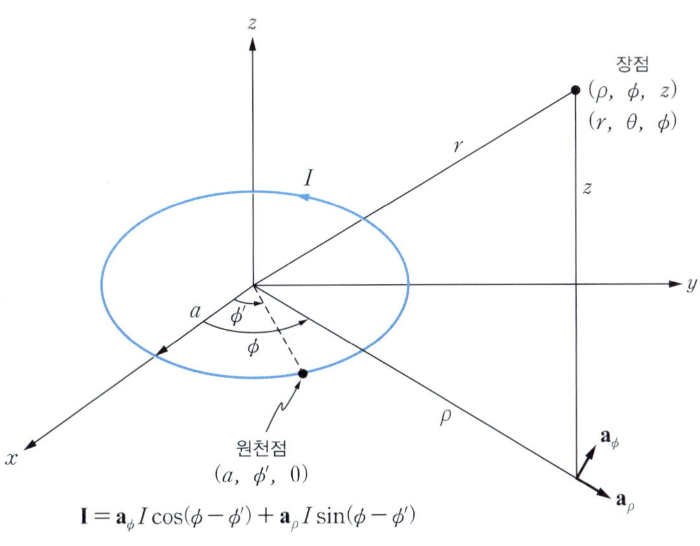

(a)

그림 6-12 자기 쌍극자 (계속)

(a) 작은 원형 루프($r \gg a$)

1 이 절에 실린 수식 전개는 다루지 않고 넘어가도 좋다.

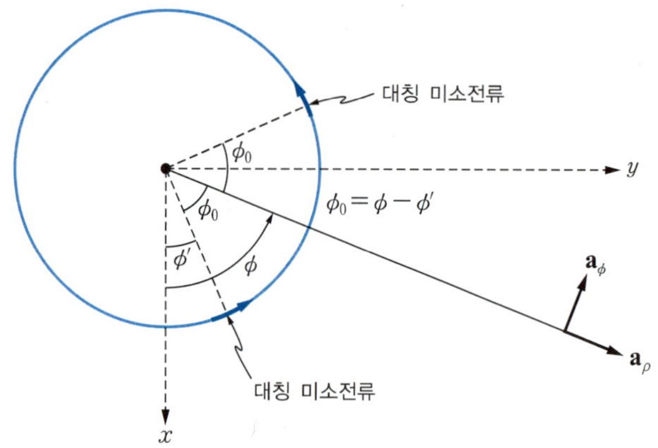

(b)

그림 6-12 자기 쌍극자

(b) xy평면 위에서 바라본 그림

루프는 xy 평면에 놓여 있으며 루프의 중심은 원점이다. 원천점은 $(a,\ \phi',\ 0)$이고 장점은 $(\rho,\ \phi,\ z)$이다. 전류벡터 $\mathbf{I}$는 ϕ', ϕ, $\mathbf{a}_\rho$, $\mathbf{a}_\phi$를 사용하여 다음과 같이 쓸 수 있다.

$$\mathbf{I} = \mathbf{a}_{\phi'} I = \mathbf{a}_\phi I \cos(\phi - \phi') + \mathbf{a}_\rho I \sin(\phi - \phi') \tag{6.25}$$

여기서 $\mathbf{a}_{\phi'}$은 원천점에 대한 단위벡터이고 $\mathbf{a}_\rho$와 $\mathbf{a}_\phi$는 장점에 대한 단위벡터이다. [연습문제 6.31]을 살펴보기 바란다.

벡터 퍼텐셜 $\mathbf{A}$는 다음과 같다.

$$\mathbf{A} = \frac{\mu_0}{4\pi}\int \mathbf{I}\frac{dl'}{R} = \frac{\mu_0}{4\pi}\int_0^{2\pi} \frac{\mathbf{a}_\phi I \cos(\phi - \phi') + \mathbf{a}_\rho I \sin(\phi - \phi')}{R}\, a\, d\phi'$$

먼저, $\mathbf{A}$의 ϕ성분을 구해보자.

$$A_\phi = \frac{\mu_0 I a}{4\pi}\int_0^{2\pi} \frac{\cos(\phi - \phi')d\phi'}{R}$$

$$R = \sqrt{(x - x')^2 + (y - y')^2 + (z - z')^2}$$

$$= \sqrt{\rho^2 + z^2 - 2a\rho\cos(\phi - \phi') + a^2}$$

$$= \sqrt{r^2 - 2a\rho\cos(\phi - \phi') + a^2}$$

$$x = \rho\cos\phi, \quad x' = a\cos\phi'$$
$$y = \rho\sin\phi, \quad y' = a\sin\phi'$$
$$z' = 0$$
$$r^2 = \rho^2 + z^2; \quad \frac{\rho}{r} = \sin\theta$$
$$\sqrt{1 \pm x} \approx 1 \pm \frac{x}{2} \qquad (|x| \ll 1)$$
$$\frac{1}{1 - x} \approx 1 + x \qquad (|x| \ll 1)$$

멀리 떨어진 점($r \gg a$)에서는 $\mathbf{A}$의 ϕ성분은 다음과 같이 구할 수 있다.

$$R = r\sqrt{1 - 2\frac{a}{r}\frac{\rho}{r}\cos(\phi - \phi') + \frac{a^2}{r^2}} \approx r\left[1 - \frac{a}{r}\sin\theta\cos(\phi - \phi')\right] \qquad (r \gg a)$$

$$\frac{1}{R} \approx \frac{1}{r}\left[1+\frac{a}{r}\sin\theta\cos(\phi-\phi')\right] \qquad (r \gg a)$$

$$A_\phi = \frac{\mu_0 Ia}{4\pi r}\left[\int_0^{2\pi}\cos(\phi-\phi')d\phi' + \frac{a\sin\theta}{r}\int_0^{2\pi}\cos^2(\phi-\phi')d\phi'\right]$$
$$= \frac{\mu_0 Ia}{4\pi r}\left[0+\frac{a\sin\theta}{r}\frac{2\pi}{2}\right] = \frac{\mu_0(I\pi a^2)}{4\pi r^2}\sin\theta$$

이와 비슷한 방법으로 **A** 의 ρ 성분을 구해보면 다음과 같다.

$$A_\rho = \frac{\mu_0 Ia}{4\pi}\int_0^{2\pi}\frac{\sin(\phi-\phi')d\phi'}{R} = 0$$

위 식의 $\frac{1}{R}$ 자리에 앞에서 구한 수식을 대입하면 $\sin(\phi-\phi')$과 $\sin(\phi-\phi')\cos(\phi-\phi')$(이는 $\frac{1}{2}\sin 2(\phi-\phi')$과 같다.)의 적분식으로 바뀌는데, 2π 범위에 대해 각 항의 적분을 계산하면 0이 된다. 또한 루프를 xy 평면의 위에서 바라다본 [그림 6-12(b)]에서 보듯이 각 미소전류마다 반지름 ρ 방향에 대해 대칭을 이루고 있는 미소전류가 있는데, 두 대칭 미소전류가 A_ρ에 기여하는 양은 서로 상쇄된다. 따라서 구조의 대칭성에 의해 $A_\rho = 0$이 되는 것을 알 수 있다. 그러므로

$$\mathbf{A} = \mathbf{a}_\phi\frac{\mu_0(I\pi a^2)}{4\pi r^2}\sin\theta \qquad (6.26)$$

가 되고

$$\mathbf{B} = \nabla\times\mathbf{A} = \mathbf{a}_r\frac{1}{r\sin\theta}\frac{\partial}{\partial\theta}(A_\phi\sin\theta) - \mathbf{a}_\theta\frac{1}{r}\frac{\partial}{\partial r}(rA_\phi)$$
$$= \frac{\mu_0(I\pi a^2)}{4\pi r^3}(\mathbf{a}_r 2\cos\theta + \mathbf{a}_\theta\sin\theta) \qquad (6.27)$$

가 된다. 위에서 구한 자기장은 전기 쌍극자의 전기장(식 (2.68))과 형태가 똑같다. 그래서 작은 루프 전류를 **자기 쌍극자** magnetic dipole 라 한다. **자기 쌍극자 모멘트** magnetic dipole moment **m** 은 다음 식으로 정의된다.

$$\mathbf{m} = \mathbf{a}_z m = \mathbf{a}_z(I\pi a^2) = \mathbf{a}_n(IS) \qquad (6.28)$$

여기서 S는 루프의 면적이고 $\mathbf{a}_n$은 루프 평면에 수직인 단위벡터로, $\mathbf{a}_n$의 방향은 전류 I에 대해 오른손 규칙을 따른다.

그러므로 [그림 6-12]의 루프가 만드는 벡터 퍼텐셜 **A** 와 자기장 **B** 를 쌍극자 모멘트를 써서 나타내면 다음과 같다.

$$\mathbf{A} = \frac{\mu_0\mathbf{m}\times\mathbf{a}_r}{4\pi r^2} = \mathbf{a}_\phi\frac{\mu_0 m}{4\pi r^2}\sin\theta \qquad (6.29)$$

$$\mathbf{B} = \frac{\mu_0 m}{4\pi r^3}(\mathbf{a}_r 2\cos\theta + \mathbf{a}_\theta\sin\theta) \qquad (6.30)$$

루프의 축(z축)을 따라 자기장을 구해보자. 이 경우에는 $\theta = 0°$, $r = z$, $\mathbf{a}_r = \mathbf{a}_z$ 이므로

$$B_z = \frac{\mu_0 m}{2\pi z^3} \tag{6.31}$$

이 되는데, 이 결과는 앞서 [예제 6-8]과 [예제 6-12]에서 이미 구해봤던 것이다. 루프 평면(xy평면)에서의 자기장을 구해보자. 이 경우는 $\theta = 90°$ 이므로 다음과 같이 된다.

$$B_\theta = \frac{\mu_0 m}{4\pi r^3} \tag{6.32}$$

여기서 강조할 것은 식 (6.29)와 식 (6.30)은 루프의 크기가 작기만 하다면($a \ll r$) 루프 모양에 상관없이 유효하다는 사실이다. 또한 식 (6.30)은 전류가 흐르는 루프에서 멀리 떨어진 점($r \gg a$)에서의 자기장으로 생각할 수 있다. 7장에서는 자기 쌍극자를 이용해 물질 속에서 자기장이 어떻게 동작하는지를 설명한다.

6.7 자기장 속에 놓여 있는 전류가 받는 힘과 돌림힘

이 절에서는 자기장이 존재하는 곳에 놓여 있는 전류가 받는 힘을 살펴본다. B가 있는 영역 속에서 전하가 움직이면 그 전하는 힘을 받는다. 따라서 움직이는 전하들로 이루어진 전류가 자기장 속에 있으면 이 전류는 힘을 받는다. 먼저, 부피전류분포 $\mathbf{J}$의 미소조각(요소)에 가해지는 미소힘을 구해보자. [그림 6-13(a)]를 보면 자기장 B가 존재하는 곳에 미소부피전류가 흐르고 있다.

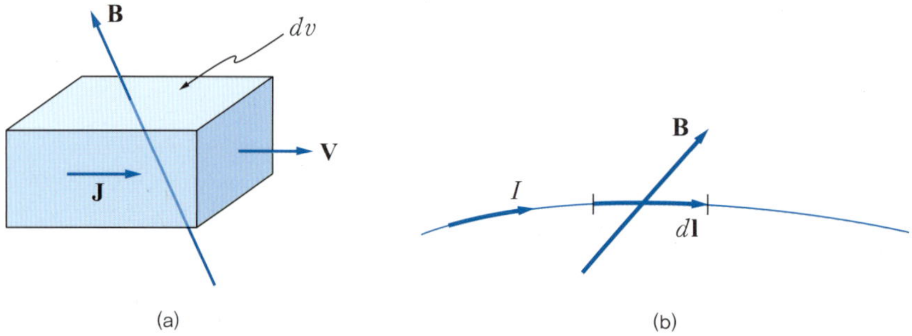

그림 6-13 (a) 자기장 B 속을 흐르는 부피전류 J의 요소 (b) 자기장 B 속을 흐르는 선전류 I의 요소

지금부터 살펴보게 될 결과들은 전류가 흐르는 도선, 도체 표면, 또는 반도체에 작용하는 힘을 구하는 데 사용할 수 있다.

자기장 B 속을 속도 $\mathbf{v}$로 이동하는 전하 q가 받는 자기력 $\mathbf{F}_m$은

$$\mathbf{F}_m = q\mathbf{v} \times \mathbf{B}$$

이므로, 전류 $\mathbf{J}$가 유동속도 $\mathbf{v}$로 이동하는 전하들로 이루어진 경우에 미소부피 dv에 가해지는 미소힘 $d\mathbf{F}_m$은 다음과 같다.

$$d\mathbf{F}_m = dq\,\mathbf{v} \times \mathbf{B} = \rho_v\,dv\,\mathbf{v} \times \mathbf{B}$$

$$\frac{d\mathbf{F}_m}{dv} = (\rho_v \mathbf{v}) \times \mathbf{B} = \mathbf{J} \times \mathbf{B} \quad : \text{단위부피당 힘}$$

여기서는 식 (5.4)를 이용했다. 표면전류 $\mathbf{J}_s$인 경우, 단위면적당 힘은 $\frac{d\mathbf{F}_m}{ds} = \mathbf{J}_s \times \mathbf{B}$이고 선전류 $\mathbf{I}$인 경우([그림 6-13(b)] 참조), 단위길이당 힘은 $\frac{d\mathbf{F}_{\mathrm{m}}}{dl} = \mathbf{I} \times \mathbf{B}$이다. $d\mathbf{l}$이 $\mathbf{I}$ 방향의 미소길이 벡터인 경우 마지막 식은 $d\mathbf{F}_{\mathrm{m}} = I(d\mathbf{l} \times \mathbf{B})$로 쓸 수도 있다. [표 6-2]에 전류에 작용하는 힘의 관계식을 정리했다.

표 6-2 전류에 가해지는 자기력

$$\frac{d\mathbf{F}_m}{dv} = \mathbf{J} \times \mathbf{B} \tag{6.33a}$$

$$\frac{d\mathbf{F}_m}{ds} = \mathbf{J}_s \times \mathbf{B} \tag{6.33b}$$

$$\frac{d\mathbf{F}_m}{dl} = \mathbf{I} \times \mathbf{B} \ \text{또는}\ d\mathbf{F}_m = I\,d\mathbf{l} \times \mathbf{B} \tag{6.33c}$$

전체 전류분포에 가해지는 자기력은 다음과 같이 전류분포 전체에 대해 적분을 하여 구할 수 있다.

$$\mathbf{F}_m = \iiint \mathbf{J} \times \mathbf{B}\,dv \qquad : \text{부피전류} \tag{6.34a}$$

$$= \iint \mathbf{J}_s \times \mathbf{B}\,ds \qquad : \text{표면전류} \tag{6.34b}$$

$$= \int \mathbf{I} \times \mathbf{B}\,dl = I\oint_C d\mathbf{l} \times \mathbf{B} \qquad : \text{선전류} \tag{6.34c}$$

여기서 주목할 것은 다음 식에서 알 수 있듯이, 균일한 자기장 $\mathbf{B}$ 속에 놓여 있는 도선 루프에는 아무런 알짜힘($\mathbf{F}_m$)이 가해지지 않는다는 사실이다.

$$\mathbf{F}_m = I\oint_C d\mathbf{l} \times \mathbf{B} = I\left(\oint_C d\mathbf{l}\right) \times \mathbf{B} = 0 \qquad \left(\oint_C d\mathbf{l} = 0 \text{이므로}\right)$$

이제 전류가 흐르는 루프에 가해지는 돌림힘(토크)torque을 살펴보자. 힘과 더불어 돌림힘이 중요한 까닭은 돌림힘은 알짜힘이 0인 경우에도 존재할 수 있기 때문이다. 돌림힘의 정의를 다시 한 번 생각해 보기 바란다. [그림 6-14]를 보면 점 $\mathbf{r}$의 위치에 힘 $\mathbf{F}$가 가해지고 있다.

이 경우에 원점에 위치한 기준점 주위에 발생하는 돌림힘 $\mathbf{T}$는 다음 식으로 정의된다.

$$\mathbf{T} = \mathbf{r} \times \mathbf{F} \tag{6.35}$$

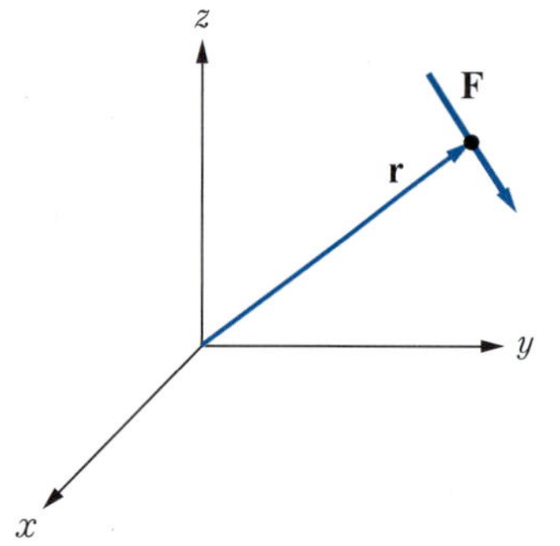

그림 6-14 돌림힘 T의 정의

주의할 것은 기준점이 다른 점으로 바뀌면 그 주위에 발생하는 돌림힘은 일반적으로 달라진다는 사실이다. 그렇지만 어떤 물체에 작용하는 총 힘이 0인 경우에는 돌림힘은 기준점이 달라져도 변하지 않는다.

이제 전류가 흐르는 루프의 돌림힘을 계산해보자. 먼저, 루프의 미소 부분에 작용하는 돌림힘 $d\mathbf{T}$는 다음과 같다.

$$d\mathbf{T} = \mathbf{r} \times d\mathbf{F}_m$$

도선 루프의 경우에는 루프 C에 대해 적분을 하면 돌림힘을 구할 수 있다.

$$\mathbf{T} = I \oint_C \mathbf{r} \times (d\mathbf{l} \times \mathbf{B}) \tag{6.36}$$

식 (6.36)은 가는 도선 루프에 작용하는 돌림힘을 구하는 일반적인 수식이다. $\mathbf{B}$가 루프 전체에 걸쳐 균일하면 알짜힘 $\mathbf{F}_m$은 0이 되므로 기준점에 무관한 돌림힘은 다음 식으로 쓸 수 있다.

$$\mathbf{T} = \mathbf{m} \times \mathbf{B} \quad : \text{균일한 자기장 속에서} \tag{6.37}$$

여기서 $\mathbf{m}$은 루프의 자기 쌍극자 모멘트이다. 식 (6.37)을 유도하는 과정은 '라이츠Reitz, 밀포드Milford, 크리스티Christy의 책(1993)'[2] 을 찾아보기 바란다.

예제를 통해 몇 가지 특수한 경우를 살펴보자.

예제 6-14 전류가 흐르는 평행 도선 사이에 작용하는 힘

[그림 6-15]를 보면 길이가 무한히 긴 두 도선이 거리 d만큼 떨어진 채 나란히 놓여 있다. 두 도선 사이에 작용하는 단위길이당 힘을 구하라.

2 J. R. Reitz, F. J. Milford, and R. W. Christy, *Foundations of Electromagnetic Theory*, Addison-Wesley, 1993, 4th Ed., Section 8-2.

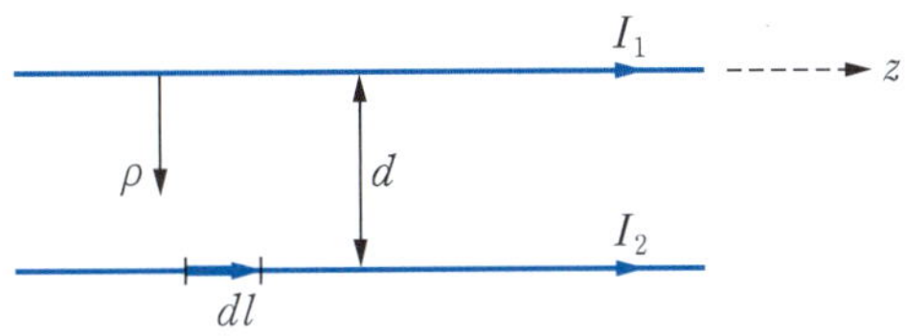

그림 6-15 전류가 흐르는 두 평행 도선

풀이

전류 I_2가 흐르는 도선 2에 가해지는 단위길이당 힘을 구해보자. 이 힘은 당연히 도선 1에 작용하는 힘과 부호만 반대이다. 자기장 $\mathbf{B}$를 만들어내는 원천전류는 I_1이고 I_2는 시험전류이므로 I_2가 받는 힘을 구한다. 도선 2의 미소길이 dl에 가해지는 힘은 다음과 같다.

$$d\mathbf{F}_m = I_2 d\mathbf{l} \times \mathbf{B}$$

여기서는 도선 1이 만드는 자기장만 고려해야 한다. 도선 2도 자기장을 만들지만, 이 자기장이 자신에게 알짜힘을 가할 수는 없다. 도선이 자신이 만든 자기장에 의해 힘을 받는 게 사실이라면 도선은 자기 스스로 공간 속을 움직인다는 말이 된다. 따라서 도선 1에 의해 도선 2가 놓인 곳에 발생한 자기장인 $\mathbf{a}_\phi \dfrac{\mu_0 I_1}{2\pi\rho}$만 고려하면 된다.

$$\begin{aligned} d\mathbf{F}_m &= I_2(\mathbf{a}_z dl) \times \left(\mathbf{a}_\phi \frac{\mu_0 I_1}{2\pi d}\right) \\ &= -\mathbf{a}_\rho \frac{\mu_0 I_1 I_2}{2\pi d} dl \end{aligned}$$

$$\frac{d\mathbf{F}_m}{dl} = -\mathbf{a}_\rho \frac{\mu_0 I_1 I_2}{2\pi d} \tag{6.38}$$

전류가 평행(I_1, I_2가 둘 다 +이거나 −일 때)이면 서로 끌어당기는 힘이 작용하고, 전류가 반평행(I_1, I_2가 하나는 +, 다른 하나는 −일 때)이면 밀쳐내는 힘이 작용한다.

예제 6-15 도선과 정사각형 루프 사이에 작용하는 힘

[그림 6-16]을 보면 길이가 무한히 긴 가는 도선에 전류 I_1이 흐르고 있다. 도선 옆에는 한 변의 길이가 l인 정사각형 루프가 놓여 있는데, 루프의 두 변은 도선과 나란하다. 정사각형 루프에는 시계방향으로 전류 I_2가 흐르고 있다. 루프와 도선 사이는 거리 d만큼 떨어져 있다. 루프와 도선 사이에 작용하는 힘을 구하라.

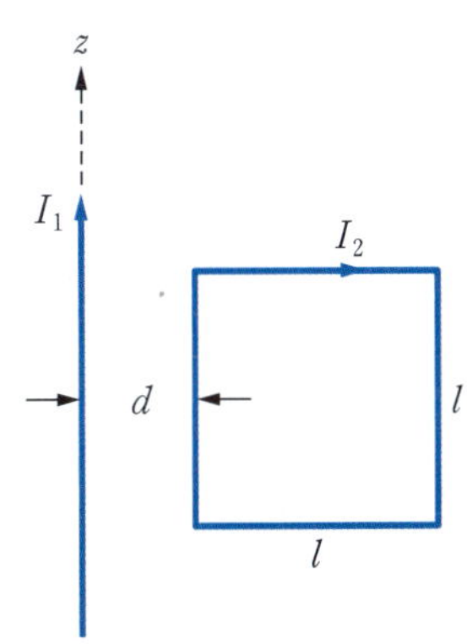

그림 6-16 도선과 정사각형 루프

풀이

원천전류로는 가는 도선을, 시험전류로는 루프를 선택한다. 이렇게 하는 까닭은 길이가 무한히 길고 두께가 가는 도선에 의해 발생하는 자기장을 계산하는 것이 쉽기 때문이다. 루프에 가해지는 힘을 구하기 위해 도선에 흐르는 전류 I_1에 의해 루프가 놓인 위치에 발생한 자기장 B인 $\mathbf{a}_\phi \dfrac{\mu_0 I_1}{2\pi\rho}$을 고려한다. B의 방향은 책 속으로 들어가는 방향이다. 앞의 예제에서처럼 전류가 자신이 만드는 자기장에 의해 받는 힘은 무시한다.

[그림 6-17]은 루프의 각 위치에 가해지는 힘 $I_2 d\mathbf{l} \times \mathbf{B}$를 그림으로 그린 것이다. z방향으로 작용하는 힘은 상쇄되지만 ρ방향으로 작용하는 힘은 상쇄되지 않는데, 이것은 B의 크기가 $\dfrac{1}{\rho}$로 감소하기 때문이다.

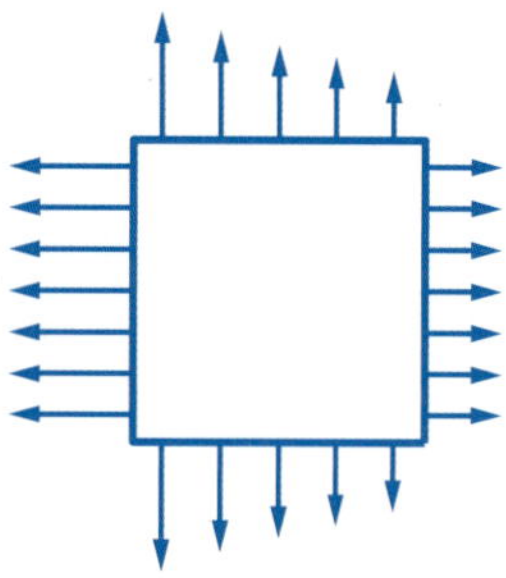

그림 6-17 정사각형 루프에 작용하는 힘

따라서

$$
\begin{aligned}
\mathbf{F}_m &= \int_{\text{루프}} \mathbf{I} \times \mathbf{B}\, dl \\
&= \int_0^l (\mathbf{a}_z I_2) \times \left(\mathbf{a}_\phi \frac{\mu_0 I_1}{2\pi d}\right) dz + \int_0^l (-\mathbf{a}_z I_2) \times \left(\mathbf{a}_\phi \frac{\mu_0 I_1}{2\pi(d+l)}\right) dz \\
&= -\mathbf{a}_\rho \frac{\mu_0 I_1 I_2 l}{2\pi} \left[\frac{1}{d} - \frac{1}{d+l}\right] \\
&= -\mathbf{a}_\rho \frac{\mu_0 I_1 I_2 l^2}{2\pi d(d+l)}
\end{aligned}
\qquad (6.39)
$$

이 된다. I_1, I_2가 같은 부호이면 루프와 도선 사이에는 끌어당기는 힘이 작용한다. 여기서 알아둘 점은 이 문제에서 루프가 만드는 자기장이 도선에 가하는 힘을 계산하는 것이 매우 어렵다는 것인데, 이는 루프의 자기장을 계산하기가 쉽지 않기 때문이다.

루프에 작용하는 돌림힘을 생각해보자. 루프의 중심 주위에 작용하는 돌림힘은 없지만, 루프의 어느 한 모서리 주위에는 돌림힘이 있다. 이 힘을 계산할 수 있겠는가?

6.8 암페어의 힘 법칙

6.7절의 이론을 다음의 특별한 경우에 적용해보자. 전류가 흐르는 두 개의 루프가 함께 있을 때 어느 한 루프가 만드는 자기장 B가 다른 루프에 가하는 힘을 계산해본다. [그림 6-18]에는 전류 I_1, I_2가 흐르는 루프 두 개가 나타나 있다.

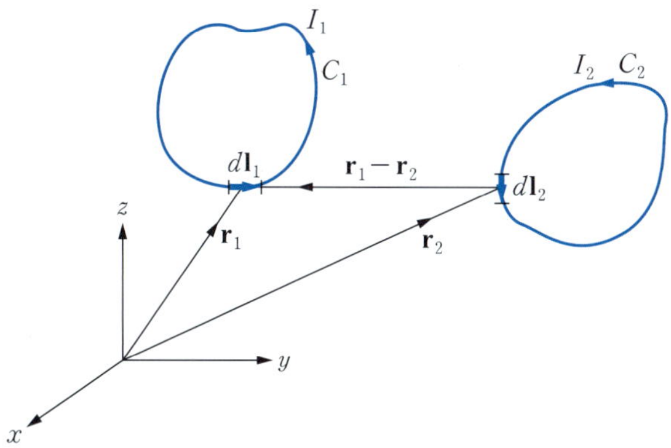

그림 6-18 전류가 흐르는 두 개의 루프

(x_1, y_1, z_1)과 (x_2, y_2, z_2)는 각각 루프 1과 루프 2 위에 있는 점으로 각각 위치벡터 $\mathbf{r}_1$과 $\mathbf{r}_2$로 나타낼 수 있다.

루프 1에 작용하는 힘은 다음 식으로 쓸 수 있다.

$$\mathbf{F}_1 = I_1 \oint_{C_1} d\mathbf{l}_1 \times \mathbf{B} = I_1 \oint_{C_1} d\mathbf{l}_1 \times (\mathbf{B}_{11} + \mathbf{B}_{12})$$

여기서 $\mathbf{B}_{11}$, $\mathbf{B}_{12}$는 각각 전류 I_1, I_2에 의해 루프 1이 있는 곳에 발생한 자기장이다. 그런데 루프 1이 자기 자신에게 스스로 힘을 가할 수는 없으므로 위 식은 다음과 같이 간단해진다.

$$\mathbf{F}_1 = I_1 \oint_{C_1} d\mathbf{l}_1 \times \mathbf{B}_{12}$$

여기서 $\mathbf{B}_{12}$는 식 (6.19c)를 참조하여 다음과 같이 쓸 수 있다.

$$\mathbf{B}_{12} = \frac{\mu_0 I_2}{4\pi} \int_{C_2} d\mathbf{l}_2 \times \frac{\mathbf{R}_{12}}{R_{12}^3}$$

따라서 전류 I_2가 흐르는 루프에 의해 전류 I_1이 흐르는 루프가 받는 힘은 다음과 같다. 이 식을 암페어의 힘 법칙이라고 한다.

$$\mathbf{F}_1 = \frac{\mu_0 I_1 I_2}{4\pi} \oint_{C_1} \oint_{C_2} \frac{d\mathbf{l}_1 \times (d\mathbf{l}_2 \times \mathbf{R}_{12})}{R_{12}^3} \quad : \text{암페어의 힘 법칙} \tag{6.40}$$

여기서 $\mathbf{R}_{12} = \mathbf{r}_1 - \mathbf{r}_2$이다.

6.9 앙페르와 정상전류의 자기장

▌André-Marie Ampère

앙페르André-Marie Ampère, 1775~1836는 프랑스의 과학자로서 놀랄 만큼 다양한 분야에 기여했다. 그는 수학자, 화학자, 물리학자, 공학자이면서 철학자이기도 했으며, 걸어다니는 백과사전이라 할 만큼의 지식을 갖추고 있어서 한 분야에서 다른 분야로 쉽게 전환할 수 있었다. 또한 세계 공통어를 고안했다. 'L'Americide'라는 제목의 콜럼버스Columbus에 대한 희곡을 썼고, 멘델레예프Mendeleev보다 먼저 원소표를 창안했다. 그렇지만 그가 이룬 성과 중에서 가장 오래도록 공헌한 것은 정상전류에 의해 자기장과 자기력이 발생하는 것을 완벽하게 밝힌 것이다. 지금 배우고 있는 6장은 명실상부한 앙페르의 장Ampère's chapter이다. 그는 다른 연구 때와는 다르게, 실험과 이론을 결합하고 여기에 놀라운 통찰력까지 더해 포괄적이면서도 철저하게 연구를 해냈다. 맥스웰은 앙페르의 연구에 대해 다음과 같이 언급하며 찬사를 보냈다. "이론과 실험, 모두가 마치 '전기학 분야의 뉴턴'의 두뇌에서 떠올라 완전히 무르익어 나온 것 같다.[3] 모든 것이 완벽한 형식을 갖추고 있고 논란의 여지가 없을 정도로 정확하며 하나의 수식으로 정리된다. 모든 현상을 추론해낼 수 있는 이 식은 분명 전기역학의 가장 중요한 식으로 영원히 남을 것이다." 앙페르는 자신의 연구 분야에 전기역학electrodynamics이라는 이름을 붙였다. 오늘날에는 이 용어를 더 이상 사용하지 않고 있는데, 이는 그의 연구가 정상전류에 국한된 것이었기 때문이다.

앙페르는 프랑스 남동부에 있는 리옹Lyon에서 부유한 중산층 집안의 아들로 태어났다. 앙페르가 7세가 되던 해에 은퇴한 그의 아버지Jean Jacques Ampère는 가족들을 데리고 폴레미유Poleymieux로 이주했다. 그곳은 리옹에서 약 10km 떨어져 있는 산비탈 위에 자리잡은 작은 마을로, 주민이라고 해봐야 수백 명 정도에 불과했다. 이 마을에는 학교가 없었으므로 앙페르는 정식 교육을 받지 못했다. 그는 아버지의 지도 아래 주로 독학으로 공부했다. 앙페르는 그 과정을 이렇게 묘사했다. "아버지는 내게 어떤 것을 배우라고 강요하지 않으셨다. 그렇지만 아버지는 어떤 식으로 하면 내게 배움에 대한 열망을 불어넣을 수 있을지 알고 계셨다." 그는 어릴 때부터 수학에 관심을 가졌고, 나중에 백과사전을 읽었으며, 라플라스의 책 '천체 역학celestial mechanics'에 나오는 계산을 따라했다.

3 James R. Hofmann, *André-Marie Ampère*, Blackwell Science Biographies, Cambridge, MA., p. 341, 1995.

1789년에 일어난 프랑스 혁명의 열기는 1792년에 리옹에까지 도달했다. 앙페르의 아버지는 온건 공화파인 지롱드당Girondins과 급진 공화파인 자코뱅당Jacobins이라는 두 라이벌 혁명그룹 사이의 투쟁에 휘말렸다. 지롱드당이 리옹을 차지했을 당시 앙페르의 아버지는 치안판사였다. 그는 자코뱅당의 지도자에 대한 체포영장을 발부했고 그 지도자는 단두대에서 처형되었다. 자코뱅당은 몇 달 동안 리옹을 포위 공격하여 리옹을 차지했다. 앙페르의 아버지는 체포되어 재판에 회부되었고 결국 단두대에서 처형되었다. 그는 집으로 보낸 마지막 편지에서 사형집행인을 용서하며 다음과 같은 말을 남겼다. "내 아들에게 모든 것을 기대한다." 앙페르와 아버지의 관계는 매우 친밀했기 때문에 앙페르는 아버지의 죽음에 큰 충격을 받았다. 앙페르는 1년 남짓 깊은 우울증에 빠졌다. 우울증에서 벗어난 뒤 그는 다시 연구를 시작했고, 후에 리옹에서 수학을 가르쳤고 부르Bourg에서 물리학을 가르쳤다. 1801년에 젊은 앙페르는 한 강연회에서 다음과 같이 말하면서 전기의 원격작용action-at-a-distance을 받아들이지 않았다. "물체끼리는 서로 접촉하지 않고서는 상호작용을 할 수 없다." 그러므로 그는 쿨롱 법칙을 인정하지 않았다. 그는 일생의 대부분의 기간 동안 원격작용에 대한 반감을 유지했다.

1799년, 줄리Julie와 결혼한 앙페르는 이듬해인 1800년에 아들Jean Jacques Ampère을 얻었다. 그러나 1803년에 아내가 세상을 떠나면서 행복한 결혼생활은 짧게 끝이 났다. 앙페르는 1804년에 파리로 이주하여 폴리테크닉 스쿨Polytechnic School에서 가르쳤다. 이후 10년 동안 앙페르는 수학과 화학 분야에서 수많은 업적을 이루었고, 그 결과 1814년에 프랑스 과학 한림원French Academy of Sciences의 회원으로 선출되었다.

1820년 가을, 앙페르는 에르스텟의 발견에 관한 소식을 들었다. 발견 결과를 일부 확인한 아라고Francois Arago는 그해 9월 11일에 프랑스 과학 한림원에 이를 보고했다. 에르스텟의 발견은 전 세계의 과학자에게는 물론 프랑스 과학 한림원 회원에게 특히 충격을 주었는데, 그 까닭은 대단한 존경을 받고 있던 쿨롱이 수년 전에 전기현상과 자기현상 사이에는 아무런 관련성이 없다고 결론을 내렸던 사실 때문이었다. 1820년 9월 11일 이후 프랑스 과학 한림원 회원들의 생각을 알아보는 것은 흥미로운 일이다. 당시 프랑스 과학 한림원 회원 중에는 세계를 선도하는 탁월한 과학자들이 많았다. 이들 중 많은 과학자들은 이 발견의 역사적 중요성을 확실히 알아차렸고, 몇몇 과학자들은 이 새로운 발견을 더욱 발전시키는 데 중요한 역할을 하기로 마음을 먹었다. 전 세계에서 과학자들이 전기현상과 자기현상의 상호작용을 연구하기 시작했다. 몇 년 지나지 않아 이를 주제로 한 논문이 엄청나게 쌓였다. 앙페르와 비오Biot 역시 이론을 발전시키는 데 앞장섰다.

앙페르는 연구에 착수했다. 그는 에르스텟의 실험을 되풀이했지만 지구의 자기장에 의해 상쇄되어 결과가 나타나지 않았다. 지구 자기장을 없앴더니 나침반의 바늘이 전류가 흐르는 긴 도선과 수직이 될 때까지 회전했다. 이 최종 위치에서 나침반의 바늘은 전류가 흐르는 도선에 의해 끌려오거나 밀려났다. 도선에 의해 끌려오는 경우 나침반의 바늘을 반대로 하면 밀려나게 된다. 앙페르는 지구의 자기장도 지구에 흐르는 전류에 의해 발생한 것이라는 결론을 내렸다. 이상의 발견은 그가 연구를 시작한 첫 주 동안에 이루어졌는데, 그는 이 결과를 1820년 9월 18일에 제출했다. 앙페르는 이후 몇 달 동안 거의 매주 자신의 연구결과를 프랑스 과학 한림원에 제출했다. 그가 이룩한 성과를 여기에서 모두 설명하는 것은 불가능하므로 중요도가 높은 몇 가지 성과만 설명하기로 한다.

앙페르는 전류가 흐르는 평행parallel 도선과 반평행antiparallel 도선 사이에는 [예제 6–14]와 식 (6.38)에 나타난 것처럼 끌어당기는 힘과 밀어내는 힘이 작용하는 것을 증명했다. 또한 그는 나선형으로 감긴 도선(솔레노이드)에 전류가 흐르면 막대자석처럼 동작한다는 것을 보였다. 도선을 아주 단단하게 감은 솔레노이드를 다룬 [예제 6–10]을 살펴보기 바란다. 이 연구 결과로부터 그는 긴 막대자석에는 [그림 6–9]에 표시된 것과 같이 막대자석의 주위를 감싸는 방향으로 전류가 흐르고 있다는 결론을 내렸다. 나중에 그는 막대자석 단면은 [그림 7–1(b)]와 같이 많은 수의 작은 부분으로 이루어져 있으며, 이 작은 부분에는 '앙페르Ampèrian' 전류가 흐른다고 결론지었다. 이 앙페르 전류가 모두 더해져 [그림 7–1(c)]와 같이 전체 단면의 주위를 따라 흐르는 전류가 발생한다고 생각했다. 그러면 이 전류는 [그림 6–9]와 같이 속이 빈(공기로 채워진) 솔레노이드의 전류나 마찬가지가 된다.

전류로 모든 것을 설명할 수 있었기 때문에 앙페르는 소용돌이vortex 이론, 자성유체magnetic fluid 이론, 자기전하(자하)magnetic charge 이론 등을 받아들이지 않았다. 그는 자하라는 것은 존재하지 않으며 전류로 자기현상을 설명해야 한다고 강력하게 주장했다. 그렇지만 그는 자하 모형이 수학적으로 전류 모형과 등가임을 증명했다. 전류가 자기장의 원천임을 확신한 앙페르는 두 개의 전류요소 사이에 작용하는 힘의 중요성을 알아차렸다. 그는 단단히 결심하고 이 기본이 되는 힘의 법칙을 알아내기 위한 연구를 시작했다. 이 법칙은 식 (6.40)의 두 개의 가위곱이 들어 있는 형태의 수식에서 보듯이 매우 복잡한 관계식으로, 각각 한 개의 가위곱으로 이루어진 식 (6.19)와 식 (6.33)을 결합하여 얻은 것이다. 앙페르는 우선 특수한 경우, 즉 xy 평면 위에 놓인 두 개의 전류요소가 z 방향으로 흐르는 경우를 연구했다. 그는 두 전류요소 사이에는 끌어당기는 힘이 작용하는데, 이 힘은 $F = \dfrac{KI_1\,dl_1\,I_2\,dl_2}{R_{12}^2}$ 형태의 식으로 표시되는 역제곱 법칙을 따르는 힘이라는 것을 증명했다. 이 식에서 K는 상수이고 R_{12}는 두 전류요소 사이의 거리이다. 이 간단한 식에서 출발해서 식 (6.40)에 이르기까지는 먼 길이지만 어쨌든 앙페르는 거기까지 도달할 수 있었다. 실제로 앙페르가 유도한 식의 형태는 정상전류가 흐르는 전류 루프에 대한 식인 식 (6.40)과 동등한 것이었다. 앙페르는 기본이 되는 힘은 반드시 두 전류요소를 연결하는 선을 따라 반지름방향으로 작용해야 한다는 확신을 가졌는데, 바로 이점 때문에 그는 불리한 처지에 놓였다. 식 (6.40)에서 알 수 있듯이 꼭 그가 확신한 것처럼 되지는 않기 때문이다. 앙페르가 유도한 식 (6.40)이 나타내는 기본 힘 법칙은 정자기학의 핵심으로, 이 절의 앞부분에서 맥스웰이 극찬한 수식이 바로 이것이다.

앙페르는 두 전류요소 사이에 작용하는 역제곱힘 법칙이 전류요소와 전류가 흐르는 긴 도선 사이에 작용하는 역힘 법칙으로 이어지는 것을 증명했다. 다시 말해, 전류요소나 점전하에 의해 발생하는 장은 $\dfrac{1}{r^2}$의 형태이고 전류가 흐르는 긴 도선이나 긴 선전하가 만드는 장은 $\dfrac{1}{\rho}$의 형태가 된다. 이러한 결과는 [예제 6–2], [예제 6–11], [예제 2–5]와 [연습문제 2.29(d)]에서 확인할 수 있다. 라플라스와 비오는 이러한 원리를 거의 동시에 증명했다. (라플라스가 먼저 발견한 것이 분명하다.) 자기장 $\mathbf{B}$ 속에 놓인 전류요소에 가해지는 힘을 나타내는 수식인 식 (6.33) $d\mathbf{F} = I\,d\mathbf{l} \times \mathbf{B}$의 힘 법칙을 수립한 공로도 앙페르에게 돌아갔다. 앙페르는 대단한 통찰력을 가진 인물이었다. 그는 전자 껍질electron shell을 제안했다. 그는 앙페르 전류를 주장했다. 그는 전자기파는 전자기장이 파의 진행 방향과 수직이라고 추정했으며 전신장치도 발명했는데, 그가 세상을 떠난 지 1년 후에 그 전신장치가 최초로 사용되었다.

6.10 홀 효과

전류가 흐르는 도체가 자기장이 존재하는 공간에 놓여 있으면 도체에 가해지는 힘 $\mathbf{F}_m$에 의해 그 도체 속에서는 전하의 분리가 일어나서 저항 양단에 홀 전압[Hall voltage] V_H가 나타난다. 자기장을 측정하는 데 이 현상을 이용한다. 두께가 d이고 폭이 w인 도체에 부피전류밀도 $\mathbf{J}$가 흐른다고 하자. 전류의 방향은 y방향이다. (전자는 $-y$방향으로 흐른다.) 그러면 전자에 가해지는 자기력은

$$\mathbf{F}_m = q(\mathbf{v}\times\mathbf{B}) = -e(-\mathbf{a}_y v_0 \times \mathbf{a}_x B_0) = \mathbf{a}_z(-e\, v_0 B_0)$$

가 된다. 따라서 자기력은 이동하는 전자에게 아래쪽으로 힘을 가해 원래의 진로를 벗어나게 하므로 [그림 6-19]와 같은 전하분리가 이루어진다. 전하분리는 전기장 $\mathbf{E}_H$(홀 전기장)와 V_H(홀 전압)를 만들어낸다. $\mathbf{E}_H$에 의해 발생하는 전기력 $q\mathbf{E}_H$는 자기력과 반대방향으로 작용한다.

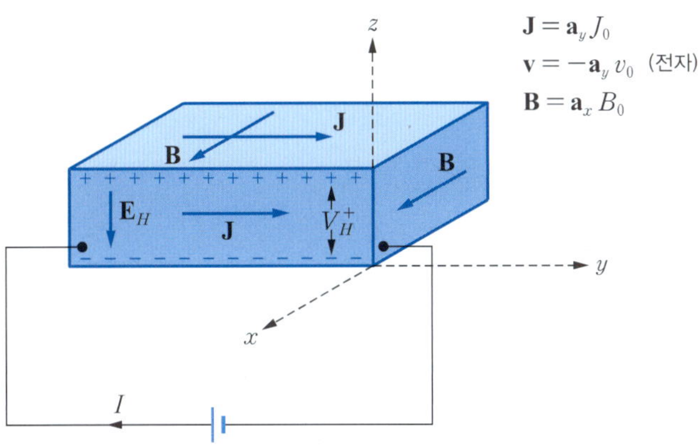

그림 6-19 홀 효과

전하분리에 의해 전하가 쌓이는 과정은 얼마 동안 지속되며 전기장 $\mathbf{E}_H$의 크기는 어느 정도나 될까? 전하의 축적은 전기력과 자기력이 서로 상쇄되어 평형상태에 도달할 때까지 계속된다. 구리의 경우 약 10^{-14}초 만에 평형 상태에 도달한다(완화시간). 평형상태에서는 전하가 받는 총 힘은 0이 된다. 즉

$$\mathbf{F} = q(\mathbf{E}_H + \mathbf{v}\times\mathbf{B}) = 0$$

$$\mathbf{E}_H = -\mathbf{v}\times\mathbf{B} \tag{6.41}$$

가 된다. [그림 6-19]의 경우에는

$$\mathbf{E}_H = \mathbf{a}_z(-v_0 B_0), \quad V_H = v_0 B_0\, d$$

가 된다. (여기서는 $\mathbf{E}_H$와 V_H 사이에 평행판 관계식이 성립하는 것으로 가정했다.)

[그림 6-19]의 물질이 (+)전하와 (−)전하를 운반자 carrier 로 갖는 반도체인 경우, (+)전하 운반자가 이동하여 전류가 흐르면 [그림 6-19]와는 반대방향으로 전하분리가 일어나므로 $\mathbf{E}_H$와 V_H의 작용도 반대가 된다. 전하를 나르는 다수 운반자가 (+)일 때에는, 홀 전압의 방향은 [그림 6-19]와는 반대가 된다. (전류의 방향은 변하지 않은 것으로 가정한다.) 홀 효과는 반도체가 p형인지 n형인지 구별하는 데 사용될 수 있다. 홀 효과는 1879년 홀 Edwin Hall 에 의해 발견되었다.

CHAPTER 06_연습문제

6.1 [예제 6-1]을 완성하라. 즉 **E**, **B**의 성분을 모두 알아내는 방법을 설명하라.

6.2 사이클로트론 균일한 자기장 B_0가 걸려 있는 영역 속으로 전하량이 q이고 질량이 m인 입자가 일정한 속도 v_0로 들어갈 때, 이 입자는 [그림 6-20]과 같이 원 모양의 궤도를 따라 이동함을 증명하라.

(a) 전하의 부호는 (+)인가? (−)인가?

(b) 궤도의 반지름 R을 구하라. 자기력과 원심력이 같다는 조건을 이용하라.

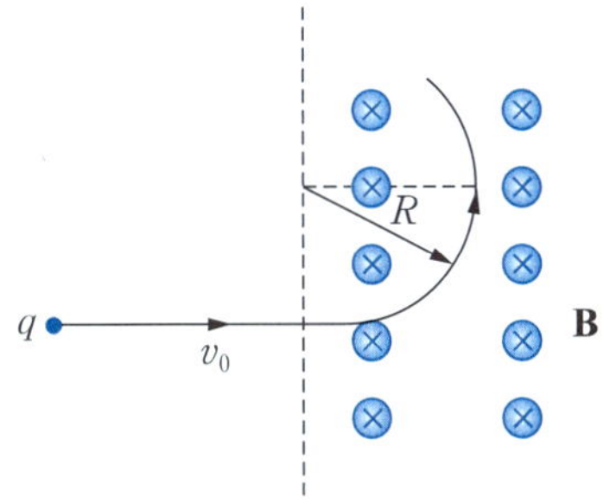

그림 6-20 움직이는 전하에 작용하는 자기력

6.3 [그림 6-21]에 동축선로의 단면이 나타나 있다. 반지름이 b, c인 두꺼운 바깥쪽 도체가 반지름이 a인 안쪽 도체를 감싸고 있다. 안쪽 도체와 바깥쪽 도체에 흐르는 전류는 각각 I와 $-I$이다. 각 전류는 단면 전체에 균일하게 퍼져 흐른다. 모든 곳에서 자기장 **B**를 구하라. 또 여기서 구한 **B**가 미분 형태의 두 가지 기본 법칙을 만족하는지 확인하라.

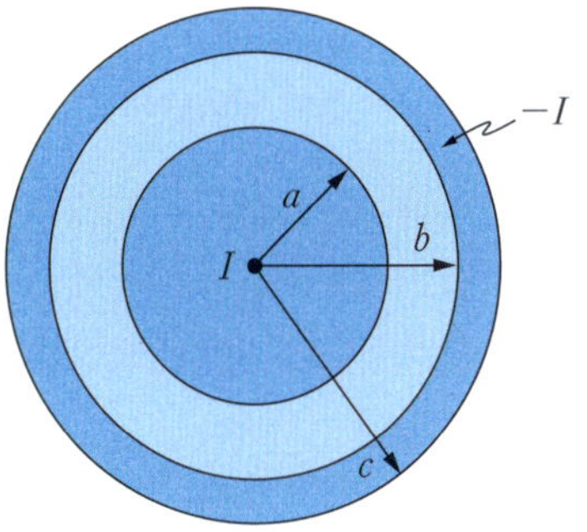

그림 6-21 동축선로

6.4 반지름이 a이고 길이가 무한히 긴 원통 도체에 다음과 같은 불균일 전류밀도를 갖는 전류가 흐르고 있다. 모든 곳에서 자기 선다발밀도 **B**를 구하라.

$$\mathbf{J} = \mathbf{a}_z J_0\left(\frac{\rho}{a}\right) \qquad (0 < \rho < a)$$

여기서 구한 **B**가 두 가지 기본 법칙, 즉 $\nabla \cdot \mathbf{B} = 0$과 $\nabla \times \mathbf{B} = \mu_0 \mathbf{J}$를 만족하는지 확인하라.

6.5 반지름이 a이고 길이가 무한히 긴 원통 도체에 다음과 같은 부피전류밀도를 갖는 전류가 흐르고 있다. 모든 곳에서 자기 유도 **B**를 구하라. 여기서 α는 상수이다.

$$\mathbf{J} = \mathbf{a}_z J_0 e^{-\alpha(a-\rho)} \qquad (0 < \rho < a)$$

6.6 반지름이 a, b이고 길이가 무한히 길고 속이 빈 원통(튜브)에 다음과 같은 불균일 부피전류밀도를 갖는 전류가 흐르고 있다. 모든 곳에서 자기장 $\mathbf{B}$를 구하라.

$$\mathbf{J} = \mathbf{a}_z J_0\left(\frac{a}{\rho}\right) \qquad (a < \rho < b)$$

6.7 반지름인 a이고 길이가 아주 긴 전도성 원통이 있다. 원통 속에는 원통의 전체 길이를 따라 반지름이 b인 공동이 뚫려 있는데 공동의 축은 원통의 축에서 거리 d만큼 벗어나 있다$(b+d < a)$. 공동 내부는 공기로 채워져 있다. 이 원통에 균일한 부피 전류 $\mathbf{J} = \mathbf{a}_z J_0$가 흐르고 있다. 공동 영역에서 자기장 $\mathbf{B}$를 구하라.

힌트 반지름이 a인 전도성 원통에는 전류밀도가 $\mathbf{J}$인 전류가 흐르고 반지름이 b인 전도성 원통에는 전류밀도가 $-\mathbf{J}$인 전류가 흐른다고 가정하여 자기장 $\mathbf{B}$를 각각 구한 다음, 두 결과를 중첩한다. 그러면 공동 내부의 '균일한' 자기장 $\mathbf{B}$를 구할 수 있다.

6.8 [표 6-1]의 맨 마지막 칸에 수록된 반평행 전류판의 자기장 결과를 유도하라. [예제 6-6]의 결과를 이용할 수 있다.

6.9 [그림 6-22]를 보면 무한히 넓은 네 개의 얇은 평판에 다음과 같은 전류밀도를 갖는 전류가 흐르고 있다. xy평면의 각 영역의 모든 곳에서 자기장 $\mathbf{B}$를 구하라.

$$\begin{aligned}\mathbf{J}_s &= \mathbf{a}_x J_{s0} && \left(y = -\frac{a}{2}\right)\\ &= -\mathbf{a}_x J_{s0} && \left(y = \frac{a}{2}\right)\\ &= \mathbf{a}_y J_{s0} && \left(x = \frac{a}{2}\right)\\ &= -\mathbf{a}_y J_{s0} && \left(x = -\frac{a}{2}\right)\end{aligned}$$

힌트 중첩원리를 사용하라.

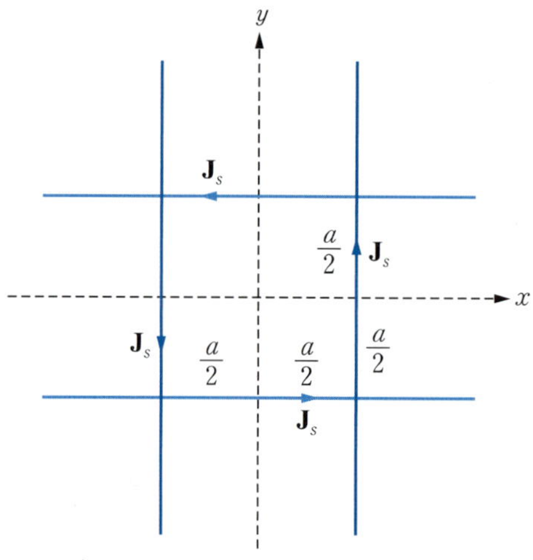

그림 6-22 전류가 흐르는 네 개의 평판

6.10 다음과 같이 균일한 부피전류밀도를 갖는 블록이 있다. 블록의 두께는 z방향으로 d이고 블록의 넓이는 x, y방향으로 무한히 넓다.

$$\mathbf{J} = \mathbf{a}_y J_0 \qquad \left(-\frac{d}{2} < z < \frac{d}{2}\right)$$

모든 곳에서 자기장 $\mathbf{B}$를 구하라. 전류분포가 z에 대해 우함수이므로 자기장은 xy평면에 대해 반대칭이 되어야 한다$(B_x(z) = -B_x(-z))$.

6.11 다음과 같은 부피전류밀도를 갖는 블록이 있다. 블록의 두께는 z방향으로 d이고 블록의 넓이는 x, y방향으로 무한히 넓다.

$$\mathbf{J} = \mathbf{a}_y J_0 \qquad \left(0 < z < \frac{d}{2}\right)$$
$$= -\mathbf{a}_y J_0 \qquad \left(-\frac{d}{2} < z < 0\right)$$

모든 곳에서 자기장 $\mathbf{B}$를 구하라. 전류분포가 z에 대해 기함수이므로 자기장은 xy평면에 대해 우대칭even symmetry이 되어야 한다($B_x(z) = B_x(-z)$).

6.12 심화 다음과 같이 불균일한 부피전류밀도를 갖는 무한히 큰 블록이 있다. 모든 곳에서 자기장 $\mathbf{B}$를 구하라. 자기장은 xy평면에 대해 우대칭이 되어야 한다($B_x(z) = B_x(-z)$).

$$\mathbf{J} = \mathbf{a}_y J_0 \frac{z}{d} \qquad \left(-\frac{d}{2} < z < \frac{d}{2}\right)$$

6.13 [그림 6-7]의 무한 솔레노이드에 대해, 원형 고리의 결과를 사용하지 말고 암페어 법칙을 사용하여 자기장을 구하라. 닫힌루프를 적절하게 선택하라. 여기서 대부분의 자기장은 솔레노이드의 내부 영역에 분포하므로 솔레노이드 외부에 분포하는 자기장은 없는 것으로 가정할 수 있다.

6.14 [예제 6-8]의 전류가 흐르는 원형 루프에 대해 다음 물음에 답하라.

(a) 루프 축 위에서 자기장 $\mathbf{B}$가 최대가 되는 위치를 구하라.

(b) 루프의 절반half-loop에 대해 $B_x = 0$이 되는 ϕ_1, ϕ_2 값을 구하라. 또 $B_y = 0$이 되는 ϕ_1, ϕ_2 값을 구하라.

(c) 자기장선을 그림으로 그려서 (a)와 (b)의 결과를 설명하라.

6.15 $\mathbf{B} = \nabla \times \mathbf{A}$의 관계식을 이용하여 식 (6.23d)로부터 식 (6.23a)(전류가 흐르는 곧은 도선의 자기장)를 유도하라.

6.16 다음 예제에 대해 자기 벡터 퍼텐셜 $\mathbf{A}$를 계산하라.

(a) [예제 6-8]

(b) [예제 6-10]

(c) [예제 6-12]

6.17 변의 길이가 a, b인 직사각형 루프에 전류 I가 흐를 때 루프 축 위에서의 자기장 $\mathbf{B}$를 구하라.

6.18 한 변의 길이가 a인 정삼각형 루프에 전류 I가 흐를 때 루프 축 위에서의 자기장 $\mathbf{B}$를 구하라.

6.19 심화 한 변의 길이가 a이고 변의 수가 N인 정다각형 루프에 전류 I가 흐를 때 루프 축 위에서의 자기장 $\mathbf{B}$를 구하라.

6.20 반지름이 a인 원형 루프 두 개가 거리 d만큼 떨어진 채 나란히 놓여 있다. 두 평행 루프에 흐르는 전류는 다음과 같다. 주어진 물음에 답하라.

$$\mathbf{I} = \mathbf{a}_\phi I_0 \quad \left(z = \frac{d}{2},\ \rho = a\right)$$
$$= \mathbf{a}_\phi I_0 \quad \left(z = -\frac{d}{2},\ \rho = a\right)$$

(a) z축을 따라 자기장 $\mathbf{B}$를 구하라.

(b) 자기장 $\mathbf{B}$의 1차 도함수(미분)가 원점에서 0이 됨을 보라. 또 2차 도함수가 0이 되는 조건을 구하라. 이러한 조건 아래에서는 원점 근처의 영역에서 자기장 $\mathbf{B}$는 거의 균일하다. 위에서 설명한 것처럼 배치한 코일을 헬름홀츠 코일Helmholtz coil이라고 한다.

6.21 심화 단면이 정사각형인 솔레노이드의 길이가 l이고 변의 길이는 a이다. 단위길이당 감은 횟수는 N_l이다. 전류는 I이다. 다음 물음에 답하라.

(a) 축 위의 자기장 $\mathbf{B}$를 구하라.

(b) $l \to \infty$일 때 축 위의 자기장 $\mathbf{B}$를 구하고 식 (6.14d)와 비교하라.

6.22 폭이 w(x 방향으로)이고 길이가 무한히 긴(z 방향으로) 얇은 띠strip에 길이 방향으로 전류 I가 흐르고 있다. 모든 곳에서 자기장 $\mathbf{B}$를 구하라. 여기서 전류는 xz평면($y=0$)에서 $\mathbf{J}_s = \mathbf{a}_z I/w$ [A/m] $(-w/2 < x < w/2)$로 표시되는 균일한 표면전류로 가정한다.

힌트 전류가 흐르는 띠를 길이가 무한히 길고 폭이 dx인 얇은 도선들이 모여 있는 것으로 생각하라. 이때 각 도선에는 Idx/w로 주어지는 전류가 흐른다. 식 (6.8)을 이용하라. 띠가 놓인 평면 위의 점과 띠를 반으로 나누는 평면 위의 점에서 자기장을 구하는 것이 더 쉽다.

6.23 폭이 w이고 z방향으로 길이가 무한히 긴 얇은 띠 두 개가 d만큼 떨어진 채 나란히 놓여 있다. 두 띠에는 각각 전류 I, $-I$가 흐르고 있다. 주어진 물음에 답하라.

$$\mathbf{J}_s = \mathbf{a}_z \frac{I}{w} \qquad \left(x = \frac{d}{2},\ -\frac{w}{2} < y < \frac{w}{2}\right)$$

$$= -\mathbf{a}_z \frac{I}{w} \qquad \left(x = -\frac{d}{2},\ -\frac{w}{2} < y < \frac{w}{2}\right)$$

(a) 모든 곳에서 자기장을 구하라.

(b) x축 위의 자기장을 x의 함수로 나타내고 그림으로 그려라.

6.24 [그림 6-23]과 같이 평행한 두 개의 반무한 길이의 도선의 끝이 반지름이 d인 반원 루프와 연결되어 있다. 간격이 d인 두 도선에는 전류가 서로 반대방향으로 흐르고 있다. 도선은 xy평면에 놓여 있으며 x축과 평행이다. z축을 따라 자기장 B를 구하라.

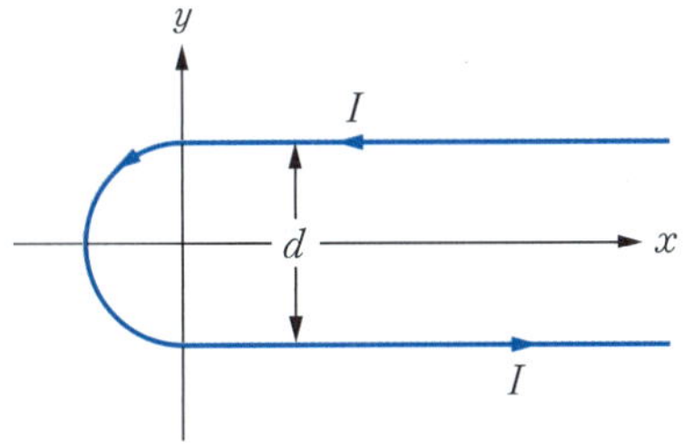

그림 6-23 서로 반대방향으로 전류가 흐르는, 끝 부분이 반원 루프와 연결된 반무한 평행도선

6.25 [그림 6-24]는 전류 I가 흐르는 루프이다. 위, 아래 직선 부분은 P점을 중심으로 하는 원호와 연결되어 있다. 다음 물음에 답하라.

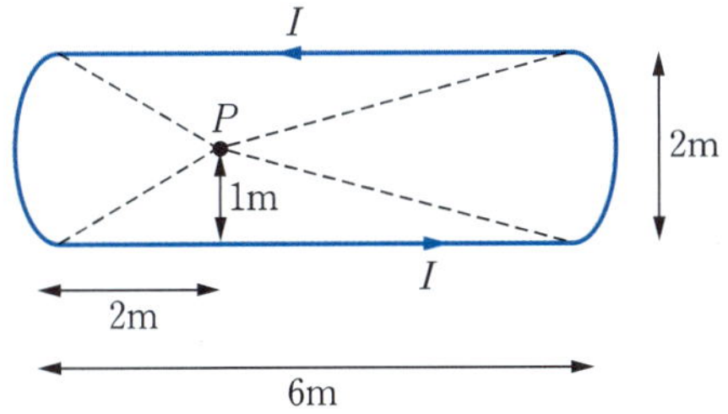

그림 6-24 원호와 직선으로 이루어진 전류가 흐르는 루프

(a) P점에서 자기장 B를 구하라.

(b) 루프의 자기 모멘트를 구하라.

6.26 반지름이 a인 원반에 다음과 같이 균일한 표면전류밀도를 갖는 전류가 흐르고 있다.

$$\mathbf{J}_s = \mathbf{a}_\phi J_{s0} \quad (z=0,\ 0<\rho<a)$$

(a) z축 위의 자기장 $\mathbf{B}$를 구하라.

(b) 멀리 떨어진 점($z \gg a$)에서 자기장 $\mathbf{B}$를 구하라.

6.27 반지름이 a인 원반에 다음과 같이 불균일한 표면전류밀도를 갖는 전류가 흐르고 있다. z축 위의 자기장 $\mathbf{B}$를 구하라.

$$\mathbf{J}_s = \mathbf{a}_\phi J_{s0}\left(1+\frac{\rho}{a}\right) \quad (z=0,\ 0<\rho<a)$$

6.28 반지름이 a이고 길이가 l인 원통에 다음과 같이 균일한 부피전류밀도를 갖는 전류가 흐르고 있다. z축 위의 자기장 $\mathbf{B}$를 구하라.

$$\mathbf{J} = \mathbf{a}_\phi J_0 \quad \left(-\frac{l}{2}<z<\frac{l}{2},\ 0<\rho<a\right)$$

6.29 폭이 w인 반무한 띠[strip]에 다음과 같은 표면전류밀도를 갖는 전류 I가 흐르고 있다. 주어진 평면에 대해 자기장 $\mathbf{B}$를 구하라.

$$\mathbf{J}_s = \mathbf{a}_z\frac{I}{w} \quad \left(y=0,\ -\frac{w}{2}<x<\frac{w}{2},\ -\infty<z<0\right)$$

(a) 띠 끝에 위치한, 띠와 수직인 $z=0$인 평면

(b) $y=0$인 평면

6.30 [예제 6-12]의 정사각형 전류 루프에 대해 임의의 멀리 떨어진 점($r \gg a$)에서 자기장을 구하라.

6.31 식 (6.25)(원형 루프의 전류 벡터)를 유도하라.

힌트 $\mathbf{I} = \mathbf{a}_{\phi'} I$, 여기서 $\mathbf{a}_{\phi'}$은 원천점 $(a,\ \phi',\ 0)$에 대한 단위벡터이다.

6.32 반지름이 a인 구의 표면에 다음과 같은 균일한 표면전류밀도를 갖는 전류가 흐르고 있다. 주어진 물음에 답하라.

$$\mathbf{J}_s = \mathbf{a}_\phi J_{s0} \quad (r=a)$$

(a) 구의 중심에서 자기장을 구하라.

(b) 멀리 떨어진 점($r \gg a$)에서 자기장을 구하라.

(c) 일정한 간격으로 N번 감은 도선에 전류 I가 흐르는 경우($J_{s0} = \frac{NI}{\pi a}$)로 표면전류를 근사적으로 나타낼 수 있음을 보여라.

6.33 반지름이 a인 구의 표면에 다음과 같은 불균일한 표면전류밀도를 갖는 전류가 흐르고 있다. 주어진 물음에 답하라.

$$\mathbf{J}_s = \mathbf{a}_\phi J_{s0} \sin\theta \qquad (r = a)$$

(a) 구의 중심에서 자기장을 구하라.

(b) 멀리 떨어진 점($r \gg a$)에서 자기장을 구하라.

힌트 위의 전류분포는 구 내부의 모든 곳에 균일한 자기장 **B**를 만들어낸다는 점에서 상당히 특이하다고 할 수 있다. 여기서 알아둘 것은 표면 전류를 근사적으로, 표면 전체에 걸쳐 가는 도선들이 사인함수 형태로 분포하는 것으로 나타내거나, 적절하게 지름이 변하는 도선들이 같은 간격으로 놓여 있는 것으로 나타낼 수 있다는 사실이다.

6.34 [연습문제 2.40]의 나선형 도선에 전류 I가 흐른다고 가정하자. 전류는 전류의 z성분이 (+)가 되는 방향으로 흐른다. z축을 따라 자기장 **B**의 z성분을 구하라.

6.35 변의 길이가 a와 b인 직사각형 루프가 xy평면에 놓여 있다. 시계방향으로 직류 전류가 흐르고 있는 이 루프를 균일한 자기장 $\mathbf{B} = \mathbf{a}_x B_x + \mathbf{a}_z B_z$ 속에 놓았다. 루프에 작용하는 알짜힘 $\mathbf{F}_m$과 돌림힘 **T**를 구하라.

6.36 [표 6-1]의 두 반평행 전류판을 살펴보자. $z = 0$에 있는 판에 작용하는 단위면적당 힘을 구하라.

힌트 단위면적당 힘을 구할 때 식 (6.33b)를 사용할 수 있는데, 앞서 3.8절에서 맞닥뜨렸던 것과 같은 문제, 즉 어떤 자기장 **B**를 사용해야 하는가?라는 문제가 제기된다. 3.8절과 마찬가지로 자체 장을 제거하면 평균 자기장 $\frac{B}{2}$가 남는다.

6.37 [연습문제 6.9]의 전류가 흐르는 네 평판을 다시 살펴보자. 한 평판 전체에 작용하는 단위면적당 힘을 구하라.

6.38 **심화** 한 변의 길이가 a인 정사각형 루프가 xy평면 위에 놓여 있다. 전류 I가 흐르고 있는 이 루프를 루프가 놓인 평면과 수직방향인 균일한 자기장 $\mathbf{B} = \mathbf{a}_z B_0$ 속에 놓았다. 루프의 이등분선을 중심으로 루프의 양쪽을 각각 바깥방향으로 잡아당기는 힘을 구하라.

6.39 [그림 6-25]는 z방향으로 서로 나란히 놓여 있는 네 개의 도선의 단면이다. 도선은 한 변의 길이가 a인 정사각형의 네 모서리에 놓여 있는데, 인접한 도선에는 서로 반대방향의 전류가 흐르고 있다. 한 도선에 작용하는 단위길이당 힘 벡터를 구하라.

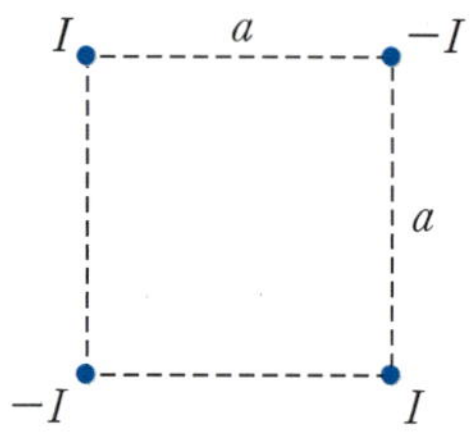

그림 6-25 z방향으로 나란히 놓인 네 개의 전류가 흐르는 도선

6.40 [그림 6-25]의 위쪽에 있는 두 도선이 서로 연결되어 루프를 형성했다. 마찬가지로 아래쪽에 있는 두 도선도 연결되어 루프를 형성했다. 한 루프에 작용하는 단위길이당 힘과 돌림힘을 구하라.

6.41 [그림 6-26]을 보면 폭이 w이고 길이가 무한히 긴 띠와 도선이 나란히 놓여 있다. 띠와 도선에는 서로 반대방향으로 전류가 흐르고 있다. 띠와 도선 사이에 작용하는 단위길이당 힘을 구하라.

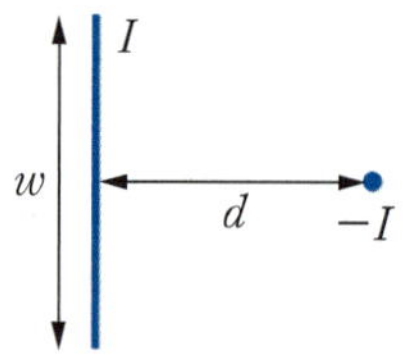

그림 6-26 도선은 띠를 이등분하는 평면과 같은 평면에 놓여 있다.

6.42 [그림 6-27]을 보면 폭이 w이고 길이가 무한히 긴 띠와 도선이 나란히 놓여 있다. 띠와 도선에는 서로 반대방향으로 전류가 흐르고 있다. 띠와 도선 사이에 작용하는 단위길이당 힘을 구하라.

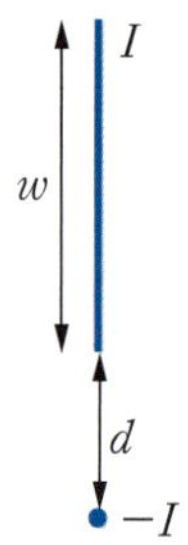

그림 6-27 도선은 띠와 같은 평면에 놓여 있다.

6.43 [그림 6-28]을 보면 폭이 w인 두 개의 띠가 수직방향으로 간격 d만큼 떨어진 채 나란히 놓여 있다. 두 띠에는 서로 반대방향으로 전류가 흐르고 있다. 두 띠 사이에 작용하는 단위길이당 힘을 구하라.

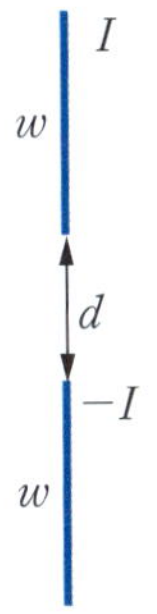

그림 6-28 두 개의 띠가 같은 평면에 놓여 있다.

6.44 [그림 6-29]를 보면 폭이 w인 두 개의 띠가 수평방향으로 간격 d만큼 떨어진 채 나란히 놓여 있다. 두 띠에는 서로 반대방향으로 전류가 흐르고 있다. 두 띠 사이에 작용하는 단위길이당 힘을 구하라.

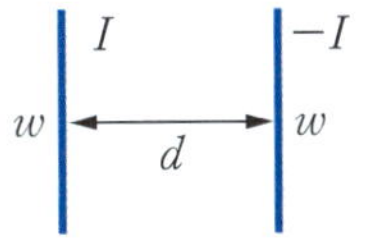

그림 6-29 두 개의 띠가 나란히 놓여 있다.

6.45 [그림 6-30]을 보면 2선 전송선로의 끝에 수직방향으로 커넥터가 연결되어 있다. 커넥터에 작용하는 힘을 구하라.

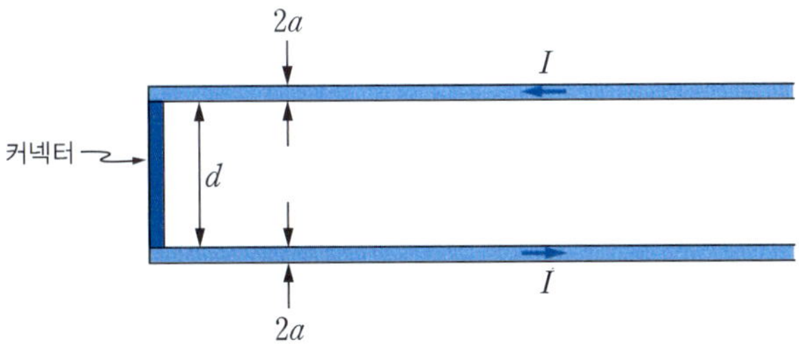

그림 6-30 커넥터가 끝에 연결된 2선 전송선로

6.46 [그림 6-31]을 보면 동축선로의 끝에 와셔washer가 연결되어 있다. 와셔에 작용하는 힘을 구하라.

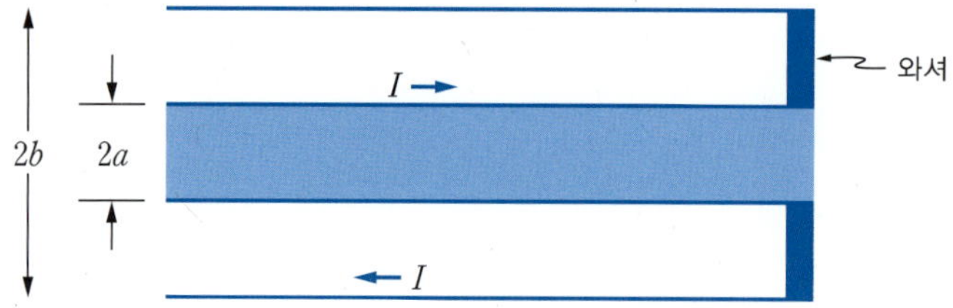

그림 6-31 와셔가 끝에 연결된 동축선로

6.47 심화 [그림 6-32]를 보면 z방향으로 놓인 길이가 무한히 긴 도선에 전류 I_1이 흐르고 있다. 또한 xy 평면에는 전류 I_2가 흐르는 루프가 놓여 있다. 루프에 작용하는 힘과 원점 주위에 작용하는 돌림힘을 구하라.

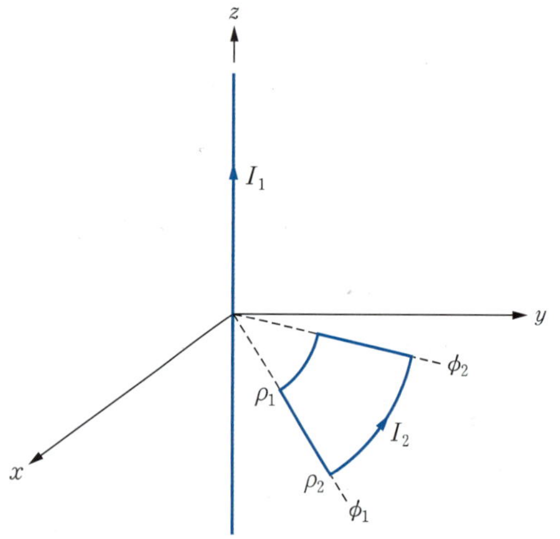

그림 6-32 길이가 무한히 긴 도선과 루프

xy평면에 놓인 루프는 직선 $\phi=\phi_1$, ϕ_2와 원호 $\rho=\rho_1$, ρ_2로 이루어져 있다.

CHAPTER

07

물질 속의 자기장

Magnetic Fields in Matter

CONTENTS

학습목표

- 자성체의 특성을 이해하고 자화벡터 M의 정의를 설명할 수 있다.
- 자성체에서 속박전류(J_m, J_{ms})가 발생하는 원리를 이해하고, 속박전류와 자유전류의 차이점을 설명할 수 있다.
- 자화벡터와 등가 속박전류 사이의 관계를 이해하고, 이를 활용하여 자화된 물질의 자기장 B를 계산할 수 있다.
- 자기장(자기세기) H의 정의를 이해한다.
- 물질 속의 자기장에 대한 암페어 법칙을 이해하고, 이를 이용하여 자성체 속에 있는 전류에 의해 발생하는 자기장 B를 구할 수 있다.
- 두 매질의 경계면에서, 자기장 B와 H에 대해 성립하는 경계조건을 이해한다.
- 경계조건을 이용하여 경계면 바로 안쪽의 B, H로부터 경계면 바로 바깥쪽의 B, H를 구할 수 있다.
- 인덕턴스, 자체 인덕턴스, 상호 인덕턴스의 정의를 이해하고 다양한 구조에 대해 이들 인덕턴스 값을 계산할 수 있다.
- 정자기 시스템의 자기 에너지, 힘(자기력), 돌림힘을 계산할 수 있다.
- 자성체의 대표적인 종류인 반자성체, 상자성체, 강자성체의 특성을 설명하고 서로 구별할 수 있다.

7.1 개요

이번 7장에서는 자성체의 몇 가지 성질에 대해 알아본다. 자성체는 유전체와 유사한 관계를 갖고 있지만, 자기현상이 훨씬 강력하므로 우리의 일상생활에서 더욱 중요한 것이 자성체이다. 현관 벨을 누르고, 자동차 시동을 걸고, 모터나 발전기를 사용할 때마다 우리는 자기현상을 직접 겪고 있는 것이다.

에르스텟의 놀라운 발견이 이루어지고 얼마 지나지 않아 앙페르는 앞에서 살펴본 바와 같이 정자기장에 대해 비교적 완벽한 공식을 제시했다. 과학적 반응과 국가 간 정보의 전달이 이처럼 신속하게 이루어졌다니 놀랍기만 하다. 이러한 획기적인 과학정보의 전달과 급속한 과학적 진보의 증거를 계속해서 살펴보자. 이로부터 몇 년 후에 패러데이 Michael Faraday는 시간에 따라 변하는 자기장의 효과와 자기유도 현상을 발견했고 최초의 전기 발전기 disk generator를 발명했다. 헨리 Joseph Henry는 패러데이보다 몇 개월 먼저 이 현상을 발견했지만, 그는 연구결과를 곧바로 발표하지 않고 나중에 이용하려고 잠시 한쪽 구석에 치워놓았다. 세상에! 헨리 법칙이 될 뻔했던 것이 패러데이 법칙이 된 것이다. 그렇다고 해서 헨리를 지나치게 동정할 필요는 없다. 헨리 역시 오늘날 많은 찬사와 영예를 누리고 있기 때문이다.

에르스텟의 발견 직후로 돌아가보자. 1820년대 앙페르는 물질 속에서 일어나는 자기현상을 꿰뚫어보는 놀라운 능력을 가지고 있었다. 그는 자성체 속에는 아주 작은 회전전류가 흐르고 있는데, 이들이 자석의 자기장을 만들어내는 원천이라고 추측했다. 이때가 원자 atom의 존재가 알려지기 약 70년 전이었다는 것을 생각해보면 정말로 놀라운 통찰력이다. 실제로 존재하는 이 미소전류를 앙페르의 공헌을 인정하여 앙페르 전류 Ampèrian current라고 부른다. 또한 앙페르는 이 전류가 자기(쌍극자) 모멘트에 맞춰 나란히 배열되면 표면전류가 발생할 것이라고 추측했다. 이것은 6.6절에서 살펴본 전류 루프가 자기 쌍극자라는 내용을 떠올리게 한다.

[그림 7-1]은 원통 자석의 앙페르 모형이다. 여기서는 물질 속에 흐르는 앙페르 전류가 전체 영역에 걸쳐 모두 똑같다고 가정한다. 또 앙페르 전류의 자기 모멘트 방향은 z 방향으로 가정한다. [그림 7-1(b)]에서 확실히 알 수 있듯이 인접한 전류끼리 상쇄되고 남은 전류는 표면전류가 된다. 이 전류를 **속박 표면전류** bound surface current라고 하며, 자유 표면전류 $\mathbf{J}_s$와 구별하기 위해 $\mathbf{J}_{ms}$로 표시한다. 부피 내부에는 알짜전류가 없으므로 [그림 7-1(c)]에 나타낸 것처럼 **속박 부피전류** bound volume current $\mathbf{J}_m$은 0이다. 따라서 자성체는 등가 표면전류 $\mathbf{J}_{ms}$를 써서 나타낼 수 있다. 자성체 내부에 흐르는 전류는 상쇄되므로 무시할 수 있다.

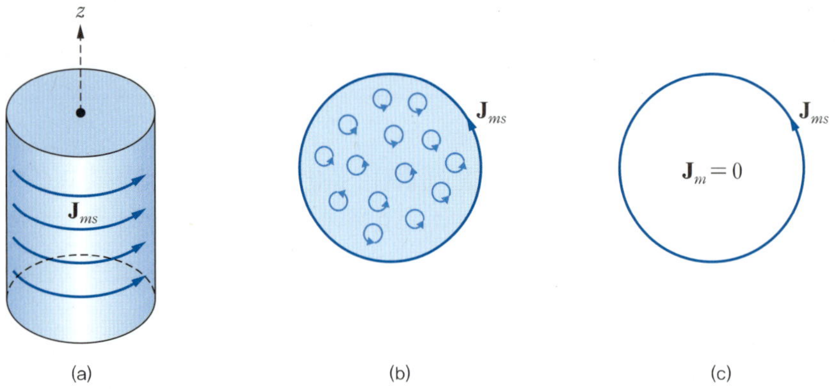

그림 7-1 자화된 원통

(a) 3D 그림 (b) 위에서 본 그림 (c) 등가전류

[그림 7-1]에 나타낸 모형은 물질이 존재하는 경우에 발생하는 자기현상을 설명하는 데 유용하다. 물체 외부에 자기장이 걸려 있지 않은 경우, 대부분의 물질들은 자기적인 성질을 나타내지 않는데, 그 까닭은 이들 물질에서는 자기 모멘트가 질서정연하게 배열되어 있어서 서로 상쇄되거나, 제멋대로 배열되어 있어서 거시적으로 상쇄되기 때문이다. 또한 어떤 물질은 자성을 계속해서 나타낸다. 외부에서 인가된 자기장 $\mathbf{B}$가 존재하는 경우, 대부분의 물질에서는 자기 모멘트가 외부 자기장과 나란하게 되므로 [그림 7-1]과 같이 자기 쌍극자가 질서정연하게 배열되어 자기 모멘트가 증가한다.

7.2 자화 Magnetization

물질이 자성을 띤 상태를 나타내기 위해 **자화** magnetization $\mathbf{M}$을 정의한다. 어떤 점에서 $\mathbf{M}$을 계산하기 위해 먼저 그 점을 둘러싸는 작은 부피 Δv를 만든다. 그러고 나서 부피 Δv 속에 들어 있는 모든 자기 쌍극자 모멘트 $\mathbf{m}_i$의 벡터합을 구한 뒤 다음과 같이 극한을 취한다.

$$\mathbf{M}(x,\ y,\ z) = \lim_{\Delta v \to 0} \frac{1}{\Delta v} \sum_i \mathbf{m}_i \tag{7.1}$$

여기서 $\mathbf{M}$을 **자화** 또는 **단위부피당 자기 쌍극자 모멘트**라고 한다. 여기서 자화 $\mathbf{M}$의 정의는 편극벡터 $\mathbf{P}$의 정의와 유사하다. 진공(자유공간)에서 $\mathbf{M}$은 당연히 0이 된다. 자화 $\mathbf{M}$의 단위는 단위부피당 자기 모멘트(IS/부피) 단위인 [A/m]이다.

[그림 7-1]의 원통은 가정에 의해 균일하게 자화되므로 자화 $\mathbf{M}$을 다음 식으로 쓸 수 있다.

$$\mathbf{M} = \mathbf{a}_z M_0$$

7.3 자화된 물질의 자기장 B

앞에서 살펴보았듯이 외부에 자기장 **B**가 걸려 있으면 자성체는 자화된다. 알짜 앙페르 전류와 이들이 갖는 쌍극자 모멘트는 [그림 7-1]과 같이 질서정연하게 배열된다. 자화 **M**이 균일한 경우에는 표면전류 $\mathbf{J}_{ms}$도 균일하다. **M**과 $\mathbf{J}_{ms}$ 사이에는 어떤 관계가 존재할까? **M**을 알 때 $\mathbf{J}_{ms}$를 어떻게 구할 수 있을까? 둘 사이의 관계식을 구하려면 자성체와 등가전류가 만들어내는 장 field이 같아야 한다. 이것은 결과를 얻기 위한 필요조건이자 충분조건이다.

먼저 균일하게 자화된 물체의 일부분을 살펴보자. [그림 7-2(a)]에 표시한 원통은 자화된 물질이다. 이 물질은 $\mathbf{M} = \mathbf{a}_z M_0$로 균일하게 자화되어 있다. [그림 7-2(b)]는 이렇게 자화된 물질을 자유공간 속의 등가 속박전류로 나타낸 것이다. 부피 속을 흐르는 전류는 거시적으로 상쇄되고 원통 표면에는 균일한 표면전류 $\mathbf{J}_{ms}$가 흐른다.

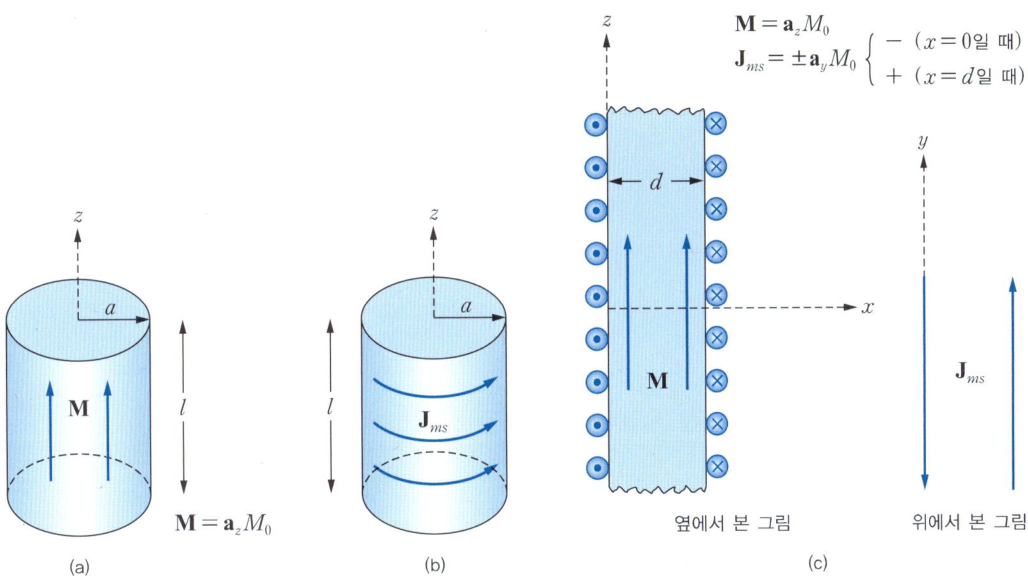

그림 7-2 균일하게 자화된 물질

(a) 원통-자기 모멘트 (b) 원통-앙페르 전류 모형 (c) 두께가 d인 무한히 넓은 블록

이제 자화된 물질 **M**과 등가전류 $\mathbf{J}_{ms}$에 의해 발생하는 장이 멀리 떨어진 점에서 같아야 한다는 조건을 적용해보자. 이렇게 되려면 **M**과 $\mathbf{J}_{ms}$의 자기 쌍극자 모멘트가 같아야 한다. 자화된 원통의 쌍극자 모멘트는 $m = M_0(\text{부피}) = M_0(\pi a^2 l)$이고 (자화 M_0는 단위부피당 쌍극자 모멘트이므로) 원통 표면의 표면전류의 쌍극자 모멘트는 $m = IS = (J_{ms}l)(\pi a^2)$이다. 두 쌍극자 모멘트는 모두 z 방향이다. 따라서

$$(J_{ms}l)(\pi a^2) = M_0(\pi a^2 l)$$

이므로

$$J_{ms} = M_0$$

이다. 일반적으로 이 결과는 단면의 모양에 무관하므로 모든 경우에 있어 $J_{ms} = M_0$이다. $\mathbf{J}_{ms}$와 $\mathbf{M}$의 방향까지 고려하면 $J_{ms} = M_0$를 다음과 같이 벡터 형태로 다시 쓸 수 있다.

$$\mathbf{J}_{ms} = \mathbf{M} \times \mathbf{a}_n \tag{7.2}$$

여기서 $\mathbf{a}_n$은 자성체의 표면에 수직이면서 바깥쪽을 향하는 단위벡터이다. $\mathbf{J}_{ms}$와 $\mathbf{M}$은 오른손 규칙을 따른다. 예를 들어, 식 (7.2)를 이용하면 균일하게 자화된($\mathbf{M} = \mathbf{a}_z M_0$) 무한히 넓은 블록에는 [그림 7-2(c)]에서 보듯이 그 토막의 양쪽 표면에 $\mathbf{J}_{ms} = \mathbf{a}_y M_0$로 표시되는 균일한 표면전류가 서로 반대 방향으로 흐른다는 것을 쉽게 알아낼 수 있다.

지금부터는 자화가 균일하지 않고 위치에 따라 변하는 경우에는 어떻게 되는지 살펴보자. 먼저 [그림 7-3(a)]에 나타낸 것처럼 자화를 $M_z(x)$와 같이 1차원 함수라고 가정하면 $M_z(x)$를 계단함수로 어림잡을 수 있다. 블록의 처음 두 영역은 균일하게 자화된 두 개의 작은 블록이 서로 맞대어 있는 것으로 근사적으로 나타낼 수 있다([그림 7-3(b)] 참조).

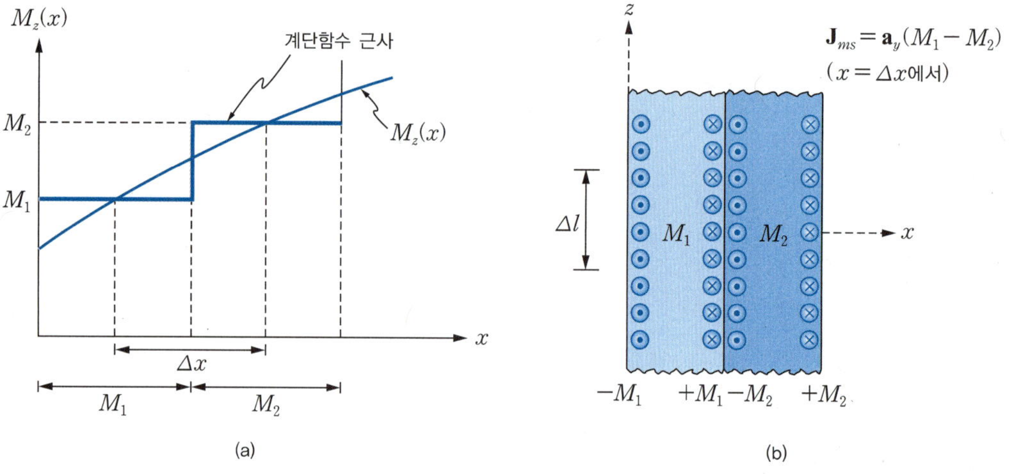

그림 7-3 불균일하게 자화된 물질

(a) 계단함수 근사 $M_z(x)$ (b) 두 블록 모형

두 블록의 각 면에 분포하는 표면전류는 [그림 7-2(c)]에서 보듯이 자화에 비례한다. 두 블록의 자화는 서로 다르므로 $x = \Delta x$에는 알짜 표면전류밀도가 존재한다. $x = \Delta x$에서 표면전류밀도의 크기는 $M_1 - M_2$와 같은데, 이 값은 $x = \Delta x$에 있는 계단 불연속의 크기이다. 길이가 Δl인 영역에 흐르는 총 전류 $\Delta \mathbf{I}$는 다음과 같다.

$$\Delta \mathbf{I} = \mathbf{J}_{ms}(\Delta l) = \mathbf{a}_y(M_1 - M_2)(\Delta l) = \mathbf{a}_y(-\Delta M)\Delta l = -\mathbf{a}_y\left(\frac{\partial M_z}{\partial x}\Delta x\right)\Delta l$$

이제 초과 표면전류 ΔI를, $x = \Delta x$를 중심으로 양쪽으로 각각 한 블록의 절반$\left(\frac{\Delta x}{2}\right)$이 되는 폭을 갖는 영역 안에 고르게 퍼뜨려 속박 부피전류밀도 $\mathbf{J}_m$의 형태로 만들어본다. 이것은 폭이 더 작은 계단을 사용하여 더욱 정확하게 근사를 하는 것이라고 할 수 있다. 그러면

$$\Delta \mathbf{I} = \mathbf{J}_m (\Delta x \Delta l) = -\mathbf{a}_y \frac{\partial M_z}{\partial x} (\Delta x \, \Delta l)$$

이므로 x방향으로 불균일하게 분포하는 $\mathbf{M}$의 z방향 성분으로 다음과 같이 y방향의 속박전류를 얻을 수 있다.

$$J_{my} = -\frac{\partial M_z}{\partial x}$$

$M_x(z)$에 대해서도 똑같은 방법을 적용한 다음, 위의 결과에 더해주면

$$J_{my} = \frac{\partial M_x}{\partial z} - \frac{\partial M_z}{\partial x}$$

가 된다. 나머지 모든 성분과 변화에 대해서도 같은 과정을 밟으면([그림 7-3(b)]에서 좌표축을 바꾸면 된다.) 다음 결과를 얻을 수 있다.

$$\mathbf{J}_m = \nabla \times \mathbf{M} \tag{7.3}$$

[표 7-1]에 자화된 물질의 등가 속박 전류밀도를 정리했다. 이들은 자화된 물질에 실제로 존재하는 속박전류이다. 이들 전류가 자유공간에 있다고 가정하고 (6장의 공식을 적용하여) 자기 선다발밀도 $\mathbf{B}$를 구할 수 있다는 점에서는 **등가전류**라고 할 수 있다. 속박전류를 **자화전류** magnetization current 라고 부르기도 한다. $\mathbf{M}$의 세기가 속박 표면전류밀도 $\mathbf{J}_{ms}$를 결정하고 $\mathbf{M}$의 공간적 변화율(즉, $\nabla \times \mathbf{M}$)이 속박 부피전류밀도 $\mathbf{J}_m$을 결정함을 알 수 있다.

표 7-1 등가 속박 전류밀도

표면전류밀도 [A/m]	부피전류밀도 [A/m²]
$\mathbf{J}_{ms} = \mathbf{M} \times \mathbf{a}_n$	$\mathbf{J}_m = \nabla \times \mathbf{M}$

7.4 자기장 H

이미 살펴보았듯이, 자유전류 free current와 속박전류 bound current가 자기 선다발밀도 $\mathbf{B}$에 미치는 영향은 똑같다. 이렇게 되는 근본적인 이유는 $\mathbf{B}$는 로렌츠 힘 법칙 $\mathbf{F}=q(\mathbf{E}+\mathbf{v}\times\mathbf{B})$로 정의되며, 속박전류는 자유전류와 같은 방식으로 힘을 가하기 때문이다. 따라서 자성체가 있는 경우에는 식 (6.6)의 암페어 법칙에서 $\mathbf{J}$ 자리에 $(\mathbf{J}+\mathbf{J}_m)$을 넣어 다음과 같이 쓸 수 있다.

$$\nabla\times\mathbf{B}=\mu_0(\mathbf{J}+\mathbf{J}_m) \tag{7.4a}$$

이 식을 다시 쓰면 다음과 같다.

$$\nabla\times\left(\frac{\mathbf{B}}{\mu_0}\right)=\mathbf{J}+\mathbf{J}_m \tag{7.4b}$$

$\mathbf{J}_m=\nabla\times\mathbf{M}$을 대입해보자.

$$\nabla\times\left(\frac{\mathbf{B}}{\mu_0}-\mathbf{M}\right)=\mathbf{J}$$

$\dfrac{\mathbf{B}}{\mu_0}-\mathbf{M}$을 자기 세기 magnetic intensity $\mathbf{H}$로 정의한다.

$$\frac{\mathbf{B}}{\mu_0}-\mathbf{M}=\mathbf{H}$$

자기 세기를 자기장 magnetic field $\mathbf{H}$라고 부르는 경우도 많다. 자기장 $\mathbf{B}$는 다음 식으로 쓸 수 있다.

$$\mathbf{B}=\mu_0\mathbf{H}+\mu_0\mathbf{M} \tag{7.5}$$

그러면 식 (7.4b)는 다음 식이 된다.

$$\nabla\times\mathbf{H}=\mathbf{J} \tag{7.6}$$

$\mathbf{H}$의 단위는 [A/m]이다. $\mathbf{H}$는 오로지 자유전류 주위만 회전하는 벡터이다. 식 (7.6)을 새로운 형태의 미분형 **암페어 법칙** Ampère's law이라고 할 수 있다. 다음과 같이 식 (7.6)의 양변을 표면 S에 대해 적분한 다음, 여기에 스토크스 정리를 적용하면 이 식의 적분형을 얻을 수 있다.

$$\iint_S\nabla\times\mathbf{H}\cdot d\mathbf{s}=\oint_C\mathbf{H}\cdot d\mathbf{l}=\iint_S\mathbf{J}\cdot d\mathbf{s}=I_f$$

$$\oint_C\mathbf{H}\cdot d\mathbf{l}=I_f \quad \text{: 물질 속의 암페어 법칙} \tag{7.7}$$

여기서 I_f는 표면 S를 $d\mathbf{s}$의 방향으로 통과하는 자유전류로, $d\mathbf{s}$의 방향은 닫힌경로 C에 대해 오른손 규칙에 따라 정해진다. 따라서 I는 C에 의해 둘러싸인 전류이며 I와 C의 관계는 오른손 규칙을 따른다. 식 (7.7)은 새로운 형태의 적분형 암페어 법칙이다. 경우에 따라서는 이 식이 훨씬 유용한데, 이는 속박전류와 비교하여 자유전류를 측정하는 것이 쉽기 때문이다. 자성체가 있는 경우의 $\mathbf{B}$를 나타내는 암페어 법칙은 식 (7.4a)를 표면 S에 대해 적분하고 스토크스 정리를 적용하여 다음과 같이 구할 수 있다.

$$\oint_C \mathbf{B} \cdot d\mathbf{l} = \mu_0(I_f + I_m) \tag{7.4c}$$

여기서 닫힌루프 C로 둘러싸인 표면 S를 통과하는 자유전류가 I_f이고 속박전류가 I_m이다. [표 7-2]에 $\mathbf{H}$와 $\mathbf{B}$에 대한 두 가지 형태의 암페어 법칙을 정리했다. 실제 문제에서는 대체로 속박전류 또는 자화를 알 수 없는데, 이러한 경우에는 식 (7.7)을 사용하여 자기장 $\mathbf{H}$를 먼저 구하고 이어서 $\mathbf{B}$를 구하면 된다. [예제 7-3]을 참조하기 바란다.

표 7-2 물질 속의 자기장에 대한 암페어 법칙

미분형	적분형
$\nabla \times \mathbf{H} = \mathbf{J}$	$\oint_C \mathbf{H} \cdot d\mathbf{l} = I_f$
$\nabla \times \mathbf{B} = \mu_0(\mathbf{J} + \mathbf{J}_m)$	$\oint_C \mathbf{B} \cdot d\mathbf{l} = \mu_0(I_f + I_m)$

선형 자성체

선형 자성체 linear magnetic material에서 자화 $\mathbf{M}$은 자기 세기 $\mathbf{H}$에 비례한다.

$$\mathbf{M} = \chi_m \mathbf{H}$$

따라서 자기 선다발밀도 $\mathbf{B}$를 다음과 같이 나타낼 수 있다.

$$\mathbf{B} = \mu_0\mathbf{H} + \mu_0\mathbf{M} = \mu_0(1 + \chi_m)\mathbf{H} = \mu_0\mu_r\mathbf{H} = \mu\mathbf{H}$$

여기서 χ_m, μ_r, μ는 각각 **자기 감수율** magnetic susceptibility, **상대 투자율** relative permeability, **투자율** permeability이다. 이들을 사용하여 세 가지 방식으로 선형 관계를 표시할 수 있다. 일반적으로는 투자율 μ를 많이 사용한다. 이 세 가지 항목(χ_m, μ_r, μ)은 위치의 함수이다. 따라서 $\mu(x, y, z)$는 비균질 inhomogeneous 선형 매질을 나타내며 'μ = 상수'는 균질 homogeneous 선형 매질을 나타낸다.

선형 매질인 경우에는

$$\mathbf{B} = \mu_0(1 + \chi_m)\mathbf{H} = \mu\mathbf{H}$$
$$\mathbf{M} = \left(\frac{\mu - \mu_0}{\mu_0}\right)\mathbf{H} \quad \text{: 선형 자성체인 경우} \tag{7.8}$$

이다. 다양한 자성체의 μ 값은 7.10절에 있는 [표 7-4]에 수록되어 있다.

선형 균질 자성체

선형 균질 자성체linear and homogeneous magnetic material인 경우에는

$$\mathbf{B} = \mu\mathbf{H}; \quad \mu = \text{상수}$$
$$\nabla \times \mathbf{B} = \mu_0(\mathbf{J} + \mathbf{J}_m) = \nabla \times (\mu\mathbf{H}) = \mu\nabla \times \mathbf{H} = \mu\mathbf{J}$$

$$\mathbf{J}_m = \left(\frac{\mu - \mu_0}{\mu_0}\right)\mathbf{J} \quad \text{: 선형 균질 자성체}$$

이 된다. 부전도 자성체non-conducting magnetic material인 경우($\sigma = 0$, $\mathbf{J} = 0$)에는 다음과 같이 된다.

$$\mathbf{J}_m = 0 \quad \text{: 선형, 균질, 부전도 자성체}$$

예제 7-1 자화된 원통의 축 위에서의 자기장

[그림 7-2(a)]의 길이 l, 반지름 a인 원통이 다음과 같이 균일하게 자화되어 있다. 원통의 내부와 외부에서 축 위의 $\mathbf{B}$와 $\mathbf{H}$를 구하라.

$$\mathbf{M} = \mathbf{a}_z M_0 \quad \left(0 \le \rho \le a, \ -\frac{l}{2} \le z \le \frac{l}{2}\right)$$

풀이

먼저, 등가 속박전류 $\mathbf{J}_m$과 $\mathbf{J}_{ms}$를 구한다.

$$\mathbf{J}_m = \nabla \times \mathbf{M} = 0 \quad (\mathbf{M}\text{이 균일하므로})$$
$$\mathbf{J}_{ms} = \mathbf{M} \times \mathbf{a}_n$$

여기서 $\mathbf{a}_n$은 원통 면에 수직이면서 바깥을 향하는 단위벡터이다. $\mathbf{a}_n$은 원통의 윗면과 아랫면에서 각각 $+\mathbf{a}_z$와 $-\mathbf{a}_z$이며 $\rho = a$의 곡면에서는 $\mathbf{a}_\rho$이다.

$$\mathbf{J}_{ms} = (\mathbf{a}_z M_0) \times (\pm\mathbf{a}_z) = 0 \quad \text{: 윗면, 아랫면에서}$$
$$\mathbf{J}_{ms} = (\mathbf{a}_z M_0) \times \mathbf{a}_\rho = \mathbf{a}_\phi M_0 \quad : \rho = a\text{인 곡면에서}$$

이제 등가전류 $\mathbf{J}_{ms}$는 자유공간(ε_0, μ_0)에 놓여 있으므로 자기장 $\mathbf{B}$는 비오-사바르 법칙으로 구할 수 있다. 자기 세기 $\mathbf{H}$를 구하기 위해서는 $\mathbf{B}$, $\mathbf{M}$, $\mathbf{H}$ 사이의 일반식(식 (7.5) 참조)을 사용해야 한다.

등가전류 $\mathbf{J}_{ms}$는 $\dfrac{NI}{l}$를 M_0와 같게 놓으면 [예제 6-10]과 [그림 6-9]에 있는 솔레노이드의 전류와 같아진다.

축 위에서의 B_z는 식 (6.22a)의 $\dfrac{NI}{l}$를 M_0로 바꾸면 된다.

$$B_z = \frac{\mu_0 M_0}{2}\left[\frac{z + l/2}{\sqrt{a^2 + (z + l/2)^2}} - \frac{z - l/2}{\sqrt{a^2 + (z - l/2)^2}}\right] \tag{7.9}$$

식 (7.9)는 원통 내부와 외부의 z축 위에서만 유효하다. z축을 따라 $\mathbf{H}$를 구하려면 식 (7.5)를 사용한다.

$$\mathbf{B} = \mu_0 \mathbf{H} + \mu_0 \mathbf{M}$$
$$\mathbf{H} = \frac{\mathbf{B}}{\mu_0} - \mathbf{M}$$

이므로 다음과 같다.

$$H_z = \frac{M_0}{2}\left[\frac{z+l/2}{\sqrt{a^2+(z+l/2)^2}} - \frac{z-l/2}{\sqrt{a^2+(z-l/2)^2}}\right] - M_0 \qquad \left(|z| < \frac{l}{2}\right) \tag{7.10a}$$
$$= \frac{M_0}{2}\left[\frac{z+l/2}{\sqrt{a^2+(z+l/2)^2}} - \frac{z-l/2}{\sqrt{a^2+(z-l/2)^2}}\right] \qquad \left(|z| > \frac{l}{2}\right) \tag{7.10b}$$

예제 7-2 자화된 구의 중심에서의 자기장

[그림 7-4]는 반지름이 a인 자석 구 magnet sphere로 다음과 같이 균일하게 자화되어 있다. 구의 중심에서의 장 $\mathbf{B}$, $\mathbf{H}$를 구하라.

$$\mathbf{M} = \mathbf{a}_z M_0 \qquad (r \le a)$$

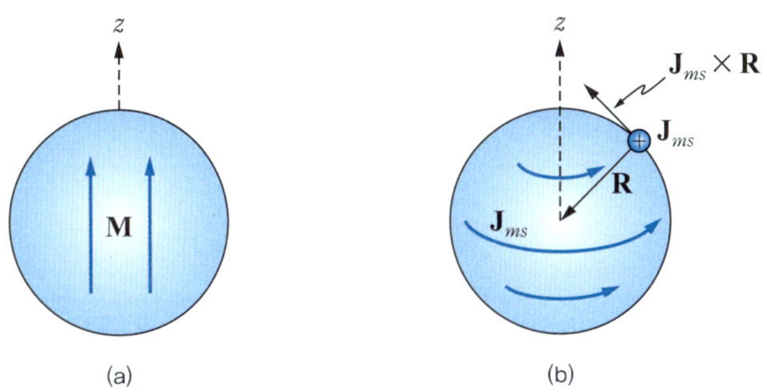

그림 7-4 균일하게 자화된 구
(a) 자기 쌍극자 모형 (b) 표면전류 모형

풀이

먼저, 다음과 같이 등가 속박전류를 구한다.

$$\mathbf{J}_m = \nabla \times \mathbf{M} = 0 \qquad (\mathbf{M}\text{은 균일하므로})$$
$$\mathbf{J}_{ms} = \mathbf{M} \times \mathbf{a}_n = (\mathbf{a}_z M_0) \times \mathbf{a}_r = M_0(\mathbf{a}_r \cos\theta - \mathbf{a}_\theta \sin\theta) \times \mathbf{a}_r$$
$$= \mathbf{a}_\phi M_0 \sin\theta \qquad (r = a\text{에서})$$

다음으로 비오-사바르 법칙을 적용한다.

$$\mathbf{B} = \frac{\mu_0}{4\pi}\iint_S \frac{\mathbf{J}_{ms} \times \mathbf{R}\, ds'}{R^3}$$

원천점은 구의 표면 위에 있는 점 $(r', \theta', \phi') = (a, \theta', \phi')$이고 장점은 구의 중심이다. 따라서 위 적분식의 분자를 다음과 같이 계산할 수 있다.

$$\mathbf{R} = -\mathbf{a}_r a; \quad R = a \qquad (\mathbf{r} = 0,\ \mathbf{r}' = \mathbf{a}_r a\text{이므로})$$

$$\mathbf{J}_{ms} \times \mathbf{R} = (\mathbf{a}_\phi M_0 \sin\theta') \times (-\mathbf{a}_r a)$$

$$= \mathbf{a}_\theta(-M_0 a \sin\theta') = (\mathbf{a}_\rho \cos\theta' - \mathbf{a}_z \sin\theta')(-M_0 a \sin\theta')$$

$$(\mathbf{J}_{ms} \times \mathbf{R})_z = M_0 a \sin^2\theta'$$

대칭성에 의해 $\mathbf{B}$의 ρ 성분은 상쇄되어 없어지므로 $\mathbf{B}$는 다음과 같이 z방향 성분을 갖는다.

$$\mathbf{B} = \frac{\mu_0}{4\pi} \iint \frac{\mathbf{J}_{ms} \times \mathbf{R}\, ds'}{R^3}$$

$$= \mathbf{a}_z \frac{\mu_0}{4\pi} \int_0^{2\pi} \int_0^{\pi} \frac{M_0 a \sin^2\theta'\, a^2 \sin\theta'\, d\theta'\, d\phi'}{a^3}$$

$$B_z = \frac{\mu_0}{2} M_0 \int_0^{\pi} \sin^3\theta\, d\theta = \frac{\mu_0 M_0}{2}\left(\frac{4}{3}\right) = \frac{2\mu_0 M_0}{3} \tag{7.11}$$

또한

$$H_z = \frac{B_z}{\mu_0} - M_z = -\frac{M_0}{3} \tag{7.12}$$

이다. B_z과 H_z는 서로 반대방향이므로 자기소거 효과 demagnetizing effect 가 나타난다. 흥미로운 것은 구의 중심만이 아니라 (구) 내부의 모든 점에서 자기장이 식 (7.11)로 주어진다는 사실이다. 이 문제에서 구의 내부와 외부에 있는 임의의 점에서의 장은 자기 스칼라 퍼텐셜 방법 magnetic scalar potential approach[1] 과 [표 4-1]의 라플라스 방정식의 해를 함께 이용하여 구할 수 있다.

예제 7-3 자성체 속에 있는 전류가 흐르는 가는 선, 도선, 원통, 원형 고리

[예제 6-2]~[예제 6-7]에서 암페어 법칙을 적용하여 풀어본 문제는 자성체가 있는 경우로 손쉽게 바꿀 수 있다. 예를 들어 [예제 6-2]의 문제를, 길이가 무한히 길고 전류 I가 흐르는 가는 선이 투자율이 μ인 무한히 큰 매질에 놓인 것으로 변경한다. [그림 6-1]의 구조에 대해, $\mathbf{H}$에 관한 암페어 법칙에서 자유공간의 투자율 μ_0를 물질의 투자율 μ로 바꾸고 이 법칙을 적용하면

$$\oint_C \mathbf{H} \cdot d\mathbf{l} = \int_0^{2\pi} H_\phi \rho\, d\phi = H_\phi 2\pi\rho = I_f = I$$

가 되므로

$$H_\phi = \frac{I}{2\pi\rho} \tag{7.13a}$$

가 되고

$$B_\phi = \mu H_\phi = \frac{\mu I}{2\pi\rho} \tag{7.13b}$$

1 D. K. Cheng, *Field and Wave Electromagnetics*, Addison-Wesley, 1989, pp. 242~249의 예제를 참조하라.

가 된다. 여기서 주목할 점은 투자율이 높은 물질($\mu \gg \mu_0$) 속에서는 자기 선다발밀도 B가 자유공간 속에서보다 크게 증가한다는 사실이다.

위에서 적용한 것과 같은 방법으로 [예제 6-2]~[예제 6-7]에 있는 모든 문제들을 다룰 수 있다. 장이 0이 아닌 영역이 투자율이 μ인 물질로 완전히 채워져 있다고 가정하면 식 (6.8), 식 (6.11b), 식 (6.12b), 식 (6.14a), 식 (6.14c), 식 (6.14d)에서 μ_0를 μ로 바꾸면 된다.

도선의 반지름이 유한한 경우([예제 6-3])에서, 도선의 반지름을 a라 하고 도선 내부 영역의 투자율 μ_1, 외부 영역($\rho > a$)의 투자율을 μ_2라고 하자. 그러면 식 (6.9a)에서 μ_0를 μ_1으로 바꾸고 식 (6.9b)에서 μ_0를 μ_2로 바꾸면 된다.

편극과 자화의 비교

유전체 편극을 다룬 3.2절~3.4절의 내용과 자성체의 자화를 다룬 7.2절~7.4절의 내용을 비교해보면 아주 유사하다. [표 7-3]에 물질 속의 전기장과 자기장에 대한 중요한 개념을 비교하여 정리하였다.

표 7-3 편극과 자화의 비교

물질 속의 전기장	물질 속의 자기장
전기 쌍극자 짧은 거리 d만큼 떨어져 있는 극성이 반대인 두 전하 쌍극자 모멘트 $\mathbf{p} = \mathbf{a}_z qd$	**자기 쌍극자** 전류가 흐르고 루프면적이 S인 작은 루프 쌍극자 모멘트 $\mathbf{m} = \mathbf{a}_z IS$
편극벡터 $\mathbf{P} = \lim_{\Delta v \to 0} \frac{1}{\Delta v} \sum_i \mathbf{p}_i$ 단위부피당 전기 쌍극자 모멘트	**자화벡터** $\mathbf{M} = \lim_{\Delta v \to 0} \frac{1}{\Delta v} \sum_i \mathbf{m}_i$ 단위부피당 자기 쌍극자 모멘트
속박 전하 표면전하밀도 $\rho_{ps} = \mathbf{P} \cdot \mathbf{a}_n$ [C/m^2] $\mathbf{a}_n$ = 유전체 표면과 수직을 이루면서 바깥을 향하는 단위벡터 부피전하밀도 $\rho_{pv} = -\nabla \cdot \mathbf{P}$ [C/m^3]	**속박 전류** 표면전류밀도 $\mathbf{J}_{ms} = \mathbf{M} \times \mathbf{a}_n$ [A/m] $\mathbf{a}_n$ = 자성체 표면과 수직을 이루면서 바깥을 향하는 단위벡터 부피전류밀도 $\mathbf{J}_m = \nabla \times \mathbf{M}$ [A/m^2]
전기 변위 $\mathbf{D} = \varepsilon_0 \mathbf{E} + \mathbf{P}$	**자기 세기** $\mathbf{H} = \frac{\mathbf{B}}{\mu_0} - \mathbf{M}$ $\mathbf{B} = \mu_0 \mathbf{H} + \mu_0 \mathbf{M}$
물질 속 가우스 법칙 $\nabla \cdot \mathbf{D} = \rho_v$ $\oiint_S \mathbf{D} \cdot d\mathbf{s} = Q_f$ (부피 내의 총 자유전하)	**물질 속 암페어 법칙** $\nabla \times \mathbf{H} = \mathbf{J}$ $\oint_C \mathbf{H} \cdot d\mathbf{l} = I_f$ (닫힌루프로 둘러싸인 표면을 통과하는 자유전류)
선형 유전체 $\mathbf{D} = \varepsilon \mathbf{E}$ ε = 유전율	**선형 자성체** $\mathbf{B} = \mu \mathbf{H}$ μ = 투자율

7.5 경계조건

경계조건은 정전기학의 경우와 마찬가지로 정자기학에서도 필수적이다. 두 개의 서로 다른 매질이 맞대고 있는 경계면에서 B와 H가 어떤 식으로 동작하는지 알아야 한다.

먼저, 발산정리 $\nabla \cdot \mathbf{B} = 0$을 이용하여 B의 수직성분을 살펴보자. 이를 위해 3.5절에서 D의 수직성분을 구할 때 원형 상자([그림 3-11])를 사용하여 수행한 것과 같은 방식으로 해석할 수 있다. 그렇지만 여기서는 정전기학과 정자기학의 수학적 유사성을 이용하는 방법을 사용하는데, D 자리에 B를 바꿔넣으면 된다. D에 대한 발산 법칙과 경계조건을 써보면

$$\nabla \cdot \mathbf{D} = \rho_v, \quad \oiint_S \mathbf{D} \cdot d\mathbf{s} = Q_f, \quad D_{1n} - D_{2n} = \rho_s$$

가 된다. 매질 1과 매질 2가 $\rho_v = 0$인 경우에는

$$\nabla \cdot \mathbf{D} = 0, \quad \oiint_S \mathbf{D} \cdot d\mathbf{s} = 0, \quad D_{1n} = D_{2n}$$

이 된다. D 자리에 B를 대입하면

$$\nabla \cdot \mathbf{B} = 0, \quad \oiint_S \mathbf{B} \cdot d\mathbf{s} = 0, \quad B_{1n} = B_{2n}$$

이 된다. 따라서 매질의 경계면에서 자기장 B의 수직성분은 연속이다.

$$B_{1n} = B_{2n} \tag{7.14}$$

다음으로 회전 법칙 $\nabla \times \mathbf{H} = \mathbf{J}$를 이용하여 H의 수평성분(접선성분)을 살펴보자. [그림 7-5]를 보면 임의의 두 매질이 서로 경계를 이루고 있다.

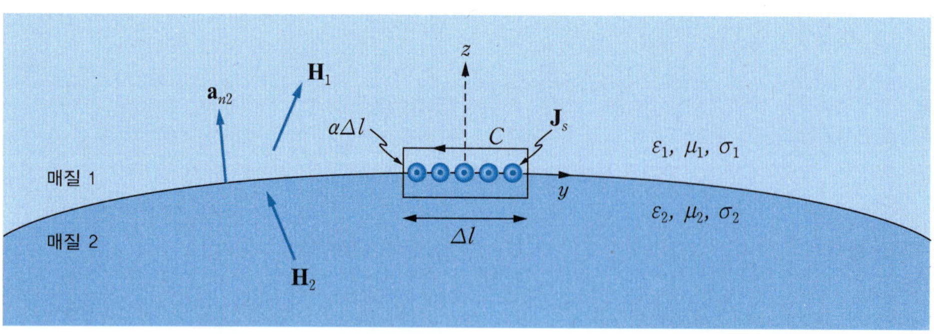

그림 7-5 경계면의 한 점에서의 H의 접선성분

경계면 위의 한 점에서 $\mathbf{H}$의 동작을 분석해보자. 그 점에서 수직성분이 z방향이 되도록 $(x,\ y,\ z)$ 좌표계를 설정한다. 그러면 x방향과 y방향은 그 점의 접평면 위에 놓인다. 경로 C는 경계면에 수직인 평면상에 놓인다. Δl을 작게 만들면 $\mathbf{H}_1$과 $\mathbf{H}_2$가 경로 C에 걸쳐 달라지지 않는다. α를 1보다 아주 작은 값으로 잡으면 경로 C의 양끝의 짧은 변은 $\oint_C \mathbf{H} \cdot d\mathbf{l}$의 계산에 아무런 기여를 하지 못한다.

그러면 경계면에 x방향의 자유 표면전류 J_{sx}가 존재하는 경우, y방향으로 놓인 경로 Δl에 대해서는

$$\nabla \times \mathbf{H} = \mathbf{J}\ ;\ \oint_C \mathbf{H} \cdot d\mathbf{l} = (H_{2y} - H_{1y})\Delta l = I_f = J_{sx}\Delta l$$

이 된다. 따라서

$$H_{1y} - H_{2y} = -J_{sx}$$

가 된다. 경로 Δl이 x방향으로 놓인 경우에는

$$H_{1x} - H_{2x} = J_{sy}$$

가 된다. 위의 두 결과를 결합하면 다음과 같이 된다.

$$\mathbf{a}_{n2} \times (\mathbf{H}_1 - \mathbf{H}_2) = \mathbf{J}_s \qquad (7.15)$$

여기서 $\mathbf{a}_{n2}$는 매질 2에서 바깥쪽을 향하는, 다시 말해 매질 2에서 매질 1로 들어가는 수직 단위벡터이다. 식 (7.15)가 나타내는 것은 매질의 경계면에서 $\mathbf{H}$의 접선성분은 그 경계면의 접평면에 흐르는 자유 표면전류 $\mathbf{J}_s$만큼 불연속이며 이 $\mathbf{H}$의 불연속과 $\mathbf{J}_s$는 서로 직각을 이룬다는 사실이다.

경계면에 자유 표면전류 $\mathbf{J}_s$가 없으면 $\mathbf{H}$의 접선성분은 연속이다. 즉

$$\mathbf{H}_{1t} = \mathbf{H}_{2t} \quad : \mathbf{J}_s = 0\text{일 때} \qquad (7.16)$$

이다. 식 (7.15)로 표시되는 $\mathbf{H}$의 접선성분에 대한 일반적인 경계조건에서 주의해야 할 것은 $\mathbf{H}$를 알면 $\mathbf{J}_s$를 구할 수 있지만, 그 반대는 아니라는 점이다. $\mathbf{H}_1$과 $\mathbf{H}_2$가 주어지면 $\mathbf{J}_s$를 구할 수 있다. $\mathbf{J}_s$가 주어지면 $\mathbf{H}$의 차이성분만 구할 수 있을 뿐 $\mathbf{H}_1$과 $\mathbf{H}_2$를 각각 구할 수는 없다.

이 시점에서 다음과 같은 질문이 나올 수 있다. "어떤 경우에 경계면에 (자유) 표면전류 $\mathbf{J}_s$가 존재하는가?" 이에 대한 답은 아주 간단하다. 예를 들어, 어떤 자성체 둘레에 가는 도선을 감고 여기에 전류를 흐르게 하면 이것이 바로 이상적인 전류원 $\mathbf{J}_s$를 경계면에 놓은 것이다. 이러한 경우와 표면(경계면)이 완전도체($\sigma = \infty$)인 경우 외에는 $\mathbf{J}_s$가 생길 수 없다. 전도율 σ가 유한하면 부피전류는 생길 수 있어도 표면전류는 생기지 않는다.

선형 자성체

선형 자성체linear magnetic material의 경우에는 다음 관계식을 얻을 수 있다.

$$\mathrm{B} = \mu \mathrm{H}; \quad \mathrm{M} = \frac{\mu - \mu_0}{\mu_0}\mathrm{H}$$

$$B_{1n} = B_{2n} \tag{7.17a}$$

$$H_{1n} = \frac{\mu_2}{\mu_1}H_{2n} \tag{7.17b}$$

또한 $\mathbf{J}_s = 0$인 경우에는 다음 관계식을 얻을 수 있다.

$$H_{1t} = H_{2t} \tag{7.18a}$$

$$B_{1t} = B_{2t}\left(\frac{\mu_1}{\mu_2}\right) \tag{7.18b}$$

경계면에서 B와 H의 동작

[그림 7-6]을 보면 두 개의 선형 자성linear magnetic 매질의 경계면에 벡터 B가 표시되어 있다 ($\mathrm{B}_1 = \mu_1\mathrm{H}_1$, $\mathrm{B}_2 = \mu_2\mathrm{H}_2$).

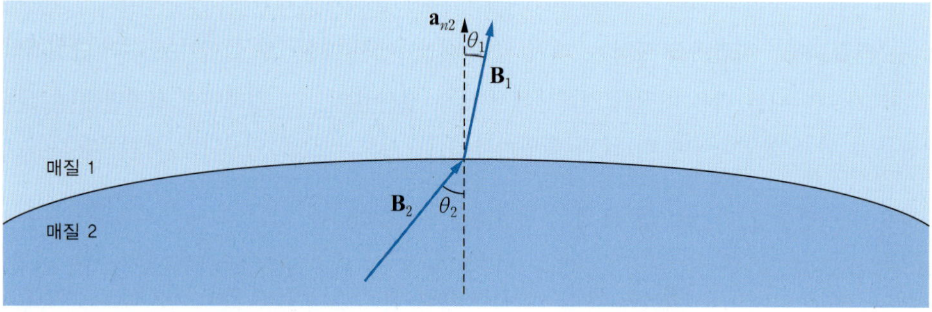

그림 7-6 경계면에서의 B의 장선

여기서는 각도 θ_1과 θ_2의 관계를 살펴보기로 한다. 다시 말해 벡터가 한 매질에서 다른 매질로 진행할 때 그 벡터의 방향은 어떻게 되는지 알아본다. B_1, B_{1n}, B_{1t}는 각각 경계면 부근의 매질 1에서 B의 전체 크기, B의 수직성분의 크기, B의 접선성분의 크기이다. 그러면

$$B_{1n} = B_1 \cos\theta_1$$

$$B_{1t} = B_1 \sin\theta_1$$

이 되어 $\tan\theta_1 = \dfrac{B_{1t}}{B_{1n}}$이다. 마찬가지로 $\tan\theta_2 = \dfrac{B_{2t}}{B_{2n}}$이다. $H_{1t} = H_{2t}$와 $B_{1n} = B_{2n}$을 이용하면 다음 관계식을 얻을 수 있다.

$$\frac{\tan\theta_1}{\tan\theta_2} = \frac{\mu_1}{\mu_2} \tag{7.19}$$

여기서 주목할 것은 H는 B와 나란하므로 식 (7.19)는 H에 대해서도 유효하다는 점이다. 따라서

$$\frac{B_2}{B_1} = \frac{\mu_2}{\mu_1}\frac{H_2}{H_1}$$

이므로, B와 H는 경계면을 지나면서 방향은 같으며 크기만 달라진다.

$\frac{\mu_2}{\mu_1}$의 비가 매우 큰 경우, 예를 들어 한 매질이 $\mu_r \approx 5000$인 실리콘 강철(규소강 silicon steel)이고, 다른 매질이 $\mu_r = 1$의 공기라면 B와 H는 공기 영역에서는 경계면에 거의 수직이고 강철에서는 거의 경계면에 나란하게 된다. B와 H가 강철에서 공기로 진행할 때는 매우 급하게 구부러지면서 수직에 가까워진다. 이러한 원리에 따라 솔레노이드나 원형고리 내부에 강자성체를 넣으면 감긴 도선의 횟수가 많지 않은 경우에도 강한 자기장이 내부 영역에 경계면과 나란한 방향으로 유도된다. 여기서 강조할 것은 식 (7.19)의 $\frac{\mu_1}{\mu_2}$을 $\frac{\varepsilon_1}{\varepsilon_2}$으로 바꾼 식은 두 개의 선형 등방성 유전체 사이의 경계면에서 벡터 D와 E에 대해 성립한다는 사실이다.

7.6 인덕턴스 Inductance

이 절에서는 전류가 흐르는 회로의 인덕턴스를 설명한다. 커패시터는 전기 에너지를 저장하는 회로 소자이고 인덕터는 자기 에너지를 저장하는 회로 소자이다. [그림 7-7(a)]에는 전류 I가 흐르는 전류 루프가 나타나 있다.

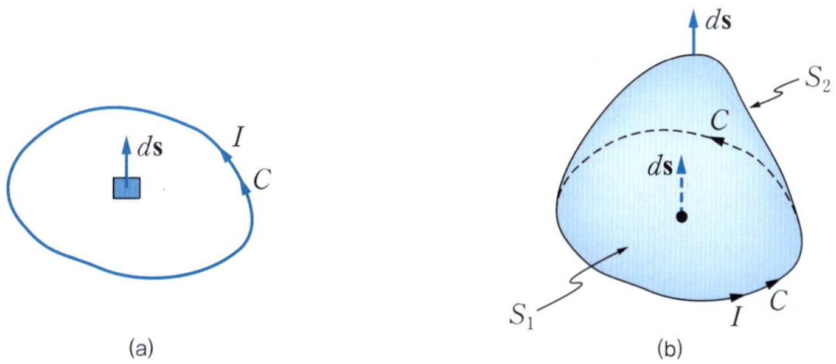

그림 7-7 전류가 흐르는 루프
(a) 평평한 표면(평면) (b) 평평하지 않은 표면(곡면)

경로 C의 방향은 전류 I의 방향으로 선택한다. 자기 선다발밀도 B는 비오-사바르 법칙(식 (6.19c))으로 구할 수 있다.

$$\mathbf{B} = \frac{\mu_0 I}{4\pi}\oint_C \frac{d\mathbf{l}\times\mathbf{R}}{R^3}$$

루프 내부(루프로 둘러싸인 임의의 표면[2])를 통과하는 자기 선다발 magnetic flux Φ는 다음 식으로 정의된다.

$$\Phi = \iint_S \mathrm{B} \cdot d\mathbf{s}$$

여기서 표면(곡면) S는 경로 C로 둘러싸여 있으며 $d\mathbf{s}$의 방향은 C의 방향에 대해 오른손 규칙에 따라 정해진다. 그러면 **인덕턴스** inductance L은 다음 식으로 정의된다. 이 인덕턴스를 **자체 인덕턴스** self-inductance 라고도 한다.

$$L = \frac{\Phi}{I} \tag{7.20}$$

여기서 강조할 것은 경로 C가 달라지지 않으면 C로 둘러싸인 S로 어떤 형태의 표면을 선택해도 상관이 없다는 사실이다. 예를 들어 [그림 7-7(b)]의 원형 루프 경로에 대해 S_1과 같이 평평한 표면을 선택해도 되고 S_2와 같이 모자 모양의 표면을 선택해도 된다. 인덕턴스의 단위는 헨리 henry, 즉 [H]이다. 이는 조셉 헨리 Joseph Henry 의 이름에서 따온 것이다. 1 [H]는 1 [T · m^2/A] 또는 [Wb/A]와 같다.

인덕턴스 L을 구하는 과정은 두 단계로 이루어져 있다. 첫 단계로 전류 I를 가정한 다음, B를 구한다. 두 번째 단계로 B를 적분하여 선다발 Φ를 구하고 $L = \dfrac{\Phi}{I}$를 계산한다. 이 과정에서 전류 I는 약분되어 지워진다. L은 전류 I의 값에 무관하며 구조와 주변 매질에 따라서만 달라진다. L은 항상 (+) 값이다. L은 도선의 단면적이 감소하면 증가한다. 도선이 N번 감긴 코일의 경우, 감긴 도선 전체가 감싸는 면적을 통과하는 선다발을 계산해줘야 하므로 선다발 Φ는 다음과 같다.

$$\Phi = N\Phi_s \tag{7.21}$$

여기서 Φ_s는 한 번 감긴 도선에 의해 둘러싸인 표면을 통과하는 선다발이다. 식 (7.21)은 한 번 감긴 도선 각각이 감싸는 표면을 통과하는 선다발이 모두 같은 것으로 가정하여 얻은 결과이다. 어떤 경우에 이러한 가정이 타당한가?

인덕턴스의 회로 모형

[그림 7-8]에 인덕턴스 L에 대한 회로 모형을 표시했다. 회로에서 인덕터 양단의 전압 v와 인덕터를 통해 흐르는 전류 i 사이의 관계는 다음과 같다.

$$v = \frac{d\Phi}{dt} = \frac{d}{dt}(Li) = L\frac{di}{dt} + i\frac{dL}{dt} \;\rightarrow\; L\frac{di}{dt} \quad \left(\frac{dL}{dt} = 0\text{일 때}\right)$$

$$v = L\frac{di}{dt} \tag{7.22}$$

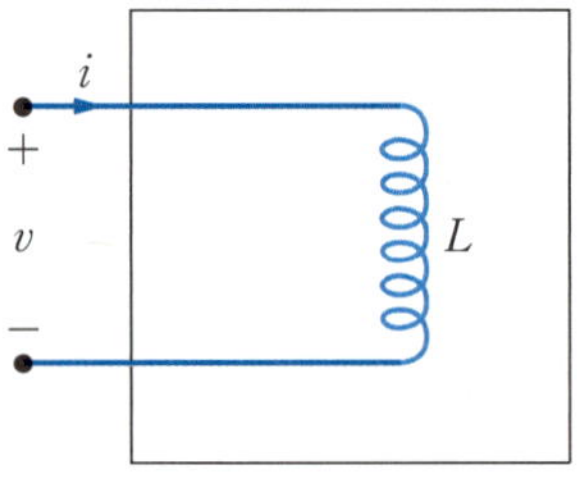

그림 7-8 인덕턴스(회로 모형)

2 $\nabla \cdot \mathrm{B} = 0$이면 $\oint\!\!\oint_S \mathrm{B} \cdot d\mathbf{s} = 0$이다. 따라서 경로 C를 통과하는 선다발은 C로 둘러싸인 열린표면(곡면)의 형태에 따라 달라지지 않는다.

여기서 알아둘 것은 $v = \dfrac{d\Phi}{dt}$ 는 패러데이 법칙에서 온 것이라는 사실이다. 이에 대해서는 나중에 8장에서 자세히 다룬다.

상호 인덕턴스

[그림 7-9]를 보면 N개의 루프가 놓여 있는데, 루프에는 각각 전류 I_1, I_2, $\cdots$, I_N이 흐르고 있다.

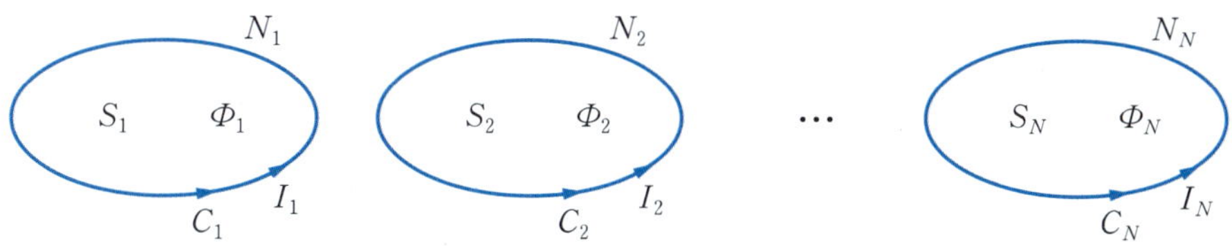

그림 7-9 상호 인덕턴스

루프 j를 통과하는 총 선다발 Φ_j는 다음과 같이 쓸 수 있다.

$$\Phi_j = \Phi_{j1} + \Phi_{j2} + \cdots + \Phi_{jN} = \sum_{k=1}^{N} \Phi_{jk}$$

여기서 Φ_{jk}는 전류 I_k에 의해 발생한 선다발 중에서 루프 j를 통과하는 선다발이다. (I_k를 제외한 모든 전류는 0으로 놓는다.)

$$\Phi_{jk} = \iint_{S_j} \mathbf{B}_k \cdot d\mathbf{s}$$

그러면 **상호 인덕턴스** mutual inductance L_{jk}는 다음과 같이 정의된다.

$$L_{jk} = \frac{\Phi_{jk}}{I_k} \tag{7.23}$$

루프 j의 감은 횟수가 N_j인 경우에는 L_{jk}는 N_jN_k배가 된다. 인덕턴스 L_{kk}는 당연히 자체 인덕턴스이다. 루프 도선이 자유공간에 놓여 있거나 또는 페라이트와 같은 비가역 물질 non-reciprocal material 이 아닌 경우에는 상호 인덕턴스에 대해 다음 관계가 성립한다.

$$L_{jk} = L_{kj} \tag{7.24}$$

일반적으로 L_{ij}는 L_{ji}와 같으므로 Φ_{ij}나 Φ_{ji} 중 하나를 선택하여 인덕턴스를 계산하면 된다. 그러나 어느 것을 선택하느냐에 따라 계산 과정이 상당히 차이가 날 수 있다.

루프 i에 의해 발생한 선다발은 전체가 루프 i를 통과하지만, 루프 j는 일부분만 통과하므로 $L_{ii} \geq L_{ji}$이다. 상호 인덕턴스 L_{ij}는 + 값일 수도 있고 − 값일 수도 있다. 전류 I_j의 방향이 바뀌면 L_{ij}의 부호도 바뀐다. 마찬가지로 회로에서 단자 한 쌍을 거꾸로 하면 부호가 바뀐다.

결합 코일의 회로 모형

[그림 7-10]은 두 개의 결합 코일coupled coil에 대한 회로 모형(2포트 회로)이다.

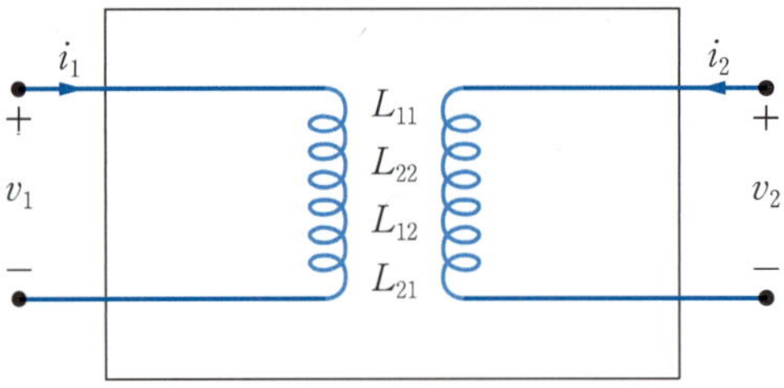

그림 7-10 결합 코일(회로 모형)

이 회로의 $v-i$ 관계식은 다음과 같다. (L_{11}, L_{12}, L_{21}, L_{22}는 모두 시간에 따라 변하지 않는 것으로 가정한다.)

$$v_1 = L_{11}\frac{di_1}{dt} + L_{12}\frac{di_2}{dt} \tag{7.25a}$$

$$v_2 = L_{21}\frac{di_1}{dt} + L_{22}\frac{di_2}{dt} \tag{7.25b}$$

그러면 N개의 결합 코일로 이루어진 회로에서는

$$v_j(t) = \sum_{k=1}^{N} L_{jk}\frac{di_k}{dt} \tag{7.25c}$$

가 된다. 유전체를 추가하면 커패시턴스가 증가하는 것과 마찬가지로 인덕턴스는 자성체를 추가하면 크게 증가한다.

예제 7-4 원형 고리의 인덕턴스

[그림 6-6]과 같이 단면이 직사각형인 원형 고리toroid에 도선이 N번 감겨 있다. 도선에는 전류 I가 흐르고 있다. 원형 고리 전체가 투자율이 μ인 물질로 완전히 채워져 있을 때 이 원형 고리의 인덕턴스를 구하라.

풀이

[예제 7-3]에서 살펴본 것처럼 자성체로 이루어진 원형 고리 속의 선다발밀도는 식 (6.14a)에서 μ_0를 μ로 바꿔서 구할 수 있다.

$$B_\phi = \frac{\mu IN}{2\pi\rho} \quad (a < \rho < b,\ 0 < z < d) \tag{7.26}$$

다음으로 한 번 감긴 도선으로 둘러싸인 표면, 즉 원형 고리의 직사각형 단면을 통과하는 선다발 Φ_s를 구해보자.

$$\Phi_s = \int_0^d \int_a^b \frac{\mu NI d\rho dz}{2\pi\rho} = \frac{I\mu Nd}{2\pi} \ln\frac{b}{a}$$

따라서 총 선다발은 다음과 같다.

$$\Phi = N\Phi_s = \frac{I\mu N^2 d \ln(b/a)}{2\pi}$$

그러므로 인덕턴스는 다음과 같이 구할 수 있다.

$$L = \frac{\Phi}{I} = \frac{\mu N^2 d \ln(b/a)}{2\pi} \tag{7.27}$$

이 식에서 보듯이 인덕턴스는 투자율 μ와 감은 횟수의 제곱(N^2)에 비례한다. 투자율이 아주 높은 물질을 추가하면 인덕턴스를 크게 증가시킬 수 있다.

예제 7-5 무한 길이 솔레노이드의 단위길이당 인덕턴스

[그림 6-7]에 있는 무한 길이 솔레노이드의 단위길이당 인덕턴스를 구하라.

풀이

단면의 모양이 임의의 형태인 무한 길이 솔레노이드의 자기장 B는 식 (6.14d)로 주어진다.

$$B_z = \mu_0 N_l I$$

N_l번 감긴 솔레노이드의 단위길이를 통과하는 선다발 Φ는 다음과 같다.

$$\Phi = N_l(\mu_0 N_l I)A \quad \text{: 단위길이당 선다발}$$

여기서 A는 솔레노이드의 단면적이다. 그러므로 단위길이당 인덕턴스($\frac{L}{l}$)는 다음과 같다. 이 결과는 솔레노이드의 단면이 어떤 형태를 하고 있어도 성립한다.

$$\frac{L}{l} = \frac{\Phi}{I} = \mu_0 N_l^2 A \tag{7.28}$$

예제 7-6 도선과 정사각형 루프의 상호 인덕턴스

[그림 6-16]과 같은 도선과 정사각형 루프가 있을 때, 상호 인덕턴스를 구하라.

풀이

전류 I_1이 흐르는 가는 도선에 의해 발생하여 정사각형 루프를 통과하는 선다발 Φ_{21}을 구하는 쪽이 루프 전류에 의해 도선을 통과하는 선다발 Φ_{12}를 구하는 것보다 더 쉽다.

$$\Phi_{21} = \iint_{S_2} \mathbf{B}_1 \cdot d\mathbf{s} = \int_0^l \int_d^{d+l} \frac{\mu_0 I_1 \, d\rho \, dz}{2\pi\rho} = \frac{\mu_0 I_1 l}{2\pi} \ln\left(\frac{d+l}{d}\right)$$

여기서 $\mathbf{B}_1$을 구하는 데 식 (6.8)을 사용했다. 따라서 상호 인덕턴스는 다음과 같다.

$$L_{21} = L_{12} = \frac{\Phi_{21}}{I_1} = \frac{\mu_0 l \ln\left(\frac{d+l}{d}\right)}{2\pi} \tag{7.29}$$

예제 7-7 도선과 원형 고리의 상호 인덕턴스

[그림 7-11]을 보면 전류 I_1이 흐르고 있는 무한 길이 도선이 원형 고리의 축을 따라 놓여 있다. 단면이 직사각형인 원형 고리에는 전류 I_2가 흐르고 있는 도선이 N_2번 감겨 있다. 상호 인덕턴스를 구하라.

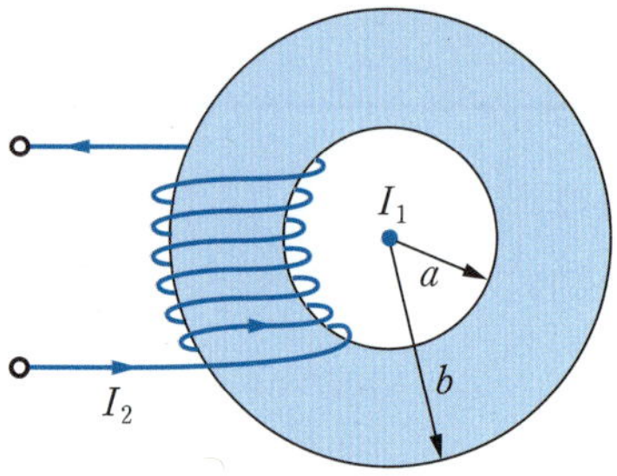

그림 7-11 도선과 원형 고리

풀이

이 예제에서도 도선에 의해 발생하여 원형 고리를 통과하는 선다발을 구하는 것이 더 쉽다. B는 식 (6.8)로 주어진다. 원형 고리에 한 번 감긴 도선에 의해 둘러싸인 표면, 즉 원형 고리(공기 코어)의 단면을 통과하는 선다발 Φ_{21s}를 구한 다음, 여기에 N_2를 곱하면 총 선다발 Φ_{21}이 된다.

$$\Phi_{21s} = \int_0^d \int_a^b \frac{\mu_0 I_1 \, d\rho \, dz}{2\pi\rho} = \frac{\mu_0 I_1 d}{2\pi} \ln(b/a)$$

$$\Phi_{21} = N_2 \Phi_{21s} = \frac{\mu_0 I_1 d N_2 \ln(b/a)}{2\pi}$$

$$L_{21} = L_{12} = \frac{\Phi_{21}}{I_1} = \frac{\mu_0 d N_2 \ln(b/a)}{2\pi} \tag{7.30}$$

예제 7-8 루프 두 개의 상호 인덕턴스

[그림 7-12]를 보면 두 개의 루프가 놓여 있다. 두 루프의 중심은 z축이며, 반지름은 각각 a와 b이고 전류 I_1과 I_2가 흐르고 있다. 두 루프는 거리 l만큼 떨어져 있으며 $l \gg a$, $b \gg a$이다. 상호 인덕턴스를 구하라.

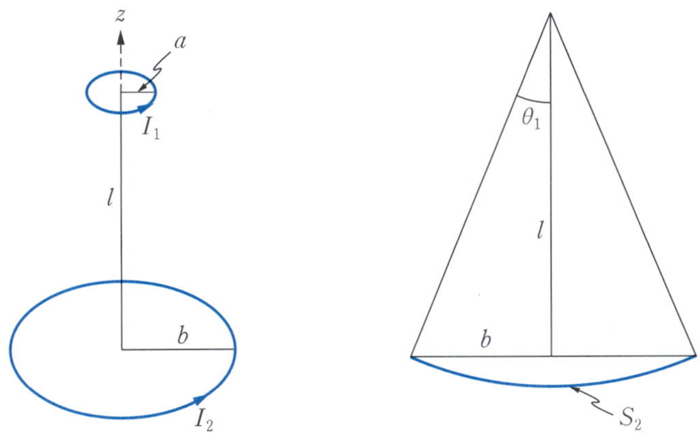

그림 7-12 축이 같은 두 개의 루프

(a) 루프의 구조 (b) L_{21}을 계산하는 데 사용되는 표면 S_2

풀이

❶ 방법 1 : I_2에 의한 자기장 $\mathbf{B}_2$를 사용

$l \gg a$, $b \gg a$이므로 전류 I_2에 의해 루프 1의 위치에 발생한 자기장은 루프 2의 축 위에서의 자기장과 같은 것으로 어림잡을 수 있다([예제 6-8] 참조). 따라서 루프 2에 의해 축 위의 $z = l$ 위치에 발생하는 자기장은 다음과 같이 쓸 수 있다.

$$B_{2z} = \frac{\mu_0 I_2 b^2}{2\left[b^2 + l^2\right]^{3/2}}$$

루프 2에 의해 발생한 자기 선다발 중에서 루프 1을 통과하는 자기 선다발은

$$\Phi_{12} = \iint_{S_1} \mathbf{B}_2 \cdot d\mathbf{s} = \frac{\mu_0 I_2 b^2}{2\left[b^2 + l^2\right]^{3/2}}\left(\pi a^2\right)$$

이 되므로 상호 인덕턴스는 다음과 같다.

$$L_{12} = \frac{\Phi_{12}}{I_2} = \frac{\mu_0 \pi a^2 b^2}{2\left[b^2 + l^2\right]^{3/2}} \tag{7.31}$$

❷ 방법 2 : I_1에 의한 자기장 $\mathbf{B}_1$을 사용

$l \gg a$이므로 루프 1에 의해 루프 2의 위치에 발생한 자기장을 구하기 위해 6.6절에서 구한 자기 쌍극자가 만드는 자기장(식 (6.27))을 이용할 수 있다. $r = \sqrt{l^2 + b^2}$ 에서 루프 1에 의한 자기장의 반지름방향 성분 B_{1r}은 다음과 같다.

$$B_{1r} = \frac{\mu_0 I_1\left(\pi a^2\right)}{4\pi\left[l^2 + b^2\right]^{3/2}}(2\cos\theta)$$

Φ_{21}을 구하려면 루프 2에 의해 둘러싸인 표면에 대해 적분해야 한다. 이때 자기 쌍극자가 만드는 자기장 수식의 형태를 고려하면 평평한 표면보다는 [그림 7-12(b)]에 나타낸 것처럼 반지름이

$\sqrt{l^2+b^2}$ 인 구의 표면을 사용하는 것이 더욱 편리하다. 그러면 이 표면을 통과하는 선다발은 다음과 같이 구할 수 있다.

$$\begin{aligned}
\Phi_{21} &= \iint_{S_2} \mathbf{B}_1 \cdot d\mathbf{s} = \iint_{S_2} B_{1r} r^2 \sin\theta \, d\theta \, d\phi \\
&= \frac{\mu_0 I_1 (\pi a^2)}{4\pi [l^2+b^2]^{3/2}} \int_0^{2\pi} \int_0^{\theta_1} 2\cos\theta (l^2+b^2) \sin\theta \, d\theta \, d\phi \\
&= \frac{\mu_0 I_1 (\pi a^2)}{[l^2+b^2]^{3/2}} \int_0^{\theta_1} (l^2+b^2) \cos\theta \sin\theta \, d\theta \\
&= \frac{\mu_0 I_1 (\pi a^2)}{[l^2+b^2]^{3/2}} (l^2+b^2) \left[\frac{\sin^2\theta}{2} \right]_0^{\theta_1} \\
&= \frac{\mu_0 I_1 (\pi a^2)}{[l^2+b^2]^{3/2}} \frac{b^2}{2} \qquad \left(\sin^2\theta_1 = \frac{b^2}{l^2+b^2} \text{ 이므로} \right)
\end{aligned}$$

따라서 상호 인덕턴스는 다음과 같다.

$$L_{21} = \frac{\Phi_{21}}{I_1} = \frac{\mu_0 \pi a^2 b^2}{2[l^2+b^2]^{3/2}}$$

이 결과는 식 (7.31)과 일치한다. 이로부터 식 (7.24)의 가역성 reciprocal property 을 만족한다는 것을 확인할 수 있다.

7.7 헨리와 자기유도의 발견

Joseph Henry

1831년 여름, 뉴욕 New York 주 올버니 Albany 에 있는 올버니 아카데미 Albany Academy 의 강사였던 헨리 Joseph Henry, 1797~1878 는 중요한 발견의 문턱에 와 있으며 전자기학이라는 새로운 과학 분야에서 곧 유명해지리라는 것을 알았다. 이미 헨리는 강력한 새로운 자석으로 수행한 실용적인 연구로 미국 전체에 알려지기 시작하고 있었다. 그는 우선 도선 주위에 (부인의 페티코트에서 뜯어낸) 비단을 정성스럽게 감아 도선들끼리 서로 절연되도록 했다. 따라서 그는 도선을 아주 많은 횟수로 감을 수 있었다. 그는 다음 세 가지 방법으로 들어올리는 힘이 강력한 전자석을 만들 수 있었다.

❶ 앞에서 설명한 방식으로 절연시킨 도선을 사용
❷ 높은 전압을 만들기 위해 강력한 배터리를 직렬로 연결해서 사용
❸ 여러 개의 코일을 병렬로 연결하여 사용

이는 매우 간단한 기술이지만, 젊은 헨리는 자신이 무엇을 하고 있는지 확실히 알았다. 예일 대학의 실리먼Silliman 교수는 헨리에게 자신의 연구에 필요한 전자석을 만들어달라고 요청했다. 1831년에 제작된 이 자석은 1톤의 무게를 들어올릴 수 있었는데, 이것은 그 당시 가장 강력한 전자석이었다.

그렇지만 헨리의 목표는 더 높은 곳에 있었다. 수년 동안 그는 자기유도magnetic induction(이에 대해서는 8장에서 설명)에 대한 실험을 수행했다. 그가 제작한 강력한 전자석이 만들어내는 강한 자기장을 이용하면 미약한 유도현상도 크게 나타나게 할 수 있었으므로 매우 유용했다. 1831년 8월이 지나기 전에 그는 자신의 연구를 완성했다. 그는 유도현상은 오직 자기장이 변하고 있을 때만 일어난다는 것을 알았다. 그는 발표할 준비를 이미 끝냈지만, 유럽에서 아무런 소식도 들려오지 않았기 때문에 자신이 다른 누구보다 수 년은 앞서 있다고 생각했다. 그는 자신의 연구를 발표할 계획을 다음 해 여름까지 잠시 미루고 더욱 완벽한 결과를 얻은 뒤 발표할 생각이었다. 그러나 안타깝게도 영국의 화학자이자 당시 가장 위대한 실험 과학자였던 패러데이Michael Faraday가 그의 뒤를 바짝 뒤쫓고 있다는 것을 미처 알지 못했다. 1831년 가을, 패러데이는 그 유명한 열흘 동안의 실험으로 이 문제를 확실하게 해결했다. 패러데이는 1831년 11월에 자신의 연구결과를 검토하고 1832년에 이를 발표했다. 1832년 5월, 패러데이의 논문을 받아보고 나서 헨리는 자신이 졌다는 것을 알았다.

헨리는 처음엔 절망했다. 이미 젊은 나이도 아닌데다가 대단한 기회를 놓쳤기 때문이었다. 하지만 그의 친구인 실리먼 교수는 그래도 발표를 하라고 권했다. 그렇게 해서 그는 자체 유도에 대한 그의 연구가 가장 앞선 것임을 입증했고, 결국 인덕턴스의 단위로 그의 이름인 헨리를 사용할 수 있게 되었다.

헨리와 패러데이 사이에는 비슷한 점이 몇 가지 있었다. 두 사람 모두 어느 정도 가난한 환경에서 자랐다. 또한 학교 교육을 거의 받지 못해서 글만 겨우 읽을 수 있을 정도였지만, 둘 다 책을 유달리 열심히 읽었다. 또한 두 사람 모두 강의에 뛰어났는데, 강의 내용을 아주 철저히 준비했고 강의 도중에 인상 깊은 실험을 보여주었다. 그리고 둘 다 과학적 원리에 주로 관심을 가졌으며, 자신들의 발견을 개발하거나 특허를 받지 않았다. 그들은 주로 단독으로 연구했다.

헨리는 뉴욕 주 올버니에서 태어났다. 일용직 노동자였던 그의 아버지는 젊어서 세상을 떠났다. 학교 교육을 거의 받지 못한 헨리는 농장의 일꾼과 점원으로 일했다. 14세 때 그는 시계 기술자와 은 세공사 밑에서 일을 배웠다. 그는 한 아마추어 극단의 일원이었다. 16세 때 그는 일반 과학에 관한 책을 한 권 읽게 되었는데, 그 책을 통해 과학 문제에 큰 관심을 갖게 되었다. 나이가 든 다음에 그는 다음과 같이 회고했다. "이 책은, 심오한 내용을 다루고 있지는 않았지만, 신의 섭리에 따라 내 인생에 대단히 큰 영향을 주었다. 이 책은 내게 새로운 사고의 세계, 기쁨의 세계를 열어주었으며, 자연의 연구에 관심을 쏟게 했고, 나로 하여금 지금부터 당장 지식을 획득하는 데에 내 온 인생을 바쳐야겠다는 결심을 하게 만들었다." 올버니 아카데미에 다니며 공부를 시작한 지 얼마 되지 않아 헨리는 곧 지역에 있는 한 학교의 교사가 되기에 충분할 정도로 지식을 쌓았다. 그는 하루에 16시간씩 학업과 강의를 병행하면서 1819년에 올버니 아카데미에서 받기 시작한 대학 교육을 1822년에 끝마쳤다.

젊었을 때 헨리는 중요한 결정은 쉽게 내렸지만, 별것 아닌 것에 대해서는 상당히 우유부단했다고 전해진다. 이에 관한 일화가 있다. 하루는 헨리가 구두를 주문했다. 그는 구두의 앞부분을 각지게 할지, 둥글게 할지를 놓고 주문을 계속 번복했다. 이에 화가 난 구두장이는 한쪽 구두는 둥글게, 다른 쪽 구두는 각지게 해서 보냈다고 한다.

1846년 연구를 그만둘 때까지 헨리는 유도현상의 발견 외에도 많은 업적을 이루었다. 헨리는 1831년에 모터를 제작했는데, 그는 이것을 과학 장난감으로 여겨 특허를 받지 않았다. 그가 만든 모터는 정류자를 비롯한 직류 모터의 기본 요소들을 가지고 있었다. 또한 그는 전기릴레이 electric relay 와 전신기 electric telegraph 를 발명했다. 그는 1835년에 전신선 telegraph line 을 만들었는데, 특허를 받지는 않았다. 또한 그는 전압을 높이고 낮출 수 있는 변압기 transformer 를 만들었다.

헨리는 관리자로서도 상당한 능력을 발휘했다. 1846년에 그는 1832년부터 교수로 재직했던 프린스턴 대학을 떠나 새로 설립된 스미스소니언 박물관 Smithsonian Institution 의 초대 소장이 되어 세상을 떠날 때까지 맡은 일을 훌륭히 수행했다. 그는 남북전쟁 중에 링컨 대통령 Abraham Lincoln 의 핵심 과학 고문직을 맡았고 정부의 여러 자문 위원회에서 활동했다. 그는 미국 한림원 National Academy of Sciences, 미국 과학진흥협회 American Association for the Advancement of Science, 워싱턴 철학회 Philosophical Society of Washington, 리크 천문대 Lick Observatory, 미국 기상청 U.S. Weather Bureau 의 창립에 한몫을 했다. 1893년에 국제전기회의 International Electrical Congress 는 그의 업적을 기려 인덕턴스의 단위를 헨리로 정했다.

7.8 자기 에너지

3.9절에서는 유전체가 있을 때 여러 전하를 모으는 데 필요한 전기 에너지를 구해보았다. 이 절에서는 자성체가 있을 때 전류가 흐르는 코일 시스템의 자기 에너지 magnetic energy 를 유도한다. 3.9절의 해석과는 유사한 점이 많으므로 서로 비교해보면 도움이 될 것이다. 이 절에서는 앞부분에서 다루는 내용을 제외하고는 선형인 경우($\Phi = Li$)로만 한정하여 해석하기로 한다. 또한 시스템의 최대 치수 dimension 가 파장에 비해 작게 되도록 모든 변화는 천천히 일어나는 것으로 가정하는데, 이것을 준정적 조건 quasistatic condition 이라고 한다. 이 조건을 만족해야 방사 radiation 가 일어나지 않는다.

먼저 한 개의 전류 루프([그림 7-13] 참조)의 자기 에너지 W_m에 대해 살펴보자.

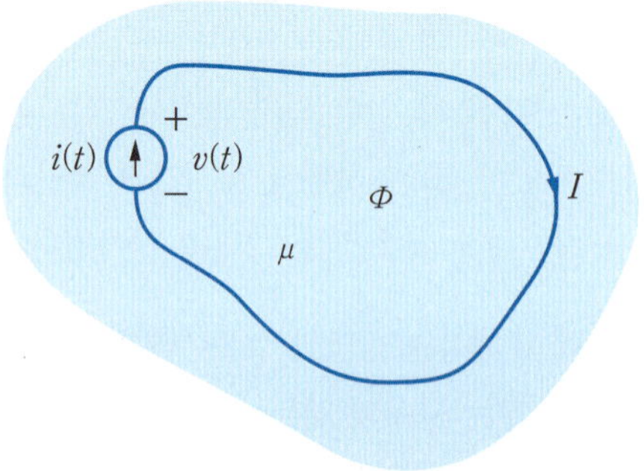

그림 7-13 자성체가 있는 곳에 놓여 있는 전류가 흐르는 루프

이상적인 전류원 $i(t)$의 전류는 0에서 최종 값 I로 천천히 증가한다. 최종 선다발은 Φ이다. 인덕터의 전류는 급격하게 변하지 않으므로 전류를 증가시키려면 일을 해주어야 한다. 전류와 선다발을 증가시키는 데 요구되는 일은 다음과 같다.

$$W_m = \int P(t)dt = \int v(t)i(t)dt = \int \frac{d\Phi}{dt} i dt = \int i d\Phi$$

$$W_m = \int i d\Phi \tag{7.32}$$

식 (7.32)는 자기 에너지에 대한 일반식이다. 이 식은 비선형 문제에도 사용할 수 있다. 여기서 알아둘 것은 $v = \dfrac{d\Phi}{dt}$는 패러데이 법칙에서 온 것이라는 사실이다. 선형 문제인 경우에는 $\Phi = Li$이므로 자기 에너지는 다음과 같이 된다.

$$W_m = \int i \frac{d\Phi}{dt} dt = \int i\left(L\frac{di}{dt} + i\frac{dL}{dt}\right)dt \rightarrow \int_0^I Lidi \quad \left(\frac{dL}{dt} = 0\text{일 때}\right)$$

$$= \frac{1}{2}LI^2 = \frac{1}{2}I\Phi = \frac{1}{2}\frac{\Phi^2}{L} \quad \left(\frac{dL}{dt} = 0\text{일 때}\right)$$

$$W_m = \frac{1}{2}LI^2 = \frac{1}{2}I\Phi = \frac{1}{2}\frac{\Phi^2}{L} \quad \text{: 선형 자성체, } L\text{은 시간에 따라 일정} \tag{7.33}$$

위의 적분 과정에서 전류와 전압은 시간에 따라 변하지만 인덕턴스는 일정한 것으로 취급했는데, 그 까닭은 자성체를 기준으로 루프가 움직이거나 모양이 바뀌거나 하지 않는 경우를 가정하고 있기 때문이다. 이제 자성체가 있는 곳에 [그림 7-14]와 같이 N개의 결합 코일이 놓여 있는 경우를 살펴보자.

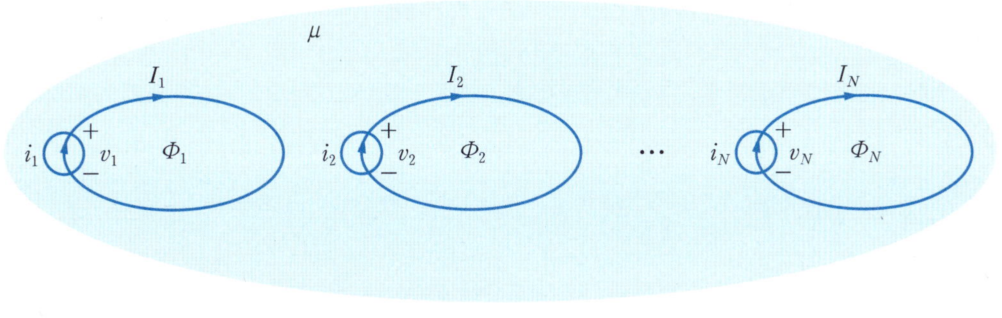

그림 7-14 자성체가 있는 곳에 놓여 있는 N개의 결합 코일

전류를 0에서 최종 값인 I_1, I_2, I_N으로 천천히 증가시킨다. 이것을 수행하는 쉬운 방법은 먼저 i_2, i_3, $\cdots$, i_N을 0으로 하고 $i_1(t)$를 최종 값 I_1으로 올린다. 그 다음에는 $i_1 = I_1$인 상태에서 i_3, $\cdots$, i_N을 0으로 하고 $i_2(t)$를 최종 값 I_2로 올린다. 이런 식으로 $i_N(t)$까지 되풀이한다. 그러면 식 (7.25)의 회로 모형으로부터 $v_j(t) = \displaystyle\sum_{k=1}^{N} L_{jk}\frac{di_k}{dt}$이고 이 과정에서 행해진 총 일은 다음과 같다.

$$W_m = \sum_{j=1}^{N} \int i_j(t)\, v_j(t)\, dt = \sum_{j=1}^{N} \sum_{k=1}^{N} L_{jk} \int i_j(t)\, di_k$$

위 식에서 (1번, 2번) 코일 쌍이 수행한 일을 나타내는

$$L_{11} \int_0^{I_1} i_1 di_1 + L_{21} \int_0^{I_1} i_2 di_1 + L_{22} \int_0^{I_2} i_2 di_2 + L_{12} \int_0^{I_2} i_1 di_2$$

를 고려해보자. 이 식의 두 번째 적분에서 $i_2 = 0$이고 네 번째 적분에서 $i_1 = I_1$이다. (1번, 2번)에 의한 일, 즉 $N = 2$일 때의 총 일은 다음과 같다.

$$\begin{aligned} W_m &= \frac{1}{2} L_{11} I_1^2 + \frac{1}{2} L_{22} I_2^2 + L_{12} I_1 I_2 \\ &= \frac{1}{2} \sum_{j=1}^{2} \sum_{k=1}^{2} L_{jk} I_j I_k \end{aligned} \quad : L_{12} = L_{21} \text{ 인 가역성을 가정} \tag{7.34}$$

이 결과를 바탕으로 (j번, k번) 코일 쌍에 의해 행해진 일을 나타내는 식은 네 개의 적분으로 표시되며 이 값을 계산하면 $\frac{1}{2} L_{jj} I_j^2 + \frac{1}{2} L_{kk} I_k^2 + L_{jk} I_j I_k$가 됨을 알 수 있다. 네 개의 적분 식 가운데 하나는 0이 되는데, 이는 어느 한 전류(예를 들어 i_j)를 최종 값으로 올릴 때 다른 전류(즉 i_k)는 0으로 놓기 때문이다. 모든 (j, k) 코일 쌍마다 같은 형태의 결과가 나오므로 가역성을 가정하면 총 일은 다음과 같다.

$$W_m = \frac{1}{2} \sum_{j=1}^{N} \sum_{k=1}^{N} L_{jk} I_j I_k \tag{7.35}$$

이 식은 다시

$$W_m = \frac{1}{2} \sum_{j=1}^{N} I_j \Phi_j \tag{7.36}$$

로 쓸 수 있다. 식 (7.36)에 $\Phi_j = \sum_{k=1}^{N} L_{jk} I_k$를 대입하면 식 (7.35)가 나온다.

부피전류분포의 자기 에너지

여기서는 유한한 단면을 갖는 전류 루프에 부피전류밀도가 $\mathbf{J}$인 전류가 흐르는 경우를 살펴보자. 이 전류 루프를 아주 가늘게(단면이 아주 작게) N개로 나누는데, 이때 나뉜 부분들은 서로 병렬로 연결되어야 한다. k번째 나뉜 루프의 단면적은 ΔS_k, 이 단면을 둘러싸는 경로는 C_k, 전류는 ΔI_k, 선다발은 Φ_k이다. 그러면 k번째 루프의 선다발은 다음과 같이 쓸 수 있다.

$$\Phi_k = \iint_{S_k} \mathbf{B} \cdot d\mathbf{s} = \iint_{S_k} (\nabla \times \mathbf{A}) \cdot d\mathbf{s} = \oint_{C_k} \mathbf{A} \cdot d\mathbf{l} \quad : \text{스토크스 정리 적용}$$

여기서 C_k는 S_k의 경계를 이루고 있는 경로이다. 식 (7.36)을 이용하면

$$W_m = \frac{1}{2}\sum_{k=1}^{N}(\Delta I_k)\,\Phi_k = \frac{1}{2}\sum_{k=1}^{N}\Delta I_k \oint_{C_k} \mathbf{A}\cdot d\mathbf{l}$$

이다. 여기서

$$\Delta I_k d\mathbf{l} = J\,\Delta S_k d\mathbf{l} = \mathbf{J}\Delta S_k dl$$

이므로 자기 에너지는 다음과 같이 된다.

$$W_m = \frac{1}{2}\sum_{k=1}^{N}\oint_{C_k}\mathbf{A}\cdot\mathbf{J}\Delta S_k dl \;\rightarrow\; \frac{1}{2}\iiint_V \mathbf{A}\cdot\mathbf{J}\,dv \qquad (N\rightarrow\infty \text{일 때})$$

$$W_m = \frac{1}{2}\iiint_V \mathbf{A}\cdot\mathbf{J}\,dv \tag{7.37}$$

여기서 강조할 점은 식 (7.37)은 부피 V의 영역에 대한 적분이라는 것인데, 전류 $\mathbf{J}$는 V 속에만 존재하며 V 영역 밖에서는 $\mathbf{J}=0$이다. 식 (3.45)에서 전기 에너지가 전하밀도와 스칼라 퍼텐셜(전위)로 표시된 것과 마찬가지로 자기 에너지는 전류밀도와 벡터 퍼텐셜 분포로 표시된다.

자기장으로 표현된 자기 에너지 수식

W_m을 나타내는 또 다른 수식은 적분 범위를 부피 V를 포함하는 더 큰 부피 V'으로 확장하여 구할 수 있다.

$$W_m = \frac{1}{2}\iiint_V \mathbf{A}\cdot\mathbf{J}dv = \frac{1}{2}\iiint_V \mathbf{A}\cdot(\nabla\times\mathbf{H})dv$$

에서 다음의 벡터 항등식을 이용하면

$$\nabla\cdot(\mathbf{A}\times\mathbf{H}) = \mathbf{H}\cdot(\nabla\times\mathbf{A}) - \mathbf{A}\cdot(\nabla\times\mathbf{H}) = \mathbf{H}\cdot\mathbf{B} - \mathbf{A}\cdot(\nabla\times\mathbf{H})$$

다음 식을 얻을 수 있다. 여기서 S'은 V'의 경계를 이루는 닫힌표면이다.

$$\begin{aligned} W_m &= \frac{1}{2}\iiint_{V'}\mathbf{B}\cdot\mathbf{H}\,dv - \frac{1}{2}\iiint_{V'}\nabla\cdot(\mathbf{A}\times\mathbf{H})\,dv \\ &= \frac{1}{2}\iiint_{V'}\mathbf{B}\cdot\mathbf{H}\,dv - \frac{1}{2}\oiint_{S'}(\mathbf{A}\times\mathbf{H})\cdot d\mathbf{s} \end{aligned} \qquad : \text{발산 정리 적용}$$

위의 결과식은 V를 포함하는 어떤 부피 V'에 대해서도 성립한다. 부피 V'(예를 들어 반지름이 r인 구)의 영역을 전체 공간이 되도록 무한히 확장하면($r\rightarrow\infty$) 면적분은 0이 된다. 이렇게 되는 까닭은 전류분포 $\mathbf{J}$의 범위가 유한한 경우에는 $|\mathbf{A}|\sim\frac{1}{r}$, $|\mathbf{H}|\sim\frac{1}{r^2}$이고 구의 표면적은 r^2에 비례하기 때문이다. 그러므로 자기 에너지는 다음과 같다.

$$W_m = \frac{1}{2} \iiint_{\text{모든 공간}} \mathbf{B} \cdot \mathbf{H}\, dv \tag{7.38}$$

식 (7.37)에서는 에너지가 전류원에 저장되는 것으로 볼 수 있는 반면, 식 (7.38)에서는 에너지가 자기장에 저장되는 것으로 볼 수 있다. 정자기장 시스템인 경우에는 이 두 식으로 구한 결과가 서로 같다. 그렇지만 시간에 따라 원천source과 장field이 변하는 경우에는 8장에 설명되어 있듯이 장이 공간 속을 이동하면서 에너지를 나르므로 식 (7.38)이 더 타당하다.

끝으로 식 (7.37), 식 (7.38)과 $W_m = \frac{1}{2} LI^2$의 관계를 이용하면 회로의 인덕턴스를 구할 수 있다.

$$L = \frac{2W_m}{I^2} = \frac{1}{I^2} \iiint \mathbf{B} \cdot \mathbf{H}\, dv = \frac{1}{I^2} \iiint \mathbf{A} \cdot \mathbf{J}\, dv \tag{7.39}$$

이 적분에서는 특정 부피를 지정하지 않았는데, 적분이 존재하는 영역은 각각 (**B**, **H**)와 (**A**, **J**)의 영역이다.

7.9 자기력과 돌림힘

3.9.4절의 정전기 시스템에 대해서는 전기 에너지로부터 전기력을 계산할 수 있는데, 이와 마찬가지로 정자기 시스템에서는 자기 에너지로부터 자기력을 계산할 수 있다. [그림 7-15]에 나타난 것처럼 솔레노이드 속에 자성체 막대를 집어넣는 경우를 생각해보자.

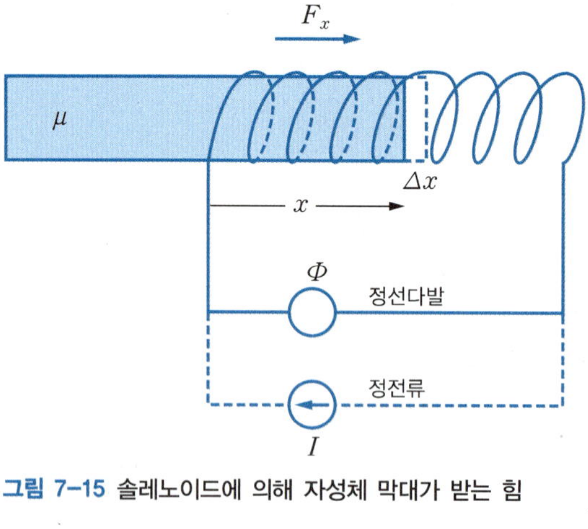

그림 7-15 솔레노이드에 의해 자성체 막대가 받는 힘

막대의 위치를 변수 x로 표시한다. 이상적인 전류원current source 또는 이상적인 선다발원flux source이 원천이 될 수 있다. 이상적인 선다발원은 선다발을 감지하고 그 결과에 따라 전류를 변화시켜 선다발을 일정하게 유지하는 장치(정선다발원constant flux source)라고 생각할 수 있다. 따라서 이들 원천은 일종의 가변 전류원 또는 가변 전압원이다. 이상적인 선다발원이 연결되면 I는 x에 따라 변한다. 이상적인 전류원이 연결되면 x에 따라 Φ가 변한다. 자기 에너지를 $W_m(\Phi,\ x)$ 또는 $W_m(I,\ x)$로 나타낼 수 있다.

[그림 7-15]에 표시한 두 가지 경우, 즉 선다발이 일정한 경우(실선)와 전류가 일정한 경우(점선)를 각각 다뤄보자.

선다발이 일정한 경우

막대가 dx만큼 아주 조금 이동했다고 하자. 선다발은 변하지 않으므로 선다발 발생기가 하는 일은 없다. 이것은 적분의 상한과 하한이 같으므로 $\int i(t)v(t)dt = \int id\Phi = 0$이 되기 때문이다. 막대에는 힘 F_x가 작용하는 것이 보통이다. 막대는 솔레노이드로 끌어당겨지거나 솔레노이드로부터 밀쳐진다. 이 과정에서 행해진 역학적 일은 $F_x dx$이다. 수행된 역학적 일은 스프링에 역학적 에너지로 저장되거나 운동 에너지로 바뀔 수 있다. x가 변하면 장 $\mathbf{B}$, $\mathbf{H}$가 달라져서 저장된 자기 에너지에 W_m만큼 변화가 생긴다.

에너지 보존법칙에 따라 다음 식이 성립해야 한다.

$$d F_x dx + \quad W_m = 0$$

$$F_x = -\left.\frac{W_m}{dx}\right|_{\Phi=\text{일정}} = -\frac{\partial W_m(\Phi,\ x)}{\partial x}$$

마찬가지 방법을 사용하면

$$F_y = -\frac{\partial W_m(\Phi,\ y)}{\partial y},\quad F_z = -\frac{\partial W_m(\Phi,\ z)}{\partial z}$$

이다. 이상의 결과를 일반적인 형태로 나타내보자.

$$\mathbf{F} = -\nabla W_m(\Phi,\ x,\ y,\ z) \quad : \text{선다발이 일정한 경우} \tag{7.40a}$$

막대가 θ방향으로 자유롭게 회전할 수 있는 경우에 수행된 일은 '(돌림힘)$d\theta$'이므로 돌림힘은 다음과 같이 된다.

$$\text{돌림힘} = -\frac{\partial W_m(\Phi,\ \theta)}{\partial \theta} \quad : \text{선다발이 일정한 경우} \tag{7.40b}$$

전류가 일정한 경우

먼저 정선다발원을 떼어내고 정전류원constant current source을 연결한다. 그 다음, dx만큼 아주 조금 움직이면 선다발은 Φ에서 $\Phi + d\Phi$로 변한다. W_m은 $\frac{1}{2}I\Phi$에서 $\frac{1}{2}I(\Phi + d\Phi)$로 변하므로 $W_m = \frac{1}{2}Id\Phi$이다. 전류원이 수행한 일은 $\int i(t)v(t)dt = \int id\Phi = Id\Phi = 2\ \ W_m$이다. 따라서 전류원이 공급한 에너지의 절반은 W_m으로, 나머지 절반은 역학적 에너지로 똑같이 나뉜다. 에너지 보존법칙에 따라 다음 식이 성립해야 한다.

$$F_x dx + \ \ W_m = 2\ \ W_m$$

$$F_x = \frac{W_m}{dx}\bigg|_{I=\text{일정}} = \frac{\partial W_m(I,\ x)}{\partial x}$$

이를 일반적인 형태로 나타내보자.

$$\mathbf{F} = \nabla W_m(I,\ x,\ y,\ z) \quad : \text{전류가 일정한 경우} \tag{7.41a}$$

막대가 θ방향으로 자유롭게 회전할 수 있는 경우에 돌림힘은 다음과 같이 된다.

$$\text{돌림힘} = \frac{\partial W_m(I,\ \theta)}{\partial\theta} \quad : \text{전류가 일정한 경우} \tag{7.41b}$$

예제 7-9 결합 코일 사이에 작용하는 힘

[그림 6-18]에 있는 두 결합 코일 사이에 작용하는 힘을 구하라.

풀이

코일 1은 고정되어 있고 코일 2는 자유롭게 움직일 수 있다고 가정한다.

그러면 두 코일의 총 자기 에너지는 다음과 같다.

$$W_m = \frac{1}{2}L_{11}I_1^2 + \frac{1}{2}L_{22}I_2^2 + L_{12}I_1I_2$$

따라서 두 코일 사이에 작용하는 힘은

$$F_x = \frac{\partial W_m}{\partial x} = I_1I_2\frac{\partial L_{12}}{\partial x} \quad : \text{전류가 일정한 경우}$$

$$F_y = I_1I_2\frac{\partial L_{12}}{\partial y}$$

이고, 코일 2에 가해지는 총 힘은 다음과 같다.

$$\mathbf{F} = I_1I_2\nabla L_{12} \tag{7.42}$$

7.10 자성체

7장을 마무리하기 전에 자성체의 물리적인 특성을 알아보자. 자성체는 특성에 따라 몇 가지 종류로 구별된다. 이 가운데 가장 대표적인 세 가지 자성체가 반자성체 diamagnetic material, 상자성체 paramagnetic material, 강자성체 ferromagnetic material 이다. 이들을 분류하는 기준은 다음과 같다.

❶ 반자성체 : $|\chi_m| \ll 1$, χ_m은 음수

❷ 상자성체 : $|\chi_m| \ll 1$, χ_m은 양수

❸ 강자성체 : $|\chi_m| \gg 1$, $\mu \approx \chi_m \mu_0$

[표 7-4]에 몇 가지 자성체의 전형적인 μ_r, χ_m 값을 정리했다.

표 7-4 다양한 자성체의 자화율

구분	종류	자화율(χ_m)
반자성체	산화알루미늄(Aluminum Oxide)	-0.5×10^{-5}
	구리(Copper)	-0.94×10^{-5}
	금(Gold)	-3.6×10^{-5}
	납(Lead)	-1.7×10^{-5}
	은(Silver)	-2.6×10^{-5}
	비스무트(Bismuth)	-1.7×10^{-4}
	염화나트륨(Sodium Chloride)	-1.2×10^{-5}
상자성체	알루미늄(Aluminum)	2.1×10^{-5}
	산화크로뮴(Cr_2O_3)	1.7×10^{-3}
	백금(Platinum)	2.9×10^{-4}
	팔라듐(Palladium)	8.2×10^{-4}
	산소(Oxygen)	1.8×10^{-6}
강자성체	**종류**	**자화율($\mu_r \approx \chi_m$)**
	니켈(Nickel)	250
	코발트(Cobalt)	600
	철(Iron)	5×10^3
	퍼멀로이(Permalloy)	10^5
	수퍼 멀로이(Super Malloy)	10^6

$\mu_r = \chi_m + 1$ 이므로 반자성체와 상자성체의 상대 투자율relative permeability 값은 1에 아주 가깝다. 강자성체의 경우에는 μ_r과 χ_m 값은 사실상 같다고 볼 수 있다. 반자성체와 상자성체는 $|\chi_m| \ll 1$ 이라는 것을 잘 알아두기 바란다. χ_m 값은 보통 $\pm 10^{-5}$ 이다. 따라서

$$\mathbf{M} = \chi_m \mathbf{H}$$

이므로, 자화 **M**의 크기는 인가된 자기 세기 **H**보다 훨씬 작다. 예를 들어, 단위길이당 감은 횟수가 N인 가늘고 긴 솔레노이드에 전류 I가 흐른다고 하자. 솔레노이드의 내부가 공기로 채워져 있는 경우에 자기 선다발밀도는

$$B_1 = \mu_0 H = \mu_0 NI$$

이다. 솔레노이드의 내부가 반자성체나 상자성체로 채워져 있는 경우에는

$$B_2 = \mu_0 H + \mu_0 M = \mu_0 NI(1 + \chi_m) = B_1(1 + \chi_m)$$

이다. 선다발밀도의 변화 비율은 10^{-5} 정도이므로 반자성체나 상자성체로 만들어진 원통 모양의 막대를 솔레노이드에 집어넣은 효과는 사실상 무시할 수 있다.

반자성체나 상자성체를 비자성체nonmagnetic material 라고도 하는데, 그 까닭은 이들 물체가 나타내는 자기현상의 크기가 아주 작기 때문이다. 예를 들어 은은 반자성체이고 알루미늄은 상자성체이지만 두 금속을 보통 비자성체라고 부른다. 패러데이는 1846년에 반자성체와 상자성체를 발견했다. 패러데이는 장이 강한 영역으로 끌어당겨지는 물체가 있는 반면에 강한 영역에 의해 밀쳐지는 물질이 있다는 것을 알았다. 반자성체는 자기장에 의해 밀쳐지는 반면, 그 밖의 물체들은 끌어당겨진다([그림 7-16] 참조).

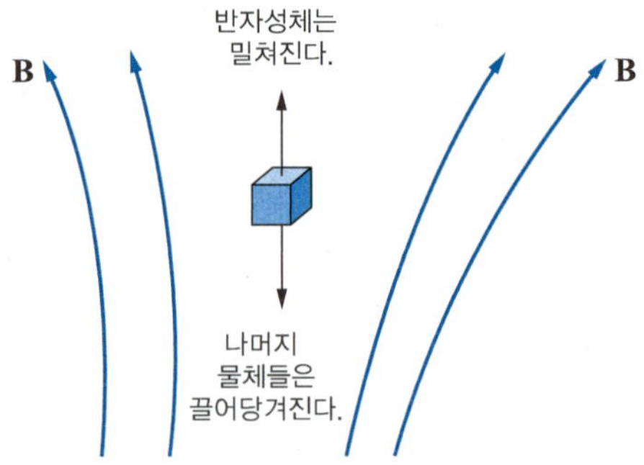

그림 7-16 반자성체

이렇게 되는 또 다른 예로 [그림 7-15]를 들 수 있다. [예제 3-9]의 결과를 다시 살펴보면 평행판 커패시터의 속으로 유전체 블록을 끌어당기는 전기력은 $\varepsilon - \varepsilon_0 (= \chi_e \varepsilon_0)$에 비례한다. 이와 유사하게 솔레노이드 속으로 막대를 끌어당기는 자기력은 $\mu - \mu_0 (= \chi_m \mu_0)$에 비례한다. 따라서 [그림 7-15]의 힘은 χ_m이 음수(반자성체)인 경우에는 밀쳐내는 힘이다. 유전체의 경우에는 반자성체에 해당하는 현상이 일어나지 않는데, 이는 χ_e가 음수인 물체는 없기 때문이다.

반자성체와 상자성체에서 일어나는 현상은 그 물체를 구성하는 분자의 자기 모멘트로 설명할 수 있다. 자기 모멘트에 가장 크게 기여하는 성분 두 가지는 ❶ 원자의 핵 주위를 공전하는 전자의 움직임, ❷ 전자의 스핀spin이다. (이 외에도 크기는 아주 작지만 핵의 스핀 모멘트가 있다.)

반자성체를 구성하는 분자들은 외부에서 가해진 자기장이 없을 때는 위의 ❶, ❷에 의한 알짜 자기 모멘트가 0이다. 외부 자기장이 인가되면 움직이는 전자에 가해지는 힘은 공전궤도를 따라 도는 전자의 속도를 변화시켜 자기 쌍극자의 알짜 자기 모멘트를 발생시킨다. (궤도 운동을 하는 전자는 작은 루프 전류를 만든다.) 알짜 자기 모멘트 **m**과 단위부피당 자화 **M**은 외부 자기장을 거스른다. 따라서 다음과 같이 된다.

$$\mathbf{B} = \mu_0 \mathbf{H} + \mu_0 \mathbf{M}$$

여기서 **H**는 외부 장이고 **M**은 이 외부 장 **H**를 거스른다. 외부 장 **H**가 사라지면 자화 **M**은 다시 0이 되어 외부 장에 의한 영향은 사라진다.

반자성체에서는 외부 장이 전자의 공전에 영향을 주는 현상이 두드러지게 발생한다. 반자성 현상은 아주 작지만 모든 물질에서 늘 생긴다. 이 현상은 이보다 강한 다른 현상에 의해 드러나지 않는다. 반자성 현상은 그 영향이 작고 미세하므로 선형[linear]으로 나타난다. μ_r과 χ_m은 반자성체의 온도에 무관하다. 대부분의 반자성체는 χ_m이 10^{-5} 정도이다. 자화율 χ_m 값이 $-$로 가장 큰 것이 비스무트[bismuth]인데, 이것은 패러데이가 반자성체를 발견할 때 사용했던 물질이다.

상자성체 속에 들어 있는 분자들은 저마다 알짜 자기 모멘트 **m**을 갖지만 외부에 자기장이 걸려 있지 않으면 그 기울어진 방향이 제각각이므로 자화는 $\mathbf{M} = 0$이다. 외부에 자기장이 인가되면 몇 가지 현상이 발생한다. 이 가운데 가장 큰 것은 외부 자기장이 전자의 스핀 모멘트에 영향을 주는 현상으로 전자의 스핀 모멘트가 이 자기장의 방향과 나란하게 정렬된다. 이렇게 스핀이 정렬되어 생기는 자화 **M**은 열로 인해 전자가 제멋대로 움직임으로써 크게 감소한다. 현상이 최대로 나타나게 하려면 온도를 절대온도로 낮춰야 한다. 상온에서는 제멋대로 움직이는 열운동이 전자가 정렬하려는 현상을 거의 완전히 압도하므로 외부 자기장에 맞춰 정렬되는 자기 모멘트는 매우 작다. 그렇지만 이 모멘트는 항상 존재하는 반자성 현상보다는 크다. 온도가 χ_m에 미치는 영향은 온도가 절대온도 0[°K]에서 증가할수록 급격하게 감소한다.

철, 코발트, 니켈과 같은 강자성체에서 일어나는 자화 현상은 상자성체와 반자성체의 자화 현상보다 수백 배에서 수천 배 더 크다. 상자성체의 자화 현상과 마찬가지로 강자성체의 자화 현상은 주로 전자의 스핀으로 형성되는 자기 쌍극자에 의해 발생한다. 차이점이 있다면 강자성체에서 각각의 쌍극자는 인접한 쌍극자와 같은 방향으로 정렬되어 영구적으로 자화된 구역(이를 자기구역[magnetized domain] 또는 줄여서 자구라고 함)을 형성하는 성향이 있다. 이러한 성향을 양자역학 효과[quantum mechanical effect]라고 한다. 각 자구에는 약 10^{15}개의 원자, 다시 말해 정렬된 쌍극자가 들어 있다. 자기장이 없는 경우에는 이러한 자구는 마구잡이로 정렬되므로 물체 전체는 자화되지 않는다. 자기장이 가해지면 자구 내의 쌍극자 모멘트는 인가된 자기장의 방향으로 정렬된다. 이렇게 정렬된 자구들이 서로 합쳐지면서 부피는 점점 커지고 자구의 벽은 밖으로 이동한다. 이러한 과정으로 물체 전체는 자화된다. 이 과정은 원래 상태로 완전히 되돌릴 수 없기 때문에 인가된 자기장이 사라져도 약간의 자화가 남게 된다. 따라서 강자성체의 자화는 현재의 자기장뿐만 아니라 과거에 물체에 가해진 자기장의 이력에 의해서도 달라진다. 이와 관련한 더욱 자세한 내용은 D. K. Cheng(1989) 또는 D. J. Griffiths(1999)를 참조하기 바란다.

CHAPTER 07_연습문제

7.1 다음의 각 경우에 대해 등가 속박 표면전류밀도 $\mathbf{J}_{ms}$와 부피전류밀도 $\mathbf{J}_m$을 구하라.

(a) 길이가 무한히 길고 반지름이 a인 원통이 다음과 같이 균일하게 자화된 경우

$$\mathbf{M} = \mathbf{a}_x M_0 \qquad (0 < \rho < a)$$

(b) 넓이가 무한하고 두께가 d인 블록이 다음과 같이 균일하게 자화된 경우

$$\mathbf{M} = \mathbf{a}_x M_0 \qquad \left(-\frac{d}{2} < z < \frac{d}{2}\right)$$

7.2 다음의 각 경우에 대해 속박 표면전류밀도 $\mathbf{J}_{ms}$와 부피전류밀도 $\mathbf{J}_m$을 구하라.

(a) 길이가 l, 반지름이 a인 원통이 다음과 같이 자화된 경우

$$\mathbf{M} = \mathbf{a}_z\left(\frac{\rho}{a}\right)M_0 \qquad \left(0 < \rho < a,\ -\frac{l}{2} < z < \frac{l}{2}\right)$$

(b) 다음과 같이 균일하게 자화된 구 껍질

$$\mathbf{M} = \mathbf{a}_z M_0 \qquad (a < r < b)$$

7.3 다음의 각 경우에 대해 속박 표면전류밀도 $\mathbf{J}_{ms}$와 부피전류밀도 $\mathbf{J}_m$을 구하라.

(a) 길이가 무한히 길고 반지름이 a인 원통이 다음과 같이 자화된 경우

$$\mathbf{M} = \mathbf{a}_z\left(\frac{\rho}{a}\right)M_0 \qquad (0 < \rho < a)$$

(b) 다음과 같이 자화된 반지름이 a인 구

$$\mathbf{M} = \mathbf{a}_z\left(\frac{r^2}{a^2}\right)M_0 \qquad (r < a)$$

7.4 다음 물음에 답하라.

(a) [연습문제 7.2(a)]의 자화된 원통의 축 위에서 자기장 $\mathbf{B}$, $\mathbf{H}$를 구하라.

(b) [연습문제 7.3(a)]의 자화된 원통의 모든 곳에서 자기장 $\mathbf{B}$, $\mathbf{H}$를 구하라.

7.5 다음 물음에 답하라.

(a) [연습문제 7.2(b)]의 자화된 구 껍질의 중심에서 자기장 $\mathbf{B}$를 구하라.

(b) [연습문제 7.3(b)]의 자화된 구의 중심에서 자기장 $\mathbf{B}$를 구하라.

7.6 [그림 7-17]을 보면 z방향으로 놓여 있는 길이가 무한히 길고 두께가 가는 도선에 전류 I가 흐르고 있다. 이 도선은 투자율이 각각 μ_1, μ_2인 두 개의 균일한 물질로 둘러싸여 있다. 모든 곳에서 $\mathbf{M}$, $\mathbf{B}$, $\mathbf{H}$를 구하라.

$$\mu = \begin{cases} \mu_1 & (0 < \phi < \pi) \\ \mu_2 & (\pi < \phi < 2\pi) \end{cases}$$

힌트 $\mathbf{H}$에 대해 암페어 법칙을 적용한 다음, 7.5절의 경계조건을 만족하는 장을 구하라.

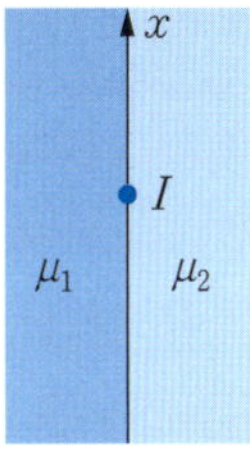

그림 7-17 자성체 속에 놓여 있는 전류

7.7 [그림 7-18]을 보면 z방향으로 놓여 있는 길이가 무한히 길고 두께가 가는 도선에 전류 I가 흐르고 있다. 이 도선은 투자율이 각각 μ_1, μ_2인 두 개의 균일한 물질로 둘러싸여 있다.

$$\mu = \begin{cases} \mu_1 & (0 < \rho < a) \\ \mu_2 & (\rho > a) \end{cases}$$

(a) 모든 곳에서 자기장 $\mathbf{B}$, $\mathbf{H}$를 구하라.
(b) 등가 속박전류 $\mathbf{J}_m$, $\mathbf{J}_{ms}$를 계산하라.

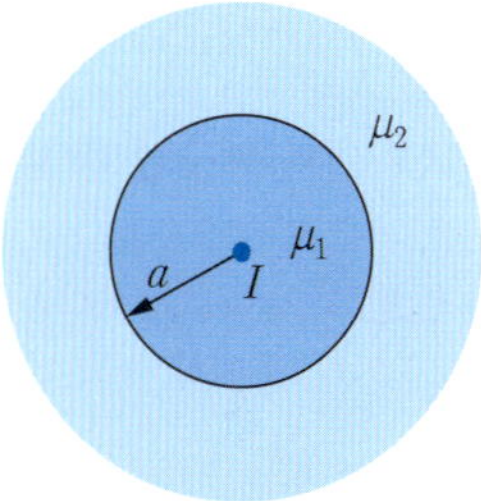

그림 7-18 자성체 속에 놓여 있는 전류

7.8 [그림 7-19]를 보면 z방향으로 놓여 있는 길이가 무한히 길고 두께가 가는 도선에 전류 I가 흐르고 있다. 이 도선은 투자율이 각각 μ_1, μ_2인 두 개의 균일한 물질로 둘러싸여 있다. 모든 곳에서 자기장 $\mathbf{B}$, $\mathbf{H}$를 구하라.

$$\mu = \begin{cases} \mu_1 & (z < 0) \\ \mu_2 & (z > 0) \end{cases}$$

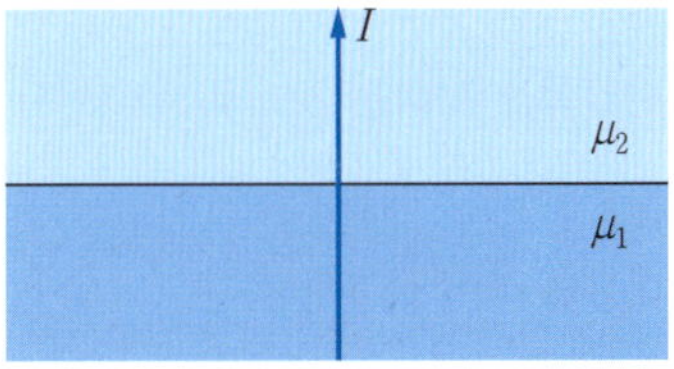

그림 7-19 자성체 속에 놓여 있는 전류

7.9 다음 물음에 답하라.

(a) [그림 6-4]에서 $a < \rho < b$인 영역이 투자율 μ인 균일한 물질로 채워져 있다. 모든 곳에서 $\mathbf{M}$, $\mathbf{B}$, $\mathbf{H}$를 구하라.
(b) [그림 6-4]에서 안쪽을 흐르는 전류 I_1은 위쪽으로, 바깥쪽을 흐르는 전류 I_2는 아래쪽으로 흐른다. $a < \rho < b$ 영역과 $\rho > b$ 영역은 투자율이 각각 μ_1, μ_2인 물질로 채워져 있다. 모든 곳에서 $\mathbf{M}$, $\mathbf{B}$, $\mathbf{H}$를 구하라.

7.10 [그림 6-6]에서 원형 고리 내부의 영역은 투자율 μ인 균일한 물질로 채워져 있다. 모든 곳에서 $\mathbf{M}$, $\mathbf{B}$, $\mathbf{H}$를 구하라.

7.11 $\oint_C \mathbf{M} \cdot d\mathbf{l} = I_m$을 증명하라. 여기서 I_m은 C로 둘러싸인 속박전류로, I_m과 C의 방향은 오른손 규칙을 따른다.

7.12 정자기학에서 회전이 포함된 관계식 세 개와 이들로부터 유도되는 경계조건을 살펴보자.

본문에서는 $\nabla \times \mathbf{H} = \mathbf{J}$를 사용하여 다음 경계조건을 유도했다(식 (7.15) 참조).

$$\mathbf{a}_{n2} \times (\mathbf{H}_1 - \mathbf{H}_2) = \mathbf{J}_s \tag{7.15}$$

이와 비슷한 방법으로 $\nabla \times \mathbf{M} = \mathbf{J}_m$를 사용하여 다음 경계조건을 유도하라.

$$\mathbf{a}_{n2} \times (\mathbf{M}_1 - \mathbf{M}_2) = \mathbf{J}_{ms}$$

또 $\nabla \times \mathbf{B} = \nabla \times (\mu_0 \mathbf{H} + \mu_0 \mathbf{M}) = \mu_0 (\mathbf{J} + \mathbf{J}_m)$을 사용하여 다음 경계조건을 유도하라.

$$\mathbf{a}_{n2} \times (\mathbf{B}_1 - \mathbf{B}_2) = \mu_0 (\mathbf{J}_s + \mathbf{J}_{ms})$$

특히, 다음 경계조건식

$$\mathbf{a}_{n2} \times (\mathbf{M}_1 - \mathbf{M}_2) = \mathbf{J}_{ms}$$

로 자화된 두 영역 사이의 경계면에 존재하는 등가 속박 표면전류를 알 수 있다. 이 식은 식 (7.2)를 일반적인 형식으로 나타낸 것으로 볼 수 있다. $\mathbf{a}_{n2}$는 [그림 7-5]에서와 같이 영역 2에 수직이면서 바깥쪽을 향하는 것으로 정의한다. [그림 7-3]의 $\mathbf{J}_{ms}$는 위의 경계조건식에 정확히 들어맞는다.

7.13 다음과 같이 반무한 공간($z < 0$)이 영구적으로 자화되어 있다. $z > 0$인 반무한 공간은 자유공간이다.

$$\mathbf{M} = \mathbf{a}_x M_0 \quad (z < 0)$$

(a) 등가 속박 표면전류밀도 $\mathbf{J}_{ms}$와 속박 부피전류밀도 $\mathbf{J}_m$을 구하라.

(b) 등가전류를 사용하여 모든 곳에서 $\mathbf{B}$를 구하라.

(c) 모든 곳에서 $\mathbf{H}$를 구하라. 또한 식 (7.15)의 경계조건을 만족하는지 확인하라.

7.14 $-\frac{d}{2} < z < \frac{d}{2}$로 정의되는 무한히 넓은 블록이 다음과 같이 영구적으로 자화되어 있다. $|z| > \frac{d}{2}$인 영역은 공기이다.

$$\mathbf{M} = \mathbf{a}_x M_0 \quad \left(-\frac{d}{2} < z < \frac{d}{2}\right)$$

(a) 등가 속박 표면전류밀도 $\mathbf{J}_{ms}$와 속박 부피전류밀도 $\mathbf{J}_m$을 구하라.

(b) 모든 곳에서 $\mathbf{B}$를 구하라.

(c) 모든 곳에서 $\mathbf{H}$를 구하라.

7.15 $z<0$, $z>0$인 두 반무한 공간이 각각 다음과 같이 영구적으로 자화되어 있다.

$$\mathbf{M}=\mathbf{a}_x M_1 \qquad (z<0)$$
$$\mathbf{M}=\mathbf{a}_x M_2 \qquad (z>0)$$

(a) 등가 속박 표면전류밀도 $\mathbf{J}_{ms}$와 속박 부피전류밀도 $\mathbf{J}_m$을 구하라.

(b) 모든 곳에서 $\mathbf{B}$를 구하라.

(c) 모든 곳에서 $\mathbf{H}$를 구하라.

7.16 **심화** 반지름이 a이고 길이가 무한히 긴 원통에 표면전류분포가 J_{s0}로 균일한 전류가 흐르고 있다. 전류의 방향은 [그림 7-20]과 같다. 그림에 표시된 방향으로 솔레노이드를 감으면 이러한 상황을 만들 수 있다. 모든 곳에서 자기장 $\mathbf{B}$를 구하라.

힌트 전류를 길이 방향(z) 성분과 원둘레 방향(ϕ) 성분으로 나눈다.

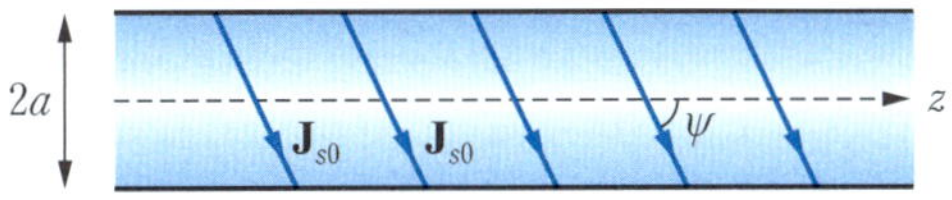

그림 7-20 나선형 표면전류

7.17 [그림 7-20]의 전류가 다음과 같이 투자율이 다른 두 개의 영역으로 둘러싸여 있다.

$$\mu=\begin{cases}\mu_1 & (\rho<a)\\ \mu_2 & (\rho>a)\end{cases}$$

(a) 모든 곳에서 $\mathbf{B}$를 구하라.

(b) 모든 경계조건들을 만족하는지 확인하라.

7.18 다음과 같이 전류가 흐르는 무한히 넓은 평판이 투자율이 서로 다른 두 개의 영역으로 둘러싸여 있다. 모든 곳에서 $\mathbf{B}$를 구하라.

$$\mathbf{J}_s=\mathbf{a}_x J_{s0} \qquad (z=0)$$

$$\mu=\begin{cases}\mu_1 & (z<0)\\ \mu_2 & (z>0)\end{cases}$$

7.19 다음과 같이 두 개의 반평행 평면전류가 투자율이 μ인 영역을 둘러싸고 있다. 모든 곳에서 $\mathbf{B}$를 구하라.

$$\mathbf{J}_s = \mathbf{a}_x J_{s0} \qquad \left(z = -\frac{d}{2}\right)$$
$$= -\mathbf{a}_x J_{s0} \qquad \left(z = \frac{d}{2}\right)$$
$$\text{투자율} = \mu \qquad \left(-\frac{d}{2} < z < \frac{d}{2}\right)$$

7.20 [예제 7-1]의 자화된 원통에 대해 원통에서 멀리 떨어진, 원통의 축 위($z \gg l,\ a$)의 자기장을 구하고, 이 결과가 루프의 축 위에서의 자기장([예제 6-8]과 [예제 6-12])과 식 (6.31)의 자기 쌍극자와 같다는 것을 보여라.

7.21 반지름이 a인 반무한 길이의 원통형 막대자석이 다음과 같이 균일하게 자화되어 있다. 자석의 축은 z축이다.

$$\mathbf{M} = \mathbf{a}_z M_0 \qquad (0 < \rho < a,\ -\infty < z < 0)$$

(a) 등가 표면전류밀도 $\mathbf{J}_{ms}$와 부피전류밀도 $\mathbf{J}_m$을 구하라.

(b) 막대자석 내부와 외부 모두에 대해 축 위에서의 자기장 $\mathbf{B}$를 구하라.

(c) 축 위에서 $\mathbf{H}$를 구하라.

7.22 자성체와 도체의 성질을 모두 가진 두께가 d인 무한히 넓은 블록이 있다. 투자율이 μ인 이 블록에는 다음과 같은 균일한 전류 J_0가 흐르고 있다. 모든 곳에서 $\mathbf{B}$, $\mathbf{H}$를 구하라.

$$\mathbf{J} = \mathbf{a}_x J_0 \qquad \left(-\frac{d}{2} < z < \frac{d}{2}\right)$$

7.23 두께가 d인 무한히 넓은 블록이 있다. 투자율이 μ인 이 블록에는 다음과 같은 불균일한 전류가 흐르고 있다. 모든 곳에서 $\mathbf{B}$, $\mathbf{H}$를 구하라.

$$\mathbf{J} = \mathbf{a}_x J_0\left(\frac{z}{d}\right) \qquad \left(-\frac{d}{2} < z < \frac{d}{2}\right)$$

7.24 반지름이 a이고 길이가 무한히 긴 강철[steel] 도선이 z방향으로 놓여 있다. 투자율이 μ인 이 강철 도선에 다음과 같은 부피전류밀도를 갖는 전류가 흐르고 있다. 각 경우에 모든 곳에서 자기장 $\mathbf{B}$를 구하라.

(a) $\mathbf{J} = \mathbf{a}_z J_0 \quad (\rho < a)$

(b) $\mathbf{J} = \mathbf{a}_z J_0\left(\frac{\rho}{a}\right) \quad (\rho < a)$

7.25 [그림 7-21]을 보면 단면이 원형인 원형 고리에 도선이 N번 감겨 있다. 그림에 표시되어 있듯이 원형 단면의 반지름은 a이고 원형 고리의 최소 반지름은 $b-a$이다. 원형 고리는 투자율이 μ인 자성체로 채워져 있다. 코일의 인덕턴스를 구하라.

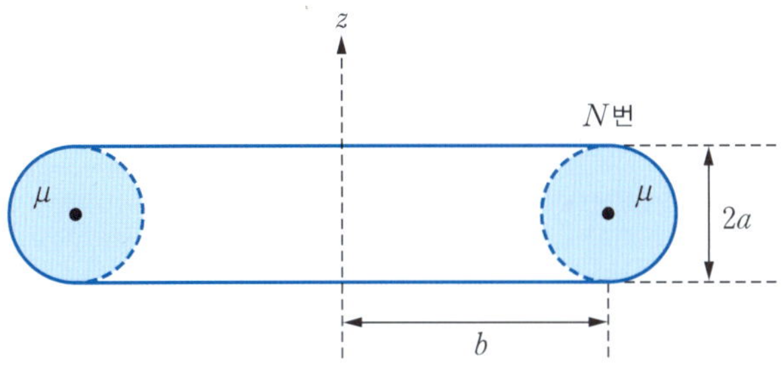

그림 7-21 원형 단면을 갖는 원형 고리

7.26 [그림 7-22]를 보면 단면이 직사각형 두 개가 겹쳐진 모양을 하고 있는 원형 고리에 도선이 N번 감겨 있다. 원형 고리는 투자율이 μ인 자성체로 채워져 있다. 코일의 인덕턴스를 구하라.

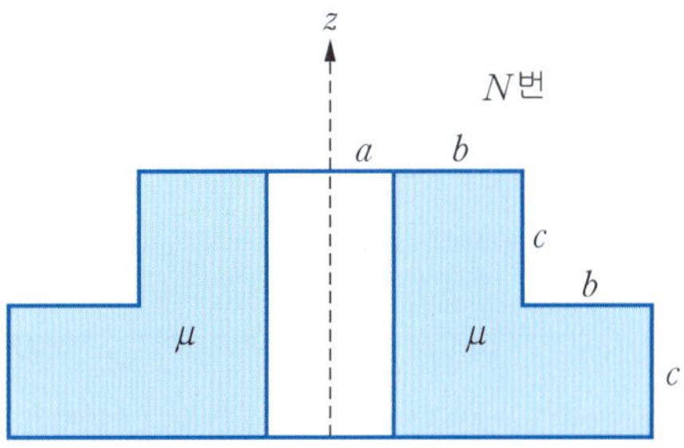

그림 7-22 직사각형 두 개가 겹쳐진 형태의 단면을 갖는 원형 고리

7.27 반지름이 각각 a, b $(b>a)$이며 길이가 무한히 긴 두 개의 동축 솔레노이드가 있다. 두 솔레노이드의 중심은 z축으로 서로 같으며, 한 솔레노이드 속에 다른 솔레노이드가 들어가 있는 구조이다.

$$\mathbf{J}_s = \mathbf{a}_\phi J_{s1} = \mathbf{a}_\phi N_{l1} I_1 \qquad (\rho = a)$$

$$= \mathbf{a}_\phi J_{s2} = \mathbf{a}_\phi N_{l2} I_2 \qquad (\rho = b)$$

여기서 N_{l1}, N_{l2}는 각각 안쪽 솔레노이드와 바깥쪽 솔레노이드의 단위길이당 감은 횟수이며 I_1, I_2는 각각 안쪽 솔레노이드와 바깥쪽 솔레노이드에 흐르는 전류이다. 단위길이당 상호 인덕턴스를 구하라.

7.28 길이가 무한히 길고 두께가 가는 도선이 있다. 이 도선 옆에는 반지름이 a인 원형 루프가 놓여 있는데, 원형 루프의 중심과 도선 사이의 거리는 d이다. 이 형태는 [그림 6-16]에서 정사각형 루프가 원형 루프로 바뀐 것과 유사하다. (도선과 루프 가장자리 사이의 거리는 다르다.) 상호 인덕턴스를 구하라.

7.29 [예제 7-6]을 살펴보자. 도선과 루프 사이의 간격의 함수인 상호 인덕턴스를 미분하여 도선과 정사각형 루프 사이에 작용하는 힘을 구하라(식 (7.42) 참조). 식 (6.39)를 증명하라. 그리고 힘이 최대가 되는 위치를 구하라.

7.30 [그림 7-23]을 보면 두 개의 루프가 나란히 놓여 있다. 각 루프의 반지름은 a_1, a_2이고 각 루프에 흐르는 전류는 I_1, I_2이다. 각 루프의 중심은 $x=0$, $y=0$와 $x=0$, $y=d$이다. 여기서 $d \gg a_1$, a_2이다. 상호 인덕턴스를 근사적으로 구하고 두 루프 사이의 힘을 구하라. 두 루프는 모두 xy평면에 놓여 있으며 루프의 축은 z축이다.

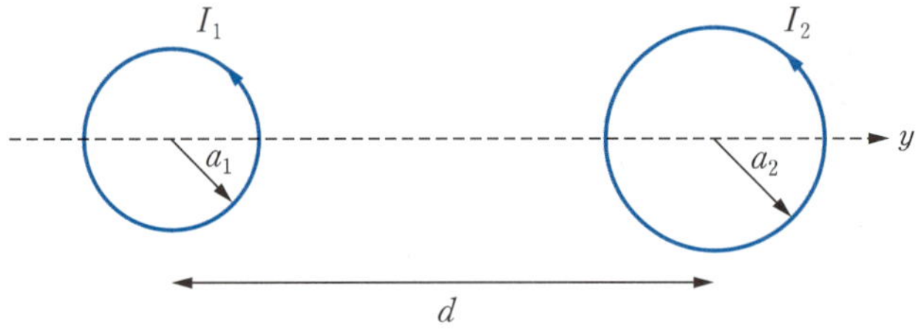

그림 7-23 같은 평면에 놓여 있고 전류가 흐르는 두 원형 루프

7.31 [그림 7-24]를 보면 단면이 정사각형인 두 개의 원형 고리가 $\phi=0$인 평면에 놓여 있는데, 한 고리 속에 다른 고리가 들어 있다. 상호 인덕턴스를 구하라. 그리고 두 원형 고리 사이에 작용하는 힘을 구하라.

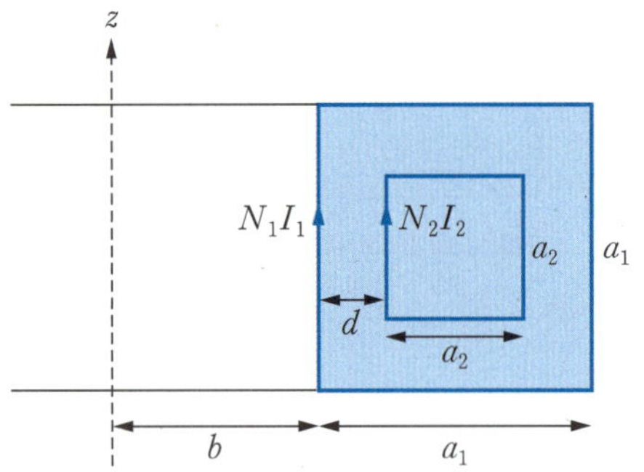

그림 7-24 단면이 정사각형인 두 개의 원형 고리
한 고리 속에 다른 고리가 들어 있다.

7.32 [그림 7-25]를 보면 z방향으로 놓여 있는 길이가 무한히 길고 두께가 가는 도선에 전류 I_1이 흐르고 있다. 도선 옆 yz평면에는 전류 I_2가 흐르는 이등변 삼각형 루프가 놓여 있다. 상호 인덕턴스를 구하라. 그리고 삼각형 루프에 작용하는 힘을 구하라.

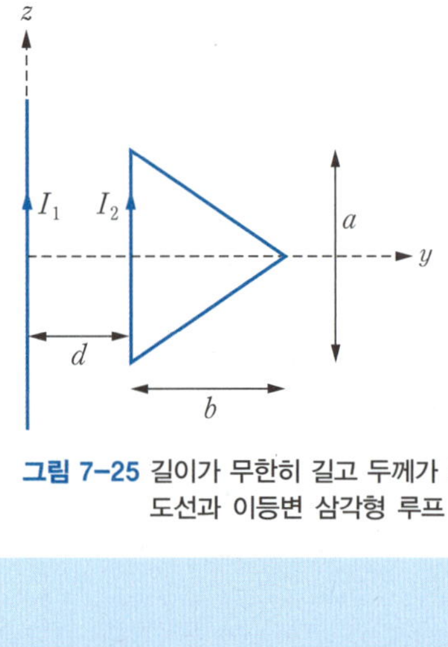

그림 7-25 길이가 무한히 길고 두께가 가는 도선과 이등변 삼각형 루프

7.33 [예제 6-7]에 있는 [그림 6-6]과 같은 원형 고리가 있다. 이 원형 고리에 저장된 자기 에너지를 구하라.

7.34 길이가 무한히 길고 안쪽 반지름이 a, 바깥쪽 반지름이 b인 동축 케이블이 있다. 안쪽 원통 도체와 바깥쪽 원통 도체에 흐르는 전류는 다음과 같다.

$$\mathbf{J}_s = \mathbf{a}_z \frac{I}{2\pi a} \qquad (\rho = a)$$
$$= -\mathbf{a}_z \frac{I}{2\pi b} \qquad (\rho = b)$$

(a) 단위길이당 자기 에너지 W_m을 구하라.

(b) 단위길이당 인덕턴스를 구하라.

7.35 [연습문제 7.34]의 동축 케이블에서, 이번에는 안쪽 도체의 내부에 전류가 흐를 수 있어 다음과 같이 전류가 단면 전체에 걸쳐 고르게 퍼져 흐른다고 하자.

$$\mathbf{J} = \mathbf{a}_z \frac{I}{\pi a^2} \qquad (0 < \rho < a)$$
$$\mathbf{J}_s = -\mathbf{a}_z \frac{I}{2\pi b} \qquad (\rho = b)$$

(a) 단위길이당 자기 에너지 W_m을 구하라.

(b) 단위길이당 인덕턴스를 구하라. 여기서 추가로 얻은 인덕턴스를 **내부 인덕턴스**internal inductance라고 한다.

7.36 반지름이 a, 길이가 l, 감은 횟수가 N인 매우 긴 솔레노이드([그림 6-7] 참조)에 전류 I가 흐르고 있다. 솔레노이드의 코어(내부)는 투자율이 μ인 자성체로 채워져 있다. 다음 세 가지 방법으로 솔레노이드에 저장된 자기 에너지를 구하라.

(a) 식 (7.38)을 사용(자기장 수식)

(b) 식 (7.37)을 사용(**A** 수식)

(c) 식 (7.33)을 사용(인덕턴스 수식)

7.37 [그림 7-15]를 보면 길이가 l이고 감은 횟수가 N인 긴 솔레노이드 내부에 철 막대의 일부가 들어가 있다. 막대와 솔레노이드의 단면적은 S로 동일하다. 솔레노이드에는 전류 I가 흐르고 있고 막대의 투자율은 μ이다.

(a) 각 영역에서 $\mathbf{B}$와 $\mathbf{H}$를 구하라.

(b) 거리 x의 함수로 저장된 자기 에너지를 구하라.

(c) 막대에 가해지는 자기력의 크기와 방향을 구하라.

7.38 [그림 7-26]을 보면, N번 감은 코일에 전류 I가 흘러 자기 요크magnetic yoke 속에 자기 선다발을 발생시키고 있다. 요크의 총 길이는 l이고 요크의 단면은 $a \times a$이다. 요크는 투자율이 μ인 철 코어iron core와 길이가 x인 두 개의 공극(빈틈)air gap으로 이루어져 있다. 여기서 가장자리장은 무시하고 B_x는 공극에서 연속이라고 가정한다. 이러한 가정은 공극이 아주 작은 경우에 타당하다.

(a) 철 코어와 공극에서 $\mathbf{B}$, $\mathbf{H}$를 구하라.

(b) 저장된 총 자기 에너지를 구하라.

(c) 막대에 작용하는 자기력의 크기와 방향을 구하라.

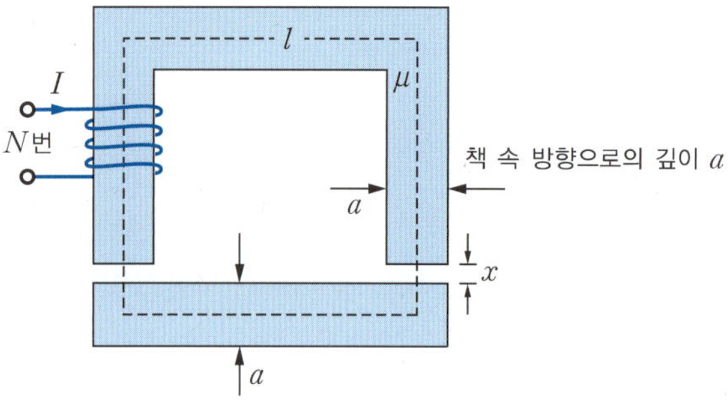

그림 7-26 공극이 있는 자기 요크

7.39 심화 반지름이 a이고 투자율이 u인 선형 자기 구가 균일한 자기장 $\mathbf{B}_0 = \mathbf{a}_z B_0$가 분포해 있는 공기 중에 놓여 있다. 이 상황은 [그림 4-15]에 있는 구에서 유전체를 자성체로 바꾸고 $\mathbf{E}_0$를 $\mathbf{B}_0$로 바꾼 것으로 볼 수 있다. 모든 곳(구의 내부와 외부)에서 자기장 $\mathbf{B}$와 $\mathbf{H}$를 구하라.

힌트 자기장을 $\mathbf{H} = -\nabla V_m$으로 놓는다. 여기서 V_m은 자기 스칼라 퍼텐셜이며 라플라스 방정식을 만족한다. [표 4-1]에 있는 라플라스 방정식의 해를 이용하고 식 (7.14)와 식 (7.16)의 경계조건을 적용하라.

7.40 심화 [예제 7-2]의 [그림 7-4]에 있는 균일하게 자화된 구를 살펴본다. [연습문제 7.39]에서 설명한 자기 스칼라 퍼텐셜을 이용하여 모든 곳(구의 내부와 외부)에서 자기장 $\mathbf{B}$와 $\mathbf{H}$를 구하라. 이렇게 구한 구 내부의 자기장이 [예제 7-2]에서 구한 결과와 일치하는지 확인하라.

CHAPTER

08

시변 전자기장

패러데이 법칙과 맥스웰 방정식

Time-Varying Fields

Faraday's Law and Maxwell's Equations

CONTENTS

학습목표

- 패러데이 법칙의 의미를 이해하고, 이를 사용하여 시변 자기장에 의해 회로에 유도되는 전압과 전류를 계산할 수 있다.
- 패러데이 법칙을 사용하여 회로가 자기장 속을 움직일 때 발생하는 현상을 이해한다.
- 렌츠의 법칙을 이해하고 이를 사용하여 유도되는 전류의 방향을 구할 수 있다.
- 변위전류의 개념을 이해하고 그 중요성을 설명할 수 있다.
- 네 개의 방정식으로 이루어진 맥스웰 방정식을 이해하고 그 의미를 설명할 수 있다.
- 맥스웰 방정식으로부터 파동방정식을 유도할 수 있다.
- 전자기파의 전기장과 자기장이 맥스웰 방정식을 만족하는지 확인할 수 있고, 전기장으로부터 자기장을, 자기장으로부터 전기장을 구할 수 있다.
- 시변 전자기장에 대한 경계조건과 그 의미를 이해한다.
- 포인팅 벡터의 정의를 이해하고, 포인팅 정리가 에너지 보존을 설명하고 전력의 흐름을 알려주고 있음을 이해한다.

8.1 개요

우리는 6~7장에서 에르스텟Oersted이 전류와 자기장 사이의 관계를 극적으로 발견한 이후 1820년대에 에르스텟, 앙페르Ampère, 비오-사바르Biot-Savart, 아라고Arago 등이 정적 자기학(정자기학) 분야에서 이루어 낸 대단히 빠른 진전에 대해 살펴보았다. 1820년대가 끝날 무렵에는 정자기학의 정식화가 거의 완성 단계에 들어서 있었다. 이러한 급속한 발전은 그 당시에는 거의 전례를 찾아볼 수 없는 일이었다. 나중에 정자기학의 발전에 관해 연구하던 맥스웰James Clerk Maxwell은 앙페르의 업적에 대해 "이론과 실험, 모두가 마치 '전기학 분야의 뉴턴'의 두뇌에서 떠올라 완전히 무르익어 나온 것 같다."며 극찬을 아끼지 않았다.

하지만 시간에 따라 변하는 전자기장인 시변장time-varying field의 문제들은 훨씬 더 미묘하고 해결하기도 어려웠다. 1831년에 패러데이가 10일 동안 수행하여 ① 자기 유도, ② 영구자석과 전자석의 유사성, ③ 최초의 발전기(패러데이 원반형 발전기) 등을 발견했던 유명한 일련의 실험들로 문제해결의 첫발을 내딛었다. 그는 20년 넘게 자기 유도magnetic induction에 관한 연구를 지속하여 현재 우리가 패러데이 법칙이라고 부르는 것과 동일한 결론을 수식을 사용하지 않고 말로 표현해냈다. 이렇게 해서 1850년 무렵에는 시변장 문제의 절반이 해결되었다.

시변장 문제의 나머지 절반은 더 추상적 성격을 띠는 것이었다. 간단한 실험만으로는 해결책을 찾을 수 없었다. 패러데이보다 마흔 살이 어렸던 맥스웰은 패러데이가 말로 표현한 결과를 수학적 형태로 바꾸었는데, 이것이 해결의 첫 걸음이었다.

전자기학 퍼즐의 한 조각이 빠져 있다는 사실이 널리 알려지면서 완전한 식을 찾는 연구는 국제적 관심사가 되었다. 그 시대의 거의 모든 선도적 물리학자들이 그 문제를 풀고자 노력했지만 실패했다. 마침내 맥스웰이 수십 년간의 연구 끝에 미국 남북전쟁 마지막 해인 1865년에 완전한 이론을 발표했다. 그는 여생 동안 전자기학에 관한 연구를 지속하여 1873년에 '전기자기론A Treatise on Electricity and Magnetism'이라는 위대한 저서를 세상에 내놓았다. 그는 1879년에 세상을 떠났다. 맥스웰이 세상을 떠나고 약 10년 뒤 헤르츠Heinrich Hertz는 안테나를 만들어 맥스웰의 이론을 실험을 통해 확인했다. 약 15년이 지난 뒤 아인슈타인Albert Einstein은 맥스웰 방정식이 어떤 운동시스템moving system에서도 유효하며, 실제로 이 방정식이 상대성이론의 기초임을 증명했다. 이후 20세기가 지날 동안 맥스웰 방정식에서 어떠한 오류도 발견되지 않았다. 오늘날 우리는 맥스웰 방정식을 전자기학 분야의 최고 업적으로 인정하고 있다. 노벨 물리학상 수상자인 파인만R. P. Feynman은 다음과 같이 말했다.

> "지금으로부터 2만년 이후에는 맥스웰 방정식이 19세기 과학의 최고 정점으로 인정될 것이다. 그에 반해, 미국의 남북전쟁은 사소한 산불 정도로 간주될 것이다."

8.2 정전기학 법칙과 정자기학 법칙 : 요약

앞에서 배운 다음의 정적 전기학(정전기학)의 기본 법칙을 다시 살펴보자.

$$\begin{aligned} \nabla \times \mathbf{E} &= 0 \\ \nabla \cdot \mathbf{D} &= \rho_v \end{aligned} \quad : \text{정전기학} \tag{8.1}$$

첫 번째 법칙($\nabla \times \mathbf{E} = 0$)은 정전기장의 보존적인(회전이 없는) 성질을 나타낸다. 전기장 $\mathbf{E}$에 대한 선적분($\oint_C \mathbf{E} \cdot d\mathbf{l}$)이 임의의 닫힌경로 C에 대해서 0이며, 임의의 두 점 사이의 전압은 경로와 무관하다는 것을 뜻한다. 따라서 하나의 루프를 따라서 측정한 전압의 합은 0이며, 이는 회로이론에서 키르히호프 전압 법칙(KVL)으로 알려져 있다. 가우스 법칙으로 알려진 두 번째 법칙($\nabla \cdot \mathbf{D} = \rho_v$)은 정전기장 $\mathbf{D}$와 그 원천[source]인 전하밀도 ρ_v 사이의 발산 관계를 나타낸다. 이 법칙은 임의의 닫힌표면을 통과하는 전기 선다발($\oiint_S \mathbf{D} \cdot d\mathbf{s}$)은 그 닫힌표면 내부에 들어 있는 전체 전하의 양과 동일함을 나타낸다.

정적 자기학(정자기학)의 기본 법칙은 다음과 같다.

$$\begin{aligned} \nabla \times \mathbf{H} &= \mathbf{J} \\ \nabla \cdot \mathbf{B} &= 0 \end{aligned} \quad : \text{정자기학} \tag{8.2}$$

암페어 법칙으로 알려진 첫 번째 법칙($\nabla \times \mathbf{H} = \mathbf{J}$)은 정자기장 $\mathbf{H}$와 그 원천인 전류밀도 $\mathbf{J}$ 사이의 회전[curl] 관계를 설명한다. 이 관계는 에르스텟이 최초로 발견했다. 이 식은 임의의 닫힌경로 C를 따라 계산한 정자기장의 순환[circulation]($\oint_C \mathbf{H} \cdot d\mathbf{l}$)은 경로 C가 경계를 이루고 있는 표면을 통과하는 전체 전류의 양과 같다는 것을 뜻한다. 또한 첫 번째 법칙에서 $\nabla \cdot \mathbf{J} = 0$이라는 식이 나오므로 접합점[junction]이나 끊긴 선 끝으로 유입되는 전류의 합($\oiint_S \mathbf{J} \cdot d\mathbf{s}$)은 0이 된다. 이는 회로이론에서 키르히호프 전류 법칙(KCL)으로 알려져 있다. 두 번째 법칙($\nabla \cdot \mathbf{B} = 0$)은 정자기장의 발산이 없는[solenoidal] 성질을 나타낸다. 이 법칙은 임의의 닫힌표면 S에 대해 취한 면적분 $\oiint_S \mathbf{B} \cdot d\mathbf{s}$는 0이며, 따라서 경로 C로 둘러싸인 임의의 열린표면 S를 통과하는 벡터 $\mathbf{B}$의 선다발 $\iint_S \mathbf{B} \cdot d\mathbf{s}$가 표면 S에 독립적이라는(무관하다는) 것을 뜻한다.

정전기학 법칙과 정자기학 법칙은 완전히 분리되어 있다. 정전기장은 발산을 일으키는 원천인 전하밀도 ρ_v로부터 발생한다. 정자기장은 회전을 일으키는 원천인 전류밀도 $\mathbf{J}$로부터 발생한다. 정전기장 $\mathbf{E}$는 그 원천들(ρ_v와 ρ_{pv})만으로 결정되며, 정자기장 $\mathbf{B}$도 그 원천들($\mathbf{J}$와 $\mathbf{J}_m$)만으로 결정된다. 정전기장은 모든 보존 벡터장을 대표하며, 정자기장은 모든 솔레노이드 벡터장을 대표한다.

시간에 따라 변하는 시변장에 대해서는, 앞서 제시한 법칙들의 일부를 바꿔야 한다. 두 개의 발산 법칙, $\nabla \cdot \mathbf{D} = \rho_v$와 $\nabla \cdot \mathbf{B} = 0$은 정적인 경우뿐만 아니라 시간에 따라 변화하는 경우에도 성립하므로 바꿀 필요는 없다. 하지만 두 개의 회전 방정식, $\nabla \times \mathbf{E} = 0$과 $\nabla \times \mathbf{H} = \mathbf{J}$는 상당히 많이 바뀌어야 하는데, 이것을 주제로 다루는 것이 각각 패러데이 법칙과 맥스웰 방정식이다. 이렇게 수정된 식들은 지금까지 우리가 배운 모든 개념들을 뒤엎을 것이다. 시간에 따라 변하는 경우에는, 하나의 루프를 따라 측정한 전압의 합이 반드시 0이 될 필요가 없고, 전압이 경로에 무관하지 않으며(달라질 수 있으며), 접합점이나 끊긴 선 끝으로 유입되는 전류의 합이 0이 되지 않는다는 것을 알게 되면 깜짝 놀랄 것이다. 완전히 새로운 게임이 시작되는 것이다! 하지만 전자기장의 특성이 이처럼 크게 달라지는 것에 비하면 수학적 변화는 상대적으로 간단하다. 두 개의 회전 방정식, $\nabla \times \mathbf{E} = 0$과 $\nabla \times \mathbf{H} = \mathbf{J}$에 각각 하나의 항만 추가하면 시변 전자기장에 관한 식을 완성할 수 있다.

8.3 패러데이 법칙 Faraday's Law

패러데이 법칙 Faraday's law은 여러 형태로 표현되며, 아주 미묘한 현상과 관계되어 있다. 그러므로 각각 다른 표현 형태와 형태별 제한 사항들을 분명하게 정의하는 것이 중요하다. 먼저 모든 경우에 사용할 수 있는 일반적인 형태를 살펴보자. 그런 다음 특별히 관심을 가져야 할 몇 가지 특수한 형태를 살펴보기로 하자.

8.3.1 패러데이 법칙의 일반형

패러데이 법칙의 미분형은 다음과 같다.

$$\nabla \times \mathbf{E} = -\frac{\partial \mathbf{B}}{\partial t} \quad : \text{패러데이 법칙의 미분형} \tag{8.3}$$

이 식에서 시변 자기장은 전기장을 발생시킨다는 결론을 내릴 수 있다. 1.5절에서 설명한 헬름홀츠 정리에 따라 전기장 $\mathbf{E}$는 $\nabla \times \mathbf{E}$ 또는 $\nabla \cdot \mathbf{E}$로부터 발생한다는 사실에 주목하자. 정전기장의 경우 $\nabla \times \mathbf{E} = 0$이고, 원천이 될 수 있는 것은 자유 전하밀도와 속박 전하밀도뿐이므로 $\nabla \cdot \mathbf{E} = \dfrac{(\rho_v + \rho_{pv})}{\varepsilon_0}$가 된다. 하지만 시간에 따라 변화하는 경우에는 $\dfrac{\partial \mathbf{B}}{\partial t}$가 추가로 원천이 된다. 식 (8.3)은 정적인 경우(즉 $\dfrac{\partial \mathbf{B}}{\partial t} = 0$)에는 $\nabla \times \mathbf{E} = 0$이 된다는 점에 주목하자. 식 (8.3)은 어떤 상황에서도 공간상의 모든 점에서 항상 성립한다. 이전의 법칙들은 (전하가 정지해 있는) 정전기장의 경우나 (전류가 일정한) 정자기장의 경우에 국한되었기 때문에 이 식이 전자기학의 첫 번째 일반 법칙인 셈이다.

식 (8.3)의 양변을 열린표면 S에 대해 적분하면 패러데이 법칙의 적분형을 얻을 수 있다.

$$\iint_S \nabla \times \mathbf{E} \cdot d\mathbf{s} = \oint_C \mathbf{E} \cdot d\mathbf{l} = -\iint_S \frac{\partial \mathbf{B}}{\partial t} \cdot d\mathbf{s}$$

여기서 첫 번째 등식은 스토크스 정리Stokes' theorem를 적용하여 얻은 것이다.

$$\oint_C \mathbf{E} \cdot d\mathbf{l} = -\iint_S \frac{\partial \mathbf{B}}{\partial t} \cdot d\mathbf{s} \quad \text{: 패러데이 법칙의 적분형} \tag{8.4}$$

여기서 닫힌경로 C는 표면(곡면) S의 경계에 해당한다. 식 (8.3)과 식 (8.4)는 완전히 일반적인 표현식이다. 의심스러울 경우에는 항상 이 일반식으로 되돌아올 수 있다.

회로의 전압 법칙KVL의 수정

식 (8.4)의 좌변에 있는 닫힌경로 C의 주위에 대한 전기장 선적분은 루프 주위의 퍼텐셜(즉 전압) 강하의 합에 해당한다. 식 (8.4)는 시간에 따라 변화하는 자기장이 존재하는 경우에는, 루프 주위의 전압의 합이 0이 아니라 자기장 $\mathbf{B}$의 음의 변화율을 면적분한 것과 같다는 것을 나타낸다. 다음 절에서 살펴보겠지만, 이것은 루프 속을 관통하는 자기 선다발magnetic flux Φ의 시간 도함수(시간에 대한 미분)에 $(-)$를 곱한 것과 동일하다. 식 (8.4)는 회로이론에서 배운 키르히호프 전압 법칙에 어긋난다. 시간의 변화가 느린 저주파 시스템에서는 자기 선다발의 변화율$(-\frac{d\Phi}{dt})$이 작으므로 무시할 수 있다. 회로이론의 KVL은 이런 상황에서만 사용할 수 있다. 다음 예제에서는 시변 자기장에 의해 유도되는 전기장을 구하는 방법을 살펴본다.

예제 8-1

다음과 같이 시간에 따라 변화하는 균일한 자기장 $\mathbf{B}$가 반지름이 a인 원통 형태의 영역에 존재할 때, 자기장 $\mathbf{B}$에 의해 유도된 전기장을 모든 곳에서 구하라. 여기서 B_0는 상수이고 ω는 각주파수이다. 이런 균일장은 시간에 따라 변화하는 전류가 흐르는 아주 긴 솔레노이드에서 발생할 수 있다([예제 6-7] 참조).

$$\mathbf{B} = \mathbf{a}_z B_0 \cos\omega t \qquad (\rho < a) \tag{8.5}$$

풀이

먼저 전기장의 방향을 알아내려면 $\mathbf{E}$(결과)와 $-\frac{\partial \mathbf{B}}{\partial t}$(원인)가 회전 관계에 있고, 마찬가지로 $\mathbf{B}$(결과)와 $\mu_0 \mathbf{J}$(원인)도 회전 관계에 있다는 것을 잘 알고 있어야 한다.

$$\nabla \times \mathbf{E} = -\frac{\partial \mathbf{B}}{\partial t}, \quad \nabla \times \mathbf{B} = \mu_0 \mathbf{J}$$

[예제 6-2]에서 z방향으로 흐르는 전류($\mathbf{J}$)는 오른손 규칙에 따라 원통 영역에서 ϕ방향의 자기장 $\mathbf{B}$를 발생시킨다는 것을 알았다. 따라서 z방향의 $\frac{\partial \mathbf{B}}{\partial t}$는 ϕ방향의 전기장 $\mathbf{E}$를 유도할 것이라는 판단을 내릴 수 있다.

$$\mathbf{E} = \mathbf{a}_\phi E_\phi$$

원통 대칭성에 의해 E_ϕ는 원형 루프의 둘레를 따라서는 변하지 않는다. 닫힌경로 C를 반지름이 ρ인 원으로 선택하고, 패러데이 법칙인 식 (8.4)를 적용하면 다음과 같다.

$$\oint_C \mathbf{E}\cdot d\mathbf{l} = \int_0^{2\pi} E_\phi \mathbf{a}_\phi \cdot \mathbf{a}_\phi \rho\, d\phi = E_\phi(2\pi\rho) = -\iint_S \frac{\partial \mathbf{B}}{\partial t}\cdot d\mathbf{s}$$
$$= -\int_0^{2\pi}\int_0^{\rho} (-\omega B_0 \sin\omega t)\mathbf{a}_z \cdot \mathbf{a}_z \rho\, d\rho\, d\phi = (\omega B_0 \sin\omega t)\pi\rho^2 \quad (\rho \le a\text{일 경우})$$
$$= -\int_0^{2\pi}\int_0^{a} (-\omega B_0 \sin\omega t)\mathbf{a}_z \cdot \mathbf{a}_z \rho\, d\rho\, d\phi = (\omega B_0 \sin\omega t)\pi a^2 \quad (\rho \ge a\text{일 경우})$$

따라서 유도된 전기장은 다음과 같다.

$$\mathbf{E} = \mathbf{a}_\phi \frac{1}{2}(\omega B_0 \sin\omega t)\rho \quad (\rho \le a)$$
$$= \mathbf{a}_\phi \frac{1}{2}(\omega B_0 \sin\omega t)\frac{a^2}{\rho} \quad (\rho \ge a) \tag{8.6}$$

유도된 전기장은 보존적인 성질을 가진 정전기장이 아니라는 점에 주목하라.

8.3.2 자기장 속의 움직임의 영향

지금부터는 움직임이 전기장과 자기장에 영향을 준다는 사실을 인식하는 것이 중요하다. 정지한 관측자와 움직이는 관측자가 측정하는 전기장과 자기장은 서로 다르다. 예를 들어, 움직이는 관측자가 측정한 전기장 $\mathbf{E}'$은 제자리에 서 있는 관측자가 측정한 전기장 $\mathbf{E}$와 다르다.

이 절에서 우리는 움직이는 관측자에 의해 측정된 전기장 $\mathbf{E}'$에 대해 살펴본다. [그림 8-1]과 같이 길이가 l인 완전도체[1]로 만든 막대가 자기장 $\mathbf{B}$ 속을 속도 $\mathbf{v}$로 이동한다고 하자. 문제가 간단해지도록 자기장 $\mathbf{B}$는 균일하다고 하고($\mathbf{B} = \mathbf{a}_x B_0$), 속도 $\mathbf{v}$도 일정하다고 하자($\mathbf{v} = \mathbf{a}_y v_0$). 도체막대 안의 자유전하들은 자기력 $q\mathbf{v}\times\mathbf{B}$를 받게 되는데, 이 힘에 의해 [그림 8-1]에 표시된 것처럼 전하가 분리된다. 홀 효과(6.10절)에서도 이와 비슷한 전하 분리 과정을 볼 수 있다. 전하가 분리되면 전기장 $\mathbf{E}$가 발생한다. 전하는 전기력 $\mathbf{F}_e = q\mathbf{E}$가 자기력 $\mathbf{F}_m = q\mathbf{v}\times\mathbf{B}$를 완전히 상쇄시켜 평형상태에 도달할 때까지 계속해서 양끝에 쌓인다. 이 분리, 축적 과정은 거의 순간적으로 이루어진다. 즉 전하는 도체 전체에 일정한 장 $\mathbf{E} = -\mathbf{v}\times\mathbf{B} = \mathbf{a}_z(v_0 B_0)$을 만들기 위해 스스로 움직여 분포한다.

그러므로 움직이는 도체막대는 전압원처럼 동작한다. 만약 움직이는 막대의 양끝에 접촉할 수 있다면 $-B_0 v_0 l$ 크기의 전압을 측정할 수 있을 것이다. 이 전압은 다음과 같이 전기장에 의해 발생한 것이다.

1 완전도체의 정의에 대해서는 8.6절의 설명을 참조하라.

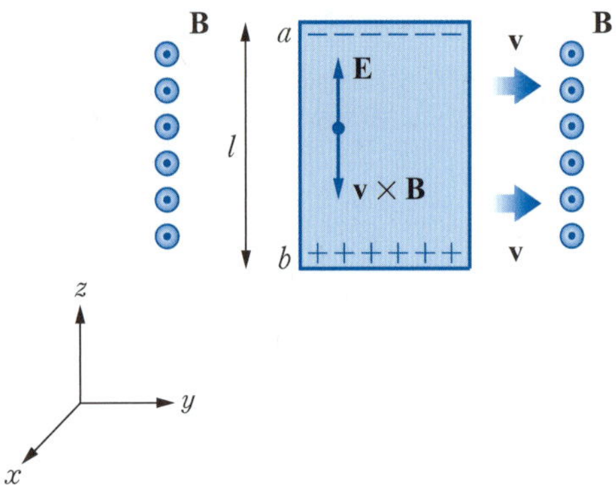

그림 8-1 자기장 속에서 움직이는 도체막대

$$V_{ab} = -\int_b^a \mathbf{E} \cdot d\mathbf{l} = \int_b^a \mathbf{v} \times \mathbf{B} \cdot d\mathbf{l} = -B_0 v_0 l$$

자기장 속을 통과하여 움직이는 도체막대에서 발생하는 이 전압이 발전기의 기반이다. 이 도체막대를 선형 발전기linear generator로 생각할 수 있다. 움직이는 완전도체의 내부에서는 전기장 $\mathbf{E}$가 0이 아니라는 것에 주목하라. 이 결과가 다소 놀라울 수도 있는데, 이로써 움직이는 관측자에 대해서는 전기장에 대한 새로운 정의가 필요함을 알 수 있다.

도체막대와 함께 속도 $\mathbf{v}$로 움직이는 관측자가 측정하는 전기장은 다음과 같이 놓을 수 있다. 여기서는 $|\mathbf{v}| \ll c$(c는 진공에서의 빛의 속도)로 가정한다.[2]

$$\mathbf{E}' = \mathbf{E} + \mathbf{v} \times \mathbf{B} \tag{8.7}$$

그러면 움직이는 관측자가 측정한 도체 내의 장 $\mathbf{E}'$은 0이 된다. 또한 도체 속의 시험전하가 받는 힘을 정지한 관측자와 움직이는 관측자가 각각 측정한 결과는 서로 같다. 즉 다음과 같다.

$$\mathbf{F} = q(\mathbf{E} + \mathbf{v} \times \mathbf{B}) = q\mathbf{E}' = 0$$

[그림 8-2]는 정지한 좌표계에 대해 속도 $\mathbf{v}$로 움직이고 있는 어떤 시스템(단자 a와 b가 달린 블랙박스)을 나타낸 것이다. 움직이는 관측자에 의해 측정된 전압 V'_{ab}는 다음과 같다.

$$V'_{ab} = -\int_b^a \mathbf{E}' \cdot d\mathbf{l} \tag{8.8}$$

식 (8.8)은 속도 $\mathbf{v}$로 움직이는 동안에 단위전하가 b에서 a까지 이동하며 수행한 일을 나타낸다. $V_{ab} = -\int_b^a \mathbf{E} \cdot d\mathbf{l}$과 $V'_{ab} = -\int_b^a \mathbf{E}' \cdot d\mathbf{l}$ 사이의 차이를 잘 알아두는 것이 중요하다. 우리는 보통 시스템의 단자 $a-b$에서 측정되는 개방 회로 전압open-circuit voltage V'_{ab}에 관심을 갖는다.

---

2 속도 $\mathbf{v}$의 크기가 빛의 속도 c보다 훨씬 느리다는 조건($|\mathbf{v}| \ll c$)이 성립하지 않는 경우, 특수 상대성이론에 의해 $\mathbf{E}'$은 식 (8.7)과는 달라져야 한다. 이에 대한 자세한 내용은 다음 책을 살펴보기 바란다. J. R. Reitz, F. J. Milford, R. W. Christy, *Foundations of Electromagnetic Theory*, Addison-Wesley, 1993, 4th ed., Section 22-6.

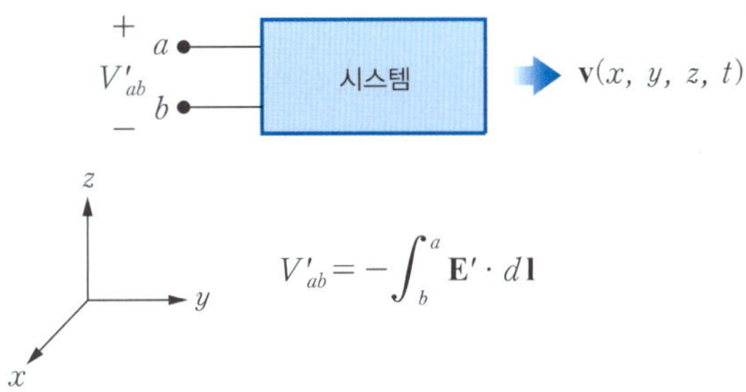

$$V'_{ab} = -\int_b^a \mathbf{E}' \cdot d\mathbf{l}$$

그림 8-2 움직이는 관측자가 측정한 전압

[그림 8-3]처럼 움직이는 시스템에 움직이지 않는 도체 레일을 추가해보자. 움직이는 시스템의 양쪽 단자가 정지해 있는 도체 레일에 접촉되면 유도 전압을 측정할 수 있다. 이 경우 단자 $a-b$는 움직이지 않으므로 V'_{ab}와 V_{ab}는 동일하다.

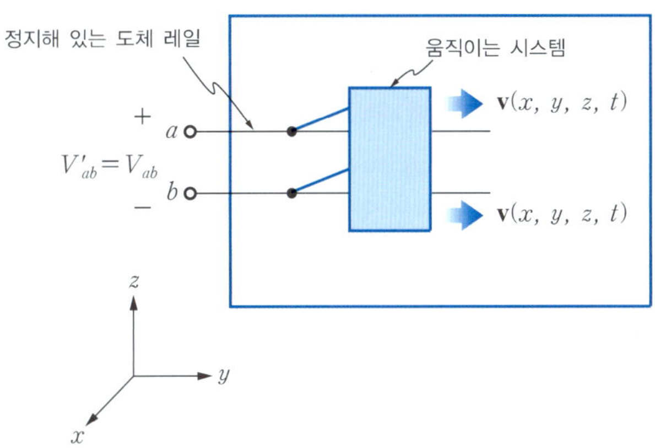

그림 8-3 전압을 측정하는 방법

8.3.3 패러데이 법칙의 적분형과 회로형

자기장 속을 움직이는 회로와 관련된 문제들을 다룰 때 매우 유용한 적분형 패러데이 법칙이 몇 개 있다. 회로 network 문제에 적용하기 위해서는 준정적 quasistatic 조건인 $D_{\max} \ll \lambda$가 충족되어야 한다. 여기서 $D_{\max}$는 회로의 최대 치수(크기)이고 λ는 시변 전자기장의 파장이다. 준정적 제한을 추가로 둔 것은 전자기장의 방사 radiation 를 거의 발생하지 않게 하고 회로이론에서 사용하는 가정이 확실히 적용되게 하기 위해서이다.

이제 일반적인 적분형 패러데이 법칙을 살펴보자. 식 (8.4)에 $\mathbf{E}' = \mathbf{E} + \mathbf{v} \times \mathbf{B}$를 대입하면 다음과 같은 제1 적분형을 얻을 수 있다.

$$\oint_C \mathbf{E}' \cdot d\mathbf{l} = -\iint_S \frac{\partial \mathbf{B}}{\partial t} \cdot d\mathbf{s} + \oint_C (\mathbf{v} \times \mathbf{B}) \cdot d\mathbf{l} \tag{8.9}$$

여기서 C는 열린표면 S의 경계를 이루는 닫힌경로이다. 식 (8.9)는 공간상의 어떤 경로 C에 대해서도 성립하는 것으로, C가 회로와 일치하지 않아도 상관없다. $\oint_C \mathbf{E}' \cdot d\mathbf{l}$은 경로 C의 둘레를 따라 발생한 전압으로 생각해도 된다. 이 전압을 유도 전압 induced voltage 이라고 하며, 흔히 **기전력** electromotive force 또는 줄여서 **이엠에프** emf 라고도 한다.

식 (8.9)의 우변을 잘 처리하면 $-\dfrac{d\Phi}{dt}$를 얻을 수 있으므로 다음과 같이 제 2 적분형을 얻을 수 있다.

$$\oint_C \mathbf{E}' \cdot d\mathbf{l} = -\frac{d\Phi}{dt} = -\frac{d}{dt}\iint_S \mathbf{B} \cdot d\mathbf{s} \tag{8.10}$$

여기서 닫힌경로 C는 열린표면 S의 경계이다. 긴 유도 과정[3]은 여기서는 생략한다. 식 (8.10)도 공간의 어떠한 경로 C에 대해서도 성립한다. 이 식은 닫힌경로 C의 둘레를 따라 유도된 전압 emf 은 경로 C를 경계로 하는 표면 S를 통과하는 자기 선다발(Φ)의 음의 변화율과 같다는 것을 의미한다.

이제 식 (8.9)와 식 (8.10)을 [그림 8-4]의 회로에 적용해보자. 이 회로를 보면 정지해 있는 좌표계 (x, y, z)에서 개방된 완전도체 루프가 속도 $\mathbf{v}(x, y, z, t)$로 움직이고 있다. 자기장 $\mathbf{B}(x, y, z, t)$가 정지해 있는 좌표계 (x, y, z)에서 주어진다. 속도 $\mathbf{v}(x, y, z, t)$는 위치와 시간에 따라 변할 수 있으며, 루프도 움직이면서 변형될 수 있다. 루프의 일부가 완전히 고정될 수도 있다. 루프에는 좁은 간극이 있다. 경로 C는 간극까지 포함해서 완성된다. 루프는 완전도체이므로 $\mathbf{E}'$은 간극 영역을 제외한 경로 C의 모든 곳에서 0이 된다.

$$\oint_C \mathbf{E}' \cdot d\mathbf{l} = -\int_b^a \mathbf{E}' \cdot d\mathbf{l} = V'_{ab}(t)$$

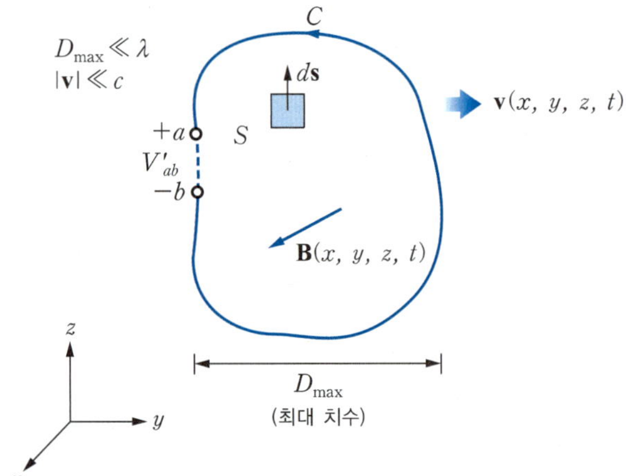

그림 8-4 좁은 간극 $a-b$를 갖는 도체 루프 C가 자기장 속을 움직이는 경우

속도는 빛의 속도보다 훨씬 느리며 루프는 전자기장을 방사하지 않는다. $V'_{ab}(t)$는 움직이는 관측자에 의해 측정된 개방회로 전압이다. 움직이는 관측자의 속도는 단자 $a-b$의 속도이다. 경로 C는 a에서 b까지의 간극을 포함하여 닫힌 경로가 된다.

3 D. K. Cheng, *Field and Wave Electromagnetics*, Addison-Wesley, 1989, 2nd ed., Chapter 7.

제1 적분형인 식 (8.9)는 다음과 같이 된다.

$$V'_{ab}(t) = -\iint_S \frac{\partial \mathbf{B}}{\partial t} \cdot d\mathbf{s} + \oint_C (\mathbf{v} \times \mathbf{B}) \cdot d\mathbf{l} \tag{8.11}$$

$V'_{ab}(t)$는 단자 $a-b$ 사이에 유도된 개방회로 전압이다. 개방회로 전압은 두 항으로 이루어져 있다. 첫 번째 항 $-\iint_S \frac{\partial \mathbf{B}}{\partial t} \cdot d\mathbf{s}$는 **변압기 기전력**transformer emf이라고 부르는 것으로, 속도가 0인 경우는 이 항만 남는다. 두 번째 항 $\oint_C (\mathbf{v} \times \mathbf{B}) \cdot d\mathbf{l}$은 **선다발-절단 기전력**flux-cutting emf 또는 **운동 기전력**motional emf이라고 부르는 것으로, $\frac{\partial \mathbf{B}}{\partial t} = 0$일 때는 이 항만 남는다. 일반적으로 두 항 모두가 필요하며 각각의 영향을 모두 고려해야 한다.

한편, 제2 적분형인 식 (8.10)은 다음과 같이 된다.

$$V'_{ab}(t) = -\frac{d\Phi}{dt} = -\frac{d}{dt}\iint_S \mathbf{B} \cdot d\mathbf{s} \quad : \text{회로형 패러데이 법칙} \tag{8.12}$$

식 (8.12)는 친숙하게 느껴질 것이다. $V'_{ab}(t) = -\frac{d\Phi}{dt}$는 원래 7.6절에서 언급한 회로모델인데, 식 (8.12)에 $(-)$부호가 있다는 점만 다르다. 이것은 단지 전압-전류 관계에서 방향만 반대가 된 것을 의미한다. 전압 또는 전류의 정의에서 단순히 방향만 반대로 바꾸면 식 (7.22)의 부호를 바꿀 수 있고, V'_{ab}이나 C의 정의에서 방향을 반대로 바꾸면 식 (8.12)의 부호를 바꿀 수 있다. 회로이론에서는 표시가 간단해지도록 $(+)$부호를 사용한다. 그러나 전자기 이론에서는 렌츠의 법칙Lenz's law에 의해 변화를 거스르는 현상이 생기는 것을 나타내기 위해 $(-)$부호를 유지한다. 그러므로 경로 C의 정의가 중요하다. 경로의 방향은 간극을 a(V'_{ab}에서 $(+)$ 기준점)에서 b로 통과하는 것으로 한다.

[표 8-1]에 세 가지 형태의 패러데이 법칙을 정리했다.

표 8-1 패러데이 법칙

구분	법칙
미분형	$\nabla \times \mathbf{E} = -\frac{\partial \mathbf{B}}{\partial t}$ • 시변 자기장은 전기장을 유도한다. • 유도된 전기장은 시변 자기장 주위를 회전한다(오른손 규칙).
적분형	$\oint_C \mathbf{E} \cdot d\mathbf{l} = -\iint_S \frac{\partial \mathbf{B}}{\partial t} \cdot d\mathbf{s}$
회로형	$V = -\frac{d\Phi}{dt}$ • $V = \oint_C \mathbf{E}' \cdot d\mathbf{l}$: 유도 전압 또는 기전력(emf) • $\Phi = \iint_S \mathbf{B} \cdot d\mathbf{s}$: 표면 S를 통과하는 자기 선다발

예제 8-2 움직이는 루프에 유도되는 전압

[그림 8-5(a)]를 보면 좁은 간극이 있는, 한 변의 길이가 l인 정사각형 모양의 완전도체가 있다. 이 루프는 전류 I가 흐르고 있는 매우 긴 직선 도선으로부터 거리 d만큼 떨어져 있다.

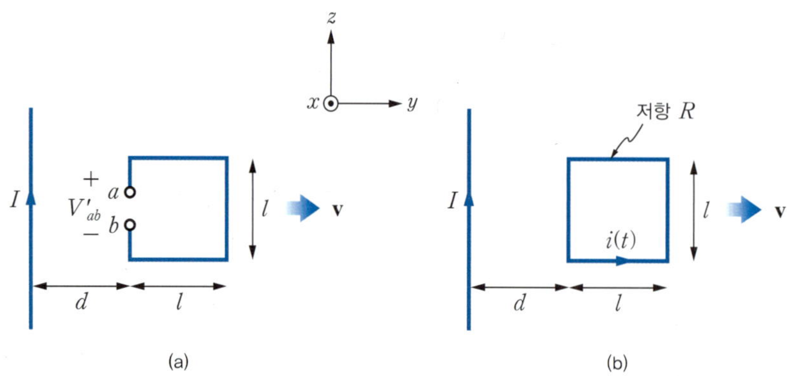

그림 8-5 움직이는 루프에 유도되는 전압과 전류

(a) 직선 도선에서 멀어지도록 일정한 속도 v로 루프를 오른쪽으로 당길 때, 단자 $a-b$ 사이에 유도되는 전압 V'_{ab}을 계산하라.

(b) 속도 v로 루프를 위쪽으로(도선과 나란한 방향으로) 당길 때 유도되는 전압 V'_{ab}을 계산하라.

풀이

(a) 식 (8.11) 또는 식 (8.12)를 사용해서 V'_{ab}을 계산할 수 있는데, 경로 C의 방향은 반시계방향으로 잡는다. 자기장 $\mathbf{B}$는 직선 도선에 흐르는 일정한 전류(직류전류) I에 의해 발생한다. 따라서 식 (8.11)의 첫 번째 항은 어떠한 기전력^{emf}도 만들어내지 않지만, 두 번째 항은 선다발을 끊어서 운동 기전력을 만들어낸다. [그림 8-5(a)]에 표시한 것과 같이 직각 좌표계를 가정하면 다음과 같이 쓸 수 있다.

$$\mathbf{I} = \mathbf{a}_z I, \quad \mathbf{v} = \mathbf{a}_y v$$

식 (6.8)을 이용하면 가는 선의 자기장 $\mathbf{B}$는 다음과 같다.

$$\mathbf{B} = \mathbf{a}_\phi \frac{\mu_0 I}{2\pi\rho} = -\mathbf{a}_x \frac{\mu_0 I}{2\pi y} \quad : \text{책 속으로 들어가는 방향}$$

$d\mathbf{s}$의 방향(경로 C의 방향이 반시계방향이므로, $d\mathbf{s}$는 책에서 밖으로 나오는 방향)으로 루프를 관통하는 자기 선다발은 다음과 같다.

$$\begin{aligned}\Phi &= \iint_S \mathbf{B} \cdot d\mathbf{s} = \int_0^l \int_d^{d+l} \left(-\mathbf{a}_x \frac{\mu_0 I}{2\pi y}\right) \cdot \mathbf{a}_x \, dy\, dz \\ &= -\frac{\mu_0 I}{2\pi} \Big[\ln y\Big]_d^{d+l} (l) = -\frac{\mu_0 I}{2\pi} l \ln\left(\frac{d+l}{d}\right)\end{aligned}$$

이제 루프가 오른쪽으로 일정한 속도 v로 당겨지는 경우에는 d를 $d+vt$로 바꿔야 한다. 그러면 다음을 얻을 수 있다.

$$\Phi(t) = -\frac{\mu_0 Il}{2\pi}\ln\left\{\frac{(d+vt)+l}{(d+vt)}\right\}$$

따라서 식 (8.12)로부터 유도 전압은 다음과 같다.

$$\begin{aligned}V'_{ab}(t) &= -\frac{d\Phi}{dt} = \frac{\mu_0 Il}{2\pi}\frac{d}{dt}\{\ln(d+vt+l)-\ln(d+vt)\}\\ &= \frac{\mu_0 Il}{2\pi}\left\{\frac{v}{d+vt+l}-\frac{v}{d+vt}\right\}\\ &= \frac{-\mu_0 Il^2 v}{2\pi(d+vt+l)(d+vt)}\end{aligned}$$

(b) 루프를 도선에 나란하게 당기면 도선과 루프 사이의 거리 d는 변하지 않는다. 결과적으로 자기 선다발 Φ는 변하지 않는다. 즉 $\Phi=$상수이다.

따라서

$$V'_{ab}(t) = -\frac{d\Phi}{dt} = 0$$

이 되어, 유도되는 전압은 없다.

8.3.4 렌츠의 법칙

렌츠의 법칙은 도체, 자성물질, 이동체, 전원 등으로 구성되는 자기 시스템magnetic system 내에서 발생하는 유도 현상의 방향을 결정할 때 유용하게 쓰인다. 이 법칙은 1834년에 렌츠Heinrich F. Lenz가 발견했다.

렌츠의 법칙

자기 시스템 내에서 자기 선다발이 변하면 그 변화를 거스르는 방향으로 유도 기전력이 발생한다.

예를 들어, 닫힌 도선 루프를 통과하는 자기 선다발을 증가시키면 루프에는 유도 기전력이 발생하는데, 이 유도 기전력에 의해 루프에는 자기 선다발의 증가를 상쇄하는 방향으로 전류가 흐른다. 렌츠의 법칙은 이미 식 (8.3)의 패러데이 법칙에 (−)부호로서 포함되어 있다. 하지만 렌츠의 법칙은 전류나 자기 선다발 변화의 부호를 표시하거나 계산결과를 검사할 때 매우 유용하다.

예제 8-3 움직이는 루프에 유도되는 전류

[그림 8-5(b)]는 [예제 8-2]에서 정사각형 루프가 간극 없이 닫혀 있는 경우이다. 전도율이 유한한 도체인 루프의 저항은 $R\,[\Omega]$이다. 루프를 속도 v로 오른쪽 방향으로 당기면 유도 기전력은 루프에 전류를 흐르게 한다. 유도 전류 $i(t)$와 전류의 방향을 구하라.

풀이

유도 기전력 $V(t)$는 [예제 8-2]와 비슷한 방법으로 구할 수 있다. 유도 기전력과 유도 전류의 관계는 옴의 법칙($V=Ri$)을 따른다.

$$V(t)=\oint_C \mathbf{E}'\cdot d\mathbf{l}=-\frac{\mu_0 I l^2 v}{2\pi(d+vt+l)(d+vt)}=R\,i(t)$$

여기서 전류 $i(t)$의 방향은 오른손 규칙에 따라 반시계방향[CCW]으로 잡는다. 그러므로 유도 전류는 다음과 같다.

$$i(t)=-\frac{\mu_0 I l^2 v}{2\pi R(d+vt+l)(d+vt)}$$

(−)부호는 유도 전류가 시계방향[CW]으로 흐른다는 것을 나타낸다. 또한 렌츠의 법칙으로 유도 전류의 방향을 검사할 수 있다. 루프가 오른쪽으로 이동하면 책 속으로 들어가는 방향으로 루프를 관통하는 자기 선다발(Φ)이 줄어들게 되는데, 그 이유는 도선으로부터 거리가 멀어질수록 자기장 $\mathbf{B}$가 감소하기 때문이다. 렌츠의 법칙에 따라 전류는 자기 선다발의 변화를 거스르는 방향, 즉 책 속으로 들어가는 자기 선다발을 증가시키는 방향으로 유도된다. 루프 내부(표면 S)를 책 속 방향으로 통과하는 자기장 $\mathbf{B}$를 발생시키려면 유도 전류는 시계방향으로 흘러야 한다. 이 예제에서는 움직이는 속도가 느리고, 발생하는 주파수가 낮으며, 루프의 저항이 리액턴스에 비해 크다고 가정한다.

8.4 패러데이의 유명한 실험들

패러데이[Michael Faraday, 1791~1867]는 1825년경에 아주 유명한 화학자가 되었다. 패러데이는 벤젠을 발견했고 강철 합금에 관한 중요한 연구를 수행했으며, 영국왕립학회[the Royal Society]의 회원으로 선출되었다. 그는 에르스텟[Oersted]과 앙페르[Ampère]의 기본 실험들을 따라하면서 전자기학에 관한 연구를 시작했다. 또한 그는 최초의 모터로 일컬어지는 흥미로운 회전 장치를 발견했다. 그러나 불행하게도 그는 선배 동료인 월라스톤[Wollaston]의 아이디어를 도둑질했다는 부당한 비난을 받았는데, 그런 비난은 정직하고 곧은 성품의 패러데이를 고통스럽게 만들었다.

Michael Faraday

패러데이는 동료들과의 관계에 있어서 조심스러우면서도 정직했다. 다른 연구자들에게 의문을 제기할 때는 매우 신중을 기했고, 그래서 그들의 반감을 사는 대신 친구가 되었다. 패러데이가 쓴 다음 글은 프랭클린 Franklin 이 보여준 솔직담백함을 떠올리게 한다. “보통 자석 내에 전류가 존재한다는 것이 증명되기 전까지 저는 절대로 자석 속에 전기가 흐른다는 결론을 내릴 수 없습니다. … 저는 여전히 앙페르의 이론에 대해 확신이 서질 않습니다.” 어떤 면에서 보면, 패러데이는 앙페르의 이론을 지지했지만, 그 가정들이 실험을 통해 입증되는 것을 확인하기 전까지 이를 받아들이지 않았다. 앙페르는 패러데이에게 상세한 답장을 했고, 둘은 친하게 서신을 교환하는 사이가 되었다.

1825년, 패러데이는 앙페르에게 쓴 편지에서 “당신이 나에게 쓴 모든 편지에서 당신이 얼마나 눈코 뜰 겨를 없이 바쁜지 말했지만, 그게 당신이 얼마나 시간을 잘 보내고 있는 것인지 알면 좋겠습니다. 유감스럽게도 저는 제 시간의 대부분을 아주 일상적인 업무를 하는 데 쓰고 있어서 이런 상황이 핑계가 될런지 모르겠지만. … 독창적인 연구는 거의 하지 못하고 있습니다.”라며 기초 연구를 할 기회가 부족한 것에 대한 아쉬움을 표시했다. 패러데이의 철저함과 신뢰도 또한 아주 유명했다. 패러데이가 맡아서 한 일이라면 사람들은 별 문제가 없을 것이라 인식했다. 영국왕립연구소 Royal Institution 에서 일했던 패러데이는 정부의 요청을 거절할 수 없었다.

1831년 패러데이가 자기 유도에 대한 실험을 수행하고 있을 때 그의 나이는 마흔이었다. 가난하고 교육도 제대로 못 받은 그는 견습 제본공에서 시작해 실로 먼 길을 걸어왔던 것이다. 1812년 당시 패러데이는 과학분야에서 일자리를 찾다가 거절을 당한 뒤 한 친구에게 다음과 같은 편지를 보냈다. “나는 지금 구닥다리 일을 하고 있어. … 과학의 발전에 대해서는 아는 게 거의 없고, 이젠 더더욱 모르게 될 것 같은 느낌이 들어. … 난 철학(과학)을 나보다는 더 좋은 운을 타고난 사람들에게 맡겨버리는 수밖에 없어. … 난 이제 너무 지쳤어…” 그런 일이 있고 얼마 지나지 않아 패러데이는 왕립연구소의 조수직으로 채용되었고 이후 몇 년간 빠르게 성장하며 명성을 쌓아나갔다. 이 시점에서 패러데이는 자신의 인생에서 또 한 번의 전환점을 맞게 된다. 그는 앙페르에게 보낸 편지에서 밝혔듯이 독창적 연구를 할 기회가 없다는 사실에 낙담하고 있었다. 마흔 살이던 그때, 그는 최고의 성과를 눈앞에 두고 있었다는 것을 알았을까? 패러데이는 근본적인 물음에 답하려고 노력했다. 전류가 자기장을 발생시킨다면, 반대로 자기장이 전류를 발생시키지 않을까? 이 문제에 대한 답은 1820년 에르스텟의 놀라운 발견만큼이나 근본적이고 중요하다고 할 수 있을 것이다.

1831년 가을, 패러데이는 이 질문에 답하기 위해 일련의 실험을 시작했다. [그림 8-6(a)]에는 1차 회로와 2차 회로가 나타나 있다. 1차 회로에서 스위치를 닫으면 자기장이 2차 회로 주변에 생성되는데, 2차 회로에 전류 $i(t)$가 유도될까? 사실상 패러데이는 2차 회로에서 단락회로 전류 short-circuit current 를 측정하고 있었다. 그는 아마도 1차 회로의 일정한 전류 steady current(정상전류)가 2차 회로에 일정한 전류를 유도할 것으로 예상했을 것이다. 그의 첫 번째 실험은 [그림 8-6(b)]의 형태를 취했다. 1차 코일과 2차 코일은 모두 단면이 원형인 토로이드(고리 모양) 철 코어 toroidal iron core 에 감겨 있었다. 1차 회로의 스위치를 재빨리 닫고 잠시 동안 유지해 일정한 전류가 흐르게 한 후 다시 스위치를 열었다. 1차 회로의 일정한 전류는 2차 회로에 어떤 전류도 만들지 못했다. 오직 1차 회로의 스위치를 닫는 순간과 여는 순간에만 2차 회로에 어떤 현상이 관찰되었다. 스위치를 닫고 여는 순간에 맞춰 작은

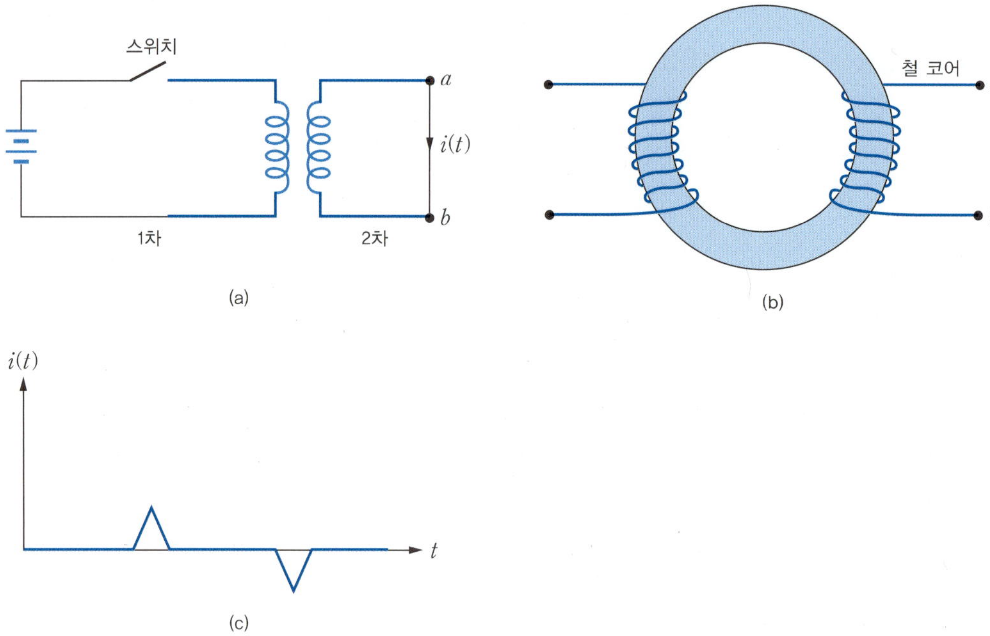

그림 8-6 패러데이의 실험들

(a) 실험회로 (b) 철 코어 실험 (c) 단락회로 전류

크기의 변화가 아주 잠깐 동안 나타난 것이 전부였다([그림 8-6(c)]). 패러데이가 찾고 있었던 현상은 일어나지 않았다. 1차 회로의 스위치가 닫히거나 열릴 때만, 다시 말해 1차 회로의 전류가 변할 때만 2차 회로에서 전류가 관찰되었던 것이다. 패러데이는 어떻게 했을까? 실험을 그만두었을까? 그 순간적인 작은 변화가 과연 어떤 의미가 있는 것이었을까? 다행스럽게도 패러데이는 훌륭한 실험 과학자였다. 그의 전기에는 다음과 같은 문장이 들어 있다. "그는 평생 동안 한결같았다. 예상 밖의 결과를 한 번도 무시하거나 회피한 적이 없었다."[4] 패러데이는 그 순간적인 변화의 의미를 즉시 간파했던 것이다.

두 번째 실험에서 패러데이는 철 코어를 제거했다. 그는 원통형 나무 코어 위에 1차 코일과 2차 코일을 함께 감았다. 처음에는 아무런 현상도 나타나지 않았다. 그 다음에 전압을 10배 정도 올리고 코일을 감은 수를 늘렸을 때 [그림 8-6(c)]의 작은 전류변화가 스위치를 닫고 열 때 다시 관찰되었다. 여기서 어떤 일이 일어나고 있는 것일까? 1차 회로에 흐르는 일정한 전류는 2차 회로 주위에 일정한 자기장(정자기장)을 발생시키지만, 일정한 자기장이 있는 동안에는 아무런 현상도 관찰되지 않는다. 스위치가 닫히면 1차 회로의 전류와 이 전류에 의해 발생하는 자기장은 급속히 증가하여 일정한 값에 도달한다. 이와 마찬가지로 스위치가 열리면 1차 회로의 전류와 자기장은 일정한 값에서 0으로 빠르게 감소한다. 이와 같이 유도 전류는 자기장이 변할 때만 발생한다.

세 번째 실험에서 패러데이는 자기장을 변화시키는 방식을 완전히 바꾸었다. 1차 회로와 2차 회로를 두 개의 넓은 판 위에 각각 올려놓고 스위치를 닫은 상태로 서로 멀리 떨어뜨려 놓았다. 먼저 1차

4 L. Pierce Williams, *Michael Faraday: A Biography*, p.119, Da Capo Press, NY, 1987, Reprint from Basic Books, NY, 1965.

회로를 2차 회로 쪽으로 움직였다가 다시 멀어지게 했다. 그러면 1차 회로의 전류는 일정하게 유지되지만 2차 회로 주변의 자기장은 1차 회로가 접근하거나 멀어짐에 따라 증가하거나 감소하게 된다. 실험 결과, 2차 회로에 유도되는 전류의 극성(즉 방향)은 1차 회로가 접근하는 경우와 멀어지는 경우에 서로 반대가 되었다.

그러고 나서 패러데이는 전류와 연관된 자기력선, 자기장에 관심을 쏟아, 철가루로 그 형태를 나타나게 했다. 패러데이는 스위치가 닫힐 때 자기장이 증가하고, 1차 회로가 접근하면 2차 회로에서 자기장이 증가하는 것을 분명히 '볼' 수 있었다. 세 실험에서 나타난 공통점은 2차 회로에서 유도 전류가 관찰될 때마다 2차 회로에서 자기장의 변화가 있었다는 사실이었다.

네 번째 실험에서 패러데이는 1차 회로를 영구 자석으로 교체하고, 자석을 2차 회로 쪽으로 움직였다가 다시 멀어지게 했다. 결과는 1차 회로를 사용했을 때와 동일했다. 자석이 접근하거나 멀어짐에 따라 2차 회로에 유도되는 전류의 극성이 바뀌었다. 패러데이가 2차 회로 주위의 자기장이 변할 때 2차 회로에 전류가 유도된다는 결론을 내리기까지 그가 밟은 과정에 주목해야 한다. 이 결론은 시간에 따라 변하는 장을 지배하는 첫 번째 법칙인 패러데이 법칙으로 이어졌다.

패러데이가 능력이 있었고 꿈도 있었지만, 1831년 가을 그 유명한 열흘 동안에 자신이 그런 위대한 발견을 하게 되리라는 것을 알았을까? 나아가 자신이 최고의 업적을 세우고, 훗날 영국 과학자 중 가장 앞자리를 차지하고, 오늘날 많은 사람들이 자신을 역사상 가장 위대한 과학자로 평가하게 되리라는 것을 상상이나 했을까?

앞에서 말한 열흘 동안 패러데이는 여러 가지 추가 실험을 수행했다. 그 중 하나가 최초의 발전기인 원반형 발전기 disk generator 의 발견이었다. 패러데이는 8.3.3절에서 개략적으로 설명한 자기 선다발 절단 원리(운동 기전력)도 발견했다. 그는 1831년 11월 24일에 연구 결과를 왕립학회에 발표했다. 이후 패러데이는 유도 전류가 2차 회로의 루프 면적에 비례한다는 것을 보였다. 또한 그는 유도 전류가 2차 회로에 사용된 도선의 전도율에 비례한다는 것을 입증했다. 이 두 결과는 식 (8.12)로 표현되는 수학적 형태의 패러데이 법칙에서 찾아볼 수 있다.

8.5 맥스웰 방정식 Maxwell's Equations

앞에서 말한 것처럼 1831년에 패러데이 법칙이 처음 발견되었다. 맥스웰 Maxwell 은 1850년에 패러데이 법칙을 현재 사용하는 형태인 $\nabla \times \mathbf{E} = -\dfrac{\partial \mathbf{B}}{\partial t}$ 로 표현했다. 그 당시에는 전자기 현상에 관해 밝혀지지 않은 의문점들이 많이 있었다. 예를 들어, 패러데이 법칙은 1차 회로에서의 변화로 인해 2차 회로에 유도되는 전압과 전류를 정확하게 설명한다. 하지만 패러데이 법칙은 1차 회로에서 2차 회로로 어떻게 에너지가 전달되는지, 또는 얼마나 빠르게 전달되는지는 설명하지 않는다. 실험에서는 전달

과정이 거의 순간적으로 이루어지는 것으로 나타났다. 회로 방정식에는 이러한 에너지 전달의 순간성(동시성)이 들어가 있다. 그렇지만 의문은 사라지지 않는다. 정말 순간적일까? 2차 회로에 현상이 나타나기 전에 얼마라도 시간 지연이 있지 않을까?

1851년 당시에는 빛의 전달에 관해 몇 가지 기본적인 의문점들이 있었다. 빛의 속도는 여러 가지 방법으로 측정되었으므로 상당히 정확하게 알려져 있었다. 빛의 속도는 175년 전인 1676년에 덴마크 천문학자인 뢰머[Ole Roemer]에 의해 최초로 계산되었다. 뢰머는 목성의 달이 가려지는 천문학적 현상(월식)을 이용한 과학적 방법으로 빛의 속도를 $2.3 \times 10^8\,[\mathrm{m/sec}]$로 추정했다. 뉴턴[Isaac Newton]은 1704년에 뢰머의 계산 결과를 약 $2.7 \times 10^8\,[\mathrm{m/sec}]$로 수정했다. 1728년 영국의 천문학자인 브래들리[J. Bradley]는 항성 광행차[stellar aberration]에 관련된 천문학적 방법을 사용해서 빛의 속도를 $3.05 \times 10^8\,[\mathrm{m/sec}]$로 추정했다. 최종적으로는 피조[H. L. Fizeau]와 푸코[L. Foucault]가 1849년과 1852년에 각각 다른 방법으로 빛의 속도를 직접 측정하여 $3.15 \times 10^8\,[\mathrm{m/sec}]$와 $2.98 \times 10^8\,[\mathrm{m/sec}]$라는 값을 얻었다. 그러나 빛의 속도가 상당히 잘 확립된 것에 비해, 빛의 본질과 전달 체계는 알려지지 않았다. 하지만 음파의 전달은 잘 알려져 있었고, 많은 사람들이 연구하고 있었다. 특히 달랑베르[D'Alembert]는 음파가 다음의 스칼라 파동방정식[scalar wave equation]을 만족한다는 것을 1750년에 증명했다. 여기서 ψ와 v_s는 각각 소리의 압력과 소리의 속도이다.

$$\nabla^2\psi = \frac{1}{v_s^2}\frac{\partial^2\psi}{\partial t^2} \tag{8.13}$$

1850년대에서 1860년대에 이르는 동안 다음과 같은 의문이 자연스럽게 제기되었다. 패러데이 법칙은 변화하는 자기장이 전기장을 발생시키는 것을 뜻하는데, 그 반대도 성립하는가? 다시 말해 변화하는 전기장이 자기장을 발생시키는가?

8.5.1 변위전류 Displacement Current

바로 앞에서 제기된 질문에 답하기 위해 정전기장과 정자기장의 회전 방정식을 생각해보자. 첫 번째 회전 방정식 $\nabla \times \mathbf{E} = 0$이 시간에 따라 변화하는 경우에는 $\nabla \times \mathbf{E} = -\dfrac{\partial \mathbf{B}}{\partial t}$가 된다. 두 번째 회전 방정식 $\nabla \times \mathbf{H} = \mathbf{J}$가 시간에 따라 변화하는 경우에는 어떻게 될까? 연속 방정식을 떠올려보자(식 (5.7) 참조).

$$\nabla \cdot \mathbf{J} = -\frac{\partial \rho_v}{\partial t} \tag{5.7}$$

이 식은 일정하지 않은(시간에 따라 변하는) 전류까지 포함하는 일반식으로 전류 $\mathbf{J}$와 전하 ρ_v 사이의 관계를 나타낸다. 정자기장의 경우를 따져보자(식 (8.2a) 참조).

$$\nabla \times \mathbf{H} = \mathbf{J} \tag{8.2a}$$

식 (8.2a)에 발산을 취하면 다음과 같다.

$$\nabla \cdot (\nabla \times \mathbf{H}) = \nabla \cdot \mathbf{J} = -\frac{\partial \rho_v}{\partial t} \tag{8.14}$$

위 식의 좌변은 회전에 대한 발산이므로 항상 0이 되는 반면, 우변은 시간에 따라 변화하는 경우에는 분명히 0이 아니다. 그러므로 회전 방정식 $\nabla \times \mathbf{H} = \mathbf{J}$는 시간에 따라 변화하는 경우에는 맞지 않으므로, 어쨌든 수정을 해야 한다는 것을 알 수 있다. 그러면 회전 방정식을 어떻게 수정해야 식에 모순이 생기지 않을까? 간단한 해법은 식 (8.14)의 우변에 $\frac{\partial \rho_v}{\partial t}$를 추가하는 것이다.

$$\nabla \cdot (\nabla \times \mathbf{H}) = \nabla \cdot \mathbf{J} + \frac{\partial \rho_v}{\partial t} = 0$$

이것이 회전 방정식을 어떻게 바꾸는지 보기 위해 $\rho_v = \nabla \cdot \mathbf{D}$를 대입하면

$$\nabla \cdot (\nabla \times \mathbf{H}) = \nabla \cdot \left(\mathbf{J} + \frac{\partial \mathbf{D}}{\partial t}\right) = 0 \tag{8.15}$$

이 되므로, 다음 식을 얻을 수 있다.

$$\nabla \times \mathbf{H} = \mathbf{J} + \frac{\partial \mathbf{D}}{\partial t} \tag{8.16}$$

식 (8.16)의 우변에 발산이 없는(솔레노이드) 벡터를 추가할 수도 있지만, 이렇게 하면 $\frac{\partial}{\partial t} = 0$일 때 식 (8.2a)의 정자기장 식을 얻지 못한다. 두 번째 회전 방정식에 새롭게 들어간 $\frac{\partial \mathbf{D}}{\partial t} \equiv \mathbf{J}_d$ 항은 부피 전류밀도의 단위인 $[\mathrm{A/m^2}]$을 갖는다. 이 항은 실제로 흐르는 전류는 아니지만 **변위전류밀도** displacement current density 라고 부른다. 이것이 맥스웰의 업적이다. 맥스웰은 순전히 이론(수학)에 근거해서 이 항을 찾아냈다. 맥스웰의 이론은 약 20년 후인 1888년에 전자기 방사에 관한 헤르츠의 실험으로 입증되었다. 뒤에 나오겠지만, $\frac{\partial \mathbf{D}}{\partial t}$가 포함된 회전 방정식으로부터 전자기파의 전파가 예측된다. 따라서 이 중요한 항이 없었다면 우리는 오늘날과 같은 '정보통신'의 시대에서 살지 못했을 것이다.

식 (8.16)의 양변을 열린표면 S에 대해 적분한 다음 스토크스 정리를 적용하면 다음과 같은 적분형 방정식을 얻을 수 있다.

$$\oint_C \mathbf{H} \cdot d\mathbf{l} = \iint_S \left(\mathbf{J} + \frac{\partial \mathbf{D}}{\partial t}\right) \cdot d\mathbf{s} \tag{8.17}$$

식 (8.16)과 식 (8.17)을 **암페어 법칙의 일반형**이라고 한다.

예제 8-4 평행판 커패시터에서의 변위전류

평행판 커패시터는 반지름이 a인 두 개의 도체 원판이 거리 d만큼 떨어져 있는 구조로 되어 있다($a \gg d$로 가정한다). 판 사이의 공간은 유전율이 ε인 이상적인 유전체(완전절연체)로 채워져 있다. 커패시터는 전위차 $V(t)$를 갖도록 충전되어 있다([그림 8-7]). 변위전류로 인해 커패시터의 내부 공간에 발생하는 자기장 $\mathbf{H}$를 구하라.

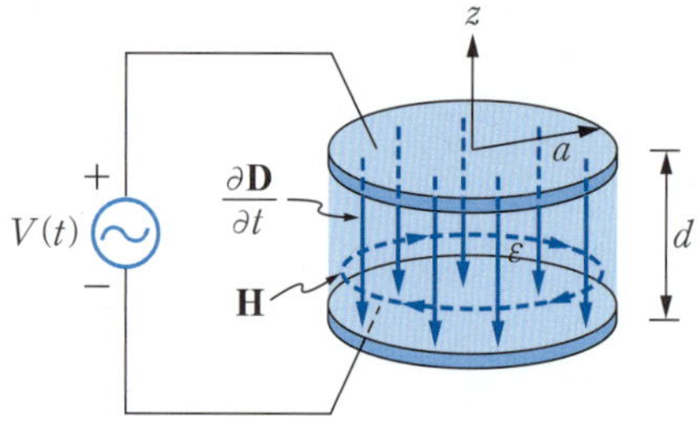

그림 8-7 평행판 커패시터 내부의 변위전류와 유도 자기장

풀이

$a \gg d$이므로, 평행판 사이의 전기장은 균일하며 방향은 z방향이다.

$$\mathbf{E} = -\mathbf{a}_z E = -\mathbf{a}_z \frac{V(t)}{d}$$

그러면 변위전류밀도는 다음과 같이 구할 수 있다.

$$\frac{\partial \mathbf{D}}{\partial t} = \frac{\partial}{\partial t}(\varepsilon \mathbf{E}) = -\mathbf{a}_z \frac{\varepsilon}{d}\frac{\partial V}{\partial t}$$

유전체가 완전절연체이므로 전도전류는 흐르지 않는다. 즉 $\mathbf{J} = 0$이다. 따라서 식 (8.16)은 다음과 같이 간단하게 된다.

$$\nabla \times \mathbf{H} = \frac{\partial \mathbf{D}}{\partial t}$$

이것을 적분형으로 나타내면 다음과 같다.

$$\iint_S (\nabla \times \mathbf{H}) \cdot d\mathbf{s} = \oint_C \mathbf{H} \cdot d\mathbf{l} = \iint_S \frac{\partial \mathbf{D}}{\partial t} \cdot d\mathbf{s} \tag{8.17a}$$

z방향의 변위전류 $\frac{\partial \mathbf{D}}{\partial t}$는 오른손 규칙에 따라 ϕ방향의 자기장 $\mathbf{H}$를 발생시킨다.

$$\mathbf{H} = \mathbf{a}_\phi H_\phi$$

식 (8.17a)를 반지름이 ρ인 원에 대해 적용하면 다음과 같다.

$$\oint_C \mathbf{H} \cdot d\mathbf{l} = H_\phi (2\pi\rho) = \iint_S \frac{\partial \mathbf{D}}{\partial t} \cdot d\mathbf{s} = \left(\frac{\partial D_z}{\partial t}\right)(\pi\rho^2)$$

$$H_\phi = \frac{\partial D_z}{\partial t} \cdot \frac{\rho}{2} = -\frac{\varepsilon}{d}\frac{\partial V}{\partial t}\frac{\rho}{2} \qquad (\rho \le a)$$

따라서 자기장 H_ϕ는 커패시터 내부에 유도되는 $\frac{\partial V}{\partial t}$에 비례하고, ρ에 따라 증가한다.

회로의 전류 법칙KCL의 수정

벡터 $\left(\mathbf{J}+\dfrac{\partial \mathbf{D}}{\partial t}\right)$는 발산하지 않는다. 즉 식 (8.15)로부터 $\nabla \cdot \left(\mathbf{J}+\dfrac{\partial \mathbf{D}}{\partial t}\right)=0$이다. 식 (8.15)를 부피 V에 대해 적분하면 다음과 같다.

$$\iiint_V \nabla \cdot \left(\mathbf{J}+\frac{\partial \mathbf{D}}{\partial t}\right) dv = \oiint_S \left(\mathbf{J}+\frac{\partial \mathbf{D}}{\partial t}\right)\cdot d\mathbf{s}=0 \tag{8.18}$$

따라서 다음의 결과를 얻는다.

$$-\oiint_S \mathbf{J}\cdot d\mathbf{s} = \oiint_S \frac{\partial \mathbf{D}}{\partial t}\cdot d\mathbf{s} \tag{8.19}$$

식 (8.18)은 닫힌표면 속으로 들어가는 방향으로 (또는 속에서 나오는 방향으로) 흐르는 전류와 변위전류의 합이 0이라는 것을 나타낸다. 따라서 정자기장 문제(일정한 전류가 흐르는 정자기장에서 $\nabla \cdot \mathbf{J}=0$)에서 전류 $\mathbf{J}$가 하는 역할을 시변장 문제에서는 $\mathbf{J}+\dfrac{\partial \mathbf{D}}{\partial t}$가 맡게 된다. 한편 식 (8.19)는 닫힌표면 S 속으로 흘러 들어가는 전류 $I=-\oiint_S \mathbf{J}\cdot d\mathbf{s}$가 0이 아니라 S 속에서 바깥으로 흘러 나가는 변위전류 $\oiint_S \dfrac{\partial \mathbf{D}}{\partial t}\cdot d\mathbf{s}$와 같다는 것을 나타낸다. 따라서 어떤 접합점junction으로 흘러 들어오는 전류의 합은 0이 아니라 그 접합점 밖으로 흘러 나가는 변위전류와 같다. 이것은 회로이론에서 배운 키르히호프 전류 법칙(KCL)에 어긋난다.

[그림 8-8(a)]는 반지름이 a인 도선의 끊어진 끝부분의 전도전류와 변위전류를 보여준다. 도선 끝에서 전류는 0이 되지 않고 변위전류와 만나 이어진다. 끝부분을 둘러싸는 닫힌표면 S를 생각해보자. 왼쪽에서 S로 흘러 들어오는 전류 $I=-\oiint_S \mathbf{J}\cdot d\mathbf{s}$는 S에서 오른쪽으로 흘러 나가는 변위전류와 같다.

[그림 8-8(b)]를 보면 두 개의 굵은 도선이 거리 d만큼 떨어져 커패시터 구조를 이루고 있다. 전류 $\mathbf{J}$는 왼쪽에서 흘러 들어와 오른쪽 도선으로 흘러 나간다. 두 도선 사이의 영역에는 변위전류만 흐른다.

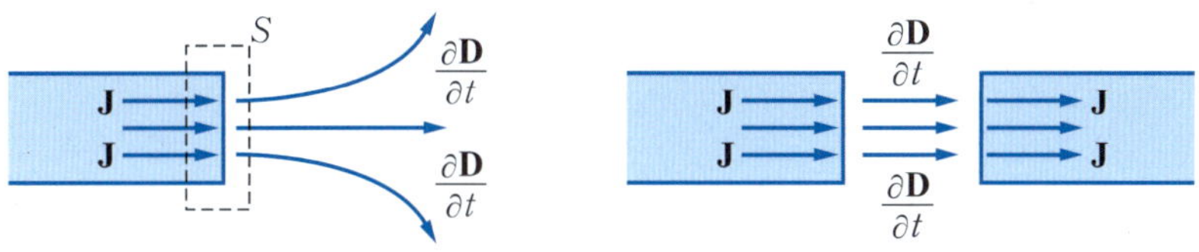

그림 8-8 전도전류와 변위전류 (계속)

(a) 끝이 끊어진 도선 (b) 끝이 끊어진 인접한 두 도선

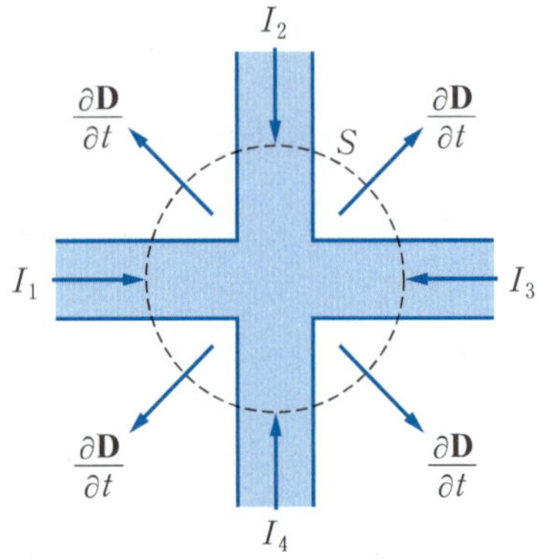

(c)

그림 8-8 **전도전류와 변위전류**

(c) 전류가 흐르는 네 도선의 접합점

[그림 8-8(c)]는 전류를 운반하는 네 개의 도선이 만나는 접합점을 보여준다. 접합점으로 흘러 들어오는 전류의 합은 0이 아니라 흘러 나가는 변위전류와 같다. 그래서 [그림 8-8(c)]와 같이 어떤 닫힌표면 S를 생각하면 이 표면 S로 흘러 들어오는 전류 $I = I_1 + I_2 + I_3 + I_4 = -\oiint_S \mathbf{J} \cdot d\mathbf{s}$는 S에서 흘러 나가는 변위전류 $\oiint_S \frac{\partial \mathbf{D}}{\partial t} \cdot d\mathbf{s}$와 같다.

변위전류의 영향은 주파수와 도체의 형상에 따라 달라진다. 예를 들어, [그림 8-8(a)]와 같이 반지름이 a인 끊어진 도선이 홀로 놓여 있는 경우를 생각해보자. $a \ll \lambda$일 때(파장은 주파수에 반비례하므로 주파수가 낮은 경우에 해당) 끊긴 부분에서의 전류(와 변위전류)는 매우 작으므로 저주파에서는 변위전류의 영향이 그리 크지 않다. 하지만 [그림 8-8(b)]처럼 다른 도선이 가까이 접근하면 변위전류의 영향이 상당히 커질 수 있다. [그림 8-8(b)]에서 $\frac{a}{\lambda}$ 값이 아무리 작은 경우에도 용량성 리액턴스가 작아지도록 d(간격)를 선택할 수 있으므로 두 도선 사이가 끊어진 회로가 아니라 마치 연결된 회로처럼 동작하게 할 수 있다.

[그림 8-8(c)]에서 $a \ll \lambda$이고 접합점이 홀로 놓여 있는 경우에는 변위전류를 무시할 수 있다. 하지만 다른 도체(예를 들어, 다른 접합점)가 가까이 접근하면 $a \ll \lambda$인 경우에도 변위전류는 상당히 커질 수 있다.

이런 경우에는 근접한 물체에 대해 이른바 부유 커패시턴스stray capacitance를 고려해야 한다. 그러면 부유 커패시턴스에 의해 회로에는 전류가 흐르는 경로가 추가로 만들어지므로 접합점에 유입되는 전류와 유출되는 전류는 서로 맞아떨어지게 된다. 그러므로 접합점으로 흘러 들어가는 전류의 합이 0이라는 키르히호프 전류 법칙이 맞지 않는 것은 변위전류 때문이다. 부유 커패시턴스(상호 커패시턴스)를 추가하면 해석할 때 도움은 되지만, 회로를 더욱 복잡하게 만든다. 그런데 부유 커패시턴스를 고려해야 할 곳은 한두 군데가 아니다. 결국 주파수가 높아지면 회로 형태로 나타내는 방식은 아무런 소용이 없게 된다.

8.5.2 맥스웰 방정식

앞서 살펴본 식 (8.3)과 식 (8.16)은 식 (8.1)과 식 (8.2)의 두 가지 회전 법칙을 일반화한 식이다. 뒤의 두 식이 정적인 장에 대해서만 유효한 반면, 앞의 두 식은 일반적인 시변장에 대해서도 유효하다. 식 (8.1)과 식 (8.2)의 두 가지 발산 법칙은 시변장에 대해서도 유효하다. 식 (8.3), 식 (8.16), 식 (8.1), 식 (8.2)를 한데 모아 일반적인 시변장에서 성립하는 네 개의 식을 구성했다.

$$\nabla \times \mathbf{E} = -\frac{\partial \mathbf{B}}{\partial t} \quad : \text{패러데이 법칙} \tag{8.20a}$$

$$\nabla \times \mathbf{H} = \mathbf{J} + \frac{\partial \mathbf{D}}{\partial t} \quad : \text{일반형 암페어 법칙} \tag{8.20b}$$

$$\nabla \cdot \mathbf{D} = \rho_v \quad : \text{전기장에 대한 가우스 법칙} \tag{8.20c}$$

$$\nabla \cdot \mathbf{B} = 0 \quad : \text{자기장에 대한 가우스 법칙} \tag{8.20d}$$

미분형 맥스웰 방정식

위에 적은 네 개의 기본 식을 **맥스웰 방정식** Maxwell's equations 이라고 한다. 맥스웰 방정식은 전자기학의 기반이 된다. 맥스웰 방정식은 모든 거시적 상황에 적용되며, 시간에 따라 변화하는 일반적인 경우도 다룰 수 있다. 또한 맥스웰 방정식은 아인슈타인이 증명한 것처럼 모든 운동 시스템 moving system 에서도 유효하다. 맥스웰 방정식은 비선형 non-linear, 비등방성 anisotropic, 비가역성 non-reciprocal 매질을 포함한 모든 매질에서 유효하다.

완전성 completeness 을 갖추기 위해서는 맥스웰 방정식에 들어 있는 벡터장들 fields 사이의 관계를 나타내는 식을 추가해야 한다. 예를 들면, 전류밀도 $\mathbf{J}$와 부피전하밀도 ρ_v는 서로 독립적이지 않으며, 이들 사이에는 다음과 같은 연속 방정식의 관계가 성립한다.

$$\nabla \cdot \mathbf{J} = -\frac{\partial \rho_v}{\partial t}$$

선형 등방성 매질 linear isotropic material 인 경우에는 $\mathbf{D}$를 $\mathbf{E}$로, $\mathbf{B}$를 $\mathbf{H}$로 표현할 수 있는 다음의 구성 방정식 constitutive equation 을 추가할 수 있다.

$$\mathbf{D} = \varepsilon \mathbf{E}, \quad \mathbf{B} = \mu \mathbf{H} \tag{8.21}$$

다른 매질인 경우에는 다음과 같이 벡터장들 사이에 적절한 관계를 추가한다.

$$\mathbf{D} = \varepsilon_0 \mathbf{E} + \mathbf{P}, \quad \mathbf{B} = \mu_0 \mathbf{H} + \mu_0 \mathbf{M} \tag{8.22}$$

마지막으로 전기력과 자기력을 계산하기 위해서는 로렌츠 힘 법칙 Lorentz force law 을 추가해야 한다.

$$\mathbf{F} = q(\mathbf{E} + \mathbf{v} \times \mathbf{B}) \tag{8.23}$$

맥스웰 방정식은 전자기장에 대한 전하의 작용(전하가 전자기장을 어떻게 발생시키는지)을 나타내고, 로렌츠 힘 법칙은 전하에 대한 전자기장의 작용(전자기장이 전하에 어떻게영향을 주는지)을 설명한다는 점을 기억하기 바란다. 모든 전자기 법칙은 맥스웰 방정식과 로렌츠 힘 법칙으로 집약된다.

두 개의 발산 법칙 $\nabla \cdot \mathbf{D} = \rho_v$와 $\nabla \cdot \mathbf{B} = 0$은 두 개의 회전 방정식 식 (8.20a), 식 (8.20b)와 연속 방정식을 통해 유도할 수 있기 때문에 별도의 식으로 나타낼 필요가 없다는 점도 잘 알아두기 바란다. 회전 방정식에 발산을 취하고 연속 방정식을 사용하여 쉽게 유도할 수 있다.

맥스웰 방정식은 적분형으로도 표현할 수 있다. 처음 두 개의 적분형은 두 개의 회전 방정식 식 (8.20a)와 식 (8.20b)를 표면 S에 대해 적분하고 스토크스 정리를 적용해서 유도할 수 있다. 다음 두 개의 적분형은 두 개의 발산 방정식 식 (8.20c)와 식 (8.20d)를 공간 V에 대해 적분하고 발산 정리를 적용해서 유도할 수 있다. 그 결과는 다음과 같다.

$$\oint_C \mathbf{E} \cdot d\mathbf{l} = -\iint_S \frac{\partial \mathbf{B}}{\partial t} \cdot d\mathbf{s} \tag{8.24a}$$

$$\oint_C \mathbf{H} \cdot d\mathbf{l} = \iint_S \left(\mathbf{J} + \frac{\partial \mathbf{D}}{\partial t} \right) \cdot d\mathbf{s} = I + \iint_S \frac{\partial \mathbf{D}}{\partial t} \cdot d\mathbf{s} \tag{8.24b}$$

$$\oiint_S \mathbf{D} \cdot d\mathbf{s} = \iiint_V \rho_v \, dv = Q \tag{8.24c}$$

$$\oiint_S \mathbf{B} \cdot d\mathbf{s} = 0 \tag{8.24d}$$

적분형 맥스웰 방정식

이 맥스웰 방정식을 정적인 경우의 식과 비교해보면 단지 두 군데만 다름을 알 수 있다. 즉 $-\iint_S \frac{\partial \mathbf{B}}{\partial t} \cdot d\mathbf{s}$가 첫 번째 식에, $\iint_S \frac{\partial \mathbf{D}}{\partial t} \cdot d\mathbf{s}$가 두 번째 식에 각각 추가되어 있다. 하지만 여기서는 모든 벡터와 스칼라가 시간의 함수이다. 즉 $E(x, y, z, t)$, $B(x, y, z, t)$, $Q(t)$ 등이 된다.

8.5.3 파동방정식(전자기파)

변위전류 항 $\left(\frac{\partial \mathbf{D}}{\partial t}\right)$가 추가되면 파동과 빛이 전자기학의 대상이라는 사실이 드러난다. 또한 이 절의 시작 부분에서 언급한 많은 의문점들이 모두 해결된다. 자유공간(또는 공기) 속에서 전기장과 자기장은 다음 관계를 만족해야 한다.

$\rho_v = \mathbf{J} = 0$: 원천이 없는[source-free] 영역에서

$\mathbf{D} = \varepsilon_0 \mathbf{E}, \quad \mathbf{B} = \mu_0 \mathbf{H}$: 자유공간 또는 공기 중

따라서 식 (8.20)의 맥스웰 방정식은 다음과 같이 간단해진다.

$$\nabla \times \mathbf{E} = -\mu_0 \frac{\partial \mathbf{H}}{\partial t} \tag{8.25a}$$

$$\nabla \times \mathbf{H} = \varepsilon_0 \frac{\partial \mathbf{E}}{\partial t} \tag{8.25b}$$

$$\nabla \cdot (\varepsilon_0 \mathbf{E}) = 0 \text{ 또는 } \nabla \cdot \mathbf{E} = 0 \tag{8.25c}$$

$$\nabla \cdot (\mu_0 \mathbf{H}) = 0 \text{ 또는 } \nabla \cdot \mathbf{H} = 0 \tag{8.25d}$$

식 (8.25a)에 회전을 취하고 [표 1-5]의 벡터 항등식 (11)을 사용하면 다음과 같다.

$$\nabla \times \nabla \times \mathbf{E} = \nabla(\nabla \cdot \mathbf{E}) - \nabla^2 \mathbf{E} = -\nabla \times \left(\mu_0 \frac{\partial \mathbf{H}}{\partial t}\right) = -\mu_0 \frac{\partial}{\partial t}(\nabla \times \mathbf{H})$$

식 (8.25b)와 식 (8.25c)를 사용하면 다음과 같다.

$$-\nabla^2 \mathbf{E} = -\mu_0 \frac{\partial}{\partial t}\left\{\varepsilon_0 \frac{\partial \mathbf{E}}{\partial t}\right\} = -\mu_0 \varepsilon_0 \frac{\partial^2 \mathbf{E}}{\partial t^2}$$

따라서 다음 식을 얻는다.

$$\nabla^2 \mathbf{E} = \mu_0 \varepsilon_0 \frac{\partial^2 \mathbf{E}}{\partial t^2} \quad \text{: 헬름홀츠 파동방정식} \tag{8.26}$$

식 (8.26)은 이 절을 시작하면서 언급한 스칼라 파동방정식(식 (8.13))의 벡터형이다. 식 (8.26)에서 전기장 $\mathbf{E}$를 자기장 $\mathbf{H}$로 바꿔도 성립한다. 따라서 벡터 $\mathbf{E}$와 $\mathbf{H}$의 성분들은 각각 스칼라 파동방정식을 만족한다. 이 방정식이 나타내는 것은 다음과 같은 속도 c로 전파하는 파 wave 이다.

$$c = \frac{1}{\sqrt{\mu_0 \varepsilon_0}} = \frac{1}{(4\pi \times 10^{-7} \times 8.85 \times 10^{-12})^{1/2}} \approx 3 \times 10^8 \,[\mathrm{m/sec}]$$

이렇게 해서 맥스웰은 전자기파의 속도를 예측할 수 있었다. 맥스웰의 계산은 μ_0와 ε_0에 약간의 오류가 있어서 $3.11 \times 10^8\,[\mathrm{m/sec}]$로 나왔는데, 이 값은 측정된 빛의 속도에 아주 가까웠다. 나중에 더욱 정확한 방법으로 측정한 빛의 속도는 $2.998 \times 10^8\,[\mathrm{m/sec}]$이다. 그래서 맥스웰은 자유공간 속을 일정한 속도로 전파하는 전자기파가 있고, $\mathbf{E}$, $\mathbf{H}$의 모든 성분이 그 속도로 전파하므로, 20년 전에 패러데이가 추측했던 대로 빛도 일종의 전자기적 현상이라고 결론을 내릴 수 있었다. 변위전류 항을 추가했기 때문에 이 모든 것이 가능했던 것이다.

예제 8-5 맥스웰 방정식을 이용하여 전자기장을 구하는 방법

원천 source이 없는 공기 속을 전파하는 전자기파의 전기장이 다음과 같다. 여기서 ω와 k는 상수이다.

$$\mathbf{E} = \mathbf{a}_x E_0 \cos(\omega t - kz)$$

(a) 이 전자기파의 자기장 $\mathbf{H}$를 구하라.

(b) 전기장 $\mathbf{E}$가 가우스 법칙인 식 (8.20c)를 만족하는지 확인하라.

풀이

(a) 이 문제를 전기장(또는 변위전류)이 자기장을 유도하는 문제로 생각하고 자기장을 구하기 위해 암페어 법칙의 적분형을 사용할 수도 있을 것이다. 하지만 자기장 $\mathbf{H}$가 어느 방향을 향하고 공간상에 어떻게 분포할지 예측하기가 어렵다. 이 예제와 같이 원천이 없는 문제에 대해서는 맥스웰 방정식의 미분형을 사용하는 편이 훨씬 쉽다. 전기장 $\mathbf{E}$를 알면 패러데이 법칙의 미분형인 식 (8.20a)를 사용한 다음, 그 결과를 시간에 대해 적분하여 자기장 $\mathbf{H}$를 계산할 수 있다.

$$-\frac{\partial \mathbf{B}}{\partial t} = \nabla \times \mathbf{E} = \begin{vmatrix} \mathbf{a}_x & \mathbf{a}_y & \mathbf{a}_z \\ \frac{\partial}{\partial x} & \frac{\partial}{\partial y} & \frac{\partial}{\partial z} \\ E_x & E_y & E_z \end{vmatrix}$$

$$= \mathbf{a}_y \frac{\partial E_x}{\partial z} = \mathbf{a}_y \frac{\partial}{\partial z}\{E_0 \cos(\omega t - kz)\}$$

$$= \mathbf{a}_y E_0 k \sin(\omega t - kz)$$

여기서 $\frac{\partial}{\partial x} = \frac{\partial}{\partial y} = 0$, $E_y = E_z = 0$이다. 공기 중에서는 $\mathbf{B} = \mu_0 \mathbf{H}$이므로

$$\mathbf{H} = \int \frac{1}{\mu_0}\frac{\partial \mathbf{B}}{\partial t} dt = -\frac{1}{\mu_0}\int \mathbf{a}_y E_0 k \sin(\omega t - kz)\, dt$$

$$= \mathbf{a}_y E_0 \frac{k}{\mu_0 \omega} \cos(\omega t - kz)$$

이다. $\mathbf{E}$와 $\mathbf{H}$가 전자기파를 이루고 있을 때는 $\mathbf{E}$와 $\mathbf{H}$는 암페어 법칙도 만족해야 한다는 점에 주목하라([연습문제 8.18 참조]).

(b) 원천이 없는 공기 속에서 가우스 법칙은 다음과 같다.

$$\nabla \cdot \mathbf{D} = 0$$

$\mathbf{D} = \varepsilon_0 \mathbf{E}$를 이용하면

$$\nabla \cdot \mathbf{D} = \varepsilon_0 \left\{ \frac{\partial E_x}{\partial x} + \frac{\partial E_y}{\partial y} + \frac{\partial E_z}{\partial z} \right\}$$

$$= \varepsilon_0 \frac{\partial}{\partial x}\{E_0 \cos(\omega t - kz)\} = 0$$

이 되므로, 전기장 $\mathbf{E}$는 가우스 법칙을 만족한다. 같은 방법으로 자기장 $\mathbf{B}$가 식 (8.20d)의 가우스 법칙을 만족하는 것을 여러분이 직접 증명해보기 바란다.

8.5.4 맥스웰 James Clerk Maxwell

이 장에서는 지금까지 시변 전자기장에 대해 맥스웰과 패러데이가 기여한 것들을 전체적으로 살펴보았다. 이제부터 맥스웰의 출생, 성장, 교육, 그리고 전자기 이론을 완성하기까지 그의 과학적 업적 등에 대해 살펴보자.

James Clerk Maxwell

맥스웰James Clerk Maxwell, 1831~1879은 1831년에 태어났다. 맥스웰에게는 엘리자베스라는 누이가 있었는데, 맥스웰이 태어나기 전 갓난아기 때 세상을 떠났다. 맥스웰은 어린 시절의 대부분을 스코틀랜드 남서부에 위치한 글렌레어Glenlair라는 이름의 가족 소유지(저택)에서 보냈다. 이곳은 코르속Corsock이라는 마을에서 남쪽으로 5 [km], 칼라일Carlisle이라는 도시에서 서쪽으로 약 80 [km] 떨어져 있었다.

그의 아버지John Clerk Maxwell와 어머니Francis Cay Maxwell는 모두 아들의 교육에 상당한 관심을 쏟았다. 어머니로부터 교육을 받으면서 맥스웰은 곧바로 문학과 역사를 포함한 다양한 분야의 책들을 아주 많이 읽었다. 그의 성장배경과 교육환경은 더 나은 예를 찾아볼 수 없을 정도로 훌륭했다. 세상의 많은 총명한 젊은이가 그렇듯 맥스웰은 자신을 둘러싼 세계에 관심이 많았다. 그는 특히 사물들이 어떻게 작동하는지를 정확히 알고 싶어 했으며, 종종 누구의 도움도 받지 않고 복잡한 일들을 해보고 싶어 했다.

맥스웰이 8세 때 어머니가 세상을 떠났다. 10세 때 그는 고모 집으로 가 함께 살면서 에든버러 아카데미에 다녔다. 맥스웰이 다닌 학교들은 다음과 같다.

- 에든버러 아카데미Edinburgh Academy (1841~1847)
- 에든버러 대학Edinburgh University (1847~1850)
- 케임브리지 대학Cambridge University (1850~1856)

그리고 맥스웰이 강의를 한 대학은 다음과 같다.

- 마셜 칼리지Marischal College (1856~1860)
- 킹스 칼리지King's College, London (1860~1865)
- 케임브리지 대학Cambridge University (1871~1879)

약간의 적응 기간이 지나자 맥스웰은 에든버러 아카데미에서 공부에 급속한 진전을 보였다. 맥스웰은 열다섯 살에 수학 논문을 발표했다. 그는 매우 친절하고 마음이 넓은 사람이 되어 가고 있었다. 맥스웰은 동물을 사랑했고, 승마는 했지만 사냥은 하지 않았다. 그는 강인하고 운동을 잘 했지만, 학교의 경기에 참가하지는 않았다. 맥스웰은 자신을 방어할 수 있었지만 싸움을 걸지는 않았다. 그는 대체로 엉뚱하고 기발한 방식으로 비판적이었던 것으로 보인다. 그는 자신만의 계획을 세우고 다양한 모형들을 직접 만들었다. 또한 자신이 가진 생각을 몇몇 친구들과 공유했다. 그는 시도 썼는데, 주로 엉뚱하고 기발한 내용이었다.

에든버러 대학에서 맥스웰은 철학과 논리학 같은 과목에서 아주 폭넓은 교육을 받았다. 그는 포브스 Edward Phobes 교수의 연구실에 출입할 수 있었다. 맥스웰은 편광된 빛과 이 빛이 만들어낸 변형 패턴 strain pattern 에 관심을 가졌다. 이러한 관심은 탄성 고체 elastic solid 에 대한 탁월한 논문으로 이어졌다.[5]

맥스웰은 케임브리지 대학이 연회를 좋아하는 곳이라는 것을 알게 되었다. 그는 많은 친구를 사귀고 상상할 수 있는 모든 주제에 대한 토론에 참여했다. 폭넓은 독서를 한 덕분에 그는 동료들에게 종종 어떤 주제에 대해 새로운 접근방법을 제시할 수 있었다. 맥스웰은 과학과 종교의 대립과 관련한 토론에는 전혀 관심을 두지 않았는데, 이 문제를 개인적 취향과 관련된 문제로 보았기 때문이었다. 대학교 4학년 때(1854년), 우등졸업 시험 tripos 과 스미스상 시험 Smith's prize exam 이라는 두 가지 중요한 수학 시험을 치뤘다. 맥스웰은 우등졸업 시험에서 2등을, 스미스상 시험에서는 공동 1등을 차지했다.

맥스웰은 케임브리지에서 2년을 더 머무르면서 여러 가지 중에서 전자기학 연구에 몰두하여 '패러데이의 역선에 관하여 On Faraday's Lines of Force'라는 논문을 발표했다. 이 논문에서 그는 정적인 전기장과 자기장 문제를 유체 fluid 에 비유하는 방법을 써서 설명했다.

다른 사람의 연구를 논의하면서 맥스웰이 보여준 신중하고 관대한 방식은 우리로 하여금 프랭클린과 패러데이를 떠올리게 한다. 우리는 앞에서 이미 맥스웰이 깁스, 쿨롱, 앙페르의 연구에 대해 얼마나 아낌없는 칭찬을 했는지 살펴보았다. 맥스웰은 특히 패러데이의 연구를 높이 평가했는데, 그 이유는 패러데이가 자신이 수행한 모든 단계들을 상세히 묘사했기 때문이다. 맥스웰은 특히 패러데이의 '역선 lines of force'에 감탄했다. 패러데이는 굉장히 중요한 무언가를 감지해낸 것이다. 그것은 공간의 구석구석을 채우고 있는 장 field, 바로 그 장에 관한 이론 field theory 의 시작이었다. 패러데이의 주장은 일부 사람들로부터 모호한 개념이라는 비난을 받았지만 맥스웰에게는 지지를 받았다. 맥스웰이 장 이론의 개념을 성립하는 데 가장 큰 기여를 한 것은 사실이지만, 패러데이 또한 공로를 인정받을 자격이 충분하다.

1856년 맥스웰은 애버딘 Aberdeen 에 있는 칼리지에 교수로 임명되었다. 그는 마셜 칼리지에 4년 동안 머물렀으며, 1858년에 듀어 Katherine Mary Dewar 와 결혼했다. 그 후 1860년 런던에 있는 킹스 칼리지의 교수로 임명되었다.

1861년과 1862년 사이에 맥스웰은 '물리적 역선에 관하여 On Physical Lines of Force'라는 논문을 발표했다. 이 논문은 탄성이 있으면서 회전하는 셀들 cells 과 그 외에 많은 것으로 이루어진 아주 복잡한 기계적 모델을 사용했다. 탄성은 전자기 시스템에서 변위전류와 전자기파가 존재한다는 생각으로 이어졌다.

맥스웰은 전자기학에 대한 모델을 만들었지만 그다지 만족스럽지 않았다. 그는 더욱 확실한 시스템을 원했다. 다시 말해, 회전하는 셀이 아닌, 라그랑주 방법 LaGrange's method 으로 풀 수 있는 운동 방정식들 equations of motion 과 수학적 방정식들을 원했다. 맥스웰은 수 년간 이 과제를 연구하여 1865년에 '전자기장의 동역학 이론 A Dynamical Theory of the Electromagnetic Field'이라는 제목의 논문을 발표했다. 이 논문 또한

5 Basil Mshon, *The Man Who Changed Everything: The Life of James Clerk Maxwell*, Chapter 3, John Wiley and Sons, Boboken, NJ, 2003.

20개의 미지수를 가진 20개의 방정식으로 구성된 복잡한 시스템이었는데, 뒤에 가서 우리에게 친숙한 식 (8.20a)~식 (8.20d)의 방정식 네 개로 간추려졌다. 맥스웰이 세상을 떠나고 몇 년이 지난 후, 헤비사이드Oliver Heaviside[6]가 깁스Joshiah Willard Gibbs의 벡터 표기법을 사용하여 식을 간단하게 만들었다.

맥스웰은 전자기 문제에 대한 두 개의 다른 해법을 도출했지만, 여전히 만족스럽지 않았다. 그는 두 모델의 도움을 받아 이해의 폭을 넓혀 나갔지만, 그 모델이 더 우세한 역할을 하는 것을 바라지 않았다. 그 모델들은 전자기 문제 해결의 충분조건이었지 필요조건은 아니었다. 모델을 폐기할 시점이 되자 그는 자신의 뜻을 글로 밝혔다. "전에는 어떤 특별한 유형의 변형을 설명하려고 했다. … 이 논문에서는 이러한 변형에 대해 어떠한 가정도 하지 않겠다."[7] 이렇게 해서 맥스웰은 각각의 수학적 단계들과 최종 결과에 주의를 집중했다. 이렇게 한 것은 어렵지만, 현명한 선택이었다. 오늘날 우리는 라그랑주 시스템은 물론 탄성 셀을 치워버리고 맥스웰 방정식으로 시작한다. 하지만 맥스웰이 최종 결과에 어떻게 도달했는지를 이해하기 위해서는 그 배경과 그가 택한 방법들을 되새겨볼 필요가 있다. 그러나 1865년 당시에는 맥스웰의 결과는 완전히 받아들여지기에는 너무 심오하고 너무 복잡했다. 그의 결과는 어떤 의미에서는 미결인 채로 남아 있었다. 맥스웰은 다시 연구를 계속 했고, 1873년 1000페이지에 달하는 기념비적인 저서, '전기자기론A Treatise on Electricity and Magnetism'을 저술했다. 그가 세상을 뜬 지 8년 후인 1887년에 헤르츠는 전자기파를 관측하여 맥스웰의 이론을 입증했다.

아인슈타인은 이렇게 말했다.

"맥스웰에 의해 과학의 한 시대가 끝나고 새로운 시대가 시작되었다."

8.6 시변 전자기장에 대한 경계조건

정적 전기장(정전기장)에 대한 경계조건은 3.5절에서 유도했고, 정적 자기장(정자기장)에 대한 경계조건은 7.5절에서 유도했다. 시변 전자기장에 대한 경계조건은 정적 장에 대한 경계조건과 동일한데, 이를 한데 모아 정리하면 다음과 같다.

$$\mathbf{E}_{1t} = \mathbf{E}_{2t} \tag{8.27a}$$

$$\mathbf{a}_{n2} \times (\mathbf{H}_1 - \mathbf{H}_2) = \mathbf{J}_s \tag{8.27b}$$

$$D_{1n} - D_{2n} = \rho_s \tag{8.27c}$$

$$B_{1n} = B_{2n} \tag{8.27d}$$

6 Bruce J. Hunt, "Oliver Heaviside: A first-rate oddity," *Physics Today*, pp. 48–54, November 2012.

7 R. A. R. Tricker, *The Contributions of Faraday and Maxwell to Electrical Science*, p. 266, Pergamon Press, NY, 1966.

아래 첨자 t와 n은 각각 **접선**[tangential] 과 **법선**[normal] 성분을 나타낸다. $\mathbf{a}_{n2}$는 영역 2에서 영역 1로 향하는 경계면에 수직인 단위벡터라는 것을 잘 알아야 한다. 두 개의 다른 매질 사이의 경계면에서의 경계조건은 정적인 문제에서 사용했던 것과 비슷한 방법을 사용하여 유도할 수 있다([그림 8-9] 참조).

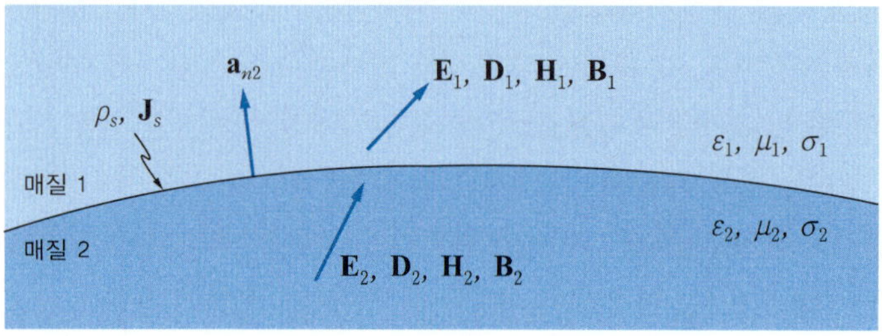

그림 8-9 서로 다른 두 매질의 경계면에서의 경계조건

먼저 맥스웰 방정식의 적분형인 식 (8.24a)~식 (8.24d)에 3.5절과 7.5절에서 살펴보았던 닫힌경로 C와 가우스상자 S를 적용한다. 식 (8.24c)와 식 (8.24d)는 정적인 경우의 식과 동일하므로 똑같은 유도과정을 거치면 식 (8.27c)와 식 (8.27d)의 경계조건을 얻을 수 있는데, 이것은 정적인 경우의 경계조건인 식 (3.25)와 식 (7.14)와 동일하다.

식 (8.24a)와 식 (8.24b)에는 정적인 경우의 식에는 없는 항인 $-\iint_S \frac{\partial \mathbf{B}}{\partial t} \cdot d\mathbf{s}$ 와 $\iint_S \frac{\partial \mathbf{D}}{\partial t} \cdot d\mathbf{s}$ 가 각각 더 들어 있다. 이 추가 항들에 대한 표면적분을 수행하는 과정에서 극한($\alpha \to 0$)을 취하면 표면의 면적이 0이 되어 적분 계산에 아무런 기여를 하지 않으므로 최종 결과는 식 (3.24)와 식 (7.15)에서 달라지지 않는다.

따라서 정적인 경우와 똑같은 경계조건인 식 (8.27a)와 식 (8.27b)를 얻는다. 결국 네 개의 경계조건은 정적인 경우와 동일하다.

이제 다음의 두 가지 특수한 경우에 적용되는 경계조건을 살펴보자. 이들은 앞으로 유용하게 쓰일 것이다.

경우 1 : 유전체 – 완전도체 경계면

매질 2가 무한대의 전도율을 갖는 완전도체($\sigma = \infty$)일 때, 유한한 크기의 전류($\mathbf{J} = \sigma \mathbf{E}$)가 흐르기 위해서는 완전도체 내의 전기장 $\mathbf{E}$의 크기는 반드시 0에 접근해야 하므로 $\mathbf{E}_2 = 0$이 된다. 이렇게 되면 시변장의 경우에는 $\mathbf{H}_2 = 0$이 된다. $\mathbf{E}$가 0이면 $\nabla \times \mathbf{E} = -\mu \frac{\partial \mathbf{H}}{\partial t} = 0$이 되는데 $\mathbf{H}$는 정적장이 아닌 시변장으로 가정했기 때문이다. 완전도체($\sigma = \infty$)의 내부에서 모든 시변장은 0이 된다. 즉 $\mathbf{E} = \mathbf{H} = 0$이다. 처음 두 개의 경계조건인 식 (8.27a)와 식 (8.27b)는 다음과 같이 간단하게 표현된다.

$$\begin{aligned} &\mathbf{E}_{1t} = 0 \\ &\mathbf{a}_{n2} \times \mathbf{H}_1 = \mathbf{J}_s \end{aligned} \quad : \text{유전체–완전도체의 경계면} \qquad (8.28)$$

이들 경계조건은 11장에서 도파관 문제를 다룰 때 사용된다. 여기에서는 접선성분에 대한 경계조건만 나타냈는데, 그 이유는 시변장 문제에서는 이 두 조건만 사용해도 충분하기 때문이다.

경우 2 : 유전체 – 유전체 경계면

두 매질이 모두 완전도체가 아니면 전류가 매질의 표면에 흐를 수 없다. 즉 $\mathbf{J}_s = 0$이다. 매질의 전도율이 유한한 경우에는 부피 전류 J가 매질의 내부에는 흐를 수 있지만, 표면에는 흐르지 않는다. 이 경우에 처음 두 개의 경계조건은 다음과 같이 된다.

$$\begin{aligned} \mathbf{E}_{1t} &= \mathbf{E}_{2t} \\ \mathbf{H}_{1t} &= \mathbf{H}_{2t} \end{aligned} \quad \text{: 유전체–유전체의 경계면} \tag{8.29}$$

이들 경계조건은 10장에서 파동의 반사와 투과 문제를 다룰 때 쓰일 것이다.

마지막으로 경계면에서 전류밀도 J에 대한 경계조건은 정상전류 steady current 에 대한 조건인 식 (5.14)와 다르다. 이 경계조건은 다음과 같은 적분형 연속 방정식으로부터 곧바로 유도할 수 있다.

$$\iiint_V \nabla \cdot \mathbf{J}\, dv = \oiint_S \mathbf{J} \cdot d\mathbf{s} = -\iiint_V \frac{\partial \rho_v}{\partial t} dv$$

이 적분식에 가우스상자 S를 적용하면 다음 결과식을 얻는다.

$$J_{1n} - J_{2n} = -\frac{\partial \rho_s}{\partial t} \tag{8.30}$$

J의 수직(법선)성분에 대한 경계조건에 대해서는 알아둘 것이 있다. J는 E로부터 알 수 있고, $\rho_s(t)$는 D로부터 알 수 있기 때문에 J의 수직성분에 대한 경계조건을 기본 경계조건 세트인 식 (8.27a)~식 (8.27d)에 포함시킬 필요는 없다.

8.7 전자기 전력의 흐름 : 포인팅 정리 Poynting Theorem

이 절에서는 전자기 에너지의 보존을 설명하고, 전자기 전력이 흐르는 방향을 알려주는 정리를 유도한다. 맥스웰 방정식에서 시작해보자. 식 (8.20a)에 H의 점곱을 취하고 식 (8.20b)에 E의 점곱을 취한 다음, 먼저 식에서 나중 식을 뺀다.

$$\begin{aligned} &\mathbf{H} \cdot (\nabla \times \mathbf{E}) - \mathbf{E} \cdot (\nabla \times \mathbf{H}) \\ &\quad = \nabla \cdot (\mathbf{E} \times \mathbf{H}) = -\mathbf{H} \cdot \frac{\partial \mathbf{B}}{\partial t} - \mathbf{E} \cdot \frac{\partial \mathbf{D}}{\partial t} - \mathbf{E} \cdot \mathbf{J} \end{aligned} \tag{8.31}$$

여기서는 [표 1-5]의 벡터 항등식 (6)을 사용했다. 매질이 선형이고, ε과 μ가 시간에 따라 달라지지 않는 매질인 경우에는(즉 비분산 non-dispersive 매질일 때) 다음과 같이 쓸 수 있다.

$$\begin{aligned}\mathbf{E}\cdot\frac{\partial\mathbf{D}}{\partial t}&=\mathbf{E}\cdot\frac{\partial}{\partial t}(\varepsilon\mathbf{E})=\varepsilon\mathbf{E}\cdot\frac{\partial\mathbf{E}}{\partial t}=\frac{1}{2}\varepsilon\frac{\partial}{\partial t}\{\mathbf{E}\cdot\mathbf{E}\}\\&=\frac{\partial}{\partial t}\left\{\frac{1}{2}\mathbf{E}\cdot(\varepsilon\mathbf{E})\right\}=\frac{\partial}{\partial t}\left\{\frac{1}{2}\mathbf{E}\cdot\mathbf{D}\right\}\end{aligned}\tag{8.32a}$$

같은 방법으로 다음과 같이 나타낼 수 있다.

$$\mathbf{H}\cdot\frac{\partial\mathbf{B}}{\partial t}=\mathbf{H}\cdot\frac{\partial}{\partial t}(\mu\mathbf{H})=\frac{1}{2}\mu\frac{\partial}{\partial t}\{\mathbf{H}\cdot\mathbf{H}\}=\frac{\partial}{\partial t}\left\{\frac{1}{2}\mathbf{H}\cdot\mathbf{B}\right\}\tag{8.32b}$$

식 (8.31)에 식 (8.32)를 대입하면 다음 결과를 얻는다.

$$\nabla\cdot(\mathbf{E}\times\mathbf{H})=-\frac{\partial}{\partial t}\left\{\frac{1}{2}(\mathbf{E}\cdot\mathbf{D}+\mathbf{H}\cdot\mathbf{B})\right\}-\mathbf{J}\cdot\mathbf{E}\tag{8.33}$$

식 (8.33)을 미분형 **포인팅 정리** Poynting's theorem 라고 한다. 우변의 첫째 항은 전기 에너지밀도(단위부피당 에너지)와 자기 에너지밀도의 합의 시간 변화율에 (−)부호를 붙인 것이다. 식 (3.46)과 식 (7.38)을 살펴보기 바란다. 둘째 항은 $\mathbf{J}=\sigma\mathbf{E}$인 전도전류의 경우에 단위부피당 줄열 Joule heat 전력에 (−)부호를 붙인 것이다(식 (5.12) 참조). 문제는 좌변이 어떤 양인가 하는 것이다. 이 방정식을 전력 흐름이라는 측면에서 해석하기 위해 식 (8.33)의 양변을 부피 V에 대해 적분한다. 여기서 S는 V의 경계를 이루는 닫힌표면이다.

$$\iiint_V\nabla\cdot(\mathbf{E}\times\mathbf{H})\,dv=-\frac{d}{dt}\iiint_V\frac{1}{2}(\mathbf{E}\cdot\mathbf{D}+\mathbf{H}\cdot\mathbf{B})\,dv-\iiint_V\mathbf{J}\cdot\mathbf{E}\,dv$$

좌변에 발산 정리를 적용하면 다음과 같다.

$$\oiint_S(\mathbf{E}\times\mathbf{H})\cdot d\mathbf{s}=-\frac{d}{dt}\iiint_V\frac{1}{2}(\mathbf{E}\cdot\mathbf{D}+\mathbf{H}\cdot\mathbf{B})\,dv-\iiint_V\mathbf{J}\cdot\mathbf{E}\,dv$$

다시 정리하면 다음과 같다.

$$-\iiint_V\mathbf{J}\cdot\mathbf{E}\,dv=\frac{d}{dt}\iiint_V\frac{1}{2}(\mathbf{E}\cdot\mathbf{D}+\mathbf{H}\cdot\mathbf{B})\,dv+\oiint_S(\mathbf{E}\times\mathbf{H})\cdot d\mathbf{s}\tag{8.34}$$

이것이 적분형 포인팅 정리이다. 이제 각 항을 해석해보자. 먼저, 두 가지 경우로 나누어 좌변 항을 해석해본다.

경우 1 : 원천이 없는 경우

부피 V 속에 기전력emf의 원천이 없는 경우에는 $-\iiint_V \mathbf{J} \cdot \mathbf{E}\, dv$는 V 내부의 줄열, 다시 말해 V 내부에서 소모되는 전력에 $(-)$부호를 붙인 것이다(5.6절 참조). $\mathbf{J}$가 전도전류($\mathbf{J}_c = \sigma\mathbf{E}$)일 때, $\mathbf{J}_c \cdot \mathbf{E} = \sigma\mathbf{E} \cdot \mathbf{E} = \sigma|\mathbf{E}|^2$이 $(+)$ 값이 되는 것에 주목하라.

경우 2 : 원천이 있는 경우

부피 V 속에 원천이 있는 경우에는 이 항은 $(+)$ 값이 되고 V 내부의 원천에 의해 생성된 전력과 같다. $\mathbf{J}$가 원천전류 $\mathbf{J}_i$일 때는 $\mathbf{E}$와 반대방향이므로 $\mathbf{J}_i \cdot \mathbf{E}$의 값이 $(-)$가 되는 것에 주목하라.

식 (8.34)의 우변 첫째 항은 V 내부에 저장된 전자기 에너지의 변화(증가)율이다. 즉 $\frac{d}{dt}(W_e + W_m)$이다(3.9.3절과 7.8절 참조). 우변의 둘째 항은 닫힌표면 S를 통해 부피 V로부터 빠져 나오는 전력으로 해석할 수 있다. 다시 말해, 원천이 V 속에 있을 때(경우 2), 포인팅 정리(식 (8.34))가 의미하는 것은 다음과 같다.

> 어떤 부피 안에 들어 있는 원천에 의해 발생하는 알짜전력은 그 부피 안에 저장되는 전자기 에너지의 증가율과 그 부피 외부로 흘러 나가는 전자기 전력의 합과 같다.

이것은 V에서의 전자기 에너지 보존을 나타낸다. 만약 V 내의 매질이 소모성 매질dissipative medium ($\mathbf{J} = \sigma\mathbf{E}$가 존재)인 경우에는 해석은 달라지지만 전자기 에너지는 여전히 보존된다. 따라서 다음의 특별한 양

$$\mathbf{S} = \mathbf{E} \times \mathbf{H} \tag{8.35}$$

는 전기장과 자기장($\mathbf{E}$, $\mathbf{H}$)에 의해 운반되는 단위면적당 전력(또는 단위면적당 단위시간당 에너지)을 나타낸다. 이 식을 **포인팅 벡터**Poynting vector 라고 하며, 전자기 에너지 흐름의 방향을 알려준다. 앞으로 포인팅 벡터가 응용되는 것을 많이 보게 될 것이다.

예제 8-6 평행판 커패시터에서의 전력 흐름

[예제 8-4]의 평행판 커패시터에 대해, 다음 물음에 답하라.

(a) 유전체의 원통형 표면($\rho = a$) 위의 한 점에서 포인팅 벡터 $\mathbf{S}$의 크기와 방향을 구하라.

(b) 유전체의 원통형 표면에 대해 포인팅 벡터 $\mathbf{S}$를 적분하고 그 결과가 저장된 전기 에너지의 변화율과 같음을 보이라.

풀이

(a) [예제 8-4]에서 구한 전기장과 자기장은 다음과 같다.

$$\mathbf{E} = -\mathbf{a}_z \frac{V(t)}{d}, \quad \mathbf{H} = -\mathbf{a}_\phi \frac{\varepsilon}{d}\frac{dV}{dt}\frac{a}{2} \qquad (\rho = a\text{에서})$$

따라서 포인팅 벡터를 계산하면 다음과 같다.

$$\mathbf{S} = \mathbf{E} \times \mathbf{H} = \mathbf{a}_z \times \mathbf{a}_\phi \frac{V(t)}{d} \frac{\varepsilon a}{2d} \frac{dV}{dt} = -\mathbf{a}_\rho \frac{\varepsilon a}{2d^2} V \frac{dV}{dt}$$

즉 전자기 전력은 원통 안($-\mathbf{a}_\rho$ 방향)으로 흘러 들어간다.

(b) $d\mathbf{s} = \mathbf{a}_\rho a\, d\phi\, dz$ 이므로 커패시터에서 흘러 나오는 전력은 다음과 같다.

$$\oiint_S (\mathbf{E} \times \mathbf{H}) \cdot d\mathbf{s} = \int_0^d \int_0^{2\pi} \left\{ -\frac{\varepsilon a}{2d^2} V \frac{dV}{dt} \right\} \mathbf{a}_\rho \cdot \mathbf{a}_\rho\, a\, d\phi\, dz$$

$$= -\frac{\varepsilon a}{2d^2} V \frac{dV}{dt} \cdot (2\pi a)\, d = -\frac{\pi a^2 \varepsilon}{d} V \frac{dV}{dt}$$

커패시터로 흘러 들어가는 전력은 $\frac{\pi a^2 \varepsilon}{d} V \frac{dV}{dt}$ 이다. 커패시터에 저장된 전기 에너지는 다음과 같다.

$$W_e = \iiint_V \frac{1}{2} \mathbf{E} \cdot \mathbf{D}\, dv = \iiint_V \frac{1}{2} \varepsilon |\mathbf{E}|^2 dv \quad : \mathbf{E}\text{는 공간(부피) } V\text{에서 균일}$$

$$= \frac{1}{2} \varepsilon \left\{ \frac{V(t)}{d} \right\}^2 (\pi a^2 d) = \frac{\pi a^2 \varepsilon}{2d} V^2(t)$$

이 식을 미분하면 다음과 같다.

$$\frac{dW_e}{dt} = \frac{\pi a^2 \varepsilon}{2d} \frac{d}{dt} \{ V^2(t) \} = \frac{\pi a^2 \varepsilon}{d} V \frac{dV}{dt}$$

그러므로 커패시터로 흘러 들어가는 전력은 저장된 전기 에너지의 증가율과 같다. 이 결과는 포인팅 정리를 잘 보여주고 있다. 이 문제에서는 두 판 사이의 유전체 영역 (부피 V)에 원천이 아무 것도 없다. 유전체는 완전유전체이므로 유전체에서 소모되는 전력은 없다.

그러면 식 (8.34)는 다음과 같이 간단한 형태로 정리된다.

$$-\oiint_S (\mathbf{E} \times \mathbf{H}) \cdot d\mathbf{s} = \frac{d}{dt} \iiint_V \frac{1}{2} (\mathbf{E} \cdot \mathbf{D} + \mathbf{H} \cdot \mathbf{B})\, dv = \frac{d}{dt} (W_e + W_m)$$

주파수가 낮은 경우에는 **H**와 연관된 자기 에너지는 전기 에너지에 비해 무시할 만한 수준이다. 에너지 보존에 대해 더욱 정확하게 설명하려면 시간에 따라 변화하는 모든 영향들을 포함하여 **E**와 **H**를 다시 계산해야 한다.

CHAPTER 08_연습문제

8.1 다음과 같은 불균일 non-uniform 한 시변 자기장 $\mathbf{B}$가 반지름이 a인 원통 영역에 존재할 때, 주어진 물음에 답하라. 여기서 ω는 각주파수이고 B_0는 상수이다.

$$\mathbf{B} = \mathbf{a}_z B_0 \frac{\rho}{a} \cos \omega t \quad (\rho < a)$$

(a) $\mathbf{B}$에 의해 유도되는 전기장 $\mathbf{E}$를 모든 곳($\rho < a$와 $\rho > a$)에서 구하라.

(b) 이제 반지름이 b $(b < a)$인 원형 도체 루프를 원통 영역 내부에 놓는다. 이 도체 루프의 저항이 $R\,[\Omega]$일 때, 루프에 유도되는 기전력 $V(t)$와 전류 $i(t)$를 구하라.

(c) 렌츠의 법칙을 사용하여 전류가 흐르는 방향을 구하라. 여기서 시간은 $\omega t = \frac{\pi}{4}$인 순간으로 한다.

8.2 시변 자기장이 다음과 같을 때, [연습문제 8.1]을 되풀이하라.

$$\mathbf{B} = \mathbf{a}_z B_0 \left(\frac{\rho}{a}\right)^2 \sin \omega t \quad (\rho < a)$$

8.3 반지름이 b와 $c\,(c > b)$인 외부 도체가 반지름이 a인 내부 도체를 둘러싸고 있는 동축 케이블이 있다. 교류 $I(t) = I_0 \cos \omega t$가 내부 도체를 따라 흘러 들어가다가 원통형 외부 도체를 따라 다시 돌아온다. 전류는 내부 도체의 표면($\rho = a$)과 외부 도체의 안쪽 표면($\rho = b$)을 따라서만 흐른다고 가정하자. 다음 물음에 답하라. [연습문제 6.3]의 [그림 6-21]을 참조하라.

(a) 전류에 의해 생성된 시변 자기장은 패러데이 법칙에 따라 전기장을 유도한다. 유도된 전기장이 향하는 방향을 구하라.

(b) $\rho < a$, $a < \rho < b$, $\rho > b$ 영역에서 ρ의 함수로 $\mathbf{E}$를 구하라.

8.4 반지름이 a, 길이가 $l\,(l \gg a)$, 감은 횟수가 N인 아주 긴 솔레노이드가 있다. 이 솔레노이드에 다음과 같은 교류를 흘려 보냈다. 주어진 물음에 답하라.

$$i(t) = I_0 \sin(2\pi 10^6 t) \text{ [A]}$$

(a) 암페어 법칙을 적용하여 자기장 $\mathbf{B}(t)$를 구하고, 방향을 함께 표시하라.

(b) 어떤 법칙에 따라 전기장이 유도되는가? 유도된 전기장은 어느 방향(반지름(방사)방향, 원둘레방향, 길이방향)을 향하는가?

(c) 솔레노이드의 축으로부터 $\rho\,(\rho < a)$만큼 떨어진 곳에서 전기장 $\mathbf{E}$를 구하라.

(d) 이제 반지름이 b $(b < a)$, 길이가 L, 감은 횟수가 N_s인 작은 솔레노이드를 긴 솔레노이드 내부에 축을 같게 하여 놓는다. 작은 코일에 유도된 전압 $V(t)$를 구하라.

8.5 유도 가열 [예제 8-1]의 구조에서 길이가 l, 반지름이 b $(b < a)$, 전도율이 σ인 원통 껍질을 원통 영역 속에 축을 같게 하여 놓았다. 다음 물음에 답하라.

(a) 식 (5.12)의 줄의 법칙Joule's law을 이용해서 이 도체 껍질에서 소모되는 전력을 구하라. 관의 두께는 d이고 $d \ll b$라고 가정한다. 이것이 전자기 유도 현상을 이용하여 금속을 가열하거나 녹이는 유도 가열induction heating의 원리이다. 유도 전기로induction furnace는 석탄이나 석유를 사용하는 일반 용광로보다 훨씬 높은 온도까지 올릴 수 있다.

(b) $P = V(t)\,i(t)$임을 보이라.

8.6 [그림 8-10]과 같이 면적이 $a \times b\,[\mathrm{m}^2]$인 직사각형 루프가 xy평면에 놓여 있다. 루프는 다음과 같은 자기장이 분포해 있는 공간에 놓여 있다. 주어진 물음에 답하라.

$$\mathbf{H} = \mathbf{a}_x H_x \cos \omega t + \mathbf{a}_z H_z \sin \omega t \ \ [\mathrm{A/m}]$$

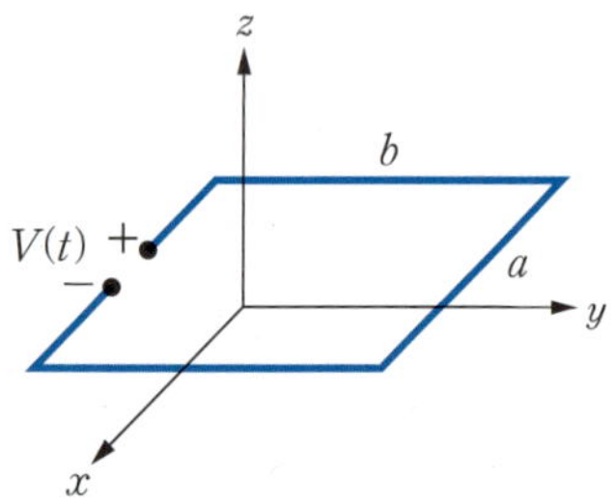

그림 8-10 시변 자기장 속에 놓여 있는 직사각형 루프

(a) 유도 전압 $V(t)\,[\mathrm{V}]$를 구하라. 이때 전압의 극성은 그림에 표시된 대로 하라.

(b) 이제 루프의 끊긴 부분을 도체로 연결하여 루프를 닫아라. 루프 저항은 $R\,[\Omega]$으로 가정한다. 루프에 유도되는 전류 $i(t)\,[\mathrm{A}]$를 구하라. $H_x > 0$, $H_z > 0$으로 가정할 때 $\omega t = \frac{\pi}{4}$에서, 전류는 어느 방향으로 흐르는가?

8.7 면적이 $a \times b\,[\mathrm{m}^2]$인 직사각형 루프가 xy평면에 놓여 있다. 이 루프는 다음과 같은 불균일 시변 자기장 속에 있다.

$$\mathbf{B} = \mathbf{a}_z B_0 \cos\left(\frac{\pi}{b} y\right) \sin(2\pi f t) \ \ [\mathrm{T}]$$

여기서 $f = 200\,[\mathrm{kHz}]$, $B_0 = 0.1\,[\mathrm{T}]$이다. 루프의 중앙은 원점이고, 루프의 저항은 $R = 20\,[\mathrm{k\Omega}]$으로 가정한다. $a = 0.5\,[\mathrm{m}]$, $b = 0.7\,[\mathrm{m}]$이다. 주어진 물음에 답하라.

(a) 유도 기전력 $V(t)$와 전류 $i(t)$를 구하고, 전압과 전류의 피크값을 계산하라.

(b) $t = 1\,[\mu s]$인 순간에 전류가 흐르는 방향을 렌츠의 법칙과 패러데이 법칙을 각각 이용하여 구하라.

8.8 [그림 6-16]에 나타낸 것처럼 면적이 $l \times l\,[\mathrm{m}^2]$인 정사각형 루프가 아주 긴 도선으로부터 $d\,[\mathrm{m}]$ 떨어져 있을 때, 다음 물음에 답하라.

(a) 긴 도선에 교류 $i_1(t) = I_1 \cos \omega t$가 흐르고 있을 때 루프에 유도되는 전압 $V_2(t)$를 구하라.

(b) [예제 7-6]의 상호 인덕턴스 결과를 이용하여 V_2와 i_1이 $V_2 = L_{21}\dfrac{di_1}{dt}$을 만족함을 보여라.

8.9 변의 길이가 a, 저항이 $R\,[\Omega]$인 정삼각형 루프가 다음과 같은 교류가 흐르는 아주 긴 도선으로부터 d만큼 떨어져 있다. 삼각형 루프에 유도된 전류 $i_2(t)$를 구하라([그림 7-25] 참조).

$$i_1(t) = I_0 \sin \omega t\,[\mathrm{A}]$$

8.10 지름이 $1\,[\mathrm{cm}]$인 긴 나무막대 주위에 가는 도선을 20번 감아 만든 인덕터가 있다. 크기가 실횻값 rms valus으로 $0.01\,[\mathrm{Wb/m^2}]$이고, 주파수가 $30\,[\mathrm{kHz}]$인 균일한 사인파 자기장이 막대의 축방향으로 가해질 때, 도선의 양끝 사이에 유도되는 전압을 계산하라. (양끝 사이의 거리는 가깝다고 가정한다.)

8.11 [그림 8-11]을 보면서 다음 물음에 답하라.

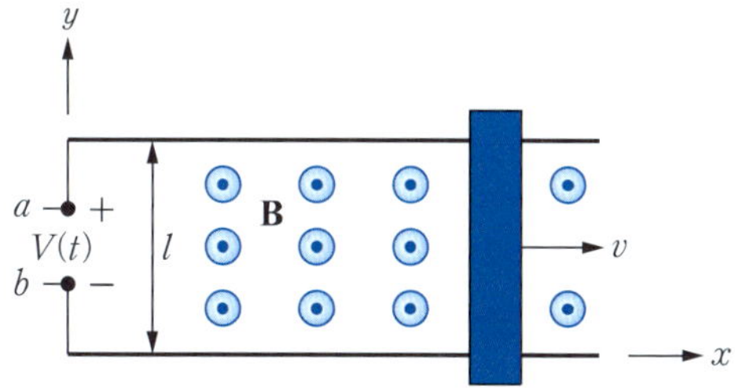

그림 8-11 도체 레일을 따라 움직이는 금속막대

(a) 한 쌍의 도체 레일을 따라 도체막대가 속도 v로 이동하고 있다. 균일한 교류 자기장 $\mathbf{B} = \mathbf{a}_z B_0 \cos \omega t\,[\mathrm{T}]$가 책 속에서 바깥방향으로 향하고 있다. $a-b$ 사이에 유도된 전압 $V(t)$를 구하라. 이때 변압기 기전력과 운동 기전력을 둘 다 고려해야 한다. 막대는 $t=0$일 때 $x=d$에 위치해 있다고 가정한다.

(b) 이 회로에 매우 강한 전류를 흐르게 하면 금속막대나 총알을 매우 빠른 속도로 가속할 수 있으므로, 이 회로를 레일총 rail gun으로 사용할 수 있다. $\mathbf{B}$는 직류 자기장이고, 단자 $a-b$에 가하는 전압원이 V, 레일과 막대의 저항을 합친 총 저항이 $R\,[\Omega]$이라고 가정할 때, 금속막대에 작용하는 힘을 계산하라. V의 극성은 (+) 값이어야 하는가, (−) 값이어야 하는가?

8.12 교류 발전기 [그림 8-12]에 나타낸 것처럼, 각 변의 길이가 l과 d인 완전도체로 만들어진 도선 루프가 일정한 직류 자기장 $\mathbf{B} = \mathbf{a}_y B_0$ 속에서 각주파수 ω [rad/s]로 돌고 있다. 패러데이 법칙에 따라 기전력, 즉 전압이 루프의 작은 간극에 유도된다. 루프는 루프의 평면이 $t=0$일 때 xz평면에 놓여 있다가 돌기 시작한다고 가정하고, 유도 전압 $V(t)$를 구하라. 이것은 간단한 교류 발전기[ac generator]이다. 이번에는 루프가 닫혀 있다고 가정하자. 그러면 유도 전류 $i(t)$가 흐를 것이다. 렌츠의 법칙을 사용하여 $t=0^+$인 순간에 i의 방향을 구하라.

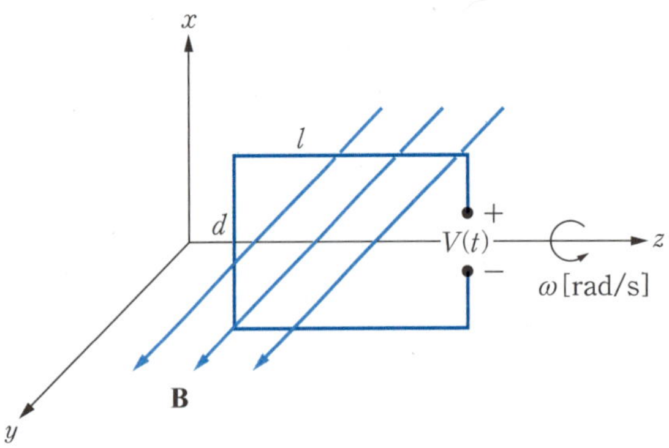

그림 8-12 자기장 속에서 회전하는 루프

8.13 [예제 8-2]에서 $I(t) = I_0 \cos \omega t$일 때 동일한 물음 (a), (b)에 답하라. 계산 결과는 변압기 기전력과 운동 기전력을 모두 포함해야 한다.

8.14 패러데이 원반형 발전기 반지름이 a인 원형의 금속 원반이 수직축을 중심으로 초당 N번의 속도로, 회전축에 평행한 균일 직류 자기장 $\mathbf{B}$를 관통하면서 돌고 있다. [그림 8-13]에 나타낸 것처럼 브러시 접점은 하나는 회전축에, 또 하나는 원반의 테두리에 붙어 있다. 두 브러시 사이에 유도되는 전압 $V(t)$를 계산하라.

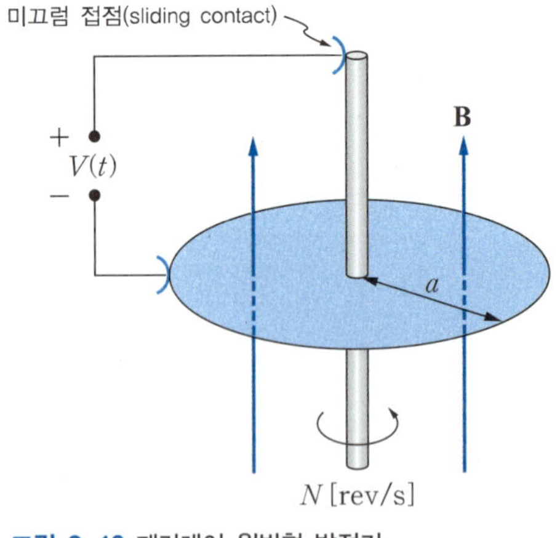

그림 8-13 패러데이 원반형 발전기

8.15 길이가 l, 반지름이 $a(l \gg a)$인 긴 원통형 막대자석이 원통 축에 나란한 방향으로 M_0의 크기로 균일하게 자화되어 있다. 이 자석이 반지름이 $b(b > a)$인 원형 도체의 루프를 속도 v_0로 관통해 지나간다고 가정하자. 자석이 루프에서 멀리 떨어진 지점에서 출발해서 루프 속을 통과하고 루프로부터 멀어진다고 할 때, 다음 물음에 답하라.

(a) 자석 내부의 자기장을 근사적으로 구하라. $l \gg a$인 점을 주목하라.

(b) 자석이 지나갈 때 루프에 유도되는 기전력(즉 전압)을 시간의 함수로 나타내라.

8.16 [예제 8-4]의 커패시터 문제를 보면서 다음 물음에 답하라.

(a) 변위전류에 의해 커패시터 바깥쪽($\rho > a$)에 발생한 자기장 $\mathbf{H}$를 구하라. 가장자리 전기장 fringing electric field 은 무시하라.

(b) 일반형 암페어 법칙을 이용하여 커패시터의 위쪽 판으로 들어오는 전류 $I(t)$와 전압 $V(t)$ 사이의 관계를 구하라. 구한 결과가 회로이론에서 배운 커패시터의 $v-i$ 관계와 일치하는가?

8.17 변위전류 대 전도전류 반도체(실리콘)는 물질상수 material constants $\mu = \mu_0$, $\varepsilon = 11.7\varepsilon_0$, $\sigma = 4.4 \times 10^{-4}$ [S/m]를 갖는다. 전기장 $\mathbf{E} = \mathbf{a}_z 3\cos \omega t$ [V/m]가 반도체 내에 존재할 때, 다음 물음에 답하라.

(a) 반도체 내의 전도전류밀도 $\mathbf{J}_c$와 변위전류밀도 $\mathbf{J}_d$를 구하라.

(b) 변위전류가 전도전류보다 우세한 주파수 범위를 구하라.

(c) 전도전류밀도와 변위전류밀도의 위상 phase 이 일치하는가? 그렇지 않다면 위상각의 차이는 얼마인가?

8.18 [예제 8-5]를 보면서 다음 물음에 답하라.

(a) 예제에서 주어진 전기장 $\mathbf{E}$와 계산한 자기장 $\mathbf{H}$가 전자기장에 해당하는 경우에는 반드시 암페어 법칙을 만족해야 한다. 그러면 각주파수 ω와 파수 wave number k는 어떤 특별한 관계를 갖는다. 암페어 법칙의 미분형을 사용하여 이 관계를 구하라. 매질이 공기이고 원천이 없다는 점에 주의하라.

(b) $\mathbf{H}$가 마지막 맥스웰 방정식인 식 (8.20d)를 만족함을 확인하라.

8.19 맥스웰 방정식을 이용하여 전자기장 구하기 손실이 없는 lossless ($\sigma = 0$) 유전체 매질(원천이 없음) 내의 자기장이 다음과 같이 주어질 때, 주어진 물음에 답하라. 여기서 ω와 k는 상수이고, 매질의 유전율은 ε, 투자율은 μ이다.

$$\mathbf{H} = \mathbf{a}_x H_m \sin(\omega t - kz)$$

(a) 암페어 법칙의 미분형을 사용하여 주어진 자기장에 상응하는 전기장 $\mathbf{E}$를 구하라.

(b) 위에 주어진 $\mathbf{H}$와 (a)에서 구한 $\mathbf{E}$가 전자기장에 해당하는 경우에는 패러데이 법칙도 만족해야 한다. 그러면 각주파수 ω와 파수 k는 어떤 특별한 관계를 갖는다. 패러데이 법칙의 미분형을 사용하여 이 관계를 구하라. 손실이 없는 매질이고 원천이 없다는 점에 주목하라. 이 관계를 분산 관계 dispersion relation 라고 한다.

(c) 나머지 맥스웰 방정식을 만족함을 확인하라.

8.20 원천이 없는 공기 중의 전기장이 다음과 같을 때, 이에 상응하는 자기장을 패러데이 법칙을 써서 구하라. 이 전기장과 자기장이 모든 맥스웰 방정식을 만족하기 위해 필요한 (α, β, ω)의 조건을 구하라.

$$\mathbf{E} = \mathbf{a}_y E_m \sin(\alpha x) \cos(\omega t - \beta z)$$

8.21 공기 속을 전파하는 AM 라디오 신호의 전기장이 다음과 같을 때, 물음에 답하라.

$$\mathbf{E}(x,\ t) = \mathbf{a}_y 3 \sin(\omega t - 0.02x)\ [\mathrm{V/m}]$$

(a) 맥스웰 방정식 중 하나를 이용해서 이에 상응하는 자기장 $\mathbf{H}(x,\ t)$를 구하라.

(b) 또 다른 맥스웰 방정식을 이용해서 AM 신호의 주파수 $f\,[\mathrm{Hz}]$를 계산하라.

8.22 유전체 경계면에서의 경계조건 두 매질 사이의 경계면이 $z = 0$인 xy평면에 놓여 있다. 매질 1은 유전율 ε_1, 투자율 μ_1, 전도율 σ_1을 갖고, 매질 2는 ε_2, μ_2, σ_2를 갖는다. 경계면($z = 0$)에서 매질 1 영역의 전기장은 다음과 같이 주어졌다. 매질 1과 매질 2가 모두 비전도성 물질일 때, 즉 $\sigma_1 = \sigma_2 = 0$일 때, $z = 0$에서 $\mathbf{E}_2$를 계산하라.

$$\mathbf{E}_1 = \mathbf{a}_x E_{1x} + \mathbf{a}_y E_{1y} + \mathbf{a}_z E_{1z}$$

8.23 **완전도체에서의 경계조건** 두 매질 사이의 경계면이 $y=0$인 xz평면에 놓여 있다. 매질 1은 공기, 매질 2는 완전도체($\sigma_2=\infty$)이다. 경계면($y=0$)에서 매질 1 영역의 전기장과 자기장은 다음과 같다.

$$\mathbf{E}_1 = \mathbf{a}_x E_{1x} + \mathbf{a}_y E_{1y} + \mathbf{a}_z E_{1z}\,[\mathrm{V/m}]$$

$$\mathbf{H}_1 = \mathbf{a}_x H_{1x} + \mathbf{a}_y H_{1y} + \mathbf{a}_z H_{1z}\,[\mathrm{A/m}]$$

완전도체의 표면에는 표면전하 $\rho_s\,[\mathrm{C/m^2}]$와 표면전류 $\mathbf{J}_s = \mathbf{a}_x J_{s0}\,[\mathrm{A/m}]$가 존재한다. E_{1x}, E_{1y}, E_{1z}, H_{1x}, H_{1y}, H_{1z}의 값을 구하라.

8.24 식 (8.27)로 표시되는 시변 전기장과 자기장에 대한 경계조건을 유도하라.

8.25 **포인팅 정리** [예제 8-4]와 [예제 8-6]에서 $V(t) = V_0 \sin\omega t$일 때, 다음 물음에 답하라.

(a) 두 도체판 사이의 유전체는 완전절연체가 아니어서 전도율 $\sigma\,[\mathrm{S/m}]$가 0이 아니라고 가정하자. 변위전류와 전도전류를 모두 고려하여 커패시터 안쪽($\rho \le a$)의 자기장 $\mathbf{H}$를 다시 계산하라.

(b) 손실이 있는[lossy] 유전체의 원통 표면($\rho = a$) 위에 있는 점에서 포인팅 벡터 $\mathbf{S}$를 구하라. 전력은 어느 방향으로 흐르는가?

(c) 두 판과 원통 표면($\rho = a$)으로 둘러싸인 부피 V에 대해 포인팅 정리(식 (8.34))를 만족하는지 확인하라. 부피 V 내에 원천 전류가 없으며 낮은 주파수에서는(ω가 작은 경우) $\mathbf{H}$와 관련된 자기 에너지는 $\mathbf{E}$와 관련된 전기 에너지에 비해 무시할 만하다(훨씬 작다)는 점에 주목하라.

8.26 **포인팅 벡터** [예제 8-5]의 전자기장에 대해 포인팅 벡터 $\mathbf{S}$를 구하라. 그리고 $x=0$, $x=a\,[\mathrm{m}]$, $y=0$, $y=b\,[\mathrm{m}]$로 만들어지는 표면을 통과하는 순간전력[instantaneous power]을 계산하라. 전력은 어느 방향으로 흐르는가?

8.27 **솔레노이드에서의 포인팅 벡터** 반지름이 a이고 단위길이당 감은 횟수가 n인 아주 긴 솔레노이드에 일정한 비율 K로 증가하는 전류, 즉 $i(t) = Kt$가 흐르고 있다.

(a) 솔레노이드 내부($\rho \leq a$)에서 자기장 $\mathbf{B}$와 유도된 전기장 $\mathbf{E}$를 계산하라.

(b) 솔레노이드의 원통 표면($\rho = a$) 위에 있는 점에서 포인팅 벡터 $\mathbf{S}$를 구하라. 전력은 어느 방향으로 흐르는가?

(c) 반지름이 a, 길이가 l인 원통형 솔레노이드 부피를 생각해보자. 솔레노이드 부피 속으로 흘러 들어가는 전력과 그 솔레노이드 부피 속에 저장된 자기 에너지를 구하라. 포인팅 정리(식 (8.34))를 만족하는지 확인하라. 여기서는 $\mathbf{E}$와 관련된 전기 에너지는 자기 에너지보다 훨씬 작다.

8.28 **동축 케이블에서의 전력 흐름** [예제 4-2]의 동축 케이블을 살펴보자([그림 4-2] 참조). 내부와 외부 도체 사이에는 전압 $V(t)$가 인가되어 있다. 이때 내부 도체와 외부 도체에는 각각 전류 $I(t)$와 $-I(t)$가 흐르고 있다고 가정한다([그림 6-4] 참조). 동축 케이블 내의 전기장과 자기장으로부터 포인팅 벡터 $\mathbf{S}$를 계산하라. 이어서 동축 케이블을 따라 이동하는 전력을 계산하라.

CHAPTER

09

전자기파

Electromagnetic Waves

CONTENTS

학습목표

- 원천이 없는 영역에서 맥스웰 방정식으로부터 파동방정식을 유도할 수 있다.
- 전자기적인 파동, 즉 전자기파의 개념을 설명할 수 있다.
- 시간에 따라 사인이나 코사인 모양으로 변하는 시간조화 전기장, 자기장, 전하, 전류를 복소 페이저 형식으로 나타낼 수 있다.
- 복소 페이저를 사용하여 시간조화 전자기장에 대한 맥스웰 방정식을 미분 방정식 형태에서 대수 방정식 형태로 바꾸어 간단히 나타낼 수 있다.
- 복소 페이저를 사용하여 포인팅 정리를 간단히 나타내고 설명할 수 있다.
- 복소 페이저를 사용하여 시간평균 전력을 계산할 수 있다.
- 균일 평면파의 특성을 설명할 수 있고 전자기장과 시간평균 포인팅 벡터를 수식으로 나타낼 수 있다.
- 손실이 없는 매질 속을 전파하는 균일 평면파의 전파상수(위상상수), 속도, 파장, 고유 임피던스, 굴절률을 계산할 수 있다.
- 손실이 있는 매질 속을 전파하는 균일 평면파의 전파상수(감쇠상수, 위상상수), 속도, 파장, 고유 임피던스, 침투깊이를 계산할 수 있다.
- 손실이 있는 매질 속을 전파하는 전자기파는 감쇠함을 이해한다.
- 무손실 매질, 손실이 있는 매질(양호한 유전체, 양호한 도체)의 특성 차이를 이해한다.
- 전자기파의 분산을 이해하고 군속도와 위상속도의 차이점을 설명할 수 있다.
- 전자기파의 다양한 편파(선형 편파, 원형 편파, 타원형 편파)를 이해하고, 전자기장의 수식으로부터 편파와 손방향을 구할 수 있으며, 편파의 중요성을 설명할 수 있다.

9.1 개요

우리는 8장에서 시변 전자기장에 관한 두 개의 기본 법칙인 패러데이 법칙과 맥스웰이 수정한 암페어 법칙을 배웠다. 맥스웰 방정식이라고 하는 네 개의 법칙이 정적인 전기장과 자기장은 물론 동적인(시변) 전기장과 자기장과 관련된 모든 전자기 현상을 지배한다. 특히 8.5.3절에서는 패러데이 법칙(시변 자기장에 의해 전기장이 발생한다)과 맥스웰의 변위전류의 영향(시변 전기장에 의해 자기장이 발생한다)을 결합하면 파동방정식을 얻을 수 있고, 이 방정식의 해가 바로 '전자기파'라는 것을 간단히 살펴보았다.

이번 9장과 다음 10장에서는 맥스웰 방정식의 해인 전자기파와 그 특성(전자기파의 전파 propagation, 감쇠 attenuation, 분산 dispersion, 편파 polarization, 반사 reflection, 투과 transmission)을 자세히 공부한다. 우선 원천이 없는 영역 source-free region 에서 맥스웰 방정식으로부터 파동방정식을 유도하고 이 방정식의 해가 나타내는 것이 전자기파라고 하는 '파동 wave'임을 증명한다. 이어서 복소 페이저 complex phasor 를 사용하여 사인 모양으로 변하는 시간조화 전자기장 time-harmonic electromagnetic field 을 다뤄본다.

이어서 무한히 넓은 손실이 없는 lossless 매질에서 전자기파의 전파 propagation 를 다룬다. 그 과정에서 전자기파의 전기장과 자기장의 해, 전파방향, 시간평균 전력, 그리고 균일 평면파 uniform plane wave 라고 하는 특별한 전자기파의 여러 가지 특성들을 공부한다. 다음으로 전자기파가 손실이 있거나 전도성이 있는 매질 속을 전파할 때 발생하는 현상을 다룬다. 특히 전자기파가 손실이 있는 매질을 통과해 전파하면서 진폭이 감쇠하는 것을 살펴볼 것이다. 그러고 나서 전자기파의 분산과 편파를 설명한다. 편파는 전자기파가 가진 고유한 특성으로 음파에는 편파라는 것이 없다.

9.2 원천이 없는 영역에서의 파동방정식 Wave Equation

먼저 공간을 전파하는 전자기파를 나타내는 파동방정식을 유도하고, 이 방정식을 만족하는 가장 간단한 해인 1차원 파동을 구해보자. 여기서는 자유전하나 자유전류와 같은 원천이 없는 무원천 영역 ($\rho_v = 0$, $\mathbf{J} = 0$)에 존재하는 장을 다루기로 한다. 그런데 이런 상황을 가정하는 이유는 무엇일까? 이는 전자기파의 반사, 투과, 유도, 공진과 같은 여러 가지 실제 문제들을 다룰 때 사용하는 전자기파가 무원천 영역에서 얻은 파동방정식의 해이기 때문이다. 나중에 안테나 문제에서 전자기파의 방사를 다룰 때는 원천인 ρ_v와 $\mathbf{J}$를 포함시켜야 한다.

$\rho_v = \mathbf{J} = 0$인, 무원천 영역에서의 전자기장은 다음의 맥스웰 방정식(식 (8.20))을 만족한다.

$$\nabla \times \mathbf{E} = -\frac{\partial \mathbf{B}}{\partial t} \qquad \nabla \cdot \mathbf{D} = 0$$
$$\nabla \times \mathbf{H} = \frac{\partial \mathbf{D}}{\partial t} \qquad \nabla \cdot \mathbf{B} = 0 \tag{9.1}$$

매질이 선형[linear] 이고, 등방성[isotropic][1]이며, 균질[homogeneous] 하고(3.4절 참조), 비전도성[nonconducting](즉 무손실[lossless])인 경우에는 다음 관계식이 성립한다.

$$\mathbf{D} = \varepsilon \mathbf{E}, \quad \mathbf{B} = \mu \mathbf{H}, \quad \mathbf{J}_c = \sigma \mathbf{E} = 0 \tag{9.2}$$

여기서 $\mathbf{J}_c$는 전도전류밀도이다. 이와 같은 매질에서 맥스웰 방정식(식 (9.1))은 다음과 같이 간단해진다.

$$\nabla \times \mathbf{E} = -\mu \frac{\partial \mathbf{H}}{\partial t} \tag{9.3a}$$

$$\nabla \times \mathbf{H} = \varepsilon \frac{\partial \mathbf{E}}{\partial t} \tag{9.3b}$$

$$\nabla \cdot \mathbf{E} = 0 \tag{9.3c}$$

$$\nabla \cdot \mathbf{H} = 0 \tag{9.3d}$$

여기서 맥스웰 방정식을 $\mathbf{E}$와 $\mathbf{H}$만으로 나타낸 것에 주목하기 바란다. 시변 문제에서는 $\mathbf{E}$와 $\mathbf{H}$ 사이에 어떤 대칭성과 쌍대성(이중성)[duality]이 존재하므로 $\mathbf{E}$와 $\mathbf{B}$ 대신 $\mathbf{E}$와 $\mathbf{H}$를 다루는 것이 보통이다. 식 (9.3a)와 (9.3b)는 $\mathbf{E}$와 $\mathbf{H}$에 대한 1계 편미분방정식으로, 이 두 방정식은 서로 결합되어 있다. 이제 두 편미분방정식의 결합을 끊어 $\mathbf{E}$ 또는 $\mathbf{H}$만으로 이루어진 2계 편미분방정식을 유도해보자. $\mathbf{H}$를 없애기 위해 식 (9.3a)에 회전을 취하고, 회전과 시간미분의 순서를 바꾼 다음, 식 (9.3b)를 이용하면 다음 식을 얻을 수 있다.

$$\nabla \times (\nabla \times \mathbf{E}) = \nabla \times \left\{ -\mu \frac{\partial \mathbf{H}}{\partial t} \right\} = -\mu \frac{\partial}{\partial t}(\nabla \times \mathbf{H}) = -\mu\varepsilon \frac{\partial^2 \mathbf{E}}{\partial t^2}$$

벡터 항등식 $\nabla \times (\nabla \times \mathbf{A}) = \nabla(\nabla \cdot \mathbf{A}) - \nabla^2 \mathbf{A}$([표 1-5] 참조)와 식 (9.3c)를 이용하면 다음과 같이 전기장 $\mathbf{E}$에 대한 **파동방정식**[wave equations]을 얻을 수 있다.

$$\nabla^2 \mathbf{E} - \mu\varepsilon \frac{\partial^2 \mathbf{E}}{\partial t^2} = 0 \tag{9.4}$$

여기서

$$\nabla^2 = \frac{\partial^2}{\partial x^2} + \frac{\partial^2}{\partial y^2} + \frac{\partial^2}{\partial z^2}$$

은 라플라스 연산자[Laplace operator] 또는 라플라시안[Laplacian]이라고 한다. 이와 마찬가지 방법으로

1 등방성(isotropic)이란 ε과 μ가 전자기장 $\mathbf{E}$나 $\mathbf{H}$의 방향에 따라 달라지지 않는다는 것을 뜻한다. 등방성 매질에서는 ε과 μ가 스칼라이다. 비등방성(anisotropic) 매질에서는 ε과 μ가 텐서(tensor)가 된다.

식 (9.3b)에서 $\mathbf{E}$를 제거하여 자기장 $\mathbf{H}$에 대해 같은 형태의 파동방정식을 유도할 수 있다.

$$\nabla^2\mathbf{H} - \mu\varepsilon\frac{\partial^2\mathbf{H}}{\partial t^2} = 0 \tag{9.5}$$

식 (9.4)와 식 (9.5)는 그 해가 '파동'을 나타내기 때문에 벡터 파동방정식vector wave equations 이라고 한다.

9.2.1 1차원 파동방정식

먼저 전자기장이 공간상에서 어느 한 방향, 이를 테면 z방향을 따라서만 변하는 경우의 파동방정식을 생각해보자. 이 경우 파동방정식은 x와 y에 무관하다($\frac{\partial}{\partial x} = \frac{\partial}{\partial y} = 0$). $\mathbf{E}$가 다음과 같이 x방향 성분만 가진다고 가정하자.

$$\mathbf{E} = \mathbf{a}_x E_x(z,\ t)$$

그러면 식 (9.4)로부터 E_x는 다음의 1차원 스칼라 파동방정식을 만족한다.

$$\frac{\partial^2 E_x}{\partial z^2} - \mu\varepsilon\frac{\partial^2 E_x}{\partial t^2} = 0 \tag{9.6}$$

이제 다음 형태의 $E_x(z,\ t)$에 대한 해를 찾아보자.

$$E_x(z,\ t) = f(z \pm vt) \tag{9.7}$$

$u = z \pm vt$로 놓고 연쇄 법칙chain rule 을 이용하면 z에 대한 미분을 다음과 같이 구할 수 있다.

$$\begin{aligned} \frac{\partial E_x}{\partial z} &= \frac{\partial E_x}{\partial u}\frac{\partial u}{\partial z} = f'(u) = f'(z \pm vt) \\ \frac{\partial^2 E_x}{\partial z^2} &= \frac{\partial u}{\partial z}\frac{\partial}{\partial u}\left\{\frac{\partial E_x}{\partial z}\right\} = f''(u) = f''(z \pm vt) \end{aligned} \tag{9.8a}$$

마찬가지로 t에 대한 미분은 다음과 같이 구할 수 있다.

$$\begin{aligned} \frac{\partial E_x}{\partial t} &= \frac{\partial E_x}{\partial u}\frac{\partial u}{\partial t} = f'(u)(\pm v) = \pm vf'(z \pm vt) \\ \frac{\partial^2 E_x}{\partial t^2} &= \frac{\partial u}{\partial t}\frac{\partial}{\partial u}\left\{\frac{\partial E_x}{\partial t}\right\} = (\pm v)^2 f''(u) = v^2 f''(z \pm vt) \end{aligned} \tag{9.8b}$$

식 (9.8a)와 식 (9.8b)를 식 (9.6)에 대입해보자. 그러면 이 파동방정식은 다음과 같은 조건에서 성립한다.

$$v = \frac{1}{\sqrt{\mu\varepsilon}} \tag{9.9}$$

따라서 어떤 함수의 인수[argument]가 $z \pm vt$ 또는 $z \pm \frac{1}{\sqrt{\mu\varepsilon}} t$의 꼴로 되어 있으면 그 함수는 식 (9.6)을 만족시킨다.

물리적으로 $E_x(z, t) = f(z - vt)$는 일정한 형태 $f(u)$를 유지하면서 속도 v로 $+z$방향으로 진행하는 '파동'을 나타낸다. $f(z)$가 원점에서 최댓값을 갖는 가우스 펄스[Gaussian pulse]인 경우를 생각해보자. 연이은 두 순간 $t = 0$와 $t = t_0$ $(t_0 > 0)$에서 z에 따른 $E_x(z, t)$의 변화를 그래프로 그려보자. 그러면 [그림 9-1]과 같이 두 순간에서 $E_x(z, t)$의 그래프는 각각 $f(z)$와 $f(z - vt_0)$로 주어진다.

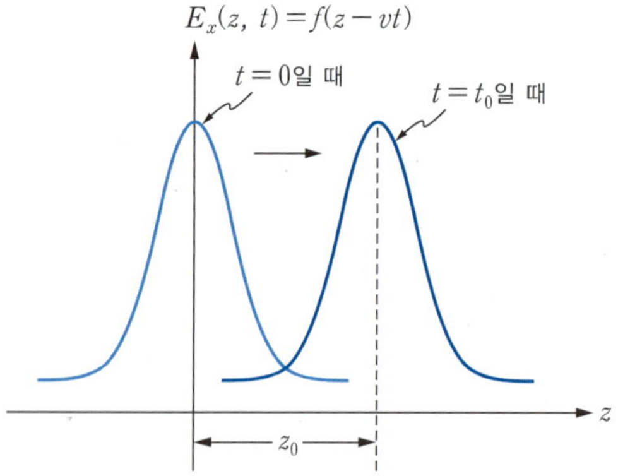

그림 9-1 속도 v로 움직이는 가우스 펄스

가우스 펄스는 시간 t_0 후에 $+z$방향으로 $vt_0 \equiv z_0$의 거리만큼 이동한다. 물론 이동 속도는 $\frac{z_0}{t_0} = v = \frac{1}{\sqrt{\mu\varepsilon}}$로 주어진다. 또한 $E_x(z, t) = f(z + vt)$는 속도 v로 $-z$방향으로 이동하는 파동을 나타낸다는 것을 확실히 알 수 있다. 정리하면

$$\mathbf{E} = \mathbf{a}_x f(z \pm vt) = \mathbf{a}_x f\left(z \pm \frac{1}{\sqrt{\mu\varepsilon}} t\right) \tag{9.10}$$

는 가장 간단한 형태인 1차원 파동이다. 전자기적인 파동, 즉 전자기파는 선형, 균질 매질 (μ, ε)을 다음과 같은 속도 v로 진행한다.

$$v = \frac{1}{\sqrt{\mu\varepsilon}}$$

자유공간 또는 진공에서의 전자기파의 속도를 계산하면

$$v = \frac{1}{\sqrt{\mu_0\varepsilon_0}} \approx \frac{1}{\sqrt{4\pi \times 10^{-7} \times \frac{10^{-9}}{36\pi}}} = 3 \times 10^8 \text{ [m/sec]}$$

이 되는데, 이 값은 진공에서의 빛의 속도와 정확하게 일치한다. 이것이 뜻하는 것은 빛이 전자기파의 한 종류라는 사실이다. 전자기파는 주파수에 상관없이 전파속도가 동일하다. 위에서 전자기파의 속도

를 계산할 때 유전율 값으로 근삿값인 $\varepsilon_0 = 8.854\times10^{-12} \approx \frac{10^{-9}}{36\pi}$ [F/m]을 사용했다. 다음 절에 나오는 [예제 9-2]의 (c)에서 전자기파의 한 예를 볼 수 있다.

9.3 시간조화 전자기장 Time-Harmonic Electromagnetic Fields

우리는 9.2절에서 인수의 꼴이 $z \pm vt$인 모든 함수는 파동방정식을 만족한다는 것을 배웠다. 여러 원천과 전자기장을 나타내는 데 사용되는 함수들 중에서 가장 일반적인 것이 사인(또는 코사인) 함수이다. 따라서 우리는 주로 시간에 따라 사인(또는 코사인) 모양으로 변하는 sinusoidal in time 전자기장을 다룬다. 이를 **시간조화** 전자기장 time-harmonic electromagnetic fields 이라고 한다.

시간조화 전자기장을 집중적으로 다루는 이유로는 다음 몇 가지를 들 수 있다.

1. 거의 모든 전기적 원천(전원) electric source 들은 특정한 한 주파수로 시간에 따라 사인 모양으로 변하는 전하와 전류를 발생시키는 교류전원이다.
2. 맥스웰 방정식은 선형 방정식이므로 전하와 전류가 주파수가 f [Hz]인 사인파이면 이들 원천에 의해 발생하는 전자기장도 정상상태 steady state 에서 주파수가 f [Hz]로 동일한 사인파(또는 코사인파)이다. 예를 들어, ρ_v가 두 배로 증가하면 가우스 법칙에 따라 $\mathbf{E}$도 두 배로 증가한다. 이러한 특성 덕분에 복소 페이저 개념을 사용하면 수학적 복잡성을 상당히 덜 수 있다.
3. 원천이 시간에 따라 사인함수 모양이 아닌 임의의 함수 모양으로 변하는 경우에도 푸리에 해석 Fourier analysis 에 따라 사인(또는 코사인) 함수들의 선형결합 linear combination 으로 전개할 수 있다. 그러므로 사인 모양의 시간조화 전자기장에 대한 해를 알면 임의의 전자기장에 대한 해를 구하는 데 도움이 된다.

9.3.1 시간조화 전자기장의 페이저 표현

예전에 회로이론에서 교류회로를 해석할 때, **복소 페이저** complex phasor 를 사용하여 사인파 전압과 전류를 나타낸 것을 기억하고 있을 것이다. 여기에서도 같은 방법을 사용한다. 부피전하밀도 ρ_v가 다음과 같이 시간에 따라 코사인함수 형태로 변한다고 가정하자.

$$\rho_v(\mathbf{r},\ t) = \rho_0(\mathbf{r})\cos(\omega t + \phi) \tag{9.11}$$

여기서 $\rho_0(\mathbf{r})$은 진폭이고, ω는 각주파수로 단위는 [rad/sec]이며, ϕ는 위상이다. 각주파수 ω와 주파수 f 사이의 관계는 다음과 같다. f의 단위는 [Hz]이다.

$$\omega = 2\pi f \tag{9.12}$$

오일러 공식 $e^{j\theta} = \cos\theta + j\sin\theta$를 사용하면 식 (9.11)의 ρ_v를 다음과 같이 쓸 수 있다.

$$\rho_v(\mathbf{r},\ t) = \mathrm{Re}\left\{\rho_0(\mathbf{r})\, e^{j(\omega t + \phi)}\right\} = \mathrm{Re}\left\{\rho_0(\mathbf{r})\, e^{j\phi}\, e^{j\omega t}\right\}$$

여기서 Re{ }는 중괄호 { } 안에 있는 값의 실수부를 취한다는 의미이다.

복소수 지수 형태의 시간 함수인 $e^{j\omega t}$를 제거하기 위해 $\rho_v(\mathbf{r},\ t)$의 복소 페이저 $\underline{\rho_v}(\mathbf{r})$을 다음 식으로 정의한다.

$$\underline{\rho_v}(\mathbf{r}) \equiv \rho_0(\mathbf{r})\, e^{j\phi} \tag{9.13}$$

여기서 밑줄이 붙은 양은 복소 페이저이다. 따라서 실시간 함수 $\rho_v(\mathbf{r},\ t)$와 이의 복소 페이저 $\underline{\rho_v}(\mathbf{r})$ 사이의 관계는 다음 식으로 쓸 수 있다.

$$\rho_v(\mathbf{r},\ t) = \mathrm{Re}\left\{\underline{\rho_v}(\mathbf{r})\, e^{j\omega t}\right\} \tag{9.14}$$

이와 같은 방법으로 사인 모양으로 변하는 모든 스칼라장과 벡터장은 복소 페이저로 나타낼 수 있다. 예를 들어, 시간조화 전기장은 다음 식으로 쓸 수 있다.

$$\mathbf{E}(\mathbf{r},\ t) = \mathrm{Re}\left\{\underline{\mathbf{E}}(\mathbf{r})\, e^{j\omega t}\right\} \tag{9.15}$$

여기서 주의할 것은 $\mathbf{E}(\mathbf{r},\ t)$는 시간 t에 대한 실함수 real function 인 반면, $\underline{\mathbf{E}}(\mathbf{r})$은 복소 페이저로 더 이상 시간 t의 함수가 아니라는 점이다. 이제 식 (9.15)의 전기장을 시간에 대해 미분해보자.

$$\frac{\partial}{\partial t}\{\mathbf{E}(\mathbf{r},\ t)\} = \frac{\partial}{\partial t}\mathrm{Re}\left\{\underline{\mathbf{E}}(\mathbf{r})\, e^{j\omega t}\right\} = \mathrm{Re}\left\{\frac{\partial}{\partial t}\underline{\mathbf{E}}(\mathbf{r})\, e^{j\omega t}\right\} = \mathrm{Re}\left\{j\omega\, \underline{\mathbf{E}}(\mathbf{r})\, e^{j\omega t}\right\} \tag{9.16}$$

따라서 $\dfrac{\partial \mathbf{E}}{\partial t}$의 복소 페이저는 $j\omega\underline{\mathbf{E}}(\mathbf{r})$로, $\mathbf{E}(\mathbf{r},\ t)$의 페이저인 $\underline{\mathbf{E}}(\mathbf{r})$에 간단히 $j\omega$를 곱한 꼴이다. 다시 말해, 시간조화 함수를 복소 페이저로 표현하면 시간미분 $\dfrac{\partial}{\partial t}$을 $j\omega$로 대체할 수 있다.

$$\frac{\partial}{\partial t}\mathbf{E}(\mathbf{r},\ t) \quad \leftrightarrow \quad j\omega\underline{\mathbf{E}}(\mathbf{r}) \tag{9.17}$$

(시간 영역)　　(페이저 영역)

시간조화 전자기장에 대한 맥스웰 방정식에 이 관계식을 적용하면 시간미분이 사라지므로 방정식의 형태가 간단해진다.

예제 9-1 시간조화 양의 페이저 표현

시간에 따라 사인 또는 코사인 모양으로 변하는 다음 양을 복소 페이저로 나타내라.

(a) $\rho_v(t) = \rho_0 \sin(10^6 t)$

(b) $\mathbf{E}(z,\ t) = \mathbf{a}_x E_1 \cos\left(10^9 t - 4z + \dfrac{\pi}{4}\right) + \mathbf{a}_y E_2 \cos\left(10^9 t - 4z + \dfrac{3\pi}{4}\right)$

풀이

(a) $\rho_v(t) = \rho_0 \sin(10^6 t) = \rho_0 \cos\left(10^6 t - \dfrac{\pi}{2}\right) = \mathrm{Re}\left\{\rho_0\, e^{j(10^6 t - \pi/2)}\right\}$

$= \mathrm{Re}\left\{\rho_0\, e^{-j\pi/2}\, e^{j10^6 t}\right\} = \mathrm{Re}\left\{\underline{\rho_v}\, e^{j10^6 t}\right\}$

따라서 $\rho_v(t)$의 페이저는 $\omega = 10^6\,[\mathrm{rad/s}]$에서 $\underline{\rho_v} = \rho_0\, e^{-j\pi/2}$이다.

(b) $\mathbf{E}(z,\ t) = \mathrm{Re}\left\{\mathbf{a}_x E_1 e^{j(10^9 t - 4z + \pi/4)} + \mathbf{a}_y E_2\, e^{j(10^9 t - 4z + 3\pi/4)}\right\}$

$= \mathrm{Re}\left\{\left(\mathbf{a}_x E_1\, e^{-j4z}\, e^{j\pi/4} + \mathbf{a}_y E_2\, e^{-j4z}\, e^{j3\pi/4}\right) e^{j10^9 t}\right\} = \mathrm{Re}\left\{\underline{\mathbf{E}}(z)\, e^{j10^9 t}\right\}$

따라서 $\mathbf{E}(z,\ t)$의 페이저는 $\omega = 10^9\,[\mathrm{rad/s}]$에서 다음과 같다.

$$\underline{\mathbf{E}}(z) = \left\{\mathbf{a}_x E_1\, e^{j\pi/4} + \mathbf{a}_y E_2\, e^{j3\pi/4}\right\} e^{-j4z}$$

9.3.2 시간조화 전자기장에 대한 맥스웰 방정식

가우스 법칙과 암페어 법칙은 선형성을 가지므로 원천(전하와 전류)들이 각주파수가 ω인 사인파일 때, 선형 매질에서 이들 원천에 의해 발생하는 전기장과 자기장도 분명히 동일한 각주파수 ω를 갖는 사인파가 된다. 따라서 식 (9.14)와 식 (9.15)와 같은 방법으로 식 (8.20)의 맥스웰 방정식에 들어 있는 모든 스칼라장과 벡터장들을 복소 페이저로 나타낸 다음, 여기에 식 (9.17)의 관계식을 적용하면 식 (8.20)의 일반적인 형태의 맥스웰 방정식이 다음과 같이 간단해진다.

$$\nabla \times \underline{\mathbf{E}} = -j\omega \underline{\mathbf{B}} \tag{9.18a}$$

$$\nabla \times \underline{\mathbf{H}} = \underline{\mathbf{J}} + j\omega \underline{\mathbf{D}} \tag{9.18b}$$

$$\nabla \cdot \underline{\mathbf{D}} = \underline{\rho_v} \tag{9.18c}$$

$$\nabla \cdot \underline{\mathbf{B}} = 0 \tag{9.18d}$$

: 시간조화 전자기장에 대한 맥스웰 방정식

여기서 $\underline{\mathbf{E}}$, $\underline{\mathbf{H}}$, $\underline{\mathbf{D}}$, $\underline{\mathbf{B}}$, $\underline{\mathbf{J}}$, $\underline{\rho_v}$는 각각에 해당하는 물리량에 대한 복소 페이저이다. 이들 복소 페이저는 오직 공간 변수에 따라서만 변한다. 매질이 식 (9.2)의 관계가 성립하는 선형, 등방성, 균질, 무손실인 경우, $\underline{\rho_v} = \underline{\mathbf{J}} = 0$인 무원천 영역에서 시간조화 전자기장은 다음의 맥스웰 방정식을 만족한다.

$$\nabla \times \underline{\mathbf{E}} = -j\omega\mu\underline{\mathbf{H}} \tag{9.19a}$$

$$\nabla \times \underline{\mathbf{H}} = j\omega\varepsilon\underline{\mathbf{E}} \tag{9.19b}$$

$$\nabla \cdot \underline{\mathbf{E}} = 0 \tag{9.19c}$$

$$\nabla \cdot \underline{\mathbf{H}} = 0 \tag{9.19d}$$

: 원천이 없는 단순 매질 속에서 시간조화 전자기장에 대한 맥스웰 방정식

말하자면 식 (9.19)는 식 (9.3)의 시간조화 버전이라고 할 수 있는데, 맥스웰 방정식에서 시간미분을 없애고 그 자리에 $j\omega$를 넣고 곱한 것이다. 이와 같은 형태의 맥스웰 방정식을 사용하면 전자기장의 해를 구하는 과정이 훨씬 간단하다.

9.3.3 복소 포인팅 정리 : 실제 전력 흐름

여기서 살펴볼 것은 8.7절에서 공부한 포인팅 정리의 복소수 버전으로, 복소 페이저 전자기장을 써서 실제 전자기 전력의 흐름을 설명한다. 먼저 식 (9.18a)에 $\underline{\mathbf{H}}^*$의 점곱을 취하고 이어서 식 (9.18b)의 켤레 복소수 complex conjugate (공액 복소수)에 $\underline{\mathbf{E}}$의 점곱을 취한 다음, 앞의 것에서 뒤의 것을 빼면 다음과 같다.

$$\begin{aligned}&\underline{\mathbf{H}}^* \cdot (\nabla \times \underline{\mathbf{E}}) - \underline{\mathbf{E}} \cdot (\nabla \times \underline{\mathbf{H}}^*) \\ &= \nabla \cdot (\underline{\mathbf{E}} \times \underline{\mathbf{H}}^*) = -j\omega(\underline{\mathbf{B}} \cdot \underline{\mathbf{H}}^* - \underline{\mathbf{E}} \cdot \underline{\mathbf{D}}^*) - \underline{\mathbf{E}} \cdot \underline{\mathbf{J}}^*\end{aligned} \tag{9.20}$$

계산 과정에서 [표 1-5]의 벡터 항등식 중 (6)번 식을 사용했다. 식 (9.20)은 복소 포인팅 정리의 미분형으로 식 (8.31)의 복소수 버전이다. 8.7절에서 사용한 방법과 마찬가지로 식 (9.20)의 양변을 닫힌표면 S로 둘러싸인 부피 V에 대해 적분한 다음, 좌변에 발산 정리를 적용하면 다음과 같이 복소 포인팅 정리의 적분형을 얻을 수 있다.

$$\oiint_S (\underline{\mathbf{E}} \times \underline{\mathbf{H}}^*) \cdot d\mathbf{s} = j\omega \iiint_V (\underline{\mathbf{E}} \cdot \underline{\mathbf{D}}^* - \underline{\mathbf{H}}^* \cdot \underline{\mathbf{B}}) dv - \iiint_V \underline{\mathbf{E}} \cdot \underline{\mathbf{J}}^* dv \tag{9.21}$$

매질이 선형이고 μ, ε을 실수로 가정하면 식 (9.21)에서 우변의 첫째 항은 순허수가 된다. 다음 식과 같이 $\underline{\mathbf{J}}$가 원천전류 $\underline{\mathbf{J}}_i$(인가전류 impressed current 라고도 한다)와 전도전류 $\underline{\mathbf{J}}_c$로 구성된다고 가정하자.

$$\underline{\mathbf{J}} = \underline{\mathbf{J}}_i + \underline{\mathbf{J}}_c = \underline{\mathbf{J}}_i + \sigma\underline{\mathbf{E}} \tag{9.22}$$

식 (9.21)의 실수 부분을 취해 2로 나누고 항들을 다시 정리하면

$$\iiint_V \frac{1}{2}\mathrm{Re}\{-\underline{\mathbf{E}} \cdot \underline{\mathbf{J}}_i^*\} dv = \oiint_S \frac{1}{2}\mathrm{Re}\{\underline{\mathbf{E}} \times \underline{\mathbf{H}}^*\} \cdot d\mathbf{s} + \iiint_V \frac{1}{2}\underline{\mathbf{E}} \cdot \underline{\mathbf{J}}_c^* dv \tag{9.23}$$

로 쓸 수 있다. 여기서 맨 마지막 항은 $\underline{\mathbf{E}} \cdot \underline{\mathbf{J}}_c^* = \underline{\mathbf{E}} \cdot \sigma\underline{\mathbf{E}}^* = \sigma|\underline{\mathbf{E}}|^2$이므로 실수이다.

각 항의 물리적 의미를 살펴보면 다음과 같다. 좌변의 항은 부피 V 내부의 사인파 원천전류 $\underline{\mathbf{J}}_i$가 공급하는 실제 전력 real power 으로 시간평균 전력 time-average power 이다. 우변의 첫째 항은 부피 V의 바

밖으로 흘러 나가는 실제 전력, 즉 시간평균 전력이다. 우변의 둘째 항은 5.6절에서 설명한 것과 같이 부피 V 내부에서 줄열 Joule heat로 소모되는 실제 전력인 시간평균 전력이다. 결국 식 (9.23)은 부피 V에서 실제 전자기 전력의 보존을 나타낸다. 복소 물리량 $\underline{\mathbf{S}}$를

$$\underline{\mathbf{S}} \equiv \underline{\mathbf{E}} \times \underline{\mathbf{H}}^* \tag{9.24}$$

로 정의하면, $\underline{\mathbf{S}}$의 실수부의 절반이 전자기장 ($\mathbf{E}$, $\mathbf{H}$)에 의해 운반되는 단위면적당 시간평균 전력이 된다. 이 $\underline{\mathbf{S}}$를 **복소 포인팅 벡터** complex Poynting vector라고 한다. 중요한 내용을 간추려 정리하면 다음과 같다.

$$\iint_S \frac{1}{2}\mathrm{Re}\left\{\underline{\mathbf{E}} \times \underline{\mathbf{H}}^*\right\} \cdot d\mathbf{s} \tag{9.25}$$

: 표면 S를 통과하는 시간평균 전력

$$\iiint_V \frac{1}{2}\mathrm{Re}\left\{\underline{\mathbf{E}} \cdot \underline{\mathbf{J}}_c^*\right\} dv = \iiint_V \frac{1}{2}\sigma|\underline{\mathbf{E}}|^2 dv \tag{9.26}$$

: 부피 V 내부에서 소모되는 시간평균 전력

끝으로, 전자기장이 사인 모양으로 변하는 시간 조화장인 경우, $\frac{1}{2}\left(\underline{\mathbf{E}} \times \underline{\mathbf{H}}^*\right)$의 실수부가 $\mathbf{E}(t) \times \mathbf{H}(t)$의 시간평균이 되는 이유를 알아보자.

$$\mathbf{S}_{av} \equiv \langle \mathbf{E}(t) \times \mathbf{H}(t) \rangle = \frac{1}{2}\mathrm{Re}\left\{\underline{\mathbf{E}} \times \underline{\mathbf{H}}^*\right\} \tag{9.27}$$

여기서 〈 〉는 시간평균을 나타낸다. 주의할 점은 시간조화 전자기장에 대해서는 포인팅 벡터 $\mathbf{S} = \mathbf{E}(t) \times \mathbf{H}(t)$가 순시 전력밀도 instantaneous power density를 나타낸다는 것이다. 실제로 더 많이 사용되는 것은 순시 전력보다는 시간평균 전력이다. 식 (9.27)의 관계는 다음 식과 같이 정상상태에서 사인파 교류회로를 해석하는 경우에 복소 페이저 전압과 전류로부터 평균전력을 계산하는 것과 마찬가지이다.

$$P_{av} \equiv \langle V(t) I(t) \rangle = \frac{1}{2}\mathrm{Re}\left\{\underline{V}\,\underline{I}^*\right\} \tag{9.28}$$

여기서 $\underline{V}$와 $\underline{I}$는 각각 $V(t)$와 $I(t)$의 복소 페이저이다. 식 (9.27)을 증명하기 위해

$$\underline{\mathbf{E}} = \mathbf{E}_R + j\mathbf{E}_I, \quad \underline{\mathbf{H}} = \mathbf{H}_R + j\mathbf{H}_I \tag{9.29}$$

로 써보자. 여기서 $\mathbf{E}_R$과 $\mathbf{H}_R$은 $\underline{\mathbf{E}}$와 $\underline{\mathbf{H}}$의 실수부이고, $\mathbf{E}_I$와 $\mathbf{H}_I$는 $\underline{\mathbf{E}}$와 $\underline{\mathbf{H}}$의 허수부이다. 그러면 다음과 같은 식을 얻을 수 있다.

$$\begin{aligned}
\mathbf{E}(t) &= \mathrm{Re}\left\{\underline{\mathbf{E}}\, e^{j\omega t}\right\} = \mathbf{E}_R \cos\omega t - \mathbf{E}_I \sin\omega t \\
\mathbf{H}(t) &= \mathrm{Re}\left\{\underline{\mathbf{H}}\, e^{j\omega t}\right\} = \mathbf{H}_R \cos\omega t - \mathbf{H}_I \sin\omega t \\
\mathbf{E}(t) \times \mathbf{H}(t) &= \mathbf{E}_R \times \mathbf{H}_R \cos^2\omega t + \mathbf{E}_I \times \mathbf{H}_I \sin^2\omega t - (\mathbf{E}_R \times \mathbf{H}_I + \mathbf{E}_I \times \mathbf{H}_R)\cos\omega t \sin\omega t
\end{aligned} \tag{9.30}$$

각주파수가 ω일 때 몇 가지 사인(또는 코사인) 함수에 대해 시간평균값을 계산해보면 다음과 같다. 여기서 $\omega = 2\pi f = \frac{2\pi}{T}$ (T는 주기)이다.

$$\langle \cos^2\omega t \rangle \equiv \frac{1}{T}\int_0^T \cos^2\omega t\, dt = \frac{1}{T}\int_0^T \frac{1}{2}(1+\cos 2\omega t)dt$$

$$= \frac{1}{2T}\left[t + \frac{1}{2\omega}\sin(2\omega t)\right]_0^T = \frac{1}{2}$$

$$\langle \sin^2\omega t \rangle = \frac{1}{T}\int_0^T \frac{1}{2}(1-\cos 2\omega t)dt = \frac{1}{2}$$

$$\langle \sin\omega t \cos\omega t \rangle = \frac{1}{T}\int_0^T \frac{1}{2}\sin 2\omega t\, dt = 0$$

식 (9.30)의 양변에 시간평균을 취하면

$$\langle \mathbf{E}(t)\times\mathbf{H}(t)\rangle = \frac{1}{2}(\mathbf{E}_R\times\mathbf{H}_R + \mathbf{E}_I\times\mathbf{H}_I) \tag{9.31}$$

가 된다. 식 (9.29)로부터 다음 결과를 얻을 수 있다.

$$\begin{aligned}\underline{\mathbf{E}}\times\underline{\mathbf{H}}^* &= \{\mathbf{E}_R + j\mathbf{E}_I\}\times\{\mathbf{H}_R - j\mathbf{H}_I\} \\ &= (\mathbf{E}_R\times\mathbf{H}_R + \mathbf{E}_I\times\mathbf{H}_I) + j(\mathbf{E}_I\times\mathbf{H}_R - \mathbf{E}_R\times\mathbf{H}_I)\end{aligned} \tag{9.32}$$

식 (9.32)의 실수부를 취한 다음, 이를 식 (9.31)과 비교하면 식 (9.27)의 시간평균 관계식을 증명할 수 있다. 식 (9.26)에 들어 있는 $\frac{1}{2}$도 이 식이 소모전력의 시간평균임을 나타내고 있다.

예제 9-2 시간평균 전력 계산

다음의 시간조화 전기장으로 이루어진 전자기파가 원천이 없는 공기 속을 전파하고 있다. 여기서 $E_0 = 10\,[\mathrm{V/m}]$이다.

$$\mathbf{E} = \mathbf{a}_x E_0 \cos(9\times 10^8 t - 3z)$$

(a) 복소 페이저를 사용하여 이 전자기파의 자기장 $\mathbf{H}$를 구하라.

(b) 전자기파가 전달하는 시간평균 전력밀도를 $[\mathrm{W/m^2}]$ 단위로 구하라.

(c) $\mathbf{E}$가 식 (9.4)로 표시되는 파동방정식을 만족함을 증명하라.

풀이

(a) 먼저, $\mathbf{E}$에 해당하는 복소 페이저를 구한다.

$$\mathbf{E}(z,\, t) = \mathrm{Re}\left\{\mathbf{a}_x E_0\, e^{j(9\times 10^8 t - 3z)}\right\} = \mathrm{Re}\left\{\mathbf{a}_x E_0\, e^{-j\beta z} e^{j\omega t}\right\}$$

여기서 $\omega = 9\times 10^8$이고 $\beta = 3$이다. 그러면 복소 전기장은 다음과 같다.

$$\underline{\mathbf{E}} = \mathbf{a}_x E_0\, e^{-j\beta z}$$

복소 자기장 $\underline{\mathbf{H}}$는 시간조화 전자기장에 대한 패러데이 법칙(식 (9.18a))으로부터 다음과 같이 구할 수 있다.

$$\nabla\times\underline{\mathbf{E}} = -j\omega\underline{\mathbf{B}} = -j\omega\mu_0\underline{\mathbf{H}} \qquad (\text{공기 중에서 } \mu=\mu_0)$$

$$\underline{\mathbf{H}} = \frac{\nabla\times\underline{\mathbf{E}}}{-j\omega\mu_0} = \frac{1}{-j\omega\mu_0}\mathbf{a}_y\frac{\partial \underline{E}_x}{\partial z} = \mathbf{a}_y\frac{(-j\beta)}{-j\omega\mu_0}E_0 e^{-j\beta z} = \mathbf{a}_y\frac{\beta}{\omega\mu_0}E_0 e^{-j\beta z}$$

시간 영역에서 순싯값 자기장은 다음과 같이 구할 수 있다.

$$\begin{aligned}\mathbf{H}(z,\,t) &= \mathrm{Re}\{\underline{\mathbf{H}}e^{j\omega t}\} = \mathrm{Re}\left\{\mathbf{a}_y\frac{\beta}{\omega\mu_0}E_0 e^{-j\beta z}e^{j\omega t}\right\} = \mathbf{a}_y\frac{\beta}{\omega\mu_0}E_0\cos(\omega t-\beta z)\\ &= \mathbf{a}_y\frac{3\cdot 10}{9\times10^8\cdot 4\pi\times10^{-7}}\cos(9\times10^8 t-3z)\\ &= \mathbf{a}_y 2.65\times10^{-2}\cos(9\times10^8 t-3z)\ [\mathrm{A/m}]\end{aligned}$$

(b) 시간평균 포인팅 벡터는 다음과 같이 구할 수 있다.

$$\begin{aligned}\mathbf{S}_{av} &= \frac{1}{2}\mathrm{Re}\{\underline{\mathbf{E}}\times\underline{\mathbf{H}}^*\} = \frac{1}{2}\mathrm{Re}\left\{\mathbf{a}_x E_0 e^{-j\beta z}\times\left[\mathbf{a}_y\frac{\beta}{\omega\mu_0}E_0 e^{-j\beta z}\right]^*\right\}\\ &= \mathbf{a}_z\frac{1}{2}\mathrm{Re}\left\{E_0\left(\frac{\beta}{\omega\mu_0}\right)E_0^*\right\} = \mathbf{a}_z\frac{1}{2}\frac{\beta}{\omega\mu_0}|E_0|^2\end{aligned}$$

따라서 시간평균 전력밀도를 계산하면 다음과 같다.

$$\frac{1}{2}\frac{\beta}{\omega\mu_0}E_0^2 = \frac{1}{2}\frac{3}{9\times10^8\cdot 4\pi\times10^{-7}}(10)^2 = 0.133\ [\mathrm{W/m^2}]$$

(c) $\mathbf{E}=\mathbf{a}_x E_0\cos(\omega t-\beta z)\equiv\mathbf{a}_x E_x$로 놓는다. 여기서 $E_0=10$, $\omega=9\times10^8$, $\beta=3$이다. $\mathbf{E}$에 대해 $\frac{\partial}{\partial x}=\frac{\partial}{\partial y}=0$이므로

$$\frac{\partial E_x}{\partial z} = \beta E_0\sin(\omega t-\beta z),\quad \frac{\partial^2 E_x}{\partial z^2} = -\beta^2 E_0\cos(\omega t-\beta z)$$

$$\frac{\partial E_x}{\partial t} = -\omega E_0\sin(\omega t-\beta z),\quad \frac{\partial^2 E_x}{\partial t^2} = -\omega^2 E_0\cos(\omega t-\beta z)$$

이 된다. 따라서 이 결과들 식 (9.4)에 대입하면

$$\omega^2\mu_0\varepsilon_0 \approx (9\times10^8)^2 4\pi\times10^{-7}\cdot\frac{10^{-9}}{36\pi} = 9 = \beta^2$$

이므로

$$\begin{aligned}\nabla^2 E_x-\mu\varepsilon\frac{\partial^2 E_x}{\partial t^2} &= \frac{\partial^2 E_x}{\partial z^2}-\mu_0\varepsilon_0\frac{\partial^2 E_x}{\partial t^2} \qquad (\text{공기 중})\\ &= -\beta^2 E_0\cos(\omega t-\beta z)+\omega^2\mu_0\varepsilon_0 E_0\cos(\omega t-\beta z)\\ &= (\omega^2\mu_0\varepsilon_0-\beta^2)E_0\cos(\omega t-\beta z) = 0\end{aligned}$$

가 되어 식 (9.4)의 파동방정식을 만족한다.

9.4 손실이 없는 매질에서의 균일 평면파 Uniform Plane Wave

먼저, 원천이 없는 무한히 넓은 무손실 매질 속을 전파하는 전자기파를 살펴보기로 하자. 매질은 유전율이 ε, 투자율이 μ이며 손실이 없다($\sigma = 0$)고 가정한다. 시간조화 전자기장에 대한 해를 구하기 위해, 9.2절과 같은 방법을 사용하여 식 (9.19)의 맥스웰 방정식으로부터 $\mathbf{E}$에 대한 미분방정식과 $\mathbf{H}$에 대한 미분방정식을 각각 유도해보자. $\mathbf{H}$를 제거하기 위해 식 (9.19a)에 회전을 취한 다음, 식 (9.19b)를 이용하면 다음과 같이 쓸 수 있다.

$$\nabla \times (\nabla \times \mathbf{E}) = -j\omega\mu(\nabla \times \mathbf{H}) = -j\omega\mu(j\omega\varepsilon\mathbf{E}) = \omega^2\mu\varepsilon\mathbf{E}$$

벡터 항등식 $\nabla \times (\nabla \times \mathbf{E}) = \nabla(\nabla \cdot \mathbf{E}) - \nabla^2\mathbf{E}$([표 1-5] 참조)와 식 (9.19c)의 가우스 법칙을 이용하면 다음과 같이 전기장 $\mathbf{E}$에 대한 2계 편미분방정식을 얻을 수 있다.

$$\nabla^2\mathbf{E} + k^2\mathbf{E} = 0 \tag{9.33}$$

여기서

$$k^2 = \omega^2\mu\varepsilon \tag{9.34}$$

으로, 이를 다시 쓰면

$$k = \omega\sqrt{\mu\varepsilon} \tag{9.35}$$

이 된다. 식 (9.33)을 **헬름홀츠 방정식** Helmholtz equation 또는 (시간조화) 복소 전기장에 대한 파동방정식이라고 한다. 식 (9.35)를 **분산 관계식** dispersion relation 이라고 하며, k는 **전파상수** propagation constant 라고 한다.

같은 방법으로 식 (9.19)에서 $\mathbf{E}$를 제거하면 자기장 $\mathbf{H}$에 대해서도 똑같은 편미분방정식을 유도할 수 있다.

$$\nabla^2\mathbf{H} + k^2\mathbf{H} = 0 \tag{9.36}$$

여기서 표기 방법에 대해 잠시 설명하기로 한다. 위의 방정식에서 전기장 $\mathbf{E}$와 자기장 $\mathbf{H}$는 복소 페이저 장이므로 $\mathbf{E}$와 $\mathbf{H}$에 밑줄을 넣어야 하지만 의도적으로 넣지 않았다. 지금부터는 복소 페이저 전자기장에 대해 별도의 표시(밑줄)를 하지 않기로 한다. 앞으로 주로 다루는 것은 시간조화 전자기장이므로 방정식에 시간미분이 들어 있지 않으면 이들 전자기장이 복소 페이저 장이라는 것을 쉽게 알 수 있다. 따라서 밑줄을 넣지 않아도 혼동하는 일은 없을 것이다.

지금부터 시간조화 전기장 $\mathbf{E}$의 해를 구해보자. 문제를 간단하게 하기 위해 이 전기장은 x와 y에는 무관하고 z에 따라서만 변하며, x방향을 향하고 있는 것으로 가정한다. 그러면 복소 전기장 $\mathbf{E}$를 다음과 같은 형태로 쓸 수 있다.

$$\mathbf{E} = \mathbf{a}_x E_x(z) \tag{9.37}$$

식 (9.37)을 식 (9.33)에 대입한 다음, 단위벡터를 제거하면 다음 식을 얻을 수 있다.

$$\nabla^2 E_x + k^2 E_x = \frac{\partial^2 E_x}{\partial z^2} + k^2 E_x = 0 \tag{9.38}$$

이 식은 2계 상수계수 상미분방정식으로 두 종류의 삼각함수(sin, cos) 또는 두 종류의 지수함수를 독립해로 갖는다. 이 미분방정식의 해는 다음과 같이 두 독립해의 선형결합으로 나타낼 수 있다.

$$E_x(z) = A\cos(kz) + B\sin(kz) \tag{9.39}$$

또는

$$E_x(z) = E_0^+ e^{-jkz} + E_0^- e^{+jkz} \tag{9.40}$$

여기서 A, B, E_0^+, E_0^-는 임의의 상수이다. 오일러 공식을 이용하면 A, B와 E_0^+, E_0^- 사이의 관계를 구할 수 있다([연습문제 9.14] 참조). 여기서는 두 가지 형태의 해 중에서 식 (9.40)을 선택한다. 그 이유는 식 (9.40)에 들어 있는 각 항이 물리적인 의미를 파악하기 쉽고 수학적으로 조작하기도 쉽기 때문이다. 첫째 항과 둘째 항은 각각 $+z$방향과 $-z$방향으로 진행하는 파동을 나타낸다. 먼저, 첫째 항만 사용하여 복소 전기장 $\mathbf{E}$를

$$\mathbf{E} = \mathbf{a}_x E_0 e^{-jkz} \tag{9.41}$$

로 놓자. 상수 E_0를 실수(E_0는 일반적으로 복소수)로 가정하면 시간 영역에서의 전기장은 다음과 같이 된다.

$$\mathbf{E}(z,\ t) = \mathrm{Re}\left\{\mathbf{E}\, e^{j\omega t}\right\} = \mathrm{Re}\left\{\mathbf{a}_x E_0 e^{j(\omega t - kz)}\right\} = \mathbf{a}_x E_0 \cos(\omega t - kz) \tag{9.42}$$

식 (9.35)를 이용하여 식 (9.42)를 다시 쓰면 다음과 같이 된다.

$$\mathbf{E}(z,\ t) = \mathbf{a}_x E_0 \cos\left\{(-k)\left(z - \frac{\omega}{k}t\right)\right\} = \mathbf{a}_x E_0 \cos\left\{k\left(z - \frac{1}{\sqrt{\mu\varepsilon}}t\right)\right\} \tag{9.43}$$

전기장이 $f\left(z - \dfrac{1}{\sqrt{\mu\varepsilon}}t\right)$의 꼴을 하고 있으므로(이 경우에 f는 코사인함수), 식 (9.42) 또는 이 식의 복소수 표현인 식 (9.41)은 9.2.1절에서 설명했던 바와 같이 $v = \dfrac{1}{\sqrt{\mu\varepsilon}}$의 속도로 $+z$방향으로 진행하는 전자기파를 나타낸다. 실제로 [그림 9-2(a)], [그림 9-2(b)]와 같이 연이은 두 순간, $t=0$과 $t = \dfrac{\pi}{2\omega}$에서 식 (9.42)의 전기장의 x성분을 공간(z)의 함수로 그려보면 이러한 사실을 알 수 있다.

[그림 9-2]를 보면 사인 모양의 파동이 $t_0 = \dfrac{\pi}{2\omega}$의 시간 동안 $+z$방향으로 $z_0 = \dfrac{\pi}{2k}$만큼 진행한 것을 알 수 있다. 파동의 속도를 구해보면 예측한 대로 다음과 같다.

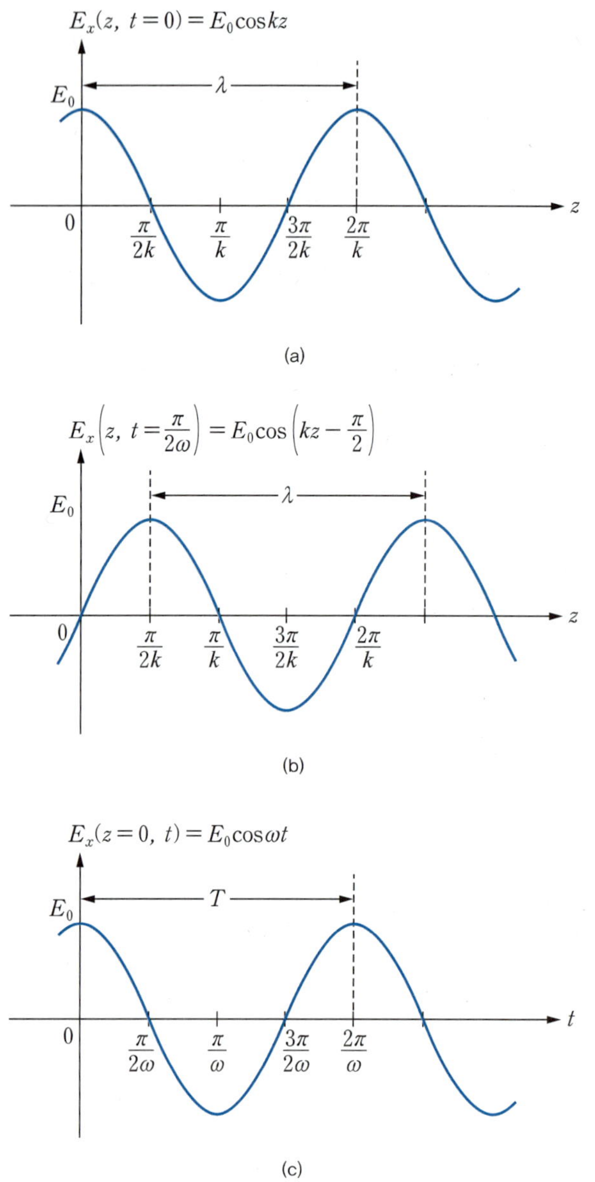

그림 9-2 시간조화 전기장

$$v=\frac{z_0}{t_0}=\frac{\omega}{k}=\frac{1}{\sqrt{\mu\varepsilon}} \tag{9.44}$$

이 속도 v는 식 (9.41)에서 위상변화(kz)의 속도를 측정한 것이므로 **위상속도** phase velocity 라고 한다. 여기서 주목할 것은 전자기장은 시간 영역에서 (시간에 따라) 사인함수 형태로 변하면서([그림 9-2(c)] 참조) 동시에 공간 영역에서도 (위치에 따라) 사인함수 형태로 변하는 공간에 대한 주기함수라는 사실이다([그림 9-2(a)], [그림 9-2(b)] 참조). 이때 파동의 공간 주기를 **파장** wavelength 이라고 하며, 다음 식으로 나타낸다.

$$\lambda = \frac{2\pi}{k} = \frac{v}{f} \tag{9.45}$$

여기서 $v = \frac{\omega}{k} = \frac{2\pi f}{k}$ 이다. 파동의 시간 주기는 $T = \frac{1}{f} = \frac{2\pi}{\omega}$ 이다([그림 9-2(c)] 참조). 예를 들어, 파동의 주파수가 $f = 1\,[\mathrm{GHz}]$이면 이 파동의 자유공간에서의 파장은 $\lambda = \frac{v}{f} = \frac{3\times 10^8}{1\times 10^9} = 30\,[\mathrm{cm}]$이다. 한편, $f = 1000\,[\mathrm{kHz}]$인 AM 신호의 경우에는 $\lambda = \frac{3\times 10^8}{1\times 10^6} = 300\,[\mathrm{m}]$이다. 전파상수 k는 파장 λ와 다음과 같은 관계를 가진다.

$$k = \frac{2\pi}{\lambda} \tag{9.46}$$

k는 2π의 공간 거리 내에 들어 있는 파장의 수를 나타낸다. 따라서 k를 **파수** wave number 라고 하기도 한다.

전자기파의 복소 전기장 $\mathbf{E}$가 식 (9.41)로 주어진 경우, 이 전자기파의 복소 자기장 $\mathbf{H}$는 패러데이 법칙(식 (9.19a))을 사용해서 다음과 같이 계산할 수 있다.

$$\mathbf{H} = \frac{\nabla \times \mathbf{E}}{-j\omega\mu} = \frac{1}{-j\omega\mu}\mathbf{a}_y\frac{\partial E_x}{\partial z} = \mathbf{a}_y\frac{(-jk)}{(-j\omega\mu)}E_0 e^{-jkz} = \mathbf{a}_y\sqrt{\frac{\varepsilon}{\mu}}E_0 e^{-jkz} \tag{9.47}$$

계산 과정에서 $\frac{k}{\omega\mu} = \frac{\sqrt{\mu\varepsilon}}{\mu} = \sqrt{\frac{\varepsilon}{\mu}}$ 의 결과를 이용했다.

시간 영역에서 자기장은 다음과 같이 쓸 수 있다.

$$\mathbf{H}(z,\ t) = \mathrm{Re}\left\{\mathbf{H}\,e^{j\omega t}\right\} = \mathbf{a}_y\sqrt{\frac{\varepsilon}{\mu}}E_0\cos(\omega t - kz) \tag{9.48}$$

자기장은 $\mathbf{H}$는 y방향으로 향하고 있는 것을 제외하면 시간과 공간 영역에서의 전기장과 동일한 형태를 하고 있다. $\mathbf{E}$와 $\mathbf{H}$의 진폭의 비를 구해보면

$$\frac{E_x}{H_y} = \frac{E_0}{\sqrt{\frac{\varepsilon}{\mu}}E_0} = \sqrt{\frac{\mu}{\varepsilon}} \equiv \eta \tag{9.49}$$

가 되는 재미있는 결과를 얻는다. 따라서 전기장과 자기장의 비는 오직 매질의 물질상수만으로 정해진다. 이 물리량 η를 매질의 **고유 임피던스** intrinsic impedance 라고 한다. 자유공간 또는 공기 속($\varepsilon_0 = 8.854\times 10^{-12} \approx 1/36\pi\times 10^{-9}$, $\mu_0 = 4\pi\times 10^{-7}$)에서의 전자기파의 위상속도, 파장, 고유 임피던스, 파수는 각각 다음과 같다.

$$v = \frac{1}{\sqrt{\mu_0 \varepsilon_0}} = 3 \times 10^8 \ [\mathrm{m/s}] \equiv c \qquad \text{(자유공간 또는 공기 속에서)}$$

$$\lambda = \frac{c}{f} = \lambda_0 = \text{자유공간 파장 } [\mathrm{m}] \qquad (9.50)$$

$$\eta = \sqrt{\frac{\mu_0}{\varepsilon_0}} = 377 \approx 120\pi \ [\Omega] \equiv \eta_0 \qquad \text{(자유공간 또는 공기 속에서)}$$

$$k = \omega \sqrt{\mu_0 \varepsilon_0} = \frac{\omega}{c} = \frac{2\pi}{\lambda_0} \equiv k_0 \ [\mathrm{rad/m}]$$

$\frac{1}{\sqrt{\mu_0 \varepsilon_0}} = c$와 $\sqrt{\frac{\mu_0}{\varepsilon_0}} = \eta_0$의 수치를 알고 있으면 유용하다. 유전율이 $\varepsilon = \varepsilon_r \varepsilon_0$, 투자율이 $\mu = \mu_r \mu_0$인 매질에서는 다음과 같다.

$$v = \frac{1}{\sqrt{\mu\varepsilon}} = \frac{c}{\sqrt{\mu_r \varepsilon_r}} = \frac{c}{n}, \quad \lambda = \frac{v}{f} = \frac{\lambda_0}{n}$$
$$\eta = \sqrt{\frac{\mu}{\varepsilon}} = \eta_0 \sqrt{\frac{\mu_r}{\varepsilon_r}}, \quad k = \omega\sqrt{\mu\varepsilon} = \omega\sqrt{\mu_0\varepsilon_0}\sqrt{\frac{\mu\varepsilon}{\mu_0\varepsilon_0}} = nk_0 \qquad (9.51)$$

전자기파의 속도는 n배만큼 느려진다. 이때

$$n \equiv \frac{c}{v} = \sqrt{\frac{\mu\varepsilon}{\mu_0\varepsilon_0}} = \sqrt{\mu_r \varepsilon_r} \qquad (9.52)$$

을 **굴절률** index of refraction 또는 **굴절지수** refractive index 라고 한다. 이 값은 전자기파의 반사와 투과와 굴절에서 중요한 역할을 한다. 순시 포인팅 벡터와 시간평균 포인팅 벡터는 다음과 같이 계산할 수 있다.

$$\mathbf{S} = \mathbf{E}(z, t) \times \mathbf{H}(z, t) = \mathbf{a}_z \frac{E_0^2}{\eta} \cos^2(\omega t - kz) \qquad (9.53a)$$

$$\mathbf{S}_{av} = \frac{1}{2}\mathrm{Re}\{\mathbf{E} \times \mathbf{H}^*\} = \mathbf{a}_z \frac{1}{2}\mathrm{Re}\left\{E_0\left(\frac{E_0}{\eta}\right)^*\right\} = \mathbf{a}_z \frac{|E_0|^2}{2\eta} \qquad (9.53b)$$

예측한 대로 $\mathbf{S}$의 방향은 전파방향($+z$)과 같다. 또한 식 (9.53a)의 시간평균이 식 (9.53b)가 되는 것을 증명할 수 있다. 정리하면, 전자기파는 다음 식과 같이 x방향의 전기장 $\mathbf{E}$와 y방향의 자기장 $\mathbf{H}$를 가지며 z방향으로 전파한다.

$$\mathbf{E} = \mathbf{a}_x E_0 e^{-jkz}, \quad \mathbf{H} = \mathbf{a}_y \frac{E_0}{\eta} e^{-jkz}, \quad \mathbf{S}_{av} = \mathbf{a}_z \frac{|E_0|^2}{2\eta}$$
$$\mathbf{E} \perp \mathbf{H}, \quad \mathbf{E} \perp \mathbf{S}, \quad \mathbf{H} \perp \mathbf{S} \qquad (9.54)$$

여기서 ($\mathbf{E}$, $\mathbf{H}$, $\mathbf{S}$)는 오른손 직교 좌표계를 형성한다는 것을 잘 알아두어야 한다. 식 (9.42)와 식 (9.48)을 사용하여, 어떤 고정된 시간(예를 들어, $t=0$)에서의 전기장과 자기장을 공간의 함수로 그려보면 [그림 9-3]과 같다.

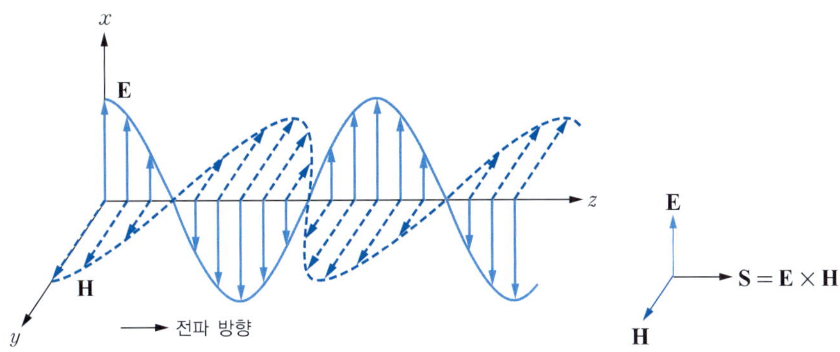

그림 9-3 고정된 시간에서 공간의 함수로 나타낸 전자기파의 전기장과 자기장

방금 설명했던 전자기파를 **균일 평면파** uniform plane wave 라고 한다. 여기서 평면 plane 이란 용어는 전자기파에서 위상이 같은 점들로 이루어진 표면(등위상면) constant-phase front 이 평면이라는 것을 나타낸다.

[그림 9-3]의 전자기파에서 등위상면은

$$kz = \text{상수}\,(\equiv C)$$

이 된다. $z = \dfrac{C}{k}$는 xy평면($z=0$)과 평행인 평면을 나타낸다. '균일 uniform'이란 용어는 등위상면에서는 전자기파의 진폭이 위치에 상관없이 균일하다는 의미이다. [그림 9-3]의 전자기파에서 **E**와 **H**의 크기인 E_0와 E_0/η는 x, y값에 상관없이 균일하다. 원천의 크기가 점처럼 아주 작은 경우, 이 원천에서 전자기파가 발생하면 처음에는 등위상면이 공 모양인 구면파 spherical wave 로 시작하지만 전자기파가 진행하여 원천에서 멀리 떨어진 곳에 도달하면 마치 평면파처럼 동작한다. 이처럼 전파하는 전자기파들 중에서 가장 간단하면서도 가장 유용한 것이 균일 평면파이다.

마지막으로, 식 (9.40)의 전기장 **E**의 해 중에서 둘째 항에 대해 첫째 항과 마찬가지 방법을 적용하면 다음 식을 얻을 수 있다.

$$\mathbf{E} = \mathbf{a}_x E_0^- e^{jkz} \tag{9.55a}$$

$$\mathbf{E}(z,\ t) = \mathbf{a}_x E_0^- \cos(\omega t + kz) \tag{9.55b}$$

$$\mathbf{H} = -\mathbf{a}_y \frac{E_0}{\eta} e^{jkz} \tag{9.56}$$

$$\mathbf{S}_{av} = -\mathbf{a}_z \frac{|E_0|^2}{2\eta} \tag{9.57}$$

이 전자기파는 $+x$방향의 전기장 **E**, $-y$방향의 자기장 **H**를 가지며 $-z$방향으로 진행한다. (**E**, **H**, **S**)의 방향 사이의 관계는 여전히 성립한다. 복소장 e^{-jkz}는 $+z$방향으로 진행하는 파동을 나타내고, e^{jkz}는 $-z$방향으로 진행하는 파동을 나타낸다는 것을 잘 알아야 한다.

예제 9-3 무손실 매질 속의 균일 평면파

균일 평면파가 무손실 매질 속을 $+x$방향으로 진행하고 있다. 이 전자기파의 전기장은 크기가 $10\,[\mathrm{V/m}]$이며 z방향을 향하고 있다. 또한 파의 파장은 $20\,[\mathrm{cm}]$, 전파속도는 $2\times10^8\,[\mathrm{m/s}]$이다.

(a) 매질이 비자성체($\mu=\mu_0$)일 때 파동의 주파수를 [Hz] 단위로 구하라. 또한 매질의 유전율을 구하라.

(b) 전기장 벡터와 자기장 벡터를 구하고 이들을 복소 페이저로 나타내라. 또한 **E**, **H**, **S** 방향 사이의 관계를 설명하라.

풀이

(a) 식 (9.45)의 관계식을 사용하면 다음과 같이 주파수를 구할 수 있다.

$$f=\frac{v}{\lambda}=\frac{2\times10^8}{0.2}=1\times10^9\,[\mathrm{Hz}]$$

매질의 유전상수를 ε_r이라고 하면

$$v=\frac{1}{\sqrt{\mu\varepsilon}}=\frac{1}{\sqrt{\mu_0\varepsilon_0\varepsilon_r}}=\frac{c}{\sqrt{\varepsilon_r}}=2\times10^8$$

$$\varepsilon_r=\left[\frac{c}{2\times10^8}\right]^2=\left[\frac{3\times10^8}{2\times10^8}\right]^2=2.25$$

이다. 따라서 매질의 유전율은 $\varepsilon=2.25\varepsilon_0$이다.

(b) 균일 평면파가 $+x$방향으로 진행하고 전기장이 z방향이므로, 복소 전기장을 다음과 같이 쓸 수 있다.

$$\mathbf{E}=\mathbf{a}_z E_0 e^{-jkx}$$

여기서 $E_0=10\,[\mathrm{V/m}]$이다. 전파상수 k는 다음과 같이 구할 수 있다.

$$k=\omega\sqrt{\mu\varepsilon}=2\pi f\sqrt{\mu_0(2.25\varepsilon_0)}=2\pi\cdot1\times10^9\cdot\frac{1.5}{3\times10^8}=10\pi\,[\mathrm{rad/m}]$$

자기장은 패러데이 법칙으로 구할 수 있다.

$$\mathbf{H}=\frac{\nabla\times\mathbf{E}}{-j\omega\mu}=\frac{1}{-j\omega\mu}\left\{-\mathbf{a}_y\frac{\partial E_z}{\partial x}\right\}=\mathbf{a}_y\frac{E_0}{j\omega\mu_0}(-jk)e^{-jkx}=-\mathbf{a}_y H_0 e^{-jkx}$$

여기서

$$H_0=\frac{k}{\omega\mu_0}E_0=\frac{10\pi\cdot10}{2\pi\cdot1\times10^9\cdot4\pi\times10^{-7}}=0.0398\,[\mathrm{A/m}]$$

이다. 따라서 복소 영역에서의 전기장과 자기장을 나타내면 다음과 같다.

$$\mathbf{E}=\mathbf{a}_z10e^{-j10\pi x},\quad \mathbf{H}=-\mathbf{a}_y0.0398e^{-j10\pi x}$$

시간 영역에서의 전기장과 자기장을 나타내면 다음과 같다.

$$\mathbf{E}(x,\ t) = \mathbf{a}_z 10\cos(2\pi 10^9 t - 10\pi x)$$

$$\mathbf{H}(x,\ t) = -\mathbf{a}_y 0.0398\cos(2\pi 10^9 t - 10\pi x)$$

전기장은 $+z$방향을 향하고, 자기장은 $-y$방향을 향하며, 전자기파는 $+x$방향으로 진행하는 것을 알 수 있다. (**E**, **H**, **S**)가 오른손 직교 좌표계를 형성하고 있다는 것을 분명히 알 수 있다. 이러한 사실을 이용하고 **E**와 **H**의 크기 비가 매질의 고유 임피던스(η)와 같다는 것을 알고 있으면, 패러데이 법칙을 사용하지 않고서도 자기장을 다음과 같이 간단하게 계산할 수 있다.

$$\mathbf{H} = \frac{1}{\eta}\mathbf{a}_x \times \mathbf{E} = \sqrt{\frac{2.25\varepsilon_0}{\mu_0}}\,\mathbf{a}_x \times \mathbf{a}_z E_0 e^{-jkx} = -\mathbf{a}_y \frac{1.5}{\eta_0} \cdot 10 e^{-jkx}$$

$$= -\mathbf{a}_y \frac{15}{377} e^{-jkx} = -\mathbf{a}_y 0.0398 e^{-j10\pi x}$$

9.4.1 임의의 방향으로 전파하는 균일 평면파

앞에서는 간단한 형태의 전자기파를 살펴보았는데, 전자기파를 특정한 한 좌표방향(z)으로 전파하는 균일 평면파로 가정했으므로 전기장과 자기장도 각각 어느 한 좌표에 대해서만 변했다. 여기서는 세 개의 좌표를 모두 포함하는 임의의 방향으로 전파하는 전자기파를 다뤄본다. 이 전자기파가 균일 평면파인 경우에는 전기장을 다음과 같은 일반적 형태로 나타낼 수 있다.

$$\mathbf{E}(\mathbf{r}) = \mathbf{e} E_0 e^{-jk_x x} e^{-jk_y y} e^{-jk_z z} = \mathbf{e} E_0 e^{-j(k_x x + k_y y + k_z z)} \tag{9.58}$$

여기서 **e**는 전기장이 향하고 있는 방향의 단위벡터이고 E_0는 상수(일반적으로 복소수)이다. 벡터 **k**를 다음과 같이 정의하자.

$$\mathbf{k} = \mathbf{a}_x k_x + \mathbf{a}_y k_y + \mathbf{a}_z k_z \tag{9.59}$$

이 벡터와 위치벡터 $\mathbf{r} = \mathbf{a}_x x + \mathbf{a}_y y + \mathbf{a}_z z$를 사용하여 식 (9.58)을 다음과 같이 다시 쓸 수 있다.

$$\mathbf{E}(\mathbf{r}) = \mathbf{e} E_0 e^{-j\mathbf{k}\cdot\mathbf{r}} \tag{9.60}$$

$e^{-j\mathbf{k}\cdot\mathbf{r}}$은 임의의 방향으로 진행하는 균일 평면파의 일반적인 수식 형태라는 것을 잘 알아두어야 한다. 벡터 **k**는 전자기파의 전파방향을 나타내므로 **전파벡터**[propagation vector] 또는 **파동벡터**[wave vector]라고 한다. 전파벡터의 크기가 전파상수 k가 된다. 전파상수 k와 각주파수 ω 사이의 관계는 식 (9.35)의 분산 관계식으로 주어진다. 식 (9.58)을 식 (9.33)에 대입하고 다음 관계

$$\frac{\partial}{\partial u} e^{-jk_u u} = (-jk_u) e^{-jk_u u} \qquad (u = x,\ y,\ z)$$

를 이용하면

$$\left\{(-jk_x)^2 + (-jk_y)^2 + (-jk_z)^2 + k^2\right\}\mathbf{E} = 0$$

$$|\mathbf{k}|^2 = k_x^2 + k_y^2 + k_z^2 = k^2 = \omega^2\mu\varepsilon \tag{9.61}$$

을 얻을 수 있다. 파동의 위상은

$$\mathbf{k}\cdot\mathbf{r} = \text{상수}$$

의 관계가 성립하는 점에서는 모두 같다. 이 점의 집합이 [그림 9-4]에 표시된 등위상면이다. 이 경우 등위상면은 $\mathbf{k}$에 수직인 평면으로 나타난다. 이 평면 위에 있는 모든 관측점 $\mathbf{r}$에 대해 $\mathbf{k}\cdot\mathbf{r}$ 값은 같다. 즉 상수가 된다.

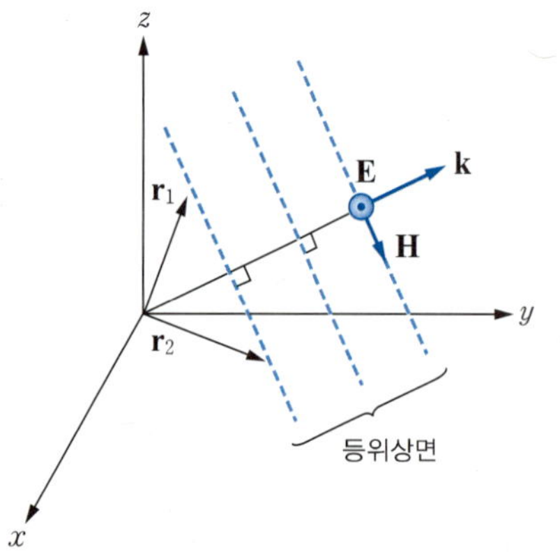

그림 9-4 임의의 방향으로 전파하는 균일 평면파

이 균일 평면파의 자기장은 전자장의 경우와 마찬가지로 다음과 같이 쓸 수 있다.

$$\mathbf{H}(\mathbf{r}) = \mathbf{h}H_0 e^{-j\mathbf{k}\cdot\mathbf{r}} = \mathbf{h}H_0 e^{-j(k_x x + k_y y + k_z z)} \tag{9.62}$$

여기서 $\mathbf{h}$는 자기장이 향하고 있는 방향의 단위벡터이고 H_0는 상수이다. 식 (9.58)과 식 (9.62)를 식 (9.19)의 맥스웰 방정식에 대입하고, 평면파에 대한 다음 관계식

$$\begin{aligned}\nabla &= \mathbf{a}_x\frac{\partial}{\partial x} + \mathbf{a}_y\frac{\partial}{\partial y} + \mathbf{a}_z\frac{\partial}{\partial z} = \mathbf{a}_x(-jk_x) + \mathbf{a}_y(-jk_y) + \mathbf{a}_z(-jk_z)\\ &= -j(\mathbf{a}_x k_x + \mathbf{a}_y k_y + \mathbf{a}_z k_z) = -j\mathbf{k}\end{aligned} \tag{9.63}$$

를 이용하면

$$\begin{aligned}&\mathbf{k}\times\mathbf{E} = \omega\mu\mathbf{H} \qquad \mathbf{k}\cdot\mathbf{E} = 0\\ &\mathbf{k}\times\mathbf{H} = -\omega\varepsilon\mathbf{E} \quad\ \ \mathbf{k}\cdot\mathbf{H} = 0\end{aligned} \tag{9.64}$$

을 얻는다. 식 (9.64)로부터 균일 평면파의 경우에는 다음과 같이 ($\mathbf{E}$, $\mathbf{H}$, $\mathbf{k}$)가 서로 수직이며 오른손 직교 좌표계를 형성하고 있다는 사실을 알 수 있다.

$$\mathbf{E}\perp\mathbf{H},\quad \mathbf{E}\perp\mathbf{k},\quad \mathbf{H}\perp\mathbf{k},\quad \mathbf{E}\times\mathbf{H}//\mathbf{k}$$

따라서 균일 평면파에 대해서는 E와 파의 전파방향을 알면 맥스웰 방정식을 사용하지 않고서도 자기장 H를 다음과 같이 쉽게 구할 수 있다.

$$\mathbf{H} = \frac{1}{\omega\mu}\mathbf{k}\times\mathbf{E} = \frac{1}{\eta}\mathbf{a}_k\times\mathbf{E} \qquad (9.65)$$

여기서 $\mathbf{a}_k = \frac{\mathbf{k}}{k}$는 전파벡터 k방향으로의 단위벡터이고, η는 매질의 고유 임피던스이다. 같은 방법으로 균일 평면파의 H로부터 E를 계산할 수 있다.

$$\mathbf{E} = \frac{1}{-\omega\varepsilon}\mathbf{k}\times\mathbf{H} = \eta\mathbf{H}\times\mathbf{a}_k \qquad (9.66)$$

9.5 손실이 있는 매질에서의 균일 평면파

9.4절에서는 $\sigma = 0$인 손실이 없는 비전도성 매질에서의 전자기파의 해를 구해보았다. 지금부터는 전자기파가 손실이 있는[lossy] 전도성 매질 속을 전파하는 경우에 어떤 일이 생기는지 살펴보기로 하자. 손실이 있는 매질로는 특성이 좋은 양도체[good conductor]나 약간의 전도성을 가진 유전체를 들 수 있다. 5.6절(줄의 법칙)과 9.3.3절(포인팅 정리)에서 설명한 것과 같이 이러한 매질에서는 전도전류 $\mathbf{J}_c = \sigma\mathbf{E}$로 인해 전력소모, 즉 손실이 발생한다. 전력은 파동에 의해 운반되므로 전자기파가 손실이 있는 매질 속을 전파하면 전자기파의 크기가 줄어든다.

9.5.1 파의 감쇠 Attenuation of Waves

유전율이 ε, 투자율이 μ, 전도율이 σ인 손실이 있는 매질에서는 식 (9.3b)와 (9.19b)의 암페어 법칙에 다음의 전도전류밀도 $\mathbf{J}_c$를 더해주어야 한다.

$$\mathbf{J}_c = \sigma\mathbf{E}, \quad \mathbf{J}_i = 0 \quad : \text{원천이 없는 영역에서}$$

그러면 암페어 법칙은 이제

$$\nabla\times\mathbf{H} = \mathbf{J}_c + \varepsilon\frac{\partial\mathbf{E}}{\partial t} \qquad : \text{시간 영역에서} \qquad (9.67a)$$

$$\nabla\times\mathbf{H} = \mathbf{J}_c + j\omega\varepsilon\mathbf{E} = (\sigma + j\omega\varepsilon)\mathbf{E} \qquad : \text{페이저 영역에서(시간조화장)} \qquad (9.67b)$$

가 된다. 식 (9.67a)와 식 (9.3a)를 이용하면, 시간 영역에서 식 (9.4)의 파동방정식은

$$\nabla^2\mathbf{E} - \mu\sigma\frac{\partial \mathbf{E}}{\partial t} - \mu\varepsilon\frac{\partial^2 \mathbf{E}}{\partial t^2} = 0 \tag{9.68}$$

으로 바뀐다. 식 (9.67b)와 (9.13a)를 이용하면 복소 영역의 파동방정식인 식 (9.33)의 헬름홀츠 방정식이

$$\nabla^2\mathbf{E} - j\omega\mu(\sigma + j\omega\varepsilon)\mathbf{E} = 0 \tag{9.69}$$

으로 바뀐다. 새로 얻은 식 (9.68)의 편미분방정식을 푸는 대신, 전파상수 k를 다음과 같이 복소 전파상수로 다시 정의하면 식 (9.33)의 해로부터 식 (9.69)의 해를 구할 수 있다.

$$k^2 = -j\omega\mu(\sigma + j\omega\varepsilon) = \omega^2\mu\left(\varepsilon - j\frac{\sigma}{\omega}\right) \tag{9.70a}$$

$$k = \sqrt{-j\omega\mu(\sigma + j\omega\varepsilon)} = \omega\sqrt{\mu\left(\varepsilon - j\frac{\sigma}{\omega}\right)} \tag{9.70b}$$

식 (9.69)는 무손실 매질에 대한 식 (9.33)과 동일한 형태를 하고 있으므로 9.4절에서 구한 전자기장의 해를 그대로 이용할 수 있다. 다만 이 경우에는 k가 실수가 아니라 복소수라는 것을 잘 알고 있어야 한다. 유전율이 ε, 전도율이 σ인 손실이 있는 매질에 대해 다음과 같이 **유효 유전율** effective permittivity ε_{eff}를

$$\varepsilon_{eff} = \varepsilon - j\frac{\sigma}{\omega} \tag{9.71}$$

로 정의하면 식 (9.70)이 간단해진다. 주목할 것은 ε_{eff}가 복소수라는 점이다. 그러면

$$k^2 = \omega^2\mu\varepsilon_{eff} \tag{9.72a}$$

$$k = \omega\sqrt{\mu\varepsilon_{eff}} \tag{9.72b}$$

가 되므로 식 (9.67)의 암페어 법칙은 다음과 같은 기본 형태로 간단히 표시된다.

$$\nabla \times \mathbf{H} = j\omega\varepsilon_{eff}\mathbf{E} \tag{9.73}$$

이 식은 식 (9.19b)에서 ε을 ε_{eff}로 바꾼 것과 동일하다. 이로부터 9.4절에서 얻은 해에서 ε을 ε_{eff}로 바꾸기만 하면 손실이 있는 매질에서의 전자기파의 해가 된다는 것을 알 수 있다.

이제 식 (9.37)의 경우와 마찬가지로 시간조화 전기장 $\mathbf{E}$가 x방향을 향하며 z에 따라서만 변하는 것으로 가정한다. 그러면 이 전기장 $E_x(z)$의 해는 k가 복소 전파상수라는 것만 제외하면 식 (9.40)과 같다. 복소 전파상수 k를 다음과 같이 정의한다.

$$k = \omega\sqrt{\mu\left(\varepsilon - j\frac{\sigma}{\omega}\right)} \equiv \beta - j\alpha \tag{9.74}$$

여기서 β, α는 실수이다. $+z$방향으로 진행하는 전자기파의 복소 전기장 $\mathbf{E}$는 식 (9.41)로부터 다음과 같이 쓸 수 있다.

$$\mathbf{E} = \mathbf{a}_x E_0 e^{-jkz} = \mathbf{a}_x E_0 e^{-j(\beta - j\alpha)z} = \mathbf{a}_x E_0 e^{-\alpha z} e^{-j\beta z} \tag{9.75}$$

$e^{-\alpha z}$는 z 값이 커지면 지수함수적으로 감소하므로 전자기파가 손실이 있는 매질 속을 $+z$방향으로 진행하면서 크기가 감쇠한다. E_0를 실수라고 가정하면(복소수인 경우에는 $E_0 = Ae^{j\phi}$로 쓸 수 있다) 시간 영역에서의 전기장은

$$\mathbf{E}(z, t) = \text{Re}\left\{\mathbf{a}_x E_0 e^{-\alpha z} e^{-j\beta z} e^{j\omega t}\right\} = \mathbf{a}_x E_0 e^{-\alpha z} \cos(\omega t - \beta z) \tag{9.76}$$

가 된다. 어떤 고정된 시간(예를 들어 $t = 0$)에서의 전기장을 공간 z의 함수로 그리면 [그림 9-5]와 같다.

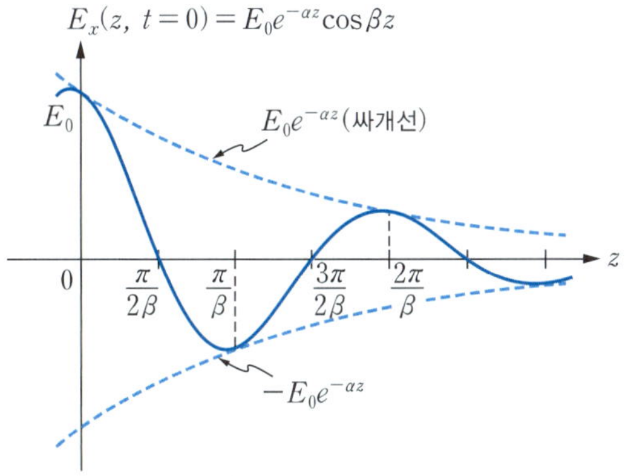

그림 9-5 거리에 따라 감쇠하는 시간조화 전자기장

전파상수 중에서 β는 무손실 매질에서의 k와 같으며 α는 감쇠율을 나타낸다. 따라서 β를 **위상상수** phase constant, α를 **감쇠상수** attenuation constant 라고 한다. β의 단위는 미터당 라디안으로, 줄여서 [rad/m]로 쓴다. α의 단위는 미터당 네퍼 neper 로, 줄여서 [Np/m]로 쓴다. 파장과 위상속도는 다음과 같다.

$$\lambda = \frac{2\pi}{\beta} = \frac{v}{f} \tag{9.77}$$

$$v = \frac{\omega}{\beta} \neq \frac{1}{\sqrt{\mu\varepsilon}} \tag{9.78}$$

β는 식 (9.74)에서 알 수 있듯이 주파수(ω)에 따라 달라지므로 손실이 있는 매질에서의 전자기파의 위상속도는 일정한 상수가 아니라 전자기파의 주파수에 따라 달라진다. 이런 매질을 **분산 매질** dispersive medium 이라고 한다.

복소 자기장 $\mathbf{H}$는 식 (9.19a)의 패러데이 법칙을 사용하여 다음과 같이 구할 수 있다.

$$\mathbf{H} = \frac{\nabla \times \mathbf{E}}{-j\omega\mu} = \mathbf{a}_y \frac{k}{\omega\mu} E_0 \, e^{-jkz} \equiv \mathbf{a}_y \frac{E_0}{\hat{\eta}} e^{-\alpha z} e^{-j\beta z} \tag{9.79}$$

여기서

$$\frac{E_x}{H_y} = \hat{\eta} = \frac{\omega\mu}{k} = \sqrt{\frac{\mu}{\varepsilon_{eff}}} = \sqrt{\frac{\mu}{\varepsilon - j\sigma/\omega}} \equiv |\hat{\eta}| e^{j\theta_\eta} \tag{9.80}$$

이다. 이처럼 고유 임피던스 $\hat{\eta}$는 손실이 있는 매질에서는 복소수가 된다. '모자 hat' 기호가 붙은 $\hat{\eta}$는 복소수라는 것을 의미한다. 복소 자기장은 다음과 같이 다시 쓸 수 있다.

$$\mathbf{H} = \mathbf{a}_y \frac{E_0}{|\hat{\eta}|} e^{-\alpha z} e^{-j(\beta z + \theta_\eta)} \tag{9.81}$$

시간 영역에서 자기장은 다음과 같이 된다.

$$\mathbf{H}(z,\ t) = \mathbf{a}_y \frac{E_0}{|\hat{\eta}|} e^{-\alpha z} \cos(\omega t - \beta z - \theta_\eta) \tag{9.82}$$

이 식에서 알 수 있는 것은 손실이 있는 매질에서는 전기장과 자기장 사이에 θ_η만큼 위상차가 있다는 사실이다. 식 (9.75)와 식 (9.79) 또는 식 (9.81)로부터 시간평균 포인팅 벡터를 구해보면

$$\begin{aligned} \mathbf{S}_{av} &= \frac{1}{2}\mathrm{Re}\{\mathbf{E} \times \mathbf{H}^*\} = \frac{1}{2}\mathrm{Re}\left\{\mathbf{a}_z E_0 e^{-\alpha z} e^{-j\beta z} \frac{E_0^*}{|\hat{\eta}|} e^{-\alpha z} e^{j(\beta z + \theta_\eta)}\right\} \\ &= \mathbf{a}_z \frac{|E_0|^2}{2|\hat{\eta}|} \cos\theta_\eta e^{-2\alpha z} \end{aligned} \tag{9.83}$$

가 된다. 파동의 전력밀도는 $+z$방향으로 진행하면서 $(e^{-\alpha z})^2 = e^{-2\alpha z}$의 비율로 감쇠한다.

$-z$방향으로 진행하는 전자기파에 대해서도 $+z$방향으로 진행하는 경우에 사용한 방법을 적용하면 다음 결과를 얻을 수 있다.

$$\mathbf{E} = \mathbf{a}_x E_0^- e^{+jkz} = \mathbf{a}_x E_0^- e^{\alpha z} e^{j\beta z} \tag{9.84a}$$

$$\mathbf{E}(z,\ t) = \mathbf{a}_x E_0^- e^{\alpha z} \cos(\omega t + \beta z) \tag{9.84b}$$

$$\mathbf{H} = -\mathbf{a}_y \frac{E_0^-}{|\hat{\eta}|} e^{\alpha z} \cos(\omega t + \beta z - \theta_\eta) \tag{9.84c}$$

$$\mathbf{S}_{av} = -\mathbf{a}_z \frac{|E_0^-|^2}{2|\hat{\eta}|} \cos\theta_\eta e^{2\alpha z} \tag{9.84d}$$

α, β, $|\hat{\eta}|$, θ_η를 구하는 방법

감쇠상수, 위상상수, 복소 고유 임피던스 값은 식 (9.70)과 식 (9.80)으로 주어진 k와 $\hat{\eta}$에 대한 두 개의 복소방정식을 풀어서 구할 수 있다. 예를 들어, 식 (9.74)를 식 (9.70a)에 대입하면 다음과 같다.

$$k^2 = (\beta - j\alpha)^2 = (\beta^2 - \alpha^2) - j2\alpha\beta = \omega^2\mu\varepsilon - j\omega\mu\sigma \qquad (9.85)$$

양변의 실수부와 허수부를 비교하면 α와 β로 이루어진 두 개의 방정식을 얻을 수 있다. 이 방정식을 α와 β에 대해 풀면([연습문제 9.23] 참조), 다음과 같이 α와 β를 ω, μ, ε, σ를 써서 나타낼 수 있다.

$$\alpha = \omega\sqrt{\frac{\mu\varepsilon}{2}}\left[\sqrt{1+\left(\frac{\sigma}{\omega\varepsilon}\right)^2} - 1\right]^{\frac{1}{2}} \ [\mathrm{Np/m}] \qquad (9.86a)$$

$$\beta = \omega\sqrt{\frac{\mu\varepsilon}{2}}\left[\sqrt{1+\left(\frac{\sigma}{\omega\varepsilon}\right)^2} + 1\right]^{\frac{1}{2}} \ [\mathrm{rad/m}] \qquad (9.86b)$$

식 (9.86)은 어떤 종류의 손실이 있는 매질(물질상수 μ, ε, σ인)에 대해서도 사용할 수 있지만, 특성이 양호한 도체(양도체)나 양호한 유전체와 같이 손실이 적은 매질인 경우에는 α, β, $\hat{\eta}$에 관한 훨씬 간단한 근사식을 구할 수 있다. 자주 사용되는 중요한 항목으로 **침투깊이**penetration depth[2] d_p가 있다. 침투깊이는 전자기파의 크기가 처음 크기의 $\frac{1}{e} = e^{-1}$, 즉 36.8%로 줄어드는 동안에 전자기파가 진행한 거리이다.

$$\frac{E_x(z=d_p)}{E_x(z=0)} = \frac{E_0\, e^{-\alpha d_p}}{E_0} = e^{-\alpha d_p} = e^{-1} \ \rightarrow \ \alpha d_p = 1$$

따라서 침투깊이는 감쇠상수의 역수이다.

$$d_p = \frac{1}{\alpha} \qquad (9.87)$$

침투깊이를 알면 전자기파가 손실이 있는 매질 속으로 얼마나 깊이 침투할 수 있는지 알 수 있다. 손실이 매우 큰 매질에서는 전자기파가 빠르게 감쇠하므로 침투깊이 d_p는 매우 짧다. 손실이 약간 있는 매질에서는 침투깊이 d_p가 길고 감쇠가 많이 되지 않으므로 전자기파는 매질 속 깊은 곳까지 침투할 수 있다.

2 [옮긴이] 침투깊이(penetration depth)와 표피깊이(skin depth)는 같은 뜻으로 섞여 사용되는 경우가 많다. 참고로, 매질이 특성이 좋은 도체(good conductor)인 경우에는 파의 침투깊이가 도체 표면 근처의 얇은 영역(즉 표피)에 지나지 않으므로 침투깊이 대신 표피깊이라는 용어가 주로 쓰인다.

9.5.2 양호한 유전체 대 양호한 도체

매질이 손실이 적은 양호한 유전체인지 전도성이 높은 양호한 도체인지는 식 (9.71)의 유효 유전율의 실수부(ε)와 허수부($\frac{\sigma}{\omega}$)의 상대적인 크기에 따라 결정된다. $\varepsilon \gg \frac{\sigma}{\omega}$이면 매질은 양호한 유전체이다. $\varepsilon \ll \frac{\sigma}{\omega}$이면 매질은 양호한 도체인데 다르게 표현하면 매우 손실이 많은 물체이다. 이 기준을 결정하는 항목으로 **손실 탄젠트** loss tangent 라는 것이 있다. 손실 탄젠트는 ε_{eff}의 허수부와 실수부의 비 ratio 이다. 이를 다르게 표현하면 전도전류밀도($\mathbf{J}_c = \sigma\mathbf{E}$)와 변위전류밀도($\mathbf{J}_d = j\omega\varepsilon\mathbf{E}$)의 크기 비라고 할 수도 있다.

$$\text{손실 탄젠트(L.T.)} = \frac{\text{허수부}(\varepsilon_{eff})}{\text{실수부}(\varepsilon_{eff})} = \frac{\sigma}{\omega\varepsilon} = \frac{|\mathbf{J}_c|}{|\mathbf{J}_d|} \tag{9.88}$$

손실 탄젠트는 매질에서 손실이 얼마나 많은지를 나타내는 척도(기준)로, 다음과 같이 어떤 매질이 양호한 도체인지 양호한 유전체인지 판단하는 데 도움을 준다.

$$\text{L.T.} = \frac{\sigma}{\omega\varepsilon} \ll 1 \ \rightarrow \ \sigma \ll \omega\varepsilon,\ |\mathbf{J}_c| \ll |\mathbf{J}_d| \quad : \text{양호한 유전체}$$

$$\text{L.T.} = \frac{\sigma}{\omega\varepsilon} \gg 1 \ \rightarrow \ \sigma \gg \omega\varepsilon,\ |\mathbf{J}_c| \gg |\mathbf{J}_d| \quad : \text{양호한 도체}$$

양호한 유전체에서의 전자기파(L.T. $\ll 1$)

손실이 적은 양호한 유전체에서는 $\sigma \ll \omega\varepsilon$, 즉 L.T. $\ll 1$이다. 복소 전파상수는 근사적으로

$$k = \omega\sqrt{\mu\left(\varepsilon - j\frac{\sigma}{\omega}\right)} = \omega\sqrt{\mu\varepsilon}\left[1 - j\frac{\sigma}{\omega\varepsilon}\right]^{\frac{1}{2}} \approx \omega\sqrt{\mu\varepsilon}\left[1 - j\frac{\sigma}{2\omega\varepsilon}\right]$$

로 구할 수 있다. 여기서 마지막 등식은 제곱근 함수의 테일러 급수전개를 사용하거나 $\frac{\sigma}{\omega\varepsilon}$ 값이 작은 경우의 이항 급수(식 (2.32b) 참조)를 사용하여 증명할 수 있다. 그러면 전파상수와 고유 임피던스를 다음과 같이 쓸 수 있다.

$$k \approx \omega\sqrt{\mu\varepsilon} - j\frac{\sigma}{2}\sqrt{\frac{\mu}{\varepsilon}} = \beta - j\alpha$$

$$\hat{\eta} = \sqrt{\frac{\mu}{\varepsilon - j\frac{\sigma}{\omega}}} \approx \sqrt{\frac{\mu}{\varepsilon}} \quad \left(\frac{\sigma}{\omega} \ll \varepsilon \text{ 이므로}\right)$$

최종적으로 손실이 적은 양호한 유전체에 대해 다음과 같은 결과를 얻을 수 있다.

$$\left.\begin{aligned} &\beta = \omega\sqrt{\mu\varepsilon}, \quad \alpha = \frac{\sigma}{2}\sqrt{\frac{\mu}{\varepsilon}} \\ &d_p = \frac{2}{\sigma}\sqrt{\frac{\varepsilon}{\mu}}, \quad \hat{\eta} = \sqrt{\frac{\mu}{\varepsilon}} \end{aligned}\right\} \ : \text{손실이 적은 유전체 } (\omega\varepsilon \gg \sigma) \tag{9.89}$$

유전체에서 발생하는 적은 손실은 위상상수와 고유 임피던스에는 영향을 미치지 않는다는 것을 알 수 있다.

예제 9-4

10 [MHz]의 전자기파가 $\varepsilon = 2\varepsilon_0$, $\mu = \mu_0$, $\sigma = 5\times 10^{-5}$ [S/m]인 손실이 있는 매질 속을 전파하고 있다. 감쇠상수와 위상상수를 각각 근사식과 정확한 식을 사용하여 모두 구한 다음 그 결과를 비교하라.

풀이

먼저, 매질이 주어진 주파수에서 손실이 적은 양호한 유전체인지 전도성이 좋은 양호한 도체인지, 아니면 둘 다 아닌지를 알아보기 위해 다음과 같이 손실 탄젠트를 계산한다.

$$\text{L.T.} = \frac{\sigma}{\omega\varepsilon} = \frac{\sigma}{2\pi f \cdot 2\varepsilon_0} = \frac{5\times 10^{-5}}{2\pi \cdot 10\times 10^6 \cdot 2\times \dfrac{10^{-9}}{36\pi}} = 0.045 \ll 1$$

매질이 손실이 적은 양호한 유전체이므로 식 (9.89)의 근사식을 사용할 수 있다.

$$\alpha = \frac{\sigma}{2}\sqrt{\frac{\mu}{\varepsilon}} = \frac{\sigma}{2}\sqrt{\frac{\mu_0}{2\varepsilon_0}} = \frac{\sigma}{2\sqrt{2}}\eta_0 = \frac{5\times 10^{-5}}{2\sqrt{2}}\times 377 = 6.66\times 10^{-3}\ [\text{Np/m}]$$

$$\beta = \omega\sqrt{\mu\varepsilon} = 2\pi f\sqrt{\mu_0 \cdot 2\varepsilon_0} = 2\pi f\frac{\sqrt{2}}{c} = \frac{2\pi\times 10^7 \cdot \sqrt{2}}{3\times 10^8} = 0.296\ [\text{rad/m}]$$

식 (9.86)의 정확한 식을 사용하여 계산하면 다음 값을 얻을 수 있다.

$$\alpha = \frac{0.296}{\sqrt{2}}\left[\sqrt{1+(0.045)^2}-1\right]^{1/2} = 6.61\times 10^{-3}\ [\text{Np/m}]$$

$$\beta = \frac{0.296}{\sqrt{2}}\left[\sqrt{1+(0.045)^2}+1\right]^{1/2} = 0.296\ [\text{rad/m}]$$

따라서 근사식으로 구한 결과는 정확한 식으로 구한 결과와 아주 잘 일치하며 오차는 아주 작다는 것을 알 수 있다.

양호한 도체에서의 전자기파(L.T. $\gg$ 1)

전도율이 매우 높은 매질에서는 $\sigma \gg \omega\varepsilon$, 즉 L.T. $\gg$ 1이다. 이 경우, 복소 전파상수는 ε_{eff}의 실수부를 무시하여 다음과 같이 근사적으로 쓸 수 있다.

$$k = \omega\sqrt{\mu\left(\varepsilon - j\frac{\sigma}{\omega}\right)} \approx \omega\sqrt{\mu\left(-j\frac{\sigma}{\omega}\right)} = \sqrt{\omega\mu\sigma}\left(\frac{1}{\sqrt{2}} - j\frac{1}{\sqrt{2}}\right) \equiv \beta - j\alpha$$

복소 고유 임피던스는

$$\hat{\eta} = \sqrt{\frac{\mu}{\varepsilon - j\dfrac{\sigma}{\omega}}} \approx \sqrt{\frac{\mu}{-j\sigma/\omega}} = \sqrt{\frac{\omega\mu}{\sigma}}\left(\frac{1}{\sqrt{2}} + j\frac{1}{\sqrt{2}}\right) = \sqrt{\frac{\omega\mu}{\sigma}}\, e^{j\frac{\pi}{4}}$$

로 근사적으로 쓸 수 있다. 따라서 전도율이 매우 높은 매질에 대해서는 다음 결과를 얻는다.

$$\left.\begin{aligned} \beta = \alpha = \sqrt{\frac{\omega\mu\sigma}{2}}, \quad d_p = \sqrt{\frac{2}{\omega\mu\sigma}} \\ \hat{\eta} = \sqrt{\frac{\omega\mu}{2\sigma}}(1+j) = \sqrt{\frac{\omega\mu}{\sigma}}\, e^{j\frac{\pi}{4}} \end{aligned}\right\} : \text{양호한 도체 } (\sigma \gg \omega\varepsilon) \tag{9.90}$$

아주 양호한 도체에서는 감쇠상수가 근사적으로 위상상수와 같으며 $\mathbf{E}$와 $\mathbf{H}$ 사이의 위상차는 45°이다. ω가 매우 커지는 높은 주파수에서는 양호한 도체의 침투깊이 d_p가 아주 작으므로 침투깊이를 **표피깊이** skin depth 라고 부른다. 전자기장이 매질 속으로 깊이 침투할 수 없기 때문에 대부분의 전도전류 $\mathbf{J}_c$는 도체의 표면에 집중적으로 흐르고 도체의 내부에는 거의 흐르지 않는다. 이 현상을 **표피효과** skin effect 라고 한다.

예를 들어, $\sigma = 5.8 \times 10^7$ [S/m], $\varepsilon \approx \varepsilon_0$, $\mu \approx \mu_0$인 구리의 경우, 침투깊이는 $f = 60$ [Hz]에서 8.53 [mm], 1 [GHz]에서 2.09 [μm]인데, 이 정도로 깊이가 얕다면 거의 구리의 표피 skin 로 볼 수 있다. 두께가 표피깊이의 몇 배가 되는 전도율이 높은 양호한 도체로 전자장치를 둘러싸서 차폐를 한다고 하자. 이 도체로 침투하는 외부 전기장은 표피효과 때문에 크게 감쇠하므로, 외부 전기장이 전자장치에 일으키는 간섭을 효과적으로 막을 수 있다. α, β, d_p와 $\hat{\eta}$에 대한 정확한 식과 근사식을 [표 9-1]에 정리했다.

표 9-1 손실이 있는 매질 속의 전자기파

	정확한 식	근사식	
		양호한 유전체($\omega\varepsilon \gg \sigma$)	양호한 도체($\omega\varepsilon \ll \sigma$)
α 감쇠상수	$\omega\sqrt{\frac{\mu\varepsilon}{2}}\left[\sqrt{1+\left(\frac{\sigma}{\omega\varepsilon}\right)^2}-1\right]^{\frac{1}{2}}$	$\frac{\sigma}{2}\sqrt{\frac{\mu}{\varepsilon}}$	$\sqrt{\frac{\omega\mu\sigma}{2}}$
β 위상상수	$\omega\sqrt{\frac{\mu\varepsilon}{2}}\left[\sqrt{1+\left(\frac{\sigma}{\omega\varepsilon}\right)^2}+1\right]^{\frac{1}{2}}$	$\omega\sqrt{\mu\varepsilon}$	$\sqrt{\frac{\omega\mu\sigma}{2}}$
d_p 침투깊이	$\frac{1}{\alpha}$	$\frac{2}{\sigma}\sqrt{\frac{\varepsilon}{\mu}}$	$\sqrt{\frac{2}{\omega\mu\sigma}}$
$\hat{\eta}$ 고유 임피던스	$\sqrt{\frac{\mu}{\varepsilon_{eff}}} = \sqrt{\frac{\mu}{\varepsilon - j\sigma/\omega}}$	$\sqrt{\frac{\mu}{\varepsilon}}$	$\sqrt{\frac{\omega\mu}{2\sigma}}(1+j)$

예제 9-5

해상에 있는 배가 1 [kHz]의 ULF(극저주파) ultra low frequency 전자기파 신호를 사용해 수면 아래 100 [m] 깊이에 있는 잠수함과 통신을 하고 있다. 이 주파수에서 바닷물의 유전율이 $\varepsilon = 81\varepsilon_0$, 투자율이 $\mu = \mu_0$, 전도율이 $\sigma = 4$ [S/m]일 때 전자기파 신호가 잠수함의 위치에 도달하면 몇 [dB]만큼 감쇠하는가?

풀이

바닷물은 손실이 있는 매질이므로 전자기파가 해상의 배에서 깊이 z에 있는 잠수함까지 진행할 때, 전자기파의 크기는 다음과 같이 지수함수적으로 감소한다.

$$|E(z)| = E_0 e^{-\alpha z}$$

여기서 E_0는 수면($z=0$)에서의 크기이고 α는 감쇠상수이다. 감쇠율을 구하려면 α를 알아야 한다. 이를 위해 먼저 $f=1$ [kHz]에서의 손실 탄젠트를 다음과 같이 계산한다.

$$\text{L.T.} = \frac{\sigma}{\omega\varepsilon} = \frac{4}{2\pi \cdot 1\times 10^3 \cdot 81 \times \dfrac{10^{-9}}{36\pi}} = 8.9\times 10^5 \gg 1$$

바닷물은 ULF에서 손실이 매우 큰 매질이다. 따라서 식 (9.90)을 사용하여 다음과 같이 감쇠상수를 계산할 수 있다.

$$\alpha \approx \sqrt{\frac{\omega\mu\sigma}{2}} = \sqrt{\frac{2\pi \cdot 10^3 \cdot 4\pi\times 10^{-7} \cdot 4}{2}} = 4\pi\times 10^{-2} = 0.1257$$

$z=100$ [m]에 도달할 때 신호의 감쇠량은 다음과 같이 계산할 수 있다.

$$20\log\left|\frac{E(z=100)}{E_0}\right| = 20\log\left[e^{-\alpha z}\right] = 20\log\left[e^{-0.126\times 100}\right] = -109\ [\text{dB}]$$

주파수가 낮을수록 감쇠량이 줄어든다는 것을 잘 알아두어야 한다.

유전체 손실

손실은 직류 전도전류뿐만 아니라, 외부에서 인가된 전기장으로 인한 고주파 교류전류에 의해서도 발생할 수 있다. 유전체 주위에 상당한 크기의 교류 전자기장을 걸어주면 편극된 원자와 분자로 이루어진 쌍극자의 방향이 계속해서 바뀌므로 감쇠효과damping effect[3]를 일으킨다. 이것이 유전체 손실dielectric loss의 원인이다. 손실이 있는 유전체의 유전율은 다음과 같이 **복소 유전율**complex permittivity로 표시할 수 있는데, 이 복소 유전율의 허수부가 유전체의 손실을 나타낸다.

$$\hat{\varepsilon} = \varepsilon' - j\varepsilon'' \tag{9.91}$$

식 (9.91)을 식 (9.71)의 유효 유전율과 비교하면, ε'은 ε의 역할을 하고 ε''은 $\dfrac{\sigma}{\omega}$의 역할을 한다. 즉 $\sigma = \omega\varepsilon''$은 등가 전도율이다. 손실 탄젠트는 $\text{L.T.} = \dfrac{\varepsilon''}{\varepsilon'}$이 된다.

3 감쇠효과에 대한 자세한 설명은 D. J. Griffiths (1999), *Introduction to Electrodynamics*, pp. 398–404 또는 J. D. Kraus (1992), *Electromagnetics*, pp. 442–445를 참조하라.

9.6 파의 분산 Dispersion of Waves : 군속도 Group Velocity

우리는 9.4절에서 유전율이 ε, 투자율이 μ인 손실이 없는 매질에서의 전자기파의 전파 속도는 다음의 위상속도

$$v_p = \frac{\omega}{k} = \frac{1}{\sqrt{\mu\varepsilon}} \tag{9.44}$$

로 주어진다는 것을 알았다. 대부분의 매질에서 μ와 ε은 상수로, 주파수에 따라 달라지지 않는다. 따라서 주파수가 서로 다른 전자기파라도 똑같은 속도로 전파한다. 그렇지만 어떤 매질에서는 μ나 ε, 또는 굴절률(n)이 일정하지 않고 주파수에 따라, 다시 말해 파장에 따라 달라진다. 예를 들어, 일반적인 유리의 굴절률은 빛의 주파수 범위에서 파장에 따라 그 값이 다르다. 주파수가 각기 다른 여러 색깔의 빛으로 구성된 백색광 white light이 유리로 만든 프리즘으로 들어가면 유리의 굴절률은 주파수(즉 파장)마다 달라진다. 따라서 프리즘에서 굴절된 빛은 무지개 색을 나타낸다. 이 현상을 **분산** dispersion 이라고 한다. 어떤 매질의 물질 상수(μ, ε)가 주파수에 따라 변하면 그 매질에서의 전자기파의 위상속도는 주파수에 따라 달라지는데, 이러한 매질을 **분산 매질** dispersive medium 이라고 한다. 9.5절에서 공부한 손실이 있는 매질은 이러한 분산 특성을 나타낸다. 그 이유는 손실이 있는 매질에서는 위상속도가 다음과 같기 때문이다.

$$v_p = \frac{\omega}{\beta} \tag{9.92}$$

여기서 전도율이 아주 큰 매질에서는 식 (9.90)에서 보듯이 $\beta = \sqrt{\frac{\omega\mu\sigma}{2}}$ 와 v_p가 주파수에 따라 변한다. 11장에서 살펴보겠지만, 전자기파가 도파관 내부를 통해 전파하는 경우에도 분산 특성이 나타난다.

음성, 사진, 디지털 데이터 등과 같은 직류에서 수 [kHz], 또는 수 [MHz] 범위의 '기저대역 baseband' 신호를 전송하는 경우, 낮은 주파수의 기저대역 신호를 더 높은 '반송 carrier' 주파수로 바꾼다(변조한다). 그 이유는 다루기에 적당한 크기 size의 도파관과 안테나로 신호를 주고받으려면 신호의 주파수가 높아야 하기 때문이다. 일반적으로 이들 신호는 다양한 주파수로 이루어져 있다. 매질 또는 시스템이 분산적이지 않으면 신호를 구성하는 모든 주파수 성분들이 같은 속도로 진행하므로 시간 영역에서 수신된 신호에는 아무런 왜곡도 생기지 않는다. 이런 경우에 속하는 것으로 무한히 넓은 무손실 매질 속을 전파하는 균일 평면파를 들 수 있다. 이와는 달리 매질이 분산적이면 모든 주파수 성분은 저마다 다른 위상속도로 진행하므로 수신된 신호는 왜곡된다. 대개 정보를 담고 있는 합성신호가 가진 주파수 성분들을 살펴보면 높은 반송파 주파수 부근의 좁은 범위 내에 퍼져 있다(협대역 신호). 이런 합성신호는 파동묶음(파속) wave packet 을 형성하는데, 이러한 파동묶음은 분산이 있는 매질 속을 전파하면서 모양이 변한다. 이렇게 되는 것은 개별 주파수 성분은 자신에 해당하는 위상속도로 진행하는 반면, 파동묶음 전체(싸개선 또는 포락선) envelope 는 이와는 다른 속도로 진행하기 때문이다. 이를 **군속도(무리속도)** group velocity 라고 한다.

파동묶음(합성신호)의 움직임을 알아보기 위해 진폭은 서로 같고 각주파수는 $\omega_1 = \omega_c - \Delta\omega$와 $\omega_2 = \omega_c + \Delta\omega$로 약간 다른 두 개의 파동이 하나의 파동묶음을 형성하고 있는 간단한 경우를 생각해보자. 여기서 $\Delta\omega \ll \omega_c$이다. 이렇게 약간 차이가 나는 두 주파수에 해당하는 무손실 매질에서의 전파상수 k, 또는 손실이 있는 매질에서의 위상상수 β 역시 약간 차이가 날 것이다. 두 파동의 전파상수를 각각 $k_1 = k_c - \Delta k$, $k_2 = k_c + \Delta k$로 두자. 이번에도 $\Delta k \ll k_c$이다. 그러면 $+z$방향으로 진행하는, 주파수가 다른 두 파동을 합성한 파동묶음을 다음과 같이 나타낼 수 있다.

$$\begin{aligned} E(z,\ t) &= E_0 \cos(\omega_1 t - k_1 z) + E_0 \cos(\omega_2 t - k_2 z) \\ &= E_0 2\cos\left[\frac{1}{2}\{(\omega_2 t - k_2 z) - (\omega_1 t - k_1 z\}\right] \\ &\quad \cdot \cos\left[\frac{1}{2}\{(\omega_2 t - k_2 z) + (\omega_1 t - k_1 z)\}\right] \\ &= 2E_0 \cos\left[\frac{\omega_2 - \omega_1}{2}t - \frac{k_2 - k_1}{2}z\right]\cos\left[\frac{\omega_2 + \omega_1}{2}t - \frac{k_2 + k_1}{2}z\right] \\ &= 2E_0 \underbrace{\cos(\Delta\omega t - \Delta k z)}_{\text{싸개선}}\ \underbrace{\cos(\omega_c t - k_c z)}_{\text{반송파}} \end{aligned} \tag{9.93}$$

파동묶음은 [그림 9-6]에 나타낸 것처럼 주파수가 ω_c로 높은 반송파와, 주파수가 $\Delta\omega$로 낮은 (즉 시간적으로 천천히 변화하는) 싸개선으로 구성되어 있다는 것을 알 수 있다. 이 두 부분은 저마다 다른 속도로 진행한다. 즉 반송파는 위상속도 $v_p = \dfrac{\omega_c}{k_c}$로 진행하고 싸개선은 군속도 $v_g = \dfrac{\Delta\omega}{\Delta k}$로 진행한다. 그러므로 분산 매질에서 파동의 군속도는 다음과 같다.

$$v_g = \frac{d\omega}{dk} = \frac{1}{\left(\dfrac{dk}{d\omega}\right)} \quad \text{또는} \quad \frac{d\omega}{d\beta} = \frac{1}{\left(\dfrac{d\beta}{d\omega}\right)} \tag{9.94}$$

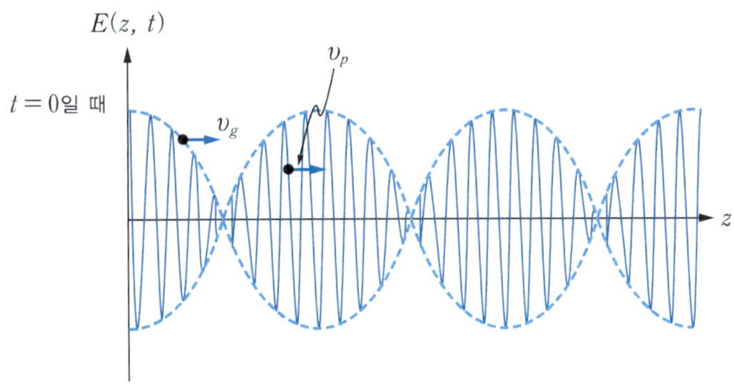

그림 9-6 파동묶음의 군속도

AM 신호의 경우, v_p는 반송파의 속도이고 v_g는 싸개선(변조된 진폭)의 속도이다. 식 (9.93)은 다음과 같이 다시 쓸 수 있다.

$$E(z,\ t) = 2E_0 \cos[\Delta k(z - v_g t)]\cos[k_c(z - v_p t)] \tag{9.95}$$

예제 9-6 손실성 매질에서의 분산

다음 두 경우의 손실이 있는 매질 $(\varepsilon, \mu, \sigma)$에서 전자기파의 군속도를 구하라. ε, μ, σ는 상수로 주파수와는 무관하다고 가정한다.

(a) 약간의 손실이 있는 유전체 (b) 전도성이 좋은 매질

풀이

(a) 9.5.2절에서 살펴본 것처럼 약간의 손실이 있는 유전체에서의 전자기파의 위상상수는

$$\beta = \omega\sqrt{\mu\varepsilon} \tag{9.89}$$

이다. 군속도는 다음과 같다.

$$v_g = \frac{d\omega}{d\beta} = \frac{1}{\dfrac{d\beta}{d\omega}} = \frac{1}{\sqrt{\mu\varepsilon}}$$

위상속도는 $v_p = \dfrac{\omega}{\beta} = \dfrac{1}{\sqrt{\mu\varepsilon}}$로 군속도와 같으므로 분산은 일어나지 않는다.

(b) 전도성이 좋은 매질에서의 전자기파의 위상상수는

$$\beta = \sqrt{\frac{\omega\mu\sigma}{2}} \tag{9.90}$$

이다. 군속도는 다음과 같다.

$$v_g = \frac{d\omega}{d\beta} = \frac{1}{\dfrac{d}{d\omega}\left\{\sqrt{\dfrac{\omega\mu\sigma}{2}}\right\}} = \frac{1}{\dfrac{1}{2}\omega^{-1/2}\sqrt{\dfrac{\mu\sigma}{2}}} = 2\sqrt{\frac{2\omega}{\mu\sigma}}$$

위상속도는 $v_p = \dfrac{\omega}{\beta} = \sqrt{\dfrac{2\omega}{\mu\sigma}}$로 군속도와 다르므로 분산이 일어난다.

9.7 전자기파의 편파 Polarization of Waves

편파 polarization는 종파(평행진동파) longitudinal wave인 음파 acoustic wave에는 없는 전자기파의 고유한 특징이다. polarization이 두 현상에 똑같이 쓰이지만 파의 편파 polarization와 유전체의 편극 polarization은 전혀 다른 것이다.

공간상의 고정된 어떤 한 점에서 시간조화 전자기파의 전기장 벡터 $\mathbf{E}$와 자기장 벡터 $\mathbf{H}$의 시간에 따른 변화를 관측하면 사인함수 모양이다. 9.4절에서 살펴본 것처럼 전자기파를 구성하는 전기장과

자기장 벡터의 방향은 각각 파의 전파방향과 수직이다. 이들 두 벡터의 방향은 전자기파의 중요한 특징이다.

전자기파의 편파 wave polarization 란 공간상의 고정된 한 점에서 시간에 따라 전기장 벡터 $\mathbf{E}$가 가리키는 방향이 변하면서 그리는 모양이다. 전기장 $\mathbf{E}$를 알면 자기장 벡터 $\mathbf{H}$는 식 (9.65)의 맥스웰 방정식으로 쉽게 구할 수 있으므로 $\mathbf{E}$의 방향만 표시해도 충분하다. 공간상의 임의의 한 점에서 시간에 따라 전기장 벡터 $\mathbf{E}$가 가리키는 방향이 직선 line 모양을 그릴 때, 이 전자기파의 편파를 **선형 편파** linear polarization 라고 한다. 식 (9.41)의 전기장이 선형 편파된 전자기장의 예이다. 시간에 따라 전기장 벡터 $\mathbf{E}$의 방향(화살표 끝)이 원 모양을 그릴 때, 이 전자기파의 편파를 **원형 편파** circular polarization 라고 한다. 전기장 벡터 $\mathbf{E}$의 끝이 타원 모양을 그릴 때는 **타원형 편파** elliptical polarization 라고 한다. 전기장 벡터 $\mathbf{E}$가 이들 중 어디에도 해당되지 않고 무작위로 움직일 때, 이 전자기파는 **편파되지 않았다** unpolarized 고 한다. 태양빛과 형광등 빛은 편파되지 않은 전자기파이다. 10장에서 살펴보겠지만 편파는 매우 중요한 특성으로, 매질의 경계면에서 발생하는 전자기파의 반사와 투과는 바로 입사파의 편파에 따라 달라진다.

손실이 없는 매질 속을 $+z$방향으로 진행하는 시간조화 균일 평면파를 생각해보자. 전기장이 z축에 수직인 평면 위에 놓여 있어야 하므로 전기장은 x, y성분만을 갖는다. 일반적으로 복소 전기장은 다음의 형태로 쓸 수 있다.

$$\mathbf{E} = \left(\mathbf{a}_x E_x + \mathbf{a}_y E_y\right) e^{-jkz} \tag{9.96}$$

여기서 E_x와 E_y는 복소상수이다. 파동의 편파는 E_x, E_y의 진폭비와 위상차에 따라 달라진다. 문제를 간단히 하기 위해 전기장의 두 성분을 다음과 같이 두자.

$$\begin{aligned} E_x &= E_{x0} && : \text{실수} \\ E_y &= E_{y0}\, e^{j\phi} \equiv E_{x0} A e^{j\phi} && : A,\ \phi \text{는 실수} \end{aligned}$$

그러면 두 성분의 비는 다음과 같다.

$$\frac{E_y}{E_x} = A e^{j\phi} \tag{9.97}$$

여기서 $A = \left|\dfrac{E_y}{E_x}\right|$는 E_x와 E_y의 진폭 비이고, ϕ는 E_x와 E_y 사이의 위상차이다. 시간 영역에서의 전기장은 다음과 같이 나타낼 수 있다.

$$\begin{aligned} \mathbf{E}(z,\ t) &= \mathrm{Re}\left\{\left(\mathbf{a}_x E_{x0} + \mathbf{a}_y E_{x0} A e^{j\phi}\right) e^{-jkz}\, e^{j\omega t}\right\} \\ &= \mathbf{a}_x E_{x0} \cos(\omega t - kz) + \mathbf{a}_y E_{x0} A \cos(\omega t - kz + \phi) \end{aligned} \tag{9.98}$$

공간상의 고정된 한 점, 예를 들어 $z = 0$에서의 전기장은 다음과 같다.

$$\mathbf{E}(z = 0,\ t) = \mathbf{a}_x E_{x0} \cos\omega t + \mathbf{a}_y E_{x0} A \cos(\omega t + \phi) \tag{9.99}$$

다음의 여러 경우에 대해 전기장 $\mathbf{E}$의 방향 변화를 조사해보자.

$A = 0$인 경우

즉 $E_y = 0$이고 E_x만 존재한다.

복소 영역과 시간 영역에서의 전기장 벡터는 다음과 같이 쓸 수 있다.

$$\mathbf{E} = \mathbf{a}_x E_{x0} e^{-jkz}$$
$$\mathbf{E}(z,\ t) = \mathbf{a}_x E_{x0} \cos(\omega t - kz)$$

$z = 0$인 점에서의 전기장 벡터를 시간 영역으로 나타내면 다음과 같다.

$$\mathbf{E}(0,\ t) = \mathbf{a}_x E_{x0} \cos \omega t$$

시간에 따른 전기장 벡터 $\mathbf{E}(z = 0,\ t)$의 변화를 $E_x - E_y$ 평면에 그려보자. 그러면 [그림 9-7(a)]와 같이 수평축을 따라 직선을 그리면서 진동한다. 따라서 전자기파는 $E_y = 0$일 때 x방향 선형 편파이고, $E_x = 0$일 때는 y방향 선형 편파가 된다.

$A = 2$, $\phi = 0°$인 경우

즉 E_x와 E_y의 위상이 같아서 위상차가 $0°$이다.

복소 영역에서의 전기장 벡터는 다음과 같이 쓸 수 있다.

$$\mathbf{E} = (\mathbf{a}_x + \mathbf{a}_y 2) E_{x0}\, e^{-jkz}$$

$z = 0$인 점에서의 전기장 벡터를 시간 영역으로 나타내면 다음과 같다.

$$\mathbf{E}(0,\ t) = (\mathbf{a}_x + \mathbf{a}_y 2) E_{x0} \cos \omega t$$

이번에도 전기장 벡터 $\mathbf{E}$는 시간에 따라 직선을 그리면서 진동한다([그림 9-7(b)] 참조). 따라서 이 전자기파의 편파는 선형 편파이다. 위상차가 $\phi = 0°$이거나 $180°$이면 전자기파는 선형으로 편파된다.

$A = 1$, $\phi = -90°$인 경우

즉 E_x와 E_y의 진폭이 같고($E_{x0} = E_{y0}$) 위상차는 $90°$이다.

복소 영역에서의 전기장 벡터는 다음과 같이 쓸 수 있다.

$$\mathbf{E} = \left\{\mathbf{a}_x E_{x0} + \mathbf{a}_y E_{x0} e^{-j\pi/2}\right\} e^{-jkz} = (\mathbf{a}_x - j\mathbf{a}_y) E_{x0}\, e^{-jkz} \qquad (9.100)$$

$z = 0$인 점에서의 전기장 벡터를 시간 영역으로 나타내면 다음과 같다.

$$\begin{aligned}\mathbf{E}(0,\ t) &= \mathbf{a}_x E_{x0} \cos \omega t + \mathbf{a}_y E_{x0} \cos(\omega t - 90°) \\ &= \mathbf{a}_x E_{x0} \cos \omega t + \mathbf{a}_y E_{x0} \sin \omega t \equiv \mathbf{a}_x E_x(t) + \mathbf{a}_y E_y(t)\end{aligned}$$

$E_x - E_y$ 평면에 시간의 함수로 $\mathbf{E}$를 그려보면, [그림 9-7(c)]와 같이 전기장 벡터 $\mathbf{E}$의 끝이 원 모양을 그리며 반시계방향으로 회전한다. 이러한 전자기파의 편파를 원형 편파라고 한다. 원형 편파 전자기파에는 회전방향이 있다. IEEE 표준 IEEE standard 에서 규정한 정의에 따르면, [그림 9-7(c)]의 편파는 오른손 원형 편파 right-hand circular polarization 이다. 그 이유는 왼손과 오른손 중에서 엄지손가락을 전자기파의 전파방향(이 경우엔 $+z$ 방향)에 맞출 때 나머지 손가락들이 파의 회전방향과 일치하는 손이 바로 오른손이기 때문이다. 따라서 $E_x = E_y$ 이고 $\phi = 90°$ 일 때의 전기장 벡터

$$\mathbf{E} = (\mathbf{a}_x + j\mathbf{a}_y) E_{x0} \, e^{-jkz}$$

의 편파는 분명히 왼손 원형 편파 left-hand circular polarization 가 된다. 두 경우 모두 $E_x(t)$와 $E_y(t)$는 다음 원의 방정식을 만족한다.

$$E_x^2 + E_y^2 = E_{x0}^2 \quad \text{또는} \quad \left(\frac{E_x}{E_{x0}}\right)^2 + \left(\frac{E_y}{E_{x0}}\right)^2 = 1$$

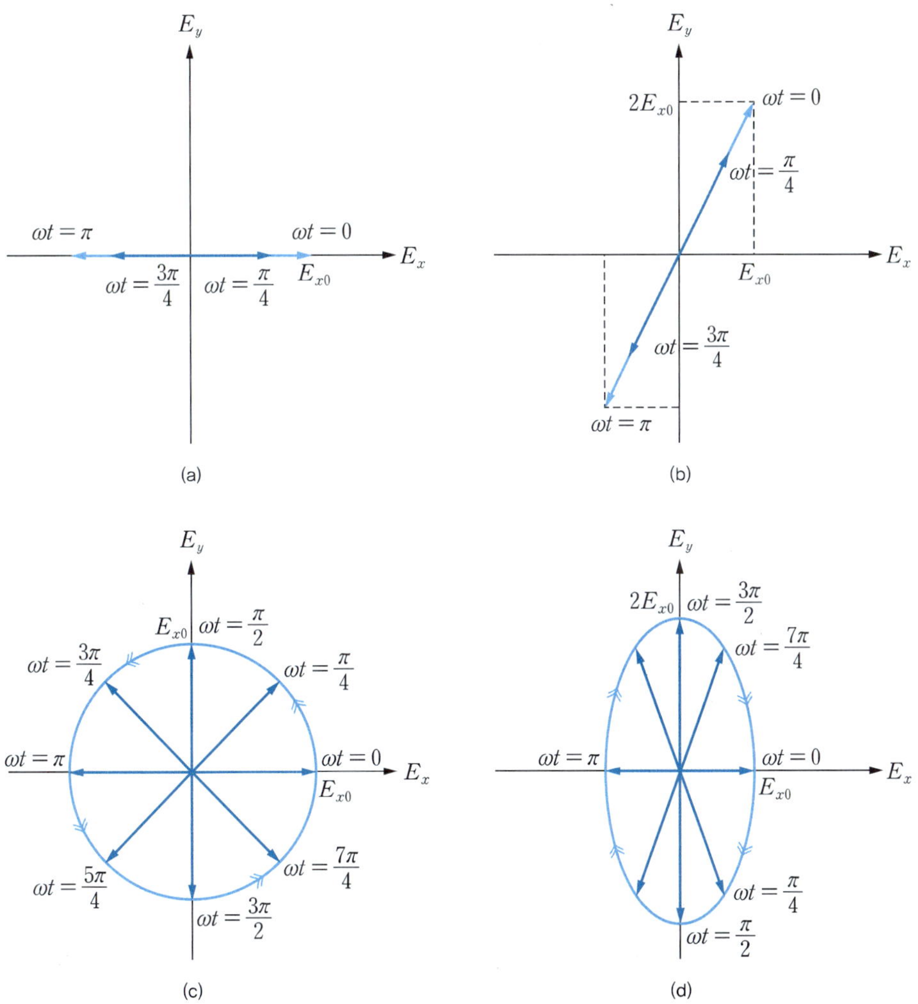

그림 9-7 전자기파의 편파

(a) $A = 0$(LP) (b) $A = 2,\ \phi = 0°$(LP) (c) $A = 1,\ \phi = -90°$(RHCP) (d) $A = 2,\ \phi = 90°$(LHEP)

$A=2$, $\phi=90°$인 경우

즉 E_x와 E_y의 진폭이 다르고($E_{x0} \neq E_{y0}$) 위상차는 $90°$이다.

복소 영역에서의 전기장 벡터는 다음과 같이 쓸 수 있다.

$$\mathbf{E} = \left\{\mathbf{a}_x E_{x0} + \mathbf{a}_y 2E_{x0}\, e^{j\pi/2}\right\} e^{-jkz} = (\mathbf{a}_x + \mathbf{a}_y 2j) E_{x0}\, e^{-jkz} \tag{9.101}$$

$z=0$인 점에서의 전기장 벡터를 시간 영역으로 나타내면 다음과 같다.

$$\mathbf{E}(0,\ t) = \mathbf{a}_x E_{x0} \cos \omega t - \mathbf{a}_y 2E_{x0} \sin \omega t$$

이 경우에는 시간에 따라 전기장 벡터 $\mathbf{E}$는 타원 모양을 그리면서 시계방향으로 회전한다([그림 9-7(d)] 참조). 이 전자기파의 편파를 왼손 타원형 편파 left-hand elliptical polarization 라고 한다. $E_x(t)$와 $E_y(t)$는 다음 타원의 방정식을 만족한다.

$$\left(\frac{E_x}{E_{x0}}\right)^2 + \left(\frac{E_y}{2E_{x0}}\right)^2 = 1$$

$E_{x0} \neq E_{y0}$이고 $\phi = \pm 90°$일 때 전자기파의 편파는 타원형 편파가 된다. 또 $E_{x0} \neq E_{y0}$이면서 $\phi \neq 0°$, $\phi \neq \pm 90°$, $\phi \neq 180°$일 때는 기울어진 타원형 편파가 된다. [표 9-2]에 세 종류의 편파와, 이에 해당하는 진폭 비 A와 위상차 ϕ를 간추려 정리했다. 어떤 전자기파라도 직교하는 두 성분으로 분해한 다음, 이들의 중첩으로 나타낼 수 있다. 예를 들어 식 (9.101)의 타원형 편파를 갖는 전자기파는 x방향 선형 편파와 y방향 선형 편파의 중첩(합)으로 쓸 수 있다. 그러므로 임의의 편파를 갖는 균일 평면파를 해석하는 경우, 이를 서로 직교하는 두 개의 선형 편파 전자기파로 분리하여 각 선형 편파 전자기파를 따로따로 해석한 다음, 두 해석 결과를 합하는 방식을 사용할 수 있다. 이 방법을 사용하면 복잡한 파동 문제들의 해석이 매우 간단해진다. 10장에서 파동의 반사와 투과를 공부할 때 이 방법을 직접 적용하는 예를 보게 될 것이다.

표 9-2 전자기파의 편파

$\mathbf{E} = (\mathbf{a}_x E_x + \mathbf{a}_y E_y) e^{-jkz}$, $\dfrac{E_y}{E_x} = A e^{j\phi}$	
선형 편파(LP)	① $E_x = 0$ ② $E_y = 0$ ③ $\phi = 0°$ 또는 $180°$ (E_x와 E_y는 동위상 또는 역위상)
원형 편파(CP)	$A=1$, $\phi = \pm 90°$ $\begin{cases} + \text{ 왼손 방향} \\ - \text{ 오른손 방향} \end{cases}$ $\mathbf{k} \mathbin{/\!/} +\mathbf{a}_z$ 일 때 ($\lvert E_x \rvert = \lvert E_y \rvert$, 위상차 $\pm 90°$)
타원형 편파(EP)	① $\phi \neq 0°$, $\pm 90°$, $180°$ ② $\phi = \pm 90°$, $A \neq 1$ ($\lvert E_x \rvert \neq \lvert E_y \rvert$) $\begin{cases} \phi > 0 \rightarrow \text{ 왼손 방향} \\ \phi < 0 \rightarrow \text{ 오른손 방향} \end{cases}$ $\mathbf{k} \mathbin{/\!/} +\mathbf{a}_z$ 일 때

태양빛을 이루고 있는 전기장의 두 직교성분 E_x 와 E_y 는 각각 무작위로 변화하며, 둘 사이에 특별히 정해진 관계가 없다. 따라서 태양빛은 비편파 unpolarized 전자기파, 또는 편파되지 않은 not polarized 전자기파이다. 그러나 태양빛이 도로의 표면 또는 지상에 쌓인 눈 snow 에서 반사되면, 반사된 빛 glare 은 부분적으로 편파 partially polarized 되는데, 그 이유는 직교하는 두 선형 편파성분 중에서 어느 한 성분은 더 많이 반사되고 다른 성분은 대부분 땅 속으로 투과되기 때문이다([그림 10-6]과 10.5절의 설명 참조). 부분 편파된 전자기파는 편파된 파동과 편파되지 않은 파동이 섞여 있는 것으로 볼 수 있다. 파란 하늘빛도 부분 편파된 전자기파의 한 예이다. 개미와 참게 horseshoe crab 중에서 어떤 종 species 은 편파된 빛에 민감한 것으로 알려져 있는데, 그들은 이러한 능력을 방향과 장소를 찾는 데 활용한다.[4]

선형 편파된 전자기파는 AM 라디오와 TV 방송 시스템에서 사용되고 있다. AM 방송국은 상대적으로 낮은 주파수($f = 535 \sim 1605$ [kHz])를 사용하므로 파장이 길어져서($\lambda = 187 \sim 561$ [m]) 대형 안테나 송신탑이 필요하다. 긴 길이로 높게 세운 이 안테나는 지표면과는 수직이고 안테나에는 나란한 방향의 전기장 $\mathbf{E}$ 를 발생시킨다. 이 파는 수직방향으로 선형 편파된 전자기파이다. AM 신호를 최대로 수신하려면 라디오의 수신 안테나는 전기장과 평행한 방향으로, 즉 지표면과 수직이 되도록 놓여 있어야 한다. 반면 대부분의 TV 방송 신호는 수평방향으로 선형 편파된 전자기파로, 전기장 $\mathbf{E}$ 는 지표면과 나란한 방향으로 진동한다. 그래서 TV 신호를 잘 수신하려면 지붕이나 옥상에 설치된 TV 안테나는 지표면과 수평이 되도록 놓여 있어야 하며, 신호가 진행하는 방향과는 수직이 되어야 한다. 미국에 있는 대부분의 FM 라디오 방송국은 원형 편파를 사용한다. 그 이유는 원형으로 편파된 전자기파는 직교하는 두 개의 선형 편파성분을 가지고 있으므로 신호가 진행하는 방향에 수직인 평면상에 안테나가 놓여 있기만 하면 안테나가 지표면을 기준으로 어떤 각도로 기울어져 있든지 상관없이 신호를 수신할 수 있다는 장점이 있기 때문이다.

4 T. H. Waterman, 'Polarized light and animal navigation', *Scientific American*, July 1955, pp. 88을 참조하라.

CHAPTER 09_연습문제

9.1 [예제 8-5]의 전자기파에 대해 다음 물음에 답하라.

(a) $\mathbf{E}(z,t)$가 특정한 조건에서 식 (9.4)로 표시되는 파동방정식을 충족함을 확인하라.

(b) 전기장을 $f(z-vt)$의 꼴로 쓰고 전자기파의 전파속도와 전파방향을 구하라.

(c) 파의 전파방향이 포인팅 벡터로 주어진 전자기 전력 흐름의 방향과 일치하는가? 속도는 식 (9.9)의 수식과 일치하는가?

9.2 어떤 전기장이 다음과 같이 주어질 때, 이 전기장은 파동방정식을 만족하는가? 이 전기장은 전자기파인가?

$$\mathbf{E} = \mathbf{a}_z E_0 \cos(\omega t - kz)$$

힌트 전자기파가 되려면 맥스웰 방정식을 모두 만족해야 한다.

9.3 빛이 유전율이 $\varepsilon = 2.56\varepsilon_0$, 투자율이 $\mu = \mu_0$인 유리 속을 통해 전파할 때 전파속도를 구하라. 또한 계산 결과를 공기 속을 전파하는 빛의 속도와 비교하라.

9.4 다음 물음에 답하라.

(a) 지구와 화성의 공전궤도는 모두 타원으로, 두 행성 사이의 평균거리는 5천만 마일이다. 2003년 8월 27일에 화성은 3,460만 마일 떨어진 곳까지 지구에 접근했다. 화성에서 지구까지 빛이 전파하는 데 걸리는 시간은 얼마인가?

(b) 직녀성 베가는 지구로부터 26광년 떨어진 위치에 있다. 베가와 지구 사이의 거리는 몇 [km]인가?

힌트 1광년은 빛이 1년 동안 진행한 거리를 나타내는 길이의 단위이다.

9.5 시간에 따라 사인 모양으로 변하는 다음 몇 가지 양을 복소 페이저로 나타내라. 상수 ρ_0, r_0, J_0, a, E_0, H_0는 모두 실수로 가정한다.

(a) $\rho_v(r,\ t) = \rho_0 e^{-(r/r_0)} \cos\left(10^9 t - \dfrac{\pi}{4}\right)$

(b) $\mathbf{J}(\rho,\ t) = \mathbf{a}_z J_0 \dfrac{\rho}{a} \sin\left(2\pi 10^6 t - \dfrac{\pi}{3}\right)$

(c) $\mathbf{E}(z,\ t) = \mathbf{a}_x E_0 \cos(\omega t - 2z) + \mathbf{a}_y E_0 \sin(\omega t - 2z)$

(d) $\mathbf{H}(x,\ t) = \mathbf{a}_y H_0 \sin(\omega t - 5x) + \mathbf{a}_z H_0 \cos(\omega t + 5x)$

9.6 다음과 같이 복소 페이저로 표시된 시간조화장을 시간 영역 형식으로 나타내라. 각주파수는 ω [rad/s]로 가정한다.

(a) $\mathbf{E} = (\mathbf{a}_x + \mathbf{a}_y 2j)\, e^{-j2z}$

(b) $\mathbf{E} = [\mathbf{a}_y(1+j) + \mathbf{a}_z(2-j)]\, e^{-j5x}$

(c) $\mathbf{H} = \mathbf{a}_x(1-j)\, e^{-j2z} + \mathbf{a}_y(1 - j\sqrt{3})\, e^{+j2z}$

9.7 식 (9.21)의 복소 포인팅 정리의 허수부를 취하여 다음 식으로 표시되는 무효전력[reactive power]과 저장된 전자기 에너지 사이의 관계를 유도하라.

$$\mathrm{Im}(P_s) = \mathrm{Im}(P_f) + 2\omega(W_m - W_e)$$

P_s, P_f, W_m, W_e는 다음과 같다. 여기서 μ와 ε은 실수로 가정한다.

$$P_s = \iiint_V (-\underline{\mathbf{E}} \cdot \underline{\mathbf{J}}_i^*)\, dv = (\text{인가전류 } \underline{\mathbf{J}}_i \text{에 의해 공급되는 복소전력})$$

$$P_f = \oiint_S \underline{\mathbf{E}} \times \underline{\mathbf{H}}^* \cdot d\mathbf{s} = (\text{닫힌표면 } S\text{를 통과하는 복소전력})$$

$$W_m = \iiint_V \frac{1}{2}\mu |\underline{\mathbf{H}}|^2 dv = (\text{부피 } V \text{ 내부에 저장된 자기 에너지})$$

$$W_e = \iiint_V \frac{1}{2}\varepsilon |\underline{\mathbf{E}}|^2 dv = (\text{부피 } V \text{ 내부에 저장된 전기 에너지})$$

9.8 전자기파를 구성하는 전기장의 크기(E)와 자기장의 크기(B) 사이에 다음과 같은 관계가 성립함을 증명하라. 여기서 v는 매질에서의 전자기파의 전파속도이다.

$$E = vB$$

9.9 전기장의 피크진폭이 E_0인 시간조화 전자기파가 손실이 없는 매질(μ, ε) 속을 전파하고 있다. 이 전자기파가 운반하는 시간평균 전력밀도가 다음과 같음을 증명하라. 여기서 $\eta = \sqrt{\dfrac{\mu}{\varepsilon}}$ 는 매질의 고유 임피던스이다.

$$S_{av} = \frac{|E_0|^2}{2\eta}\ [\mathrm{W/m^2}]$$

9.10 AM 라디오 방송국 안테나로부터 10 [km] 떨어진 곳에서 측정한 전기장의 피크진폭이 0.5 [V/m]이다. 다음 물음에 답하라.

(a) 이곳에서 자기장(**H**)의 피크진폭은 얼마인가?

(b) 안테나가 지상의 모든 방향으로 같은 크기의 전자기파 신호를 방사하고 있다고 가정할 때, 방송국의 총 송출전력(안테나의 총 방사전력)은 몇 W인가?

(c) 총 방사전력이 전파 거리에 관계없이 일정하게 유지된다고 가정할 때 방송국에서 50 [km] 떨어진 곳에 있는 AM 라디오 수신기에서 측정되는 전기장의 크기를 계산하라.

9.11 방사 압력 전자기파는 에너지는 물론 운동량 momentum 도 가지고 있다. 전자기파가 어떤 물체의 표면에 부딪히면 이 운동량이 그 물체로 옮겨간다. 전달된 운동량의 시간에 따른 변화율이 물체 표면에 작용하는 힘이다. 전자기파에 의해 발생하는 단위면적당 평균 힘을 방사압력 radiation pressure 이라고 한다. 다음 물음에 답하라.

(a) 평면파 전자기파가 완전흡수체의 표면에 수직으로 입사하여 힘을 가할 때, 방사 압력이 다음 식과 같음을 증명하라.

$$p_{rad} = \sqrt{\mu\varepsilon}\ S_{av} = \frac{S_{av}}{v}\ [\mathrm{N/m^2}]$$

여기서 S_{av}는 시간평균 포인팅 전력밀도이다. 전자기파가 물체의 표면에서 100% 반사되는 경우(예를 들어, 물체가 완전도체일 때), 완전흡수체의 경우와 비교하여 운동량의 변화는 두 배이고, 방사압력은 위의 식의 두 배가 된다.

(b) 지구의 대기를 통과하는 태양빛은 1.4 [kW/m^2]의 평균 전력밀도를 운반한다. 지구 둘레를 회전하는 어떤 인공위성에 총 면적이 8 [m^2]인 태양 전지판이 장착되어 있다. 태양 전지판을 완전흡수체로 가정할 때 태양빛이 전지판에 가하는 전체 힘을 구하라.

9.12 원천이 없는 공기 속을 진행하는 시간조화 전자기파의 자기장이 다음과 같다. 여기서 $H_0 = 10$ [mA/m]이다. 주어진 물음에 답하라.

$$\mathbf{H} = \mathbf{a}_x H_0 \cos\left(2\pi 10^9 t - \frac{20\pi}{3} z\right)$$

(a) 복소 페이저를 사용해서 이 전자기파의 전기장 $\mathbf{E}(z,\ t)$를 구하라.

(b) 전자기파가 운반하는 시간평균 전력밀도를 [W/m^2] 단위로 구하라.

9.13 다음과 같은 전기장을 갖는 시간조화 전자기파가 원천이 없는 무손실 유전체 매질($\varepsilon = 2.0\,\varepsilon_0$, $\mu = \mu_0$) 속을 전파하고 있다. 주어진 물음에 답하라.

$$\mathbf{E} = \mathbf{a}_z 5\sin(\omega t - 0.5x)\ [\mathrm{V/m}]$$

(a) 전기장의 복소 페이저 표현 $\underline{\mathbf{E}}$를 구하라.

(b) 시간조화장에 대한 패러데이 법칙을 사용해서 복소 자기장 $\underline{\mathbf{H}}$를 구하라. 또한 자기장 $\mathbf{H}(x,\ t)$를 시간 영역 형식으로 나타내라.

(c) 복소장 $\underline{\mathbf{E}}$와 $\underline{\mathbf{H}}$는 시간조화장에 대한 암페어의 법칙도 만족해야 한다. 각주파수 ω를 $[\mathrm{rad/s}]$ 단위로 구하라.

(d) (i) 시간 영역의 전자기장과 (ii) 복소 영역의 전자기장을 사용하여 시간평균 포인팅 벡터 $\langle \mathbf{S}(x,\ t) \rangle \equiv \mathbf{S}_{av}$를 각각 구하라. 또한 두 결과가 일치하는지 확인하라.

9.14 오일러 공식 $e^{j\theta} = \cos\theta + j\sin\theta$를 사용해서 식 (9.39)와 식 (9.40)에 표시된 $(A,\ B)$와 $\left(E_0^+,\ E_0^-\right)$ 사이의 관계를 유도하라.

9.15 공기 속을 전파하는 전자기파의 주파수가 다음과 같을 때, 전자기파의 파장을 [m] 단위로 계산하라.

(a) $f = 60\ [\mathrm{Hz}]$ (가정용 전기)

(b) $f = 300\ [\mathrm{kHz}]$ (AM 라디오)

(c) $f = 2.45\ [\mathrm{GHz}]$ (전자레인지)

9.16 공기 속을 전파하는 전자기파의 파장이 다음과 같을 때, 전자기파의 주파수를 [Hz] 단위로 계산하라.

(a) $\lambda = 3.3\ [\mathrm{m}]$ (FM 라디오)

(b) $\lambda = 5.2\ [\mathrm{cm}]$ (휴대폰)

(c) $\lambda = 460\ [\mathrm{nm}]$ (파란색 빛)

9.17 원천이 없는 영역에서의 파동방정식 [연습문제 9.12]의 자기장 $\mathbf{H}(z,\ t)$에 대해 다음 물음에 답하라.

(a) $\mathbf{H}(z,\ t)$가 식 (8.26) 또는 식 (9.5)의 파동방정식을 만족하는 것을 확인하라.

(b) $\mathbf{H}(z,\ t)$를 파동방정식의 일반해, 즉 $f(z - vt)$의 꼴로 나타내라. 또한 전자기파의 전파속도 v를 구하라. 이 전자기파는 어느 방향으로 전파하고 있는가?

(c) 포인팅 벡터 $\mathbf{S}$를 구하고 전력 흐름의 방향이 (b)에서 구한 전자기파의 전파방향과 일치하는지 확인하라.

(d) (i) 시간 영역의 전자기장이나 포인팅 벡터, (ii) 복소 영역의 전자기장이나 복소 포인팅 벡터를 사용해서, $x = 0$, $x = a\,[\mathrm{m}]$, $y = 0$, $y = b\,[\mathrm{m}]$로 둘러싸인 표면을 통과하는 총 시간평균 전력을 계산하라.

9.18 공기 속을 전파하는 TV 방송 신호의 자기장이 다음과 같을 때, 주어진 물음에 답하라.

$$\mathbf{H} = \mathbf{a}_z 2\sin(\omega t - 10x)\ [\mathrm{mA/m}]$$

(a) 이 자기장에 대응하는 전기장 $\mathbf{E}(x,\ t)$를 구하라.

힌트 시간 영역 또는 복소(페이저) 영역에서 맥스웰 방정식을 사용하면 된다. 복소 영역을 선택한 경우에는 맥스웰 방정식을 적용하기 전에 $\mathbf{H}(x,\ t)$를 복소 페이저 $\mathbf{H}(x)$로 바꿔야 한다.

(b) (a)에서 사용하지 않은 맥스웰 방정식이나 분산 관계식을 사용해서 TV 신호의 주파수 $f\,[\mathrm{Hz}]$를 구하라.

9.19 공기 속을 전파하는 FM 라디오 신호의 전기장이 다음과 같을 때, 주어진 물음에 답하라.

$$\mathbf{E}(x,\ t) = \mathbf{a}_y 5\cos\left(2\pi 10^8 t - k_0 x\right)\ [\mathrm{V/m}]$$

(a) 이 장은 균일 평면파인가?

(b) 이 전자기파의 전파상수, 다시 말해 파수 k_0를 구하라.

(c) 시간평균 포인팅 벡터 $<\mathbf{S}>$를 구하라. $\mathbf{E}$, $\mathbf{H}$, $\mathbf{S}$ 방향 사이의 관계를 설명하라.

(d) 파장([m] 단위로), 위상속도, 고유 임피던스를 구하라.

9.20 손실이 없는 매질에서의 균일 평면파 전기장의 진폭이 $2\,[\mathrm{V/m}]$(실횻값)이며 방향이 $+z$인 균일 평면파가 손실이 없는 매질 속을 $-y$방향으로 진행하고 있다. 이 전자기파의 파장은 $10\,[\mathrm{cm}]$이고 전파속도는 $2.5\times10^8\,[\mathrm{m/s}]$이다.

(a) 이 매질을 비자성체($\mu=\mu_0$)로 가정할 때 전자기파의 주파수를 [Hz] 단위로 구하라. 또 매질의 유전율을 구하라.

(b) 매질의 굴절률을 구하라.

(c) 전기장과 자기장 벡터를 복소 페이저 형식으로 나타내라. 자기장 벡터 $\mathbf{H}$의 실횻값(rms)을 [A/m] 단위로 구하라.

(d) $\mathbf{E}$와 $\mathbf{H}$의 크기 비를 구하라. 단위도 함께 써라. 구한 결과가 9.4절의 설명 내용과 일치하는가?

9.21 전기장의 진폭이 $5\,[\mathrm{V/m}]$(실횻값)이며 방향이 $+y$인 균일 평면파가 손실이 없는 매질($\mu=\mu_0$, $\varepsilon=9\varepsilon_0$) 속을 $-x$방향으로 진행하고 있다. 이 전자기파의 파장은 $2\,[\mathrm{m}]$이다.

(a) 전자기파의 주파수를 [Hz] 단위로, 전파속도를 [m/s] 단위로 구하라. 또한 매질의 굴절률을 구하라.

(b) 전기장과 자기장 벡터를 시간 영역 형식으로 나타내라. 자기장 벡터 $\mathbf{H}$의 실횻값(rms)을 [A/m] 단위로 구하라.

(c) $\mathbf{E}$와 $\mathbf{H}$의 크기 비를 구하라. 단위도 함께 써라. 구한 결과가 매질의 고유 임피던스와 같은지 확인하라.

9.22 임의의 방향으로 전파하는 전자기파 전기장의 진폭이 5 [V/m], 주파수가 1 [GHz], 위상각이 0°인 시간조화 평면파 전자기파가 공기 속을 점 (0, 0, 0)에서 점 (1, 2, 3)을 잇는 방향으로 진행하고 있다. 전자기파의 편파(즉 전기장의 방향)가 xy평면과 평행하다. 다음 물음에 답하라.

(a) 전파벡터, 즉 파동벡터 **k**를 직각 좌표계로 나타내라. 전파벡터의 크기와 방향을 함께 고려하라.

(b) 전기장 **E**를 시간 영역 또는 복소 영역 형식으로 나타내라.

(c) 식 (9.65)의 관계를 이용하여 자기장 **H**를 구하고 이를 시간 영역 또는 복소 영역 형식으로 나타내라.

(d) 패러데이 법칙을 사용하여 자기장 **H**를 계산하고, (c)의 결과와 일치하는지를 확인하라.

9.23 손실이 있는 매질에서 균일 평면파의 감쇠상수 α와 위상상수 β를 나타내는 다음의 정확한 수식(식 (9.86))을 유도하라. 여기서 $k_u = \omega\sqrt{\mu\varepsilon}$, $\text{L.T.} = \dfrac{\sigma}{\omega\varepsilon}$이다.

$$\alpha = \frac{k_u}{\sqrt{2}}\left[\sqrt{1+(\text{L.T.})^2}-1\right]^{1/2}$$

$$\beta = \frac{k_u}{\sqrt{2}}\left[\sqrt{1+(\text{L.T.})^2}+1\right]^{1/2}$$

9.24 휴대폰에서 나오는 1.9 [GHz]의 전자기파가 사람의 머릿속으로 침투하는 경우를 생각해보자. 사람의 뇌 조직은 1.9 [GHz]에서 유전율이 $50\varepsilon_0$, 전도율이 $\sigma = 1.4$ [S/m], 투자율이 $\mu \approx \mu_0$라고 가정한다. 다음 물음에 답하라.

(a) 전자기파의 감쇠상수 α와 뇌 조직 내부의 침투깊이를 계산하라.

(b) 뇌 조직 표면에서의 전기장의 피크진폭이 10 [V/m]일 때 뇌 조직 내부 2 [cm] 깊이에서의 전기장의 피크진폭을 계산하라.

9.25 전자레인지 전자레인지의 동작 주파수는 2.45 [GHz]이다. 이 주파수에서 등심 스테이크의 유전율은 $\varepsilon = 40\varepsilon_0$, 투자율은 $\mu = \mu_0$, 전도율은 $\sigma = 0.5$ [S/m]이다. 다음 물음에 답하라.

(a) 정확한 식을 사용하여 감쇠상수 α와 침투깊이 d_p를 계산하라.

(b) 손실 탄젠트를 계산하여 동작 주파수에서 스테이크가 약간 손실이 있는지 아니면 전도성이 높은지 구한 다음, 근사식을 사용하여 α와 d_p를 계산하라. (a)와 (b)의 결과를 비교하고 오차를 구하라.

(c) 유전율이 $\varepsilon = 1.03\varepsilon_0$, 투자율이 μ_0, 전도율이 $\sigma = 10^{-5}$ [S/m]인 스티로폼polystyrene foam이 있다. 스티로폼의 감쇠상수와 침투깊이를 계산하고 스테이크의 결과와 비교하라. 스테이크를 스티로폼 용기 안에 넣어도 괜찮은가?

9.26 다음 물음에 답하라.

(a) 주파수가 15 [MHz]인 전자기파에 대해 마른 땅(흙)earth의 감쇠상수, 침투깊이, 고유 임피던스를 계산하라. 마른 땅의 물질상수는 $\varepsilon = 3\varepsilon_0$, $\mu = \mu_0$, $\sigma = 10^{-4}$ [S/m]로 가정한다.

(b) 젖은 땅에 대해서 같은 항목들을 계산하라.
젖은 땅의 물질상수는 $\varepsilon = 12\varepsilon_0$, $\mu = \mu_0$, $\sigma = 10^{-2}$ [S/m]로 가정한다.

(c) (a)와 (b)의 결과를 비교하라.

9.27 전도성이 높은 물질을 이용하여 전자파 간섭(전자파 장해)electromagnetic interference을 막아주는 영역을 만들 수 있다. 어떤 방을 구리층으로 둘러싸서 무선 간섭신호, 즉 전자기파를 차폐(가려막기)shielding 하려고 한다. 무선 간섭신호의 주파수 범위는 10 [kHz]~100 [MHz]이다. 차폐 효과를 얻으려면 구리층의 두께가 최소한 구리의 표피깊이의 다섯 배 이상이 되어야 한다. 구리의 물질상수를 $\varepsilon = \varepsilon_0$, $\mu = \mu_0$, $\sigma = 5.8 \times 10^7$ [S/m]로 가정할 때 무선 간섭신호를 차폐하는 데 필요한 구리층의 두께를 구하라.

9.28 건물이 무선통신에 미치는 영향을 구하기 위해서는 건물 벽의 유효 복소 유전율을 알아야 한다. 어떤 건물의 콘크리트 벽의 복소 유전율이 1.8 [GHz]에서 $(6.5 - j0.3)\varepsilon_0$라고 가정하자. 여러분이 벽의 두께가 50 [cm]인 이 건물 속에서 휴대폰을 사용하고 있다. 벽 바로 바깥의 전기장의 세기가 1 [V/m]라고 할 때, 여러분의 휴대폰에 도달하기 위해 벽을 막 뚫고나온 전기장의 세기는 얼마인가?

힌트 감쇠상수 α를 유효 유전율 ε_{eff}로부터 직접 계산하거나 ε'', σ, ω 사이의 관계를 사용하여 계산한다.

9.29 심화 방금 내린 눈 속으로 전기장의 크기가 10 [V/m], 주파수가 1 [GHz]인 균일 평면파가 전파하고 있다. 이 눈의 유전상수는 1.2, 손실 탄젠트는 3×10^{-2}, 투자율은 μ_0이다. 다음 물음에 답하라.

(a) 눈의 유효 전도율, 감쇠상수, 침투깊이를 구하라.

(b) 전자기파가 눈 속을 10 [cm] 깊이만큼 진행할 때 표면적이 100 [cm^2]인 눈에서 소모되는 평균전력을 계산하라.

9.30 [예제 9-5]에서 살펴본 바와 같이, 주파수가 높으면 바닷물에서 상당히 큰 손실이 발생한다. 바다 상공을 날고 있는 비행기와 바닷속 잠수함이 서로 통신을 하는 경우를 생각해보자. 비행기가 긴 도선 안테나를 이용해서 1 [MHz]의 신호를 송출하고 있다. 바다 표면에서 신호의 전기장 세기는 10 [V/m]이다. 잠수함에서 수신이 가능한 최소 신호 크기가 10 [μV/m]일 때, 통신이 가능한 잠수함의 최대 잠수깊이를 구하라.

9.31 **전도성 매질 속에서의 분산** 협대역 음성신호가 1 [MHz]의 반송 주파수에 실려 있는 전자기파가 물질 상수가 $\varepsilon = 81\,\varepsilon_0$, $\mu = \mu_0$, $\sigma = 4\,[\mathrm{S/m}]$인 바닷물 속을 전파하고 있다. 이 합성신호의 위상속도와 군속도를 구하라.

9.32 **플라즈마 매질 속에서의 분산** 플라즈마 매질이란 음전하인 자유전자와 양전하인 이온으로 이루어진 중성 기체를 말한다. 플라즈마의 유전율은 다음 식으로 주어진다.[5]

$$\varepsilon = \varepsilon_0\left[1 - \left(\frac{\omega_p}{\omega}\right)^2\right]$$

여기서 $\omega_p = \sqrt{\dfrac{Ne^2}{m\varepsilon_0}} \approx 56.4\sqrt{N}$는 플라즈마 주파수이다. N은 단위부피당 전자의 개수이고 e와 m은 각각 전자의 전하량과 질량이다. 플라즈마 속을 전파하는 파의 위상속도와 군속도를 구하라.

9.33 다음 전자기장에 대해 [그림 9-7]과 같이 공간상의 고정된 한 점에서 시간에 따른 전기장 벡터의 변화를 그래프로 그리고 전자기파의 편파를 구하라. 편파가 원형 편파나 타원형 편파인 경우에는 편파의 손방향을 함께 구하라.

(a) $\mathbf{E}(z,\ t) = \mathbf{a}_x 2\cos(\omega t + kz) - \mathbf{a}_y 3\cos(\omega t + kz)$

(b) $\mathbf{E}(z,\ t) = \mathbf{a}_x 2\cos(\omega t - kz) - \mathbf{a}_y 2\sin(\omega t - kz)$

(c) $\mathbf{E}(z,\ t) = \mathbf{a}_x 2\cos(\omega t + kz) - \mathbf{a}_y 3\sin(\omega t + kz)$

(d) $\mathbf{E}(x,\ t) = \mathbf{a}_y 2\cos(\omega t + kx) + \mathbf{a}_z 2\sin(\omega t + kx)$

(e) $\mathbf{E}(z,\ t) = \mathbf{a}_x 2\cos(\omega t - kz) + \mathbf{a}_y 2\cos(\omega t - kz + 45°)$

9.34 어떤 전자기파의 복소 전기장이 다음과 같을 때, [연습문제 9.33]을 되풀이하라.

(a) $\mathbf{E} = (\mathbf{a}_x 3 + \mathbf{a}_y 2)\, e^{-jkz}$

(b) $\mathbf{E} = (\mathbf{a}_x 3 - \mathbf{a}_y j3)\, e^{+jkz}$

(c) $\mathbf{E} = (\mathbf{a}_x 3 - \mathbf{a}_y j2)\, e^{-jkz}$

(d) $\mathbf{E} = (\mathbf{a}_x 3 + \mathbf{a}_z j3)\, e^{-jky}$

(e) $\mathbf{E} = [\mathbf{a}_x j3 + \mathbf{a}_y(3 + j3)]\, e^{-jkz}$

5 J. A. Kong, *Electromagnetic Wave Theory*(2008), pp. 271–274. 또는 D. H. Staelin et al., *Electromagnetic Waves*(1994), pp. 99–101.

9.35 원형 편파인 전파기파를 서로 직교하는 두 개의 선형 편파파동의 합으로 분해할 수 있음을 증명하라.

9.36 선형 편파인 전자기파를 오른손 원형 편파파동과 왼손 원형 편파파동의 합으로 분해할 수 있음을 증명하라. 선형 편파 전자기파의 수식으로 $\mathbf{E} = \mathbf{a}_x E_0\, e^{-jkz}$를 사용하라.

CHAPTER

10

전자기파의 반사와 투과

Reflection and Transmission of Waves

CONTENTS

학습목표

- 전자기파(균일 평면파)가 두 매질의 경계면에 수직으로 입사하는 경우에 입사파, 반사파, 투과파의 전기장과 자기장을 수식으로 나타낼 수 있다.
- 전자기파가 두 매질의 경계면에 수직으로 입사하는 경우에 반사계수와 투과계수를 계산할 수 있다.
- 전자기파가 두 매질의 경계면에 비스듬히 입사하는 경우에 입사파, 반사파, 투과파의 전기장과 자기장을 수식으로 나타낼 수 있다.
- 전자기파가 두 매질의 경계면에 비스듬히 입사하는 경우에 반사 법칙과 스넬 법칙을 사용하여 입사각으로부터 반사각, 투과각을 구할 수 있다.
- 전자기파가 두 매질의 경계면에 비스듬히 입사하는 경우에 반사계수와 투과계수를 계산할 수 있다.
- 전자기파가 두 매질의 경계면에 비스듬히 입사하는 경우에 입사파, 반사파, 투과파의 시간평균 전력밀도를 계산할 수 있고 이들 사이에 전력보존 법칙이 성립하는 것을 증명할 수 있다.
- 수직 편파와 평행 편파를 설명하고 그 차이를 구별할 수 있다.
- 수직 편파의 반사계수, 투과계수와 평행 편파의 반사계수, 투과계수의 차이를 구별할 수 있다.
- 전반사와 브루스터 각을 이해하고 이들 원리를 응용하는 예를 설명할 수 있다.
- 전자기파가 완전도체 매질에 입사할 때 발생하는 정지파의 형성 원리를 이해하고 정지파가 갖는 특성을 설명할 수 있다.

10.1 개요

9장에서는 어떤 한 종류의 매질(무손실 매질 또는 손실이 있는 매질)의 크기가 무한히 클 때, 이 매질 속에 존재하는 전자기파와 그 전자기파의 전파 특성, 분산, 편파를 살펴보았다. 10장에서는 한 매질 속을 전파하는 전자기파가 다른 매질의 경계면boundary에 부딪힐 때 어떤 일이 발생하는지 알아본다. 이 경우, 전자기파의 일부는 경계면에서 반사되고 나머지는 경계면을 통과하여 다른 매질 속으로 투과하게 된다. 앞으로 배울 내용은 이와 같이 두 개의 다른 매질 사이의 경계면에서 생기는 전자기파의 반사reflection와 투과transmission이다. 두 매질에 존재하는 전기장과 자기장은 각각 해당 매질의 물질상수들이 들어가 있는 맥스웰 방정식을 만족한다. 경계면 양쪽에 있는 두 매질의 전기장과 자기장은 경계면에서 식 (8.27)로 주어지는 경계조건boundary conditions을 만족해야 한다. 경계조건은 매질의 종류에 따라 달라진다. 10장에서는 먼저 가장 간단한 문제로, 전자기파가 유전체 경계면에 수직으로 입사하는 경우를 살펴본다. 이어서 전자기파가 경계면에 비스듬히 입사하는 문제를 다루는데, 이때 전자기파의 편파를 두 종류(수직 편파, 평행 편파)로 나누어 문제를 풀고 그 결과를 해석한다. 전반사total internal reflection와 브루스터 각Brewster's angle 효과와 같은 흥미로운 현상을 살펴본 다음, 마지막으로 완전도체 표면에서의 전자기파의 반사와 정지파standing wave[1]의 개념을 공부한다.

10.2 유전체 경계면에 수직으로 입사하는 전자기파

물질상수가 ε_1, μ_1인 매질 1 속에서 $+x$방향으로 진행하는 균일 평면파를 생각해보자. 이 전자기파는 물질상수가 ε_2, μ_2인 매질 2에 수직으로 입사한다. 경계면은 [그림 10-1]에서 보듯이 $x=0$(yz평면)인 위치에 놓여 있다. 여기서는 경계면 양쪽의 매질을 모두 손실이 없는 유전체($\sigma_1=\sigma_2=0$)로 가정하여 수식을 전개한다. 그렇지만 어느 한 쪽의 매질에 손실이 있는 경우에도 ε_1 또는 ε_2 중 해당되는 매질의 유전율을 복소 유효 유전율로 바꾸기만 하면 여기서 구한 수식을 그대로 사용할 수 있다.

입사파가 y방향으로 선형 편파되어 있고(z방향 선형 편파로 가정할 수도 있지만 결과는 동일하다), $+x$방향으로 전파한다고 가정하면, 이 전자기파의 전기장과 자기장은 다음과 같이 쓸 수 있다.

1 [옮긴이] 정지파(靜止波)를 정재파(定在波) 또는 정상파(定常波)라고도 한다. 영어로는 standing wave 대신 stationary wave라고도 한다.

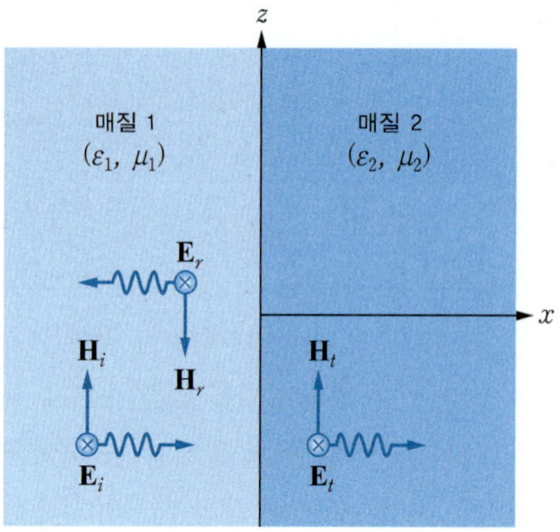

그림 10-1 수직으로 입사하는 전자기파의 반사와 투과

$$\mathbf{E}_i = \mathbf{a}_y E_0 e^{-jk_1 x} \tag{10.1a}$$

$$\mathbf{H}_i = \frac{1}{\eta_1}\mathbf{a}_x \times \mathbf{E}_i = \mathbf{a}_z \frac{E_0}{\eta_1} e^{-jk_1 x} \tag{10.1b}$$

여기서 k_1은 입사파의 전파상수이고, η_1은 매질 1의 고유 임피던스이다.

$$k_1 = \omega\sqrt{\mu_1 \varepsilon_1} \tag{10.2a}$$

$$\eta_1 = \sqrt{\frac{\mu_1}{\varepsilon_1}} \tag{10.2b}$$

식 (10.1b)를 유도하는 과정에서 패러데이 법칙 대신 균일 평면파의 특성을 사용했다. 경계면에 의해 매질 1에는 반사파 reflected wave 가, 매질 2는 투과파 transmitted wave 가 발생한다. 반사파는 매질 1 속을 $-x$ 방향으로 진행하므로 반사 전기장과 자기장은 다음과 같이 쓸 수 있다.

$$\mathbf{E}_r = \mathbf{a}_y E_r e^{+jk_1 x} \equiv \mathbf{a}_y R E_0 e^{jk_1 x} \tag{10.3a}$$

$$\mathbf{H}_r = \frac{1}{\eta_1}(-\mathbf{a}_x) \times \mathbf{E}_r = -\mathbf{a}_z \frac{RE_0}{\eta_1} e^{jk_1 x} \tag{10.3b}$$

여기서 R은 **반사계수** reflection coefficient 라고 하며, 다음과 같이 반사파와 입사파 전기장의 진폭 비로 정의된다.

$$R \equiv \frac{E_r}{E_0} \tag{10.4}$$

반사파의 k와 η는 입사파와 같지만, 공간상의 위치에 따른 변화를 나타내는 항이 $e^{-jk_1 x}$에서 $e^{+jk_1 x}$로 바뀐다. 투과파는 매질 2 속을 $+x$ 방향으로 진행하므로 전기장과 자기장은 다음과 같이 쓸 수 있다.

$$\mathbf{E}_t = \mathbf{a}_y E_t e^{-jk_2 x} \equiv \mathbf{a}_y T E_0 e^{-jk_2 x} \tag{10.5a}$$

$$\mathbf{H}_t = \frac{1}{\eta_2}\mathbf{a}_x \times \mathbf{E}_t = \mathbf{a}_z \frac{TE_0}{\eta_2} e^{-jk_2 x} \tag{10.5b}$$

여기서 k_2는 투과파의 전파상수이고, η_2는 매질 2의 고유 임피던스이다.

$$k_2 = \omega\sqrt{\mu_2\varepsilon_2} \tag{10.6a}$$

$$\eta_2 = \sqrt{\frac{\mu_2}{\varepsilon_2}} \tag{10.6b}$$

또 T는 **투과계수** transmission coefficient 라고 하며, 다음과 같이 투과파와 입사파 전기장의 진폭 비로 정의된다.

$$T \equiv \frac{E_t}{E_0} \tag{10.7}$$

이제 반사계수 R과 투과계수 T를 구해보자. 이 두 계수는 경계면($x=0$)에서 전기장과 자기장에 대한 경계조건을 적용해서 구할 수 있다. 식 (8.27)에는 모두 네 개의 경계조건이 있지만, 이 가운데 접선성분에 대한 경계조건인 식 (8.27a)와 식 (8.27b)의 두 개만 사용하면 된다. 이 문제에서는 매질 2가 완전도체가 아니므로 경계면에는 (자유) 표면전류가 존재하지 않는다. 즉 $\mathbf{J}_s = 0$이다. 따라서 유전체 경계면에서의 경계조건은 다음 두 가지이다.

$$\mathbf{E}_{1t} = \mathbf{E}_{2t} \tag{10.8a}$$

$$\mathbf{H}_{1t} = \mathbf{H}_{2t} \tag{10.8b}$$

여기서 아래첨자 't'는 접선성분을 의미한다. 식 (10.8)이 식 (8.29)와 같다는 점에 주목하기 바란다.

$\mathbf{E}_1$, $\mathbf{H}_1$은 입사파와 반사파로 이루어져 있고, $\mathbf{E}_2$, $\mathbf{H}_2$는 오직 투과파로만 이루어져 있다. 따라서 식 (10.8)은 다음과 같이 다시 쓸 수 있다.

$$\mathbf{E}_i + \mathbf{E}_r = \mathbf{E}_t \qquad (x=0\text{에서}) \tag{10.9a}$$

$$\mathbf{H}_i + \mathbf{H}_r = \mathbf{H}_t \qquad (x=0\text{에서}) \tag{10.9b}$$

식 (10.1), 식 (10.3), 식 (10.5)에 $x=0$을 대입하고, 식 (10.9)를 적용하면 다음 결과를 얻는다.

$$1 + R = T \tag{10.10a}$$

$$\frac{1}{\eta_1}(1-R) = \frac{1}{\eta_2}T \tag{10.10b}$$

식 (10.10)을 R과 T에 대해 풀면 다음 식을 얻을 수 있다.

$$R = \frac{\eta_2 - \eta_1}{\eta_2 + \eta_1} \quad \text{: 수직 입사에 대한 반사계수} \tag{10.11a}$$

$$T = \frac{2\eta_2}{\eta_2 + \eta_1} \quad \text{: 수직 입사에 대한 투과계수} \tag{10.11b}$$

투과계수 T의 크기는 1보다 클 수 있지만, 언제나 $|R| \leq 1$인 것에 주목하기 바란다. 두 매질이 모두 손실이 없다면 R과 T는 실수이고, 두 매질 중 어느 하나가 손실이 있다면 R과 T는 복소수가 된다. 11.7절에서 살펴보겠지만, 반사계수 R의 식은 전송선로를 따라 전달되는 전압파의 반사계수 식과 매우 비슷하다.

이제 입사파, 반사파, 투과파의 포인팅 벡터를 계산해보고, 전력보존과 관련한 식을 구해보자. 매질이 무손실인 경우, 시간평균 포인팅 벡터는 다음과 같이 쓸 수 있다.

$$\mathbf{S}_{av,\,i} = \frac{1}{2}\mathrm{Re}\,(\mathbf{E}_i \times \mathbf{H}_i^*) = \mathbf{a}_x \frac{|E_0|^2}{2\eta_1} \tag{10.12a}$$

$$\mathbf{S}_{av,\,r} = \frac{1}{2}\mathrm{Re}\,(\mathbf{E}_r \times \mathbf{H}_r^*) = -\,\mathbf{a}_x |R|^2 \frac{|E_0|^2}{2\eta_1} \tag{10.12b}$$

$$\mathbf{S}_{av,\,t} = \frac{1}{2}\mathrm{Re}\,(\mathbf{E}_t \times \mathbf{H}_t^*) = \mathbf{a}_x |T|^2 \frac{|E_0|^2}{2\eta_2} \tag{10.12c}$$

전력보존 법칙에 따라 이들 사이에는 다음의 관계가 성립해야 한다.

$$P_i = P_r + P_t \tag{10.13a}$$

이를 다시 쓰면 다음과 같다.

$$|\mathbf{S}_{av,\,i}| = |\mathbf{S}_{av,\,r}| + |\mathbf{S}_{av,\,t}| \tag{10.13b}$$

여기서 P_i, P_r, P_t는 각각 입사파 전력, 반사파 전력, 투과파 전력이다. 식 (10.13b)는 다시 다음과 같이 간단하게 쓸 수 있다.

$$1 = |R|^2 + \frac{\eta_1}{\eta_2}|T|^2 \tag{10.14}$$

식 (10.11)을 대입해보면 식 (10.14)를 쉽게 증명할 수 있다. 입사파 전력 중에서 경계면에서 반사되는 전력의 비율은 다음 식과 같다.

$$\frac{P_r}{P_i} = \frac{|\mathbf{S}_{av,\,r}|}{|\mathbf{S}_{av,\,i}|} = |R|^2 \tag{10.15}$$

또 경계면을 통과해 투과되는 전력의 비율은 다음과 같다.

$$\frac{P_t}{P_i} = \frac{|\mathbf{S}_{av,\,t}|}{|\mathbf{S}_{av,\,i}|} = |T|^2\frac{\eta_1}{\eta_2} = 1 - |R|^2 \tag{10.16}$$

여기서 투과된 전력의 비율이 $|T|^2$이 아니라는 사실에 주의해야 한다.

예제 10-1

1 [MHz]의 평면파 전자기파가 청평호에 수직으로 입사하고 있다. 호수의 물질상수는 $\varepsilon = 81\,\varepsilon_0$, $\mu = \mu_0$, $\sigma = 10^{-4}$ [S/m]로 가정한다.

(a) 손실을 무시($\sigma = 0$)할 때, 입사파의 반사계수와 투과계수를 계산하라.

(b) 손실을 고려($\sigma = 10^{-4}$)할 때, 반사계수와 투과계수를 계산하라. 투과파의 전기장을 나타내는 수식을 구하라.

풀이

(a) 전자기파가 공기 중에서 호수로 수직으로 입사하는 경우, 두 매질의 고유 임피던스 η_1과 η_2는 다음과 같다.

$$\eta_1 = \sqrt{\frac{\mu_0}{\varepsilon_0}} = \eta_0, \quad \eta_2 = \sqrt{\frac{\mu_2}{\varepsilon_2}} = \sqrt{\frac{\mu_0}{81\varepsilon_0}} = \frac{1}{9}\eta_0$$

식 (10.11)을 사용하여 R과 T를 계산하면 다음과 같다.

$$R = \frac{\eta_2 - \eta_1}{\eta_2 + \eta_1} = \frac{\frac{1}{9}\eta_0 - \eta_0}{\frac{1}{9}\eta_0 + \eta_0} = \frac{\frac{1}{9} - 1}{\frac{1}{9} + 1} = -0.8$$

$$T = \frac{2\eta_2}{\eta_2 + \eta_1} = \frac{2 \cdot \frac{1}{9}\eta_0}{\frac{1}{9}\eta_0 + \eta_0} = \frac{\frac{2}{9}}{\frac{1}{9} + 1} = 0.2$$

R과 T 사이에는 $1 + R = T$의 관계가 성립하는 것을 알 수 있다.

(b) 호수의 손실을 고려하면 η_2는 다음과 같이 복소수가 된다.

$$\hat{\eta}_2 = \sqrt{\frac{\mu_2}{\varepsilon_{2,eff}}} = \sqrt{\frac{\mu_0}{81\varepsilon_0 - j\dfrac{\sigma}{\omega}}}$$

$f = 1$ [MHz]에서 손실 탄젠트는 다음과 같다.

$$\text{L.T.} = \frac{\sigma}{\omega\varepsilon} = \frac{10^{-4}}{2\pi \cdot 10^6 \times 81 \times \dfrac{10^{-9}}{36\pi}} = 0.022 \ll 1$$

$f = 1$ [MHz]에서 호수는 손실이 아주 작은 매질로, $\frac{\sigma}{\omega} \ll \varepsilon = 81\varepsilon_0$ 이므로 $\hat{\eta}_2 \approx \sqrt{\frac{\mu_0}{81\varepsilon_0}} = \frac{1}{9}\eta_0$로 쓸 수 있다. 따라서 손실이 있는 호수의 고유 임피던스 $\hat{\eta}_2$는 호수에 손실이 없다고 가정한 경우의 고유 임피던스 η_2와 같다고 어림잡을 수 있다. 이 경우, 반사계수와 투과계수는 다음과 같다.

$$R = \frac{\hat{\eta}_2 - \eta_1}{\hat{\eta}_2 + \eta_1} \approx -0.8, \quad T = \frac{2\hat{\eta}_2}{\hat{\eta}_2 + \eta_1} \approx 0.2$$

호수의 고유 임피던스로 η_2 대신 복소수 $\hat{\eta}_2$를 사용하면 R과 T 값을 더욱 정확하게 구할 수 있다([연습문제 10.3] 참조). 호수는 손실이 있는 매질이므로 투과파는 호수 속을 진행하면서 어느 정도 감쇠한다. 따라서 투과파 전자기장을 다음과 같이 쓸 수 있다.

$$\mathbf{E}_t = \mathbf{a}_y\, T E_0 e^{-j(\beta - j\alpha)x} = \mathbf{a}_y\, 0.2\, E_0 e^{-j\beta x} e^{-\alpha x}$$

여기서 E_0는 입사파 전기장의 크기이다. 이 식의 β와 α는 약간의 손실이 있는 매질에 대한 식 (9.89)를 이용하여 다음과 같이 계산할 수 있다.

$$\beta \approx \omega\sqrt{\mu\varepsilon} = 2\pi f\sqrt{\mu_0 \cdot 81\varepsilon_0} = 2\pi \cdot 10^6 \cdot 9 \cdot \frac{1}{3\times 10^8} = 0.188\ \ [\text{rad/m}]$$

$$\alpha \approx \frac{\sigma}{2}\sqrt{\frac{\mu}{\varepsilon}} = \frac{10^{-4}}{2}\sqrt{\frac{\mu_0}{81\varepsilon_0}} = \frac{10^{-4}}{2}\cdot\frac{377}{9} = 2.09\times 10^{-3}\ \ [\text{Np/m}]$$

10.3 유전체 경계면에 비스듬히 입사하는 전자기파

지금부터는 [그림 10-2]와 같이 균일 평면파가 매질 1에서 매질 2로 비스듬히 입사하는 경우를 다뤄 보자. 경계면은 $x = 0$에 놓여 있다. 입사파의 전파벡터 $\mathbf{k}_i$와 경계면에 수직인 방향(x축) 사이의 각을 **입사각** angle of incidence이라고 하며, θ_i로 나타낸다. 반사파의 전파벡터 $\mathbf{k}_r$과 경계면에 수직인 방향 사이의 각을 **반사각** angle of reflection이라고 하며, θ_r로 나타낸다. 투과파의 전파벡터 $\mathbf{k}_t$와 경계면에 수직인 방향 사이의 각은 **투과각** angle of transmission이라고 하며, θ_t로 나타낸다. 이 문제에서는 입사파의 전자기장, 입사각 θ_i, 입사파의 각속도 ω가 주어질 때, 경계면에 의해 발생하는 반사파의 전자기장과

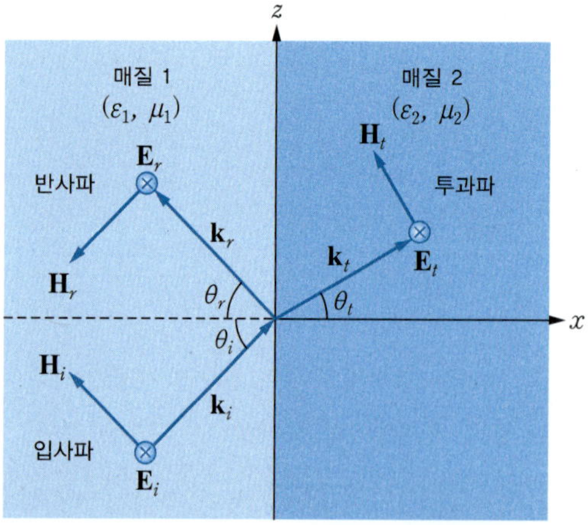

그림 10-2 비스듬히 입사하는 수직 편파된 전자기파의 반사와 투과

투과파의 전자기장을 구하고 아울러 반사각 θ_r과 투과각 θ_t를 함께 구한다. 전자기파가 비스듬히 입사하는 경우에는 입사파의 편파 종류에 따라 반사파와 투과파의 발생이 영향을 받는다. 따라서 입사파의 전자기장을 서로 직교하는 두 개의 선형 편파 linearly polarized 전자기장으로 분해하여 해석한다. 이때 두 직교성분으로의 분해는 입사면 plane of incidence 을 기준으로 이루어진다. 입사면은 입사파 파동벡터($\mathbf{k}_i$)와 경계면에 수직인 방향(x축)으로 만들어지는 평면을 말한다. 이에 따라 [그림 10-2]에서는 xz 평면(이 책의 지면)이 입사면이다. 이제 전기장을 입사면에 수직인 성분과 평행인 성분으로 분해하고, 각 성분에 대해 문제를 따로따로 풀어본다. 입사면에 수직인 전기장 성분의 편파는 **수직 편파** perpendicular polarization 라고 하며, 다른 말로는 가로 편파 horizontal polarization, s-편파(s는 독일어로 수직을 뜻하는 'senkrecht'의 머리글자) 또는 TE(수직방향 전기장) 편파라고 한다. 입사면에 평행인 전기장 성분의 편파는 **평행 편파** parallel polarization 라고 하며, 다른 말로는 세로 편파 vertical polarization, p-편파(p는 평행을 뜻하는 'parallel'의 머리글자) 또는 TM(수직방향 자기장) 편파라고 한다.

10.3.1 수직 편파 Perpendicular Polarization

먼저 [그림 10-2]와 같이 입사파의 편파를 수직 편파 perpendicular polarization 로 가정하자. 전기장 $\mathbf{E}_i$가 입사면에 수직이므로 전기장은 y성분만을 가진다. 입사파는 $+x$방향과 $+z$방향으로 진행하므로 파동벡터를 다음과 같이 쓸 수 있다(9.4.1절 참조).

$$\mathbf{k}_i = \mathbf{a}_x k_x + \mathbf{a}_z k_z \tag{10.17}$$

입사파의 전기장과 자기장은 다음과 같다.

$$\mathbf{E}_i = \mathbf{a}_y E_0 e^{-j\mathbf{k}_i \cdot \mathbf{r}} = \mathbf{a}_y E_0 e^{-jk_x x - jk_z z} \tag{10.18a}$$

$$\mathbf{H}_i = \frac{\nabla \times \mathbf{E}_i}{-j\omega\mu_1} = (-\mathbf{a}_x k_z + \mathbf{a}_z k_x)\frac{E_0}{\omega\mu_1} e^{-jk_x x - jk_z z} \tag{10.18b}$$

입사파의 편파가 수직 편파인 경우 자기장은 입사면에 평행이며 식 (10.18b)는 식 (9.65)의 $\mathbf{H}_i = \dfrac{\mathbf{k}_i \times \mathbf{E}_i}{\omega\mu_1}$를 사용해서 구할 수도 있다. 파동벡터 성분인 k_x와 k_z는 다음과 같이 물질상수, 전자기파의 주파수, 입사각을 써서 나타낼 수 있다.

$$k_x = |\mathbf{k}_i|\cos\theta_i = k_1 \cos\theta_i \tag{10.19a}$$

$$k_z = |\mathbf{k}_i|\sin\theta_i = k_1 \sin\theta_i \tag{10.19b}$$

$$k_x^2 + k_z^2 = k_1^2 = \omega^2\mu_1\varepsilon_1 \tag{10.19c}$$

반사파가 $-x$와 $+z$방향으로 진행하고 있으므로 반사파의 파동벡터와 전기장과 자기장은 다음과 같이 쓸 수 있다.

$$\mathbf{k}_r = -\mathbf{a}_x k_{rx} + \mathbf{a}_z k_{rz} \tag{10.20}$$

$$\mathbf{E}_r = \mathbf{a}_y E_r e^{-j\mathbf{k}_r \cdot \mathbf{r}} = \mathbf{a}_y R_\perp E_0 e^{+jk_{rx}x - jk_{rz}z} \tag{10.21a}$$

$$\mathbf{H}_r = \frac{\nabla \times \mathbf{E}_r}{-j\omega\mu_1} = (-\mathbf{a}_x k_{rz} - \mathbf{a}_z k_{rx})\frac{R_\perp E_0}{\omega\mu_1} e^{jk_{rx}x - jk_{rz}z} \tag{10.21b}$$

여기서 $R_\perp$은 수직 편파된 전자기파의 전기장에 대한 반사계수이다. 식 (10.20)에서 k_{rx}와 k_{rz}는 다음과 같이 반사각 θ_r을 써서 나타낼 수 있다.

$$k_{rx} = |\mathbf{k}_r|\cos\theta_r = k_1\cos\theta_r \tag{10.22a}$$

$$k_{rz} = |\mathbf{k}_r|\sin\theta_r = k_1\sin\theta_r \tag{10.22b}$$

$$k_{rx}^2 + k_{rz}^2 = k_1^2 = \omega^2\mu_1\varepsilon_1 \tag{10.22c}$$

반사파는 입사파와 같은 매질 속을 전파하고 있으므로 $|\mathbf{k}_r| = k_1 = |\mathbf{k}_i|$이다. 투과파의 파동벡터와 전기장, 그리고 자기장은 다음과 같이 쓸 수 있다.

$$\mathbf{k}_t = \mathbf{a}_x k_{tx} + \mathbf{a}_z k_{tz} \tag{10.23}$$

$$\mathbf{E}_t = \mathbf{a}_y E_t e^{-j\mathbf{k}_t \cdot \mathbf{r}} = \mathbf{a}_y T_\perp E_0 e^{-jk_{tx}x - jk_{tz}z} \tag{10.24a}$$

$$\mathbf{H}_t = \frac{\nabla \times \mathbf{E}_t}{-j\omega\mu_2} = (-\mathbf{a}_x k_{tz} + \mathbf{a}_z k_{tx})\frac{T_\perp E_0}{\omega\mu_2} e^{-jk_{tx}x - jk_{tz}z} \tag{10.24b}$$

여기서 $T_\perp$는 수직 편파된 전자기파의 전자기장에 대한 투과계수이다. 반사파의 경우와 마찬가지로 식 (10.23)의 k_{tx}와 k_{tz}도 다음을 만족한다.

$$k_{tx} = |\mathbf{k}_t|\cos\theta_t = k_2\cos\theta_t \tag{10.25a}$$

$$k_{tz} = |\mathbf{k}_t|\sin\theta_t = k_2\sin\theta_t \tag{10.25b}$$

$$k_{tx}^2 + k_{tz}^2 = k_2^2 = \omega^2\mu_2\varepsilon_2 \tag{10.25c}$$

이제 남은 문제는 θ_i, ω, (ε_1, μ_1), (ε_2, μ_2)가 주어질 때 θ_r, θ_t, $R_\perp$, $T_\perp$를 구하는 것이다. θ_r, θ_t, $R_\perp$, $T_\perp$를 구하기만 하면 반사파와 투과파와 관련된 것은 전부 알 수 있다. 이들을 구하기 위해 10.2절에서 했던 것처럼 식 (10.8)의 경계조건을 적용한다. 이 문제의 경우 경계면에서 $\mathbf{H}$의 접선성분은 z성분만을 가진다. 식 (10.18), 식 (10.21), 식 (10.24)에 $x = 0$을 대입하고 식 (10.8)의 경계조건을 적용하면 다음 결과를 얻는다.

$$E_y : e^{-jk_z z} + R_\perp e^{-jk_{rz} z} = T_\perp e^{-jk_{tz} z} \tag{10.26a}$$

$$H_z : \frac{k_x}{\omega\mu_1} e^{-jk_z z} - \frac{k_{rx}}{\omega\mu_1} R_\perp e^{-jk_{rz} z} = \frac{k_{tx}}{\omega\mu_2} T_\perp e^{-jk_{tz} z} \tag{10.26b}$$

식 (10.26)이 경계면($x=0$) 위의 모든 점, 즉 모든 z 값에 대해 성립하려면 양변에 들어 있는 지수함수들이 서로 같아야 한다. 그러기 위해서는 다음 조건이 충족되어야 한다.

$$k_z = k_{rz} = k_{tz} \tag{10.27}$$

식 (10.27)은 3개의 파동벡터 $\mathbf{k}_i$, $\mathbf{k}_r$, $\mathbf{k}_t$의 접선성분이 모두 같다는 것을 뜻한다. 이 조건을 **위상정합 조건** phase matching condition 이라고 한다. 식 (10.19b), 식 (10.22b), 식 (10.25b)를 식 (10.27)에 대입하면 다음과 같은 관계식을 얻을 수 있다.

$$k_1 \sin\theta_i = k_1 \sin\theta_r = k_2 \sin\theta_t \tag{10.28}$$

식 (10.28)의 첫 번째 등식에서 다음 관계식이 나온다.

$$\theta_i = \theta_r \quad : \text{반사 법칙} \tag{10.29}$$

이 법칙은 반사각은 입사각과 같다는 것을 말해준다. 식 (10.19c)와 식 (10.25c)를 이용하면 두 번째 등식에서 다음 관계식이 나온다.

$$\sqrt{\mu_1 \varepsilon_1} \sin\theta_i = \sqrt{\mu_2 \varepsilon_2} \sin\theta_t$$

이를 다시 쓰면 다음과 같다.

$$n_1 \sin\theta_i = n_2 \sin\theta_t \quad : \text{스넬 법칙} \tag{10.30}$$

여기서 n_1, n_2는 각각 매질 1과 매질 2의 굴절률이다(굴절률의 정의는 식 (9.52)를 참조할 것). 식 (10.30)을 **스넬 법칙** Snell's law 또는 **굴절 법칙** law of refraction 이라고 한다. 이 법칙으로부터 θ_t는 다음과 같이 θ_i를 써서 나타낼 수 있다. 식 (10.29)와 (10.30)은 널리 알려진 기하광학의 기본 법칙이다.

$$\theta_t = \sin^{-1}\left(\frac{n_1}{n_2} \sin\theta_i\right) \tag{10.31}$$

식 (10.27)을 이용하면 식 (10.26)은 다음과 같이 쓸 수 있다.

$$1 + R_\perp = T_\perp \tag{10.32a}$$

$$\frac{k_x}{\mu_1}(1 - R_\perp) = \frac{k_{tx}}{\mu_2} T_\perp \tag{10.32b}$$

식을 유도하는 과정에서 다음 관계식을 사용했는데, 식 (10.29)에 의해 이 식이 성립한다.

$$k_{rx} = k_x = k_1 \cos\theta_i \tag{10.33}$$

이제 식 (10.32)를 $R_\perp$과 $T_\perp$에 대해 풀면 다음 식을 얻을 수 있다.

$$R_\perp = \frac{\mu_2 k_x - \mu_1 k_{tx}}{\mu_2 k_x + \mu_1 k_{tx}} \quad : \text{수직 편파에 대한 } \mathbf{E}\text{의 반사계수} \tag{10.34a}$$

$$T_\perp = \frac{2\mu_2 k_x}{\mu_2 k_x + \mu_1 k_{tx}} \quad : \text{수직 편파에 대한 } \mathbf{E}\text{의 투과계수} \tag{10.34b}$$

식 (10.19), 식 (10.25), 식 (10.2), 식 (10.6)을 이용하면 식 (10.34)는 다시 다음과 같이 나타낼 수 있다.

$$R_\perp = \frac{\eta_2 \cos\theta_i - \eta_1 \cos\theta_t}{\eta_2 \cos\theta_i + \eta_1 \cos\theta_t} \tag{10.35a}$$

$$T_\perp = \frac{2\eta_2 \cos\theta_i}{\eta_2 \cos\theta_i + \eta_1 \cos\theta_t} \tag{10.35b}$$

여기서 η_1, η_2는 각 매질의 고유 임피던스이다. 이 두 식을 **프레넬 방정식**Fresnel equations 이라고 한다. 수직으로 입사($\theta_i = \theta_t = 0$)하는 경우에는 식 (10.35)가 식 (10.11)로 간단해진다는 것을 알아두기 바란다. 두 매질이 비자성체($\mu_1 = \mu_2 = \mu_0$)일 때 식 (10.35)는 다음과 같이 간단해진다. 여기서 n_1, n_2는 각 매질의 굴절률이다.

$$R_\perp = \frac{n_1 \cos\theta_i - n_2 \cos\theta_t}{n_1 \cos\theta_i + n_2 \cos\theta_t}, \quad T_\perp = \frac{2n_1 \cos\theta_i}{n_1 \cos\theta_i + n_2 \cos\theta_t} \quad : \text{비자성체 매질에서 수직 편파에 대한 프레넬 계수} \tag{10.36}$$

예제 10-2 수직 편파 전자기파의 반사와 투과

전기장의 진폭이 2 [V/m]이고 주파수가 1 [GHz]인 균일 평면파가 공기 중에서 $x=0$에 위치한 손실이 없는 유전체(유리, $\varepsilon = 1.96\varepsilon_0$, $\mu = \mu_0$)의 표면에 $\theta_i = 60°$의 각도로 비스듬히 입사하고 있다([그림 10-2] 참조). 입사파의 편파는 수직 편파이다.

(a) 입사파의 전기장 $\mathbf{E}_i$를 완전한 식으로 나타내라.

(b) 반사파의 전기장 $\mathbf{E}_r$을 구하라.

(c) 투과파의 자기장 $\mathbf{H}_t$를 구하라.

풀이

(a) 입사면이 xz 평면이라고 가정할 때 수직 편파된 전자기파의 전기장은 다음과 같다.

$$\mathbf{E}_i = \mathbf{a}_y E_0 e^{-j(k_x x + k_z z)}$$

여기서

$$E_0 = 2\,[\mathrm{V/m}],\quad k_1 = \frac{\omega}{c}(\text{공기 중}) = \frac{2\pi \times 10^9}{3\times 10^8} = \frac{20\pi}{3}\ [\mathrm{rad/m}]$$

$$k_x = k_1 \cos\theta_i = \frac{20\pi}{3}\cos 60° = \frac{20\pi}{3}\cdot\frac{1}{2} = \frac{10\pi}{3} = 10.47$$

$$k_z = k_1 \sin\theta_i = \frac{20\pi}{3}\sin 60° = \frac{20\pi}{3}\cdot\frac{\sqrt{3}}{2} = \frac{10\pi}{3}\sqrt{3} = 18.14$$

이므로, 입사파 전기장을 완전한 식으로 나타내면 다음과 같다.

$$\mathbf{E}_i = \mathbf{a}_y 2 e^{-j\frac{10\pi}{3}(x+\sqrt{3}z)} = \mathbf{a}_y 2 e^{-j(10.5x + 18.1z)}\ [\mathrm{V/m}]$$

(b) R을 구하기 위해서는 θ_r과 θ_t를 먼저 알아야 한다.

반사각은 반사 법칙에 따라

$$\theta_r = \theta_i = 60°$$

이다. 투과각은 스넬 법칙을 이용하면

$$\theta_t = \sin^{-1}\left(\frac{n_1}{n_2}\sin\theta_i\right) = \sin^{-1}\left(\frac{1}{\sqrt{1.96}}\sin 60°\right) = 38.2°$$

가 된다. 매질 2의 굴절률을 구해보면

$$n_2 = \sqrt{\frac{\mu_2\varepsilon_2}{\mu_0\varepsilon_0}} = \sqrt{\frac{\mu_0 \cdot 1.96\varepsilon_0}{\mu_0\varepsilon_0}} = \sqrt{1.96} = 1.4$$

가 된다. 따라서 반사파의 전기장을 나타내는 최종 식은 다음과 같다.

$$\mathbf{E}_r = \mathbf{a}_y R_\perp E_0 e^{+jk_x x - jk_z z} = \mathbf{a}_y(-0.75)\, e^{+j(10.5x - 18.1z)}\ [\mathrm{V/m}]$$

여기서 반사계수는 다음과 같이 구해진다.

$$R_\perp = \frac{n_1\cos\theta_i - n_2\cos\theta_t}{n_1\cos\theta_i + n_2\cos\theta_t} = \frac{1\cos 60° - 1.4\cos 38.2°}{1\cos 60° + 1.4\cos 38.2°} = -0.375$$

반사파 전기장에서 **k** 벡터의 수직성분(x 성분)의 부호가 바뀐 것에 주목하라.

(c) 투과파의 자기장은 다음과 같다.

$$\mathbf{H}_t = (-\mathbf{a}_x k_{tz} + \mathbf{a}_z k_{tx})\frac{T_\perp E_0}{\omega\mu_2} e^{-jk_{tx}x - jk_{tz}z}$$

여기서

$$T_{\perp} = \frac{2n_1 \cos\theta_i}{n_1\cos\theta_i + n_2\cos\theta_t} = 1 + R_{\perp} = 0.625$$

$$k_2 = \omega\sqrt{\mu_2\varepsilon_2} = \omega\sqrt{\mu_0 1.96\varepsilon_0} = 1.4k_1 = 1.4\times\frac{20\pi}{3} = 29.32$$

$$k_{tz} = k_z = \frac{10\pi}{3}\sqrt{3} = 18.14,\ \ k_{tx} = k_2\cos\theta_t = 1.4\times\frac{20\pi}{3}\cos 38.2° = 23.04$$

$$\omega\mu_2 = 2\pi\times10^9\times4\pi\times10^{-7} = 7.90\times10^3$$

이다. 따라서 투과파 자기장을 나타내는 최종 식은 다음과 같다.

$$\mathbf{H}_t = (-\mathbf{a}_x 18.1 + \mathbf{a}_z 23.0)\,1.58\times10^{-4}e^{-j(23.0x+18.1z)}\ \ [\mathrm{A/m}]$$

위상정합 조건에 따라 투과파 k 벡터의 접선성분(z성분)은 변하지 않고 수직성분(x성분)만 달라진 것에 주목하기 바란다.

10.3.2 평행 편파 Parallel Polarization

이번에는 입사파의 편파를 평행 편파로 가정하자. 전기장이 입사면과 평행이기 때문에 자기장 $\mathbf{H}$는 [그림 10-3]에서 보듯이 입사면과 수직을 이룬다. 이 경우에는 자기장을 먼저 구하는 것이 좋다.

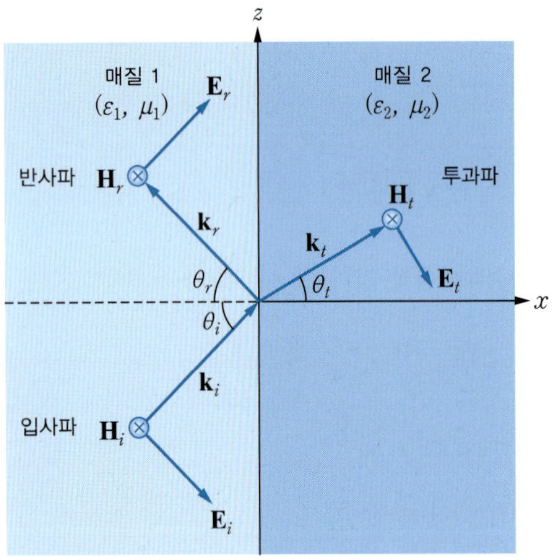

그림 10-3 비스듬히 입사하는 평행 편파된 전자기파의 반사와 투과

그림에 표시된 파동벡터의 방향을 고려하여 입사파의 전기장과 자기장을 수식으로 나타내면 다음과 같다.

$$\mathbf{H}_i = \mathbf{a}_y H_0 e^{-j\mathbf{k}_i\cdot\mathbf{r}} = \mathbf{a}_y H_0 e^{-jk_x x - jk_z z} \tag{10.37a}$$

$$\mathbf{E}_i = \frac{\nabla\times\mathbf{H}_i}{j\omega\varepsilon_1} = (\mathbf{a}_x k_z - \mathbf{a}_z k_x)\frac{H_0}{\omega\varepsilon_1}e^{-jk_x x - jk_z z} \tag{10.37b}$$

여기서 H_0는 입사 자기장의 크기이다. k_x와 k_z는 식 (10.19)와 같다. 또한 $\mathbf{E}_i$는 식 (9.66)의 $\mathbf{E}_i = \dfrac{\mathbf{k}_i \times \mathbf{H}_i}{-\omega\varepsilon_1}$를 사용해서 구할 수도 있다. 반사파와 투과파의 전자기장은 10.3.1절과 마찬가지 방법으로 구할 수 있다.

$$\mathbf{H}_r = \mathbf{a}_y H_r e^{-j\mathbf{k}_r \cdot \mathbf{r}} = \mathbf{a}_y R_\parallel H_0 e^{+jk_{rx}x - jk_{rz}z} \tag{10.38a}$$

$$\mathbf{E}_r = \frac{\nabla \times \mathbf{H}_r}{j\omega\varepsilon_1} = (\mathbf{a}_x k_{rz} + \mathbf{a}_z k_{rx}) \frac{R_\parallel H_0}{\omega\varepsilon_1} e^{jk_{rx}x - jk_{rz}z} \tag{10.38b}$$

$$\mathbf{H}_t = \mathbf{a}_y H_t e^{-j\mathbf{k}_t \cdot \mathbf{r}} = \mathbf{a}_y T_\parallel H_0 e^{-jk_{tx}x - jk_{tz}z} \tag{10.39a}$$

$$\mathbf{E}_t = \frac{\nabla \times \mathbf{H}_t}{j\omega\varepsilon_2} = (\mathbf{a}_x k_{tz} - \mathbf{a}_z k_{tx}) \frac{T_\parallel H_0}{\omega\varepsilon_2} e^{-jk_{tx}x - jk_{tz}z} \tag{10.39b}$$

여기서 $R_\parallel$ 와 $T_\parallel$ 는 평행 편파된 전자기파의 자기장에 대한 반사계수와 투과계수이다. k_{rx}, k_{rz}, k_{tx}, k_{tz}는 식 (10.22)와 (10.25)와 같다. 이제 남은 문제는 θ_i, ω, (ε_1, μ_1), (ε_2, μ_2)가 주어질 때 θ_r, θ_t, $R_\parallel$, $T_\parallel$ 를 구하는 것이다. 경계면($x=0$)에서 경계조건($\mathbf{H}$의 접선성분(y성분)과 $\mathbf{E}$의 접선성분(z성분)의 연속성)을 적용하면 다음의 결과를 얻는다.

$$H_y : \ e^{-jk_z z} + R_\parallel e^{-jk_{rz}z} = T_\parallel e^{-jk_{tz}z} \tag{10.40a}$$

$$E_z : \ -\frac{k_x}{\omega\varepsilon_1} e^{-jk_z z} + \frac{k_{rx}}{\omega\varepsilon_1} R_\parallel e^{-jk_{rz}z} = -\frac{k_{tx}}{\omega\varepsilon_2} T_\parallel e^{-jk_{tz}z} \tag{10.40b}$$

10.3.1절과 마찬가지 방법으로 식 (10.40)을 풀면, 이번에도 식 (10.29)와 식 (10.30)과 똑같은 반사 법칙과 스넬 법칙을 얻는다. 또한 $R_\parallel$, $T_\parallel$ 는 다음과 같다.

$$R_\parallel = \frac{\varepsilon_2 k_x - \varepsilon_1 k_{tx}}{\varepsilon_2 k_x + \varepsilon_1 k_{tx}} \quad : \text{평행 편파에 대한 } \mathbf{H}\text{의 반사계수} \tag{10.41a}$$

$$T_\parallel = \frac{2\varepsilon_2 k_x}{\varepsilon_2 k_x + \varepsilon_1 k_{tx}} \quad : \text{평행 편파에 대한 } \mathbf{H}\text{의 투과계수} \tag{10.41b}$$

식 (10.41)의 결과는 수직 편파에 대한 식인 식 (10.34)에서 μ를 ε으로 바꿔 쉽게 구할 수도 있다. 수직 편파에 대한 식 (10.18), 식 (10.21), 식 (10.24)에서 $\mathbf{E}$를 $\mathbf{H}$로, $\mathbf{H}$를 $-\mathbf{E}$로, ε을 μ로, μ를 ε으로 바꾸면 평행 편파에 대한 식인 식 (10.37), 식 (10.38), 식 (10.39)로 바뀐다. 이러한 성질을 전자기 이론에서는 **쌍대성**(이중성)duality이라고 말한다. 식 (10.19), 식 (10.25), 식 (10.21), 식 (10.6)을 이용하면 식 (10.41)은 입사각과 투과각을 써서 다음과 같이 나타낼 수 있다.

$$R_\parallel = \frac{\eta_1 \cos\theta_i - \eta_2 \cos\theta_t}{\eta_1 \cos\theta_i + \eta_2 \cos\theta_t} \tag{10.42a}$$

$$T_\parallel = \frac{2\eta_1 \cos\theta_i}{\eta_1 \cos\theta_i + \eta_2 \cos\theta_t} \tag{10.42b}$$

주의할 점은 식 (10.41)과 식 (10.42)는 자기장 사이의 비이기 때문에 이 두 식은 수직 입사 ($\theta_i = \theta_t = 0$)인 경우에는 식 (10.11)로 간단해지지 않는다는 사실이다. 전기장의 성분 중에서 경계면에 나란한 z 성분의 비를 사용하여 계산하면 다음과 같이 평행 편파에 대한 $\mathbf{E}$ 의 z 성분의 반사계수와 투과계수를 얻을 수 있다.

$$R_{\parallel}^{E} = \frac{E_{rz}}{E_{iz}} = -R_{\parallel} = \frac{\eta_2 \cos\theta_t - \eta_1 \cos\theta_i}{\eta_2 \cos\theta_t + \eta_1 \cos\theta_i} \quad \text{: 평행 편파에 대한 } \mathbf{E} \text{ 의 } z \text{ 성분의 반사계수} \tag{10.43a}$$

$$T_{\parallel}^{E} = \frac{E_{tz}}{E_{iz}} = T_{\parallel} \frac{k_{tx}\varepsilon_1}{k_x \varepsilon_2} = \frac{2\eta_2 \cos\theta_t}{\eta_2 \cos\theta_t + \eta_1 \cos\theta_i} \quad \text{: 평행 편파에 대한 } \mathbf{E} \text{ 의 } z \text{ 성분의 투과계수} \tag{10.43b}$$

전기장의 경우, 수직 입사에서 식 (10.43)은 예상대로 식 (10.11)로 간단해진다. 두 매질이 모두 비자성체($\mu_1 = \mu_2 = \mu_0$)일 때 식 (10.42)와 식 (10.43)은 다음과 같이 간단해진다.

: 비자성체 매질에서의 평행 편파에 대한 프레넬 계수

$$R_{\parallel} = \frac{n_2 \cos\theta_i - n_1 \cos\theta_t}{n_2 \cos\theta_i + n_1 \cos\theta_t} \tag{10.44a}$$

$$T_{\parallel} = \frac{2n_2 \cos\theta_i}{n_2 \cos\theta_i + n_1 \cos\theta_t} \tag{10.44b}$$

$$R_{\parallel}^{E} = \frac{n_1 \cos\theta_t - n_2 \cos\theta_i}{n_1 \cos\theta_t + n_2 \cos\theta_i} = -R_{\parallel}, \quad T_{\parallel}^{E} = \frac{2n_1 \cos\theta_t}{n_1 \cos\theta_t + n_2 \cos\theta_i} \tag{10.45}$$

전력보존

전력이 보존되는지를 알아보기 위해 수직 편파에 대한 입사파, 반사파, 투과파의 시간평균 포인팅 벡터를 식 (10.18), 식 (10.21), 식 (10.24)의 전자기장을 사용하여 계산하면 다음과 같다.

$$\mathbf{S}_{av}^{i} = \frac{1}{2}\mathrm{Re}\left(\mathbf{E}_i \times \mathbf{H}_i^*\right) = \frac{|E_0|^2}{2\omega\mu_1}\{\mathbf{a}_x k_x + \mathbf{a}_z k_z\} \tag{10.46a}$$

$$\mathbf{S}_{av}^{r} = \frac{1}{2}\mathrm{Re}\left(\mathbf{E}_r \times \mathbf{H}_r^*\right) = \frac{|E_0|^2}{2\omega\mu_1}|R_{\perp}|^2\{-\mathbf{a}_x k_x + \mathbf{a}_z k_z\} \tag{10.46b}$$

$$\mathbf{S}_{av}^{t} = \frac{1}{2}\mathrm{Re}\left(\mathbf{E}_t \times \mathbf{H}_t^*\right) = \frac{|E_0|^2}{2\omega\mu_2}|T_{\perp}|^2\,\mathrm{Re}\left\{\mathbf{a}_x k_{tx}^* + \mathbf{a}_z k_z\right\} \tag{10.46c}$$

계산 과정에서 식 (10.27)과 식 (10.33)을 이용했다. 주의할 점은 나중에 보게 되겠지만, 경우에 따라서 k_{tx}가 복소수가 될 수 있다는 것이다. 전력은 x 성분(표면에 수직인 성분)에 대해 보존된다. 반사되는 전력 비율은 다음과 같다.

$$\frac{P_r}{P_i} = \frac{S_{av,x}^{r}}{S_{av,x}^{i}} = |R_{\perp}|^2 \tag{10.47a}$$

투과되는 전력 비율은 다음과 같다.

$$\frac{P_t}{P_i} = \frac{S_{av,\,x}^t}{S_{av,\,x}^i} = |\,T_\perp\,|^2 \frac{\mu_1}{\mu_2} \frac{\mathrm{Re}\left(k_{tx}^*\right)}{k_x} \qquad (10.47b)$$

식 (10.34)를 식 (10.47)에 대입하면 다음을 증명할 수 있다.

$$\frac{P_r}{P_i} + \frac{P_t}{P_i} = 1 \ \text{ 또는 } \ P_i = P_r + P_t \qquad (10.48)$$

평행 편파에 대해서도 동일한 전력보존 관계식(식 (10.48))을 유도할 수 있다([연습문제 10.16] 참조). 평행 편파의 경우에는 식 (10.47b)를 바꿔줘야 한다. 마지막으로 수직 편파와 평행 편파의 반사계수와 투과계수를 [표 10-1]에 정리했다.

표 10-1 반사계수와 투과계수

편파	반사계수와 투과계수
수직(TE) 편파	일반 매질의 경우
	$R_\perp = \dfrac{E_r}{E_i} = \dfrac{\eta_2\cos\theta_i - \eta_1\cos\theta_t}{\eta_2\cos\theta_i + \eta_1\cos\theta_t}, \quad n_1\sin\theta_i = n_2\sin\theta_t$ $T_\perp = \dfrac{E_t}{E_i} = \dfrac{2\eta_2\cos\theta_i}{\eta_2\cos\theta_i + \eta_1\cos\theta_t}, \quad \eta_i = \sqrt{\dfrac{\mu_i}{\varepsilon_i}} \quad (i=1,\,2)$
	비자성체 매질($\mu_1 = \mu_2 = \mu_0$)의 경우
	$R_\perp = \dfrac{n_1\cos\theta_i - n_2\cos\theta_t}{n_1\cos\theta_i + n_2\cos\theta_t}$ $T_\perp = \dfrac{2n_1\cos\theta_i}{n_1\cos\theta_i + n_2\cos\theta_t}, \quad n_i = \sqrt{\dfrac{\mu_i\varepsilon_i}{\mu_0\varepsilon_0}} \quad (i=1,\,2)$
평행(TM) 편파	일반 매질의 경우
	$R_\parallel = \dfrac{H_r}{H_i} = \dfrac{\eta_1\cos\theta_i - \eta_2\cos\theta_t}{\eta_1\cos\theta_i + \eta_2\cos\theta_t}, \quad n_1\sin\theta_i = n_2\sin\theta_t$ $T_\parallel = \dfrac{H_t}{H_i} = \dfrac{2\eta_1\cos\theta_i}{\eta_1\cos\theta_i + \eta_2\cos\theta_t}$
	비자성체 매질($\mu_1 = \mu_2 = \mu_0$)의 경우
	$R_\parallel = \dfrac{n_2\cos\theta_i - n_1\cos\theta_t}{n_2\cos\theta_i + n_1\cos\theta_t}$ $T_\parallel = \dfrac{2n_2\cos\theta_i}{n_2\cos\theta_i + n_1\cos\theta_t}$

예제 10-3 평행 편파 전자기파의 반사와 투과

다음과 같은 전기장으로 이루어진 균일 평면파가 공기 중에서 $x=0$에 위치한 손실이 없는 유전체(유리, $\varepsilon=1.96\varepsilon_0$, $\mu=\mu_0$)의 표면에 입사하고 있다([그림 10-3] 참조).

$$\mathbf{E}_i=(\mathbf{a}_x\sqrt{3}-\mathbf{a}_z)e^{-j(2x+2\sqrt{3}z)}\ [\mathrm{V/m}]$$

(a) 입사각, 반사각, 투과각을 구하라.
(b) 반사파의 전기장을 구하라.
(c) 투과파의 자기장을 구하라.
(d) 유전체 표면에서 반사되는 전력의 비율을 계산하라.

풀이

(a) $k_x=2$, $k_z=2\sqrt{3}$ 이므로 입사각을 다음과 같이 구할 수 있다.

$$k_1=\sqrt{k_x^2+k_z^2}=\sqrt{(2)^2+(2\sqrt{3})^2}=4$$

$$k_z=k_1\sin\theta_i \rightarrow \theta_i=\sin^{-1}\left(\frac{k_z}{k_1}\right)=\sin^{-1}\left(\frac{2\sqrt{3}}{4}\right)=60°$$

반사각은 반사 법칙에 의해

$$\theta_r=\theta_i=60°$$

이고, 투과각은 스넬 법칙을 사용하여 다음과 같이 구한다.

$$\theta_t=\sin^{-1}\left(\frac{n_1}{n_2}\sin\theta_i\right)=\sin^{-1}\left(\frac{1}{\sqrt{1.96}}\sin 60°\right)=38.2°$$

(b) 입사 전기장 $\mathbf{E}$가 입사면(xz평면)과 평행이므로 입사파는 평행 편파가 된다. 평행 편파에 대한 반사계수($R_\parallel$)와 투과계수($T_\parallel$)는 자기장 사이의 비로 정의되므로, 먼저 입사파 자기장 $\mathbf{H}_i$를 계산해보자.

$$\mathbf{H}_i=\frac{\nabla\times\mathbf{E}_i}{-j\omega\mu_1}=\frac{\mathbf{a}_{k_i}\times\mathbf{E}_i}{\eta_1}=\frac{1}{377}\left(\mathbf{a}_x\frac{1}{2}+\mathbf{a}_z\frac{\sqrt{3}}{2}\right)\times\left(\mathbf{a}_x\sqrt{3}-\mathbf{a}_z\right)e^{-j(2x+2\sqrt{3}z)}$$
$$=\mathbf{a}_y\frac{2}{377}e^{-j(2x+2\sqrt{3}z)}\ [\mathrm{A/m}]$$

여기서 $\mathbf{a}_{k_i}$는 다음과 같이 구했다.

$$\mathbf{a}_{k_i}=\frac{\mathbf{k}_i}{k_1}=\frac{\mathbf{a}_x 2+\mathbf{a}_z 2\sqrt{3}}{4}=\mathbf{a}_x\frac{1}{2}+\mathbf{a}_z\frac{\sqrt{3}}{2}$$

예상한 대로 $\mathbf{H}_i$는 입사면과 수직을 이룬다. 이제 $R_\parallel$과 $T_\parallel$를 계산한다.

$$R_\parallel=\frac{n_2\cos\theta_i-n_1\cos\theta_t}{n_2\cos\theta_i+n_1\cos\theta_t}=\frac{1.4\cos 60°-1\cos 38.2°}{1.4\cos 60°+1\cos 38.2°}=-0.058$$
$$T_\parallel=1+R_\parallel=0.942$$

따라서 반사파의 전기장과 자기장은 다음과 같다.

$$\mathbf{H}_r = \mathbf{a}_y R_\parallel \frac{2}{377} e^{+j(2x-2\sqrt{3}z)} = -\mathbf{a}_y 3.08 \times 10^{-4} e^{+j(2x-2\sqrt{3}z)} \text{ [A/m]}$$

$$\begin{aligned}\mathbf{E}_r &= \eta_1 \mathbf{H}_r \times \mathbf{a}_{k_r} = R_\parallel 2\mathbf{a}_y \times \left(-\mathbf{a}_x \frac{1}{2} + \mathbf{a}_z \frac{\sqrt{3}}{2}\right) e^{+j(2x-2\sqrt{3}z)} \\ &= R_\parallel (\mathbf{a}_x \sqrt{3} + \mathbf{a}_z) e^{+j(2x-2\sqrt{3}z)} = -0.058(\mathbf{a}_x \sqrt{3} + \mathbf{a}_z) e^{+j(2x-2\sqrt{3}z)} \text{ [V/m]}\end{aligned}$$

$\mathbf{k}_r$의 x성분의 부호가 바뀌므로 반사된 전기장 중 한 성분(z성분)의 부호도 바뀐다.

(c) 투과파의 자기장은 다음과 같다.

$$\mathbf{H}_t = \mathbf{a}_y T_\parallel \frac{2}{377} e^{-j(k_{tx}x + 2\sqrt{3}z)} = \mathbf{a}_y 5.0 \times 10^{-3} e^{-j(4.40x + 2\sqrt{3}z)} \text{ [A/m]}$$

여기서 k_{tx}는 다음과 같이 구했다.

$$k_{tx} = k_2 \cos\theta_t = \omega\sqrt{\mu_0 1.96\varepsilon_0} \cos\theta_t = 1.4k_1 \cos 38.2° = 4.40$$

(d) 반사되는 전력의 비율은 다음과 같다.

$$\frac{P_r}{P_i} = |R_\parallel|^2 = |-0.058|^2 = 0.0034$$

즉 입사각이 $\theta_i = 60°$일 때 입사파의 0.34%가 경계면에서 반사된다.

10.4 전반사 Total Internal Reflection

식 (10.30)의 스넬 법칙 또는 이와 동등한 식 (10.27)이나 (10.28)의 위상정합 조건을 자세히 검토해보자. 먼저 두 매질의 굴절률과 입사각, 투과각 사이에는 다음 관계가 성립한다.

$$n_1 < n_2 \text{이면,} \quad \theta_i > \theta_t$$
$$n_1 > n_2 \text{이면,} \quad \theta_i < \theta_t$$

전자기파가 굴절률이 낮은 매질에서 높은 매질로 입사하면(예를 들어, 공기→유리) 투과파는 경계면에 수직인 방향 쪽으로 꺾인다. 반대로 전자기파가 굴절률이 높은 매질에서 낮은 매질로 입사할 때 투과파는 경계면의 표면 쪽으로 꺾인다. 이러한 현상을 [그림 10-4(a)], [그림 10-4(b)]의 $k_x - k_z$ 그래프를 사용하여 설명해보자. 식 (10.19c), 식 (10.22c), 식 (10.25c)는 각각 $k_x - k_z$ 평면에서 원을 나타낸다. 그래프에서 반원의 반지름은 파수(k)를 나타낸다. 따라서 두 반원의 반지름 k_1과 k_2는 입사파, 반사파, 투과파의 파수이다. $k_i = \omega\sqrt{\mu_i\varepsilon_i} = n_i\,\omega\sqrt{\mu_0\varepsilon_0}$ 이므로 굴절률이 낮은 매질은 반원의 크기가 작다. 화살표는 파동벡터 $\mathbf{k}_i$, $\mathbf{k}_r$, $\mathbf{k}_t$를 나타낸다. 식 (10.27) 또는 식 (10.28)의 위상정합 조건에 따라 모든 파에 대해 $\mathbf{k}$의 z성분, 즉 경계면에 평행한 성분은 서로 같아야 한다. [그림 10-4(a)]의 경우, $k_1 < k_2$이므로 $\theta_t < \theta_i$이다. [그림 10-4(b)]에서는 $k_1 > k_2$이므로 $\theta_t > \theta_i$이다.

$n_1 > n_2$인 경우에는 [그림 10-4(c)]에 나타낸 것처럼 투과각을 90°로 만드는 입사각($\theta_i = \theta_c$)이 존재한다.

$$n_1 \sin\theta_c = n_2 \sin 90° = n_2$$

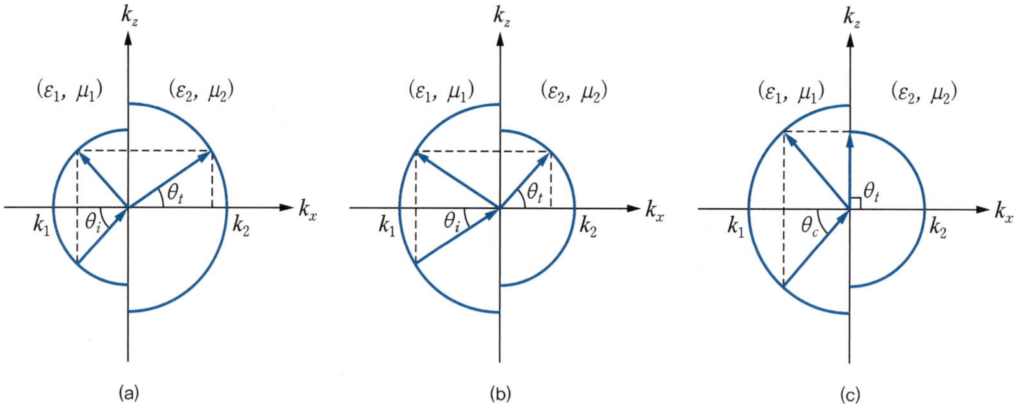

그림 10-4 스넬 법칙과 전반사

(a) $n_1 < n_2$일 때 (b) $n_1 > n_2$일 때 (c) $n_1 > n_2$일 때

이 식을 θ_c에 대해 풀면 다음과 같다.

$$\theta_c = \sin^{-1}\frac{n_2}{n_1} \quad \text{: 임계각}$$
$$= \sin^{-1}\sqrt{\frac{\varepsilon_2}{\varepsilon_1}} \quad \text{: 비자성체 매질에 대해} \tag{10.49}$$

θ_c를 **임계각** critical angle 이라고 한다. 입사각이 임계각보다 커지면($\theta_i > \theta_c$) 어떤 일이 발생하는지 살펴보자. 이를 위해 분산 관계식과 스넬 법칙을 다시 써보자.

$$k_x^2 + k_z^2 = k_1^2 = \omega^2\mu_1\varepsilon_1 = \left(\frac{\omega}{c}n_1\right)^2 \tag{10.19c}$$

$$k_{tx}^2 + k_{tz}^2 = k_2^2 = \omega^2\mu_2\varepsilon_2 = \left(\frac{\omega}{c}n_2\right)^2 \tag{10.25c}$$

$$k_z = k_{tz} \;\rightarrow\; k_1 \sin\theta_i = k_2 \sin\theta_t \tag{10.28}$$

$\theta_i > \theta_c$일 때 k_z는 다음과 같다.

$$k_z = k_1 \sin\theta_i > k_1 \sin\theta_c = k_2 \sin 90° = k_2$$

그러면 식 (10.25c)와 식 (10.27)로부터 다음 식을 얻는다.

$$k_{tx}^2 = k_2^2 - k_{tz}^2 = k_2^2 - k_z^2 < 0$$

따라서 k_{tx}는 순허수이다. 이제 k_{tx}를

$$k_{tx} = -j\alpha_2 \tag{10.50}$$

로 두자. 여기서 α_2는 실수이다.

$$\alpha_2 = \sqrt{k_z^2 - k_2^2} = \sqrt{k_1^2 \sin^2\theta_i - k_2^2} \tag{10.51}$$

이때 주의할 것은 식 (10.50)에서 k_{tx}를 $-j\alpha_2$ 대신 $j\alpha_2$로 놓게 되면 전자기파가 전파할수록 $\mathbf{E}_t$의 크기가 증가하는데, 이는 물리적으로 있을 수 없는 일이다. 따라서 식 (10.24)의 수직 편파된 전자기파의 투과 전기장은 다음 식으로 쓸 수 있다.

$$\mathbf{E}_t = \mathbf{a}_y T_\perp E_0 e^{-\alpha_2 x} e^{-jk_{tz} z} \tag{10.52}$$

투과파는 경계면과 나란한 방향인 z방향으로는 진행하고(위상상수 $k_{tz} = k_z = k_1 \sin\theta_i$) x방향으로는 지수적으로 감소한다. $|\mathbf{E}_t| = |T_\perp E_0| e^{-\alpha_2 x}$의 값이 전파방향($z$)에 대해 수직인 평면($xy$평면) 위에서 일정하지 않고 경계면에서 멀수록 작아지므로 경계면을 따라 진행하는 이 투과파는 진폭이 균일하지 않은 불균일 평면파이다. 이와 같이 경계면을 따라 전파하는 파를 **표면파** surface wave 라고 한다. α_2가 클수록 경계면 가까운 곳에만 전자기파가 존재하게 된다. 이것이 뜻하는 중요한 사실은 전자기파가 매질 2로는 전력을 운반하지 않는다는 것이다. 식 (10.34a)에 있는 수직 편파에 대한 반사계수를 사용하여 이 사실을 확인해보자.

$$R_\perp = \frac{\mu_2 k_x - \mu_1 k_{tx}}{\mu_2 k_x + \mu_1 k_{tx}} = \frac{\mu_2 k_x + j\mu_1 \alpha_2}{\mu_2 k_x - j\mu_1 \alpha_2} = \frac{1 + j\dfrac{\mu_1 \alpha_2}{\mu_2 k_x}}{1 - j\dfrac{\mu_1 \alpha_2}{\mu_2 k_x}} \tag{10.53}$$

반사되는 전력의 비율은

$$\frac{P_r}{P_i} = |R_\perp|^2 = \frac{1 + \left(\dfrac{\mu_1 \alpha_2}{\mu_2 k_x}\right)^2}{1 + \left(\dfrac{\mu_1 \alpha_2}{\mu_2 k_x}\right)^2} = 1 \tag{10.54a}$$

이므로

$$P_r = P_i, \quad P_t = P_i - P_r = 0 \tag{10.54b}$$

으로 쓸 수 있다. 따라서 입사파는 완전히 반사되므로 x방향(매질 2)으로 투과되는 시간평균 전력, 즉 실제 전력은 없다. 이러한 현상을 **전반사** total internal reflection 라고 한다. 전반사 현상은 식 (10.50)을 식 (10.46c)에 대입해서 확인할 수도 있다. 광섬유 optical fiber 와 같은 유전체 도파로 dielectric waveguide 가 전자기파를 유도하는 원리가 바로 전반사이다. 광섬유에는 금속이 없으므로 아주 적은 손실로 빛(전자기파)을 유도할 수 있다.

정리하면, 전반사가 일어나기 위한 두 가지 조건은 다음과 같다.

❶ $n_1 > n_2$

❷ $\theta_i > \theta_c = \sin^{-1}\dfrac{n_2}{n_1}$

전반사가 일어나면 다음 현상이 발생한다.

❶ $k_{tx} = -j\alpha_2$: $\mathbf{E}_t$는 표면파가 된다.

❷ $|R_\perp| = 1$: 전자기파가 완전히 반사된다.

지금까지 수직 편파에 대한 전반사를 살펴보았지만, 평행 편파에 대해서도 마찬가지로 전반사 현상이 있음을 알아두기 바란다([연습문제 10.22] 참조).

예제 10-4 광섬유의 광파(빛 파동) 유도

광섬유는 [그림 10-5]에 나타낸 것처럼 중심축이 서로 일치하는 두 개의 유리 원통으로 구성된 유전체 파이프이다. 내부 원통은 코어 core 라고 하고 외부 원통은 클래딩 cladding 이라고 한다. 코어의 굴절률이 n_1, 클래딩의 굴절이 n_2일 때, n_2를 n_1보다 약간 작게 한다. 즉 $n_2 < n_1$이다. 코어 속으로 입사된 빛 파동, 즉 광파는 클래딩에서 전반사된다. 따라서 입사각이 임계각보다 크면 광파는 광섬유를 따라 유도되며 전파한다.

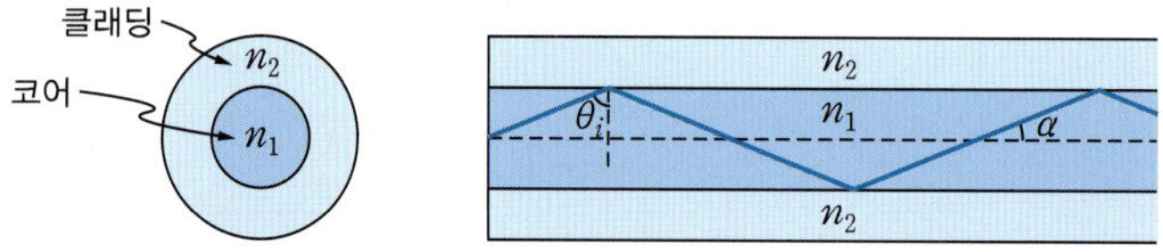

그림 10-5 광섬유

(a) 실리카 유리 광섬유에서 코어와 클래딩의 굴절률은 $n_1 = 1.475$, $n_2 = 1.460$이다. 빛이 광섬유를 따라 전파하기 위해서는 광섬유 축과 광선 사이의 각은 얼마가 되어야 하는가?

(b) 클래딩을 제거한 경우, 즉 코어가 공기로 둘러싸여 있을 때는 이 각도가 얼마가 되어야 하는가?

풀이

(a) 코어와 클래딩 사이의 경계면에서 전반사가 일어나려면 입사각(θ_i)이 임계각(θ_c)보다 커야 한다.

$$\theta_i > \theta_c = \sin^{-1}\frac{n_2}{n_1} = \sin^{-1}\frac{1.460}{1.475} = 81.8°$$

따라서 광섬유 축과 광선 사이의 각(α)은 다음과 같아야 한다.

$$\alpha = 90° - \theta_i < 90° - \theta_c = 8.2°$$

(b) 코어가 공기로 둘러싸인 경우, $n_2 = 1$이다.

$$\theta_i > \theta_c = \sin^{-1}\frac{1}{1.475} = 42.7°$$

그러면 광섬유 축과 광선 사이의 각은 다음과 같다.

$$\alpha < 90° - \theta_c = 47.3°$$

10.5 브루스터 각 Brewster's Angle

이제 입사각 θ_i에 따라 반사계수가 어떻게 달라지는지 조사해보자. 매질이 비자성체일 때, 전기장에 대한 $R_\perp$과 $R_\parallel$을 나타내는 수식은 식 (10.36)과 (10.45)이다. 전자기파가 공기 중($n_1 = 1$)에서 $\varepsilon_2 = 4\varepsilon_0$인 유리로 입사하는 경우를 생각해보자. 유리의 굴절률을 구해보면 $n_2 = \sqrt{\frac{\mu_0 \varepsilon_2}{\mu_0 \varepsilon_0}} = 2$이다.

[그림 10-6(a)]는 $n_1 = 1$, $n_2 = 2$일 때 θ_i에 따른 $|R_\perp|$과 $|R_\parallel|$ 값의 변화를 보여주는 그래프이다. θ_i가 0°(수직 입사)에서 90°(수평 입사)까지 증가하면 $|R_\perp|$은 계속 증가하여 90°에서 최댓값 1에 이르는 반면, $|R_\parallel|$은 처음에는 감소하여 어떤 각 $\theta_i = \theta_B$에서 최솟값 0이 되고 이 값에서 다시 증가하여 90°에서 최댓값 1이 되는 것을 볼 수 있다.

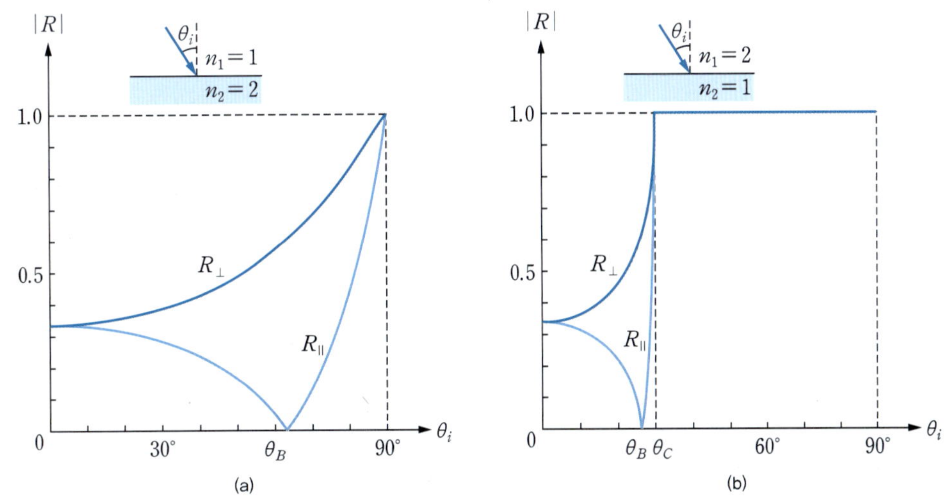

그림 10-6 입사각에 따른 반사계수의 변화

(a) $n_1 < n_2$ (b) $n_1 > n_2$

그래프로부터 다음 두 가지 사실을 알 수 있다.

❶ 모든 입사각 θ_i에 대해 $|R_\perp| \geq |R_\parallel|$이다.

❷ $\theta_i = \theta_B$에서 $R_\parallel = 0$이다.

수직 편파 전자기파는 평행 편파 전자기파보다 더 많이 반사된다. 평행 편파 전자기파의 경우에는 $R_\parallel = 0$이 되는, 즉 반사 없이 전자기파가 모두 투과되는 입사각 $\theta_i = \theta_B$가 존재한다. 이 각도 θ_B를 **브루스터 각** Brewster's angle 이라고 한다. 비자성체 매질에서, θ_B는 식 (10.45)에서 $R_\parallel = 0$으로 두고 스넬 법칙을 사용하여 계산할 수 있다. 먼저 $R_\parallel = 0$으로 두면 다음 관계를 얻을 수 있다.

$$n_1 \cos\theta_t = n_2 \cos\theta_B \tag{10.55}$$

식 (10.30)의 스넬 법칙으로부터 다음 관계식을 얻을 수 있다.

$$n_2 \sin\theta_t = n_1 \sin\theta_B \tag{10.56}$$

식 (10.55)와 식 (10.56)에서 θ_t를 제거하면 브루스터 각을 다음과 같이 유도할 수 있다([연습문제 10.28] 참조).

$$\theta_B = \tan^{-1}\frac{n_2}{n_1} \quad \text{: 비자성체 매질에 대한 브루스터 각} \tag{10.57}$$

$n_1 = 1$, $n_2 = 2$일 때 브루스터 각은 $\theta_B = 63.4°$이다. 타원형 편파된 전자기파 또는 편파되지 않은 전자기파가 유전체 표면에 정확하게 브루스터 각으로 입사하면, 입사파의 평행 편파 성분 전부가 유전체 속으로 투과되기 때문에 반사파는 수직 편파 성분만을 갖게 된다. 따라서 반사파는 선형 편파된 전자기파이다. **폴라로이드 선글라스** Polaroid sunglasses 는 이 원리에 따라 태양빛에 의한 눈부심 glare 을 줄여준다. 편파되지 않은 태양빛이 아스팔트 표면이나 지면에 쌓인 눈의 표면에서 반사되면 반사된 빛은 부분적으로 편파된다. 부분 편파된 이 반사광은 대부분 수직 편파 성분으로 이루어져 있으므로 반사광을 구성하는 전기장의 진동방향은 반사면에 대해 평행이다. 선글라스에는 비등방성 anisotropic 물질이 사용되는데, 이 물질은 반사면에 대해 평행으로 진동하는 전기장(수직 편파 성분)은 차단하고 반사면에 대해 수직방향으로 진동하는 전기장(평행 편파 성분)은 통과시킨다.

[그림 10-6(b)]는 전자기파가 유리(높은 굴절률, $n_1 = 2$)에서 공기 중(낮은 굴절률, $n_2 = 1$)으로 입사하는 경우에 θ_i에 따른 $|R_\perp|$과 $|R_\parallel|$ 값의 변화를 보여주는 그래프이다. 10.4절에서 설명한 것처럼, 전반사 때문에 $\theta_i \geq \theta_c = \sin^{-1}\frac{n_2}{n_1} = 30°$에서 $|R_\perp| = |R_\parallel| = 1$이 되는 것을 제외하면 [그림 10-6(a)]와 특성이 비슷하다는 것을 알 수 있다. 브루스터 각은 $\theta_B = \tan^{-1}\frac{n_2}{n_1} = 26.6°$이다. 마지막으로, 브루스터 각은 두 매질이 모두 비자성체($\mu_1 = \mu_2 = \mu_0$)인 경우에는 오직 평행 편파에 대해서만 존재한다는 사실을 잘 알고 있어야 한다. 두 매질의 자기적 특성이 서로 다른 경우($\mu_1 \neq \mu_2$)에는 수직 편파에 대해서도 브루스터 각이 존재할 수 있다([연습문제 10.30] 참조).

10.6 완전도체에서의 반사 : 정지파 Standing Wave

이 절에서는 전도율이 무한대인 완전도체 매질에 전자기파가 입사하는 경우를 다뤄보자. [그림 10-2]와 같이 수직 편파된 전자기파가 경계면에 비스듬히 입사하는 것으로 가정하면 입사파 전기장과 자기장은 식 (10.18)로 주어진다. 단 여기서는 매질 2가 유전율이 μ_2, 투자율이 ε_2이고 전도율이 $\sigma_2 = \infty$인 완전도체이다. 먼저, 완전도체 내부의 장은 0이므로

$$\mathbf{E}_t = \mathbf{H}_t = 0 \quad (\text{매질 2에서}) \tag{10.58}$$

이 되어 투과파는 없다. 즉 $T_\perp = 0$이다. 반사파의 전기장과 자기장은 식 (10.21)과 같이 쓸 수 있다. 완전도체 표면($x = 0$)에서의 경계조건은 식 (8.27)에서 $\mathbf{E}_2 = \mathbf{H}_2 = 0$으로 둘 때 나오는 식 (8.28)로부터 다음과 같이 쓸 수 있다.

$$\mathbf{E}_{1t} = 0 \tag{10.59a}$$

$$\mathbf{a}_{n2} \times \mathbf{H}_1 = \mathbf{J}_s \tag{10.59b}$$

여기서 $\mathbf{J}_s$는 (자유) 표면전류밀도이다. 식 (10.18a)와 식 (10.21a)에 $x = 0$을 대입하고 식 (10.59a)의 경계조건을 적용하면 다음 식을 얻는다.

$$e^{-jk_z z} + R_\perp e^{-jk_{rz} z} = 0 \tag{10.60}$$

10.3절과 같은 방법을 사용하면 다음 식이 나온다.

$$k_z = k_{rz} \ \text{또는} \ \theta_r = \theta_i$$

$$1 + R_\perp = 0$$

따라서 반사계수와 투과계수는 다음과 같다.

$$R_\perp = -1, \quad T_\perp = 0 \tag{10.61}$$

완전도체 매질의 표면에서 전자기파는 완전히 반사된다. 즉 표면에서 완전반사 perfect reflection 가 일어나므로 투과파가 생기지 않는다. 이는 금속 도파로가 전자기파를 유도하는 원리로, 전자기파는 도체 벽에서 계속해서 완전반사되면서 도파로를 따라 특정한 방향으로 유도(전파)된다. 경계면이 유전체일 때의 식 (10.35)에서 매질 2를 전도율이 무한대인 손실이 있는 유전체로 취급해도 식 (10.61)의 결과를 똑같이 얻을 수 있다. 즉

$$\varepsilon_{2,eff} = \varepsilon_2 - j\frac{\sigma_2}{\omega} \quad (\text{여기서 } \sigma_2 \to \infty)$$

$$\sigma_2 \to \infty \text{ 일 때} \quad \eta_2 = \sqrt{\frac{\mu_2}{\varepsilon_2 - j\dfrac{\sigma_2}{\omega}}} \to 0$$

이므로, 식 (10.35)에 $\eta_2 = 0$을 대입하면 식 (10.61)과 같아진다.

평행 편파의 경우에는 식 (10.37b)와 식 (10.38b)에 $x = 0$을 대입하고 식 (10.59a)를 적용하면 다음 결과를 얻는다.

$$R_{\parallel} = 1, \quad T_{\parallel} = 0 \tag{10.62a}$$

$$R_{\parallel}^{E} = -1, \quad T_{\parallel}^{E} = 0 \tag{10.62b}$$

반사계수가 자기장에 대해서는 $+1$이고 전기장에 대해서는 -1인 것에 주목하기 바란다. 수직 편파와 평행 편파 모두에 대해 다음 관계가 성립하는 것을 알 수 있다.

$$P_r = P_i, \quad P_t = 0 \tag{10.63}$$

정지파

여기서는 수직 편파인 경우에 매질 1에서의 총 전자기장을 살펴보고, 완전도체 표면(즉 매질 2)으로부터의 거리에 따라 총 전자기장이 변화하는 모습을 나타내는 패턴pattern을 구해보자. 먼저 매질 1의 수직 편파된 총 전기장은 다음과 같이 쓸 수 있다.

$$\begin{aligned}\mathbf{E}_1 = \mathbf{E}_i + \mathbf{E}_r &= \mathbf{a}_y E_0 e^{-jk_x x - jk_z z} - \mathbf{a}_y E_0 e^{jk_x x - jk_z z} \\ &= \mathbf{a}_y E_0 e^{-jk_z z}\left\{e^{-jk_x x} - e^{jk_x x}\right\} \\ &= \mathbf{a}_y E_m e^{-jk_z z}\sin(k_x x)\end{aligned} \tag{10.64a}$$

여기서 E_m은 다음과 같다.

$$E_m = -j2E_0$$

마찬가지로 매질 1의 수직 편파된 총 자기장은 다음과 같다.

$$\mathbf{H}_1 = \mathbf{H}_i + \mathbf{H}_r = \frac{2E_0}{\omega\mu_1} e^{-jk_z z}\left\{\mathbf{a}_x jk_z \sin(k_x x) + \mathbf{a}_z k_x \cos(k_x x)\right\} \tag{10.64b}$$

$E_m = -j2E_0 = Ae^{j\phi}$로 두면 시간 영역에서 전기장은 다음과 같이 나타낼 수 있다.

$$\mathbf{E}_1(\mathbf{r},\ t) = \mathrm{Re}\left\{\mathbf{E}_1 e^{j\omega t}\right\} = \mathbf{a}_y A\sin(k_x x)\cos(\omega t - k_z z + \phi) \tag{10.65}$$

식 (10.64)와 식 (10.65)로 표현된 전자기파는 $+z$방향으로 전파(진행)하지만 x방향으로는 진행하지 않는다. $e^{-jk_x x}$와 $e^{jk_x x}$는 각각 $+x$방향과 $-x$방향으로 전파하는 진행파traveling wave이지만 이들이 합성된 파는 진행파가 아니다. 이 합성된 파를 x방향으로의 **정지파**standing wave라고 한다. 식 (10.64a)의 전기장의 진폭은 다음과 같다. 이를 x의 함수로 그려보면 [그림 10-7]과 같은 정지파 패턴standing wave pattern이 나온다.

$$|\mathbf{E}_1| = |E_m||\sin(k_x x)| \tag{10.66}$$

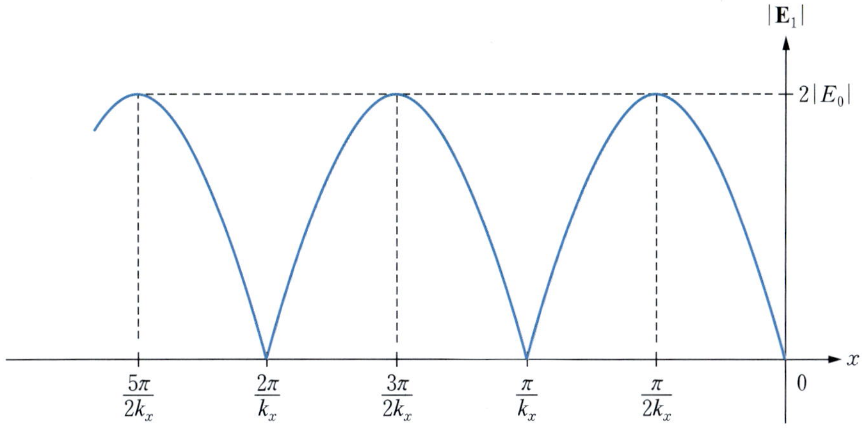

그림 10-7 정지파 패턴

정지파 패턴을 보면 최댓값과 최솟값이 주기적으로 되풀이 되는데, 최솟값(0)은 $x = -n\dfrac{\pi}{k_x}$ $(n = 0,\ 1,\ 2,\ \cdots)$에서 발생하고 최댓값($2|E_0|$)은 $x = -\left(n + \dfrac{1}{2}\right)\dfrac{\pi}{k_x}$ $\quad (n = 0,\ 1,\ 2,\ \cdots)$에서 발생한다. 정지파 패턴의 주기는 다음과 같다.

$$\frac{\pi}{k_x} = \frac{\pi}{k_1 \cos\theta_i} = \frac{\lambda_1}{2}\frac{1}{\cos\theta_i} \tag{10.67}$$

따라서 수직 입사($\theta_i = 0$)의 경우에는 정지파의 주기가 파장의 절반($\frac{\lambda}{2}$)이 된다.

다음 위치

$$x = -n\frac{\pi}{k_x} = -n\frac{\lambda}{2}\frac{1}{\cos\theta_i} \qquad (n = 0,\ 1,\ 2,\ \cdots)$$

에서 $\mathbf{E}_1 = 0$이 되므로, 이들 위치에 완전도체로 된 판(들)을 추가로 놓고 문제를 풀어도 원래 문제와 똑같은 해를 얻을 수 있다. 이러한 해석 방법은 금속 도파로의 전자기장 해를 공부하는 데 매우 유용하다. 실제로 우리가 바로 앞에서 살펴본 총 전기장은 11장에서 다루는 평행판 도파로의 전기장에 대한 수직방향 전기장(TE)[transverse electric] 모드 해와 동일하다.

총 전자기파의 시간평균 전력밀도, 즉 포인팅 벡터는 다음과 같다.

$$\begin{aligned}\mathbf{S}_{av} &= \frac{1}{2}\mathrm{Re}\left\{\mathbf{E}_1 \times \mathbf{H}_1^*\right\} = \mathbf{a}_z\frac{2|E_0|^2}{\omega\mu_1}k_z \sin^2(k_x x) \\ &= \mathbf{a}_z\frac{2|E_0|^2}{\eta_1}\sin\theta_i \sin^2(k_x x)\end{aligned} \tag{10.68}$$

따라서 시간평균 전력흐름의 방향은 $+z$ 방향이다. E_y와 H_z는 위상차가 $90°$이므로 $\mathbf{S}_{av}$의 x 성분은 0이 된다는 것을 알아두기 바란다. z 방향으로의 위상속도는 다음과 같다.

$$v_p = \frac{\omega}{k_z} = \frac{\omega}{k_1 \sin\theta_i} = \frac{v_1}{\sin\theta_i}$$

여기서 v_1은 무한히 넓은 매질 1에서의 전자기파의 위상속도이다.

이제 두 번째 경계조건인 식 (10.59b)를 사용하면 자기장으로부터 완전도체 표면에 흐르는 표면전류 $\mathbf{J}_s$를 구할 수 있다.

$$\mathbf{J}_s = (-\mathbf{a}_x) \times \mathbf{H}_1 \big|_{x=0} = \mathbf{a}_y H_z \big|_{x=0} = \mathbf{a}_y \frac{2E_0}{\omega\mu_1} k_x e^{-jk_z z} \tag{10.69}$$

완전도체로 균일한 판 solid plate 대신 도선 wire 여러 개를 사용하여, 이들을 창살 모양으로 나란히 (도선의 방향은 표면전류가 흐르는 방향(y방향)으로) 배치해도 균일한 도체만큼 효과적인 반사체 reflector 로 동작한다. 반사형 안테나에서는 도선을 창살(격자) grating 형태로 배치하여 반사판을 제작하는 경우가 많은데, 이렇게 하면 가볍고 비용이 절감되며 바람의 하중 wind loading 을 적게 받는 이점이 있다.

수직 입사

전자기파가 경계면에 수직으로 입사하는 특수한 경우를 살펴보자. $\theta_i = 0$으로 놓으면 다음 결과를 얻는다.

$$k_x = k_1 \cos\theta_i = k_1, \quad k_z = k_1 \sin\theta_i = 0$$

$$\mathbf{E}_1 = \mathbf{a}_y E_0 \{e^{-jk_1x} - e^{jk_1x}\} = \mathbf{a}_y (-j2E_0)\sin(k_1 x)$$

$$\mathbf{H}_1 = \mathbf{a}_z \frac{E_0}{\eta_1} \{e^{-jk_1x} + e^{jk_1x}\} = \mathbf{a}_z \frac{2E_0}{\eta_1} \cos(k_1 x)$$

$$\mathbf{E}_1 = 0 \quad : x = -n\frac{\pi}{k_1} = -n\frac{\lambda}{2} \text{에서} \quad (n = 0,\ 1,\ 2,\ \cdots)$$

$$\mathbf{S}_{av} = 0$$

$$\mathbf{J}_s = \mathbf{a}_y \frac{2E_0}{\eta_1}$$

평행 편파된 전자기파가 완전도체 매질로 입사하는 경우에도 수직 편파와 비슷한 결과를 얻을 수 있다([연습문제 10.36] 참조).

예제 10-5 완전도체 앞에 형성되는 정지파

1 [GHz]의 균일 평면파가 $x=0$에 위치한 아주 넓은 구리판에 수직으로 입사하고 있다([그림 10-1] 참조). 전기장의 편파는 z방향이며 진폭은 10 [V/m]이다.

(a) 총 전기장을 구하라. 또한 구리판을 기준으로, 총 전기장의 진폭이 처음으로 최대가 되는 위치와 최소가 되는 위치를 구하라.

(b) 총 자기장을 구하라. 또 총 자기장이 처음으로 최대가 되는 위치와 최소가 되는 위치를 구하라.

풀이

(a) 전기장에 대해서는 $R = -1$이므로 입사파 전기장과 반사파 전기장은 각각 다음과 같이 쓸 수 있다.

$$\mathbf{E}_i = \mathbf{a}_z 10 e^{-jkx}, \quad k = \frac{\omega}{c} = \frac{2\pi \times 10^9}{3 \times 10^8} = \frac{20\pi}{3}, \quad \lambda = \frac{2\pi}{k} = 30 \ [\mathrm{cm}]$$
$$\mathbf{E}_r = -\mathbf{a}_z 10 e^{+jkx}$$

따라서 총 전기장은 다음과 같다.

$$\mathbf{E}_1 = \mathbf{E}_i + \mathbf{E}_r = \mathbf{a}_z(-j20)\sin(kx)$$

첫 번째 최댓값은 $kx = \frac{2\pi}{\lambda}x = -\frac{\pi}{2}$, $x_{\mathrm{max}} = -\frac{\lambda}{4} = -7.5\,[\mathrm{cm}]$에서 발생한다. 첫 번째 최솟값은 $kx = \frac{2\pi}{\lambda}x = -\pi$, $x_{\mathrm{min}} = -\frac{\lambda}{2} = -15\,[\mathrm{cm}]$에서 발생한다($x = 0$은 제외).

(b) 자기장에 대해서는 $R = +1$이므로 입사파 자기장과 반사파 자기장은 다음과 같이 쓸 수 있다.

$$\mathbf{H}_i = \frac{1}{\eta_0}\mathbf{a}_x \times \mathbf{E}_i = -\mathbf{a}_y \frac{10}{377} e^{-jkx}$$
$$\mathbf{H}_r = \frac{1}{\eta_0}(-\mathbf{a}_x) \times \mathbf{E}_r = -\mathbf{a}_y \frac{10}{377} e^{+jkx}$$

따라서 총 자기장은 다음과 같다.

$$\mathbf{H}_1 = \mathbf{H}_i + \mathbf{H}_r = -\mathbf{a}_y \frac{20}{377}\cos(kx)$$

첫 번째 최댓값은 $kx = -\pi$, $x_{\mathrm{max}} = -\frac{\lambda}{2} = -15\,[\mathrm{cm}]$에서 발생한다($x = 0$은 제외). 첫 번째 최솟값은 $kx = -\frac{\pi}{2}$, $x_{\mathrm{min}} = -\frac{\lambda}{4} = -7.5\,[\mathrm{cm}]$에서 발생한다.

전기장과 자기장에서 최댓값과 최솟값이 나타나는 위치가 서로 엇갈려 나타난다는 것을 잘 알아두기 바란다. 이런 특성은 부하가 단락된 전송선로에서 전압과 전류의 최댓값과 최솟값이 서로 엇갈려 나타나는 것과 비슷한데, 이에 대한 내용은 11.7절에서 설명한다.

CHAPTER 10_연습문제

10.1 매질 1과 매질 2가 모두 비자성체($\mu_1 = \mu_2 = \mu_0$)일 때, 매질 1에서 매질 2로 수직 입사하는 전자기파에 대한 반사계수와 투과계수가 다음과 같음을 증명하라. 여기서 n_1, n_2는 각각 매질 1과 매질 2의 굴절률이다.

$$R = \frac{n_1 - n_2}{n_1 + n_2}, \quad T = \frac{2n_1}{n_1 + n_2}$$

10.2 두 매질이 모두 손실이 없다고 가정할 때, 식 (10.11)의 반사계수와 투과계수를 사용하여 전력보존 법칙을 나타내는 식 (10.14)가 성립함을 보여라.

10.3 [예제 10-1]을 보면 전자기파가 호수에 수직으로 입사하고 있다. 호수 물에 의한 손실을 고려하는 경우에 반사계수, 투과계수, 투과파 전기장과 자기장을 정확한 식으로 구하라. 또 구한 결과를 예제에서 근사적으로 구한 결과와 비교하고 두 결과 사이의 오차를 분석하라.

10.4 빛이 굴절률이 1.5인 유리에 수직으로 입사할 때 반사계수와 투과계수를 구하라. 유리는 비자성체이며 손실이 없다.

10.5 $f = 1\,[\mathrm{GHz}]$인 초고주파^{microwave}가 유전상수가 9.7, 손실 탄젠트가 $1\,[\mathrm{GHz}]$에서 0.002인 산화알루미늄(Al_2O_3)에 수직으로 입사할 때, 반사계수와 투과계수를 계산하라. 산화알루미늄은 비자성체로 가정한다. 산화알루미늄 속으로 투과된 전자기파의 전기장의 수식을 쓰고 수식에 들어 있는 항목들을 구하라. 여기서 입사파 전기장의 진폭은 E_0로 하라.

10.6 식 (10.32)의 두 방정식을 풀어서 식 (10.34)의 $R_\perp$과 $T_\perp$를 유도하라.

10.7 식 (10.34)로부터 식 (10.35)($R_\perp$과 $T_\perp$를 나타내는 입사각과 투과각의 함수식)와 식 (10.36)(비자성체 매질에 대한 $R_\perp$과 $T_\perp$ 식)을 유도하라.

10.8 임의의 방향으로 진행하는 균일 평면파 공기 속을 전파하고 있는 어떤 시간조화 전자기파의 복소 전기장이 다음과 같다. 주어진 물음에 답하라.

$$\mathbf{E} = \mathbf{a}_y 5\, e^{-j(3x+4z)}\ [\mathrm{V/m}]$$

(a) 이 전자기파는 균일 평면파인가? 등위상면은 무엇인가?

(b) 파동벡터, 즉 전파벡터 $\mathbf{k}$를 써라. 또한 이 전자기파의 전파방향과 편파상태를 구하라.

(c) 이 파동의 주파수 f를 [Hz] 단위로 구하라.

(d) 이 전자기파의 자기장 $\mathbf{H}$를 구하라. 또한 시간평균 전력밀도를 $[\mathrm{W/m^2}]$ 단위로 계산하고 전력흐름의 방향을 구하라.

10.9 **수직 편파된 전자기파의 반사와 투과** [연습문제 10.8]에서 설명한 전자기파가 $z=0$에 위치한 손실이 없는 유전체(유리) 표면으로 입사하고 있다. 유리의 유전상수는 2.25이고 비자성체이다. [그림 10-2]를 참조하되 경계면은 $x=0$이 아닌 $z=0$으로 한다. 즉 z축이 공기와 유리의 경계면에 수직이다. 다음 물음에 답하라.

(a) 입사각 θ_i는 얼마인가?

(b) 반사각 θ_r과 투과각 θ_t를 구하라.

(c) 반사파의 전기장 $\mathbf{E}_r$과 자기장 $\mathbf{H}_r$을 구하라.

(d) 투과파의 전기장 $\mathbf{E}_t$와 자기장 $\mathbf{H}_t$를 구하라.

(e) 유리 표면에서 반사되는 전력의 비율을 구하라.

(f) 유리 표면으로 투과되는 전력의 비율을 구하라.

10.10 **평행 편파된 전자기파의 반사와 투과** 다음과 같은 전기장으로 이루어진 균일 평면파가 공기 중에서 $z=0$에 위치한 손실이 없는 유전체(유리) 표면으로 입사하고 있다.

$$\mathbf{E}=(\mathbf{a}_x 4-\mathbf{a}_z 3)e^{-j(3x+4z)}\ [\text{V/m}]$$

유리의 유전상수는 2.25이며 비자성체이다. [그림 10-3]을 참조하되 경계면은 $x=0$이 아닌 $z=0$으로 한다. 즉 z축이 공기와 유리의 경계면에 대해 수직이다. [연습문제 10.9]를 되풀이하라.

10.11 식 (10.40)에 있는 두 방정식을 풀어서 식 (10.41)의 $R_{\parallel}$과 $T_{\parallel}$를 유도하라.

10.12 식 (10.41)로부터 식 (10.42)($R_{\parallel}$과 $T_{\parallel}$를 나타내는 입사각과 투과각의 함수식)와 식 (10.44)(비자성체 매질에 대한 $R_{\parallel}$과 $T_{\parallel}$ 식)를 유도하라.

10.13 평행 편파 전자기파의 전기장에 대한 반사계수와 투과계수를 나타내는 식 (10.43)과 식 (10.45)를 유도하라.

10.14 다음과 같은 전기장으로 이루어진 균일 평면파가 공기 중에서 $x=0$에 위치한 손실이 없는 매질의 표면으로 입사하고 있다([그림 10-2] 참조).

$$\mathbf{E}=\mathbf{a}_y 5e^{-j(5x+12z)}\ [\text{V/m}]$$

매질의 유전율과 투자율은 각각 $\varepsilon=4\varepsilon_0$, $\mu=9\mu_0$이다. [연습문제 10.9]를 되풀이하라.

10.15 다음과 같은 자기장으로 이루어진 균일 평면파가 공기 중에서 $x=0$에 위치한 손실이 없는 매질의 표면으로 입사하고 있다([그림 10-3] 참조).

$$\mathbf{H} = \mathbf{a}_y 5e^{-j(5x+12z)}\ [\mathrm{mA/m}]$$

매질의 유전율과 투자율은 각각 $\varepsilon = 4\varepsilon_0$, $\mu = 9\mu_0$이다. [연습문제 10.9]를 되풀이하라.

10.16 식 (10.48)의 전력보존 법칙이 수직 편파된 전자기파에 대해 성립하는지 확인하라.

10.17 식 (10.47b)와 유사한 형태로 평행 편파된 전자기파에 대해 투과되는 전력의 비율을 나타내는 식을 유도하고, 식 (10.48)의 전력보존 법칙이 평행 편파된 전자기파에 대해 성립하는지 확인하라.

10.18 물질의 굴절률은 광선의 반사와 굴절(또는 투과)에 중요한 역할을 한다. 빨간색 빛이 공기 중에서 사람의 눈 속으로 들어오면, 빛의 파장은 633 [nm]에서 474 [nm]로 바뀐다. 눈의 각막과 수정체 사이에 있는 들어 있는 액체(수양액)의 굴절률을 구하라.

10.19 다음과 같은 시간조화 전기장으로 이루어진 균일 평면파가 공기 중에서 $x=0$에 위치한 유전체 ($\varepsilon = 4\varepsilon_0$, $\mu = \mu_0$)의 평평한 표면으로 입사하고 있다. 문제의 구조는 [그림 10-2]나 [그림 10-3]을 참조하라. 주어진 물음에 답하라.

$$\mathbf{E}_i = \left\{\mathbf{a}_x\sqrt{2} + \mathbf{a}_y j\sqrt{3} - \mathbf{a}_z 1\right\} e^{-j(2x+2\sqrt{2}z)}\ [\mathrm{V/m}]$$

(a) 이 전자기파의 주파수를 [Hz] 단위로, 파장을 [m] 단위로 구하라.

(b) 입사각과 투과각을 구하라.

(c) 입사파의 편파는 선형 편파(LP), 원형 편파(CP), 타원형 편파(EP) 중 무엇인가? 원형이나 타원형 편파라면 손방향(오른손방향, 왼손방향)도 함께 말하라.

(d) 반사파의 전기장을 완전한 식으로 나타내라.

(e) 투과파의 자기장을 완전한 식으로 나타내라.

10.20 전자기파가 공기 중에서 눈[snow]의 표면으로 입사하고 있다. 눈의 유전율은 $(1.0+2.0\rho)\varepsilon_0$이다 $(0.1 \le \rho \le 0.5)$. 눈은 약간의 전도율을 갖고 있지만 여기서는 무시한다. 여기서 ρ는 물[water]을 기준으로 한 마른 눈[dry snow]의 상대밀도[relative density]이다. 다음 물음에 답하라.

(a) ρ 값을 선택하고, 컴퓨터 프로그램을 작성하여 수직 편파와 평행 편파 모두에 대해 반사되는 전력의 비율을 입사각 θ_i의 함수로 그려라.

(b) 브루스터 각 θ_B를 계산하라.

이번에는 전자기파가 눈에서 공기 중으로 입사하는 것으로 가정한다. 다음 물음에 답하라.

(c) 수직 편파와 평행 편파 모두에 대해 반사된 전력의 비율을 입사각 θ_i의 함수로 그려라.

(d) 브루스터 각 θ_B와 임계각 θ_c를 계산하라.

10.21 파동이 공기 중에서 얼음의 표면으로 입사하고 있다. 얼음의 유전율은 $(3.2+\alpha)\varepsilon_0$이다 $(0.01 \leq \alpha \leq 0.09)$. 얼음이 가진 전도율은 무시한다. α 값을 선택하고 [연습문제 10.20]을 되풀이하라.

10.22 평행 편파에 대한 반사계수($R_\parallel$)를 다시 써서 식 (10.53)과 같은 형태의 식으로 나타내라. 평행 편파된 전자기파에 대해 전반사가 일어날 때, 반사되는 전력의 비율이 1이 됨을 증명하라.

10.23 전반사가 일어날 때, 수직 편파 전자기파와 평행 편파 전자기파에 대한 반사계수를 다음과 같이 쓸 수 있음을 증명하라.

$$R_\perp = 1e^{j2\phi_\perp}$$

$$R_\parallel = 1e^{j2\phi_\parallel}$$

여기서 $\phi_\perp = \tan^{-1}\left(\frac{\mu_1\alpha_2}{\mu_2 k_x}\right)$, $\phi_\parallel = \tan^{-1}\left(\frac{\varepsilon_1\alpha_2}{\varepsilon_2 k_x}\right)$이다. 이는 전반사가 일어날 때 반사파에 위상변화가 생긴다는 것을 뜻한다. $2\phi_\perp$, $2\phi_\parallel$를 구스-한센 위상변화 Goos-Hänchen shift 라고 한다.

10.24 물속에 잠긴 광원이 아래에서 위로 물 표면을 비추고 있다. 물의 굴절률은 빛 주파수 범위에서 1.33이다. 광원이 물속 4 [m] 깊이에 위치해 있을 때, 물 표면에서 밝게 빛나는 부분의 면적을 구하라.

10.25 광섬유의 개구수 [그림 10-8]과 같이 광섬유의 한쪽 끝에 발광 다이오드(LED) light-emitting diode 같은 광원으로 빛을 비춰주고 있다. 광섬유의 코어 속으로 빛이 들어갈 수 있는 최대 입사각도 θ_a가 다음 식과 같음을 증명하라.

$$\theta_a = \sin^{-1}\sqrt{n_1^2 - n_2^2}$$

여기서 n_1, n_2는 각각 코어와 클래딩의 굴절률이다. $\sin\theta_a = \sqrt{n_1^2 - n_2^2}$을 광섬유의 개구수 numerical aperture 또는 수광각 acceptance angle 이라고 한다.

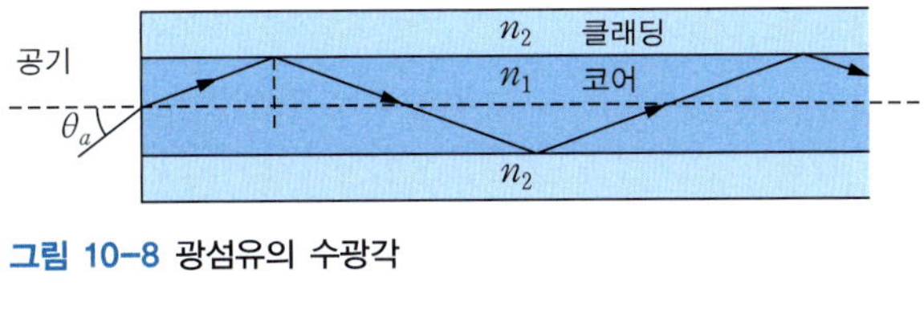

그림 10-8 광섬유의 수광각

10.26 심화 [그림 10-2]의 구조에서 매질 1은 $\varepsilon_1 = 1.96\varepsilon_0$, $\mu_1 = \mu_0$인 유리이고 매질 2는 공기라고 가정하자. 전기장의 크기는 2 [V/m]이고 주파수는 1 [GHz]이며 수직 편파된 균일 평면파가 유리에서 공기 속으로 $\theta_i = 60°$의 각도로 입사하고 있다. 다음 물음에 답하라.

(a) 입사파의 전기장을 완전한 식으로 나타내라.

(b) 공기 표면에서 반사되는 전력의 비율을 구하라.

(c) 투과파의 전기장을 완전한 식으로 나타내라.

10.27 입사파의 편파가 평행 편파일 때 [연습문제 10.26]을 되풀이하라.

10.28 두 매질이 모두 비자성체일 때, 식 (10.57)의 브루스터 각을 나타내는 식을 유도하라.

10.29 $\mu_1 \neq \mu_2$일 때 평행 편파된 전자기파에 대한 브루스터 각($\theta_{B\parallel}$)이 다음과 같음을 증명하라.

$$\sin^2\theta_{B\parallel} = \frac{1 - \dfrac{\mu_2\varepsilon_1}{\mu_1\varepsilon_2}}{1 - \left(\dfrac{\varepsilon_1}{\varepsilon_2}\right)^2}$$

10.30 두 매질의 자기적 특성이 서로 다른 경우($\mu_1 \neq \mu_2$), 수직 편파된 전자기파에 대해서도 $R_\perp = 0$이 되는 브루스터 각($\theta_{B\perp}$)이 존재할 수 있다. $\theta_{B\perp}$가 다음과 같음을 증명하라.

$$\sin^2\theta_{B\perp} = \frac{1 - \dfrac{\mu_1\varepsilon_2}{\mu_2\varepsilon_1}}{1 - \left(\dfrac{\mu_1}{\mu_2}\right)^2}$$

10.31 태양빛이 도로 표면이나 눈의 표면에서 반사되면서 발생하는 눈부심은 '부분적으로' 선형 편파된 빛이다. 다음 물음에 답하라.

(a) 반사된 빛에서 더 우세한(진폭이 큰) 편파 성분은 수직 편파(TE)인가? 평행 편파(TM)인가?

(b) 폴라로이드 선글라스는 비등방성 물질로 만드는데, 이 물질은 입사파의 어느 한 선형 편파 성분은 흡수하고 다른 선형 편파 성분은 통과시킨다. 눈부심을 줄이려면 수직 또는 평행 중 어떤 편파 성분이 선글라스를 통과해서 눈에 들어와야 하는가? 그 이유도 함께 설명하라.

10.32 **가스 레이저 내부의 브루스터 창**[2] 가스 레이저는 [그림 10-9]에 나타낸 것처럼 브루스터 창이 달린 가스관과 외부 거울로 구성되어 있다. 두 개의 거울에 의해 빛은 양쪽에서 반사되므로 공동(내부 공간)에는 정지파가 형성된다. 이때 공동은 공진resonance 상태에 있게 된다. 빛의 일부는 거울을 투과한다. 이것이 레이저의 출력이다. 브루스터 창의 각도(θ)를 특정 값으로 하면 브루스터 각 효과 때문에 레이저에서 출력되는 빛은 거의 완전한 선형 편파가 된다. 다음 물음에 답하라.

(a) 이렇게 되는 이유를 설명하라. 출력되는 빛의 편파는 무엇인가? 즉 **E**가 입사면에 대해 수직인가, 아니면 평행인가?

(b) 창이 굴절률이 1.54인 수정quartz으로 만들어졌다고 가정할 때 θ를 구하라.

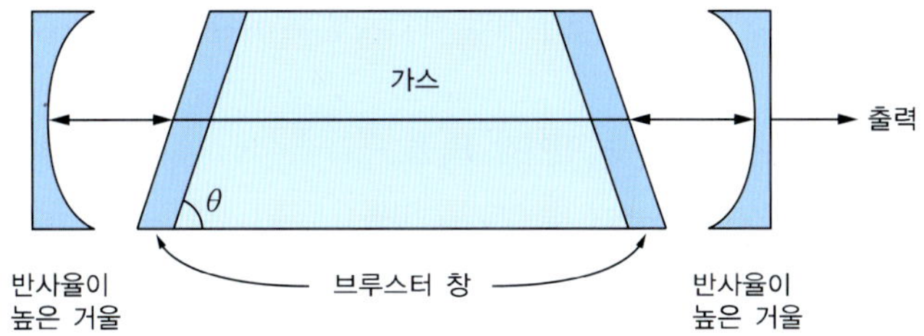

그림 10-9 **브루스터 창이 달린 가스 레이저**

10.33 전자기파가 브루스터 각($\theta_i = \theta_B$)으로 입사할 때, 투과각(θ_t)이 다음과 같음을 증명하라.

$$\theta_t = 90° - \theta_B$$

10.34 [연습문제 10.19]에서 $\varepsilon_2 = 2\varepsilon_0$로 두자. 다음 물음에 답하라.

(a) 투과각을 다시 계산하라.

(b) 반사파 전기장을 완전한 식으로 나타내라.

(c) 반사파의 편파는 무엇인가?

10.35 **완전도체에서의 반사** [연습문제 10.8]의 전자기파가 공기 중에서 $x = 0$에 위치한 완전도체 평면으로 입사하고 있다. 구조는 [그림 10-2]를 참조하라. 다음 물음에 답하라.

(a) 반사파의 전기장 $\mathbf{E}_r$과 자기장 $\mathbf{H}_r$을 구하라.

(b) 도체 표면에서 반사되는 전력의 비율을 구하라.

2 L. C. Shen and J. A. Kong, *Applied Electromagnetism*, PWS Publishing Company, 1995, 3rd Ed.

10.36 평행 편파된 전자기파가 완전도체 매질($\sigma_2 = \infty$)로 비스듬한 각도(θ_i)로 입사하고 있다. 구조는 [그림 10-3]을 참조하라. 다음 물음에 답하라.

(a) 총 전기장 $\mathbf{H}_1$과 $\mathbf{E}_1$을 완전도체 표면으로부터의 거리의 함수로 구하라.

(b) 자기장의 크기 $|\mathbf{H}_1|$의 정지파 패턴을 그려라.

(c) 자기장 크기가 $0(\mathbf{H}_1 = 0)$이 되는 위치를 구하라.

(d) 완전도체 표면에서의 표면전류밀도 $\mathbf{J}_s$를 계산하라.

10.37 [연습문제 10.8]의 수직 편파된 전자기파가 $z = 0$에 위치한 완전도체 표면으로 입사하고 있다. 다음 물음에 답하라.

(a) 도체의 바로 앞에서 반사파 전기장 $\mathbf{E}_r$과 총 전기장 $\mathbf{E}_1$을 구하라.

(b) 총 전기장을, 도체 표면으로부터의 거리(z)의 함수로 그려라.

(c) 전기장이 최소(0)인 위치를 구하라.

10.38 넓은 도체판 앞에 쌍극자dipole 안테나가 놓여 있다. 도체판과 안테나 사이의 거리가 1 [m]일 때 도체판에 수직인 방향으로 안테나가 수신하는 총 전기장이 입사 전기장의 두 배이다. 입사 전기장의 주파수를 구하라. 전기장의 주파수가 50 [MHz]로 바뀐다면 안테나에 수신되는 전기장의 크기는 어떻게 되는가?

10.39 심화 손실이 있는 유전체 앞에 형성되는 정지파 [예제 10-2]의 수직 편파된 전자기파가 $x = 0$에 위치한 손실이 있는 유전체 매질($\varepsilon = 1.96\varepsilon_0$, $\mu = \mu_0$, $\sigma = 0.1$ [S/m])로 입사하고 있다. 다음 물음에 답하라.

(a) 반사파의 전기장을 구하라. ($R_\perp$는 복소수로 나온다.)

(b) 공기 중(매질 1)에서의 총 전기장의 크기 $|\mathbf{E}_1|$을, 유전체 경계로부터의 거리(x)의 함수로 그려라. (이것이 정지파 패턴이다.)

(c) 투과파의 전기장을 구하고, 그 크기 $|\mathbf{E}_t|$를 표면으로부터의 거리(x)의 함수로 그려라. (거리에 따라 감쇠하는 형태로 나타날 것이다.)

CHAPTER

11

도파관과 공진기와 전송선로

Waveguides, Resonators and Transmission Lines

CONTENTS

학습목표

- 다양한 도파로와 도파로가 전자기파를 유도하는 원리를 설명할 수 있다.
- 전자기파의 세 가지 전파모드인 TEM 모드, TE 모드, TM 모드의 개념을 이해한다.
- 평행판 도파로를 따라 전파하는 TM 모드, TE 모드, TEM 모드 전자기파의 해를 구하고, 각 모드의 위상상수, 차단주파수, 도파로 내 파장, 위상속도, 파동 임피던스를 계산할 수 있다.
- 직사각형 도파관을 따라 전파하는 TM 모드, TE 모드 전자기파의 해를 구하고, 각 모드의 위상상수, 차단주파수, 도파로 내 파장, 위상속도, 파동 임피던스를 계산할 수 있다.
- 동축 케이블을 따라 전파하는 TEM 모드 전자기파의 해를 구할 수 있다.
- 평행판 도파로, 직사각형 도파관, 동축 케이블을 따라 전송되는 시간평균 전력을 계산할 수 있다.
- 도파로의 주모드, 전파모드, 감쇠, 소멸파의 개념을 이해한다.
- 직사각형 공동 공진기에 존재하는 TM 모드, TE 모드 전자기파의 해를 구하고 품질계수 Q를 설명할 수 있다.
- 전송선로를 집중회로 모형으로 해석할 수 있다.
- 집중회로 모형으로 해석한 전송선로 방정식과 맥스웰 방정식으로부터 유도한 전송선로 방정식을 서로 비교하여 전압파, 전류파와 전자기파(균일평면파)의 전기장, 자기장 사이의 유사성을 설명할 수 있다.
- 전송선로의 회로 파라미터(R, L, C, G)와 특성 임피던스 Z_0를 이해하고 세 가지 전송선로(평행판 선로, 동축 선로, 2선 선로)에 대해 이 값들을 계산할 수 있다.
- 전송선로의 끝에 부하가 연결된 경우에 발생하는 전압파와 전류파의 반사를 이해하고 정지파가 형성되는 원리를 설명할 수 있다.

11.1 개요

우리는 지금까지 전자기파의 전파 propagation, 편파 polarization, 반사 reflection, 투과 transmission에 대해 공부했다. 이 장에서는 도파로 waveguide라고 하는 전송선로 구조를 사용하여 전자기파를 한 곳에서 다른 곳으로 어떻게 '유도 guide'하는지 살펴본다. 사방이 막혀 있는 구조로 전자기파를 유도하는 방법에는 두 가지가 있다. 즉 그 구조에 전도율이 높은 물질을 사용하거나 유전체를 사용하는 것이다. 금속 metal과 같이 아주 특성이 좋은 도체(즉 완전도체)를 사용하는 경우에는 전자기파가 완전도체의 표면에서 완전반사 total reflection가 되면서 유도되는데, 이 구조물을 **금속 도파로** metallic waveguide라고 한다. 유전체를 사용하는 경우, 전자기파는 전반사 원리 principle of total internal reflection에 따라 유도되는데, 이 구조물을 **유전체 도파로** dielectric waveguide라고 한다.

금속 도파로에는 다양한 종류가 있다. 가장 간단한 구조는 한 쌍의 양도체 good conductor를 사용한 것으로, 파는 금속도체의 벽에서 계속 반사되면서 이 금속도체 구조의 축을 따라 유도된다. 이러한 구조의 예로는 [그림 11-1(a)]~[그림 11-1(c)]에 나타나 있는 평행판 도파로 parallel plate waveguide, 2선 전송선로 two-wire transmission line, 동축 케이블 coaxial cable이 있다. 이들 구조에서는 전자기파가 **수직방향 전자기장 모드(TEM 모드)** transverse electromagnetic mode[1]로 전파하는데, 이 모드는 차단 주파수가 없다. 이 구조들을 전송선로 transmission line라고 부르기도 한다. 이들 도파로를 따라 TEM 모드로 전파할 수 있는 주파수 범위는, 직류부터 도파로의 단면이 전기적으로 크게 되는 어떤 높은 주파수까지이다. 따라서 이러한 도파로들은 상대적으로 주파수가 낮은 신호를 전송(유도)하는 데 유용하다.

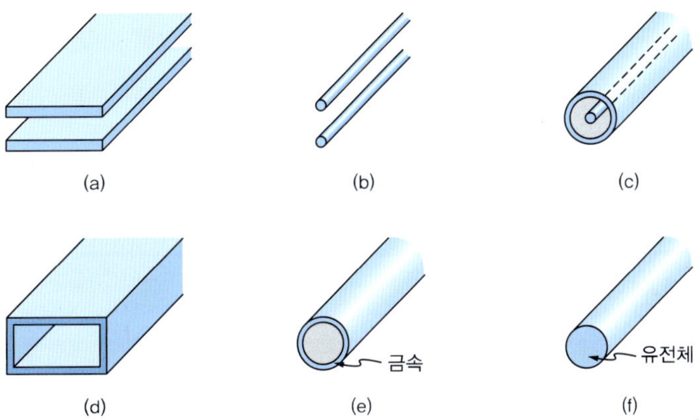

그림 11-1 다양한 도파로

(a) 평행판 도파로 (b) 2선 전송선로 (c) 동축 케이블 (d) 직사각형 도파관 (e) 원형 도파관 (f) 광섬유

1 [옮긴이] transverse electromagnetic mode는 전기장의 방향과 자기장의 방향이 모두 파의 전파(유도) 방향에 '**수직**'인 형식의 전자기파이다. 전자기장이 전파방향을 가로지른다는 뜻으로 '가로(횡)방향 전자기 모드'라는 용어도 사용한다. 이 책에서는 파의 전파방향을 기준으로 할 때의 의미를 분명히 드러내기 위해 transverse를 '가로(횡)방향' 대신 '수직방향'으로, longitudinal을 '길이(종)방향' 대신 '평행방향'으로 쓰기로 한다.

초고주파 microwave 와 같은 높은 주파수에서는 두 개의 도체로 이루어진 도파로를 사용할 수 없게 되는데, 이는 (실제 도파로의 재질은 불완전도체여서) 도체 손실 conductor loss 이 주파수에 따라 증가하므로 도파로를 따라 전파하는 TEM파가 감쇠 attenuation 되기 때문이다. 그래서 초고주파 주파수에서는 다른 유형의 전송 구조가 사용된다. 한 개의 도체로 된, 속이 빈 도파관([그림 11-1(d)], [그림 11-1(e)] 참조)은 GHz 의 주파수 영역에서도 큰 손실 없이 멀리까지 전자기파를 전송(유도)할 수 있다. 금속관은 표면적이 넓은 한 개의 도체로 되어 있으므로 도체 손실로 인한 감쇠가 더 작아질 것이다. 앞으로 살펴보겠지만 속이 빈 도파관에서는 전자기파가 TEM 모드로는 전송되지 못하고, 고차 모드 higher order mode 인 수직방향 자기장 모드(TM 모드) transverse magnetic mode 와 수직방향 전기장 모드(TE 모드) transverse electric mode 로 전송된다.

1[THz] 이상의 빛 주파수 영역에서는 높은 주파수에서 증가하는 도체 손실 때문에 금속 도파로를 사용할 수 없게 된다. 그렇지만 [그림 11-1(f)]에 있는 광섬유와 같은 유전체 도파로를 사용하면 손실이 거의 없게 빛 신호를 유도할 수 있다.

이 장에서는 먼저 단면이 균일한 도파로를 해석하는 일반적인 방법을 다루고 TE 모드, TM 모드, TEM 모드의 개념을 소개한다. 또한 다음의 도파로와 공진기에 존재하는 전기장과 자기장의 해를 구해보고, 그 응용에 대해 알아본다.

- 평행판 도파로 parallel plate waveguide
- 직사각형 도파관 rectangular waveguide
- 동축 케이블 coaxial cable
- 직사각형 공동 공진기 rectangular cavity resonator

마지막 절에서는 전송선로의 특성을 살펴보고 전압, 전류, 임피던스의 개념을 사용하여 전송선로의 TEM 모드 해석에 대해 공부한다.

11.2 균일 도파로의 해석 방법

특정 방향(예를 들어 z축)을 따라 단면이 균일한(모양이 변하지 않는) 도파 구조에 대해서는 일반적으로 다음의 해석 방법을 적용할 수 있다. [그림 11-2]에 나타낸 것처럼, 금속 벽은 완전도체($\sigma=\infty$)이고, 도파관 속의 매질은 물질상수 μ, ε이 실수 real 이며, 손실이 없는($\sigma=0$) 것으로 가정한다. 이러한 매질의 예로는 공기 air 를 들 수 있다.

도파 구조 내부의 매질 속에서는 $\mathbf{E}$와 $\mathbf{H}$가 다음의 헬름홀츠 파동방정식(식 (9.33)과 식 (9.36) 참조)을 만족한다.

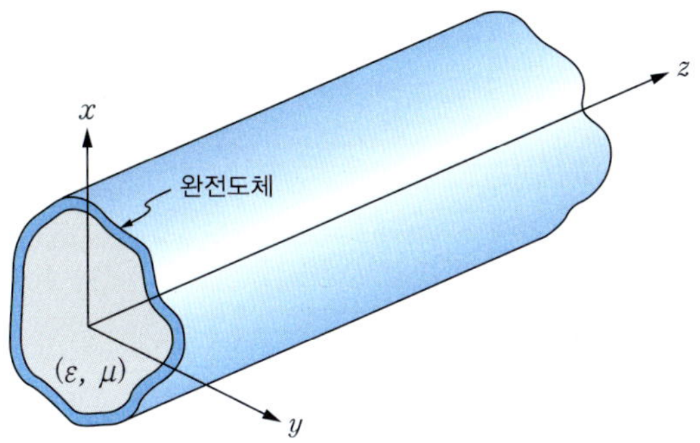

그림 11-2 균일 도파관

$$(\nabla^2 + k^2)\mathbf{E} = 0 \tag{11.1a}$$

$$(\nabla^2 + k^2)\mathbf{H} = 0 \tag{11.1b}$$

여기서

$$k^2 = \omega^2 \mu\varepsilon \tag{11.2}$$

이다. 이제 파가 $+z$ 방향으로 진행한다고 가정하자. 그러면 $e^{-jk_z z}$는 $+z$ 방향으로 진행하는 파를 나타내므로 전기장과 자기장의 수식은 다음과 같은 형태로 나타낼 수 있다.

$$\mathbf{E}(x,\ y,\ z) = \widetilde{\mathbf{E}}(x,\ y)e^{-jk_z z} \tag{11.3a}$$

$$\mathbf{H}(x,\ y,\ z) = \widetilde{\mathbf{H}}(x,\ y)e^{-jk_z z} \tag{11.3b}$$

여기서 물결(~, tilde) 표시가 붙은 $\widetilde{\mathbf{E}}$는 $\mathbf{E}$ 중에서 x와 y에 따라서는 변하고 z에는 무관한 부분을 나타낸다. $\widetilde{\mathbf{H}}$도 마찬가지이다.

식 (11.3)에 대해서는 다음 관계가 성립한다.

$$\frac{\partial}{\partial z}\begin{Bmatrix}\mathbf{E}\\ \mathbf{H}\end{Bmatrix} = -jk_z\begin{Bmatrix}\mathbf{E}\\ \mathbf{H}\end{Bmatrix} \tag{11.4}$$

따라서 식 (11.3)을 식 (11.1)에 대입하면 다음 식을 얻을 수 있다.

$$\left(\frac{\partial^2}{\partial x^2} + \frac{\partial^2}{\partial y^2} - k_z^2 + k^2\right)\begin{Bmatrix}\mathbf{E}\\ \mathbf{H}\end{Bmatrix} = 0 \tag{11.5}$$

식 (11.4)의 관계식을 이용하면 맥스웰 방정식 중에서 다음 두 개의 벡터 회전방정식

$$\nabla \times \mathbf{E} = -j\omega\mu\mathbf{H} \tag{11.6a}$$

$$\nabla \times \mathbf{H} = j\omega\varepsilon\mathbf{E} \tag{11.6b}$$

로부터 다음 여섯 개의 스칼라 방정식을 얻을 수 있다.

$$\frac{\partial E_z}{\partial y} + jk_z E_y = -j\omega\mu H_x \tag{11.7a}$$

$$-jk_z E_x - \frac{\partial E_z}{\partial x} = -j\omega\mu H_y \tag{11.7b}$$

$$\frac{\partial E_y}{\partial x} - \frac{\partial E_x}{\partial y} = -j\omega\mu H_z \tag{11.7c}$$

$$\frac{\partial H_z}{\partial y} + jk_z H_y = j\omega\varepsilon E_x \tag{11.8a}$$

$$-jk_z H_x - \frac{\partial H_z}{\partial x} = j\omega\varepsilon E_y \tag{11.8b}$$

$$\frac{\partial H_y}{\partial x} - \frac{\partial H_x}{\partial y} = j\omega\varepsilon E_z \tag{11.8c}$$

앞에서 z에 따라 변하는 전자기장 해를 가정했으므로 식 (11.7a), 식(11.7b)와 식 (11.8a), 식(11.8b)로부터 E_x, E_y, H_x, H_y를 E_z와 H_z를 써서 나타낼 수 있다. 예를 들어, 식 (11.7b)를 H_y에 대해 정리하면

$$H_y = \frac{k_z}{\omega\mu} E_x + \frac{1}{j\omega\mu}\frac{\partial E_z}{\partial x} \tag{11.9}$$

가 된다. 식 (11.9)를 식 (11.8a)에 대입한 다음, E_x에 대해 풀면 다음 식을 얻을 수 있다.

$$E_x = \frac{-1}{k^2 - k_z^2}\left\{jk_z\frac{\partial E_z}{\partial x} + j\omega\mu\frac{\partial H_z}{\partial y}\right\} \tag{11.10a}$$

같은 방법으로 E_y, H_x, H_y에 대한 식을 다음과 같이 유도할 수 있다([연습문제 11.1] 참조).

$$E_y = \frac{1}{k^2 - k_z^2}\left\{-jk_z\frac{\partial E_z}{\partial y} + j\omega\mu\frac{\partial H_z}{\partial x}\right\} \tag{11.10b}$$

$$H_x = \frac{1}{k^2 - k_z^2}\left\{j\omega\varepsilon\frac{\partial E_z}{\partial y} - jk_z\frac{\partial H_z}{\partial x}\right\} \tag{11.10c}$$

$$H_y = \frac{-1}{k^2 - k_z^2}\left\{j\omega\varepsilon\frac{\partial E_z}{\partial x} + jk_z\frac{\partial H_z}{\partial y}\right\} \tag{11.10d}$$

여기서 알아둘 것은 E_x와 H_y는 식 (11.7b)와 식 (11.8a)로부터 유도되는 반면, E_y와 H_x는 식 (11.7a)와 식 (11.8b)로부터 유도된다는 점이다. 여기에서 전자기장의 수직방향 성분transverse component인 E_x, E_y, H_x, H_y를 평행방향 성분longitudinal component인 E_z, H_z를 써서 나타냈다. 이때 '수직방향'이라는 것은 유도(진행)방향(여기서는 z방향)에 대해 수직임을, '평행방향'이라는 것은 유도방향(z방향)에 대해 평행함을 뜻한다. 따라서 전자기장의 z성분(E_z, H_z)만 구하면 나머지 성분들을 모두 구할 수 있는데, z성분은 식 (11.5)로부터 얻을 수 있는 다음의 파동방정식을 만족한다.

$$\frac{\partial^2 E_z}{\partial x^2} + \frac{\partial^2 E_z}{\partial y^2} + \left(k^2 - k_z^2\right)E_z = 0 \tag{11.11a}$$

$$\frac{\partial^2 H_z}{\partial x^2} + \frac{\partial^2 H_z}{\partial y^2} + \left(k^2 - k_z^2\right)H_z = 0 \tag{11.11b}$$

식 (11.11)은 2계 편미분방정식 second-order partial differential equation 으로, 4장에서 다루었던 라플라스 방정식(식 (4.39) 참조)의 맨 뒤에 항이 하나 더 추가된 것이다. 따라서 라플라스 방정식을 풀 때 사용했던 변수 분리법을 여기서도 똑같이 적용하여 일반해를 구할 수 있다. 11.4절에서 자세히 다루겠지만, 식 (11.11)의 E_z와 H_z에 대한 일반해의 형태는 다음과 같다.

$$E_z(x,\ y,\ z) = \{A\sin k_x x + B\cos k_x x\}\ \{C\sin k_y y + D\cos k_y y\} e^{-jk_z z} \tag{11.12}$$

이 식에서 k_x, k_y, k_z는 다음의 분산 관계식 dispersion relation 을 만족해야 한다.

$$k_x^2 + k_y^2 + k_z^2 = k^2 = \omega^2 \mu\varepsilon \tag{11.13}$$

허용되는 k_x, k_y 값과 계수 A, B, C, D는 도체 벽의 표면에서 적절한 경계조건(금속 도파관인 경우에는 $\mathbf{E}_{\tan} = 0$)을 적용하여 구할 수 있다.

도파 구조를 따라 전파하는 전자기파를 E_z성분이나 H_z성분의 유무에 따라 다음 세 가지 형식으로 분류하면 전자기파를 해석하기가 좀더 쉬워진다.

❶ $E_z = 0,\ H_z \neq 0$: 수직방향 전기장 모드(TE 모드)

❷ $H_z = 0,\ E_z \neq 0$: 수직방향 자기장 모드(TM 모드)

❸ $E_z = 0,\ H_z = 0$: 수직방향 전자기장 모드(TEM 모드)

각 형식마다 해를 따로따로 구하는 편이 더 쉬운데, 이렇게 하면 도파로의 일반해를 구하는 과정에서 발생하는 복잡함을 덜 수 있다. TE 모드의 경우, 전기장은 수직방향 성분(x, y성분)만을 갖는 반면에 자기장은 수직방향 성분(x, y성분)과 평행방향 성분(z성분)을 모두 갖는다. 따라서 TE 모드 해를 구할 때는 H_z 하나만 구한 다음, 식 (11.10)을 통해 $\mathbf{E}$와 $\mathbf{H}$의 나머지 성분들을 모두 구하면 된다. TM 모드의 경우, 자기장은 수직방향 성분만 갖는 반면, 전기장은 수직방향 성분과 평행방향 성분을 모두 갖는다. TM 모드 해를 구할 때는 E_z를 먼저 구하고 식 (11.10)으로 나머지 성분들을 모두 계산하면 된다. TEM 모드의 경우에는 수직방향 성분을 직접 구해야 한다. 2선 전송선로, 평행판 도파로, 동축케이블과 같이 두 개의 도체로 구성된 전송선로에는 TEM 모드의 전자기파가 존재한다. TEM 모드는 직사각형 도파관과 같이 한 개의 도체로 이루어진 도파 구조에는 존재하지 않는데, 이에 대해서는 나중에 살펴보기로 한다.

지금까지 배운 내용을 정리해보자. z방향을 따라 단면이 균일한 금속 도파로에 존재하는 전자기장의 해를 구하는 방법은 다음과 같다.

❶ 1단계 : 완전도체 표면에서 경계조건($E_{tan} = 0$)을 적용하여 식 (11.11)을 만족하는 평행방향 성분 E_z(TM 모드의 경우) 또는 H_z(TE 모드의 경우)를 구한다.

❷ 2단계 : 식 (11.10)을 이용하여 E_z 또는 H_z로부터 수직방향 성분(E_x, E_y, H_x, H_y)을 구한다.

지금부터는 가장 간단한 도파 구조인 평행판 도파로에 대해 먼저 알아보고, 이어서 직사각형 도파관을 살펴본다. 또한 직사각형 공동 공진기도 알아보는데, 이 구조의 해는 직사각형 도파관의 해를 단순히 확장한 것에 지나지 않는다.

11.3 평행판 도파로 Parallel-Plate Waveguide

평행판 도파로 parallel-plate waveguide 는 [그림 11-3]과 같이 거리 a만큼 떨어져 있는 두 개의 완전도체 판으로 이루어져 있다. 두 판 사이는 물질상수가 μ, ε인 매질로 채워져 있다. 도체판의 폭 w는 간격 a보다 훨씬 크다고 가정한다. 또한 단면은 y방향으로 무한히 펼쳐져 있는 것으로 가정한다. 즉 $w \to \infty$ 인데, 이렇게 가정한 이유는 간단한 형태의 해석적인 해 analytical solutions 를 구하기 위해서이다. 앞 절에서와 마찬가지로 파는 $+z$방향으로 전파한다고 가정한다.

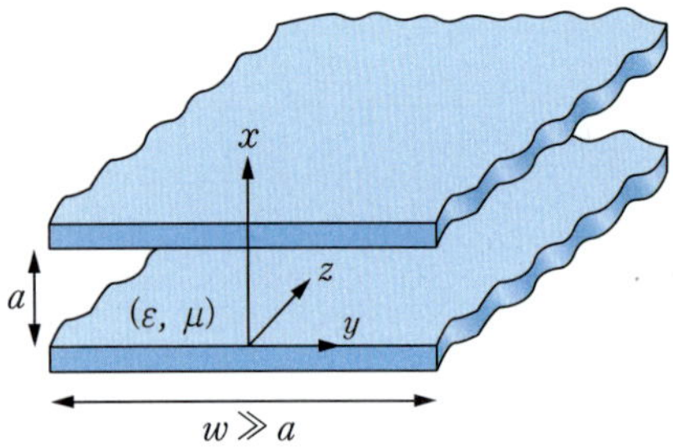

그림 11-3 평행판 도파로

먼저, 두 판이 y방향으로 무한히 뻗어 있어 가장자리 영향 edge effect 을 무시할 수 있다. 따라서 모든 전자기장은 y방향으로는 변하지 않는다고 가정한다. 전자기장이 y에 따라서는 변하지 않으므로 y에 대한 미분은 0이 된다. 즉 $\frac{\partial}{\partial y} = 0$이다.

그러면 식 (11.10)은 다음 식으로 간단해진다.

$$E_x = -\frac{jk_z}{k_x^2}\frac{\partial E_z}{\partial x}, \quad E_y = \frac{j\omega\mu}{k_x^2}\frac{\partial H_z}{\partial x}$$
$$H_x = -\frac{jk_z}{k_x^2}\frac{\partial H_z}{\partial x}, \quad H_y = -\frac{j\omega\varepsilon}{k_x^2}\frac{\partial E_z}{\partial x} \tag{11.14}$$

여기서

$$k_x^2 = k^2 - k_z^2 \tag{11.15}$$

이다. 식 (11.11)은 다음과 같이 간단해진다.

$$\frac{\partial^2 E_z}{\partial x^2} + k_x^2 E_z = 0, \quad \frac{\partial^2 H_z}{\partial x^2} + k_x^2 H_z = 0 \tag{11.16}$$

식 (11.16)은 두 개의 독립해 $\sin k_x x$와 $\cos k_x x$를 갖는다. 지금부터 두 가지 형식의 해를 따로따로 살펴보기로 하자.

11.3.1 TM 모드 해

TM 모드에서는 $H_z = 0$이므로 식 (11.16)을 만족하는 $E_z(x, z)$의 해를 찾는다. E_z의 해는 다음과 같이 쓸 수 있다.

$$E_z(x, z) = \{A \sin k_x x + B \cos k_x x\}\, e^{-jk_z z} \tag{11.17}$$

여기서 A와 B는 임의의 상수이다. 이제 완전도체의 표면 위에서 경계조건을 적용한다.

$$\mathbf{E}_{\tan} = 0, \text{ 즉 } E_y = E_z = 0 \qquad (x = 0,\ x = a\text{에서})$$

식 (11.17)의 E_z에 다음과 같이 경계조건을 적용한다.

❶ $x = 0$에서 $E_z = 0$

❷ $x = a$에서 $E_z = 0$

경계조건 ❶에 의해 $B = 0$을 얻는다. 따라서 E_z는 다음과 같이 쓸 수 있다.

$$E_z = A \sin(k_x x) e^{-jk_z z} \tag{11.18}$$

경계조건 ❷를 적용하면 다음 조건이 나오는데, 이 조건으로부터 k_x가 가질 수 있는 값을 구할 수 있다.

$$\sin(k_x a) = 0 \ \rightarrow\ k_x a = m\pi,\ m = \text{정수}$$

$$k_x = \frac{m\pi}{a} \qquad (m = 0,\ 1,\ 2,\ 3,\ \cdots) \tag{11.19}$$

여기서 얻은 k_x 값을 **고윳값** eigenvalue 또는 **특성값** characteristic value 이라고 한다. 식 (11.15)와 식 (11.2)를 이용하면 다음 분산 관계식을 얻을 수 있다.

$$k_x^2 + k_z^2 = k^2 \quad \text{또는} \quad \left(\frac{m\pi}{a}\right)^2 + k_z^2 = \omega^2 \mu\varepsilon \tag{11.20}$$

따라서 TM 모드에서 E_z의 최종식은 다음과 같다.

$$E_z = E_0 \sin\left(\frac{m\pi}{a}x\right)e^{-jk_z z} \quad : \text{TM}_m \text{ 모드} \tag{11.21}$$

여기서

$$k_z = \sqrt{\omega^2\mu\varepsilon - \left(\frac{m\pi}{a}\right)^2} \qquad (m = 0,\ 1,\ 2,\ 3,\ \cdots) \tag{11.22}$$

이다. 식 (11.18)에서 $A = E_0$로 두었다. 식 (11.22)는 식 (11.20)에서 얻을 수 있다. 여기서 알아둘 것은 전자기장 분포와 전파상수 k_z는 m 값에 따라 달라진다는 점이다. 주어진 m 값에 따라 정해지는 전자기장을 **TM_m 모드**라고 한다.

전자기장의 수직방향 성분은 식 (11.14)로부터 다음과 같이 구할 수 있다.

$$\begin{aligned} E_x &= -j\frac{k_z}{m\pi/a}E_0 \cos\left(\frac{m\pi}{a}x\right)e^{-jk_z z} \\ H_y &= -j\frac{\omega\varepsilon}{m\pi/a}E_0 \cos\left(\frac{m\pi}{a}x\right)e^{-jk_z z} \\ E_y &= H_x = 0 \end{aligned} \tag{11.23}$$

전파 모드와 차단 주파수

먼저, 식 (11.21)에서 보듯이, 전자기파가 감쇠되지 않고 z 방향으로 유도되어 진행하기 위해서는 전파상수 k_z가 반드시 실수여야 한다. 식 (11.22)로부터 다음 사항을 알 수 있다.

❶ $\omega\sqrt{\mu\varepsilon} > \dfrac{m\pi}{a}$ 일 때, k_z는 다음과 같이 실수가 된다.

$$k_z \equiv \beta = \sqrt{\omega^2\mu\varepsilon - \left(\frac{m\pi}{a}\right)^2} \tag{11.24}$$

그러면 파는 z 방향으로 전파한다.

❷ $\omega\sqrt{\mu\varepsilon} < \dfrac{m\pi}{a}$ 일 때, $k_z^2 < 0$ 이므로 k_z는 다음과 같이 순허수 imaginary 가 된다.

$$k_z = -j\alpha = -j\sqrt{\left(\frac{m\pi}{a}\right)^2 - \omega^2\mu\varepsilon} \;\rightarrow\; e^{-jk_z z} = e^{-\alpha z} \tag{11.25}$$

그러면 파는 z 방향으로 전파하는 동안에 감쇠되면서 급격하게 작아진다. 이렇게 되는 파를 **소멸파** evanescent wave 라고 한다. 이때 파는 차단 영역 cutoff region 에 있다고 말한다. 차단이 일어나는 주파수, 다시 말해 전파상수 k_z가 β에서 $-j\alpha$로 바뀌는 주파수를 **차단 주파수** cutoff frequency 라고 한다. 식 (11.24)에서 $k_z = 0$으로 놓으면 차단 주파수를 다음과 같이 구할 수 있다.

$$(2\pi f_c)\sqrt{\mu\varepsilon} = \frac{m\pi}{a} \quad \rightarrow \quad f_c = \frac{1}{\sqrt{\mu\varepsilon}}\frac{m}{2a} = \frac{v}{2a}m \tag{11.26}$$

차단 주파수는 모드번호 m에 따라 달라진다. 식 (11.26)은 TM_m 모드의 차단 주파수를 나타내는 식이다. 다음과 같이 동작 주파수 f와 차단 주파수 f_c의 상대적인 크기에 따라 TM_m 모드의 전파 여부가 결정된다.

❶ $f > f_{c,m} = \frac{v}{2a}m$이면 TM_m 모드는 전파한다.

❷ $f < f_{c,m} = \frac{v}{2a}m$이면 TM_m 모드는 차단된다.

주 모드

차단 주파수가 가장 낮은(작은) 모드를 **주 모드** dominant mode 라고 한다. 식 (11.26)에서 $m = 0$일 때 $f_c = 0$이 되는데, 이 값이 차단 주파수로는 가장 작은 값이다. 따라서 평행판 도파로의 수많은 TM 모드들 중에서 주 모드는 **TM_0 모드**이다. $m = 0$일 때 식 (11.21)과 식 (11.23)으로부터 다음 결과를 얻을 수 있다.

$$E_z = 0 \quad E_x = E_0' e^{-jkz}, \ H_y = \frac{E_0'}{\eta}e^{-jkz} \quad : \text{TM}_0 \text{ 모드인 경우} \tag{11.27}$$

여기서 $E_0' = -j\frac{k_z}{m\pi/a}E_0$로 다시 정의했고, $m = 0$일 때 $k_z = k$와 $\frac{k_z}{\omega\varepsilon} = \eta$를 사용했다.

이 경우에는 $E_z = 0$이고 또한 $H_z = 0$이다. 즉 모든 전기장 성분과 자기장 성분은 진행방향(z)에 대해 수직이다. 따라서 TM_0는 **TEM 모드**이다. TM_0 다음으로 높은 차단 주파수를 갖는 모드는 TM_1 모드로, 그 차단 주파수는 다음과 같다.

$$f_{c,1} = \frac{v}{2a} \tag{11.28}$$

이에 해당하는 차단 파장 cutoff wavelength 은 다음과 같다.

$$\lambda_{c,1} = \frac{v}{f_{c,1}} = 2a \tag{11.29}$$

동작 주파수를 $f_{c,0} < f < f_{c,1}$, 즉 $0 < f < \frac{v}{2a}$(파장으로 쓰면 $\lambda > 2a$)로 하면 주 모드인 TEM 모드만 전파하며 모든 고차 모드들은 차단된다. 이렇게 하면 $m = 1, 2, 3, \cdots$에 대해 $f < f_{c,m} = \frac{v}{2a}m$이 되기 때문이다. 이러한 방식을 **단일 모드 동작** single mode operation 이라고 한다. 도파로를 실제로 사용할 때는 대부분 이런 방식으로 동작시킨다. 그 이유는 여러 개의 모드들이 함께 존재할 때는 모드마다 전파속도가 다르게 되는(식 (11.32) 참조) 분산 문제 dispersion problem 가 발생하여 신호에 왜곡(일그러짐) distortion 이 생기기 때문이다.

도파로 내 파장, 위상속도, 군속도

파가 전파 모드로 진행하는 경우, 위상상수 phase constant 는 식 (11.24)로부터 다음과 같이 주어진다.

$$k_z \equiv \beta = \omega\sqrt{\mu\varepsilon}\sqrt{1-\left(\frac{v}{f}\frac{m}{2a}\right)^2} = k\sqrt{1-\left(\frac{f_c}{f}\right)^2} \tag{11.30}$$

이에 해당하는 도파로 내의 파장을 **도파로 내 파장** guide wavelength 이라고 하며, 이를 식으로 나타내면 다음과 같다.

$$\lambda_g \equiv \frac{2\pi}{k_z} = \frac{2\pi}{k\sqrt{1-\left(\frac{f_c}{f}\right)^2}} = \frac{\lambda}{\sqrt{1-\left(\frac{f_c}{f}\right)^2}} \qquad (f > f_c) \tag{11.31}$$

여기서 λ는 도파로에 의해 한정되지 않은 무한히 넓은 매질 속의 파장이다. $\lambda_g > \lambda$라는 것을 잘 알아두어야 한다.

파의 위상속도 phase velocity 는 다음과 같다.

$$v_p \equiv \frac{\omega}{k_z} = \frac{\omega}{k\sqrt{1-\left(\frac{f_c}{f}\right)^2}} = \frac{v}{\sqrt{1-\left(\frac{f_c}{f}\right)^2}} \qquad (f > f_c) \tag{11.32}$$

여기서 v는 무한한 매질 속에서의 파의 위상속도이다. 여기서 잘 알아둘 것은 $v_p > v$이며 v_p는 주파수와 모드번호에 따라 달라진다는 점이다. 따라서 도파로는 분산이 있는 전송 시스템 dispersive transmission system 으로, 도파로의 분산은 9.6절에서 살펴본 손실이 있는 매질 lossy medium 속에서의 분산과 비슷하다. 군속도(무리속도) group velocity 는 위상속도와는 차이가 나며 다음 식으로 주어진다.

$$v_g = \frac{\partial\omega}{\partial k_z} = \frac{1}{\left(\frac{\partial k_z}{\partial\omega}\right)} = v\sqrt{1-\left(\frac{f_c}{f}\right)^2} \tag{11.33}$$

여기서 주목할 점은 $v_g < v$로 군속도는 무한한 매질 속에서의 파의 위상속도보다 빠를 수 없다는 것인데, 그 이유는 손실이 없는 도파로에서 에너지가 전송되는 속도가 군속도와 같기 때문이다.[2] 식 (11.33)을 유도하는 과정은 [연습문제 11.3]으로 남겨 놓았다.

파동 임피던스

파동 임피던스 wave impedance 는 진행(유도)방향에 수직인 전기장과 자기장의 비로 정의되며, 이를 식으로 쓰면 다음과 같다.

2 D. K. Cheng, *Field and Wave Electromagnetics*, pp. 541–543, Addison–Wesley Publishing Co., 1989, 2nd ed.

$$Z_{\mathrm{TM}} \equiv \frac{E_x}{H_y} = \frac{k_z}{\omega\varepsilon} = \eta\sqrt{1-\left(\frac{f_c}{f}\right)^2} \qquad (f > f_c) \tag{11.34}$$

여기서 알아둘 것은 전파 모드($f > f_c$인 경우)에서는 파동 임피던스가 실수이고, 차단 모드($f < f_c$인 경우)에서는 $k_z = -j\alpha$이므로 파동 임피던스는 순허수가 되어 리액턴스 성분만을 가진다.

시간평균 전력 흐름

파가 전파 모드인 경우에 TM_m 모드의 시간평균 포인팅 벡터는 다음과 같다.

$$\begin{aligned}\mathbf{S}_{av} &= \frac{1}{2}\mathrm{Re}\{\mathbf{E}\times\mathbf{H}^*\} = \frac{1}{2}\mathrm{Re}\left\{(\mathbf{a}_x E_x + \mathbf{a}_z E_z)\times \mathbf{a}_y H_y^*\right\} \\ &= \frac{1}{2}\mathrm{Re}\{-\mathbf{a}_x E_z H_y^* + \mathbf{a}_z E_x H_y^*\} \\ &= \mathbf{a}_z \frac{1}{2} E_x H_y^* = \mathbf{a}_z \frac{1}{2} k_z \omega\varepsilon\left(\frac{a}{m\pi}\right)^2 |E_0|^2 \cos^2\left(\frac{m\pi}{a}x\right) \qquad (f > f_c)\end{aligned} \tag{11.35}$$

여기서 $E_z H_y^*$는 순허수이다. 파가 차단 영역에 있으면 k_z는 순허수가 되어 $\mathbf{S}_{av} = 0$이 되므로 예상한 대로 파는 전파하지 않는다. 도파로를 따라 흐르는 시간평균 전력은 $\mathbf{S}_{av}$를 도파로의 단면 전체에 걸쳐 적분하면 쉽게 계산할 수 있다.

끝으로, 도파로 내부의 파의 전파를 전기장의 해를 이용하여 해석해보자. 식 (11.21)과 식 (11.23)으로 주어진 해는 x 방향으로는 정지파 standing wave 이며, z 방향으로는 진행파 traveling wave 라는 것을 나타낸다. 정지파는 다음과 같이 서로 반대방향으로 진행하는 두 파의 중첩으로 쓸 수 있다.

$$\sin\left(\frac{m\pi}{a}x\right) = \frac{1}{2j}\left(e^{j\frac{m\pi}{a}x} - e^{-j\frac{m\pi}{a}x}\right)$$

따라서

$$E_z = \frac{(-E_0)}{2j}\left(e^{-j\frac{m\pi}{a}x}e^{-jk_z z} - e^{j\frac{m\pi}{a}x}e^{-jk_z z}\right) \tag{11.36}$$

이 된다. 이 식의 첫째 항은 $+x$방향과 $+z$방향으로 진행하는 평면파를 나타내고, 둘째 항은 $-x$방향과 $+z$방향으로 진행하는 파를 나타낸다. 이들 두 파를 [그림 11-4]에 나타냈다. 그림에서 비스듬히 위쪽으로 진행하는 파는 첫째 항에 해당하고, 비스듬히 아래쪽으로 진행하는 파는 둘째 항에 해당한다. 아래쪽으로 진행하는 파는 위쪽 도체 경계에서 전반사되어 생긴 것이다. 이들 두 파의 진폭 비 ratio 는 완전도체 표면에서 전기장에 대한 반사계수로 $R = -1$이다. [그림 11-4]의 해석 내용은 식 (11.36)과 완전히 일치한다. $m \neq 0$인 경우에는 파는 도파로 내부를 곧장 일직선으로 나아가지 못하고 두 도체 벽 사이에서 반사되면서 도파로를 따라 진행한다.

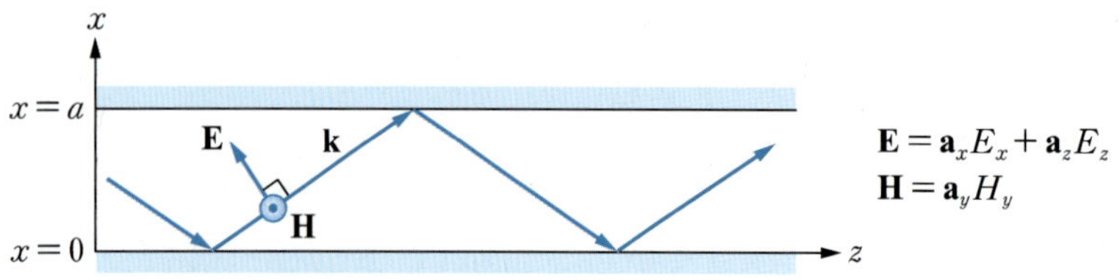

그림 11-4 평행판 도파로의 TM파 전송

11.3.2 TE 모드 해

TE 모드에서는 $E_z = 0$이므로 식 (11.16)을 만족하는 $H_z(x,\ z)$의 해를 찾는다. H_z의 해는 다음과 같이 쓸 수 있다.

$$H_z(x,\ z) = \{C \sin k_x x + D \cos k_x x\}\, e^{-jk_z z} \tag{11.37}$$

여기서 C와 D는 임의의 상수이다. 도체판 위에서의 경계조건은 다음과 같다.

$$\mathbf{E}_{\tan} = 0 \ \rightarrow\ E_y = \frac{j\omega\mu}{k_x^2}\frac{\partial H_z}{\partial x} = 0 \qquad (x = 0,\ x = a\text{에서})$$

첫 번째 경계조건인, $x = 0$에서 $E_y \propto \dfrac{\partial H_z}{\partial x} = 0$을 적용하면 $C = 0$이 나온다. 따라서 다음 식을 얻는다.

$$H_z = D \cos(k_x x)\, e^{-jk_z z} \tag{11.38}$$

두 번째 경계조건인, $x = a$에서 $E_y \propto \dfrac{\partial H_z}{\partial x} = 0$을 적용하면 다음과 같이 k_x가 가질 수 있는 값을 구할 수 있다.

$$\sin(k_x a) = 0 \ \rightarrow\ k_x = \frac{m\pi}{a} \qquad (m = 1,\ 2,\ 3,\ \cdots) \tag{11.19}$$

이 결과는 앞서 TM 모드에서 구한 식 (11.19)와 같다. k_x와 k_z도 TM 모드와 똑같은 분산 관계식인 식 (11.20)을 만족한다.

TE 모드에서 H_z의 최종식은 다음과 같다.

$$H_z = H_0 \cos\left(\frac{m\pi}{a}x\right) e^{-jk_z z} \quad : \mathrm{TE}_m \text{ 모드} \tag{11.39}$$

여기서

$$k_z = \sqrt{\omega^2\mu\varepsilon - \left(\frac{m\pi}{a}\right)^2} \qquad (m = 1,\ 2,\ 3,\ \cdots) \tag{11.22}$$

이다. 식 (11.38)에서 $D=H_0$로 놓았다. 이번에도 TM 모드와 마찬가지로 전자기장 분포와 전파상수 k_z는 모드번호 m 값에 따라 달라진다. 전자기장의 수직방향 성분은 식 (11.14)로부터 다음과 같이 구할 수 있다. TE 모드($m=0$)는 존재하지 않음을 잘 알고 있어야 한다.

$$
\begin{aligned}
E_y &= -j\frac{\omega\mu}{m\pi/a}H_0\sin\left(\frac{m\pi}{a}x\right)e^{-jk_z z}\\
H_x &= j\frac{k_z}{m\pi/a}H_0\sin\left(\frac{m\pi}{a}x\right)e^{-jk_z z}\\
E_x &= H_y = 0
\end{aligned}
\tag{11.40}
$$

평행판 도파로에 대한 TM 모드 해와 TE 모드 해를 [표 11-1]에 정리했다.

표 11-1 평행판 도파로에 대한 전자기장 해

TM_m **모드**	TE_m **모드**
$\mathbf{E}=\mathbf{a}_x E_x+\mathbf{a}_z E_z$	$\mathbf{E}=\mathbf{a}_y E_y$
$\mathbf{H}=\mathbf{a}_y H_y$	$\mathbf{H}=\mathbf{a}_x H_x+\mathbf{a}_z H_z$
$E_z=E_0\sin\left(\frac{m\pi}{a}x\right)e^{-jk_z z}$	$H_z=H_0\cos\left(\frac{m\pi}{a}x\right)e^{-jk_z z}$
$E_x=-\frac{jk_z}{m\pi/a}E_0\cos\left(\frac{m\pi}{a}x\right)e^{-jk_z z}$	$H_x=\frac{jk_z}{m\pi/a}H_0\sin\left(\frac{m\pi}{a}x\right)e^{-jk_z z}$
$H_y=-\frac{j\omega\varepsilon}{m\pi/a}E_0\cos\left(\frac{m\pi}{a}x\right)e^{-jk_z z}$	$E_y=-\frac{j\omega\mu}{m\pi/a}H_0\sin\left(\frac{m\pi}{a}x\right)e^{-jk_z z}$
위상상수 (phase constant)	$k_z=\sqrt{\omega^2\mu\varepsilon-\left(\frac{m\pi}{a}\right)^2}=k\sqrt{1-\left(\frac{f_c}{f}\right)^2}$
차단 주파수 (cutoff frequency)	$f_{c,m}=\frac{v}{2a}m=\frac{1}{\sqrt{\mu\varepsilon}}\frac{m}{2a}$
도파로 내 파장 (guide wavelength)	$\lambda_g=\frac{2\pi}{k_z}=\frac{\lambda}{\sqrt{1-(f_c/f)^2}}$
위상속도 (phase velocity)	$v_p=\frac{\omega}{k_z}=\frac{v}{\sqrt{1-(f_c/f)^2}}$
군속도 (group velocity)	$v_g=\frac{\partial\omega}{\partial k_z}=v\sqrt{1-\left(\frac{f_c}{f}\right)^2}$
파동 임피던스 (wave impedance)	$Z_{\mathrm{TM}}=\eta\sqrt{1-\left(\frac{f_c}{f}\right)^2}$, $Z_{\mathrm{TE}}=\frac{\eta}{\sqrt{1-\left(\frac{f_c}{f}\right)^2}}$

주 모드(dominant mode) : TM_0 즉 TEM 모드

$$\mathbf{E}=\mathbf{a}_x E_0\,e^{-jkz},\quad \mathbf{H}=\mathbf{a}_y\frac{E_0}{\eta}e^{-jkz}$$

$$k=\omega\sqrt{\mu\varepsilon},\quad \eta=\sqrt{\frac{\mu}{\varepsilon}},\quad f_{c,0}=0$$ (차단 주파수가 없음)

앞 절에서 차단 주파수, 도파로 내 파장, 위상속도, 군속도, 파동 임피던스 그리고 정지파 해석에 대해 설명한 모든 내용은 TE 모드에도 그대로 적용되는데, 다음 세 가지는 예외이다.

❶ TE 모드 중에서 차단 주파수가 가장 낮은 주 모드는 $m=0$일 때의 모드가 아니라 $m=1$일 때인 TE_1 모드로, 차단 주파수는 $f_{c,1}=\dfrac{v}{2a}$이다. $m=0$일 때는 $E_y=H_x=0$이 되므로, 이러한 모드는 존재할 수 없다. 결국 평행판 도파로에서는 모든 TM, TE 모드를 통틀어 TM_0 모드, 즉 TEM 모드가 주 모드이다. TE_1 모드와 TM_1 모드의 전기장선과 자기장선을 [그림 11-5]에 나타냈다.

❷ TE 모드의 파동 임피던스는 다음과 같다.

$$Z_{\mathrm{TE}}=-\frac{E_y}{H_x}=\frac{\omega\mu}{k_z}=\frac{\eta}{\sqrt{1-\left(\dfrac{f_c}{f}\right)^2}}\qquad (f>f_c) \tag{11.41}$$

여기서 주목할 것은 전파 모드에 대해서는 $Z_{\mathrm{TM}}<\eta$이고 $Z_{\mathrm{TE}}>\eta$이며 $f\to\infty$로 가면 Z_{TM}과 Z_{TE} 값은 둘 다 η에 점점 가까워진다는 사실이다.

❸ TE_m 모드에 대한 시간평균 포인팅 벡터는 다음과 같다.

$$\begin{aligned}\mathbf{S}_{av}&=\frac{1}{2}\mathrm{Re}\{\mathbf{E}\times\mathbf{H}^*\}=\frac{1}{2}\mathrm{Re}\left\{\mathbf{a}_yE_y\times(\mathbf{a}_xH_x+\mathbf{a}_zH_z)^*\right\}\\&=\frac{1}{2}\mathrm{Re}\left\{\mathbf{a}_xE_yH_z^*-\mathbf{a}_zE_yH_x^*\right\}\\&=\mathbf{a}_z\left\{-\frac{1}{2}E_yH_x^*\right\}=\mathbf{a}_z\frac{1}{2}k_z\omega\mu\left(\frac{a}{m\pi}\right)^2|H_0|^2\sin^2\!\left(\frac{m\pi}{a}x\right)\qquad(f>f_c)\end{aligned}$$

여기서 알아둘 것은 파가 전파 모드인 경우에는 $E_yH_z^*$는 순허수가 된다는 사실이다.

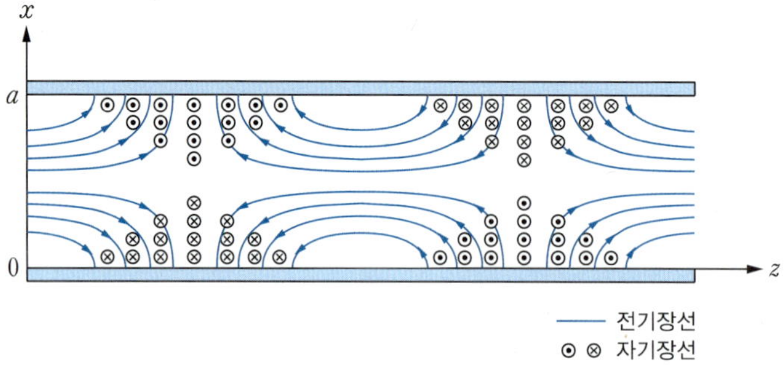

(a)

그림 11-5 평행판 도파로에서 TM_1 모드와 TE_1 모드의 전기장선과 자기장선 (계속)

(a) TM_1 모드

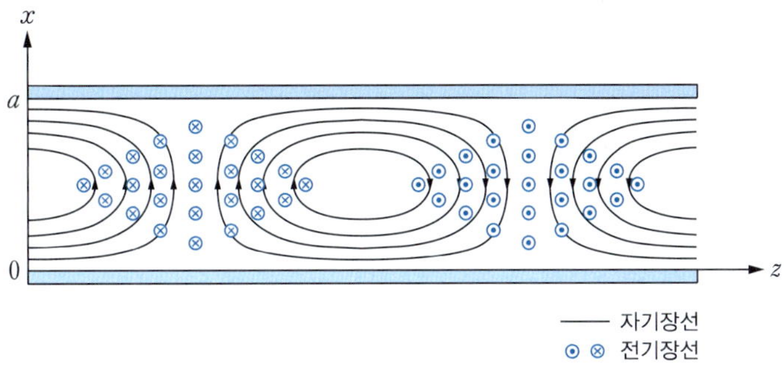

(b)

그림 11-5 평행판 도파로에서 TM_1 모드와 TE_1 모드의 전기장선과 자기장선

(b) TE_1 모드

예제 11-1 마이크로스트립 선로

마이크로스트립 선로 microstrip line 는 인쇄회로 기술 printed circuit technique 을 적용하여 쉽게 제작할 수 있으므로 초고주파 집적회로 microwave integrated circuit 에서 가장 널리 사용되는 평면형 전송선로이다. 이 선로는 [그림 11-6]에 나타나 있듯이 폭이 w인 금속 스트립(조각) strip 과 넓은 도체 접지판 ground plane 사이에 두께가 d인 얇은 층의 유전체 기판 dielectric substrate 이 들어 있는 구조로 되어 있다. 전자기장은 유전체층 내부는 물론 기판 위쪽의 공기 영역에도 존재한다. 그렇지만 스트립의 폭이 유전체층의 두께보다 훨씬 크면 마이크로스트립을 평행판 도파로처럼 다룰 수 있으므로 주 모드 전자기장을 앞에서 배운 TEM 모드로 근사시킬 수 있다.

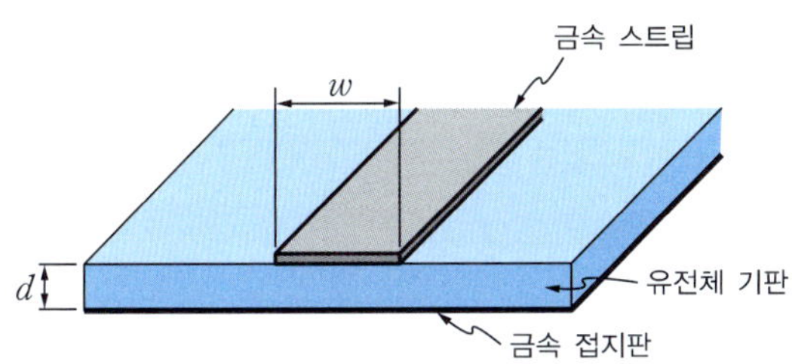

그림 11-6 마이크로스트립 선로

이 마이크로스트립 선로가 $w = 0.7\,[\mathrm{cm}]$, $d = 1.4\,[\mathrm{mm}]$이고, 기판이 $\varepsilon = 1.96\varepsilon_0$, $\mu = \mu_0$, $\sigma = 0$일 때 다음 물음에 답하라.

(a) 주 모드 하나만 전파하는 주파수 범위를 구하라.

(b) 이 선로에 의해 전송되는 주 모드의 시간평균 전력을 계산하라. 단 전기장의 진폭은 $7\,[\mathrm{kV/m}]$이다.

풀이

(a) 마이크로스트립을 평행판 도파로로 취급하면 주 모드는 차단 주파수가 없는(즉 차단 주파수가 $f_{c,0} = 0$인) TEM 모드이고 바로 다음의 고차 모드는 TM_1 또는 TE_1이다. 이 모드의 차단 주파수를 구해보면 다음과 같다.

$$f_{c,1} = \frac{v}{2d} = \frac{1}{\sqrt{\mu\varepsilon}}\frac{1}{2d} = \frac{1}{\sqrt{\mu_0 1.96\varepsilon_0}}\frac{1}{2\times 1.4\times 10^{-3}} = \frac{3\times 10^8}{1.4\times 2.8\times 10^{-3}}$$
$$= 7.65\times 10^{10}\,[\mathrm{Hz}]$$

따라서 주 모드만 전파하는 주파수 범위는 다음과 같다.

$$0 < f < 76.5\,[\mathrm{GHz}]$$

(b) TEM 모드의 경우, 전자기장은 다음과 같다.

$$\mathbf{E} = \mathbf{a}_x E_0\, e^{-jkz},\quad \mathbf{H} = \mathbf{a}_y \frac{E_0}{\eta}\, e^{-jkz}$$

시간평균 포인팅 벡터는 다음 식과 같다.

$$\mathbf{S}_{av} = \frac{1}{2}\mathrm{Re}(\mathbf{E}\times\mathbf{H}^*) = \mathbf{a}_z\frac{1}{2}\mathrm{Re}\left\{E_0\left(\frac{E_0}{\eta}\right)^*\right\} = \mathbf{a}_z\frac{|E_0|^2}{2\eta}$$

선로에 의해 전송되는 TEM 모드의 시간평균 전력은 다음과 같이 폭이 w, 두께가 d인 유전체 단면에 대해 적분하여 근사적으로 구할 수 있다.

$$P_{av} = \iint \mathbf{S}_{av}\cdot d\mathbf{s} = \int_0^w\int_0^d \frac{|E_0|^2}{2\eta}\,dx\,dy = \frac{|E_0|^2 wd}{2\sqrt{\dfrac{\mu_0}{1.96\varepsilon_0}}}$$
$$= \frac{(7\times 10^3)^2\cdot 7\times 10^{-3}\cdot 1.4\times 10^{-3}}{2\times\dfrac{377}{1.4}} = 0.89\,[\mathrm{W}]$$

여기서는 유전체 기판 영역에서 폭 w를 벗어난 양쪽에 존재하는 전자기장은 무시했다.

예제 11-2 절연파괴

도파로에 강한 전기장이 가해지면 도파로를 구성하는 유전체 기판의 절연이 파괴된다. 어떤 유전체가 절연이 파괴되지 않고 견딜 수 있는 최대 전기장의 크기를 그 유전체의 **절연강도**dielectric strength 또는 절연내력이라고 한다. 이제 여러분이 $w = 20d$인 평행판 도파로를 설계하고 있다고 가정하자. 두 평행판 사이는 폴리스티렌polystyrene 유전체로 채워져 있는데, 이 물질의 유전상수는 2.6이고 절연강도는 $20\times 10^6\,[\mathrm{V/m}]$이다. 이 도파로로 $1\,[\mathrm{kW}]$의 전력을 전송하려면 유전체의 두께는 최소 얼마가 되어야 하는가?

풀이

도파로에 주 모드인 TEM 모드가 전파한다고 가정하면 전송되는 시간평균 전력은 다음과 같다.

$$P_{av} = \frac{|E_0|^2}{2\eta}wd = \frac{|E_0|^2}{2\sqrt{\dfrac{\mu_0}{2.6\varepsilon_0}}}20d^2 = \frac{|E_0|^2}{2\times 233.8}20d^2 = 10^3\,[\mathrm{W}]$$

절연강도가 20×10^6[V/m]이므로 $|E_0| \leq 2 \times 10^7$[V/m]이다. 따라서 유전체의 최소 두께는 다음과 같이 구할 수 있다.

$$d = \sqrt{\frac{10^3 \times 2 \times 233.8}{20|E_0|^2}} \geq \sqrt{\frac{10^2 \times 233.8}{(2 \times 10^7)^2}} = 7.65 \times 10^{-6}[\mathrm{m}]$$

도파로에서의 감쇠

지금까지의 해석에서는 도체판을 완전도체($\sigma = \infty$)로 가정했다. 실제로 도파로에 사용되는 금속의 특성은 완전하지 않아서 전도율 σ 값이 높다고 해도 무한대가 아닌 어떤 유한한 값이 된다. 그러면 전자기파가 도파로를 따라 전파하는 과정에서 도체 벽 속으로 뚫고 들어갈 수 있다. 따라서 전력의 일부는 고체 표면 속을 침투해 들어가 열[heat]로 소모된다. 도파로를 따라 흐르는 전력과 도체 벽에서 소모되는 전력을 계산하여 감쇠상수 α를 구할 수 있다([연습문제 11.16] 참조).

해석 방법에 대한 추가 설명

지금까지의 해석 방법을 다시 살펴보면 평행방향 성분(TM 모드에서는 E_z, TE 모드에서는 H_z)을 먼저 구하고 이어서 수직방향 성분(TM 모드에서는 E_x와 H_y, TE 모드에서는 E_y와 H_x)을 구했다. 평행판 도파로에 대해 다른 해석 방법[3]을 사용한 경우도 있다. 이 방법에서는 수직방향 성분(TM 모드에서는 H_y, TE 모드에서는 E_y)을 먼저 구한 다음, 맥스웰의 회전방정식을 사용하여 나머지 전자기장 성분을 계산한다. 이 방법은 평행판 도파로에만 적용할 수 있다. 직사각형 도파관의 경우에는 전기장과 자기장이 x와 y 모두에 대해 변하므로 이 방법을 사용할 수 없다. $\frac{\partial}{\partial y} = 0$인 평행판 도파로에 대해 TE 모드와 TM 모드 전자기장을 다음과 같이 구할 수 있다.

❶ TE 모드

$$\mathbf{E} = \mathbf{a}_y E_y, \quad \mathbf{H} = \mathbf{a}_x H_x + \mathbf{a}_z H_z$$

$$H_x = \frac{1}{j\omega\mu}\frac{\partial E_y}{\partial z}, \quad H_z = -\frac{1}{j\omega\mu}\frac{\partial E_y}{\partial x} \tag{11.42}$$

❷ TM 모드

$$\mathbf{H} = \mathbf{a}_y H_y, \quad \mathbf{E} = \mathbf{a}_x E_x + \mathbf{a}_z E_z$$

$$E_x = -\frac{1}{j\omega\varepsilon}\frac{\partial H_y}{\partial z}, \quad E_z = \frac{1}{j\omega\varepsilon}\frac{\partial H_y}{\partial x} \tag{11.43}$$

3 L. C. Shen and J. A. Kong, *Applied Electromagnetism*, PWS Publishing Company, 1995, 3rd Ed.

11.4 직사각형 도파관 Rectangular Waveguide

실제 상황에서는 도체판이 y방향으로 무한히 펼쳐 있는 '이상적인' 평행판 도파로를 만드는 것이 불가능하다. y방향으로의 폭 w가 유한하므로 도체판의 양쪽 끝에는 가장자리장 fringing field 이 존재한다. 이 가장자리장에 의해 에너지의 손실이 생기므로 완벽한 전송(유도)은 이루어지지 않는다. 이러한 문제를 막기 위해 평행판 양끝에 각각 하나씩 도체 벽을 나란하게 설치한다. 이렇게 해서 만들어진 것이 직사각형 도파관 rectangular waveguide 이다. 이제 전자기파는 위, 아래에 있는 도체판뿐만 아니라 양옆의 도체 벽에서도 계속 반사되면서 막혀 있는 도파 구조 내부를 따라 유도된다. 상하좌우의 네 도체 벽이 모두 연결되어 있으므로 도파관은 단일도체 전송 시스템 one-conductor transmission system 이다. 직사각형 도파관의 구조를 [그림 11-7]에 나타냈다. 여기서도 금속 벽은 완전도체($\sigma=\infty$)이고, 도파관 내부의 매질은 무손실($\sigma=0$)이며 매질의 물질상수 μ와 ε은 실수로 가정한다. 직사각형 단면의 x와 y의 치수는 각각 a와 b이다.

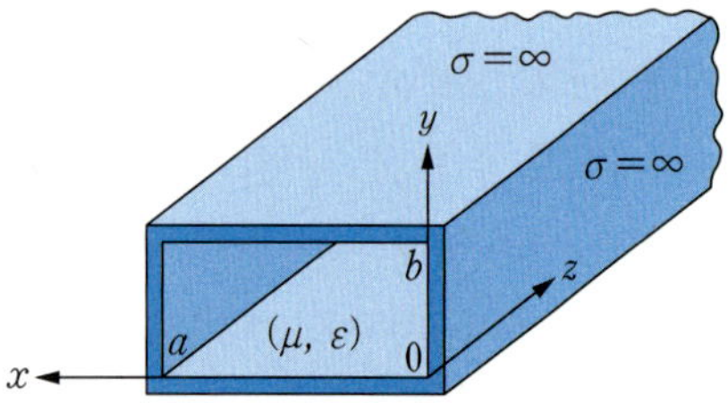

그림 11-7 직사각형 도파관

11.4.1 전자기장의 일반해

도파관의 단면은 직사각형으로 균일하므로 11.2절에서 설명한 해석 방법을 적용할 수 있다. 여기서는 먼저 변수 분리법으로 식 (11.11)을 풀어 평행방향 성분 E_z, H_z의 일반해를 구한다. 이어서 식 (11.12)에 있는 미지계수는, 경계조건을 적용하여 TM 모드와 TE 모드에 대해 따로따로 구한다. 끝으로 식 (11.10)으로 수직방향 성분을 구한다.

먼저, 균일 도파로에서 E_z와 H_z가 만족해야 할 파동방정식을 다시 써보자.

$$\frac{\partial^2 E_z}{\partial x^2}+\frac{\partial^2 E_z}{\partial y^2}+\left(k^2-k_z^2\right)E_z=0 \tag{11.11a}$$

두 개의 변수를 분리하기 위해, 식 (11.11a)의 $E_z(x,\ y,\ z)$의 해가 다음과 같은 형태를 하고 있다고 가정한다.

$$E_z(x,\ y,\ z)=X(x)Y(y)e^{-jk_z z} \tag{11.44}$$

여기서 $X(x)$와 $Y(y)$는 각각 x와 y만의 함수이다. 식 (11.44)를 식 (11.11a)에 대입하면 다음 식을 얻는다.

$$Y(y)\frac{\partial^2 X(x)}{\partial x^2} + X(x)\frac{\partial^2 Y(y)}{\partial y^2} + \left(k^2 - k_z^2\right)X(x)\,Y(y) = 0 \tag{11.45}$$

식 (11.45)를 $X(x)\,Y(y)$로 나누면 다음 식을 얻을 수 있다.

$$\frac{1}{X(x)}\frac{d^2 X(x)}{dx^2} + \frac{1}{Y(y)}\frac{d^2 Y(y)}{dy^2} + \left(k^2 - k_z^2\right) = 0 \tag{11.46}$$

여기서 $X(x)$와 $Y(y)$가 모두 한 변수의 함수이므로 편미분식이 상미분식으로 바뀐 것을 잘 살펴보기 바란다. 식 (11.46)을 보면 첫째 항은 x만의 함수이고, 둘째 항은 y만의 함수이고, 셋째 항은 상수 constant 이고, 이 모든 항의 합은 0이다. 식 (11.46)이 모든 x와 y 값에 대해 성립하려면 첫째 항과 둘째 항은 모두 x와 y에 무관한 상수가 되어야 한다.

따라서 다음 식과 같이 놓을 수 있다.

$$\frac{1}{X(x)}\frac{d^2 X(x)}{dx^2} = C_1 \equiv -k_x^2 \;\rightarrow\; \frac{d^2 X(x)}{dx^2} + k_x^2 X(x) = 0 \tag{11.47a}$$

$$\frac{1}{Y(y)}\frac{d^2 Y(y)}{dy^2} = C_2 \equiv -k_y^2 \;\rightarrow\; \frac{d^2 Y(y)}{dy^2} + k_y^2 Y(y) = 0 \tag{11.47b}$$

여기서 식 (11.47)의 해가 물리적으로 의미있는 해가 될 수 있도록 분리상수를 특별한 형태로 써주었다. 4.4절에서 살펴보았듯이, 식 (11.47a)와 식 (11.47b)의 일반해는 $k_x \neq 0$, $k_y \neq 0$일 때 각각 다음과 같다.

$$X(x) = A\sin(k_x x) + B\cos(k_x x) \tag{11.48a}$$

$$Y(y) = C\sin(k_y y) + D\cos(k_y y) \tag{11.48b}$$

따라서 $E_z(x,\, y,\, z)$ 또는 $H_z(x,\, y,\, z)$의 일반해는 다음과 같이 쓸 수 있다.

$$\begin{aligned} F(x,\, y,\, z) &= \{A\sin k_x x + B\cos k_x x\}\{C\sin k_y y + D\cos k_y y\}\, e^{-jk_z z} \\ F(x,\, y,\, z) &= E_z(x,\, y,\, z) \text{ 또는 } H_z(x,\, y,\, z) \end{aligned} \tag{11.49}$$

식 (11.49)를 잘 살펴보면 예상대로 전자기장은 x방향과 y방향으로는 정지파이고, z방향으로는 진행파라는 것을 알 수 있다. k_x와 k_y 값은 아무 값이나 될 수 없고 위상상수 k_z와 특별한 관계를 가져야 한다. 이 관계를 **분산 관계식**이라고 하는데, 식 (11.48)을 식 (11.46)에 대입하여 다음과 같이 구할 수 있다.

$$k_x^2 + k_y^2 + k_z^2 = k^2 = \omega^2 \mu\varepsilon \tag{11.50}$$

이제 11.3절에서 했던 것과 마찬가지로 TM 모드 해와 TE 모드 해를 따로따로 구해보자.

11.4.2 TM 모드 해

TM 모드에서는 $H_z = 0$이므로 식 (11.49)의 형태를 갖는 $E_z(x, y, z)$의 해를 찾는다. 경계조건은 다음과 같다.

$$\mathbf{E}_{\tan} = 0 \quad : \text{네 개의 도체 벽에서}$$

따라서 다음 네 개의 경계조건이 나온다.

$$❶\ x = 0\text{에서 } E_z = 0, \quad E_y = 0 \tag{11.51a}$$

$$❷\ x = a\text{에서 } E_z = 0, \quad E_y = 0 \tag{11.51b}$$

$$❸\ y = 0\text{에서 } E_z = 0, \quad E_x = 0 \tag{11.51c}$$

$$❹\ y = b\text{에서 } E_z = 0, \quad E_x = 0 \tag{11.51d}$$

E_z의 수식 형태를 식 (11.49)로 구했으므로 $E_z = 0$이 되는 경계조건을 곧바로 사용할 수 있다.

평행판 도파로에서 사용했던 방법을 비슷하게 따라해보자.

- 경계조건 ❶ : $x = 0$에서 $E_z = 0$ ➜ $X(x) = 0$ ➜ $X(x) = A\sin(k_x x)$
- 경계조건 ❸ : $y = 0$에서 $E_z = 0$ ➜ $Y(y) = 0$ ➜ $Y(y) = C\sin(k_y y)$

그러면 $E_z(x, y, z)$는 다음과 같이 쓸 수 있다.

$$E_z(x, y, z) = E_0 \sin(k_x x)\sin(k_y y)e^{-jk_z z} \tag{11.52}$$

여기서 $E_0 = AC$이다. 분리상수 k_x, k_y는 경계조건 ❷와 ❹를 적용하여 구할 수 있다.

- 경계조건 ❷ : $x = a$에서 $E_z = 0$ ➜ $X(x) = 0$ ➜ $\sin(k_x a) = 0$

$$k_x a = m\pi \text{이므로} \quad k_x = \frac{m\pi}{a} \quad (m = 1, 2, 3, \cdots) \tag{11.53a}$$

- 경계조건 ❹ : $y = b$에서 $E_z = 0$ ➜ $Y(y) = 0$ ➜ $\sin(k_y b) = 0$

$$k_y b = n\pi \text{이므로} \quad k_y = \frac{n\pi}{b} \quad (n = 1, 2, 3, \cdots) \tag{11.53b}$$

여기서 알아둘 것은 $m=0$ 또는 $n=0$이면 전자기장도 0이 되어 장이 없어진다는 점이다. 정수 m과 n에 따라 TM_{mn} 모드가 정해진다. TM 모드에 대한 E_z의 최종식은 다음과 같다.

$$E_z(x,\ y,\ z)=E_0\sin\left(\frac{m\pi}{a}x\right)\sin\left(\frac{n\pi}{b}y\right)e^{-jk_z z} \quad : \mathrm{TM}_{mn}\ \text{모드} \tag{11.54}$$

전파상수(즉 위상상수) k_z는 식 (11.50)으로부터 다음과 같이 구할 수 있다.

$$k_z=\sqrt{k^2-\left(k_x^2+k_y^2\right)}=\sqrt{\omega^2\mu\varepsilon-\left[\left(\frac{m\pi}{a}\right)^2+\left(\frac{n\pi}{b}\right)^2\right]} \tag{11.55}$$

수직방향 전자기장 성분은 식 (11.10)에서 $H_z=0$으로 놓고 계산할 수 있는데, 그 결과를 [표 11-2]에 정리했다. 평행판 도파로와 달리 E_x, E_y, H_x, H_y 성분을 모두 갖는다.

표 11-2 직사각형 도파관의 전자기장 해

	TM_{mn} **모드**	TE_{mn} **모드**
E_z	$E_0\sin\left(\frac{m\pi}{a}x\right)\sin\left(\frac{n\pi}{b}y\right)e^{-jk_z z}$	0
H_z	0	$H_0\cos\left(\frac{m\pi}{a}x\right)\cos\left(\frac{n\pi}{b}y\right)e^{-jk_z z}$
E_x	$-\frac{jk_z}{k_\rho^2}\left(\frac{m\pi}{a}\right)E_0\cos\left(\frac{m\pi}{a}x\right)\sin\left(\frac{n\pi}{b}y\right)e^{-jk_z z}$	$\frac{j\omega\mu}{k_\rho^2}\left(\frac{n\pi}{b}\right)H_0\cos\left(\frac{m\pi}{a}x\right)\sin\left(\frac{n\pi}{b}y\right)e^{-jk_z z}$
E_y	$-\frac{jk_z}{k_\rho^2}\left(\frac{n\pi}{b}\right)E_0\sin\left(\frac{m\pi}{a}x\right)\cos\left(\frac{n\pi}{b}y\right)e^{-jk_z z}$	$-\frac{j\omega\mu}{k_\rho^2}\left(\frac{m\pi}{a}\right)H_0\sin\left(\frac{m\pi}{a}x\right)\cos\left(\frac{n\pi}{b}y\right)e^{-jk_z z}$
H_x	$\frac{j\omega\varepsilon}{k_\rho^2}\left(\frac{n\pi}{b}\right)E_0\sin\left(\frac{m\pi}{a}x\right)\cos\left(\frac{n\pi}{b}y\right)e^{-jk_z z}$	$\frac{jk_z}{k_\rho^2}\left(\frac{m\pi}{a}\right)H_0\sin\left(\frac{m\pi}{a}x\right)\cos\left(\frac{n\pi}{b}y\right)e^{-jk_z z}$
H_y	$-\frac{j\omega\varepsilon}{k_\rho^2}\left(\frac{m\pi}{a}\right)E_0\cos\left(\frac{m\pi}{a}x\right)\sin\left(\frac{n\pi}{b}y\right)e^{-jk_z z}$	$\frac{jk_z}{k_\rho^2}\left(\frac{n\pi}{b}\right)H_0\cos\left(\frac{m\pi}{a}x\right)\sin\left(\frac{n\pi}{b}y\right)e^{-jk_z z}$
	$k_\rho^2=\left(\frac{m\pi}{a}\right)^2+\left(\frac{n\pi}{b}\right)^2=\omega^2\mu\varepsilon-k_z^2$	
위상상수	$k_z=\sqrt{\omega^2\mu\varepsilon-\left[\left(\frac{m\pi}{a}\right)^2+\left(\frac{n\pi}{b}\right)^2\right]}=k\sqrt{1-\left(\frac{f_{c,\,mn}}{f}\right)^2}$	
차단 주파수	$f_{c,mn}=\frac{v}{2}\sqrt{\left(\frac{m}{a}\right)^2+\left(\frac{n}{b}\right)^2}$	

주 모드 : TE_{10} 모드 $(a>b)$

$$\mathbf{E}=\mathbf{a}_y E_y,\quad \mathbf{H}=\mathbf{a}_x H_x+\mathbf{a}_z H_z$$

$$H_z=H_0\cos\left(\frac{\pi}{a}x\right)e^{-jk_z z}$$ (평행판 도파로의 TE_1 모드와 같음)

$$f_{c,\,10}=\frac{v}{2a}=\frac{1}{\sqrt{\mu\varepsilon}}\frac{1}{2a},\quad \lambda_{c,\,10}=2a$$

전파 모드와 차단 주파수

11.3절에서 설명한 것처럼, 전자기파가 감쇠되지 않고 z 방향으로 유도되려면 위상상수 k_z가 반드시 실수여야 한다. 식 (11.55)로부터 다음을 알 수 있다.

❶ $\omega\sqrt{\mu\varepsilon} > \sqrt{\left(\frac{m\pi}{a}\right)^2 + \left(\frac{n\pi}{b}\right)^2}$ 일 때, k_z는 다음과 같이 실수가 된다.

$$k_z \equiv \beta = \sqrt{\omega^2\mu\varepsilon - \left[\left(\frac{m\pi}{a}\right)^2 + \left(\frac{n\pi}{b}\right)^2\right]} \tag{11.56}$$

그러면 파는 전파한다.

❷ $\omega\sqrt{\mu\varepsilon} < \sqrt{\left(\frac{m\pi}{a}\right)^2 + \left(\frac{n\pi}{b}\right)^2}$ 일 때, k_z는 다음과 같은 순허수가 된다.

$$k_z = -j\alpha = -j\sqrt{\left(\frac{m\pi}{a}\right)^2 + \left(\frac{n\pi}{b}\right)^2 - \omega^2\mu\varepsilon} \rightarrow e^{-jk_z z} = e^{-\alpha z} \tag{11.57}$$

그러면 파는 z에 따라 급격하게 감쇠되므로 소멸파가 된다. 파는 차단 영역에 있다. 차단 주파수는 식 (11.56)에서 $k_z = 0$으로 놓으면 다음과 같이 구할 수 있다.

$$(2\pi f_c)\sqrt{\mu\varepsilon} = \sqrt{\left(\frac{m\pi}{a}\right)^2 + \left(\frac{n\pi}{b}\right)^2} \rightarrow f_c = \frac{1}{2\sqrt{\mu\varepsilon}}\sqrt{\left(\frac{m}{a}\right)^2 + \left(\frac{n}{b}\right)^2} \tag{11.58}$$

차단 주파수는 모드번호 m과 n에 따라 달라진다. 식 (11.58)은 TM_{mn} 모드의 차단 주파수를 나타내는 식이다. 다음과 같이 동작 주파수 f와 차단 주파수 f_c의 상대적인 크기에 따라 TM_{mn} 모드의 전파 여부가 결정된다.

❶ $f > f_{c,\,mn} = \frac{v}{2}\sqrt{\left(\frac{m}{a}\right)^2 + \left(\frac{n}{b}\right)^2}$ 이면 TM_{mn} 모드는 전파한다.

❷ $f < f_{c,\,mn} = \frac{v}{2}\sqrt{\left(\frac{m}{a}\right)^2 + \left(\frac{n}{b}\right)^2}$ 이면 TM_{mn} 모드는 차단된다.

주 모드

TM_{mn} 모드에서는 m이나 n은 0이 될 수 없는데, 이는 $m = 0$ 또는 $n = 0$이면 전자기장이 0이 되기 때문이다. 따라서 직사각형 도파관의 모든 TM 모드들 중에서 TM_{11} 모드가 주 모드이다. TM_{11} 모드의 차단 주파수는 다음과 같다.

$$f_{c,11} = \frac{v}{2}\sqrt{\left(\frac{1}{a}\right)^2 + \left(\frac{1}{b}\right)^2} \tag{11.59}$$

TM_{11} 모드의 장선을 [그림 11-8]에 나타냈다.

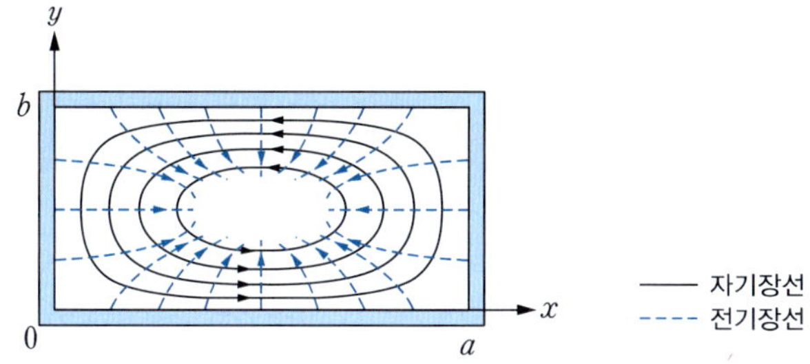

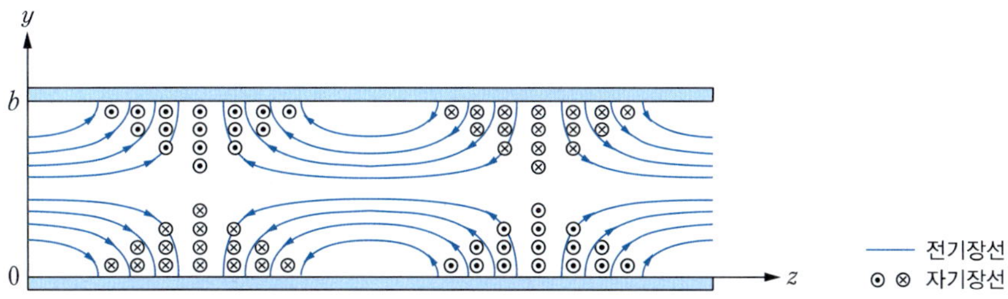

그림 11-8 직사각형 도파관에서 TM_{11} 모드의 장선

파가 전파 모드에 있는 경우, 위상상수($k_z = \beta$), 도파로 내 파장(λ_g), 위상속도(v_p), 군속도(v_g)는 평행판 도파로에서의 식인 식 (11.30), 식 (11.31), 식 (11.32), 식 (11.33)과 똑같다. 단 차단 주파수 f_c는 식 (11.58)로 주어진다. 파동 임피던스는 진행방향에 수직인 전기장과 자기장의 비를 취하여 다음과 같이 구할 수 있다.

$$Z_{\text{TM}} = \frac{E_x}{H_y} = -\frac{E_y}{H_x} = \frac{k_z}{\omega\varepsilon} = \eta\sqrt{1-\left(\frac{f_c}{f}\right)^2} \quad (f > f_c) \tag{11.60}$$

직사각형 도파관의 경우에도 전파 모드($f > f_c$)에서의 파동 임피던스는 실수가 되고, 차단 모드($f < f_c$)에서의 파동 임피던스는 순허수가 되어 리액턴스 성분만을 가진다. 위 식에서 두 번째 등식의 (−)부호는 파가 $+z$방향으로 진행하기 때문에 붙은 것이다.

직사각형 도파관에서 TM_{mn} 모드의 시간평균 포인팅 벡터는 다음과 같이 두 개의 항으로 이루어져 있다.

$$\mathbf{S}_{av} = \mathbf{a}_z \frac{1}{2}\left\{E_x H_y^* - E_y H_x^*\right\} = \mathbf{a}_z \frac{1}{2Z_{\text{TM}}}\left\{|E_x|^2 + |E_y|^2\right\} \tag{11.61}$$

이 식을 얻는 과정에서 다음 관계식을 사용했다.

$$E_x = Z_{\text{TM}} H_y, \quad E_y = -Z_{\text{TM}} H_x \tag{11.62}$$

도파관을 통해 흐르는 시간평균 전력은 $\mathbf{S}_{av}$를 도파관의 단면($0 < x < a,\ 0 < y < b$) 전체에 대해 적분하여 계산할 수 있다.

끝으로 도파관 내부의 파의 전파를 식 (11.54)의 전기장의 해를 이용하여 해석해보자. $\sin\left(\dfrac{m\pi}{a}x\right)$는 x방향으로 정지파라는 것을 나타내는데, 정지파는 11.3.1절에서 설명한 바와 같이 서로 반대방향($+x$와 $-x$)으로 진행하는 두 파가 중첩된 것으로 볼 수 있다. 이들 두 파는 $x=0$과 $x=a$에 각각 위치한 두 도체 벽 사이에서 계속해서 반사되면서 도파관을 따라 진행한다. 이와 마찬가지로 $\sin\left(\dfrac{n\pi}{b}y\right)$는 y방향으로 정지파이므로 서로 반대방향($+y$와 $-y$)으로 진행하는 두 개의 파로 이루어져 있다. 결국 파는 도파관 내부를 곧장 일직선으로 나아가지 못하고, 네 개의 도체 벽 사이에서 계속해서 반사되면서 지그재그 형태로 도파관을 따라 진행한다.

11.4.3 TE 모드 해

TE 모드에서는 $E_z=0$으로 놓고 식 (11.49)의 형태를 갖는 $H_z(x,\ y,\ z)$의 해를 찾는다.

$$H_z(x,\ y,\ z)=\{A\sin k_x x+B\cos k_x x\}\{C\sin k_y y+D\cos k_y y\}e^{-jk_z z} \tag{11.49}$$

경계조건은 식 (11.51)로 주어진다. 식 (11.10)에서 $E_z=0$으로 놓으면 다음 식을 얻는다.

$$E_x=\frac{-j\omega\mu}{k^2-k_z^2}\frac{\partial H_z}{\partial y},\quad E_y=\frac{j\omega\mu}{k^2-k_z^2}\frac{\partial H_z}{\partial x} \tag{11.63}$$

이제 네 개의 경계조건을 적용해보자.

- 경계조건 ❶ : $x=0$에서 $E_y=0$ ➜ $\dfrac{\partial H_z}{\partial x}=0$ ➜ $X(x)=B\cos(k_x x)$
- 경계조건 ❸ : $y=0$에서 $E_x=0$ ➜ $\dfrac{\partial H_z}{\partial y}=0$ ➜ $Y(y)=D\cos(k_y y)$

그러면 $H_z(x,\ y,\ z)$는 다음과 같이 쓸 수 있다.

$$H_z(x,\ y,\ z)=H_0\cos(k_x x)\cos(k_y y)\,e^{-jk_z z} \tag{11.64}$$

여기서 $H_0=BD$이다. 여기서 알아둘 것은 TE 모드에서 H_z는 x, y방향으로 코사인 형태로 변하는 반면 TM 모드에서 E_z는 x, y방향으로 사인 형태로 변한다는 점이다. 분리상수 k_x, k_y는 나머지 경계조건을 적용하여 구할 수 있다.

- 경계조건 ❷ : $x=a$에서 $E_y=0$ ➜ $\dfrac{\partial H_z}{\partial x}=0$ ➜

$$k_x=\frac{m\pi}{a}\qquad(m=0,\ 1,\ 2,\ \cdots) \tag{11.65a}$$

• 경계조건 ❹ : $y = b$에서 $E_x = 0$ ➜ $\dfrac{\partial H_z}{\partial y} = 0$ ➜

$$k_y = \frac{n\pi}{b} \qquad (n = 0,\ 1,\ 2,\ \cdots) \tag{11.65b}$$

식 (11.65)의 결과는 TM 모드에서 구한 식 (11.53)과 똑같지만, TE 모드에서는 m 또는 n 중 하나는 0이 될 수 있다는 것이 다르다. 정수 m과 n에 따라 TE_{mn} 모드가 정해진다. TE 모드에 대한 H_z의 최종 식은 다음과 같다.

$$H_z(x,\ y,\ z) = H_0 \cos\left(\frac{m\pi}{a}x\right)\cos\left(\frac{n\pi}{b}y\right)e^{-jk_z z} \quad : \mathrm{TE}_{mn}\ \text{모드} \tag{11.66}$$

전파상수(즉 위상상수) k_z는 식 (11.55)에서 구할 수 있다. 수직방향 전자기장 성분은 식 (11.10)에서 $E_z = 0$으로 놓고 계산할 수 있다. 그 결과를 [표 11-2]에 정리했다.

앞 절에서 살펴본 TM 모드의 차단 주파수, 도파로 내 파장, 위상속도, 파동 임피던스, 시간평균 포인팅 벡터, 정지파 해석은 TE 모드에도 그대로 적용된다. 단 다음 두 가지는 다르다.

❶ TE 모드의 파동 임피던스

$$Z_{\mathrm{TE}} = \frac{E_x}{H_y} = -\frac{E_y}{H_x} = \frac{\omega\mu}{k_z} = \frac{\eta}{\sqrt{1-\left(\dfrac{f_c}{f}\right)^2}} \quad (f > f_c) \tag{11.67}$$

식 (11.60)과 식 (11.67)로부터 전파 모드에 대해 $Z_{\mathrm{TM}} < \eta$이고 $Z_{\mathrm{TE}} > \eta$이며 $f \to \infty$로 가면 Z_{TM}과 Z_{TE} 값은 매질의 고유 임피던스 η에 가까워진다는 것을 알 수 있다. 또 한 가지 알아둘 것은 식 (11.61)과 식 (11.62)에서 Z_{TM}을 Z_{TE}로 바꾸면 TE 모드에 적용되는 시간 평균 포인팅 벡터를 얻을 수 있다는 사실이다.

❷ 주 모드

어떤 도파 구조에서든 '주 모드가 무엇인가'가 중요한 문제가 된다. 그 까닭은 도파로는 보통 가장 차수가 낮은 모드만을 전송하고, 나머지 고차 모드는 전송되지 않도록 설계하기 때문이다. 앞에서 배운 바에 따르면 직사각형 도파관의 경우, TM 모드에서는 m이나 n 중에서 어느 하나만 0이 되어도 장이 0이 되기 때문에 가장 차수가 낮은 주 모드는 TM_{11}이다. 그렇지만 TE 모드에서는 m과 n이 동시에 0이 아니기만 하면 된다. $m = n = 0$인 경우에는 장의 수직방향 성분들이 모두 0이 되어 H_z 하나만으로는 맥스웰 방정식을 만족시키지 못한다. 따라서 TE 모드에서 차수가 가장 낮은 모드는 TE_{10} 모드($m=1$, $n=0$) 또는 TE_{01} 모드($m=0$, $n=1$) 중 하나가 된다. 이 두 모드 중에서 어느 모드의 차단 주파수가 가장 낮을 것인가는 a와 b의 크기(a는 x방향의 치수, b는 y방향의 치수)에 달려 있다. $a > b$일 때는(이 책에서는 특별한 언급이 없으면 이 경우를 가정한다) **TE_{10} 모드**가 주 모드이다. $b > a$일 때는 TE_{01} 모드가 주 모드이다. $a > b$

를 가정하면 직사각형 도파관의 모든 TM 모드와 TE 모드 중에서 TE_{10} 모드의 차단 주파수가 가장 낮으므로 TE_{10} 모드가 주 모드가 된다. TE_{10} 모드의 차단 주파수는 식 (11.58)에서 $m=1$, $n=0$으로 놓아 다음과 같이 구할 수 있다.

$$f_{c,\,10} = \frac{1}{2\sqrt{\mu\varepsilon}}\frac{1}{a} = \frac{v}{2a} \tag{11.68}$$

차단 주파수에 해당하는 차단 파장은 다음과 같다.

$$\lambda_{c,\,10} = \frac{v}{f_{c,10}} = 2a \tag{11.69}$$

식 (11.69)는 쉽게 기억할 수 있다. 차단 파장은 직사각형 도파관에서 긴 쪽(x) 치수의 두 배이다. TE_{10} 모드가 특히 중요한 것은 이 모드가 직사각형 도파관의 모든 모드 중에서 손실이 가장 적기 때문이다. 주 모드인 TE_{10} 모드의 전자기장 분포를 알아두면 유용한데, 이를 식으로 나타내면 다음과 같다.

$$\begin{aligned} H_z &= H_0\cos\left(\frac{\pi}{a}x\right)e^{-jk_z z} \\ H_x &= j\frac{k_z}{\pi/a}H_0\sin\left(\frac{\pi}{a}x\right)e^{-jk_z z} \\ E_y &= -j\frac{\omega\mu}{\pi/a}H_0\sin\left(\frac{\pi}{a}x\right)e^{-jk_z z} \end{aligned} \tag{11.70}$$

TE_{10} 모드는 전기장이 모든 곳에서 오직 한 방향(y)으로만 편파된다. TE_{10} 모드의 전자기장 분포는 평행판 도파로의 TE_1 모드의 분포와 동일하다. TE_{10} 모드의 장선을 [그림 11-9]에 나타냈다. 여기서 강조할 것은 직사각형 도파관에는 TEM 모드가 존재할 수 없다는 사실이다. 일반적으로, 한 개의 도체만으로 이루어진 도파 구조에서는 TEM 모드는 전파하지 않는다.

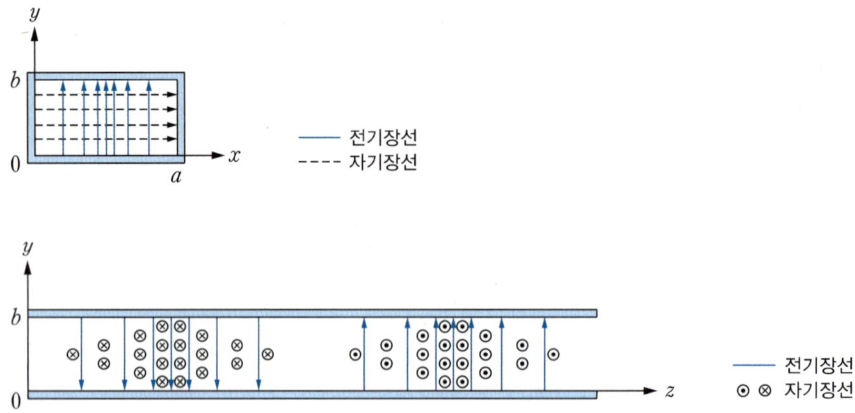

그림 11-9 직사각형 도파관에서 TE_{10} 모드의 장선 (계속)

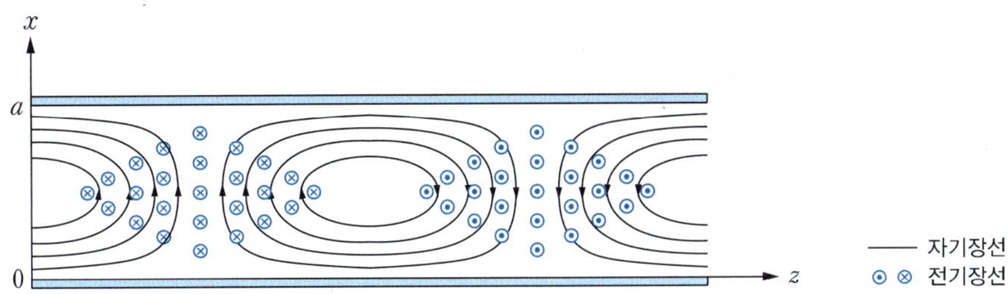

그림 11-9 직사각형 도파관에서 TE_{10} 모드의 장선

예제 11-3 X 대역[band] 도파관

$a = 2.286\,[\text{cm}]$(0.9인치), $b = 1.016\,[\text{cm}]$(0.4인치)이고 내부가 공기로 채워진 직사각형 도파관이 있다고 하자. 다음 물음에 답하라.

(a) 한 모드(즉 주 모드)만을 전송하려고 할 때, 사용 주파수 범위를 구하라.

(b) 동작 주파수가 18[GHz]일 때, 도파관 속을 전파할 수 있는 TE 모드와 TM 모드를 모두 구하라.

풀이

(a) 직사각형 도파관의 주 모드는 TE_{10} 모드이다. 이 모드의 차단 주파수는 다음과 같다.

$$f_{c,10} = \frac{v}{2a} = \frac{3\times10^8}{2\times2.286\times10^{-2}} = 6.56\times10^9\,[\text{Hz}]$$

TE_{10} 모드 다음으로 가능한 고차 모드는 TE_{01} 또는 TE_{20} 모드이므로 차단 주파수를 구해보면

$$f_{c,01} = \frac{v}{2b} = \frac{3\times10^8}{2\times1.016\times10^{-2}} = 13.56\times10^9\,[\text{Hz}]$$

$$f_{c,20} = \frac{v}{2a}\cdot 2 = \frac{3\times10^8}{2.286\times10^{-2}} = 13.12\times10^9\,[\text{Hz}] < f_{c,01}$$

가 되므로, 단일 모드 전송이 가능한 주파수 범위는 다음과 같다.

$$6.56\,[\text{GHz}] < f < 13.12\,[\text{GHz}]$$

이 도파관은 X 대역 주파수($8\sim12.4\,[\text{GHz}]$)에서 레이더용[radar applications]으로 사용되고 있다.

(b) $f = 18\,[\text{GHz}] > f_{c,10},\ f_{c,01},\ f_{c,20}$이므로 이 세 모드는 모두 전파한다. 그 다음의 고차 모드는 11모드, 21모드, 30모드로 차단 주파수를 구해보면

$$f_{c,11} = \frac{v}{2}\sqrt{\frac{1}{a^2}+\frac{1}{b^2}} = 16.16\,[\text{GHz}] < f = 18\,[\text{GHz}]$$

$$f_{c,21} = \frac{v}{2}\sqrt{\left(\frac{2}{a}\right)^2+\frac{1}{b^2}} = 19.74\,[\text{GHz}] > f$$

$$f_{c,30} = \frac{v}{2a}\cdot 3 = 19.68\,[\text{GHz}] > f$$

가 된다. 따라서 전파할 수 있는 모드는 TE_{10}, TE_{20}, TE_{01}, TE_{11}, TM_{11}이다.

예제 11-4

$a=3.484$ [cm], $b=1.58$ [cm]이고 내부가 폴리에틸렌($\varepsilon=2.25\varepsilon_0$, $\mu=\mu_0$)으로 채워진 직사각형 도파관(WR-137 도파관)이 있다. 동작 주파수가 4 [GHz]일 때, 다음 물음에 답하라.

(a) 주 모드에 대해 위상상수(β), 도파로 내 파장(λ_g), 위상속도(v_p), 군속도(v_g), 파동 임피던스(Z)를 구하라.

(b) 동작 주파수가 2 [GHz]일 때 위상상수를 구하라. 또한 파가 2[cm] 전파할 때 얼마나 감쇠하는지 구하라.

풀이

(a) 주 모드(TE_{10})의 차단 주파수는 다음과 같다.

$$f_{c,\,10}=\frac{v}{2a}=\frac{c}{\sqrt{2.25}}\frac{1}{2a}=\frac{2\times10^8}{2\times3.484\times10^{-2}}=2.87\times10^9\ [\text{Hz}]$$

여기서 구해야 할 항목들은 대부분 $\sqrt{1-\left(\frac{f_c}{f}\right)^2}$ 항을 가지고 있으므로, 이것을 먼저 계산한다.

$$F\equiv\sqrt{1-\left(\frac{f_c}{f}\right)^2}=\sqrt{1-\left(\frac{2.87\times10^9}{4\times10^9}\right)^2}=0.697$$

식 (11.30)~식 (11.33)과 식 (11.41)을 이용하면 다음과 같이 구할 수 있다.

$$k_z=\beta=\omega\sqrt{\mu\varepsilon}\,F=2\pi\times4\times10^9\times\frac{1}{2\times10^8}\times0.697=87.5\ [\text{rad/m}]$$

$$\lambda_g=\frac{2\pi}{k_z}=\frac{2\pi}{87.5}=7.17\ [\text{cm}]$$

$$v_p=\frac{v}{F}=\frac{2\times10^8}{0.697}=2.87\times10^8\ [\text{m/s}]$$

$$v_g=vF=2\times10^8\times0.697=1.39\times10^8\ [\text{m/s}]$$

$$Z_{\text{TE}}=\frac{\eta}{F}=\sqrt{\frac{\mu_0}{2.25\varepsilon_0}}\frac{1}{F}=\frac{377}{1.5}\cdot\frac{1}{0.697}=360.6\ [\Omega]$$

(b) 동작 주파수가 2 [GHz]인 경우 $f<f_{c,\,10}$이다. 따라서 파는 차단 영역(즉 소멸파)에 있으므로 k_z를 구해보면 다음과 같이 순허수가 된다.

$$k_z=-j\alpha=-j\sqrt{\left(\frac{\pi}{a}\right)^2-\omega^2\mu\varepsilon}=-j\omega\sqrt{\mu\varepsilon}\sqrt{\left(\frac{f_c}{f}\right)^2-1}$$

$$=-j\frac{2\pi\times2\times10^9}{2\times10^8}\sqrt{\left(\frac{2.87}{2.0}\right)^2-1}=-j64.7\ [\text{Np/m}]$$

파는 $e^{-\alpha z}$에 따라 감쇠되므로 2[cm]만큼 전파하면 $e^{-64.7\times0.02}=0.274$ 배로 감소한다. 이것은 상당히 급격한 감쇠율이다. 이 예에서 보듯이 동작 주파수가 차단 주파수보다 낮으면 신호는 전파 거리에 따라 매우 빠르게 감쇠된다는 사실을 알 수 있다.

11.5 직사각형 공동 공진기 Rectangular Cavity Resonator

직사각형 도파관에서 z축(파의 유도방향)에 수직으로 두 개의 완전도체 벽을 설치하면 파는 z방향으로도 정지파를 형성할 것이다. 이렇게 만든 구조를 **공진기** resonator 라고 한다. 전자기장은 완전도체로 둘러싸인 원천이 없는 빈 공간, 즉 **공동** 空洞, cavity 내에서 특정 주파수일 때만 존재할 수 있다. 이 주파수를 **공진 주파수** resonance frequency 라고 하는데, 이 주파수는 공진기의 구조에 의해 정해진다. 이러한 공동 공진기 cavity resonator 는 낮은 주파수에서 이용되는 LC 공진기처럼 동작한다. 높은 주파수(초고주파) 대역에서는 커패시터, 인덕터와 같은 집중회로소자 lumped circuit element 의 물리적 크기가 파장과 맞먹을 정도가 되면 손실이 커져 더 이상 사용할 수 없게 된다. 높은 주파수 대역에서 집중회로소자들의 손실이 많아지는 것은 이들 소자의 저항값이 커지고 또한 이들로부터 방사가 일어나기 때문이다. 면적이 넓은 도체면으로 둘러싸인 공동 공진기에서는 방사 손실과 저항 손실이 생기지 않으므로 공동 공진기의 품질계수 quality factor Q가 아주 높다.

[그림 11-10]에 직사각형 공동 공진기 rectangular cavity resonator 를 나타냈다. 이것은 $x=0$, $x=a$, $y=0$, $y=b$, $z=0$, $z=d$에 각각 한 개씩, 모두 여섯 개의 완전도체($\sigma=\infty$)로 만든 벽으로 이루어져 있다. 공진기 내부의 매질은 손실이 없으며($\sigma=0$) 유전율과 투자율이 각각 ε, μ인 것으로 가정한다.

공동 공진기는 직사각형 도파관에서 $z=0$과 $z=d$에 완전도체 두 개가 추가된 구조이므로 직사각형 도파관의 전자기장 해에, 추가된 두 벽에서의 경계조건을 적용하면 공진기의 전자기장의 해를 구할 수 있다. 그러므로 공동 공진기에 대해서도 TM 모드 해와 TE 모드 해를 따로따로 구한다. 여기서는 z방향을 기준으로 하여 TM 모드와 TE 모드를 정의하지만, x방향이나 y방향을 기준으로 할 수도 있다는 것을 알아두기 바란다.

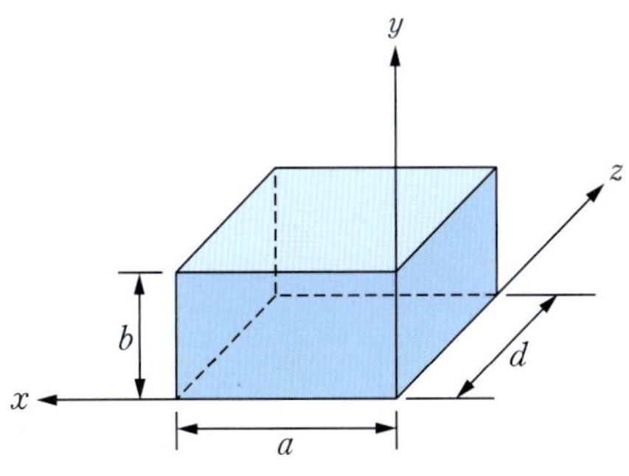

그림 11-10 직사각형 공동 공진기

11.5.1 TM 모드 해

TM 모드에서는 $H_z = 0$이므로 $E_z(x, y, z)$의 해를 찾는다. 전자기장은 식 (11.51)로 주어지는 네 개의 경계조건에 더해 다음 두 개의 경계조건까지 만족해야 한다.

$$❺\ z = 0 \text{에서 } E_x = 0, \quad E_y = 0 \tag{11.71a}$$

$$❻\ z = d \text{에서 } E_x = 0, \quad E_y = 0 \tag{11.71b}$$

식 (11.54)로 표시된 직사각형 도파관의 TM_{mn} 모드는 $+z$방향으로 진행하는 유도파 guided wave 를 나타낸다. 직사각형 공동 공진기에서는 $z=0$과 $z=d$에 있는 도체 벽에서 파가 반사되므로 $+z$방향으로 진행하는 파($e^{-jk_z z}$)와 $-z$방향으로 진행하는 파($e^{jk_z z}$)가 서로 합성되어 **z방향으로 정지파**를 형성하게 된다. 따라서 z에 따라 변하는 전자기장을 $e^{-jk_z z}$와 $e^{jk_z z}$의 선형 결합, 또는 $\sin(k_z z)$와 $\cos(k_z z)$의 선형결합으로 쓸 수 있다. 그러므로 TM 모드(z를 기준)에 대한 E_z의 해는 다음과 같이 쓸 수 있다.

$$E_z(x, y, z) = \sin\left(\frac{m\pi}{a}x\right)\sin\left(\frac{n\pi}{b}y\right)\left\{Fe^{-jk_z z} + Ge^{+jk_z z}\right\} \tag{11.72}$$

$H_z = 0$이므로 $+z$방향으로 진행하는 파($e^{-jk_z z}$)에 대해서는 식 (11.10)을 다음과 같이 쓸 수 있다.

$$E_x = \frac{-jk_z}{k^2 - k_z^2}\frac{\partial E_z}{\partial x}, \quad E_y = \frac{-jk_z}{k^2 - k_z^2}\frac{\partial E_z}{\partial y} \tag{11.73}$$

같은 방법으로 $-z$방향으로 진행하는 파($e^{jk_z z}$)에 대해서는 다음과 같이 쓸 수 있다.

$$E_x = \frac{jk_z}{k^2 - k_z^2}\frac{\partial E_z}{\partial x}, \quad E_y = \frac{jk_z}{k^2 - k_z^2}\frac{\partial E_z}{\partial y} \tag{11.74}$$

이제 두 개의 경계조건을 적용해보자.

- 경계조건 ❺ : $z = 0$에서 $E_x = 0 \rightarrow -Fe^{-jk_z z} + Ge^{jk_z z} = 0 \rightarrow F = G$
- 경계조건 ❻ : $z = d$에서 $E_x = 0 \rightarrow -Fe^{-jk_z z} + Ge^{jk_z z} = 0$

$$F\left(e^{jk_z d} - e^{-jk_z d}\right) = F(2j)\sin(k_z d) = 0$$

$$k_z d = p\pi \text{이므로} \quad \boxed{k_z = \frac{p\pi}{d}} \quad (p = 0, 1, 2, \cdots) \tag{11.75}$$

또한

$$Fe^{-jk_z z} + Ge^{jk_z z} = F\left(e^{-jk_z z} + e^{jk_z z}\right) = 2F\cos(k_z z)$$

로 다시 쓸 수 있으므로, 최종적으로 TM 모드에 대한 E_z의 해는 다음과 같다.

$$E_z(x, y, z) = E_0 \sin\left(\frac{m\pi}{a}x\right)\sin\left(\frac{n\pi}{b}y\right)\cos\left(\frac{p\pi}{d}z\right) \quad : \mathrm{TM}_{mnp} \text{ 모드} \tag{11.76}$$

$$(m = 1, 2, 3, \cdots; \quad n = 1, 2, 3, \cdots; \quad p = 0, 1, 2, \cdots)$$

정수 m, n, p에 따라 TM_{mnp} 모드가 정해진다. $k_x = \frac{m\pi}{a}$, $k_y = \frac{n\pi}{b}$, $k_z = \frac{p\pi}{d}$는 다음의 분산 관계식을 만족해야 한다(식 (11.50) 참조).

$$\left(\frac{m\pi}{a}\right)^2 + \left(\frac{n\pi}{b}\right)^2 + \left(\frac{p\pi}{d}\right)^2 = k^2 = \omega^2\mu\varepsilon \tag{11.77}$$

이것은 TM_{mnp} 모드 각각이 식 (11.77)을 만족하는 특정 주파수에서만 존재한다는 뜻이다. 그 특정 주파수는 다음과 같다.

$$\omega = 2\pi f = \frac{1}{\sqrt{\mu\varepsilon}}\sqrt{\left(\frac{m\pi}{a}\right)^2 + \left(\frac{n\pi}{b}\right)^2 + \left(\frac{p\pi}{d}\right)^2}$$

$$f = \frac{1}{2\sqrt{\mu\varepsilon}}\sqrt{\left(\frac{m}{a}\right)^2 + \left(\frac{n}{b}\right)^2 + \left(\frac{p}{d}\right)^2} \equiv f_{r,\, mnp} \tag{11.78}$$

이 주파수를 TM_{mnp} 모드의 **공진 주파수** resonant frequency 라고 한다. 수많은 TM 모드들 중에서 가장 낮은 공진 주파수를 갖는 모드는 TM_{110} 모드인데, 이 모드의 공진 주파수는 다음과 같다.

$$f_{r,\,110} = \frac{1}{2\sqrt{\mu\varepsilon}}\sqrt{\left(\frac{1}{a}\right)^2 + \left(\frac{1}{b}\right)^2} = \frac{v}{2}\sqrt{\frac{1}{a^2} + \frac{1}{b^2}} \tag{11.79}$$

나머지 전자기장 성분(E_x, E_y, H_x, H_y)은 식 (11.10)에서 $-jk_z$ 자리에 $\frac{\partial}{\partial z}$을, $k^2 - k_z^2$ 자리에 $k_x^2 + k_y^2 = \left(\frac{m\pi}{a}\right)^2 + \left(\frac{n\pi}{b}\right)^2$을 대입하여 구할 수 있다. 주 모드인 TM_{110} 모드의 전자기장을 구해보면 다음과 같다.

$$\begin{aligned}\mathbf{E} &= \mathbf{a}_z E_0 \sin\left(\frac{\pi}{a}x\right)\sin\left(\frac{\pi}{b}y\right) \quad : \mathrm{TM}_{110} \text{ 모드} \\ \mathbf{H} &= \frac{jE_0}{\omega\mu}\left\{\mathbf{a}_x\frac{\pi}{b}\sin\left(\frac{\pi}{a}x\right)\cos\left(\frac{\pi}{b}y\right) - \mathbf{a}_y\frac{\pi}{a}\cos\left(\frac{\pi}{a}x\right)\sin\left(\frac{\pi}{b}y\right)\right\}\end{aligned} \tag{11.80}$$

11.5.2 TE 모드 해

TE 모드에서는 $E_z = 0$으로 두고 $H_z(x, y, z)$의 해를 찾는다. TE 모드의 경우에도 경계조건은 여전히 식 (11.71)이다. 여기서도 식 (11.66)으로 주어지는 직사각형 도파관의 TE_{mn} 모드 해를 취하고, TM 모드에서 설명한 바 있는 공진기의 정지파(z방향으로) 특성을 고려한다. 그러면 TE 모드(z를 기준)에 대한 H_z의 해를 다음과 같이 쓸 수 있다.

$$H_z(x,\ y,\ z) = \cos\left(\frac{m\pi}{a}x\right)\cos\left(\frac{n\pi}{b}y\right)\left\{Fe^{-jk_z z} + Ge^{jk_z z}\right\} \tag{11.81}$$

$E_z = 0$인 경우에 식 (11.10)은 다음과 같이 쓸 수 있다.

$$E_x = \frac{-j\omega\mu}{k^2 - k_z^2}\frac{\partial H_z}{\partial y},\quad E_y = \frac{j\omega\mu}{k^2 - k_z^2}\frac{\partial H_z}{\partial x} \tag{11.82}$$

여기에서 얻은 식 (11.82)는 $+z$방향으로 진행하는 파와 $-z$방향으로 진행하는 파 모두에 대해 성립한다. 이제 $z = 0$과 $z = d$에서의 두 경계조건을 적용해보자.

- 경계조건 ❺ : $z = 0$에서 $E_x = 0$ ➜ $\dfrac{\partial H_z}{\partial y} = 0$ ➜

$$Fe^{-jk_z z} + Ge^{jk_z z} = 0 \rightarrow F = -G$$

- 경계조건 ❻ : $z = d$에서 $E_x = 0$ ➜ $\dfrac{\partial H_z}{\partial y} = 0$ ➜ $Fe^{-jk_z z} + Ge^{jk_z z} = 0$

$$F\left(e^{-jk_z d} - e^{jk_z d}\right) = F(-j2)\sin(k_z d) = 0$$

$$k_z d = p\pi \text{이므로} \quad k_z = \frac{p\pi}{d} \quad (p = 1,\ 2,\ \cdots) \tag{11.83}$$

또한

$$Fe^{-jk_z z} + Ge^{jk_z z} = F\left(e^{-jk_z z} - e^{jk_z z}\right) = (-j2)F\sin(k_z z)$$

로 다시 쓸 수 있으므로, 최종적으로 TE 모드에 대한 H_z의 해는 다음과 같다.

$$H_z(x,\ y,\ z) = H_0\cos\left(\frac{m\pi}{a}x\right)\cos\left(\frac{n\pi}{b}y\right)\sin\left(\frac{p\pi}{d}z\right) \quad : \text{TE}_{mnp} \text{ 모드}$$
$$(m = 0,\ 1,\ 2,\ \cdots;\quad n = 0,\ 1,\ 2,\ \cdots;\quad p = 1,\ 2,\ 3,\ \cdots)$$
$$(m = n = 0 \text{은 제외}) \tag{11.84}$$

p가 0이 되면 H_z가 0이 되므로 p는 0이 될 수 없다. 정수 $m,\ n,\ p$에 따라 TE_{mnp} 모드가 정해진다. 여기서도 $k_x = \dfrac{m\pi}{a},\ k_y = \dfrac{n\pi}{b},\ k_z = \dfrac{p\pi}{d}$는 식 (11.77)의 분산 관계식을 만족해야 한다. TE 모드들 중에서 가장 낮은 공진 주파수를 갖는 모드는 TE_{101} 모드($a > b$인 경우)이거나 TE_{011} 모드($b > a$인 경우)이다. $a > b$로 가정하면 주 모드인 TE_{101}의 공진 주파수는 다음과 같다.

$$f_{r,\ 101} = \frac{1}{2\sqrt{\mu\varepsilon}}\sqrt{\left(\frac{1}{a}\right)^2 + \left(\frac{1}{d}\right)^2} = \frac{v}{2}\sqrt{\frac{1}{a^2} + \frac{1}{d^2}} \tag{11.85}$$

식 (11.85)와 식 (11.79)를 잘 비교해보면 TE 모드와 TM 모드를 포함한 전체 모드 중에서 어떤 것이 주 모드가 될 것인가는 $d > b$인가 $b > d$인가에 달려 있다. 따라서 직사각형 공동 공진기의 주 모드는 다음과 같다.

- $a \geq d > b$ 또는 $d > a > b$인 경우 : TE_{101} 모드
- $a > b > d$인 경우 : TM_{110} 모드

여기서도 나머지 전자기장 성분(E_x, E_y, H_x, H_y)은 식 (11.10)에 들어 있는 항들 자리에 적절한 항들을 대입하여 구할 수 있다. 주 모드인 TE_{101} 모드의 전자기장을 구해보면 다음과 같다.

$$\begin{aligned} \mathbf{E} &= \mathbf{a}_y(-j\omega\mu)\frac{H_0}{\pi/a}\sin\left(\frac{\pi}{a}x\right)\sin\left(\frac{\pi}{d}z\right) \quad : \mathrm{TE}_{101} \text{ 모드} \\ \mathbf{H} &= H_0\left\{\mathbf{a}_z\cos\left(\frac{\pi}{a}x\right)\sin\left(\frac{\pi}{d}z\right) - \mathbf{a}_x\frac{a}{d}\sin\left(\frac{\pi}{a}x\right)\cos\left(\frac{\pi}{d}z\right)\right\} \end{aligned} \tag{11.86}$$

11.5.3 공동 공진기의 품질계수 Quality Factor

공동 공진기에서 내부 공간을 감싸고 있는 벽을 만드는 데 쓰이는 도체는 완전하지 않으므로(유한한 σ 값) 벽에서 전력소모가 발생한다. 공진기에서 공진기의 대역폭과 전력 손실 power loss의 정도를 판단하는 기준(척도)이 품질계수 Q이다. 공동 공진기의 품질계수는 집중 공진회로의 경우와 마찬가지로 다음 식으로 정의한다.

$$Q = \frac{\omega W}{P_d} = 2\pi f_r \frac{\text{시간평균 저장 에너지}}{\text{시간평균 소모 전력}} \tag{11.87}$$

Q를 정의하는 또 다른 방법은

$$Q = \frac{\omega}{\Delta\omega} = \frac{f_r}{B} \tag{11.88}$$

이다. 여기서 f_r은 공진 주파수이고 B는 대역폭 bandwidth 이다. 대역폭은 신호의 진폭이 f_r에서 나오는 최댓값보다 $3\,[\mathrm{dB}]$ 낮아지는(즉 전력이 최댓값의 $\frac{1}{2}$이 되는) 두 주파수 사이의 차이이다. Q 또는 B는 공진의 첨예도 sharpness 를 나타내는데, Q가 높을수록 대역폭이 좁아지고 손실이 작아진다.

예제 11-5 TE_{101} 모드의 품질계수

치수가 $a \times b \times d$인 직사각형 공동 공진기에서 TE_{101} 모드의 Q를 구하라.

풀이

식 (11.86)에서 $(-j\omega\mu)H_0\frac{a}{\pi} = E_0$로 놓으면 공진기 부피 내에 저장되는 시간평균 전기 에너지를 구하는 식은 다음과 같다([연습문제 9.7] 참조).

$$W_e = \frac{1}{2}\mathrm{Re}\left\{\iiint_V \frac{1}{2}\mathbf{E}\cdot\mathbf{D}^* dv\right\} = \frac{1}{4}\iiint_V \varepsilon|\mathbf{E}|^2 dv \tag{11.89}$$

이 식에서 앞에 $\frac{1}{2}$이 곱해진 것은 시간평균값을 구하기 위해서이다. 이 식을 계산하면

$$W_e = \frac{\varepsilon}{4}\int_0^d\int_0^b\int_0^a |E_0|^2 \sin^2\left(\frac{\pi}{a}x\right)\sin^2\left(\frac{\pi}{d}z\right)dx\,dy\,dz = \frac{\varepsilon}{4}|E_0|^2\frac{abd}{4}$$

가 된다. 공진기에 저장되는 시간평균 자기 에너지는 다음과 같이 계산할 수 있다.

$$\begin{aligned} W_m &= \frac{1}{2}\operatorname{Re}\left\{\iiint_V \frac{1}{2}\mathbf{H}^* \cdot \mathbf{B}\,dv\right\} = \frac{1}{4}\iiint_V \mu|\mathbf{H}|^2\,dv \\ &= \frac{\mu}{4}\int_0^d\int_0^b\int_0^a |H_0|^2\left\{\cos^2\left(\frac{\pi}{a}x\right)\sin^2\left(\frac{\pi}{d}z\right) + \left(\frac{a}{d}\right)^2\sin^2\left(\frac{\pi}{a}x\right)\cos^2\left(\frac{\pi}{d}z\right)\right\}dx\,dy\,dz \\ &= \frac{\mu}{4}|H_0|^2\frac{abd}{4}\left\{1+\left(\frac{a}{d}\right)^2\right\} \end{aligned} \tag{11.90}$$

공진 주파수($f = f_r$, 즉 $\omega = 2\pi f_r$)에서는 $W_e = W_m$이 되는 것을 알 수 있다([연습문제 11.36] 참조). 따라서 총 시간평균 에너지는 다음과 같다.

$$W = W_e + W_m = 2W_m = \frac{1}{8}\mu|H_0|^2 abd\left\{1+\left(\frac{a}{d}\right)^2\right\} \tag{11.91}$$

도체 벽에서 단위면적당 소모되는 시간평균 전력, 다시 말해 전력손실은 다음과 같다([연습문제 11.33] 참조).

$$p_d = \frac{1}{2}|H_{\tan}|^2 R_s\ [\mathrm{W/m^2}] \tag{11.92}$$

여기서, $H_{\tan}$은 도체 표면에서 자기장의 접선성분이고 R_s는 도체 벽의 표면저항이다. 서로 마주보는 두 도체 벽의 전력손실은 같으므로 여섯 개의 도체 벽에서 소모되는 시간평균 전력은 다음과 같은 방법으로 계산할 수 있다.

$$\begin{aligned} P_d &= \frac{1}{2}R_s\left\{2\int_0^b\int_0^a |H_x|^2_{z=0}\,dx\,dy + 2\int_0^d\int_0^b |H_z|^2_{x=0}\,dy\,dz \right. \\ &\qquad \left. +2\int_0^d\int_0^a \left(|H_x|^2+|H_z|^2\right)_{y=0}dx\,dz\right\} \\ &= R_s|H_0|^2\left\{\left(\frac{a}{d}\right)^2\frac{ab}{2} + \frac{bd}{2} + \frac{ad}{4}\left[\left(\frac{a}{d}\right)^2+1\right]\right\}\ [\mathrm{W}] \end{aligned} \tag{11.93}$$

식 (11.91)과 식 (11.93)을 식 (11.87)에 대입하면 TE_{101} 모드의 Q를 다음과 같이 구할 수 있다.

$$Q = \frac{\pi f_{r,101}\,\mu\,a\,b\,d\left(a^2+d^2\right)}{R_s\left(2a^3b+2bd^3+a^3d+ad^3\right)} \tag{11.94}$$

공동 공진기의 치수가 $a=d=2b=2\,[\mathrm{cm}]$이고 내부가 공기로 채워져 있으며 도체 벽이 구리로 만들어진 경우, 주 모드의 공진 주파수는 $10.6\,[\mathrm{GHz}]$이고 품질계수 Q는 약 10^4이 된다([연습문제 11.34] 참조). 훨씬 낮은 주파수에서 쓰는 집중회로 공진기와 비교해보면 공동 공진기는 Q 값이 상당히 크다.

11.6 동축 케이블 Coaxial Cable

동축 선로coaxial line는 일반적으로 동축 케이블coaxial cable이라고 하며, 두 개의 도체로 이루어진 도파 구조 중에서 가장 널리 사용되고 있다. 동축 선로는 평행판 도파로를 구부려 원통형으로 만든 것으로 볼 수 있다. 동축 선로는 [그림 11-11(a)]에서 보듯이 반지름이 a인 내부 도체와 반지름이 b인 외부 도체로 구성되어 있다. 두 도체 사이의 공간은 보통 유전율이 ε이고 투자율이 μ인 유전체로 채워져 있다. 두 도체가 유연성flexibility을 가질 수 있도록 보통 여러 가닥의 가는 구리도선을 서로 엮어서 두 도체를 만든다. 동축 케이블 속에 들어가는 유전체로는 폴리에틸렌polyethylene이나 테플론Teflon이 주로 사용된다.

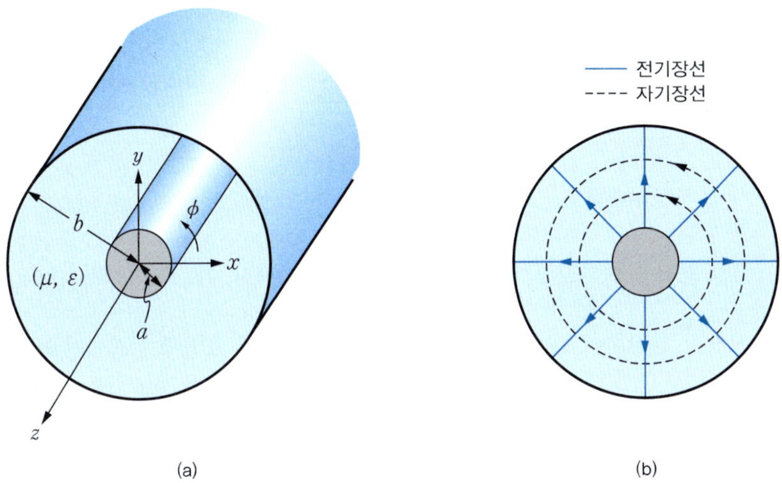

그림 11-11 동축 케이블
(a) 구조 (b) TEM 모드의 장선

평행판 도파로에서는 도체판의 양끝에서 가장자리장, 즉 누설장leakage field이 발생하는 반면 동축 선로에서는 장이 유전체 영역 내부로 제한되므로 누설장이 없다. 이는 동축 선로의 큰 장점이다.

동축 선로의 전자기장 해는 평행판 도파로의 경우와 마찬가지로 주 모드로서 TEM 모드(도체가 두 개이므로), 고차 모드로서 TE 모드와 TM 모드로 구성된다. 전자기장의 일반해는 식 (11.1)의 헬름홀츠 파동방정식을 원통 좌표계에서 풀어 구할 수 있는데, 이 과정에서 베셀함수Bessel function가 사용된다. 베셀함수를 사용하는 경우는 이 책의 수준을 넘어가므로 일반적인 고차 TE 모드 해와 TM 모드 해는 다루지 않기로 한다. 그렇지만 TEM 모드 해는 고등 수학을 사용하지 않고도 얻을 수 있다.

11.6.1 TEM 모드 해

먼저, TEM 모드에서는 전기장과 자기장이 유도(진행)방향에 수직이므로 $E_z = H_z = 0$이다. 동축 선로를 원통 형태의 평행판 도파로로 볼 수 있으므로 동축 선로에 분포하는 TEM 모드 전자기장이 평행판 도파로의 TEM 모드와 거의 똑같을 것이라고 예상할 수 있다. 식 (11.27)로 표시되는 [그림 11-3]의 평행판 도파로의 TEM 모드의 전자기장 식을 다시 써보자.

$$\mathbf{E} = \mathbf{a}_x E_0 e^{-jkz}, \quad \mathbf{H} = \mathbf{a}_y \frac{E_0}{\eta} e^{-jkz} \tag{11.95}$$

여기서

$$k(=k_z) = \omega\sqrt{\mu\varepsilon}, \quad \eta = \sqrt{\frac{\mu}{\varepsilon}} \tag{11.96}$$

이다. 평행판 도파로의 경우, $\mathbf{E}$는 도체 표면에 수직인 성분만을 가지며 $\mathbf{H}$는 도체 표면에 나란한 성분만을 가지므로, 동축 선로에 대해서는 전기장 $\mathbf{E}$와 자기장 $\mathbf{H}$가 다음과 같은 형태를 하고 있다고 가정할 수 있다.

$$\mathbf{E} = \mathbf{a}_\rho E_\rho(\rho, z) = \mathbf{a}_\rho \widetilde{E}_\rho(\rho) e^{-jkz}, \quad \mathbf{H} = \mathbf{a}_\phi H_\phi(\rho, z) = \mathbf{a}_\phi \widetilde{H}_\phi(\rho) e^{-jkz} \tag{11.97}$$

여기서 $\widetilde{E}_\rho$는 E_ρ 중에서 ρ에 따라서만 변하고 z에는 무관한 부분을 나타낸다. $\widetilde{H}_\phi$도 마찬가지이다.

[그림 11-11(b)]를 보면 이 장선이 표시되어 있다. 그림에서 보듯이 $\mathbf{E}$는 도체 표면에 수직이며 $\mathbf{H}$는 도체 표면에 나란하다. 동축 선로의 구조는 원통 대칭성을 가지므로 ϕ에 따라서는 변하지 않는다.

식 (11.97)을 $\nabla \cdot \mathbf{E} = 0$과 $\nabla \times \mathbf{E} = -j\omega\mu\mathbf{H}$(식 (9.19) 참조)에 대입하면 다음 결과를 얻는다. 여기서 K_0는 임의의 상수이다. $E_\rho = \widetilde{E}_\rho e^{-jkz}$임을 알고 있어야 한다.

$$\frac{1}{\rho}\frac{\partial}{\partial\rho}\left(\rho\widetilde{E}_\rho\right) = 0 \;\rightarrow\; \widetilde{E}_\rho = \frac{K_0}{\rho}$$

$$\frac{\partial E_\rho}{\partial z} = -jk\widetilde{E}_\rho e^{-jkz} = -j\omega\mu H_\phi = -j\omega\mu\widetilde{H}_\phi e^{-jkz}$$

$$\rightarrow\; \widetilde{H}_\phi = \widetilde{E}_\rho \frac{k}{\omega\mu} = \frac{\widetilde{E}_\rho}{\eta} = \frac{K_0}{\eta\rho}$$

따라서 동축 선로에서 TEM 모드의 전자기장 해는 다음과 같다.

$$\mathbf{E} = \mathbf{a}_\rho \frac{K_0}{\rho} e^{-jkz}, \quad \mathbf{H} = \mathbf{a}_\phi \frac{K_0}{\eta\rho} e^{-jkz} \tag{11.98}$$

여기서 k와 η는 식 (11.96)과 같다. 이들 전기장과 자기장이 $\nabla \cdot \mathbf{H} = 0$과 $\nabla \times \mathbf{H} = j\omega\varepsilon\mathbf{E}$를 만족하는 것을 증명할 수 있다([연습문제 11.38] 참조). $\widetilde{E}_\rho = \dfrac{K_0}{\rho}$는 무한 길이 선전하의 정전기장(식 (2.22)

참조)과, 극성이 반대인 두 전하를 가진 동축 케이블의 정전기장(식 (3.21a) 참조)과 아주 비슷하다는 것을 알 수 있다. $\widetilde{H}_\rho = \dfrac{K_0}{\eta\rho}$ 는 전류가 흐르는 무한히 긴 도선의 정자기장(식 (6.8) 참조)과, 전류가 서로 반대로 흐르는 두 동축 원통의 정자기장(식 (6.12b) 참조)과 아주 비슷하다. 따라서 TEM 모드 해는 정전기장과 정자기장 해에 e^{-jkz}(파 wave의 특성)를 곱해서 구할 수 있다. 평행판 도파관의 TEM 모드 해에도 같은 방식을 적용할 수 있다. 여기서 강조할 점은 동축 선로의 TEM 모드는 평행판 도파로의 TEM 모드와 마찬가지로 차단 주파수가 없다(즉 0이다). 일반적으로 동축 케이블은 낮은 주파수 대역에서 사용하는데, 그 까닭은 주파수가 높아질수록 불완전도체에서의 손실이 급격하게 증가하기 때문이다.

예를 들어, 콤스코프 CommScope 사에서 만든 RG6 케이블(특성 임피던스 75 [Ω])은 감쇠율이 10 [MHz]에서는 0.7 [dB]/100 [ft] (2.30 [dB]/100 [m]), 100 [MHz]에서는 2.01 [dB]/100 [ft], 1 [GHz]에서는 7.45 [dB]/100 [ft]이다. 현재 동축 케이블은 광대역 케이블 TV 업계에서 널리 사용되고 있다. 케이블 TV 가입자들은 HFC 전송방식 hybrid fiber coax architecture 으로 서비스를 받고 있다. 이 방식에서 전송부 transport segment 는 광섬유 케이블, 송신기와 수신기의 증폭기로 구성되어 있고, 분배부 distribution segment 는 동축 케이블, 증폭기, 분배기 splitter 로 구성되어 각 가정에 직접 연결된다.

예제 11-6

동축 선로를 따라 TEM 모드로 전송되는 총 시간평균 전력을 구하라. 단, 두 도체 사이의 전압의 진폭은 V_0로 가정한다.

풀이

식 (11.98)로 주어지는 TEM 모드 전자기장에 대해, 두 도체 사이의 전위차(즉 전압)를 다음과 같이 구할 수 있다.

$$V = -\int \mathbf{E}\cdot d\mathbf{l} = -\int_b^a \frac{K_0}{\rho} e^{-jkz}\mathbf{a}_\rho \cdot \mathbf{a}_\rho d\rho = K_0 \ln\frac{b}{a} e^{-jkz}$$
$$= V_0 e^{-jkz} \rightarrow K_0 = \frac{V_0}{\ln(b/a)} \tag{11.99}$$

따라서 전기장은 다음과 같다.

$$\mathbf{E} = \mathbf{a}_\rho \frac{V_0}{\ln(b/a)}\frac{1}{\rho} e^{-jkz} \tag{11.100}$$

시간평균 포인팅 벡터는 다음과 같이 구할 수 있다.

$$\mathbf{S}_{av} = \frac{1}{2}\mathrm{Re}\left(\mathbf{E}\times\mathbf{H}^*\right) = \frac{1}{2}\mathbf{a}_\rho \times \mathbf{a}_\phi \frac{|K_0|^2}{\eta}\frac{1}{\rho^2} = \mathbf{a}_z \frac{1}{2\eta}\frac{|V_0|^2}{[\ln(b/a)]^2}\frac{1}{\rho^2}$$

전송되는 시간평균 전력을 계산하면 다음과 같다.

$$P = \iint \mathbf{S}_{av} \cdot d\mathbf{s} = \int_0^{2\pi} \int_a^b \frac{1}{2\eta} \frac{|V_0|^2}{[\ln(b/a)]^2} \frac{1}{\rho^2} \rho \, d\rho \, d\phi = \frac{\pi |V_0|^2}{\eta \ln(b/a)}$$

자기장으로부터 도체를 통해 흐르는 전류를 계산하는 경우, 전류의 진폭이 I_0일 때 시간평균 전력은 $\frac{1}{2}\mathrm{Re}(V_0 I_0^*)$가 된다([연습문제 11.39] 참조).

11.7 전송선로 Transmission Lines

지금까지 살펴본 바에 따르면 평행판 도파로와 동축 케이블과 같이 두 개의 도체로 이루어진 도파 구조에서는 전파(유도)방향에 수직인 전기장과 자기장으로 이루어진 TEM파가 존재한다. 이러한 두 도체 전송 구조를 보통 **전송선로** transmission line 라고 한다. 전송선로의 예를 들어보면 [그림 11-1(a)]~[그림 11-1(c)]의 평행판 도파로(다른 용어로 평행판 전송선로), 2선 전송선로, 동축 선로가 있다. 초고주파 대역에서 마이크로스트립 선로는 평행판 선로 구조로 되어 있으며, 공중에 가설된 전력선 power line 과 전화선 telephone line 은 2선 선로 구조이며, TV 케이블과 인터넷 케이블은 동축 선로 구조를 하고 있다.

전송선로에서 TEM파만을 다룰 경우에는 전압, 전류, 임피던스의 개념을 사용하여 전송선로를 해석하고 응용하는 것이 편리하다. 그 이유는 여러분들이 이미 회로이론을 배워 이와 같은 개념에 익숙해져 있기 때문이다. 파의 전파와 반사를 설명하는 데 전기장과 자기장 대신 전압 $V(z)$와 전류 $I(z)$를 사용할 수 있다. 이들 전압과 전류는 전송선로 방정식이라는 서로 결합되어 있는 두 개의 미분방정식을 만족하는데, 이 두 방정식은 맥스웰 회전방정식과 동일한 방정식이다. 이들 방정식에는 인덕턴스, 커패시턴스, 저항, 컨덕턴스와 같은 회로 파라미터들이 들어 있다. 전송선로를 따라 유도(전파)되는 TEM파의 특성은 9장, 10장에서 다룬 무한히 펼쳐진 매질 속을 전파하는 균일 평면파의 특성과 매우 비슷하다.

11.7.1 전송선로 방정식 : 집중회로 모형

[그림 11-12(a)]는 두 도체 전송선로의 일부분을 나타낸 것이다. $V(z)$는 $z = z$ 위치에서 두 도체 양단의 전압이다. $I(z)$는 $z = z$ 위치에서 어느 한 도체를 통해 흐르는 전류로, 나머지 한 도체에는 같은 전류가 반대방향으로 흐른다. 어느 한 부분의 길이(Δz)는 동작파장보다 아주 작은 것으로 가정한다. 이 부분의 등가회로를 [그림 11-12(b)]에 나타냈다.

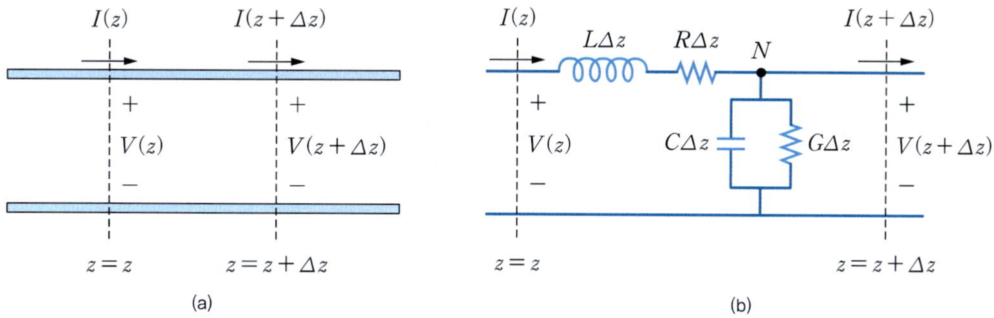

그림 11-12 전송선로와 그 집중회로 모형

전송선로의 미소부분(Δz)을 다음 네 종류의 회로 파라미터로 나타낼 수 있다.

- L : 단위길이당 인덕턴스(단위 : H/m)
- R : 단위길이당 저항(단위 : Ω/m)
- C : 단위길이당 커패시턴스(단위 : F/m)
- G : 단위길이당 컨덕턴스(단위 : S/m)

전송선로에 손실이 없는 경우, R과 G는 모두 0이다. R은 불완전도체에 의한 손실을 나타내며 G는 전송선로를 채우고 있는 불완전유전체에 의한 손실, 즉 유전체 손실 dielectric loss 을 나타낸다. L과 R은 직렬로, C와 G는 병렬로 연결되어 있는 것을 잘 살펴보기 바란다.

먼저, 루프에 키르히호프 전압법칙(KVL) Kirchhoff's voltage law 을 적용하면 다음 식을 얻는다.

$$V(z) = (j\omega L + R)\Delta z I(z) + V(z+\Delta z)$$
$$\rightarrow \frac{V(z+\Delta z) - V(z)}{\Delta z} = -(j\omega L + R)I(z)$$

따라서 $\Delta z \rightarrow 0$으로 하여 전송선로의 부분을 무한히 작게 만들면 다음 식을 얻는다.

$$\frac{dV}{dz} = -(j\omega L + R)I = -ZI \tag{11.101}$$

여기서 $Z = j\omega L + R$은 전송선로의 단위길이당 직렬 임피던스로, 단위는 [Ω/m]이다.

다음으로, 노드(접합점) N에 키르히호프 전류법칙(KCL) Kirchhoff's current law 을 적용하면 다음 식을 얻을 수 있다.

$$I(z) = (j\omega C + G)\Delta z V(z+\Delta z) + I(z+\Delta z)$$
$$\rightarrow \frac{I(z+\Delta z) - I(z)}{\Delta z} = -(j\omega C + G)V(z+\Delta z)$$

따라서 $\Delta z \rightarrow 0$으로 하여 전송선로의 부분을 무한히 작게 만들면 다음 식을 얻는다.

$$\frac{dI}{dz} = -(j\omega C + G)V = -YV \tag{11.102}$$

여기서 $Y = j\omega C + G$는 전송선로의 단위길이당 병렬 어드미턴스로, 단위는 $[\mathrm{S/m}]$이다. 식 (11.101)과 식 (11.102)는 $V(z)$와 $I(z)$가 서로 결합되어 있는 1계 미분방정식으로, 이들을 **전송선로 방정식** transmission-line equation 이라고 한다.

식 (11.101)을 z에 대해 미분한 다음, 식 (11.102)에 대입하면 다음 방정식을 얻을 수 있다.

$$\frac{d^2 V}{dz^2} = ZYV(z) \quad \text{또는} \quad \frac{d^2 V}{dz^2} + k^2 V(z) = 0 \tag{11.103}$$

여기서

$$k^2 = -ZY = -(j\omega L + R)(j\omega C + G) \tag{11.104}$$

이다. 식 (11.103)을 전압 $V(z)$에 대한 **파동방정식** wave equation 이라고 한다. 마찬가지 방법으로 전류 $I(z)$가 만족해야 하는 파동방정식을 다음과 같이 유도할 수 있다.

$$\frac{d^2 I}{dz^2} = ZYI(z) \quad \text{또는} \quad \frac{d^2 I}{dz^2} + k^2 I(z) = 0 \tag{11.105}$$

이제 $V(z)$와 $I(z)$를 각각 전압파 voltage wave 와 전류파 current wave 로 볼 수 있다. 식 (11.103)은 원천이 없는 영역에서의 $\mathbf{E}$에 대한 파동방정식인 식 (9.38)과 매우 비슷하다.

무손실 전송선로

손실이 없는, 무손실 전송선로 lossless transmission line 에서는 $R = G = 0$이므로

$$k^2 = -(j\omega L)(j\omega C) = \omega^2 LC \;\rightarrow\; k = \omega\sqrt{LC} \tag{11.106}$$

이다. 식 (11.103)의 일반해는

$$V(z) = V_0^+ e^{-jkz} + V_0^- e^{+jkz} \tag{11.107}$$

로 쓸 수 있는데, 이는 식 (9.40)의 전기장의 일반해와 같은 형태이다. 일반해의 첫째 항은 $+z$방향으로 진행하는 파, 둘째 항은 $-z$방향으로 진행하는 파이다. k는 균일 평면파의 k와 같은 역할을 하는 것으로, 여기서도 **전파상수** propagation constant 라고 한다. 식 (11.107)을 식 (11.101)에 대입하면 다음 식을 얻을 수 있다.

$$I(z) = \frac{1}{Z_0}(V_0^+ e^{-jkz} - V_0^- e^{+jkz}) \tag{11.108}$$

여기서

$$Z_0 = \frac{\omega L}{k} = \sqrt{\frac{L}{C}}\ [\Omega] \tag{11.109}$$

로 표시되는 Z_0를 전송선로의 **특성 임피던스** characteristic impedance 라고 한다. 특성 임피던스는 전압과 전류의 크기 비로, 균일 평면파의 파동 임피던스와 같은 역할을 한다. 파동 임피던스는 전기장과 자기장의 크기 비로, 평면파의 파동 임피던스는 매질의 고유 임피던스($\eta = \sqrt{\frac{\mu}{\varepsilon}}$)와 같다(식 (9.49) 참조).

도체 손실(R)과 유전체 손실(G)이 있는 경우에는 식 (11.104)의 k가 복소수($\beta - j\alpha$)가 된다. 따라서 전압파와 전류파는 전송선로를 따라 전파하면서 감쇠를 겪게 된다.

11.7.2 장 이론에서 유도하는 전송선로 방정식

식 (11.101)과 식 (11.102)로 표시되는 방정식은 맥스웰 방정식에서 유도할 수도 있는데, 두 도체 전송선로의 전기장 $\mathbf{E}$와 자기장 $\mathbf{H}$를 전압 $V(z)$와 전류 $I(z)$와 관련시키면 된다. 무손실 평행판 도파로에 대해 실제로 이렇게 해보자. 이제부터 유도과정을 잘 따라하면서 장 개념이 회로 개념으로 어떻게 변환되는지 파악해보자.

11.3.1절에서 살펴본 것처럼 [그림 11-3]의 평행판 전송선로의 주 모드인 TEM(또는 TM_0) 모드는 다음 식으로 쓸 수 있다.

$$\mathbf{E} = \mathbf{a}_x E_x(z), \quad \mathbf{H} = \mathbf{a}_y H_y(z) \tag{11.110}$$

식 (11.110)을 $\nabla \times \mathbf{E} = -j\omega\mu\mathbf{H}$와 $\nabla \times \mathbf{H} = j\omega\varepsilon\mathbf{E}$에 대입하면 다음 식을 얻는다.

$$\frac{\partial E_x}{\partial z} = -j\omega\mu H_y \tag{11.111a}$$

$$\frac{\partial H_y}{\partial z} = -j\omega\varepsilon E_x \tag{11.111b}$$

이제 전압 $V(z)$와 전류 $I(z)$를 정전기장 이론과 정자기장 이론을 사용하여 장을 써서 표현해보자. 두 도체 양단에 걸리는 전압 $V(z)$는 $\mathbf{E}$와 다음과 같은 관계를 가진다.

$$V(z) = -\int_{C_1} \mathbf{E} \cdot d\mathbf{l} \tag{11.112a}$$

여기서 C_1은 한 도체에서 다른 도체로 가는 적분경로이다. 각 도체를 통해 흐르는 전류 $I(z)$는 자기장 $\mathbf{H}$와 다음과 같이 암페어 법칙으로 주어지는 관계를 가진다.

$$I(z) = \oint_{C_2} \mathbf{H} \cdot d\mathbf{l} \tag{11.112b}$$

여기서 C_2는 한 도체를 둘러싸는 닫힌루프이다. 전류는 또한 도체 표면에서 적용되는 경계조건인 $\mathbf{a}_n \times \mathbf{H} = \mathbf{J}_s$에 의해 $\mathbf{H}$와 관계되어 있다. 적분경로를 [그림 11-13]에 나타냈다.

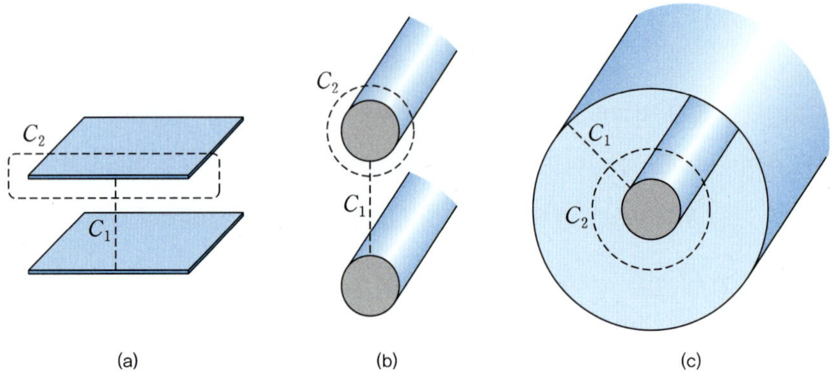

그림 11-13 전압과 전류를 정의하는 적분경로

두 도체판의 폭이 모두 w이고 간격이 a인 평행판 전송선로([그림 11-13(a)])에 대해 식 (11.112)를 계산하면 다음과 같다.

$$V(z) = E_x(z)a \tag{11.113a}$$

$$I(z) = H_y(z)w \tag{11.113b}$$

식 (11.113)의 $V-E_x$, $I-H_y$ 관계식을 이용하면 식 (11.111)은 다음과 같이 간단해진다.

$$\frac{dV}{dz} = -j\omega\mu\frac{a}{w}I(z) = -j\omega LI \tag{11.114a}$$

$$\frac{dI}{dz} = -j\omega\varepsilon\frac{w}{a}V(z) = -j\omega CV \tag{11.114b}$$

여기서 L과 C는 다음과 같이 정의한다.

- $L = \mu\dfrac{a}{w}$: 평행판 전송선로의 단위길이당 인덕턴스 (11.115a)
- $C = \varepsilon\dfrac{w}{a}$: 평행판 전송선로의 단위길이당 커패시턴스 (11.115b)

식 (11.114)는 실제로 앞서 살펴본 식 (11.101), 식 (11.102)의 무손실($R=G=0$) 전송선로에 대한 전송선로 방정식이다.

식 (11.111)의 H_y를 소거하면 E_x는 다음 방정식을 만족한다.

$$\frac{\partial^2 E_x}{\partial z^2} + k^2E_x = 0, \quad k^2 = \omega^2\mu\varepsilon \tag{11.116}$$

식 (11.114)의 I를 소거하면 V는 다음 방정식을 만족한다.

$$\frac{\partial^2 V}{\partial z^2} + k^2V = 0, \quad k^2 = \omega^2 LC \tag{11.117}$$

식 (11.115)로부터 다음 관계식이 성립하는 것을 알 수 있다.

$$LC = \mu\varepsilon \tag{11.118}$$

$+z$ 방향으로 진행하는 파는 다음과 같다.

$$\mathbf{E} = \mathbf{a}_x E_0^+ e^{-jkz}, \quad \mathbf{H} = \mathbf{a}_y \frac{E_0^+}{\eta} e^{-jkz} \tag{11.119}$$

$$V = V_0^+ e^{-jkz}, \quad I = \frac{V_0^+}{Z_0} e^{-jkz} \tag{11.120}$$

따라서 평행판 전송선로를 따라 전송되는 시간평균 전력은 다음과 같이 구할 수 있다.

$$P_{av} = \iint \frac{1}{2}\text{Re}\left(\mathbf{E} \times \mathbf{H}^*\right) \cdot \mathbf{a}_z \, dx\, dy = \frac{|E_0^+|^2}{2\eta} wa \tag{11.121}$$

또는 다음과 같이 구할 수 있다.

$$P_{av} = \frac{1}{2}\text{Re}\left\{V(z)\, I(z)^*\right\} = \frac{|V_0^+|^2}{2Z_0} \tag{11.122}$$

다음 식을 이용하면 식 (11.121)과 식 (11.122)가 서로 같은 식임을 쉽게 증명할 수 있다.

$$Z_0 = \sqrt{\frac{L}{C}} = \sqrt{\frac{\mu}{\varepsilon}}\left(\frac{a}{w}\right) \quad : \text{평행판 전송선로} \tag{11.123}$$

전송선로의 전압과 전류의 특성과, 균일 평면파 또는 전송선로 TEM 모드의 전기장과 자기장의 특성 사이의 유사성을 [표 11-3]에 정리했다.

표 11-3 전송선로의 전압, 전류파와 균일 평면파(또는 TEM파)의 전기, 자기장 사이의 유사성

전송선로(무손실)	균일 평면파 또는 TEM파
$V(z) = -\int_{C_1} \mathbf{E} \cdot d\mathbf{l}$ $I(z) = \oint_{C_2} \mathbf{H} \cdot d\mathbf{l}$	$\mathbf{E} = \mathbf{a}_x E_x(z)$ $\mathbf{H} = \mathbf{a}_y H_y(z)$
$\frac{dV}{dz} = -(j\omega L)I$ $\frac{dI}{dz} = -(j\omega C)V$	$\frac{\partial E_x}{\partial z} = -j\omega\mu H_y$ $\frac{\partial H_y}{\partial z} = -j\omega\varepsilon E_x$
$\frac{d^2V}{dz^2} + k^2 V = 0$ $\frac{d^2 I}{dz^2} + k^2 I = 0$ $k^2 = \omega^2 LC$	$\frac{\partial^2 E_x}{\partial z^2} + k^2 E_x = 0$ $\frac{\partial^2 H_y}{\partial z^2} + k^2 H_y = 0$ $k^2 = \omega^2\mu\varepsilon$

전송선로(무손실)	균일 평면파 또는 TEM파
$V(z) = V_0^+ e^{-jkz} + V_0^- e^{jkz}$ $I(z) = \frac{1}{Z_0}\left(V_0^+ e^{-jkz} - V_0^- e^{jkz}\right)$ $Z_0 = \frac{V_0^+}{I_0^+} = \sqrt{\frac{L}{C}}$: 특성 임피던스	$E_x(z) = E_0^+ e^{-jkz} + E_0^- e^{jkz}$ $H_y(z) = \frac{1}{\eta}\left(E_0^+ e^{-jkz} - E_0^- e^{jkz}\right)$ $\eta = \frac{E_0^+}{H_0^+} = \sqrt{\frac{\mu}{\varepsilon}}$: 고유 임피던스
$P_{av} = \frac{1}{2}\mathrm{Re}\left(VI^*\right)$	$\mathbf{S}_{av} = \frac{1}{2}\mathrm{Re}\left(\mathbf{E} \times \mathbf{H}^*\right)$

11.7.3 전송선로 회로 파라미터

전송선로 방정식을 보면, 전송선로의 특성은 L, C, R, G라는 네 개의 회로 파라미터로 표시된다. 이제 전자기 해석을 통해 주어진 전송선로에 대해 이들 파라미터를 구하는 방법을 살펴보자. 여기서 알아둘 것은 이 파라미터들은 전송선로의 구조와 매질의 물질상수에 따라 달라진다는 사실이다.

단위길이당 커패시턴스(C)와 인덕턴스(L)는 정전기장, 정자기장 해석에서 나오는 다음의 정의식을 이용하여 계산할 수 있다.

$$C = \frac{Q/l}{V} = \frac{\text{단위길이당 전하}}{\text{전위차}} \tag{3.26}$$

$$L = \frac{\Phi/l}{I} = \frac{\text{단위길이당 자기 선다발}}{\text{닫힌루프의 전류}} \tag{7.20}$$

L과 C는 식 (11.118)을 통해 $\mu\varepsilon$과 연관되어 있으므로 어떤 전송선로에서 L이나 C 중 하나만 알면 나머지 하나를 알 수 있다.

전송선로에 들어 있는 유전체 매질(유전율 ε)의 전도율 σ가 0이 아닌 작은 값을 가지면 단위길이당 컨덕턴스(G)가 존재하게 된다. 5.9절에서 두 도체를 둘러싸고 있는 유전체의 유전율과 전도율이 각각 ε과 σ일 때 커패시턴스와 컨덕턴스는 다음과 같은 관계를 가진다는 것을 배웠다.

$$\frac{C}{G} = \frac{\varepsilon}{\sigma} \tag{5.19}$$

그러므로 어떤 전송선로에서 C를 알면 G는 다음 식으로 간단히 구할 수 있다.

$$G = C\,\frac{\sigma}{\varepsilon} \tag{11.124}$$

끝으로, 전송선로의 도체가 완전도체가 아닐 때, 즉 도체의 전도율 σ_c가 무한대가 아닌 유한한 값을 가지면 단위길이당 저항(R)이 존재하게 된다. 높은 주파수 대역에서 도체가 특성이 좋은 양도체인 경우에는 9.5.2절에서 살펴본 바와 같이 전류는 주로 표피깊이[skin depth] 정도의 영역 내에 흐른다. 따라서 도체의 총 전류가 표피깊이 d_p에 걸쳐 고르게 퍼져 흐르는 것으로 가정하여 저항 R을 근사적으로 구할 수 있다. 5.4절에 따르면 길이가 l이고 단면적 S로 균일한 균질 저항의 저항값은 다음과 같다.

$$R = \frac{l}{\sigma S} \tag{5.11}$$

두 개의 도체로 이루어진 전송선로의 경우, 단위길이당($l = 1\,[\mathrm{m}]$) 직렬저항 R은 다음과 같다.

$$R = R_1 + R_2 = \frac{1}{\sigma_c}\left(\frac{1}{S_1} + \frac{1}{S_2}\right) = \frac{1}{\sigma_c d_p}\left(\frac{1}{w_1} + \frac{1}{w_2}\right) \tag{11.125}$$

여기서 w_1과 w_2는 두 도체의 폭 또는 둘레이다. 양도체의 표피깊이 d_p는 식 (9.90)과 같다.

$$d_p = \sqrt{\frac{2}{\omega\mu_c\sigma_c}} = \sqrt{\frac{1}{\pi f\mu_c\sigma_c}} \tag{11.126}$$

여기서 μ_c는 도체의 투자율이다. $\frac{1}{\sigma_c d_p} = \sqrt{\frac{\omega\mu_c}{2\sigma_c}}$ 는 도체의 **표면저항** surface resistance 으로, R_s로 표기한다([연습문제 11.33] 참조). 평행판 전송선로에서는 다음과 같다.

$$R = 2R_1 = \frac{2}{\sigma_c d_p w} = R_s\frac{2}{w} \tag{11.127}$$

예제 11-7 동축 선로의 전송선로 파라미터

[그림 11-11]에 있는 동축 전송선로의 L, C, R, G와 Z_0를 구하라.

풀이

동축 선로의 단위길이당 커패시턴스는 [예제 3-7]에서 구한 동축 커패시터의 커패시턴스와 같다. 따라서 식 (3.36)의 결과를 이용하면

$$C = \frac{2\pi\varepsilon}{\ln\left(\frac{b}{a}\right)} \tag{11.128}$$

이 된다. $LC = \mu\varepsilon$의 관계식을 이용하면 단위길이당 인덕턴스는

$$L = \frac{\mu\varepsilon}{C} = \frac{\mu}{2\pi}\ln\left(\frac{b}{a}\right) \tag{11.129}$$

가 된다. 이것은 [연습문제 7.34]에서도 다루었다. 식 (11.124)의 $C-G$ 관계식을 적용하면 단위길이당 컨덕턴스는

$$G = \frac{2\pi\sigma}{\ln\left(\frac{b}{a}\right)} \tag{11.130}$$

가 된다. 여기서 σ는 전송선로에서 도체 주위를 채우고 있는 유전체의 전도율이다. 식 (11.125)에 $w_1 = 2\pi a$, $w_2 = 2\pi b$를 대입하면 단위길이당 직렬저항을 얻는다.

$$R = \frac{1}{\sigma_c d_p}\left(\frac{1}{2\pi a} + \frac{1}{2\pi b}\right) = \frac{R_s}{2\pi}\left(\frac{1}{a} + \frac{1}{b}\right) \tag{11.131}$$

특성 임피던스는 다음과 같이 구할 수 있다.

$$Z_0 = \sqrt{\frac{L}{C}} = \sqrt{\frac{\mu}{\varepsilon}}\frac{1}{2\pi}\ln\left(\frac{b}{a}\right) = \frac{\eta}{2\pi}\ln\frac{b}{a} \tag{11.132}$$

[표 11-4]에 세 가지 전송선로(평행판 선로, 동축 선로, 2선 선로)에 대해 주요 전송선로 파라미터(L, C, R, G, Z_0)를 정리했다.

표 11-4 전송선로 파라미터

파라미터	평행판 선로	동축 선로	2선 선로
L	$\mu\frac{a}{w}$	$\frac{\mu}{2\pi}\ln\frac{b}{a}$	$\frac{\mu}{\pi}\cosh^{-1}\left(\frac{D}{2a}\right)$, D : 간격
C	$\varepsilon\frac{w}{a}$	$\frac{2\pi\varepsilon}{\ln(b/a)}$	$\frac{\pi\varepsilon}{\cosh^{-1}(D/2a)}$
R	$R_s\frac{2}{w}$	$\frac{R_s}{2\pi}\left(\frac{1}{a}+\frac{1}{b}\right)$	$\frac{R_s}{\pi a}$, $R_s = \frac{1}{\sigma_c d_p} = \sqrt{\frac{\omega\mu_c}{2\sigma_c}}$
G	$\sigma\frac{w}{a}$	$\frac{2\pi\sigma}{\ln(b/a)}$	$\frac{\pi\sigma}{\cosh^{-1}(D/2a)}$
Z_0	$\eta\frac{a}{w}$	$\frac{\eta}{2\pi}\ln\frac{b}{a}$	$\frac{\eta}{\pi}\cosh^{-1}\left(\frac{D}{2a}\right)$

11.7.4 부하가 연결된 유한한 길이의 전송선로

이제 [그림 11-14]와 같이 특성 임피던스가 Z_0인 전송선로의 끝에 부하 임피던스 Z_L이 연결된 경우를 살펴보자. 여기서는 파동 특성에 대해 알아보는데, 특히 파가 부하에서 어떤 방식으로 반사되는지 살펴본다.

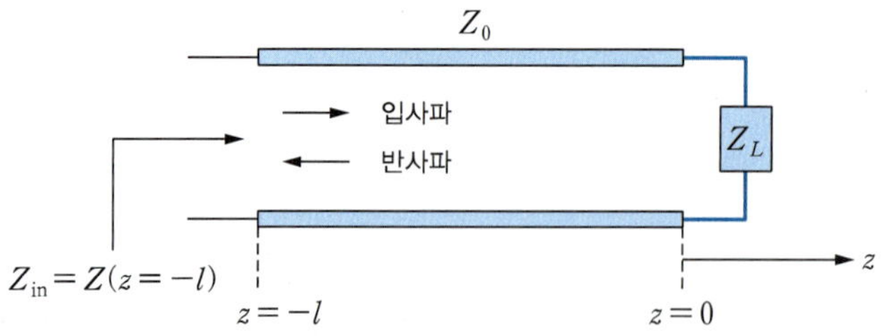

그림 11-14 부하가 연결된 유한한 길이의 전송선로

전송선로에 존재하는 전압파의 일반해는 다음과 같이 쓸 수 있다.

$$V(z) = \underbrace{V_0^+ e^{-jkz}}_{+z\text{방향으로 진행하는 입사파}} + \underbrace{V_0^- e^{jkz}}_{-z\text{방향으로 진행하는 반사파}} \tag{11.107}$$

마찬가지로, 전송선로의 전류파의 일반해는 다음과 같다.

$$I(z) = \frac{V_0^+}{Z_0} e^{-jkz} - \frac{V_0^-}{Z_0} e^{jkz} \tag{11.108}$$

부하가 연결된 위치에서($z=0$)의 전압파와 전류파는 다음과 같다.

$$\begin{aligned} V(z=0) &= V_L = V_0^+ + V_0^- \\ I(z=0) &= I_L = \frac{1}{Z_0}\left(V_0^+ - V_0^-\right) \end{aligned} \tag{11.133}$$

V_0^-와 V_0^+의 비를 반사계수 Γ_L로 정의한다.

$$\Gamma_L \equiv \frac{V_0^-}{V_0^+} \tag{11.134}$$

Γ_L을 Z_0와 Z_L을 써서 나타내기 위해 다음 관계식

$$\frac{V_L}{I_L} = Z_L = \frac{V_0^+ + V_0^-}{\frac{1}{Z_0}\left(V_0^+ - V_0^-\right)} = Z_0 \frac{V_0^+(1+\Gamma_L)}{V_0^+(1-\Gamma_L)} = Z_0 \frac{1+\Gamma_L}{1-\Gamma_L}$$

을 이용하면 반사계수 Γ_L을 다음과 같이 구할 수 있다.

$$\Gamma_L = \frac{Z_L - Z_0}{Z_L + Z_0} \tag{11.135}$$

이 식을 잘 살펴보면 식 (11.135)의 반사계수는 균일 평면파의 반사계수와 아주 비슷하다. 10.2절에서는 균일 평면파가 매질 η_1에서 매질 η_2로 수직으로 입사할 때의 반사계수를 다음 식으로 구했다.

$$R = \frac{\eta_2 - \eta_1}{\eta_2 + \eta_1} \tag{10.11a}$$

다음 세 가지 특수한 경우를 살펴보자.

❶ $Z_L = 0$인 단락회로[short circuit] : $\Gamma_L = \frac{V_0^-}{V_0^+} = -1$이다. 단락회로는 균일 평면파 문제에서 두 번째 매질이 완전도체인 경우와 동일하다.

❷ $Z_L = \infty$ 인 개방회로 open circuit : $\Gamma_L = \dfrac{V_0^-}{V_0^+} = 1$ 이다. 개방회로에서는 $I(z=0)=0$ 이다.

❸ $Z_L = Z_0$ 인 정합부하 matched load : $\Gamma_L = 0$ 이다. $V_0^- = 0$ 이므로 반사파가 없다.

전송선로의 임의의 위치에서의 임피던스 $Z(z)$는 다음 식으로 정의할 수 있다.

$$Z(z) = \frac{V(z)}{I(z)} = Z_0 \frac{V_0^+\left(e^{-jkz} + \Gamma_L e^{jkz}\right)}{V_0^+\left(e^{-jkz} - \Gamma_L e^{jkz}\right)} \tag{11.136}$$

부하에서 신호원 쪽으로 l만큼 떨어진 위치($z=-l$)에서 부하 쪽을 바라본 입력 임피던스 input impedance $Z_{\text{in}} = Z(z=-l)$는 다음과 같이 정리할 수 있다.

$$\begin{aligned} Z(z=-l) &= Z_0 \frac{e^{jkl} + \Gamma_L e^{-jkl}}{e^{jkl} - \Gamma_L e^{-jkl}} = Z_0 \frac{(Z_L + Z_0)e^{jkl} + (Z_L - Z_0)e^{-jkl}}{(Z_L + Z_0)e^{jkl} - (Z_L - Z_0)e^{-jkl}} \\ &= Z_0 \frac{Z_L 2\cos(kl) + Z_0\, 2j\sin(kl)}{Z_L 2j\sin(kl) + Z_0\, 2\cos(kl)} = Z_0 \frac{Z_L + jZ_0\tan(kl)}{Z_0 + jZ_L\tan(kl)} \end{aligned} \tag{11.137}$$

따라서 이 식을 써서 특성 임피던스와 부하 임피던스가 주어질 때 길이가 l 인 전송선로의 입력 임피던스를 구할 수 있다. $Z(-l)$은 $kl = \left(2\dfrac{\pi}{\lambda}\right)l = \pi$, 즉 $l = \dfrac{\lambda}{2}$를 주기로 값이 변한다. 몇 가지 특수한 경우를 살펴보자.

❶ $Z_L = 0$ 인 단락회로 short circuit

$$Z(-l) = jZ_0\tan(kl) \tag{11.138}$$

단락회로는 리액턴스 회로이다. 전송선로의 길이가 짧으면($kl \ll l$), $Z(-l) \approx jZ_0 kl$ 이 되므로 단락된 전송선로는 인덕터처럼 동작한다.

❷ $Z_L = \infty$ 인 개방회로 open circuit

$$Z(-l) = \frac{Z_0}{j\tan(kl)} = -jZ_0\cot(kl) \tag{11.139}$$

개방회로도 리액턴스 회로이다. 전송선로의 길이가 짧으면($kl \ll l$), $Z(-l) \simeq -j\dfrac{Z_0}{kl}$ 가 되어 개방된 전송선로는 커패시터처럼 동작한다.

❸ $Z_L = Z_0$ 인 정합부하 matched load

$$Z(-l) = Z_0$$

입력 임피던스는 길이 l에 관계없이 특성 임피던스와 같다. 이렇게 되는 것은 부하가 정합되어 반사파가 없기 때문이다.

❹ 길이가 $\frac{1}{4}$ 파장($l = \frac{\lambda}{4}$)인 전송선로

$kl = \frac{\pi}{2}$ 이므로 $\tan kl \to \infty$ 이다.

$$Z(-l) \equiv Z_{\text{in}} = \frac{Z_0^2}{Z_L} \quad \text{또는} \quad \frac{Z_{\text{in}}}{Z_0} = \left(\frac{Z_L}{Z_0}\right)^{-1} \tag{11.140}$$

길이가 $\frac{1}{4}$ 파장인 손실이 없는 전송선로는 Z_0로 규준화(정규화)한 부하 임피던스를 그 역수가 되는 임피던스로 변환한다. 이 전송선로를 **$\frac{1}{4}$ 파장 변환기** quarter wave transformer 라고 한다. 예를 들어, $Z_L = \infty$ (개방회로)인 $\frac{1}{4}$ 파장 전송선로는 단락회로($Z_{\text{in}} = 0$)가 된다.

❺ 길이가 $\frac{1}{2}$ 파장($l = \frac{\lambda}{2}$)인 전송선로

$kl = \pi$ 이므로 $\tan kl = 0$ 이 되어 예상한 대로 $Z_{\text{in}} = Z_L$ 이다. 전송선로의 길이가 $\frac{\lambda}{2}$ 의 정수배인 경우에는 Z_{in}은 Z_L에서 변하지 않는다.

지금까지 살펴본 특수한 경우 외에 일반적인 경우에 대해 전송선로의 반사계수와 임피던스를 해석하려면 지루하고 복잡한 복소수 계산을 해야만 한다. **스미스 차트** Smith chart 라는 그래프 차트를 사용하면 해석을 간편하게 할 수 있다. 스미스 차트를 사용하여 해석하는 방법에 대한 자세한 내용은 '쳉 Cheng 의 책'[4]과 '쉔과 콩 Shen and Kong 의 책'[5]을 살펴보기 바란다.

정지파 패턴

부하가 정합되지 않으면($Z_L \neq Z_0$), 반사계수가 0이 되지 않으므로($\Gamma_L \neq 0$) 반사파가 생긴다($V_0^- \neq 0$). 따라서 전송선로에는 입사파 incident wave 와 반사파 reflected wave 가 함께 존재한다. 입사파와 반사파가 중첩(합성)되면서 총 전압과 총 전류는 **정지파** standing wave 를 형성한다. 이는 10.6절에서 균일 평면파가 완전도체에 입사하는 경우에 정지파가 형성된 것과 마찬가지이다. 입사파와 반사파가 같은 위상 in phase(위상차 0°)으로 만나는 위치에서 전압의 최대가 나타나고 역위상 out of phase(위상차 180°)으로 만나는 위치에서 최소가 나타난다. 전류의 경우에도 전압과 마찬가지로 최대와 최소가 나타난다. 전압이 최대가 되는 곳에는 전기 에너지가, 전류가 최대가 되는 곳에 자기 에너지가 집중적으로 축적되는데, 이렇게 되면 전송선로가 전력을 전달하는 능력이 떨어질 수 있다.

임의의 위치 z에서의 반사계수는 다음 식으로 정의된다.

---

4 D. K. Cheng, *Fundamentals of Engineering Electromagnetics*, Addison-Wesley, 1993.

5 L. C. Shen and J. A. Kong, *Applied Electromagnetism*, PWS Publishing Company, 1995, 3rd Ed.

$$\Gamma(z) = \frac{V_0^- \, e^{jkz}}{V_0^+ \, e^{-jkz}} = \Gamma_L \, e^{j2kz} \tag{11.141}$$

이 식을 이용하여 식 (11.107)을 다시 쓰면

$$V(z) = V_0^+ \, e^{-jkz}\{1 + \Gamma(z)\} \tag{11.142}$$

가 된다. 같은 방법으로 전류를 다음과 같이 쓸 수 있다.

$$I(z) = \frac{V_0^+}{Z_0} \, e^{-jkz}\{1 - \Gamma(z)\} \tag{11.143}$$

식 (11.141)을 살펴보면 무손실 전송선로에서는 다음 관계가 성립한다.

$$|\Gamma(z)| = |\Gamma_L|$$

$\Gamma(z)$의 위상은 z에 따라 달라지지만 $\Gamma(z)$의 크기 $|\Gamma(z)|$는 일정하므로 $V(z)$의 크기 $|V(z)|$는 $\Gamma(z) = |\Gamma_L|$일 때 최대가 되고 $\Gamma(z) = -|\Gamma_L|$일 때 최소가 된다. 전류의 크기 $|I(z)|$는 전압이 최대인 곳에서 최소가 되고 전압이 최소인 곳에서 최대가 된다. 전압의 최댓값과 최솟값의 비를 **(전압) 정지파비**(voltage) standing wave ratio 또는 **VSWR**이라고 한다. 이를 식으로 쓰면

$$\text{VSWR} = \frac{|V(z)|_{\max}}{|V(z)|_{\min}} = \frac{1 + |\Gamma_L|}{1 - |\Gamma_L|} \tag{11.144}$$

과 같다. $|\Gamma_L|$을 VSWR을 써서 나타내면 다음과 같다.

$$|\Gamma_L| = \frac{\text{VSWR} - 1}{\text{VSWR} + 1} \tag{11.145}$$

여기서 알아둘 것은 $\Gamma(z) = |\Gamma_L|$과 $\Gamma(z) = -|\Gamma_L|$ 사이의 거리는 $\frac{\lambda}{4}(2kd = \pi)$이므로 인접한 두 최대 사이의 거리는 $\frac{\lambda}{2}$이다. 따라서 $V(z)$와 $I(z)$는 λ를 주기로 하여 반복되지만 $|V(z)|$와 $|I(z)|$는 $\frac{\lambda}{2}$마다 반복된다. 다음 두 가지 특수한 경우를 살펴보자.

❶ $Z_L = Z_0$인 정합부하 matched load

$\Gamma_L = 0$, VSWR $= 1$, $V(z) = V_0^+ e^{-jkz}$이다. 정지파는 형성되지 않는다.

❷ $Z_L = 0$인 단락회로 short circuit

$\Gamma_L = -1$, VSWR $\to \infty$이다. 부하에서 $|V(z)|$는 최소(0)가 되고 $|I(z)|$는 최대가 된다. $z = -\frac{\lambda}{4}$인 곳에서는 최대, 최소가 반대로 된다.

위의 두 가지 경우의 $|V(z)|$와 $|I(z)|$의 정지파 패턴을 [그림 11-15]에 나타냈다. 부하가 개방된 $(Z_L=\infty)$ 유한 길이 전송선로의 정지파 패턴은 [연습문제 11.50]에서 다루기로 한다.

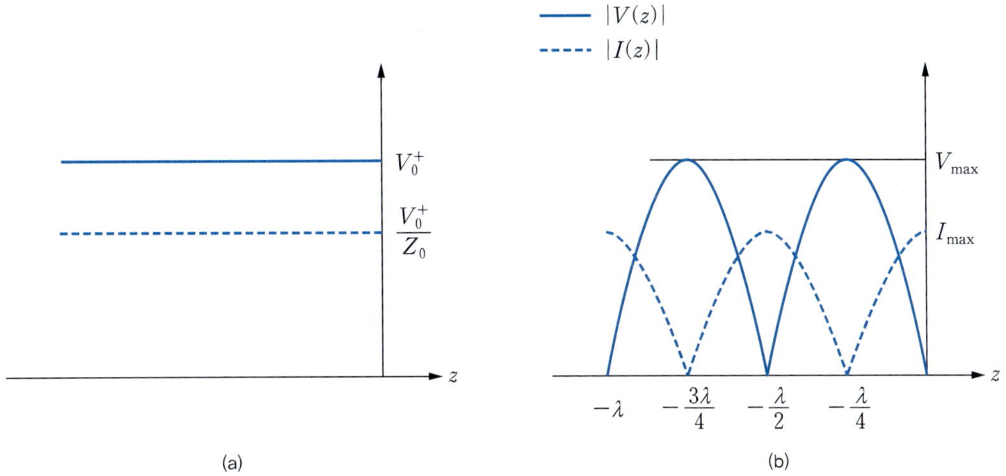

그림 11-15 **전송선로의 정지파 패턴**

(a) 정합부하$(Z_L=Z_0)$ (b) 단락부하$(Z_L=0)$

CHAPTER 11_연습문제

11.1 균일 도파로에서 전자기장의 수직방향 성분은 식 (11.10a)~식 (11.10d)와 같이 수평방향 성분 (E_z, H_z)을 써서 나타낼 수 있다. 이 네 식을 유도하라.

11.2 11.3절에서는 TM_m에서 $m=0$으로 놓아 평행판 도파로의 주 모드(TEM 모드)를 유도했다. 주 모드의 전자기장은 식 (11.27)과 같다. 다음 물음에 답하라.

(a) 두 도체판의 표면에서 표면전하밀도 ρ_s와 표면전류밀도 $\mathbf{J}_s$를 구하라.

(b) 전기장은 서로 반대인 전하가 분포해 있는 두 평행판 사이의 정전기장(식 (2.23c) 참조)과 매우 비슷하고, 자기장은 서로 반대방향으로 전류가 흐르는 두 전류판 사이의 정자기장([표 6-1]의 마지막 줄 참조)과 매우 비슷하다는 것을 증명하라.

11.3 도파로에서 군속도를 나타내는 식 (11.33)을 유도하라. v_p와 v_g가 $v_p v_g = v^2$을 만족하는 것을 증명하라.

11.4 평행판 도파로의 TE_m 모드에 대해 위상상수, 도파로 내 파장, 위상속도, 군속도, 파동 임피던스를 나타내는 수식을 유도하라.

11.5 유전율이 $\varepsilon = 6.25\varepsilon_0$인 유전체로 채워진 평행판 도파로가 있다. 두 판 사이의 간격은 1.0 [cm]이다. 다음 물음에 답하라.

(a) TM 모드 중에서 차단 주파수가 가장 낮은 순서로 다섯 개의 모드를 구하라.

(b) 동작 주파수가 20 [GHz]일 때 전파할 수 있는 TM 모드를 모두 구하라.

11.6 [예제 11-1]의 마이크로스트립 선로를 살펴보자. 이 선로에서 TM_1과 TE_1 모드로 전송되는 시간평균 전력을 계산하라. $f = 100$ [GHz]로 가정한다.

11.7 유전율이 $\varepsilon = 4\varepsilon_0$인 유전체로 채워진 평행판 도파로가 있다. 두 판 사이의 간격은 3 [cm]이다. 다음 물음에 답하라.

(a) TE 모드 중에서 차단 주파수가 가장 낮은 순서로 세 개의 모드를 구하라.

(b) 주 모드만 전파하는 주파수 범위를 구하라.

(c) 동작 주파수가 6 [GHz]일 때 차단되지 않고 전파하는 모드를 모두 구하라.

11.8 [연습문제 11.5]의 평행판 도파로를 살펴보자. $f = 15$ [GHz]일 때 TM_2 모드의 전파상수, 도파로 내 파장, 위상속도, 파동 임피던스를 계산하라. 또 TM_2 모드의 시간평균 포인팅 벡터를 구하라.

11.9 [연습문제 11.7]의 평행판 도파로를 살펴보자. $f = 4$ [GHz]일 때 다음 물음에 답하라.

(a) TE_1 모드의 전파상수, 파동 임피던스를 계산하라. 또 TE_1 모드의 시간평균 포인팅 벡터를 구하라.

(b) TE_2 모드의 전파상수, 파동 임피던스를 계산하라. 또 TE_2 모드의 시간평균 포인팅 벡터를 구하라.

11.10 평행판 도파로에 대해 구한 전자기장 해는 x방향으로는 정지파이면서 $+z$방향으로는 진행하는 파를 나타낸다. 따라서 전자기장은 서로 반대방향으로 진행하는 파의 합으로 나타낼 수 있다. 다음 물음에 답하라.

(a) TE 모드에 대해 자기장 H_z를 두 진행파의 합으로 나타내라.

(b) 각 항을 설명하라.

(c) 두 진행파의 진폭비를 완전도체 표면에서의 경계조건(또는 반사계수)을 써서 설명하라.

11.11 이온층-지구대지 도파로 이온층 ionosphere 은 여러 개의 플라스마층 plasma layer 으로 구성되어 있는데, 가장 낮은 층은 지상 80 [km] 상공에 위치해 있다. MHz 영역의 낮은 주파수 범위에서는 지구 대지와 이온층은 모두 양도체이다. 따라서 이온층과 대지는 자연이 만든 평행판 도파로이다. 다음 물음에 답하라.

(a) 모든 모드를 통틀어 주 모드만 전파하는 주파수 범위를 구하라.

(b) TE 모드 중에서 주 모드만 전파하는 주파수 범위를 구하라.

(c) 동작 주파수가 1 [MHz](AM)일 때 전파하는 모드를 모두 구하라.

11.12 [예제 11-1]의 [그림 11-6]에 나타낸 마이크로스트립 선로의 정확한 전자기장은 TM 모드도 TE 모드도 아닌 혼성 TM-TE 모드 hybrid TM-TE mode 이다. 그렇지만 실제 사용되는 마이크로스트립 선로에서는 유전체 기판이 매우 얇아서($d \ll \lambda$) 주 모드 전자기장은 준 TEM 모드 quasi-TEM mode 가 된다. 준 TEM파의 위상상수는 다음 식으로 쓸 수 있다.

$$k_z = \omega\sqrt{\mu_0\varepsilon_0}\,\sqrt{\varepsilon_e}$$

여기서 ε_e를 마이크로스트립 선로의 유효 유전상수 effective dielectric constant 라고 한다. 유효 유전상수는 기판의 실제 유전상수 ε_r과 두께 d, 그리고 스트립 폭 w에 따라 달라진다. ε_e를 나타내는 근사식은 다음과 같다.[6]

$$\varepsilon_e = \frac{\varepsilon_r + 1}{2} + \frac{\varepsilon_r - 1}{2}\frac{1}{\sqrt{1 + 12d/w}}$$

[예제 11-1]에 있는 마이크로스트립 선로의 유효 유전상수를 구하라.

11.13 TM_m 모드에 대해 평행판 도파로의 위쪽 판과 아래쪽 판에서 표면전하밀도 ρ_s와 표면전류밀도 $\mathbf{J}_s$를 계산하라.

6 D. M. Pozar, *Microwave Engineering*, John Wiley & Sons, 1998, 2nd ed., p. 162.

11.14 TE_m 모드에 대해 [연습문제 11.13]을 되풀이하라.

11.15 [그림 11-5]와 같은 방식으로 TE_2 모드와 TM_2 모드의 전기장선과 자기장선을 그려라.

11.16 심화 평행판 도파로에서의 감쇠 금속 도파로에 사용되는 도체판이나 도체 벽은 완전도체가 아니다. 따라서 파가 도파로를 따라 진행하는 과정에서 파는 도체 속으로 침투해 들어올 수 있다. 이렇게 되면 전자기 전력의 손실과 파의 감쇠가 일어난다. 또한 도파로 내부의 전자기장과 자기장을 바뀌게 만들지만, 일반적으로 손실이 작으므로 전자기장의 변화 정도도 아주 적다. 감쇠상수 α(전자기장이 $e^{-\alpha z}$의 비율로 감소하므로 전송전력은 $e^{-2\alpha z}$의 비율로 감소한다)는 섭동법perturbation approach[7]을 사용하여 다음 식으로 계산할 수 있다.

$$\alpha = \frac{P_d}{2P_f}$$

여기서 P_f는 도파로를 따라 흐르는 시간평균 전력이고 P_d는 단위길이당(z 방향으로) 소모전력이다. 평행판 도파로에서 TEM 모드에 대한 감쇠상수가 다음과 같음을 증명하라. 여기서 σ_c는 도체판의 전도율이다.

$$\alpha^{\text{TEM}} = \frac{1}{a}\sqrt{\frac{\omega\varepsilon}{2\sigma_c}}$$

11.17 심화 [연습문제 11.16] 참고로 하여 평행판 도파로의 TE_m 모드와 TM_m 모드의 차단주파수가 다음 식으로 주어짐을 증명하라.

$$\alpha^{\text{TE}} = \frac{1}{a}\sqrt{\frac{\omega\varepsilon}{2\sigma_c}}\frac{2(f_{c,m}/f)^2}{\sqrt{1-(f_{c,m}/f)^2}}$$

$$\alpha^{\text{TM}} = \frac{1}{a}\sqrt{\frac{\omega\varepsilon}{2\sigma_c}}\frac{2}{\sqrt{1-(f_{c,m}/f)^3}} \qquad (m = 1, 2, 3, \cdots)$$

11.18 평행판 도파로의 전력처리 능력 내부가 공기로 채워진 평행판 도파로가 있다. 두 판의 간격은 2.0 [cm]이고 $f = 10$ [GHz]에서 동작한다. 다음의 각 모드가 운반하는 단위폭당($w = 1$ [cm]) 시간평균 전력의 최댓값을 [W/cm] 단위로 구하라. 대기압에서 공기의 절연강도는 3×10^6 [V/m]로 가정한다.

(a) TEM 모드

(b) TM_1 모드

(c) TE_1 모드

7 J. A. Kong, *Electromagnetic Wave Theory*, EMW Publishing, 2008, p. 411.

11.19 어떤 직사각형 도파관의 치수가 $a = 3.484$ [cm], $b = 1.58$ [cm]이다(WR-137 직사각형 도파관). 도파관 내부는 $\varepsilon = 2.25\varepsilon_0$인 유전체로 채워져 있다.

(a) 동작 주파수가 8 [GHz]일 때 이 도파관에서 전송될 수 있는 TM 모드와 TE 모드를 모두 구하라.

(b) TM_{11} 모드의 위상상수 k_z, 차단 주파수 f_c, 위상속도 v_p, 도파로 내 파장 λ_g, 파동 임피던스 Z_{TM}을 구하라.

(c) 주 모드만 전송하기 위한 동작 주파수 범위를 구하라.

(d) (c)에 해당하는 자유공간에서의 파장의 범위를 구하라.

11.20 $\mathbf{S}_{av}$(식 (11.61) 참조)를 도파관의 단면에 대해 적분하여 TM_{mn} 모드에 대해 도파관이 전송하는 시간 평균 전력을 구하라.

11.21 어떤 직사각형 도파관의 치수가 $a = 1.067$ [cm], $b = 0.432$ [cm]이다(WR-42 직사각형 도파관). 도파관 내부는 $\varepsilon = 1.44\varepsilon_0$인 유전체로 채워져 있다.

(a) 동작 주파수가 35 [GHz]일 때 이 도파관에서 전송될 수 있는 TM 모드와 TE 모드를 모두 구하라.

(b) TE_{11} 모드의 위상상수 k_z, 차단 주파수 f_c, 위상속도 v_p, 군속도 v_g, 도파로 내 파장 λ_g, 파동 임피던스 Z_{TE}를 구하라.

(c) 주 모드만 전송하기 위한 동작 주파수 범위를 구하라.

11.22 직사각형 도파관의 TE_{mn} 모드에 대한 시간평균 포인팅 벡터 $\mathbf{S}_{av}$를 나타내는 수식을 구하라. 그러고 나서 $\mathbf{S}_{av}$를 도파관의 단면에 대해 적분하여 TE_{mn} 모드에 대해 도파관이 전송하는 시간평균 전력을 구하라.

11.23 11.4.2절에서 살펴본 바와 같이 직사각형 도파관에 대해 구한 전자기장 해는 x방향과 y방향으로는 정지파이며 $+z$방향으로는 진행하는 파를 나타낸다.

(a) 직사각형 도파관에서 TM_{mn} 모드에 대해 전기장의 해 E_z를 네 개의 진행파의 합($\pm x$방향, $\pm y$방향)으로 나타내라.

(b) 각 항을 설명하라.

11.24 직사각형 도파관에서 TE_{mn} 모드에 대한 자기장의 해 H_z에 대해 [연습문제 11.23]을 되풀이하라.

11.25 TM_{mn} 모드에 대해 직사각형 도파관의 네 개의 도체 벽에서 표면전하밀도 ρ_s와 표면전류밀도 $\mathbf{J}_s$를 계산하라.

11.26 TE_{mn} 모드에 대해 [연습문제 11.25]를 되풀이하라.

11.27 터널 안에서 라디오 신호의 수신 여러분이 서울에 있는 남산터널 속을 자동차로 달리고 있다고 가정하자. 터널의 폭은 6.71 [m], 높이는 4.11 [m]이다. 터널은 근사적으로 직사각형 도파관으로 다룰 수 있다.

(a) 터널 속 자동차 안에서 AM 라디오 신호를 수신할 수 있는가? 그 이유도 함께 설명하라.

(b) 터널 속 자동차 안에서 FM 라디오 신호를 수신할 수 있는가? 그 이유도 함께 설명하라.

11.28 내부가 공기로 채워진 어떤 도파관($b < a < 2b$)을 6 [GHz](C 대역)의 주파수에서 동작하도록 설계하려고 한다. 동작 주파수는 주 모드의 차단 주파수보다 적어도 25% 높게 하고 주 모드 다음의 고차 모드의 차단 주파수보다 적어도 25% 낮게 하는 것이 바람직하다. a와 b의 치수를 구하라.

11.29 $a > b$인 직사각형 도파관의 주 모드는 TE_{10} 모드이다. 그 다음 고차 모드는 b가 $\frac{a}{2}$보다 큰가, 작은가(또는 a가 $2b$보다 작은가, 큰가)에 따라 TE_{01} 모드 또는 TE_{20} 모드가 된다. $b < \frac{a}{2}$와 $b > \frac{a}{2}$ 중에서 어느 경우에 최대 동작 주파수 범위(대역)를 얻을 수 있는지 구하라. 또 $b = \frac{a}{2}$일 때 동작 주파수 대역폭이 줄어드는 손해를 보지 않고도 도파관으로 전송되는 시간평균 전력을 최대로 할 수 있음을 증명하라.

11.30 내부가 공기로 채워진 도파관을 15 [GHz](Ku 대역)에서 동작하도록 설계하라. 이때 이 동작 주파수는 단일 모드 동작을 위한 주파수 범위의 중앙에 위치해야 한다. 또 도파관이 전송할 수 있는 최대 전력을 구하라. 공기의 절연강도는 $E = 3 \times 10^6$ [V/m]이다. 안전율은 2로 하라.

11.31 직사각형 도파관과 같이 한 개의 도체로 이루어진 도파로에서는 TEM 모드가 존재할 수 없음을 증명하라.

11.32 치수가 $a = 10.922$ [cm], $b = 5.461$ [cm]이며 내부가 공기로 채워진 L 대역용 직사각형 도파관(WR-430 도파관)이 있다. 동작 주파수가 주 모드 차단 주파수의 $\frac{1}{2}$일 때 전파상수를 계산하라. 2 [cm]의 거리를 진행하면 파는 얼마나 감쇠하는지 [dB] 단위로 구하라.

11.33 심화 직사각형 도파관에서의 감쇠 [연습문제 11.16]에서는 금속 도파로에서 도체 손실로 인한 감쇠에 대해 설명했다. 다음 물음에 답하라.

(a) TE_{10} 모드에 대해 측면 벽([그림 11-7]에서 $x=0$이나 $x=a$ 위치)에서 단위길이(z방향)당 소모되는 전력이 다음 식이 되는 것을 증명하라.

$$P_d = \frac{b}{2} H_0^2 R_s \ [\text{W/m}]$$

여기서

$$R_s = \sqrt{\frac{\omega\mu_c}{2\sigma_c}} = \frac{1}{\sigma_c d_p} \ [\Omega]$$

은 도체의 복소 고유 임피던스의 실수부로 표면저항[surface resistance]이라고 한다. σ_c는 도체의 전도율이고 d_p는 침투깊이[penetration depth], 다시 말해 표피깊이[skin depth]이다.

(b) 위, 아래의 벽([그림 11-7]에서 $y=0$이나 $y=b$ 위치)에서 단위길이(z방향)당 소모되는 전력이 다음 식이 되는 것을 증명하라. 증명 과정에서 식 (11.30)을 사용하라.

$$P_d = \frac{a}{4}\left[1+\left(\frac{k_z a}{\pi}\right)\right]^2 H_0^2 R_s = \frac{a}{4}\left(\frac{f}{f_{c,10}}\right)^2 H_0^2 R_s \ [\text{W/m}]$$

(c) 직사각형 도파관에서 TE_{10} 모드의 감쇠상수가 다음 식이 되는 것을 증명하라.

$$\alpha = \frac{\left[b+\frac{a}{2}\left(\frac{f}{f_c}\right)^2\right]R_s}{\omega\mu k_z \frac{ab}{2}\left(\frac{a}{\pi}\right)^2} = \frac{R_s\left[1+\frac{2b}{a}\left(\frac{f_c}{f}\right)^2\right]}{\eta b\sqrt{1-\left(\frac{f_c}{f}\right)^2}} \ [\text{Np/m}]$$

11.34 어떤 직사각형 공동 공진기의 치수가 $a=d=2$ [cm], $b=1$ [cm]이다. 공진기의 벽은 구리로 되어 있고 내부는 공기로 채워져 있다. 주 모드의 공진 주파수와 Q를 구하라.

11.35 직사각형 공동 공진기의 밑면이 정사각형($a=d$)이고 높이가 밑면의 폭의 $\frac{1}{2}$($b=\frac{a}{2}$)이다. 공진기 내부가 다음과 같은 매질로 채워진 경우에 1 [GHz]에서 주 모드로 공진하도록 공진기를 설계하라.

(a) 공기

(b) 폴리스티렌($\varepsilon=2.55\varepsilon_0$)

11.36 직사각형 공동 공진기가 공진 주파수에서 $W_e = W_m$임을 증명하라.

11.37 [연습문제 11.34]의 직사각형 공동 공진기에 대해, 다섯 개의 공진 주파수를 낮은 순서대로 구하라.

11.38 동축 케이블에서 TEM 모드의 전기장과 자기장 식 (11.98)이 원통 좌표계에서 네 개의 맥스웰 방정식을 모두 만족하는 것을 확인하라.

11.39 [예제 11-6]을 살펴보자. 동축 선로의 자기장으로부터 내부 도체와 외부 도체($\rho = a$와 $\rho = b$ 위치)의 표면에서 표면전류밀도 $\mathbf{J}_s$를 각각 계산하라. 또 각 도체 선로를 따라 흐르는 총 전류를 계산하라. 전류의 진폭을 I_0로 가정할 때, 다음 식이 성립함을 증명하라. 여기서 Z_0는 동축 선로의 특성 임피던스이다.

(a) $I_0 = \dfrac{V_0}{Z_0}$, 여기서 $Z_0 = \dfrac{\eta}{2\pi}\ln\dfrac{b}{a}$　　　(b) $P = \dfrac{1}{2}\mathrm{Re}\,(V_0 I_0^*) = \dfrac{1}{2Z_0}|V_0|^2$

11.40 동축 공진기 직사각형 도파관에 z축과 수직으로 두 개의 도체 벽을 설치하여 공동 공진기를 만든 것처럼 동축 케이블의 양끝($z=0$과 $z=d$)에 완전도체를 설치하여 동축 공진기를 만들 수 있다. $+z$방향과 $-z$방향으로 진행하는 파를 합성하고 양끝에서 추가로 경계조건을 적용하여 TEM 전자기장 해가 다음 식이 되는 것을 증명하라.

$$\mathbf{E} = \mathbf{a}_\rho \frac{K_0}{\rho}\sin(kz), \quad \mathbf{H} = \mathbf{a}_\phi \frac{jK_0}{\eta\rho}\cos(kz)$$

여기서 K_0는 임의의 상수이다. 또한

$$k = \omega\sqrt{\mu\varepsilon} = \frac{m\pi}{d} \quad (m = 1,\ 2,\ 3,\ \cdots)$$

이다. 공진 주파수가 다음 식이 되는 것을 증명하라.

$$f_{r,\,m} = \frac{1}{\sqrt{\mu\varepsilon}}\frac{m}{2d} = \frac{v}{2d}m \quad (m = 1,\ 2,\ 3,\ \cdots)$$

주 모드($m=1$)에서는, $f_{r,\,1} = \dfrac{v}{2d} = \dfrac{v}{\lambda}$이고 $d = \dfrac{\lambda}{2}$로 공진기의 길이는 반파장이 되어야 한다.

11.41 심화 동축 케이블에서의 감쇠 [연습문제 11.16]에서는 금속 도파로에서 도체 손실로 인한 감쇠에 대해 설명했다. 같은 방법을 사용하여 동축 선로에서 TEM 모드의 감쇠상수가 다음과 같이 되는 것을 증명하라.

$$\alpha = \frac{R_s}{2\eta\ln(b/a)}\left[\frac{1}{a} + \frac{1}{b}\right]$$

여기서 $R_s = \sqrt{\dfrac{\omega\mu_c}{2\sigma_c}}$는 도체의 표면저항이다([연습문제 11.33] 참조).

11.42 $R \neq 0$, $G \neq 0$이지만 $R \ll \omega L$, $G \ll \omega C$로 손실이 작은 저손실 전송선로 low-loss transmission line 가 있다. 손실이 있는 전송선로 lossy transmission line 에서는 전파상수가 다음과 같이 복소수가 된다.

$$k = \sqrt{-(j\omega L + R)(j\omega C + G)} = \omega\sqrt{LC}\sqrt{\left(1 + \frac{R}{j\omega L}\right)\left(1 + \frac{G}{j\omega C}\right)} = \beta - j\alpha$$

저손실 전송선로에서 β와 α가 다음 식이 되는 것을 증명하라.

$$\beta \approx \omega\sqrt{LC}, \quad \alpha \approx \frac{1}{2}\left(R\sqrt{\frac{C}{L}} + G\sqrt{\frac{L}{C}}\right)$$

11.43 무왜곡 전송선로 손실이 있는 전송선로에서는 파의 위상속도가 주파수에 따라 변한다. 따라서 여러 주파수 성분들로 이루어진 신호가 전송선로를 따라 전송되면 신호에 왜곡(일그러짐)이 발생한다. 그렇지만 다음 조건을 만족하도록 전송선로를 만들면 이 왜곡을 막을 수 있다.

$$\frac{L}{R} = \frac{C}{G}$$

이 무왜곡 조건에서 α, β, v_p(위상속도)가 다음과 같이 되는 것을 증명하라.

$$\beta = \omega\sqrt{LC} \qquad : \text{주파수 } f\text{의 선형함수}$$

$$\alpha = R\sqrt{\frac{C}{L}} = \sqrt{RG} \qquad : \text{주파수 } f\text{에 무관}$$

$$v_p = \frac{\omega}{\beta} = \frac{1}{\sqrt{LC}} \qquad : \text{주파수 } f\text{에 무관}$$

이렇게 되는 전송선로를 **무왜곡 전송선로** distortionless line 라고 한다.

11.44 2선 전송선로에서 두 도체의 반지름이 a이고 두 도체의 간격이 D일 때, 이 선로의 L, C, R, G, Z_0를 계산하라. C를 계산할 때는 [예제 4-4]와 [연습문제 4.14]를 참조하라. 답은 [표 11-4]에 수록되어 있다.

11.45 특성 임피던스가 75 [Ω]이고 처리할 수 있는 최대 시간평균 전력이 100 [kW]가 되도록 마이크로스트립 선로를 설계해보자(평행판 선로처럼 생각하면 된다). 마이크로스트립 선로의 유전체는 폴리스티렌($\varepsilon = 2.25\varepsilon_0$, $\mu = \mu_0$, $\sigma \approx 0$)으로 절연강도는 2×10^7 [V/m]이다. 안전율로 10을 사용하여 최대 전기장이 2×10^6 [V/m]를 넘지 않도록 하라. 금속 스트립의 폭 w와 기판의 두께 a를 구하라. 또 L과 C를 계산하라.

11.46 RG-213/U 동축 케이블 내부에 $\varepsilon = 2.56\varepsilon_0$, $\mu = \mu_0$인 유전체가 채워져 있다. 이 케이블의 단위길이당 커패시턴스는 $C = 50$ [pF/m]이다. 파의 전파속도, 단위길이당 인덕턴스, 특성 임피던스를 구하라. 유전체는 전도율이 $\sigma = 10^{-14}$ [S/m]로 유전체에 손실이 있다고 가정하자. 케이블의 단위길이당 컨덕턴스를 구하라.

11.47 길이가 유한한 전송선로의 끝에 부하가 연결되어 있다. $Z_0 = 50$ [Ω], $Z_L = 100$ [Ω], $l = 2.1\lambda$일 때 Γ_L과 $Z_{\text{in}}(z = -l$에서)을 계산하라.

11.48 길이가 $l = \dfrac{\lambda}{8}$, $Z_0 = 50$ [Ω]인 전송선로의 끝에 부하가 연결되어 있다. $Z_{\text{in}} = 100 + j150$ [Ω]이 되는 부하 임피던스 Z_L 값을 구하라.

11.49 식 (11.138)과 식 (11.139)를 kl의 함수로 그려서, 무손실 전송선로의 부하가 단락[short] 되거나 개방[open] 될 때 입력 임피던스가 $l = \dfrac{\lambda}{4}$의 길이마다 용량성[capacitive] 이 되었다가 유도성[inductive] 이 되었다가 하기를 되풀이하는 것을 증명하라.

11.50 길이가 유한한 전송선로의 끝이 개방되어 있다($Z_L = \infty$). VSWR을 구하라. 또 $|V(z)|$와 $|I(z)|$에 대해 정지파 패턴을 그려라.

11.51 $Z_L = 100$ [Ω], $Z_0 = 50$ [Ω]일 때 [연습문제 11.50]을 되풀이하라.

11.52 실험실에서 특성 임피던스가 100 [Ω]인 손실이 없는 전송선로로 실험을 하고 있다. 전송선로의 끝에 값을 모르는 부하를 연결하고 VSWR을 측정해보니 2.0이 되었다. 전압 정지파 패턴에서 첫 번째 최소는 부하로부터 3 [cm] 떨어진 위치에, 두 번째 최소는 23 [cm] 떨어진 위치에 생겼다. 부하에서의 반사계수 Γ_L과 부하 임피던스 Z_L을 구하라. 또 부하를 단락시킬 때 전압 정지파 패턴에서 첫 번째 최대가 나타나는 위치를 구하라.

CHAPTER

12

방사와 안테나

Radiation and Antennas

CONTENTS

학습목표

- 안테나의 개념을 설명할 수 있다.
- 지연 퍼텐셜 공식을 사용하여 안테나에서 방사되는 자기장과 전기장을 구할 수 있다.
- 쌍극자 안테나(헤르츠 쌍극자, 긴 쌍극자)의 방사 전기장과 자기장, 방사패턴, 방사전력, 방사저항, 지향성 이득을 구할 수 있다.
- 근거리장과 원거리장의 개념을 이해하고 헤르츠 쌍극자에서 방사되는 전자기장을 해석할 수 있다.
- 선형 안테나의 길이에 따른 방사패턴의 변화를 설명할 수 있다.
- 안테나를 배열하는 이유와 패턴곱 원리를 설명할 수 있다.
- 2소자 배열 안테나에서 두 소자 사이의 간격과 인가전류의 위상관계에 따른 방사패턴의 변화를 계산할 수 있다.
- 균일 선형 배열 안테나의 방사패턴을 계산할 수 있다.

12.1 개요

우리는 지금까지 원천이 없는 영역 source-free region, 다시 말해 원천에서 떨어진 곳에서 전자기 평면파 plane wave의 전파 propagation, 반사 reflection, 투과 transmission, 유도 guidance, 공진 resonance에 대해 공부했다. 이 과정에서 평면파가 원천에서 어떻게 발생했는지는 다루지 않았다. 이 장에서는 시변전류와 전하의 원천이 어떻게 전자기파를 발생시키고 전자기 에너지를 방사 radiation하는지 살펴본다. 여기서 꼭 알아두어야 할 것은 정지해 있는 전하는 물론 정상전류 steady current, 즉 직류전류도 전자기파를 발생시키지 않는다는 사실이다. 전자기파가 발생되려면 가속도를 갖고 움직이는 전하, 다시 말해 시변전류가 필요하다. 안테나는 전자기파를 공간 속으로 효율적으로 내보내기 위해(방사하기 위해) 만든 장치(구조)이다. 안테나는 전자기파를 어떤 특정 방향으로 집중해서 방사한다. 또한 안테나는 전자파를 수신하는 데에도 사용된다.

이 장에서는 먼저 퍼텐셜 공식을 배우는데, 이 공식에서 전기장과 자기장은 스칼라 퍼텐셜과 벡터 퍼텐셜로 표시된다. 그리고 임의의 시간조화 time-harmonic 전하와 시간조화 전류의 원천에 대한 지연 퍼텐셜 retarded potential을 구한다. 그러고 나서 가장 기본이 되는 쌍극자 안테나(헤르츠 쌍극자)와 선형 안테나(긴 쌍극자)를 다뤄본다. 마지막에는 동일한 안테나 여러 개를 나란히 배치한 선형 배열 안테나 linear array antenna를 공부하는데, 이 과정에서 각 안테나에 가하는 신호의 진폭과 위상을 몇 가지 방식으로 다르게 하면서 선형 배열 안테나의 특성 변화를 살펴본다.

12.2 퍼텐셜 공식 : 방사 문제 풀이법

안테나 문제(즉 방사 문제)는 안테나에 흐르는 전류분포(**J** 또는 $\mathbf{J}_s$ 또는 **I**로 안테나의 종류에 따라 정해짐)에 의해 안테나에서 발생하는 전기장과 자기장을 구하는 것이다. 대부분의 실제 문제에서는 전류분포를 사전에 알 수 없지만 문제를 푸는 과정에서 그 전류분포를 구할 수 있다. 전류분포를 구하는 방법은 이 책에서 다루는 수준을 넘어서므로 생략하기로 한다. 일단 여기서는 전류분포 **J**를 알고 있는 것으로 가정하고 전기장 **E**와 자기장 **H**를 구하는 것으로 한다. 이 경우에는 일반적으로 전기 스칼라 퍼텐셜 V와 자기 벡터 퍼텐셜 **A**를 사용하는 방법인 퍼텐셜 공식 potential formulation을 이용한다.

이번에도 맥스웰 방정식에서 시작한다. 이를 다시 써보면 다음과 같다.

$$\nabla \times \mathbf{E} = -\frac{\partial \mathbf{B}}{\partial t} \tag{8.20a}$$

$$\nabla \times \mathbf{H} = \mathbf{J} + \frac{\partial \mathbf{D}}{\partial t} \tag{8.20b}$$

$$\nabla \cdot \mathbf{D} = \rho_v \tag{8.20c}$$

$$\nabla \cdot \mathbf{B} = 0 \tag{8.20d}$$

먼저, 식 (8.20d)에서 보듯이 **B**는 발산이 없는 비발산장이므로 다음과 같이 다른 벡터 함수 **A**의 회전으로 나타낼 수 있다. 앞서 정자기장(6.5절)에 대해서도 같은 방법을 사용한 바 있다.

$$\mathbf{B} = \nabla \times \mathbf{A} \tag{12.1}$$

여기서 **A**를 **자기 벡터 퍼텐셜**magnetic vector potential 또는 줄여서 **벡터 퍼텐셜**이라고 한다. 자기장 **H**는 $\mathbf{H} = \frac{1}{\mu}\mathbf{B} = \frac{1}{\mu}\nabla \times \mathbf{A}$로 구할 수 있다. 식 (12.1)을 패러데이 법칙인 식 (8.20a)에 대입하면 다음 식을 얻을 수 있다.

$$\nabla \times \mathbf{E} = -\frac{\partial}{\partial t}(\nabla \times \mathbf{A})$$

$$\nabla \times \left\{\mathbf{E} + \frac{\partial \mathbf{A}}{\partial t}\right\} = 0 \tag{12.2}$$

괄호 안에 들어 있는 두 양의 합은 회전이 없는 비회전장(보존장)이므로 어떤 스칼라 함수 V의 기울기gradient로 나타낼 수 있다(1.5절 참조). 앞서 정전기장(2.7절)에 대해서도 같은 방법을 사용한 바 있다.

$$\mathbf{E} + \frac{\partial \mathbf{A}}{\partial t} = -\nabla V \tag{12.3}$$

이 식은 다음과 같이 정리할 수 있다.

$$\mathbf{E} = -\nabla V - \frac{\partial \mathbf{A}}{\partial t} \tag{12.4}$$

여기서 V를 **전기 스칼라 퍼텐셜**electric scalar potential 또는 줄여서 **스칼라 퍼텐셜**이라고 한다. 정적인 경우에는 $\frac{\partial \mathbf{A}}{\partial t} = 0$이므로 식 (12.4)는 식 (2.41)의 $\mathbf{E} = -\nabla V$로 간단해진다. 시변장인 경우에는 전기장이 V는 물론, **A**에 의해서도 달라진다. 이제 전기장 **E**와 자기장 **H**를 퍼텐셜 함수인 V와 **A**를 써서 나타냈다. 그러므로 V와 **A**를 알아내면 장을 쉽게 구할 수 있다.

퍼텐셜의 해를 구하기 위해 V와 **A**가 만족하는 편미분방정식을 유도해보자. 식 (12.1)과 식 (12.4)를 식 (8.20b)에 대입하고 나서 다음의 구성 방정식

$$\mathbf{D} = \varepsilon\mathbf{E}, \quad \mathbf{B} = \mu\mathbf{H} \tag{8.21}$$

를 이용하면 다음 식을 얻을 수 있다.

$$\nabla \times \left(\frac{1}{\mu}\nabla \times \mathbf{A}\right) = \mathbf{J} + \varepsilon\frac{\partial}{\partial t}\left\{-\nabla V - \frac{\partial \mathbf{A}}{\partial t}\right\} \tag{12.5}$$

벡터 항등식 $\nabla \times \nabla \times \mathbf{A} = \nabla(\nabla \cdot \mathbf{A}) - \nabla^2\mathbf{A}$를 이용하면([표 1-5] 참조) 다음 식을 얻을 수 있다.

$$\nabla(\nabla \cdot \mathbf{A}) - \nabla^2\mathbf{A} = \mu\mathbf{J} - \nabla\left(\mu\varepsilon\frac{\partial V}{\partial t}\right) - \mu\varepsilon\frac{\partial^2\mathbf{A}}{\partial t^2}$$

이 식은 다시 다음과 같이 쓸 수 있다.

$$\nabla^2\mathbf{A} - \mu\varepsilon\frac{\partial^2\mathbf{A}}{\partial t^2} = -\mu\mathbf{J} + \nabla\left\{\nabla \cdot \mathbf{A} + \mu\varepsilon\frac{\partial V}{\partial t}\right\} \tag{12.6}$$

1.5절에서 공부한 헬름홀츠 정리에 따르면 어떤 벡터장은 모든 곳에서 그 자신의 벡터장의 발산과 회전이 명시되면 완전하게 정해진다. 벡터 퍼텐셜 **A**의 경우, 자신의 회전은 식 (12.1)에서 **B**로 주어지지만 자신의 발산은 아직 어디서도 주어지지 않았다. 따라서 $\nabla \cdot \mathbf{A}$는 편리한 대로 잡을 수 있으므로 이 값을 다음과 같이 놓자.

$$\nabla \cdot \mathbf{A} = -\mu\varepsilon\frac{\partial V}{\partial t} \tag{12.7}$$

그러면 식 (12.6)의 두 번째 항이 없어져 식 (12.6)은 간단한 형태의 편미분방정식이 된다. 식 (12.7)에 있는 **A**와 V 사이의 관계를 퍼텐셜에 대한 **로렌츠 조건**Lorenz condition 또는 **로렌츠 게이지**Lorenz gauge라고 한다. 정적인 장에 대해 식 (12.7)은 $\nabla \cdot \mathbf{A} = 0$으로 간단해지는데, 이것을 정자기장에 대한 **쿨롱 게이지**Coulomb gauge라고 한다. 이는 앞서 6.5절에서 살펴본 바 있다. 식 (12.7)을 적용하면 다음과 같은 **A**에 대한 편미분방정식을 얻을 수 있다.

$$\nabla^2\mathbf{A} - \mu\varepsilon\frac{\partial^2\mathbf{A}}{\partial t^2} = -\mu\mathbf{J} \tag{12.8}$$

이 식을 전류원천current source, 즉 전류원 **J**가 존재할 때 **벡터 퍼텐셜 A에 대한 비제차 파동방정식**inhomogeneous wave equation이라고 한다. 원천이 없는 영역에서 식 (12.8)은 앞에서 배운 식 (9.4)의 **E**와 식 (9.5)의 **H**에 대한 파동방정식으로 간단해진다. 지금까지 한 것과 같은 방법으로 식 (12.4)를 식 (8.20c)에 대입한 다음, 식 (8.21)과 식 (12.7)을 이용하면 다음과 같이 스칼라 퍼텐셜 V에 대한 편미분방정식을 유도할 수 있다.

$$\nabla^2 V - \mu\varepsilon\frac{\partial^2 V}{\partial t^2} = -\frac{\rho_v}{\varepsilon} \tag{12.9}$$

이 식을 전하원천charge source ρ_v가 존재할 때 **스칼라 퍼텐셜 V에 대한 비제차 파동방정식**inhomogeneous wave equation이라고 한다. **A**와 V에 대한 파동방정식이 이처럼 서로 분리될 수 있는 것은 로렌츠 조건 덕분이다. 이 두 파동방정식은 다음과 같이 두 항을 서로 교환하면 똑같아진다.

$$\mathbf{A} \leftrightarrow V, \quad \mu\mathbf{J} \leftrightarrow \frac{\rho_v}{\varepsilon}$$

따라서 **J**와 ρ_v가 주어질 때 **A**의 해와 V의 해는 같은 형태가 될 것이다. 그런데 **E**와 **H**를 구하기 위해 **A**와 V를 둘 다 구할 필요는 없다. **A**와 V는 식 (12.7)의 로렌츠 조건을 통해 서로 관계를 맺고 있기 때문이다. 이 두 양 사이에 이러한 관계가 존재한다는 사실은 다음의 연속방정식으로 주어지는 전류밀도 $\mathbf{J}$와 전하밀도 ρ_v 사이의 관계를 통해서도 예상해볼 수 있다.

$$\nabla \cdot \mathbf{J} = -\frac{\partial \rho_v}{\partial t} \tag{5.7}$$

따라서 방사 문제에 있어서는 식 (12.8)을 풀어 벡터 퍼텐셜 $\mathbf{A}$만 구하고, 식 (12.7)과 더불어 식 (12.1), 식 (12.4)를 이용하여 $\mathbf{A}$로부터 $\mathbf{E}$와 $\mathbf{H}$를 구하게 된다.

12.2.1 지연 퍼텐셜 Retarded Potential

이제 $\mathbf{J}(\mathbf{r}, t)$와 $\rho_v(\mathbf{r}, t)$가 주어질 때 식 (12.8)과 식 (12.9)를 풀어 $\mathbf{A}(\mathbf{r}, t)$와 $V(\mathbf{r}, t)$를 구해보자. 정전기장과 정자기장 문제에 대한 퍼텐셜 해를 이용하여 시변원천에 대해 이들 방정식의 해를 구할 수 있다. 정적인 장에 대해서는 $\frac{\partial}{\partial t} = 0$이므로 식 (12.8)과 식 (12.9)는 각각 식 (6.17)의 벡터 푸아송 방정식과 식 (4.3)의 스칼라 푸아송 방정식으로 간단해진다. 이를 다시 써보면 다음과 같다.

$$\nabla^2 \mathbf{A} = -\mu \mathbf{J} \qquad (6.17) \text{ 또는 } (12.10\text{a})$$

$$\nabla^2 V = -\frac{\rho_v}{\varepsilon} \qquad (4.3) \text{ 또는 } (12.10\text{b})$$

6.5절과 2.8절에서 구한, 푸아송 방정식을 만족하는 $\mathbf{A}$와 V의 해는 다음과 같다.

$$\mathbf{A}(\mathbf{r}) = \iiint \frac{\mu \mathbf{J}(\mathbf{r}')\,dv'}{4\pi R} \qquad (6.18\text{a}) \text{ 또는 } (12.11\text{a})$$

$$V(\mathbf{r}) = \iiint \frac{\rho_v(\mathbf{r}')\,dv'}{4\pi\varepsilon R} \qquad (2.46\text{a}) \text{ 또는 } (12.11\text{b})$$

여기서 $R = |\mathbf{r} - \mathbf{r}'|$은 원천점 $\mathbf{r}'$과 장점 $\mathbf{r}$ 사이의 거리이다. 식 (12.11)에 있는 두 적분식을 보면 원천점 $\mathbf{r}'$에 있는 정적인 원천 $\mathbf{J}$와 ρ_v가 장점 $\mathbf{r}$에 퍼텐셜 $\mathbf{A}$와 V를 어떤 식으로 발생시키는지 알 수 있다. 이것을 이해하면 원천점 $\mathbf{r}'$에 있는 시변 원천 $\mathbf{J}$와 ρ_v도 같은 방식으로 장점 $\mathbf{r}$에 시변 퍼텐셜 $\mathbf{A}(\mathbf{r}, t)$와 $V(\mathbf{r}, t)$를 발생시킬 것이라는 것을 예상할 수 있다. 다만 시변의 경우에는 원천의 시간적 변화가 장점에 도달하는 데 어느 정도의 시간지연time delay이 있다는 것이 정적인 경우와 다를 것이다. 이 점을 고려하여 수학적인 증명 없이 식 (12.8)과 식 (12.9)의 해를 써보면 다음과 같다.

$$\mathbf{A}(\mathbf{r}, t) = \iiint \frac{\mu \mathbf{J}(\mathbf{r}', t')}{4\pi R}\,dv' \tag{12.12}$$

$$V(\mathbf{r}, t) = \iiint \frac{\rho_v(\mathbf{r}', t')}{4\pi\varepsilon R}\,dv' \tag{12.13}$$

여기서

$$R = |\mathbf{r} - \mathbf{r}'|$$
$$t' = t - \frac{R}{v} = t - \sqrt{\mu\varepsilon}\,|\mathbf{r} - \mathbf{r}'| \tag{12.14}$$

이다. 식 (12.12)와 식 (12.13)의 $\mathbf{A}(\mathbf{r},\ t)$와 $V(\mathbf{r},\ t)$를 각각 **지연 벡터 퍼텐셜** retarded vector potential 과 **지연 스칼라 퍼텐셜** retarded scalar potential 이라고 한다. 식 (12.14)에 들어 있는 t'을 **지연시간** retarded time 이라고 한다. 지연시간 t'은 t보다 $\Delta t = \dfrac{R}{v}$ 만큼 이른데(앞서는데), 여기서 Δt는 전자기파가 거리 R을 진행하는 데 걸리는 시간이다. 지연 퍼텐셜의 물리적 의미는 다음과 같이 해석할 수 있다. 식 (12.12)와 식 (12.13)에서 보듯이, t인 순간에 주어진 어떤 점 $\mathbf{r}$의 퍼텐셜($\mathbf{A}$와 V)은, 그보다 이른(앞선) 순간인 t'에 다른 점 $\mathbf{r}'$(원천점)에 존재하는 전류분포와 전하분포에 의해 정해진다. t와 t' 사이의 시간차는 전자기파 '뉴스', 즉 t'인 순간에 원천점 $\mathbf{r}'$에서 발생한 $\mathbf{J}$와 ρ_v의 변화가 장점 $\mathbf{r}$에 도달하는 데 걸리는 시간이다. 다시 말해, 원천에서 발생한 어떤 시간적 변화는 거기서 얼마간 떨어진 곳에 있는 관측자에게는 어느 정도 시간이 지난 다음에 감지된다.

식 (12.12)와 식 (12.13)의 지연 퍼텐셜이 파동방정식, 식 (12.8)과 식 (12.9)를 만족하는지 수학적으로 증명해보려면 $\nabla^2 V = \nabla \cdot (\nabla V)$와 $\nabla^2 \mathbf{A}$(각 성분)를 계산한 다음, 거기에 나오는 t'이 공간적 의존성(즉 위치에 따라 달라짐)을 가지고 있다는 것에 주의하면서 푸아송 방정식의 정전기장, 정자기장 해를 이용하면 된다. 지연 스칼라 퍼텐셜에 대한 자세한 증명 과정은 그리피스의 책[1]을 참조하기 바란다. 또 다른 방법으로 지연 퍼텐셜의 적분형 수식을 유도할 수 있다. 유도과정은 먼저, 원점에 점전원 point source 이 놓여 있는 것으로 가정하고, 구면 대칭성을 이용하여 구좌표계에서 파동방정식을 푼 다음, 분포해 있는 원천들(점전원들)에 대해 중첩원리 superposition principle 를 적용하면 된다. 이 방법에 대해서는 라이츠, 밀포드, 크리스티의 책[2]을 참조하기 바란다.

마지막으로 강조할 것은 식 (12.12)와 식 (12.13)의 퍼텐셜 적분은 $t' = t + \dfrac{R}{v}$로 해도 식 (12.8)과 식 (12.9)를 만족한다는 점이다. 그러나 이 경우의 해는 아직 일어나지 않은 원천의 변화에 의해 정해지는 퍼텐셜을 나타낸다. 이는 인과율 principle of causality 에 어긋나므로 해로서 받아들일 수 없다.

12.2.2 시간조화장에 대한 지연 벡터 퍼텐셜

전류원이 단일 주파수 single frequency 를 가지며 사인함수 형태로 변하는 경우, 즉 시간조화 time-harmonic 함수인 경우에는 장 field 과 퍼텐셜 potential 에 대한 수식이 간단해진다. 9.3.1절에서 살펴본 바와 같이 시간조화 문제에서는 시간 도함수(미분) $\dfrac{\partial}{\partial t}$을 $j\omega$로 바꿔 쓸 수 있다. 따라서 식 (12.4)의 전기장을 다음과 같이 쓸 수 있다.

---

1 D. J. Griffiths, *Introduction to Electrodynamics*, Prentice-Hall, 3rd Ed., 1999.

2 J. R. Reitz, F. J. Milford and R. W. Christy, *Foundations of Electromagnetic Theory*, Addison-Wesley, 4th Ed., 1993.

$$\mathbf{E} = -j\omega\mathbf{A} - \nabla V \tag{12.15}$$

그리고 스칼라 퍼텐셜과 벡터 퍼텐셜의 관계를 나타내는 식 (12.7)의 로렌츠 게이지는 다음과 같이 쓸 수 있다.

$$\nabla \cdot \mathbf{A} = -j\omega\mu\varepsilon V \tag{12.16}$$

이 식을 다시 쓰면 다음과 같다.

$$V = \frac{-\nabla \cdot \mathbf{A}}{j\omega\mu\varepsilon} \tag{12.17}$$

식 (12.17)을 식 (12.15)에 대입하면 다음과 같이 된다.

$$\mathbf{E} = -j\omega\mathbf{A} + \frac{\nabla(\nabla \cdot \mathbf{A})}{j\omega\mu\varepsilon} \tag{12.18}$$

따라서 일단 벡터 퍼텐셜 $\mathbf{A}$를 구하면 전기장을 완전하게 구할 수 있다. 식 (12.12)에 있는 시간조화 원천에 대한 벡터 퍼텐셜 적분은 다음과 같은 방법으로 구할 수 있다. 먼저 시간조화 전류밀도가 다음 식으로 표시된다고 가정하자.

$$\mathbf{J}(\mathbf{r},\ t) = \mathrm{Re}\left\{\mathbf{J}(\mathbf{r})\,e^{j\omega t}\right\} \tag{12.19}$$

여기서 $\mathbf{J}(\mathbf{r})$은 $\mathbf{J}(\mathbf{r},\ t)$를 복소 페이저[phasor] 형식으로 나타낸 것이다. 그러면 지연 벡터 퍼텐셜 수식(식 (12.12)) 속에 들어 있는 전류밀도는 다음과 같이 쓸 수 있다.

$$\begin{aligned}\mathbf{J}(\mathbf{r}',\ t') &= \mathbf{J}\left(\mathbf{r}',\ t - \frac{R}{v}\right) = \mathrm{Re}\left\{\mathbf{J}(\mathbf{r}')\,e^{j\omega\left(t - \frac{R}{v}\right)}\right\} \\ &= \mathrm{Re}\left\{\mathbf{J}(\mathbf{r}')\,e^{-j\frac{\omega}{v}R}\,e^{j\omega t}\right\} = \mathrm{Re}\left\{\mathbf{J}(\mathbf{r}')\,e^{-jkR}\,e^{j\omega t}\right\}\end{aligned} \tag{12.20}$$

여기서 $\frac{\omega}{v} = \omega\sqrt{\mu\varepsilon} = k$를 사용했다. 식 (12.20)에서 알 수 있듯이 $\mathbf{J}(\mathbf{r}',\ t')$을 복소 페이저 형식으로 나타내면 $\mathbf{J}(\mathbf{r}')e^{-jkR}$이 된다. 따라서 시간조화장에 대한 지연 벡터 퍼텐셜은 다음과 같다.

$$\begin{aligned}\mathbf{A}(\mathbf{r}) &= \iiint_V \frac{\mu\mathbf{J}(\mathbf{r}')\,e^{-jkR}}{4\pi R}\,dv' \\ &= \iiint_V \frac{\mu\mathbf{J}(\mathbf{r}')\,e^{-jk|\mathbf{r}-\mathbf{r}'|}}{4\pi|\mathbf{r}-\mathbf{r}'|}\,dv'\end{aligned} \tag{12.21}$$

여기서 $\mathbf{r}$은 $\mathbf{A}$ 값을 계산하는 장점의 위치를 나타내고, $\mathbf{r}'$은 전류원 $\mathbf{J}$가 위치해 있는 원천점의 위치를 나타낸다. 또한 $R = |\mathbf{r} - \mathbf{r}'|$은 원천점 $\mathbf{r}'$과 장점 $\mathbf{r}$ 사이의 거리이다. 이 내용이 [그림 12-1]에 표시되어 있다.

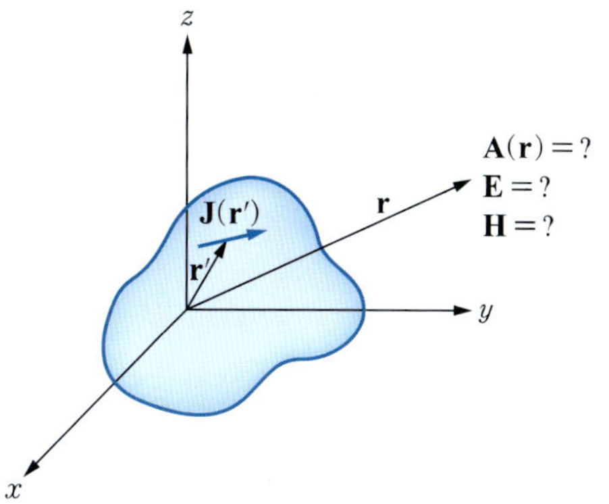

그림 12-1 r′ 점에 놓여 있는 전류원 J에 의해 발생하는 r 점의 벡터 퍼텐셜 A

12.2.3 안테나 전자기장 구하기

시간조화 전류밀도 $\mathbf{J}$가 안테나에 분포해 있을 때, 이 안테나에 의해 발생하는 전기장과 자기장을 구하는 방법을 [표 12-1]에 정리했다.

표 12-1 안테나 전자기장을 구하는 방법

❶ 1단계 : 지연 벡터 퍼텐셜 $\mathbf{A}$를 계산한다.

$$\mathbf{A}(\mathbf{r}) = \iiint_V \frac{\mu \mathbf{J}(\mathbf{r}')e^{-jk|\mathbf{r}-\mathbf{r}'|}}{4\pi|\mathbf{r}-\mathbf{r}'|}dv'$$

❷ 2단계 : $\mathbf{A}$에 회전을 취하여 자기장 $\mathbf{H}$를 구한다.

$$\mathbf{H} = \frac{1}{\mu}\nabla \times \mathbf{A}$$

❸ 3단계 : $\mathbf{H}$에 회전을 취하여 전기장 $\mathbf{E}$를 구한다.

$$\mathbf{E} = \frac{\nabla \times \mathbf{H}}{j\omega\varepsilon}$$

단계 ❸에서 전기장 $\mathbf{E}$를 구할 때, $\mathbf{H}$ 대신 식 (12.18)을 사용해서 벡터 퍼텐셜 $\mathbf{A}$로부터 직접 구할 수도 있다는 것을 알아두기 바란다. 보통은 이렇게 하면 계산을 더 많이 해야 하므로 $\mathbf{H}$로부터 $\mathbf{E}$를 계산할 때는 암페어 법칙을 사용하는 경우가 더 많다.

끝으로 강조할 것은 식 (12.21)은 부피전류분포 $\mathbf{J}$에 대한 벡터 퍼텐셜을 구하는 식이지만 표면전류분포 $\mathbf{J}_s$(예를 들어 접시 안테나의 전류원)에 의한 벡터 퍼텐셜을 구하는 수식도 $\mathbf{J}(\mathbf{r}')dv'$을 $\mathbf{J}_s(\mathbf{r}')ds'$으로 바꾸고 부피적분 대신 면적분을 써주는 것으로 손쉽게 얻을 수 있다. 같은 방법으로, 선전류분포

$\mathbf{I}$(예를 들어 도선 안테나의 전류원)에 의한 벡터 퍼텐셜을 구하는 수식은 다음과 같이 $\mathbf{J}(\mathbf{r}')dv'$ 자리에 $\mathbf{I}(\mathbf{r}')dl'$을 집어넣어 얻을 수 있다.

$$\mathbf{A}(\mathbf{r}) = \int_L \frac{\mu \mathbf{I}(\mathbf{r}') e^{-jk|\mathbf{r}-\mathbf{r}'|}}{4\pi|\mathbf{r}-\mathbf{r}'|} dl' \quad : \text{도선 안테나에 대한 퍼텐셜 적분} \tag{12.22}$$

12.3 기본 쌍극자 안테나 : 헤르츠 쌍극자 Hertzian Dipole

맨 처음 살펴볼 안테나 구조는 **헤르츠 쌍극자** Hertzian dipole 라고 하는 것으로, 안테나 중에서 가장 간단하고 기본이 되는 안테나이다. 이 안테나는 아주 가늘고 길이가 파장보다 매우 짧은($\Delta l \ll \lambda$) 도선, 즉 미소길이 infinitesimal length 도선으로, 도선 전체에는 균일한 진폭의 전류가 흐른다. 이런 안테나는 현실 속에서는 존재하지 않지만 실제 안테나에서 어떤 미소길이 부분을 이 안테나처럼 생각할 수 있다. 헤르츠 쌍극자 안테나의 방사 특성을 이해하는 것은 매우 중요한데, 이는 실제 도선 안테나의 방사 특성을 수많은 미소 쌍극자(헤르츠 쌍극자)들의 중첩으로 구할 수 있기 때문이다. 또한 헤르츠 쌍극자의 특성은 전기적으로 짧은($\Delta l \ll \lambda$) 쌍극자 안테나와 아주 비슷하므로 헤르츠 쌍극자를 이용하여 전기적으로 짧은 안테나의 특성을 근사적으로 파악할 수 있다.

이제 [그림 12-2]의 안테나를 살펴보자. 이 안테나는 길이가 Δl이며 z축을 따라 놓여 있다. 이 안테나에는 z방향을 따라 진폭이 I인 전류가 흐르고 있다고 가정한다. 그러면 선전류원의 식은 다음과 같다.

$$\mathbf{I} = \mathbf{a}_z I \quad \left(-\frac{\Delta l}{2} \le z \le \frac{\Delta l}{2}\right) \tag{12.23}$$

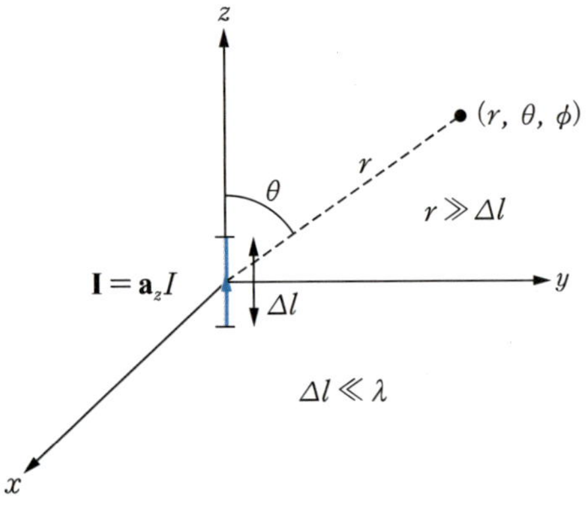

그림 12-2 헤르츠 쌍극자 안테나

여기서는 식 (12.22)를 사용하여 벡터 퍼텐셜 $\mathbf{A}$를 계산해본다. 앞에서 말한 대로 헤르츠 쌍극자를 정의하는 조건은 다음 세 가지이다.

① I는 위치에 관계없이 일정하다. 다시 말해 도선은 균일 전류분포를 갖는다.

② $\Delta l \ll r = |\mathbf{r}|$($r$은 장점까지의 거리)이다. 다시 말해 전자기장을 관측하는 장점은 원천에서 멀리 떨어져 있다. 여기서 구한 전자기장은 $\Delta l \to 0$으로 하면 모든 곳에서 유효하다.

③ $\Delta l \ll \lambda$이다. 여기서 λ는 시간조화 전류원의 자유공간 파장으로, $\lambda = \dfrac{v}{f} = \dfrac{2\pi}{k}$이다.

여기서 잘 알아둘 것은 조건 ②는 모든 안테나에 적용된다는 사실이다. 바꿔 말하면 안테나에 가까운 곳에서는 장을 구하지 않는다는 것인데, 이는 안테나의 주 목적이 전자기 에너지를 먼 곳에 방사하는 것이기 때문이다. 안테나의 장을 멀리 떨어진 곳에서 구하므로 문제를 풀 때는 직각 좌표계나 원통 좌표계보다 구 좌표계를 사용하는 것이 훨씬 편리하다.

이제 [표 12-1]에 정리된 방법을 따라 전기장 $\mathbf{E}$와 자기장 $\mathbf{H}$를 구해보자.

❶ 1단계 : 지연 벡터 퍼텐셜 A를 계산한다.

식 (12.23)을 식 (12.22)에 대입하면 다음과 같다.

$$\mathbf{A}(\mathbf{r}) = \int_{-\frac{\Delta l}{2}}^{\frac{\Delta l}{2}} \frac{\mathbf{a}_z \mu I e^{-jk|\mathbf{r}-\mathbf{r}'|}}{4\pi|\mathbf{r}-\mathbf{r}'|} dz' = \mathbf{a}_z \frac{\mu I}{4\pi} \int_{-\frac{\Delta l}{2}}^{\frac{\Delta l}{2}} \frac{e^{-jk|\mathbf{r}-\mathbf{r}'|}}{|\mathbf{r}-\mathbf{r}'|} dz' \tag{12.24}$$

여기서 $\mathbf{r} = \mathbf{a}_r r$이고 $\mathbf{r}' = \mathbf{a}_z z'$이다. $|\mathbf{r}'|_{\max} = (z')_{\max} = \dfrac{\Delta l}{2}$임을 잘 살펴보기 바란다. 조건 ②의 $r \gg \Delta l$을 이용하면 다음과 같이 근사적으로 쓸 수 있다.

$$\frac{1}{|\mathbf{r}-\mathbf{r}'|} \approx \frac{1}{r} \tag{12.25a}$$

이제 $\mathbf{r}'$이 $e^{-jk|\mathbf{r}-\mathbf{r}'|}$에 어떤 영향을 주는지 살펴보자.

$$\begin{aligned} |\mathbf{r}-\mathbf{r}'| &= \sqrt{|\mathbf{r}-\mathbf{r}'|^2} = \sqrt{(\mathbf{r}-\mathbf{r}')\cdot(\mathbf{r}-\mathbf{r}')} \\ &= [\mathbf{r}\cdot\mathbf{r} - 2\mathbf{r}\cdot\mathbf{r}' + \mathbf{r}'\cdot\mathbf{r}']^{1/2} = \left[|\mathbf{r}|^2 - 2r\mathbf{a}_r\cdot\mathbf{r}' + |\mathbf{r}'|^2\right]^{1/2} \\ &\approx \left[r^2 - 2r\mathbf{a}_r\cdot\mathbf{r}'\right]^{1/2} \qquad (r \gg |\mathbf{r}'| = z' \text{일 때}) \\ &\approx r - z'\cos\theta \end{aligned} \tag{12.25b}$$

여기서 θ는 두 벡터 $\mathbf{r}$과 $\mathbf{r}'$(z축) 사이의 각도이다. $\mathbf{a}_r \cdot \mathbf{r}' = z'\cos\theta$임을 잘 알고 있어야 한다.

그러므로 식 (12.24)의 복소 지수항은 다음과 같이 쓸 수 있다.

$$e^{-jk|\mathbf{r}-\mathbf{r}'|} \approx e^{-jk(r - z'\cos\theta)} = e^{-jkr}\, e^{jkz'\cos\theta} \tag{12.26}$$

조건 ③의 $\Delta l \ll \lambda$를 적용하면

$$kz' = \frac{2\pi}{\lambda} z' \ll 1$$

이 되어 값이 아주 작아진다. 그러면 식 (12.26)의 뒤에 있는 보정항의 지수함수는 $e^{jkz'\cos\theta} \approx 1$ 이 되므로 헤르츠 쌍극자의 복소 지수함수를 다음과 같이 근사적으로 쓸 수 있다.

$$e^{-jk|\mathbf{r}-\mathbf{r}'|} \approx e^{-jkr} \tag{12.27}$$

두 개의 근사식, 식 (12.25)와 식 (12.27)을 이용하면 최종적으로 다음 식을 얻을 수 있다.

$$\mathbf{A}(\mathbf{r}) = \mathbf{a}_z \frac{\mu I}{4\pi} \int_{-\frac{\Delta l}{2}}^{\frac{\Delta l}{2}} \frac{e^{-jkr}}{r} dz' = \mathbf{a}_z \frac{\mu I \Delta l e^{-jkr}}{4\pi r} \equiv \mathbf{a}_z A_z \tag{12.28}$$

여기서 알아둘 것은 조건 ③이 없을 경우, 예를 들면 긴 쌍극자 안테나의 경우, 위의 보정항을 포함하여 적분항을 계산해야 한다는 사실이다(12.4절 참조).

❷ 2단계 : A에 회전을 취하여 자기장 H를 구한다.

식 (12.28)을 잘 살펴보면 $\mathbf{A}$는 두 가지 다른 좌표계로 표시되어 있다. 즉 $\mathbf{a}_z$는 직각 좌표계(또는 원통좌표계)로, A_z는 구 좌표계로 표시되어 있다. $\nabla \times \mathbf{A}$를 계산하기 위해서는 $\mathbf{A}$를 한 가지 좌표계로 통일해야 한다. [표 1-3]에서 다음 변환식

$$\mathbf{a}_z = \mathbf{a}_r \cos\theta - \mathbf{a}_\theta \sin\theta$$

를 이용하면 $\mathbf{A}$를 다음과 같이 쓸 수 있다.

$$\begin{aligned} \mathbf{A} &= (\mathbf{a}_r \cos\theta - \mathbf{a}_\theta \sin\theta) A_z \\ &= \mathbf{a}_r (A_z \cos\theta) + \mathbf{a}_\theta (-A_z \sin\theta) \equiv \mathbf{a}_r A_r + \mathbf{a}_\theta A_\theta \end{aligned} \tag{12.29}$$

[표 1-4]를 참고하고, $A_\phi = 0$이고 $\frac{\partial}{\partial\phi} = 0$($A_r$과 A_θ는 ϕ에 따라 달라지지 않음)인 것을 이용하면 $\mathbf{H}$를 다음과 같이 계산할 수 있다.

$$\begin{aligned} \mathbf{H} &= \frac{1}{\mu}\nabla \times \mathbf{A} = \frac{1}{\mu}\mathbf{a}_\phi \frac{1}{r}\left[\frac{\partial}{\partial r}(rA_\theta) - \frac{\partial A_r}{\partial\theta}\right] \\ &= \mathbf{a}_\phi \frac{1}{\mu}\frac{1}{r}\left\{\frac{\partial}{\partial r}\left[\frac{\mu}{4\pi} I\Delta l e^{-jkr}(-\sin\theta)\right] - \frac{\partial}{\partial\theta}\left[\frac{\mu}{4\pi} I\Delta l \frac{e^{-jkr}}{r}\cos\theta\right]\right\} \\ &= \mathbf{a}_\phi \frac{I\Delta l}{4\pi} jk \frac{e^{-jkr}}{r}\left[1 + \frac{1}{jkr}\right]\sin\theta \equiv \mathbf{a}_\phi H_\phi \end{aligned} \tag{12.30}$$

❸ 3단계 : H에 회전을 취하여 전기장 E를 구한다.

$H_r = H_\theta = 0$이고 $\dfrac{\partial}{\partial\phi} = 0$이므로 E를 다음과 같이 계산할 수 있다([표 1-4] 참조).

$$\begin{aligned}\mathbf{E} &= \frac{1}{j\omega\varepsilon}\nabla\times\mathbf{H} = \frac{1}{j\omega\varepsilon}\left[\mathbf{a}_r\frac{1}{r\sin\theta}\frac{\partial}{\partial\theta}(H_\phi\sin\theta) - \mathbf{a}_\theta\frac{1}{r}\frac{\partial}{\partial r}(rH_\phi)\right] \\ &= \frac{I\Delta l}{4\pi}j\omega\mu\frac{e^{-jkr}}{r}\left\{\mathbf{a}_r\left[\frac{1}{jkr}+\frac{1}{(jkr)^2}\right]2\cos\theta + \mathbf{a}_\theta\left[1+\frac{1}{jkr}+\frac{1}{(jkr)^2}\right]\sin\theta\right\} \\ &\equiv \mathbf{a}_r E_r + \mathbf{a}_\theta E_\theta \end{aligned} \tag{12.31}$$

계산 과정에서 $k^2 = \omega^2\mu\varepsilon$의 관계식을 사용했다. 이렇게 해서 헤르츠 쌍극자 안테나가 발생시키는 전기장 E와 자기장 H의 완전한 식을 식 (12.30)과 식 (12.31)로 구했다. 이 최종 식을 잘 살펴보면 자기장 H는 $\mathbf{a}_\phi$ 성분, 즉 쌍극자의 축 주위를 회전하는 성분만을 가지며, 전기장 E는 H에 수직인 $\mathbf{a}_r$ 성분과 $\mathbf{a}_\theta$ 성분을 둘 다 가진다는 것을 알 수 있다. 다음 절에서는 두 가지 영역(원거리장, 근거리장)에서 전자기장의 특성을 살펴보기로 한다. **원거리장 영역** far-field region 은 관측점이 안테나로부터 파장에 비해 훨씬 큰(멀리 떨어진) 영역에 있는 경우($r \gg \lambda$)를 말한다. **근거리장 영역** near-field region 은 관측점이 파장에 비해 안테나에서 가까운 영역에 있는 경우($r \ll \lambda$)를 말한다.

12.3.1 헤르츠 쌍극자의 방사 전자기장

장점이 신호의 파장에 비해 안테나에서 아주 멀리 떨어져 있는($r \gg \lambda$) 원거리장 영역에서는 식 (12.30)과 식 (12.31)에 들어 있는 jkr 값이 매우 커진다. 즉

$$kr = \frac{2\pi}{\lambda}r \gg 1$$

이다. 따라서 E와 H의 식에 들어 있는 여러 항들의 크기를 비교하면

$$1 \gg \frac{1}{jkr} \gg \frac{1}{(jkr)^2}$$

이 되므로, 1을 포함하고 있는 항이 가장 우세하다. 따라서 원거리장 영역에서의 전자기장은 다음 식으로 주어진다. 이 전자기장을 **방사 전자기장** radiation fields 이라고 한다.

$$\begin{aligned}\mathbf{E} &= \mathbf{a}_\theta\frac{I\Delta l}{4\pi}j\omega\mu\frac{e^{-jkr}}{r}\sin\theta \\ \mathbf{H} &= \mathbf{a}_\phi\frac{I\Delta l}{4\pi}jk\frac{e^{-jkr}}{r}\sin\theta\end{aligned} \tag{12.32}$$

이 방사장을 해석해보기로 하자.

거리 r에 대한 의존성(변화)

방사장은 $\dfrac{e^{-jkr}}{r}$에 비례한다. 이 성질은 어떤 유형의 안테나에도 똑같이 적용된다. 먼저, $\dfrac{1}{r}$ 항은 전자기 신호를 도선^wire 없이, 즉 무선으로^wireless 멀리 떨어진 곳으로 내보내도 그곳에서 감지될 수 있다는 것을 확실히 보장한다. 그 이유는 방사장은 r이 증가함에 따라 2장과 6장에서 다룬 $\dfrac{1}{r^2}$, 또는 $\dfrac{1}{r^3}$에 따라 변하는 정전기장, 정자기장보다 크기가 훨씬 천천히 감소하기 때문이다. 다음으로, e^{-jkr} 항은 $kr=$상수로 주어지는 동위상면^constant phase front 이 구의 표면(구면)^spherical surface 임을 뜻한다. 따라서 방사 전자기장은 구면파^spherical wave 이다. $\dfrac{e^{-jkr}}{r}$은 구면파를 나타내는 전형적인 수식이다.

평면파 특성

반지름이 큰 구면의 일부분은 마치 평면처럼 보이므로 멀리 떨어진 곳에 도달하는 구면파는 어떤 면에서 평면파의 특성을 가질 것으로 예상할 수 있다. 먼저 방사장과 전파벡터는

$$\mathbf{E}=\mathbf{a}_\theta E_\theta, \quad \mathbf{H}=\mathbf{a}_\phi H_\phi, \quad \mathbf{k}=\mathbf{a}_r k$$

로, $\mathbf{E}$, $\mathbf{H}$, $\mathbf{k}$는 서로 수직을 이룬다. 이 세 벡터는 균일 평면파의 경우와 마찬가지로 오른손 직교 좌표계를 형성한다. 이 세 벡터의 방향을 [그림 12-3]에 나타냈다.

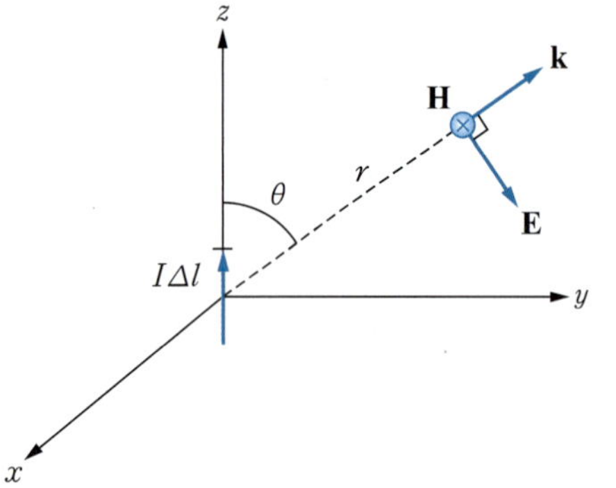

그림 12-3 헤르츠 쌍극자의 방사 전자기장

다음으로, 전기장과 자기장의 크기 비^ratio 는

$$\frac{E_\theta}{H_\phi}=\frac{\omega\mu}{k}=\frac{\omega\mu}{\omega\sqrt{\mu\varepsilon}}=\sqrt{\frac{\mu}{\varepsilon}}=\eta$$

가 되는데, 이것은 매질의 고유 임피던스^intrinsic impedance 이다. 이것 또한 균일 평면파의 특성에 속한다. 따라서 방사 전자기장만을 구하는 경우에는 $\mathbf{E}$와 $\mathbf{H}$를 모두 구할 필요가 없다. 둘 가운데 하나만 구하고 나머지 하나는 이 특성을 이용해서 구하면 된다. 전자기파가 안테나를 떠나 구면파로 진행하다가 아주 먼 거리에서는 부분적으로 마치 평면파처럼 보이게 되는 것은 이치에 잘 맞는다고 할 수 있다. 물론 이 파는 계속해서 구면파의 $\dfrac{1}{r}$ 의존성을 가지고 있다.

측정각(θ)에 대한 의존성 : 방사패턴

식 (12.32)를 잘 살펴보면 E_θ와 H_ϕ는 모두 θ에 대해 $\sin\theta$의 형태로 변한다. 즉

$$|E_\theta| \propto \sin\theta, \quad |H_\phi| \propto \sin\theta$$

이다. 따라서 장의 크기는 $\theta = 90°$에서 최대가 되는데, 이 각도는 측정점이 쌍극자 축에 수직인 xy 평면에 있는 경우이다. $|E_\theta|$는 $\theta = 0°$와 $\theta = 180°$에서 0이 되는데, 이 각도는 측정점이 쌍극자 축의 방향과 일치하는 곳에 있는 경우이다. 헤르츠 쌍극자 안테나는 수평면으로는 전자기장 방사를 최대로 하고 축을 따라서는 방사를 하지 않는다. 측정각도 θ에 따른 크기 변화를 [그림 12-4]에 그래프로 나타냈다. 이것을 안테나의 **방사패턴** radiation pattern 이라고 한다. 일반적으로 안테나의 방사패턴은 θ와 ϕ 모두에 따라 달라진다. 따라서 방사패턴은 3차원 공간에 하나로 그리거나 아니면 2차원 평면에 두 개의 방사패턴을 그리는 방식으로 나타낸다. 두 개의 2차원 방사패턴 중 하나는 ϕ가 일정할 때 θ에 대한 장의 크기 변화를 나타내는 것이고, 나머지 하나는 θ가 일정할 때 ϕ에 따른 장의 크기 변화를 나타내는 것이다. 헤르츠 쌍극자의 방사패턴은 ϕ에 따라서는 변하지 않고 일정하다.

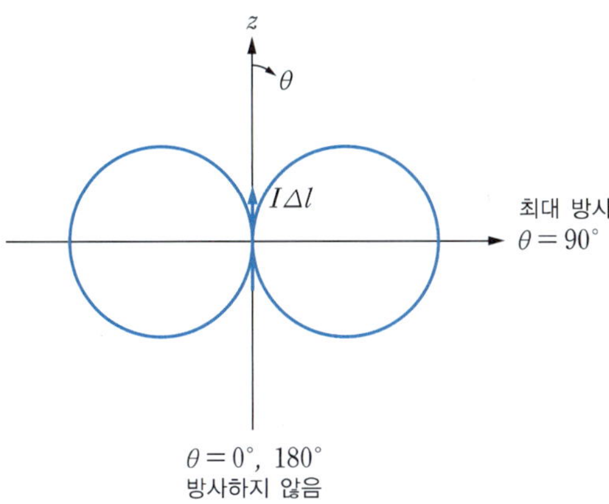

그림 12-4 헤르츠 쌍극자의 방사패턴

12.3.2 헤르츠 쌍극자의 근거리장

장점이 안테나로부터 파장에 비해 가까운 거리에 있는 근거리장 영역($r \ll \lambda$ 또는 $kr \ll 1$, 단 여전히 $r \gg \Delta l$)에서는 다음과 같은 관계가 성립한다.

$$1 \ll \frac{1}{jkr} \ll \frac{1}{(jkr)^2}$$

따라서 세 번째 항이 가장 우세하다. 식 (12.30)과 식 (12.31)로부터 근거리장 영역에서 가장 크기가 큰 장은 다음 식으로 주어진다.

$$\begin{aligned}\mathbf{E} &\approx \frac{I\Delta l}{4\pi} j\omega\mu \frac{e^{-jkr}}{r}\frac{1}{(jkr)^2}\{\mathbf{a}_r 2\cos\theta + \mathbf{a}_\theta \sin\theta\} \\ &= \frac{I\Delta l\omega\mu}{j4\pi k^2}\frac{1}{r^3}(\mathbf{a}_r 2\cos\theta + \mathbf{a}_\theta\sin\theta) \\ \mathbf{H} &\approx \mathbf{a}_\phi \frac{I\Delta l}{4\pi}\frac{1}{r^2}\sin\theta\end{aligned} \tag{12.33}$$

여기서 흥미로운 것은 이 전기장이 식 (2.68)의 (정적인) 전기 쌍극자가 만드는 정전기장과 닮았다는 점이다. 식 (12.33)에 있는 근거리장에 대해 $\frac{1}{2}\mathbf{E}\times\mathbf{H}^*$를 계산하면 순허수가 되는데, 이것은 식 (12.33)에 있는 근거리장 항들($\frac{1}{r^3}$과 $\frac{1}{r^2}$)은 실제 전력을 전달하지 않는다는 것을 나타낸다. 실제 전력은 식 (12.32)에 있는 원거리장 항($\frac{1}{r}$)에 의해 전달된다. 헤르츠 쌍극자의 근거리장에는 전기 에너지와 자기 에너지가 저장되는데, 이때 저장되는 전기 에너지는 자기 에너지보다 훨씬 크다([연습문제 12.11] 참조).

예제 12-1 헤르츠 쌍극자의 방사전력

공기 중에 길이가 Δl인 헤르츠 쌍극자에 주파수가 f [Hz]인 균일전류 I가 흐르고 있다. 이 헤르츠 쌍극자 안테나의 총 방사전력을 계산하라.

풀이

총 방사전력은 식 (12.32)에서 구한 방사 전자기장을 사용하며 반지름이 r인 구의 표면 전체에 대해 시간평균 포인팅 벡터 time-average Poynting vector 를 적분하는 방법으로 계산할 수 있다. 이때 안테나 주위의 공기매질에서는 손실이 없으므로 총 방사전력은 거리 r에 따라서는 달라지지 않는다.

시간평균 포인팅 벡터는 다음과 같이 구할 수 있다(식 (9.27) 참조).

$$\begin{aligned}\mathbf{S}_{av} &= \frac{1}{2}\mathrm{Re}\{\mathbf{E}\times\mathbf{H}^*\} = \mathbf{a}_\theta\times\mathbf{a}_\phi\frac{1}{2}\mathrm{Re}\{E_\theta H_\phi^*\} = \mathbf{a}_r\frac{1}{2}\mathrm{Re}\left\{E_\theta\left(\frac{E_\theta}{\eta}\right)^*\right\} \\ &= \mathbf{a}_r\frac{|E_\theta|^2}{2\eta} = \mathbf{a}_r\frac{|I\Delta l|^2}{32\pi^2}\frac{(\omega\mu)^2}{\eta}\frac{\sin^2\theta}{r^2}\quad [\mathrm{W/m^2}]\end{aligned} \tag{12.34}$$

총 방사전력은 다음과 같이 구할 수 있다.

$$\begin{aligned}P_r &= \iint_{\text{구면}}\mathbf{S}_{av}\cdot\mathbf{a}_r\,ds = \int_0^{2\pi}\int_0^{\pi}\frac{|I|^2}{32\pi^2}(\Delta l)^2\frac{(k\eta)^2}{\eta}\frac{\sin^2\theta}{r^2}r^2\sin\theta\,d\theta\,d\phi \\ &= \frac{|I|^2}{32\pi^2}(\Delta l)^2\left(\frac{2\pi}{\lambda_0}\right)^2\eta(2\pi)\int_0^{\pi}\sin^3\theta\,d\theta = \frac{\pi\eta_0}{3}\left(\frac{\Delta l}{\lambda_0}\right)^2|I|^2\ \ [\mathrm{W}]\end{aligned} \tag{12.35}$$

공기 중에서는 $\eta = \eta_0 = 377\ [\Omega]$이고, $\lambda_0 = \frac{c}{f} = \frac{2\pi}{k}$이다.

방사저항

안테나에서 방사되는 전력의 양을 나타내는 데 유용한 척도(기준)로 **방사저항** radiation resistance 이 있다. 안테나의 방사저항 R_r은 다음 식으로 정의된다.

$$P_r = \frac{1}{2} I_A^2 R_r \quad \text{또는} \quad R_r = \frac{2P_r}{I_A^2} \tag{12.36}$$

여기서 I_A는 안테나 입력단자에서의 전류 또는 안테나 도선을 따라 흐르는 최대 전류이다. 따라서 안테나 입력단자의 전류, 또는 안테나의 최대 전류가 방사저항에 흐르면, 이 방사저항이 소모하는 전력은 방사전력 P_r과 같다.

헤르츠 쌍극자의 방사저항은 식 (12.35)로부터 다음과 같이 구할 수 있다.

$$R_r = \frac{2P_r}{|I|^2} = \frac{2\pi}{3}\eta_0\left(\frac{\Delta l}{\lambda_0}\right)^2 = 80\pi^2\left(\frac{\Delta l}{\lambda_0}\right)^2 \ [\Omega] \tag{12.37}$$

예를 들어, $\Delta l = 0.1\lambda_0$인 헤르츠 쌍극자의 방사저항을 계산하면 $R_r = 7.9\ [\Omega]$으로, 안테나로서는 작은 값을 갖는다. 이보다 실용적인 안테나로, 길이가 반 파장($0.5\lambda_0$)인 직선 도선으로 된 쌍극자 안테나가 있다. 이 안테나의 방사저항은 $R_r = 73\ [\Omega]$이다([예제 12-3] 참조).

여기서 잘 알아둘 것은 R_r은 전기적 길이 electrical length $\dfrac{\Delta l}{\lambda_0}$에 따라 급격하게 변한다는 사실이다. 길이 Δl을 $\dfrac{1}{10}$로 줄이거나 주파수 f를 $\dfrac{1}{10}$로 낮추면 R_r은 $\dfrac{1}{100}$로 작아진다. 이는 전기적으로 작은 안테나 electrically small antenna 는 어떤 형태를 하고 있든 기본적인 한계를 가지고 있음을 보여준다. 전기적 길이가 감소하면 안테나의 효율 efficiency 과 대역폭 bandwidth 은 매우 급격하게 낮아지고 줄어든다. 반 파장 안테나는 효율이 매우 좋고 적당한 대역폭을 가진다. [연습문제 12.23]에 있는 안테나의 방사효율 radiation efficiency 에 관한 설명을 살펴보기 바란다.

예제 12-2 안테나의 지향성 이득

안테나가 가진 매우 중요한 특성으로서, 안테나가 어떤 특정 방향으로 다른 방향보다 전자기 에너지를 얼마나 더 많이 방사하는가에 관한 것이 있다. 이러한 특성을 평가하는 파라미터를 **지향성 이득** directive gain 이라고 하고, $D(\theta, \phi)$로 표시한다. 지향성 이득은 다음 식으로 정의된다.

$$D(\theta, \phi) = \frac{S_{av}(\theta, \phi)}{P_r/4\pi r^2} \tag{12.38}$$

여기서 S_{av}는 측정각 (θ, ϕ)로 표시되는 어떤 특정 방향으로 전파되는 시간평균 포인팅 벡터이고, P_r의 공간 전체로 방사되는 총 전력이다. 따라서 지향성 이득은 주어진 거리 r에서 어떤 특정 방향의 전력밀도를, 같은 거리에서의 평균전력밀도로 나눈 값이다. 헤르츠 쌍극자 안테나의 지향성 이득과 그 최댓값을 구하라.

풀이

[예제 12-1]에서 헤르츠 쌍극자의 S_{av}와 P_r을 다음과 같이 구했다.

$$S_{av} = \frac{|I\Delta l|}{32\pi^2}\frac{(\omega\mu)^2}{\eta}\frac{\sin^2\theta}{r^2} \equiv K\frac{\sin^2\theta}{r^2}$$

$$P_r = \iint S_{av} r^2 \sin\theta\, d\theta\, d\phi = K\int_0^{2\pi}\int_0^{\pi} \sin^3\theta\, d\theta\, d\phi = K(2\pi)\frac{4}{3}$$

헤르츠 쌍극자의 지향성 이득은 다음과 같다.

$$D(\theta,\ \phi) = \frac{S_{av}}{P_r/4\pi r^2} = \frac{K\sin^2\theta}{K\dfrac{8\pi}{3}/4\pi} = \frac{3}{2}\sin^2\theta \qquad (12.39)$$

측정각 $(\theta,\ \phi)$에 따른 $D(\theta,\ \phi)$의 변화를 그래프로 그려보면 [그림 12-4]에 있는 안테나의 방사패턴과 같은 모양이 된다. $\theta = 90°$인 방향에서 이득은 최댓값 1.5가 되는 반면, $\theta = 0°$와 $\theta = 180°$에서는 이득이 0이 된다. 방향성 이득의 최댓값을 안테나의 **지향성** directivity이라고 한다. 따라서 헤르츠 쌍극자의 지향성은 다음과 같다.

$$D_{\max} = 1.5 \ :\ \text{헤르츠 쌍극자인 경우} \qquad (12.40)$$

다음 절에서 살펴보겠지만, 반 파장 쌍극자 안테나의 지향성은 1.64이다.

12.4 선형 안테나 : 긴 쌍극자 Linear Dipole Antenna

앞 절에서는 길이가 전기적으로 짧고($\Delta l \ll \lambda$), 균일 전류분포를 갖는 기본 쌍극자 안테나에 대해 다루었다. 그런데 이 미소 안테나는 방사저항이 매우 작으므로 전자기파를 잘 방사하지 못한다. 이보다 더 실용적이며 효율적인 안테나는 파장과 비교할 수 있을 정도의 길이를 갖는 가는 도선으로 된 안테나인데, 이를 **선형 쌍극자 안테나** linear dipole antenna 라고 한다. 가정용 TV 안테나가 바로 선형 쌍극자 안테나이다. 안테나 도선을 따라 흐르는 전류분포를 알면 이것을 벡터 퍼텐셜 적분식에 넣어 방사 전자기장을 쉽게 구할 수 있다. 그러나 가는 도선 안테나 상에 흐르는 정확한 전류분포는 알려져 있지 않다. 모멘트법 method of moment 과 같은 고급 수치해석 기법을 이용하면 근사적인 전류분포는 알 수 있다. 이 책에서는 이러한 복잡하고 어려운 수치해석 기법은 다루지 않으므로, 도선 상의 전류분포가 도선 양끝에서 0이고 도선을 따라 공간적으로 사인파 sinusoidal in space 형태를 하고 있는 것으로 가정한다. 이렇게 z에 따라 사인함수 형태로 변하는 전류분포는 실제 전류분포와 아주 비슷한 것으로 알려져 있다.

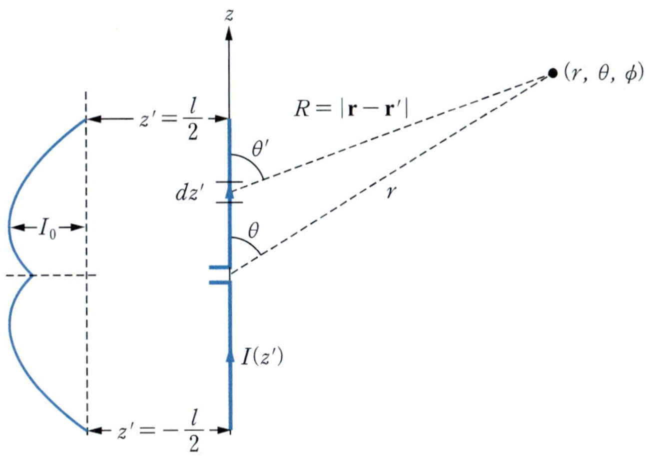

그림 12-5 사인파 형태의 전류분포를 갖는 긴 다이폴 안테나

[그림 12-5]는 길이가 l인 곧고 가는 도선으로 된 안테나로, 중앙에 연결된 신호원에 의해 안테나에는 전류가 흐른다. 전류분포는 다음 식과 같은 형태를 하고 있는 것으로 가정한다.

$$I(z)=I_0\sin\left[k\left(\frac{l}{2}-|z|\right)\right]\quad\left(|z|<\frac{l}{2}\right) \tag{12.41}$$

여기서 $k=\dfrac{2\pi}{\lambda}$는 신호원(전류)의 주파수에 해당하는 파수이다. 전류는 $z=0$에 대해 대칭이며 중심에서 멀어질수록 부드럽게 줄어들면서 양끝($z=\pm\dfrac{l}{2}$)에서 0이 된다. I_0는 도선에 분포하는 전류의 최댓값이며 최댓값이 되는 위치는 안테나의 길이에 따라 달라진다.

안테나에 의해 방사되는 전자기장을 구하기 위해서는 보통은 벡터 퍼텐셜을 먼저 계산한다. 그렇지만 우리는 방사 전자기장(원거리장)에 주로 관심을 두고 있는 데다가 기본 쌍극자의 방사 전자기장을 이미 알고 있으므로, 식 (12.32)의 결과에 중첩원리를 적용하여 긴 쌍극자의 방사 전자기장을 직접 계산할 수 있다.

$z=z'$에 위치한 미소 요소 $I(z')dz'$을 생각해보자. 이 미소 요소에 의해 발생하는 방사 전기장은 식 (12.32)로부터 다음과 같이 쓸 수 있다.

$$d\mathbf{E}=\mathbf{a}_\theta\frac{I(z')dz'}{4\pi}j\omega\mu\frac{e^{-jkR}}{R}\sin\theta' \tag{12.42}$$

여기서 $R=|\mathbf{r}-\mathbf{r}'|$은 원천점 $z=z'$과 장점 $(r,\ \theta,\ \phi)$ 사이의 거리이고 θ'은 도선의 축(z축)과 벡터 $\mathbf{R}=\mathbf{r}-\mathbf{r}'$ 사이의 각도이다. 멀리 떨어진 점($r\gg z'$)에서는 다음과 같이 근사적으로 쓸 수 있다.

$$\begin{aligned}&R=|\mathbf{r}-\mathbf{r}'|\approx r-z'\cos\theta\\&\frac{1}{R}\approx\frac{1}{r},\quad\sin\theta'\approx\sin\theta\end{aligned}\qquad(r\gg|\mathbf{r}'|=z'\text{일 때})$$

그러면 식 (12.42)는 다음과 같이 간단해진다.

$$d\mathbf{E} \approx \mathbf{a}_\theta \frac{I(z')dz'}{4\pi} j\omega\mu \frac{e^{-jkr}}{r} e^{jkz'\cos\theta} \sin\theta \tag{12.43}$$

도선 전체에 의한 방사 전기장은 다음과 같이 전류분포 전체에 대해 $d\mathbf{E}$를 적분하여 구할 수 있다.

$$\mathbf{E} = \int d\mathbf{E} = \mathbf{a}_\theta \frac{j\omega\mu}{4\pi} \frac{e^{-jkr}}{r} \sin\theta \int_{-\frac{l}{2}}^{\frac{l}{2}} I(z') e^{jkz'\cos\theta} dz' \tag{12.44}$$

$$\begin{aligned} E_\theta &= \frac{j\omega\mu}{4\pi} \frac{e^{-jkr}}{r} \sin\theta \left\{ \int_0^{\frac{l}{2}} I_0 \sin\left[k\left(\frac{l}{2} - z\right)\right] e^{jkz'\cos\theta} dz' \right. \\ &\quad \left. + \int_{-\frac{l}{2}}^{0} I_0 \sin\left[k\left(\frac{l}{2} + z\right)\right] e^{jkz'\cos\theta} dz' \right\} \\ &= j\eta 2I_0 \frac{e^{-jkr}}{4\pi r} \frac{\cos\left(\frac{kl}{2}\cos\theta\right) - \cos\left(\frac{kl}{2}\right)}{\sin\theta} \end{aligned} \tag{12.45}$$

적분으로부터 식 (12.45)를 유도하는 과정은 [연습문제 12.15]로 남겨 놓았다. 방사 자기장은 원거리장 영역에서의 평면파 특성을 이용하여 다음 식으로 간단히 구할 수 있다.

$$\mathbf{H} = \mathbf{a}_\phi H_\phi = \mathbf{a}_\phi \frac{E_\theta}{\eta} \tag{12.46}$$

긴 쌍극자 안테나의 방사패턴은 다음 식으로 주어진다.

$$F(\theta) = \frac{\cos\left(\frac{kl}{2}\cos\theta\right) - \cos\left(\frac{kl}{2}\right)}{\sin\theta} \tag{12.47}$$

여기서 알아둘 것은 방사패턴은 ϕ에 따라서는 달라지지 않고(전류가 z방향으로 흐르므로) 쌍극자의 길이에 따라서 변한다는 사실이다. $k = \frac{2\pi}{\lambda}$이므로 $\frac{kl}{2} = \pi\frac{l}{\lambda}$이다. 몇 가지 길이에 대한 방사패턴을 구해보면 다음과 같다.

$$l = \frac{\lambda}{2} \quad \rightarrow \quad F(\theta) = \frac{\cos\left(\frac{\pi}{2}\cos\theta\right)}{\sin\theta} \tag{12.48a}$$

$$l = \lambda \quad \rightarrow \quad F(\theta) = \frac{\cos(\pi\cos\theta) + 1}{\sin\theta} \tag{12.48b}$$

$$l = \frac{3\lambda}{2} \quad \rightarrow \quad F(\theta) = \frac{\cos\left(\frac{3}{2}\pi\cos\theta\right)}{\sin\theta} \tag{12.48c}$$

$$l = 2\lambda \quad \rightarrow \quad F(\theta) = \frac{\cos(2\pi\cos\theta) - 1}{\sin\theta} \tag{12.48d}$$

위의 네 가지 길이에 대해 긴 쌍극자의 방사패턴을 [그림 12-6]에 나타냈다. 그림을 잘 살펴보면 반 파장 쌍극자($l=\frac{\lambda}{2}$)는 방사패턴이 헤르츠 쌍극자의 패턴([그림 12-4] 참조)과 아주 비슷하며, 한 파장 쌍극자($l=\lambda$)는 $\theta=90°$ 방향에서 반 파장 쌍극자($l=\frac{\lambda}{2}$)보다 지향성이 더 큰 빔[beam]을 가진다. 쌍극자의 길이가 한 파장 이상으로 더욱 증가하면 주 빔[main beam], 즉 최대 방사가 일어나는 방향은 $\theta=90°$에서 다른 각도로 옮겨가고 특정한 방향에서 방사가 일어나지 않는 0점[null]이 나타난다. 예를 들어, $l=\frac{3}{2}\lambda$ 쌍극자에서는 $\theta=70.5°$에서 0점이 나타나고, $l=2\lambda$ 쌍극자에서는 $\theta=90°$에서 0점이 나타난다.

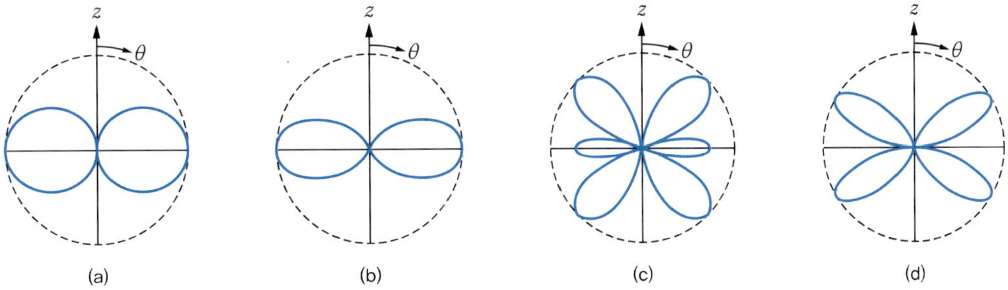

그림 12-6 긴 쌍극자 안테나의 방사패턴

(a) $l=\frac{\lambda}{2}$ (b) $l=\lambda$ (c) $l=\frac{3\lambda}{2}$ (d) $l=2\lambda$

12.4.1 반 파장 쌍극자

길이가 $l=\frac{\lambda}{2}$인 선형 안테나를 **반 파장 쌍극자**[half-wave dipole]라고 한다. 이 안테나는 그 임피던스 특성 때문에 실용적인 측면에서 중요하다. 반 파장 쌍극자의 전류분포는 다음 식으로 쓸 수 있는데, 안테나 중앙 위치에서 최댓값을 갖는 사인파의 절반에 해당하는 형태를 하고 있다.

$$I(z)=I_0\sin\left[k\left(\frac{\lambda}{4}-|z|\right)\right]=I_0\sin\left[\frac{\pi}{2}-\frac{2\pi}{\lambda}|z|\right]\quad\left(|z|<\frac{\lambda}{4}\right)\tag{12.49}$$

반 파장 쌍극자의 특별한 장점은 공진이 일어나도록 해서 리액턴스 성분을 0이 되게 할 수 있으므로 조정이 쉽다는 것이다. 쌍극자를 공진하게 하려면 안테나의 길이를 반 파장보다 약간 짧게 해주어야 한다.[3]

반 파장 쌍극자의 방사 전자기장은 다음 식으로 쓸 수 있다.

3 W. L. Stutzman and G. A. Thiele, *Antenna Theory and Design*, John Wiley & Sons, 1998, 2nd Ed., Section 5.1.

$$E_\theta = j\eta 2 I_0 \frac{e^{-jkr}}{4\pi r} \frac{\cos\left(\frac{\pi}{2}\cos\theta\right)}{\sin\theta}$$

$$H_\phi = \frac{E_\theta}{\eta} \tag{12.50}$$

방사패턴은 [그림 12-6(a)]에 표시되어 있다. 방사패턴은 헤르츠 쌍극자와 매우 비슷하다. 즉 $\theta = 90°$ 에서 최대 방사가 일어나고 축($\theta = 0°$)을 따라서는 방사가 일어나지 않는다. 그렇지만 빔폭 beamwidth 은 헤르츠 쌍극자보다 약간 좁다.

예제 12-3 반 파장 쌍극자의 방사저항

반 파장 쌍극자 안테나의 방사저항과 지향성을 계산하라.

풀이

반 파장 쌍극자의 총 방사전력은 다음과 같이 쓸 수 있다.

$$\begin{aligned} P_r &= \iint \mathbf{S}_{av} \cdot \mathbf{a}_r\, ds = \iint \frac{|E_\theta|^2}{2\eta} r^2 \sin\theta\, d\theta\, d\phi \\ &= \int_0^{2\pi}\int_0^{\pi} \frac{\eta}{2}\left(\frac{2I_0}{4\pi}\right)^2 \frac{\left[\cos\left(\frac{\pi}{2}\cos\theta\right)\right]^2}{\sin\theta} d\theta\, d\phi \\ &= \frac{\eta}{4\pi} I_0^2 \int_0^{\pi} \frac{\left[\cos\left(\frac{\pi}{2}\cos\theta\right)\right]^2}{\sin\theta} d\theta \end{aligned} \tag{12.51}$$

여기에 나오는 적분은 코사인 적분함수 cosine integral function 를 써서 나타낼 수 있다. 수치해석 방법으로 계산하면 1.22가 나온다.

그러면 총 방사전력은 다음과 같다.

$$P_r = \frac{\eta}{4\pi} I_0^2 (1.22) = 36.6\, I_0^2 \text{ [W]} \tag{12.52}$$

방사저항은 다음과 같이 구할 수 있다(식 (12.36) 참조).

$$R_r = \frac{2P_r}{I_0^2} = 73\ [\Omega] \tag{12.53}$$

쌍극자의 지향성 이득은 다음과 같이 구할 수 있다.

$$\begin{aligned} D(\theta,\ \phi) &= \frac{S_{av}}{P_r/4\pi r^2} = \frac{|E_\theta|^2/2\eta}{P_r/4\pi r^2} = \frac{\frac{\eta}{2}\left(\frac{2I_0}{4\pi}\right)^2}{\eta\left(\frac{I_0}{4\pi}\right)^2(1.22)} \left[\frac{\cos\left(\frac{\pi}{2}\cos\theta\right)}{\sin\theta}\right]^2 \\ &= 1.64\,[F(\theta)]^2 \end{aligned} \tag{12.54}$$

[그림 12-6(a)]에 표시된 것처럼 $F(\theta)$는 $\theta = 90°$일 때 최댓값 1을 갖는다. 따라서 반 파장 쌍극자의 지향성은 다음과 같다.

$$D_{\max} = 1.64 \quad : \text{반 파장 쌍극자인 경우} \tag{12.55}$$

이 값은 헤르츠 쌍극자의 지향성 $D_{\max} = 1.5$보다 약간 높다. 그래서 $\theta = 90°$ 방향을 향하는 반 파장 쌍극자의 주 빔이 헤르츠 쌍극자보다 조금 더 날카롭게(좁게) 된다. 한 파장 쌍극자($l = \lambda$)의 방사패턴은 [그림 12-6(b)]에서 보듯이 지향성이 $D_{\max} = 2.41$로 더 높으며 빔은 더욱 날카롭다.

12.5 안테나 배열 Antenna Arrays

지금까지는 한 개의 소자로 이루어진 안테나인 헤르츠 쌍극자 안테나, 소형 루프 안테나([연습문제 12.12]), 긴 쌍극자 안테나, 단극자 안테나 monopole antenna([연습문제 12.17])의 방사에 대해서 살펴보았다. 이 안테나들은 모두 안테나에 수직인 평면에서 방사패턴이 전방향성 omnidirectional 이며(즉 ϕ에 대해 변하지 않고 일정하며), 주 빔이 넓어서 지향성이 낮다. 그런데 특정 방향이나 지역으로는 전자기 에너지를 보내고 나머지 방향으로는 보내지 않는 방법이 있을까? 이때는 여러 개의 안테나를 다양한 방식(직선, 원, 평면 형태)으로 **배열** array 하면 된다. 이때 배열을 이루고 있는 각 안테나 사이의 간격과 각 안테나에 가하는 전류의 위상차를 변화시키면 지향성이 더욱 높은 방사패턴을 만들 수 있다. 예를 들어, 많은 방송국에서는 접지(대지) 위에 놓인 여러 개의 수직 안테나(단극자)로 이루어진 배열을 사용하고 있다. 여기서는 먼저 두 개의 소자로 이루어진 가장 간단한 안테나 배열을 살펴보고 이어서 여러 개의 소자로 이루어진 안테나 배열을 다루기로 한다.

12.5.1 2소자 배열

[그림 12-7]을 보면 동일한 두 개의 안테나가 x축 위에서 거리 d만큼 떨어져 있다. 이 두 안테나는 한 쌍의 수직 반 파장 쌍극자일 수도 있고, 접지 위에 놓인 한 쌍의 단극자 안테나일 수도 있다. 두 안테나에 가하는 전류는 각각 I_1과 I_2이다. I_1과 I_2는 진폭은 서로 같고 위상차는 α이다. 이를 식으로는 다음과 같이 간단히 쓸 수 있다.

$$I_1 = I_0, \quad I_2 = I_0 e^{j\alpha} \tag{12.56}$$

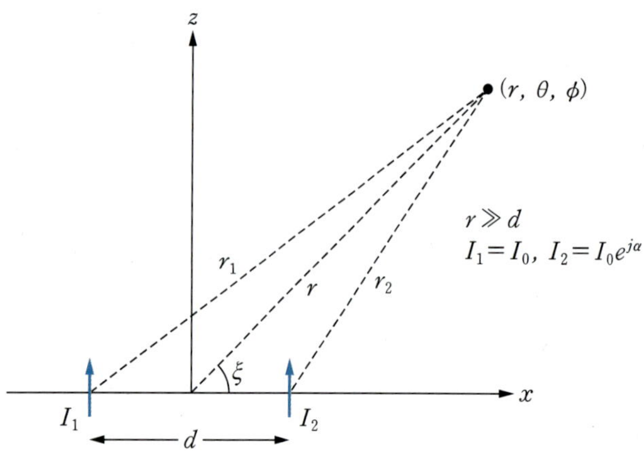

그림 12-7 2소자 배열

멀리 떨어진 점 $P(r,\ \theta,\ \phi)$에서의 방사 전자기장은 두 안테나에 의해 각각 발생하는 방사 전자기장을 중첩하면 된다. 두 안테나가 동일하므로 방사패턴은 같지만 가해진 전류에 위상차가 있으므로 방사 전기장은 다음과 같이 쓸 수 있다.

$$E_1 = I_1 KF(\theta,\ \phi)\frac{e^{-jkr_1}}{r_1} \tag{12.57}$$

$$E_2 = I_2 KF(\theta,\ \phi)\frac{e^{-jkr_2}}{r_2} \tag{12.58}$$

여기서 $F(\theta,\ \phi)$는 개별 안테나의 방사패턴이고, K는 상수이다. 식 (12.56)을 E_1과 E_2에 대입하면 총 방사 전기장을 다음과 같이 쓸 수 있다.

$$E = E_1 + E_2 = I_0 KF(\theta,\ \phi)\left\{\frac{e^{-jkr_1}}{r_1} + \frac{e^{-jkr_2}e^{j\alpha}}{r_2}\right\} \tag{12.59}$$

장점(즉 측정점) P가 멀리 떨어져 있는 경우($r \gg d$)에는 근사적으로 다음과 같이 쓸 수 있다.

$$r_1 \approx r + \frac{d}{2}\cos\xi \tag{12.60a}$$

$$r_2 \approx r - \frac{d}{2}\cos\xi \tag{12.60b}$$

여기서 ξ는 장점(측정점)의 방향($\mathbf{a}_r$)과 배열의 축($\mathbf{a}_x$) 사이의 각도이다. $\cos\xi$는 다음과 같이 쓸 수 있다.

$$\cos\xi = \mathbf{a}_r \cdot \mathbf{a}_x = \sin\theta\cos\phi$$

방사 전기장은 근사적으로 다음과 같이 구할 수 있다.

$$E \approx I_0 KF(\theta,\ \phi)\left\{\frac{e^{-jk\left(r + \frac{d}{2}\cos\xi\right)}}{r_1} + \frac{e^{-jk\left(r - \frac{d}{2}\cos\xi\right)}e^{j\alpha}}{r_2}\right\}$$

$$\approx I_0 KF(\theta,\ \phi)\frac{e^{-jkr}}{r}e^{j\frac{\alpha}{2}}\left\{e^{-j\left(\frac{1}{2}kd\cos\xi+\frac{\alpha}{2}\right)}+e^{j\left(\frac{1}{2}kd\cos\xi+\frac{\alpha}{2}\right)}\right\} \tag{12.61}$$

$$= I_0 K e^{j\frac{\alpha}{2}}\frac{e^{-jkr}}{r}F(\theta,\ \phi)\cdot 2\cos\left[\frac{1}{2}(kd\cos\xi+\alpha)\right]$$

배열에서 방사되는 전기장의 크기는 다음과 같다.

$$|E| = \frac{|2I_0K|}{r}|F(\theta,\ \phi)|\left|\cos\frac{\psi}{2}\right| \tag{12.62}$$

여기서 ψ는 다음과 같다.

$$\psi = kd\cos\xi + \alpha = \frac{2\pi d}{\lambda}\sin\theta\cos\phi + \alpha \tag{12.63}$$

여기서 알아둘 것은 $|F(\theta,\ \phi)|$는 개별 안테나의 방사패턴을 나타내는 것으로 **소자패턴**element pattern 이라 하며, $\left|\cos\frac{\psi}{2}\right|$는 배열 구조에 의해 추가로 생긴 패턴인수로 **배열인수**(AF)array factor 라고 한다. 배열인수는 배열의 구조와 배열소자에 가하는 전류 사이의 위상차에 따라 달라진다. 식 (12.62)를 보면 알 수 있듯이, 같은 안테나 여러 개로 이루어진 배열의 방사패턴은 소자패턴과 배열인수를 곱하여 구할 수 있다. 이러한 특성을 **패턴곱 원리**principle of pattern multiplication 라고 한다.[4]

예제 12-4 2소자 배열의 방사패턴

두 개의 수직(z방향) 반 파장 쌍극자가 x축을 따라 배열되어 있다. 다음 네 가지 경우에 대해 이 안테나 배열의 전기장 방사패턴을 xy평면($\theta = \frac{\pi}{2}$)에서 구하라.

(a) $d = \frac{\lambda}{2}$, $\alpha = 0$인 경우

(b) $d = \frac{\lambda}{2}$, $\alpha = \pi$인 경우

(c) $d = \frac{\lambda}{4}$, $\alpha = -\frac{\pi}{2}$인 경우

(d) $d = \lambda$, $\alpha = 0$인 경우

풀이

xy평면($\theta = 90°$)에서의 방사패턴을 구해야 하므로 반 파장 쌍극자의 소자패턴은 $F\left(\theta = \frac{\pi}{2},\ \phi\right) = 1$이다. 배열의 방사패턴은 소자패턴과 배열인수의 곱이므로 결국 배열인수와 같다.

$$AF = \left|\cos\frac{\psi}{2}\right| = \left|\cos\left[\frac{\pi d}{\lambda}\cos\phi + \frac{\alpha}{2}\right]\right| \tag{12.64}$$

4 자세한 내용은 다음 책을 참고하기 바란다.
W. L. Stutzman and G. A. Thiele, *Antenna Theory and Design*, John Wiley & Sons, 1998, 2nd Ed.

(a) $d=\frac{\lambda}{2}$, $\alpha=0$인 경우

$$AF=\left|\cos\left(\frac{\pi}{2}\cos\phi\right)\right| \tag{12.65}$$

방사패턴을 그려보면 [그림 12-8(a)]와 같다. 배열의 축에 수직인 $\phi=90°$ 방향으로 최대 방사가 일어나며 배열 축($\phi=0°$, $180°$)을 따라서는 전혀 방사가 일어나지 않는다. 두 안테나가 동일하고 가해지는 전류의 위상도 같으므로 $\phi=90°$ 방향에서는 두 안테나의 방사 전자기장이 서로 더해지는 반면, $\phi=0°$나 $\phi=180°$ 방향에서는 두 방사 전기장 사이의 위상차가 $kd=\frac{2\pi}{\lambda}\frac{\lambda}{2}=\pi$가 되어 서로 상쇄된다. 이러한 유형의 배열은 배열 축의 옆면으로 방사가 일어나므로 **브로드 사이드 배열** broadside array이라고 한다.

(b) $d=\frac{\lambda}{2}$, $\alpha=\pi$인 경우

$$AF=\left|\cos\left(\frac{\pi}{2}\cos\phi+\frac{\pi}{2}\right)\right|=\left|\sin\left(\frac{\pi}{2}\cos\phi\right)\right| \tag{12.66}$$

방사패턴을 그려보면 [그림 12-8(b)]에서 보듯이 (a)의 경우와 완전히 반대가 된다. 배열 축을 따라 ($\phi=0°$, $180°$) 최대 방사가 일어나며 배열 축에 수직인 $\phi=90°$ 방향으로는 방사가 전혀 일어나지 않는다. 이번에는 두 안테나의 위상이 $180°$ 차이가 나므로 $\phi=90°$ 방향에서는 두 안테나의 방사 전자기장이 서로 상쇄되는 반면, $\phi=0°$나 $\phi=180°$ 방향에서는 위상차가 $kd+\alpha=\pi+\pi=2\pi$가 되어 서로 더해진다. 이처럼 배열 축을 따라가는 방향으로 최대 방사가 일어나는 배열을 **엔드 파이어 배열** end fire array 이라고 한다.

(c) $d=\frac{\lambda}{4}$, $\alpha=-\frac{\pi}{2}$인 경우

$$AF=\left|\cos\left(\frac{\pi}{4}\cos\phi-\frac{\pi}{4}\right)\right| \tag{12.67}$$

방사패턴을 그려보면 [그림 12-8(c)]와 같다. $\phi=0°$ 방향으로 최대 방사가 일어나며 $\phi=180°$ 방향으로는 방사가 전혀 일어나지 않는데, 이 방사패턴을 **심장형 패턴** cardioid pattern 이라고 한다. 두 개의 높은(긴) 안테나를 바닷가에 설치해야 하는 경우에 이 배열을 사용할 수 있다. 이 배열을 사용하면 거주지역에는 신호를 보내고 바다 쪽으로는 신호가 나가지 않게 할 수 있다. 이 배열은 음향학에서 마이크용 패턴으로도 흔히 사용된다.

(d) $d=\lambda$, $\alpha=0$인 경우

$$AF=|\cos(\pi\cos\phi)| \tag{12.68}$$

방사패턴을 그려보면 [그림 12-8(d)]에서 보듯이 네 방향($\phi=0°$, $90°$, $180°$, $270°$)으로 최대 방사가 일어나고 그 사이의 방향($\phi=\pm 60°$, $\pm 120°$)으로는 방사가 전혀 일어나지 않는다. 0점(완전한 상쇄)은 두 안테나 사이의 경로 길이차가 반 파장이 될 때 일어나는데, 경로 길이차가 반 파장이면 이는 위상차 π에 해당한다. 즉 $d\cos\phi=\lambda\cos\phi=\frac{\lambda}{2}$이고, 따라서 $\cos\phi=\frac{1}{2}$을 만족하는 각도 ϕ에서 0점이 생긴다.

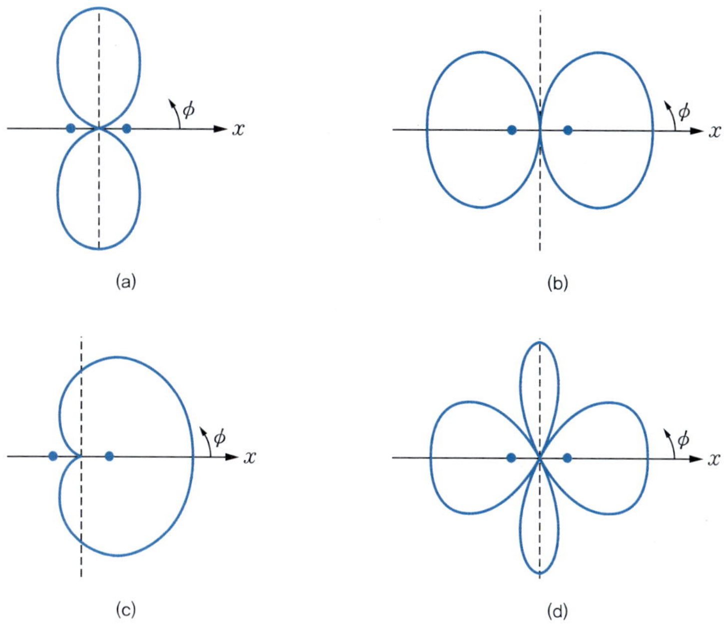

그림 12-8 2소자 배열의 방사패턴

(a) $d=\frac{\lambda}{2}$, $\alpha=0$인 경우 (b) $d=\frac{\lambda}{2}$, $\alpha=\pi$인 경우

(c) $d=\frac{\lambda}{4}$, $\alpha=-\frac{\pi}{2}$인 경우 (d) $d=\lambda$, $\alpha=0$인 경우

12.5.2 균일 선형 배열

세 개 이상의 소자로 이루어진 배열도 비슷한 방법으로 해석할 수 있다. 배열의 유형은 다양한데, 이 중에서 동일한 안테나를 같은 간격으로 equally spaced 배치한 배열을 살펴본다. 이때 각 안테나에 가하는 전류는 크기는 모두 같게 하고 위상은 계속해서 균일하게 바뀌도록 하는데, 이렇게 하면 해석이 간단해진다. 이러한 배열을 **균일 선형 배열** uniform linear array이라고 한다. N개의 동일한 안테나가 x축을 따라 놓여 있다고 하자. 각 안테나 사이의 간격은 d로 같고 인접한 두 안테나 사이의 위상차는 α이다. 이 경우, 각 안테나의 전류를 식으로 쓰면 다음과 같다.

$$I_1 = I_0, \quad I_2 = I_0 e^{j\alpha}, \quad I_3 = I_0 e^{j2\alpha}, \quad \cdots, \quad I_N = I_0 e^{j(N-1)\alpha}$$

이 배열의 구조를 [그림 12-9]에 나타냈다. 멀리 떨어진 점($r \gg d$)에서는 다음과 같이 쓸 수 있다.

$$r_1 = r, \quad r_2 \simeq r - d\cos\xi, \quad r_3 = r - 2d\cos\xi, \quad \cdots, \quad r_N = r-(N-1)d\cos\xi$$

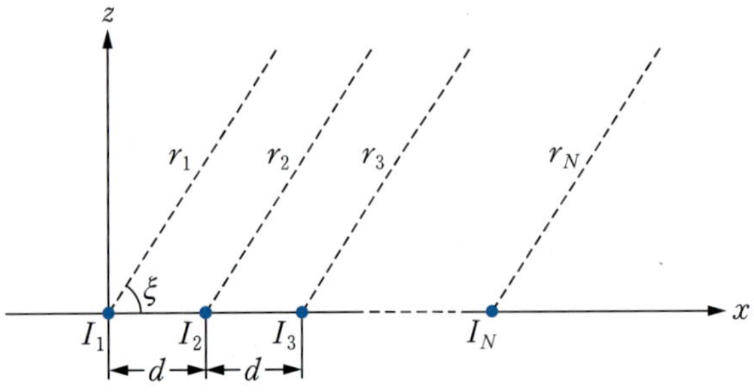

그림 12-9 균일 선형 배열

2소자 배열을 해석할 때와 같은 방법(식 (12.61) 참조)을 사용하면 균일 선형 배열의 배열인수를 다음과 같이 쓸 수 있다.

$$
\begin{aligned}
AF &= 1 + e^{j(kd\cos\xi)}\, e^{j\alpha} + e^{j(2kd\cos\xi)}\, e^{j2\alpha} + \cdots + e^{j(N-1)kd\cos\xi}\, e^{j(N-1)\alpha} \\
&= 1 + e^{j\psi} + e^{j2\psi} + \cdots + e^{j(N-1)\psi} = \sum_{n=0}^{N-1} e^{jn\psi}
\end{aligned} \tag{12.69}
$$

여기서

$$\psi = kd\cos\xi + \alpha \tag{12.63}$$

이다. 식 (12.69)는 등비수열로 다음과 같이 기본 함수들을 써서 합을 나타낼 수 있다.

$$AF = \frac{1-e^{jN\psi}}{1-e^{j\psi}} = \frac{e^{j\frac{N\psi}{2}}}{e^{j\frac{\psi}{2}}} \frac{e^{-j\frac{N\psi}{2}} - e^{j\frac{N\psi}{2}}}{e^{-j\frac{\psi}{2}} - e^{j\frac{\psi}{2}}} = e^{j\frac{(N-1)\psi}{2}} \frac{\sin\left(\frac{N}{2}\psi\right)}{\sin\left(\frac{\psi}{2}\right)} \tag{12.70}$$

식 (12.70)의 배열인수는 $\psi = 0$일 때 최대가 되며, 그 최댓값은 다음과 같다.

$$\lim_{\psi\to 0} \frac{\sin\left(\frac{N\psi}{2}\right)}{\sin\left(\frac{\psi}{2}\right)} = \lim_{\psi\to 0} \frac{\frac{N}{2}\cos\left(\frac{N\psi}{2}\right)}{\frac{1}{2}\cos\left(\frac{\psi}{2}\right)} = N$$

최댓값을 얻는 과정에서 로피탈 규칙 L'Hopital's rule 을 사용했다. 따라서 규준화(정규화) 배열인수 normalized array factor 는 다음과 같다.

$$|AF|_n = \frac{1}{N}\left|\frac{\sin(N\psi/2)}{\sin(\psi/2)}\right| \tag{12.71}$$

N 값을 다르게 하면서 ψ에 따른 $|AF|_n$의 변화를 그래프로 그려보면 다음과 같은 특성을 볼 수 있다.

❶ $|AF|_n$은 ψ에 대한 주기함수이다. 주기는 2π이다.

❷ N이 증가하면 주 로브 main lobe 는 좁아진다. (즉 지향성이 높아진다.)

❸ N이 증가하면 사이드 로브side lobe의 수가 증가한다. 한 주기에 들어 있는 총 로브의 수는 $N-1$개이다(주 로브 1개, 사이드 로브 $N-2$개).

❹ N이 증가하면 사이드 로브의 크기는 감소한다.

❺ 주 빔main beam은 다음 식을 만족하는 방향(각도)에서 생긴다.

$$\psi = kd\cos\xi + \alpha = 0, \text{ 즉 } \cos\xi = -\frac{\alpha}{kd} \tag{12.72}$$

$\alpha = 0$일 때(모든 소자의 위상이 모두 같을 때), 주 빔은 $\xi = 90°$에서 생긴다. 따라서 배열은 브로드 사이드 배열이 된다. $\alpha = -kd$일 때, 주 빔은 $\xi = 0°$에서 생기며 배열은 엔드 파이어 배열이 된다.

❻ 사이드 로브(즉 각 사이드 로브 상의 최댓값)는 $\sin\left(\frac{N\psi}{2}\right)$가 최대, 즉 $\left|\sin\left(\frac{N\psi}{2}\right)\right| = 1$일 때 생긴다.

$$\frac{N\psi}{2} = (2n+1)\frac{\pi}{2} \qquad (n = 1,\ 2,\ 3,\ \cdots) \tag{12.73}$$

첫 번째 사이드 로브는 $n=1$일 때인 $\frac{N\psi}{2} = \frac{3\pi}{2}$에서 생긴다.

❼ 0점null이 생기는 조건은 다음과 같다.

$$\frac{N\psi}{2} = n\pi \qquad (n = 1,\ 2,\ 3,\ \cdots) \tag{12.74}$$

예제 12-5 4소자 선형 배열

같은 간격으로 배치된 4개의 안테나에 전류가 균일하게 가해지고 있다. 이 4소자 배열의 규준화 배열인수를 ψ에 대해 $0 \le \psi \le 2\pi$의 범위에서 그래프로 그려라. $d = \frac{\lambda}{2}$, $\alpha = \pi$일 때 이 배열의 방사패턴을 그려라. 소자패턴은 전방향성으로 가정한다.

풀이

$$|AF|_n = \left|\frac{\sin(2\psi)}{4\sin(\psi/2)}\right| \qquad (N=4)$$

사이드 로브는 근사적으로 $2\psi = \frac{3\pi}{2}, \frac{5\pi}{2}$, 즉 $\psi = \frac{3\pi}{4}, \frac{5\pi}{4}$에서 생긴다. 0점은 $2\psi = \pi, 2\pi, 3\pi$, 즉 $\psi = \frac{\pi}{2}, \pi, \frac{3\pi}{2}$에서 생긴다. $|AF|_n$의 그래프는 [그림 12-10(a)]와 같다.

$d = \frac{\lambda}{2}$이고 $\alpha = \pi$이면 $kd = \frac{2\pi}{\lambda}d = \pi$가 된다.

$$\psi = kd\cos\xi + \pi = \pi(\cos\xi + 1)$$

- 주 빔 : $\cos\xi + 1 = 0, 2$일 때, 즉 $\xi = 180°, 0°$에서 생긴다.
- 0점 : $\cos\xi + 1 = \frac{1}{2}, 1, \frac{3}{2}$일 때, 즉 $\xi = 60°, 90°, 120°$에서 생긴다.

• 사이드 로브 : $\cos\xi + 1 \approx \frac{3}{4}, \frac{5}{4}$일 때, 즉 $\xi \approx 75.5°, 104.5°$에서 생긴다.

방사패턴을 그려보면 [그림 12-10(b)]와 같다.[5]

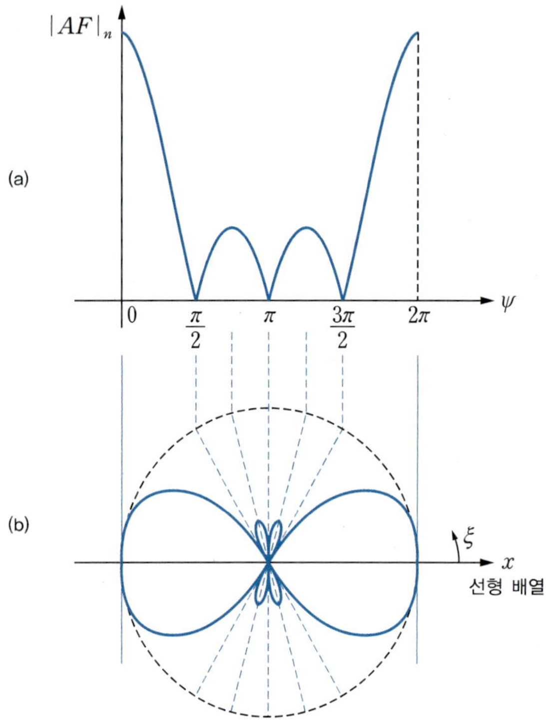

그림 12-10 $d = \frac{\lambda}{2}, \alpha = \pi$**인 4소자 선형 배열**

(a) 규준화 배열인수 (b) 방사패턴

앞에서 우리는 전기적 소형 안테나electrically small antenna의 몇 가지 기본적인 한계에 대해 언급한 바 있다. 안테나 또는 배열과 같은 안테나 시스템의 모든 전기적 특성은 그 전기적 크기에 따라 달라진다. 다시 말해, 안테나의 특성은 미터(m) 단위로 표시되는 실제 길이physical length (l)가 아니라 파장(λ) 단위로 표시되는 전기적 크기electrical size$(\frac{l}{\lambda})$에 따라 달라지는 것이다.

안테나의 바람직한 특성으로 ① 고효율high efficiency, ② 넓은 대역폭large bandwidth, ③ 고지향성high directivity을 선정한 경우, 우리가 이들 특성을 더 많이, 더 높은 수준으로 요구할수록 안테나나 배열의 설계에서 전기적 치수를 더 크게 해야 한다.

5 좀 더 체계적으로 방사패턴을 그리는 방법에 대해서는 다음 책을 살펴보기 바란다.
W. L. Stutzman and G. A. Thiele, *Antenna Theory and Design*, John Wiley & Sons, 1998, 2nd Ed.

CHAPTER 12_연습문제

12.1 지연 퍼텐셜이 다음과 같을 때 주어진 물음에 답하라. 여기서 K는 상수이고 $v=\dfrac{1}{\sqrt{\mu\varepsilon}}$이다.

$$V=0,\quad \mathbf{A}=\begin{cases}\mathbf{a}_x\dfrac{K}{v}(|z|-vt)^2 & (|z|<vt\text{일 때})\\ 0 & (|z|>vt\text{일 때})\end{cases}$$

(a) 전기장 $\mathbf{E}$와 자기장 $\mathbf{H}$를 구하라.

(b) $\mathbf{E}$와 $\mathbf{H}$가 맥스웰 방정식을 만족하는 것을 확인하라.

(c) 이 전기장과 자기장을 발생시키는 전하분포와 전류분포(ρ_v, ρ_s, $\mathbf{J}$, $\mathbf{J}_s$)를 구하라.

12.2 지연 퍼텐셜이 다음과 같을 때 주어진 물음에 답하라. 여기서 A_0, ω, k는 모두 상수이다.

$$V=0,\quad \mathbf{A}=\mathbf{a}_zA_0\cos(\omega t-ky)$$

(a) 전기장 $\mathbf{E}$와 자기장 $\mathbf{H}$를 구하라.

(b) $\mathbf{E}$와 $\mathbf{H}$가 자유공간에서 ω와 k에 관한 어떤 특정한 조건에서 맥스웰 방정식을 만족하는 것을 확인하라. 이 특정한 조건을 구하라.

12.3 진동하는 전기 쌍극자 쌍극자 길이 Δl 전체에 일정한 전류 I가 분포하는 것이 헤르츠 쌍극자이다. 시간 t에 따라 다음 식과 같이 전기적으로 진동하는 전하 $+q(t)$와 $-q(t)$를 Δl만큼 떨어져 있는 두 개의 금속구 metal sphere 에 도선으로 각각 연결하면 헤르츠 쌍극자를 만들 수 있다.

$$q(t)=q_0\cos\omega t=\mathrm{Re}\{q_0e^{j\omega t}\}$$

전류 모멘트 $I\Delta l$이 쌍극자 모멘트와 다음과 같은 관계를 가짐을 증명하라. 여기서 I는 복소 페이저 전류이고, $p=q_0\Delta l$은 페이저 쌍극자 모멘트이다.

$$I\Delta l=j\omega p$$

12.4 짧은 쌍극자 안테나 이상적인 쌍극자 안테나는 식 (12.23)과 같이 균일한 전류분포를 가진다. 하지만 짧은 직선도선 안테나($\Delta l\ll\lambda$)에 실제로 존재하는 전류분포는 균일 전류분포와는 거리가 멀다. 간단하면서도 균일 전류분포보다 실제 전류분포에 가까운 것이 다음 식으로 표시되는 삼각형 전류분포로, 도선의 중앙에서 최댓값을 갖고 양끝에서 0이 된다. 주어진 물음에 답하라.

$$I(z)=I_0\left(I-\frac{|z|}{\Delta l/2}\right)\quad\left(|z|\le\frac{\Delta l}{2}\right)$$

(a) 지연 벡터 퍼텐셜 $\mathbf{A}$를 다시 계산하라.

(b) 방사 전자기장 $\mathbf{E}$와 $\mathbf{H}$를 구하라.

(c) 방사저항을 구하고 헤르츠 쌍극자의 방사저항과 비교하라.

12.5 주파수가 2 [MHz]인 AM 무선신호를 송신하는 짧은 다이폴 안테나가 방사하는 총 전력을 [W] 단위로 계산하라. 안테나의 최대 전류는 $I_0 = 2$ [A]이고 길이는 $\Delta l = 1.5$ [m]로 가정한다.

12.6 하늘색이 파란 까닭 식 (12.35)에 나타나 있듯이 헤르츠 쌍극자의 방사전력은 $\frac{|I|^2}{\lambda_0^2}$, 즉 $|I|^2 f^2$에 비례한다. 다시 말해, 방사전력은 주파수에 따라 크게 증가한다. 태양빛이 대기를 통과하면서 작은 입자들에 닿으면 아주 작은 쌍극자가 이 태양빛의 주파수 f에 따라 진동한다. 이 작은 입자들은 쌍극자 안테나처럼 빛(전자기장)을 다시 방사한다. 우리가 하늘을 쳐다 볼 때 눈에 보이는 것은 바로 이렇게 다시 방사되는 빛이다. 작은 입자에 의해 전자기파가 산란되는 것을 **레일리 산란** Rayleigh scattering이라고 한다. 다음 물음에 답하라.

(a) 전류 $I(t)$와 진동하는 쌍극자의 전하 $q(t)$ 사이에는 $I(t) = \frac{dq}{dt}$의 관계가 있다. 방사전력이 주파수의 네제곱에 비례하는 것을 증명하라.

(b) 태양빛은 넓은 범위의 주파수 스펙트럼으로 구성되어 있다. 하늘의 색이 파란 까닭을 설명하라.

12.7 헤르츠 쌍극자 안테나 또는 짧은 도선 안테나가 원점에서 z방향을 향해 놓여 있다. 안테나에서 10 [km] 떨어진 xy평면 상의 점에서 측정된 전기장의 세기는 0.1 [V/m]이다.

(a) 안테나에서 15 [km] 떨어진 xy평면 상의 점에서 전기장의 세기를 구하라.

(b) $\theta = 45°$ 방향으로 10 [km] 떨어진 점에서 전기장의 세기를 구하라.

12.8 어떤 가정에 직선 도선 형태의 VHF TV 안테나가 수직으로 설치되어 있다. 안테나가 신호를 가장 잘(효율적으로) 수신하는 방향을 구하라. 또 안테나가 신호를 전혀 수신하지 못하는 방향을 구하라.

힌트 ① 가역성(reciprocity)에 의해 안테나의 수신 특성은 안테나의 송신(방사) 특성과 같다.
② 직선 도선 안테나의 방사패턴은 헤르츠 쌍극자 안테나의 방사패턴과 유사하다.

12.9 [그림 12-11]을 보면 두 개의 헤르츠 쌍극자가 서로 수직으로 교차된 형태로 놓여 있다. 두 쌍극자의 전류는 각각 다음과 같다.

$$\mathbf{I}_1 = \mathbf{a}_z I_0 \cos \omega t$$
$$\mathbf{I}_2 = \mathbf{a}_x I_0 \sin \omega t$$

전류를 복소 페이저로 변환한 다음, 이 두 전류에 의해 방사되는 전기장을 계산하라. 또한 전기장이 y축을 따라서는 원형 편파가 되고 xz 평면에서는 선형 편파가 되며, 그 밖의 다른 곳에서는 타원형 편파가 되는 것을 증명하라.

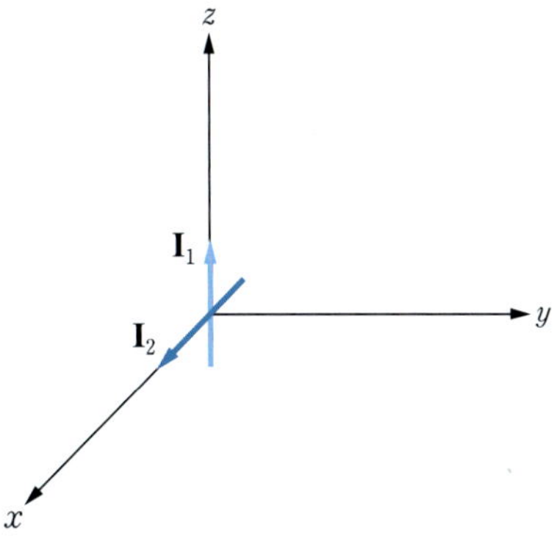

그림 12-11 교차 헤르츠 쌍극자

12.10 [연습문제 12.9]의 [그림 12-11]에 있는 교차 헤르츠 쌍극자에 의해 방사되는 총 전력을 계산하라.

12.11 헤르츠 쌍극자의 근거리장(식 (12.33))에서 저장되는 전기 에너지는 저장되는 자기 에너지보다 훨씬 크다. 전기 에너지밀도 $w_e = \frac{1}{2}\varepsilon|\mathbf{E}|^2$과 자기 에너지밀도 $w_m = \frac{1}{2}\mu|\mathbf{H}|^2$의 비가 $\frac{4\cot^2\theta + 1}{(kr)^2}$이 되는 것을 증명하라.

12.12 심화 소형 루프 안테나 반지름이 a인 소형 루프 안테나가 xy평면에 놓여 있다([그림 6-11] 참조). 루프 안테나에는 $I(t) = I_0 \cos \omega t$인 전류가 흐르고 있다. $a \ll \lambda$, $a \ll r$로 가정한다. 다음 물음에 답하라.

(a) 6.6절에서 사용한 것과 같은 방법으로 식 (12.22)로부터 벡터 퍼텐셜을 계산하라. 다음 근사식을 이용하라.

$$e^{-jk|\mathbf{r}-\mathbf{r}'|} = e^{-jkr}e^{-jk(R-r)} \approx e^{-jkr}\{1-jk(R-r)\}$$

벡터 퍼텐셜이 다음 식과 같아지는 것을 증명하라. 여기서 $m = I_0 \pi a^2$이다.

$$\mathbf{A} = \mathbf{a}_\phi \frac{\mu_0 m}{4\pi r^2}(1+jkr)e^{-jkr}\sin\theta$$

(b) 전기장과 자기장을 구하라.

(c) 헤르츠 쌍극자의 자기장 $\mathbf{H} = \mathbf{a}_\phi H_\phi$(식 (12.30))에서 $I\Delta l$을 $-j\omega\mu_0 m$으로 바꾸면 (b)에서 구한 전기장 $\mathbf{E} = \mathbf{a}_\phi E_\phi$와 같아짐을 증명하라. 또 헤르츠 쌍극자의 전기장 $\mathbf{E} = \mathbf{a}_r E_r + \mathbf{a}_\theta E_\theta$(식 (12.31))는 (b)에서 구한 자기장 $\mathbf{H} = \mathbf{a}_r H_r + \mathbf{a}_\theta H_\theta$와 부호만 다르다는 것을 증명하라. 이 결과는 헤르츠 쌍극자와 소형 루프 안테나는 서로 쌍대적[雙對的, dual]인 성질이 있다는 사실을 보여주고 있다. 즉 진동하는 전기 쌍극자와 진동하는 자기 쌍극자 사이에는 쌍대성이 존재한다.

12.13 [연습문제 12.12]의 결과를 이용하여 소형 루프 안테나의 총 방사전력과 방사저항을 계산하라. 자기 쌍극자와 전기 쌍극자의 총 방사전력 비가 다음 식으로 주어지는 것을 증명하라.

$$\frac{P_r(\text{루프})}{P_r(\text{헤르츠})} = \left(k\frac{\pi a^2}{\Delta l}\right)^2$$

12.14 헤르츠 쌍극자 $I_1\Delta l$이 원점에서 z방향을 향해 놓여 있고, 전류 I_2, 면적 A인 소형 루프 안테나가 역시 원점에서 xy평면에 놓여 있다. 다음 식과 같은 조건에서, 이 두 안테나 조합에 의해 발생하는 방사 전자기장이 원형 편파가 됨을 증명하라.

$$I_1\Delta l = kI_2 A$$

12.15 다음 적분식을 사용하여 식 (12.45)(길이가 l인 쌍극자의 방사 전기장)를 유도하라.

$$\int \sin(a+bx)e^{cx}dx = \frac{e^{cx}}{b^2+c^2}[c\sin(a+bx) - b\cos(a+bx)]$$

12.16 컴퓨터 프로그램을 작성하여 [그림 12-6]에 있는 긴 쌍극자 안테나의 방사패턴을 그려라.

12.17 단극자 안테나 단극자 안테나$^{\text{monopole antenna}}$는 쌍극자 안테나를 한 가운데의 급전점$^{\text{feed point}}$에서 절반으로 나눈 것으로 완전도체로 된 접지판을 기준으로 급전한다([그림 12-12] 참조). 4장에서 배운 영상법을 적용하면 단극자 안테나와 그 영상이 쌍극자를 형성한다. 단극자의 전류, 전하는 그에 대응하는 쌍극자의 위쪽 절반의 전류, 전하와 같지만 단극자 단자의 전압은 쌍극자 단자 전압의 절반이 된다. 또한 아래쪽 절반 공간($z < 0$)에는 방사가 일어나지 않는다. 길이가 $\frac{1}{4}$ 파장인 단극자 안테나의 방사패턴, 방사저항, 지향성을 구하라. 이 결과를 반 파장 쌍극자 안테나와 비교하라.

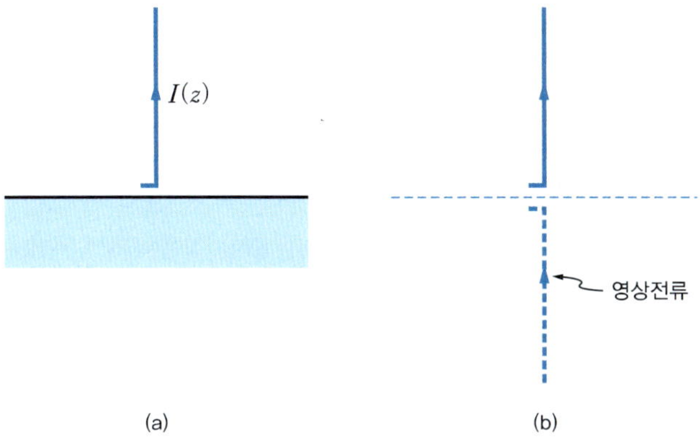

그림 12-12 접지판 위에 놓인 단극자 안테나와 등가 쌍극자 안테나

12.18 주파수가 63 [MHz](채널 3)인 VHF TV 신호를 송신하는 중앙급전$^{\text{center-fed}}$ 쌍극자 안테나가 방사하는 총 전력을 [W] 단위로 구하라. 안테나 전류의 최댓값은 20 [A]이고 안테나의 길이는 2.38 [m]로 가정한다.

12.19 150 [MHz]에서 동작하는 길이 1 [m]의 중앙급전 쌍극자 안테나가 방사하는 총 평균전력이 200 [W]이다. 안테나에서 100 [m] 떨어져 있는 수평면에 위치한 점에서 전기장과 자기장의 세기를 구하라. 쌍극자는 수직방향으로 놓여 있는 것으로 가정한다.

12.20 어떤 반 파장 쌍극자 안테나에 다음과 같은 부피전류밀도를 갖는 전류가 흐르고 있다. 주어진 물음에 답하라.

$$\mathbf{J} = \mathbf{a}_z J_0 \sin\left[k\left(\frac{\lambda}{4} - |z|\right)\right] \quad \left(|z| < \frac{\lambda}{4}\right)$$

(a) 연속방정식을 이용하여 부피전류에 대응하는 부피전하밀도 ρ_v를 구하라.

(b) 안테나에 흐르는 전류분포와 전하분포를 z의 함수로서 그래프로 그려라.

12.21 한 파장($l = \lambda$) 쌍극자 안테나의 방사저항과 지향성을 계산하라.

12.22 방사 전자기장 계산 방법 안테나의 방사 전자기장(원거리장)만을 구하는 경우에는 [표 12-1]의 방법보다 간단한 방법으로 방사 전자기장을 구할 수 있다. 먼저, 방사 전자기장은 $\frac{1}{r}$의 형태로 변하는 반면, 식 (12.15)와 식 (12.18)에 있는 $\mathbf{E} = -j\omega\mathbf{A} - \nabla V$의 둘째 항 ∇V는 $\frac{1}{r^2}$ 또는 $\frac{1}{r^3}$의 형태로 변하므로 이 항은 원거리장에 기여를 하지 못한다. 다음으로, 방사 전자기장은 전파 방향($\mathbf{k} = \mathbf{a}_r k$)에 수직인 성분($E_\theta$와 E_ϕ)만을 갖는다. 따라서 다음 방법으로 방사 전자기장을 구할 수 있다.

❶ 1단계 : $\mathbf{A}$를 계산한다.

❷ 2단계 : $\mathbf{E} = -j\omega(\mathbf{A}$의 수직 성분$) = -\mathbf{a}_\theta j\omega A_\theta - \mathbf{a}_\phi j\omega A_\phi$로 $\mathbf{E}$를 구한다.

❸ 3단계 : $\mathbf{H} = \frac{1}{\eta}\mathbf{a}_r \times \mathbf{E} = -\mathbf{a}_\phi j\frac{\omega}{\eta}A_\theta + \mathbf{a}_\theta j\frac{\omega}{\eta}A_\phi$(평면파 특성)로 $\mathbf{H}$를 구한다.

이 방법을 사용하여 긴 쌍극자의 방사 전자기장을 나타내는 식 (12.45)와 식 (12.46)을 유도하라.

12.23 안테나의 방사효율 실제로는 안테나의 방사전력이 안테나로 입력되는 총 전력과 같지 않은데, 이는 안테나를 구성하는 도체의 유한한 전도율로 인해 발생하는 옴 전력손실 Ohmic power loss 과 그 밖의 다른 요인들 때문이다. 안테나의 방사효율 radiation efficiency 은 다음 식으로 정의된다.

$$e_r = \frac{P_r}{P_{in}} = \frac{P_r}{P_r + P_l}$$

여기서 P_r은 총 방사전력이고 P_l은 전력손실이다. 반지름이 a, 길이가 Δl, 전도율이 σ인 구리선으로 헤르츠 쌍극자를 만들었다. $a = 1\,[\text{mm}]$, $\Delta l = 10\,[\text{cm}]$이고 동작주파수가 $f = 10\,[\text{MHz}]$일 때 이 쌍극자 내에서 소모되는 전력($P_l = P_{소모}$)과 방사효율 e_r을 구하라.

12.24 자동차 펜더에 설치하는 라디오 안테나는 길이가 대부분 약 78[cm] 정도이다. 펜더는 도체 접지판의 역할을 한다. 따라서 자동차 안테나를 단극자 안테나로 취급하여 해석할 수 있다([연습문제 12.17] 참조). 안테나의 지름은 0.2[cm], 규소강 silicon steel의 전도율은 2×10^6[S/m]로 가정하자. AM 주파수가 $f=1$[MHz]일 때 방사전력, 전력손실, 방사효율([연습문제 12.23] 참조)을 계산하라.

12.25 안테나의 주 빔에서 전력이 최댓값의 절반이 되는 두 방향 사이의 각도를 **반 전력빔폭**(HPBW) half-power beam width 이라고 한다. 반 전력점은 방사패턴에서 방사 전자기장의 세기가 최댓값의 $\frac{1}{\sqrt{2}}$이 되는 방향이 된다. 다음 각 경우에 대해 반 전력빔폭을 구하라.

(a) 헤르츠 쌍극자

(b) 반 파장 쌍극자

(c) 한 파장 쌍극자

12.26 x축 위에 두 개의 반 파장 쌍극자가 수직으로(z방향으로) 놓인 배열이 있다. 다음 경우에 대해 xy 평면($\theta=\frac{\pi}{2}$)에서 전기장 패턴을 그려라.

(a) $d=\frac{\lambda}{2}$, $\alpha=\frac{\pi}{2}$

(b) $d=\frac{\lambda}{4}$, $\alpha=\frac{\pi}{2}$

(c) $d=\lambda$, $\alpha=\pi$

12.27 x축 위에 두 개의 짧은 쌍극자가 수직으로(z방향으로) 놓인 배열이 있다. 두 쌍극자는 간격이 $\frac{\lambda}{2}$이고 위상은 서로 같다($\alpha=0$). 다음 평면에 대해 이 배열의 방사패턴을 그려라.

(a) xy평면

(b) xz평면

(c) yz평면

12.28 x축 위에 두 개의 짧은 쌍극자가 수평으로(x방향으로) 놓인 배열이 있다. 두 쌍극자는 간격이 $\frac{\lambda}{2}$이고 위상은 서로 같다($\alpha=0$). 이 동일 선상 배열 co-linear array의 전자기장의 수식을 구하라. 다음 평면에 대해 이 배열의 방사패턴을 그려라.

(a) xy평면

(b) xz평면

(c) yz평면

12.29 [예제 12-5]에 있는 네 개의 소자로 구성된 선형 배열을 살펴보자. 다음 각 경우에 대해 이 배열의 방사패턴을 그려라.

(a) $d = \frac{\lambda}{2}$, $\alpha = \frac{\pi}{2}$ (b) $d = \frac{3\lambda}{4}$, $\alpha = 0$

12.30 같은 간격으로 배치된 다섯 개의 안테나에 전류 크기가 균일하게 가해지고 있다. 다음 물음에 답하라.

(a) 이 선형 배열의 규준화 배열인수를 ψ의 함수로 구하고, $0 \le \psi \le 2\pi$의 범위에서 그래프로 그려라.

(b) 다음의 두 경우에 대해 이 배열의 방사패턴을 그려라.

(i) $d = \frac{\lambda}{2}$, $\alpha = 0$ (ii) $d = \frac{\lambda}{2}$, $\alpha = -\pi$

(c) (i)과 (ii) 배열이 브로드 사이드 배열인지 엔드 파이어 배열인지 각각 구하라.

12.31 사이드 로브 크기 균일 선형 배열에서는 N이 증가할수록 사이드 로브의 피크값이 감소한다. 사이드 로브의 피크를 나타내는 척도(기준)로 사이드 로브 크기(SLL)side lobe level가 있다. SLL은 다음 식으로 정의된다.

$$\text{SLL} = 20\log\left[\frac{\text{가장 큰 사이드 로브의 최댓값}}{\text{주 로브의 최댓값}}\right]$$

$N=5$, 10, 20일 때 배열인수의 SLL을 구하라.

12.32 2항 배열 세 개의 등방성 방사소자가 같은 간격($d = \frac{\lambda}{2}$)으로 놓여 있는 배열이 있다고 하자. 각 소자에 가해지는 전류는 위상은 모두 같지만 진폭의 비는 1:2:1이다. 이 불균일 배열은 두 소자로 구성된 균일 배열(전류 진폭비 1:1) 한 쌍이 $\frac{\lambda}{2}$ 간격으로 놓인 것과 등가이다. 다시 말해 두 소자 배열을 구성하는 각 소자가 다시 두 소자 배열인 것으로 볼 수 있다. 패턴곱 원리를 이용하여 이 세 소자 배열의 방사패턴을 그려라. 이 문제에서 다루는 이 특별한 배열을 2항 배열binomial array이라고 하는데, 이 배열에서는 소자들에 가해주는 전류들의 진폭이 각각 2항 전개식의 계수와 같다. 이 배열에서는 사이드 로브가 나타나지 않는다는 특징이 있다.

12.33 **심화** **불균일 배열** [그림 12-10]에서 보듯이 균일 선형 배열에서는 사이드 로브가 많이 나타난다. 이때 사이드 로브를 없애거나 줄이려면 소자들에 가하는 전류의 진폭을 균일하지 않게 하면 된다. 배열의 가장자리로 갈수록 전류의 진폭을 경사지게(줄어들게) 하면 사이드 로브는 감소하고 빔폭은 증가하므로 지향성이 감소한다. 다섯 개의 등방성 방사소자가 같은 간격($d=\frac{\lambda}{2}$)으로 놓여 있는 배열이 있다고 하자. 각 소자에 가하는 전류의 위상은 모두 같다고 가정한다($\alpha=0$). 다음의 경우에 대해 이 배열의 방사패턴을 구하고 이를 그림으로 나타내라.

(a) 전류의 진폭비가 1 : 1 : 1 : 1 : 1인 경우(균일 배열)

(b) 전류의 진폭비가 1 : 4 : 6 : 4 : 1인 경우(2항 배열)

(c) (a)와 (b)의 방사패턴을 비교하고 사이드 로브 크기(SLL)를 계산하라([연습문제 12.31] 참조).

12.34 **심화** **안테나의 수신 특성** 지금까지는 주로 안테나의 송신 특성, 즉 방사 특성을 살펴보았다. 안테나는 수신 목적으로도 사용된다. 이 경우, 안테나는 입사 전자기파로부터 에너지를 수신하여 부하로 전달한다. 안테나의 수신패턴은 안테나에 입사하는 평면파에 의해 안테나 단자에 나타나는 전압으로 구할 수 있다. **가역정리** reciprocity theorem [6]에 따르면, 선형 물질 linear matter 로 이루어진 어떤 안테나의 수신패턴은 그 안테나의 송신패턴과 똑같다. 안테나의 수신 특성을 알 수 있는 유용한 척도로 **유효 개구면** effective aperture 이라는 것이 있다. 이것은 다음과 같이 정의된다.

$$A_e=\frac{\text{수신 전력}}{\text{입사 전력밀도}}$$

유효 개구면(수신 특성)은 지향성 이득(송신 특성)과 다음과 같은 관계를 갖고 있다.

$$A_e(\theta,\ \phi)=\frac{\lambda^2}{4\pi}D(\theta,\ \phi)$$

헤르츠 쌍극자의 유효 개구면을 정의에 따라 계산하고 위의 관계식이 성립하는지 확인하라. 쌍극자의 축과 입사파의 진행 방향 사이의 각도는 θ로 가정한다.

6 R. F. Harrington, *Time-Harmonic Electromagnetic Fields*, McGraw-Hill, 1961; reissued by IEEE Press, 2001.

부록 A 자주 사용하는 기호와 단위

A.1 물리상수

상수	의미
$\varepsilon_0 = 8.854 \times 10^{-12}\,[\mathrm{F/m}] \approx \dfrac{1}{36\pi} \times 10^{-9}\,[\mathrm{F/m}]$	자유공간의 유전율
$\mu_0 = 4\pi \times 10^{-7}\,[\mathrm{H/m}]$	자유공간의 투자율
$\dfrac{1}{\sqrt{\mu_0 \varepsilon_0}} = c \approx 3 \times 10^8\,[\mathrm{m/s}]$	자유공간에서의 빛의 속도
$\sqrt{\dfrac{\mu_0}{\varepsilon_0}} = \eta_0 \approx 120\pi$ 또는 $377\,[\Omega]$	자유공간의 고유 임피던스
$-e = -1.602 \times 10^{-19}\,[\mathrm{C}]$	전자의 전하량
$m_e = 9.107 \times 10^{-31}\,[\mathrm{kg}]$	전자의 정지질량

A.2 접두어

접두어	약어	의미
엑사(exa)	E	10^{18}
페타(peta)	P	10^{15}
테라(tera)	T	10^{12}
기가(giga)	G	10^{9}
메가(mega)	M	10^{6}
킬로(kilo)	k	10^{3}
헥토(hecto)	h	10^{2}
데카(deka)	da	10
데시(deci)	d	10^{-1}
센티(centi)	c	10^{-2}
밀리(milli)	m	10^{-3}
마이크로(micro)	μ	10^{-6}
나노(nano)	n	10^{-9}
피코(pico)	p	10^{-12}
펨토(femto)	f	10^{-15}
아토(atto)	a	10^{-18}

A.3 자주 사용하는 기호와 단위

양	기호	단위	약어
각주파수(angular frequency)	ω	라디안/초(radian/second)	rad/s
커패시턴스(capacitance)	C	패럿(farad)	F
전하(charge)	Q, q	쿨롱(coulomb)	C
전하밀도(charge density)			
부피(volume)전하밀도	ρ_v	쿨롱/미터^3(coulomb/meter^3)	$\mathrm{C/m^3}$
표면(surface)전하밀도	ρ_s	쿨롱/미터^2(coulomb/meter^2)	$\mathrm{C/m^2}$
선(line)전하밀도	ρ_l	쿨롱/미터(coulomb/meter)	C/m
컨덕턴스(conductance)	G	지멘스(siemens) 또는 모(mho)	S 또는 ℧
전도율(conductivity)	σ	지멘스/미터(siemens/meter)	S/m
전류(current)	I, i	암페어(ampere)	A
전류밀도(current density)			
부피(volume)전류밀도	$\mathbf{J}$	암페어/미터^2(ampere/meter^2)	$\mathrm{A/m^2}$
표면(surface)전류밀도	$\mathbf{J}_s$	암페어/미터(ampere/meter)	A/m
유전 상수(dielectric constant)	ε_r	단위 없음(dimensionless)	–
전기 쌍극자 모멘트 (electric dipole moment)	$\mathbf{p}$	쿨롱 – 미터(coulomb – meter)	C · m
변위벡터(displacement vector)	$\mathbf{D}$	쿨롱/미터^2(coulomb/meter^2)	$\mathrm{C/m^2}$
전기장(electric field)	$\mathbf{E}$	볼트/미터(volt/meter)	V/m
전위(electric potential)	V	볼트(volt)	V
기전력(electromotive force(emf))	V	볼트(volt)	V
에너지(일)(energy(work))	W	줄(joule)	J
에너지 밀도(energy density)	w	줄/미터^3(joule/meter^3)	$\mathrm{J/m^3}$
힘(force)	$\mathbf{F}$	뉴턴(newton)	N
주파수(frequency)	f	헤르츠(hertz)	Hz
임피던스(impedance)	Z, η	옴(ohm)	Ω
인덕턴스(inductance)	L	헨리(henry)	H
자기 쌍극자 모멘트 (magnetic dipole moment)	$\mathbf{m}$	암페어 – 미터^2(ampere – meter^2)	$\mathrm{A \cdot m^2}$

양	기호	단위	약어
자기장(magnetic field)	$\mathbf{H}$	암페어/미터(ampere/meter)	$\mathrm{A/m}$
자기 선다발(magnetic flux)	Φ	웨버(weber)	Wb
자기 선다발 밀도 (magnetic flux density)	$\mathbf{B}$	테슬라(tesla) 또는 웨버/미터^2 (weber/meter^2)	T 또는 $\mathrm{Wb/m^2}$
자기 벡터 퍼텐셜 (magnetic vector potential)	$\mathbf{A}$	웨버/미터(weber/meter)	$\mathrm{Wb/m}$
자화벡터(magnetization vector)	$\mathbf{M}$	암페어/미터(ampere/meter)	$\mathrm{A/m}$
투자율(permeability)	μ, μ_0	헨리/미터(henry/meter)	$\mathrm{H/m}$
유전율(permittivity)	ε, ε_0	패럿/미터(farad/meter)	$\mathrm{F/m}$
편극벡터(polarization vector)	$\mathbf{P}$	쿨롱/미터^2(coulomb/meter^2)	$\mathrm{C/m^2}$
전력(power)	P	와트(watt)	W
포인팅 벡터(전력밀도) (Poynting vector(power density))	$\mathbf{S}$	와트/미터^2(watt/meter^2)	$\mathrm{W/m^2}$
전파상수(propagation constant)	k	미터$^{-1}$(meter^{-1})	$\mathrm{m^{-1}}$
저항(resistance)	R	옴(ohm)	Ω
돌림힘(torque)	$\mathbf{T}$	뉴턴-미터(newton-meter)	$\mathrm{N \cdot m}$
속도(velocity)	$\mathbf{v}$	미터/초(meter/second)	$\mathrm{m/s}$
전압(voltage)	V	볼트(volt)	V
파장(wavelength)	λ	미터(meter)	m

부록 B 벡터 해석 표와 전자기학 법칙

B.1 좌표계 사이의 변환식 *[표 1-1]

$x = \rho\cos\phi = r\sin\theta\cos\phi$	$\rho = \sqrt{x^2+y^2} = r\sin\theta$	$r = \sqrt{x^2+y^2+z^2} = \sqrt{\rho^2+z^2}$
$y = \rho\sin\phi = r\sin\theta\sin\phi$	$\phi = \tan^{-1}\dfrac{y}{x}$ *	$\theta = \tan^{-1}\dfrac{\sqrt{x^2+y^2}}{z} = \tan^{-1}\dfrac{\rho}{z}$
$z = r\cos\theta$	$z = r\cos\theta$	$\phi = \tan^{-1}\dfrac{y}{x}$ *

* x와 y의 부호에 주의해야 한다. 그래야 각도 ϕ가 속한 사분면이 정확하게 계산된다.

B.2 미소길이 벡터, 미소면적 벡터, 미소부피 *[표 1-2]

미소길이 벡터	$d\mathbf{l} = \mathbf{a}_x dx + \mathbf{a}_y dy + \mathbf{a}_z dz$ $= \mathbf{a}_\rho d\rho + \mathbf{a}_\phi \rho\, d\phi + \mathbf{a}_z dz$ $= \mathbf{a}_r dr + \mathbf{a}_\theta r\, d\theta + \mathbf{a}_\phi r\sin\theta\, d\phi$
미소면적 벡터	$d\mathbf{s} = \pm \mathbf{a}_x dy\, dz,\ \mathbf{a}_y dz\, dx,\ \mathbf{a}_z dx\, dy$ * $= \pm \mathbf{a}_\rho \rho\, d\phi\, dz,\ \mathbf{a}_\phi d\rho\, dz,\ \mathbf{a}_z \rho\, d\rho\, d\phi$ $= \pm \mathbf{a}_r r^2 \sin\theta\, d\theta\, d\phi,\ \mathbf{a}_\theta r\sin\theta\, dr\, d\phi,\ \mathbf{a}_\phi r\, dr\, d\theta$
미소부피	$dv = dx\, dy\, dz$ $= \rho\, d\rho\, d\phi\, dz$ $= r^2 \sin\theta\, dr\, d\theta\, d\phi$

* 문제에 따라 ± 부호 중 하나를 선택한다.

B.3 단위벡터 변환 *[표 1-3]

	직각 좌표계			원통 좌표계			구 좌표계		
	$\mathbf{a}_x$	$\mathbf{a}_y$	$\mathbf{a}_z$	$\mathbf{a}_\rho$	$\mathbf{a}_\phi$	$\mathbf{a}_z$	$\mathbf{a}_r$	$\mathbf{a}_\theta$	$\mathbf{a}_\phi$
$\mathbf{a}_x$	1	0	0	$\cos\phi$	$-\sin\phi$	0	$\sin\theta\cos\phi$	$\cos\theta\cos\phi$	$-\sin\phi$
$\mathbf{a}_y$	0	1	0	$\sin\phi$	$\cos\phi$	0	$\sin\theta\sin\phi$	$\cos\theta\sin\phi$	$\cos\phi$
$\mathbf{a}_z$	0	0	1	0	0	1	$\cos\theta$	$-\sin\theta$	0
$\mathbf{a}_\rho$	$\cos\phi$	$\sin\phi$	0	1	0	0	$\sin\theta$	$\cos\theta$	0
$\mathbf{a}_\phi$	$-\sin\phi$	$\cos\phi$	0	0	1	0	0	0	1
$\mathbf{a}_z$	0	0	1	0	0	1	$\cos\theta$	$-\sin\theta$	0
$\mathbf{a}_r$	$\sin\theta\cos\phi$	$\sin\theta\sin\phi$	$\cos\theta$	$\sin\theta$	0	$\cos\theta$	1	0	0
$\mathbf{a}_\theta$	$\cos\theta\cos\phi$	$\cos\theta\sin\phi$	$-\sin\theta$	$\cos\theta$	0	$-\sin\theta$	0	1	0
$\mathbf{a}_\phi$	$-\sin\phi$	$\cos\phi$	0	0	1	0	0	0	1

[주의] 표에서 단위벡터($\mathbf{a}_x$, $\mathbf{a}_y$, $\mathbf{a}_z$, $\mathbf{a}_\rho$, $\mathbf{a}_\phi$, $\mathbf{a}_r$, $\mathbf{a}_\theta$)를 벡터성분(A_x, A_y, A_z, A_ρ, A_ϕ, A_r, A_θ)으로 바꿔도 변환은 여전히 성립한다.

B.4 벡터 미분 *[표 1-4]

직각 좌표계(x, y, z)

$$\nabla V = \mathbf{a}_x \frac{\partial V}{\partial x} + \mathbf{a}_y \frac{\partial V}{\partial y} + \mathbf{a}_z \frac{\partial V}{\partial z}$$

$$\nabla \cdot \mathbf{A} = \frac{\partial A_x}{\partial x} + \frac{\partial A_y}{\partial y} + \frac{\partial A_z}{\partial z}$$

$$\nabla \times \mathbf{A} = \mathbf{a}_x \left(\frac{\partial A_z}{\partial y} - \frac{\partial A_y}{\partial z} \right) + \mathbf{a}_y \left(\frac{\partial A_x}{\partial z} - \frac{\partial A_z}{\partial x} \right) + \mathbf{a}_z \left(\frac{\partial A_y}{\partial x} - \frac{\partial A_x}{\partial y} \right)$$

$$\nabla^2 V = \frac{\partial^2 V}{\partial x^2} + \frac{\partial^2 V}{\partial y^2} + \frac{\partial^2 V}{\partial z^2}$$

원통 좌표계(ρ, ϕ, z)

$$\nabla V = \mathbf{a}_\rho \frac{\partial V}{\partial \rho} + \mathbf{a}_\phi \frac{1}{\rho} \frac{\partial V}{\partial \phi} + \mathbf{a}_z \frac{\partial V}{\partial z}$$

$$\nabla \cdot \mathbf{A} = \frac{1}{\rho} \frac{\partial}{\partial \rho} (\rho A_\rho) + \frac{1}{\rho} \frac{\partial A_\phi}{\partial \phi} + \frac{\partial A_z}{\partial z}$$

$$\nabla \times \mathbf{A} = \mathbf{a}_\rho \left(\frac{1}{\rho} \frac{\partial A_z}{\partial \phi} - \frac{\partial A_\phi}{\partial z} \right) + \mathbf{a}_\phi \left(\frac{\partial A_\rho}{\partial z} - \frac{\partial A_z}{\partial \rho} \right) + \mathbf{a}_z \frac{1}{\rho} \left[\frac{\partial}{\partial \rho} (\rho A_\phi) - \frac{\partial A_\rho}{\partial \phi} \right]$$

$$\nabla^2 V = \frac{1}{\rho} \frac{\partial}{\partial \rho} \left(\rho \frac{\partial V}{\partial \rho} \right) + \frac{1}{\rho^2} \frac{\partial^2 V}{\partial \phi^2} + \frac{\partial^2 V}{\partial z^2}$$

구 좌표계(r, θ, ϕ)

$$\nabla V = \mathbf{a}_r \frac{\partial V}{\partial r} + \mathbf{a}_\theta \frac{1}{r} \frac{\partial V}{\partial \theta} + \mathbf{a}_\phi \frac{1}{r \sin\theta} \frac{\partial V}{\partial \phi}$$

$$\nabla \cdot \mathbf{A} = \frac{1}{r^2} \frac{\partial}{\partial r} (r^2 A_r) + \frac{1}{r \sin\theta} \frac{\partial}{\partial \theta} (A_\theta \sin\theta) + \frac{1}{r \sin\theta} \frac{\partial A_\phi}{\partial \phi}$$

$$\nabla \times \mathbf{A} = \mathbf{a}_r \frac{1}{r \sin\theta} \left[\frac{\partial}{\partial \theta} (A_\phi \sin\theta) - \frac{\partial A_\theta}{\partial \phi} \right] + \mathbf{a}_\theta \frac{1}{r} \left[\frac{1}{\sin\theta} \frac{\partial A_r}{\partial \phi} - \frac{\partial}{\partial r} (r A_\phi) \right] + \mathbf{a}_\phi \frac{1}{r} \left[\frac{\partial}{\partial r} (r A_\theta) - \frac{\partial A_r}{\partial \theta} \right]$$

$$\nabla^2 V = \frac{1}{r^2} \frac{\partial}{\partial r} \left(r^2 \frac{\partial V}{\partial r} \right) + \frac{1}{r^2 \sin\theta} \frac{\partial}{\partial \theta} \left(\sin\theta \frac{\partial V}{\partial \theta} \right) + \frac{1}{r^2 \sin^2\theta} \frac{\partial^2 V}{\partial \phi^2}$$

B.5 벡터 항등식 *[표 1-5]

벡터 삼중곱	(1) $\mathbf{A}\cdot(\mathbf{B}\times\mathbf{C})=\mathbf{B}\cdot(\mathbf{C}\times\mathbf{A})=\mathbf{C}\cdot(\mathbf{A}\times\mathbf{B})$ (2) $\mathbf{A}\times(\mathbf{B}\times\mathbf{C})=\mathbf{B}(\mathbf{A}\cdot\mathbf{C})-\mathbf{C}(\mathbf{A}\cdot\mathbf{B})$
곱셈 규칙	(3) $\nabla(VW)=V(\nabla W)+W(\nabla V)$ (4) $\nabla(\mathbf{A}\cdot\mathbf{B})=\mathbf{A}\times(\nabla\times\mathbf{B})+\mathbf{B}\times(\nabla\times\mathbf{A})+(\mathbf{A}\cdot\nabla)\mathbf{B}+(\mathbf{B}\cdot\nabla)\mathbf{A}$ (5) $\nabla\cdot(V\mathbf{A})=V(\nabla\cdot\mathbf{A})+\mathbf{A}\cdot(\nabla V)$ (6) $\nabla\cdot(\mathbf{A}\times\mathbf{B})=\mathbf{B}\cdot(\nabla\times\mathbf{A})-\mathbf{A}\cdot(\nabla\times\mathbf{B})$ (7) $\nabla\times(V\mathbf{A})=V(\nabla\times\mathbf{A})-\mathbf{A}\times(\nabla V)$ (8) $\nabla\times(\mathbf{A}\times\mathbf{B})=(\mathbf{B}\cdot\nabla)\mathbf{A}-(\mathbf{A}\cdot\nabla)\mathbf{B}+\mathbf{A}(\nabla\cdot\mathbf{B})-\mathbf{B}(\nabla\cdot\mathbf{A})$
2차 미분	(9) $\nabla\cdot(\nabla\times\mathbf{A})=0$ (10) $\nabla\times(\nabla V)=0$ (11) $\nabla\times(\nabla\times\mathbf{A})=\nabla(\nabla\cdot\mathbf{A})-\nabla^2\mathbf{A}$

적분 정리	기울기 정리 (gradient Theorem)	$\int_a^b(\nabla V)\cdot d\mathbf{l}=V(b)-V(a)$
	발산 정리 (divergence Theorem)	$\iiint_V(\nabla\cdot\mathbf{A})dv=\oiint_S\mathbf{A}\cdot d\mathbf{s}$
	스토크스 정리 (Stokes' Theorem)	$\iint_S(\nabla\times\mathbf{A})\cdot d\mathbf{s}=\oint_C\mathbf{A}\cdot d\mathbf{l}$

B.6 전자기학 법칙

맥스웰 방정식(미분형) : 전기장과 자기장에 대한 전하의 작용을 나타내는 식

$\nabla\times\mathbf{E}=-\dfrac{\partial\mathbf{B}}{\partial t}$: 패러데이 법칙

$\nabla\times\mathbf{H}=\mathbf{J}+\dfrac{\partial\mathbf{D}}{\partial t}$: 일반형 암페어 법칙

$\nabla\cdot\mathbf{D}=\rho_v$: 전기장에 대한 가우스 법칙

$\nabla\cdot\mathbf{B}=0$: 자기장에 대한 가우스 법칙

맥스웰 방정식(적분형)

$$\oint_C\mathbf{E}\cdot d\mathbf{l}=-\iint_S\frac{\partial\mathbf{B}}{\partial t}\cdot d\mathbf{s}$$

$$\oint_C\mathbf{H}\cdot d\mathbf{l}=\iint_S\left(\mathbf{J}+\frac{\partial\mathbf{D}}{\partial t}\right)\cdot d\mathbf{s}=I+\iint_S\frac{\partial\mathbf{D}}{\partial t}\cdot d\mathbf{s}$$

$$\oiint_S\mathbf{D}\cdot d\mathbf{s}=\iiint_V\rho_v\,dv=Q$$

$$\oiint_S\mathbf{B}\cdot d\mathbf{s}=0$$

로렌츠 힘 방정식 : 전하에 대한 전기장과 자기장의 작용을 나타내는 식

$$\mathbf{F}=q(\mathbf{E}+\mathbf{v}\times\mathbf{B})$$

참고문헌

[1] A. T. Adams, *Electromagnetics for Engineers*, Ronald Press Co., 1971.

[2] D. K. Cheng, *Field and Wave Electromagnetics*, Addison-Wesley, 1989, 2nd Ed.

[3] D. K. Cheng, *Fundamentals of Engineering Electromagnetics*, Addison-Wesley, 1993.

[4] R. E. Collin, *Foundations for Microwave Engineering*, McGraw-Hill, 1992, 2nd Ed.

[5] R. P. Feynman, R. B. Leighton and M. Sands, *The Feynman Lectures on Physics*, Vol. Ⅱ, Addison-Wesley, 1964.

[6] D. J. Griffiths, *Introduction to Electrodynamics*, Prentice-Hall, 1999, 3rd Ed.

[7] R. F. Harrington, *Time-Harmonic Electromagnetic Fields*, McGraw-Hill, 1961, reissued by IEEE Press, 2001.

[8] H. A. Haus and J. R. Melcher, *Electromagnetic Fields and Energy*, Prentice Hall, 1989.

[9] U. S. Inan and A. S. Inan, *Electromagnetic Waves*, Prentice-Hall, 2000.

[10] J. D. Jackson, *Classical Electrodynamics*, John Wiley & Sons, 1999, 3rd Ed.

[11] J. A. Kong, *Electromagnetic Wave Theory*, EMW Publishing, 2000, 2005, 2008.

[12] J. D. Kraus, *Electromagnetics*, McGraw-Hill, 1992, 4th Ed.

[13] P. Lorrain, D. R. Corson, and F. Lorrain, *Electromagnetic Fields and Waves*, W. H. Freeman and Company, 1988, 3rd Ed.

[14] C. R. Paul, K. W. Whites and S. A. Nasar, *Introduction to Electromagnetic Fields*, McGraw-Hill, 1998, 3rd Ed.

[15] D. M. Pozar, *Microwave Engineering*, John Wiley & Sons, 1998, 2nd Ed.

[16] J. R. Reitz, F. J. Milford and R. W. Christy, *Foundations of Electromagnetic Theory*, Addison-Wesley, 1993, 4th Ed.

[17] M. N. O. Sadiku, *Elements of Electromagnetics*, Oxford University Press, 2010, 5th Ed.

[18] L. C. Shen and J. A. Kong, *Applied Electromagnetism*, PWS Publishing Co., 1995, 3rd Ed.

[19] D. H. Staelin, A. Morgenthaler and J. A. Kong, *Electromagnetic Waves*, Prentice-Hall, 1994.

[20] W. L. Stutzman and G. A. Thiele, *Antenna Theory and Design*, John Wiley & Sons, 1998, 2nd Ed.

찾아보기

[ㄹ~ㅁ]

[ㅂ]

[ㅅ]

[ㅈ]

[ㅊ ~ ㅌ]

[ㅍ ~ ㅎ]

[A~C]

[D~F]

[G~J]

[K~N]

[O~R]

[S~Z]